WPH Edition

**Assurance**

Vertrauensleistungen außerhalb der Abschlussprüfung

WPH Edition

# Assurance

## Vertrauensleistungen außerhalb der Abschlussprüfung

bearbeitet von

WP RA Dr. Hans Friedrich Gelhausen
WP StB CVA Dipl.-Kfm. Klaus Bertram
WP StB Dipl.-Kfm. Daniel Döpfner
WP StB Dipl.-Ök. Andreas Dörschell
WP StB Dr. Klaus-Peter Feld
Dr. Martin Fröhlich
WP StB Dipl.-Kfm. Roger Hönig
WP StB RA Friedrich Graf von Kanitz
WP StB Dipl.-Kfm. Harald Kayser
WP StB Dipl.-Ök. Steffen Kindler
StB Dipl.-Betriebsw. Sebastian Koch
WP StB Dipl.-Kfm. Heiner Kompenhans
WP StB Dipl.-Betriebsw. Rainer Kroy
WP CPA Dipl.-Kfm. Jens C. Laue
WP StB Prof. Dr. Peter Oser
WP StB Dipl.-Kfm. Martin Pföhler
WP StB Dr. Dirk Rabenhorst
WP StB Dipl.-Agr.-Ing. Ingmar Rega
WP Dr. Andreas Schmid
WP StB Dr. Stefan Schmidt
WP StB Dipl.-Kfm. Ellen Simon-Heckroth
WP StB Dipl.-Kfm. Marc Stauder
WP StB Dipl.-Kfm. Folker Trepte
WP StB CISA CMA Dr. Jonas Tritschler

herausgegeben vom
Institut der Wirtschaftsprüfer
in Deutschland e.V.

Düsseldorf 2017

IDW

IDW VERLAG GMBH

Zitiervorschlag:
IDW, Assurance (WPH Edition), Kap. A Tz. 3.


Die IDW Verlag GmbH ist ein Unternehmen des Instituts der Wirtschaftsprüfer in Deutschland e.V. (IDW).

Satz: Merlin Digital GmbH, Essen
Druck und Verarbeitung: Druckerei C.H.Beck, Nördlingen
Elektronische Fassung: doctronic GmbH & Co. KG, Bonn
PN 55453/0/0 KN 11707



ISBN 978-3-8021-2070-1

Bibliografische Information der Deutschen Bibliothek
Die Deutsche Bibliothek verzeichnet diese Publikation in der Deutschen Nationalbibliografie; detaillierte bibliografische Daten sind im Internet über http://www.d-nb.de abrufbar.

**www.idw-verlag.de**

# Vorwort

## Liebe Leserinnen und Leser,

hiermit legen wir Ihnen den Themenband „Assurance“ der WPH Edition vor. Gemeinsam mit dem WP Handbuch steht Ihnen das gebündelte Expertenwissen der Wirtschaftsprüfer zur Abschlussprüfung und zu prüfungsnahen Dienstleistungen zur Verfügung. Aus diesem Grund haben wir uns entschieden, diese beiden praktischen Nachschlagewerke nicht nur als Einzelausgaben, sondern auch zusammen als sog. WP-Premium-Ausgabe zu veröffentlichen.

## 1. WPH Edition

Wie im WP Handbuch angekündigt, fassen wir das theoretische und praktische Know-how der Wirtschaftsprüfer über das vielfältige Spektrum der von ihnen angebotenen Vertrauensleistungen in einer strukturierten Gesamtausgabe von acht Handbüchern zusammen und bereiten es praxisnah auf.

In einem Hauptband (dem WP Handbuch) und sieben Themenbänden finden nicht nur Wirtschaftsprüfer, sondern auch alle anderen an Rechnungslegung, Prüfung und betriebswirtschaftlicher Beratung Interessierten – auch verschiedener Branchen – Rat für den täglichen Umgang mit diesen Themen. Für die praxisorientierten Inhalte stehen Autoren aus dem Berufsstand, die sich durch ihre Kenntnisse in diesen vielfältigen Spezialgebieten auszeichnen.

Der Hauptband eröffnete 2016 die Publikationsreihe; ihm folgt hiermit der Themenband „Assurance“. Bis 2018 erscheinen in der WPH Edition weitere Themenbände zu:

- Rechnungslegung und Prüfung in der Unternehmenskrise,
- Rechnungslegung und Prüfung von Versicherungsunternehmen,
- Bewertung und Transaktionsberatung,
- Rechnungslegung und Prüfung bei Unternehmen der öffentlichen Hand, Non-Profits und besonderen Branchen,
- Rechnungslegung und Prüfung im Bankwesen sowie
- Wirtschaftsrecht in der Wirtschaftsprüfung.

## 2. Themenband „Assurance“

Der Themenband „Assurance“ ist ein Highlight der WPH Edition. Erstmals werden Prüfungsleistungen außerhalb der Abschlussprüfung in einem Werk systematisiert und zusammengefasst.

Assurance-Leistungen dienen dazu, das Vertrauen Dritter in einen durch einen Wirtschaftsprüfer geprüften Sachverhalt zu erhöhen. Prüfungen dieser Art sind teilweise vom Gesetzgeber im HGB oder AktG bzw. in spezialgesetzlichen oder Branchenregelungen festgeschrieben. Derartige Vertrauensleistungen werden aber auch nachgefragt, weil sie in Gesellschaftsstatuten verankert sind oder weil zwischen Vertragsparteien bestehende Informationsasymmetrien abgebaut werden sollen.

Assurance-Leistungen werden ausgeführt, wenn

- Abschlüsse zu prüfen sind, die nach Rechnungslegungsgrundsätzen für einen speziellen Zweck aufgestellt wurden,
- Finanzaufstellungen oder deren Bestandteile überprüft werden sollen,

- Verschmelzungen, Spaltungen oder Formwechsel bei Unternehmen zu prüfen oder
- Prognosen bzw. sonstige zukunftsorientierte Finanzinformationen zu beurteilen sind.

Aufträge zur Prüfung entstehen auch bei der Kontrolle gewährter Zuschüsse, der Bekräftigung ordnungsgemäßer Nachhaltigkeitsberichterstattung oder bei Einzelfragen zur Gründung von Unternehmen, bei Kapitalerhöhungen mit Sacheinlagen oder bei unzulässigen Unterbewertungen.

Zu den Assurance-Leistungen gehören die Systemprüfungen, z.B. von Corporate Governance Systemen, also Risikomanagement-, Compliance- (auch Tax Compliance-), internen Revisions- oder internen Kontrollsystemen einschließlich derer bei externen Dienstleistern.

Softwareprüfungen und projektbegleitende Prüfungen, Prüfungen nach Makler- und Bauträgerverordnung (MaBV), Prüfungen der Vollständigkeitserklärung für in den Verkehr gebrachte Verkaufsverpackungen, aber auch die Prüfung der Systeme zur Einhaltung von Bestimmungen der European Market Infrastructure Regulation (EMIR) runden das breite Spektrum von Assurance-Leistungen ab.

Verwandte Leistungen sind Aufträge zur Erstellung von Abschlüssen, zur Durchführung von vereinbarten Untersuchungshandlungen sowie im Zusammenhang mit Finanzinformationen in Wertpapier- oder Verkaufsprospekten.

Dieses Buch bietet Ihnen

- eine Einordnung und Erläuterung der Bedeutung von Assurance-Leistungen für Wirtschaftsprüfer, Unternehmer und Unternehmen sowie einen Ausblick auf die künftig erwartete Nachfrage nach solchen Leistungen,
- eine Darstellung des prinzipiellen Herangehens an Assurance- und verwandte Leistungen,
- einen – je Leistung – detaillierten Überblick über die konkreten Anforderungen an die derzeit typischen Assurance-Leistungen.

## 3. Wichtige Nutzerhinweise

Die Darstellungen berücksichtigen den Stand der Gesetzgebung, Rechtsprechung und Literatur bis mindestens 01.01.2017. Unsere Autoren haben vielfach auch versucht, den Stand der Diskussion und der Verabschiedung von *IDW Verlautbarungen* bis ins erste Quartal 2017 in ihren Ausführungen aufzugreifen.

Die Berichterstattung über durchgeführte Assurance-Leistungen ist zwar nicht identisch mit jener der Abschlussprüfung, lehnt sich in der Herangehensweise sehr wohl aber daran an. Mit Blick auf das WP Handbuch, das in der WP-Premium-Ausgabe mit diesem Themenband angeboten wird, soll auf Folgendes hingewiesen werden:

- Bei Assurance-Leistungen besteht eine ähnliche Herangehensweise zur Bildung des Prüfungsurteils wie bei Abschlussprüfungen. Mit der sog. *IDW PS 400*er-Reihe werden die künftigen Anforderungen an die Bildung von Prüfungsurteilen von Abschlussprüfern verabschiedet. Dabei wird
  - der *IDW PS 400* Prüfungsurteile zu gesetzlich vorgeschriebenen Prüfungsgegenständen sowie Form und Inhalt des (uneingeschränkten) Bestätigungsvermerks behandeln,
  - der *IDW PS 401* die Mitteilung von sog. besonders wichtigen Prüfungssachverhalten im Bestätigungsvermerk regeln,

- der *IDW PS 405* modifizierte Prüfungsurteile und deren Konsequenzen für den Bestätigungsvermerk aufgreifen und
- der *IDW PS 406* Anforderungen bei der Aufnahme von Hinweisen in den Bestätigungsvermerk darlegen.

Mit Blick auf den Redaktionsschluss wurden Verweise auf den *IDW PS 400* im Buch nicht auf Entwürfe der *IDW PS 400*er-Reihe aufgelöst.

- Die Berichterstattung über Assurance-Leistungen lehnt sich häufig an die im *IDW PS 450* formulierten Grundsätze ordnungsmäßiger Erstellung von Prüfungsberichten an. Der vorliegende Entwurf einer Neufassung (*IDW EPS 450 n.F.*) berücksichtigt insbesondere Änderungen aufgrund der europäischen und deutschen Gesetzgebung (VO (EU) Nr. 537/201, AReG, BilRUG). Auch hier beziehen sich mit Blick auf den Redaktionsschluss die Verweise auf den *IDW PS 450* im Buch nicht auf die Entwurfsfassung.
- Es ist vorgesehen, alle genannten Verlautbarungen bis Ende 2017 zu verabschieden.

Soweit sich bedeutende Entwicklungen bei noch offenen Themen abzeichnen, werden wir die Autoren von Begleitaufsätzen in der Fachzeitschrift „Die Wirtschaftsprüfung" (WPg) bitten, auch auf die entsprechenden Ausführungen in der WPH Edition einzugehen.

## 4. Dank

An dieser Stelle bedanken wir uns bei allen Verfasserinnen und Verfassern sowie deren Mitarbeiterinnen und Mitarbeitern, die zum Gelingen dieses Themenbandes beigetragen haben. Unser Dank geht an alle Mitarbeiterinnen und Mitarbeiter des IDW und des IDW Verlags, die die Verfasserschaft tatkräftig unterstützt haben.

## 5. Verantwortung

Für die Neukonzeption der WPH Edition zeichnet WP StB Melanie Sack verantwortlich, für die fachliche Konzeption dieses Themenbandes WP StB Dr. Klaus-Peter Feld und WP StB Andreas Pöhlmann und für das Projektmanagement Dr. Petra Wiedefeldt.

## 6. Wunsch

Wir hoffen auch diesmal, Sie neugierig gemacht zu haben auf höchstaktuelle Informationen in einem traditionell bewährten Werk für Wirtschaftsprüfer und ihre Mitarbeiter, Bilanzierer, Unternehmenslenker und -aufsichten sowie all jene, für die Rechnungslegung und Prüfung ebenfalls Gegenstand des Interesses sind.

Düsseldorf, im Juni 2017

Prof. Dr. Klaus-Peter Naumann
Vorstandssprecher des IDW

# Inhaltsübersicht

Seite

# Kapitel A

# Assurance Services: Einordnung und Bedeutung für den Berufsstand

Verfasser:
WP StB Dr. Klaus-Peter Feld, Düsseldorf

Mitarbeit:
WP StB Dipl. Kfm. (FH) Andreas Pöhlmann, Düsseldorf

Inhalt Tz.



## 1. Einleitung

1 Der heute zu beobachtende gesellschaftliche und wirtschaftliche Wandel ist sowohl in seinem Ausmaß als auch seiner Geschwindigkeit bemerkenswert. Maßgebliche – und sich gegenseitig verstärkende – Treiber des Wandels sind Digitalisierung und Globalisierung. In den Unternehmen ist vor allem durch das Zusammenwirken von Globalisierung und Digitalisierung weltweit ein Prozess der schöpferischen Zerstörung mit hoher Dynamik zu beobachten. Die Verbreitung von Internet, Breitbandtechnologien, mobilen Endgeräten, leistungsfähigen Analysetools, kontinuierlich steigenden Rechnerkapazitäten, künstlicher Intelligenz u.Ä. gehen einher mit einem exponentiellen Wachstum strukturierter und unstrukturierter Informationen (Big Data), Echtzeitverfügbarkeit von Informationen, Konnektivität und abnehmender Bedeutung von Raum-/Zeitgrenzen. Beschleunigt werden hierdurch alle Formen der Wertschöpfung (insb. Arbeitsteilung, Automatisierung, Standardisierung, Auslagerung) ebenso wie die Herausbildung neuer, bisher unbekannter Geschäftsmodelle (z.B. basierend auf Daten als „Ressource") oder das Verschwimmen tradierter Branchengrenzen durch das Auftreten neuer, bis dato als „branchenfremd" angesehener Anbieter.

2 Die vorstehende Entwicklung begründet für Unternehmen nahezu aller Branchen und Größenklassen grundlegende Herausforderungen. Häufig sind Anpassungsmaßnahmen von erheblicher Tragweite und hoher Geschwindigkeit erforderlich, um die Chancen aus Digitalisierung und Globalisierung zu nutzen bzw. deren Risiken zu bewältigen. Generell gilt, dass die fortschreitende Arbeitsteilung, wie sie aus der Automatisierung von Tätigkeiten, der Verlagerung in Shared Service Center im In- oder Ausland oder aus dem Outsourcing in sämtlichen Erscheinungsformen (einschl. Inanspruchnahme von Cloud-

Angeboten) resultiert, die Schnittstellen zwischen internem und externem Unternehmensgeschehen signifikant ausweitet und damit den Fokus auf ein angemessenes Management der direkten und indirekten Schnittstellenrisiken in ihrer unterschiedlichsten Facetten lenkt.

**Beispiel 1:**

Solche Risikofaktoren resultieren bspw. aus
- der Anonymität neu hinzutretender Transaktionspartner
  - Beurteilbarkeit der Leistungsfähigkeit
  - laufende Überwachung der Arbeitsqualität
  - Gewährleistung ausreichender Einflussmöglichkeiten
  - Durchsetzung von Ansprüchen
- der Nutzung des Internets als Medium zur Kommunikation zwischen Unternehmensinnen- und -außenwelt
  - Verfügbarkeit der Leistung
  - Wahrung der Vertraulichkeit
  - Anfälligkeit gegen Hacker-Attacken und andere Spielarten von Cyber-Kriminalität
  - Einhaltung von Datenschutz- und weiteren rechtlichen Anforderungen.

Vor diesem Hintergrund prägen Arbeitsteilung, Komplexität, internationale Vernetzung, IT und Digitalisierung als wettbewerbsrelevante Ressource, Volatilität von Geschäftsmodellen u.v.m. – und damit Entscheidungssituationen, die mehr denn je durch Unsicherheit geprägt sind – auch zunehmend die Agenda der jeweils für Unternehmensführung und -überwachung Verantwortlichen. Dies gilt auch und gerade für die Funktionen des Finanzvorstands auf Management- und des PrA auf Überwachungsebene. Beide sind unter den geänderten Rahmenbedingungen deutlich stärker als früher mit Aspekten der Unternehmensperformance, des Risikomanagements sowie der System- und Prozesseffizienz befasst, während Rechnungslegung im Sinne vergangenheitsorientierter Finanzinformationen relativ an Bedeutung eingebüßt hat. Gleichzeitig ist auf Management- und Aufsichtsebene ein wachsendes Bewusstsein für die potentiellen Reputations- und Haftungsrisiken zu beobachten, die aus einer unzureichenden Corporate Governance erwachsen können. 3

Mit diesen Entwicklungen gehen umfangreiche juristische und betriebswirtschaftliche Fragestellungen, prozessuale Veränderungen, Überlegungen zu Shared Service Centern sowie auch komplexe Geschäftsvorfälle mit zahlreichen Schnittstellen einher, die in der Rechnungslegung abzubilden sind. Es entstehen zugleich vielfältige neuen Chancen, aber auch neuartige Risiken, die eines angemessenen Managements bedürfen. Für die Unternehmen wird es daher umso wichtiger, einen **kompetenten Ansprechpartner** an ihrer Seite zu haben, der sie sowohl beratend als auch prüfend unterstützen kann. 4

WP können die Unternehmen und deren Organe durch diverse Dienstleistungen wirksam unterstützen und begleiten. Die Relevanz des WP wird dabei verstärkt durch den Wertbeitrag definiert, den seine Dienstleistungen für die Lösung der Herausforderungen, vor denen die Unternehmen stehen, zu erbringen vermögen. Gefragt sind insb. vertrauensbildende Dienstleistungen für diejenigen Personengruppen, die zu den unmittelbaren Stakeholdern der Arbeit des WP gehören. Assurance- und andere Leistun- 5 gen von WP können zugleich auch den Nachweis der angemessenen Beachtung der Sorgfaltspflichten durch die Unternehmensorgane erleichtern.

Das Markenzeichen „Wirtschaftsprüfer" muss in der Außenwirkung auch für Assurance- und Beratungsleistungen als Signal für eine hohe Qualität und Belastbarkeit der Leistungen wahrgenommen werden, die dazu beiträgt, das Vertrauen zwischen den Marktteilnehmern zu stärken.

## 2. Einordnung von Assurance-Leistungen in das Leistungsangebot des Wirtschaftsprüfers

### 2.1 Kompetenzen aus der Abschlussprüfung als Basis für Assurance-Leistungen

6 Aufgrund ihrer Ausgestaltung als Vorbehaltsaufgabe für den WP und der expliziten Verankerung als Kern des Berufsbilds (§ 2 Abs. 1 WPO) steht die (gesetzliche) Abschlussprüfung nach wie vor im Zentrum der WP-Tätigkeit.

7 Vor allem die i.R.d. Abschlussprüfung entwickelten Fähigkeiten und Kenntnisse des WP sind bei prüfungsnahen Dienstleistungen und Beratungsaufträgen ein besonderes Qualitätsmerkmal. Sie bieten eine wesentliche Grundlage und den Ausgangspunkt für die Gestaltung neuartiger und die Weiterentwicklung bestehender Dienstleistungen, seien sie prüferischer oder beratender Art[1]. Diese profitieren wiederum von

- der für die Abschlussprüfung erforderlichen Vielfalt methodischer und fachlicher Kenntnisse,
- den aus der Umsetzung des risikoorientierten Prüfungsansatzes im Einzelfall und allgemein folgenden Einblicken in unterschiedlichste Unternehmen, Geschäftsmodelle und Branchen,
- der Vertrautheit mit (IT-gestützten) IKS und anderen Systemen für Risikomanagement und -steuerung sowie mit Geschäftsprozessen,
- dem Einsatz innovativer, die Analyse- und Erkenntnismöglichkeiten erweiternden Technologien

sowie nicht zuletzt

- vom besonderen öffentlichen Vertrauen, das der Abschlussprüfung entgegengebracht wird und das auf die Tätigkeit des WP insgesamt abstrahlt[2].

8 Die Prüfungskenntnisse des WP fördern somit die Möglichkeit zur Erbringung von Dienstleistungen, bei denen der Markt dem Berufsstand einen Kompetenzvorsprung und ein Alleinstellungsmerkmal zubilligt.

- Durch seine Kenntnisse aus der Prüfung verfügt der WP über eine hohe Analysekompetenz, die er insb. bei Beratungsleistungen einsetzen kann.
- Bei der Durchführung von Abschlussprüfungen erhält der WP tiefe Einblicke in unterschiedliche Branchen und Unternehmen, um damit ein gezieltes Benchmarking für einzelne Unternehmen oder Prozesse anbieten zu können.
- Der WP erfüllt durch sein Ausbildungsniveau und die Pflicht zur regelmäßigen Fortbildung einen sehr hohen Qualitätsanspruch, welcher durch die Berufspflichten, eine

1 *Klein/Naumann*, WPg 2015, S. 561 (563).
2 Siehe auch ISAE 3000.12 (b) (Rev.), A9.

Qualitätssicherung und -kontrolle sowie durch die Berufsaufsicht fortlaufend gesichert wird[3].

Die genannten Kompetenzen sind nicht nur einseitig zu sehen, sondern ergänzen sich gegenseitig. Kenntnisse und Fähigkeiten aus der Abschlussprüfung, den Assurance- und den Beratungsleistungen profitieren voneinander und üben positive Effekte auf die jeweils andere Tätigkeit aus. 9

> **Hinweis 1:**
>
> Dienstleistungen des WP sind im Anhang zum JA des Unternehmens als Abschlussprüfungsleistung i.S.v. § 285 Nr. 17 Buchst. a HGB zu erfassen, wenn sie i.R.d. Abschlussprüfung genutzt werden. Vom APr. genutzt werden können Prüfungsleistungen, die einen direkten inhaltlichen Bezug zum Gegenstand der Abschlussprüfung haben und Prüfungsnachweise für die Abschlussprüfung liefern (z.B. prüferische Durchsichten von Zwischenabschlüssen, Prüfungen von internen Kontrollen bei Auslagerung von Dienstleistungen, projektbegleitende Prüfungen IT-gestützter rechnungslegungsbezogener Systeme und forensische Untersuchungen bei festgestellten Verstößen, die sich auf die Rechnungslegung auswirken können)[4]. Die Klassifizierung einer Dienstleistung des WP als Abschlussprüfungsleistung hat eine Auswirkung auf den sog. Cap. Demnach sind die Gesamthonorare für erlaubte Nichtprüfungsleistungen des APr. auf maximal 70% des Durchschnitts der in den letzten drei aufeinanderfolgenden GJ an den APr. für die Abschlussprüfung durchschnittlich gezahlten Honorare begrenzt (Art. 4 Abs. 2 VO (EU) Nr. 537/2014)[5].

## 2.2 Kategorisierung von Assurance-Leistungen

### 2.2.1 Überblick

Das **Leistungsangebot** des WP zeichnet sich durch eine dynamische Weiterentwicklung, die dem Wandel der Marktbedürfnisse Rechnung trägt, sowie durch zunehmende Ausdifferenzierung und Erweiterung aus. 10

WP müssen ihre Fähigkeiten, Kenntnisse und Strukturen an die neuen Herausforderungen anpassen. Neben den etablierten Dienstleistungen ergeben sich so für die WP auch neue Betätigungsfelder, die von den Unternehmen nachgefragt und vom Berufsstand als neue Dienstleistungen angeboten werden. Dabei wird – entsprechend den Erfahrungen aus diversen Regulierungsdiskussionen, in denen immer wieder das Verhältnis zwischen Prüfungs- und Beratungstätigkeit hinterfragt wurde – der Schwerpunkt auf solchen Dienstleistungen liegen, für deren Erbringung durch den Berufsstand die gesellschaftliche Akzeptanz erwartet bzw. mit guten Argumenten eingeworben werden kann. Das sind insb. Dienstleistungen, mit denen der WP aufgrund seines hohen Ausbildungsniveaus und seiner hohen fachlichen Qualität dazu beiträgt, bei den Marktteilnehmern Vertrauen zu schaffen (**Vertrauensdienstleistungen**). Ein Großteil des heutigen (und künftigen) Leistungsspektrums des Berufsstands wird sich an diesem Kriterium messen lassen müssen. 11

---

3 *Klein/Naumann*, WPg 2015, S. 561 (562).

4 *IDW RS HFA 36*, Tz. 12a.

5 Vgl. *IDW*, WPH Edition, Wirtschaftsprüfung & Rechnungslegung[15], Kap. A Tz. 136 ff.

**Beispiel 2:**

Zu den Vertrauensleistungen gehören z.B.
- die Unterstützung von AR im Bereich „Governance, Risk und Compliance" (GRC),
- Assurance-Leistungen bei Outsourcing und Cloud Computing,
- Prozessverbesserungen durch Benchmarking oder Best-Practice-Analysen sowie
- Datenanalysen im Big-Data-Umfeld[6].

**12** Abweichend von dem in § 2 Abs. 1 WPO verwandten Terminus der betriebswirtschaftlichen Prüfungen hat sich im praktischen Sprachgebrauch mittlerweile der Begriff **„Assurance"** auch in Deutschland durchgesetzt. Unter Assurance-Leistungen werden Leistungen verstanden, bei denen WP auf Grundlage eines Soll-Ist-Vergleichs ein Urteil (bspw. in Form einer Bescheinigung oder einer anderen schriftlichen Erklärung) abgibt, um das Vertrauen der vorgesehenen Nutzer in Sachverhaltsinformationen zu erhöhen. Durch das Urteil einer sachverständigen und unabhängigen Partei soll mithin die Verlässlichkeit von Informationen bestätigt und damit Vertrauen Dritter in die Informationen gestärkt werden.

**13** Assurance-Leistungen können zum einen – wie bei der Abschlussprüfung – die externe Rechnungslegung des Unternehmens zum Gegenstand haben, die aber in einem Urteil münden, das mit einem **anderen Sicherheitsgrad** als bei der Abschlussprüfung getroffen wird, z.B. prüferische Durchsicht (Review) von Quartals- oder Halbjahresabschlüssen[7]. Zum zweiten existieren – sei es im Einzelfall auf gesetzlicher Grundlage oder aufgrund freiwilliger Vereinbarung – Assurance-Leistungen zu anderen (historischen oder prospektiven) Finanzinformationen als der nach Gesellschafts- oder Kapitalmarktrecht vorgeschriebenen periodischen Rechnungslegung (z.B. zu sog. Pro-Forma-Abschlüssen i.Z.m. Börsentransaktionen). Schließlich kann der Gegenstand von Assurance-Leistungen von Finanzinformationen wesensverschieden sein, so etwa bei der Prüfung von sog. Compliance Management-Systemen (CMS), einer eigenständigen Beurteilung des rechnungslegungsbezogenen IKS außerhalb der Abschlussprüfung, der Beurteilung des IKS eines Outsourcing-Dienstleisters zugunsten des auslagernden Unternehmens und für dessen Abschlussprüfer oder die Prüfung von Software auf die Einhaltung funktionaler und technischer Anforderungen. Gemeinsam ist diesen Leistungen, dass sie in aller Regel Know-how erfordern, das auch für die Abschlussprüfung notwendig ist, und zwar in Gestalt entweder fundierter Rechnungslegungsexpertise oder Kenntnissen über die prüferische Methodologie und den Einsatz prüferischer Werkzeuge oder der Kombination beider Kompetenzbereiche.

**14** Hinzu tritt, dass WP aufgrund der unternehmensindividuellen Kenntnisse und Einblicke, die bei der Durchführung von Abschlussprüfungen und Assurance-Aufträgen unterschiedlicher Art gewonnen werden, auch **qualifizierte Beratungsleistungen** auf einem breiten Spektrum von Sachgebieten anbieten können. Die Lösungen, die WP entwickeln, können dabei häufig in besonderem Maß der unternehmensindividuellen Situation Rechnung tragen. Insoweit beeinflusst das jeweilige Assurance-Angebot zu-

6 *Klein/Naumann*, WPg 2015, S. 561 (564).

7 Vgl. Tz. 18.

gleich das Beratungsspektrum und die Ausrichtung von Beratungsleistungen des einzelnen WP.

**Assurance-Leistungen und ähnliche Tätigkeiten**

| Finanzinformationen als Beurteilungsgegenstand | |
|---|---|
| Review (prüferische Durchsicht) | Prüfung von Finanzaufstellungen oder deren Bestandteilen |
| Prüfung von Abschlüssen für spezielle Zwecke | Prüfung von Umwandlungen |

| Andere Beurteilungsgegenstände | |
|---|---|
| Gesellschaftsrechtliche Sonderprüfungen | Prüfung von Systemen und Funktionen im Bereich der Unternehmens-steuerung und -überwachung |
| Prüfung im Zusammenhang mit dem IT-Einsatz im Unternehmen | Bestätigungs- bzw. bestätigungsähnliche Leistungen bei Kapitalmarkttransaktionen |

Abb. 1: Überblick über wichtige Assurance-Leistungen (Beispiele)[8]

### 2.2.2 Finanzinformationen als Beurteilungsgegenstand

Abzugrenzen von der Abschlussprüfung ist die **prüferische Durchsicht** (Review) von 15
Abschlüssen[9]. Hierbei handelt es sich um eine kritische Würdigung auf der Grundlage von Befragungen und Plausibilitätsüberlegungen. Ziel ist es, die Glaubhaftigkeit der in den Abschlüssen enthaltenen Informationen zu erhöhen, allerdings wird ein geringerer Sicherheitsgrad für die Aussage des Prüfers angestrebt als bei einem mit hinreichender Sicherheit zu treffenden Prüfungsurteil, wie es bei der Abschlussprüfung der Fall ist[10]. Vielmehr muss beim Review der WP nach kritischer Würdigung mit einer gewissen Sicherheit[11] ausschließen können, dass der Abschluss in wesentlichen Belangen nicht in Übereinstimmung mit den angewandten Rechnungslegungsgrundsätzen erstellt worden ist (negativ formulierte Aussage). Typische Anwendungsfälle eines Reviews sind der Zwischenabschluss oder ein Halbjahresfinanzbericht eines zum Geschäftsjahresende geprüften Unternehmens oder der nicht prüfungspflichtige Abschluss oder das sog. Reporting Package für ein TU, das in den KA der Mutter einbezogen werden.

Aufträge für Prüfungen, die in die Kategorien „Prüfung von Abschlüssen, die nach 16
Rechnungslegungsgrundsätzen für einen speziellen Zweck aufgestellt wurden (*IDW*

8 *IDW*, WPH Edition, Wirtschaftsprüfung & Rechnungslegung[15], Kap. A Tz. 23.

9 Ausführlich zur prüferischen Durchsicht siehe *IDW*, WPH Edition, Wirtschaftsprüfung & Rechnungslegung[15], Kap. P.

10 *IDW PS 900*.

11 Die im *IDW PS 900* verwendete Bezeichnung „gewisse Sicherheit“ wird mittlerweile als „begrenzte Sicherheit“ übersetzt.

*PS 480*)“ (z.B. nach steuerlichen Gewinnermittlungsvorschriften) oder „Prüfung von Finanzaufstellungen oder deren Bestandteilen (*IDW PS 490*)“ (z.B. stichtagsbezogene Vermögensaufstellung ohne korrespondierende periodenbezogene Erfolgsrechnung) fallen, ermöglichen dem Auftraggeber weitgehende Freiheitsgrade bei der Festlegung des Prüfungsgegenstands und den darin abgebildeten Informationen[12].

So können WP auch dann ein Urteil abgeben, wenn **Abschlüsse** nicht nach allgemein anerkannten, den gemeinsamen Informationsbedürfnissen einer Vielzahl unterschiedlicher Adressatengruppen dienenden Rechnungslegungsgrundsätzen (HGB oder IFRS), sondern nach Normen **für einen speziellen Zweck** aufgestellt wurden, d.h. auf die spezifischen Informationsbedürfnisse ausgewählter Adressaten ausgerichtet sind. Gleiches gilt, wenn aufgrund der Umstände des Einzelfalls auf einen vollständigen Abschluss, der definitionsgemäß aus mehreren Finanzaufstellungen (z.B. Bilanz *und* GuV, Vermögensaufstellung *und* Einnahmen-Ausgaben-Rechnung) besteht, verzichtet werden kann[13].

Gegenstand eines Auftrags zur **Prüfung von Finanzaufstellungen oder deren Bestandteilen** können also bspw. ein bestimmtes Konto oder ein bestimmter Abschlussposten sein, aber auch in sich geschlossene, eigenständige Abschluss-Bestandteile (Bilanz, GuV, Kapitalflussrechnung, EK-Spiegel, Segmentberichterstattung). Sofern die Finanzaufstellungen zugleich nach speziellen Rechnungslegungsgrundsätzen aufgestellt wurden, ist neben *IDW PS 490* zugleich *IDW PS 480* einschlägig (z.B. Steuerbilanz nach Maßgabe spezieller steuerlicher Gewinnermittlungsvorschriften).

**17** Auch **Umwandlungsprüfungen** gehören zu den Assurance-Leistungen[14]. Umwandlungen und deren Prüfung sind abschließend im Umwandlungsgesetz (UmwG) und für die dort vorgesehenen Möglichkeiten der Umwandlung geregelt:

- Verschmelzung
- Spaltung
- Vermögensübertragung
- Formwechsel.

Im Sinne der Differenzierung von Assurance-Leistungen zwischen Finanzinformationen und anderen Informationen als Beurteilungsgegenstand handelt es sich bei den umwandlungsrechtlichen Prüfungen allerdings i.d.R. um hybride Aufträge, d.h. solche, die beide Auftragstypen in sich vereinigen, indem neben Finanzinformationen auch andersartige Prüfungsgegenstände vorgesehen werden. So schreibt das UmwG bspw. die Prüfung des Verschmelzungsvertrags, der Angemessenheit der Barabfindung oder der Bilanz des übertragenden Rechtsträgers vor. Die umwandlungsrechtlichen Prüfungen verfolgen vor allem Schutzzwecke. Sichergestellt werden soll, dass die Rechtspositionen von Gläubigern und Anteilseignern nicht dadurch beeinträchtigt werden, dass Vermögen zwischen bislang existierenden oder neu entstehenden selbständigen Rechtsträgern verlagert wird.

12 Ausführlich dazu Kap. D.

13 Weitere Beispiele: *IDW PS 480*, Tz. A2.

14 Ausführlich dazu Kap. E.

### 2.2.3 Andere Beurteilungsgegenstände

Zu den Assurance-Leistungen mit anderen Beurteilungsgegenständen als Finanzinformationen gehört ein **breites Spektrum von Prüfungsleistungen**. Soweit diese Prüfungen nicht gesetzlich vorgeschrieben sind, handelt es sich vor allem um sich dynamisch fortentwickelnde Angebote, die auf die im Wandel befindlichen wirtschaftlichen Rahmenbedingungen für die Unternehmen und die infolge neu entstehenden Bedarfe seiner Mandanten reagieren (vgl. auch Tz. 10 ff.). Die nachfolgend nur kurz angesprochenen und ausgewählten Leistungen werden in den Kapiteln dieses Bandes der WPH Edition detailliert erläutert. 18

#### 2.2.3.1 Prüfung von Systemen und Funktionen der Unternehmenssteuerung und -überwachung[15]

Entsprechende neue Assurance-Leistungen bilden sich zum einen im Bereich der **Systemprüfung** i.w.S. heraus. Vor allem aufgrund der dargestellten und künftigen Trends (vgl. Tz. 1 ff.) werden hergebrachte aufbau- und ablauforganisatorische Strukturen der Unternehmen vermehrt in Frage gestellt und – bspw. infolge der Auslagerung von Geschäftsprozessen – angepasst. Mit entsprechenden Anpassungsmaßnahmen geht häufig die Überprüfung, Modifikation oder Neueinrichtung von Systemen der Unternehmenssteuerung und -überwachung (Corporate Governance) einher; sie können Anlass für eine externe Evaluierung des Systems durch einen WP geben. Dabei ist die Reichweite derartiger Systemprüfungen variabel und kann somit an die Bedürfnisse des Einzelfalls angepasst werden. Konzeptionell und methodisch folgen Systemprüfungen in weiten Teilen der Beurteilung des rechnungslegungsbezogenen IKS i.R.d. Abschlussprüfung, sodass sich auch hierin die positiven Impulse der Abschlussprüfung für das breitere Spektrum der Vertrauensleistungen zeigen. 19

Eine lebhafte Nachfrage haben in den letzten Jahren Aufträge zur Prüfung von **Compliance Management Systemen** (CMS) nach *IDW PS 980* erlebt. Auslöser waren verschiedene medienwirksame Korruptions- und Bestechungsskandale und andere Vorfälle i.Z.m. Verstößen gegen einschlägige Rechtsvorschriften bzw. Verhaltensregeln, die für die betroffenen Unternehmen zu teilweise empfindlichen wirtschaftlichen Nachteilen und Reputationsschäden geführt haben. Hierdurch ist die Frage, wie in Unternehmen ein rechtkonformes Handeln sichergestellt oder zumindest unterstützt werden kann, verstärkt in den Blickpunkt von Management und Aufsichtsorganen gerückt. Für diesen Personenkreis kann die Beauftragung von WP mit CMS-Prüfungen den Nachweis der Beachtung einschlägiger Organisations- und Sorgfaltspflichten erleichtern[16]. 20

Ein **CMS** wird gebildet aus den eingeführten Grundsätze und Maßnahmen eines Unternehmens, die auf die Sicherstellung eines regelkonformen Verhaltens der am Unternehmen Beteiligten, d.h. die Einhaltung der Unternehmensregeln abzielen[17]. Die Verantwortung für das CMS und die Inhalte der CMS-Beschreibung liegt bei den gesetzlichen Vertretern des Unternehmens. Um Sicherheit über die internen Strukturen zu erhalten oder um nach außen hin ein funktionierendes System dokumentieren zu können, bieten WP den Unternehmen in Ziel und Tiefe verschiedene Prüfungen an: 21

---

15 Ausführlich dazu Kap. K.

16 Gem. § 107 Abs. 3 S. 2 AktG hat sich der AR bzw. der PrA mit der Überwachung von RMS, IKS und IRS zu befassen.

17 Vgl. hierzu und im Folgenden: *IDW PS 980*, Tz. 6.

- Angemessenheitsprüfung:
  zusätzlich zur Konzeption wird geprüft, ob die dargestellten Grundsätze und Maßnahmen geeignet sind, Risiken zu erkennen bzw. Regelverstöße zu verhindern und ob die Grundsätze und Maßnahmen zu einem bestimmten Zeitpunkt implementiert waren
- Wirksamkeitsprüfung:
  zusätzlich wird die Wirksamkeit der Grundsätze und Maßnahmen innerhalb eines bestimmten Zeitraums geprüft.

**22** Dabei liegen einer Prüfung des CMS i.d.R. einzelne Teilbereiche zugrunde, die sich aus Geschäftsprozessen (bspw. Vertragsmanagement oder Einkauf), aus Rechtsgebieten (bspw. dem Wettbewerbsrecht) oder aus Funktionen (bspw. Tax Compliance) ableiten lassen.

**23** Ein funktionierendes **IKS** ist für jedes Unternehmen von wesentlicher Bedeutung. Mit Größe, Komplexität und Grad der Arbeitsteiligkeit steigt i.d.R. die Notwendigkeit für explizite und differenzierte Regelungen und Maßnahmen (bspw. Berechtigungskonzepte, Funktionstrennung, Abstimmhandlungen u.Ä.), die in ihrer jeweiligen Gesamtheit das IKS bilden. Umfang und Tiefe der Befassung des APr. mit dem rechnungslegungsbezogenen IKS können von Fall zu Fall variieren und hängen von diversen Faktoren ab. Hierzu gehören bspw. Wesentlichkeitsüberlegungen, die Einschätzung von inhärentem und Kontrollrisiko oder die Abhängigkeit von Funktionsprüfungen von der Einschätzung der Angemessenheit des IKS oder der Frage, ob alternative Prüfungshandlungen bei gleicher Aussagesicherheit als effizienter anzusehen sind. Diese Variabilität folgt letztlich aus der spezifischen Aufgabe der Abschlussprüfung, bei der die Auseinandersetzung mit dem rechnungslegungsbezogenen IKS vor allem zum Zweck der Abgabe eines Urteils zum Abschluss ist, nicht aber ein selbstständiges Beurteilungs- und Berichtsobjekt bildet, wie es z.B. nach dem PCAOB-Standard AS 5[18] der Fall wäre. Besteht hierfür Bedarf, können WP indes mit einer eigenständigen Prüfung des IKS betraut werden. Auch diese Systemprüfung ist als Angemessenheits- oder darüber hinausgehende Wirksamkeitsprüfung ausgestaltbar.

**24** Steigende Anforderungen an ein **RMS** sind auf ein intensiveres Wettbewerbsumfeld, volatiler gewordene Geschäftsmodelle, besonders in bestimmten Branchen (z.B. Kreditwirtschaft) restriktivere regulatorische Vorgaben, aber auch die wachsende Abhängigkeit von externen Einflüssen auf Beschaffungs- und Absatzmärkten und von technischen Entwicklungen und ähnlichen Faktoren zurückzuführen. Für Unternehmen ist es unerlässlich, die unternehmenseigenen Risiken, unabhängig ob strategisch oder operativ, zu kennen und zu steuern. Der Prüfungsgegenstand kann nach Risikofeldern, Prozessen, Regionen oder Unternehmensbereichen abgegrenzt werden. Der WP kann aus seiner Erfahrung als APr. hilfreiche Analysen erstellen und beurteilen, ob ein so abgegrenztes RMS geeignet ist, alle relevanten Risiken zu erfassen. Wichtig für die Unternehmensleitung kann dabei eine Dokumentation der Pflichterfüllung sein, um im Bedarfsfall entsprechende Nachweise ggü. unterschiedlichen Anspruchsgruppen führen zu können.

---

18 An Audit of Internal Control Over Financial Reporting That Is Integrated with An Audit of Financial Statements (Auditing Standard No. 5), Public Company Accounting Oversight Board, https://pcaobus.org/Standards/Auditing/pages/auditing_standard_5.aspx (abgerufen am 22.02.2017).

Die **Interne Revision** ist eine unternehmensinterne Funktion. Aufgabe ist die unabhängige, prüfende, beurteilende und beratende Tätigkeit zur Erreichung der Unternehmensziele. Dazu bewertet sie die Wirksamkeit des RMS, des Steuerungs- und Überwachungssystems einschl. des IKS[19]. Mit wachsender Kompliziertheit der betrieblichen Prozesse und des Rechnungswesens ist eine wirksame Interne Revision von wesentlicher Bedeutung. Sie hat auch Bedeutung für die Abschlussprüfung, da eine wirksame Interne Revision das Risiko verringert, dass Fehler mit Rechnungslegungsrelevanz unentdeckt bleiben[20]. Gleichwohl kann es sinnvoll sein, dass ein WP eine neutrale und unabhängige Beurteilung der Wirksamkeit des Internen Revisionssystems auch außerhalb der Abschlussprüfung vornimmt. So kann sich die Unternehmensleitung auf diese Überwachungsinstrumente verlassen und der AR erhält angemessene Informationen für die Überwachung der Geschäftsführung. 25

### 2.2.3.2 Prüfungen im Zusammenhang mit dem IT-Einsatz im Unternehmen[21]

§§ 238, 239 und 257 HGB formulieren die Anforderungen an die Führung der Handelsbücher. Sofern diese mittels IT-gestützter Systeme geführt werden, ergeben sich besondere Risiken. *IDW RS FAIT 1* konkretisiert die Anforderungen und Risiken. Im Rahmen der Abschlussprüfung ist das **IT-System** des Unternehmens, als Teil des IKS, insoweit zu prüfen, als rechnungslegungsrelevante Daten erzeugt werden. „Ziel der IT-Systemprüfung ist die Beurteilung der IT-Fehlerrisiken, d.h. des Risikos wesentlicher Fehler im IT-System, soweit diese rechnungslegungsrelevant sind“[22]. Eine solche Prüfung kann auch außerhalb der Abschlussprüfung sinnvoll sein und von Unternehmen beauftragt werden. Zudem ist es möglich, nicht nur den rechnungslegungsrelevanten Teil, sondern einen davon abweichenden Bereich des IT-Systems zu überprüfen. 26

Haben Unternehmen betriebliche Prozesse und Funktionen, z.B. die Personalabrechnung, auf andere Dienstleistungsunternehmen ausgelagert, sind gleichwohl die resultierenden Anforderungen an die Führung der Handelsbücher einzuhalten (*IDW RS FAIT 5*). Die damit im Zusammenhang stehenden möglichen Risiken sind allerdings vielfältiger, insb. falls der Einsatz von **Cloud Computing** hinzutritt. Beim **IT-Outsourcing** sind Aufgaben, Rollen und Verantwortlichkeiten zwischen auslagerndem Unternehmen und Dienstleistungsunternehmen vollständig und transparent zuzuordnen. Ansonsten besteht, neben rechtlichen Risiken, bspw. das Risiko, dass Sicherheitsanforderungen nicht eingehalten werden. Die Einhaltung der Anforderungen kann ein gesonderter Auftragsgegenstand sein. 27

Die Prüfung von **Softwareprodukten** (*IDW PS 880*) erfolgt beim Softwarehersteller, um eine Aussage zu ermöglichen, ob das Produkt den funktionalen Anforderungen entspricht. Die zugrunde zu legenden Kriterien können dabei gesetzlich, regulatorisch oder eigendefiniert sein. 28

Der Gegenstand von **projektbegleitenden Prüfungen von IT-Projekten** (*IDW PS 850*) ist die fortlaufende Beurteilung der Projektergebnisse unter Ordnungsmäßigkeits-, Si- 29

19 Vgl. *IDW PS 321*, Tz. 1.
20 *IDW PS 321*, Tz. 12.
21 Ausführlich dazu Kap. M, N und O.
22 *IDW PS 330*, Tz. 9.

cherheits- und Kontrollgesichtspunkten[23]. Dadurch können potentielle Risiken in Projekten frühzeitig erkannt und kommuniziert werden. Die Verantwortung für die IT-Systeme, und damit zugleich für die Änderung oder Erweiterung trägt hingegen die Unternehmensleitung, die aufgrund der durch den Prüfer kommunizierten Risiken entsprechende Sicherungsmaßnahmen einleiten kann.

#### 2.2.3.3 Gesellschaftsrechtliche Sonderprüfungen

30 Zum klassischen Angebot sonstiger Assurance-Leistungen gehören die **gesellschaftsrechtlichen Sonderprüfungen**[24]. Viele gesellschaftsrechtliche Sonderprüfungen sind im AktG geregelt. Ihnen ist gemeinsam, dass sie an einen Vorgang geknüpft sind, der eine besondere Schutzwürdigkeit der Adressaten, wie Kapitalgeber und Gläubiger, auslöst. Die Bedeutung der Prüfung liegt in der Schaffung von Vertrauen zwischen den Marktteilnehmern.

Im Rahmen der **Gründungsprüfung**[25] ist der Hergang der Prüfung zu prüfen. Eine externe Prüfung ist nur unter den Voraussetzungen des § 33 Abs. 2 AktG erforderlich, bspw. wenn ein Mitglied des Vorstands oder AR zu den Gründern gehört oder für deren Rechnung Aktien übernommen wurden oder – unter den weiteren Voraussetzungen des § 33a AktG – eine Gründung mit Sacheinlagen oder Sachübernahmen erfolgt. Der Umfang der Prüfung ist in § 34 AktG festgelegt und erstreckt sich insb. darauf, ob die Angaben der Gründer in ihrem Gründungsbericht richtig und vollständig sind und ob der Wert der Sacheinlagen oder Sachübernahmen den geringsten Ausgabebetrag der dafür zu gewährenden Aktien oder den Wert der dafür zu gewährenden Leistungen erreicht.

Eine **Nachgründungsprüfung**[26] gem. § 52 AktG erstreckt sich hingegen nicht auf den gesamten Hergang der Prüfung, sondern auf die die Nachgründung auslösenden Verträge[27].

Prüfungen im Zusammenhang mit Kapitalbeschaffungsmaßnahmen[28] erstrecken sich bei Kapitalerhöhungen mit Sacheinlagen auf die Ausgeglichenheit von Leistung und Gegenleistung.

Die **allgemeine Sonderprüfung nach § 142 AktG** wiederum bezieht sich auf bestimmte Vorgänge im Zusammenhang mit der Gründung (bspw. einzelne unaufgeklärte Gründungsvorgänge) oder der Geschäftsführung wie auf Maßnahmen der Kapitalbeschaffung und Kapitalherabsetzung.

Besteht Anlass für die Annahme, dass bei einem festgestellten JA bestimmte Posten nicht unwesentlich unterbewertet sind oder der Anhang die vorgeschriebenen Angaben nicht oder nicht vollständig enthält und diese auch nicht an anderer Stelle erfolgen, bestellt das Gericht auf Antrag einen Sonderprüfer wegen **unzulässiger Unterbewertung oder Unvollständigkeit des Anhangs**[29].

23 *IDW PS 850*, Tz. 13.
24 Ausführlich dazu Kap. J.
25 § 33 Abs. 2 AktG.
26 § 52 Abs. 4 AktG i.V.m. § 33 Abs. 3 bis 5, §§ 34, 35 AktG.
27 Vgl. Kap. J.
28 Prüfung der Sacheinlagen bei Kapitalbeschaffungsmaßnahmen § 183 Abs. 3, § 194 Abs. 4, § 205 Abs. 5, § 206, § 209 Abs.1 u. 3 AktG; Prüfung der Kapitalerhöhung aus Gesellschaftsmitteln § 57e und f Abs. 2 GmbHG.
29 §§ 258 Abs. 1 AktG i.V.m. §§ 259 bis 261a AktG.

Die Prüfung des **Abhängigkeitsberichts**[30], die bei prüfungspflichtigen Unternehmen zusammen mit der Jahresabschlussprüfung erfolgt, erstreckt sich darauf, ob

- die tatsächlichen Angaben des Berichts richtig sind,
- bei den im Bericht aufgeführten Rechtsgeschäften nach den Umständen, die im Zeitpunkt ihrer Vornahme bekannt waren, die Leistung der Gesellschaft nicht unangemessen hoch war; soweit sie dies war, ob die Nachteile ausgeglichen worden sind,
- bei den im Bericht aufgeführten Maßnahmen keine Umstände für eine wesentlich andere Beurteilung als die durch den Vorstand sprechen.

**Weitere Sonderprüfungen** sind bspw. die Prüfung von Unternehmensverträgen[31], die Prüfung von Barabfindungen beim Squeeze-out[32] oder die Prüfung der Eingliederung einer AG in eine andere AG[33]. 31

### 2.2.3.4 Bestätigungs- bzw. bestätigungsähnliche Leistungen bei Kapitalmarkttransaktionen[34]

Zur Vorbereitung von **Kapitalmarkttransaktionen** werden meist Prospekte erstellt, in denen zur Information potenzieller Erwerber von Wertpapieren Abschlüsse und weitere Finanzangaben der Emittenten wiedergegeben sind. Prospektverantwortliche sind typischerweise neben dem Emittenten die Emissionsbanken. 32

WP können damit beauftragt werden, **Verkaufsprospekte** über Vermögensanlagen zu beurteilen, d.h. mit hinreichender Sicherheit festzustellen, ob die für eine Anlageentscheidung erheblichen Angaben vollständig, richtig und klar sind[35]. Zu einer Prospektbeurteilung gehören damit desgleichen Feststellungen der Plausibilität der im Verkaufsprospekt enthaltenen Werturteile, der Schlüssigkeit von Folgerungen sowie der Darstellung der mit der Vermögensanlage verbundenen Risiken. 33

Außerdem möglich, aber deutlich weniger weitreichend, ist die Beauftragung zur Erstellung eines **Comfort Letter**[36]. Die Einholung eines Comfort Letter dient häufig als Nachweis, dass Prospektverantwortliche bei der Prospekterstellung mit der erforderlichen Sorgfalt vorgegangen sind. Der WP trägt insoweit mit dem Comfort Letter mittelbar zur Erfüllung der Pflichten der Prospektverantwortlichen bei. Definiert ist ein Comfort Letter als ein Schreiben, in welchem der WP die Ergebnisse gesondert vereinbarter Untersuchungshandlungen zu bestimmten Finanzangaben, die Eingang in einen Prospekt finden, zusammenfasst.

## 2.3 Abgrenzung und Synergien zur klassischen Abschlussprüfung

Die Durchführung von Assurance-Leistungen erfordert beim WP ein ähnlich gelagertes Know-how wie bei der Abschlussprüfung. Dazu gehören neben den Kenntnissen über die prüferische Methodologie (u.a. risikoorientiertes Prüfungsvorgehen, Wesentlich- 34

30 § 313 AktG i.V.m. § 312, 314 Abs. 2, 4 AktG; vgl. zur Prüfung des Abhängigkeitsberichts als Erweiterung des Prüfungsauftrags bei Abschlussprüfungen *IDW*, WPH Edition, Wirtschaftsprüfung & Rechnungslegung[15], Kap. O, Tz. 78 ff.

31 §§ 291, 292 AktG, 293b AktG i.V.m. 293c-293e AktG.

32 § 327a Abs. 1 AktG.

33 §§ 319, 320 AktG.

34 Ausführlich hierzu Kap. U und V.

35 Vgl. *IDW S 4*, Tz. 7.

36 Vgl. *IDW Prüfungsstandard: Grundsätze für die Erteilung eines Comfort Letter (IDW PS 910).*

keit) auch Kenntnisse über den Einsatz von prüferischen Werkzeugen (u.a. Analyse von großen Datenbeständen). Hinzu kommt bei der Prüfung von Finanzinformationen auch seine fundierte Rechnungslegungsexpertise.

**35** Eine große Gemeinsamkeit mit der Abschlussprüfung besteht darin, dass auch bei Assurance-Leistungen auf Grundlage eines **Soll-Ist-Vergleichs** ein Urteil bzw. eine ähnliche Aussage (z.B. Prüfungsvermerk, Bescheinigung) abgegeben wird, um das Vertrauen der vorgesehenen Nutzer in eine vom Unternehmen gegebene Sachverhaltsinformation (z.B. Schlussbilanz nach § 17 Abs. 2 UmwG, Beschreibung des Compliance Management Systems) zu erhöhen.

**36** Anders als bei der Abschlussprüfung wird das Urteil abhängig vom Einzelfall mit einer **hinreichenden oder begrenzten Sicherheit** abgegeben, welche letztlich auch Art, Zeitpunkt und Umfang der vom WP durchzuführenden Prüfungshandlungen bestimmt.

**Beispiel 3:**

Prüfungsurteile mit **hinreichender** Sicherheit können für Prüfungen von Compliance Management Systemen oder für Prüfungen von Abschlüssen, die nach Rechnungslegungsgrundsätzen für einen speziellen Zweck aufgestellt wurden, Prüfungsurteile mit **begrenzter** Sicherheit bei der prüferischen Durchsicht von Abschlüssen abgegeben werden.

**37** Der **Beurteilungsgegenstand** beschränkt sich bei Assurance-Leistungen nicht nur auf historische Finanzinformationen – wie bei der klassischen Abschlussprüfung – sondern wird erweitert auf nicht-finanzielle historische Informationen (z.B. Umweltdaten, Leistungsindikatoren), zukunftsgerichtete Finanzinformationen, Systeme und Prozesse oder Verhaltensweisen (z.B. Einhaltung von Compliance-Regeln)[37].

**38** Bei dieser Fülle an unterschiedlichen Auftragsgegenständen für Assurance-Leistungen besteht für den WP die große Herausforderung darin, die **Auftragsart** und daraus abgeleitet den **Leistungsumfang** für die jeweilige Dienstleistung zu bestimmen. Bei der Abschlussprüfung werden diese durch gesetzliche Vorschriften (insb. §§ 316 ff. HGB) und sonstige Prüfungsgrundsätze (insb. *IDW Prüfungsstandards* und *IDW Prüfungshinweise*) vorgegeben. Bei Assurance-Leistungen müssen sie sachgerecht mit dem Unternehmen präzisiert werden, z.B. durch Beantwortung solcher Fragen wie:

- Welchen Grad an Sicherheit benötigt das Unternehmen?
- Was ist Gegenstand der Prüfung?

Hierzu kann der WP auf eine bereits bestehende Bandbreite an berufsständischen Standards Bezug nehmen[38], die vor allem seine Pflichten und Verantwortlichkeiten, seine durchzuführenden Tätigkeiten und die Anforderungen an die Berichterstattung beschreiben[39].

37 *Almeling*, WPg 2011, S. 607.

38 Die wesentlichen berufsständischen Standards zu Assurance-Leistungen (vgl. auch Hinweis 2) werden in den nachfolgenden Kapiteln im Detail erläutert.

39 *Almeling*, WPg 2011, S. 607 (608).

**Hinweis 2:**

Dass die Fortentwicklung des Leistungsangebots den sich ändernden Rahmenbedingungen Rechnung trägt, zeigen die Standards und anderen Verlautbarungen des IDW. Zu nennen sind bspw.:

- *IDW PS 330: Abschlussprüfung bei Einsatz von Informationstechnologie (in Überarbeitung)*
- *IDW PH 9.330.2: Prüfung von IT-gestützten Geschäftsprozessen im Rahmen der Abschlussprüfung*
- *IDW PH 9.330.3: Einsatz von Datenanalysen im Rahmen der Abschlussprüfung*
- *IDW PS 331: Abschlussprüfung bei teilweiser Auslagerung der Rechnungslegung auf Dienstleistungsunternehmen*
- *IDW PS 850: Projektbegleitende Prüfung bei Einsatz von Informationstechnologie*
- *IDW PS 951 n.F.: Die Prüfung des internen Kontrollsystems bei Dienstleistungsunternehmen*
- *IDW PS 980: Grundsätze ordnungsmäßiger Prüfung von Compliance Management Systemen*
- *IDW PS 981: Grundsätze ordnungsmäßiger Prüfung von Risikomanagementsystemen*
- *IDW PS 982: Grundsätze ordnungsmäßiger Prüfung des internen Kontrollsystems des internen und externen Berichtswesens*
- *IDW PS 983: Grundsätze ordnungsmäßiger Prüfung von Internen Revisionssystemen*
- *IDW PH 9.980.1: Einzelfragen zur Prüfung des Verhaltenskodex des Gesamtverbands der Deutschen Versicherungswirtschaft*
- *IDW RS FAIT 1: Grundsätze ordnungsmäßiger Buchführung bei Einsatz von Informationstechnologie*
- *IDW RS FAIT 2: Grundsätze ordnungsmäßiger Buchführung bei Einsatz von Electronic Commerce*
- *IDW RS FAIT 3: Grundsätze ordnungsmäßiger Buchführung beim Einsatz elektronischer Archivierungsverfahren*
- *IDW RS FAIT 4: Anforderungen an die Ordnungsmäßigkeit und Sicherheit IT-gestützter Konsolidierungsverfahren*
- *IDW RS FAIT 5: Grundsätze ordnungsmäßiger Buchführung bei Auslagerung von rechnungslegungsrelevanten Prozessen und Funktionen einschl. Cloud Computing.*

## 2.4 Verhältnis von Assurance-Leistungen, verwandten Leistungen und Beratungsleistungen

Durch die unternehmensindividuellen Kenntnisse und Einblicke, die der WP bei der Durchführung von Abschlussprüfungen und Assurance-Leistungen erlangt, ist er auch ein qualifizierter Ansprechpartner für die Durchführung von sog. verwandten Leistungen (Leistungen, die in einem engen Zusammenhang mit Assurance-Leistungen stehen[40]) sowie von betriebswirtschaftlichen, steuerlichen und rechtlichen Beratungsleistungen. Wesentliche verwandte Leistungen sind: **39**

- Aufträge zur Erstellung von Abschlüssen (s.a. Kap. S)
- Aufträge zur Durchführung von vereinbarten Untersuchungshandlungen (s.a. Kap. T)

40 *Almeling*, WPg 2011, S. 653 (658).

- Aufträge im Zusammenhang mit Finanzinformationen bei Wertpapierprospekten (s.a. Kap. U)
- Aufträge im Zusammenhang mit Prospektinformationen bei Verkaufsprospekten (s.a. Kap. V)

**40** Wichtige Kategorien von Beratungsleistungen umfassen die[41]:

- Transaktionsberatung
- Unternehmensbewertung
- Restrukturierungs- und Sanierungsberatung
- IT-Beratung
- Steuer- und Rechtsberatung.

**41** Im Gegensatz zu Assurance-Leistungen wird bei verwandten Leistungen und Beratungsleistungen durch den WP kein prüferisches Urteil abgegeben. So wird z.B. bei Aufträgen zur Erstellung von Abschlüssen regelmäßig der Zweck verfolgt, den Kaufmann bzw. die gesetzlichen Vertreter bei den zur Aufstellung erforderlichen Arbeiten (Erstellung) zu unterstützen[42]. Beratungsleistungen beinhalten ein analytisches Verfahren, welches typischerweise eine Kombination folgender Aktivitäten umfasst:

- Definition von Zielen
- Feststellung von Tatsachen
- Herausarbeiten von Chancen und Risiken
- Beurteilung von Alternativen
- Entwicklung von Empfehlungen sowie von zu ergreifenden Maßnahmen
- Kommunikation der Arbeitsergebnisse und
- ggf. Implementierung und Durchführung von Folgemaßnahmen[43].

**42** Die meisten in Tz. 39 f. genannten vertrauensbildenden Dienstleistungen sind in fachlichen Standards des Berufsstands geregelt. Hierdurch wird ggü. dem Markt die Dienstleistung transparent und ein bestimmtes Qualitätsniveau signalisiert. Dies ist insb. im Fall von Vertrauensdienstleistungen von Bedeutung, bei denen sich häufig ein anonymer und heterogener Nutzerkreis auf die Arbeiten des WP stützt. Letztlich konstituiert eine an den Standards orientierte Durchführung vertrauensbildender Dienstleistungen für den Berufsstand der WP auch ein besonderes Abgrenzungsmerkmal zu anderen beratenden Berufen (bspw. RA, StB, Unternehmensberater).

---

41 Vgl. *IDW*, WPH Edition, Wirtschaftsprüfung & Rechnungslegung[15], Kap. A Tz. 46 ff.

42 *IDW S 7*, Tz. 1 und *Almeling*, WPg 2011, S. 653 (658).

43 ISAE 3000 (Rev.), A1.

Das Verhältnis zwischen Assurance-Aufträgen, vertrauensbildenden Dienstleistungen und sonstigen Aufträgen lässt sich wie folgt zusammenfassen: 43

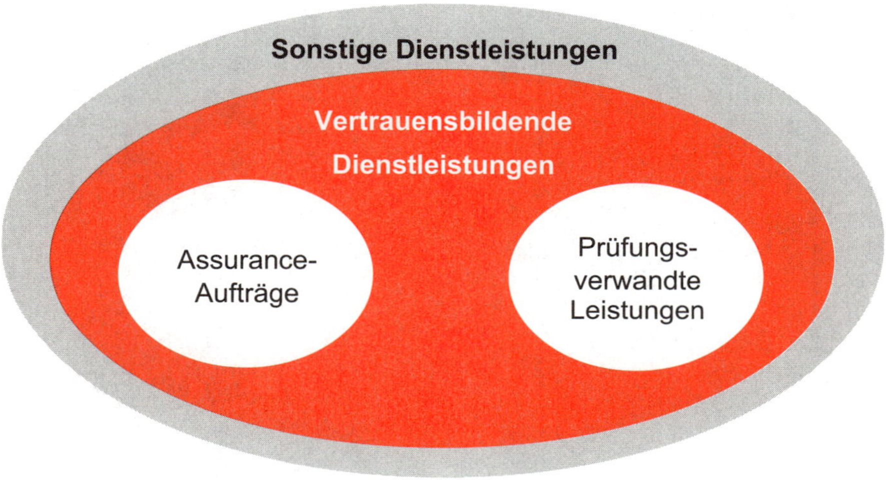


Abb. 2: Verhältnis zwischen Assurance-Aufträgen, vertrauensbildenden Dienstleistungen und sonstigen Aufträgen.

# Kapitel B

## Neue Services

Verfasser:
WP StB Dipl.-Agr.-Ing. Ingmar Rega, Frankfurt am Main
WP CPA Dipl.-Kfm. Jens C. Laue, Düsseldorf

Inhalt Tz.

# 1. Einleitung

## 1.1 Aktuelle Entwicklungen

1 Die Unternehmen stehen zunehmend einem Umfeld gegenüber, das mit hoher Geschwindigkeit einem massiven **Wandel** ausgesetzt ist. Im Zuge dieser Veränderungen entstehen neue Sicherheitsbedürfnisse in Bereichen außerhalb der klassischen Abschlussprüfung. Um dem Ruf nach neuen Lösungen adäquat zu begegnen, entwickelt der Berufsstand sich weiter und hat in den vergangenen Jahren eine Vielzahl neuer Dienstleistungen hervorgebracht, welche die Unternehmensleitung dabei unterstützen, in diesem neuen Umfeld allen Anforderungen nachzukommen und Pflichten gerecht zu werden.

2 So stellt bspw. die fortschreitende **Globalisierung** die Unternehmen vor – in diesem Umfang bisher nicht bekannte – Herausforderungen. Nicht nur lohnkostenintensive Bereiche, wie Fertigung und Produktion, werden in andere Länder verlagert, sondern in letzter Zeit auch z.B. Forschung und Entwicklung sowie regionale Vertriebszentren. Der Trend zur weiteren wirtschaftlichen internationalen Verflechtung ist nach wie vor ungebrochen und führt zu einem gestiegenen Ausmaß an Komplexität im unternehmerischen Handeln und einer größeren Entfernung zwischen Unternehmensleitung und weltweiten operativen Einheiten. Damit fällt es Vorstand und Geschäftsführung, aber auch den AR, zunehmend schwerer, eine Kontrolle über sämtliche Auslandsaktivitäten der weltweiten Tochtergesellschaften auszuüben und den an eine Corporate Governance gestellten Sorgfaltspflichten nachzukommen.

3 Parallel dazu wachsen auch die Anforderungen von Seiten der **Regulatorik**. Durch nationale Gesetzgebung, EU-Recht oder sonstige regulatorische Vorgaben erweitern sich die Nachweis-, Berichterstattungs- oder Einrichtungspflichten der Unternehmen. In Kombination mit der Globalisierung sind darüber hinaus in steigende Maße auch internationale Vorschriften (z.B. UK Bribery Act, FCPA) auch für deutsche Unternehmen unmittelbar anzuwenden, die eigentlich als nationale Gesetzgebung im Ausland erlassen wurden. Für die Zukunft sind auch hier eher weitere regulatorische Pflichten zu erwarten. Das Einhalten dieser Anforderungen ist im Hinblick auf andernfalls drohende Geldbußen, Haftstrafen und Reputationsschäden für Unternehmen von allergrößter Bedeutung.

4 Zusätzlich nehmen die unternehmerischen Risiken aufgrund der fortschreitenden **Digitalisierung** zu. Mit zunehmender Bedeutung der IT-basierten Prozesse, der zugrunde liegenden Daten sowie der Auslagerung dieser Informationen in cloud-gestützte Speicher hat sich in den letzten Jahren auch hier das unternehmerische Pflichtenprogramm stark erweitert. Den Vorteilen der Vernetzung, der vollständigen Transparenz und der kontinuierlichen Zugriffsmöglichkeiten in Echtzeit stehen hohe Risiken hinsichtlich der

Datensicherheit, des Datenschutzes und der Datenqualität gegenüber. Neben empfindlichen Strafen bei Verstößen gegen das BDSG ist es im eigenen Interesse der Unternehmen, die Sicherheit der Daten zu garantieren, werden sie doch vermehrt zum wertvollsten Firmeneigentum. Insbesondere beim Datenverlust an Dritte drohen darüber hinaus massive Imageschäden und Haftungsrisiken.

5 Weiterhin resultieren fortwährende Bemühungen in der Effizienzsteigerung in einer verstärkten (Teil-)**Auslagerung** von Prozessen oder Geschäftsbereichen. War dies in den letzten Jahren insb. beim Aufbau von Shared-Service-Centern zu beobachten, so findet dies nun Anwendung bei der Verlagerung von bisher im Unternehmen gespeicherten Daten in Cloud-Dienste, also IT-Dienstleistungen, die durch ein Dienstleistungsunternehmen (Cloud-Anbieter) über ein Netz bereitgestellt werden. Die Spannbreite der i.R. von Cloud Computing angebotenen Dienstleistungen umfasst potentiell das gesamte Spektrum der Informationstechnik und beinhaltet u.a. Rechenleistung, Speicherplatz und Software. Damit werden zentrale Bestandteile des Unternehmens in die Hände Dritter gelegt. Entscheidungsträger müssen auch hier ihrer Pflicht zur Sicherstellung der Ordnungsmäßigkeit von Kontrollen und Prozessen nachkommen.

6 Es zeigt sich also, dass Risiken, Pflichten und deren Folgen, insb. für Vorstand und AR, zunehmen. Entscheidungsträgern obliegt es, diesen Anforderungen durch zusätzliche Nachweise Rechnung zu tragen und dieses Vakuum zwischen Pflicht und Ausübung auszufüllen.

## 1.2 Notwendige Diversifizierung des Leistungsportfolios

7 Für WP ergibt sich aufgrund der aktuellen Entwicklungen daher Handlungsbedarf. Es gilt, die durch die aufgezeigten Veränderungen gestiegenen Sicherheitsbedürfnisse von Entscheidungsträgern durch die Schaffung neuer Prüfungsleistungen zu befriedigen und so das **Leistungsportfolio** adressatengerecht zu erweitern. Vor dem Hintergrund der möglichen Folgen aus der Abschlussprüferreform auf den Berufsstand sowie der noch nicht vollends absehbaren Effekte der Digitalisierung auch auf die Art und Weise, wie die Wirtschaftsprüfung der Zukunft erfolgt, kann so eine Diversifizierung der Services zur Praxissicherung erfolgen.

## 1.3 Auswirkungen auf die Relevanz des Berufsstandes

8 **Berufsbild** und Image des WP haben in den vergangenen Jahren u.a. aufgrund diverser öffentlichkeitswirksamer Skandale oder auch Vorwürfen i.R.d. Finanzkrise sichtlich und spürbar gelitten. Insbesondere wurde angesichts der Vorfälle der wahrgenommene Mehrwert aus der Abschlussprüfung häufig in Frage gestellt und hat so Druck auf den Berufsstand und seine Rechtfertigung ausgeübt.

9 Ein erweitertes Leistungsportfolio gibt dem WP die Möglichkeit, seine Pflichtaufgaben als APr. zu ergänzen und so als breiter aufgestellter Dienstleister und **Sicherheitsgeber** aufzutreten. Die neuen Services berühren oftmals Bereiche, in denen sich Unternehmen unter Berücksichtigung der aufgezeigten Dynamik (Tz. 1 ff.) auf ungewohntem Terrain bewegen. Durch seine Fachkenntnisse und Praxiseinblicke leistet der WP daher – häufig auch als prüfungsnaher Berater – für seine Mandanten einen sichtbaren Mehrwert und erhöht somit insgesamt die Relevanz des Berufsstandes.

# 2. Mögliche Quellen für die Ableitung von Assurance Services

## 2.1 Adressierung bestehender und neuer regulatorischer Anforderungen

10 Die Erbringung von Assurance Services bzw. deren Notwendigkeit sind selten explizit rechtlich im Gesetz verankert oder ergeben sich in indirekter Form aus der heutigen Jurisdiktion. Damit stellen sie in aller Regel freiwillige Leistungen zur Bedienung eines gefühlten Sicherheitsbedürfnisses dar. Allerdings hat sich für Unternehmen als Folge auch der Gesetzgebung ein enger **regulatorischer Rahmen** entwickelt. Die Einhaltung dieser Pflichten kann durch einen externen Nachweis erleichtert werden (vgl. Tz. 21 f.) und treibt somit die Entwicklung neuer Assurance-Dienstleistungen an.

### 2.1.1 Gesetzgebung

11 In den vergangenen Jahren lässt sich ein starker Anstieg rechtlicher Vorgaben beobachten, die häufig beobachtete vermeintliche Schwachstellen der Governance adressieren und/oder internationale Wurzeln haben. Darüber hinaus ergeben sich aus der Gesetzgebung Anforderungen an die Qualität und Objektivität von erhaltenen Informationen der Unternehmen, die durch einen WP bedient werden können oder sollen.

12 Einen wesentlichen Treiber für Assurance-Dienstleistungen stellte z.B. das **Bilanzrechtsmodernisierungsgesetz** (BilMoG) dar. Aus dessen Anforderungen an die Ausgestaltung und Wirksamkeit der Corporate Governance-Funktionen wurden wichtige Assurance-Dienstleistungen für einen entsprechenden Nachweis für Vorstand/Geschäftsführung und AR abgeleitet (z.B. *IDW PS 980*, *IDW PS 981*, *IDW PS 982* und *IDW PS 983* zur Prüfung des Compliance Management Systems, des Risikomanagementsystems, des IKS sowie der Internen Revision[1]).

13 Aus dem **Bilanzrichtlinie-Umsetzungsgesetz** (BilRUG) ergeben sich ebenfalls Ansätze für Assurance-Dienstleistungen. Unternehmen des Rohstoffsektors müssen für GJ, die nach dem 23.07.2015 beginnen, jährlich ihre Zahlungsberichte im BAnz veröffentlichen. Kapitalmarktorientierte Unternehmen, die den Auflagen nicht oder nur fehlerhaft folgen, drohen hohe Strafen in häufig zweistelliger Millionenhöhe. Um diesen und weiteren Risiken zu begegnen, ist es bedeutsam, sämtliche Zahlungen an staatliche Stellen im In- und Ausland zu ergründen, zu kategorisieren und anlassbezogen zu analysieren. Zum Nachweis der Vollständigkeit und Richtigkeit kann ein WP herangezogen werden, auch wenn keine direkte Prüfungspflicht besteht[2].

14 Ähnliche Prüfungsbedürfnisse ergeben sich durch **industriespezifischen Verordnungen** und Gesetze. Nach dem EEG – ebenso wie nach dem KWKG – müssen Netzbetreiber und auch Elektrizitätsversorgungsunternehmen z.B. Prüfungsvermerke eines WP über Energiedaten vorlegen. Hier wird eine Prüfung z.B. nach *IDW EPS 970 n.F.* unter Berücksichtigung der entsprechenden *IDW Prüfungshinweise* erfolgen.

15 Weiterhin entsteht durch **EU-Richtlinien**, die in nationales Recht umgesetzt werden, eine Reihe neuer Anforderungen, mit welchen sich Unternehmen konfrontiert sehen. Beispielhaft zu nennen ist die 4. EU-Geldwäscherichtlinie, die kurzfristig in nationales

1 Vgl. auch Kap. K.
2 Vgl. *Havers/Siegel*, WPg 2016, S. 341.

Recht der EU-Mitgliedsstaaten umzusetzen ist und zusätzliche Pflichten zur Ausgestaltung von Risikoerkennung und -steuerung enthält. Ebenso erlegt die EU-Datenschutz-Grundverordnung (EU-DSGVO) Unternehmen strengere Vorgaben in Bezug auf internen und externen Datenschutz auf. Die Verordnung setzt eine verschärfte Rechenschaftspflicht für Unternehmen durch, aufgrund derer Verstöße unverzüglich den nationalen Datenschutzbehörden gemeldet werden müssen.

### 2.1.2 Sonstiges

16 Darüber hinaus kann die Notwendigkeit respektive das Bedürfnis für Assurance-Dienstleistungen aus einer Vielzahl von anderen Richtlinien und Vorschriften abgeleitet werden. Diese können in ihrem Ursprung unterschiedlich motiviert sein.

17 Ein Beispiel für eine solche sonstige Quelle stellt der **DCGK** dar, der in § 161 Abs. 1 AktG verankert ist. Er bildet die Orientierungsgrundlage zur Leitung und Überwachung deutscher börsennotierter Gesellschaften in Form von Empfehlungen und Anregungen national und international anerkannter Standards guter und verantwortungsvoller Unternehmensführung. Zwar sind die im DCGK beschriebenen Vorschriften nicht gesetzlich bindend, eine Abweichung ist jedoch zu begründen und mit der jährlich abzugebenden Entsprechungserklärung zu veröffentlichen. In diesem „Complain or Explain"-Verfahren besteht zu jedem Zeitpunkt für das Unternehmen ein Risiko dadurch, dass Abweichungen von den vorgegebenen Empfehlungen und Anregungen unbemerkt bleiben. Dem WP stehen durch Assurance-Dienstleistungen viele Möglichkeiten offen, einen Nachweis der Umsetzung der Anforderungen des Kodex für die Unternehmen zu erbringen.

## 2.2 Freiwillige Selbstverpflichtungen der Industrie

18 Unter den Bereich der **freiwilligen Selbstverpflichtung** fallen Industrieverbände oder -zusammenschlüsse, deren Mitglieder zum Ziel haben, selbstauferlegten Regeln und Vorgaben gemeinschaftlich zu folgen. Die Motivation hinter einem solchen Prozess ist unterschiedlicher Natur, dient aber i.d.R. dazu, dass ein Unternehmen präventiv oder reaktiv auf einen drohenden oder schon eingetretenen Zustand reagiert. Im Fall einer präventiven Handlung wollen Unternehmen häufig einschränkenden Gesetzgebungen vorbeugen, indem sie sich einer ähnlichen Regulierung selbst unterwerfen. Eine weitere präventive Maßnahme betrifft die selbstangestrebte Erfüllung gewisser Qualitätsstandards.

Zum Nachweis, dass Unternehmen diesen auferlegten Verpflichtungen nachkommen, wird häufig ein WP hinzugezogen. Dies geschieht i.R. einer in der Selbstverpflichtung kodifizierten Prüfungspflicht auf individuellen Antrag eines Beteiligten oder freiwillig zum proaktiven Nachweis der Pflichterfüllung.

19 Beispielhaft stehen für eine solche Verpflichtung die Kodizes in der Pharma- und Versicherungsbranche. Unter dem Namen „**Freiwillige Selbstkontrolle für die Arzneimittelindustrie e.V. (FSA)**" verpflichtet sich seit 2004 der Großteil deutscher Pharmaunternehmen dazu, sich verbindlichen Regeln für ethisches Marketing zu unterwerfen. Hierbei handelt es sich um eine Präventivmaßnahme der deutschen Pharmaunternehmen, die sowohl darauf abzielt, das öffentliche Bild der deutschen Pharmaunternehmen zu stärken als auch gesetzlichen Regularien vorzubeugen. Da der FSA einer der wenigen Zusammenschlüsse von Unternehmen ist, der eine Nichtbeachtung der gege-

benen Standards und Vorgaben eigenständig sanktioniert, besteht bei den Mitgliedsunternehmen ein hohes Interesse daran, die Einhaltung der gegebenen Vorgaben extern durch einen WP verifizieren zu lassen.

Als weiteres Beispiel kann der „**Gesamtverband der Deutschen Versicherungswirtschaft e.V. (GDV)**" herangezogen werden. Diese Dachorganisation ist einheitlicher Vertreter der Interessen des Industriezweigs des Versicherungswesens gegenüber politischen und gesellschaftlichen Institutionen und fungiert auf der Grundlage dieses Wissens als beratendes Gremium für die Entwicklung neuer Gesetze und Vorschriften. Eine Teilaufgabe des GDV als Interessenverbund ist, durch Leitfäden oder Musterbedingungen gewisse Mindeststandards zu implementieren. In diesem Zusammenhang hat der GDV einen „Verhaltenskodex für den Vertrieb" veröffentlicht, der die Vorstellungen von einer integren und an ethischen Grundsätzen orientierten Arbeit konkretisiert. Versicherungsunternehmen, die den Kodex als für sich verbindlich anerkennen, müssen sich alle zwei Jahre von einem WP prüfen lassen. Die Prüfung kann sich auf die Angemessenheit oder auf die Wirksamkeit beziehen. Gegenstand der Prüfung ist die Feststellung, ob das Versicherungsunternehmen die Regelungen des Kodex in seine eigenen Vorschriften aufgenommen hat und diese – im Fall der Wirksamkeitsprüfung – auch praktiziert[3]. Das IDW hat hierzu den *IDW PH 9.980.1* als Prüfungsgrundlage entwickelt. 20

## 2.3 Sicherheitsbedürfnisse der gesetzlichen Vertreter und der Aufsichtsorgane

Einhergehend mit neuen gesetzlichen Anforderungen, verschärfter Regulatorik und selbstauferlegten Kodizes verstärkt sich das **Sicherheitsbedürfnis** der gesetzlichen Vertreter. Zum einen sorgt die zunehmende Berichts- und Datenvielfalt dafür, dass das Management ein eigenes Interesse an der Korrektheit der Informationen und Prozesse hat. Es will sicherstellen, dass unternehmerische Entscheidungen auf der Basis validierter Informationen erfolgen. Zu diesem Zweck können Assurance-Leistungen bei einem WP beauftragt werden. Zum anderen dienen diese Dienstleistungen natürlich auch zur externen Absicherung, um Stakeholder von der Qualität z.B. sonstiger Berichterstattungen zu überzeugen bzw. im Falle einer Klage, einen objektivierten Nachweis der Sorgfalt zu erbringen. 21

Im Bereich der **Corporate Governance-Systeme** spiegelt sich dieses Sicherheitsbedürfnis bspw. in einer erhöhten Nachfrage nach Assurance-Dienstleistungen wider. Zwar muss der AR nach § 107 Abs. 3 AktG durch seine Überwachungsfunktion eine wirksame Corporate Governance sicherstellen, eine Prüfungspflicht bezüglich der Wirksamkeit der eingerichteten Systeme durch den AR ist jedoch nicht aus dem Gesetz abzuleiten[4]. Allerdings hat die Einrichtung eines wirksamen Corporate Governance-Systems zumindest eine Indizwirkung für die Sorgfaltspflichterfüllung im Zivil- und Strafprozess und kann somit aktiv dazu beitragen, Reputationsschäden und Haftungsrisiken für die Unternehmensleitung zu minimieren. Auch aus diesem Sicherheitsbedürfnis heraus, werden zunehmend Assurance-Dienstleistungen nachgefragt. Darü- 22

3 Vgl. „Verhaltenskodex des Gesamtverbandes der Deutschen Versicherungswirtschaft für den Vertrieb von Versicherungsprodukten", http://www.gdv.de/2015/04/verhaltenskodex-fuer-den-vertrieb/ (zit. 08.11.2016).

4 *Withus*, DB 2009, S. 82.

ber hinaus schaffen diese Assurance-Leistungen Vertrauen gegenüber Lieferanten, Kunden, Geldgebern und der interessierten Öffentlichkeit.

## 2.4 Internationalisierung und Globalisierung

23 Durch die zunehmende Globalisierung der Unternehmen ergeben sich für die Assurance-Dienstleistungen des WP besondere Herausforderungen, vor allem im Hinblick auf die Anforderungen und Interessen von „multinationalen" Unternehmen.

24 Aus ausländischen Gesetzen und Rechtsvorschriften ohne grundsätzliche rechtliche Bindung in Deutschland ergeben sich dennoch häufig Ansatzpunkte für Assurance-Dienstleistungen. Im Zusammenhang mit der Prüfung der Wirksamkeit des Compliance Management Systems ergeben sich so bspw. durch den **United Kingdom Bribery Act (UKBA)** direkte Auswirkungen auf Unternehmen, die in den betreffenden Anwendungsbereich fallen. Ähnliches gilt für den US-amerikanischen **Foreign Corrupt Practices Act (FCPA)**. Zusätzlich zur Einbeziehung dieser Standards in die Prüfung deutscher Konzerne und ihrer ausländischen Tochtergesellschaften kann auch von ausländischen Muttergesellschaften ein Nachweis verlangt werden, dass sich die deutschen Tochtergesellschaften an diese Vorschriften halten.

25 Die fortschreitende Vernetzung sowohl im europäischen als auch im globalen Wirtschaftsraum führt darüber hinaus zu vermehrten Bestrebungen der Vereinheitlichung von Organisationsanforderungen. Als Beispiel sind die durch die **Internationale Organisation für Normung (ISO)** entwickelten Standards zu nennen, die durch ihre weltweite Anerkennung Ausstrahlungswirkung auf den deutschen Markt haben und so ebenfalls Grundlage für entsprechende Assurance-Dienstleistungen sein können. Diese Standards können i.S.v. Rahmengrundsätzen als Grundlage für Prüfungen durch den WP dienen. Beispielhaft sind ISO 37001 (Anti-Korruptions Management System), ISO 19600 (Compliance Management Systeme) oder auch ISO 27001 (Informationssicherheits Management Systeme) zu nennen. Diese dienen mindestens als Soll-Objekt für Assurance-Dienstleistungen oder sind sogar in Teilen direkt bei entsprechender Akkreditierung zertifizierbar. Dadurch erfolgt eine Vereinheitlichung sowohl in der Ausgestaltung der Systeme zwischen den Unternehmen als auch in der Prüfung.

## 2.5 Auswirkungen der Digitalisierung

26 Mit der zunehmenden Digitalisierung geht eine Ausweitung des **Verantwortungsbereichs** der Governance-Funktionen einher. Fragestellungen und Herausforderungen, die bisher für manuelle oder teilautomatisierte Prozesse und Informationen galten, müssen auf digitale Aktivitäten und Daten übertragen werden. Dies beinhaltet z.B. die Sicherheit der gespeicherten Information (sowohl unternehmensinterne Daten also auch gespeicherte Fremddaten) vor dem Zugriff durch Dritte bzw. zur Archivierung im Falle von ungewollten Datenverlusten.

27 Beispielsweise erfordern die Erhebung, Verarbeitung und Nutzung personenbezogener Daten, wie (Lohn-)Buchhaltungsdaten, Patientendaten, sowie das Bereitstellen von Speicherplatz den Nachweis über geeignete Prozesse und wirksame Überwachungsstrukturen insb. hinsichtlich der Einhaltung von **Compliance-Anforderungen**. Das Sicherheitsbedürfnis der gesetzlichen Vertreter weitet sich auf Themenstellungen wie Datenschutz, Angemessenheit und Wirksamkeit technischer Maßnahmen oder IT-Sicherheit aus. Mit Assurance-Dienstleistungen zum Datenschutz können Unternehmen

nachweisen, dass Sie die gesetzlichen Anforderungen erfüllen und somit ein angemessener Umgang mit personenbezogenen Daten in Ihrem Unternehmen gewährleistet ist. Der Arbeit des WP kommt hier insb. bei der Schaffung von Vertrauen eine herausragende Bedeutung zu, weil seine Prüfungsleistung gegenüber den Stakeholdern den entsprechenden Nachweis erbringt.

Die Digitalisierung birgt auch direkte **Chancen für den Berufsstand** in der Ausübung seiner Tätigkeit und zur Entwicklung neuer Services. Digitale Anwendungen unterstützen bereits heute Auswertungen i.R. von Abschlussprüfungen[5]. Aber auch neue Assurance-Leistungen lassen sich durch die Analyse von Massendaten erbringen, z.B. im Rahmen einer Internen Revision oder bei forensischen Aufträgen. Mit Hilfe moderner Auswertungsanalysen können über eine Vielzahl von Fragestellungen Vollerhebungen durchgeführt und somit umfassende Sicherheitsleistungen über Prozesse, Kontrollen und Informationen erbracht werden. Die somit erbrachte Sicherheit geht weit über eine Prüfungsaussage hinaus, die sich nur auf Stichproben und die Prüfung manueller Kontrollen stützt. Weiterhin können auch Assurance-Dienstleistungen über die vorhandene Datenqualität als solche erbracht werden, die dann späteren Auswertungen zu Grunde liegen. Auch diese Prüfungshandlung erfährt vor dem Hintergrund stetig ansteigender Datenmengen und der Abhängigkeit von der jeweiligen Qualität der Informationen eine zunehmende Bedeutung. **28**

## 3. Beispielhafte Darstellung neuer Services

Aufgrund des wachsenden Sicherheitsbedürfnisses hat sich in der Praxis ein diversifiziertes Portfolio an neuen Services entwickelt, welche von WP bereits jetzt geleistet werden. Hierzu werden im Folgenden beispielhaft Services in Form einer Grundstruktur dargestellt, die einen Überblick über die Leistungskategorien bietet. **29**

### 3.1 Die Prüfung von Management Systemen

Eine besondere Bedeutung erfahren Assurance-Dienstleistungen zunehmend bei der Frage des Wirksamkeitsnachweises der **Corporate Governance** vor dem Hintergrund der Sorgfalts- und Überwachungspflichten der Unternehmensorgane. Die Corporate Governance wird im Bereich der Management Systeme nach h.M. nach den vier Elementen Compliance Management, Risikomanagement, IKS und Interne Revision unterschieden. **30**

Das IDW hat mit *IDW PS 980*, *IDW PS 981*, *IDW PS 982* und *IDW PS 983* jeweils entsprechende **Prüfungsstandards** entwickelt (vgl. Tz. 11 ff. und Tz. 21 f.). Diese Standards sind in ihrer Struktur analog aufgebaut und haben eine Vielzahl von Gemeinsamkeiten. Aufbauend auf einer Beschreibung der zugrundeliegenden und eingerichteten Systeme entlang eines definierten Grundelemente-Rahmens, wird eine Prüfung der Aussagen vorgenommen (sog. assertion based audit), die entweder als Angemessenheitsprüfung auf einen Stichtag oder als Wirksamkeitsprüfung über einen entsprechenden Zeitraum ausgestaltet werden kann. Es handelt sich dabei durchweg um Systemprüfungen, d.h. Prüfungshandlungen zu Prozessen, Maßnahmen und internen Kontrollen. Demzufolge liegt die Zielsetzung der Prüfung nicht in dem Erkennen von einzelnen Regelverstößen und ist daher nicht darauf ausgerichtet, Prüfungssicherheit über die tatsächliche Ein- **31**

5 Vgl. *IDW*, WPH Edition Rechnungslegung & Prüfung[15], Kap. L Tz. 108, 593 ff.

haltung von Regeln zu erlangen. In ihrer Gesamtheit angewendet bieten sie dem Unternehmen einen umfassenden Wirksamkeitsnachweis und damit eine objektivierte Grundlage zum Nachweis der Erfüllung der Organverpflichtungen. Das deutsche Recht sieht bisher keine Prüfungspflicht der genannten Corporate Governance-Systeme vor. Insbesondere bei großen, kapitalmarktorientierten Unternehmen wird die Prüfung jedoch zunehmend zu einem wichtigen Instrument.

**32** Neben den behandelten klassischen Corporate Governance Management Systemen (Tz. 30 f.), entstehen zunehmend **weitere Managementbereiche**, für die eine Prüfung relevant sein kann und auf die sich die *IDW Prüfungsstandards* übertragen lassen. Beispielhaft sei hier das Security Management System (SMS) zu nennen, dass sich mit den Sicherheitsrisiken für Informationen (z.B. Datenschutz, Archivierung), Schutz der physischen Vermögenswerte (z.B. Werkschutz, Diebstahlschutz), Leib und Leben der Mitarbeiter (z.B. Reisesicherheit, Arbeitssicherheit) sowie dem Krisenmanagement befasst. Die Folgen unzureichender Maßnahmen zur Bewältigung dieser Sicherheitsrisiken sind weitreichend und können für Unternehmen existenzbedrohend sein. Hierbei sind neben finanziellen Verlusten auch Reputations- und Know-how-Verluste eine große Herausforderung. Die Implementierung eines SMS trägt somit wesentlich dazu bei, ein Unternehmensumfeld zu schaffen, in dem Risiken laufend erfasst, systematisiert und bewertet sowie risikoreduzierende Maßnahmen implementiert werden. In analoger Anwendung des *IDW PS 980*, welcher die Grundlage für die Prüfung und Bewertung eines Compliance Management Systems ist, können auch die Angemessenheit und Implementierung sowie die Wirksamkeit eines Security Management Systems bestätigt werden.

## 3.2 Regulatorische Prüfungen

**33** In den letzten Jahren haben sich neben neuen gesetzlichen Verpflichtungen aus einer Vielzahl an Quellen zusätzliche regulatorische Anforderungen für Unternehmen ergeben. Hierbei sind insb. spezielle **Regulierungen** zu nennen, deren Erfüllung in Teilen eine Objektivierung durch einen WP sinnvoll erscheinen lässt, wenn nicht sogar einfordert. Die Bedienung regulatorischer Anforderungen resultieren zum Beispiel aus dem Erneuerbare-Energien-Gesetz (EEG), dem Kraft-Wärme-Kopplungsgesetz (KWKG), dem Energiewirtschaftsgesetz (EnWG), der Konzessionsabgabenverordnung (KAV), der VerpackV (Verpackungsverordnung)[6], der Maklerbauträgerverordnung (MaBV)[7] oder auch dem Wertpapierhandelsgesetz (WpHG) in Bezug auf EMIR Prüfungen[8]. Die Liste relevanten regulatorischen Vorschriften wächst Jahr für Jahr und eröffnet somit weitere Assurance-Tätigkeitsfelder für den WP. Die aus diesen Anforderungen resultierenden Bestimmungen erfordern zum Teil Prüfungsvermerke bzw. Bescheinigungen über die Einhaltung der regulatorischen Anforderungen.

## 3.3 Prüfung von nichtfinanziellen Informationen

**34** Mit der deutlichen **Erweiterung der Berichterstattungen** und Berichterstattungsanforderungen der Unternehmen geht eine Vielzahl an zusätzlichen Informationen einher, die zunehmend auch nichtfinanzielle bzw. nicht aus dem JA oder KA oder der Buchhaltung abgeleitete Kennzahlen umfassen. Ein Großteil dieser Informationen ist

6 Vgl. ausführlich Kap. P.
7 Vgl. ausführlich Kap. Q.
8 Vgl. ausführlich Kap. R.

damit nicht durch den normalen Umfang der Abschlussprüfung abgedeckt und wird demnach häufig ungeprüft z.B. in die Nachhaltigkeitsberichterstattung übernommen. Hieraus bildet sich zum einen eine zusätzliche Erwartungslücke heraus, sofern externe Stakeholder fälschlicherweise von geprüften Informationen ausgehen. Darüber hinaus besteht aber oftmals auch der Bedarf Dritter, diesen Teil der Berichterstattung einer zusätzlichen bzw. ergänzenden Prüfung zu unterziehen. Dies ist insb. vor dem Hintergrund wichtig, dass für Unternehmen außerhalb der separat regulierten Finanzbranche kaum Prüfungspflichten für diese zusätzlichen Bestandteile (bspw. des Nachhaltigkeitsberichts) existieren und eine entsprechende Objektivierung nur durch Forderungen der Informationsadressaten bzw. aus Peer-Druck durch bei Mitbewerbern erfolgte Prüfungen heraus getrieben werden kann.

Ein solcher Argumentationsstrang bildet z.B. die Grundlage für die von der EU im Jahr 35
2014 verabschiedete **Corporate Social Responsibility (CSR)** Richtlinie zur Erweiterung der Berichterstattung, die in Deutschland zum 06.11.2016 in deutsches Recht umgesetzt wurde. Das Gesetz wird eine Stärkung der nichtfinanziellen Berichterstattung der Unternehmen in ihren LB und KB (CSR-Richtlinie-Umsetzungsgesetz) bewirken. Große kapitalmarktorientierte Unternehmen sowie große Kreditinstitute und Versicherungsunternehmen, die im Jahresdurchschnitt mehr als 500 Arbeitnehmer beschäftigen, werden zukünftig verpflichtet, über wesentliche nichtfinanzielle Belange in einem besonderen Abschnitt des LB zu berichten („nichtfinanzielle Erklärung“). Die Berichterstattung umfasst dabei mindestens Angaben zu Umwelt-, Arbeitnehmer- und Sozialbelangen, zur Achtung der Menschenrechte und zur Bekämpfung von Korruption und Bestechung. Zudem sind auch Angaben zu Konzepten erforderlich, welche die Unternehmen in Bezug auf diese Belange verfolgen. Anstelle der nichtfinanziellen Erklärung als Teil der jährlichen Berichterstattung, können die Inhalte in einem gesonderten Bericht dargestellt werden. Eine Prüfung der darin enthaltenen Angaben durch einen WP ist nicht verpflichtend, jedoch häufig von Unternehmen oder den Informationsempfängern gewünscht, um die Qualität der Informationen gegenüber den Stakeholdern nachzuweisen. Darüber hinaus ist der AR verpflichtet, diese nichtfinanziellen Erklärungen zu prüfen und kann sich dazu der Unterstützung eines Dritten bedienen. Aber auch schon in VJ, also noch vor der Verabschiedung der CSR-Richtlinie, wurden z.B. Nachhaltigkeitsberichte häufig nach *IDW PS 821* oder ISAE 3000 geprüft und stellen so einen Anwendungsfall für die Prüfung nichtfinanzieller Informationen dar.

Über die qualitative Berichterstattung hinaus wird auch zunehmend die Integration 36
nichtfinanzieller **Kennzahlen** in die finanzwirtschaftliche Berichterstattung relevant. Die Unternehmensleitung steuert vielfach durch nichtfinanzielle Indikatoren (sog. Key Performance Indicators – KPI), die darüber hinaus in Geschäftsberichten oder sonstigen Verlautbarungen für Investoren berichtet werden. Jedoch unterliegen die Prozesse zur Generierung dieser Informationen i.d.R. nicht den gleichen umfassenden Kontrollen und Überwachung wie buchhalterische Informationen i.R.d. Erstellung des JA bzw. KA. Aufgrund der hohen Relevanz dieser Indikatoren für die Beurteilung des Unternehmenserfolgs haben Dritte jedoch ein Interesse daran, diese Kennzahlen einer unabhängigen Prüfung zu unterziehen, was der WP durch eine Bescheinigung leisten kann. Aber nicht nur externe Stakeholder haben ein Interesse daran. Vielfach ist es auch intrinsischer Wunsch des Managements, diese Daten und den Prozess der Ermittlung einer Prüfung zu unterziehen, damit eine verlässliche Informationsbasis besteht, auf der dann

Unternehmensentscheidungen getroffen werden können. Die Prüfung kann zum einen als kontrollbasierte Systemprüfung bezogen auf das IKS zur Generierung der Daten gerichtet sein als auch auf die Berechnung der Information als solche.

37 Zur **Prüfung** von nichtfinanziellen vergangenheitsbezogenen Informationen wird zumeist der vom IAASB herausgegebene ISAE 3000 für „Aufträge, die keine Prüfung oder prüferischen Durchsichten von historischen Finanzinformationen sind" verwendet.

### 3.4 Sonstige betriebswirtschaftliche Prüfungen

38 Über die skizzierten Anwendungsfälle (Tz. 32 ff.) hinaus haben Unternehmen heutzutage die Möglichkeit, ihr Sicherheitsbedürfnis in vielen Geschäftsbereichen durch die Beauftragung eines WP zu befriedigen. Durch die vom IDW verlautbarten Prüfungsstandards in Kombination mit internationalen Assurance-Standards lässt sich eine Vielzahl von spezifischen Mandantenanfragen maßgeschneidert adressieren.

39 So kann der WP z.B. auch als objektivierender Mittler zwischen zwei **Vertragsparteien** dienen. Häufig enthalten Verträge zwischen zwei Unternehmen bestimmte Einsichts-, Auskunfts- oder Prüfungsrechte in Bezug auf zwischen den Parteien ausgetauschte Informationen, belastete Kostenumlagen oder Ertragsallokationen. Ob und wie vereinbarte monetäre und nichtmonetäre Bedingungen eines Vertrages eingehalten werden, entzieht sich in vielen Fällen der Kenntnis einer der Parteien, da zur Überprüfung der Einhaltung von Vertragsklauseln der eine Vertragspartner ein Informationsdefizit hat und die notwendigen Daten und Informationen nur im Kontrollbereich des anderen Vertragspartners liegen. Der WP kann neben einer vollumfänglichen Transparenz über die Geschäftsbeziehung auch eine mögliche Identifikation von finanziellen Rückerstattungen bzw. die Vermeidung des Abflusses materieller und immaterieller Vermögenswerte schaffen. Basis ist immer der zwischen den Vertragsparteien ausgehandelte Vertrag. Dabei kann es sich bspw. um einen Lieferantenvertrag, einen Lizenzvertrag, einen Kooperationsvertrag, einen Marketing- bzw. Media-Vertrag oder jeden anderen Vertrag mit vertraglich fixierten Berichtspflichten des einen Vertragspartners an den anderen handeln.

## 4. Herausforderungen durch neue Assurance-Dienstleistungen

40 Die bisherigen Ausführungen haben das Potential von Assurance-Dienstleistungen für den WP aufgezeigt. Die Einführung dieser Dienstleistungen in das eigene – zumeist von der Abschlussprüfung dominierte – Produktportfolio ist jedoch mit Herausforderungen verbunden. Der WP sollte sich daher vor dem Angebot und der Durchführung solch neuer Tätigkeiten damit beschäftigen, welche Risiken aus der Leistungserbringung entstehen können und ob die notwendigen personellen und fachlichen Voraussetzungen gegeben sind.

### 4.1 Haftung

#### 4.1.1 Außenwirkung

41 Die Vielfältigkeit der Assurance Services erweitert erheblich den Tätigkeitsbereich des WP, aber birgt dadurch auch **inhärente Risiken** für die Außenwirkung. Die meist freiwilligen Prüfungen unterscheiden sich in Art und Umfang signifikant trotz der grundsätzlichen fachlichen Nähe von der Durchführung der Abschlussprüfung und erfordern

daher ein ergänztes Fachwissen. Im Gegensatz zur Abschlussprüfung verläuft ein Großteil der Assurance-Dienstleistungen darüber hinaus vielfach noch ohne standardisiertes prüferisches Vorgehen und fußt stark im Ermessen des WP bei analoger Verwendung oder Ableitung von bestehenden *IDW Prüfungsstandards*. Aus dieser Konstellation resultieren Haftungsrisiken, denen der WP durch eine entsprechende Praxisorganisation begegnen muss.

### 4.1.2 Möglichkeiten der Haftungsbegrenzung

Eine wesentliche Möglichkeit zur Begrenzung der Haftung besteht daher in einer sehr sorgfältigen Auftragsklärung mit den Mandanten sowohl bezüglich des genauen Gegenstands des zu erbringendenden Services als auch bezüglich der Motivation hinter der Auftragsanfrage. Der WP muss bereits während der Auftragsanbahnung sicherstellen, dass seine Leistung und die zugehörige Berichterstattung ausschließlich zum vereinbarten und nachvollziehbaren Zweck verwendet werden und hinter der Anfrage nicht der bewusste Versuch steckt, eine Bescheinigungsleistung zu erhalten, die gegenüber einem unbestimmten Adressatenkreis verwendet werden soll. **42**

## 4.2 Qualität

### 4.2.1 Notwendige Qualifikation der Mitarbeiter

Zentraler Faktor bei der Sicherstellung der Qualität der Leistungserbringung ist, wie in der Abschlussprüfung, der Mitarbeiter. Durch die Erweiterung des Tätigkeitsfeldes um Assurance-Dienstleistungen ergibt sich die Notwendigkeit, zwischen der breiten Kenntnis möglicher Dienstleistungen und gleichzeitig themenspezifischem Fachwissen für die einzelnen Assurance-Dienstleistungen zu navigieren. Das ohnehin im Berufsstand abgerufene Wissen wird um ständig neue Formen der Tätigkeit erweitert. Die Dienstleistungen sind darüber hinaus häufig nicht wiederkehrende Einmalleistungen, die auf die Bedürfnisse des jeweiligen Mandanten zugeschnitten sind, wodurch dem Mitarbeiter der Aufbau eines umfassenden spezifischen **Erfahrungsschatzes** unter Umständen erschwert wird. Es kann daher zielführend sein, für bestimmte Leistungskategorien (z.B. Prüfung der Corporate Governance Systeme) innerhalb der Praxis Themenschwerpunkte und spezielle Teams aufzubauen, die sich speziell mit diesen Assurance-Dienstleistungen beschäftigen. **43**

Darüber hinaus wird das Anforderungsprofil an den Prüfer in Teilen z.B. um juristische (z.B. Prüfung des Compliance Management Systems) sowie technische **Kenntnisse** (z.B. Prüfungen im Zusammenhang mit dem EEG) erweitert. Hieraus resultiert die Notwendigkeit, Prüfungsteams um Mitarbeiter dieser Qualifikation zu erweitern oder sich der Arbeit von dritten Spezialisten (vgl. Tz. 55) zu bedienen, um eine angemessene Qualifikation sicherzustellen. **44**

Dies spiegelt sich auch in der verfügbaren **Literatur** wider. Im Gegensatz zur Abschlussprüfung finden sich im Bereich der Assurance-Dienstleistungen noch verhältnismäßig wenig Kommentierungsquellen oder sonstige Fachliteratur. Dadurch erhöhen sich der eigene Ermessensspielraum und die Anforderungen an die Reflektionsleistung der Mitarbeiter. **45**

### 4.2.2 Einheitliche Vorgehensweise im Berufsstand

46 Die allgemeine Herausforderung im Bereich der Assurance-Dienstleistungen besteht darin, eine prüferisch einheitliche und vergleichbare **Methodik** auf sich stetig ändernde Sachverhalte anzuwenden. Es finden hierbei grundsätzlich die allgemeinen (§§ 43, 49 WPO i.V.m. § 1-22 BS WP/vBP) und besonderen Berufspflichten (§§ 28-44 BS WP/vBP) analog zur Abschlussprüfung Anwendung. Diese zielen auf die unabhängige, sorgfältige und qualitativ hochwertige Durchführung sämtlicher durch den WP bescheinigten Prüfungen ab.

47 In der Praxis zeigt sich, dass dies bisher nur bedingt zu einer **einheitlichen Vorgehensweise** bei der Erbringung von Assurance-Dienstleistungen führt. Tatsächlich werden für dieselben Prüfungsleistungen oftmals stark divergierende Prüfungshandlungen durchgeführt. Ein Grund dafür ist sicherlich die bewusste hohe Abstraktion vieler Assurance Standards, die häufig vor dem Hintergrund einer möglichst breiten Anwendbarkeit für Unternehmen aller Branchen, Reifegrade und Größenkategorien geschrieben sind. Beispielhaft sei hier der ISAE 3000 genannt, der in der Praxis als internationaler Standard für eine Vielzahl an betriebswirtschaftlichen Prüfungen herangezogen wird. In der Regel wird auf die Vorgabe konkreter Prüfungshandlungen durch den Verweis auf allgemeine Grundsätze der Prüfungsdurchführung verzichtet.

### 4.2.3 Qualitätssicherung

48 Grundsätzlich gelten gem. §§ 2 WPO i.V.m. 55b WPO die gleichen Anforderungen zur internen Qualitätssicherung bei der Erbringung von Assurance-Dienstleistungen. Aufgrund der skizzierten Herausforderungen z.B. an die Qualifikation (Tz. 43 ff.) oder die besonderen Haftungsrisiken (Tz. 41) ist es für bestimmte Services darüber hinaus ratsam, ergänzende Anforderungen in der WP-Praxis zu etablieren. Denkbar ist die Schaffung einer internen **Akkreditierungsvoraussetzung** für verantwortliche WP oder deren Mitarbeiter für die Durchführung bestimmter, besonders risikobehafteter Klassen von Aufträgen. Damit wird innerhalb der Praxis eine Zentralisierung auf einzelne Mitarbeiter bzw. Teams erreicht, die dann für die Erbringung der Leistung spezifisch fortgebildet und eingesetzt werden.

49 Weiterhin sollten für einen definierten Bereich an Assurance-Dienstleistungen zusätzlich auftragsbegleitende Qualitätssicherer eingesetzt werden, die i.S. eines **Engagement Quality Reviewers** eine angemessene Prüfungsdurchführung bis zur Berichterstattung sicherstellen. Diese Vorgehensweise hat sich in der Abschlussprüfung als qualitätssichernde Maßnahme schon etabliert.

## 4.3 Rentabilität

50 Assurance-Dienstleistungen werden von vielen Unternehmen als Mehrwert wahrgenommen und befriedigen deren zusätzliches Sicherheitsbedürfnis. Dem stehen jedoch diverse Herausforderung bei der Leistungserbringung gegenüber, die sich teilweise auch in einer nachteiligen Kostenstruktur zeigen, die bei der Betrachtung der Rentabilität unbedingt kritisch zu beachten sind. So müssen bei der Honorarkalkulation insb. höhere Anlaufkosten, eine geringe Standardisierung, notwendiger Wissensaufbau und der oftmals notwendige Einsatz von teuren Spezialisten berücksichtigt werden.

### 4.3.1 Zeitliche und personelle Planung

Die Assurance-Dienstleistungen unterscheiden sich erheblich bei der zeitlichen und personellen Planung von der Abschlussprüfung des WP. Für viele Leistungen gibt es keine gesetzlich festgeschriebenen Fristen und damit keinen festen **Prüfungszeitraum**. Außerdem sind viele Leistungen im Assurance-Bereich freiwillig vom Unternehmen beauftragte Prüfungen, wodurch die Einhaltung von Fristen größtenteils entbehrlich ist und der Leistungszeitraum ganz individuell je nach Prüfungsleistung und -umfang mit dem Mandanten bestimmt werden kann. Eine Ausnahme bilden bspw. regulatorische Assurance-Dienstleistungen (z.B. i.R.d. Prüfung der Strompreiskompensation mit Abgabefrist). Eine klassische „busy-season", wie sie i.d.R. bei der Abschlussprüfung zu beobachten ist, ist somit nicht gegeben. Der Leistungszeitraum erstreckt sich ggf. über das gesamte Kalenderjahr. Mit dem Ziel einer gleichmäßigen Auslastung können deshalb Assurance-Leistungen möglicherweise in eher auslastungsschwachen Zeiten des GJ des WP allokiert werden. 51

Nachteilig wirkt sich jedoch für die **personelle und zeitliche Planung** aus, dass aufgrund des häufigen Einmalcharakters vieler Assurance-Dienstleistungen die Auftragslage für das kommende GJ kaum vorhersehbar und planbar ist. Zusätzlich erfordert die Diversität der Prüfungsaufträge unterschiedliche Schwerpunkte beim eingesetzten Personal. Je nach Prüfungsgegenstand müssen interne und/oder externe Spezialisten als Ressource vorgehalten werden, die die Prüfung durchführen bzw. begleiten können. Die Anforderungen an die Planung sind somit deutlich höher. Daneben gestaltet sich die zeitliche Planung eines Auftrags ebenfalls schwieriger. In der Abschlussprüfung sind die Prüfungshandlungen stark modularisiert und repetitiv bzw. aufgrund der Erfahrungen aus VJ-Prüfungen grundsätzlich beurteilbar, so dass eine Einschätzung hinsichtlich des erwarteten Stundenvolumens einfacher vorzunehmen ist als bei Assurance-Dienstleistungen, die in vielen Bereichen gerade durch ihre Individualität gekennzeichnet sind. 52

### 4.3.2 Erbringung von Einmalleistungen

Wie bereits dargestellt (Tz. 43), handelt es sich bei vielen Assurance-Dienstleistungen insb. außerhalb der regulatorischen Anforderungen häufig um Einmalleistungen, weil die Prüfungen meist freiwillig von Unternehmen beauftragt werden und nur nach Bedarf, und dann zumeist nicht regelmäßig, wiederholt werden. Assurance-Dienstleistungen werden daher i.d.R. individuell auf den jeweiligen Sachverhalt und die Gegebenheiten angepasst. Aus dieser Konstellation heraus entstehen oft hohe **Anlaufkosten** bei der Vorbereitung von Prüfungsleistungen, die bei der Honorarfindung unbedingt berücksichtigt werden müssen. Aus betriebswirtschaftlicher Sicht muss es daher das Bestreben des WP sein, diese Einmalleistungen zu sich wiederholenden Leistungen auszubauen. Im Rahmen von mehrjährigen Verträgen können z.B. durch die maximale Verwertung von Dokumenten und Prüfungsnachweisen der VJ Anreize zur Wiederholung der Assurance-Dienstleistung geschaffen werden, die in Folgejahren auch bei reduziertem Honorar eine entsprechende Rentabilität sicherstellen. 53

### 4.3.3 Investitionen in Prüfungsansätze, Methoden und Tools

Für viele der in der jüngsten Zeit entwickelten Assurance-Dienstleistungen stehen noch keine standardisierten Prüfungsansätze, Methoden oder Tools zur Verfügung. Bei der beabsichtigten Erbringung von Assurance-Dienstleistungen sollten daher neben den 54 zeitlichen und personellen Investitionen auch die notwendige **Entwicklung bzw. der Erwerb** von unterstützenden Hilfsmitteln betrachtet werden. Dies wird insb. dann zu einem wesentlichen Kostenfaktor, wenn diese Investitionen vor dem Hintergrund des Einmalcharakters vieler Leistungen betrachtet werden.

### 4.3.4 Einsatz von Spezialisten

55 Manche Assurance-Dienstleistungen erfordern Kenntnisse, die im Regelfall vom WP aufgrund seiner Ausbildung nur in beschränktem Umfang oder auch gar nicht geleistet werden können. Dazu gehören Kenntnisse, die grundsätzlich eher bei Juristen, IT Spezialisten oder in vielen Fällen auch Ingenieuren zu finden sind. Es erscheint zweifelhaft, ob das permanente Vorhalten dieser Ressourcen angesichts der im Anfall nur schwer planbaren Leistungen und der hohen Vielfalt der zu erbringenden Services aus betriebswirtschaftlicher Sicht für jede WP-Praxis sinnvoll ist. Aus diesem Grunde werden i.d.R. neben internen Spezialisten auch externe Sachverständige eingesetzt, die ad hoc und im jeweiligen Einzelfall in beauftragte Assurance-Dienstleistungen einbezogen werden können.

#### 4.3.4.1 Externe Sachverständige

56 Der Einsatz von externen Sachverständige kann zur Unterstützung der Prüfungsleistungen notwendig sein. Externe Sachverständige sind Personen, die vom WP zur Unterstützung der Durchführung seiner Prüfungsleistungen beauftragt werden wie z.B. freiberufliche Ingenieure, RA, StB etc. Selbst wenn innerhalb der Praxis bereits Ressourcen in diesen Bereichen dazu aufgebaut wurden, ist es im Einzelfall dennoch ratsam und oft auch notwendig, für einzelne Teilgebiete (z.B. bei der Prüfung von Compliance Management Systemen für Spezialbereiche in diversen Rechtsgebieten) zusätzlich Experten von außen hinzuzuziehen. Die Anforderungen an diese externen Spezialisten und die berufsüblichen Verpflichtungen bei der Verwertung der entsprechenden Ergebnisse unterscheiden sich nicht von den Anforderungen, die sich i.R. einer Abschlussprüfung ergeben. Insbesondere bei berufsstandsfremden Leistungen der externen Spezialisten, die häufig zentraler Bestandteil der erbrachten Assurance-Dienstleistung sind, ist angesichts der begrenzten Beurteilbarkeit der Tätigkeiten besondere Sorgfalt des WP geboten.

#### 4.3.4.2 Interne Spezialisten

57 Existieren innerhalb der Praxisorganisation interne Spezialisten, so ist deren Einsatz im Hinblick auf den mittelfristigen Aufbau von Know-How, die Konsistenz der Leistungserbringung und letztlich auch die Qualitätsvorteile durch eine engere Einbindung in interne Prozesse und Trainingsverpflichtungen grundsätzlich als vorteilhaft einzuschätzen. Als interne Spezialisten sind z.B. RA, Berater oder in Teilen auch Ingenieure zu nennen. Den Vorteilen des internen Know-How-Aufbaus muss der WP eventuelle Nachteile bei den Kosten aus dem Aufbau eines permanenten Personalblocks gegenüberstellen, dessen Auslastung angesichts des nicht immer wiederkehrenden Charakters der Assurance-Leistungen sowie der skizzierten nur begrenzten Planbarkeit der Leistungszeiträume (Tz. 52) eher selten sichergestellt ist.

## 4.4 Reputation

Die Erbringung von Assurance-Leistungen bezieht sich auch auf Prüfungsgegenstände, mit denen der WP in der Öffentlichkeit in der Vergangenheit eher selten in Verbindung gebracht wurde. Eine wachsende Betätigung der WP auf dem Gebiet der Assurance Services vergrößert den Kreis der Personen, die direkt oder indirekt in Berührung mit dem Prüfungsergebnis kommen und die vermutlich nur unzureichende Kenntnisse darüber haben, welche Aussagekraft tatsächlich hinter der erbrachten Leistung steckt. Hieraus resultieren mögliche Reputationsschäden, wenn WP in Verbindung mit öffentlichkeitswirksamen Verstößen, die sie vermeintlich oder auch tatsächlich nicht erkannt haben, gebracht werden. **58**

### 4.4.1 Auswirkungen auf die Erwartungslücke

Wie auch in der Abschlussprüfung existiert für eine Vielzahl von Assurance-Leistungen häufig eine Erwartungslücke zwischen dem, was der WP bescheinigt, und dem, was der Empfänger, aber auch Dritte, als Aussage daraus ableiten. Als Beispiel seien hier die Management System-Prüfungen im Bereich der Corporate Governance genannt. Derartige Prüfungen beziehen sich immer auf die im Unternehmen implementierten Maßnahmen, Prozesse und Kontrollen zur Prävention und Aufdeckung bzw. Sanktionierung. Bei der Wirksamkeitsprüfung dieser Systeme wird sichergestellt, dass diese zu einem determinierten Zeitpunkt implementiert und angemessen sind bzw. über einen Zeitraum wirksam waren. Keinesfalls kann daraus abgeleitet werden, dass diese Wirksamkeit auch vor oder nach diesem **Prüfungszeitraum** ebenfalls bestand bzw. besteht. Insbesondere durch Fluktuation, Änderungen in der Konzernstruktur oder neue Prozess- und Geschäftsrisiken könnte sich eine andere Beurteilung ergeben. Daher ist es nicht zulässig, das aktuelle Prüfungsergebnis auf andere Beurteilungszeiträume zu übertragen. Hat sich nun ein Verstoß außerhalb des beurteilten Zeitraumes ereignet, so ist die abgegebene Bescheinigung dennoch richtig. Die zeitliche Eingrenzung wird von der Öffentlichkeit jedoch ggf. in dieser Form nicht gesehen und die Prüfungsleistung könnte trotz eines einwandfreien Vorgehens in der Öffentlichkeit kritisiert werden. **59**

Auch verlangen diese Prüfungen in aller Regel eine **Eingrenzung** auf bestimmte Rechtsgebiete (Compliance Management System-Prüfungen), Risiken (Prüfungen des Risikomanagementsystems) oder z.B. Prozesse (Prüfung des IKS). Zusätzlich bieten die betreffenden Prüfungsstandards Möglichkeiten der Beschränkung auf geografische Bereiche von Konzernen oder Geschäftseinheiten und Gesellschaften. Insbesondere in Kombination der dargestellten Eingrenzungen kann letztlich ein Prüfungszuschnitt resultieren, der beim Eintritt von Verstößen außerhalb des Zuschnitts einer breiteren Öffentlichkeit nicht bekannt oder nicht leicht vermittelbar ist. Einer umso größeren Bedeutung kommt der klaren Dokumentation i.R.d. Auftragsannahme, Auftragskontrahierung, in den Arbeitspapieren und bei der Berichterstattung zu. **60**

Ebenso verhindert eine Wirksamkeitsüberprüfung der Kontroll- und Sicherheitssysteme aufgrund inhärenter Beschränkungen von **Systemprüfungen** oder durch Kollusion nicht zwangsläufig Fehler oder bewusste Verstöße. Darüber hinaus muss klargestellt werden, dass in Abgrenzung zu einer transaktionsbasierten Prüfung von Geschäftsvorfällen und auch durch das Ziehen von Stichproben immer Limitationen der Aussage bestehen. **61**

### 4.4.2 Fehlerhafte Prüfungsleistung

62 Durch die starke Diversifizierung des Assurance-Dienstleistungsportfolios, die skizzierten Anforderungen an Personal, Spezialisten und die begrenzt vorhandene Literatur sowie oftmals auch die fehlende Erfahrung mit den Prüfungsgegenständen besteht grundsätzlich auch eine höhere Fehleranfälligkeit, da auch eine einheitliche Überprüfung und Überwachung der Prüfungsleistungen erschwert ist. Ebenso wie i.Z.m. der Erwartungslücke bestehen hier – jedoch in noch höherem Maße – vielfach bestandsgefährdende, immanente Haftungs- und Reputationsrisiken (vgl. Tz. 41 f.). Der WP kann dem durch das Sicherstellen einer hohen Qualität der Arbeitsleistung, einer möglichst fokussierten Beschäftigung mit einzelnen Leistungen und durch ein Qualitätssicherungssystem entgegenwirken.

## 4.5 Unabhängigkeit

### 4.5.1 Risiken aus der prüferischen Begleitung

63 Durch die schnelle Entwicklung und die Vielzahl neuer Anforderungen an Unternehmen in Bezug auf zu implementierende Systeme ergibt sich bei der Prüfung häufig die Situation, dass der Prüfer bereits beauftragt wird, während das Unternehmen noch im Begriff ist, das betreffende System zu konzipieren und/oder vollständig umzusetzen.

64 Für das Beispiel der Compliance Management Systeme sieht der betreffende *IDW PS 980* i.d.F. des Jahres 2011 durch den strukturierten Aufbau über drei Teilprüfungen (Konzeptionsprüfung, Angemessenheitsprüfung und Wirksamkeitsprüfung) explizit und exemplarisch eine stufenweise Einbeziehung des WP vor. Auch *IDW PS 981, IDW PS 982* und *IDW PS 983* für die anderen **Management Systeme** der Corporate Governance sprechen, trotz fehlender Aufnahme einer Konzeptionsprüfung in den Katalog der zu erbringenden Leistungsarten, von einer möglichen „projektbegleitenden" Prüfung[9]. In solchen Fällen begleitet der Prüfer im Regelfall die Konzeption der Systeme, die Schritte der Implementierung und führt zu Anfang eine sog. GAP-Analyse durch.

65 Auch außerhalb der Management System-Prüfungen stellt z.B. die Generierung von Daten im Unternehmen, für die z.B. i.R. einer Berichterstattung über **nichtfinanzielle Informationen** später eine Bescheinigung erteilt werden soll, die handelnden Personen vor große Herausforderungen. So müssen zur Ableitung oder Verdichtung von Zahlen und Daten meist Prozessstrukturen ergänzt und neu aufgesetzt oder Berichterstattungen erweitert werden. Auch in diesen Fällen ist es sinnvoll, den WP früh einzubinden, um diese Maßnahmen von Anfang an prüferisch zu begleiten.

66 Auch wenn dies grundsätzlich unproblematisch und – wie gezeigt (Tz. 64) – auch explizit in entsprechenden Prüfungsstandards vorgesehen ist, ist es in diesen Fall besonders notwendig, eine deutliche **Abgrenzung** zwischen der erfolgten prüfungsnahen Beratung im Zuge der Implementierung und der späteren Prüfung vorzunehmen. Eine intensive Einbindung in die Strukturierung oder Einflussnahme auf den Auftraggeber kann die Unabhängigkeit des WP und damit Zulässigkeit der Auftragsannahme bzw. -durchführung ausschließen. Es muss stets berücksichtigt werden und sichergestellt sein, dass Entscheidungen nicht durch den Prüfer getroffen, sondern nur i.S.d. Aufzeigens von Alternativen vorbereitet werden.

9 Vgl. z.B. *IDW PS 981*, Tz. 25; vgl. ausführlich zu projektbegleitenden Prüfungen Kap. O.

### 4.5.2 Verhältnis zur Abschlussprüfung

Eine weitere Herausforderung in Bezug auf die **Unabhängigkeit** des Prüfers ergibt sich im Falle der Erbringung von Prüfungsleistungen i.Z.m. einer ebenfalls vorgenommenen Abschlussprüfung. Eine Kombination von Abschlussprüfung und Assurance-Dienstleistung durch denselben WP wird in relevanten Prüfungsstandards explizit als zulässig erachtet (vgl. *IDW PS 981*, Tz. 34). An diese Konstellation knüpfen sich jedoch besondere Herausforderungen, die es bei der Durchführung des Auftrags zu berücksichtigen gilt. **67**

Ein Szenario ergibt sich in der Möglichkeit, dass z.B. nach Beendigung der Abschlussprüfung bei einer separaten Prüfung des rechnungslegungsbezogenen IKS Fehler oder Verstöße entdeckt werden, die i.R.d. Abschlussprüfung entweder durch die ausschließliche Durchführung von substantiellen Prüfungshandlungen oder das Ziehen von abweichenden Stichproben unentdeckt geblieben waren. Auch andere Prüfungsgegenstände aus dem Bereich der Assurance können analoge Rückwirkungen auf die Abschlussprüfung haben. Aus einer solchen Situation resultieren Herausforderungen an die **Kommunikation** mit dem Auftraggeber und die mögliche Konsequenz für den ggf. bereits erteilten BestV. Im Einzelfall mag es schwierig sein und zu Verständnisproblemen führen, dem Auftraggeber die im Zuge der Assurance-Leistungen identifizierten Schwächen angesichts einer möglicherweise zuvor feststellungsfrei durchgeführten Abschlussprüfung zu kommunizieren. Siehe dazu auch die Ausführungen zur Erwartungslücke in Tz. 59 ff. **68**

Der WP muss in Eigenverantwortung überprüfen und hinterfragen, ob die Feststellungen aus der Assurance-Leistung ggf. eine Konsequenz für den bereits erteilten **BestV** haben, falls die neu aufgedeckten Schwächen oder gar Verstöße bei vorliegender Kenntnis zum Zeitpunkt der Prüfung nicht zu einem uneingeschränkten Prüfungsurteil geführt hätten. Dies ist insb. dann relevant, wenn sich die Assurance-Dienstleistungen auf rechnungslegungsrelevante Prozesse und/oder Informationen bezogen haben oder wenn Fraud-Sachverhalte aufgedeckt wurden, die bspw. die Integrität des Managements in Zweifel ziehen. **69**

Die Kombination von Abschlussprüfung und Assurance-Leistung kann aber auch von hoher **Effizienz** geprägt sein und einige Standards sprechen sich klar für eine solche Leistungserbringung aus einer Hand[10] aus. Es kann dem WP im Idealfall gelingen, sich auf i.R.d. Abschlussprüfung bereits als wirksam geprüfte Prozesse oder IT-Strukturen zu verlassen oder bereits erlangte Prüfungsnachweise auch für die Assurance-Leistung zu verwenden. **70**

## 4.6 Neue Mitbewerber

Durch die Erweiterung des Leistungsportfolios um Assurance-Dienstleistungen dringt der WP in Märkte ein, in denen **Mitbewerber** in Teilen nach Außen vergleichbar wirkende, wenn auch oft tatsächlich nicht identische Services anbieten. Bei diesen Mitbewerbern handelt es sich häufig um Anbieter, die nicht aus dem klassischen Prüfungsumfeld stammen. So bieten z.B. Zertifizierer, Anwaltskanzleien oder auch technische Prüforganisationen – wie der TÜV – Leistungen an, die hinsichtlich des Mandantenbe- **71**

10 Vgl. *IDW PS 981*, Tz. 33, A32, A42.

darfs zumindest in Konkurrenz zu Assurance-Leistungen stehen können. Diese Anbieter unterscheiden sich, was die Art der Leistungserbringung als auch die Organisationsstruktur angeht, erheblich von der Praxis des WP.

72 Ein neuer und sich verändernder Markt bringt folglich neue Konkurrenzsituationen mit sich. Dabei haben die Mitbewerber aufgrund ihres Tätigkeitsspektrums oft deutlich günstigere Kostenstrukturen, die in Teilen aus dem reduzierten Einsatz von Akademikern, der fehlenden Notwendigkeit zur Ablegung von Berufsexamina oder auch schlankeren Organisationsstrukturen in Abwesenheit von größeren internen Fachinstanzen resultieren. Sie können dementsprechend zu niedrigen Preisen anbieten. Dies geschieht insb. dann, wenn die angefragte Assurance-Leistung keine Vorbehaltsaufgabe des WP darstellt und sich der Kreis der potentiellen Mitanbieter dadurch deutlich erweitert. In einer solchen Situation kann auch unter maximaler Ausnutzung von Skaleneffekten und dem Einsatz optimaler Teammixes der Wettbewerb für WP erschwert sein. Der WP kann sich in einem solchen Umfeld stärker durch den Mehrwert, der aus dem Berufsstand heraus erbrachten hochqualifizierten Tätigkeit abgrenzen. Zusätzlich besteht insb. bei eigentlich nicht vergleichbaren Services die Notwendigkeit einer Positionierung durch eine transparente Leistungsdifferenzierung. WP begegnen dem Bedarf der Kunden vielfach unterschiedlich. Als Beispiel kann hier der Unterschied zwischen einer Wirksamkeitsprüfung nach einem *IDW Prüfungsstandard* und der bei Zertifizierungen oftmals üblichen Selbsteinschätzung des Managements genannt werden, die in völlig unterschiedlichen Prüfungsaussagen münden müssen.

### 4.7 Qualitäts- und Risikomanagement

73 Zur Qualitätssicherung und zur Vermeidung von Haftungs- und Reputationsschäden ist ein geeignetes Risikomanagement zu installieren und zu unterhalten, das die besonderen Risiken aus der Erbringung von Assurance-Leistungen antizipiert und steuert. Dies gilt für sämtliche diskutierte Herausforderungen, die sich insb. aus der ausreichenden fachlichen Besetzung und Qualifikation der Prüfungsteams, den Anforderungen an die Unabhängigkeit des Prüfers, der Verwendung des Prüfungsurteils gegenüber Dritten, der auftragsbegleitenden und der nachgelagerten Qualitätskontrolle sowie der Sicherstellung einer entsprechenden Profitabilität zur Verhinderung von Kompromissen bei Qualität und Umfang von Prüfungshandlungen ergeben. Auch für die Besetzung und Organisation des Risikomanagements selber folgen hieraus direkte Konsequenzen.

## 5. Chancen für den Berufsstand

### 5.1 Höhere Rentabilität der Aufträge

74 Wie gezeigt (Tz. 50), werden Assurance-Leistungen bei WP aufgrund des aufgezeigten Mehrwerts beauftragt und können somit einen deutlichen zusätzlichen Honorarbeitrag leisten. Sofern der WP in der Lage ist, die dargestellten besonderen Anforderungen an diese Aufträge zu erfüllen und damit auch an die Kosten der Leistungserbringung angemessen zu berücksichtigen, stellen diese Dienstleistungen ein interessante Ergänzung des Serviceportfolios dar.

## 5.2 Aufwertung des Wirtschaftsprüfers und des Berufsstands

Der WP wurde lange Zeit von der Öffentlichkeit, den Unternehmen und deren handelnden Personen, auf seine Vorbehaltsaufgabe als APr. reduziert. Mit der Erbringung von Assurance-Leistungen jenseits der Abschlussprüfung und einem damit demonstrierten weiteren Mehrwert besteht die Möglichkeit, die Rolle des WP und damit des gesamten Berufsstands als vertrauter Sicherheitsgeber zu stärken. Die Übertragung der besonderen Fachkennnisse des WP, des damit einhergehenden Handwerks sowie der unerreichten Objektivität auf neue Dienstleistungsbereiche und Anwendungsfelder bieten dabei eine große Chance. **75**

## 5.3 Synergien zwischen Leistungen

Die i.R. von Assurance-Leistungen erbrachten Tätigkeiten und Prüfungshandlungen sind dem WP – trotz der fallweisen Notwendigkeit der Einbeziehung von Spezialisten (Tz. 55) – aus Abschlussprüfungen in einem hohen Maß vertraut. Regelmäßig handelt es sich bei Assurance-Dienstleistungen um Prozess- oder Kontrollprüfungen (z.B. Corporate Governance Management Systeme, Prüfung von Shared Service Centern) oder die Prüfung von finanziellen und nichtfinanziellen Informationen (z.B. sonstiger Angaben in der Unternehmensberichterstattung). Die bei diesen Prüfungen anzuwendenden Prüfungshandlungen und Prüfungstechniken gehören zum originären Handwerk des WP. **76**

## 5.4 Erhöhung der Qualität der Abschlussprüfung

Durch die zunehmende Anwendung von risikoorientierten Prüfungsansätzen hat sich die Abschlussprüfung in den letzten Jahren in ihrem Umfang verschlankt. Unter Beachtung hoher **Effizienznotwendigkeiten** erfüllt der APr. zwar kompromisslos weiterhin alle an ihn gestellten Anforderungen zur Ableitung eines Prüfungsurteils aus seiner Tätigkeit. Aus der Fokussierung auf Gebiete mit hohem inhärentem Risiko einer Fehlaussage und bei Anwendung von entsprechenden Wesentlichkeitsgrenzen konzentrieren sich Prüfung und Berichterstattung auf die Kernbereiche. **77**

Eine Vielzahl von Assurance-Leistungen erstreckt sich auf Unternehmensbereiche und -informationen, die grundsätzlich aufgrund einer nur unwesentlichen Beziehung zum JA zumeist nicht Prüfungsgegenstand der Abschlussprüfung sind (z.B. Compliance Management, Nachhaltigkeitsinformationen). Durch die Übernahme von Assurance-Leistungen bezüglich dieser Teile und eine entsprechende Prüfung ergibt sich für den APr. ein deutlich breiteres und vollständigeres Bild des Unternehmens. Assurance Services eröffnen dem APr. einen **erweiterten Blick** auf das Unternehmen und fördern ein ganzheitliches Verständnis des Unternehmens, seiner Organisation und der inhärenten Risiken. Dadurch wird die Qualität der Abschlussprüfung weiter erhöht. Auch der direkte Nutzen für den Mandanten ist hierbei unverkennbar. Er erfüllt gesetzliche Vorgaben hinsichtlich des JA und kann gleichzeitig entsprechend seines individuellen Sicherheitsbedürfnisses, Leistungen des APr. maßgeschneidert ergänzend beauftragen. **78**

## 5.5 Attraktivität des Berufsstands

Der Berufsstand beobachtet seit geraumer Zeit sinkende Bewerberzahlen, eine hohe Fluktuation und einen deutlichen Rückgang an Absolventen des WP-Examens. Die Gründe dafür sind vielschichtig. Ein Zusammenhang besteht aber sicherlich durch einen **79** in der Öffentlichkeit in Teilen zu Unrecht proklamierten Rückgang der Relevanz des Berufsstands. Absolventen der Hochschulen haben mitunter die Sorge, einer vermeintlich einseitigen Beschäftigung nachzugehen, deren Bestand durch eine zunehmende Digitalisierung der Tätigkeiten in Zukunft ggf. gefährdet sein könnte. In der Wahrnehmung wird übersehen, dass viele neue Entwicklungen in den letzten Jahren Einzug in die Tätigkeit der WP gefunden haben. Die Abschlussprüfung als Kontrollinstrumentarium kann sich den Entwicklungen von Digitalisierung und Globalisierung der zu prüfenden Unternehmen nicht entziehen. Sie hat sich den sich permanent ändernden und in der Rechnungslegung wiederspiegelnden Möglichkeiten der Unternehmensführung und -information zu stellen. Gerade diese in der Abschlussprüfung entwickelte Fähigkeit zur Flexibilität, zur Reaktion auf sich ändernde Situationen auf der Grundlage eines hochwertigen Handwerkszeugs ist die Basis für eine Ausweitung des Leistungsportfolios der WP um Assurance Services. Eine bessere Kommunikation dieser Zusammenhänge über ein bereits heute interessantes und abwechslungsreiches Berufsbild dürfte zusätzliche Bewerber für den Beruf des WP begeistern. Mit disziplinübergreifenden Trainee-Stellen wird diese Entwicklung zum Teil aufgegriffen, um das klassische Handwerkszeug des WP zu vermitteln und gleichzeitig in weitere Bereiche einzuführen. Dadurch erlangen Mitarbeiter mehr Flexibilität in der Wahl der Themen- und Aufgabenschwerpunkte.

## 6. Künftige Trends und Services

**80** Aus der gegenwärtigen Entwicklung ist abzusehen, dass sich das Berufsbild des WP und dessen Tätigkeitsfeld in den nächsten Jahren weiterentwickeln werden. Ausgehend von den beschriebenen Veränderungen des Umfelds, der Regulatorik, der Geschäftsmodelle und auch der technischen Neuerungen werden die Anforderungen sowohl an die Abschlussprüfung als auch an neue Dienstleistungen weiter steigen. Der WP wird sich zum breit aufgestellten Anbieter von Sicherheitsleistungen entwickeln, der sowohl der Öffentlichkeit mit hochwertigen Pflichtleistungen als auch den Bedürfnissen der Unternehmen mit maßgeschneiderten Leistungen begegnet.

# Kapitel C

# Grundlagen für die Durchführung von Assurance-Aufträgen und ISAE 3000 (Rev.)

Verfasser:
WP StB Dr. Klaus-Peter Feld

Mitarbeit:
CA FCA CPA Wolfgang P. Böhm

Inhalt Tz.

# 1. Einschlägige Regelungen für Assurance-Aufträge

## 1.1 Anwendungsbereich von ISAE 3000 (Rev.) und anderen fachlichen Verlautbarungen

**ISAE 3000** regelt die Durchführung von sämtlichen Arten von Assurance-Aufträgen, die nicht Prüfungen bzw. prüferische Durchsichten von vergangenheitsorientieren Finanzinformationen sind. Der Standard und das begleitende Assurance Framework, die ursprünglich 2003 und in überarbeiteten Fassungen als ISAE 3000 (Rev.) und International Framework for Assurance Engagements 2013 vom IAASB verabschiedet wurden[1], spielen eine zentrale Rolle bei der Abgrenzung der Assurance-Aufträge (betriebswirtschaftliche Prüfungen i.S.d. § 2 Abs. 1 WPO) von sonstigen Auftragsarten, einschl. sog. verwandter Leistungen und sonstiger Vertrauensleistungen. 1

Ein **Assurance-Auftrag nach ISAE 3000 (Rev.)** ist darauf ausgerichtet, dass ein Prüfer auf Grundlage ausreichender und geeigneter Nachweise ein Prüfungsurteil abgibt, welches das Vertrauen vorgesehener Nutzer in Sachverhaltsinformationen (d.h. das Ergebnis der Messung bzw. Beurteilung eines zugrunde liegenden Sachverhalts anhand von Kriterien) erhöht[2]. Die in ISAE 3000 (Rev.) und im Framework verankerte Abgrenzung von anderen Auftragsarten beruht in erster Linie auf der Festlegung konstitutiver Elemente eines Assurance-Auftrages – d.h. die Grundlagen für die Durchführung eines Assurance-Auftrages dienen gleichzeitig als Abgrenzungsmerkmale gegenüber sonstigen Aufträgen.

Ein Assurance-Auftrag liegt danach nur dann vor, wenn sämtliche der folgenden **Merkmale** gegeben sind: 2

- es existieren (mindestens) drei verschiedene Parteien
- der Sachverhalt, der der Messung bzw. Beurteilung anhand der Kriterien zugrunde liegt, ist angemessen („angemessener zugrunde liegender Sachverhalt")
- es existieren geeignete Kriterien als Messungs- bzw. Beurteilungsmaßstab
- es können ausreichende und geeignete Prüfungsnachweise erlangt werden
- der Auftrag schließt mit einem Prüfungsurteil ab
- der Auftrag unterstützt die Entscheidungsfindung der vorgesehenen Nutzer und der Vermerk ist nicht irreführend (sog. „rationaler Zweck").

Aufgrund der beabsichtigten möglichst breiten, von einem konkreten Beurteilungsgegenstand losgelösten, Anwendbarkeit des Standards haben die enthaltenen Definitionen, Anforderungen und weiteren Ausführungen einen hohen Abstraktionsgrad. Hierdurch soll ein **prinzipienorientierter Ansatz** verwirklicht werden, der für die praktische Ausgestaltung solcher Assurance-Aufträge eine Hilfestellung bietet, die nicht spezifisch durch eine andere internationale oder *IDW Verlautbarung* geregelt sind. Insbesondere gilt dies für die Fragen, ob der durchzuführende Auftrag als betriebswirtschaftliche Prüfung einzuordnen ist, welche Aussagen in der Berichterstattung des Prüfers getroffen werden können und wie ein Assurance-Auftrag fachgerecht durchzuführen ist. 3

1 *Almeling/Böhm*, S. 15 und S. 17.
2 Vgl. ISAE 3000.12 (a) (Rev.).

4 Abschlussprüfungen gehören zu den Assurance-Aufträgen, für sie gelten aber spezifische Regeln in Gestalt der auf den ISA basierenden *IDW Prüfungsstandards*[3]. Soweit Abschlüsse für einen speziellen Zweck oder eine einzelne Finanzaufstellung bzw. ein Bestandteil einer Finanzaufstellung mit hinreichender Sicherheit geprüft werden, gelten darüber hinaus *IDW PS 480* bzw. *IDW PS 490*[4]. ISAE 3000 (Rev.) kommt in den genannten Fällen nicht zum Tragen[5]. Gleiches gilt für prüferische Durchsichten (reviews) von Abschlüssen bzw. von deren Bestandteilen[6]. Hier gilt *IDW PS 900*[7]. Denkbar ist auch die Durchführung von reviews unmittelbar nach internationalen Standards. Einschlägig sind dann ISRE 2400 (Rev.) bzw. ISRE 2410[8].

5 ISAE 3000 (Rev.) ist somit grundsätzlich auf die „Restmenge" aller nicht in Tz. 4 genannten Assurance-Aufträge (**sonstige betriebswirtschaftliche Prüfungen**) anwendbar. Jedoch existieren daneben verschiedene *IDW Prüfungsstandards* (bzw. Entwürfe) für bestimmte Ausprägungen sonstiger betriebswirtschaftlicher Prüfungen. Diese *IDW Prüfungsstandards* berücksichtigen – sofern einschlägig – nationale rechtliche und andere Besonderheiten und unterlagen im Falle von gesetzlich vorgeschriebenen Prüfungen i.d.R. einer Abstimmung mit den für diese Prüfungen zuständigen Aufsichtsstellen oder Behörden. Aus diesen Gründen sind die entsprechenden *IDW Prüfungsstandards* vorrangig vor ISAE 3000 (Rev.) anzuwenden.

**Beispiel 1: IDW Prüfungsstandards für spezifische Assurance-Aufträge**

- *IDW Prüfungsstandard: Die Prüfung von Softwareprodukten (IDW PS 880)*
- *IDW Prüfungsstandard: Prüfung von Systemen nach § 20 WpHG bei nichtfinanziellen Gegenparteien (IDW PS 920)*
- *IDW Prüfungsstandard: Die Prüfung des internen Kontrollsystems bei Dienstleistungsunternehmen (IDW PS 951 n.F.)*
- *IDW Prüfungsstandard: Grundsätze ordnungsmäßiger Prüfung von Compliance Management Systemen (IDW PS 980)*
- *IDW Prüfungsstandard: Grundsätze ordnungsmäßiger Prüfung von Risikomanagementsystemen (IDW PS 981)*
- *IDW Prüfungsstandard: Grundsätze ordnungsmäßiger Prüfung des internen Kontrollsystems des internen und externen Berichtswesens (IDW PS 982)*
- *IDW Prüfungsstandard: Grundsätze ordnungsmäßiger Prüfung von Internen Revisionssystemen (IDW PS 983).*

6 Zu beobachten ist, dass die Arbeitsergebnisse von WP zu sonstigen betriebswirtschaftlichen Prüfungen zunehmend **in einem internationalen Kontext** Verwendung finden. In diesen Fällen kann es sich anbieten, auch bei Vorliegen eines einschlägigen *IDW Prüfungsstandards* den Assurance-Auftrag unter ergänzender Beachtung des ISAE 3000

3 *IDW PS 201*, Tz. 20 und Tz. 22.

4 Vgl. *IDW PS 480* und *IDW PS 490*; s.a. ausführlich zur Prüfung von Abschlüssen, die nach Rechnungslegungsgrundsätzen für einen speziellen Zweck aufgestellt wurden, und zur Prüfung von Finanzaufstellungen oder deren Bestandteilen Kap. D.

5 ISAE 3000.1 (Rev.).

6 International Framework for Assurance Engagements, Rn. 2 i.V.m. Appendix 1.

7 Vgl. *IDW PS 900*, Tz. 1 und Tz. 3.

8 *IDW*, WPH Edition, Wirtschaftsprüfung & Rechnungslegung[15], Kap. P Tz. 27.

(Rev.) (oder sonstigen einschlägigen ISAE) durchzuführen, wobei hierbei etwaige Abweichungen zwischen diesen Standards berücksichtigt werden müssen.

## 1.2 Von dritter Seite vorformulierte Bescheinigungen

Nicht nur bei der Abschlussprüfung, sondern auch bei sonstigen betriebswirtschaftlichen Prüfungen stellt der Umgang mit der sog. **Erwartungslücke** eine besondere Herausforderung für den Berufsstand dar. Auftraggeber und andere Adressaten unterscheiden oft nicht zwischen verschiedenen Auftragsarten, deren inhärenten Grenzen und den sich hieraus ergebenden Implikationen für die Berichterstattung des beauftragten WP. Deutlich wird dies insb. in jenen Fällen, in denen spezifische Prüfungen und die Formulierung der das Arbeitsergebnis des WP reflektierenden Bescheinigung von externer Seite vorgegeben werden, z.B. von Gesetzgebern, Ministerien, Behörden oder Banken. Kennzeichnend ist hierfür häufig, dass im Vorfeld nicht ausreichend berücksichtigt wurde, ob die geforderte Aussage des WP mit den berufsständischen Vorgaben zur Prüfungsdurchführung in Einklang zu bringen bzw. leistbar ist oder ob die vorgegebene Berichterstattung den fachlichen Grundsätzen und dem Berufsrecht entsprechen kann (z.B. wenn entgegen dem Grundsatz der Eigenverantwortlichkeit des WP keine Modifizierungen eines vorformulierten Prüfungsurteils zugelassen werden). 7

Vor diesem Hintergrund hat das IDW das Positionspapier: Vorformulierte Bescheinigungen[9] herausgegeben. Es soll vor allem den Initiatoren sonstiger betriebswirtschaftlicher Prüfungen die **Möglichkeiten und Grenzen** einer den Bedürfnissen aller Beteiligten Rechnung tragenden Ausgestaltung solcher Prüfungen aufzeigen. 8

Zu diesem Zweck vermittelt das Positionspapier einen **Überblick über denkbare Auftragsarten** und insb. Charakteristika von Assurance-Aufträgen. Angesprochen werden folgende Themen: 9

- Abgrenzung der Verantwortlichkeiten der am Auftrag Beteiligten
- Konkretisierung des Prüfungsgegenstandes
- Zugrundelegung eindeutiger Beurteilungskriterien (Sollobjekt)
- praktische Durchführbarkeit, Verhältnismäßigkeit und Wirtschaftlichkeit
- Eindeutigkeit des Prüfungsurteils
- Modifizierung der Prüfungsurteile und Hinweise in der Bescheinigung
- Adressierung der Bescheinigung und Abgrenzung des Empfängerkreises[10].

Zudem enthält das Papier zwei **Anlagen**: Die erste führt in die Grundlagen von Prüfungen nach ISAE 3000 (Rev.) und die Eckpunkte der Berichterstattung ein, die zweite erklärt die Grundlagen der Auftragsart „vereinbarte Untersuchungshandlungen“[11]. Diese Anlagen dienen dazu, Berufsfremden zu verdeutlichen, was einen Assurance-Auftrag von anderen Auftragsarten unterscheidet. 10

---

9 https://www.idw.de/blob/27234/f6da9bb367ac9b05a68987ad32c2ab1e/down-idw-positionspapier-vorformulierte-bescheinigungen-data.pdf (abgerufen am 10.03.2017).

10 https://www.idw.de/blob/27234/f6da9bb367ac9b05a68987ad32c2ab1e/down-idw-positionspapier-vorformulierte-bescheinigungen-data.pdf, S. 8.

11 https://www.idw.de/blob/27234/f6da9bb367ac9b05a68987ad32c2ab1e/down-idw-positionspapier-vorformulierte-bescheinigungen-data.pdf, Anlage 2.

## 2. Erforderliche Merkmale von Assurance-Aufträgen

### 2.1 Beteiligte Parteien

11 Das International Framework for Assurance Engagements und ISAE 3000 (Rev.) unterstellen für einen Assurance-Auftrag **mindestens drei beteiligte Parteien:** den Prüfer (practitioner), eine für den zugrunde liegenden Sachverhalt verantwortliche Partei (responsible party) und den oder die vorgesehenen Nutzer(intended users)[12]. Es kann weitere Beteiligte geben[13], aber ohne die drei genannten handelt es sich nicht um einen Assurance-Auftrag. Bereits hier wird ein erstes Merkmal der Abgrenzung von Assurance- gegenüber Beratungsaufträgen deutlich: Obwohl Ausnahmen denkbar sind, existieren bei Beratungsaufträgen i.d.R. nur zwei Parteien in Gestalt des Beraters und des Empfängers der Beratungsleistung, der meistens zugleich Auftraggeber ist.

12 Der Anhang zu ISAE 3000 (Rev.) verdeutlicht im nachfolgend wiedergegebenen Schaubild die **Abgrenzung und die Beziehungen zwischen den verschiedenen Parteien** eines Assurance-Auftrags anhand der jeweils wahrgenommenen Funktionen. Dabei können ggf. bestimmte Funktionen in ein und derselben Person zusammenfallen[14].

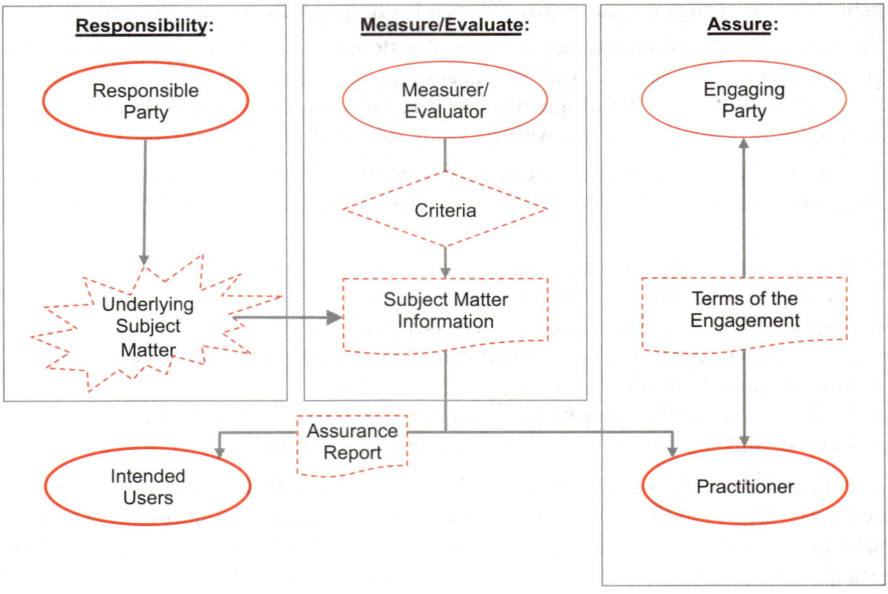


Abb. 1: Abgrenzung und Beziehungen zwischen den Parteien eines Assurance-Auftrages


12 International Framework for Assurance Engagements, Appendix 3 Rn. 1; ISAE 3000 (Rev.), Appendix Rn. 1.

13 International Framework for Assurance Engagements, Appendix 3 Rn. 1; ISAE 3000 (Rev.), Appendix Rn. 1.

14 ISAE 3000, Appendix.

Bei der **verantwortlichen Partei** liegt die Verantwortung für den zugrunde liegenden Sachverhalt[15]. Dem **Messenden bzw. Beurteilenden** (measurer or evaluator) obliegt es, den zugrunde liegenden Sachverhalt anhand der Kriterien zu messen bzw. zu beurteilen[16] und auf dieser Grundlage die sich daraus ergebenden Sachverhaltsinformationen (subject matter information) zu generieren[17]. Der **Auftraggeber** (engaging party) ist derjenige, der nach Maßgabe der Auftragsinhalte den Prüfer mit der Durchführung des Assurance-Auftrags beauftragt[18]. Der **Prüfer** führt den Assurance-Auftrag durch und verfasst den der Information der vorgesehenen Nutzer dienenden Prüfungsvermerk bzw. -bericht. **Vorgesehene Nutzer** sind mithin diejenigen, die nach Erwartung des Prüfers dessen Berichterstattung verwenden werden[19]. 13

Wenn ISAE 3000 (Rev.) den Begriff „Prüfer" verwendet, so kann es sich je nach Kontext entweder um den **Auftragsverantwortlichen** (d.h. den engagement partner bzw. auftragsverantwortlichen WP), das **Auftragsteam** (engagement team) oder die **Wirtschaftsprüferpraxis** (firm) handeln[20]. Ebenfalls kontextabhängig zu verstehen ist der von ISAE 3000 (Rev.) vor allem i.Z.m. Interaktionen des Prüfers mit anderen Parteien gebrauchte Begriff „entsprechende Partei" (appropriate party); damit kann entweder der Auftraggeber, der Messende bzw. Beurteilende oder aber die verantwortliche Partei gemeint sein[21]. 14

Der Anhang zu ISAE 3000 (Rev.) illustriert im Einzelnen das **Zusammenspiel** zwischen den vorgenannten Parteien, wie es sich je nach Ausgestaltung des Auftrags darstellt[22]. 15

ISAE 3000 (Rev.) fordert, dass der Prüfer vor Annahme des Auftrags festzustellen hat, ob die Rollen der beteiligten Parteien unter den Gegebenheiten des Auftrags angemessen sind[23].

## 2.2 Angemessener zugrunde liegender Sachverhalt

Laut ISAE 3000 (Rev.) ist der **zugrunde liegende Sachverhalt** das Objekt der Messung bzw. Beurteilung[24] und von der **Sachverhaltsinformation** zu unterscheiden. Die Sachverhaltsinformation betrifft die Darstellung des Ergebnisses der Messung bzw. Beurteilung des zugrunde liegenden Sachverhalts[25]. Die Differenzierung zwischen zugrunde liegendem Sachverhalt und Sachverhaltsinformation lässt sich am Beispiel eines Abschlusses veranschaulichen: 16

- Geschäftsvorfälle eines Unternehmens und die daraus resultierende Vermögens-, Finanz- und Ertragslage bilden den zugrunde liegenden Sachverhalt
- dessen Abbildung bzw. Wiedergabe durch Bilanz, GuV und Anhang stellt die Sachverhaltsinformation dar.

15 ISAE 3000.12 (v) (Rev.).
16 ISAE 3000.12 (n) (Rev.).
17 ISAE 3000.12 (x) (Rev.).
18 ISAE 3000.12 (g) (Rev.).
19 ISAE 3000.12 (m) (Rev.).
20 ISAE 3000.12 (r) (Rev.).
21 ISAE 3000.13 (Rev.).
22 ISAE 3000 (Rev.), Appendix.
23 ISAE 3000.24 (a) (Rev.).
24 ISAE 3000.12 (y) (Rev.).
25 ISAE 3000.12 (x) (Rev.).

**17** Diese Abgrenzung lässt sich auf andere Situationen, für die ISAE 3000 (Rev.) Anwendung findet, übertragen:

| zugrunde liegender Sachverhalt | Sachverhaltsinformation |
|---|---|
| Angemessenheit und Wirksamkeit interner Kontrollen | Erklärung über die Angemessenheit und Wirksamkeit interner Kontrollen |
| Ausmaß von CO2-Emissionen | Bericht über CO2-Emissionen |
| Einhaltung von Rechtsvorschriften | Bericht über die Einhaltung von Rechtsvorschriften |
| Angemessenheit von Softwareprodukten | Bericht über die Angemessenheit von Softwareprodukten |

**18** Das International Framework for Assurance Engagements enthält in Appendix 4 eine beispielhafte Aufstellung weiterer denkbarer zugrunde liegender Sachverhalte und der korrespondierenden Sachverhaltsinformationen[26].

**19** Das International Framework for Assurance Engagements stellt klar und ISAE 3000 (Rev.) fordert, dass bei einem Assurance-Auftrag der zugrunde liegende Sachverhalt „angemessen" sein muss[27]. Hierfür muss der zugrunde liegende Sachverhalt zum einen **bestimmbar**, zum anderen einer **kriterienbasierten Messung bzw. Beurteilung** zugänglich sein. In diesem Fall können dann zu daraus folgenden Sachverhaltsinformationen Prüfungshandlungen durchgeführt werden, die zur Erlangung von Prüfungsnachweisen für ein Prüfungsurteil mit hinreichender bzw. begrenzter Sicherheit dienen[28]. Wenn der zugrunde liegende Sachverhalt nicht als angemessen einzuschätzen ist, kommt weder ein Prüfungsurteil mit hinreichender Sicherheit noch ein Prüfungsurteil mit begrenzter Sicherheit in Betracht. D.h. die Beurteilung der Angemessenheit des zugrunde liegenden Sachverhalts hängt nicht von der mit einem Prüfungsurteil verbundenen Prüfungssicherheit ab[29].

**Praxistipp 1:**

Häufig ist für die Frage, ob es sich um einen angemessenen zugrunde liegenden Sachverhalt handelt, die sachgerechte Abgrenzung des Sachverhalts entscheidend. Mangelt es nur einzelnen Teilen eines zugrunde liegenden Sachverhalts an Bestimmbarkeit oder können nur bestimmte Teile nicht anhand von Kriterien gemessen oder beurteilt werden, kann die Angemessenheit ggf. über eine alternative Abgrenzung des Sachverhalts hergestellt werden. Eine alternative Abgrenzung darf andererseits nicht dazu führen, dass die Informationsbedürfnisse der vorgesehenen Nutzer nicht mehr erfüllt werden, z.B. indem bei einer Prüfung der Nachhaltigkeitsinformationen zu viele Informationsbereiche mangels Messbarkeit ausgegrenzt werden müssten und eine Berichterstattung über nur wenige verbleibende Informationsbereiche für die Nutzer nicht zielführend wäre.

26 International Framework for Assurance Engagements, Appendix 4.

27 International Framework for Assurance Engagements, Rn. 26 (b) i.V.m. Rn. 41 sowie ISAE 3000.24 (b) (i) i.V.m. .A40 bis .A44 (Rev.).

28 International Framework for Assurance Engagements, Rn. 41 sowie ISAE 3000.A40 bis .A44 (Rev.).

29 ISAE 3000.A41 (Rev.).

Ist eine alternative Abgrenzung nicht möglich, kann statt eines Assurance-Auftrags ggf. eine andere Dienstleistung in Betracht kommen (z.B. ein Gutachten bzw. eine gutachterliche Stellungnahme oder festgelegte Prüfungshandlungen[30] bzw. vereinbarte Untersuchungshandlungen). In diesem Fall darf der WP indes kein Prüfungsurteil erteilen.

## 2.3 Geeignete und verfügbare Kriterien

ISAE 3000 (Rev.) versteht unter Kriterien die **Maßstäbe,** die **zur Messung bzw. Beurteilung** des zugrunde liegenden Sachverhalts angelegt werden[31]. Der Prüfer muss feststellen, ob die Kriterien, die angewandt werden sollen, unter den Gegebenheiten des Auftrags geeignet sind[32]. Dabei haben **geeignete Kriterien** folgende Merkmale aufzuweisen[33]: 20

- **Relevanz** (die Kriterien führen zu Sachverhaltsinformationen, die die Entscheidungsfindung der vorgesehenen Nutzer unterstützen)
- **Vollständigkeit** (die Kriterien führen zu Sachverhaltsinformationen, die alle Fakten darstellen, die erwartungsgemäß die Entscheidungen der vorgesehenen Nutzer beeinflussen; dazu gehören – sofern einschlägig – auch Kriterien zur Art und Weise der Darstellung und für weitere Angaben)
- **Verlässlichkeit** (die Kriterien führen in vergleichbaren Situationen und bei unterschiedlichen Prüfern zu einer konsistenten Messung bzw. Beurteilung des zugrunde liegenden Sachverhalts und konsistenten Sachverhaltsinformationen)
- **Neutralität** (die Kriterien führen zu Sachverhaltsinformationen, die sich nach den Gegebenheiten des Auftrags nicht als einseitig darstellen )
- **Verständlichkeit** (die Kriterien führen zu Sachverhaltsinformationen, die von den vorgesehenen Nutzern verstanden werden können).

Es gilt die Annahme, dass von Gesetz- oder Verordnungsgebern oder von Standardsettern (in einem angemessenen due process) entwickelte Kriterien (sog. **etablierte Kriterien**) vom Prüfer als geeignet unterstellt werden können. Hierbei handelt es sich um eine widerlegbare Annahme[34]. Wie die Frage der Angemessenheit des Sachverhalts hängt auch die Eignung der Kriterien nicht von der zu erzielenden Prüfungssicherheit ab: Sind die Kriterien nicht für einen Auftrag zur Erlangung hinreichender Sicherheit geeignet, gilt Gleiches für einen Auftrag zur Erlangung begrenzter Sicherheit[35]. 21

Werden Kriterien individuell für die Entscheidungsfindung bestimmter vorgesehener Nutzer bzw. Nutzergruppen entwickelt, handelt es sich um sog. **Kriterien für einen speziellen Zweck**. In diesem Fall gelten besondere Berichtspflichten im Vermerk des 22

30 Vgl. *IDW PS 840*, bei dem die festgelegten Prüfungshandlungen weder der Erteilung eines Prüfungsurteils mit hinreichender Sicherheit noch einer Schlussfolgerung mit begrenzter Sicherheit über die Einhaltung der sich aus den §§ 12-23 FinVermV ergebenden Verpflichtungen dienen.

31 ISAE 3000 (Rev.).12 (c) (Rev.).

32 ISAE 3000 (Rev.).41 (Rev.).

33 ISAE 3000.24 (b) (ii) i.V.m. .A45 (Rev.).

34 ISAE 3000.A49 (Rev.).

35 ISAE 3000.A10 (Rev.).

Prüfers[36]. Dessen ungeachtet dürfen die angewandten Kriterien jedoch nicht zu Sachverhaltsinformationen führen, die für die vorgesehenen Nutzer irreführend wären[37].

**Praxistipp 2:**

Eine fehlende Einstufung als Assurance-Auftrag kann ggf. durch eine Modifikation der Kriterien „geheilt" werden, etwa indem

- (andere) etablierte Kriterien zugrunde gelegt werden, die geeignet sind und die Zielsetzung des Auftrags dennoch erfüllen,
- (andere) individuelle Kriterien für diesen bestimmten Auftrag entwickelt werden, die geeignet sind und die Zielsetzung des Auftrags dennoch erfüllen,
- weitere Kriterien als Ergänzung zu den unzulänglichen Kriterien entwickelt werden, um die Kriterien insgesamt als geeignet auszugestalten.

Wenn diese Maßnahmen nicht zum Ziel führen, verbleibt die Möglichkeit, eine andere Auftragsart zu vereinbaren (vgl. Praxistipp 1).

**23** Ferner müssen die Kriterien für die vorgesehenen Nutzer **zugänglich** sein. Durch diese Voraussetzung sollen die Nutzer nachvollziehen können, wie der zugrunde liegende Sachverhalt gemessen bzw. beurteilt wurde. Der Zugang kann auf verschiedene Weise eröffnet werden[38]:

- Wiedergabe in öffentlich zugänglichen Quellen
- Wiedergabe in der Darstellung der Sachverhaltsinformationen
- Wiedergabe im Vermerk oder Bericht des Prüfers.

## 2.4 Erlangbarkeit von ausreichenden geeigneten Prüfungsnachweisen

**24** ISAE 3000 (Rev.) bezeichnet als **Prüfungsnachweise** (evidence) Informationen, die als Grundlage für die Bildung des Prüfungsurteils dienen. Dabei wird unterschieden, ob die Prüfungsnachweise ausreichend (quantitatives Merkmal „sufficiency") und geeignet (qualitatives Merkmal „appropriateness") sind[39]. Nur wenn der Prüfer die Erwartung hat, die zur Untermauerung des Prüfungsurteils notwendigen Prüfungsnachweise erlangen zu können, darf er den Auftrag annehmen[40].

**25** Auch insoweit stellt ISAE 3000 (Rev.) klar, dass die Erwartung, die für ein Prüfungsurteil mit hinreichender Sicherheit erforderlichen Prüfungsnachweise nicht zu erlangen, die Umwandlung in einen Auftrag zur Erlangung begrenzter Sicherheit nicht rechtfertigt[41]. Ist also **mangels Erlangbarkeit** der notwendigen Nachweise die Durchführung eines Auftrags mit hinreichender Sicherheit nicht möglich, dann kommt auch die Durchführung eines Auftrages mit begrenzter Sicherheit nicht in Betracht[42]. Sowohl das Fehlen eines angemessenen zugrunde liegenden Sachverhalts (Tz. 19), geeigneter Kriterien (Tz. 20) als auch der Aussicht auf die notwendigen Prüfungsnachweise (Tz. 24) schließen

36 ISAE 3000.A49 (Rev.).
37 ISAE 3000.A50 (Rev.).
38 ISAE 3000.A51 (Rev.).
39 ISAE 3000.12 (i) (Rev.).
40 ISAE 3000.24 (b) (iv) (Rev.).
41 ISAE 3000.A59 (Rev.).
42 *Almeling/Böhm*, S. 102 ff.

gleichermaßen die Durchführung eines Auftrags mit begrenzter Sicherheit wie eines Auftrags mit hinreichender Sicherheit aus.

> **Praxistipp 3:**
>
> Die in den Praxistipps 1 und 2 dargestellten Maßnahmen können ggf. auch dem Problem unzureichender bzw. nicht geeigneter Prüfungsnachweise abhelfen.

## 2.5 Sonstige Voraussetzungen

26 ISAE 3000 (Rev.) erhebt zwei weitere **Anforderungen** als Voraussetzung für einen Assurance-Auftrag:

- der Auftrag muss mit einem schriftlichen Vermerk bzw. Bericht abschließen, der ein Prüfungsurteil enthält[43]
- der Auftrag muss u.a. einen Beitrag zur Entscheidungsfindung der vorgesehenen Nutzer leisten können[44].

# 3. Abgrenzung zwischen Assurance- und verschiedenen Arten sonstiger Aufträge

## 3.1 Abgrenzung zu Erstellungsaufträgen und Aufträgen mit vereinbarten Untersuchungshandlungen

27 Derzeit existieren auf Ebene der internationalen Standards des IAASB zwei Standards und somit zwei Auftragsarten, die als „verwandte Leistungen“ (related services) eingeordnet werden:

- ISRS 4400 „Engagements to Perform Agreed-Upon-Procedures Regarding Financial Information“ [45] (**Aufträge zur Durchführung vereinbarter Untersuchungshandlungen**[46]) sowie
- ISRS 4410 „Compilation Engagements“[47] (reine **Erstellungsaufträge** – Pendant zu „Erstellungen ohne Beurteilungen“ gemäß *IDW S 7*[48]).

28 **Aufträge zur Durchführung vereinbarter Untersuchungshandlungen** gehören mangels vermittelter Prüfungssicherheit nicht zu den Assurance-Aufträgen. Stattdessen werden lediglich die aus der Durchführung dieser Untersuchungshandlungen festgestellten Tatsachen im Bericht des WP wiedergegeben. Die im Bericht aufgeführten festgestellten Tatsachen bedürfen somit einer eigenständigen Würdigung durch die vorgesehenen Nutzer des Berichts und sollen hierfür als Grundlage fungieren[49].

---

43 ISAE 3000.24 (b) (v) (Rev.).
44 ISAE 3000.24 (b) (vi) (Rev.).
45 ISRS 4400.
46 Ausführlich zu vereinbarten Untersuchungshandlungen vgl. Kap. T.
47 ISRS 4410.
48 Ausführlich zur Erstellung von Abschlüssen nach *IDW S 7* vgl. Kap. S.
49 ISRS 4400.5.

29 **Erstellungsaufträge** gemäß ISRS 4410 sind ebenfalls nicht als Assurance-Aufträge zu klassifizieren. Auch hier werden keine Prüfungsnachweise erlangt, die die Abgabe eines Prüfungsurteils mit hinreichender oder begrenzter Sicherheit erlauben würden[50].

30 Das Verhältnis zwischen Assurance-Aufträgen und verwandten Leistungen unter Berücksichtigung der Art der Sachverhaltsinformationen und der anwendbaren IAASB-Standards kann wie in folgender Übersicht (für sog. **Testierungsaufträge**) dargestellt werden:

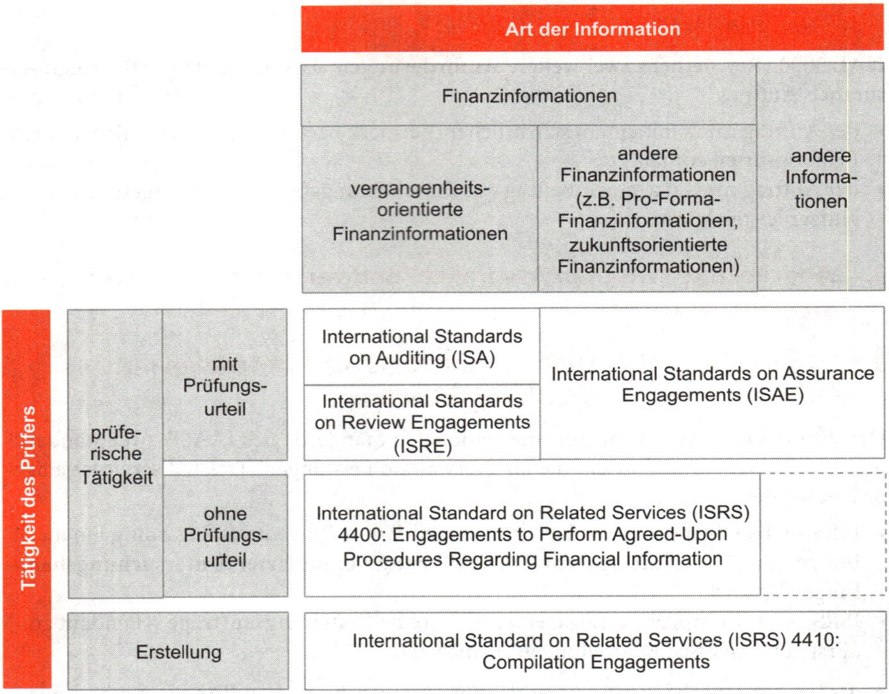


Abb. 2: Verhältnis zwischen Assurance-Aufträgen und verwandten Leistungen

## 3.2 Abgrenzung zu weiteren vertrauensbildenden Leistungen

31 Neben Aufträgen zur Durchführung vereinbarter Untersuchungshandlungen und Erstellungsaufträgen existieren in der Praxis zahlreiche weitere Aufträge, die mangels Erfüllung der Merkmale keine Assurance-Aufträge oder eine der vorgenannten verwandten Leistungen darstellen, aber dennoch geeignet sein können, das Vertrauen vorgesehener Nutzer der Wirtschaftsprüferleistung in einen Sachverhalt bzw. in Sachverhaltsinformationen zu erhöhen (sog. **Vertrauensleistungen**). Hierzu können z.B. gehören:

50 ISRS 4410.6.

- Gutachten bzw. gutachterliche Stellungnahmen auf den Gebieten der wirtschaftlichen Betriebsführung,[51]
- Unterschlagungsprüfungen und forensische Prüfungen
- vom Unternehmen ausgelagerte Innenrevisionstätigkeiten
- Due-Diligence-Untersuchungen
- Aufträge zur Durchführung vorgegebener bzw. vereinbarter Prüfungshandlungen.

Grundsätze für gutachterliche Tätigkeiten spiegeln sich in verschiedenen Verlautbarungen des IDW wider: 32

- *IDW Standard: Grundsätze zur Durchführung von Unternehmensbewertungen (IDW S 1)*
- *IDW Standard: Grundsätze ordnungsmäßiger Begutachtung von Verkaufsprospekten und wesentlichen Anlegerinformationen von Alternativen Investmentfonds (IDW S 4)*
- *Entwurf eines IDW Prüfungsstandards: Sonstige betriebswirtschaftliche Prüfungen und ähnliche Leistungen im Zusammenhang mit energierechtlichen Vorschriften" (IDW EPS 970 n.F.)*
- *IDW Standard: Grundsätze für die Erstellung von Fairness Opinions (IDW S 8)*
- *IDW Standard: Bescheinigungen nach § 270b InsO (IDW S 9)*
- *IDW Praxishinweis 1/2010: Gutachterliche Stellungnahme eines Wirtschaftsprüfers über die Umsetzung des § 87 AktG i.d.F. des VorstAG.*

Bei einer **gutachterlichen Tätigkeit** gibt der WP auf Basis der ihm zur Verfügung stehenden Informationen und auf Grundlage seines pflichtgemäßen Ermessens sowie seiner Sachkenntnisse eine fundierte Auffassung zu einem Sachverhalt ab[52]. Da ein Prüfungsurteil unterbleibt, können gutachterliche Tätigkeiten auch dann durchgeführt werden, wenn der Sachverhalt nicht die Anforderungen eines angemessenen zugrunde liegenden Sachverhalts nach ISAE 3000 (Rev.) erfüllt, keine geeigneten Kriterien vorliegen oder die für ein Prüfungsurteil notwendigen Prüfungsnachweise nicht erlangt werden können. Des Weiteren können gutachterliche Tätigkeiten auch bei nur zwei beteiligten Parteien (Auftraggeber/Nutzer und WP) vorliegen, d.h. es müssen keine vorgesehenen Nutzer über den Auftraggeber hinaus existieren, auch wenn dies nicht ausgeschlossen ist. 33

Obwohl **gutachterliche Tätigkeiten** keinen Assurance-Auftrag darstellen, führen sie zu einem erhöhten Vertrauen bei den Nutzern des Gutachtens bzw. der gutachterlichen Stellungnahme in den Gegenstand der Begutachtung. Dieses beruht zum einen auf der auch hier einschlägigen Bindung des WP an strikte Berufsgrundsätze[53] sowie seiner Sachkenntnis. Zum anderen ist der WP bei diesen Tätigkeiten ebenfalls dazu angehalten, eine Einschätzung der Verlässlichkeit der verwendeten Informationen und eine Würdigung auf Widerspruchsfreiheit und etwaige Auffälligkeiten vorzunehmen[54]. 34

**Unterschlagungsprüfungen und forensische Prüfungen** wurden in den *IDW Verlautbarungen* bisher nicht explizit definiert. Lediglich das FG 1/1937: Pflichtprüfung und Unterschlagungsprüfung (Ergänzung 1982) i.d.F. 1990 unterscheidet zwischen der Zwecksetzung von gesetzlicher Abschlussprüfung und Unterschlagungsprüfung und 35

51 § 2 Abs. 3 Nr. 1 WPO.
52 Vgl. hierzu *IDW EPS 970 n.F.* Tz. 40.
53 Vgl. hierzu § 43 Abs. 1 S. 2 WPO.
54 Vgl. hierzu *IDW EPS 970 n.F.* Tz. 39.

stellt die unterschiedlichen Methodiken gegenüber[55]. Die **Unterschlagungsprüfung** dient grundsätzlich der Aufdeckung doloser Handlungen, indem Beweise zur Überführung vermeintlicher Täter oder zur Feststellung von Vermögensschädigungen in quantitativer und qualitativer Hinsicht gesichert werden[56]. Die **forensische Untersuchung** kann allgemein als eine Tätigkeit definiert werden, die zur Aufklärung oder Vermeidung deliktischer Handlungen unter Heranziehung entsprechender Sachverständiger verschiedener Fachrichtungen sowie kriminologischer Ermittlungsstrategien und -methoden sowie technischer Hilfsmittel durchgeführt wird. [57] Die Unterschlagungsprüfung ist somit ein spezifischer Anwendungsfall forensischer Prüfungen. Typisch ist, dass bei Unterschlagungsprüfungen und forensischen Prüfungen i.d.R. lückenlose Untersuchungen abgegrenzter Bereiche durchgeführt werden[58] und oft von gefälschten Unterlagen u.Ä. ausgegangen werden muss[59], so dass ein besonderes Maß an Skepsis zur Anwendung gelangt. Ungeachtet des Wortlauts wird auch bei diesen Aufträgen kein Prüfungsurteil mit hinreichender bzw. begrenzter Sicherheit abgegeben.

**36** Bei **Due-Diligence-Untersuchungen** handelt es sich um „die sorgfältige Untersuchung und Analyse eines Zielunternehmens i.R.d. Vorbereitung und Durchführung einer Transaktion, um die für diese Transaktion wesentlichen Einflussfaktoren aufzuzeigen und zu analysieren"[60]. Ihre Zielsetzung besteht in der „Informationsbeschaffung und -aufbereitung zur Chancen- und Risikoerkennung, nicht unbedingt in der Abgabe eines Prüfungsurteils und der Erlangung der dafür erforderlichen Prüfungsnachweise"[61]. In Einzelfällen können Due-Diligence-Untersuchungen aber Assurance-Aufträge umfassen oder deren Ergebnisse verwerten. Due-Diligence-Untersuchungen tragen zur Erhöhung der Qualität von Entscheidungen und Maßnahmen während der Durchführung einer Unternehmenstransaktion bei[62] und erhöhen somit das Vertrauen der Nutzer (meistens der Auftraggeber) in die Informationsbasis.

**37** **Aufträge zur Durchführung vorgegebener bzw. vereinbarter Prüfungshandlungen** wurden ursprünglich als eine mögliche Tätigkeit eines Teilbereichsprüfers i.R.d. Konzernabschlussprüfung konzipiert[63]. *IDW PS 840*[64] stellt diese Auftragsart in einen neuen Kontext, in dem ein Prüfungsurteil mit hinreichender oder begrenzter Sicherheit nicht möglich bzw. mit einem unverhältnismäßigen Aufwand verbunden wäre[65]. Durch die Leistung des WP soll die zuständige Aufsichtsbehörde in die Lage versetzt werden, sich durch dessen Bericht ein ausreichendes und zutreffendes Bild über Art und Umfang der durchgeführten Prüfungshandlungen und deren Ergebnisse zu verschaffen[66]. Parallelen bestehen zu der in Tz. 28 erläuterten Auftragsart „Vereinbarte Untersuchungshandlungen". Wesentlicher Unterschied ist aber, dass bei vereinbarten Untersuchungs-

55 *FG 1/1937 i.d.F. 1990.*
56 Vgl. hierzu *Lück*, Lexikon der Rechnungslegung und Abschlussprüfung[4], S. 821.
57 Vgl. hierzu *Freidank, Lachnit* (Hrsg.), Vahlens Großes Auditing Lexikon, S. 497.
58 Vgl. hierzu *Lück*, Lexikon der Rechnungslegung und Abschlussprüfung[4],S. 821.
59 Vgl. hierzu *Ebeling/Böhme*, WPg 2000, S. 467.
60 WP Handbuch 2014 Bd. II, Kap. D, Tz. 2, Satz 1.
61 WP Handbuch 2014 Bd. II, Kap. D, Tz. 2, Satz 2.
62 WP Handbuch 2014 Bd. II, Kap. D, Tz. 2, Satz 2.
63 Vgl. ISA 600.27 (c) sowie *IDW PS 320*, Tz. 25 Buchst. c).
64 *IDW Prüfungsstandard: Prüfung von Finanzanlagevermittlern i.S.d. § 34 f Abs. 1 Satz 1 GewO nach § 24 Abs. 1 Satz 1 Finanzanlagenvermittlungsverordnung (FinVermV) (IDW PS 840).*
65 *IDW PS 840*, Tz. 9.
66 *IDW PS 840*, Tz. 9.

handlungen die Ergebnisse der Untersuchungshandlungen zu festgestellten Tatsachen führen, bei vorgegebenen bzw. vereinbarten Prüfungshandlungen zu Prüfungsfeststellungen. Praktisch relevant ist der Unterschied insofern, als im ersten Fall kein pflichtgemäßes Ermessen bei der Auftragsdurchführung und der Ableitung der Feststellung besteht, während im zweiten Fall der WP sein pflichtgemäßes Ermessen bei Ausgestaltung und Umfang der vorgegebenen Prüfungshandlungen sowie den daraus folgenden Feststellungen ausüben muss[67].

## 3.3 Abgrenzung zu nicht primär auf Vertrauensbildung gerichtete Leistungen

Bei verschiedenen von WP erbrachten Leistungen steht nicht die Erhöhung des Vertrauens in einen bestimmten Sachverhalt, sondern eine andere Zielsetzung im Vordergrund. Hierzu zählen in erster Linie Beratungsleistungen betriebswirtschaftlicher Art und Steuerberatungsleistungen[68]. ISAE 3000 (Rev.) grenzt diese von Assurance-Aufträgen ab. Der Standard stellt klar, dass WP im Rahmen von Beratungsaufträgen auf Grundlage ihrer fachlichen Fähigkeiten, ihrer Aus- und Fortbildung, der Verwertung von Beobachtungen und der Anwendung von Erfahrungswissen einen analytischen Prozess durchführen, der typischerweise eine Auswahl oder Kombination folgender Aktivitäten umfasst: **38**

- Definition von Zielen
- Feststellung von Tatsachen
- Herausarbeiten von Risiken und Chancen
- Beurteilung von Alternativen
- Entwicklung von Empfehlungen sowie von zu ergreifenden Maßnahmen,
- Kommunikation der Arbeitsergebnisse und
- ggf. Implementierung und Durchführung von Folgemaßnahmen.

Art und Umfang der Beratungstätigkeiten unterliegen weitgehend der freien Vereinbarung zwischen Auftraggeber und Wirtschaftsprüfer[69]

# 4. Varianten von Assurance-Aufträgen nach ISAE 3000 (Rev.)

## 4.1 Testierungsaufträge (attestation engagements) und direkte Aufträge (direct engagements)

Bei einem **Testierungsauftrag** obliegt es zunächst einer anderen Partei als dem Prüfer (z.B. den gesetzlichen Vertretern des beauftragenden Unternehmens), den zugrunde liegenden Sachverhalt anhand der Kriterien zu messen bzw. zu beurteilen[70]. Der Testierungsauftrag setzt also auf einem vorgelagerten Messungs- bzw. Beurteilungsvorgang einer anderen Partei zu einem bestimmten Sachverhalt auf. Bei einem **direkten Auftrag** misst bzw. beurteilt der Prüfer den zugrunde liegenden Sachverhalt unmittelbar selbst anhand der Kriterien und nimmt die daraus folgenden Sachverhaltsinformationen als **39**

67 Vgl. hierzu *IDW PS 840*, Tz. 12 und Tz. 21.
68 § 3 S. 1 Nr. 1 StBerG.
69 ISAE 3000.A1 (Rev.).
70 ISAE 3000.12 (a) (ii) a (Rev.).

Bestandteil seines Vermerks oder Berichts auf[71]. Bei der Entscheidung, ob ein Assurance-Auftrag einen Testierungsauftrag oder einen direkten Auftrag darstellt, ist nach ISAE 3000 (Rev.) somit letztendlich entscheidend, wer den zugrunde liegenden Sachverhalt anhand der Kriterien tatsächlich misst bzw. beurteilt – nicht, wer die daraus folgenden Sachverhaltsinformationen in einem Bericht oder einer Erklärung festhält.

**Beispiel 2: Testierungsaufträge und direkte Aufträge**

Testierungsaufträge nach bestehenden *IDW Prüfungsstandards*:

- *IDW Prüfungsstandard: Die Prüfung des internen Kontrollsystems bei Dienstleistungsunternehmen (IDW PS 951 n.F.)*
- *IDW Prüfungsstandard: Grundsätze ordnungsmäßiger Prüfung von Compliance Management Systemen (IDW PS 980)*
- *IDW Prüfungsstandard: Grundsätze ordnungsmäßiger Prüfung von Risikomanagementsystemen (IDW PS 981)*

Direkte Aufträge nach bestehenden *IDW Prüfungsstandards*:

- *IDW Prüfungsstandard: Projektbegleitende Prüfung bei Einsatz von Informationstechnologie (IDW PS 850)*
- *IDW Prüfungsstandard: Die Prüfung von Softwareprodukten (IDW PS 880)*
- *IDW Prüfungsstandard: Prüfung von Systemen nach § 20 WpHG bei nichtfinanziellen Gegenparteien (IDW PS 920).*

**40** Die Frage der Ausgestaltbarkeit als **Testierungs- oder als direkter Auftrag** stellt sich dann nicht, wenn die Art des Auftrags bereits explizit oder implizit gesetzlich vorgegeben ist. Dies gilt bspw. für die Prüfung von Systemen nach § 20 WpHG bei nichtfinanziellen Gegenparteien[72]; hier handelt es sich um einen gesetzlich geforderten direkten Auftrag. Bei freiwilligen Prüfungen sind Vor- und Nachteile der jeweiligen Auftragsart anhand der individuellen Umstände abzuwägen. Für die Beurteilung können insb. die nachfolgend aufgeführten Merkmale der jeweiligen Variante eine Rolle spielen.

**41** Zu den Merkmalen eines Testierungsauftrag gehören u.a.:

- Die Zuständigkeit für die Ableitung der Sachverhaltsinformation aufgrund von Messung bzw. Beurteilung des zugrunde liegenden Sachverhalts liegt nicht beim Prüfer, sondern derjenigen Partei, der auch die Messung bzw. Beurteilung obliegt. Der Prüfer ist ausschließlich für die Prüfung der Sachverhaltsinformation verantwortlich, d.h. insb. für die Einschätzung der inhärenten Risiken und Kontrollrisiken (Mess- und Beurteilungsrisiko) und für die Reduzierung des Entdeckungsrisikos[73].
- Aufgrund der vorstehenden Aufgabenzuordnung können sich für den Prüfer geringere Haftungsrisiken ergeben.
- Ebenfalls kann aus diesem Grund ein Testierungsauftrag kostengünstiger sein.

71 ISAE 3000.12 (a) (ii) b (Rev.).

72 Ausführlich zur Prüfung von Systemen zur Sicherstellung der Einhaltung der Anforderungen i.S.v. § 20 Abs. 1 S. 1 WpHG bzw. EMIR durch nichtfinanzielle Gegenparteien vgl. Kap. R.

73 *Almeling/Böhm*, S. 38 f.

Zu den Merkmalen eines direkten Auftrages gehören u.a.: 42

- Der Prüfer ist an der Auswahl bzw. Entwicklung der Kriterien beteiligt, was das Risiko einer fehlenden Eignung der Kriterien vermindern kann[74].
- Das Risiko von sog. anchoring effects des Prüfers ist geringer (d.h. das Risiko einer aufgrund der vorherigen Messung bzw. Beurteilung durch eine andere Partei unabsichtlichen einseitigen Ermessensausübung)[75].
- Sofern der Auftraggeber bzw. die verantwortliche Partei nicht über die für die Messung bzw. Beurteilung erforderliche Kompetenz verfügt, können Synergien zwischen Messung bzw. Beurteilung und Prüfung zu einem höheren Mehrwert für den Auftraggeber führen[76].

Die unterschiedlich ausgeprägte Verantwortung des Prüfers bei Testierungs- und direkten Aufträgen wirkt sich bei letzteren in einem grundsätzlich höheren Aufwand für die **Auftragsdurchführung** aus. **Die über Testierungsaufträge hinaus** für **direkte Aufträge (bei hinreichender Sicherheit)** erforderlichen Maßnahmen betreffen die Auswahl bzw. Entwicklung der Kriterien sowie die Messung bzw. Beurteilung, insbes.[77] die Erlangung eines Verständnisses, wie der Zweck des Auftrags erfüllt werden kann, um auf vorläufiger Basis geeignete Kriterien auswählen bzw. entwickeln zu können und die Erlangung eines vorläufigen Verständnisses des zugrunde liegenden Sachverhalts und der anderen Gegebenheiten des Auftrags, um 43

- den Prüfer in der Lage zu versetzen
  - einzuschätzen, ob die zuvor ausgewählten bzw. entwickelten Kriterien tatsächlich geeignet sind bzw. weitere Kriterien zu entwickeln sind,
  - die Risiken falscher Darstellung bei der Messung bzw. Beurteilung zu identifizieren,
  - eine Methodologie für die Messung bzw. Beurteilung zu entwickeln,
- die Kriterien auf den zugrunde liegenden Sachverhalt anzuwenden
- und auf Basis des o.g. Verständnisses
  - zu würdigen, ob die vorläufig ausgewählten bzw. entwickelten Kriterien geeignet sind oder ob weitere bzw. andere Kriterien auszuwählen bzw. zu entwickeln sind,
  - eine auf die Risiken reagierende Methodologie zur Messung bzw. Beurteilung zu entwickeln,
  - die Messung bzw. Beurteilung des zugrunde liegenden Sachverhalts anhand der geeigneten Kriterien durchzuführen, um den beurteilten Risiken zu begegnen.

Das Prüfungsurteil selbst ist bei direkten Aufträgen indessen einfacher als bei Testierungsaufträgen. Es beinhaltet im Wesentlichen nur die Wiedergabe des Ergebnisses der Messung bzw. der Beurteilung unter Benennung des zugrunde liegenden Sachverhalts und der herangezogenen Kriterien[78]. 44

74 *Almeling/Böhm*, S. 38.
75 *Almeling/Böhm*, S. 39.
76 *Almeling/Böhm*, S. 39.
77 *Almeling/Böhm*, S. 39 f.
78 ISAE 3000.12 (a) (ii) b. (Rev.), zweiter Satz.

**Beispiel 3: Prüfungsurteil zur Erlangung hinreichender Sicherheit für einen direkten Auftrag**

Ein Prüfungsurteil zur Erlangung hinreichender Sicherheit für einen direkten Auftrag i.Z.m. der Angemessenheit und Wirksamkeit eines IKS kann z.B. wie folgt formuliert werden:
„Nach unserer Beurteilung ist das interne Kontrollsystem für den Zeitraum von xx bis yy in Übereinstimmung mit zz Kriterien in allen wesentlichen Belangen angemessen und wirksam."

45 Bei **Testierungsaufträgen** bestehen bestimmte Nuancierungsmöglichkeiten bei der Formulierung des Prüfungsurteils. Insbesondere können folgende Gestaltungsalternativen mit den genannten Begrifflichkeiten unterschieden werden:

- Bezugnahme auf den zugrunde liegenden Sachverhalt und die Kriterien (bspw. „der zugrunde liegende Sachverhalt entspricht in allen wesentlichen Belangen den Kriterien")
- Bezugnahme auf die Sachverhaltsinformation und die Kriterien (bspw. „die Sachverhaltsinformationen wurden in allen wesentlichen Belangen in Übereinstimmung mit den Kriterien aufgestellt")
- Bezugnahme auf die Erklärung einer anderen Partei (bspw. „die Aussage der aufstellenden Partei, dass die Sachverhaltsinformationen in allen wesentlichen Belangen in Übereinstimmung mit den Kriterien aufgestellt sind, ist zutreffend")[79].

**Beispiel 4: Prüfungsurteil zur Erlangung hinreichender Sicherheit für einen Testierungsauftrag**

Ein Prüfungsurteil zur Erlangung hinreichender Sicherheit für einen Testierungsauftrag i.Z.m. der Angemessenheit und Wirksamkeit eines IKS könnte z.B. wie folgt formuliert werden:

Variante 1 (wie bei einem direkten Auftrag):
„Nach unserer Beurteilung ist das interne Kontrollsystem für den Zeitraum von xx bis yy in Übereinstimmung mit zz Kriterien in allen wesentlichen Belangen angemessen und wirksam."

Variante 2 (wie in Tz. 45, 2. Bullet)
„Nach unserer Beurteilung entspricht die Beschreibung der gesetzlichen Vertreter zur Angemessenheit und Wirksamkeit des internen Kontrollsystems in allen wesentlichen Belangen den zz Kriterien."

Variante 3 (wie in Tz. 45, 3. Bullet)
„Nach unserer Beurteilung ist die Aussage/Erklärung der gesetzlichen Vertreter, dass das interne Kontrollsystem in allen wesentlichen Belangen in Übereinstimmung mit den zz Kriterien angemessen und wirksam für den Zeitraum von xx bis yy ist, zutreffend."

46 Einer besonderen Handhabung bedürfen sog. dirty assertions des Messenden bzw. Beurteilenden. Hierbei handelt es sich um eine Aussage bzw. Erklärung, in der in zutref-

79 ISAE 3000.12 (a) (ii) a. (Rev.) i.V.m. *Almeling/Böhm*, S. 36.

fender Weise darauf hinwiesen wird, dass der zugrunde liegende Sachverhalt nicht den (bzw. nicht sämtlichen) Kriterien entspricht. Zur Vermeidung von Missverständnissen fordert ISAE 3000 (Rev.) für diesen Fall, dass das Prüfungsurteil gemäß Variante 1 mit Modifizierungen zu formulieren ist, es sei denn, die Auftragsbedingungen oder gesetzliche Vorschriften stehen dem entgegen. In letzterem Fall hat der Prüfer einen klarstellenden Hinweis in den Vermerk bzw. Bericht aufzunehmen[80].

## 4.2 Aufträge mit hinreichender und begrenzter Sicherheit

ISAE 3000 (Rev.) unterscheidet nicht nur zwischen Testierungs- und direkten Aufträgen, sondern auch zwischen Aufträgen zur Erlangung hinreichender Sicherheit und solchen zur Erlangung begrenzter Sicherheit. Dabei können Testierungs- und direkte Aufträge jeweils beide Ausprägungen haben[81]. 47

Ein **Auftrag mit hinreichender Sicherheit** wird definiert als Auftrag, in dem der Prüfer als Grundlage für das Prüfungsurteil das Prüfungsrisiko unter den Gegebenheiten des Auftrags auf ein vertretbar niedriges Maß reduziert[82]. In ISAE 3000 (Rev.) sowie im Framework wird klargestellt, dass eine Reduzierung des Prüfungsrisikos auf null i.d.R. nicht erreichbar bzw. unwirtschaftlich ist und daher hinreichende Sicherheit keine absolute Sicherheit darstellt[83]. Zu den die Prüfungssicherheit limitierenden Faktoren gehören z.B.[84] 48

- die Verwendung von Auswahlverfahren (z.B. Stichproben),
- die inhärenten Grenzen des IKS,
- eine begrenzte Aussagekraft der dem Prüfer zur Verfügung stehenden Nachweise,
- das Erfordernis von Ermessensentscheidungen bei der Erlangung und Beurteilung der Nachweise sowie der Ableitung von Urteilen,
- limitierende Merkmale des zugrunde liegenden Sachverhalts.

Umfassender ist die Definition eines **Auftrags zur Erlangung begrenzter Sicherheit**. Ihre Elemente sind wie folgt:[85] 49

- Für die Abgabe des Prüfungsurteils reduziert der Prüfer das Prüfungsrisiko auf ein Maß, das unter den Gegebenheiten des Auftrags vertretbar ist, jedoch weniger weit als für einen Auftrag zur Erlangung hinreichender Sicherheit.
- Das Prüfungsurteil wird in einer Weise formuliert, die vermittelt, ob dem Prüfer auf Grundlage der durchgeführten Prüfungshandlungen und der erlangten Nachweise Sachverhalte bekannt geworden sind, die ihn zu der Auffassung veranlassen, dass die Sachverhaltsinformation wesentlich falsch dargestellt ist.
- Art, zeitliche Einteilung und Umfang der durchgeführten Prüfungshandlungen sind im Vergleich zu denen für eine Prüfung mit hinreichender Sicherheit begrenzt. Sie sind jedoch darauf ausrichtet, ein Sicherheitsniveau zu erreichen, das nach pflichtgemäßen Ermessen des Prüfers aussagekräftig ist.

80 ISAE 3000.77 (Rev.).
81 ISAE 3000.12 (a) (Rev.), letzter Satz.
82 ISAE 3000.12 (a) (i) a (Rev.).
83 ISAE 3000.A14 (Rev.) und International Framework for Assurance Engagements, Rn. 73.
84 ISAE 3000.A14 (Rev.) und International Framework for Assurance Engagements, Rn. 73.
85 ISAE 3000.12 (a)(i) b (Rev.).

- Um aussagkräftig zu sein, muss das vom Prüfer zu erlangende Sicherheitsniveau geeignet sein, das Vertrauen der vorgesehenen Nutzer voraussichtlich in einem Maß zu erhöhen, das deutlich mehr als geringfügig ist.

50 Welches Sicherheitsniveau mit begrenzter Sicherheit verbunden ist, kann nicht allgemeingültig, sondern nur nach den Umständen des Einzelfalls entschieden werden. Relevant sind u.a. insoweit die jeweiligen Informationsbedürfnisse der vorgesehenen Nutzer, die heranzuzuziehende Kriterien und die Ausgestaltung des zugrunde liegenden Sachverhalts[86]. Die Anwendungshinweise zu ISAE 3000 (Rev.) enthalten diverse Faktoren, die bei der Bestimmung eines aussagekräftigen Sicherheitsniveaus relevant sein können[87]. Hervorzuheben sind die Informationsbedürfnisse der vorgesehenen Nutzer, wonach folgende Beziehung gilt: Je erheblicher die Folgen von wesentlichen falsch dargestellten Sachverhaltsinformationen für die vorgesehenen Nutzer, desto höher muss i.d.R. das Sicherheitsniveau sein, um für die Nutzer Aussagekraft zu entfalten[88].

51 Die Anwendungshinweise zu ISAE 3000 (Rev.) nehmen ferner zu der Frage Stellung, wie sich Art, Umfang und zeitliche Einteilung der Prüfungshandlungen für Assurance-Aufträge mit begrenzter Sicherheit und solcher mit hinreichender Sicherheit grundsätzlich unterscheiden können[89]. Dabei ist zu beachten, dass ein Assurance-Auftrag zur Erlangung begrenzter Sicherheit i.S.d. ISAE 3000 (Rev.) nicht ohne weiteres mit einer **prüferischen Durchsicht** (review) gleichgesetzt werden kann. So sind bei nach ISAE 3000 (Rev.) durchzuführenden Assurance-Aufträgen mit begrenzter Sicherheit die im Einzelfall denkbaren Prüfungshandlungen[90] nicht auf die für prüferische Durchsichten erforderlichen Befragungen und analytische Prüfungshandlungen[91] beschränkt. Daher verwenden weder das Framework noch ISAE 3000 (Rev.) den Begriff „review" i.Z.m. Assurance-Aufträgen mit begrenzter Sicherheit.

## 5. Durchführung eines Assurance-Auftrags

### 5.1 Beachtung der Berufsgrundsätze und Anforderungen an die Qualitätssicherung

52 Gemäß ISAE 3000 (Rev.) ist der Prüfer verpflichtet, Teil A und B des IESBA Code of Ethics for Professional Accountants (IESBA Code) oder andere berufsständische/gesetzliche Vorgaben mit mindestens gleichem Anforderungsniveau zu beachten[92]. Letzteres erfüllen grundsätzlich die WPO i.Z.m. der Berufssatzung für Wirtschaftsprüfer/vereidigte Buchprüfer (BS WP/vBP). In Einzelfällen aber enthält der IESBA Code strengere Regelungen[93]. Die – sofern einschlägig – berücksichtigt werden müssen, damit der Assurance-Auftrag als in Einklang mit ISAE 3000 (Rev.) bezeichnet werden kann.

86 ISAE 3000.A5 (Rev.).
87 ISAE 3000.A7 (Rev.).
88 ISAE 3000.A7 (Rev.), vierter Bullet.
89 ISAE 3000.A3 (Rev.).
90 ISAE 3000.A3 (Rev.).
91 ISAE 2400.7 (Rev.).
92 ISAE 3000.20 (Rev.).
93 http://www.wpk.de/uploads/tx_news/IFAC_Verhaltenskodex_Berufsangehoerige_Ableich_mit_deutschen_berufsrechtlichen_Regelungen.pdf (abgerufen am 10.03.2017).

ISAE 3000 (Rev.) fordert ferner, dass die Praxis des auftragsverantwortlichen WP den International Standard on Quality Control 1 „Quality Control for Firms That Perform Audits and Reviews of Financial Statements, and Other Assurance and Related Services Engagements" (ISQC 1) oder zumindest gleichwertige andere berufsständische/gesetzliche Vorgaben anwendet[94]. Die *Gemeinsame Stellungnahme der WPK und des IDW: Anforderungen an die Qualitätssicherung in der Wirtschaftsprüferpraxis (VO 1/2006)* erfüllt die Anforderungen des ISQC 1 mit der Ausnahme, dass die mit der Nachschau von Auftragsprüfungen betrauten Mitarbeiter weder an der Auftragsdurchführung noch an der auftragsbegleitenden Qualitätssicherung beteiligt gewesen sein dürfen[95]. Der inzwischen *verabschiedete Entwurf des IDW Qualitätssicherungsstandards: Anforderungen an die Qualitätssicherung in der Wirtschaftsprüferpraxis (IDW EQS 1)* erfüllt die Anforderungen des ISQC 1 bis auf die gleiche Ausnahme ebenfalls[96]. **53**

Weiterhin regelt ISAE 3000 (Rev.) die Qualitätssicherung auf Auftragsebene. Mit der in Tz. 55 dargestellten Ausnahme entsprechen diese Anforderungen denjenigen des ISA 220 und werden durch die VO 1/2006 bzw. *IDW EQS 1*erfüllt[97]. **54**

Anders als ISA 220 fordert ISAE 3000 (Rev.), dass der auftragsverantwortliche Prüfer selbst und nicht nur das Auftragsteam insgesamt über die im Standard näher beschriebenen Kompetenzen im Prüfungswesen verfügt[98]. Letztere entsprechen dem der Ausbildung zum WP zugrunde liegenden Anforderungsprofil. Handelt es sich bei dem auftragsverantwortlichen Prüfer um einen WP, wird also damit sogleich ISAE 3000 (Rev.) erfüllt. Darüber hinaus hat der auftragsverantwortliche Prüfer selbst über ausreichende Kompetenzen bezüglich des zugrunde liegenden Sachverhalts sowie dessen Messung bzw. Beurteilung zu verfügen, um die Verantwortung für das Prüfungsurteil übernehmen zu können[99]. **55**

Weiter verlangt ISAE 3000 (Rev.) über ISA 220 hinaus, dass sich der auftragsverantwortliche WP vergewissert, dass er in der Lage ist, sich in die Tätigkeiten folgender Personen angemessen einzubringen, falls deren Arbeit verwertet werden soll: **56**

a) Sachverständiger des Prüfers
b) anderer Prüfer, der nicht Mitglied des Auftragsteams ist[100].

## 5.2 Auftragsannahme und Ablehnungsgründe

Die Vorgaben von ISAE 3000 (Rev.) zur Auftragsannahme bzw. Fortführung eines Auftrags entsprechen in weiten Teilen den in ISA 210 enthaltenen Anforderungen zur Annahme eines Abschlussprüfungsmandats[101]. Letztere sind in Deutschland durch die Transformation von ISA 210 in *IDW PS 220* bekannt. **57**

Ein Assurance-Auftrag darf danach nur unter folgenden Bedingungen angenommen bzw. fortgeführt werden: **58**

94 ISAE 3000.31 (a) (Rev.).
95 *VO 1/2006*, Tz. 177, vierter Bullet.
96 *IDW EQS 1*, Tz. 224, letzter Bullet.
97 *VO 1/2006*, Tz. 176 und *IDW EQS 1*, Tz. 222.
98 ISAE 3000.31 (b) (Rev.).
99 ISAE 3000.13 (c) (Rev.).
100 ISAE 3000.32 (b) (Rev.).
101 Vgl. *Almeling/Böhm*, S. 59 ff.

- Die einschlägigen Berufspflichten, einschl. der Unabhängigkeitsanforderungen, können erwartungsgemäß erfüllt werden.
- Der verantwortliche Prüfer ist davon überzeugt, dass das Auftragsteam über die für den Auftrag notwendigen Kompetenzen und Fähigkeiten verfügt.
- Zwischen Auftraggeber und Prüfer besteht Einverständnis über das Vorliegen der Voraussetzungen für einen Assurance-Auftrag und die sonstigen Auftragsbedingungen, einschl. der Berichterstattungspflichten des Prüfers[102].

**59** Nicht angenommen werden darf ein Assurance-Auftrag, wenn ein vom Auftraggeber auferlegtes Prüfungshemmnis erkennbar ist, aus dem eine Erklärung über die Nichtabgabe eines Prüfungsurteils folgen würde. Diese Anforderung gilt nicht, sofern Gesetze oder andere Rechtsvorschriften die Annahme des Auftrags auch in diesem Fall vorschreiben[103].

**60** Erlangt der auftragsverantwortliche WP erst nach Auftragsannahme Kenntnis von Ablehnungsgründen, hat er diese Information umgehend an die Praxis weiterzuleiten, so dass über die in diesem Fall gebotenen Maßnahmen entschieden werden kann[104].

**61** In Einzelfällen können Gesetze oder andere Rechtsvorschriften Vorgaben zu Aufbau oder Wortwahl des Vermerks bzw. des Berichts über die Prüfung vorschreiben. In diesen Fällen ist vor Annahme des Auftrags zu beurteilen, ob

- die vorgesehenen Nutzer das Prüfungsurteil evtl. missverstehen könnten und
- ob in diesem Fall solchen potenziellen Missverständnissen mit zusätzlichen Erläuterungen im Vermerk bzw. Bericht entgegengewirkt werden kann.

Kommt der Prüfer zu dem Ergebnis, dass weitere Erläuterungen möglichen Missverständnissen nicht abhelfen können, darf er den Auftrag nicht annehmen, es sei denn, die Annahme ist rechtlich vorgeschrieben. Ein solcher rechtlich erzwungener Auftrag darf indes nicht als mit ISAE 3000 (Rev.) in Einklang stehend bezeichnet werden[105].

**62** Die Auftragsbedingungen sind schriftlich zu fixieren, bspw. in einem Auftragsbestätigungsschreiben oder in anderer geeigneter Form. Für wiederkehrende Aufträge hat der Prüfer zu beurteilen, ob die Auftragsbedingungen eine Anpassung erfordern bzw. der Auftraggeber nochmals auf die ursprünglichen Auftragsbedingungen hinzuweisen ist[106].

**63** Nachträgliche Änderungen der Auftragsbedingungen setzen einen sachlichen Grund voraus[107]. In diesem Zusammenhang ist daran zu erinnern, dass die Erkenntnis, die für ein Prüfungsurteil mit hinreichender Sicherheit notwendigen Prüfungsnachweise voraussichtlich nicht erlangen zu können, keine Rechtfertigung für die Änderung des Auftrags von hinreichender in begrenzte Sicherheit darstellt[108].

**64** Vor Annahme bzw. Fortführung des Auftrags ist zu beurteilen, ob die **Voraussetzungen eines Assurance-Auftrags** vorliegen.[109] Diese Anforderung wird in ISAE 3000 (Rev.)

102 ISAE 3000.22 (Rev.).
103 ISAE 3000.26 (Rev.).
104 ISAE 3000.23 (Rev.).
105 ISAE 3000.30 (Rev.).
106 ISAE 3000.27 bis .28 (Rev.).
107 ISAE 3000.29 (Rev.).
108 ISAE 3000.A59 (Rev.).
109 ISAE 3000.24 (Rev.).

detailliert behandelt, da anders als bei Abschlussprüfungen und prüferischen Durchsichten Auftragsgegenstand und weitere -modalitäten weitgehend gestaltbar sind.

Es muss, wie in Tz. 11 ff. aufgeführt, mindestens drei beteiligte Parteien geben und diese müssen die der Auftragsart entsprechenden Funktionen übernehmen. Bei einem Testierungsauftrag ist daher ein Messender bzw. Beurteilender erforderlich, der vom Prüfer personenverschieden ist, und die Messung bzw. Beurteilung muss eine nachvollziehbare Grundlage für die aufzustellende Sachverhaltsinformation darstellen. Diese Funktion der Messenden bzw. Beurteilenden kann nicht dem Prüfer übertragen werden, ansonsten würde es sich um einen direkten Auftrag handeln[110]. Weiterhin hat der Prüfer festzustellen, ob der Auftrag die weiteren in Tz. 11 ff. beschriebenen Merkmale aufweist. 65

Liegen die Voraussetzungen für einen Assurance-Auftrag nicht vor, sind mögliche Modifikationen zur Erfüllung der Voraussetzungen mit dem Auftraggeber zu erörtern. Falls entsprechende Änderungen nicht in Betracht kommen, darf der Prüfer den Auftrag grundsätzlich nicht als Assurance-Auftrag annehmen[111]. Wird erst nach Annahme des Auftrags festgestellt, dass eine oder mehrere Voraussetzungen nicht vorliegen, hat der Prüfer diesen Sachverhalt ebenfalls mit dem Auftraggeber zu erörtern. Hierbei gilt es zu klären,

- ob die Hinderungsgründe für einen Assurance-Auftrag ausgeräumt werden können,
- ob es vertretbar ist, den Auftrag trotz der Hinderungsgründe dennoch fortzuführen, und
- falls der Auftrag fortzuführen ist, wie der Hinderungsgrund im Vermerk bzw. Bericht angemessen vermittelt werden kann[112].

## 5.3 Allgemeine Anforderungen an die Auftragsplanung und -durchführung

Wie bei der Abschlussprüfung oder prüferischen Durchsicht ist auch ein Assurance-Auftrag nach ISAE 3000 (Rev.) mit einer **kritischen Grundhaltung** zu planen und durchzuführen und dabei ist zu berücksichtigen, dass die Sachverhaltsinformationen wesentlich falsch dargestellt sein können[113]. Außerdem erfordern Planung und Durchführung des Assurance-Auftrags die Ausübung **pflichtgemäßen Ermessens**, vor allem bei der Festlegung von Art, Umfang und zeitlicher Einteilung der Prüfungshandlungen[114]. Aufgrund der besonderen Bedeutung der Kriterien ist schon i.R.d. Prüfungsplanung festzustellen, ob alle Merkmale für geeignete Kriterien vorliegen[115]. 66

Auch nach ISAE 3000 (Rev.) gilt der Grundsatz der Wesentlichkeit. Die diesbezüglichen Anforderungen sind gegenüber den Prüfungsstandards zur Abschlussprüfung jedoch abstrakter gehalten, da die mögliche Heterogenität von zugrunde liegenden Sachverhalten und Kriterien häufig keine einheitliche Vorgehensweise bei der Wesentlichkeit erlaubt. Dementsprechend wird z.B. nicht gefordert, dass der Prüfer in jedem Fall quantitative Wesentlichkeitsgrenzen oder Toleranzwesentlichkeiten festlegen muss. 67

110 Vgl. hierzu ISAE 3000.A37 bis.A39 (Rev.).
111 ISAE 3000.25 (Rev.).
112 ISAE 3000.42 (Rev.).
113 ISAE 3000.37 (Rev.).
114 ISAE 3000.38 (Rev.).
115 ISAE 3000.41 (Rev.).

Stattdessen schreibt ISAE 3000 (Rev.) nur allgemein vor, dass die Wesentlichkeit zu berücksichtigen ist[116]

- bei der Planung und Durchführung des Assurance-Auftrags einschl. der Festlegung von Art, Umfang und zeitlicher Einteilung der Prüfungshandlungen, sowie
- bei der Beurteilung, ob die Sachverhaltsinformation frei von wesentlichen falschen Darstellungen ist.

**68** ISAE 3000 (Rev.) stellt ferner klar, dass die Wesentlichkeit nicht vom Grad der zu erlangenden Prüfungssicherheit abhängt. Entscheidend sind vielmehr nur die Informationsbedürfnisse der vorgesehenen Nutzer (d.h. die Auswirkungen auf deren Entscheidungsfindung). Sind diese Bedürfnisse identisch, ist auch **die Wesentlichkeit für einen Auftrag mit hinreichender Sicherheit dieselbe wie für einen Auftrag mit begrenzter Sicherheit**[117].

**69** ISAE 3000 (Rev.) weist darauf hin, dass in manchen Fällen bereits die Vorgaben für die Wesentlichkeit i.R.d. Aufstellung und Darstellung der Sachverhaltsinformationen enthalten sind. In diesem Fall bietet dies auch einen Referenzrahmen für die Berücksichtigung der Wesentlichkeit durch den Prüfer. In den Anwendungshinweisen zu ISAE 3000 (Rev.) werden mögliche qualitative und quantitative Faktoren angesprochen, die bei der Berücksichtigung der Wesentlichkeit zum Tragen kommen können[118]. Soweit im Einzelfall quantitative Faktoren einschlägig sind, kann bei der Planung der Prüfungshandlungen die Anwendung des Konzepts der Toleranzwesentlichkeit angebracht sein, um auf diese Weise Aggregationsrisiken zu begegnen[119].

**70** ISAE 3000 (Rev.) enthält die Anforderung, dass der Prüfer die „entsprechende Partei" i.S.v. Tz. 13 f. (d.h. verantwortliche Partei, Messender bzw. Beurteilender, Auftraggeber) zu Folgendem befragen muss[120]:

- Kenntnisse oder Indizien bezüglich tatsächlicher oder beabsichtigter falscher Darstellungen oder Verstöße gegen Gesetze oder andere Rechtsvorschriften, die die Sachverhaltsinformationen betreffen
- Aktivitäten der internen Revision i.Z.m. der Sachverhaltsinformation und den daraus folgenden Feststellungen
- Einbeziehung von Sachverständigen in die Aufstellung der Sachverhaltsinformationen.

## 5.4 Risikobeurteilung versus Risikoeinschätzung

**71** Bei der Berücksichtigung von Risiken wesentlicher falscher Darstellungen differenziert ISAE 3000 (Rev.) zwischen Aufträgen mit begrenzter Sicherheit und solchen mit hinreichender Sicherheit. Im Standard wird explizit gekennzeichnet, auf welche der beiden Auftragsarten sich die einzelnen Anforderungen jeweils beziehen.

**72** Für einen Assurance-Auftrag mit begrenzter Sicherheit wird lediglich eine sog. Risikoeinschätzung verlangt. D.h. der Prüfer muss auf Grundlage eines Verständnisses vom zugrunde liegenden Sachverhalt und den sonstigen Gegebenheiten des Auftrages **dieje-**

116 ISAE 3000.44 (Rev.).
117 ISAE 3000.A92 (Rev.).
118 ISAE 3000.A94 bis .A97 (Rev.).
119 ISAE 3000.A98 (Rev.).
120 ISAE 3000.45 (Rev.).

**nigen Bereiche der Sachverhaltsinformationen identifizieren, in denen wesentliche falsche Darstellungen wahrscheinlich sind**[121]. Dagegen erfordert ein Assurance-Auftrag mit hinreichender Sicherheit eine weitergehende sog. Risikobeurteilung. Hier hat der Prüfer – inhaltlich wie bei der Abschlussprüfung – wiederum auf Grundlage eines Verständnisses von dem zugrunde liegenden Sachverhalt und den sonstigen Gegebenheiten des Auftrages **die Risiken wesentlicher falscher Darstellungen in den Sachverhaltsinformationen zu identifizieren und zu beurteilen**[122]**.** Es bestehen somit zwei praktisch relevante Unterschiede:

a) das für begrenzte Sicherheit erforderliche Verständnis ist weniger umfassend als für hinreichende Sicherheit und
b) die Risikowürdigung („Risiken, die wahrscheinlich auftreten, zu identifizieren" versus „Identifizierung und Beurteilung der Risiken") geht für begrenzte Sicherheit nicht so weit wie für hinreichende Sicherheit.

Das somit höhere Risiko, dass Risiken wesentlicher falscher Darstellungen nicht erkannt oder nicht richtig gewürdigt werden, wird bei einem Auftrag mit begrenzter Sicherheit zugunsten eines geringeren Aufwands in Kauf genommen.

In der Gegenüberstellung stellen sich die zwecks Risikowürdigung an die Erlangung eines Verständnisses vom zugrunde liegenden Sachverhalt und von den anderen Gegebenheiten des Auftrags zu stellenden Anforderungen bei den beiden Auftragsarten wie folgt dar:[123] **73**

| **begrenzte Sicherheit** | **hinreichende Sicherheit** |
|---|---|
| Der Prüfer hat ein Verständnis des zugrunde liegenden Sachverhalts und der sonstigen Gegebenheiten des Auftrags zu erlangen. Dieses Verständnis muss für Folgendes ausreichen: | Der Prüfer hat ein Verständnis des zugrunde liegenden Sachverhalts und der sonstigen Gegebenheiten des Auftrags zu erlangen. Dieses Verständnis muss für Folgendes ausreichen: |
| • den Prüfer in die Lage zu versetzen, Bereiche zu identifizieren, in denen wesentliche falsche Darstellungen in den Sachverhaltsinformationen wahrscheinlich auftreten , | • den Prüfer in die Lage zu versetzen, die Risiken wesentlicher falscher Darstellungen in den Sachverhaltsinformationen zu identifizieren und zu beurteilen, |
| • eine Grundlage bieten für die Planung und Durchführung von Prüfungshandlungen für diese Bereiche mit dem Ziel der Erlangung begrenzter Sicherheit als Grundlage für das Prüfungsurteil. | • eine Grundlage bieten für die Planung und Durchführung von Prüfungshandlungen zur Reaktion auf die beurteilten Risiken mit dem Ziel der Erlangung hinreichender Sicherheit als Grundlage für das Prüfungsurteil. |

121 International Framework for Assurance Engagements, Rn. 80 (a).
122 International Framework for Assurance Engagements, Rn. 78 (a).
123 ISAE 3000 (Rev.).46L bis.47L und .46R bis .47.R

| begrenzte Sicherheit | hinreichende Sicherheit |
|---|---|
| Das Verständnis muss den Prozess zur Aufstellung der Sachverhaltsinformationen beinhalten. | Das Verständnis muss die auftragsrelevanten internen Kontrollen über die Aufstellung der Sachverhaltsinformationen beinhalten. Erforderlich hierfür sind Prüfungshandlungen, die eine Aufbauprüfung der relevanten Kontrollen und deren Implementierung umfassen und die über eine Befragung der für die Sachverhaltsinformationen zuständigen Personen hinausgehen. |

**74** Die Unterschiede bei der vom Sicherheitsgrad abhängigen Risikowürdigung können wie folgt dargestellt werden:[124]

| begrenzte Sicherheit (Risikoeinschätzung) | hinreichende Sicherheit (Risikobeurteilung) |
|---|---|
| Auf Grundlage des Verständnisses des Prüfers hat der Prüfer die Bereiche in den Sachverhaltsinformationen zu identifizieren, in denen es wahrscheinlich ist, dass wesentliche falsche Darstellungen auftreten. | Auf Grundlage des Verständnisses des Prüfers hat der Prüfer die Risiken wesentlicher falscher Darstellungen in den Sachverhaltsinformationen zu identifizieren und zu beurteilen. |

## 5.5 Reaktionen auf gewürdigte Risiken

**75** Die Differenzierung in Abhängigkeit vom anzustrebenden Sicherheitsgrad setzt sich in den Vorgaben zu den Prüfungshandlungen fort, die in Reaktion auf die gewürdigten Risiken zu treffen sind. Insbesondere gilt nur für Aufträge mit hinreichender Sicherheit das Erfordernis, unter bestimmten Umständen Funktionsprüfungen zwingend durchzuführen. Für diese Aufträge verlangt ISAE 3000 (Rev.) die Einholung von Nachweisen über die Wirksamkeit der relevanten Kontrollen, wenn der Prüfer bezüglich spezifischer Risiken wesentlicher falscher Darstellungen entweder von der Erwartung wirksamer Kontrollen ausgeht oder andere Prüfungshandlungen alleine keine ausreichenden und geeigneten Nachweise liefern[125]. Ob und inwieweit Funktionenprüfungen für Aufträge mit begrenzter Sicherheit notwendig oder sinnvoll sind, ist dagegen eine Entscheidung nach Maßgabe der individuellen Umstände des Einzelfalls.

**76** Wie bei der Abschlussprüfung gestalten sich Planung und Durchführung eines Assurance-Auftrags als iterativer Prozess[126]. Die Auswertung von Prüfungsnachweisen kann dazu führen, dass der Prüfer weitere oder andere als die ursprünglich geplanten Prüfungshandlungen durchführen muss. Ob und welche Anpassungen des Prüfungsvorge-

124 ISAE 3000.48L (a) und .48R (a) (Rev.).
125 ISAE 3000.48R (b) (Rev.).
126 ISAE 3000.39 (Rev.).

hens notwendig werden, entscheidet sich wiederum u.a. in Abhängigkeit von der Auftragsart[127].

Für Assurance-Aufträge mit begrenzter Sicherheit gilt folgende Vorgehensweise: Erlangt der Prüfer von Gegebenheiten Kenntnis, die ihn zu der Auffassung veranlassen, dass eine wesentliche falsche Darstellung in den Sachverhaltsinformationen vorliegen könnte, hat er zusätzliche Prüfungshandlungen zu planen und durchzuführen, um so weitere Prüfungsnachweise zur Bekräftigung oder Widerlegung solcher Indizien zu erlangen[128]. **77**

Dagegen ist bei Assurance-Aufträgen mit hinreichender Sicherheit zu beurteilen, ob ausreichende geeignete Prüfungsnachweise vorliegen oder weitere Prüfungsnachweise zu erlangen sind[129]. Hier hat der Prüfer in Fällen, in denen neue Prüfungsnachweise mit den zuvor erlangten Prüfungsnachweisen nicht in Einklang stehen, eine erneute Risikobeurteilung vorzunehmen und hierauf aufbauend die bisher geplanten Prüfungshandlungen entsprechend anzupassen. **78**

Sowohl für Aufträge mit begrenzter als auch mit hinreichender Sicherheit gilt, dass der Prüfer bei Planung und Durchführung der Prüfungshandlungen die Relevanz und Verlässlichkeit der Informationen, die als Nachweise dienen, zu würdigen hat. Stehen Prüfungsnachweise aus unterschiedlichen Quellen im Widerspruch oder besteht ein sonstiger Grund, die Verlässlichkeit der als Nachweise verwendeten Informationen anzuzweifeln, sind die zur Klärung des Sachverhalts notwendigen Anpassungen des Prüfungsvorgehens festzulegen[130]. **79**

## 5.6 Verwertung bzw. Verwendung der Arbeiten Dritter

Bei Abschlussprüfungen wird unterstellt, dass WP unmittelbar aufgrund ihrer Ausbildung über die notwendige Expertise in den Bereichen Rechnungslegung und Prüfung verfügen[131] und damit auch über die nötigen betriebswirtschaftlichen Kenntnisse zu den Geschäftsvorfällen und anderen Ereignissen, die in der Rechnungslegung abgebildet werden. Davon unberührt bleibt, dass auch bei der Abschlussprüfung der WP verschiedentlich auf Fachwissen von Sachverständigen anderer Disziplinen zurückgreifen muss. **80**

Verstärken kann sich dieses Erfordernis bei Assurance-Aufträgen, denen keine Finanzinformationen als Beurteilungsgegenstand zugrunde liegen. Aus diesem Grund wird die Verwertung von Arbeiten eines Sachverständigen des Prüfers in ISAE 3000 (Rev.) besonders betont[132]. Daneben kann i.R.d. Durchführung eines Assurance-Auftrags auch die Verwertung der Arbeiten eines anderen Prüfers (z.B. aufgrund geographischer Gegebenheiten) oder die Verwendung der Arbeiten eines Sachverständigen der „entsprechenden Partei“ i.S.v. Tz. 13 oder deren interner Revision in Betracht kommen.[133] **81**

127 ISAE 3000.49L bis .49R (Rev.).
128 International Framework for Assurance Engagements, Rn. 80 (c).
129 International Framework for Assurance Engagements, Rn. 78 (c).
130 ISAE 3000.50 (Rev.).
131 Vgl. hierzu ISA 620.6 (a).
132 Vgl. hierzu ISAE 3000.52 i.Z.m. .A120 bis .A134 (Rev.).
133 ISAE 3000.53 und .55. (Rev.)

**82** Die Verwertung der Arbeiten eines Sachverständigen des Prüfers setzt[134]

- die Beurteilung, ob der Sachverständige über die notwendige Kompetenz und Objektivität verfügt. Ist der Sachverständige des Prüfers nicht WP oder Angestellter der Praxis oder des Netzwerks, ist er nach eventuellen Interessenkonflikten und anderen Objektivitätsrisiken zu befragen,
- die Gewinnung eines ausreichenden Verständnisses vom Fachgebiet des Sachverständigen,
- die Klärung von Art, Umfang und Zielsetzung der Arbeiten des Sachverständigen sowie
- die Beurteilung der Arbeit des Sachverständigen hinsichtlich Zweckentsprechung für die Aufgaben des Prüfers

voraus.

Konkretisiert werden diese Anforderungen in den Anwendungshinweisen zu ISAE 3000 (Rev.)[135].

**83** Im Gegensatz zu ISA 600[136] bietet der ISAE 3000 (Rev.) eine größere Flexibilität bei der Verwertung der Arbeiten **anderer Prüfer**. Der Prüfer hat nach ISAE 3000 (Rev.) lediglich zu beurteilen, ob die Arbeiten für die Zielsetzung des Prüfers angemessen sind[137].

**84** Im Wesentlichen gelten die vorstehenden Anforderungen für den Sachverständigen des Prüfers auch für die Verwendung der Arbeiten eines **Sachverständigen** der „entsprechenden Partei“ i.S.v. Tz. 13. Allerdings ist hier der Grad der Tauglichkeit der Arbeiten als Prüfungsnachweis besonders zu hinterfragen.

**85** Plant der Prüfer die Arbeiten der **internen Revision** zu verwenden, sind neben deren Kompetenz und der Eignung der Arbeit für die Zwecke des Prüfers folgende Aspekte von Bedeutung[138]:

- organisatorische Stellung und Maßnahmen zur Unterstützung der Objektivität der internen Revision
- Existenz von systematischen Vorgehensweisen und Qualitätssicherung.

**86** ISAE 3000 (Rev.) regelt die Verwertung bzw. Verwendung der Arbeiten Dritter deutlich abstrakter als die ISA. Auch hier liegt der Grund in der denkbaren Vielfalt von Assurance-Aufträgen.

## 5.7 Schriftliche Erklärung, Bildung des Prüfungsurteils, sonstige Informationen und nachfolgende Ereignisse

**87** Die Einholung einer schriftlichen Erklärung ähnelt der VollstE bei der Abschlussprüfung. Sie ist ein unabdingbarer Bestandteil der Durchführung eines Assurance-Auftrags. Vor dem Hintergrund der Vielfalt möglicher Assurance-Aufträge lässt ISAE 3000 (Rev.) indessen offen, von wem die Erklärung im Einzelfall einzuholen ist. Der Standard

134 ISAE 3000.52 (Rev.).
135 Vgl. ISAE 3000.A120 bis .A134 (Rev.).
136 Vgl. ISA 600.
137 ISAE 3000.52 (Rev.).
138 ISAE 3000.55 (Rev.).

fordert nur eine Einholung von den „entsprechenden Parteien“ und regelt als Mindestinhalte, dass[139]

- dem Prüfer sämtliche für den Auftrag relevanten Informationen, von denen die entsprechenden Parteien Kenntnis haben, zur Verfügung gestellt wurden,
- der zugrunde liegenden Sachverhalts anhand der einschlägigen Kriterien gemessen bzw. beurteilt wurde sowie
- sämtliche relevanten Aspekte vollständig in den Sachverhaltsinformationen abgebildet sind.

Weitere schriftliche Erklärungen sind einzuholen, sofern der Prüfer diese als notwendig erachtet[140]. Sämtliche Erklärungen, die wesentlich für die Sachverhaltsinformationen sind, hat der Prüfer auf Vertretbarkeit und Konsistenz mit den sonstigen Prüfungsnachweisen zu beurteilen. Ebenfalls ist zu würdigen, ob die erklärenden Personen mit dem Gegenstand ihrer Erklärung ausreichend vertraut sind[141]. Werden angeforderte schriftliche Erklärungen nicht vorgelegt oder hat der Prüfer Zweifel an der Kompetenz, Integrität oder Sorgfalt der Personen bzw. sonstige Zweifel an der Verlässlichkeit der Erklärungen, ist den Zweifeln in geeigneter Form nachzugehen. Dies kann Rückwirkungen haben auf[142] **88**

- die Beurteilung der Verlässlichkeit anderer Erklärungen und Prüfungsnachweise sowie
- die Ausprägung des Prüfungsurteils.

Analog zu den ISA legt ISAE 3000 (Rev.) fest, dass die schriftliche Erklärung entweder zeitnah vor dem oder zum Datum des Vermerks bzw. Berichts eingeholt wird[143]. **89**

Der Prüfer hat vor Abgabe seines Vermerks bzw. Berichts auch zu beurteilen, ob die Sachverhaltsinformationen ausreichend klar auf die angewandten Kriterien hinweisen bzw. diese beschreiben[144]. Auch bei einem Testierungsauftrag genügt es dementsprechend nicht, dass nur der Vermerk bzw. Bericht des Prüfers die Kriterien benennt; bereits die von dem Messenden bzw. Beurteilenden aufgestellten Sachverhaltsinformationen müssen diesen Anforderungen genügen. **90**

Der Bildung des **Prüfungsurteils** muss die Beurteilung vorausgehen, ob ausreichende und angemessene Prüfungsnachweise vorliegen; erforderlichenfalls sind weitere Prüfungsnachweise einzuholen. Sind notwendige weitere Prüfungsnachweise nicht verfügbar, liegt ein Prüfungshemmnis vor, das in einem eingeschränkten Prüfungsurteil, einer Erklärung über die Nichtabgabe eines Prüfungsurteils oder der Niederlegung des Auftrags münden kann[145]. **91**

Sofern es für den Auftrag relevant ist, hat der Prüfer die Auswirkung von Ereignissen auf die Sachverhaltsinformationen bis zum Datum des Vermerks bzw. Berichts zu berücksichtigen. Den Prüfer trifft aber keine Verpflichtung, Prüfungshandlungen nach dem Datum des Vermerks bzw. Berichts durchzuführen – d.h. es besteht keine Pflicht, **92**

139 ISAE 3000.56 (Rev.).
140 ISAE 3000.57 (Rev.).
141 ISAE 3000.58 (Rev.).
142 ISAE 3000.60 (Rev.).
143 ISAE 3000.59 (Rev.).
144 ISAE 3000.63 (Rev.).
145 ISAE 3000.66 (Rev.).

Ereignisse nach dem Datum des Vermerks bzw. Berichts zu suchen. Der Prüfer hat aber auf Tatsachen zu reagieren, die ihm nach diesem Datum bekannt geworden sind, sofern diese ihn dazu veranlasst hätten, den Vermerk bzw. Bericht zu anzupassen[146].

93 Werden die Sachverhaltsinformation und der dazugehörige Vermerk bzw. Bericht nicht ausschließlich separat verwendet, sondern in Unterlagen mit andersartigen Informationen integriert, muss der Prüfer auch diese Informationen lesen. Die Verpflichtung zielt auf die Feststellung etwaiger wesentlicher Inkonsistenzen zwischen diesen weiteren Informationen und der Sachverhaltsinformation bzw. dem Vermerk oder Bericht des Prüfers ab. Festgestellte Inkonsistenzen oder wesentliche falsche Darstellungen von Tatsachen außerhalb der Sachverhaltsinformation sind mit den entsprechenden Parteien zu erörtern[147]. Die Anwendungshinweise zu ISAE 3000 (Rev.) verdeutlichen, welche Maßnahmen darüber hinaus in unterschiedlichen Situationen angezeigt sein können[148].

## 6. Berichterstattung

### 6.1 Allgemeine Anforderungen

94 Für Assurance-Aufträge ist ausschließlich eine **schriftliche** Berichterstattung vorgesehen.[149] Grund für das Schrifterfordernis ist, dass mündliche und andere Äußerungsformen ein zu hohes Risiko für Missverständnisse bergen[150]. ISAE 3000 (Rev.) schreibt keinen konkreten Aufbau des Vermerks bzw. Berichts vor, sondern definiert nur die abzudeckenden Bestandteile. So können die Vermerke bzw. Berichte an die jeweiligen Gegebenheiten des Auftrags angepasst werden[151].

95 Die Berichterstattung hat zunächst das Urteil des Prüfers über die Sachverhaltsinformation klar zum Ausdruck zu bringen[152]. Sofern die Sachverhaltsinformationen mehrere unterschiedliche Teilaspekte anspricht, können gesonderte Urteile für die jeweiligen Aspekte abgegeben werden. Dies schließt ein, dass die Teilurteile auch mit unterschiedlichem Sicherheitsniveaus getroffen werden können[153].

96 Dem Prüfer steht frei, unter Berücksichtigung einer sinnvollen Informationsvermittlung gegenüber den vorgesehenen Nutzern einen kurzen **Vermerk (short-form report)** oder einen ausführlicheren **Bericht (long-form report)** zur Berichterstattung zu verwenden. I.d.R. beschränken sich Vermerke auf die Grundelemente, während Berichte ergänzende Informationen und Erläuterungen enthalten. Denkbar sind bspw. eine Beschreibung der Auftragsbedingungen, der angewandten Kriterien oder der Verwertung bzw. Verwendung der Arbeiten Dritter. Ggf. können solche Berichte auch Angaben über Wesentlichkeitsgrenzen oder ergänzende Empfehlungen des Prüfers enthalten[154]. **Zu berücksichtigen ist aber, dass das Prüfungsurteil klar von den nicht das Prüfungsurteil betreffenden Informationen oder Erläuterungen abgegrenzt sein muss. Ferner muss**

146 ISAE 3000.61 (Rev.).
147 ISAE 3000.62 (Rev.).
148 ISAE 3000.A142 (Rev.).
149 ISAE 3000.67 (Rev.).
150 ISAE 3000.A158 (Rev.).
151 ISAE 3000.A159 (Rev.).
152 ISAE 3000.67 (Rev.).
153 ISAE 3000.A2 (Rev.).
154 ISAE 3000.A160 (Rev.).

**der Eindruck irgendwie gearteter Relativierungen des Prüfungsurteils vermieden werden**[155].

## 6.2 Inhalt des Vermerks bzw. Berichts

Die Pflichtelemente des Vermerks bzw. des Berichts sind zum Teil bereits aus der Ab- 97
schlussprüfung bekannt[156], gehen aber aufgrund der Besonderheiten von Aufträgen nach ISAE 3000 (Rev.) darüber hinaus. Die verpflichtenden Bestandteile umfassen:

a) **Titel**, aus dem klar hervorgeht, dass der Vermerk bzw. Bericht ein „unabhängiger Vermerk oder Bericht" ist[157]. In der Praxis wird hierzu z.B. die Formulierung verwendet „Prüfungsvermerk/Prüfungsbericht des unabhängigen Wirtschaftsprüfers …". Auch finden sich im Titel häufig Hinweise, ob es sich um eine Prüfung mit hinreichender oder begrenzter Sicherheit handelt, sowie eine Kurzbezeichnung des zugrunde liegenden Sachverhalts bzw. der Sachverhaltsinformation.

> **Beispiel 5: Überschrift, die sämtliche üblichen Elemente enthält**
>
> „Prüfungsvermerk des unabhängigen Wirtschaftsprüfers über die Prüfung zur Erlangung hinreichender Sicherheit über die Endabrechnung eines Elektrizitätsversorgungsunternehmens"[158]

b) **Adressierung**, d.h. Benennung des Empfängers[159]. Grundsätzlich wird der Vermerk bzw. Bericht an den Auftraggeber adressiert, in manchen Fällen werden aber auch andere vorgesehene Nutzer in die Adressierung aufgenommen[160]. Dabei ist klarzustellen, dass es sich bei dem Empfänger im Sinne von ISAE 3000 (Rev.) nicht um die vorgesehenen Nutzer der Berichterstattung handelt, sondern um die Parteien, die vertraglich oder aufgrund sonstiger Rechtsgrundlage rechtlich an der Auftragserteilung beteiligt sind. In Deutschland wird das regelmäßig die beauftragende Gesellschaft sein, ggf. kann es sich aber auch um einen andere Partei handeln (z.B. bei behördlich angeordneten Sonderprüfungen).

> **Beispiel 6: Adressierung an den Empfänger**
>
> „An [Name des Elektrizitätsversorgungsunternehmens]"

c) **Benennung der vom Prüfer erlangten Prüfungssicherheit** (begrenzte oder hinreichende Sicherheit), der Sachverhaltsinformationen und – sofern einschlägig – des zugrunde liegenden Sachverhalts. Wird für die Formulierung des Prüfungsurteils auf die Erklärung der entsprechenden Parteien Bezug genommen, ist die Erklärung dem Vermerk bzw. Bericht beizufügen oder im Vermerk bzw. Bericht wiederzugeben oder

155 ISAE 3000.68 (Rev.).
156 Vgl. hierzu ISA 700.21 bis .42 (Rev.).
157 ISAE 3000.69 (a) (Rev.).
158 In diesem und in den folgenden Beispielen für den Inhalt eines Vermerks nach ISAE 3000 (Rev.) werden die im Anhang des *IDW PH 9.970.11* empfohlenen Formulierungen für einen Prüfungsvermerk verwendet.
159 ISAE 3000.69 (b) (Rev.).
160 ISAE 3000.A162 (Rev.).

es ist im Vermerk bzw. Bericht auf eine Quelle zu verweisen, auf die die vorgesehenen Nutzer zurückgreifen können[161]. Diese Inhalte finden sich in der Praxis im sog. Einleitungsabschnitt. Bei der Benennung bzw. Darstellung der Sachverhaltsinformation kann es sachgerecht sein, auch den der Messung bzw. Beurteilung zugrunde liegenden Zeitpunkt oder Zeitraum anzugeben sowie die verantwortliche Partei zu bezeichnen[162]. Bei Testierungsaufträgen werden üblicherweise die Sachverhaltsinformation en, d.h.

- die Erklärung der entsprechenden Partei über den Sachverhalt dem Vermerk als Anlage beigefügt,
- der Vermerk den Sachverhaltsinformationen als Anlage beigefügt oder
- die Sachverhaltsinformationen in den Bericht des Prüfers aufgenommen.

**Beispiel 7: Einleitungsabschnitt mit Hinweis auf beigefügte Sachverhaltsinformation**

„Wir haben eine Prüfung zur Erlangung hinreichender Sicherheit der beigefügten Endabrechnung nach § 74 Satz 1 EEG 2014 für den Zeitraum vom ... [*Datum*] bis ... [*Datum*] der ... [*Elektrizitätsversorgungsunternehmen, Ort*] (im Folgenden: Gesellschaft) („Endabrechnung") durchgeführt."

d) **Angabe der angewandten Kriterien**[163]. Die Kriterien können im Vermerk bzw. Bericht einzeln aufgeführt werden, oder der Vermerk bzw. Bericht kann auf die Kriterien verweisen, wenn sie in der Sachverhaltsinformation wiedergegeben oder über eine den vorgesehenen Nutzern zugängliche Quelle verfügbar sind. Die Angabe der angewandten Mess- bzw. Beurteilungsmethoden ist sinnvoll, wenn die Kriterien verschiedene Methoden zulassen oder diesbezüglich auslegungsbedürftig sind[164]. In der Praxis werden bei Testierungsaufträgen die angewandten Kriterien zusammen mit der Beschreibung der Verantwortung der entsprechenden Parteien angegeben. Dabei ist bei der Wortwahl darauf zu achten, dass die Angabe der Kriterien das Prüfungsurteil nicht vorwegnimmt.

e) **Hinweis auf etwaige inhärente Grenzen** der Messung bzw. Beurteilung, sofern zur Vermeidung von Missverständnissen notwendig[165]. In manchen Fällen sind die inhärenten Grenzen den vorgesehen Nutzern bekannt oder offensichtlich und bedürfen dann keiner weiteren Erläuterung[166]. Anderenfalls dient das Vorgehen der Reduzierung einer Erwartungslücke. Da bei Testierungsaufträgen die Messung bzw. Beurteilung des zugrunde liegenden Sachverhalts nicht originär durch den Prüfer erfolgt, empfiehlt es sich, die inhärenten Grenzen bei der Beschreibung der Verantwortung der entsprechenden Parteien zu veranschaulichen. Inhärente Grenzen der Messung bzw. Beurteilung stellen allerdings zugleich inhärente Grenzen der Prüfung dar.

f) **Hinweis auf die potentiell mangelnde Eignung der Sachverhaltsinformationen für andere Zwecke,** falls die angewandten Kriterien nur für einen speziellen Zweck

161 ISAE 3000.69 (c) (Rev.).
162 ISAE 3000.A163 (Rev.).
163 ISAE 3000.69 (d) (Rev.).
164 ISAE 3000.A164 (Rev.).
165 ISAE 3000.69 (e) (Rev.).
166 ISAE 3000.A165 (Rev.).

konzipiert sind[167]. Dieser Hinweis ist vergleichbar mit dem aus *IDW PS 480* bekannten Hinweis bei Verwendung von Rechnungslegungsgrundsätzen für einen speziellen Zweck[168]. Insbesondere kann sich hier eine Verwendungsrestriktion dergestalt empfehlen, dass der Vermerk bzw. Bericht nur für bestimmte Nutzer vorgesehen ist und daher die Weitergabe oder Nutzung des Vermerks bzw. des Berichts beschränkt wird[169].

g) **Benennung** der verantwortlichen Partei **und Beschreibung der Verantwortlichkeiten** (ggf. unter Nutzung anderer an der Messung bzw. Beurteilung Beteiligter) sowie Abgrenzung gegenüber der Verantwortlichkeit des Prüfers[170].

**Beispiel 8: Beschreibung der Verantwortlichkeiten der entsprechenden Parteien einschl. der Verweise auf die angewandten Kriterien und die inhärenten Grenzen der Messung bzw. Beurteilung**

„Die gesetzlichen Vertreter der Gesellschaft sind verantwortlich für die Aufstellung der Endabrechnung nach den Vorschriften des EEG 2014 [sowie ... (*Bezeichnung etwaiger Hinweise zur Gesetzesauslegung*)] zur Erfüllung ihrer Pflichten nach § 74 Satz 1 EEG 2014. Die gesetzlichen Vertreter sind auch verantwortlich für die internen Kontrollen, die sie als notwendig bestimmt haben, um die Aufstellung einer Endabrechnung zu ermöglichen, die frei von wesentlichen – beabsichtigten oder unbeabsichtigten – falschen Angaben ist.
Eine Feststellung, ob und inwieweit die von der Gesellschaft belieferten Kunden Letztverbraucher i.S.d. § 5 Nr. 24 EEG 2014 sind, ist nur auf der Seite der Kunden möglich. Gleiches gilt für sämtliche Angaben, die Kunden ggf. zum Zwecke der Abwicklung der besonderen Ausgleichsregelung nach dem EEG 2014 gegenüber der Gesellschaft gemacht haben."

h) **Erklärung zur Übereinstimmung des Auftrags mit ISAE 3000 (Rev.)** (bzw. anderen Standards, die spezifische Assurance-Aufträge zum Gegenstand haben)[171]. In diesem Zusammenhang können Formulierungen wie „in Anlehnung an ISAE 3000 (Rev.)" oder „im Wesentlichen in Übereinstimmung mit ISAE 3000 (Rev.)" und dergleichen für Nutzer der Vermerke bzw. Berichte irreführend sein und sind daher nicht zu verwenden[172].

i) Eine **Erklärung, dass die Praxis**, für die der Prüfer tätig ist, **ISQC 1 oder gleichwertige sonstige berufsständische oder gesetzliche Vorgaben** mit gleichem Anforderungsniveau anwendet[173]. In der Praxis wird in Deutschland auf die *Gemeinsame Stellungnahme der WPK und des IDW: Anforderungen an die Qualitätssicherung in der Wirtschaftsprüferpraxis (VO 1/2006)* verwiesen oder auf den inzwischen verabschiedeten *Entwurf eines IDW Qualitätssicherungsstandards: Anforderungen an die Qualitätssicherung in der Wirtschaftsprüferpraxis (IDW EQS 1)*. Da diese dem An-

167 ISAE 3000.69 (f) (Rev.).
168 Vgl. hierzu *IDW PS 480*, Tz. 23.
169 ISAE 3000.A167 (Rev.).
170 ISAE 3000.69 (g) (Rev.).
171 ISAE 3000.69 (h) (Rev.).
172 ISAE 3000.A170 (Rev.).
173 ISAE 3000.69 (i) (Rev.).

forderungsniveau von ISQC 1 entsprechen, kann auf ISQC 1 ergänzend hingewiesen werden.

j) **Erklärung zur Beachtung der Unabhängigkeitspflichten** und sonstigen Anforderungen des IESBA Code oder gleichwertiger nationaler Vorgaben[174]. In der Praxis wird in Deutschland auf die Berufspflichten der WPO und der BS WP/vBP hingewiesen. Ein Verweis auf den IESBA Code kann aufgenommen werden, wenn zugleich dessen Anforderungen eingehalten wurden.

k) **Kurzdarstellung des prüferischen Vorgehens** als Basis des Prüfungsurteils. Für Aufträge mit begrenzter Sicherheit sind Art, Umfang und zeitliche Einteilung der Prüfungshandlungen in den Grundzügen zu beschreiben. Ein Auftrag mit begrenzter Sicherheit bedarf auch Erklärungen dergestalt, dass
   - ein solcher Auftrag nach Art und zeitlicher Einteilung der durchgeführten Prüfungshandlungen von einem Auftrag mit hinreichender Sicherheit abweicht und die Prüfungshandlungen weniger umfangreich sind,
   - demzufolge die in einem Auftrag mit begrenzter Sicherheit erlangte Sicherheit erheblich niedriger ist als die bei einem Auftrag mit hinreichender Sicherheit[175].

   Diese Anforderung impliziert, dass die Zusammenfassung der durchgeführten Arbeiten im Rahmen eines Auftrags zur Erlangung begrenzter Sicherheit häufig detaillierter ist als die Beschreibung für einen Auftrag zur Erlangung hinreichender Sicherheit. Zur Charakterisierung eines Auftrags mit begrenzter Sicherheit kann es auch angebracht sein, diejenigen Prüfungshandlungen aufzuführen, die – anders als bei einem Auftrag mit hinreichender Sicherheit – nicht zur Anwendung kommen[176]. Der Beispielvermerk in ISAE 3410 über eine Prüfung mit begrenzter Sicherheit zu einer Aufstellung von Treibhausgasemissionen illustriert, wie eine solche zusammenfassende Beschreibung aussehen kann[177].

**Beispiel 9: Beschreibung der Verantwortlichkeit des Prüfers einschl. Übereinstimmung mit deutschen Prüfungsvorgaben, Qualitätssicherungsanforderungen und Berufspflichten sowie mit Zusammenfassung des Prüfungsvorgehens und Darstellung der inhärenten Grenzen der Prüfung**

„Unsere Aufgabe ist es, auf der Grundlage unserer Prüfung nach § 75 Satz 2 EEG 2014 ein Urteil mit hinreichender Sicherheit zu der Endabrechnung abzugeben. Wir haben unsere Prüfung unter Beachtung des *Entwurfs einer Neufassung des IDW Prüfungsstandards: Sonstige betriebswirtschaftliche Prüfungen und ähnliche Leistungen im Zusammenhang mit energierechtlichen Vorschriften (IDW EPS 970 n.F.)* sowie des *IDW Prüfungshinweises: Besonderheiten der Prüfung nach § 75 Satz 2 EEG 2014 der Endabrechnung eines Elektrizitätsversorgungsunternehmens (IDW PH 9.970.12)*[178] durchgeführt.

Danach wenden wir als Wirtschaftsprüfungsgesellschaft die Anforderungen der *Gemeinsamen Stellungnahme der Wirtschaftsprüferkammer und des Instituts der Wirtschaftsprüfer in Deutschland: Anforderungen an die Qualitätssicherung in der Wirt-*

174 ISAE 3000.69 (j) (Rev.).

175 ISAE 3000.69 (k) (Rev.).

176 ISAE 3000.A175 (Rev.).

177 ISAE 3410, Appendix 2, Illustration 2.

178 Vgl. *IDW EPS 970 n.F.*, Tz. 55; danach darf ein Verweis auf den *IDW PH 9.970.12* nur aufgenommen werden, wenn der WP die im *IDW PH 9.970.12* enthaltenen Hinweise für die Anwendung der Grundsätze des *IDW EPS 970 n.F.* umgesetzt hat.

*schaftsprüferpraxis (VO 1/2006)* an. Die Berufspflichten gemäß der Wirtschaftsprüferordnung und der Berufssatzung für Wirtschaftsprüfer/vereidigte Buchprüfer einschließlich der Anforderungen an die Unabhängigkeit haben wir eingehalten.
Des Weiteren ist die Prüfung danach so zu planen und durchzuführen, dass hinreichende Sicherheit darüber erlangt wird, ob die Endabrechnung frei von wesentlichen falschen Angaben ist. Die Prüfung einer Endabrechnung umfasst die Durchführung von Prüfungshandlungen, um Prüfungsnachweise für die in der Endabrechnung enthaltenen Angaben zu erlangen. Die Auswahl der Prüfungshandlungen liegt im pflichtgemäßen Ermessen des Wirtschaftsprüfers. Dies schließt die Beurteilung der Risiken wesentlicher – beabsichtigter oder unbeabsichtigter – falscher Angaben in der Endabrechnung ein. Bei der Beurteilung dieser Risiken berücksichtigt der Wirtschaftsprüfer das interne Kontrollsystem, das relevant ist für die Aufstellung der Endabrechnung. Ziel hierbei ist es, Prüfungshandlungen zur Prüfung der Endabrechnung zu planen und durchzuführen, die unter den gegebenen Umständen angemessen sind, jedoch nicht, ein Prüfungsurteil zur Wirksamkeit des internen Kontrollsystems der Gesellschaft abzugeben. Eine Prüfung umfasst auch die Beurteilung der angewandten Methoden bei der Aufstellung der Endabrechnung sowie der Vertretbarkeit der von den gesetzlichen Vertretern geschätzten Werte in der Endabrechnung.
Eine Prüfung, ob und inwieweit die von der Gesellschaft belieferten Kunden Letztverbraucher i.S.d. § 5 Nr. 24 EEG 2014 sind, ist nur auf der Seite der Kunden möglich. Gleiches gilt für sämtliche Angaben, die Kunden ggf. zum Zwecke der Abwicklung der Besonderen Ausgleichsregelung nach dem EEG 2014 gegenüber der Gesellschaft gemacht haben. Daher erstreckt sich unser Urteil nicht auf die für die Endabrechnung verwendeten Angaben von Kunden der Gesellschaft.
Wir sind der Auffassung, dass die von uns erlangten Prüfungsnachweise ausreichend und angemessen sind, um als Grundlage für unser Prüfungsurteil zu dienen."

l) **Wiedergabe des Prüfungsurteils** mit folgenden Teilaspekten:[179]
- ggf. Verdeutlichung des Kontexts, in dem die vorgesehenen Nutzer das Urteil zu verstehen haben
- positive Formulierung des Prüfungsurteils bei einem Auftrag mit hinreichender Sicherheit
- für einen Auftrag zur Erlangung begrenzter Sicherheit muss das Prüfungsurteil zum Ausdruck bringen, ob dem Prüfer auf Grundlage der durchgeführten Prüfungshandlungen und erlangten Prüfungsnachweise Sachverhalte bekannt worden sind, die den Prüfer zu der Auffassung gelangen lassen, dass die Sachverhaltsinformationen wesentlich falsch dargestellt sind
- das Bezugsobjekt des Urteils ist zu benennen, wobei folgende Begriffsalternativen in Betracht kommen:
  a. zugrunde liegender Sachverhalt und angewandte Kriterien,
  b. Sachverhaltsinformation und angewandte Kriterien
  c. von den entsprechenden Parteien abgegebene Erklärung
- Hinweise auf den zugrunde liegenden Sachverhalt und die angewandten Kriterien
- bei modifiziertem Prüfungsurteil:
  a. Abschnitt zur Begründung der Modifizierung
  b. Abschnitt zur Wiedergabe des modifizierten Prüfungsurteils.

179 ISAE 3000.69 (l) (Rev.).

**Beispiel 10: nicht modifiziertes (uneingeschränktes) Prüfungsurteil mit hinreichender Sicherheit bei einem Testierungsauftrag**

„Nach unserer Beurteilung ist die Endabrechnung für den Zeitraum vom ... [*Datum*] bis ... [*Datum*] in allen wesentlichen Belangen nach den Vorschriften des EEG 2014 [sowie ... (*Bezeichnung etwaiger Hinweise zur Gesetzesauslegung*)] aufgestellt."

**Beispiel 11: nicht modifiziertes (uneingeschränktes) Prüfungsurteil mit begrenzter Sicherheit bei einem Testierungsauftrag**

„Auf der Grundlage der durchgeführten Prüfungshandlungen und der erlangten Prüfungsnachweise sind uns keine Sachverhalte bekannt geworden, die uns zu der Auffassung gelangen lassen, dass der xyz Bericht der Gesellschaft für den Zeitraum vom ... [Datum] bis ... [Datum] in allen wesentlichen Belangen nicht in Übereinstimmung mit den relevanten ABC Kriterien aufgestellt worden sind."

m) **Unterschrift** des Prüfers[180].
n) **Datum** des Vermerks bzw. Berichts[181].
o) Angabe des **Tätigkeitsorts** des Prüfers[182].

98 ISAE 3000 (Rev.) lässt zu, einen Verweis auf die Verwertung der Arbeiten eines Sachverständigen des Prüfers in den Vermerk bzw. Bericht aufzunehmen. Jedoch darf die Wortwahl des Verweises die Verantwortung des Prüfers für das Prüfungsurteil nicht mindern[183].

## 6.3 Modifizierung des Prüfungsurteils und Hinweise

99 Ein **modifiziertes Prüfungsurteil** (d.h. ein eingeschränktes oder versagtes Prüfungsurteil oder die Erklärung zur Nichtabgabe eines Prüfungsurteils) ist zu erteilen, wenn[184]

a) ein Prüfungshemmnis mit wesentlichen Auswirkungen vorliegt. In solchen Fällen ist ein **eingeschränktes Prüfungsurteil** oder eine **Erklärung zur Nichtabgabe eines Prüfungsurteils** erforderlich;
b) die Sachverhaltsinformationen wesentlich falsch dargestellt sind. In solchen Fällen hat der Prüfer ein **eingeschränktes Prüfungsurteil** oder ein **versagtes Prüfungsurteil** abzugeben.

100 Ein eingeschränktes Prüfungsurteil ist mit der Formulierung „mit der Ausnahme, dass" zum Ausdruck zu bringen, wobei die Auswirkungen oder möglichen Auswirkungen des Einschränkungsgrundes zu benennen sind[185]. Wenn der Prüfer ein modifiziertes Prüfungsurteil aufgrund von Prüfungshemmnissen abgibt, zugleich aber Sachverhalte vor-

180 ISAE 3000.69 (m) (Rev.).
181 ISAE 3000.69 (n) (Rev.).
182 ISAE 3000.69 (o) (Rev.).
183 ISAE 3000.70 (Rev.).
184 ISAE 3000.74 (Rev.).
185 ISAE 3000.75 (Rev.).

liegen, die zu wesentlichen falschen Darstellungen führen, sind beide Modifizierungen im Vermerk bzw. Bericht klar zu beschreiben[186].

ISAE 3000 (Rev.) sieht auch die Verwendung von **Hinweisen** im Vermerk bzw. Bericht vor. Wenn solche Hinweise nicht durch Gesetze oder andere Rechtsvorschriften untersagt sind, kann der Prüfer solche Hinweise verwenden, wenn er sie in einen gesonderten Absatz in den Vermerk bzw. Bericht mit entsprechender Titulierung aufnimmt und klar darauf verweist, dass das Prüfungsurteil von den Hinweisen unberührt bleibt. Zwei Arten von Hinweisen sind zu unterscheiden:[187] 101

a) **Hervorhebung eines Sachverhalts**: Diese Hinweise dienen dazu, die vorgesehenen Nutzer auf einen in der Sachverhaltsinformation enthaltenen Sachverhalt besonders aufmerksam zu machen. Solche Hinweise sind sachgerecht, wenn der Sachverhalt nach Einschätzung des Prüfers grundlegend für das Verständnis der Sachverhaltsinformation durch die vorgesehenen Nutzer ist.
b) **Hinweis auf sonstige Sachverhalte**: Derartige Hinweise dienen dazu, einen nicht in der Sachverhaltsinformation enthaltenen Sachverhalt mitzuteilen, wenn dieser nach Einschätzung des Prüfers für ein richtiges Verständnis der vorgesehenen Nutzer vom Auftrag, von der Verantwortlichkeit des Prüfers oder vom Vermerk über die Prüfung relevant ist.

## 7. Arbeitspapiere

Die in angemessener Zeit anzufertigende Auftragsdokumentation muss so beschaffen sein, dass sie einem zuvor nicht mit dem Auftrag befassten Prüfer ein Verständnis von Folgendem vermittelt[188]: 102

a) Art, Umfang und zeitliche Einteilung der Prüfungshandlungen
b) Ergebnisse der durchgeführten Prüfungshandlungen und der hierdurch erlangten Nachweise sowie
c) bedeutsame Sachverhalte, die sich während des Auftrags ergeben haben sowie die daraus abgeleiteten Schlussfolgerungen und die in diesem Zusammenhang getroffenen Entscheidungen auf Grundlage von pflichtgemäßem Ermessen.

Die Dokumentation ist in einer Auftragsakte zusammenzufassen und zeitnah nach dem Datum des Vermerks abzuschließen[189]. Nach Zusammenstellung der endgültigen Auftragsakte darf jegliche Art von Dokumentation vor Ende der Aufbewahrungsfrist weder gelöscht noch entfernt werden[190]. 103

Besteht eine Notwendigkeit, die Dokumentation nachträglich zu ändern oder zu ergänzen, sind die Gründe für die Anpassung oder Ergänzung festzuhalten und es ist zu dokumentieren, wann und durch wen sie vorgenommen und durchgesehen wurden[191]. 104

186 ISAE 3000.76 (Rev.).
187 ISAE 3000.73 (Rev.).
188 ISAE 3000.79 (Rev.).
189 ISAE 3000.81 (Rev.).
190 ISAE 3000.82 (Rev.).
191 ISAE 3000.83 (Rev.).

# Kapitel D

# Prüfung von Abschlüssen, die nach Rechnungslegungsgrundsätzen für einen speziellen Zweck aufgestellt wurden, und Prüfung von Finanzaufstellungen oder deren Bestandteilen

Verfasser:
WP StB Dipl.-Kfm. Heiner Kompenhans, Frankfurt am Main
WP StB Dipl.-Ök. Steffen Kindler, Hannover

Inhalt Tz.

## 1. Einleitung

Der Gegenstand dieses Kapitels ist wie folgt gekennzeichnet: 1

- Es handelt sich um Aufträge zur Erlangung **hinreichender Prüfungssicherheit**.
- Prüfungsgegenstand sind **vergangenheitsorientierte Finanzinformationen**.
- Diese Finanzinformationen liegen in Form
  - eines **Abschlusses, der nach Rechnungslegungsgrundsätzen für einen speziellen Zweck aufgestellt worden ist,**
  - einer **Finanzaufstellung** oder
  - eines **Bestandteils** einer Finanzaufstellung

vor.

Diese Prüfungen sind in ***IDW PS 480* und *IDW PS 490*** geregelt. Mit diesen Prüfungsstandards setzt das IDW die Anforderungen von ISA 800 und ISA 805 um. Der Anwendungsbereich von *IDW PS 480* und *IDW PS 490* lässt sich durch folgendes Schema darstellen[1]: 2

1 Vgl. *IDW PS 480*, Tz. 8; *IDW PS 490*, Tz. 6.

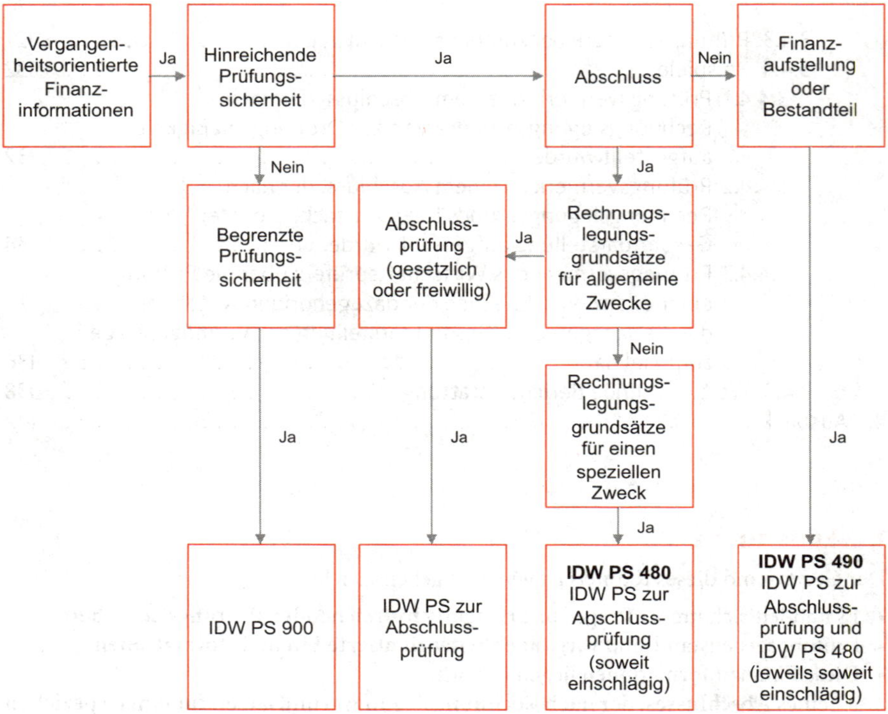


Abb. 1: Anwendungsbereich von *IDW PS 480* und *IDW PS 490*

## 2. Wesentliche Begriffe

### 2.1 Prüfung

3 *IDW PS 480* und *IDW PS 490* befassen sich mit der Prüfung der in Tz. 1 genannten Finanzinformationen[2]. Ziel des WP ist es, eine **Prüfungsaussage mit hinreichender Sicherheit** treffen zu können[3].

4 Damit sind diese Aufträge abgrenzbar gegenüber

- **prüferischen Durchsichten**, da diese nur die Erreichung einer gewissen Sicherheit zum Ziel haben[4] und
- **vereinbarten Untersuchungshandlungen**, da diese nur dazu dienen, über festgestellte Tatsachen zu berichten[5]. Prüfungssicherheit wird nicht vermittelt[6].

2 Vgl. *IDW PS 480*, Tz. 1; *IDW PS 490*, Tz. 1.
3 Vgl. *IDW PS 200*, Tz. 9; *IDW PS 480*, Tz. 8; *IDW PS 490*, Tz. 6.
4 Vgl. *IDW PS 900*, Tz. 6.
5 Vgl. ISRS 4400, Tz. 4.
6 Vgl. ISRS 4400, Tz. 5.

Das schließt jedoch nicht aus, dass die genannten Finanzinformationen einer prüferischen Durchsicht[7] oder vereinbarten Untersuchungshandlungen unterzogen werden. Derartige Aufträge sind aber nicht von *IDW PS 480* oder *IDW PS 490* geregelt.

## 2.2 Vergangenheitsorientierte Finanzinformationen

5 Bei **Finanzinformationen** handelt es sich um in Begriffen des Rechnungswesens ausgedrückte Informationen, die überwiegend aus der Buchführung eines Unternehmens abgeleitet werden[8]. Dabei wird es sich i.d.R. um in Währungseinheiten ausgedrückte Informationen handeln[9]. Wenn eine monetäre Größe eine Finanzinformation ist, gilt dies auch für mehrere monetäre Größen, die zueinander in Relation gesetzt werden. Daher sind auch Werte, die das Verhältnis von in Währungseinheiten ausgedrückten Informationen zueinander wiedergeben – wie etwa die Eigenkapitalquote oder der Verschuldungsgrad – Finanzinformationen.

6 **Nicht** Gegenstand von *IDW PS 480* und *IDW PS 490* sind damit in **Mengeneinheiten** (z.B. Stromverbrauch) oder in **Zeiteinheiten** (z.B. Zeitraum, in dem ein Vermögensgegenstand betrieblich genutzt worden ist) ausgedrückte Informationen oder die Beachtung von **Verhaltensnormen** (z.B. Einhaltung der Vorschriften des MiLoG). Wenn **monetäre Größen und Mengen- oder Zeiteinheiten zueinander in Relation** gesetzt werden, handelt es sich um Finanzinformationen, wenn die monetäre Größe im Zähler steht, z.B. bei der Angabe von Quadratmeterpreisen oder Stundenlöhnen.

7 Die Finanzinformationen sind **vergangenheitsorientiert**, wenn sie über wirtschaftliche Ereignisse in vergangenen Zeiträumen oder über wirtschaftliche Gegebenheiten oder Umstände zu bestimmten Zeitpunkten in der Vergangenheit unterrichten[10].

8 Nicht in den Anwendungsbereich von *IDW PS 480* und *IDW PS 490* fallen **zukunftsorientierte Finanzinformationen**[11]. Im Hinblick auf die Abgrenzung zwischen Zukunfts- und Vergangenheitsorientierung ist der Zeitraum bzw. Zeitpunkt entscheidend, auf den sich die Finanzinformation bezieht[12].

**Beispiel 1:**

Zu prüfen ist die Ertragsprognose des Unternehmens X für den Zeitraum vom 01.01.02 bis zum 31.12.06.
Es handelt sich um zukunftsorientierte Finanzinformationen. Der Auftrag fällt nicht in den Anwendungsbereich von *IDW PS 480* oder *IDW PS 490.*

**Beispiel 2:**

Zu prüfen ist im Februar 02 der im Abschluss zum 31.12.01 ausgewiesene Wert der Beteiligung X.

7 Vgl. *IDW PS 900*, Tz. 3; *Gewehr/Böhm/Harrison/Schmitz-Herkendell*, WPg 2016, S. 481 (484).
8 Vgl. *IDW PS 480*, Tz. 12 c); *IDW PS 490*, Tz. 10 c).
9 Vgl. *Meyer*, WP Praxis 2015, S. 189 (191).
10 Vgl. *IDW PS 480*, Tz. 12 c); *IDW PS 490*, Tz. 10 c).
11 Vgl. *Gewehr/Böhm/Herkendell*, WPg 2013, S. 343 (344).
12 Vgl. *Meyer*, WP Praxis 2015, S. 189 (191).

Dieser Auftrag fällt in den Anwendungsbereich von *IDW PS 490*, obwohl ein wesentlicher Teil der Auftragsdurchführung darin besteht, die Ertragsprognose zu beurteilen, die Grundlage der Beteiligungsbewertung ist. Maßgeblich ist, dass der zu beurteilende Wert in der Vergangenheit liegt.

9 *IDW PS 480* und *IDW PS 490* sind nicht auf **Pro-Forma-Finanzinformationen** anzuwenden[13]. Derartige Finanzinformationen stellen keinen tatsächlichen Vergangenheitszustand oder -vorfall dar, sondern eine Situation, wie sie sich ergeben hätte, wenn eine Unternehmenstransaktion zu einem anderen Zeitpunkt stattgefunden hätte[14].

**Beispiel 3:**

Die X AG hat in 05 sämtliche Anteile an der Y GmbH erworben. Es werden Gruppenabschlüsse für die Jahre 01 bis 04 so aufgestellt, als ob die X AG bereits zum 01.01.01 die Anteile an der Y GmbH erworben hätte.
Diese Gruppenabschlüsse sind Pro-Forma-Finanzinformationen, da sie eine hypothetische Situation abbilden.

**Beispiel 4:**

Die X AG stellt für die Jahre 01 bis 04 kombinierte Abschlüsse auf, in denen die Zahlen aus den Abschlüssen der X AG und der Y GmbH zusammengefasst werden und Schulden-, Aufwands- und Ertragskonsolidierungen sowie Zwischenergebniseliminierungen vorgenommen werden. Eine Kapitalkonsolidierung ist nicht erforderlich, da anders als im vorangehenden Beispiel kein Anteilserwerb zum 01.01.01 fingiert wird.
Bei diesen kombinierten Abschlüssen handelt es sich um vergangenheitsorientierte Finanzinformationen, da ein tatsächlicher Zustand abgebildet wird.

## 2.3 Finanzaufstellungen und deren Bestandteile

10 **Finanzaufstellungen** sind definiert als strukturierte Darstellungen vergangenheitsorientierter Finanzinformationen[15].

**Beispiel 5[16] (Finanzaufstellungen):**

Bilanz (HGB, IFRS), Gewinn- und Verlustrechnung (HGB, IFRS), Kapitalflussrechnung (HGB, IFRS), Eigenkapitalspiegel (HGB, IFRS), Segmentberichterstattung (HGB, IFRS), Gesamtergebnisrechnung (IFRS), Aufstellung einbehaltener Gewinne und des Bilanzgewinns (IFRS), Aufstellung über das Nettovermögen (BGB), Betriebsergebnisrechnung nach Produktlinien (nach für den Anwendungsfall jeweils zu definierenden Rechnungslegungsgrundsätzen), Steuerbilanz, Vermögensrechnung (BGB; § 77 SGB IV i.V.m. § 29 SVHV), Schlussbilanz nach § 17 Abs. 2 UmwG, Einnahmen-Aus-

13 Vgl. *IDW PS 480*, Tz. 3; *Gewehr/Böhm/Harrison/Schmitz-Herkendell*, WPg 2016, S. 481 (484); *Meyer*, WP Praxis 2015, S. 189 (192).

14 Vgl. *IDW RH HFA 1.004*, Tz. 2.

15 Vgl. *IDW PS 480*, Tz. 12 a); *IDW PS 490*, Tz. 10 a).

16 Vgl. *IDW PS 490*, Anlage 1.

gaben-Rechnung (§ 4 Abs. 3 EStG; § 259 BGB), Haushaltsrechnung (§ 77 SGB IV i.V.m. § 28 SVHV), Inventar (§ 240 HGB), nach gesellschaftsvertraglichen Regelungen aufgestellte Auseinandersetzungsbilanz.

Ein **Bestandteil einer Finanzaufstellung** können ein „Konto oder Posten einer Finanz- 11
aufstellung (z.B. Vorräte, Forderungen aus Lieferungen und Leistungen, Personalaufwand) oder sonstige überwiegend aus der Buchführung entnommene Rechnungslegungsinformationen (z.B. Informationen über bestimmte Geschäftsvorfälle, Vermögenswerte oder Schulden)“[17] sein.

**Beispiel 6[18] (Bestandteile, Konten oder Posten einer Finanzaufstellung):**

Aufstellungen von
- Umsatzerlösen einer Filiale bzw. eines Segments
- Forderungen
- Wertberichtigungen zu zweifelhaften Forderungen
- Vorräten
- immateriellen oder materiellen Vermögenswerten
- extern verwalteten Vermögenswerten
- Auszahlungen im Zusammenhang mit einem Leasingobjekt
- Gewinnbeteiligungen oder Mitarbeiterboni
- Investitionen zur Erlangung von Fördermitteln oder
- Geschäftsführergehältern.

Eine Finanzaufstellung oder einer ihrer Bestandteile umfassen auch die dazugehörigen 12
**Angaben**, die von den maßgebenden Rechnungslegungsgrundsätzen gefordert werden oder freiwillig gemacht werden, ein[19].

Ein **Anhang** ist dagegen keine Finanzaufstellung, sondern ist entweder Bestandteil einer 13
Finanzaufstellung oder ein zusätzlicher Bestandteil eines Abschlusses[20]. Ein Anh. kann aber Finanzaufstellungen enthalten[21], z.B. Aufstellungen der Organbezüge oder ein Anlagengitter. Auch ein **LB** ist keine Finanzaufstellung[22], kann aber Finanzaufstellungen einbeziehen[23], z.B. analytische Darstellungen der Vermögens-, Finanz- oder Ertragslage in tabellarischer Form.

## 2.4 Abschluss

Ein **Abschluss** besteht aus mehreren Finanzaufstellungen unter Einschluss der damit 14
zusammenhängenden Angaben[24]. Welche Finanzaufstellungen und sonstigen Angaben Bestandteile eines Abschlusses sind, ergibt sich aus den maßgebenden Rechnungslegungsgrundsätzen[25].

17 Vgl. *IDW PS 490*, Tz. 10 d).
18 Vgl. *IDW PS 490*, Anlage 2.
19 Vgl. *IDW PS 490*, Tz. 12.
20 Vgl. *IDW PS 480*, Tz. A4 S. 2; *IDW PS 490*, Tz. A2 S. 2.
21 Vgl. *Rauova/von Behr*, WP Praxis 2015, S. 241 (242).
22 *IDW PS 480*, Tz. A4 S. 3; *IDW PS 490*, Tz. A2 S. 3.
23 Vgl. *Rauova/von Behr*, WP Praxis 2015, S. 241 (242).
24 Vgl. *IDW PS 480*, Tz. 12 b).
25 Vgl. *IDW PS 480*, Tz. 12 b).

15 Der Wortlaut von *IDW PS 480* enthält keine Aussage, welcher **Zusammenhang zwischen den jeweiligen Finanzaufstellungen** bestehen muss, damit sie in ihrer Gesamtheit einen Abschluss ergeben. Unstreitig können die GuV für eine Periode und die Bilanz zum Ende dieser Periode eines Unternehmens einen Abschluss darstellen[26]. Diese Finanzaufstellungen sind zeitlich durch Stichtag bzw. Periode, inhaltlich in Hinsicht auf das dargestellte Objekt – das Unternehmen – und technisch durch die doppelte Buchführung miteinander verbunden. Auch die Einnahmen-Ausgaben-Rechnung für eine bestimmte Periode und die Vermögensaufstellung zum Ende dieser Periode eines Unternehmens bilden einen Abschluss[27], da sie gemeinsam – wenn auch verschiedene – Aspekte desselben Unternehmens zum selben Stichtag bzw. für dieselbe Periode darstellen; es ist nicht schädlich, dass diese Finanzaufstellungen nicht auch buchungstechnisch miteinander verbunden sind. Auch ungewöhnlichere Kombinationen von Finanzaufstellungen sind denkbar, wie z.B. ein aus Vermögensaufstellung und KFR bestehender Abschluss.

16 Der Wortlaut von *IDW PS 480*, Tz. 12 b) lässt offen, ob Finanzaufstellungen, die einen Aspekt der ökonomischen Situation eines Unternehmens zu **jeweils verschiedenen Stichtagen bzw. Perioden** darstellen, einen Abschluss bilden können, also z.B. eine Bilanz zum 31.12.X1 und eine Bilanz zum 31.12.X3. Darüber hinausgehend ist auch offen, ob Finanzaufstellungen, die **verschiedene Aspekte eines Unternehmens zu verschiedenen Stichtagen bzw. Perioden** darstellen, einen Abschluss bilden können, z.B. eine GuV für das Jahr 1 und eine Kapitalflussrechnung für das Jahr 4. Dies ist zu verneinen: der von *IDW PS 480* umgesetzte ISA 800 bezieht sich auf „financial statements“[28]; „financial statements“ sollen über die wirtschaftlichen Mittel und Verpflichtungen eines Unternehmens zu einem Zeitpunkt oder deren Veränderung in einem Zeitraum informieren[29]. Die Finanzaufstellungen, die einen Abschluss ergeben, müssen sich daher auf denselben Stichtag bzw. dieselbe Periode beziehen.

17 **Unternehmen** i.S.v. *IDW PS 480* und *IDW PS 490* können „neben Unternehmen im rechtlichen Sinne auch Gesellschaften bürgerlichen Rechts, rechtsfähige oder nicht rechtsfähige Vereine, Stiftungen, Gebietskörperschaften, Kommunen, Körperschaften, Eigenbetriebe oder sonstige Anstalten öffentlichen Rechts, Gemeinschaften, natürliche Personen oder sonstige wirtschaftlich abgegrenzte Geschäftstätigkeiten (z.B. Standorte, selbstständige Teilbetriebe, Sparten) oder Gruppen dieser Einheiten sein“[30].

**Beispiel 7:**

Teilbetrieb 1 und Teilbetrieb 2 der X AG stellen zum 31.12.X1 jeweils eine Bilanz auf. Diese beiden Bilanzen bilden keinen Abschluss, da die Bilanzen nicht die wirtschaftlichen Mittel und Verpflichtungen eines einzigen, sondern von zwei Unternehmen darstellen.

---

26 Vgl. *Schmid*, WP Praxis 2013, S. 117 (118).
27 Vgl. *Gewehr/Böhm/Herkendell*, WPg 2013, S. 343 (345).
28 Vgl. ISA 800, Tz. 1.
29 Vgl. ISA 200, Tz. 13 f).
30 Vgl. *IDW PS 480*, Tz. A13; *IDW PS 490*, Tz. A3. Zu einem leicht abweichenden Wortlaut der Definition vgl. *IDW EPS 400 n.F.*, Tz. A6, und *IDW EPS 470 n.F.*, Tz. A2.

Auch wenn die maßgebenden Rechnungslegungsgrundsätze für einen Abschluss nur die **Aufstellung einer einzigen Finanzaufstellung** verlangen, fällt diese Finanzaufstellung immer in den Anwendungsbereich von *IDW PS 490*[31]. Eine ergänzende Anwendung von *IDW PS 480* kommt in diesen Fällen nur dann in Betracht, wenn diese Finanzaufstellung nach speziellen Rechnungslegungsgrundsätzen aufgestellt worden ist[32]. 18

## 2.5 Maßgebende Rechnungslegungsgrundsätze für allgemeine Zwecke bzw. für einen speziellen Zweck

### 2.5.1 Grundsätzliches

**Maßgebende Rechnungslegungsgrundsätze** sind die von den gesetzlichen Vertretern gewählten Rechnungslegungsgrundsätze, die den Finanzinformationen zugrunde liegen und die unter Berücksichtigung von Größe, Rechtsform sowie des mit den Finanzinformationen verfolgten Zwecks vertretbar sind oder durch Standardsetter oder Rechtsvorschriften vorgegeben sind[33]. 19

**Rechnungslegungsgrundsätze für allgemeine Zwecke** dienen den gemeinsamen Informationsbedürfnissen einer Vielzahl unterschiedlicher Adressatengruppen[34]. Als **Beispiele** für Rechnungslegungsgrundsätze für allgemeine Zwecke werden in der Literatur HGB, IFRS, IPSAS und US-GAAP genannt.[35] 20

Dagegen sind **Rechnungslegungsgrundsätze für einen speziellen Zweck** darauf ausgerichtet, den Informationsbedürfnissen spezifischer Adressaten von Finanzinformationen gerecht zu werden[36]. 21

Der Unterschied zwischen diesen Rechnungslegungsgrundsätzen beruht somit auf dem Zweck, dem sie dienen sollen. **Der Anlass**, der zu der Aufstellung eines Abschlusses, einer Finanzaufstellung oder ihrer Bestandteile geführt hat, **ist irrelevant** für die Frage, ob diese Finanzinformationen nach Rechnungslegungsgrundsätzen für allgemeine Zwecke oder nach Rechnungslegungsgrundsätzen für spezielle Zwecke aufgestellt wurden[37]. 22

> **!** **Hinweis 1:**
>
> Stellt ein Unternehmen auf Verlangen seiner Bank einen vollständigen IFRS-KA auf, ohne gesetzlich dazu verpflichtet zu sein, handelt es sich um einen Abschluss, der nach Rechnungslegungsgrundsätzen für allgemeine Zwecke aufgestellt worden ist, da die IFRS den Informationsbedürfnissen einer Vielzahl von unterschiedlichen Adressatengruppen dienen.

Ebenfalls **unmaßgeblich ist die tatsächliche Art und Zahl der Nutzer** von Finanzinformationen[38]. 23

31 Vgl. *IDW PS 480*, Tz. 6; *Gewehr/Böhm/Harrison/Schmitz-Herkendell*, WPg 2016, S. 429 (431).
32 Vgl. *IDW PS 480*, Tz. 6.
33 Vgl. *IDW PS 480*, Tz. 12 h); *IDW PS 490*, Tz. 13.
34 Vgl. *IDW PS 480*, Tz. 12 f).
35 Vgl. *Gewehr/Böhm/Herkendell*, WPg 2013, S. 343 (346).
36 Vgl. *IDW PS 480*, Tz. 12 g).
37 Vgl. *IDW PS 480*, Tz. 12 d) und e) S. 2.
38 Vgl. *IDW PS 480*, Tz. A5.

**Beispiel 8:**

Die X GbR stellt einen Abschluss für einen Kreditgeber auf, in dem die Forderungen mit einem vom Kreditgeber vorgegebenen Prozentsatz abgewertet worden sind. Ansonsten ist das HGB beachtet worden. Andere Gläubiger, Gesellschafter und Arbeitnehmer erlangen Kenntnis, dass ein solcher Abschluss existiert. Da sie die Geschäftsführung verdächtigen, Ermessensspielräume großzügig und nicht immer stetig auszuüben, bitten sie darum, auch ihnen diesen Abschluss zukommen zu lassen, was auch geschieht.

Es handelt sich um einen Abschluss, der nach Rechnungslegungsgrundsätzen für einen speziellen Zweck aufgestellt worden ist, da die HGB-Vorschriften im Interesse eines spezifischen Adressaten abgewandelt worden sind.

**24** Die Frage, ob Rechnungslegungsgrundsätze für allgemeine Zwecke oder für einen speziellen Zweck vorliegen, ist grds. **unabhängig davon zu beantworten, aus welcher Quelle die Rechnungslegungsgrundsätze stammen**, da die Zwecksetzung entscheidend ist. Auch gesetzliche Vorschriften können Rechnungslegungsgrundsätze für einen speziellen Zweck sein. *IDW PS 480*, Tz. A3, nennt daher die Steuerbilanz und die Schlussbilanz nach § 17 Abs. 2 UmwG als Beispiele für Finanzaufstellungen, die nach Rechnungslegungsgrundsätzen für einen speziellen Zweck aufgestellt worden sind. Andererseits können Rechnungslegungsgrundsätze für allgemeine Zwecke von privaten Gremien oder aus der Literatur entwickelt werden. Hierbei ist jedoch höchste Vorsicht geboten, sofern diese Rechnungslegungsgrundsätze auf Modifikationen von anerkannten Rechnungslegungsgrundsätzen für allgemeine Zwecke beruhen, da derartige Modifikationen dazu führen können, dass die Rechnungslegungsgrundsätze ihre Eignung verlieren, den Informationsbedürfnissen einer Vielzahl unterschiedlicher Adressatengruppen gerecht zu werden[39].

**25** Fraglich ist, ob ***IDW RS*** – insb. *IDW RS HFA 5* (Stiftungen) oder *IDW RS HFA 14* (Vereine) – **als Quellen von Rechnungslegungsgrundsätzen für allgemeine Zwecke** zu werten sind. Abschlüsse von Stiftungen oder Vereinen sind nach Rechnungslegungsgrundsätzen für allgemeine Zwecke aufgestellt, wenn sie vollständig dem HGB unter Berücksichtigung von *IDW RS HFA 5* bzw. *IDW RS HFA 14* entsprechen[40]. Wenn ein Abschluss,

- grundsätzlich nicht der Öffentlichkeit zur Verfügung gestellt werden soll,
- aus einer Vermögensrechnung und einer Einnahmen-Ausgaben-Rechnung besteht
- und keine weiteren umfangreichen Angaben in Form eines Anh. enthält,

sollte dies eher für das Vorliegen von Rechnungslegungsgrundsätzen für einen speziellen Zweck sprechen[41]. Andererseits deuten die Ausführungen in *IDW RS HFA 5*, Tz. 27, und *IDW RS HFA 14*, Tz. 14, darauf hin, dass mit diesen Rechnungslegungsstandards die Absicht verfolgt wird, den Informationsinteressen einer Vielzahl von Adressaten (Stifter, Vereinsmitglieder, Spender, Empfänger von Stiftungsleistungen, Finanzverwaltung sowie die interessierte Öffentlichkeit) zu dienen, so dass man auch zu dem Schluss kom-

39 Vgl. auch *IDW PS 480*, Tz. A7.
40 Vgl. *Gewehr/Böhm/Herkendell*, WPg 2013, S. 343 (347).
41 Vgl. *Gewehr/Böhm/Herkendell*, WPg 2013, S. 343 (347).

men kann, dass es sich um Rechnungslegungsgrundsätze für allgemeine Zwecke handelt. Hier wird die weitere Entwicklung abzuwarten bleiben.

### 2.5.2 Modifikationen von Rechnungslegungsgrundsätzen für allgemeine Zwecke

#### 2.5.2.1 Allgemeines

26 Rechnungslegungsgrundsätze für einen speziellen Zweck können auf **Rechnungslegungsgrundsätzen für einen allgemeinen Zweck** basieren, die **teilweise modifiziert** sind[42]. Nicht jede Modifikation von Rechnungslegungsgrundsätzen für allgemeine Zwecke führt jedoch dazu, dass es sich nunmehr um Rechnungslegungsgrundsätze für einen speziellen Zweck handelt. Maßgeblich ist, ob die modifizierten Rechnungslegungsgrundsätze weiterhin den Informationsinteressen einer Vielzahl unterschiedlicher Adressaten dienen oder nicht[43].

#### 2.5.2.2 Modifikation des räumlichen Anwendungsbereichs

27 Rechnungslegungsgrundsätze für allgemeine Zwecke sind oftmals **für Unternehmen bestimmt, die in einem bestimmten Staat tätig oder ansässig sind bzw. nach dem Recht dieses Staates gegründet sind**[44]. Sie verlieren jedoch regelmäßig nicht ihre Eignung, den Informationsinteressen unterschiedlicher Adressatengruppen gerecht zu werden, wenn sie auf Abschlüsse ausländischer Unternehmen angewendet werden.

**Beispiel 9:**

Ein bundesdeutsches Unternehmen stellt einen Abschluss nach US-GAAP auf. Damit weichen die verwendeten Rechnungslegungsgrundsätze von denjenigen ab, die dieses Unternehmen nach den inländischen Gesetzen anwenden muss (HGB bzw. IFRS). Da die US-GAAP selbst ihre Anwendung außerhalb der USA nicht verbieten, verlieren sie durch die Anwendung in einer anderen Jurisdiktion nicht ihren Charakter als Rechnungslegungsgrundsätze für allgemeine Zwecke. Umgekehrt sind auch die HGB-Vorschriften, die ein US-Unternehmen anwendet, Rechnungslegungsgrundsätze für allgemeine Zwecke.

#### 2.5.2.3 Modifikation des sachlichen Anwendungsbereichs

28 Rechnungslegungsgrundsätze sind von Unternehmen **insb. in Abhängigkeit von Größe, Rechtsform oder Branche des betreffenden Unternehmens** anzuwenden. Das kann dazu führen, dass Rechnungslegungsgrundsätze, die bei einem Unternehmen allgemeinen Zwecken dienen, bei einem anderen Unternehmen als Rechnungslegungsgrundsätze für einen speziellen Zweck einzustufen sind.

**Beispiel 10:**

Die nicht zu einem Konzern gehörende X GmbH stellt einen Abschluss nach den für alle Kaufleute geltenden Vorschriften des HGB (§§ 238 bis 256a HGB) auf. § 264 ff. HGB wird nicht beachtet, insb. wird kein Anh. aufgestellt.

---

42 Vgl. *IDW PS 480*, Tz. A7.
43 Vgl. *IDW PS 480*, Tz. 12 f).
44 Vgl. z.B. § 290 Abs. 1 HGB.

Der Normgeber hat klargestellt, dass die für alle Kaufleute geltenden Vorschriften grds. nicht ausreichend sind, um den Informationsinteressen der Adressaten eines KapGes.-Abschlusses gerecht zu werden. Daher handelt es sich in dem vorliegenden Fall nicht um Rechnungslegungsgrundsätze für einen allgemeinen Zweck.

**29** Unproblematisch ist die Anwendung von Rechnungslegungsgrundsätzen auf Unternehmen, für die diese Grundsätze nicht primär bestimmt sind, **wenn diese Rechnungslegungsgrundsätze Umfang oder Qualität der Finanzinformationen erhöhen**.

**Beispiel 11:**

Ein Einzelkaufmann erstellt einen Abschluss nach den für KapGes. geltenden Vorschriften des HGB.

**30** Die Rechnungslegungsgrundsätze können Regelungen enthalten, die es Unternehmen erlauben, unter bestimmten Voraussetzungen **Rechnungslegungsgrundsätze, die ein geringeres Informationsniveau verlangen**, anzuwenden.

**Beispiel 12:**

Die Y GmbH wendet zulässigerweise § 264 Abs. 3 HGB an und stellt ihren Abschluss nach den für alle Kaufleute geltenden Vorschriften des HGB auf, ohne die für Kapitalgesellschaften grds. maßgeblichen Vorschriften der §§ 264 ff. HGB zu beachten. Da die für alle Kaufleute geltenden HGB-Vorschriften grds. den Informationsinteressen verschiedener Abschlussadressaten gerecht werden und der Normgeber deren Anwendung beim Abschluss dieses Unternehmen unter den gegebenen Umstände akzeptiert, handelt es sich um Rechnungslegungsgrundsätze für allgemeine Zwecke[45].

**31** Rechnungslegungsgrundsätze für allgemeine Zwecke sind regelmäßig für Unternehmen, die auf eine bestimmte Art abgegrenzt sind, konzipiert. Z.B. definieren die §§ 290 ff. HGB das Unternehmen, das Gegenstand eines HGB-KA ist. Fraglich ist, ob es sich auch dann noch um Rechnungslegungsgrundsätze für allgemeine Zwecke handelt, wenn sie von **Unternehmen** angewendet werden, **die auf andere Weise abgegrenzt werden, als es von diesen Rechnungslegungsgrundsätzen vorgesehen ist.**

**Beispiel 13:**

Die Mutter AG beabsichtigt TU 1 und TU 2 zu veräußern. TU 1 und TU 2 stehen nicht in einem Mutter-Tochter-Verhältnis zueinander. Auf Verlangen des potenziellen Käufers wird ein kombinierter Abschluss aufgestellt, indem die nach einheitlichen Bilanzierungs- und Bewertungsmethoden aufgestellten HGB-Abschlüsse von TU 1 und TU 2 unter Durchführung von Konsolidierungsmaßnahmen zusammengeführt werden.

45 Vgl. zu diesem Ergebnis *IDW PS 480*, Tz. 3.

In der älteren Literatur wird die Meinung vertreten, wonach zu einem solchen Abschluss ein BestV erteilt werden kann[46]. Auch im Hinblick auf den weiten Unternehmensbegriff des *IDW PS 480,* Tz. A13, könnte erwogen werden, dass TU 1 und TU 2 als wirtschaftlich abgegrenzte Geschäftstätigkeiten ein Unternehmen bilden (vgl. Tz. 17), für das ein Abschluss unter Beachtung des HGB aufgestellt wird. Wenn man bejaht, dass die Anwendung der HGB-Vorschriften dazu geeignet ist, eine Vielzahl unterschiedlicher Adressaten über dieses Unternehmen zu informieren, kommt man zu dem Schluss, dass es sich um Rechnungslegungsgrundsätze für allgemeine Zwecke handelt.
Neuere Stimmen gewichten die Abweichung von der Konsolidierungskreisabgrenzung des HGB höher und kommen zu dem Ergebnis, dass ein derartiger Abschluss nach Rechnungslegungsgrundsätzen für einen speziellen Zweck aufgestellt sei[47].
Wäre dagegen der kombinierte Abschluss nach IFRS aufgestellt worden, wäre dies ein Abschluss nach allgemeinen Rechnungslegungsgrundsätzen, da ein solcher Abschluss nach IFRS zulässig ist[48].

### 2.5.2.4 Modifikation des zeitlichen Anwendungsbereichs

Der **zeitliche** Anwendungsbereich umfasst zum einen die **Zeiträume, in denen Rechnungslegungsgrundsätze gelten**. Regelt ein Standardsetter, dass Rechnungslegungsgrundsätze für bestimmte Zeiträume nicht anwendbar sind, gibt er damit zu erkennen, dass er sie für die betreffenden Zeiträume nicht für ihre Zwecke tauglich hält, auch wenn diese Rechnungslegungsgrundsätze bei Anwendung auf Finanzinformationen für andere Zeiträume allgemeinen Zwecken dienen. 32

**Beispiel 14:**

Die Y AG stellt für das Kalenderjahr 2016 auf Verlangen eines Kreditgebers einen KA unter grds. Beachtung des HGB auf, in dem jedoch der Geschäfts- oder Firmenwert, der aufgrund einer Erstkonsolidierung im Berichtsjahr entstanden ist, mit den Rücklagen verrechnet wird.
Diese Handhabung war nach § 309 Abs. 1 S. 3 HGB in der bis zum 28.05.2009 geltenden Fassung zulässig für Abschlüsse für vor dem 01.01.2009 beginnende GJ, nicht jedoch für Abschlüsse für später beginnende GJ (Art. 66 Abs. 3 S. 4 f. EGHGB). Daher kann nicht mit Berufung auf das HGB von Rechnungslegungsgrundsätzen für allgemeine Zwecke gesprochen werden.

Dieses Prinzip hat auch Geltung, wenn **Rechnungslegungsgrundsätze vorzeitig angewendet werden**. Es ist zwar grds. davon auszugehen, dass Normgeber die Zweckdienlichkeit von Rechnungslegungsgrundsätzen im Zeitablauf steigern wollen. Wenn jedoch geänderte oder neue Rechnungslegungsgrundsätzen erst ab einem bestimmten Zeitraum oder Zeitpunkt angewendet werden dürfen, spricht das gegen die Eignung, bei vorzeitiger Anwendung allgemeinen Zwecken zu dienen. 33

46 Vgl. ADS[6], § 322 HGB, Tz. 106; *Haeger/Zündorf*, DB 1991, S. 1841 (1848); *Klar/Reinke*, WPg 1991, S. 693 (698 f.).

47 Vgl. *Gewehr/Böhm/Harrison/Schmitz-Herkendell*, WPg 2016, S. 481 (483).

48 Vgl. *Winkeljohann/Förschle/Deubert*, Sonderbilanzen[5], F 30; *Gewehr/Böhm/Harrison/Schmitz-Herkendell*, WPg 2016, S. 481 (483).

**Beispiel 15:**

Eine GmbH hat auf Verlangen einer Bank einen Abschluss für das Kalenderjahr 2014 unter Beachtung des HGB i.d.F. des BilRUG aufzustellen. Das hat zur Folge, dass Außerordentliche Aufwendungen i.S.d. § 277 Abs. 4 HGB i.d.F. vor BilRUG, nicht als solche ausgewiesen werden.

Da für dieses GJ gem. Art. 75 Abs. 1 EGHGB noch die HGB-Vorschriften vor Änderungen durch das BilRUG anzuwenden sind, handelt es sich um einen Abschluss, der nach Rechnungslegungsgrundsätzen für einen speziellen Zweck aufgestellt worden ist.

**34** Der zeitliche Anwendungsbereich betrifft zum anderen **Stichtage oder Zeiträume innerhalb des Geltungszeitraums von Rechnungslegungsgrundsätzen**. So sieht § 240 Abs. 2 S. 2 HGB vor, dass das GJ zwölf Monate nicht überschreiten darf. Ein Abschluss der sich auf einen 18-Monatszeitraum bezieht, kann somit nicht mit dem Hinweis darauf, dass ansonsten sämtliche HGB-Vorschriften beachtet worden seien, als ein Abschluss nach Rechnungslegungssätzen für allgemeine Zwecke eingestuft werden[49].

**35** Ein HGB-Abschluss kann sich dagegen auf Zeiträume beziehen, die kürzer als ein 12-Monatszeitraum oder als ein Rumpfgeschäftsjahr sind[50]. Wenn ein solcher **ZwA nach den HGB-Vorschriften aufgestellt wird, die auch für den JA des betreffenden Unternehmens gelten**, ist der Abschluss nach Rechnungslegungsgrundsätzen für allgemeine Zwecke aufgestellt.

**36** Da die DRS – ggf. im Zusammenspiel mit gesetzlichen Vorschriften – Rechnungslegungsgrundsätze für allgemeine Zwecke sind, gilt dies auch, wenn der Zwischenabschluss unter Beachtung von **DRS 16** gegenüber dem JA verkürzt ist.

**37** Soweit nicht Spezialvorschriften – wie z.B. § 37w WpHG – einschlägig sind, kann der ZwA einer KapGes. mangels zwingender abweichender Regelungen entsprechend den **für alle Kaufleute geltenden Vorschriften der §§ 242 ff. HGB** ohne Beachtung der §§ 264 ff. HGB aufgestellt werden; es kann insbesondere auf einen Anh. verzichtet werden[51]. Die Tatsache, dass ein solcher Abschluss gesetzlichen Vorschriften entspricht, muss jedoch nicht bedeuten, dass er nach Rechnungslegungsgrundsätzen für einen allgemeinen Zweck aufgestellt worden ist (vgl. Tz. 24). Die Einstufung einer Schlussbilanz nach § 17 Abs. 2 UmwG als eine Finanzaufstellung, die nach Rechnungslegungsgrundsätzen für spezielle Zwecke aufgestellt ist[52], spricht dafür, dass auch unterjährige Finanzaufstellungen grds. nur dann nach Rechnungslegungsgrundsätzen für einen allgemeinen Zweck aufgestellt worden sind, wenn sie entweder DRS 16 oder den Regeln entsprechen, die für die betreffenden Finanzinformationen für ein GJ gelten.

49 Vgl. zu einem Abschluss über zwölf Monate statt über die Dauer eines Rumpfgeschäftsjahres *Gewehr/Böhm/Harrison/Schmitz-Herkendell*, WPg 2016, S. 481 (483).

50 Vgl. DRS 16.9.

51 DRS 16.9 S. 2, empfiehlt allerdings, dass DRS 16 auch auf freiwillige Zwischenberichterstattungen angewandt wird, was u.a. die Aufstellung eines verkürzten Anh. mit sich bringen würde, vgl. DRS 16.15c).

52 *Gewehr/Böhm/Harrison/Schmitz-Herkendell*, WPg 2016, S. 481 (483), begründen dies damit, dass eine solche Schlussbilanz vom HGB geforderte Anhangangaben nicht enthalten müsse. Das spricht allerdings dagegen, auch die Schlussbilanz nach § 17 Abs. 2 HGB einer nicht unter § 264a HGB fallenden Personengesellschaft als eine Finanzaufstellung, die nach Rechnungslegungsgrundsätzen für einen speziellen Zweck aufgestellt ist, zu werten, da das HGB keinerlei Anhangangaben im JA einer solchen Gesellschaft verlangt.

### 2.5.2.5 Inhaltliche Modifikationen

Rechnungslegungsgrundsätze für allgemeine Zwecke können durch **inhaltliche Modifikationen** zu Rechnungslegungsgrundsätzen für einen speziellen Zweck werden. Dies ist der Fall, wenn die modifizierten Rechnungslegungsgrundsätze eine Darstellung erlauben oder sogar gebieten, die durch die zugrunde liegenden Rechnungslegungsgrundsätze für allgemeine Zwecke untersagt wird[53]. 38

**Beispiel 16:**

Auf Wunsch ihres Hauptgesellschafters stellt die Z KG neben ihrem JA auch einen Abschluss auf, in dem ein Gebäude, das sie von diesem Gesellschafter gemietet hat, als Anlagevermögen der Z KG behandelt wird, da der Hauptgesellschafter einen Überblick über sein Gesamtengagement bei der Z KG erhalten will.

Auch wenn eine solche Modifikation **Regelungen** betrifft**, die nicht die Darstellung der wirtschaftlichen Lage zum Gegenstand haben**, hat das Konsequenzen für die Einstufung der Rechnungslegungsgrundsätze. 39

**Beispiel 17:**

Eine KapGes. hat mit ihrer Bank vereinbart, einen freiwilligen KA nach den Vorschriften des HGB aufzustellen, soweit diese Vorschriften der Vermittlung eines den tatsächlichen Verhältnissen entsprechenden Bilds der Vermögens-, Finanz- und Ertragslage dienen. Der KA enthält nicht die bei strikter HGB-Beachtung erforderlichen Angaben zu den Organbezügen.
Das HGB hält die Angabe der Organbezüge – sofern die entsprechende Anwendung der Schutzvorschrift des § 286 Abs. 4 HGB nicht in Betracht kommt – für notwendig, um den Informationsinteressen der Adressaten eines Abschlusses für allgemeine Zwecke gerecht zu werden. Eine Modifikation von Rechnungslegungsgrundsätzen in diesem Punkt führt daher dazu, dass sie nicht mehr allgemeinen Zwecken dienen.

Enthalten die maßgebenden Rechnungslegungsgrundsätze **zusätzliche, über die Rechnungslegungsgrundsätze für allgemeine Zwecke hinausgehende Anforderungen**, handelt es sich weiterhin um Rechnungslegungsgrundsätze für allgemeine Zwecke[54]. 40

**Beispiel 18:**

Der Gesellschaftsvertrag einer kleinen GmbH sieht die Anwendung der HGB-Vorschriften, die für große KapGes. gelten, vor.

Das gilt auch, wenn **Rechnungslegungsgrundsätze für allgemeine Zwecke, die anspruchsvoller als die für das betreffende Unternehmen geltenden Normen sind**, zugrunde gelegt werden, die zugrunde liegenden Rechnungslegungsgrundsätze für allgemeine Zwecke **aber nur teilweise** angewendet werden. 41

53 Vgl. *IDW PS 480*, Tz. A7.
54 Vgl. *IDW PS 480*, Tz. A8.

**Beispiel 19:**

Eine KapGes., deren Abschluss aufgrund des Vorliegens der Bedingungen des § 264 Abs. 3 HGB grds. keinen Anh. enthalten müsste, stellt einen HGB-Abschluss auf, der aus Bilanz, GuV und einem freiwillig angefertigten Anh. besteht. Der Anh. enthält keine Angaben zu den Organbezügen, obwohl eine vergleichbare, nicht unter § 264 Abs. 3 HGB fallende KapGes. derartige Angaben in ihren Anh. hätte aufnehmen müssen.

Anders als in dem in Tz. 39 dargestellten Fall hätte hier bereits ein aus Bilanz und GuV bestehender Abschluss den Informationsinteressen verschiedener Adressaten gedient und wäre daher als Abschluss, der nach Rechnungslegungsgrundsätzen für allgemeine Zwecke aufgestellt wurde, einzustufen. Das Fehlen von Anhangangaben im Vergleich zu einem unter vollständiger Beachtung von § 264 ff. HGB aufgestellten Anh. kann grds. nicht zur Folge haben, dass ein Abschluss, der eigentlich gar keine Anhangangaben enthalten müsste, nunmehr nur den Informationsinteressen spezieller Adressaten dient. Ein Mehr an Information kann prinzipiell nicht dazu führen, dass die Zweckdienlichkeit des Abschlusses sinkt. Eine Grenze findet dieses Prinzip nur dann, wenn die zusätzlichen Informationen einseitig ausgewählt sind oder die Klarheit des Abschlusses gefährden. Insb. darf nicht der Eindruck erweckt werden, das ein vollständiger Anh. vorliegt.

42 **Modifikationen der Rechnungslegungsgrundsätze, die nicht den Abschluss, sondern Unterlagen betreffen, die zusammen mit dem Abschluss veröffentlicht werden,** sind für die Beurteilung, ob Rechnungslegungsgrundsätze für allgemeine Zwecke vorliegen, irrelevant.

**Beispiel 20:**

Die Satzung einer kleinen KapGes. sieht vor, dass über die Anforderung des HGB hinausgehend ein LB aufzustellen ist.

Da diese Modifikation gegenüber den Vorschriften des HGB nicht den Abschluss betrifft, handelt es sich nicht um Rechnungslegungsgrundsätze für einen speziellen Zweck i.S.d. *IDW PS 480*. Im Rahmen eines Prüfungsauftrags würde daher ein BestV entsprechend § 322 HGB bzw. *IDW PS 400* zu erteilen sein, nicht ein Prüfungsvermerk nach *IDW PS 480*. Falls die KapGes. unter Missachtung der Satzung keinen LB aufstellt, ist es daher nicht möglich, an Stelle eines eingeschränkten BestV einen uneingeschränkten Prüfungsvermerk zu erteilen.

## 2.6 Rechnungslegungsgrundsätze zur sachgerechten Gesamtdarstellung und zur Ordnungsmäßigkeit

43 Bei den maßgebenden Rechnungslegungsgrundsätzen kann es sich um Rechnungslegungsgrundsätze zur sachgerechten Gesamtdarstellung oder um Rechnungslegungsgrundsätze zur Ordnungsmäßigkeit handeln. Die Differenzierung hat insb. **Folgen für die Bildung des Prüfungsurteils und die Formulierung des Prüfungsvermerks**.

**Rechnungslegungsgrundsätze zur sachgerechten Gesamtdarstellung** 44

- fordern explizit oder implizit **über die konkreten Bestimmungen der Rechnungslegungsgrundsätze hinausgehende Angaben** im Abschluss, wenn sonst keine sachgerechte Gesamtdarstellung durch den Abschluss erreicht wird, oder
- fordern explizit eine **Abweichung von diesen Grundsätzen**, wenn sonst in äußerst seltenen Fällen keine sachgerechte Gesamtdarstellung durch den Abschluss erreicht wird[55].

Diese Definition ist entsprechend bei Finanzaufstellungen heranzuziehen[56].

**Rechnungslegungsgrundsätze zur Ordnungsmäßigkeit** erfüllen mindestens eine der 45
in Tz. 44 genannten Voraussetzungen nicht[57].

Die **Definition** der Rechnungslegungsgrundsätze zur sachgerechten Gesamtdarstellung 46
**ist zirkulär**, da sie den zu definierenden Begriff „sachgerechte Gesamtdarstellung" enthält. Da es sich bei *IDW PS 480* um einen Prüfungsstandard handelt, definiert er nicht inhaltlich, wie ein Abschluss, der dem Ziel einer sachgerechten Gesamtdarstellung gerecht wird, auszusehen hat. Die Definition verlangt ein Vorverständnis des Begriffs „sachgerechte Gesamtdarstellung" und eröffnet damit Ermessenspielräume für Prüfer und Rechnungslegende.

Durch einzelne **Beispiele für Rechnungslegungsgrundsätze zur sachgerechten Gesamtdarstellung** werden diese Ermessensspielräume eingeengt[58]: 47

- **IFRS**, da IAS 1.17 (c) zusätzliche Angaben vorschreibt, wenn die Erfüllung der Anforderungen der einzelnen IFRS nicht ausreicht, um es den Adressaten zu ermöglichen, die Auswirkungen einzelner Geschäftsvorfälle sonstiger Ereignisse und Umstände auf die Vermögens-, Finanz- und Ertragslage des Unternehmens zu ermöglichen. Außerdem sieht IAS 1.19 vor, dass in den äußerst seltenen Ausnahmefällen, in denen die gesetzlichen Vertreter zu dem Schluss kommen, dass die Beachtung der Anforderungen einer IFRS-Norm zu einem Konflikt mit dem im Rahmenkonzept dargestellten Zweck führen würde, von diesen Anforderungen abzuweichen ist.
- Die **für KapGes. geltenden Vorschriften des HGB**, da § 264 Abs. 2 S. 2 HGB zusätzliche Anhangangaben fordert, wenn aufgrund besonderer Umstände der JA ein den tatsächlichen Verhältnissen entsprechendes Bild der Vermögens-, Finanz- und Ertragslage des Unternehmens nicht vermittelt.
- **US-GAAP**, da diese eine fair presentation vorsehen.
- **Die in § 101 KAGB und der delegierten Verordnung (EU) Nr. 231/2013 enthaltenen Grundsätze zur Aufstellung des Jahresberichts eines Investmentvermögens**, da § 3 Abs. 1 S. 1 Hs. 2 KAGB vorsieht, dass sich die Anleger anhand der Berichterstattung ein umfassendes Bild der tatsächlichen Verhältnisse und Entwicklungen des Investmentvermögens verschaffen können.

Das letzte Beispiel zeigt, dass auch **Rechnungslegungsgrundsätze für einen speziellen Zweck** Rechnungslegungsgrundsätze zur sachgerechten Gesamtdarstellung sein können.

55 Vgl. *IDW PS 480*, Tz. 12 h).
56 Vgl. *IDW PS 490*, Tz. 16.
57 Vgl. *IDW PS 480*, Tz. 12 h).
58 Vgl. *IDW PS 480*, Tz. A10 f.

48 Bei der Beurteilung, ob **eine Finanzaufstellung oder ihre Bestandteile nach Rechnungslegungsgrundsätzen zur sachgerechten Gesamtdarstellung** aufgestellt sind, sind insb. folgende Kriterien heranzuziehen[59]:

- ob die Rechnungslegungsgrundsätze, auf denen die maßgebenden Rechnungslegungsgrundsätze basieren, explizit oder implizit nur auf die Aufstellung eines Abschlusses ausgerichtet sind,
- ob die Finanzaufstellung oder der Bestandteil
  - vollständig mit jeder der Anforderungen der für die betreffende Finanzaufstellung oder für den betreffenden Bestandteil relevanten Rechnungslegungsgrundsätze übereinstimmt und ob ihre/seine Darstellung die dazugehörigen Angaben enthält,
  - Angaben enthält, die über die geforderten Angaben hinausgehen oder ob in seltenen Ausnahmefällen von einer Anforderung dieser Grundsätze abgewichen wird, wenn dies für das Erreichen einer sachgerechten Gesamtdarstellung notwendig ist.

**Beispiel 21:**

Ein Einzelkaufmann stellt auf Verlangen von Geschäftspartnern eine GuV samt dazugehörigen Anhangangaben auf, die den Anforderungen gerecht wird, die für eine KapGes. vergleichbarer Größe gelten.
Diese GuV ist nach Rechnungslegungsgrundsätzen zur sachgerechten Gesamtdarstellung aufgestellt.

49 Außer im Hinblick auf die Differenzierung zwischen Rechnungslegungsgrundsätzen für allgemeine Zwecke bzw. für spezielle Zwecke können **Modifikationen der zugrunde gelegten Rechnungslegungsgrundsätze** auch dazu führen, dass sie ihren Charakter als Rechnungslegungsgrundsätze zur sachgerechten Gesamtdarstellung verlieren.

50 **Inhaltliche Modifikationen** sind unschädlich für die Einstufung von Rechnungslegungsgrundsätzen als Grundsätze zur sachgerechten Gesamtdarstellung, wenn sie sich auf **Informationen beziehen, die nicht der Vermittlung eines den tatsächlichen Verhältnissen entsprechenden Bildes der Vermögens-, Finanz- und Ertragslage des Unternehmens dienen**.

**Beispiel 22:**

Eine große GmbH stellt auf Veranlassung ihrer Bank einen Abschluss grds. unter Beachtung der Vorschriften des HGB auf, der vertragsgemäß jedoch keine Angaben zu den Organbezügen (§ 285 Nr. 9 HGB) oder zum Prüferhonorar (§ 285 Nr. 17 HGB) enthalten muss. Die anzuwendenden Rechnungslegungsgrundsätze für einen speziellen Zweck sind Rechnungslegungsgrundsätze zur sachgerechten Gesamtdarstellung, da das Fehlen dieser Angaben nicht die Fähigkeiten des Abschlusses berührt, ein den tatsächlichen Verhältnissen entsprechendes Bild der Vermögens-, Finanz- und Ertragslage des Unternehmens zu vermitteln.

51 Sofern **inhaltliche Modifikationen** Regelungen betreffen, die die Vermittlung eines den tatsächlichen Verhältnissen entsprechenden Bildes der Vermögens-, Finanz- und Er-

59 Vgl. *IDW PS 490*, Tz. A11.

tragslage durch den Abschluss zum Ziel haben, kann nicht mehr von Rechnungslegungsgrundsätzen zur sachgerechten Gesamtdarstellung gesprochen werden, sofern diese Modifikationen eine Rechnungslegung erlauben oder fordern, die nach nicht modifizierten Rechnungslegungsgrundsätzen unzulässig wäre.

> **Beispiel 23:**
>
> Eine Bank verlangt die Vorlage eines Abschlusses, der grds. unter Beachtung der IFRS aufgestellt ist, in dem aber sämtliche Finanzinstrumente zu den AK bzw. zum niedrigeren Fair Value anzusetzen sind.

Unproblematisch sind dagegen **inhaltliche Modifikationen, die Wahlrechte einschränken oder zusätzliche Anforderungen** an die Rechnungslegung stellen (vgl. Tz. 40).

Eine **Modifikation des zeitlichen Anwendungsbereichs** von Rechnungslegungs- 52
grundsätzen führt ebenfalls i.d.R. dazu, dass Rechnungslegungsgrundsätze nicht mehr der sachgerechten Gesamtdarstellung dienen.

> **Beispiel 24:**
>
> Ein in 2010 abgeschlossener Kreditvertrag einer KapGes. sieht vor, dass Finanzkennzahlen auf Basis eines geprüften Abschlusses zu ermitteln sind. Einige dieser Finanzkennzahlen beziehen sich auf die Umsatzerlöse. Als die Änderung der Umsatzdefinition des § 277 Abs. 1 HGB durch das BilRUG absehbar war, wurde in den Kreditvertrag eine Klausel aufgenommen, wonach für Zwecke der Finanzkennzahlenermittlung auch für die nach dem 01.01.2016 beginnende GJ ein Abschluss auf Basis des HGB vor Inkrafttreten des BilRUG aufzustellen sei.
> Wenn man sich allein auf Wortlaut der Definition von Rechnungslegungsgrundsätzen zur sachgerechten Gesamtdarstellung (vgl. Tz. 44) stützt, könnte man argumentieren, dass das HGB auch vor Inkrafttreten des BilRUG mit dem § 264 Abs. 2 S. 2 HGB eine Vorschrift enthält, die eine sachgerechte Gesamtdarstellung sicherstellen soll. Der Normgeber hat jedoch durch die Gesetzesänderung erkennen lassen, dass nach seiner Ansicht ein Abschluss, der auch in den nach dem 01.01.2016 beginnenden GJ nicht nach dem HGB i.d.F. des BilRUG aufgestellt worden ist, kein den tatsächlichen Verhältnissen entsprechendes Bild der Vermögens-, Finanz- und Ertragslage vermittelt. Auch wenn das HGB i.d.F. vor BilRUG strukturell der Definition von Rechnungslegungsgrundsätze zur sachgerechten Gesamtdarstellung genügt, erfüllt es inhaltlich die Anforderungen für GJ, die nach dem 01.01.2016 beginnen, nicht mehr.

Dieser Grundsatz ist auch bei der **vorzeitigen Anwendung von geänderten Rech-** 53
**nungslegungsgrundsätzen** zu beachten (vgl. Tz. 32).

Rechnungslegungsgrundsätze, deren **sachlicher Anwendungsbereich** (vgl. Tz. 28) mo- 54
difiziert wird, dienen nicht mehr der sachgerechten Gesamtdarstellung, wenn diese Modifikation dazu führt, dass Informationen, die für die Vermittlung eines den tatsächlichen Verhältnissen entsprechenden Bilds der Vermögens-, Finanz- und Ertragslage von Bedeutung sind, nicht mehr gegeben werden.

**Beispiel 25:**

Eine KapGes. hat auf Verlangen von Gläubigern einen KA unter Beachtung der Vorschriften des PublG aufzustellen. Daher enthält der KA weder eine KFR noch einen EK-Spiegel (§ 13 Abs. 3 S. 2 PublG).
Da der KA einer KapGes. gem. dem für Unternehmen dieser Rechtsform maßgebenden § 297 Abs. 1 S. 1 HGB eine KFR und einen EK-Spiegel zu enthalten hat, führt die Anwendung der Rechnungslegungsgrundsätze des PublG außerhalb ihres Anwendungsbereichs zu einem Verlust von Informationen, die für die Vermittlung eines den tatsächlichen Verhältnissen entsprechenden Bildes der Vermögens-, Finanz- und Ertragslage des Konzerns einer KapGes. relevant sind.

55 **Rechnungslegungsgrundsätze, die außerhalb ihres primären räumlichen Anwendungsbereichs verwendet werden**, verlieren durch diese Modifikation nicht ihren Charakter als Rechnungslegungsgrundsätze zur sachgerechten Gesamtdarstellung, wie die Erwähnung der US-GAAP in *IDW PS 480*, Tz. A10 belegt.

56 **Rechnungslegungsgrundsätze zur Ordnungsmäßigkeit** sind z.B. die für alle Kaufleute geltenden Vorschriften des HGB (§§ 238 bis 256a HGB)[60]. Zwar enthalten diese Vorschriften mit § 243 Abs. 2 HGB eine generalklauselartige Regelung, wonach der Abschluss klar und übersichtlich aufzustellen ist. Diese Regelung fordert jedoch weder zusätzliche Angaben im Abschluss, wenn ansonsten keine sachgerechte Gesamtdarstellung erzielt wird, noch gebietet oder erlaubt sie eine Abweichung von einzelnen Rechnungslegungsvorschriften, wenn ansonsten keine sachgerechte Gesamtdarstellung möglich wäre.

Weitere **Beispiele für Rechnungslegungsgrundsätze zur Ordnungsmäßigkeit** sind

- steuerliche Rechnungslegungsvorschriften,
- Vorschriften zur Sonderbilanz zur Kapitalerhöhung einer GmbH aus Gesellschaftsmitteln (§ 57f GmbHG)[61],
- Vorschriften zur Einnahmen-Ausgaben-Rechnung und Vermögensaufstellung eines Vereins (§§ 259, 260, 666 BGB in ihrer Auslegung durch *RS HFA 14*).

## 3. Besonderheiten der Prüfung

### 3.1 Grundsatz

57 Prinzipiell sind bei Prüfungen von Abschlüssen, die nach Rechnungslegungsgrundsätzen für einen speziellen Zweck aufgestellt worden sind, und für Finanzaufstellungen oder deren Bestandteile die **Grundsätze ordnungsmäßiger Abschlussprüfungen (GoA)** zu beachten[62]. Durch die Besonderheiten der Finanzinformationen bzw. der maßgebenden Rechnungslegungsgrundsätze sind jedoch ggf. die GoA an die Besonderheiten des Auftrags anzupassen.

60 Vgl. *IDW PS 480*, Tz. A12.

61 Eine Sonderbilanz zur Kapitalerhöhung bei einer AG muss dagegen auch dem § 264 HGB entsprechen (§ 209 Abs. 3 AktG).

62 Vgl. *IDW PS 480*, Tz. 7; *IDW PS 490*, Tz. 5.

Die GoA sind auch bei der **Prüfung von Finanzaufstellungen oder deren Bestandteilen** grds. anzuwenden. *IDW PS 490*, Tz. A12 weist darauf hin, dass auch solche *IDW PS* wie *IDW PS 270* (Unternehmensfortführung), *IDW PS 255* (Nahe stehende Personen) und *IDW PS 210* (Aufdeckung von Unregelmäßigkeiten) relevant sind, da die Finanzinformationen als Folge einer unzutreffenden Annahme hinsichtlich der Unternehmensfortführung, der Auswirkungen von Transaktionen mit nahe stehenden Personen oder aufgrund von Unregelmäßigkeiten unzutreffend sein können. 58

## 3.2 Auftragsannahme

Der WP hat bei Auftragsannahme festzustellen, **ob die zur Anwendung vorgesehenen Rechnungslegungsgrundsätze unter den gegebenen Umständen vertretbar sind**[63]. Er muss dazu ein Verständnis über 59

- den Zweck der Finanzinformationen,
- die Adressaten der Finanzinformationen und
- die Schritte, die die gesetzlichen Vertreter unternommen haben, um die Vertretbarkeit der maßgebenden Rechnungslegungsgrundsätze unter den gegebenen Umständen festzustellen,

gewinnen[64].

*IDW PS 480,* Anlage 1 stellt die **Vorgehensweise zur Feststellung der Vertretbarkeit** von Rechnungslegungsgrundsätzen in folgendem Schaubild dar: 60

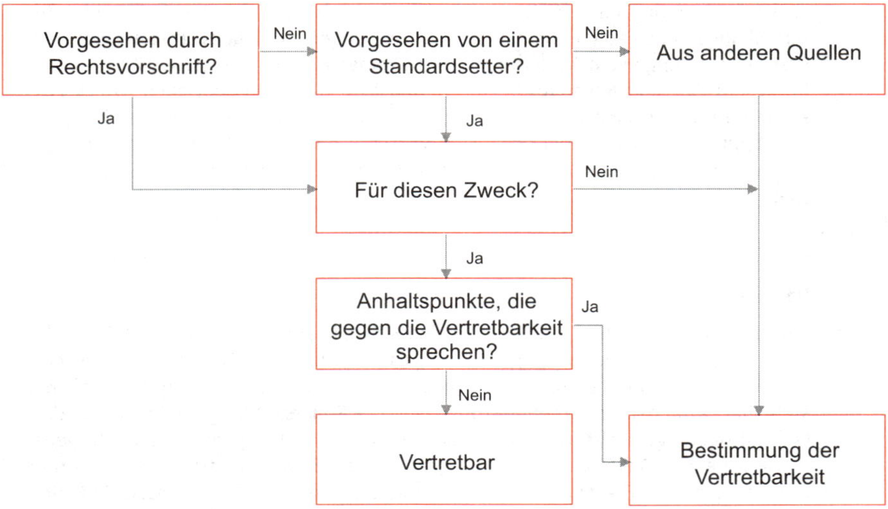


Abb. 2: Vorgehensweise zur Feststellung der Vertretbarkeit von Rechnungslegungsgrundsätzen

63 Vgl. *IDW PS 480*, Tz. 15; *IDW PS 490*, Tz. 15.
64 Vgl. *IDW PS 480*, Tz. 15; *IDW PS 490*, Tz. 15, Fn. 11.

**61** Soweit keine gegenteiligen Anhaltspunkte vorliegen, gelten **Rechnungslegungsgrundsätze, die von einem Standardsetter oder durch Rechtsgrundsätze für einen speziellen Zweck vorgesehen sind**, für diesen Zweck als vertretbar[65], z.B. Rechnungslegungsgrundsätze einer Behörde i.R. einer Projektförderung.

**62** Den Rechnungslegungsgrundsätzen für eine **Finanzaufstellung oder ihre Bestandteile** können **anerkannte Rechnungslegungsgrundsätze für allgemeine Zwecke**, wie z.B. das HGB, die IFRS, die US-GAAP oder etablierte Rechnungslegungsgrundsätze für einen speziellen Zweck, wie z.B. § 17 Abs. 2 UmwG, zugrunde liegen. In diesen Fällen kann die Beurteilung ihrer Vertretbarkeit die Frage einschließen, ob die maßgebenden Grundsätze sämtliche relevanten Anforderungen der zugrunde gelegten Rechnungslegungsgrundsätze erfüllen[66]. „Anforderungen sind in diesem Zusammenhang relevant, wenn sie die angemessene Darstellung der Finanzaufstellung oder des Bestandteils einschl. erläuternder Angaben betreffen.“[67].

**63** Eine von Vertragsparteien – in voller Kenntnis ihrer Auswirkungen – getroffene **Vereinbarung hinsichtlich der Verwendung von bestimmten Rechnungslegungsgrundsätzen** ist ein starkes Indiz für die Vertretbarkeit dieser Rechnungslegungsgrundsätze[68].

**Beispiel 26:**

Ein Unternehmen hat mit dem Finanzvorstand vereinbart, seine Tantieme u.a. vom erzielten Ergebnis abhängig zu machen. Dieses Ergebnis entspricht grds. dem Jahresergebnis einer GuV nach HGB; allerdings ist vereinbart, dass in der GuV weder Zuschreibungen noch außerplanmäßige Abschreibungen zu berücksichtigen sind; auch Wertberichtigungen auf Forderungen sollen keinen Eingang in diese GuV finden.
In diesem Fall sind Rechnungslegungsgrundsätze für einen speziellen Zweck zwischen Vertragsparteien vereinbart worden, die wissen sollten, welche Auswirkungen die Modifikationen gegenüber den HGB-Vorschriften haben können. Es ist daher davon auszugehen, dass die maßgebenden Rechnungslegungsgrundsätze vertretbar sind.

**Beispiel 27:**

Ein Unternehmen verfügt über eine Betriebsstätte in einem ausländischen Staat, der für sein außerordentlich niedriges Lohnniveau und fragwürdige Standards hinsichtlich der Arbeitnehmerrechte bekannt ist. Da das Unternehmen deswegen in der Kritik steht, hat es mit den Arbeitnehmern eine jährliche Sonderzahlung vereinbart und dies weithin publik gemacht. Die Sonderzahlung ist von dem Ergebnis dieser Betriebsstätte abhängig. Das Betriebsstättenergebnis ist auf Basis einer GuV, die grds. unter Beachtung des HGB aufzustellen ist, zu ermitteln. Hinsichtlich der Umsatzallokation ist festgelegt, dass ausschließlich Umsätze an Abnehmer außerhalb des Unternehmens in dieser GuV zu berücksichtigen sind, nicht jedoch unternehmensinterne Transaktionen. Da die Betriebsstätte ausschließlich für andere Unternehmensteile

65 Vgl. *IDW PS 480*, Tz. A15.
66 Vgl. *IDW PS 490*, Tz. A7.
67 Vgl. *IDW PS 490*, Tz. A7.
68 Vgl. *IDW PS 480*, Tz. A17.

produziert, ist es nahezu ausgeschlossen, dass in einer solchen GuV jemals ein Ergebnis erzielt wird, das eine Sonderzahlung auslösen würde.
In diesem Fall sind die maßgebenden Rechnungslegungsgrundsätze nicht vertretbar, da sie unter Ausnutzung eines Macht- und Informationsgefälles zwischen den Vertragsparteien vereinbart wurden.

Sind Rechnungslegungsgrundsätze weder durch Rechtsvorschriften noch von einem **64**
Standardsetter für den vorgesehenen Zweck vorgesehen oder bestehen Anhaltspunkte, die gegen die Vertretbarkeit sprechen, ist zu beurteilen, ob sie **relevant, vollständig, verlässlich, neutral und verständlich** sind[69]. Es ist nicht erforderlich, dass diese Eigenschaften in jeweils demselben Ausmaß ausgeprägt sind; ihre relative Bedeutung liegt im pflichtgemäßen Ermessen des WP[70].

**Relevanz** liegt vor, wenn die Finanzinformationen für die Rechtsform, Größe und Ge- **65**
schäftstätigkeit des Unternehmens sowie für den Zweck der Finanzinformationen von Bedeutung sind[71].

**Beispiel 28:**

Der Vorstand einer KapGes. will feststellen, ob er zur Stellung eines Insolvenzantrags verpflichtet ist. Es ist absehbar, dass die KapGes. in wenigen Monaten zahlungsunfähig sein wird. Um das Vorliegen einer insolvenzrechtlichen Überschuldung i.S.d. § 19 Abs. 2 InsO zu beurteilen, hat der Vorstand eine HGB-Bilanz aufgestellt. Die KapGes. verfügt in wesentlichem Umfang über Grund und Boden, der zu Anschaffungskosten erworben wurde, die mittlerweile weit unter den vom Unternehmen zu erzielbaren Veräußerungspreisen liegen.
Den HGB-Vorschriften mangelt es in diesem Fall an Relevanz für den vorgesehen Zweck, da die insolvenzrechtliche Überschuldung in diesem Fall anhand einer Vermögensaufstellung zu Liquidationswerten festzustellen ist[72].

**Vollständigkeit** ist zu bejahen, wenn Geschäftsvorfälle, Ereignisse, Kontensalden und **66**
Abschlussangaben, die auf den Finanzinformationen basierende Schlussfolgerungen der Adressaten dieser Finanzinformationen beeinflussen könnten, nicht weggelassen werden[73].

**Verlässlichkeit** bedeutet, dass die Finanzinformationen **67**

a) „i.d.R. die wirtschaftliche Substanz von Ereignissen und Geschäftsvorfällen und nicht nur deren rechtlichen Gehalt widerspiegeln und
b) unter ähnlichen Umständen zu einer hinreichend konsistenten Beurteilung, Bemessung, Darstellung und Angabe führen würden“[74].

Rechnungslegungsgrundsätze verfügen über die Eigenschaft der **Neutralität**, wenn sie **68**
zu Finanzinformationen führen, die nicht unausgewogen oder verzerrt sind[75].

69 Vgl. *IDW PS 480*, Anlage 1.
70 Vgl. *IDW PS 480*, Anlage 1.
71 Vgl. *IDW PS 480*, Anlage 1.
72 Vgl. *IDW S 11*, Tz. 53.
73 Vgl. *IDW PS 480*, Anlage 1.
74 Vgl. *IDW PS 480*, Anlage 1.
75 Vgl. *IDW PS 480*, Anlage 1.

69 **Verständlichkeit** erfordert, dass die Finanzinformationen „eindeutige Schlussfolgerungen ermöglichen und dadurch Fehlinterpretationen vermieden werden“[76].

70 Maßgeblich für die Beurteilung der Vertretbarkeit der Rechnungslegungsgrundsätze ist der **Wissens- und Erkenntnisstand des WP bei Auftragsannahme**[77]. Werden dem WP während der Auftragsabwicklung Informationen bekannt, die dazu geführt hätten, dass er den Auftrag abgelehnt hätte, wenn sie zum Zeitpunkt der Auftragsannahme bereits bekannt gewesen wären, hat er darauf hinzuwirken, dass die Rechnungslegungsgrundsätze geändert werden, oder seinen Prüfungsauftrag – mit schriftlicher Begründung ggü. dem Auftraggeber – niederzulegen[78].

71 **Sofern der WP gleichzeitig APr.** des Unternehmens ist, sollte er sich zusichern lassen, dass er seine **Erkenntnisse aus der Abschlussprüfung** verwenden darf. Zwar geht *IDW PS 490*, Tz. A13 von einer Nutzbarkeit dieser Erkenntnisse aus; um denkbaren Vorwürfen einer Verletzung des auftragsbezogenen Verwertungsverbots vorzubeugen, ist jedoch eine ausdrückliche Vereinbarung empfehlenswert[79].

72 **Ist der WP nicht der APr.** des Unternehmens hat er zunächst festzustellen, **ob der Auftrag praktisch durchführbar** ist[80]. Der WP müsste i.R. seiner Prüfung nach *IDW PS 480* oder *IDW PS 490* ein Verständnis vom Unternehmen und dessen Umfeld einschl. des IKS sowie Prüfungsnachweise erlangen, über die der APr. bereits verfügen müsste[81]. „Praktische Undurchführbarkeit“ bedeutet nicht „absolute Unmöglichkeit“. Vielmehr ist anhand von Kosten-Nutzen-Überlegungen festzustellen, ob die Auftragsdurchführung unter wirtschaftlichen Aspekten sinnvoll ist[82]. Stellt der WP ein Missverhältnis zwischen Kosten und Nutzen fest, hat er mit den gesetzlichen Vertretern zu erörtern, ob eine andere Art von Auftrag (z.B. vereinbarte Untersuchungshandlungen) durchgeführt werden soll[83]. Beharren die gesetzlichen Vertreter darauf, dass der WP eine Prüfung nach *IDW PS 480* oder *IDW PS 490* durchführen soll, deutet das darauf hin, dass die gesetzlichen Vertreter den Nutzen, der daraus resultiert, dass nicht der APr. diese Prüfung durchführt, mindestens so hoch wie die aus dieser Entscheidung resultierenden Kosten einschätzen. Regelmäßig ist die Vereinbarung einer angemessenen Vergütung unter Berücksichtigung des zusätzlichen Aufwands aufgrund der Nicht-Identität von APr. und Prüfer nach *IDW PS 480* oder *IDW PS 490* erforderlich, um die Qualität der Tätigkeit des WP sicherzustellen[84].

73 Ein WP, der eine Prüfung nach *IDW PS 480* oder *IDW PS 490* durchführt und nicht APr. des Unternehmens ist, sollte **vereinbaren, dass das Unternehmen den APr. von seiner Verschwiegenheitspflicht entbindet**, so dass der WP ggf. beim APr. Informationen einholen kann.

---

76 Vgl. *IDW PS 480*, Anlage 1.

77 Vgl. *IDW PS 480*, Tz. 15; *IDW PS 490*, Tz. 15; *VO 1/2006*, Tz. 56 ff.

78 Vgl. *IDW PS 480*, Tz. 18; *VO 1/2006*, Tz. 65 f.

79 Vgl. *IDW PS 970*, Tz. 14; *IDW EPS 970 n.F.*, Tz. A27.

80 Vgl. *IDW PS 490*, Tz. 14. *IDW PS 480* enthält keine entsprechende Bestimmung; es ist jedoch davon auszugehen, dass *IDW PS 490*, Tz. 14, auf grundlegenden Prinzipien – wie insb. der Treuepflicht – beruht, die auch auf Prüfungen von Abschlüssen, die nach Rechnungslegungsgrundsätzen für einen speziellen Zweck aufgestellt wurden, gelten.

81 Vgl. *IDW PS 490*, Tz. A5.

82 Vgl. *IDW PS 490*, Tz. A5.

83 Vgl. *IDW PS 490*, Tz. A6.

84 Vgl. § 43 Abs. 1 BS WP/vBP.

74 *IDW PS 490,* Tz. 16, sieht vor, dass bereits bei der Auftragsannahme zu beurteilen ist, ob sich das **Prüfungsurteil auf die Ordnungsmäßigkeit der Rechnungslegung oder auf die sachgerechte Gesamtdarstellung** bezieht. Das impliziert, dass bei der Auftragsannahme die Art des angestrebten Prüfungsurteils festgelegt wird. Es empfiehlt sich, auch bei der Prüfung von Abschlüssen, die nach Rechnungslegungsgrundsätzen für einen speziellen Zweck aufgestellt wurden, entsprechend vorzugehen.

75 Vielfach ist bei Prüfungen nach *IDW PS 480* und *IDW PS 490* die gesetzliche **Haftungsbeschränkung** nach § 323 HGB nicht einschlägig[85]. Diese Haftungsbeschränkung kommt nur zur Anwendung, wenn die Prüfung auf Basis einer gesetzlichen Vorschrift erfolgt, die eine entsprechende Geltung des § 323 HGB vorsieht, wie dies z.B. bei der Prüfung einer Schlussbilanz nach § 17 Abs. 2 UmwG der Fall ist[86]. Dies ist i.R. eines Auftragsbestätigungsschreibens zu berücksichtigen[87]. Es empfiehlt sich ebenfalls, zumindest in Fällen, in denen eine Weitergabe der Berichterstattung des WP an andere Parteien als den Auftraggeber erkennbar feststeht, für eine Haftungsbegrenzung ggü. diesen Dritten Sorge zu tragen. Darüber hinaus sollte eine Beschränkung der Weitergabe bzw. der Verwendung der Berichterstattung des WP vereinbart werden, sofern der Auftrag nur im Interesse spezifischer Adressaten durchgeführt wird[88].

## 3.3 Planung und Durchführung der Prüfung

### 3.3.1 Wesentlichkeit

76 Finanzinformationen sind gem. *IDW PS 250 n.F.* **wesentlich**, wenn vernünftigerweise zu erwarten ist, dass ihre **fehlerhafte Darstellung die wirtschaftlichen Entscheidungen der Rechnungslegungsadressaten beeinflusst**[89].

77 Bei der **Prüfung eines Abschlusses, der nach Rechnungslegungsgrundsätzen für einen speziellen Zweck aufgestellt wurde, basiert das Urteil über die Entscheidungsrelevanz auf der Einschätzung von Informationsbedürfnissen der speziellen Abschlussadressaten**[90]. Das Gleiche gilt für Prüfungen von Finanzaufstellungen und von deren Bestandteilen, die nach Rechnungslegungsgrundsätzen für einen speziellen Zweck aufgestellt wurden. Unter Heranziehen des Zwecks der Rechnungslegungsgrundsätze und der Finanzinformationen kann daher die Wesentlichkeitsgrenze leichter zu ermitteln sein als bei der Prüfung eines Abschlusses für allgemeine Zwecke, der die Informationsbedürfnisse diverser Adressaten befriedigen soll.

**Beispiel 29:**

Ein Unternehmen ist gegenüber Kreditgebern verpflichtet, jährlich einen nach speziellen Rechnungslegungsgrundsätzen aufgestellten Abschluss vorzulegen. Das darin ausgewiesene Nettovermögen sowie das Vorsteuerergebnis sind Maßgrößen, die eine Zinserhöhung auslösen, sofern bestimmte Schwellenwerte unterschritten werden.

85 Vgl. *IDW PS 480,* Tz. 2; *IDW PS 490,* Tz. 2.
86 Vgl. *IDW PS 480,* Tz. *A1; IDW PS 490,* Tz. A1.
87 Vgl. *IDW PS 220,* Tz. 19.
88 Vgl. *IDW PS 480,* Tz. A25.
89 Vgl. *IDW PS 250 n.F.*, Tz. 5.
90 Vgl. *IDW PS 480*, Tz. A19.

Als wesentlich sind die Fehler einzustufen, die einzeln oder aggregiert dazu führen, dass das Nettovermögen oder Vorsteuerergebnis die Schwellenwerte über- oder unterschreiten, obwohl sie tatsächlich unter bzw. über diesem Schwellenwert liegen.

**78** Es wird vermutet, dass bei der Prüfung einer **Finanzaufstellung oder eines ihrer Bestandteile** die Wesentlichkeitsgrenze i.d.R. niedriger als die für den Abschluss im Ganzen festgelegte Wesentlichkeit sein wird[91]. Es sind jedoch auch Fälle denkbar, in denen die Wesentlichkeit für diese Prüfung höher ist als die Wesentlichkeit, die für Zwecke der Abschlussprüfung zugrunde zu legen ist. In der Regel wird die Wesentlichkeit ermittelt, indem ein Prozentsatz auf eine Bezugsgröße angewendet wird[92]. Bei der Prüfung einer Finanzaufstellung oder eines ihrer Bestandteile ist eine Bezugsgröße zu wählen, die in den zu prüfenden Finanzinformationen enthalten ist. Dadurch kann es zu Abweichungen von der Wesentlichkeit für den gesamten Abschluss kommen.

**Beispiel 30:**

Für den Abschluss als Ganzen wird eine Wesentlichkeitsgrenze ermittelt, indem ein Prozentsatz auf das Vorsteuerergebnis angewendet wird, weil angenommen wird, dass die Abschlussadressaten im Hinblick auf Fehler, die diese Größe betreffen, besonders sensibel reagieren.
Das Unternehmen, dessen Anteilseigner kürzlich gewechselt haben, erstellt zusätzlich eine Bilanz nach Rechnungslegungsgrundsätzen für einen speziellen Zweck. Das darin ausgewiesene Nettovermögen ist relevant für eventuelle Kaufpreiserhöhungen, die die neuen Anteilseigner an die Anteilsveräußerer zu entrichten haben. Aus diesem Grund ist bei der Prüfung dieser Finanzaufstellung das Nettovermögen als Bezugsgröße zu wählen.

**Hinweis 2:**

Wenn Finanzaufstellungen, die Teil eines Abschlusses sind, oder ihre Bestandteile für spezielle Zwecke verwendet werden sollen, ist der Zweck dieser Finanzaufstellungen oder ihrer Bestandteile bei der Festlegung von Wesentlichkeitsgrenzen für die Abschlussprüfung relevant. Wäre in dem vorgenannten Beispiel die Kaufpreiserhöhung vom Nettovermögen abhängig, wie es in der im Abschluss enthaltenen Bilanz ausgewiesen wird, wäre bei der Abschlussprüfung zu berücksichtigen, dass Fehler, die das Nettovermögen beeinflussen, Konsequenzen für die Adressaten der Rechnungslegung haben können.

**79** Die Wesentlichkeit für eine Finanzaufstellung oder ihre Bestandteile wird regelmäßig nicht einer ggf. **i.R.d. Abschlussprüfung festgelegten spezifischen Wesentlichkeit**[93] für diese Finanzaufstellung oder ihre Bestandteile entsprechen[94].

**80** Selbst wenn die gesetzlichen Vertreter mit den Adressaten der Finanzinformationen eine **Grenze** vereinbart haben, **unterhalb derer keine Korrekturen oder Anpassungen vorzunehmen sind**, hat der WP die Wesentlichkeit unter Beachtung von *IDW PS 250 n.F.*

91 Vgl. *IDW PS 490*, Tz. A15.
92 Vgl. *IDW PS 250 n.F.*, Tz. 12; F A zu ISA 320 bzw. *IDW PS 250 n.F.*, 3.1.3.
93 Vgl. *IDW PS 250 n.F.*, Tz. 16.
94 Vgl. *IDW PS 490*, Tz. A15.

festzulegen[95]. Der vereinbarte Schwellenwert für Korrekturen kann allenfalls als Indikator für die Wesentlichkeit dienen.

### 3.3.2 Sonstiges

Wenn der APr. und der Prüfer eines Abschlusses für einen speziellen Zweck bzw. einer 81
Finanzaufstellung oder ihrer Bestandteile nicht identisch sind, wird ein **Austausch mit dem APr.** insb. dann für sinnvoll erachtet, wenn zu dem Abschluss für allgemeine Zwecke ein Versagungsvermerk erteilt worden ist[96]. Darüber hinausgehend erscheint es sachgerecht, den APr. im Hinblick auf von ihm identifizierte Risiken für wesentliche Fehler sowie auf festgestellte, aber nicht korrigierte Fehler zu befragen.

Deckt der WP bei der Prüfung nach *IDW PS 480* oder *IDW PS 490* Sachverhalte auf, die 82
auf **wesentliche Fehler im Abschluss für allgemeine Zwecke** schließen lassen**, die im BestV zu jenem Abschluss keinen Niederschlag gefunden haben**, sind die gesetzlichen Vertreter zu informieren[97], damit diese ggf. den Abschluss korrigieren. Darüber hinaus erscheint es sachgerecht, diesen Sachverhalt mit dem APr. zu erörtern, was aber die Entbindung des Prüfers von der Verschwiegenheitspflicht erfordert.

Bei der Prüfung einer Finanzaufstellung oder ihrer Bestandteile hat der WP zu beachten, 83
dass er diese Finanzaufstellung oder ihre Bestandteile aufgrund der **wechselseitigen Beziehung zwischen den Bestandteilen eines Abschlusses** ggf. nicht isoliert betrachten kann[98].

Ganz offenkundig ist dies, wenn eine **Residualgröße wie das EK** geprüft wird. Eine derartige Prüfung ist ohne Prüfungshandlungen, die die Vermögenswerte und die Schulden betreffen, nicht denkbar.

Neben solchen mathematischen Zusammenhängen können auch **Zusammenhänge buchungstechnischer Natur** dazu führen, dass der WP sein Augenmerk auf Prüffelder jenseits des eigentlichen Prüfungsgegenstands richten muss. So wird eine Prüfung der Abschreibungen nicht ohne Befassung mit dem Anlagevermögen möglich sein.

Zudem ist es i.d.R. sachgerecht, die Vollständigkeit eines Bestandteils einer Finanzaufstellung zu prüfen, indem untersucht wird, ob unzulässigerweise **Sachverhalte in anderen Bestandteilen** berücksichtigt wurden.

**Beispiel 31:**

Zu prüfen ist, ob die Rückstellungen zutreffend sind. Der WP wird sich auch die Verbindlichkeiten ansehen, um festzustellen, ob hierin Beträge enthalten sind, die unter den Rückstellungen auszuweisen sind.

95 Vgl. *IDW PS 480*, Tz. A20. *IDW PS 490* enthält keine explizite entsprechende Regelung, verweist aber in Tz. 17 auf die deutschen GoA und damit auch auf *IDW PS 250 n.F.*

96 Vgl. *IDW PS 480*, Tz. A21; *IDW PS 490*, Tz. A16.

97 Vgl. § 14 Abs. 2 BS WP/vBP.

98 Vgl. *IDW PS 490*, Tz. A14.

## 3.4 Berichterstattung

### 3.4.1 Aufbau des Prüfungsvermerks

**84** Für die Bildung, die Erteilung, und den Widerruf des Prüfungsvermerks sind die **Grundsätze des *IDW PS 400*** maßgeblich[99].

**85** *IDW PS 480* und *IDW PS 490* enthalten keine expliziten Anforderungen hinsichtlich des **Aufbaus des Prüfungsvermerks**. In ihren Anlagen enthalten die Prüfungsstandards jedoch Beispiele für Prüfungsvermerke, die einem einheitlichen Aufbau folgen[100], der dem BestV nach ISA 700 nachgebildet ist[101]. Die Prüfungsvermerke sind demnach grds. wie folgt gegliedert:

- Überschrift
- Adressierung
- Einleitender Abschnitt
- Verantwortung der gesetzlichen Vertreter
- Verantwortung des WP
- Prüfungsurteil
- Rechnungslegungsgrundsätze sowie Weitergabe- und Verwendungsbeschränkung
- ggf. Hinweis zur Haftungsbeschränkung
- Unterschrift mit Angabe von Ort und Datum.

#### 3.4.1.1 Überschrift

**86** Der Prüfungsvermerk hat die **Überschrift** „Prüfungsvermerk des Wirtschaftsprüfers" zu tragen[102]. Die Frage liegt nahe, ob es erforderlich war, neben „Bestätigungsvermerk", „Bescheinigung" und „Vermerk"[103] eine weitere Bezeichnung für die Berichterstattung einzuführen, während die ISA mit dem Begriff „Report" auskommen. Hintergrund der terminologischen Innovation durch *IDW PS 480* und *IDW PS 490* ist einerseits das Bestreben, den Begriff „Bestätigungsvermerk" bestimmten Prüfungen vorzubehalten[104], und andererseits die Erkenntnis, dass als „Bescheinigungen" bezeichnete Berichterstattungen von Adressaten vielfach als minderwertig gegenüber einem BestV wahrgenommen werden, und zwar auch dann, wenn sie ein mit hinreichender Sicherheit getroffenes Prüfungsurteil enthalten[105]. Mit der Bezeichnung „Prüfungsvermerk" wird den Adressaten und Nutzern der Berichterstattung die Nähe zum BestV und ein Niveau der Prüfungssicherheit wie bei einer Abschlussprüfung signalisiert, ohne den Anwendungsbereich des Begriffs „Bestätigungsvermerk" zu erweitern.

---

99 Vgl. *IDW PS 480*, Tz. 19; *IDW PS 490*, Tz. 19; *IDW PS 400* wird neugefasst. Der *IDW PS 400 n.F.* sowie die neuen *IDW PS 401*, *IDW PS 405* und *IDW PS 406* liegen derzeit als Entwürfe vor.

100 Vgl. *Rauova/von Behr*, WP Praxis 2015, S. 241 (244).

101 Vgl. *Meyer*, WP Praxis 2015, S. 189 (193).

102 Vgl. *IDW PS 480*; Tz. 20; *IDW PS 490*, Tz. 20.

103 Vgl. § 313 Abs. 3 AktG.

104 Dabei ist allerdings zu bedenken, dass ein BestV bei freiwilligen Abschlussprüfungen auch von StB erteilt werden kann, vgl. http://www.wpk.de/mitglieder/praxishinweise/siegelfuehrung/ (zit. 04.11.2016). Darüber hinaus ist vereinzelt die Erteilung von BestV außerhalb der Rechnungslegungslegung durch Nicht-WP vorgesehen, vgl. z.B. § 2 Abs. 1 der Verordnung zur Ausführung des Gesetzes über die Hoheitszeichen des Landes Thüringen.

105 Vgl. *Gewehr/Böhm/Herkendell*, WPg 2013, S. 343 (347); *Rauova/von Behr*, WP Praxis 2015, S. 241 (243).

*IDW PS 480* und *IDW PS 490* treffen keine expliziten Regelungen, welche Überschrift zu verwenden ist, **wenn das Prüfungsurteil versagt wird**. Während der Begriff „Bestätigungsvermerk" bereits das darin enthaltene Prüfungsurteil indiziert, so dass er im Fall der Versagung nicht verwendet werden darf (§ 322 Abs. 4 S. 2 HGB), ist die Bezeichnung „Prüfungsvermerk" insoweit neutral. Entsprechend ISA 705, Appendix, Illustrations 2, 4 und 5, ist daher davon auszugehen, dass es auch in diesem Fall bei der Überschrift „Prüfungsvermerk des Wirtschaftsprüfers" bleibt. 87

Eine **Bezeichnung als „Bestätigungsvermerk" oder „Bescheinigung" ist unzulässig**, falls nicht gesetzliche Vorschriften oder *IDW Verlautbarungen* eine solche Bezeichnung vorsehen[106]. So ist durch § 17 Abs. 2 UmwG i.V.m. § 322 HGB die Bezeichnung „Bestätigungsvermerk" i.R.d. Prüfung einer Umwandlungsschlussbilanz vorgesehen[107]. Bei der Prüfung einer Vermögensaufstellung und einer Einnahmen-Ausgaben-Rechnung einer Stiftung bzw. eines Vereins ist die Bezeichnung „Bescheinigung" zu verwenden[108]. 88

Der Wortlaut von *IDW PS 480* und *IDW PS 490* nimmt nur darauf Bezug, dass in diesen Fällen die Bezeichnung „Prüfungsvermerk" durch „Bestätigungsvermerk" oder „Bescheinigung" zu ersetzen sei. Darüber hinausgehend sollte bei einem **BestV jedoch auch der Aufbau** der von *IDW PS 400* vorgesehenen Struktur folgen, um der in Tz. 86 dargestellten Vielfalt von Bezeichnungen für die Berichterstattung nicht auch noch eine Differenzierung in BestV nach *IDW PS 400* einerseits und BestV, die auf Prüfungen nach *IDW PS 480* und *IDW PS 490* beruhen, andererseits hinzuzufügen. Konsequenterweise ist der Aufbau eines BestV zu einer Umwandlungsschlussbilanz nach § 17 Abs. 2 UmwG gem. *IDW PH 9.490.1,* Tz. 22, an *IDW PS 400* orientiert.

### 3.4.1.2 Adressierung

Die in Anlage 2 des *IDW PS 480* und in Anlage 3 des *IDW PS 490* enthaltenen Beispiele sehen eine **Adressierung an den Auftraggeber** vor. Die Adressierung an den Auftraggeber ist auch dann vorzunehmen, wenn der Prüfungsvermerk zur Weiterleitung an weitere Parteien wahrscheinlich ist[109]. 89

### 3.4.1.3 Einleitender Abschnitt

Hier wird kurz der **Prüfungsgegenstand** (z.B. Abschluss) unter Angabe der Komponenten, aus denen er besteht (z.B. Bilanz und GuV), und der Periode oder des Stichtags, auf die er sich bezieht, genannt. 90

### 3.4.1.4 Verantwortung der gesetzlichen Vertreter

In diesem Abschn. des Prüfungsvermerks ist darauf hinzuweisen, dass die gesetzlichen Vertreter für die **Aufstellung der Finanzinformationen nach den maßgebenden Rechnungslegungsgrundsätzen** verantwortlich sind. Die meisten Beispiele in Anlage 2 des *IDW PS 480* und in Anlage 3 des *IDW PS 490* enthalten an dieser Stelle bereits eine 91

106 Vgl. *IDW PS 480,* Tz. 20; *IDW PS 490,* Tz. 20.

107 Vgl. dazu auch *IDW PH 9.490.1,* Tz. 22.

108 Vgl. *IDW PS 740,* Tz. 52; *IDW PS 750,* Tz. 36.

109 Vgl. *IDW PS 480,* Anlage 2, Bsp. 3. Es handelt sich um einen Prüfungsvermerk zu einem Abschluss, der nach behördlich festgelegten Rechnungslegungsgrundsätzen aufgestellt wurde; die Weitergabe des Prüfungsvermerks ist nicht beschränkt, so dass es plausibel ist, dass er auch der Behörde zur Verfügung gestellt wird. Dennoch erfolgt eine Adressierung ausschließlich an den Auftraggeber.

Bezugnahme auf die Quelle der maßgebenden Rechnungslegungsgrundsätze, z.B. auf einen Vertrag oder eine behördliche Anordnung. Alternativ ist ein Verweis auf die in den Finanzinformationen enthaltene Angabe der maßgebenden Rechnungslegungsgrundsätze möglich[110].

Sofern die Rechnungslegungsgrundsätze **auf in einzelnen Punkten modifizierten Rechnungslegungsgrundsätzen für allgemeine Zwecke beruhen**, ist hier grds. nicht auf die Rechnungslegungsgrundsätze für allgemeine Zwecke, sondern auf die vertragliche Grundlage oder behördliche Anordnung Bezug zu nehmen[111].

92 Sind die Finanzinformationen nach Rechnungslegungsgrundsätzen zur sachgerechten Gesamtdarstellung aufzustellen, ist ein **Hinweis** vorgesehen, **dass die gesetzlichen Vertreter für die sachgerechte Gesamtdarstellung verantwortlich sind**[112].

93 Können die gesetzlichen Vertreter bei der Aufstellung der Finanzinformationen die Rechnungslegungsgrundsätze wählen, weil diese nicht konkret vorgegeben sind, hat der WP im Prüfungsvermerk auf die **Verantwortung der gesetzlichen Vertreter für die Auswahl und Vertretbarkeit der gewählten Rechnungslegungsgrundsätze** hinzuweisen[113].

94 Die Formulierungsbeispiele in Anlage 2 des *IDW PS 480* und in Anlage 3 von *IDW PS 490* enthalten außerdem jeweils einen Hinweis auf die **Verantwortung der gesetzlichen Vertreter für die internen Kontrollen**, die von den gesetzlichen Vertretern als notwendig erachtet werden, um die Aufstellung von Finanzinformationen, die frei von wesentlichen – beabsichtigten oder unbeabsichtigten – Fehlern sind, zu ermöglichen.

### 3.4.1.5 Verantwortung des Wirtschaftsprüfers

95 Die Beispiele für uneingeschränkte Prüfungsvermerke in Anlage 2 des *IDW PS 480* und in Anlage 3 des *IDW PS 490* sehen in diesem Abschn. des Prüfungsvermerks folgende Angaben vor, mit denen die Verantwortung des WP zu beschreiben ist:

- **Aufgabe**, auf Basis der Prüfung ein Urteil abzugeben
- Durchführung der Prüfung unter **Beachtung der vom IDW festgestellten GoA**
- Beachtung der **Berufspflichten**
- Planung und Durchführung der Prüfung, so dass **hinreichende Sicherheit** erlangt wird, dass die Finanzinformationen frei von wesentlichen falschen Angaben sind
- **Durchführung von Prüfungshandlungen** nach pflichtgemäßem Ermessen einschl. der Beurteilung wesentlicher falscher Angaben
- Risikobeurteilung unter **Berücksichtigung des IKS**, das für die zu prüfenden Finanzinformationen relevant ist, ohne darauf abzuzielen, ein Prüfungsurteil über die Wirksamkeit des IKS abzugeben
- **Beurteilung**
  - der angewandten **Rechnungslegungsmethoden,**
  - der Vertretbarkeit der von den gesetzlichen Vertretern ermittelten **geschätzten Werte,**

110 Vgl. *IDW PS 480*, Anlage 2, Bsp. 2.
111 Vgl. *IDW PS 480*, Tz. A7.
112 Vgl. *IDW PS 480*, Anlage 2, Bsp. 3; *IDW PS 490*, Anlage 3, Bsp. 1.
113 Vgl. *IDW PS 480*, Tz. 22.

  - der **Gesamtdarstellung**
- **Aussage, dass die Prüfungsnachweise ausreichend und angemessen sind**, um als Grundlage für das Prüfungsurteil zu dienen.

*IDW PS 480* und *IDW PS 490* enthalten keine ausdrücklichen Hinweise, wie im Falle einer **Einschränkung des Prüfungsurteils** zu formulieren ist. Es empfiehlt sich, entsprechend ISA 705 bzw. ISA 705 (Rev.), Appendix, Illustrations 1 und 3, die letzte Aussage in Tz. 95 dahingehend zu modifizieren, dass die Prüfungsnachweise ausreichend und angemessen sind, um als Grundlage für das Prüfungsurteil zu dienen, indem auf das *eingeschränkte* Prüfungsurteil Bezug genommen wird. **96**

Entsprechend sollte auch verfahren werden, wenn der Prüfungsvermerk aufgrund eines **Prüfungshemmnisses** einzuschränken ist. *IDW PS 400*, Tz. 61 legt es zwar scheinbar nah, in diesem Abschn. zu formulieren, dass die vom IDW festgestellten GoA *mit einer nachfolgend dargestellten Einschränkung* beachtet wurden, eine entsprechende Formulierung findet sich jedoch weder in ISA 705 noch in ISA 705 (Rev.). Da die Formulierungen der Prüfungsvermerke sich erheblich enger an die ISA als an *IDW PS 400* anlehnen, ist auch insofern eine Orientierung an ISA 705 bzw. ISA 705 (Rev.) sachgerecht.

Ist das **Prüfungsurteil aufgrund einer wesentlichen Beanstandung zu versagen**, sollte die Aussage, dass die Prüfungsnachweise ausreichend und angemessen sind, um als Grundlage für das Prüfungsurteil zu dienen, entsprechend ISA 705 bzw. ISA 705 (Rev.), Appendix, Illustration 2, angepasst werden, indem auf das *versagte* Prüfungsurteil verwiesen wird. **97**

Beruht die **Versagung auf einem Prüfungshemmnis,** ist entsprechend ISA 705.27 bzw. ISA 705.28(b) (Rev.) darauf hinzuweisen, dass es die Aufgabe des WP war, die Prüfung unter Beachtung der deutschen GoA durchzuführen, dass es aber aufgrund der im Abschn. „Grundlage für das versagte Prüfungsurteil" dargestellten Sachverhalte nicht möglich war, ausreichende und angemessene Prüfungsnachweise zu erlangen (vgl. ISA bzw. ISA 705 (Rev.), Appendix, Illustrations 4 und 5. **98**

### 3.4.1.6 Prüfungsurteil

In diesem Abschn. des Prüfungsvermerks wird die **Aussage** getroffen, **ob die Finanzinformationen den maßgebenden Rechnungslegungsgrundsätzen in allen wesentlichen Belangen entsprechen**. Die Formulierungsbeispiele in Anlage 2 des *IDW PS 480* und in Anlage 3 des *IDW PS 490* nennen die maßgebenden Rechnungslegungsgrundsätze (z.B. „nach den Rechnungslegungsbestimmungen in Abschnitt … des Vertrags") auch an dieser Stelle. Alternativ ist ein Verweis auf die in den Finanzinformationen enthaltene Angabe der maßgebenden Rechnungslegungsgrundsätze möglich[114]. **99**

Basieren die maßgebenden Rechnungslegungsgrundsätze auf **in einzelnen Punkten modifizierten Rechnungslegungsgrundsätzen für allgemeine Zwecke**, ist auch hier (vgl. Tz. 91) grds. nicht auf die Rechnungslegungsgrundsätze für allgemeine Zwecke, sondern auf die vertragliche Grundlage oder die behördliche Anordnung Bezug zu nehmen, die Quelle der maßgebenden Rechnungslegungsgrundsätze ist[115].

114 Vgl. *IDW PS 480*, Anlage 2, Bsp. 2.
115 Vgl. *IDW PS 480*, Tz. A7.

100 Wenn die maßgebenden Rechnungslegungsgrundsätze der **sachgerechten Gesamtdarstellung** dienen, ist auch eine Aussage zu treffen, ob die Finanzinformationen die Vermögens-, Finanz- und/oder Ertragslage sachgerecht darstellen[116].

101 Bei der Bildung des Prüfungsurteils hat der WP zu berücksichtigen, ob die **maßgebenden Rechnungslegungsgrundsätze in den Finanzinformationen angemessen beschrieben** sind oder ein **zutreffender Hinweis auf diese Grundsätze** in den Finanzinformationen enthalten ist[117]. Wird lediglich ein Hinweis auf die Rechnungslegungsgrundsätze gegeben, hat der WP festzustellen, ob sie den Adressaten der Finanzinformationen anderweitig zugänglich sind[118].

102 Sofern den Finanzinformationen Rechnungslegungsgrundsätze zugrunde liegen, die auf Rechnungslegungsgrundsätzen für allgemeine Zwecke basieren, aber aufgrund vertraglicher Vereinbarungen in einzelnen Punkten modifiziert sind, hat der WP festzustellen, **ob der Eindruck vermieden wird, dass die Finanzinformationen nach Rechnungslegungsgrundsätzen für allgemeine Zwecke aufgestellt wurden**. Der Auftraggeber hat daher generell bei der Beschreibung der Rechnungslegungsgrundsätze nicht auf die Rechnungslegungsgrundsätze für allgemeine Zwecke Bezug zu nehmen, sondern auf die vertraglichen Vereinbarungen[119].

**Beispiel 32:**

Ein Vertrag sieht vor, dass eine Bilanz unter grundsätzlicher Beachtung des HGB aufzustellen ist, wobei aber die Pensionsrückstellungen nach § 6a EStG zu bewerten sind. Eine Aussage wie z.B. „Die Bilanz wurde grundsätzlich unter Beachtung der Rechnungslegungsvorschriften des HGB aufgestellt." in den Erläuterungen zur Bilanz wäre zu beanstanden.

Wenn in den Finanzinformationen jedoch **deutlich formuliert ist, dass und in welchen Punkten die Rechnungslegungsgrundsätze für allgemeine Zwecke modifiziert worden sind**, dürfte eine Bezugnahme auf diese Rechnungslegungsgrundsätze vertretbar sein.

**Beispiel 33:**

Wenn in dem zuvor dargestellten Beispiel die Erläuterung in den Finanzinformationen „Die Bilanz wurde grundsätzlich unter Beachtung der Rechnungslegungsvorschriften des HGB aufgestellt, mit der Ausnahme, dass die Pensionsrückstellungen nach § 6a EStG angesetzt worden sind." lauten würde, würde das Ziel, Missverständnisse über die zugrunde gelegten Rechnungslegungsgrundsätze zu vermeiden, erreicht werden. Zudem ist es illusorisch, anzunehmen, dass im Vertrag die maßgebenden Rechnungslegungsgrundsätze beschrieben werden, indem alle Rechnungslegungsvorschriften des HGB bis auf § 252 Abs. 2 HGB aufgeführt werden, an dessen Stelle § 6a EStG genannt wird. Ein Hinweis auf die vertragliche Vereinbarung wird damit regelmäßig indirekt ohnehin auf die Rechnungslegungsgrundsätze für allgemeine Zwecke verweisen.

116 Vgl. *IDW PS 480*, Anlage 2, Bsp. 3; *IDW PS 490*, Anlage 3, Bsp. 1.

117 Vgl. *IDW PS 480*, Tz. 21; *IDW PS 490*, Tz. 21. Zur Kritik, dass damit in *Prüfungs*standards Regelungen zur *Rechnungslegung* getroffen werden, vgl. *Rauova/von Behr*, WP Praxis 2015, S. 241 (243).

118 Vgl. *IDW PS 480*, Tz. 21; *IDW PS 490*, Tz. 21.

119 Vgl. *IDW PS 480*, Tz. A7.

103 Bei Finanzinformationen, die nach vertraglichen Vorgaben aufzustellen sind, hat der WP zu beurteilen, ob **bedeutsame Vertragsauslegungen**, die den Finanzinformationen zugrunde liegen, angemessen beschrieben sind[120].

104 Die Anforderungen, die *IDW PS 480* und *IDW PS 490* hinsichtlich der Beschreibung von Rechnungslegungsgrundsätzen stellen, **gehen z.T. über die Anforderungen hinaus, die i.R. einer Abschlussprüfung zu stellen sind**. So ist es möglich, dem aus Bilanz und GuV bestehenden Abschluss einer nicht unter § 264a HGB fallenden PersGes. auch dann einen uneingeschränkten BestV zu erteilen, wenn der Abschluss keinerlei Hinweis auf die zugrunde liegenden Rechnungslegungsgrundsätze enthält. Die maßgebenden Rechnungslegungsgrundsätze werden bei diesen Abschlüssen durch die Nennung im BestV offengelegt. Nach *IDW PS 480* und *IDW PS 490* wird das Fehlen eines Hinweises auf die maßgebenden Rechnungslegungsgrundsätze in den Finanzinformationen hingegen nicht durch Angaben in Prüfungsvermerk geheilt.

**Praxistipp 1:**

In vielen Fällen wird die Anforderung, eine Angabe der maßgebenden Rechnungslegungsgrundsätze zu machen, bereits durch die Überschrift, mit der die Finanzinformationen bezeichnet werden, zu erfüllen sein, z.B. „Bilanz nach HGB" oder „Netto-Liquidität gem. Art. 9(6) des Vertrags vom 12.04.1998".

105 *IDW PS 480* und *IDW PS 490* enthalten keine Beispielformulierungen für **eingeschränkte Prüfungsurteile**. Es besteht die Möglichkeit, sowohl die Tatsache der Einschränkung als auch den Grund für die Einschränkung im Abschn. „Prüfungsurteil" darzustellen[121]. Alternativ kann entsprechend ISA 705.16 ff. bzw. ISA 705.20 ff. (Rev.). aber auch ein Abschn. „Grundlage für das eingeschränkte Prüfungsurteil" eingefügt werden, in dem die Gründe für die Einschränkung angegeben werden. Diesem Abschn. würde der entsprechend ISA 705.17 (Rev.) in „Eingeschränktes Prüfungsurteil" umbenannte Abschn. folgen, in dem festgestellt wird, dass die Finanzinformationen mit Ausnahme der Auswirkungen der im Abschn. „Grundlage für das eingeschränkte Prüfungsurteil" dargestellten Sachverhalte den maßgebenden Rechnungslegungsgrundsätzen entsprechen und – sofern Rechnungslegungsgrundsätze zur sachgerechten Gesamtdarstellung maßgebend sind – die Vermögens-, Finanz- und/oder Ertragslage sachgerecht darstellen.

106 Ist das **Prüfungsurteil zu versagen**, kann entsprechend vorgegangen werden. Es können in dem Abschn. die Versagung und ihre Begründung gemeinsam dargestellt werden[122]. Alternativ kann in entsprechender Anwendung von ISA 705.20 ff. (Rev.) ein Abschn. „Grundlage für das versagte Prüfungsurteil" eingefügt werden, in dem die Versagungsgründe dargestellt werden, dem der entsprechend ISA 705.18 (Rev.) umbenannte Abschn. „Versagtes Prüfungsurteil" folgt.

120 Vgl. *IDW PS 480*, Tz. 21.

121 Vgl. *Rauova/von Behr*, WP Praxis 2015, S. 241 (245 f.).

122 Vgl. *Rauova/von Behr*, WP Praxis 2015, S. 241 (246).

#### 3.4.1.7 Rechnungslegungsgrundsätze sowie Weitergabe- und Verwendungsbeschränkung

107 Im Prüfungsvermerk zu Finanzinformationen, die nach **Rechnungslegungsgrundsätzen für einen speziellen Zweck** aufgestellt worden sind, hat der WP **auf den Zweck und** erforderlichenfalls auf die **Adressaten der Finanzinformationen hinzuweisen**; dabei kann auf eine entsprechende Angabe in den Finanzinformationen verwiesen werden[123].

108 Wenn die **Finanzinformationen nach Rechnungslegungsgrundsätzen für einen speziellen Zweck aufgestellt wurden**, sind die Adressaten des Prüfungsvermerks **auf diese Tatsache hinzuweisen** und darauf aufmerksam zu machen, dass die Finanzinformationen **daher möglicherweise für andere Zwecke nicht geeignet sind**[124].

109 Diese Hinweise sollten **mit der Formulierung „Ohne unser/mein Prüfungsurteil einzuschränken…" eingeleitet werden**[125], um ihre Tragweite deutlich zu machen.

110 Wenn der Prüfungsvermerk ausschließlich für spezifische Adressaten bestimmt ist und eine Beschränkung der Weitergabe bzw. der Verwendung des Prüfungsvermerks vereinbart ist, ist **auf** diese **Weitergabe- bzw. Verwendungsbeschränkung** im Prüfungsvermerk **hinzuweisen**[126].

#### 3.4.1.8 Sonstige ergänzende Hinweise

111 Sofern eine **Haftungsbeschränkung** vereinbart ist, sehen die Beispiele *IDW PS 480*, Anlage 2 und *IDW PS 490*, Anlage 3 einen Hinweis auf eine solche Vereinbarung vor. *IDW PS 480* und *IDW PS 490* regeln darüber hinaus nicht ausdrücklich, ob der WP verpflichtet ist, weitere **Hinweise** als die in Abschn. behandelten in den Prüfungsvermerk aufzunehmen. Zwar fordern diese Standards die entsprechende Beachtung von *IDW PS 400*, aber nur hinsichtlich der Bildung des Prüfungsurteils sowie der Erteilung und des Widerrufs eines Prüfungsvermerks[127], nicht auch im Hinblick auf die Ergänzung des Prüfungsvermerks. Selbst wenn man eine analoge Anwendung des *IDW PS 400* befürwortet[128], würde sich daraus in vielen Fällen keine Hinweispflicht ergeben:

- Auf eine vorhandene Bestandsgefährdung ist nur hinzuweisen, wenn auch ein LB vorliegt[129].
- Sonstige Hinweise sind freiwillig[130].

---

123 Vgl. *IDW PS 480*, Tz. 22.

124 Vgl. *IDW PS 480*, Tz. 23.

125 Vgl. *IDW PS 480*, Anlage 2, Bsp. 1-3; *IDW PS 490*, Anlage 3, Bsp. 2, enthält diese Einleitung – anders als Bsp. 3 – dagegen nicht.

126 Vgl. *IDW PS 480*, Tz. A25.

127 Vgl. *IDW PS 480*, Tz. 19; *IDW PS 490*, Tz. 19.

128 Vgl. *Meyer*, WP Praxis 2015, S. 189 (194). Die analoge Anwendbarkeit wird aus dem Grundsatz "an audit is an audit" gefolgert. Dieser Schluss ist nicht zwingend, da ansonsten auch eine Berichterstattung entsprechend *IDW PS 450* bei Prüfungen nach *IDW PS 480* oder *IDW PS 490* geboten wäre, was aber nicht der Fall ist.

129 Vgl. *IDW PS 400*, Tz. 79.

130 Vgl. *IDW PS 400*, Tz. 75 („In Einzelfällen kann ein Hinweis auf bei der Prüfung festgestellte Besonderheiten sachgerecht sein.").

Die sich aus dem Auftragsverhältnis ergebende **Treuepflicht** kann zwar vom WP verlangen, über bestimmte Sachverhalte zu berichten, sie zwingt jedoch nicht zu einer Darstellung im Prüfungsvermerk, da eine mündliche oder gesonderte schriftliche Berichterstattung möglich ist. 112

Eine Hinweispflicht im Prüfungsvermerk erscheint jedoch geboten, wenn dessen Adressaten über **Sachverhalte** zu informieren sind, **die für das Verständnis** 113

- **der Finanzinformationen,**
- **der Prüfung,**
- **der Verantwortung des WP oder**
- **des Prüfungsvermerks**

relevant sind[131].

Dies ist Ausfluss der Pflicht, klar zu berichten[132]. Es liegt bereits im eigenen Interesse des WP, aus seinen Darstellungen resultierende Missverständnisse zu vermeiden.

Es ist somit unter **Berücksichtigung der Umstände des Einzelfalls** zu beurteilen, inwieweit ein Hinweis erforderlich ist, um die Adressaten des Prüfungsvermerks vor Missverständnissen zu bewahren. 114

Auch im Fall von existierenden **Bestandsgefährdungen** besteht **keine generelle Redepflicht** im Prüfungsvermerk. 115

**Beispiel 34:**

Der WP hat einen Prüfungsvermerk zum Bestand der liquiden Mittel abzugeben. Das Prüfungsurteil und die Finanzinformationen sind davon unberührt, ob die Unternehmensfortführung gefährdet ist oder nicht. Hätte der WP dagegen einen Prüfungsvermerk zu den Sachanlagen abzugeben, wäre auf eine erhebliche Unsicherheit hinsichtlich der Unternehmensfortführung hinzuweisen, wenn die Angemessenheit der Going Concern-Prämisse wesentliche Bedeutung für den zu beurteilenden Wert der Sachanlagen hat.

Oft fordern Adressaten des Prüfungsvermerks bestimmte **Ausführungen** des WP, **die über die regelmäßig erforderlichen hinausgehen.** So wird vielfach im Zusammenhang mit der Prüfung von Verwendungsnachweisen eine Ausführung des WP verlangt, wonach er sich bewusst sei, dass die betreffenden Zuwendungen Subventionen i.S.d. § 264 StGB i.V.m. den §§ 2 bis 5 des Subventionsgesetzes seien. Auch solche Ausführungen können entsprechend ISA 706.8 (Rev.) als ergänzende Hinweise in den Prüfungsvermerk aufgenommen werden, soweit sie den in Tz. 113 dargestellten Rahmen nicht überschreiten. 116

Auf die betreffenden Sachverhalte sollte erforderlichenfalls in einem mit **„Ergänzende Hinweise" überschriebenen Abschn.** nach dem Abschn. „Prüfungsurteil" bzw. – wenn das Prüfungsurteil eingeschränkt wurde – nach dem Abschn. „Grundlage für das eingeschränkte Prüfungsurteil" eingegangen werden. Soweit Sachverhalte, die in den Finanzinformationen dargestellt werden, hervorgehoben werden sollen, sollte auf diese Dar- 117

131 Vgl. ISA 706.8 (Rev.), 706.10 (Rev.).
132 Vgl. *Morck* in Koller/Kindler/Roth/Morck[8], § 321 HGB, Tz. 2.

stellungen verwiesen werden. Es empfiehlt sich die **Einleitung „Ohne unser/mein Prüfungsurteil einzuschränken…“**.

118 Darüber hinaus enthält *IDW PS 480* für den Fall, dass der WP **gleichzeitig eine Prüfung des Abschlusses für allgemeine Zwecke** durchgeführt hat, ein Formulierungsbeispiel, in dem unter der Überschrift „Durchführung der Jahresabschlussprüfung“ ein Hinweis auf den im Rahmen jener Prüfung erteilten Bestätigungs- bzw. Versagungsvermerk enthalten ist[133].

#### 3.4.1.9 Unterschrift und Siegel

119 Der Prüfungsvermerk ist unter Angabe von Ort und Datum eigenhändig zu unterzeichnen[134].

120 Da es sich bei den Prüfungsvermerken nach *IDW PS 480* bzw. *IDW PS 490* um Erklärungen zu Prüfungsergebnissen handelt, die der WP in seiner Berufseigenschaft abgibt, besteht gem. § 48 Abs. 1 S. 2 WPO zumindest ein **Wahlrecht zur Siegelführung**[135].

Soweit es sich um Prüfungen handelt, die Berufsangehörigen vorbehalten sind, besteht gem. § 48 Abs. 1 S. 1 WPO eine **Pflicht zur Siegelführung**. Beispiele für derartige Prüfungen sind die Prüfung einer Schlussbilanz nach § 17 Abs. 2 UmwG und die Prüfung einer Zwischenbilanz bei Kapitalerhöhungen aus Gesellschaftsmitteln[136].

### 3.4.2 Zusammenhang des Prüfungsvermerks zu Finanzaufstellungen oder zu deren Bestandteilen mit dem Bestätigungs- oder Prüfungsvermerk zum Abschluss

121 Wenn ein WP, der **APr. des JA bzw. des KA** ist, **auch die Prüfung einer Finanzaufstellung**, die in dem betreffenden Abschluss enthalten ist, **oder eines ihrer Bestandteile durchführt**, muss er neben dem BestV einen **gesonderten Prüfungsvermerk** erteilen[137].

122 Wenn der **Prüfer eines Abschlusses, der nach Rechnungslegungsgrundsätzen für einen speziellen Zweck aufgestellt wurde,** auch eine **darin enthaltene Finanzaufstellung oder einen ihrer Bestandteile geprüft hat**, hat er zwar **gesonderte Prüfungsurteile** zu den jeweiligen Prüfungen zu erteilen[138], er kann diese Urteile jedoch **in einem Prüfungsvermerk zusammenfassen**[139].

123 Der WP muss beurteilen, ob die betreffenden Informationen ausreichend voneinander **abgegrenzt** sind, **wenn eine geprüfte Finanzaufstellung oder ein geprüfter Bestandteil zusammen mit einem geprüften Abschluss publiziert werden**[140]. Ggf. hat er auf eine Anpassung hinzuwirken; ohne die erforderliche Abgrenzung darf ein Prüfungsvermerk nicht erteilt werden[141].

---

133 Vgl. *IDW PS 480,* Anl. 2, Bsp. 3. Der Haupttext von *IDW PS 480* enthält allerdings keine Grundlage für diesen Hinweis.

134 Vgl. *IDW PS 480,* Tz. 19 und *IDW PS 490,* Tz. 19 jeweils i.V.m. *IDW PS 450,* Tz. 114 ff.

135 Vgl. *Gewehr/Böhm/Harrison/Schmitz-Herkendell,* WPg 2016, S. 481 (486). Aufgrund der Neufassung von § 57a Abs. 2 S. 2 WPO i.R.d. APAReG ist die Siegelführung nicht mehr relevant für die Frage, ob sich die externe Qualitätskontrolle auf den betreffenden Auftrag bezieht.

136 Vgl. ebenda.

137 Vgl. *IDW PS 490,* Tz. 23.

138 Vgl. *IDW PS 490,* Tz. 24.

139 Vgl. *IDW PS 490,* Tz. A21.

140 Vgl. *IDW PS 490,* Tz. 25.

141 Vgl. *IDW PS 490,* Tz. 25.

Wenn der **BestV bzw. der Prüfungsvermerk zum Abschluss eingeschränkt, versagt** 124
**oder mit einem ergänzenden Hinweis versehen ist**, hat der WP die Folgen zu beurteilen, die sich daraus auf den Prüfungsvermerk zu einer dazugehörigen Finanzaufstellung oder zu einem ihrer Bestandteile ergeben; ggf. hat er in diesem Prüfungsvermerk das Prüfungsurteil ebenfalls einzuschränken, zu versagen oder um einen Hinweis zu ergänzen[142].

Die **Modifikation des Prüfungsurteils zum Abschluss** führt nicht zwingend zu einer 125
**Modifikation des Prüfungsurteils zu einer dazugehörigen Finanzaufstellung oder zu einem ihrer Bestandteile**. Zum einen können sich aufgrund unterschiedlicher Wesentlichkeitsgrenzen (vgl. Tz. 78 f.) abweichende Prüfungsurteile zum Abschluss einerseits und zur Finanzaufstellung bzw. ihren Bestandteilen andererseits ergeben.

Zum anderen kann die Modifikation des Prüfungsurteils zum Abschluss einen Abschlussbestandteil betreffen, der nicht Teil der nach *IDW PS 490* zu prüfenden Finanzaufstellung ist.

**Beispiel 35:**

Der BestV zum JA ist aufgrund fehlerhafter Abschreibungen auf das Anlagevermögen eingeschränkt. Neben dem JA hat der WP eine Aufstellung der Umsatzerlöse zu prüfen. Das Prüfungsurteil zu dieser Aufstellung wird von der Einschränkung des BestV zum JA nicht berührt.

Selbst wenn die Modifikation des Prüfungsurteils zum Abschluss nicht einen Gegenstand der Prüfung nach *IDW PS 490* betrifft, kann ein ergänzender Hinweis im Prüfungsvermerk sachgerecht sein, weil er für das Verständnis der Prüfungsvermerks-Adressaten relevant ist[143].

**Beispiel 36:**

Der BestV zum JA ist eingeschränkt worden, da die sonstigen betrieblichen Aufwendungen in fehlerhafter Höhe Beratungsaufwendungen enthalten. Der WP prüft gleichzeitig nach *IDW PS 490* eine Aufstellung von Mietaufwendungen und kommt zu dem Schluss, dass diese Aufstellung ordnungsgemäß ist.
Ein ergänzender Hinweis im Prüfungsvermerk ist sinnvoll, um den Adressaten des Prüfungsvermerks deutlich zu machen, warum ein uneingeschränktes Prüfungsurteil zur Aufstellung der Mietaufwendungen erteilt werden kann, obwohl der BestV aufgrund eines wesentlichen Fehlers der im JA ausgewiesenen sonstigen betrieblichen Aufwendungen eingeschränkt ist.

Auch wenn zum **Abschluss ein Versagungsvermerk** erteilt worden ist, ist es aus- 126
nahmsweise denkbar, dass zu einer dazugehörigen Finanzaufstellung oder zu einem ihrer Bestandteile ein uneingeschränkter Prüfungsvermerk erteilt werden kann[144].

142 Vgl. *IDW PS 490*, Tz. 26.
143 Vgl. *IDW PS 490*, Tz. A22.
144 Vgl. *IDW PS 490*, Tz. A23.

**Beispiel 37:**

Zum JA hat der WP einen Versagungsvermerk erteilt, weil der JA unzulässigerweise auf Basis der Unternehmensfortführung aufgestellt wurde. Zu einer nach *IDW PS 490* zu prüfenden Aufstellung über den Kassenbestand und die Guthaben bei Kreditinstituten könnte dennoch ein uneingeschränkter Prüfungsvermerk erteilt werden, da die Angemessenheit der Unternehmensfortführung für die Richtigkeit dieser Aufstellung irrelevant ist.

Der WP kann in derartigen Fällen zu einer dazugehörigen Finanzaufstellung oder zu einem ihrer Bestandteile aber nur dann einen **uneingeschränkten Prüfungsvermerk** erteilen,

- wenn der Versagungs- und der Prüfungsvermerk **nicht zusammen veröffentlicht werden** und
- wenn die geprüfte Finanzaufstellung bzw. ihr geprüfter Bestandteil **keinen** derartig **bedeutsamen Teil des Abschlusses** darstellt, dass die Aussage des Versagungsvermerks relativiert wird[145].

**Beispiel 38[146]:**

Dem JA ist aufgrund von Prüfungshemmnissen hinsichtlich der Eröffnungsbilanz ein Versagungsvermerk erteilt worden. Obwohl eine Beurteilung von Finanz- und Ertragslage nicht möglich ist, könnte der WP im Rahmen einer Prüfung nach *IDW PS 490* grds. zu den Berichtsjahreswerten der Bilanz einen uneingeschränkten Prüfungsvermerk erteilen, sofern diese Posten keine bedeutsamen Teile des JA darstellen.

Dieses dem *IDW PS 490* entnommene Beispiel zeigt, dass die **Schwelle für die Bedeutsamkeit eines Abschlussteils sehr hoch** liegt, da der Prüfungsstandard ansonsten von vorneherein die Erteilung eines uneingeschränkten Prüfungsvermerks zu den Berichtsjahreswerten der Bilanz in ihrer Gesamtheit ausgeschlossen hätte.

Im Umkehrschluss ergibt sich, dass zu einer Finanzaufstellung bzw. zu einem ihrer Bestandteile selbst dann **kein uneingeschränkter Prüfungsvermerk** erteilt werden kann, wenn die betreffenden Finanzinformationen zwar **gem. den maßgebenden Rechnungslegungsgrundsätzen aufgestellt** worden sind, **aber einen bedeutsamen Teil eines Abschlusses** darstellen, zu dem ein **Versagungsvermerk** erteilt worden ist. *IDW PS 490* lässt für diesen Fall offen, ob überhaupt ein Prüfungsvermerk erteilt werden kann und wie ggf. ein solcher Prüfungsvermerk zu formulieren ist. In Betracht kommt ein Prüfungsvermerk mit Versagung des Prüfungsurteils, die mit dem Hinweis auf den Versagungsvermerk zum Abschluss begründet wird. Es dürfte geboten sein, in einem ergänzenden Hinweis darauf einzugehen, dass die Finanzaufstellung bzw. ihr Bestandteil den maßgebenden Rechnungslegungsgrundsätzen entspricht. Auch wenn ein solcher Hinweis die Gefahr der Relativierung des zum Abschluss erteilten Versagungsvermerks in sich birgt, erscheint er sachgerecht, um den Adressaten des Prüfungsvermerks die von

145 Vgl. *IDW PS 490*, Tz. A24.
146 Vgl. *IDW PS 490*, Tz. A23.

ihnen erwartete Information über die Normenkonformität der geprüften Finanzaufstellung bzw. ihres Bestandteils zukommen zu lassen.

### 3.4.3 Prüfungsvermerk bei kombinierten Aufträgen

Ein Auftrag zur Prüfung nach *IDW PS 480* oder *IDW PS 490* kann um eine **Prüfung** 127
**anderer Sachverhalte erweitert** sein.

> **Beispiel 39:**
>
> Neben einem Abschluss, der nach Rechnungslegungsgrundsätzen für einen speziellen Zweck aufgestellt wurde, ist auch ein LB zu prüfen.

Es ist auch möglich, dass Unterlagen zu prüfen sind, in denen **historische Finanz-** 128
**informationen und andere Informationen** zusammengefasst sind.

> **Beispiel 40:**
>
> Der WP hat einen Verwendungsnachweis zu prüfen, in dem angegeben wird, in welcher Höhe Zuwendungen für welche Mengen von Gütern verwendet wurden.

Die Verwendung der **Bezeichnung „Prüfungsvermerk"** erscheint auch bei dieser Art 129
von Aufträgen sachgerecht[147], um den Adressaten zu signalisieren, dass ein Prüfungsurteil mit hinreichender Sicherheit gefällt wird.

Der Prüfungsvermerk zu kombinierten Prüfungen kann zum einen entsprechend 130
ISA 700 einen **gesonderten Vermerk** zur erweiterten Prüfung unterhalb des Vermerks zu den vergangenheitsorientierten Finanzinformationen enthalten; der Aufbau eines solchen Prüfungsvermerks kann *IDW PS 400*, Anhang 4a, folgen[148].

Zulässig ist aber auch eine **Integration der Aussagen zur erweiterten Prüfung** mit den 131
Aussagen zur Prüfung nach *IDW PS 480* bzw. *IDW PS 490*. Eine solche Kombination ist den *IDW Verlautbarungen* nicht fremd, wie z.B. *IDW PH 9.970.10*, Anhang 1 zeigt. Dort wird ein Prüfungsvermerk dargestellt, in dem im Vermerk über den gesetzlichen Prüfungsgegenstand sowohl Aussagen zur Prüfung von vergangenheitsorientierten Finanzinformationen (z.B. Stromkosten und Bruttowertschöpfung) als auch zur Prüfung von anderen Informationen (z.B. selbstverbrauchte Strommengen)[149] enthalten sind.

### 3.4.4 Beispiele

#### 3.4.4.1 Prüfungsvermerk zu einem Abschluss, der nach Rechnungslegungsgrundsätzen zur Ordnungsmäßigkeit aufgestellt wurde

Es gelten folgende Gegebenheiten[150]: 132

- Der Abschluss erhält ein uneingeschränktes Prüfungsurteil.

147 Vgl. *Gewehr/Böhm/Herkendell*, WPg 2013, S. 343 (347), zu dem Fall, in dem auch ein LB zu prüfen ist; a.A. *Meyer*, WP Praxis 2015, S. 189 (195).
148 Vgl. *Gewehr/Böhm/Herkendell*, WPg 2013, S. 343 (347).
149 Vgl. *IDW EPS 970 n.F.*, Tz. A8.
150 Vgl. *IDW PS 480*, Anlage 2, Bsp. 2.

- Der Abschluss wurde von den Gesellschaftern einer GbR aufgestellt, um die Rechenschaftspflichten des Gesellschaftsvertrags zu erfüllen. Der Gesellschaftsvertrag enthält nur rudimentäre Vorgaben für die Aufstellung des Abschlusses: Er gibt lediglich vor, dass eine Vermögensaufstellung und eine Einnahmen-Ausgaben-Rechnung aufgestellt werden sollen.
- Bei der Aufstellung des Abschlusses wurden der Gesellschaftsvertrag und die in der Anlage zum Abschluss unter Ziffer 1 dargestellten Rechnungslegungsgrundsätze zugrunde gelegt.
- Bei den zugrunde gelegten Rechnungslegungsgrundsätzen handelt es sich um solche zur Ordnungsmäßigkeit.
- Die Weitergabe und Verwendung des Prüfungsvermerks des WP sind beschränkt.

**Beispiel 41:**

**„Prüfungsvermerk des Wirtschaftsprüfers**

An ... [Auftraggeber]

Wir haben den beigefügten Abschluss der ... [Gesellschaft] – bestehend aus einer Vermögensaufstellung und Einnahmen-Ausgaben-Rechnung sowie der dazugehörigen Anlage – für das Geschäftsjahr vom ... [Datum] bis zum ... [Datum] geprüft.

**Verantwortung der Gesellschafter**
Die Gesellschafter der ... [Gesellschaft] sind verantwortlich für die Aufstellung des Abschlusses nach den Vorschriften des Gesellschaftsvertrags und nach den in der Anlage unter Ziffer 1 dargestellten Rechnungslegungsgrundsätzen. Die Gesellschafter sind auch verantwortlich für die Auswahl und Vertretbarkeit der in der Anlage unter Ziffer 1 dargestellten Rechnungslegungsgrundsätze[151] sowie für die internen Kontrollen, die sie als notwendig erachten, um die Aufstellung eines Abschlusses zu ermöglichen, der frei von wesentlichen – beabsichtigten oder unbeabsichtigten – falschen Angaben ist.

**Verantwortung des Wirtschaftsprüfers**
Unsere Aufgabe ist es, auf der Grundlage unserer Prüfung ein Urteil zu diesem Abschluss abzugeben. Wir haben unsere Prüfung des Abschlusses unter Beachtung der vom Institut der Wirtschaftsprüfer (IDW) festgestellten deutschen Grundsätze ordnungsmäßiger Ab-schlussprüfung durchgeführt. Danach haben wir die Berufspflichten einzuhalten und die Prüfung des Abschlusses so zu planen und durchzuführen, dass hinreichende Sicherheit darüber erlangt wird, ob der Abschluss frei von wesentlichen falschen Angaben ist.
Die Prüfung eines Abschlusses umfasst die Durchführung von Prüfungshandlungen, um Prüfungsnachweise für die im Abschluss enthaltenen Wertansätze und zu den dazugehörigen Angaben zu erlangen. Die Auswahl der Prüfungshandlungen liegt im pflichtgemäßen Ermessen des Wirtschaftsprüfers. Dies schließt die Beurteilung der Risiken wesentlicher – beabsichtigter oder unbeabsichtigter – falscher Angaben im Abschluss ein. Bei der Beurteilung dieser Risiken berücksichtigt der Wirtschaftsprüfer das interne Kontrollsystem, das relevant ist für die Aufstellung des Abschlusses. Ziel hierbei ist es, Prüfungshandlungen zu planen und durchzuführen, die unter den gegebenen Umständen angemessen sind, jedoch nicht, ein Prüfungsurteil zur Wirk-

151 Der Hinweis auf die Verantwortlichkeit für die Auswahl und Vertretbarkeit der Rechnungslegungsgrundsätze würde entfallen, wenn die Rechnungslegungsgrundsätze nicht nur rudimentär vorgegeben wären.

samkeit des internen Kontrollsystems des Unternehmens abzugeben. Die Prüfung eines Abschlusses umfasst auch die Beurteilung der angewandten Rechnungslegungsmethoden, der Vertretbarkeit der von den Gesellschaftern ermittelten geschätzten Werte in der Rechnungslegung sowie die Beurteilung der Gesamtdarstellung des Abschlusses.
Wir sind der Auffassung, dass die von uns erlangten Prüfungsnachweise ausreichend und angemessen sind, um als Grundlage für unser Prüfungsurteil zu dienen.

**Prüfungsurteil**
Nach unserer Beurteilung aufgrund der bei der Prüfung gewonnenen Erkenntnisse ist der Abschluss für das Geschäftsjahr vom ... [Datum] bis zum ... [Datum] in allen wesentlichen Belangen nach den Vorschriften des Gesellschaftsvertrags sowie den in der Anlage unter Ziffer 1 dargestellten Rechnungslegungsgrundsätzen aufgestellt.

**Rechnungslegungsgrundsätze sowie Weitergabe- und Verwendungsbeschränkung**
Ohne unser Prüfungsurteil einzuschränken, weisen wir auf den Gesellschaftsvertrag sowie auf Ziffer 1 der Anlage zum Abschluss hin, in der die maßgebenden Rechnungslegungsgrundsätze beschrieben werden. Der Abschluss wurde aufgestellt, um die Gesellschafter der ... [Gesellschaft] bei der Erfüllung der Rechenschaftspflichten des Gesellschaftsvertrags zu unterstützen. Folglich ist der Abschluss möglicherweise für einen anderen als den vorgenannten Zweck nicht geeignet.
Unser Prüfungsvermerk ist ausschließlich für die ... [Gesellschaft] und deren Gesellschafter bestimmt und darf nicht ohne unsere Zustimmung an Dritte weitergegeben und auch nicht von Dritten verwendet werden.

**[ggf. Hinweis zur Haftungsbeschränkung]**

(Ort)
(Datum)
(Unterschrift)
Wirtschaftsprüfer“

Es ist von den gleichen Gegebenheiten wie in Tz. 132 auszugehen, mit der Ausnahme, **133**
dass ein **eingeschränktes Prüfungsurteil** erteilt wird.

**Beispiel 42:**

**„Prüfungsvermerk des Wirtschaftsprüfers**

An ... [Auftraggeber]

Wir haben den beigefügten Abschluss der ... [Gesellschaft] – bestehend aus einer Vermögensaufstellung und Einnahmen-Ausgaben-Rechnung sowie der dazugehörigen Anlage – für das Geschäftsjahr vom ... [Datum] bis zum ... [Datum] geprüft.

**Verantwortung der Gesellschafter**
Die Gesellschafter der ... [Gesellschaft] sind verantwortlich für die Aufstellung des Abschlusses nach den Vorschriften des Gesellschaftsvertrags und nach den in der Anlage unter Ziffer 1 dargestellten Rechnungslegungsgrundsätzen. Die Gesellschafter sind auch verantwortlich für die Auswahl und Vertretbarkeit der in der An-

lage unter Ziffer 1 dargestellten Rechnungslegungsgrundsätze[152] sowie für die internen Kontrollen, die sie als notwendig erachten, um die Aufstellung eines Abschlusses zu ermöglichen, der frei von wesentlichen – beabsichtigten oder unbeabsichtigten – falschen Angaben ist.

**Verantwortung des Wirtschaftsprüfers**
Unsere Aufgabe ist es, auf der Grundlage unserer Prüfung ein Urteil zu diesem Abschluss abzugeben. Wir haben unsere Prüfung des Abschlusses unter Beachtung der vom Institut der Wirtschaftsprüfer (IDW) festgestellten deutschen Grundsätze ordnungsmäßiger Abschlussprüfung durchgeführt. Danach haben wir die Berufspflichten einzuhalten und die Prüfung des Abschlusses so zu planen und durchzuführen, dass hinreichende Sicherheit darüber erlangt wird, ob der Abschluss frei von wesentlichen falschen Angaben ist.
Die Prüfung eines Abschlusses umfasst die Durchführung von Prüfungshandlungen, um Prüfungsnachweise für die im Abschluss enthaltenen Wertansätze und zu den dazugehörigen Angaben zu erlangen. Die Auswahl der Prüfungshandlungen liegt im pflichtgemäßen Ermessen des Wirtschaftsprüfers. Dies schließt die Beurteilung der Risiken wesentlicher – beabsichtigter oder unbeabsichtigter – falscher Angaben im Abschluss ein. Bei der Beurteilung dieser Risiken berücksichtigt der Wirtschaftsprüfer das interne Kontrollsystem, das relevant ist für die Aufstellung des Abschlusses. Ziel hierbei ist es, Prüfungshandlungen zu planen und durchzuführen, die unter den gegebenen Umständen angemessen sind, jedoch nicht, ein Prüfungsurteil zur Wirksamkeit des internen Kontrollsystems des Unternehmens abzugeben. Die Prüfung eines Abschlusses umfasst auch die Beurteilung der angewandten Rechnungslegungsmethoden, der Vertretbarkeit der von den Gesellschaftern ermittelten geschätzten Werte in der Rechnungslegung sowie die Beurteilung der Gesamtdarstellung des Abschlusses.
Wir sind der Auffassung, dass die von uns erlangten Prüfungsnachweise ausreichend und angemessen sind, um als Grundlage für unser eingeschränktes Prüfungsurteil zu dienen.

**Grundlage für das eingeschränkte Prüfungsurteil**
Entgegen der in der Anlage unter Ziffer 1 dargestellten Maßgeblichkeit des Zahlungsmittelzuflusses werden in Höhe von ... T€ Einnahmen aus Umsatzgeschäften ausgewiesen, die im Geschäftsjahr ... noch nicht zahlungswirksam zugeflossen sind.

**Eingeschränktes Prüfungsurteil**
Mit Ausnahme der Auswirkungen, die sich aus dem im Abschnitt „Grundlage für das eingeschränkte Prüfungsurteil“ dargestellten Sachverhalt ergeben, ist nach unserer Beurteilung aufgrund der bei der Prüfung gewonnenen Erkenntnisse der Abschluss für das Geschäftsjahr vom ... [Datum] bis zum ... [Datum] in allen wesentlichen Belangen nach den Vorschriften des Gesellschaftsvertrags sowie den in der Anlage unter Ziffer 1 dargestellten Rechnungslegungsgrundsätzen aufgestellt.

**Rechnungslegungsgrundsätze sowie Weitergabe- und Verwendungsbeschränkung**
Ohne unser Prüfungsurteil weiter einzuschränken, weisen wir auf den Gesellschaftsvertrag sowie auf Ziffer 1 der Anlage zum Abschluss hin, in der die maßgebenden Rechnungslegungsgrundsätze beschrieben werden. Der Abschluss wurde aufgestellt, um die Gesellschafter der ... [Gesellschaft] bei der Erfüllung der Rechenschafts-

152 Der Hinweis auf die Verantwortlichkeit für die Auswahl und Vertretbarkeit der Rechnungslegungsgrundsätze würde entfallen, wenn die Rechnungslegungsgrundsätze nicht nur rudimentär vorgegeben wären.

pflichten des Gesellschaftsvertrags zu unterstützen. Folglich ist der Abschluss möglicherweise für einen anderen als den vorgenannten Zweck nicht geeignet.
Unser Prüfungsvermerk ist ausschließlich für die ... [Gesellschaft] und deren Gesellschafter bestimmt und darf nicht ohne unsere Zustimmung an Dritte weitergegeben und auch nicht von Dritten verwendet werden.

**[ggf. Hinweis zur Haftungsbeschränkung]**

(Ort)
(Datum)
(Unterschrift)
Wirtschaftsprüfer“

### 3.4.4.2 Prüfungsvermerk zu einem Abschluss, der nach Rechnungslegungsgrundsätzen zur sachgerechten Gesamtdarstellung aufgestellt wurde

Folgendes wird zugrunde gelegt[153]: 134

- Der Abschluss erhält ein uneingeschränktes Prüfungsurteil.
- Der Abschluss wurde von den gesetzlichen Vertretern der Gesellschaft nach den von einer Behörde festgelegten Rechnungslegungsgrundsätzen aufgestellt, um die Anforderungen dieser Behörde zu erfüllen.
- Die Rechnungslegungsgrundsätze sind solche zur sachgerechten Gesamtdarstellung.
- Die Weitergabe oder Verwendung des Prüfungsvermerks des Wirtschaftsprüfers ist nicht beschränkt.
- Der Wirtschaftsprüfer hat auch einen Bestätigungsvermerk zu einem Abschluss für allgemeine Zwecke für denselben Zeitraum erteilt.

**Beispiel 43:**

**„Prüfungsvermerk des Wirtschaftsprüfers**

An ... [Auftraggeber]

Wir haben den beigefügten Abschluss der ... [Gesellschaft] – bestehend aus Bilanz und Gewinn- und Verlustrechnung sowie den weiteren Angaben – für das Geschäftsjahr vom ... [Datum] bis zum ... [Datum] geprüft.

**Verantwortung der gesetzlichen Vertreter**
Die gesetzlichen Vertreter der ... [Gesellschaft] sind verantwortlich für die Aufstellung und sachgerechte Gesamtdarstellung des Abschlusses nach den Rechnungslegungsgrundsätzen in §§ ... der ... [Rechtsvorschrift]. Die gesetzlichen Vertreter sind auch verantwortlich für die internen Kontrollen, die sie als notwendig erachten, um die Aufstellung eines Abschlusses zu ermöglichen, der frei von wesentlichen – beabsichtigten oder unbeabsichtigten – falschen Angaben ist.

**Verantwortung des Wirtschaftsprüfers**
Unsere Aufgabe ist es, auf der Grundlage unserer Prüfung ein Urteil zu diesem Abschluss abzugeben. Wir haben unsere Prüfung des Abschlusses unter Beachtung der vom Institut der Wirtschaftsprüfer (IDW) festgestellten deutschen Grundsätze ordnungsmäßiger Abschlussprüfung durchgeführt. Danach haben wir die Berufspflichten

153 Vgl. *IDW PS 480*, Anlage 2, Bsp. 3.

einzuhalten und die Prüfung des Abschlusses so zu planen und durchzuführen, dass hinreichende Sicherheit darüber erlangt wird, ob der Abschluss frei von wesentlichen falschen Angaben ist.
Die Prüfung eines Abschlusses umfasst die Durchführung von Prüfungshandlungen, um Prüfungsnachweise für die in dem Abschluss enthaltenen Wertansätze und zu den dazugehörigen Angaben zu erlangen. Die Auswahl der Prüfungshandlungen liegt im pflichtgemäßen Ermessen des Wirtschaftsprüfers. Dies schließt die Beurteilung der Risiken wesentlicher – beabsichtigter oder unbeabsichtigter – falscher Angaben im Abschluss und in den dazugehörigen Angaben ein. Bei der Beurteilung dieser Risiken berücksichtigt der Wirtschaftsprüfer das interne Kontrollsystem, das relevant ist für die Aufstellung und sachgerechte Gesamtdarstellung eines Abschlusses. Ziel hierbei ist es, Prüfungshandlungen zu planen und durchzuführen, die unter den gegebenen Umständen angemessen sind, jedoch nicht, ein Prüfungsurteil zur Wirksamkeit des internen Kontrollsystems des Unternehmens abzugeben. Die Prüfung eines Abschlusses umfasst auch die Beurteilung der angewandten Rechnungslegungsmethoden, der Vertretbarkeit der von den gesetzlichen Vertretern ermittelten geschätzten Werte in der Rechnungslegung sowie die Beurteilung der Gesamtdarstellung des Abschlusses.
Wir sind der Auffassung, dass die von uns erlangten Prüfungsnachweise ausreichend und angemessen sind, um als Grundlage für unser Prüfungsurteil zu dienen.

**Prüfungsurteil**
Nach unserer Beurteilung aufgrund der bei der Prüfung gewonnenen Erkenntnisse stellt der Abschluss die Vermögens- und Finanzlage der Gesellschaft zum ... [Datum] sowie die Ertragslage für das an diesem Stichtag endende Geschäftsjahr nach den Rechnungslegungsgrundsätzen in §§ ... der ... [Rechtsvorschrift] in allen wesentlichen Belangen sachgerecht dar[154].

**Rechnungslegungsgrundsätze**
Ohne unser Prüfungsurteil einzuschränken, weisen wir auf §§ ... der ... [Rechtsvorschrift] sowie Ziffer ... der Angaben zum Abschluss hin, in der auf die maßgebenden Rechnungslegungsgrundsätze hingewiesen wird. Der Abschluss wurde aufgestellt, um die ... [Gesellschaft] bei der Erfüllung der Anforderungen der ... [Behörde] zu unterstützen. Folglich ist der Abschluss möglicherweise für einen anderen als den vorgenannten Zweck nicht geeignet.

**Durchführung der Jahresabschlussprüfung**
Ohne unser Prüfungsurteil einzuschränken, weisen wir darauf hin, dass die ... [Gesellschaft] für das am ... [Datum] endende Geschäftsjahr einen Jahresabschluss nach den deutschen handelsrechtlichen Vorschriften aufgestellt hat, zu dem wir einen (un)eingeschränkten / mit ergänzendem Zusatz versehenen Bestätigungsvermerk / Versagungsvermerk mit Datum vom ... [Datum] erteilt haben.

154 Zulässig ist auch eine Formulierung, in der die Aussagen zur Beachtung der maßgebenden Rechnungslegungsgrundsätze einerseits und zur sachgerechten Darstellung andererseits deutlicher getrennt sind: „Nach unserer Beurteilung aufgrund der bei der Prüfung gewonnenen Erkenntnisse entspricht der Abschluss in allen wesentlichen Belangen den Rechnungslegungsgrundsätzen in §§ ... der ... [Rechtsvorschrift] und stellt die Vermögens- und Finanzlage der Gesellschaft zum ... [Datum] sowie die Ertragslage für das an diesem Stichtag endende Geschäftsjahr in allen wesentlichen Belangen sachgerecht dar." Vgl. hierzu das Beispiel 45.

**[ggf. Hinweis zur Haftungsbeschränkung]**

(Ort)
(Datum)
(Unterschrift)
Wirtschaftsprüfer"

Die zum vorangehenden Beispiel genannten Gegebenheiten sind unverändert, mit der Ausnahme, dass das Prüfungsurteil aufgrund eines Prüfungshemmnisses, das die sachgerechte Gesamtdarstellung betrifft, eingeschränkt ist. **135**

**Beispiel 44:**

**„Prüfungsvermerk des Wirtschaftsprüfers**

An ... [Auftraggeber]

Wir haben den beigefügten Abschluss der ... [Gesellschaft] – bestehend aus Bilanz und Gewinn- und Verlustrechnung sowie den weiteren Angaben – für das Geschäftsjahr vom ... [Datum] bis zum ... [Datum] geprüft.

**Verantwortung der gesetzlichen Vertreter**
Die gesetzlichen Vertreter der ... [Gesellschaft] sind verantwortlich für die Aufstellung und sachgerechte Gesamtdarstellung des Abschlusses nach den Rechnungslegungsgrundsätzen in §§ ... der ... [Rechtsvorschrift]. Die gesetzlichen Vertreter sind auch verantwortlich für die internen Kontrollen, die sie als notwendig erachten, um die Aufstellung eines Abschlusses zu ermöglichen, der frei von wesentlichen – beabsichtigten oder unbeabsichtigten – falschen Angaben ist.

**Verantwortung des Wirtschaftsprüfers**
Unsere Aufgabe ist es, auf der Grundlage unserer Prüfung ein Urteil zu diesem Abschluss abzugeben. Wir haben unsere Prüfung des Abschlusses unter Beachtung der vom Institut der Wirtschaftsprüfer (IDW) festgestellten deutschen Grundsätze ordnungsmäßiger Abschlussprüfung durchgeführt. Danach haben wir die Berufspflichten einzuhalten und die Prüfung des Abschlusses so zu planen und durchzuführen, dass hinreichende Sicherheit darüber erlangt wird, ob der Abschluss frei von wesentlichen falschen Angaben ist.
Die Prüfung eines Abschlusses umfasst die Durchführung von Prüfungshandlungen, um Prüfungsnachweise für die in dem Abschluss enthaltenen Wertansätze und zu den dazugehörigen Angaben zu erlangen. Die Auswahl der Prüfungshandlungen liegt im pflichtgemäßen Ermessen des Wirtschaftsprüfers. Dies schließt die Beurteilung der Risiken wesentlicher – beabsichtigter oder unbeabsichtigter – falscher Angaben im Abschluss und in den dazugehörigen Angaben ein. Bei der Beurteilung dieser Risiken berücksichtigt der Wirtschaftsprüfer das interne Kontrollsystem, das relevant ist für die Aufstellung und sachgerechte Gesamtdarstellung eines Abschlusses. Ziel hierbei ist es, Prüfungshandlungen zu planen und durchzuführen, die unter den gegebenen Umständen angemessen sind, jedoch nicht, ein Prüfungsurteil zur Wirksamkeit des internen Kontrollsystems des Unternehmens abzugeben. Die Prüfung eines Abschlusses umfasst auch die Beurteilung der angewandten Rechnungslegungsmethoden, der Vertretbarkeit der von den gesetzlichen Vertretern ermittelten geschätzten Werte in der Rechnungslegung sowie die Beurteilung der Gesamtdarstellung des Abschlusses.

Wir sind der Auffassung, dass die von uns erlangten Prüfungsnachweise ausreichend und angemessen sind, um als Grundlage für unser eingeschränktes Prüfungsurteil zu dienen.

**Grundlage für das eingeschränkte Prüfungsurteil**

Das Vorhandensein der mit ... EUR ausgewiesenen Vorräte ist nicht hinreichend nachgewiesen, da wir nicht an der Inventur teilnehmen und durch alternative Prüfungshandlungen keine hinreichende Sicherheit über den Bestand der Vorräte gewinnen konnten. Es kann daher nicht ausgeschlossen werden, dass der Abschluss insoweit fehlerhaft ist.

**Prüfungsurteil**

Mit Ausnahme der möglichen[155] Auswirkungen, die sich aus dem im Abschnitt „Grundlage für das eingeschränkte Prüfungsurteil" dargestellten Sachverhalt ergeben, stellt nach unserer Beurteilung aufgrund der bei der Prüfung gewonnenen Erkenntnisse der Abschluss die Vermögens- und Finanzlage der Gesellschaft zum ... [Datum] sowie die Ertragslage für das an diesem Stichtag endende Geschäftsjahr nach den Rechnungslegungsgrundsätzen in §§ ... der ... [Rechtsvorschrift] in allen wesentlichen Belangen sachgerecht dar[156].

**Rechnungslegungsgrundsätze**

Ohne unser Prüfungsurteil weiter einzuschränken, weisen wir auf §§ ... der ... [Rechtsvorschrift] sowie Ziffer ... der Angaben zum Abschluss hin, in der auf die maßgebenden Rechnungslegungsgrundsätze hingewiesen wird. Der Abschluss wurde aufgestellt, um die ... [Gesellschaft] bei der Erfüllung der Anforderungen der ... [Behörde] zu unterstützen. Folglich ist der Abschluss möglicherweise für einen anderen als den vorgenannten Zweck nicht geeignet.

**Durchführung der Jahresabschlussprüfung**

Ohne unser Prüfungsurteil einzuschränken, weisen wir darauf hin, dass die ... [Gesellschaft] für das am ... [Datum] endende Geschäftsjahr einen Jahresabschluss nach den deutschen handelsrechtlichen Vorschriften aufgestellt hat, zu dem wir einen (un) eingeschränkten / mit ergänzendem Zusatz versehenen Bestätigungsvermerk / Versagungsvermerk mit Datum vom ... [Datum] erteilt haben.

**[ggf. Hinweis zur Haftungsbeschränkung]**

(Ort)
(Datum)
(Unterschrift)
Wirtschaftsprüfer"

155 Hätte die Einschränkung ihren Grund in einem festgestellten Fehler, würde das "mögliche" entfallen. Die Formulierung folgt ISA 705 bzw. ISA 705 (Rev.), Appendix, Illustration 3.

156 Sollen die Aussagen zur Beachtung der maßgebenden Rechnungslegungsgrundsätzen einerseits und zur Darstellung der Gesamtaussage stärker getrennt werden, kann folgende Formulierung verwendet werden: „Mit Ausnahme der möglichen Auswirkungen, die sich aus dem im Abschnitt „Grundlage für das eingeschränkte Prüfungsurteil" dargestellten Sachverhalt ergeben, entspricht der Abschluss in allen wesentlichen Belangen den Rechnungslegungsgrundsätzen in §§ … der … [Rechtsvorschrift] und stellt die Vermögens- und Finanzlage der Gesellschaft zum … [Datum] sowie die Ertragslage für das an diesem Stichtag endende Geschäftsjahr in allen wesentlichen Belangen sachgerecht dar."

### 3.4.4.3 Prüfungsvermerk des Wirtschaftsprüfers über die Prüfung einer Bilanz einschließlich der dazugehörigen Angaben, die die sachgerechte Gesamtdarstellung der Vermögenslage zum Ziel hat

Dem Prüfungsvermerk liegen folgende Gegebenheiten zugrunde[157]: 136

- Die Finanzaufstellung erhält ein **uneingeschränktes Prüfungsurteil.**
- Prüfung einer Bilanz einschließlich der dazugehörigen Angaben (d.h. einer Finanzaufstellung).
- Die Bilanz einschließlich der dazugehörigen Angaben wurde vom Unternehmen in Übereinstimmung mit den Vorschriften des HGB für Kapitalgesellschaften aufgestellt. Der Wirtschaftsprüfer hat festgestellt, dass im Prüfungsurteil eine Aussage über die Vermittlung einer sachgerechten Gesamtdarstellung der Vermögenslage angemessen ist.

**Beispiel 45:**

**„Prüfungsvermerk des Wirtschaftsprüfers**

An ... [Auftraggeber]

Wir haben die beigefügte Bilanz der ... [Gesellschaft] zum ... [Datum] einschließlich der dazugehörigen Angaben geprüft.

**Verantwortung der gesetzlichen Vertreter**
Die gesetzlichen Vertreter der ... [Gesellschaft] sind verantwortlich für die Aufstellung der Bilanz einschließlich der dazugehörigen Angaben. Diese Verantwortung umfasst, dass diese Bilanz nach den für Kapitalgesellschaften geltenden deutschen handelsrechtlichen Vorschriften aufgestellt wird und unter Beachtung der Grundsätze ordnungsmäßiger Buchführung eine sachgerechte Gesamtdarstellung der Vermögenslage der Gesellschaft vermittelt. Die gesetzlichen Vertreter sind auch verantwortlich für die internen Kontrollen, die sie als notwendig erachten, um die Aufstellung einer Bilanz einschließlich der dazugehörigen Angaben zu ermöglichen, die frei von wesentlichen – beabsichtigten oder unbeabsichtigten – falschen Angaben ist.

**Verantwortung des Wirtschaftsprüfers**
Unsere Aufgabe ist es, auf der Grundlage unserer Prüfung ein Urteil zu dieser Bilanz einschließlich der dazugehörigen Angaben abzugeben. Wir haben unsere Prüfung unter Beachtung der vom Institut der Wirtschaftsprüfer (IDW) festgestellten deutschen Grundsätze ordnungsmäßiger Abschlussprüfung durchgeführt. Danach haben wir die Berufspflichten einzuhalten und die Prüfung so zu planen und durchzuführen, dass hinreichende Sicherheit darüber erlangt wird, ob die Bilanz einschließlich der dazugehörigen Angaben frei von wesentlichen falschen Angaben ist.
Eine Prüfung umfasst die Durchführung von Prüfungshandlungen, um Prüfungsnachweise für die in der Bilanz enthaltenen Wertansätze einschließlich der dazugehörigen Angaben zu erlangen. Die Auswahl der Prüfungshandlungen liegt im pflichtgemäßen Ermessen des Wirtschaftsprüfers. Dies schließt die Beurteilung der Risiken wesentlicher – beabsichtigter oder unbeabsichtigter – falscher Angaben in der Bilanz einschließlich der dazugehörigen Angaben ein. Bei der Beurteilung dieser Risiken berücksichtigt der Wirtschaftsprüfer das interne Kontrollsystem, das relevant ist für die Aufstellung einer Bilanz einschließlich der dazugehörigen Angaben, die eine sachgerechte Gesamtdarstellung der Vermögenslage vermittelt. Ziel hierbei ist es,

157 Vgl. *IDW PS 490*, Anlage 3, Bsp. 1.

Prüfungshandlungen zu planen und durchzuführen, die unter den gegebenen Umständen angemessen sind, jedoch nicht, ein Prüfungsurteil zur Wirksamkeit des internen Kontrollsystems des Unternehmens abzugeben. Eine Prüfung umfasst auch die Beurteilung der angewandten Rechnungslegungsmethoden, der Vertretbarkeit der von den gesetzlichen Vertretern ermittelten geschätzten Werte in der Rechnungslegung sowie die Beurteilung der Gesamtdarstellung der Bilanz einschließlich der dazugehörigen Angaben.
Wir sind der Auffassung, dass die von uns erlangten Prüfungsnachweise ausreichend und angemessen sind, um als Grundlage für unser Prüfungsurteil zu dienen.

**Prüfungsurteil**
Nach unserer Beurteilung aufgrund der bei der Prüfung gewonnenen Erkenntnisse entspricht die Bilanz einschließlich der dazugehörigen Angaben in allen wesentlichen Belangen den für Kapitalgesellschaften geltenden deutschen handelsrechtlichen Vorschriften und stellt die Vermögenslage der Gesellschaft zum ... [Datum] in allen wesentlichen Belangen sachgerecht dar.

**[ggf. Hinweis zur Haftungsbeschränkung]**

(Ort)
(Datum)
(Unterschrift)
Wirtschaftsprüfer“

137 Abweichend zum vorangehenden Beispiel ist das **Prüfungsurteil aufgrund einer Beanstandung zu versagen**. Ansonsten gelten die gleichen Gegebenheiten.

**Beispiel 46:**

**„Prüfungsvermerk des Wirtschaftsprüfers**

An ... [Auftraggeber]

Wir haben die beigefügte Bilanz der ... [Gesellschaft] zum ... [Datum] einschließlich der dazugehörigen Angaben geprüft.

**Verantwortung der gesetzlichen Vertreter**
Die gesetzlichen Vertreter der ... [Gesellschaft] sind verantwortlich für die Aufstellung der Bilanz einschließlich der dazugehörigen Angaben. Diese Verantwortung umfasst, dass diese Bilanz nach den für Kapitalgesellschaften geltenden deutschen handelsrechtlichen Vorschriften aufgestellt wird und unter Beachtung der Grundsätze ordnungsmäßiger Buchführung eine sachgerechte Gesamtdarstellung der Vermögenslage der Gesellschaft vermittelt. Die gesetzlichen Vertreter sind auch verantwortlich für die internen Kontrollen, die sie als notwendig erachten, um die Aufstellung einer Bilanz einschließlich der dazugehörigen Angaben zu ermöglichen, die frei von wesentlichen – beabsichtigten oder unbeabsichtigten – falschen Angaben ist.

**Verantwortung des Wirtschaftsprüfers**
Unsere Aufgabe ist es, auf der Grundlage unserer Prüfung ein Urteil zu dieser Bilanz einschließlich der dazugehörigen Angaben abzugeben. Wir haben unsere Prüfung unter Beachtung der vom Institut der Wirtschaftsprüfer (IDW) festgestellten deutschen Grundsätze ordnungsmäßiger Abschlussprüfung durchgeführt. Danach haben wir die Berufspflichten einzuhalten und die Prüfung so zu planen und durchzuführen,

dass hinreichende Sicherheit darüber erlangt wird, ob die Bilanz einschließlich der dazugehörigen Angaben frei von wesentlichen falschen Angaben ist.
Eine Prüfung umfasst die Durchführung von Prüfungshandlungen, um Prüfungsnachweise für die in der Bilanz enthaltenen Wertansätze einschließlich der dazugehörigen Angaben zu erlangen. Die Auswahl der Prüfungshandlungen liegt im pflichtgemäßen Ermessen des Wirtschaftsprüfers. Dies schließt die Beurteilung der Risiken wesentlicher – beabsichtigter oder unbeabsichtigter – falscher Angaben in der Bilanz einschließlich der dazugehörigen Angaben ein. Bei der Beurteilung dieser Risiken berücksichtigt der Wirtschaftsprüfer das interne Kontrollsystem, das relevant ist für die Aufstellung einer Bilanz einschließlich der dazugehörigen Angaben, die eine sachgerechte Gesamtdarstellung der Vermögenslage vermittelt. Ziel hierbei ist es, Prüfungshandlungen zu planen und durchzuführen, die unter den gegebenen Umständen angemessen sind, jedoch nicht, ein Prüfungsurteil zur Wirksamkeit des internen Kontrollsystems des Unternehmens abzugeben. Eine Prüfung umfasst auch die Beurteilung der angewandten Rechnungslegungsmethoden, der Vertretbarkeit der von den gesetzlichen Vertretern ermittelten geschätzten Werte in der Rechnungslegung sowie die Beurteilung der Gesamtdarstellung der Bilanz einschließlich der dazugehörigen Angaben.
Wir sind der Auffassung, dass die von uns erlangten Prüfungsnachweise ausreichend und angemessen sind, um als Grundlage für unser versagtes Prüfungsurteil zu dienen.

**Grundlage für das versagte Prüfungsurteil**
Die Bilanz wurde unzulässigerweise unter Annahme der Fortführung der Unternehmenstätigkeit aufgestellt, obwohl aufgrund der absehbaren Zahlungsunfähigkeit hiervon nicht ausgegangen werden kann.

**Versagtes Prüfungsurteil**
Nach unserer Beurteilung aufgrund der bei der Prüfung gewonnenen Erkenntnisse entspricht die Bilanz einschließlich der dazugehörigen Angaben aufgrund der Bedeutung des im Abschnitt „Grundlage für das versagte Prüfungsurteil" dargestellten Sachverhalts nicht den für Kapitalgesellschaften geltenden deutschen handelsrechtlichen Vorschriften und stellt die Vermögenslage der Gesellschaft zum ... [Datum] nicht sachgerecht dar.

**[ggf. Hinweis zur Haftungsbeschränkung]**

(Ort)
(Datum)
(Unterschrift)
Wirtschaftsprüfer"

### 3.4.5 Weitergehende Berichterstattung

Bei einer Prüfung nach *IDW PS 480* bzw. *IDW PS 490* muss der WP nur dann einen **Prüfungsbericht** nach *IDW PS 450* erstellen, wenn dies gesetzliche Vorschriften (z.B. § 17 Abs. 2 S. 2 UmwG i.V.m. § 321 HGB) oder vertragliche Vereinbarungen verlangen[158]. **138**

In diesem Fall ist der **Prüfungsvermerk im PrB zu erteilen oder wiederzugeben**[159].

158 Vgl. *IDW PS 480*, Tz. 24; *IDW PS 490*, Tz. 22.
159 Vgl. *IDW PS 480*, Tz. 24; *IDW PS 490*, Tz. 22.

139 Es ist zulässig, eine über den Prüfungsvermerk hinausgehende **Berichterstattung** zu vereinbaren, die **nicht auf Basis des *IDW PS 450*** erfolgt.

**Beispiel 47:**

Der WP hat einen Abschluss, der nach Rechnungslegungsgrundsätzen für einen speziellen Zweck aufgestellt wurde, zu prüfen. Es ist vereinbart worden, dass der WP auch schriftlich darüber berichtet, ob ihm i.R.d. Prüfung Verletzungen des unternehmensinternen Verhaltenskodex bekannt geworden sind.

140 Aus der **Rede- und Treuepflicht** ggü. dem Auftraggeber kann sich die Notwendigkeit ergeben, über den Prüfungsvermerk hinaus Bericht an die gesetzlichen Vertreter zu erstatten, z.B. über Entwicklungsbeeinträchtigungen oder Gesetzes- bzw. Satzungsverstöße[160].

141 U.U. kann eine **Kommunikation mit dem Aufsichtsorgan** erforderlich sein. Bei der Beurteilung dieser Frage hat der WP insb. zu berücksichtigen, ob die von ihm geprüften Finanzinformationen der Überwachung durch das Aufsichtsorgan unterliegen oder nur zur Verwendung durch die gesetzlichen Vertreter erstellt wurden[161].

Aufgrund der Rede- und Treuepflicht kann eine Berichterstattung an den AR erforderlich sein[162]. Sie kann auch Sachverhalte betreffen, die der WP gelegentlich seiner Prüfung festgestellt hat, die aber die Ordnungsmäßigkeit des Prüfungsgegenstands nicht betreffen.

**Beispiel 48:**

Bei der Prüfung eines Abschlusses für einen speziellen Zweck entdeckt der WP in Einklang mit den maßgebenden Rechnungslegungsgrundsätzen abgebildete, aber unzulässige Zahlungsmittelabflüsse an die gesetzlichen Vertreter.

In Zweifelsfällen kann die Einholung rechtlichen Rats sachgerecht sein[163].

Die Kommunikation mit dem Aufsichtsorgan kann sich an *IDW PS 470* orientieren[164].

## 4. Ausblick

142 Die *IDW PS 480* und *IDW PS 490* zugrunde liegenden **ISA 800 und ISA 805** sind vor dem Hintergrund der neuen Prüfungsstandards zum Auditor Reporting vom IAASB **überarbeitet** worden. Es ist damit zu rechnen, dass sich diese Änderungen in *IDW PS 480* und *IDW PS 490* niederschlagen werden[165].

143 Die **wesentlichen Änderungen** in ISA 800 (Rev.) und ISA 805 (Rev.) **betreffen den Aufbau und den Inhalt des Prüfungsvermerks**.

160 Entsprechend *IDW S 7*, Tz. 78, S. 3.
161 Vgl. *IDW PS 480*, Tz. A22; *IDW PS 490*, Tz. A17.
162 Vgl. *IDW PS 480*, Tz. A22; *IDW PS 490*, Tz. A17.
163 Vgl. *IDW PS 480*, Tz. A22; *IDW PS 490*, Tz. A17.
164 Vgl. *IDW PS 480*, Tz. A22; *IDW PS 490*, Tz. A17.
165 Vgl. *Gewehr/Böhm/Harrison/Schmitz-Herkendell*, WPg 2016, S. 481 (486).

Die überarbeiteten ISA sehen vor, dass die Abschnitte **„Prüfungsurteil“**[166], **„Grundlagen des Prüfungsurteils“**[167] **und „Rechnungslegungsgrundsätze sowie Weitergabe- und Verwendungsbeschränkung“**[168] **ebenso wie sonstige ergänzende Hinweise**[169] nunmehr zu Beginn des Prüfungsvermerks nach der Adressierung platziert werden[170]. **144**

Der Abschn. **„Verantwortung der gesetzlichen Vertreter“**[171] wird in **„Verantwortung der gesetzlichen Vertreter und des Aufsichtsorgans“**[172] umbenannt, sofern die Pflicht, die Aufstellung der nach ISA 800 (Rev.) bzw. ISA 805 (Rev.) zu prüfenden Finanzinformationen zu überwachen nicht (allein) den gesetzlichen Vertretern, sondern (auch) dem Aufsichtsorgan obliegt[173]. In diesem Fall enthält der Abschn. auch eine Aussage, dass das Aufsichtsorgan für die Überwachung der Aufstellung der betreffenden Finanzinformationen verantwortlich ist. **145**

Sofern für die maßgebenden Rechnungslegungsgrundsätze die Annahme der Unternehmensfortführung relevant ist, ist in diesem Abschn. explizit auch darauf einzugehen, dass die gesetzlichen Vertreter dafür verantwortlich sind,

- die **Unternehmensfortführung** zu beurteilen,
- ggf. Sachverhalte offenzulegen, die die Unternehmensfortführung betreffen und
- die Annahme der Unternehmensfortführung als Rechnungslegungsgrundsatz zu verwenden, soweit die gesetzlichen Vertreter nicht die Unternehmenszerschlagung oder -stilllegung beabsichtigen oder sie betreiben müssen[174].

Eine Berichterstattung zu **Key Audit Matters** ist nur erforderlich, wenn Gesetze bzw. Vorschriften dies verlangen oder wenn der WP sich für eine derartige Berichterstattung entscheidet[175]. In diesen Fällen hat die Berichterstattung zu den Key Audit Matters unter vollständiger Beachtung von ISA 701 zu erfolgen[176]. **146**

Nicht auf Überarbeitungen von ISA zurückzuführende **Änderungen** könnten *IDW PS 740* und *IDW PS 750* betreffen. In diesen Standards sind noch Bescheinigungen als Ergebnis der **Prüfung der Rechnungslegung von Stiftungen bzw. Vereinen** vorgesehen, sofern es sich nicht um JA handelt, die nach den Vorschriften des HGB aufgestellt sind. Das steht nicht mehr mit dem Konzept in Einklang, zu Prüfungen von historischen Finanzinformationen, bei denen eine hinreichende Prüfungssicherheit zu erlangen ist, entweder einen BestV oder einen Prüfungsvermerk zu erteilen[177]. **147**

166 „Opinion“.
167 „Basis for Opinion“.
168 „Emphasis of Matter – Basis of Accounting and Restriction on Distribution“.
169 „Material Uncertainty Related to Going Concern“ und „Other Matters“.
170 Vgl. ISA 800, Appendix; ISA 805, Appendix 2.
171 „Responsibilities of Management“.
172 „Responsibilities of Management and Those Charged with Governance for the Financial Statement(s)“.
173 Vgl. ISA 800.11 (Rev.), ISA 805.11 (Rev.) jeweils i.V.m. ISA 700.35 (Rev.). Allerdings sieht ISA 805 (Rev.), Appendix 2, Illustration 2, die Passage „and Those Charged Governance“ in der Abschnittsüberschrift auch in einem Fall vor, in dem die Verantwortlichkeit für die Überwachung der Finanzinformationenaufstellung allein bei den gesetzlichen Vertretern liegt. Es handelt sich wahrscheinlich um ein redaktionelles Versehen.
174 Vgl. ISA 800 (Rev.).A13 ; ISA 805 (Rev.).A19 .
175 Vgl. ISA 800.A16 (Rev.); ISA 805.20 (Rev.).
176 Vgl. ISA 800.A16 (Rev.); ISA 805.20 (Rev.).
177 Vgl. *IDW PS 480*, Tz. 8; *IDW PS 490*, Tz. 6.

# Kapitel E

# Umwandlungsfälle und deren Prüfung

Verfasser:
WP StB Prof. Dr. Peter Oser, Stuttgart

Inhalt Tz.

# 1. Grundlagen der Rechnungslegung in Umwandlungsfällen

## 1.1 Vorbemerkungen

1 Das Umwandlungsgesetz (UmwG)[1] wirkt in die unterschiedlichsten Rechtsgebiete hinein – so auch in das Bilanzrecht, einem „Herzstück des Gesellschaftsrechts"[2]. Es trat – flankiert vom Umwandlungssteuergesetz (UmwStG)[3] – am 01.01.1995 in Kraft und wurde mittlerweile mehrfach geändert – weitere Gesetzesnovellen kündigen sich an[4]. Dabei strahlen insb. die Änderungen des UmwG durch das Zweite Gesetz zur Änderung des UmwG (UmwGÄndG)[5] auch auf die Rechnungslegung in Umwandlungsfällen aus: So hat dieses mit dem „Dogma der Anteilsgewährpflicht" gebrochen[6], die grenzüberschreitende Verschmelzung von KapGes. innerhalb der EU/des EWR ins UmwG eingeführt[7] sowie die sog. „Spaltungsbremse" des § 132 UmwG a.F. aufgehoben, die in der Praxis insb. die Ausgliederung von Altersversorgungsverpflichtungen auf eine sog. „Rentnergesellschaft" behinderte[8]. Hinzu kommt, dass aus dem **Bilanzrechtsmodernisierungsgesetz** (BilMoG)[9] zahlreiche Änderungen für die Bilanzierung von Umwandlungen resultierten: Das gilt insb. für die Bilanzierung latenter Steuern sowie eigener Anteile.

2 Die bilanzrechtlichen Anordnungen des UmwG erschöpfen sich in den **§§ 17 Abs. 2 und 24 UmwG**. Vor diesem Hintergrund müssen Zweifelsfragen der Rechnungslegung in Umwandlungsfällen unter Rekurs auf allgemeine Grundsätze, insb. zur Bilanzierung von Anschaffungsvorgängen, entschieden werden. Dabei kommt den **Stellungsnahmen zur Rechnungslegung des IDW** zu den Auswirkungen eines Formwechsels (*IDW RS HFA 41*)[10], einer Verschmelzung (*IDW RS HFA 42*)[11] oder einer Spaltung (*IDW RS HFA 43*)[12] eine zentrale Bedeutung bei.

---

1 BGBl. I 1994, S. 3210.

2 *Claussen*, in: FS Stiefel, S. 87.

3 BGBl. I S. 3267. Zu bilanziellen Aspekten des Umwandlungssteuerrechts 2015/2016 vgl. *Koch*, BB 2016, S. 2603.

4 Anlass ist u.a. die Rechtsprechung des EuGH v. 12.07.2012, Rs. C-378/10 (Vale) zur Zulässigkeit eines grenzüberschreitenden Formwechsels. Siehe hierzu *Roth*, in: FS Hoffmann-Becking, S. 965 (Gesellschaftsrecht) und *Skoluda/Janitschke*, WPg 2013, S. 521 (527, Bilanzrecht). Zu den Anforderungen an einen sog. *Herein*-Formwechsel in eine deutsche GmbH vgl. OLG Nürnberg v. 19.06.2013 – 12 W 520/13 und KG Berlin v. 21.03.2016 – 22 W 64/15 (mit Besprechung von *Wachter*, GmbHR 2016, S. 738). Hinzu kommen die europäischen Rechtsentwicklungen, die aus dem EU Aktionsplan 2012 resultieren und auf eine Überarbeitung der 10. (internationale Verschmelzungs-) Richtlinie sowie die Schaffung eines EU-Rechtsrahmens für grenzüberschreitende Spaltungen zielen, vgl. *Bayer/Schmidt*, BB 2015, S. 1731 (1735); *Bayer/Schmidt*, BB 2016, S. 1923 (1924, 1932).

5 BGBl. I 2007, S. 542.

6 §§ 54 Abs. 1 S. 3, 68 Abs. 1 S. 3 UmwG. Zu rechtlichen, steuerlichen und bilanziellen Fragen dieser Regelungen vgl. *Simon*, in: FS Schaumburg, S. 1341. Praktisch hat ein Verzicht auf die Gewährung von Anteilen insb. bei der konzerninternen Verschmelzung von Schwestergesellschaften Bedeutung.

7 §§ 122a ff. UmwG.

8 Siehe Tz. 150.

9 BGBl. I 2009, S. 1102.

10 Zu einführenden Beiträgen vgl. *Künkele/Gornoluch*, BC 2013, S. 151; *Künkele/Zwirner*, StuB 2013, S. 163; *Skoluda/Janitschke*, WPg 2013, S. 521.

11 Zu einführenden Beiträgen vgl. *Bilitewski/Roß/Weiser*, WPg 2014, S. 13 (Teil 1) und S. 73 (Teil 2); *Kolb/Weimert*, StuB 2013, S. 445 und 484; *Deubert/Klöcker*, WP Praxis 2013, S. 61.

12 Zu einführenden Beiträgen vgl. *Heeb*, WPg 2014, S. 189; *Oser*, StuB 2014, S. 631; *Deubert*, WP Praxis 2013, S. 81.

Im Folgenden werden zunächst grundsätzliche Fragen der Rechnungslegung in Umwandlungsfällen beleuchtet. Daran schließt sich die Darstellung der Rechnungslegung der einzelnen Arten der Umwandlung (§ 1 Abs. 1 UmwG) an. 3

Der Begriff **„Umwandlung"** ist ein technischer Begriff, der **abschließend vier Arten** der Umstrukturierung von Unternehmen zusammenfasst. Es sind dies die Verschmelzung (§§ 2 ff. UmwG), die Spaltung (§§ 123 ff. UmwG), die Vermögensübertragung (§§ 174 ff. UmwG) und der Formwechsel (§§ 190 ff. UmwG). Dieser numerus clausus ist bedeutsam, da Umwandlungen privilegiert sind, sei es durch das Rechtsinstitut der (partiellen) Gesamtrechtsnachfolge, sei es durch das Umwandlungssteuerrecht. Nicht von dem terminus technicus der Umwandlung erfasst sind bspw. Vermögensübertragungen im Wege der Einzelrechtsnachfolge (Einbringungsvorgänge) oder der Anwachsung[13]. 4

## 1.2 Maßgeblichkeit der handelsrechtlichen GoB für die steuerliche Gewinnermittlung

Der **übertragende** Rechtsträger hat eine handels- und eine steuerrechtliche Schlussbilanz aufzustellen[14]. Bis zum Gesetz über steuerliche Begleitmaßnahmen zur Einführung der Europäischen Gesellschaft und zur Änderung weiterer steuerrechtlicher Vorschriften **(SEStEG)** v. 07.12.2006[15] war umstritten, ob beide Schlussbilanzen über den Grundsatz der Maßgeblichkeit der handelsrechtlichen GoB für die steuerliche Gewinnermittlung miteinander verknüpft sind[16]. Während der BFH[17] und die ganz h.M. in der Literatur eine Anwendung des Maßgeblichkeitsgrundsatzes in Umwandlungsfällen ablehnten, hatte die Finanzverwaltung die Beachtung des Maßgeblichkeitsgrundsatzes auch in Umwandlungsfällen eingefordert. Dieser Streit wurde mit dem SEStEG beigelegt. Danach ist der **Grundsatz der Maßgeblichkeit der handelsrechtlichen GoB für die steuerliche Gewinnermittlung in Umwandlungsfällen nicht anzuwenden**. Dies gilt auch für die Zugangsbilanzierung des durch Umwandlung erworbenen Vermögens in der Handels- und Steuerbilanz des **übernehmenden** Rechtsträgers. Die Finanzverwaltung hat ihre abweichende Ansicht im Umwandlungssteuererlass v. 11.11.2011[18] inzwischen aufgegeben. 5

## 1.3 Rückwirkung in Handels- und Steuerbilanz

### 1.3.1 Handelsbilanz

Bei Umwandlungen ist zwischen handels- und steuerrechtlicher Rückwirkung zu unterscheiden. Die **handelsrechtliche Rückwirkung** zielt auf die Festlegung des Umwandlungsstichtags (= Verschmelzungs- oder Spaltungsstichtag[19]), der gem. § 5 Abs. 1 6

13 Für die Anwachsung kann indes § 24 UmwG analog angewendet werden, vgl. *IDW RS HFA 42*, Tz. 93.

14 Vgl. § 17 Abs. 2 UmwG; §§ 3 Abs. 1, 11 Abs. 1, 15 Abs. 1, 16 UmwStG.

15 BGBl. I 2006, S. 2782.

16 Zum Diskussionsstand in Literatur und Rechtsprechung vor dem SEStEG vgl. WP Handbuch 2008, Bd. II, E, Tz. 10.

17 Vgl. BFH v. 19.10.1995 – I R 38/04, BStBl. II 2006, S. 568 zum Formwechsel oder zur Umwandlung einer KG in eine GmbH; BFH v. 05.06.2007 – I R 97/06, BStBl. II 2008, 650 und BFH v. 28.05.2008 – I R 98/06, DB 2008, S. 2003, jeweils zur Verschmelzung von KapGes.

18 BMF-Schr. v. 11.11.2011 – IV C 2 – S 1978 – b/08/10001, BStBl. I 2011, S. 1314.

19 Vgl. § 5 Abs. 1 Nr. 6 bzw. § 126 Abs. 1 Nr. 6 UmwG. Bei der Anwachsung ist die Vereinbarung eines rückwirkenden Anwachsungsstichtags dagegen nicht zulässig, vgl. *IDW RS HFA 42*, Tz. 95.

Nr. 6 UmwG im Verschmelzungs- oder Spaltungsvertrag[20] zwingend geregelt sein muss und mit dem steuerlichen Übertragungsstichtag (§ 2 Abs. 1 UmwStG) nicht identisch ist. Er betrifft das Innenverhältnis und bestimmt den Zeitpunkt, von dem „an die Handlungen der übertragenden Rechtsträger als für Rechnung des übernehmenden Rechtsträgers vorgenommen gelten" (sog. **Für-Rechnung-Phase**)[21]. Ist der Umwandlungsstichtag z.B. (wie in Abb. 1) der 01.01.X1, so wirtschaftet der übertragende Rechtsträger bis zum 31.12.X0 24:00 Uhr für eigene und ab dem 01.01.X1 00:00 für fremde Rechnung; das Ergebnis aus Rechtsgeschäften ab dem Umwandlungsstichtag – sei es Gewinn oder Verlust – gilt als Ergebnis des übernehmenden Rechtsträgers.

7 Diese umwandlungsrechtliche Fiktion entfaltet indes mit Eintragung der Verschmelzung ins HR **nur eine schuldrechtliche (Rück-)Wirkung**, so dass sie zutreffender als „Rückbeziehung" bezeichnet werden sollte; sie kann dagegen nicht die **dingliche** Zuordnung von Vermögensgegenständen und Schulden mit Wirkung für die Vergangenheit ändern, da dies zivilrechtlich nicht zulässig ist[22]; auch wirtschaftliches Eigentum kann nicht rückwirkend begründet werden[23].

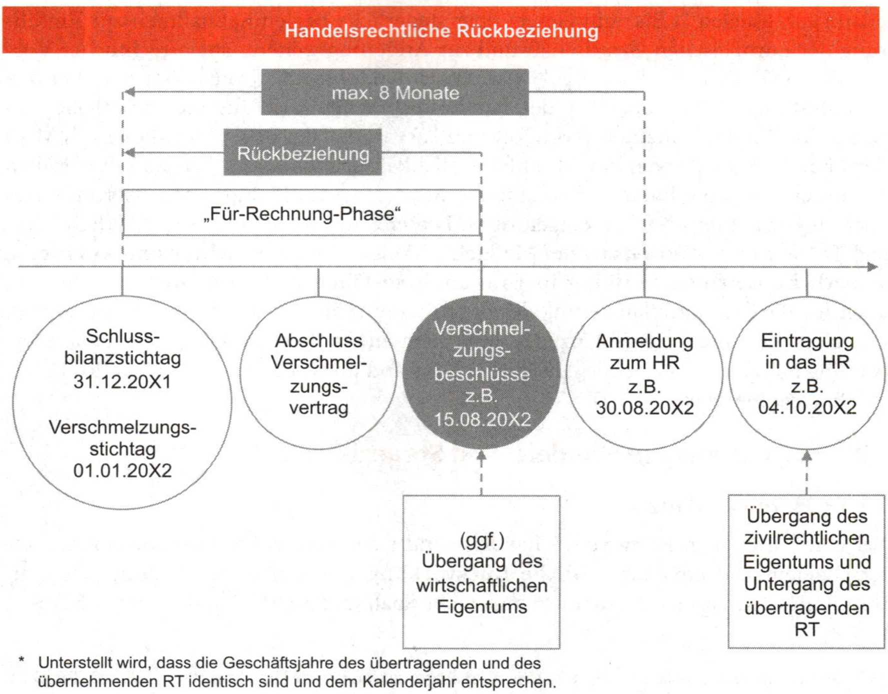


Abb. 1: Handelsrechtliche Rückbeziehung

20 Bei einer Spaltung zur Neugründung: der Spaltungsplan.

21 Der übernehmende Rechtsträger muss zum Verschmelzungsstichtag noch nicht existieren, vgl. *Ulrich/Böhle*, GmbHR 2006, S. 644.

22 Vgl. BGH v. 12.10.1992, DB 1992, S. 2432.

23 Vgl. *Müller, W.*, in: Kallmeyer, UmwG[5], § 17 UmwG, Tz. 23; *Hörtnagl*, in: Schmitt/Hörtnagl/Stratz, UmwG[7], § 17 UmwG, Tz. 73.

### 1.3.2 Steuerbilanz

Dagegen bestimmt **§ 2 Abs. 1 S. 1 UmwStG**: „Das Einkommen und das Vermögen der übertragenden Körperschaft sowie des übernehmenden Rechtsträgers sind so zu ermitteln, als ob das Vermögen der Körperschaft mit Ablauf des Stichtags der Bilanz, die dem Vermögensübergang zugrunde liegt (steuerlicher Übertragungsstichtag) … auf den übernehmenden Rechtsträger übergegangen wäre." Mithin ist steuerrechtlich **so** zu bilanzieren, **als ob** das Reinvermögen des übertragenden Rechtsträgers bereits zum Übertragungsstichtag auch dinglich auf den übernehmenden Rechtsträger übergegangen wäre. Zwar kann auch das Steuerrecht das Verbot der dinglichen Rückwirkung nicht verdrängen; für Zwecke der Besteuerung der beteiligten Rechtsträger wird indes – anders als im Handelsrecht und in Verdrängung des Grundsatzes der Bilanzierung wirtschaftlichen (für Vermögen) und zivilrechtlichen (für Schulden) Eigentums – fingiert, dass der dingliche Transfer des Reinvermögens bereits erfolgt sei (**steuerrechtliche Fiktion**). Zu beachten ist indes, dass § 2 Abs. 1 UmwStG nur die Rückbeziehung von Rechtsfolgen, nicht auch von tatsächlichen Voraussetzungen fingiert[24]. 8

**Beispiel:** A soll auf B verschmolzen werden. Verschmelzungsstichtag soll der 01.01.01 sein. Die Verschmelzung wird im August 01 im HR eingetragen. Beide Rechtsträger haben ein mit dem Kalenderjahr identisches GJ/WJ. 9

**Handelsrechtlich** sind die Rechtsgeschäfte, die A ab dem 01.01.01 bis zu seinem Erlöschen durch Eintragung der Verschmelzung in das HR im August 01 im eigenen Namen, aber für Rechnung von B tätigt, bereits B zuzurechnen. Dagegen kann B das Reinvermögen von A und dessen Änderungen ab dem 01.01.01 erst ab dem Zeitpunkt der Eintragung der Verschmelzung im HR in seine Rechnungslegung einbuchen (zivilrechtlicher Vermögensübergang), es sei denn, dass das wirtschaftliche Eigentum bereits früher auf B übergegangen ist[25].

**(Ertrag-)Steuerrechtlich** fingiert § 2 UmwStG, dass das Vermögen von A bereits zum 31.12.00 auf B übergegangen ist mit der Folge, dass A, der bis zum Zeitpunkt der Eintragung der Verschmelzung in das HR im August 01 zivilrechtlich als Rechtsträger existiert, für Zwecke des Ertragsteuerrechts so behandelt wird, als wäre er mit Ablauf des steuerlichen Übertragungsstichtags bereits erloschen.

## 1.4 Latente Steuern

Der Bilanzierung latenter Steuern (§§ 274 und 306 HGB, DRS 18[26]) liegt das bilanzorientierte „temporary-concept" zugrunde[27]. Danach sind **Bilanz**differenzen bei Vermögensgegenständen und/oder Schulden in zwei Rechenwerken (z.B. Handels- und Steuerbilanz), die sich im Zeitablauf abbauen und dabei voraussichtlich zu (künftigen) Steuerbe- oder -entlastungen führen, zu latenzieren. Vom Anwendungsbereich des „temporary-concept" werden auch sog. quasi-permanente Differenzen in nicht abnutzbaren Vermögensgegenständen des Anlagevermögens (z.B. bei Grundstücken oder Be- 10

24 Vgl. BFH v. 17.09.2003, BStBl. II 2004, S. 534 (zur rückwirkenden Begründung eines Organschaftsverhältnisses).

25 Zu den Voraussetzungen des (früheren) Übergangs wirtschaftlichen Eigentums vgl. *IDW RS HFA 42*, Tz. 29.

26 DRS 18.7 empfiehlt die Anwendung des Standards auch für JA.

27 Vgl. ausführlich *IDW*, WPH Edition, Wirtschaftsprüfung & Rechnungslegung[15], Kap. F, Tz. 588 ff. und Tz. 685 ff.

teiligungen) erfasst. Ferner sind auch steuerliche Verlust-, Zins- oder EBITDA-Vorträge, falls diese im Zuge der Umwandlung nicht untergehen[28], zu berücksichtigen (§ 274 Abs. 1 S. 4 HGB).

11 Die Bilanzierung latenter Steuern hat für übertragende Umwandlungen besondere Bedeutung[29], da die Zugangsbilanzierung und -bewertung des übergehenden Vermögens in der Handels- und Steuerbilanz des übernehmenden Rechtsträgers unterschiedlich gestaltet werden kann (z.B. Ansatz von Zeitwerten in der Handels- und Fortführung von Buchwerten in der Steuerbilanz).

### 1.5 Angabe von Vorjahresbeträgen

12 Nach § 265 Abs. 2 HGB ist in der Bilanz und der GuV zu jedem Posten der entsprechende Betrag des vorhergehenden GJ anzugeben. Sind die Beträge nicht vergleichbar, so ist dies im Anhang anzugeben und zu erläutern. Sind zwecks Herstellung der Vergleichbarkeit Vorjahresbeträge angepasst worden, so ist auch dies im Anhang anzugeben und zu erläutern.

13 Nach *IDW RS HFA 39* beeinträchtigen Vermögenszugänge durch Verschmelzung oder Spaltung bei der aufnehmenden Gesellschaft sowie Vermögensabgänge durch Spaltung bei der übertragenden Gesellschaft grundsätzlich die Vergleichbarkeit der Vorjahreszahlen, da die Vorgänge außerhalb der gewöhnlichen Geschäftstätigkeit liegen und regelmäßig erhebliche Auswirkungen haben[30]. Vermögenszu- und -abgänge durch Verschmelzungs- und Spaltungsvorgänge entsprechen in ihren Auswirkungen einer Änderung des Konsolidierungskreises bei KA[31]. Die Herstellung der Vergleichbarkeit durch Anhangangaben oder durch Angabe angepasster Vorjahreszahlen sollte sich deshalb an den in *IDW RS HFA 44*[32] und in *IDW RH HFA 1.004* dargestellten Grundsätzen orientieren. Im Interesse der Adressaten des JA sollte die Vergleichbarkeit der Vorjahreszahlen dadurch hergestellt werden, dass neben den tatsächlichen Vorjahreszahlen und den tatsächlichen Zahlen des Berichtsjahres auch die angepassten Vorjahreszahlen (vollständig) angegeben werden (sog. **Drei-Spalten-Form**)[33]. Zulässig ist auch, die aktuellen Zahlen an die Verhältnisse des Vorjahres anzupassen, wenn eine Anpassung der Vorjahreszahlen nicht möglich ist (sog. **modifizierte Drei-Spalten-Form**)[34].

## 2. Rechnungslegung bei Verschmelzungen

### 2.1 Vorbemerkungen

#### 2.1.1 Rechtsgrundlagen

14 Sedes materiae des Rechts der Verschmelzung ist das Zweite Buch des Umwandlungsgesetzes (§§ 2-122l UmwG). Unter **Verschmelzung i.S.d. Umwandlungsgesetzes** (§ 1 Abs. 1 Nr. 1 UmwG) versteht man die Übertragung des gesamten Vermögens eines oder

28 Vgl. § 8c KStG und § 10a S. 10 GewStG bzw. §§ 4 Abs. 2 S. 2, 12 Abs. 3, 15 Abs. 3, 16 UmwStG.
29 Vgl. grundlegend *Simlacher; Meyer*, BB 2013, S. 683; *Vossel*, S. 272 ff.
30 Vgl. *IDW RS HFA 39*, Tz. 7.
31 Vgl. *IDW RS HFA 39*, Tz. 12.
32 Siehe hierzu *Löffler/Müller*, WPg 2013, S. 291.
33 Vgl. *IDW RS HFA 44*, Tz. 15.
34 Vgl. *Löffler/Müller*, WPg 2013, S. 291 (294).

mehrerer Rechtsträger[35] (= übertragende Rechtsträger) auf einen anderen (bestehenden oder neuen) Rechtsträger (= übernehmender Rechtsträger) im Wege der Gesamtrechtsnachfolge gegen Gewährung von Anteilen oder Mitgliedschaften des übernehmenden oder neuen Rechtsträgers an die Anteilsinhaber der übertragenden Rechtsträger; die übertragenden Rechtsträger gehen unter Auflösung ohne Abwicklung unter (§ 2 UmwG).

Bei der Verschmelzung unterscheidet man zwischen der **Verschmelzung im Wege der Aufnahme oder im Wege der Neugründung**. Bei der Verschmelzung durch Neugründung hat der durch die Verschmelzung entstehende Rechtsträger eine Eröffnungsbilanz aufzustellen (§ 242 Abs. 1 S. 1 HGB), in der die Verschmelzung als erster, laufender Geschäftsvorfall abzubilden ist. Nach der Verschmelzungsrichtung unterscheidet man zwischen **Aufwärtsverschmelzung** (Tochter auf Mutter, auch up-stream-merger genannt), **Abwärtsverschmelzung** (Mutter auf Tochter, auch down-stream-merger genannt) und **Seitwärtsverschmelzung** (Tochter$_1$ auf Tochter$_2$, auch side-stream-merger genannt). Nach dem Sitz der an der Verschmelzung beteiligten Rechtsträger lassen sich inländische und **grenzüberschreitende Verschmelzungen innerhalb der EU/des EWR** unterscheiden[36]. 15

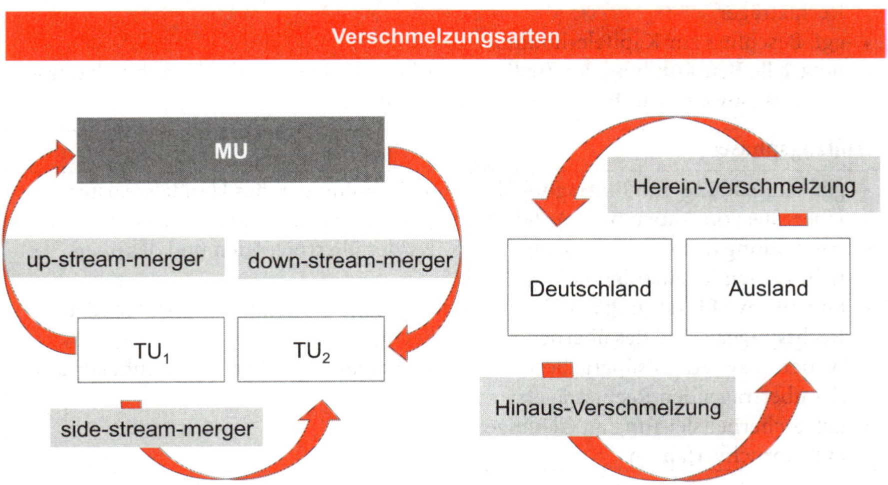


Abb. 2: Verschmelzungsarten

### 2.1.2 Ablauf der Verschmelzung

Der Ablauf einer Verschmelzung lässt sich in **drei** Phasen aufteilen: die Vorbereitungs-, die Beschluss- und die Vollzugsphase. Das zeitliche Ablaufschema einer Verschmelzung stellt sich (vereinfacht) wie folgt dar[37]: 16

35 Mit satzungsmäßigem Sitz im Inland.
36 Zur grenzüberschreitenden Verschmelzung nach §§ 122a ff. UmwG oder nach der SE-VO siehe Tz. 236 f.
37 Vgl. statt vieler *Fronhöfer*, in: Widmann/Mayer, UmwRecht[3], § 2 UmwG, Tz. 61 ff.

| **Vorbereitungsphase** |
|---|
| • Aufstellung der Schlussbilanzen<br>• Durchführung einer Unternehmensbewertung der beteiligten Rechtsträger<br>• Erstellung des Verschmelzungsvertrags (-entwurfs)<br>• Erstellung der Verschmelzungsberichte<br>• Beauftragung der Verschmelzungsprüfer<br>• Zuleitung des Verschmelzungsvertrags an die Betriebsräte der beteiligten Rechtsträger[38]<br>• ggf. Vorbereitung der Kapitalerhöhung<br>• Einberufung der HV/Gesellschafterversammlungen<br>• Bekanntmachung von Verschmelzungsvertrag und -bericht<br>• Vorbereitung der Zustimmungsbeschlüsse |
| **Beschlussphase** |
| • Erläuterung des Verschmelzungsvertrags auf den HV/Gesellschafterversammlungen<br>• Einholung der Zustimmungsbeschlüsse der Anteilsinhaber der beteiligten Rechtsträger<br>• ggf. Beschluss zur Kapitalerhöhung<br>• notarielle Beurkundung der Zustimmungsbeschlüsse sowie des Verschmelzungsvertrags (soweit nicht bereits geschehen) |
| **Vollzugsphase** |
| • ggf. Anmeldung und Eintragung der Kapitalerhöhung in das Handelsregister<br>• Übergabe von Aktien bzw. Anteilen und ggf. baren Zuzahlungen an Treuhänder<br>• Anmeldung der Verschmelzung im HR des/der übertragenden und des übernehmenden Rechtsträger/s<br>• konstitutive Eintragung der Verschmelzung in das HR des/der übertragenden Rechtsträger/s und des übernehmenden Rechtsträgers<br>• Aktien- bzw. Anteilsübergabe vom Treuhänder an ehemalige Anteilsinhaber des/der übertragenden Rechtsträger/s<br>• ggf. Sicherheitsleistung an Gläubiger<br>• evtl. Spruchverfahren |

### 2.1.3 Rechtsfolgen der Verschmelzung

17 Mit der Eintragung der Verschmelzung in das Register des Sitzes des übernehmenden Rechtsträgers geht das (gesamte)[39] Vermögen einschließlich der Verbindlichkeiten im Wege der Gesamtrechtsnachfolge auf den übernehmenden Rechtsträger über[40]. Der (nunmehr vermögenlose) übertragende Rechtsträger erlischt ohne Auflösung. Mängel der Verschmelzung (z.B. eine rechtswidrig im Register eingetragene Verschmelzung) lassen die Wirkungen der Eintragung unberührt (§ 20 Abs. 2 UmwG).

---

38 Vgl. in diesem Zusammenhang *Müller*, DB 1997, S. 713 ff.

39 Auch ein für eine Forderung des übertragenden Rechtsträgers rechtsgeschäftlich vereinbartes Abtretungsverbot (§ 399 Alt. 2 BGB) hindert ihren Übergang auf den übernehmenden Rechtsträger nicht (so BGH v. 22.09.2016 – VII ZR 298/14, AG 2016, S. 859).

40 Zur Bilanzierung wirtschaftlichen Eigentums bei schwebender Verschmelzung siehe Tz. 46 ff.

### 2.1.4 Verschmelzung als Anschaffungsvorgang

Die Rechnungslegung bei Verschmelzungen weist zwei bilanzrechtlich relevante Merkmale auf: Zum einen der **Vermögenstransfer** und zum anderen die Finanzierung des Vermögenserwerbs durch **Ausgabe von Anteilen**. 18

Im Zuge einer Verschmelzung überträgt ein Rechtsträger sein gesamtes Vermögen als Ganzes[41] auf einen anderen Rechtsträger. Dieser **Vermögenstransfer**, der rechtstechnisch im Wege der Gesamtrechtsnachfolge erfolgt, qualifiziert aus Sicht des übernehmenden Rechtsträgers als ein **Anschaffungsvorgang**, für den – falls der übernehmende Rechtsträger das Wahlrecht des § 24 UmwG zugunsten der (echten) AK ausübt –

- die einzelnen erworbenen Vermögensgegenstände, Schulden[42], RAP und Sonderposten[43], die erworben und übernommen werden, zu identifizieren,
- die Höhe der AK zu ermitteln[44], die sich nach Maßgabe der Gegenleistung für den Vermögenserwerb nach Sacheinlage- oder Tauschgrundsätzen bestimmen, sowie
- die AK auf das erworbene Reinvermögen aufzuteilen sind (Allokation)[45].

Der übernehmende Rechtsträger muss den Erwerb des gesamten Vermögens des übertragenden Rechtsträgers finanzieren. Konstitutives Merkmal der Verschmelzung ist, dass die „Akquisitionswährung" nicht Geld, sondern **Anteile oder Mitgliedschaften** am übernehmenden Rechtsträger sind[46], seien es neue Anteile, die im Wege einer Kapitalerhöhung geschaffen werden, seien es eigene Anteile, deren Wiederausgabe „wie eine Kapitalerhöhung" abzubilden ist (§ 272 Abs. 1b HGB)[47], oder sei es – bei einem upstream-merger – der Verlust von Anteilen des übernehmenden Rechtsträgers am übertragenden Rechtsträger. Die Art der Finanzierung des Vermögenserwerbs (= Gegenleistung) bestimmt die Höhe der AK des erworbenen Vermögens: So bestimmen sich diese bei Hingabe neuer oder eigener Anteile nach **Sacheinlagegrundsätzen** (siehe Tz. 81), bei Verlust von Anteilen am übertragenden Rechtsträger nach **Tauschgrundsätzen** (siehe Tz. 86) oder ggf. in Kombination dieser Grundsätze.

## 2.2 Rechnungslegung beim übertragenden Rechtsträger

### 2.2.1 Schlussbilanz (§ 17 Abs. 2 UmwG)

#### 2.2.1.1 Begriff und Anwendungsbereich der Schlussbilanz

Nach § 17 Abs. 2 UmwG ist der Anmeldung zum Register des Sitzes jedes der übertragenden[48] Rechtsträger eine Bilanz dieses Rechtsträgers (elektronisch) beizufügen. 19

41 Im Gegensatz dazu überträgt bei einer Aufspaltung ein Rechtsträger sein gesamtes Vermögen in Teilen auf mindestens zwei übernehmende Rechtsträger.

42 Auch Eventualschulden (so auch IFRS 3.23).

43 §§ 300 Abs. 1 S. 2, 301 Abs. 1 S. 2 HGB. Z.B. Sonderposten für erhaltene Investitionszuschüsse.

44 Zu den Besonderheiten des AK-Begriffs bei Gewährung von Anteilen oder Mitgliedschaftsrechten vgl. *Müller, W.*, in: Kallmeyer, UmwG[5], § 24 UmwG, Tz. 22 ff.

45 Das Verteilungsverfahren ist im Anhang zu erläutern (§ 284 Abs. 2 Nr. 1 HGB), vgl. *Müller, W.*, in: Kallmeyer, UmwG[5], § 24 UmwG, Tz. 37.

46 Es sei denn, dass auf die Gewährung von Anteilen verzichtet wird (§§ 54 Abs. 1 S. 3, 68 Abs. 1 S. 3 UmwG).

47 Zur Bilanzierung eigener Anteile vgl. *Oser/Kropp*, Der Konzern 2012, S. 185.

48 Die Schlussbilanz kann auch der Anmeldung zum Register des übernehmenden Rechtsträgers beigefügt werden, um eine Sacheinlageprüfung nach § 69 Abs. 1 S. 1 Hs. 2 UmwG zu vermeiden.

Diese Bilanz, die das UmwG als **Schlussbilanz** bezeichnet, ist die **handelsrechtliche**[49] Schlussbilanz.

20 § 17 Abs. 2 UmwG gilt – mit Ausnahme des (handelsrechtlichen)[50] Formwechsels – für **alle Umwandlungsarten** des UmwG und für **alle Rechtsformen** übertragender Rechtsträger. Zur Aufstellung einer Schlussbilanz sind nur Rechtsträger verpflichtet, die buchführungs- und rechnungslegungspflichtig sind (§§ 238, 241a, 242 HGB); § 17 Abs. 2 UmwG begründet keine originäre Rechnungslegungspflicht. Rechtsträger, die nicht buchführungs- und rechnungslegungspflichtig sind, müssen der Anmeldung zum Register die Unterlagen vorlegen, zu denen sie nach Gesetz oder Statut verpflichtet sind (z.B. Einnahme/Ausgabe-Rechnung, Anlagenverzeichnis, Vermögensstatus)[51]. Nicht ins HR eingetragene Vereine (§ 21 BGB) haben eine Schlussbilanz nur aufzustellen, wenn sie nach handelsrechtlichen Vorschriften zur Rechnungslegung verpflichtet sind[52]; § 104 Abs. 2 UmwG ist insoweit teleologisch zu reduzieren[53].

### 2.2.1.2 Funktionen der Schlussbilanz

21 Die Schlussbilanz ist eine Erfolgs-, keine Vermögensbilanz[54]. Sie erfüllt insb. folgende Funktionen[55]:

- **Bilanzkontinuität**: Der übernehmende Rechtsträger kann das übernommene Vermögen in seiner Jahresbilanz mit den in der Schlussbilanz ausgewiesenen Buchwerten als (fiktive) AK ansetzen (§ 24 UmwG).
- **Ergebnisabgrenzung**: Die Schlussbilanz dient der Abgrenzung des Ergebnisses des übertragenden Rechtsträgers, das er (noch) für eigene Rechnung respektive (bereits) für Rechnung des übernehmenden Rechtsträgers erwirtschaftet (§ 5 Abs. 1 Nr. 6 UmwG)[56].
- **Gläubigerschutz**: Die Gläubiger der beteiligten Rechtsträger können anhand der Schlussbilanz prüfen, ob sie Sicherheitsleistung nach § 22 UmwG verlangen sollen; da die Schlussbilanz nicht bekannt gemacht wird, setzt dies jedoch die Einsichtnahme ins HR (§ 9 HGB) voraus.
- **Erforderlichkeit einer Kapitalherabsetzung bei Abspaltungen**: Ob im Zuge einer Abspaltung eine Kapitalherabsetzung i.S.d. §§ 139 S. 1, 145 S. 1 UmwG erforderlich ist, bestimmt sich grundsätzlich nach dem in der Schlussbilanz des übertragenden Rechtsträgers auszuweisenden EK[57].

---

49 Ferner hat der übertragende Rechtsträger auch eine steuerrechtliche Schlussbilanz aufzustellen (§§ 3 Abs. 1, 11 Abs. 1, 15 Abs. 1, 16 UmwStG).

50 Steuerrechtlich erfordert der Formwechsel einer KapGes. in eine Personengesellschaft et vice versa dagegen die Aufstellung einer Übertragungsbilanz und einer Eröffnungsbilanz (§§ 9, 25 UmwStG).

51 Vgl. *Müller, W.*, WPg 1996, S. 857 (858); *Müller, W.*, in: Kallmeyer, UmwG[5], § 17 UmwG, Tz. 12.

52 Vgl. *Müller, W.*, WPg 1996, S. 857 (858); *Müller, W.*, in: Kallmeyer, UmwG[5], § 17 UmwG, Tz. 12; *Bula/Pernegger*, in: Sagasser/Bula/Brünger, Umwandlungen[4], § 10, Tz. 5.

53 Vgl. *Müller, W.*, in: Kallmeyer, UmwG[5], § 17 UmwG, Tz. 12; *Hörtnagl*, in: Schmitt/Hörtnagl/Stratz, UmwG[7], § 17 UmwG, Tz. 17; a.A. *Hennrichs*, in: Lutter/Bayer/Vetter, UmwG[5], § 104 UmwG, Tz. 6 („Abs. 2 begründet eine selbständige Bilanzierungspflicht").

54 Vgl. *Decher*, in: Lutter/Bayer/Vetter, UmwG[5], § 17 UmwG, Tz. 8; *Müller, W.*, WPg 1996, S. 857 (859).

55 Vgl. *Widmann*, in: Widmann/Mayer, UmwRecht[3], § 24 UmwG, Tz. 36 ff.

56 Vgl. *IDW RS HFA 42*, Tz. 10.

57 Vgl. *IDW RS HFA 43*, Tz. 15; zu Einzelheiten siehe Tz. 141 ff.

Aufgabe der Schlussbilanz ist dagegen **nicht** die 22

- **Festlegung und Prüfung des Umtauschverhältnisses** (§ 5 Abs. 1 Nr. 3 UmwG), da das Umtauschverhältnis nicht von den Buchwerten, sondern von den Ertragswertverhältnissen bestimmt wird; für diese Zwecke können Verschmelzungsbilanzen allenfalls Anhaltspunkte geben[58].
- **Ermittlung des Jahresergebnisses** des übertragenden Rechtsträgers **mit dem Ziel der Ergebnisverwendung**[59].

### 2.2.1.3 Pflicht zur Aufstellung der Schlussbilanz

Zur Aufstellung der Schlussbilanz sind die zuständigen Organe[60] des übertragenden Rechtsträgers verpflichtet. Die Aufstellung der Schlussbilanz hat innerhalb der für die jeweilige Rechtsform und Branche des übertragenden Rechtsträgers relevanten Frist zu erfolgen[61]. Sie ist von sämtlichen Mitgliedern des für die Aufstellung zuständigen Organs unter Angabe des Datums eigenhändig zu unterzeichnen (§ 245 HGB). 23

### 2.2.1.4 Rechnungslegungselemente der Schlussbilanz

Der Anmeldung zur Eintragung ins Register ist **nur** eine **Bilanz**, **nicht** auch eine **GuV** 24
oder ein **Anhang** beizufügen[62]; dies gilt auch, wenn die letzte Jahresbilanz als Schlussbilanz verwendet wird. Jedoch müssen Angaben, die wahlweise in Bilanz oder Anhang gemacht werden können (sog. Wahlpflichtangaben), entweder in die Bilanz selbst oder in eine Anlage zur Bilanz aufgenommen werden[63]; ein Anlagenspiegel ist seit dem BilRUG nicht mehr erforderlich[64]. *IDW RS HFA 42* stellt klar, dass die Pflicht nach § 17 Abs. 2 UmwG auch durch Beifügung eines vollständigen JA nebst BestV erfüllt wird[65].

### 2.2.1.5 Stichtag der Schlussbilanz

Nach § 17 Abs. 2 S. 4 UmwG kann die Schlussbilanz auf einen höchstens acht Monate vor 25
der Anmeldung liegenden Stichtag aufgestellt werden[66]; die Acht-Monatsfrist, die eine Ausschlussfrist ist und für alle Rechtsformen einheitlich gilt, gilt nur für die Anmeldung der Verschmelzung zur Eintragung ins Register des übertragenden, nicht auch des übernehmenden Rechtsträgers.

---

58 Vgl. *Priester*, in: Lutter/Bayer/Vetter, UmwG[5], § 24 UmwG, Tz. 26.

59 Vgl. *Bermel*, in: Goutier/Knopf/Tulloch, UmwRecht, § 17 UmwG, Tz. 16.

60 Vgl. hierzu *Widmann*, in: Widmann/Mayer, UmwRecht[3], § 24 UmwG, Tz. 51 ff.

61 Zu den einzelnen Aufstellungsfristen siehe *Widmann*, in: Widmann/Mayer, UmwRecht[3], § 24 UmwG, Tz. 82; a.A. *Pohl*, S. 22.

62 Vgl. LG Dresden v. 18.11.1997, GmbHR 1998, S. 1086; LG Stuttgart v. 29.03.1996, DNotZ, S. 701 und WiB 1997, S. 32 (mit Anm. von *Trölitzsch*); LG Hagen v. 08.02.1994, GmbHR, S. 714 (zum alten Umwandlungsrecht); *IDW RS HFA 42*, Tz. 7; *Müller, W.*, in: Kallmeyer, UmwG[5], § 17 UmwG, Tz. 20; *Hörtnagl*, in: Schmitt/Hörtnagl/Stratz, UmwG[7], § 17 UmwG, Tz. 14; a.A. *Widmann*, in: Widmann/Mayer, UmwRecht[3], § 24 UmwG, Tz. 103; *Bula/Pernegger*, in: Sagasser/Bula/Brünger, Umwandlungen[4], § 10, Tz. 35 und 37 (auch GuV).

63 Vgl. *IDW RS HFA 42*, Tz. 7; *Müller, W.*, WPg 1996, S. 857 (860).

64 Vgl. *Rimmelspacher/Meyer*, DB Beilage 05/2015, S. 23, da dieser seit dem BilRUG zwingend Bestandteil des Anhangs ist (§ 284 Abs. 3 HGB).

65 Vgl. *IDW RS HFA 42*, Tz. 8. Gl. A. *Müller, W.*, in: Kallmeyer, UmwG[5], § 17 UmwG, Tz. 20.

66 Siehe hierzu LG Frankfurt a.M. v. 24.11.1995 – 3/11 T 57/95, GmbHR 1996, S. 542; *Bartovics*, GmbHR 1996, S. 514.

Die **Acht-Monatsfrist** soll es ermöglichen, die Bilanz des letzten JA (= Jahresbilanz) als Schlussbilanz zu verwenden. Die Acht-Monatsfrist ist nach § 1 Abs. 3 S. 1 UmwG zwingend; eine (auch geringfügige) Fristüberschreitung ist für die Eintragung der Verschmelzung schädlich[67], lässt jedoch die Wirkungen einer (versehentlichen) Eintragung unberührt (§ 20 Abs. 2 UmwG)[68]. Die Fristberechnung richtet sich nach den §§ 186, 187 Abs. 1 und 188 Abs. 2 BGB[69].

Für die Fristwahrung ist nicht Voraussetzung, dass die Anmeldung ohne weiteres zur Eintragung führt[70]. Deshalb ist die Acht-Monatsfrist auch gewahrt, wenn im Zeitpunkt der Anmeldung noch Unterlagen fehlen, die nachgereicht werden können[71], oder die Prüfung noch nicht erfolgt ist[72]. Zu den Unterlagen, die nachgereicht werden können, gehört auch die Schlussbilanz[73].

**26** Der Stichtag der Schlussbilanz liegt i.d.R.[74] unmittelbar (= eine logische Sekunde[75]) vor dem **Verschmelzungsstichtag**[76] und ist mit dem **steuerlichen Übertragungsstichtag** identisch[77]. Ist bspw. als Verschmelzungsstichtag der 01.01.02 vereinbart, so werden die Geschäfte ab Beginn dieses Tages (00:00 Uhr) für Rechnung des übernehmenden Rechtsträgers geführt; die Schlussbilanz ist dann auf den 31.12.01 (24:00 Uhr) zu erstellen[78]. Ist Stichtag der Schlussbilanz der Stichtag der letzten Jahresbilanz, so stellt die Verschmelzung bei übereinstimmenden GJ von übertragendem und übernehmendem Rechtsträger den letzten Geschäftsvorfall im endenden GJ des übertragenden Rechtsträgers und den ersten Geschäftsvorfall im beginnenden GJ des übernehmenden Rechtsträgers dar[79].

---

67 Vgl. OLG Köln v. 22.06.1998, GmbHR, S. 1086; LG Frankfurt a.M. v. 19.12.1997, DB 1998, S. 410. Ist der übertragende Rechtsträger indes an der Einhaltung der Frist gehindert, kann dies nicht zu seinen Lasten gehen (so LG Frankfurt a.M. v. 30.01.1998, GmbHR, S. 379).

68 Vgl. *Decher*, in: Lutter/Bayer/Vetter, UmwG[5], § 17 UmwG, Tz. 11.

69 Zur Frage, ob die §§ 187, 188 BGB unmittelbar oder nur entsprechend gelten, siehe *Müller, W.*, in: Kallmeyer, UmwG[5], § 17 UmwG, Tz. 27.

70 Vgl. *Decher*, in: Lutter/Bayer/Vetter, UmwG[5], § 17 UmwG, Tz. 13. Unklar ist, ob – wie für Zwecke der fristgerechten Offenlegung nach § 325 HGB (vgl. hierzu LG Bonn v. 15.03.2013 – 37 T 730/12, StuB 2013, S. 664) – eine sog. „Nullbilanz" für Zwecke der Fristwahrung bei der Anmeldung ausreichend ist.

71 Zu den Grenzen, Unterlagen nachzureichen, siehe indes AG Duisburg v. 04.01.1996, GmbHR, S. 372, und KG v. 22.09.1998 – 1 W 4387/97, DB, S. 2511.

72 Vgl. *Widmann*, in: Widmann/Mayer, UmwRecht[3], § 24 UmwG, Tz. 68.

73 So LG Frankfurt a.M. v. 19.12.1997, DB 1998, 410, falls die Heilung kurzfristig nach der Anmeldung erfolgt und wenn die vorzulegende Bilanz zum Zeitpunkt der Anmeldung bereits erstellt war und hätte vorgelegt werden können; OLG Jena v. 21.10.2002, Der Konzern 2003, S. 53. Nach *Müller, W.*, in: Kallmeyer, UmwG[5], § 17 UmwG, Tz. 26, ist es dagegen nicht erforderlich, dass die Schlussbilanz zum Zeitpunkt der Anmeldung bereits aufgestellt und ggf. geprüft ist.

74 Zu Ausnahmen (d.h. Stichtag der handelsrechtlichen Schlussbilanz liegt nicht unmittelbar vor dem Verschmelzungsstichtag) vgl. *Suchanek/Hesse*, Der Konzern 2015, S. 245 und *Nießen/Schubert*, NWB 2014, S. 1478, die über einen realen Praxisfall berichten. Dies soll auch bei Buchwertverknüpfung des übernehmenden Rechtsträgers (§ 24 UmwG) gelten (a.A. vgl. *Müller, W.*, in: Kallmeyer, UmwG[5], § 17 UmwG, Tz. 15); für Zwecke der Ergebnisabgrenzung muss dann – zusätzlich zur handelsrechtlichen *Schluss*bilanz – eine *Übertragungs*bilanz auf einen Stichtag unmittelbar vor dem Verschmelzungsstichtag aufgestellt werden.

75 So *Müller, W.*, WPg 1996, S. 857 (859).

76 Vgl. *IDW RS HFA 42*, Tz. 11; BMF-Schr. v. 11.11.2011 – IV C 2 – S 1978 – b/08/10001, Tz. 02.02, BStBl. I 2011, S. 1314 (1333). Dies offen lassend BFH v. 24.04.2008 – IV R 69/05, BFH/NV 2008, S. 1550 (1552).

77 Vgl. § 2 Abs. 1 S. 1 UmwStG.

78 Vgl. *IDW RS HFA 42*, Tz. 11.

79 Vgl. *Bermel*, in: Goutier/Knopf/Tulloch, UmwRecht, § 17 UmwG, Tz. 15.

Die Stichtage der Schlussbilanzen mehrerer an der Verschmelzung beteiligter übertragender Rechtsträger müssen nicht identisch sein[80]. 27

Bei einer sog. **Kettenverschmelzung**[81] ist es nicht zu beanstanden, wenn die Schlussbilanzen der beteiligten übertragenden Rechtsträger auf den gleichen Stichtag aufgestellt werden[82]. Folge hiervon ist, dass sich das insgesamt auf den letzten übernehmenden Rechtsträger übergehende Vermögen aus den Schlussbilanzen sämtlicher übertragender Rechtsträger ergibt[83]. 28

Für den Fall, dass die Eintragung der Verschmelzung bis zu einem bestimmten Zeitpunkt planwidrig nicht erfolgt, kann im Verschmelzungsvertrag ein **variabler Stichtag** vereinbart werden[84]. 29

Stimmen der Stichtag der letzten Jahresbilanz und der Stichtag der Schlussbilanz des übertragenden Rechtsträgers (ausnahmsweise) nicht überein, entsteht auf den Stichtag der Schlussbilanz – anders als im Ertragsteuerrecht[85] – **kein Rumpfgeschäftsjahr** des übertragenden Rechtsträgers[86]. Auf den (abweichenden) Stichtag der Schlussbilanz muss grundsätzlich eine **Inventur** durchgeführt werden[87]; § 63 Abs. 2 S. 2 UmwG ist insoweit nicht (analog) anwendbar[88]. Auch auf den Zeitpunkt der Eintragung der Verschmelzung entsteht kein Rumpfgeschäftsjahr beim übertragenden Rechtsträger[89]. 30

Der Stichtag der Schlussbilanz markiert nicht den **Stichtag des Wechsels der Rechnungslegung** vom übertragenden auf den übernehmenden Rechtsträger, da der übertragende Rechtsträger bis zum Zeitpunkt der Eintragung der Verschmelzung die öffentlich-rechtlichen Buchführungs- und Rechnungslegungspflichten persönlich erfüllen muss[90] (siehe aber Tz. 45). 31

### 2.2.1.6 Entsprechende Anwendung der Vorschriften über die Jahresbilanz

Für die Schlussbilanz gelten die Vorschriften über die „Jahresbilanz"[91] entsprechend (§ 17 Abs. 2 S. 2 UmwG). Das bedeutet, dass in der Schlussbilanz so zu bilanzieren ist, als ob es sich um eine aus Anlass eines JA aufzustellende Bilanz handelt. Die Schlussbilanz 32

---

80 Vgl. *Widmann*, in: Widmann/Mayer, UmwRecht[3], § 24 UmwG, Tz. 63; *Stratz*, in: Schmitt/Hörtnagl/Stratz, UmwG[7], § 5 UmwG, Tz. 80; *Pohl*, S. 23.

81 Zum Begriff vgl. *IDW RS HFA 42*, Tz. 12. Zur Zulässigkeit einer Kettenverschmelzung siehe OLG Hamm v. 19.12.2005 – 15 W 377/05, GmbHR 2006, S. 255; zu Praxisfragen vgl. *Werner*, NWB 2013, S. 3319.

82 Vgl. *IDW RS HFA 42*, Tz. 12.

83 Vgl. *IDW RS HFA 42*, Tz. 21.

84 Vgl. BGH v. 04.12.2012 – II ZR 17/12, DB 2013, S. 334 (335 f.); *IDW RS HFA 42*, Tz. 25 f.; *Müller, W.*, in: Kallmeyer, UmwG[5], § 17 UmwG, Tz. 36. Gegen die Zulässigkeit eines variablen Verschmelzungsstichtags in bestimmten Fällen *Stratz*, in: Schmitt/Hörtnagl/Stratz, UmwG[7], § 5 UmwG, Tz. 79.

85 Vgl. *van Lishaut*, in: Rödder/Herlinghaus/van Lishaut, UmwStG[2], § 2 UmwStG, Tz. 37.

86 Vgl. *Hörtnagl*, in: Schmitt/Hörtnagl/Stratz, UmwG[7], § 17 UmwG, Tz. 34; *Bula/Pernegger*, in: Sagasser/Bula/Brünger, Umwandlungen[4], § 10, Tz. 16.

87 Vgl. *IDW RS HFA 42*, Tz. 14 mit der Einschränkung, dass von einer Inventur auf den Stichtag der Schlussbilanz abgesehen werden kann, wenn sichergestellt ist, dass der Bestand der Vermögensgegenstände nach Art, Menge und Wert ohne körperliche Bestandsaufnahme auf diesen Stichtag festgestellt werden kann (z.B. bei permanenter Inventur); a.A. *Bermel*, in: Goutier/Knopf/Tulloch, UmwRecht, § 17 UmwG, Tz. 18.

88 Vgl. *Müller, W.*, in: Kallmeyer, UmwG[5], § 17 UmwG, Tz. 18.

89 So *Müller, W.*, in: Kallmeyer, UmwG[5], § 17 UmwG, Tz. 18.

90 Vgl. *Müller, W.*, in: Kallmeyer, UmwG[5], § 17 UmwG, Tz. 16; *Priester*, in: Lutter/Bayer/Vetter, UmwG[5], § 24 UmwG, Tz. 27 f; a.A. *Drygala*, in: Lutter/Bayer/Vetter, UmwG[5], § 5 UmwG, Tz. 74.

91 Gemeint ist der handelsrechtliche JA, soweit die Bilanz betroffen ist.

ist mithin eine Erfolgs- und keine Vermögensbilanz[92] mit der Folge, dass eine Aufdeckung stiller Reserven/Lasten und/oder eines originären Geschäfts- oder Firmenwerts des übertragenden Rechtsträgers in der Schlussbilanz (**Neubewertung**) **nicht zulässig** ist[93].

33 Das für die Schlussbilanz maßgebliche Normensystem sind die Vorschriften des **HGB** in der Fassung des Stichtags, auf den sie aufgestellt wird[94]. Die (freiwillige) Anwendung internationaler Rechnungslegungsstandards (**EU-IFRS**) i.S.v. § 325 Abs. 2a HGB scheidet für die Schlussbilanz aus[95].

34 Für die Schlussbilanz sind die allgemeinen Vorschriften (§§ 242-245 HGB), die Ansatz- (§§ 246-251 HGB) und die Bewertungsvorschriften (§§ 252-256a HGB) zu beachten, die für **KapGes.** und haftungsbeschränkte **Personenhandelsgesellschaften i.S.v. § 264a Abs. 1 HGB** grundsätzlich um die §§ 264-274a und 330 HGB, für **Genossenschaften** um § 337 HGB, für **Kreditinstitute** um die §§ 340-340b, 340d-340h HGB und für **Versicherungsunternehmen** um die §§ 341-341h HGB ergänzt werden[96]. Des Weiteren sind **rechtsformspezifische Vorschriften** (z.B. die §§ 150 ff. AktG, 42 GmbHG)[97] sowie Bestimmungen der **Satzung/des Gesellschaftsvertrags** zu berücksichtigen.

35 Kann der übertragende Rechtsträger für seinen JA die (Aufstellungs-)**Erleichterungen nach den §§ 264 Abs. 3 oder 4, 264b HGB** oder des **§ 5 Abs. 6 PublG** in Anspruch nehmen, gelten diese auch für die handelsrechtliche Schlussbilanz, falls sie nicht auf einen von der letzten Jahresbilanz abweichenden Stichtag aufgestellt wird (siehe Tz. 373).

36 Im Einzelnen ist für die **Bilanzierung dem Grunde** nach in der Schlussbilanz zu beachten[98]:

- Es sind grundsätzlich **alle** Vermögensgegenstände, Schulden, RAP und latenten Steuern des übertragenden Rechtsträgers anzusetzen (**Vollständigkeitsgrundsatz**, § 246 Abs. 1 S. 1 HGB). Mithin ist auch ein derivativer **Geschäfts- oder Firmenwert**, der als Vermögensgegenstand gilt (§ 246 Abs. 1 S. 4 HGB), in der Schlussbilanz anzusetzen.
- Es gelten die Aktivierungs- und Passivierungs**wahlrechte** einschl. der Verteilungs- und Beibehaltungs**wahlrechte** nach Art. 67 Abs. 1 EGHGB sowie die Aktivierungs- und Passivierungs**verbote** (§§ 248 Abs. 1, 249 Abs. 2 S. 1 HGB).
- **Forderungen/Verbindlichkeiten** gegen den übernehmenden Rechtsträger sind zu bilanzieren. Diese erlöschen erst mit Eintragung der Verschmelzung durch Konfusion (§ 20 Abs. 1 Nr. 1 UmwG); im Zuge der Konfusion entstehende Differenzen sind erfolgsneutral zu behandeln[99].
- Ist ein Organträger übertragender Rechtsträger darf er in einer auf einen Stichtag **vor** Ablauf des GJ der Organgesellschaft aufgestellten Schlussbilanz einen aus dem EAV

92 Vgl. *Decher*, in: Lutter/Bayer/Vetter, UmwG$^5$, § 17 UmwG, Tz. 8; *Müller, W.*, WPg 1996, S. 857 (859).

93 Etwas anderes ergibt sich auch nicht aus § 69 Abs. 1 S. 1 Hs. 2. Alt. 2 UmwG.

94 Vgl. *Müller, W.*, in: Kallmeyer, UmwG$^5$, § 17 UmwG, Tz. 29.

95 Vgl. *Müller, W.*, in: Kallmeyer, UmwG$^5$, § 17 UmwG, Tz. 28 und 43. Dies soll auch für eine grenzüberschreitende Hinaus-Verschmelzung gelten.

96 Vgl. *Müller, W.*, in: Kallmeyer, UmwG$^5$, § 17 UmwG, Tz. 28.

97 Vgl. *Priester*, in: Lutter/Bayer/Vetter, UmwG$^5$, § 24 UmwG, Tz. 14.

98 Vgl. ausführlich *Widmann*, in: Widmann/Mayer, UmwRecht$^3$, § 24 UmwG, Tz. 87 ff. Zur Bilanzierung von Ansprüchen und Verpflichtungen aus einem EAV in der handelsrechtlichen Schlussbilanz vgl. *Gelhausen/Heinz*, NZG 2005, S. 775 (779 f.).

99 Vgl. *IDW RS HFA 42*, Tz. 48.

erwarteten, geschätzten zeitanteiligen **Gewinnanspruch nicht aktivieren**[100]; dagegen muss er einen erwarteten, geschätzten zeitanteiligen **Verlust**, den er ausgleichen muss, in seiner Schlussbilanz als Rückstellung **passivieren**.

- Bei der Bildung von **RAP** (§ 250 HGB) gilt als Zeit nach dem Abschlussstichtag die Zeit nach dem Stichtag der Schlussbilanz, auch soweit der Aufwand/Ertrag bei dem übernehmenden Rechtsträger entsteht.
- Für zu versteuernde temporäre Bilanzdifferenzen zwischen handels- und steuerrechtlicher Schlussbilanz hat der übertragende Rechtsträger **passive latente Steuern** zu bilden (Ansatzpflicht). Falls der übertragende Rechtsträger bislang in seinem JA **aktive latente Steuern** angesetzt hat, sind diese in der handelsrechtlichen Schlussbilanz grundsätzlich beizubehalten (Ansatzstetigkeit)[101]. Für aktive latente Steuern auf steuerliche Verlust-, Zins- oder EBITDA-Vorträge scheidet ein Ansatz in der handelsrechtlichen Schlussbilanz indes aus, falls diese Vorträge im Zuge der Umwandlung verlustig gehen (z.B. §§ 4 Abs. 2 S. 2, 12 Abs. 3 Hs. 2 UmwStG)[102].
- **Eigene Anteile** des übertragenden Rechtsträgers sind in der Schlussbilanz durch Verrechnung innerhalb des EK abzubilden (§ 272 Abs. 1a HGB); sie erlöschen erst mit der Eintragung der Verschmelzung ins HR[103].
- Anteile am übernehmenden Rechtsträger (**Rückbeteiligungen**) sind weiter anzusetzen; sie werden erst mit der Eintragung der Verschmelzung zu eigenen Anteilen des übernehmenden Rechtsträgers.
- **Umwandlungsbedingte Ertragsteuern**, die entstehen können, wenn der übertragende Rechtsträger in seiner steuerlichen Schlussbilanz höhere als die Buchwerte ansetzt, sind in der handelsrechtlichen **Schlussbilanz nicht zu erfassen**[104], obwohl nach § 2 Abs. 1 UmwStG eine steuerliche Rückwirkung eintritt und deshalb die Steuerbelastung noch beim übertragenden Rechtsträger entsteht. Sie mindern das auf den übernehmenden Rechtsträger übergehende (Rein-)Vermögen.
- **Kosten der Verschmelzung**, die der übertragende Rechtsträger zu tragen hat, sind durch eine Rückstellung oder Verbindlichkeit zu erfassen[105].

Im Einzelnen ist für die **Bilanzierung der Höhe** nach in der Schlussbilanz zu beachten: 37

- Es gelten die allgemeinen Bewertungsvorschriften (§§ 252-256a HGB).

---

100 A.A. *Gelhausen/Heinz*, NZG 2005, S. 775 (781) unter Hinweis auf die unterschiedliche Zwecksetzung von Jahres- und Schlussbilanz („erscheint nicht ausgeschlossen"), der u.E. fehl geht (siehe Tz. 32: „so … als ob"). Unklar *Deubert/Henckel*, in: Winkeljohann/Förschle/Deubert, Sonderbilanzen[5], H, Tz. 77 („ist es problematisch").

101 § 246 Abs. 3 S. 1 HGB.

102 Vgl. *Müller, W.*, in: Kallmeyer, UmwG[5], § 17 UmwG, Tz. 30.

103 Vgl. *Oser/Kropp*, Der Konzern 2012, S. 185 (196).

104 Vgl. *IDW RS HFA 42*, Tz. 20; anders noch WP Handbuch 2008, Bd. II, E, Tz. 33 a.E. Nach *Kolb/Weimert*, StuB 2013, S. 445 (446) sei dies lediglich eine Klarstellung zu *IDW St/HFA 2/1997*. Gl. A. *Deubert/Henckel*, in: Winkeljohann/Förschle/Deubert, Sonderbilanzen[5], H, Tz. 109 (unabhängig davon, ob die Verschmelzung vor oder erst nach dem Stichtag der Schlussbilanz beschlossen wird). U.E. dagegen nur Verzicht auf die Passivierung umwandlungsbedingter Ertragsteuern in der Schlussbilanz, falls der Verschmelzungsbeschluss (= wertbegründendes Ereignis) nach dem Stichtag der Schlussbilanz gefasst wurde. Für einen (generellen) Ansatz von Ertragsteuerverpflichtungen *Müller, W.*, in: Kallmeyer, UmwG[5], § 17 UmwG, Tz. 41; *Müller, W.*, FS Raupach 2006, S. 261 (269 f.); *Hörtnagl*, in: Schmitt/Hörtnagl/Stratz, UmwG[7], § 17 UmwG, Tz. 29.

105 Vgl. *Müller, W.*, in: Kallmeyer, UmwG[5], § 17 UmwG, Tz. 30. Zur steuerlichen Behandlung von Umwandlungskosten siehe *Stimpel*, GmbHR 2012, S. 199.

- Bei der Bewertung ist von der **Fortführung der Unternehmenstätigkeit** auszugehen (§ 252 Abs. 1 Nr. 2 HGB). Dem steht nicht entgegen, dass der übertragende Rechtsträger im Zuge der Verschmelzung erlischt[106], da die Anwendung der Going Concern-Prämisse nicht voraussetzt, dass der Rechtsträger formal fortbesteht, sondern dass die Unternehmenstätigkeit fortgesetzt werden kann; soll indes im Zuge der Verschmelzung ein Unternehmen(steil) nach dem Willen der Verschmelzungsparteien nicht fortgeführt werden, ist eine Abweichung vom Going Concern-Prinzip (§ 252 Abs. 1 Nr. 2HGB) geboten[107].
- **Zuschreibungen**[108] sind nach allgemeinen Grundsätzen (§ 253 Abs. 5 HGB) geboten; dabei dürfen die (fortgeführten) AHK nicht überschritten werden.

**38** Für den **Ausweis** in der Schlussbilanz besteht keine Pflicht zur Angabe von Vorjahreszahlen[109].

**39** Die Aufstellung der Schlussbilanz nach § 17 Abs. 2 UmwG kann **einen begründeten Ausnahmefall** i.S.d. § 252 Abs. 2 HGB zur Durchbrechung der Ansatz-, Bewertungs- oder Darstellungsstetigkeit[110] darstellen[111]. Das ermöglicht in Fällen der Buchwertverknüpfung (§ 24 UmwG), dass bereits in der Schlussbilanz des übertragenden Rechtsträgers eine Anpassung an die Ansatz-, Bewertungs- und Darstellungsmethoden des übernehmenden Rechtsträgers erfolgen kann[112]. Zu empfehlen ist, entsprechende Regelungen im Verschmelzungsvertrag zu vereinbaren[113].

**40** Kehrt der übertragende Rechtsträger nach dem Verschmelzungsstichtag (§ 5 Abs. 1 Nr. 6 UmwG) EK an seine Anteilseigner aus (z.B. Gewinnausschüttungen, wenn der Gewinnverwendungsbeschluss vor der Eintragung der Verschmelzung gefasst wird), ist die Minderung des auf den übernehmenden Rechtsträger übergehenden Vermögens erfolgsneutral zu berücksichtigen; die Schlussbilanz des übertragenden Rechtsträgers bleibt insoweit unberührt[114]. Entsprechendes gilt für Erhöhungen des EK des übertragenden Rechtsträgers nach dem Verschmelzungsstichtag (z.B. Kapitalerhöhung)[115].

### 2.2.1.7 Eigenständige Schlussbilanz

**41** Die Acht-Monats-Frist soll es dem übertragenden Rechtsträger ermöglichen, als Schlussbilanz die letzte reguläre Jahresbilanz zu verwenden. Zwingend ist dies indes nicht. Vielmehr ist es zulässig, Anpassungen der Ansatz- und Bewertungsmethoden nach § 252 Abs. 2 HGB (begründeter Ausnahmefall) in einer von der Jahresbilanz abweichenden, aber auf den gleichen Stichtag wie die Jahresbilanz aufgestellten Schlussbilanz – ohne gleichzeitige Änderung des handelsrechtlichen JA – zu berücksichtigen[116].

---

106 Vgl. *IDW RS HFA 42*, Tz. 15.

107 Vgl. *Widmann*, in: Widmann/Mayer, UmwRecht[3], § 24 UmwG, Tz. 96; *Pohl*, S. 27. Zur Rechnungslegung bei Non-Going Concern siehe *IDW RS HFA 17*.

108 Zuschreibungen auf Vermögensgegenstände in der Schlussbilanz lösen bei übernehmenden AG, die zwecks Durchführung der Verschmelzung ihr Grundkapital erhöhen, eine Pflicht zur Prüfung der Sacheinlage durch unabhängige Prüfer aus (§ 69 Abs. 1 S. 1 Hs. 2. Alt. 2 UmwG i.V.m. § 183 Abs. 3 AktG).

109 Vgl. *IDW RS HFA 42*, Tz. 16.

110 Zum Grundsatz der Stetigkeit siehe *IDW RS HFA 38* und DRS 13.

111 Vgl. *IDW RS HFA 42*, Tz. 17.

112 So *IDW RS HFA 42*, Tz. 17.

113 Vgl. *Müller, W.*, in: Kallmeyer, UmwG[5], § 17 UmwG, Tz. 29.

114 Vgl. *IDW RS HFA 42*, Tz. 18.

115 Vgl. *IDW RS HFA 42*, Tz. 19.

116 Vgl. *IDW PH 9.490.1*, Tz. 6 und 9; *Müller, W.*, in: Kallmeyer, UmwG[5], § 17 UmwG, Tz. 35.

Dies gilt unabhängig davon, ob der JA bereits aufgestellt, geprüft und ggf. festgestellt ist. In diesem Falle ist indes eine gesonderte Prüfung der Schlussbilanz erforderlich; zudem sollte im BestV zur Schlussbilanz klargestellt werden, dass die Schlussbilanz von der auf denselben Stichtag aufgestellten Jahresbilanz (materiell) abweicht.

Ferner kann eine Schlussbilanz auf einen von der letzten Jahresbilanz abweichenden Stichtag aufgestellt werden. In diesem Falle sind folgende **Besonderheiten** zu beachten: 42

- Auf eine Inventur auf den Stichtag der Schlussbilanz kann nur verzichtet werden, wenn gesichert ist, dass der Bestand der Vermögensgegenstände nach Art, Menge und Wert auch ohne körperliche Bestandsaufnahme festgestellt werden kann[117].
- Die Schlussbilanz ist aus der letzten Jahresbilanz unter Berücksichtigung seitdem eingetretener Geschäftsvorfälle fortzuentwickeln[118].
- Zuschreibungen sind nur zulässig und geboten, wenn die Gründe, die zu außerplanmäßigen Abschreibungen geführt haben, inzwischen entfallen sind.

#### 2.2.1.8 Feststellung

Die Schlussbilanz muss nicht festgestellt werden[119]. 43

#### 2.2.1.9 Offenlegung

Gemäß § 17 Abs. 2 S. 3 UmwG braucht die Schlussbilanz nicht bekannt gemacht zu werden; sie ist jedoch durch Hinterlegung beim Register zugänglich (§ 9 Abs. 1 HGB). 44

### 2.2.2 Bilanzierung bei schwebender Verschmelzung

#### 2.2.2.1 Buchführungs- und Rechnungslegungspflicht des übertragenden Rechtsträgers

Für Abschlussstichtage vor Eintragung der Verschmelzung ins Register des übernehmenden Rechtsträgers bleibt der übertragende Rechtsträger zur Führung von Büchern und zur Aufstellung, Prüfung und Offenlegung von (Konzern-)Abschlüssen verpflichtet[120]. Mit Eintragung der Verschmelzung erlischt der übertragende Rechtsträger (§ 20 Abs. 1 Nr. 2 S. 1 UmwG) und seine (ggf. noch nicht erfüllten) Buchführungs- und Rechnungslegungspflichten. Da diese nicht auf die Organe des übernehmenden Rechtsträgers übergehen[121], entfallen sie. Dies gilt unabhängig davon, ob die Eintragung der Verschmelzung bis zum Ablauf der für die Aufstellung des (Konzern-)Abschlusses maßgeblichen Frist oder danach erfolgt. Auch auf den Zeitpunkt der Eintragung der Verschmelzung, zu dem der übertragende Rechtsträger erlischt, ist kein gesonderter JA/KA mehr aufzustellen[122]. 45

117 Vgl. *IDW RS HFA 42*, Tz. 14.

118 Vgl. *IDW RS HFA 42*, Tz. 15.

119 Vgl. *IDW RS HFA 42*, Tz. 13. Gl.A. *Müller, W.*, in: Kallmeyer, UmwG[5], § 17 UmwG, Tz. 19; *Bula/Pernegger*, in: Sagasser/Bula/Brünger, Umwandlungen[4], § 10, Tz. 63; a.A. *Hörtnagl*, in: Schmitt/Hörtnagl/Stratz, UmwG[7], § 17 UmwG, Tz. 18 m.w.N.

120 Vgl. *IDW RS HFA 42*, Tz. 22.

121 Vgl. *IDW RS HFA 42*, Tz. 23. Gl. A. *Müller, W.*, in: Kallmeyer, UmwG[5], § 17 UmwG, Tz. 22; *Hörtnagl*, in: Schmitt/Hörtnagl/Stratz, UmwG[7], § 17 UmwG, Tz. 72.

122 Vgl. *IDW RS HFA 42*, Tz. 24.

### 2.2.2.2 Vermögenszuordnung

**46** Stellt der übertragende Rechtsträger für Abschlussstichtage vor Eintragung der Verschmelzung einen JA auf, ist für die Zuordnung seines Vermögens nicht das zivilrechtliche, sondern das wirtschaftliche Eigentum maßgeblich (§ 246 Abs. 1 S. 2 HGB)[123]. Zivilrechtlich geht sein Vermögen erst mit der Eintragung der Verschmelzung im Wege der Gesamtrechtsnachfolge auf den übernehmenden Rechtsträger über (§ 20 Abs. 1 Nr. 1 UmwG). Deshalb kann (und muss) der übernehmende Rechtsträger das Vermögen des übertragenden Rechtsträgers vor Eintragung der Verschmelzung nur dann in seiner Rechnungslegung ausweisen, wenn er bereits wirtschaftlicher Eigentümer ist. Dabei ist zu beachten, dass wirtschaftliches Eigentum eine Tatsache ist, die nicht rückwirkend begründet werden kann[124].

**47** Nach *IDW RS HFA 42* müssen die folgenden vier Voraussetzungen **kumulativ** erfüllt sein, um vor Eintragung der Verschmelzung **wirtschaftliches Eigentum** des übernehmenden Rechtsträgers zu begründen[125]:

- Bis zum Abschlussstichtag (des übernehmenden Rechtsträgers) muss ein Verschmelzungsvertrag formwirksam abgeschlossen sein und müssen die ggf. erforderlichen Verschmelzungsbeschlüsse sowie die Zustimmungserklärungen der Anteilsinhaber (§§ 13, 50 UmwG) formwirksam vorliegen. Dies alles sind wertbegründende Ereignisse, denen – unabhängig vom (ggf. in ein bereits abgelaufenes GJ zurückbezogenen) [126] Verschmelzungsstichtag – keine wertaufhellende Bedeutung zukommt[127].
- Der vereinbarte Verschmelzungsstichtag muss vor dem Abschlussstichtag (des übernehmenden Rechtsträgers) liegen oder mit diesem zusammenfallen.
- Die Verschmelzung muss bis zur Beendigung der Aufstellung des JA (des übernehmenden Rechtsträgers) in das HR eingetragen sein oder es muss mit an Sicherheit grenzender Wahrscheinlichkeit davon ausgegangen werden können, dass die Eintragung erfolgen wird; einer Eintragung der Verschmelzung entgegenstehende Gründe dürfen nicht bekannt sein.
- Es muss faktisch oder durch eine entsprechende Regelung im Verschmelzungsvertrag sichergestellt sein, dass der übertragende Rechtsträger nur im Rahmen eines ordnungsgemäßen Geschäftsgangs oder mit Einwilligung des übernehmenden Rechtsträgers über die Vermögensgegenstände verfügen kann.

**48** Sind diese Voraussetzungen am Abschlussstichtag kumulativ erfüllt, hat der übernehmende Rechtsträger **auch** die **Schulden des übertragenden Rechtsträgers** zum Abschlussstichtag zu passivieren, sei es unmittelbar oder als Ausgleichsverpflichtung[128]. Zwar gilt für Schulden der Grundsatz der Zurechnung nach Maßgabe wirtschaftlichen Eigentums nicht (§ 246 Abs. 1 S. 2 und 3 HGB). Da die Eintragung der Verschmelzung ins HR indes ohne Mitwirkung der Gläubiger (§§ 414, 415 BGB) zum Übergang der

123 Zum Übergang des wirtschaftlichen Eigentums bei schwebender Verschmelzung siehe *Tischer*, WPg 1996, S. 745.

124 Vgl. *Müller, W.*, in: Kallmeyer, UmwG[5], § 17 UmwG, Tz. 23.

125 Vgl. *IDW RS HFA 42*, Tz. 29.

126 Wird z.B. im März 02 ein Verschmelzungsvertrag mit einem Verschmelzungsstichtag 01.10.01 abgeschlossen, kann der übernehmende Rechtsträger die Verschmelzung nicht bereits auf den 31.12.01 abbilden.

127 Vgl. *IDW RS HFA 42*, Tz. 29.

128 Vgl. *IDW RS HFA 42*, Tz. 30.

Schulden auf den übernehmenden Rechtsträger führt, ist eine **vertragliche Schuldübernahme** als Voraussetzung für eine Entpassivierung der Schulden **nicht erforderlich**[129].

49 Sind diese Voraussetzungen am Abschlussstichtag nicht erfüllt, hat der übertragende Rechtsträger sein gesamtes (Rein-)Vermögen nach allgemeinen Grundsätzen zu bilanzieren. Auf die künftigen Auswirkungen des geschlossenen Verschmelzungsvertrags ist im Anhang und/oder LB des übertragenden und übernehmenden Rechtsträgers hinzuweisen[130].

### 2.2.2.3 Erfolgszuordnung

50 Nach § 5 Abs. 1 Nr. 6 UmwG ist **Verschmelzungsstichtag** der Zeitpunkt, von dem an die Handlungen der übertragenden Rechtsträger als für Rechnung des übernehmenden Rechtsträgers vorgenommen gelten: Übertragender und übernehmender Rechtsträger stellen sich durch den (zurückbezogenen) Verschmelzungsstichtag „schuldrechtlich so, als ob zu diesem Zeitpunkt die Vermögensgegenstände und Schulden des übertragenden Rechtsträgers (bereits; d. Verf.) auf den übernehmenden Rechtsträger übergegangen wären (schuldrechtliche Rückwirkung)"[131]. Erst mit der Eintragung der Verschmelzung im HR wird diese Erfolgszuordnung endgültig rechtswirksam[132].

Sind auf Abschlussstichtage vor Eintragung der Verschmelzung ins HR JA für die beteiligten Rechtsträger aufzustellen, ist für Erfolgsbeiträge aus Geschäften des übertragenden Rechtsträgers zwischen (früherem) Verschmelzungs- und (späterem) Abschlussstichtag danach zu unterscheiden, wer am Abschlussstichtag wirtschaftlicher Eigentümer des zu übertragenden Vermögens ist[133].

51 Ist der übertragende Rechtsträger am Abschlussstichtag (auch) wirtschaftlicher Eigentümer des zu übertragenden Vermögens (z.B. bei Abschluss des Verschmelzungsvertrags erst nach dem Abschlussstichtag), hat er aus den bei ihm weiter zu buchenden Geschäftsvorfällen originäre Aufwendungen und Erträge[134].

52 Da der übertragende Rechtsträger die Erfolgsbeiträge aus diesen Geschäften indes für fremde Rechnung erwirtschaftet (z.B. bei einem Verschmelzungsstichtag, der vor dem Abschlussstichtag liegt), muss er dies in seinem JA erläutern. Resultiert aus den Geschäften eine **Vermögensmehrung**, darf er den für fremde Rechnung erwirtschafteten Gewinn **nicht** durch Bildung einer Rückstellung für ungewisse Verbindlichkeiten neutralisieren (Stichtagsprinzip: Abschluss des Verschmelzungsvertrags nach dem Abschlussstichtag ist ein wertbegründendes Ereignis)[135]. Bei einer **Vermögensminderung**

129 Vgl. *IDW RS HFA 42*, Tz. 30. Änderung gegenüber *IDW St/HFA 2/1997*; a.A. *Hörtnagl*, in: Schmitt/Hörtnagl/Stratz, UmwG[7], § 17 UmwG, Tz. 75; *Müller, W.*, in: Kallmeyer, UmwG[5], § 17 UmwG, Tz. 23 (zu *IDW ERS HFA 42*).

130 Vgl. *Hörtnagl*, in: Schmitt/Hörtnagl/Stratz, UmwG[7], § 17 UmwG, Tz. 76.

131 *IDW RS HFA 42*, Tz. 28.

132 Vgl. *IDW RS HFA 42*, Tz. 31.

133 So *IDW RS HFA 42*, Tz. 31. Gegen diese Differenzierung *Aha*, BB 1996, S. 2560.

134 Vgl. *IDW RS HFA 42*, Tz. 31.

135 Vgl. *IDW RS HFA 42*, Tz. 31. Änderung gegenüber *IDW St/HFA 2/1997*. Gl. A. *Bula/Pernegger*, in: Sagasser/Bula/Brünger, Umwandlungen[4], § 10, Tz. 84 ff. (aber Hinweis im Anhang erforderlich, Tz. 90). Für Rückstellungspflicht dagegen *Hörtnagl*, in: Schmitt/Hörtnagl/Stratz, UmwG[7], § 17 UmwG, Tz. 80 f.; *Müller, W.*, in: Kallmeyer, UmwG[5], § 17 UmwG, Tz. 23.

hindert das Realisationsprinzip die Aktivierung einer Forderung auf Verlustausgleich (§ 252 Abs. 1 Nr. 4 HGB).

**53** Ist dagegen am Abschlussstichtag bereits der übernehmende Rechtsträger wirtschaftlicher Eigentümer des zu übertragenden Vermögens (Voraussetzung: Abschluss des Verschmelzungsvertrags bis zum Abschlussstichtag), so hat er ab dem Zeitpunkt des Übergangs des wirtschaftlichen Eigentums für Rechtsgeschäfte des übertragenden Rechtsträgers originäre Aufwendungen und Erträge zu erfassen[136].

**Beispiel 1:**

A wird auf B verschmolzen. Im Verschmelzungsvertrag vom November 01 wird ein Verschmelzungsstichtag 01.08.01 vereinbart. B sei ab November 01 wirtschaftlicher Eigentümer des Vermögens von A.
Grundsätzlich hat B in seiner GuV ab dem Zeitpunkt des Übergangs des wirtschaftlichen Eigentums (November 01) Aufwendungen und Erträge aus Rechtsgeschäften des A als seine originären Aufwendungen und Erträge zu erfassen. Aufwendungen und Erträge des A im Zeitraum zwischen dem Verschmelzungsstichtag (01.08.01) und dem Zeitpunkt des Übergangs des wirtschaftlichen Eigentums (November 01) sind bei B als Saldo unter der Bezeichnung „Vom übertragenden Rechtsträger für fremde Rechnung erwirtschaftetes Ergebnis“ auszuweisen[137]. Voraussetzung für eine exakte Ergebnisabgrenzung ist die Aufstellung eines (zusätzlichen) Abschlusses für A auf den Zeitpunkt des Übergangs des wirtschaftlichen Eigentums.

Aus **Vereinfachungsgründen** ist es indes zulässig, dass der übernehmende Rechtsträger Aufwendungen und Erträge aus vom übertragenden Rechtsträger im eigenen Namen abgeschlossenen Rechtsgeschäften ab dem Verschmelzungsstichtag wie eigene Geschäftsvorfälle abbildet, auch wenn das wirtschaftliche Eigentum erst nach dem Verschmelzungsstichtag auf ihn übergeht (z.B. bei Vereinbarung eines vor dem Abschluss des Verschmelzungsvertrags liegenden Verschmelzungsstichtags)[138].

**Beispiel 2:**

Vereinfachend darf B Aufwendungen und Erträge aus Rechtsgeschäften des A bereits ab dem Verschmelzungsstichtag (01.08.01) als seine originären Aufwendungen und Erträge erfassen, obwohl B zum 01.08.01 noch nicht wirtschaftlicher Eigentümer des Vermögens von A war.

**54** Wird der Verschmelzungsstichtag in ein bereits abgelaufenes GJ des übertragenden Rechtsträgers zurückbezogen, empfiehlt es sich, das Ergebnis des abgelaufenen GJ als Saldo und das des lfd. GJ (bis zur Eintragung der Verschmelzung im HR) als originäre Aufwendungen und Erträge zu erfassen.

136 Vgl. *IDW RS HFA 42*, Tz. 31; *Müller, W.*, WPg 1996, S. 857 (862).
137 Vgl. *Deubert/Klöcker*, WP Praxis 2013, S. 63.
138 Vgl. *IDW RS HFA 42*, Tz. 31.

**Praxistipp 1:**

A wird auf B verschmolzen. Im Verschmelzungsvertrag vom März 02 wird der Verschmelzungsstichtag auf den 01.10.01 zurückbezogen.
Hier empfiehlt sich, das Ergebnis vom 01.10.01 – 31.12.01 als Saldo und das Ergebnis vom 01.01.02 bis zum Zeitpunkt der Eintragung der Verschmelzung im HR als originäre Aufwendungen und Erträge des B zu erfassen.

Ist der übertragende Rechtsträger abhängiger Vertragsteil eines **EAV** und endet die Abrechnungsperiode des EAV (= Ende des GJ) unmittelbar vor dem Verschmelzungsstichtag (z.B. Ende des GJ ist der 31.12.00 und Verschmelzungsstichtag ist der 01.01.01), ist der EAV für das GJ 00 (letztmals) nach allgemeinen Grundsätzen durchzuführen. **55**

Für den Zeitraum zwischen Verschmelzungsstichtag und Eintragung der Verschmelzung ins HR (durch die der übertragende Rechtsträger und der EAV erlöschen) **kollidieren** indes die Regelungen des Unternehmensvertragsrechts (§§ 291 Abs. 1, 301 und 302 AktG) mit denen des Umwandlungsrechts (hier: Für-Rechnung-Phase) hinsichtlich der Zuordnung des Erfolgs des übertragenden Rechtsträgers. So ist fraglich, ob der Erfolg an den anderen Vertragsteil abzuführen (Gewinn) bzw. von diesem auszugleichen ist (Verlust) oder ob er dem übernehmenden Rechtsträger zuzurechnen ist. Die Auflösung des Konflikts ist insb. auch für die ordnungsgemäße Durchführung des EAV zwecks ertragsteuerlicher Anerkennung der Organschaft von praktischer Bedeutung[139].

Nach *Gelhausen/Heinz* ist der Konflikt zugunsten des Verschmelzungsvertrags zu entscheiden; dies gilt unabhängig davon, ob der übertragende Rechtsträger in dem Zeitraum bis zur Eintragung der Verschmelzung ins HR einen Gewinn oder Verlust erzielt[140].

**Beispiel 3:**

A ist alleiniger Gesellschafter von B. Zwischen A und B besteht ein EAV. Im März 02 schließt B (als übertragender Rechtsträger) einen Verschmelzungsvertrag mit C (als übernehmendem Rechtsträger) mit einem Verschmelzungsstichtag 01.01.02 ab. Im Juli 02 wird die Verschmelzung ins HR eingetragen.
Das Jahresergebnis 01 von B ist an A abzuführen (Gewinn) bzw. von diesem auszugleichen (Verlust). Das Jahresergebnis von B in der Für-Rechnungs-Phase (01.01.02 – Juli 02) darf nicht über den EAV abgeführt/ausgeglichen werden, sondern steht dem übernehmenden Rechtsträger C zu.

### 2.2.3 Zwischenbilanz

Nach § 63 Abs. 1 Nr. 2 UmwG hat eine an der Verschmelzung beteiligte **AG**[141] von der **56**
Einberufung der HV an, die über die Zustimmung zum Verschmelzungsvertrag be-

139 § 14 Abs. 1 S. 1 Nr. 3 S. 1 KStG.

140 Vgl. *Gelhausen/Heinz*, NZG 2005, S. 775 (775 ff.).

141 Über Verweisungen sind Zwischenbilanzen auch von eingetragenen Genossenschaften (§ 82 Abs. 1 UmwG), rechtsfähigen Vereinen (§ 101 Abs. 1 UmwG), genossenschaftlichen Prüfungsverbänden (§ 106 UmwG) sowie Versicherungsvereinen auf Gegenseitigkeit (§ 112 Abs. 1 UmwG) aufzustellen.

schließen soll, in ihren Geschäftsräumen die JA und LB der an der Verschmelzung beteiligten Rechtsträger für die letzten drei GJ auszulegen[142]. Bezieht sich der letzte dieser JA auf ein GJ, das mehr als sechs Monate vor dem Abschluss des Verschmelzungsvertrags oder der Aufstellung des Entwurfs endet[143], muss die AG überdies eine **Zwischenbilanz** aufzustellen (und auszulegen), deren Stichtag nicht vor dem ersten Tag des dritten Monats liegen darf, der dem Abschluss des Verschmelzungsvertrags vorausgeht (§ 63 Abs. 1 Nr. 3 UmwG).

**Beispiel 4:**

A-AG wird auf B verschmolzen. Der Verschmelzungsvertrag wird am 15.08.04 abgeschlossen. Neben den JA von A und B zum 31.12.01, 31.12.02 und 31.12.03 hat die A-AG eine Zwischenbilanz aufzustellen, deren Stichtag nicht vor dem 15.05.04 liegt.

57 **Ziel der Zwischenbilanz** ist es, den Anteilsinhabern „einen möglichst zeitnahen Einblick in die Vermögensverhältnisse zu ermöglichen. Sie sollen bei ihrer Entscheidung auch Entwicklungen der jüngsten Vergangenheit berücksichtigen können“[144]. Die Zwischenbilanz umfasst nur die Bilanz (einschließlich der Wahlpflichtangaben), nicht dagegen die GuV, den Anhang oder den LB[145]; sie ist nicht zu prüfen und nicht festzustellen[146].

58 Die Zwischenbilanz ist nach den Vorschriften aufzustellen, die auf die letzte **Jahresbilanz**[147] des Rechtsträgers angewandt wurden. Mithin dürfen in der Zwischenbilanz – anders als in der Schlussbilanz (siehe Tz. 39) – die Ansatz- und Bewertungsmethoden, die der letzten Jahresbilanz zugrunde lagen, nicht geändert werden. Ändern sich zwischen dem Stichtag des letzten JA und dem Stichtag der Zwischenbilanz die einschlägigen Rechnungslegungsvorschriften, sind für die Zwischenbilanz die alten, ggf. außer Kraft gesetzten Vorschriften anzuwenden[148].

59 Eine körperliche Bestandsaufnahme (Inventur) ist nicht erforderlich. Die Wertansätze der letzten Jahresbilanz dürfen übernommen werden. Dabei sind jedoch Abschreibungen, Wertberichtigungen und Rückstellungen sowie wesentliche, aus den Büchern nicht ersichtliche Veränderungen der wirklichen Werte von Vermögensgegenständen bis zum Stichtag der Zwischenbilanz zu berücksichtigen (§ 63 Abs. 2 S. 1 bis 4 UmwG).

60 Auf die Aufstellung einer Zwischenbilanz kann **verzichtet** werden, wenn alle Anteilsinhaber aller[149] beteiligten Rechtsträger durch notariell beurkundete Erklärung auf die

142 Zu Zweifelsfragen der Auslagepflicht vgl. *Kocher/Thomssen*, DStR 2015, S. 1057.

143 Wird der Verschmelzungsvertrag bspw. am 30.06. geschlossen und ist Abschlussstichtag der 31.12., ist eine Zwischenbilanz nicht erforderlich. Wird der Verschmelzungsvertrag dagegen am 01.07. geschlossen, ist eine Zwischenbilanz erforderlich, deren Stichtag nicht vor dem 01.04. liegt.

144 *Stratz*, in: Schmitt/Hörtnagl/Stratz, UmwG[7], § 63 UmwG, Tz. 5.

145 Vgl. *Stratz*, in: Schmitt/Hörtnagl/Stratz, UmwG[7], § 63 UmwG, Tz. 5; *Müller, W.*, in: Kallmeyer, UmwG[5], § 63 UmwG, Tz. 7; *Grunewald*, in: Lutter/Bayer/Vetter, UmwG[5], § 63 UmwG, Tz. 9. A.A. *Bula/Pernegger*, in: Sagasser/Bula/Brünger, Umwandlungen[4], § 10, Tz. 25 (auch Anhang).

146 Vgl. *Müller, W.*, in: Kallmeyer, UmwG[5], § 63 UmwG, Tz. 7.

147 Nicht: *Konzern*bilanz, die ggf. nach den EU-IFRS aufgestellt wird.

148 Vgl. *Müller, W.*, in: Kallmeyer, UmwG[5], § 63 UmwG, Tz. 8.

149 So die h.M. A.A. *Widder*, AG 2016, S. 16: Zustimmung nur der Aktionäre von an der Verschmelzung beteiligten AG (nicht auch anderer Rechtsformen, z.B. GmbH) ausreichend.

Auslegung verzichten[150]. Ferner ist eine Zwischenbilanz entbehrlich, wenn die Gesellschaft seit dem letzten JA einen **Halbjahresfinanzbericht nach § 37w WpHG** veröffentlicht hat, der an die Stelle der Zwischenbilanz tritt[151]. Da der Halbjahresfinanzbericht grundsätzlich[152] nach den Vorschriften des HGB aufgestellt und veröffentlicht werden muss (§ 37w Abs. 3 S. 2 WpHG)[153], hat diese Befreiung praktisch kaum Bedeutung.

## 2.3 Rechnungslegung beim übernehmenden Rechtsträger (§ 24 UmwG)

### 2.3.1 Anwendungsbereich, Inhalt und Zweck des § 24 UmwG

§ 24 UmwG gilt – mit Ausnahme des (handelsrechtlichen)[154] Formwechsels – für alle Umwandlungsarten des UmwG und für alle Rechtsformen. § 24 UmwG gilt **analog** auch für den Vermögenserwerb durch **Anwachsung**[155], bei der das Vermögen einer Personengesellschaft, wie bei einer Verschmelzung, durch Gesamtrechtsnachfolge dem letztverbleibenden Gesellschafter ipso iure anwächst (sog. Austrittsmodell)[156]. 61

§ 24 UmwG zielt auf die Bilanzierung im **JA** des übernehmenden Rechtsträgers („Jahresbilanzen"), gilt aber auch für die Abbildung von konzern*externen*[157] Verschmelzungen im **KA** des übernehmenden Rechtsträgers[158]. Nach § 300 Abs. 2 S. 2, 308 Abs. 1 S. 2 HGB[159] kann dabei das **Wahlrecht** des § 24 UmwG im JA und KA des übernehmenden Rechtsträgers **unterschiedlich ausgeübt** werden. 62

§ 24 UmwG ist an den übernehmenden Rechtsträger adressiert und regelt (rudimentär) die **Zugangsbilanzierung und -bewertung** des auf ihn im Zuge der Verschmelzung übergehenden (Rein-)Vermögens[160]. § 24 UmwG eröffnet für die Abbildung dieses Anschaffungsvorgangs ein (systemwidriges[161]) **Wahlrecht**: So kann der übernehmende Rechtsträger das übernommene (Rein-)Vermögen entweder mit den Buchwerten aus der Schlussbilanz des übertragenden Rechtsträgers (= fiktive AK) oder mit den (tatsächlichen) AK ansetzen, die sich nach dem Wert der Gegenleistung bemessen (zu Einschränkungen des Wahlrechts siehe Tz. 102 ff.). **Träger des Wahlrechts** sind die für die Auf- und Feststellung zuständigen Organe des übernehmenden Rechtsträgers[162]; die 63

150 Vgl. § 63 Abs. 2 S. 5 i.V.m. § 8 Abs. 3 S. 1 Alt. 1 und S. 2 UmwG.

151 Vgl. § 63 Abs. 2 S. 6 f. UmwG.

152 Ausnahme: Die Gesellschaft veröffentlicht (ausnahmsweise) EU-IFRS-Einzelabschlüsse (§ 37w Abs. 3 S. 3 WpHG i.V.m. § 325 Abs. 2a HGB).

153 Vgl. *Müller, W.*, in: Kallmeyer, UmwG[5], § 63 UmwG, Tz. 13 mit dem zutreffenden Hinweis, dass § 63 Abs. 2 S. 6 HGB auf § 37w WpHG und nicht auf § 37y WpHG (KA) verweist.

154 Steuerrechtlich erfordert der Formwechsel einer KapGes. in eine Personengesellschaft et vice versa dagegen die Aufstellung einer Eröffnungsbilanz (§§ 9 S. 2, 25 S. 2 i.V.m. 9 S. 2 UmwStG).

155 Vgl. *IDW RS HFA 42*, Tz. 93; *Knop, W./Küting, P./Knop, N.*, HdR[5], § 255 HGB, Tz. 98.

156 Zur Anwachsung vgl. *Orth*, DStR 1999, S. 1011 (Teil 1) und S. 1053 (Teil 2).

157 Zu konzernexternen Verschmelzungen siehe Tz. 121 ff.

158 § 298 Abs. 1 HGB verweist auch auf § 253 HGB, den § 24 UmwG ausdrücklich nennt.

159 Siehe hierzu *IDW RH HFA 1.018*.

160 Bei der Verschmelzung ist es nicht zulässig, auch das (Rein-)Vermögen des übernehmenden Rechtsträgers neu zu bewerten (kein sog. fresh-start).

161 Konzeptionell zu überzeugen vermag nur der Ansatz der (tatsächlichen) AK. Siehe auch Tz. 102 ff.

162 Vgl. *IDW RS HFA 42*, Tz. 35. Gl. A. *Müller, W.*, in: Kallmeyer, UmwG[5], § 24 UmwG, Tz. 17; a.A. *Simon*, in: Dauner/Lieb/Simon, UmwG, § 24 UmwG, Tz. 36 (nur die für die Aufstellung zuständigen Organe); *Hörtnagl*, in: Schmitt/Hörtnagl/Stratz, UmwG[7], § 24 UmwG, Tz. 86 (nur die für die Feststellung zuständigen Organe).

Ausübung des Wahlrechts kann bereits im Verschmelzungsvertrag vereinbart werden; diese Vereinbarung ist dann grundsätzlich bindend[163]. Das Wahlrecht, das im auf die Verschmelzung folgenden JA des übernehmenden Rechtsträgers ausgeübt wird, kann nur **einheitlich** für ein übernommenes (Rein-)Vermögen insgesamt ausgeübt werden[164]. Bei mehreren übertragenden Rechtsträgern ist eine unterschiedliche Ausübung des Wahlrechts zulässig[165].

### 2.3.2 Bilanzierung und Bewertung beim übernehmenden Rechtsträger

64 Für die Bilanzierung und Bewertung des übergegangenen (Rein-)Vermögens beim übernehmenden Rechtsträger ist zu unterscheiden nach

- der **Art der Verschmelzung** (Verschmelzung im Wege der Aufnahme, im Wege der Neugründung oder grenzüberschreitende Verschmelzung[166]),
- der **Ausübung des Wahlrechts des § 24 UmwG** (fiktive oder echte AK) und
- der **Art der Gegenleistung** für die Vermögensübertragung (Ausgabe neuer oder eigener Anteile, Beteiligung des übernehmenden am übertragenden Rechtsträger oder Mischfälle).

#### 2.3.2.1 Art der Verschmelzung

65 Bei der **Verschmelzung im Wege der Aufnahme** muss der übernehmende Rechtsträger keine gesonderte Übernahmebilanz aufstellen, da die Verschmelzung ein **lfd. Geschäftsvorfall** ist[167]. Eine freiwillig aufgestellte Übernahmebilanz dient ausschließlich internen Dokumentationszwecken, hat aber keine handels- oder steuer*rechtliche* Bedeutung[168].

Der Zeitpunkt der erstmaligen Erfassung des (Rein-)Vermögens in der Buchhaltung des übernehmenden Rechtsträgers bestimmt sich nach dem Zeitpunkt des (wirtschaftlichen) Vermögensübergangs (siehe Tz. 47). Dabei ist mit Rücksicht auf den (regelmäßig rückbezogenen) Verschmelzungsstichtag das (Rein-)Vermögen so einzubuchen, als hätte es der übernehmende Rechtsträger bereits zum Verschmelzungsstichtag erworben, sei es durch Erfassung der originären Aufwendungen und Erträge des übertragenden Rechtsträgers, sei es durch Erfassung des Ergebnissaldos[169].

---

163 Vgl. *Müller, W.*, in: Kallmeyer, UmwG[5], § 24 UmwG, Tz. 18 (eine andere Wahlrechtsausübung setzt eine formwirksame Änderung des Verschmelzungsvertrags mit den entsprechenden Zustimmungsbeschlüssen der Anteilsinhaber der beteiligten Rechtsträger voraus); a.A. *Hörtnagl*, in: Schmitt/Hörtnagl/Stratz, UmwG[7], § 24 UmwG, Tz. 88 (Vertragsregelung stellt „aber noch nicht selbst die Wahlrechtsausübung dar"); *Simon*, in: Dauner/Lieb/Simon, UmwG, § 24 UmwG, Tz. 32.

164 Vgl. *IDW RS HFA 42*, Tz. 35; *Hörtnagl*, in: Schmitt/Hörtnagl/Stratz, UmwG[7], § 24 UmwG, Tz. 85 m.w.N.

165 Vgl. *IDW RS HFA 42*, Tz. 35. *Müller, W.*, in: Kallmeyer, UmwG[5], § 24 UmwG, Tz. 17; *Priester*, in: Lutter/Bayer/Vetter, UmwG[5], § 24 UmwG, Tz. 77.

166 Zur grenzüberschreitenden Verschmelzung siehe Tz. 236 ff.

167 Vgl. *Müller, W.*, in: Kallmeyer, UmwG[5], § 24 UmwG, Tz. 5.

168 Vgl. *Hörtnagl*, in: Schmitt/Hörtnagl/Stratz, UmwG[7], § 24 UmwG, Tz. 6.

169 Vgl. *IDW RS HFA 42*, Tz. 33. Der Saldo kann als „Vom übertragenden Rechtsträger für fremde Rechnung erwirtschaftetes Ergebnis" bezeichnet werden (siehe Tz. 53). Bei mehreren übertragenden Rechtsträgern mit unterschiedlichen Verschmelzungsstichtagen ist der zeitlich früheste Verschmelzungsstichtag maßgeblich, vgl. *Hörtnagl*, in: Schmitt/Hörtnagl/Stratz, UmwG[7], § 24 UmwG, Tz. 8.

Bei der **Verschmelzung durch Neugründung** muss der übernehmende Rechtsträger auf den Verschmelzungsstichtag[170] eine **Eröffnungsbilanz** aufstellen (§ 242 Abs. 1 S. 1 HGB). Umstritten ist, ob bereits die Vorgesellschaft bilanzierungspflichtig ist[171]. 66

## 2.3.2.2 Art der Ausübung des Wahlrechts des § 24 UmwG und Art der Gegenleistung

### 2.3.2.2.1 Buchwertverknüpfung

Bei Ausübung des Wahlrechts zugunsten der Buchwerte des übertragenden Rechts- 67
trägers ist die Zugangsbilanzierung und -bewertung des im Zuge der Verschmelzung erworbenen (Rein-)Vermögens beim übernehmenden Rechtsträger dem Grunde und der Höhe nach durch die Buchwerte aus dessen (handelsrechtlicher) Schlussbilanz determiniert (**Buchwertverknüpfung**[172]). Das gilt auch für einen derivativen Geschäfts- oder Firmenwert des übertragenden Rechtsträgers, der als Vermögensgegenstand gilt (§ 246 Abs. 1 S. 4 HGB).

Die **Buchwerte** des übertragenden Rechtsträgers **müssen** indes vom Stichtag der han- 68
delsrechtlichen Schlussbilanz auf den Zeitpunkt des Zugangs beim übernehmenden Rechtsträgers (HR-Eintragung bzw. früherer Zeitpunkt wirtschaftlichen Eigentums) **fortentwickelt werden**; die aus der Fortschreibung resultierenden Ergebnisauswirkungen treffen den übernehmenden Rechtsträger (Verschmelzungsstichtag als Zeitpunkt der Ergebnisabgrenzung) und sind bei ihm als Saldo oder als originäre Aufwendungen und Erträge zu erfassen[173].

Eine Bindung des übernehmenden Rechtsträgers an die Buchwerte aus der Schlussbilanz 69
des übertragenden Rechtsträgers besteht indes nicht für GoB-widrige Bilanzansätze und -werte des übertragenden Rechtsträgers; diese müssen korrigiert werden[174] (zu Ausnahmen bei einer grenzüberschreitenden Herein-Verschmelzung siehe Tz. 241). Auch ist der übernehmende Rechtsträger an nachfolgenden Abschlussstichtagen nicht an die Ausweis-, Bilanzierungs- und Bewertungsmethoden des übertragenden Rechtsträgers gebunden. Beispielsweise kann der übertragende Rechtsträger an nachfolgenden Abschlussstichtagen in der Schlussbilanz nicht passivierte Rückstellungen (z.B. für mittelbare Pensionszusagen) ansetzen[175].

170 Vgl. *Hörtnagl*, in: Schmitt/Hörtnagl/Stratz, UmwG[7], § 24 UmwG, Tz. 8 m.w.N.; a.A. *Müller, W.*, in: Kallmeyer, UmwG[5], § 24 UmwG, Tz. 56 (Zeitpunkt des Übergangs des wirtschaftlichen Eigentums); *Lüdenbach*, StuB 2012, 678 (nicht vor Abschluss des Verschmelzungsvertrags). Unklar *IDW RS HFA 42*, Tz. 40 („Verschmelzungsstichtag … selbst wenn der Stichtag der Eröffnungsbilanz später liegt").

171 Dafür *Pohl*, S. 133 (mit der Erlangung der wirtschaftlichen Verfügungsmacht über das Vermögen des übertragenden Rechtsträgers). Dagegen *Priester*, in: Lutter/Bayer/Vetter, UmwG[5], § 24 UmwG, Tz. 22.

172 Der Begriff „Buchwertverknüpfung" dient der Abgrenzung zum Begriff „Buchwertfortführung", da der übernehmende Rechtsträger nicht in die „Fußstapfen" des übertragenden Rechtsträgers tritt (auch wenn der Vermögenstransfer rechtstechnisch im Wege der Gesamtrechtsnachfolge erfolgt). Die Buchwerte des übertragenden Rechtsträgers markieren die neuen (historischen) AK des übernehmenden Rechtsträgers (Folge: insoweit Zuschreibungsverbot).

173 Vgl. Tz. 50 ff.

174 Vgl. *Küting/Hayn/Hütten*, BB 1997, S. 565 (569).

175 Vgl. *IDW RS HFA 42*, Tz. 60.

70 **Nicht angesetzt** werden dürfen bei der Zugangsbilanzierung[176]

- **selbst geschaffene immaterielle Vermögensgegenstände des Anlagevermögens** des übertragenden Rechtsträgers, die vom übertragenden Rechtsträger in Ausübung des Aktivierungswahlrechts des § 248 Abs. 2 S. 1 HGB nicht angesetzt wurden. Gleiches gilt für in Ausübung eines Passivierungs**wahlrechts** nicht bilanzierte Schulden des übertragenden Rechtsträgers (z.B. Pensionsrückstellungen aus Altzusagen nach Art. 28 Abs. 1 EGHGB oder noch nicht amortisierte Unterschiedsbeträge für Pensionsrückstellungen nach Art. 67 Abs. 1 S. 1 EGHGB)
- Vermögensgegenstände oder Schulden, für die ein Ansatz**verbot** besteht (z.B. originärer Geschäfts- oder Firmenwert oder noch nicht als Außenverpflichtung entstandene Restrukturierungsaufwendungen des übertragenden Rechtsträgers)
- in der Schlussbilanz des übertragenden Rechtsträgers bilanzierte **latente Steuern**, da diese keine Vermögengegenstände oder Schulden, sondern Posten sui generis sind. Vielmehr sind die latenten Steuern „nach den steuerlichen Verhältnissen des übernehmenden Rechtsträgers zu bilanzieren und zu bewerten, soweit die Unterschiede zwischen handelsrechtlichen und steuerlichen Wertansatz auch nach der Verschmelzung weiterhin bestehen“[177]. Im Rahmen der Gesamtdifferenzenbetrachtung kann dabei eine Bilanzdifferenz zwischen handels- und steuerrechtlichem Geschäfts- oder Firmenwert unberücksichtigt bleiben[178] (siehe auch Tz. 79)
- **eigene Anteile** des übertragenden Rechtsträgers; sie gehen mit der Eintragung der Verschmelzung unter[179]; sie mindern bereits das auf den übernehmenden Rechtsträger übergehende (Rein-)Vermögen; Entsprechendes gilt für gegenseitige **Forderungen/Verbindlichkeiten** der beteiligten Rechtsträger
- **Nebenkosten** der Verschmelzung, die vom übernehmenden Rechtsträger zu tragen sind (z.B. Grunderwerbsteuer, Notar- und Gerichtskosten, Aktiendruck- und Ausgabekosten)[180].

71 Da die Buchwerte des übertragenden Rechtsträgers als AK des übernehmenden Rechtsträgers fingiert werden, sind diese im **Anlagenspiegel** als Zugangswerte mit Wirkung ab dem Verschmelzungsstichtag auszuweisen[181]. Aus Vereinfachungsgründen können indes die historischen AHK und die kumulierten Abschreibungen des übertragenden Rechtsträgers in den Anlagenspiegel des übernehmenden Rechtsträgers einbezogen werden, falls der Zugang zu den historischen AHK und der Zugang zu den kumulierten Abschreibungen jeweils in einer Sonderspalte ausgewiesen oder entsprechende Angaben

176 Vgl. *Priester*, in: Lutter/Bayer/Vetter UmwG[5], § 24 UmwG, Tz. 33 ff.; *Naumann*, in: FS Ludewig, S. 683 (704).

177 *IDW RS HFA 42*, Tz. 61. Gl. A. *Hörtnagl*, in: Schmitt/Hörtnagl/Stratz, UmwG[7], § 24 UmwG, Tz. 69.

178 Vgl. *IDW RS HFA 42*, Tz. 59, unter Hinweis auf den Residualcharakter des Geschäfts- oder Firmenwerts.

179 Erfolgt die Zugangsbilanzierung beim übernehmenden Rechtsträger dagegen bereits vor dem Zeitpunkt der Eintragung der Verschmelzung ins HR nach Maßgabe wirtschaftlichen Eigentums, sind die Anteile beim übernehmenden Rechtsträger zunächst als Vermögensgegenstände zu aktivieren. Mit Eintragung der Verschmelzung im HR erlöschen sie und sind erfolgswirksam auszubuchen. U.E. erscheint es vertretbar, die Anteile (ausnahmsweise) erfolgsneutral auszubuchen (s.a. *IDW RS HFA 42*, Tz. 91 zur grenzüberschreitenden Verschmelzung).

180 Allgemein zur bilanziellen und steuerlichen Behandlung von Umwandlungskosten *Orth*, GmbHR 1998, S. 511.

181 Vgl. *Naumann*, in: FS Ludewig, S. 683 (705).

nach § 284 Abs. 3 S. 3 Nr. 3 HGB[182] gemacht werden[183]. **Zuschreibungen** nach § 253 Abs. 5 HGB über die Buchwerte bis zu den historischen AK des übertragenden Rechtsträgers sind indes (auch bei Inanspruchnahme der Vereinfachung) nicht zulässig[184].

Nur selten entsprechen sich der Buchwert des übertragenen (Rein-)Vermögens und der Wert der Gegenleistung des übernehmenden Rechtsträgers (Ausgabebetrag der neuen und/oder eigenen Anteile des übernehmenden Rechtsträgers oder Buchwert der untergehenden Anteile am übertragenden Rechtsträger), so dass **Differenzen** entstehen, deren bilanzielle Behandlung von der Art der Gegenleistung abhängt. **72**

Besteht die Gegenleistung für das übertragene (Rein-)Vermögen in der **Ausgabe neuer Anteile**, ist ein den Nennbetrag/rechnerischen Wert der Anteile übersteigender Buchwert des übertragenen (Rein-)Vermögens als Aufgeld für die ausgegebenen Anteile in die **Kapitalrücklage** nach § 272 Abs. 2 **Nr. 1** HGB einzustellen[185]; bei KapGes. mindert sich die Dotierung der Kapitalrücklage in Höhe barer Zuzahlungen[186], die als Verbindlichkeit zu passivieren sind, soweit sie nicht bereits geleistet wurden. Ist übernehmender Rechtsträger eine **Personenhandelsgesellschaft**, ist das Agio entweder den Kapitalkonten der (alten und neuen)[187] Gesellschafter entsprechend ihrem Beteiligungsverhältnis oder in die Rücklage nach § 264c Abs. 2 S. 1 II. HGB einzustellen[188]. Ist übernehmender Rechtsträger ein **Verein**, ist das Agio dem Vereinskapital zuzuführen[189]. **73**

Bei der **Ausgabe eigener Anteile** mündet nur die Differenz zwischen dem (höheren) Ausgabebetrag und ihren (historischen) AK in der **Kapitalrücklage** nach § 272 Abs. 2 **Nr. 1** HGB (§ 272 Abs. 1b S. 3 HGB); der Unterschiedsbetrag zwischen (historischen) AK (ohne Anschaffungsnebenkosten) und Nennbetrag/rechnerischem Wert der Anteile ist in die Rücklagen zu dotieren, die beim Erwerb der eigenen Anteile gemindert wurden (§ 272 Abs. 1b S. 2 HGB).

Erreicht der Buchwert des übertragenen (Rein-)Vermögens nicht den Ausgabebetrag der zu gewährenden Anteile (formelle Unter-pari-Emission), entsteht ein Verschmelzungsverlust, der weder durch Ansatz eines Geschäfts- oder Firmenwerts noch durch Verrechnung mit Rücklagen ausgeglichen werden darf[190]. **74**

Ist Gegenleistung der Verlust von am übertragenden Rechtsträger bestehenden Anteilen (**up-stream-merger**), entsteht in Höhe der positiven (negativen) Differenz zwischen dem zugehenden Buchwert des übertragenen (Rein-)Vermögens und dem wegfallenden Beteiligungsbuchwert ein **erfolgswirksamer Verschmelzungsgewinn (Verschmelzungsverlust)**, der seit dem BilRUG unter den **sonstigen betrieblichen Erträgen (Aufwendungen)** auszuweisen[191] und ggf. nach § 285 Nr. 31 HGB im Anhang[192] anzugeben **75**

182 Vgl. *HFA*, IDW Life 2016, 54.
183 Vgl. *IDW RS HFA 42*, Tz. 64; a.A. *Naumann*, in: FS Ludewig, S. 683 (705).
184 Vgl. *IDW RS HFA 42*, Tz. 64; *Müller, W.*, in: Kallmeyer, UmwG[5], § 24 UmwG, Tz. 46; *Priester*, in: Lutter/Bayer/Vetter UmwG[5], § 24 UmwG, Tz. 10; *Pohl*, S. 127.
185 Vgl. *IDW RS HFA 42*, Tz. 68.
186 Zur Behandlung von Zuzahlungen, die *nachträglich* in einem Spruchverfahren nach § 15 UmwG festgesetzt werden, siehe *Müller, W.*, in: Kallmeyer, UmwG[5], § 24 UmwG, Tz. 57 ff.
187 Vgl. *Priester*, in: Lutter/Bayer/Vetter UmwG[5], § 24 UmwG, Tz. 71.
188 Vgl. *IDW RS HFA 42*, Tz. 69.
189 Vgl. *Müller, W.*, in: Kallmeyer, UmwG[5], § 24 UmwG, Tz. 48.
190 Vgl. *IDW RS HFA 42*, Tz. 70.
191 Vgl. *IDW RS HFA 42*, Tz. 72.
192 Vgl. *Oser/Holzwarth*, in: HdR[5], §§ 284-288 HGB, Tz. 802.

ist. Ein Verschmelzungsverlust kann weder durch Aktivierung eines Geschäfts- oder Firmenwerts noch mit Rücklagen verrechnet werden.

76 Muss der übernehmende Rechtsträger keine Gegenleistung für den Erwerb des (Rein-)Vermögens im Zuge der Verschmelzung erbringen (z.B. bei einem **down-stream-merger** oder bei einem **side-stream-merger**, jeweils unter Verzicht auf die Gewährung von Anteilen), ist der Betrag des übergehenden positiven (Rein-)Vermögens in die **Kapitalrücklage** nach § 272 Abs. 2 **Nr. 4** HGB einzustellen (= Sachzuzahlung)[193]. Ein negatives (Rein-)Vermögen ist unmittelbar, d.h. ohne Berührung der GuV, mit frei verfügbaren EK-Teilen zu verrechnen[194]; existieren diese nicht in ausreichendem Umfang, entsteht ein Bilanzverlust, der durch künftige Gewinne zu tilgen ist (zu gesellschaftsrechtlichen Restriktionen siehe Tz. 92 ff.).

### 2.3.2.2.2 Anschaffungskosten

#### a) Bilanzierung dem Grunde nach

77 Nach § 24 UmwG kann der übernehmende Rechtsträger das übernommene (Rein-)Vermögen auch mit seinen (echten) AK ansetzen, die sich nach seiner Gegenleistung bemessen[195]. Der übernehmende Rechtsträger hat solchenfalls **alle** erworbenen Vermögensgegenstände, Schulden und RAP anzusetzen (Vollständigkeitsgrundsatz, § 246 Abs. 1 S. 1 HGB); dies gilt auch, wenn der übernehmende Rechtsträger – wie beim down-stream- oder beim side-stream-merger ohne Anteilsgewährung[196] – (ausnahmsweise) ohne eine Gegenleistung, d.h. unentgeltlich, erwirbt[197]. Mithin sind beim übertragenden Rechtsträger in Ausübung eines Bilanzierungswahlrechts **nicht** angesetzte Vermögensgegenstände oder Schulden (z.B. selbst geschaffene immaterielle Vermögensgegenstände des Anlagevermögens, Pensionsrückstellungen aus Altzusagen[198] oder noch nicht amortisierte Unterschiedsbeträge nach Art. 67 Abs. 1 S. 1 EGHGB[199] etc.) beim übernehmenden Rechtsträger zwingend zu erfassen[200].

78 Nicht beim übernehmenden Rechtsträger anzusetzen ist dagegen ein in der Schlussbilanz des übertragenden Rechtsträgers aktivierter **derivativer Geschäfts- oder Firmenwert**[201]. Dieser – wie auch ein originärer Geschäfts- oder Firmenwert des über-

193 Vgl. *IDW RS HFA 42*, Tz. 74 f. Gl.A. *Hörtnagl*, in: Schmitt/Hörtnagl/Stratz, UmwG[7], § 24 UmwG, Tz. 51; a. A. *Müller, W.*, in: Kallmeyer, UmwG[5], § 24 UmwG, Tz. 39; *Simon*, in: Dauner/Lieb/Simon, UmwG, § 24 UmwG, Tz. 79; *Priester*, in: Lutter/Bayer/Vetter UmwG[5], § 24 UmwG, Tz. 61 (jeweils erfolgswirksam); *Deubert/Klöcker*, WP Praxis 2013, S. 64 Fn. 9 (erfolgswirksam, sofern „die Sachzuzahlung als Ertrags-/Sanierungszuschuss gewollt war").

194 Vgl. *IDW RS HFA 42*, Tz. 74. A.A. *Müller, W.*, in: Kallmeyer, UmwG[5], § 24 UmwG, Tz. 48 i.V.m. Tz. 39; *Hörtnagl*, in: Schmitt/Hörtnagl/Stratz, UmwG[7], § 24 UmwG, Tz. 52 (jeweils erfolgswirksam).

195 *Knop/Küting*, BB 1995, 1024, sprechen in diesem Zusammenhang vom „Prinzip der Maßgeblichkeit der Gegenleistung".

196 §§ 54 Abs. 1 S. 3, 68 Abs. 1 S. 3 UmwG.

197 Vgl. *Müller, W.*, in: Kallmeyer, UmwG[5], § 24 UmwG, Tz. 7.

198 Die Altzusagen sind im Zuge der Verschmelzung (= Anschaffungsvorgang) bilanzrechtlich wie passivierungspflichtige Neuzusagen zu behandeln.

199 Für den übernehmenden Rechtsträger besteht das vom übertragenen Rechtsträger ausgeübte (Verteilungs-)Wahlrecht des Art. 67 Abs. 1 S. 1 EGHGB nicht; vgl. *Müller, W.*, in: Kallmeyer, UmwG[5], § 24 UmwG, Tz. 6 und 10.

200 Vgl. *IDW RS HFA 42*, Tz. 36 f.

201 Vgl. *IDW RS HFA 42*, Tz. 36. Gl. A. *Hörtnagl*, in: Schmitt/Hörtnagl/Stratz, UmwG[7], § 24 UmwG, Tz. 24 m.w.N.; a.A. *Müller, W.*, in: Kallmeyer, UmwG[5], § 24 UmwG, Tz. 6.

tragenden Rechtsträgers – geht in dem anlässlich des Vermögensübergangs ggf. resultierenden Geschäfts- oder Firmenwert auf[202].

Ebenso sind in der Schlussbilanz des übertragenden Rechtsträgers bilanzierte **latente Steuern** vom übernehmenden Rechtsträger nicht zu übernehmen (da diese keine Vermögengegenstände oder Schulden, sondern Posten sui generis sind). Vielmehr hat der übernehmende Rechtsträger „neu zu prüfen, ob aktive und/oder passive latente Steuern nach § 274 Abs. 1 HGB angesetzt werden dürfen bzw. anzusetzen sind"[203]. Im Rahmen der Gesamtdifferenzenbetrachtung kann dabei eine Bilanzdifferenz zwischen handels- und steuerrechtlichem Geschäfts- oder Firmenwert unberücksichtigt bleiben[204]. 79

Die Bildung latenter Steuern auf im Zuge der Verschmelzung entstehende Bilanzdifferenzen erfolgt **erfolgsneutral** zugunsten bzw. zulasten des Geschäfts- oder Firmenwerts bzw. des Eigenkapitals, soweit der Verschmelzungsvorgang erfolgsneutral ist[205]; andernfalls sind die latenten Steuern erfolgswirksam zu erfassen.

Verbessert sich infolge der Verschmelzung die Werthaltigkeit von zum Zeitpunkt der Verschmelzung bereits vorhandenen Verlust-, Zins- oder EBITDA-Vorträgen des übernehmenden Rechtsträgers, so kann er für diese Vorträge aktive latente Steuern erstmals bilden oder erhöhen. Da dieser Vermögensvorteil nicht Gegenstand der Verschmelzung ist, sind die latenten Steuern (insoweit) erfolgswirksam zu erfassen.

**b) Bilanzierung der Höhe nach – Ermittlung der Anschaffungskosten**

Bewertungsmaßstab für das übernommene (Rein-)Vermögen sind die AK (§ 255 Abs. 1 HGB). Mangels einer ausdrücklichen Regelung im Gesetz, muss indes bei der Bemessung der Höhe der AK für das übernommene (Rein-)Vermögen auf allgemeine Grundsätze rekurriert werden. Diese bestimmen sich nach der Art der Gegenleistung: 80

- **Ausgabe neuer Anteile**

Erhalten die Anteilsinhaber des übertragenden Rechtsträgers als Gegenleistung für die Vermögensübertragung neue Anteile des übernehmenden Rechtsträgers, so liegt eine **Kapitalerhöhung**[206] gegen **Sacheinlagen**[207] vor[208]. Mithin gelten für die Bemessung der AK des erworbenen (Rein-)Vermögens die **Sacheinlagegrundsätze**. Dabei lassen sich bei **KapGes.** als übernehmendem Rechtsträger folgende Fälle unterscheiden[209]: 81

- Erfolgt die Kapitalerhöhung unter ausdrücklicher Festsetzung eines Agios im Kapitalerhöhungsbeschluss, entsprechen die AK des übernommenen (Rein-)Vermögens

202 Vgl. *IDW RS HFA 42*, Tz. 36 und 58.

203 *IDW RS HFA 42*, Tz. 39. Gl. A. *Hörtnagl*, in: Schmitt/Hörtnagl/Stratz, UmwG[7], § 24 UmwG, Tz. 25; a.A. *Simlacher*, DStR 2011, S. 1868 (1872 f.).

204 Vgl. *IDW RS HFA 42*, Tz. 59, unter Hinweis auf den Residualcharakter des Geschäfts- oder Firmenwerts.

205 Vgl. *IDW RS HFA 42*, Tz. 39.

206 Bei der Verschmelzung im Wege der Neugründung liegt eine Sachgründung vor.

207 Für die Einhaltung des Gebots der realen Kapitalerhaltung ist der wahre Wert des Vermögens des übertragenden Rechtsträgers maßgeblich, der nach der sog. modifizierten Ertragswertmethode zu bestimmen ist (so OLG Rostock v. 18.05.2016 – 1 W 4/15, DB 2016, S. 2894).

208 Der übernehmende Rechtsträger erwirbt das übertragene Vermögen zwar nicht unmittelbar von den Anteilsinhabern des übertragenden Rechtsträgers, die die neuen Anteile an dem übernehmenden Rechtsträger erhalten. Die Vermögensübertragung erfolgt jedoch für Rechnung der Anteilsinhaber des übertragenden Rechtsträgers. Vgl. *Schulze-Osterloh*, ZGR 1993, S. 420 (428); *Naumann*, in: FS Ludewig 1996, S. 683 (690), spricht in diesem Zusammenhang von einer „mittelbaren Sacheinlage".

209 Vgl. *IDW RS HFA 42*, Tz. 43.

dem Ausgabebetrag (= Nennbetrag/rechnerischer Wert der neuen Anteile zuzüglich Agio). Dieser darf den vorsichtig geschätzten Zeitwert des übernommenen (Rein-)Vermögens nicht überschreiten. Andernfalls (Ausgabebetrag > Zeitwert des übernommenen (Rein-)Vermögens) entsteht in Höhe des Unterschiedsbetrags eine Ausgleichsforderung gegen den Inferenten, die zu aktivieren ist[210].

- Ist im Kapitalerhöhungsbeschluss bestimmt, dass eine (positive) Differenz zwischen dem Zeitwert des übernommenen (Rein-)Vermögens und dem Nennbetrag/rechnerischen Wert der neuen Anteile in die Kapitalrücklage (§ 272 Abs. 2 Nr. 1 HGB) eingestellt werden kann, bilden die Nominalkapitalerhöhung und der diesen Betrag übersteigende Zeitwert des übernommenen (Rein-)Vermögens dessen AK.
- Ist im Kapitalerhöhungsbeschluss nur der Betrag der Nominalkapitalerhöhung festgelegt, ist durch Auslegung (§§ 133, 157 BGB) zu ermitteln, ob die AK lediglich durch die Nominalkapitalerhöhung bestimmt sind oder ob ein Agio in Höhe des Unterschiedsbetrags zwischen der Nominalkapitalerhöhung und dem[211] Zeitwert des übernommenen Vermögens in die Kapitalrücklage (§ 272 Abs. 2 Nr. 1 HGB) einzustellen ist.
- Im Verschmelzungsvertrag[212] vereinbarte bare Zuzahlungen (§ 5 Abs. 1 Nr. 3 UmwG) erhöhen jeweils die AK des erworbenen (Rein-)Vermögens und sind als Verbindlichkeit zu passivieren[213].

82 Diese Grundsätze gelten entsprechend, wenn der übernehmende Rechtsträger eine **Personenhandelsgesellschaft** ist[214]. Übersteigt der von der Personengesellschaft angesetzte Wert die ausgereichte Gegenleistung (Kapital- und Darlehenskonten), so entsteht – in Ermangelung einer dem § 272 Abs. 2 Nr. 1 HGB entsprechenden Bestimmung – ein Verschmelzungs**gewinn**[215].

83 Übersteigen die solchermaßen bestimmten AK die Buchwerte des übernommenen (Rein-)Vermögens, kommt es zur Aufdeckung stiller Reserven/Lasten in den bilanzierten und nicht bilanzierten[216] Vermögensgegenständen und Schulden des übertragenden Rechtsträgers; ggf. kommt es residual zum Ansatz eines originären Geschäfts- oder Firmenwerts des übertragenden Rechtsträgers[217]. Allerdings ist die Aufdeckung stiller Reserven und Lasten und/oder eines Geschäfts- oder Firmenwerts – anders als bei einer Neubewertung des (Rein-)Vermögens im Zuge eines Unternehmenszusammenschlusses (§ 301 HGB) – durch die AK des übernehmenden Rechtsträgers begrenzt (AK-restriktion). Können nicht alle stillen Reserven/Lasten aufgedeckt werden, kann auf die für die Erwerbsmethode vor BilMoG (§ 301 HGB a.F.) entwickelten Grundsätze zur Verteilung stiller Reserven/Lasten rekurriert werden[218].

---

210 Vgl. ADS[6], § 255 HGB, Tz. 96; *Knop, W./Küting, P./Knop, N.*, in: HdR[5], § 255 HGB, Tz. 93.

211 Dagegen bestimmte *IDW St/HFA 2/1997*: „... *bis* zur Höhe ... (Herv. d. Verf.)“, so dass Zwischenwerte zulässig waren.

212 Zur Behandlung von Zuzahlungen, die nachträglich in einem Spruchverfahren nach § 15 UmwG festgesetzt werden, siehe *Müller, W.*, in: Kallmeyer, UmwG[5], § 24 UmwG, Tz. 57 ff.

213 Vgl. *IDW RS HFA 42*, Tz. 43.

214 Vgl. *IDW RS HFA 42*, Tz. 44.

215 Vgl. *Müller, W.*, in: Kallmeyer, UmwG[5], § 24 UmwG, Tz. 26; *Wegener*, 102. A.A. *Hörtnagl*, in: Schmitt/Hörtnagl/Stratz, UmwG[7], § 24 UmwG, Tz. 34: zwingend erfolgsneutrale Abbildung (z.B. durch Dotierung der Festkapitalkonten oder einer gesamthänderisch gebundenen Rücklage).

216 Z.B. § 248 Abs. 2 HGB, Art. 28 Abs. 1 EGHGB.

217 So *Priester*, in: Lutter/Bayer/Vetter UmwG[5], § 24 UmwG, Tz. 51 i.V.m. Tz. 37.

218 Vgl. hierzu ADS[6], § 301 HGB, Tz. 84 ff.

- **Hingabe eigener Anteile**

84 Da die (Wieder-)Ausgabe zuvor erworbener eigener Anteile bilanziell „wie eine Kapitalerhöhung“ abzubilden ist (§ 272 Abs. 1b HGB), bemessen sich die AK des erworbenen (Rein-)Vermögens auch bei Hingabe eigener Anteile nach den **Sacheinlagegrundsätzen** (Ausgabebetrag). Übersteigt der Ausgabebetrag der eigenen Anteile ihre (historischen) AK (ohne Anschaffungsnebenkosten), ist der Unterschiedsbetrag in die Kapitalrücklage nach § 272 Abs. 2 Nr. 1 HGB einzustellen (§ 272 Abs. 1b S. 3 HGB).

- **Bestehende Beteiligung**

85 Wenn und soweit der übernehmende Rechtsträger am übertragenden Rechtsträger beteiligt ist, scheidet eine Gewährung von Anteilen des übernehmenden Rechtsträgers aus (§§ 54 Abs. 1 S. 1 Nr. 1, 68 Abs. 1 S. 1 Nr. 1 UmwG). Der übernehmende Rechtsträger finanziert den Erwerb des (Rein-)Vermögens insoweit durch Verlust seiner Anteile am übertragenden Rechtsträger. Bilanziell qualifiziert dies als ein **Tausch**. Bei Lichte betrachtet, entspricht die bilanzielle Abbildung eines up-stream-mergers im JA der Mutter (hier: asset deal) der Vollkonsolidierung der Tochter im KA der Mutter bis zur Verschmelzung (hier: Substitution der Anteile der Mutter an der Tochter durch das Reinvermögen der Tochter nach Maßgabe der der Kapitalkonsolidierung nach § 301 HGB zugrunde liegenden Einzelerwerbsfiktion).

86 Beim Tausch besteht für die Ermittlung der AK des übernommenen (Rein-)Vermögens ein **Wahlrecht**[219]: So kann das (Rein-)Vermögen mit dem

- Buchwert der Anteile am übertragenden Rechtsträger (**Buchwert**)[220],
- Zeitwert der Anteile am übertragenden Rechtsträger (**Zeitwert**) oder
- Buchwert der Anteile am übertragenden Rechtsträger zuzüglich einer ggf. entstehenden Ertragsteuerbelastung (**steuerneutraler Zwischenwert**),

angesetzt werden. Beliebige **Zwischenwerte** sind indes **nicht zulässig**. Ein **Unterschiedsbetrag** (Gewinn oder Verlust), der beim Ansatz des Zeitwerts der Anteile am übertragenden Rechtsträger resultiert, ist **ergebniswirksam** zu behandeln[221] und im sonstigen betrieblichen Ergebnis auszuweisen[222] und ggf. nach § 285 Nr. 31 HGB im Anhang anzugeben[223].

87 Falls und soweit an dem übertragenden Rechtsträger auch **andere Gesellschafter beteiligt** sind, muss der übernehmende Rechtsträger diesen neue und/oder eigene Anteile gewähren. Insoweit bestimmen sich die AK des übernehmenden Rechtsträgers teils nach Sacheinlage-(siehe hierzu Tz. 81 ff.), teils nach Tauschgrundsätzen.

**Beispiel 5:**

Ein MU ist an einem TU zu 80% beteiligt. Das TU wird auf das MU verschmolzen. Übt das MU das Wahlrecht des § 24 UmwG zugunsten der (echten) AK aus, bestimmen sich diese zu 80% nach Tauschgrundsätzen (soweit es an dem TU beteiligt ist) und zu

219 Vgl. *IDW RS HFA 42*, Tz. 46.

220 Diese Alternative der Tauschgrundsätze darf nicht mit der Buchwertverknüpfung nach § 24 UmwG verwechselt werden.

221 Kritisch zur Gewinnrealisierung beim up-stream-merger *Pohl*, S. 72; a.A. *Naumann*, in: FS Ludewig, S. 683 (692).

222 Vgl. *IDW RS HFA 42*, Tz. 72.

223 Vgl. *Oser/Holzwarth*, in: HdR[5], §§ 284-288 HGB, Tz. 802.

20% nach Sacheinlagegrundsätzen (soweit es den anderen Gesellschaftern des TU neue und/oder eigene Anteile gewähren muss).

- **Down-Stream-Merger**

88 Bei der Verschmelzung einer Mutter- auf ihre Tochtergesellschaft (= down-stream-merger)[224] überträgt die Mutter – mit Ausnahme ihrer Anteile an der Tochter – ihr gesamtes **Rest**vermögen als Ganzes auf die Tochtergesellschaft. Die Anteile der Mutter an der Tochter gehen nach h.M. unmittelbar kraft Gesetzes von der Mutter auf ihre Anteilsinhaber über, die im Zuge der Verschmelzung ihrer Anteile an der Mutter verlustig gehen (**kein Durchgangserwerb** über die Tochter an die Anteilsinhaber der Mutter[225]).

89 Die Tochtergesellschaft kann, muss aber zur Finanzierung des Vermögenserwerbs keine Kapitalerhöhung durchführen (**Wahlrecht**, §§ 54 Abs. 1 S. 2 Nr. 2, 68 Abs. 1 S. 2 Nr. 2 UmwG)[226].

90 Führt die Tochtergesellschaft eine **Kapitalerhöhung** durch[227], bestimmen sich ihre AK für das von der Mutter erworbene (Rein-)Vermögen nach Sacheinlagegrundsätzen (= Ausgabebetrag der neuen Anteile). Entsprechendes gilt, wenn die Tochtergesellschaft den Anteilsinhabern der Mutter eigene Anteile gewährt (siehe hierzu Tz. 84).

91 Führt die Tochtergesellschaft **keine Kapitalerhöhung** durch, erwirbt sie das (Rein-)Vermögen der Mutter ohne Gegenleistung. Dieser Vermögenstransfer qualifiziert, da durch das Gesellschaftsverhältnis veranlasst, als eine (erfolgsneutrale) Sachzuzahlung[228]. Die **AK** des von der Tochter erworbenen (Rein-)Vermögens bemessen sich nach dessen vorsichtig geschätztem Zeitwert[229] unter Dotierung der Kapitalrücklage nach § 272 Abs. 2 Nr. 4 HGB. Entsprechendes gilt für einen aus der Vermögensübertragung resultierenden Gewinn oder Verlust aus der Konfusion von Schulden oder Forderungen der Tochter gegenüber der Mutter[230].

**Beispiel 6:**

Die Mutter hat ein Aktivvermögen (ohne Anteile an der Tochter) von 1.000 € zu Buchwerten (1.200 € zu Zeitwerten) und Schulden von 300 € zu Buchwerten (350 € zu Zeitwerten). Die Tochter hat das auf sie übergehende Reinvermögen mit 850 € (= 1.200 € - 350 €) zugunsten der Kapitalrücklage nach § 272 Abs. 2 Nr. 4 HGB zu dotieren. Eine Bewertung des auf die Tochter übergehenden (Rein-)Vermögens lediglich

224 Grundlegend zum down-stream-merger *Moser*. Zu den Motiven eines down-stream-mergers siehe *Klein/Stephanblome*, ZGR 2007, S. 351 (352). Zum grenzüberschreitenden down-stream-merger siehe *Holzborn/Mayston*, ZIP 2012, S. 2380.

225 Vgl. *IDW RS HFA 42*, Tz. 47; a.A. wohl *Deubert/Hoffmann*, in: Winkeljohann/Förschle/Deubert, Sonderbilanzen[5], K, Tz. 67 („… aufnehmenden TU, die dieses durch die Verschmelzung von dem MU erhält").

226 Vgl. *IDW RS HFA 42*, Tz. 50.

227 Eine Kapitalerhöhung ist nur zulässig, falls auf die Anteile des übertragenden am übernehmenden Rechtsträger die Einlagen bereits in voller Höhe geleistet sind (§§ 54 Abs. 1 S. 2 Nr. 2, 68 Abs. 1 S. 2 Nr. 2 UmwG).

228 Vgl. *IDW RS HFA 42*, Tz. 48; a.A. *Müller, W.*, in: Kallmeyer, UmwG[5], § 24 UmwG, Tz. 39; *Simon*, in: Dauner/Lieb/Simon, UmwG, § 24 UmwG, Tz. 79; *Priester*, in: Lutter/Bayer/Vetter UmwG[5], § 24 UmwG, Tz. 61 (jeweils erfolgswirksam); *Deubert/Klöcker*, WP Praxis 2013, S. 64 Fn. 9 (erfolgswirksam, sofern „die Sachzuzahlung als Ertrags-/Sanierungszuschuss gewollt war").

229 So wohl *IDW RS HFA 42*, Tz. 47.

230 Vgl. *IDW RS HFA 42*, Tz. 48.

mit dem Buch- oder Zeitwert der auf die übergehenden Schulden, bei der die Tochter das Aktivvermögen von dessen Buchwert (1.000 €) auf 300 €/350 € abstocken müsste, ist nach *IDW RS HFA 42* nicht zulässig[231].

Bei **fremdfinanzierten Unternehmensakquisitionen** (Leveraged Buy Out, LBO) sind überdies gesellschaftsrechtliche Restriktionen zu beachten[232]. Bei diesen Gestaltungen wird regelmäßig ein Erwerbsvehikel mit dem Zweck gegründet, die Anteile an einer Zielgesellschaft fremdfinanziert zu erwerben, um anschließend das Erwerbsvehikel auf die Zielgesellschaft (down-stream) zu verschmelzen. Da die Erwerbsgesellschaft – mit Ausnahme der Anteile an der Zielgesellschaft – regelmäßig über kein nennenswertes sonstiges Vermögen verfügt, gehen auf die Zielgesellschaft im Wesentlichen die Verbindlichkeiten aus der Fremdfinanzierung des Anteilserwerbs über (debt push down). Der Erwerb **negativen Reinvermögens** (bewertet zu Zeitwerten[233]) führt zu einer Vernichtung von EK der Zielgesellschaft, die sie selbst, ihre Gläubiger und Minderheitsgesellschafter[234] gefährden kann[235]. 92

Ist die Zielgesellschaft in der Rechtsform einer **GmbH** organisiert, ist der down-stream-merger deshalb nur zulässig, wenn die GmbH über frei verfügbares EK (z.B. Rücklagen)[236] verfügt, mit dem das negative Reinvermögen verrechnet werden kann. Andernfalls ist ein down-stream-merger wegen **Verstoßes gegen § 30 GmbHG** unzulässig[237]. Dabei ist zu beachten, dass ein Verstoß gegen § 30 GmbHG bereits vorliegt, wenn das von der Mutter auf die Tochter übertragene Reinvermögen lediglich zu Buchwerten negativ ist, auch wenn es zu Zeitwerten bewertet positiv ist, da stille Reserven und/oder ein originärer Geschäfts- oder Firmenwert der Muttergesellschaft, die auf die Tochter übergehen, bei der Ermittlung einer Unterbilanz der Tochter unberücksichtigt bleiben (= bilanzielle Betrachtungsweise)[238]. 93

231 Für einen Ansatz mit dem Buch- oder Zeitwert der übernommenen Schulden: *Müller, W.*, in: Kallmeyer, UmwG[5], § 24 UmwG, Tz. 39; *Simon*, in: Dauner/Lieb/Simon, UmwG, § 24 UmwG, Tz. 79; wohl auch *Moszka*, in: Semler/Stengel, UmwG[3], § 24 UmwG, Tz. 50 f. Für Wahlrecht zwischen Zeitwert des Reinvermögens oder Buch- oder Zeitwert der übernommenen Schulden *Deubert/Hoffmann*, in: Winkeljohann/Förschle/Deubert, Sonderbilanzen[5], K, Tz. 67.

232 Ausführlich hierzu *Klein/Stephanblome*, ZGR 2007, S. 351 (366 ff.).

233 Vgl. *IDW RS HFA 42*, Tz. 49.

234 Zur Vermeidung einer Benachteiligung von Minderheitsgesellschaftern können diesen entweder neue oder Anteile der übertragenden Mutter, die insoweit nicht von der Mutter auf ihre Anteilsinhaber übergehen, gewährt werden. Zur Problematik des Erwerbs eigener Anteile durch die Tochter-GmbH von der Mutter, um sie den Minderheitsgesellschaftern zu gewähren, siehe *Klein/Stephanblome*, ZGR 2007, S. 351 (371 f.). Nach *Müller, W.*, in: Kallmeyer, UmwG[5], § 24 UmwG, Tz. 42, sollte den Minderheitsgesellschaftern das Recht zustehen, ihre Anteile gegen eine angemessene Abfindung zu veräußern.

235 Vgl. hierzu *Priester*, FS Spiegelberger, 2009, S. 890 (892 ff.).

236 Vgl. zu frei verfügbaren Rücklagen *IDW*, WPH Edition, Wirtschaftsprüfung & Rechnungslegung[15], Kap. F Tz. 444.

237 Nach *Blaschke*, GWR 2010, S. 132, ist für die Beurteilung, ob der down-stream-merger unzulässig ist, der Zeitpunkt der Eintragung der Verschmelzung in das HR (ggf. der frühere Zeitpunkt des Übergangs des wirtschaftlichen Eigentums auf den übernehmenden Rechtsträger), nicht aber der Verschmelzungsstichtag maßgeblich. Zu Maßnahmen zur Vermeidung von Verstößen gegen die Kapitalerhaltungsvorschriften siehe *Heckschen*, GmbHR 2008, S. 802 (804 f.).

238 Vgl. *Hörtnagl*, in: Schmitt/Hörtnagl/Stratz, UmwG[7], § 139 UmwG, Tz. 6 m.w.N.

**Beispiel 7:**

Die Mutter überträgt im Zuge des down-stream-mergers ein negatives Reinvermögen von -1.000 €. Die Tochter-GmbH hat ein Stammkapital von 500 € und Rücklagen von 1.500 € (Fall a) bzw. 800 € (Fall b).
Im Fall a) ist das bei der Tochter zugehende negative Reinvermögen mit den (ausreichenden) Rücklagen zu verrechnen, es verbleiben Rücklagen von 500 €.
Im Fall b) reichen die Rücklagen dagegen nicht aus, das auf die Tochter übergehende negative (Rein-)Vermögen zu verrechnen; der verbleibende Unterschiedsbetrag (200 €) mindert die Stammkapitalziffer. Wirtschaftlich kommt es zu einer Auskehrung von Vermögen der Tochter-GmbH an die Anteilsinhaber der Mutter, die aus Vermögen erfolgt, das zur Erhaltung des Stammkapitals erforderlich ist (= Verstoß gegen § 30 GmbHG).

**94** Ein Verstoß gegen § 30 GmbHG führt nicht zur Nichtigkeit des Verschmelzungsvertrags[239], löst aber gesellschaftsrechtlich Erstattungsansprüche[240] und steuerrechtlich eine vGA an die Anteilsinhaber der Muttergesellschaft aus[241]. Das Registergericht muss solchenfalls die Eintragung der Verschmelzung ablehnen. Wird die Verschmelzung dennoch eingetragen, bleibt sie indes wirksam[242].

**95** Ist die Zielgesellschaft in der Rechtsform einer **AG** organisiert, ist der down-stream-merger stets unzulässig, da die Übertragung eines negativen (Rein-)Vermögens zu einem **Verstoß gegen die §§ 57, 62 AktG** führt[243].

**Mischfälle**

**96** Erhalten die Anteilsinhaber des übertragenden Rechtsträgers im Zuge der Verschmelzung teils neue und/oder eigene Anteile des übernehmenden Rechtsträgers und gehen sie teils ihrer Anteile an dem übernehmenden Rechtsträger verlustig, bemessen sich die AK des übernommenen (Rein-)Vermögens teils nach Sacheinlage- (siehe hierzu Tz. 81 ff.)und teils nach Tauschgrundsätzen (siehe hierzu Tz. 86): Ein Verschmelzungsgewinn[244] ist, soweit er auf die Ausgabe neuer und/oder eigener Anteile entfällt, in die Kapitalrücklage nach § 272 Abs. 2 Nr. 1 HGB einzustellen und soweit er auf die Anteile am übertragenden Rechtsträger entfällt, ergebniswirksam zu erfassen.

**c) Bilanzierung der Höhe nach – Aufteilung der Anschaffungskosten**

**97** Die nach Maßgabe von Tz. 77 ff. ermittelten AK sind auf die angeschafften Vermögensgegenstände und Schulden nach den zum Erwerb von Sachgesamtheiten entwickelten Grundsätzen zu verteilen (**Anschaffungskostenallokation**)[245]. KapGes. und haftungs-

239 Vgl. *Bula/Luke*, in: Sagasser/Bula/Brünger, Umwandlungen[4], § 9, Tz. 362.

240 Ggf. kann ein down-stream-merger bei Übertragung eines negativen (Rein-)Vermögens auch den Haftungstatbestand eines „existenzvernichtenden Eingriffs“ durch die Gesellschafter der Muttergesellschaft erfüllen, vgl. *Müller, W.*, in: Kallmeyer, UmwG[5], § 24 UmwG, Tz. 40; *Enneking/Heckschen*, DB 2006, S. 1099 (1100 f.).

241 Vgl. *Rödder/Wochinger*, DStR 2006, S. 684; *Wassermeyer*, Der Konzern 2005, S. 424.

242 So auch für die Abspaltung *IDW RS HFA 43*, Tz. 16.

243 Vgl. die Nachweise bei *Klein/Stephanblome*, ZGR 2007, S. 351 (377, Fn. 111); a.A. *Riegger*, ZGR 2009, S. 233 (247).

244 Ein Verschmelzungsverlust ist dagegen stets ergebniswirksam.

245 Vgl. *IDW RS HFA 42*, Tz. 56 spricht von einem „sachgerechten Verfahren“.

beschränkte Personenhandelsgesellschaften i.S.v. § 264a Abs. 1 HGB haben die hierbei angewandten Grundsätze nach § 284 Abs. 2 Nr. 1 HGB im Anhang zu erläutern.

Bei der Aufteilung der AK dürfen die Zeitwerte der einzelnen Vermögensgegenstände (Schulden) nicht überschritten (unterschritten) werden. Rückstellungen dürfen[246] mit dem nach vernünftiger kaufmännischer Beurteilung notwendigen Erfüllungsbetrag (§ 253 Abs. 1 S. 2 und 3, Abs. 2 HGB) angesetzt werden (§ 301 Abs. 1 S. 3 HGB analog); dieser entspricht nicht dem Zeitwert, da z.B. der Abzinsung nach § 253 HGB kein Stichtagszinssatz zugrunde liegt. Die so ermittelten AK der Vermögensgegenstände sind als Zugangswerte in den **Anlagenspiegel** mit Wirkung ab dem Verschmelzungsstichtag aufzunehmen[247]. 98

Das Verteilungsverfahren erstreckt sich auch auf Vermögensgegenstände und Schulden, die in der Schlussbilanz des übertragenden Rechtsträgers Bestandteil einer **Bewertungseinheit (§ 254 HGB)** waren. Der übernehmende Rechtsträger kann indes neu entscheiden, ob er die Bewertungseinheit fortführen will[248]. 99

Eine positive Differenz zwischen den AK und dem zu Zeitwerten bewerteten (Rein-) Vermögen ist als **Geschäfts- oder Firmenwert** zu aktivieren (§ 246 Abs. 1 S. 4 HGB). 100

#### 2.3.2.2.3 Zwischenwerte

Bei Ausübung des Wahlrechts des § 24 UmwG zugunsten der (echten) AK können bei Ausgabe neuer und/oder eigener Anteile durch die ausdrückliche Festsetzung eines Agios im Kapitalerhöhungsbeschluss auch Zwischenwerte abgebildet werden. 101

#### 2.3.2.2.4 Einschränkungen des Wahlrechts des § 24 UmwG[249]

Die Buchwertverknüpfung steht seit jeher in der Kritik: So ermögliche eine Buchwertverknüpfung die Übertragung stiller Reserven/Lasten und/oder eines originären Geschäfts- oder Firmenwerts des übertragenden Rechtsträgers auf den übernehmenden Rechtsträger mit der Folge, dass sowohl die Vermögens- als auch die Ertragslage des übernehmenden Rechtsträgers im Jahr der Verschmelzung und in Folgejahren (ggf. erheblich) verzerrt werde. Zudem komme es – entgegen dem Grundsatz der Erfolgsneutralität von Anschaffungsvorgängen – zum Ausweis von Verschmelzungsgewinnen, die nicht am Markt mit Dritten realisiert sind, oder Verschmelzungsverlusten, die lediglich Buchverluste sind. Das gefährde die Interessen von Gläubigern (Gewinne) oder Minderheitsgesellschaftern (Verluste). 102

So sehr die rechtspolitische Kritik an der Buchwertverknüpfung berechtigt ist, so sehr ist die (bewusste) Einräumung des gesetzlichen Wahlrechts grundsätzlich zu respektieren[250]. „(U)ngeschriebene Einschränkungen des Wahlrechts“[251] des § 24 UmwG, die im Bilanz- oder Gesellschaftsrecht fußen, kann es nur ausnahmsweise unter eng begrenzten 103

246 Dagegen *IDW RS HFA 42*, Tz. 56: „sind … anzusetzen“.
247 Vgl. *Müller, W.*, in: Kallmeyer, UmwG[5], § 24 UmwG, Tz. 38.
248 Vgl. *IDW RS HFA 35*, Tz. 11.
249 Vgl. hierzu *Mujkanovic*, BB 1995, S. 1735.
250 Zutreffend *Hörtnagl*, in: Schmitt/Hörtnagl/Stratz, UmwG[7], § 24 UmwG, Tz. 90.
251 *Priester,* in: Lutter/Bayer/Vetter UmwG[5], § 24 UmwG, Tz. 74.

Voraussetzungen geben[252]. Als **Gründe für eine Einschränkung des Wahlrechts** zugunsten der (echten) AK werden ins Feld geführt:

- das Einblicksgebot des § 264 Abs. 2 S. 1 HGB[253],
- eine formelle Unter-pari-Emission[254],
- eine erhebliche Beeinträchtigung der künftigen Ausschüttungsinteressen als Folge (bilanzieller) Verschmelzungsverluste[255],
- die Existenz eines „Badwill“ sowie
- für den handelsrechtlichen KA DRS 23.

**104** Das **Einblicksgebot des § 264 Abs. 2 S. 1 HGB** allein trägt eine Einschränkung des Wahlrechts des § 24 UmwG nicht[256]. Zum einen ist die Generalnorm kein overriding principle, das eine Einzelregelung (hier: § 24 UmwG) verdrängen könnte[257], zum anderen löst das HGB den Konflikt von Einzel- mit Generalnorm durch zusätzliche Angaben im Anhang (§ 264 Abs. 2 S. 2 HGB).

**105** Nach *Müller* ist neben dem Grundsatz der materiellen, auch der **Grundsatz der formellen Kapitalaufbringung** zu beachten. Eine formelle Unter-pari-Emission liegt vor, wenn der Ausgabebetrag, mindestens aber den Nennbetrag, der gewährten Anteile durch den Zeit-, nicht aber durch den der Buchwert des (Rein-)Vermögens gedeckt ist. Diese Ansicht hat indes keine Gefolgschaft gefunden[258].

**106** Nach *Hörtnagl* scheidet eine Buchwertverknüpfung aufgrund gesellschaftsrechtlicher Treuepflichten aus, wenn wegen eines „hohen Verschmelzungsverlusts“ das künftige Ausschüttungsvolumen „erheblich beeinträchtigt“ wird[259]. Nach *Priester* bedürfe eine Buchwertverknüpfung solchenfalls „im Gesellschafterinteresse einer besonderen Rechtfertigung“[260], zumal die Abkehr von der bis zum UmwG 1995 zwingenden Buchwertverknüpfung gerade mit der Vermeidung von Buchverlusten begründet wurde. Nach *Moszka* und *Simon* rechtfertigen dagegen (Beschränkungen von) Ausschüttungsinteressen die Ausübung des Wahlrechts nicht[261].

**107** Das Wahlrecht nach § 24 UmwG ist nach h.M.[262] zugunsten der (echten) AK eingeschränkt, wenn der festgesetzte Ausgabebetrag von Anteilen oder der Buchwert der Anteile am übertragenden Rechtsträger das buchmäßige (Rein-)Vermögen des über-

---

252 Gegen Einschränkungen des Wahlrechts des § 24 UmwG *Biener*, in: StbJb. 1995/96, 48: „... kann ... frei gewählt werden ...“.

253 Vgl. *Müller, W.*, in: Kallmeyer, UmwG[5], § 24 UmwG, Tz. 20; *Schulze-Osterloh*, ZGR 1993, S. 420 (425 ff.).

254 Vgl. *Müller, W.*, in: Kallmeyer, UmwG[5], § 24 UmwG, Tz. 18.

255 Vgl. *Müller, W.*, in: Kallmeyer, UmwG[5], § 24 UmwG, Tz. 20.

256 Vgl. *Hörtnagl*, in: Schmitt/Hörtnagl/Stratz, UmwG[7], § 24 UmwG, Tz. 91, *Priester*, in: Lutter/Bayer/Vetter UmwG[5], § 24 UmwG, Tz. 84; *Simon*, in: Dauner/Lieb/Simon, UmwG, § 24 UmwG, Tz. 46.

257 § 24 UmwG ist lex specialis zu § 264 Abs. 2 S. 1 HGB, vgl. *Priester*, in: Lutter/Bayer/Vetter UmwG[5], § 24 UmwG, Tz. 84.

258 Vgl. *Priester*, in: Lutter/Bayer/Vetter UmwG[5], § 24 UmwG, Tz. 89; *Simon*, in: Dauner/Lieb/Simon, UmwG, § 24 UmwG, Tz. 43 ff.; *Moszka*, in: Semler/Stengel, UmwG[3], § 24 UmwG, Tz. 81; a.A. *Fischer*, DB 1995, S. 485 (487).

259 *Hörtnagl*, in: Schmitt/Hörtnagl/Stratz, UmwG[7], § 24 UmwG, Tz. 92.

260 *Priester* in: Lutter/Bayer/Vetter UmwG[5], § 24 UmwG, Tz. 86.

261 Vgl. *Moszka*, in: Semler/Stengel, UmwG[3], § 24 UmwG, Tz. 80; *Simon*, in: Dauner/Lieb/Simon, UmwG, § 24 UmwG, Tz. 38 ff.

262 Vgl. *Müller, W.*, in: Kallmeyer, UmwG[5], § 24 UmwG, Tz. 19 (Gewinnrealisierung nur, falls Vermögen nicht abgestockt werden kann); *Simon*, in: Dauner/Lieb/Simon, UmwG, § 24 UmwG, Tz. 47; *Weilep*, DB 1998, S. 2130 (2131 f.).

tragenden Rechtsträgers nicht erreicht, weil mit dem übernommenen (Rein-)Vermögen künftige Aufwendungen oder Verluste einhergehen (**Badwill**). Der Ausweis eines Verschmelzungsgewinns ist solchenfalls durch Abstockung der Buchwerte des übernommenen (Rein-)Vermögens oder durch Ausweis eines passivischen Unterschiedsbetrags nach § 309 Abs. 2 HGB analog zu vermeiden.

**Nach DRS 23** „Kapitalkonsolidierung (Einbeziehung von Tochterunternehmen in den Konzernabschluss)" soll die Zugangsbewertung eines im Zuge einer Verschmelzung angeschafften (Rein-)Vermögens mit den beizulegenden Zeitwerten abgebildet werden (Empfehlung). Falls der Empfehlung nicht gefolgt wird, besteht keine Berichterstattungspflicht des APr. nach *IDW PS 450*, Tz. 134. **108**

### 2.3.2.3 Sonderfälle der Bilanzierung beim übernehmenden Rechtsträger

#### 2.3.2.3.1 Keine Fortwirkung einer Ausschüttungssperre

Sind Bilanzposten des übertragenden Rechtsträgers mit einer **Ausschüttungssperre** belegt (§§ 253 Abs. 6 S. 2, 268 Abs. 8 HGB), **wirkt** diese beim übernehmenden Rechtsträger **nicht fort**, da die Verschmelzung zu einem Vermögenstransfer und mithin zu einer Anschaffung (Erwerb) beim übernehmenden Rechtsträger führt[263]. Deshalb sind beim übertragenden Rechtsträger aktivierte selbst geschaffene immaterielle Vermögensgegenstände des Anlagevermögens beim übernehmenden Rechtsträger nicht mehr „selbst geschaffen"[264] und entstehen bei über den (historischen) AK bewertetem Deckungsvermögen beim übernehmenden Rechtsträger neue AK i.H.d. Buchwerts des übertragenden Rechtsträgers; für aktivierte aktive latente Steuern gilt die Buchwertverknüpfung ohnedies nicht (siehe Tz. 70). Dem steht bei einem down-stream- oder side-stream-merger, jeweils ohne Gewährung von Anteilen, auch nicht entgegen, dass das Vermögen des übertragenden Rechtsträgers unentgeltlich erworben wird. **109**

#### 2.3.2.3.2 Eliminierung von Erfolgsauswirkungen aus Rechtsgeschäften in der „Für-Rechnungs-Phase"

Fraglich ist, ob Ergebnisse (Gewinne oder Verluste) aus Rechtsgeschäften (Umsatzgeschäften) zwischen übertragendem und übernehmendem Rechtsträger in der „Für-Rechnungs-Phase" (siehe hierzu Tz. 6) beim übernehmenden Rechtsträger „als solche Bestand, insb. hinsichtlich ihrer Erfolgswirkungen, haben können oder ob sie als bloße Innengeschäfte neutralisiert werden müssen"[265]. Die Frage berührt das Spannungsverhältnis von schuldrechtlicher Ergebnis- (§ 5 Abs. 1 Nr. 6 UmwG) und bilanzieller Vermögenszuordnung (§ 246 Abs. 1 HGB). **110**

**Beispiel 8:**

Mit Verschmelzungsvertrag vom Mai 01 wird A auf B verschmolzen. Verschmelzungsstichtag ist der 01.01.01. Die Eintragung der Verschmelzung im HR des übernehmenden Rechtsträgers erfolgt im August 01. Das wirtschaftliche Eigentum am

263 A.A. (jedenfalls bei einer Buchwertverknüpfung) *Schwarzmann*, StuB 2013, 704 (705) mangels eines entgeltlichen Erwerbs bei Gewährung von Anteilen sowie unter Hinweis auf die „Gedanken des Gläubigerschutzes und der Gesamtrechtsnachfolge".

264 So auch DRS 24, Tz. 26, der Konzern-GoB-Vermutung hat (§ 342 Abs. 2 HGB) und dessen Anwendung für JA empfohlen wird (DRS 24, Tz. 5).

265 *Perwein*, GmbHR 2011, S. 977 (977).

Vermögen des A geht bereits mit Abschluss des Verschmelzungsvertrags im Mai 01 auf B über. In der „Für-Rechnungs-Phase“ (01.01.01 bis August 01) liefert A an B Vorräte mit Gewinn.

U.E. sind die **Ergebnisse** aus Rechtsgeschäften zwischen übertragendem und übernehmendem Rechtsträger in der „Für-Rechnungs-Phase“ **grundsätzlich nicht zu eliminieren**[266]. Dies gilt unabhängig davon, ob an der Verschmelzung konzerninterne oder -externe Rechtsträger beteiligt sind (im Bsp: A ist Tochter von B oder Dritter).

So entfaltet der Verschmelzungsstichtag nur eine (schuldrechtliche) Rückwirkung. Er kann indes die Existenz der Rechtsgeschäfte und die daraus resultierenden Ergebnisse in der „Für-Rechnungs-Phase“ nicht verdrängen (**Außenverhältnis**) – er regelt vielmehr die Zuordnung der Ergebnisse in der „Für-Rechnungs-Phase“ an den übernehmenden Rechtsträger (**Innenverhältnis**). Die Rechtsgeschäfte in der „Für-Rechnungs-Phase“ sind keine Umsatzgeschäfte des übernehmenden Rechtsträgers mit seinem Vermögen; es liegt zivil- und bilanzrechtlich ein Außengeschäft vor.

In der „Für-Rechnungs-Phase“ handelt der übertragende Rechtsträger im eigenen Namen (wenn auch bereits für Rechnung des übernehmenden Rechtsträgers). Dies unterscheidet die Rückwirkung des Verschmelzungsstichtags von der (vermeintlich vergleichbaren) Pflicht zur Eliminierung von Zwischenergebnissen im KA: Zwar fußen beide auf einer Fiktion[267]. Allerdings ereignen sich bei der Verschmelzung in der „Für-Rechnungs-Phase“ Rechtsgeschäfte zwischen zwei rechtlich (noch) selbständigen Unternehmen (Außenumsatz); dagegen mangelt es im Konzern bereits an einer Transaktion mit einem konzernfremden Dritten, aus der ein Ergebnis resultieren könnte (Innenumsatz).

111 **Anderes gilt**, **soweit** das wirtschaftliche Eigentum am Vermögen des übertragenden Rechtsträgers bereits vor der HR-Eintragung auf den übernehmenden Rechtsträger übergeht (siehe Tz. 47). Solchenfalls sind die Ergebnisse aus Rechtsgeschäften zwischen übertragendem und übernehmendem Rechtsträger im Zeitraum ab dem Übergang des wirtschaftlichen Eigentums bis zur HR-Eintragung zu eliminieren, da der übernehmende Rechtsträger aus den ihm bilanzrechtlich[268] bereits zuzurechnenden, d.h. aus „seinem“ Vermögen[269] – wie im Konzern (siehe Tz. 124) – keine Ergebnisbeiträge erwirtschaften kann (zivilrechtlich liegt ein Außen-, bilanzrechtlich ein Innengeschäft vor).

**Fortsetzung Beispiel 8:**

Erfolgt die Lieferung der Vorräte von A an B im Zeitraum zwischen Verschmelzungsstichtag (01.01.01) bis zum Übergang des wirtschaftlichen Eigentums (Mai 01), darf der Gewinn nicht eliminiert werden; er ist im Namen von A erwirtschaftet, ist lediglich B zuzurechnen.

266 Gl.A. *Perwein*, GmbHR 2011, S. 977 (979 f). A.A. *Hörtnagl*, in: Schmitt/Hörtnagl/Stratz, UmwG[7], § 17 UmwG, Tz. 83; *Stratz*, in: Schmitt/Hörtnagl/Stratz, UmwG[7], § 5 UmwG, Tz. 76.

267 § 5 Abs. 1 Nr. 6 UmwG (Verschmelzungsstichtag): „… Handlungen als … gelten“ zum einen und § 304 Abs. 1 HGB (i.V.m. § 297 Abs. 3 S. 1 HGB): „…, wenn die in den Konzernabschluss einbezogenen Unternehmen auch rechtlich ein einziges Unternehmen bilden würden“ zum anderen.

268 § 246 Abs. 1 S. 2 HGB: wirtschaftliches Eigentum.

269 § 238 Abs. 1 S. 1 HGB.

Erfolgt die Lieferung der Vorräte von A an B dagegen nach dem Übergang des wirtschaftlichen Eigentums (Mai 01) bis zur HR-Eintragung, muss der Gewinn eliminiert werden.

### 2.3.2.3.3 Größenkriterien (§ 267 HGB)

Die Pflichten zur Aufstellung, Prüfung und Offenlegung von JA und LB sind größenabhängig ausgestaltet. Im Falle von Umwandlungen[270] und Neugründungen[271] treten die Rechtsfolgen der Zuordnung zu einer Größenklasse grundsätzlich bereits am **ersten** Abschlussstichtag nach Umwandlung oder Neugründung ein (§ 267 Abs. 4 S. 2 HGB). 112

Bei einer **Verschmelzung** bestimmt sich das zeitraumbezogene Kriterium der Umsatzerlöse als Summe der Umsatzerlöse der letzten 12 Monate vor dem Abschlussstichtag sowohl des übernehmenden als auch des übertragenden Rechtsträgers, auch wenn die Umsätze des übertragenden Rechtsträgers ggf. noch nicht beim übernehmenden Rechtsträger zu erfassen waren (z.B. weil der Umwandlungsstichtag nicht auf den Beginn des GJ festgelegt wurde)[272]. Bei einer **Spaltung**, bei der nur Teile eines übertragenden Rechtsträgers auf den übernehmenden Rechtsträger übergehen, sind nur die **anteiligen** (d.h. die auf den übertragenen Vermögensteil entfallenden) Umsatzerlöse des übertragenden Rechtsträgers zu berücksichtigen; Entsprechendes gilt für die Anzahl der Arbeitnehmer. 113

Beim **Formwechsel** erfolgt die Zuordnung zu einer Größenklasse i.S.v. § 267 HGB dagegen nach allgemeinen Grundsätzen (Zwei-Jahresbetrachtung), falls der formwechselnde Rechtsträger eine KapGes. oder eine Personenhandelsgesellschaft i.S.v. § 264a Abs. 1 HGB ist (§ 267 Abs. 4 S. 3 HGB). 114

Bei einer **Neugründung** des übernehmenden Rechtsträgers werden Umsatzerlöse und Anzahl der übernommenen Arbeitnehmer erst vom Zeitpunkt des wirtschaftlichen Vermögensübergangs in die Berechnung der Größenkriterien einbezogen. Umfasst das erste GJ der neugegründeten Gesellschaft weniger als 12 Monate, sollten die Umsatzerlöse für Zwecke der Bestimmung des Größenkriteriums auf 12 Monate hochgerechnet werden[273]. 115

### 2.3.2.3.4 Ausstehende Einlagen beim übertragenden Rechtsträger

Existieren zum Zeitpunkt der Eintragung der Verschmelzung im HR beim übertragenden Rechtsträger **ausstehende (Bar-)**[274] **Einlagen** auf das Gezeichnete Kapital, gehen die Einlagenansprüche im Zuge der Gesamtrechtsnachfolge auf den übernehmenden Rechtsträger über[275]. Soweit er nicht Inferent (Einlageschuldner) ist (Konfusion), ist für Zwecke der Bilanzierung beim übernehmenden Rechtsträger zu unterscheiden: 116

Sind die ausstehenden Einlagen **eingefordert** und beim übertragenden Rechtsträger als Forderung aktiviert (§ 272 Abs. 1 S. 2, letzter Hs. HGB), ist die Forderung unabhängig

270 Dies gilt auch für Anwachsungen.
271 Dies gilt auch für die *wirtschaftliche* Neugründung (Reaktivierung einer Mantelgesellschaft).
272 Vgl. *Deubert/Hoffmann*, in: Winkeljohann/Förschle/Deubert, Sonderbilanzen[5], K, Tz. 10.
273 Vgl. *Deubert/Hoffmann*, in: Winkeljohann/Förschle/Deubert, Sonderbilanzen[5], K, Tz. 9.
274 Sacheinlagen sind stets vollständig zu leisten, § 36a Abs. 2 S. 1 AktG, § 7 Abs. 2 S. 1 GmbHG.
275 Vgl. *Grunewald*, in: Lutter/Bayer/Vetter, UmwG[5], § 20 UmwG, Tz. 47.

von der Ausübung des Wahlrechts des § 24 UmwG beim übernehmenden Rechtsträger zu aktivieren.

Sind die ausstehenden Einlagen dagegen **nicht eingefordert** (und deshalb beim übertragenden Rechtsträger nicht aktiviert, § 272 Abs. 1 S. 2, erster Hs. HGB), sind sie beim übernehmenden Rechtsträger nur bei Ausübung des Wahlrechts zugunsten der (echten) AK zu aktivieren; dem steht das Vollständigkeitsgebot (§ 246 Abs. 1 S. 1 HGB) nicht entgegen.

Zu beachten ist jeweils, dass die Einlagenansprüche im Zuge der Verschmelzung ihren bisherigen gesellschafts- und bilanzrechtlichen Charakter ändern (bisher: Einlageforderung, jetzt: Gesellschafterforderung)[276].

### 2.3.3 Bilanzierung bei den Anteilsinhabern des übertragenden Rechtsträgers

117 Für die Bilanzierung bei den Anteilseignern des übertragenden Rechtsträgers ist nach der Verschmelzungsrichtung (siehe Tz. 15) zu unterscheiden. Die einzelnen Verschmelzungsarten sollen an folgendem Beispiel veranschaulicht werden:

**Beispiel 9:**

| MU<br>Bilanz von MU zum 31.12.$t_1$ | | | |
|---|---|---|---|
| Anteile an verbundenen Unternehmen ($TU_1$) | 1.000 [1.250] | Eigenkapital | 6.000 [6.750] |
| Anteile an verbundenen Unternehmen ($TU_2$) | 2.000 [2.500] | | |
| Sonstige Aktiva | 7.000 | Fremdkapital | 4.000 |
| Σ | 10.000 | Σ | 10.000 |

100% 100%

| $TU_1$<br>Bilanz von $TU_1$ zum 31.12.$t_1$ | | | |
|---|---|---|---|
| Reinvermögen | 800 [1.250] | Eigenkapital | 800 [1.250] |
| Σ | 800 | Σ | 800 |

| $TU_2$<br>Bilanz von $TU_2$ zum 31.12.$t_1$ | | | |
|---|---|---|---|
| Reinvermögen | 1.500 [2.500] | Eigenkapital | 1.500 [2.500] |
| Σ | 1.500 | Σ | 1.500 |

- AE ist an MU (Beteiligungsbuchwert: 5.000 €; Zeitwert 6.750 €) zu 100% beteiligt
- MU ist an $TU_1$ (Beteiligungsbuchwert: 1.000 €; Zeitwert 1.250 €) und an $TU_2$ (Beteiligungsbuchwert: 2.000 €; Zeitwert 2.500 €) zu jeweils 100 % beteiligt; MU hat sonstiges Vermögen von 7.000 € und Schulden von 4.000 €
- $TU_1$ hat ein bilanzielles Reinvermögen von 800 €, das (wegen der Existenz stiller Reserven i.H.v. 350 € und eines originären Geschäfts- oder Firmenwerts i.H.v. 100 €) einen Zeitwert von 1.250 € ausmacht

276 Vgl. *Reiner*, in: MünchKomm HGB[3], § 272 HGB, Tz. 14.

- $TU_2$ hat ein bilanzielles Reinvermögen von 1.500 €, das (wegen der Existenz stiller Reserven i.H.v. 800 € und eines originären Geschäfts- oder Firmenwerts i.H.v. 200 €) einen Zeitwert von 2.500 € ausmacht

Beim **up-stream-merger** erwirbt der Anteilsinhaber des übertragenden Rechtsträgers, die Mutter, das **gesamte** (Rein-)Vermögen des übertragenden Rechtsträgers, der Tochter. Soweit die Mutter an der Tochter Anteile hält, qualifiziert der Anschaffungsvorgang als **Tausch**; die Zugangsbewertung des (Rein-)Vermögens des übertragenden Rechtsträgers bestimmt sich insoweit nach Tauschgrundsätzen (siehe Tz. 86). Soweit andere Gesellschafter an der Tochter Anteile halten und die Mutter diesen neue und/oder eigene Anteile gewähren muss, qualifiziert der Anschaffungsvorgang als **Sacheinlage**; die Zugangsbewertung des (Rein-)Vermögens des übertragenden Rechtsträgers bestimmt sich insoweit nach Sacheinlagegrundsätzen (siehe Tz. 81). 118

**Beispiel 10:**

Sachverhalt:

- $TU_1$ wird auf MU verschmolzen

a) Bilanzierung bei MU bei **Buchwertverknüpfung**

- MU bilanziert den Zugang des Reinvermögens von $TU_1$ mit 800 € und erzielt einen (bilanziellen) Verschmelzungsverlust i.H.v. 200 €.

b) Bilanzierung bei MU mit **(echten) AK**

- Die (echten) AK bestimmen sich nach Tauschgrundsätzen.
- MU kann (Wahlrecht) den Zugang des Reinvermögens von $TU_1$ mit dem Buchwert i.H.v. 1.000 € (unter Aufdeckung stiller Reserven von $TU_1$ i.H.v. 200 €) oder mit dem Zeitwert i.H.v. 1.250 € (unter Aufdeckung der gesamten stillen Reserven von $TU_1$ i.H.v. 350 € und des gesamten Geschäfts- oder Firmenwerts i.H.v. 100 €) oder – falls Ertragsteuern i.H.v. 50 € entstehen – mit dem erfolgsneutralen Zwischenwert i.H.v. 1.050 € (unter Aufdeckung stiller Reserven von TU i.H.v. 250 €) bilanzieren.
- Bei einer Zugangsbewertung des Reinvermögens von $TU_1$ mit 1.250 € entsteht in Höhe der Differenz zum Buchwert der untergehenden Anteile (1.000 €) ein Verschmelzungsgewinn von 250 €.

Beim **down-stream-merger** erhalten die Anteilsinhaber des übertragenden Rechtsträgers die Anteile der Mutter am übernehmenden Rechtsträger (Tochter) (siehe Tz. 88). Bilanziell qualifiziert dies beim Anteilsinhaber des übertragenden Rechtsträgers als **Tausch** (Verlust der Anteile an der übertragenden Mutter gegen die Anteile an der übernehmenden Tochter) mit der Folge, dass sich die Zugangsbewertung der Anteile am übernehmenden Rechtsträger (Tochter) nach Tauschgrundsätzen bestimmt[277]. 119

**Beispiel 11:**

Sachverhalt:

- MU wird auf $TU_1$ verschmolzen
- $TU_1$ kann eine (Nominal-)Kapitalerhöhung i.H.v. (angenommen) 500 GE durchführen (Wahlrecht)

277 Vgl. *IDW RS HFA 42*, Tz. 77.

a) Bilanzierung bei AE

- Die AK der Anteile an $TU_1$ bestimmen sich bei AE nach **Tauschgrundsätzen**.
- AE kann (Wahlrecht) den Zugang der Anteile an $TU_1$ mit 5.000 € (Buchwert der Anteile an MU) oder mit 6.750 € (Zeitwert der Anteile an MU) oder – falls Ertragsteuern i.H.v. 100 € entstehen – mit 5.100 € (Buchwert der Anteile an MU plus Ertragsteuern) bilanzieren.
- Bei einer Zugangsbewertung der Anteile an $TU_1$ mit 6.750 € entsteht in Höhe der Differenz zum Buchwert der untergehenden Anteile (5.000 €) ein (Tausch-)Gewinn von 1.750 €.

b) Bilanzierung bei $TU_1$ bei **Buchwertverknüpfung**

- $TU_1$ bilanziert den Zugang des Reinvermögens von MU (ohne die Anteile von MU an $TU_1$, die unmittelbar von MU auf AE übergehen) mit 5.000 €[278] und dotiert die Kapitalrücklage nach § 272 Abs. 2 **Nr. 4** HGB i.H.v. 5.000 € (bei Verzicht auf eine Kapitalerhöhung) **oder** erhöht das Gezeichnete Kapital i.H.v. 500 € und dotiert die Kapitalrücklage nach § 272 Abs. 2 **Nr. 1** HGB i.H.v. 4.500 € (bei Durchführung einer Kapitalerhöhung).

c) Bilanzierung bei $TU_1$ mit **(echten) AK**

- $TU_1$ sollte[279] den Zugang des Reinvermögens von MU mit 5.500 €[280] (Zeitwert) abbilden und die Kapitalrücklage nach § 272 Abs. 2 **Nr. 4** HGB i.H.v. 5.500 € dotieren (bei Verzicht auf eine Kapitalerhöhung) **oder** das Gezeichnete Kapital i.H.v. 500 € erhöhen und die Kapitalrücklage nach § 272 Abs. 2 **Nr. 1** HGB i.H.v. 5.000 € dotieren (bei Durchführung einer Kapitalerhöhung).

120 Beim **side-stream-merger** kann der Anteilseigner des übertragenden Rechtsträgers ggf. auf die Gewährung von Anteilen am übernehmenden Rechtsträger verzichten (§§ 54 Abs. 1 S. 3, 68 Abs. 1 S. 3 UmwG). Bei **Gewährung von Anteilen** liegt für den Anteilsinhaber bilanziell ein Tausch vor (Verlust der Anteile an der übertragenden Tochter gegen Gewährung neuer Anteile an der übernehmenden Tochter); für die Zugangsbewertung der Anteile an der übernehmenden Tochter gelten dann Tauschgrundsätze[281]. Bei **Verzicht auf die Gewährung von Anteilen** geht der Anteilsinhaber zum einen seiner Anteile an der übertragenden Tochter verlustig. Zum anderen erhöht sich der innere Wert seiner Anteile an der übernehmenden Tochter. Dem Anteilsinhaber entstehen mithin im Zuge des side-stream-merger nachträgliche AK auf seine Anteile an der übernehmenden Tochter, die sich nach Tauschgrundsätzen bemessen[282].

**Beispiel 12:**

Sachverhalt:

- $TU_1$ wird auf $TU_2$ verschmolzen
- $TU_2$ kann eine (Nominal-)Kapitalerhöhung i.H.v. (angenommen) 750 GE durchführen (Wahlrecht)

278 5.000 € = 2.000 € (Anteile an $TU_2$)+ 7.000 € (Sonstige Aktiva) - 4.000 € (Fremdkapital).

279 U.E. ist indes auch eine Zugangsbewertung des Reinvermögens von MU mit einem (beliebigen) Zwischenwert [5.000 €; 5.500 €] zulässig.

280 5.500 € = 2.500 € (Anteile an $TU_2$) + 7.000 € (Sonstige Aktiva) - 4.000 € (Fremdkapital).

281 Vgl. *IDW RS HFA 42*, Tz. 77.

282 Vgl. *IDW RS HFA 42*, Tz. 78.

a) Bilanzierung bei MU

- Bei MU qualifiziert der Verlust der Anteile an $TU_1$ als nachträgliche AK auf die Anteile an $TU_2$ (bei Verzicht auf eine Kapitalerhöhung) **oder** als AK für die neuen Anteile (bei Durchführung einer Kapitalerhöhung), die sich jeweils nach **Tauschgrundsätzen** bestimmen.
- Die nachträglichen AK auf die Anteile an $TU_2$ oder die Zugangsbewertung der neuen Anteile an $TU_2$ betragen entweder 1.000 € (Buchwert der Anteile an $TU_1$) oder 1.250 € (Zeitwert der Anteile an $TU_1$) oder – falls Ertragsteuern i.H.v. 50 € entstehen – 1.050 € (Buchwert der Anteile an $TU_1$ plus Ertragsteuern).
- Bei nachträglichen AK oder einer Zugangsbewertung der Anteile an $TU_2$ mit 1.250 € entsteht in Höhe der Differenz zum Buchwert der untergehenden Anteile an $TU_1$ (1.000 €) ein (Tausch-)Gewinn von 250 €.

b) Bilanzierung bei $TU_2$ bei **Buchwertverknüpfung**

- $TU_2$ bilanziert den Zugang des Reinvermögens von $TU_1$ mit 800 € und dotiert die Kapitalrücklage nach § 272 Abs. 2 **Nr. 4** HGB i.H.v. 800 € (bei Verzicht auf eine Kapitalerhöhung) **oder** erhöht das Gezeichnete Kapital i.H.v. 750 € und dotiert die Kapitalrücklage nach § 272 Abs. 2 **Nr. 1** HGB i.H.v. 50 € (bei Durchführung einer Kapitalerhöhung).

c) Bilanzierung bei $TU_2$ mit **(echten) AK**

- $TU_1$ sollte[283] den Zugang des Reinvermögens von MU mit 1.250 € (Zeitwert) abbilden und die Kapitalrücklage nach § 272 Abs. 2 **Nr. 4** HGB i.H.v. 1.250 € dotieren (bei Verzicht auf eine Kapitalerhöhung) **oder** das Gezeichnete Kapital i.H.v. 750 € erhöhen und die Kapitalrücklage nach § 272 Abs. 2 **Nr. 1** HGB i.H.v. 500 € dotieren (bei Durchführung einer Kapitalerhöhung).

## 2.3.4 Bilanzierung von Verschmelzungen im Konzernabschluss

### 2.3.4.1 Konzernexterne Verschmelzungen

Bei einer konzernexternen Verschmelzung, bei der sich die wirtschaftliche Einheit Konzern ändert, darf das **Wahlrecht** des § 24 UmwG im JA des übernehmenden Rechtsträgers und im KA des Mutterunternehmens **unterschiedlich ausgeübt** werden. 121

Ist der übernehmende Rechtsträger am übertragenden Rechtsträgers bereits beteiligt (Beteiligungsquote ≤ 50%) und übt das Mutterunternehmen das Wahlrecht des § 24 UmwG zugunsten der (echten) AK aus (die sich insoweit teils nach Tausch-, teils nach Sacheinlagegrundsätzen bestimmen), besteht **weder** eine Pflicht, das (Rein-)Vermögen des übertragenden Rechtsträgers vollständig neu zu bewerten[284] **noch** die Pflicht, durch eine anteilige Zwischenergebniseliminierung (§ 304 HGB) das auf die bisherigen Anteile entfallende (Rein-)Vermögen des übertragenden Rechtsträgers mit deren bisherigen (expliziten[285] oder impliziten[286]) Konzernbuchwerten anzusetzen[287]. Mithin kann eine konzernexterne Verschmelzung **Erfolgswirkungen im KA** des Mutternehmens aus- 122

283 U.E. ist indes auch eine Zugangsbewertung des Reinvermögens von $TU_1$ mit einem (beliebigen) Zwischenwert [800 €; 1.250 €] zulässig.

284 Falls die (echten) AK in Ausübung der bei den Tausch- und Sacheinlagegrundsätzen bestehenden Wahlrechte nicht jeweils mit den Zeitwerten bemessen werden.

285 Bei bisheriger Quotenkonsolidierung der Anteile, §§ 310 Abs. 2, 301 HGB.

286 Bei bisheriger Bewertung der Anteile at equity, § 312 HGB.

287 So aber *Deubert/Hoffmann*, in: Winkeljohann/Förschle/Deubert, Sonderbilanzen[5], K, Tz. 107; dies ablehnend *Oser*, PiR 2015, S. 278 (280 f.).

lösen (Realisation von stillen Reserven/Lasten und/oder eines Geschäfts- oder Firmenwerts im Beteiligungsbuchwert der bisherigen Anteile am übertragenden Rechtsträger).

123 Dagegen **empfiehlt DRS 23** „Kapitalkonsolidierung (Einbeziehung von Tochterunternehmen in den Konzernabschluss)" für den HGB-KA, das (Rein-)Vermögen des übertragenden Rechtsträgers **vollständig neu zu bewerten** (§ 301 HGB analog)[288]. Solchenfalls kann bei Finanzierung der Verschmelzung durch Ausgabe neuer und/oder eigener Anteile im KA eine vom JA abweichende Dotierung der Kapitalrücklage nach § 272 Abs. 2 Nr. 1 HGB resultieren[289], falls der (gestaltbare) Ausgabebetrag der neuen Anteile (= AK im JA) nicht dem Zeitwert des erworbenen (Rein-)Vermögens (= AK im KA) entspricht. In diesen Fällen werden im KA Agio-Rücklagen ausgewiesen, die realiter nicht existieren[290]. Dieser Befund gilt unabhängig davon, ob das Wahlrecht nach § 24 UmwG im JA und KA des übernehmenden Rechtsträgers unterschiedlich ausgeübt wird (siehe Tz. 62).

**Beispiel 13:**

MU ist an A zu 30% beteiligt. Der Buchwert (Zeitwert) der Anteile im KA von MU, bewertet at equity, beträgt 300 € (450 €). A wird auf MU verschmolzen. Der Ertragswert von A beträgt 1.500 €, sein bilanzielles Reinvermögen 1.000 €. MU gewährt den anderen Anteilseignern von A neue Anteile. Der Ausgabebetrag der neuen Anteile kann – durch entsprechende Festsetzung eines Agios – in der Bandbreite [700 €[291]; 1.050 €[292]] bemessen werden.

U.E. bemessen sich die AK des (Rein-)Vermögens von A nach der Gegenleistung (Verlust der Alt-Anteile an A und dem Ausgabebetrag der neuen Anteile). Sie können – bei Ansatz der Alt- und Neu-Anteile jeweils zu Buchwerten – 1.000 € (300 € + 700 €) oder – bei Ansatz der Alt- und Neu-Anteile jeweils zu Zeitwerten – 1.500 € (450 € + 1.050 €) betragen. Zulässig wäre indes auch ein Ansatz von 1.350 € (Ansatz der Alt-Anteile mit dem Buchwert und Ansatz der Neu-Anteile mit dem Zeitwert).

Nach *Deubert/Hoffmann* bemessen sich die AK des (Rein-)Vermögens von A höchstens mit 1.350 € (= 300 € + 1.050 €[293]); die stillen Reserven und/oder ein originärer Geschäfts- oder Firmenwert in dem durch die bisherige Beteiligung (30%) repräsentierten (Rein-)Vermögen von A (hier: 150 €[294]) dürfen nicht aufgedeckt werden.

Nach DRS 23 bemessen sich die AK des (Rein-)Vermögens von A mit 1.500 €.

### 2.3.4.2 Konzerninterne Verschmelzungen[295]

124 Die Auswirkungen konzerninterner Verschmelzungen (= Verschmelzung von Unternehmen des Vollkonsolidierungskreises)[296] im JA des übernehmenden Rechtsträgers müssen nach dem **Einheitsgrundsatz**[297] für Zwecke der Aufstellung des KA grundsätz-

288 Vgl. DRS 23, Tz. 3 und Tz. 51 ff.

289 Siehe hierzu die seinerzeitige Stellungnahme des *IDW* zu E-DRS 4, WPg 2000, S. 615 (616 f. mit einem Beispiel).

290 Vgl. *IDW* zu E-DRS 4, WPg 2000, S. 615 (616 f.).

291 700 € = 0,7 X 1.000 € (Buchwert).

292 1.050 € = 0,7 X 1.500 € (Zeitwert).

293 1.050 € = 0,7 X 1.500 € (Zeitwert).

294 150 € = 450 € - 300 €.

295 Grundlegend zur konzerninternen Verschmelzung *Griesar*; *Kahling*; *Thume*.

296 Vgl. §§ 290, 294 HGB.

297 Vgl. § 297 Abs. 3 S. 1 HGB.

lich eliminiert werden[298]. Dies gilt unabhängig davon, wie der übernehmende Rechtsträger das Wahlrecht nach § 24 UmwG in seinem JA ausübt. Anders als im JA des übernehmenden Rechtsträgers stellt eine konzerninterne Verschmelzung für den Konzern keinen Anschaffungsvorgang dar, da sich das (Rein-)Vermögen des Konzerns infolge der konzerninternen Verschmelzung nicht ändert. Folglich „ist (grundsätzlich; d. Verf.) so zu konsolidieren, als wenn die Verschmelzung nicht stattgefunden hätte“[299].

Auf eine dem Einheitsgrundsatz entsprechende Eliminierung der bilanziellen Auswirkungen konzerninterner Verschmelzungen kann indes verzichtet werden, wenn diese für die Vermögens-, Finanz- und Ertragslage des Konzerns von **untergeordneter Bedeutung** sind[300]. 125

Allerdings sind dem Einheitsgrundsatz **Grenzen** gesetzt: So können sich auch bei einer konzerninternen Verschmelzung Auswirkungen auf den KA des übernehmenden Rechtsträgers ergeben. 126

**Beispiel 14:**

Up-stream-merger eines TU, an dem andere Gesellschafter beteiligt sind. Im Zuge der Verschmelzung entfällt im KA von MU der bisherige Ausweis eines Ausgleichspostens für „nicht beherrschende Anteile“ (§ 307 HGB). Das MU muss den anderen Gesellschaftern neue und/oder eigene Anteile gewähren. Unterscheidet sich der Ausgabebetrag der Anteile von dem Buchwert des Ausgleichspostens für die Anteile anderer Gesellschafter, kann der Unterschiedsbetrag – wie die Aufstockung einer Mehrheitsbeteiligung (DRS 23.171) – entweder zur Anpassung der Wertansätze des von den anderen Gesellschaftern erworbenen (Rein-)Vermögens oder zur Verrechnung mit dem EK (hier: den Konzernrücklagen) verwendet werden (**Wahlrecht**).

**Beispiel 15:**

Down-stream-merger eines MU auf sein TU, das selbst MU (= Zwischenholding) ist. Bspw. sei MU an TU mit 80% und TU an EU mit 60% beteiligt. MU werde nun auf TU verschmolzen. Im KA entfaltet die Abwärtsverschmelzung mehrere Auswirkungen, die auch unter Hinweis auf den Einheitsgrundsatz nicht verdrängt werden können.

- So könnte aus der Abwärtsverschmelzung für das TU erstmals eine Konzernrechnungslegungspflicht für das TU resultieren, das bislang nach §§ 291-293 HGB[301] befreit war.

298 Vgl. hierzu ausführlich *Küting/Zündorf*, BB 1994, S. 1383 (mit Fallstudie); *Küting*, DStR 1995, S. 231 (mit Fallstudie); ADS[6], § 301 HGB, Tz. 289 ff.; *Ebeling*, S. 305.

299 *Küting/Zündorf*, BB 1994, S. 1386; a.A. *Schmidbauer*, BB 2001, S. 2466 (2471), nach dem eine konzerninterne Verschmelzung zum einen eine (i.d.R. erfolgswirksame) Entkonsolidierung und zum anderen eine Erstkonsolidierung des übertragenden Rechtsträgers auslösen soll. Dabei verkennt *Schmidbauer*, dass Bilanzierungsobjekt im KA nicht der übertragende Rechtsträger („Bedingt durch den rechtlichen Untergang des übertragenden Rechtsträgers …“), sondern dessen (Rein-)Vermögen ist. Dieses ändert sich indes durch die konzerninterne Verschmelzung nicht. Der Einheitsgrundsatz negiert nachgerade die rechtliche Selbstständigkeit der Konzernglieder. Ablehnend auch *Busse von Colbe* u.a., Konzernabschlüsse[9], S. 340 f.

300 Vgl. *Küting/Zündorf*, BB 1994, S. 1389.

301 Eine Befreiung nach § 290 Abs. 5 i.V.m. § 296 HGB scheidet aus, da TU andernfalls nicht zur Konzernrechnungslegungspflicht verpflichtet wäre.

- Ferner ist im KA des TU das (Rein-)Vermögen des TU nunmehr mit seinen Buchwerten aus der HB II, nicht mit den Konzern-Buchwerten, mit denen das TU bislang im KA vom MU abgebildet war, anzusetzen.
- Fraglich ist überdies, ob im KA des TU für das EU eine Erstkonsolidierung nach der Neubewertungsmethode zulässig[302] oder geboten[303] ist.
- Schließlich ändert sich die effektive Beteiligungsquote am EU aus Konzernsicht (60% statt bisher 48%), da die indirekten Anteile anderer Gesellschafter am TU (bisher: 12%) entfallen.

Schließlich sind **Änderungen der tatsächlichen oder latenten Steuern** infolge der konzerninternen Verschmelzung erfolgswirksam zu erfassen.

# 3. Rechnungslegung bei Spaltungen

## 3.1 Vorbemerkungen

### 3.1.1 Rechtsgrundlagen

127 Sedes materiae des Rechts der Spaltung ist das Dritte Buch des UmwG (§§ 123-173 UmwG)[304]. Dieses unterscheidet nicht zwischen den einzelnen Arten der Spaltung (§ 123 UmwG), sondern in seinem Ersten Teil zwischen der Spaltung zur Aufnahme (§§ 126-134 UmwG) und der Spaltung zur Neugründung (§§ 135-137 UmwG). Der Zweite Teil (§§ 138-173 UmwG) enthält rechtsformspezifische Sondervorschriften.

128 Die Spaltung von Rechtsträgern unterscheidet sich von der Verschmelzung durch die Übertragung (lediglich) von Vermögens**teilen** jeweils als Gesamtheit im Wege der partiellen Gesamtrechtsnachfolge[305]. Trotz dieses konstitutiven Unterschieds überwiegen die Gemeinsamkeiten beider Umwandlungen mit der Folge, dass § 125 S. 1 UmwG für die Spaltung – mit wenigen Ausnahmen – eine entsprechende Anwendung der für die Verschmelzung geltenden Vorschriften anordnet (§§ 2-122 UmwG).

Dagegen verweist § 125 S. 1 UmwG nicht auf die Regelungen zur grenzüberschreitenden Verschmelzung (§§ 122a ff. UmwG). Nach der Gesetzesbegründung zum Zweiten Gesetz zur Änderung des Umwandlungsgesetzes sind die Vorschriften über die grenzüberschreitende Verschmelzung für Spaltungen daher nicht entsprechend anwendbar[306]. Dennoch spricht sich die h.M. im Schrifttum für die Zulässigkeit einer **grenzüberschreitenden Spaltung** als eine Ausübung der Niederlassungsfreiheit aus[307].

302 Dafür *Beine/Roß*, BB 2012, S. 2743 (2744); *Oser*, BB 2014, S. 1387.

303 Dafür *Winkeljohann/Deubert*, in: BeBiKo[10], § 301 HGB, Tz. 296 (als Empfehlung; in Vorauflage dagegen noch Pflicht zur Neubewertung).

304 Zu aktuellen Problemen des Spaltungsrechts vgl. *Heckschen*, GmbHR 2015, 897.

305 Zur Zulässigkeit einer *Total*ausgliederung siehe *Schmidt*, AG 2005, S. 26; *Fronhöfer*, in: Widmann/Mayer, UmwRecht[3], § 2 UmwG, Tz. 59; *Hörtnagl*, in: Schmitt/Hörtnagl/Stratz, UmwG[7], § 123 UmwG, Tz. 22 f.

306 Vgl. BT-Drs. 16/2919 v. 12.10.2006, zu Nummer 18 (§ 125), S. 18.

307 Vgl. *Kallmeyer/Kappes*, AG 2006, S. 224 (234); *Simon/Rubner*, Der Konzern 2006, S. 835 (843); *Veil*, Der Konzern 2007, S. 98 (99); *Winter*, Der Konzern 2007, S. 24 (31); *Drygala/von Bressensdorf*, NZG 2015, S. 1161 (1165) m.w.N.

### 3.1.2 Arten der Spaltung

§ 123 UmwG unterscheidet **drei Arten** der Spaltung: 129

- die **Aufspaltung** (§ 123 Abs. 1 UmwG),
- die **Abspaltung** (§ 123 Abs. 2 UmwG) und
- die **Ausgliederung** (§ 123 Abs. 3 UmwG),

die jeweils zur Aufnahme oder zur Neugründung erfolgen können. Nach § 123 Abs. 4 UmwG können Spaltung zur Aufnahme und zur Neugründung auch kombiniert werden[308]. Die Aufzählung **der Spaltungsformen** ist abschließend; eine analoge Anwendung ist gem. § 1 Abs. 2 UmwG nicht zulässig[309].

Bei der Aufspaltung wird das gesamte Vermögen des übertragenden Rechtsträgers unter 130
Auflösung ohne Abwicklung auf mindestens zwei (bestehende oder neu zu gründende) Rechtsträger übertragen[310]. Bei der Abspaltung und der Ausgliederung werden dagegen nur ein oder mehrere Teile des Vermögens auf einen (bestehenden oder neu zu gründenden) Rechtsträger übertragen; anders als bei der Aufspaltung erlischt dabei der übertragende Rechtsträger nicht. Die Anteile[311] des übernehmenden Rechtsträgers sind bei der Auf- und Abspaltung den Anteilsinhabern[312] des übertragenden Rechtsträgers, bei der Ausgliederung dem übertragenden Rechtsträger selbst zu gewähren; im Zuge einer Ausgliederung entstehen mithin „Mutter-/Tochterverhältnisse"[313].

### 3.1.3 Ablauf einer Spaltung

Der Ablauf einer Spaltung[314], der grundsätzlich dem Ablauf der Verschmelzung ent- 131
spricht[315], kann in **drei Phasen** – die Vorbereitungsphase, die Beschlussphase und die Vollzugsphase – unterteilt werden. Das zeitliche Ablaufschema einer Spaltung stellt sich (vereinfacht) wie folgt dar[316]:

---

308 Zu den Möglichkeiten einer Kombination der einzelnen Spaltungsarten vgl. *Schwarz*, in: Widmann/Mayer, UmwRecht³, § 123 UmwG, Tz. 6-9.

309 Vgl. *Hörtnagl*, in: Schmitt/Hörtnagl/Stratz, UmwG⁷, § 123 UmwG, Tz. 17.

310 Ähnlich auch *Hörtnagl*, in: Schmitt/Hörtnagl/Stratz, UmwG⁷, § 123 UmwG, Tz. 3.

311 Ausführlich zur Anteilsgewährung *Kallmeyer/Sickinger*, in: Kallmeyer, UmwG⁵, § 123 UmwG, Tz. 3-6. Eine Abspaltung auf eine beteiligungsidentische Schwestergesellschaft kann auch ohne Anteilsgewährung und ohne besondere Verzichtserklärung im Wege einer sog. Spaltung „zu Null" durchgeführt werden (vgl. OLG München v. 10.07.2013 – 31 Wx 131/13, rkr., DB 2013, S. 1714; *Kallmeyer/Sickinger*, in: Kallmeyer, UmwG⁵, § 123 UmwG, Tz. 4). Bei einer Spaltung „zu Null" – ein Extremfall einer nicht verhältniswahrenden Spaltung – werden einzelnen Anteilsinhabern des übertragenden Rechtsträgers keine Anteile am übernehmenden oder neuen Rechtsträger zugewiesen. Vgl. *Kallmeyer/Sickinger*, in: Kallmeyer, UmwG⁵, § 123 UmwG, Tz. 4 m.w.N.

312 Legaldefinition in § 2 Nr. 2 UmwG (Gesellschafter, Partner, Aktionäre oder Mitglieder).

313 Vgl. *Geck*, DStR 1995, S. 416 (417); *Schwarz*, in: Widmann/Mayer, UmwRecht³, § 123 UmwG, Tz. 5.5. Diese Mutter-/Tochterverhältnisse entsprechen indes nicht (notwendigerweise) den in § 290 HGB und § 11 PublG geregelten, eine Konzernrechnungslegungspflicht begründenden Mutter-/Tochterverhältnissen.

314 Vgl. hierzu *Engelmeyer*, AG 1996, S. 193.

315 Zum Ablauf der Verschmelzung siehe Tz. 16.

316 Vgl. *Neye* u.a., Rz. 999 ff.; *Arens/Spieker*, S. 126 f.; *Ott*, S. 90.

| Vorbereitungsphase |
|---|
| • Abschluss eines Spaltungs- und Übernahmevertrags (Spaltung zur Aufnahme) oder Aufstellung eines Spaltungsplans (Spaltung zur Neugründung)<br>• Zuleitung des Spaltungs- und Übernahmevertrags/Spaltungsplans an den Betriebsrat des übertragenden Rechtsträgers (soweit existent; zu beachten: Zugangsnachweis)<br>• Erstattung eines Spaltungsberichts<br>• Durchführung der Spaltungsprüfung (nur für Aufspaltung und Abspaltung, soweit kein Verzicht) |
| **Beschlussphase** |
| • notariell beurkundeter Spaltungsbeschluss<br>• Kapitalherabsetzung beim abspaltenden Rechtsträger (soweit erforderlich)<br>• Gründung des neuen Rechtsträgers (falls Spaltung zur Neugründung) |
| **Vollzugsphase** |
| • Anmeldung der Spaltung (zugleich mit Anmeldung des neuen Rechtsträgers) zur Eintragung in das Register<br>• Eintragung der Kapitalherabsetzung im Register<br>• Eintragung der Spaltung im Register |

### 3.1.4 Rechtsfolgen der Spaltung

**132** Mit der Eintragung der Spaltung in das Register des übertragenden Rechtsträgers wird die Spaltung irreversibel[317] wirksam. So gehen mit der Eintragung der Spaltung in das Register die im Spaltungs- und Übernahmevertrag/-plan aufgeführten Gegenstände des Aktiv- und Passivvermögens des übertragenden Rechtsträgers[318] im Wege der (partiellen) Gesamtrechtsnachfolge auf den/die übernehmenden Rechtsträger über (§ 131 Abs. 1 Nr. 1 UmwG). Wurden bei der Aufspaltung Gegenstände keinem der übernehmenden Rechtsträger zugeordnet („vergessene" Gegenstände),[319] so entsteht – nach der Zuordnungsregel des § 131 Abs. 3 UmwG – Bruchteilseigentum der übernehmenden Rechts-

317 Eine Rückabwicklung des Spaltungsvorgangs ist ausgeschlossen; dies gilt selbst dann, wenn gravierende Mängel der Spaltung vorliegen. Ebenso wenig ist eine Anfechtung des Spaltungsbeschlusses nach erfolgter Eintragung der Spaltung möglich. Vgl. hierzu *Kallmeyer/Sickinger*, in: Kallmeyer, UmwG[5], § 131 UmwG, Tz. 28 i.V.m. *Marsch-Barner*, in: Kallmeyer, UmwG[5], § 20 UmwG, Tz. 41.

318 Ein gutgläubiger Erwerb von Gegenständen, die nicht im Eigentum des übertragenden Rechtsträgers stehen, scheidet indes aus, auch wenn die Gegenstände in den Spaltungs- und Übernahmevertrag aufgenommen wurden. Vgl. hierzu *Kallmeyer*, in: Kallmeyer, UmwG[5], § 131 UmwG, Tz. 5 (m.w.N.).
Bei der Übertragung von ausländischem Vermögen kommt es darauf an, ob das ausländische Recht eine Spaltung mit (partieller) Gesamtrechtsnachfolge anerkennt. Ist dies nicht der Fall, so müssen die Vermögensgegenstände im Wege der Einzelrechtsnachfolge nach den Vorschriften des ausländischen Rechts übertragen werden. Vgl. *Kallmeyer/Sickinger*, in: Kallmeyer, UmwG[5], § 131 UmwG, Tz. 4.

319 Hiermit sind nur Gegenstände des Aktivvermögens gemeint. Für „vergessene" Verbindlichkeiten gilt unmittelbar § 133 Abs. 1 S. 1 UmwG, nach dem die übernehmenden Rechtsträger gesamtschuldnerisch für die Verbindlichkeiten des übertragenden Rechtsträgers haften. Vgl. BT-Drs. 12/6699 v. 01.02.1994, S. 120 f.; *Kallmeyer/Sickinger*, in: Kallmeyer, UmwG[5], § 131 UmwG, Tz. 29; *Teichmann*, in: Lutter/Bayer/Vetter, UmwG[5], § 131 UmwG, Tz. 113.

träger[320]. Die „Spaltungsbremse“ des § 132 UmwG a.F., die Spaltungen in der Praxis behinderte (z.B. die Ausgliederung von Altersversorgungsverpflichtungen auf eine Rentnergesellschaft)[321], wurde mit dem Zweiten Gesetz zur Änderung des UmwG (UmwGÄndG)[322] aufgehoben[323].

Gesellschaftsrechtlich erlischt im Falle der Aufspaltung der übertragende Rechtsträger ohne Liquidation (§ 131 Abs. 1 Nr. 2 UmwG). Der Erwerb der Anteile des übernehmenden bzw. neuen Rechtsträgers durch die Anteilsinhaber des übertragenden Rechtsträgers (bei Auf- oder Abspaltung) respektive durch den übertragenden Rechtsträger selbst (bei Ausgliederung) erfolgt kraft Gesetzes (§ 131 Abs. 1 Nr. 3 S. 1 UmwG).

## 3.2 Bilanzierung beim übertragenden Rechtsträger

### 3.2.1 Schlussbilanz (§ 17 Abs. 2 UmwG)

Nach §§ 125 S. 1, 17 Abs. 2 UmwG, die für alle Arten der Spaltung gelten, ist der Anmeldung zum Register des Sitzes des übertragenden Rechtsträgers eine Schlussbilanz dieses Rechtsträgers beizufügen. Schlussbilanz ist grundsätzlich eine **Gesamtbilanz** seines Vermögens; die zusätzliche Aufstellung von Teilbilanzen kann – auch unter Hinweis auf den Gläubigerschutz oder auf § 126 Abs. 2 S. 3 UmwG – nicht gefordert werden[324]. **133**

Bei **Auf- und Abspaltung** ist es indes zulässig, anstelle einer Gesamtbilanz geprüfte **Teilbilanzen** für die zu übertragenden Vermögensteile (Aufspaltung) respektive für das zu übertragende **und** das verbleibende Vermögen (Abspaltung) aufzustellen[325]. Ist das zu übertragende (Rein-)Vermögen im Verhältnis zum Gesamtvermögen des übertragenden Rechtsträgers unwesentlich, erscheint es bei Abspaltungen aus Praktikabilitätsgründen auch ausreichend, wenn nur eine Teilbilanz für das zu übertragende Vermögen eingereicht wird[326]. **134**

Auch bei **Ausgliederungen**, die beim übertragenden Rechtsträger zu einer erfolgsneutralen Vermögensumschichtung führen, erscheint es zulässig, anstelle einer Gesamtbilanz eine geprüfte **Teilbilanz** für das zu übertragende Vermögen einzureichen[327]. **135**

---

320 Vgl. *Hörtnagl*, in: Schmitt/Hörtnagl/Stratz, UmwG[7], § 131 UmwG, Tz. 111 ff.; *Teichmann* in: Lutter/Bayer/Vetter, UmwG[5], § 131 UmwG, Tz. 107-112.

321 Siehe Tz. 150.

322 BGBl. I 2007, S. 542.

323 Infolge der Aufhebung des § 132 UmwG a.F. gehen bspw. bei einer Abspaltung vinkulierte Geschäftsanteile an einer GmbH auch dann auf den übernehmenden Rechtsträger über, wenn die nach der Satzung für eine Abtretung erforderliche Zustimmung nicht vorliegt (so OLG Hamm v. 16.04.2014 – I-8 U 82/13 (Az. BGH II ZR 184/14), GmbHR 2014, S. 935 mit Komm. v. *Wachter*).

324 Vgl. *IDW RS HFA 43*, Tz. 7.

325 Vgl. *IDW RS HFA 43*, Tz. 8; gl.A. *Heidtkamp*, NZG 2013, S. 852 (856); *Oser*, StuB 2014, S. 631 (633); *Kallmeyer*, in: Kallmeyer, UmwG[5], § 125 UmwG, Tz. 23; a.A. *Bula/Pernegger*, in: Sagasser/Bula/Brünger, Umwandlungen[4], § 19, Tz. 17; *Hörtnagl*, in: Schmitt/Hörtnagl/Stratz, UmwG[7], § 17 UmwG, Tz. 51, die zwingend eine Gesamtbilanz fordern.

326 Vgl. *IDW RS HFA 43*, Tz. 8.

327 Vgl. *IDW RS HFA 43*, Tz. 9.

> **Praxistipp 2:**
>
> Da sich die Zulässigkeit der Einreichung von Teilbilanzen als Schlussbilanz indes nicht unmittelbar aus dem Wortlaut des § 125 S. 1 i.V.m. § 17 Abs. 2 S. 2 UmwG ergibt, empfiehlt es sich, vor Aufstellung der Teilbilanz(en) eine Abstimmung mit dem zuständigen Registergericht vorzunehmen.

136 In der Schlussbilanz des übertragenden Rechtsträgers kann das zu spaltende Vermögen bereits an die Ausweis-, Bilanzierungs- und Bewertungsmethoden des übernehmenden Rechtsträgers angepasst werden (siehe Tz. 39); daraus resultierende Anpassungen sind erfolgswirksam zu erfassen.

### 3.2.2 Aufspaltung

137 Bei der Aufspaltung erlischt der übertragende Rechtsträger im Zeitpunkt der Eintragung der Spaltung in das Register des Sitzes des übertragenden Rechtsträgers (§ 131 Abs. 1 Nr. 2 S. 1 UmwG). Zu diesem Zeitpunkt erlischt auch dessen öffentlich-rechtliche Pflicht zur Aufstellung, Prüfung und Offenlegung von (Konzern-)Abschlüssen. Für die Frage der Rechnungslegungspflicht und der Vermögens- und Erfolgszuordnung in Fällen, in denen zwischen dem Spaltungsstichtag und der Eintragung der Spaltung ins Register ein Abschlussstichtag des übertragenden Rechtsträgers liegt, sind die für die Verschmelzung geltenden Grundsätze entsprechend anzuwenden[328]. Für die Ergebnisabgrenzung zwischen dem übertragenden und dem übernehmenden Rechtsträger ist der Spaltungsstichtag (§ 126 Abs. 1 Nr. 6 UmwG) maßgebend. Dabei können für die an der Spaltung beteiligten übernehmenden Rechtsträger unterschiedliche Spaltungsstichtage vereinbart sein.

### 3.2.3 Abspaltung

138 Bei der Abspaltung erlischt der übertragende Rechtsträger – anders als bei der Aufspaltung – nicht; er bleibt vielmehr als Rumpfgesellschaft bestehen. Im Zuge der Abspaltung kommt es beim übertragenden Rechtsträger bilanziell zu einer Minderung (Erhöhung) seines Vermögens in Höhe des positiven (negativen) Saldos der Buchwerte der abgespaltenen Vermögensgegenstände und Schulden; auch einzelne Vermögensgegenstände und/oder Schulden können Spaltungsobjekt (§ 126 Abs. 1 Nr. 9 UmwG) sein (= **Spaltungsfreiheit**)[329]. Adressat der Gegenleistung für die Vermögensübertragung sind – anders als bei der Ausgliederung – nicht der übertragende Rechtsträger, sondern die Anteilsinhaber des übertragenden Rechtsträgers.

139 Für die Bilanzierung der Abspaltung[330] im ersten auf die Spaltung folgenden JA ist zu unterscheiden, ob der Saldo des übertragenen (Rein-)Vermögens, der sich nach den Verhältnissen des Spaltungsstichtags bemisst, zu Buchwerten positiv oder negativ ist:

140 Ist der **Saldo** der Buchwerte der abzuspaltenden Vermögensgegenstände und Schulden **positiv**, so stellt die Abspaltung eine gesellschaftsrechtlich motivierte Vermögensaus-

---

328 Siehe Tz. 45 ff.

329 Zu Einschränkungen der Spaltungsfreiheit siehe *Bula/Bultmann*, in: Sagasser/Bula/Brünger, Umwandlungen[4], § 18, Tz. 51 ff. Die zivilrechtliche Spaltungsfreiheit relativiert sich insb. durch das Umwandlungssteuerrecht (§ 15 Abs. 1 UmwStG, Teilbetriebsbedingung).

330 Zur Bilanzierung bei einer sog. Down-stream-Abspaltung siehe *Bahns*, Ubg 2010, S. 414 (415 ff.).

kehrung des übertragenden Rechtsträgers an seine Anteilsinhaber dar, die sein Jahresergebnis nicht beeinflussen darf[331]. Die Minderung des (Rein-)Vermögens des übertragenden Rechtsträgers führt zu einer Minderung seines EK; falls nicht ausreichend frei verfügbares EK existiert, mit dem die Vermögensminderung verrechnet werden kann, ist das Grund- oder Stammkapital des abspaltenden Rechtsträgers herabzusetzen.

Dabei privilegiert das UmwG eine Kapitalherabsetzung anlässlich einer Abspaltung, da sie – trotz eines Vermögensabflusses beim übertragenden Rechtsträger – in vereinfachter Form durchgeführt werden kann, allerdings nur, falls sie „erforderlich" ist (§§ 139 S. 1, 145 S. 1 UmwG). **Erforderlich** ist eine **Kapitalherabsetzung**, wenn „alle ungebundenen EK-Teile (Gewinnvortrag, Gewinnrücklagen, Kapitalrücklage) in voller Höhe aufgelöst worden sind"[332]. Ausgenommen hiervon sind eine Kapitalrücklage für Nachschusskapital (§ 42 Abs. 2 S. 3 GmbHG)[333], eine Gewinnrücklage nach § 272 Abs. 4 HGB sowie nach §§ 253 Abs. 6, 268 Abs. 8 HGB ausschüttungsgesperrtes EK (Rücklagen oder Ergebnisvortrag), soweit die der Rücklage bzw. der Ausschüttungssperre zugrunde liegenden Vermögensgegenstände bzw. Schulden bei dem übertragenden Rechtsträger verbleiben[334]. Maßgeblich ist dabei das EK in der Schlussbilanz (§§ 125 S. 1, 17 Abs. 2 UmwG), das um EK-Änderungen in der Zeit nach dem Spaltungsstichtag[335] bis zur Beschlussfassung über die Spaltung fortzuschreiben ist[336]. 141

Umstritten ist, ob bei einer abspaltenden **AG**[337] eine Kapitalherabsetzung nur erforderlich ist (und mithin in vereinfachter Form durchgeführt werden darf), wenn zuvor die durch § 150 AktG[338] gebundenen Rücklagen (erst Kapitalrücklage nach § 272 Abs. 2 Nr. 1 bis 3 HGB, dann gesetzliche Rücklage) verrechnet wurden, soweit[339] diese zusammen den Betrag von 10% des nach der Spaltung verbleibenden Grundkapitals übersteigen[340]. Die **gesellschaftsrechtliche Literatur lehnt dies ab**[341], da § 150 Abs. 3 und 4 AktG eine Verwendung dieser Rücklagen für eine Abspaltung nicht zulasse („... dürfen sie *nur* verwandt werden ... (Herv. d. Verf.)"). **Das vermag nicht zu überzeugen**[342]. Zwar ist zuzugeben, dass § 150 AktG[343], der dem Gläubigerschutz dient, eine kasuistisch-enumerative und abschließende Aufzählung der Verwendungszwecke dieser geschützten Rücklagen enthält. Dabei wird indes verkannt, dass die durch § 150 AktG ge- 142

331 Vgl. *IDW RS HFA 43*, Tz. 11.

332 *IDW RS HFA 43*, Tz. 14. Nach dem AmtsG Charlottenburg v. 28.05.2008 – 99 AR 3278/08, GmbHR 2008, 993, mit Anm. von *Priester*, ist eine Kapitalherabsetzung überdies nur erforderlich, wenn und soweit beim übernehmenden Rechtsträger neues Nennkapital gebildet wird. Dies ablehnend *Hörtnagl*, in: Schmitt/Hörtnagl/Stratz, UmwG[7], § 139 UmwG, Tz. 12 m.w.N. zum str. Stand der Diskussion.

333 Vgl. *Hörtnagl*, in: Schmitt/Hörtnagl/Stratz, UmwG[7], § 17 UmwG, Tz. 57, und § 139 UmwG, Tz. 9.

334 Vgl. *IDW RS HFA 43*, Tz. 14.

335 Dies gilt nicht für Gewinne oder Verluste, die dem abzuspaltenden Vermögenssaldo zuzurechnen sind, da diese ab dem Spaltungsstichtag dem übernehmenden Rechtsträger zustehen (Für-Rechnung-Phase).

336 Vgl. *IDW RS HFA 43*, Tz. 15; a.A. *Hörtnagl*, in: Schmitt/Hörtnagl/Stratz, UmwG[7], § 139 UmwG, Tz. 7 (Maßgeblichkeit des Zeitpunkts des Wirksamwerdens der Spaltung).

337 Entsprechendes gilt für eine KGaA (§ 278 Abs. 3 AktG).

338 Für die Unternehmergesellschaft (haftungsbeschränkt) ist § 5a Abs. 3 GmbHG zu beachten.

339 Vgl. § 229 Abs. 2 AktG.

340 So *IDW RS HFA 43*, Tz. 14.

341 Vgl. *Schwab*, in: Lutter/Bayer/Vetter, UmwG[5], § 145 UmwG, Tz. 18; *Kallmeyer/Sickinger*, in: Kallmeyer, UmwG[5], § 145 UmwG, Tz. 1; *Simon*, in: Dauner/Lieb/Simon, UmwG, § 145 UmwG, Tz. 3; *Ihrig*, in: FS K. Schmidt, 779 (789 f.); a.A. *Hörtnagl*, in: Schmitt/Hörtnagl/Stratz, UmwG[7], § 145 UmwG, Tz. 4.

342 So zutreffend *IDW RS HFA 43*, Tz. 14. Ebenso *Groß*, NZG 2010, S. 770.

343 Für die Unternehmergesellschaft (haftungsbeschränkt): § 5a Abs. 3 GmbHG.

bundenen Rücklagen keinen größeren Schutz als die Grundkapitalziffer selbst genießen können. § 150 AktG ist daher u.E. insoweit planwidrig unvollständig[344].

**Praxistipp 3:**

Um das Risiko einer Ablehnung der Eintragung einer Spaltung zu vermeiden, empfiehlt sich indes eine Abstimmung mit dem zuständigen Registergericht vor Durchführung der Abspaltung.

**Beispiel 16:**

Eine AG als übernehmender Rechtsträger hat ein Grundkapital in Höhe von 500.000 €, andere Gewinnrücklagen in Höhe von 800.000 € und eine Kapitalrücklage nach § 272 Abs. 2 Nr. 1 bis 3 HGB in Höhe von 250.000 €. Die AG spaltet ein Vermögen von 1.000.000 € ab.
Eine Kapitalherabsetzung ist – nach Verrechnung der Vermögensminderung mit disponiblen Eigenkapitalteilen (hier: 800.000 €) – u.E. nicht erforderlich, da die (verrechnungsfähige) Kapitalrücklage in Höhe von (höchstens)[345] 200.000 € zur Verrechnung mit der verbleibenden Vermögensminderung verwendet werden darf.
Falls die Kapitalrücklage dagegen im Beispiel nur 200.000 € betragen würde (Variante), wäre zusätzlich eine Kapitalherabsetzung erforderlich, da die Kapitalrücklage in diesem Fall nicht vollständig zur Verrechnung mit der verbleibenden Vermögensminderung infolge der Abspaltung verwendet werden darf, weil andernfalls gegen § 229 Abs. 2 S. 1 AktG verstoßen würde.
Bei der Bestimmung des Betrags, um den das Grundkapital herabgesetzt werden muss, ist zu beachten, dass der Betrag der Kapitalherabsetzung die Bemessungsgrundlage für die nicht-verrechnungsfähige Kapitalrücklage nach § 272 Abs. 2 Nr. 1 bis 3 HGB beeinflusst (Zirkularität). Allgemein bestimmt sich der **Betrag, um den das Grundkapital vermindert werden muss**, in solchen Fällen wie folgt[346]:

$$\text{VM} = \text{KapHer} + [\text{KapRL} - 0{,}1\,(\text{GezKap} - \text{KapHer})]$$

mit VM = zu verrechnende, noch nicht gedeckte Vermögensminderung
KapHer = Betrag der Kapitalherabsetzung
KapRL = Kapitalrücklage i.S.v. § 272 Abs. 2 Nr. 1 bis 3 HGB, ggf. gesetzl. Rücklage
GezKap = Betrag des Gezeichneten Kapitals (vor Herabsetzung nach § 145 UmwG).

344 Auch erscheint es nicht erforderlich, die gebundenen Rücklagen zunächst im Wege einer Kapitalerhöhung aus Gesellschaftsmitteln teilweise in Grundkapital umzuwandeln (§ 150 Abs. 4 S. 1 Nr. 3 AktG), nur um dieses erhöhte Grundkapital anschließend (ggf. zusammen mit der anteiligen Auflösung einer danach noch verbliebenen gebundenen Rücklage) zur Finanzierung des Kapitalbedarfs einer Abspaltung wieder herabzusetzen. Dieses Ergebnis ließe sich u.E. einfacher auch dadurch erreichen, dass der 10% des Grundkapitals überschießende Teil der gebundenen Rücklagen analog den Vorschriften über die vereinfachte Kapitalherabsetzung (§ 145 UmwG i.V.m. §§ 230 S. 2 ff., 233 Abs. 1 AktG) unmittelbar aufgelöst wird.

345 Das ergibt sich aus § 229 Abs. 2 S. 1 AktG. Danach darf die Kapitalrücklage in Höhe von 10% des (verbleibenden) Grundkapitals (hier: 50.000 €) nicht verrechnet werden.

346 Ökonomisch bringt die Gleichung zum Ausdruck, dass der Betrag der noch nicht gedeckten Vermögensminderung durch den Betrag der Kapitalherabsetzung und durch die anteilige verrechnungsfähige Kapitalrücklage unter Beachtung von § 229 Abs. 2 S. 1 AktG finanziert wird.

Nach Umformung ergibt sich
KapHer = (VM – KapRL + 0,1 X GezKap) / 1,1.

Im Beispiel ergibt sich die Kapitalherabsetzung in Höhe von 45.454,54 €; die Kapitalrücklage kann dann in Höhe von 154.545,46 € (200.000 € - 45.454,54 €) zur Verrechnung mit der Vermögensminderung verwendet werden. Danach verbleibt ein Gezeichnetes Kapital von 454.545,46 € (500.000 € - 45.454,54 €) und eine restliche gebundene Kapitalrücklage in Höhe von 45.454,54 € (10% des Grundkapitals nach Kapitalherabsetzung).

143 Die Minderung des (Rein-)Vermögens ist bei AG/KGaA in der Ergänzung der GuV nach § 158 Abs. 1 S. 1 AktG nach dem Posten „Jahresüberschuss/Jahresfehlbetrag" gesondert als **„Vermögensminderung durch Abspaltung"** auszuweisen. Soweit diese Vermögensminderung nicht durch einen Gewinnvortrag und/oder durch einen Ertrag aus der Kapitalherabsetzung[347] kompensiert wird, sind bei AG/KGaA Rücklagen aufzulösen[348] und in der GuV nach dem Posten „Jahresüberschuss/Jahresfehlbetrag" nach §§ 158 Abs. 1, 240 AktG gesondert auszuweisen. Für die GmbH erscheint eine entsprechende Anwendung der aktienrechtlichen Normen sachgerecht, ist aber nicht zwingend.

**Beispiel 17:**

Für das Beispiel (Variante) stellt sich die Ergebnisverwendungsrechnung wie folgt dar:

| | |
|---|---|
| Jahresüberschuss (unterstellt) | 0,00 € |
| Vermögensminderung durch Abspaltung | – 1.000.000,00 € |
| Entnahmen aus der Kapitalrücklage | 154.545,46 € |
| Entnahmen aus anderen Gewinnrücklagen | 800.000,00 € |
| Ertrag aus der Kapitalherabsetzung | 45.454,54 € |
| Bilanzgewinn | 0,00 € |

144 Bei einer abspaltenden **GmbH** ist § 58a Abs. 2 GmbHG zu beachten (Rechtsgrundverweisung). Danach ist eine Kapitalherabsetzung erforderlich (und mithin in vereinfachter Form zulässig), wenn der Teil der Kapital- und Gewinnrücklagen, der zusammen über 10% des nach der Herabsetzung verbleibenden Stammkapitals hinausgeht, vorweg aufgelöst und kein Gewinnvortrag besteht[349].

145 Ist der **Saldo** der Buchwerte der abzuspaltenden Vermögensgegenstände und Schulden dagegen **negativ**[350], stellt die Abspaltung eine gesellschaftsrechtlich motivierte Sachzuzahlung der Anteilsinhaber an den übertragenden Rechtsträger dar; der Saldo der

347 § 240 AktG.

348 Bei AG/KGaA sind – anders als bei der GmbH – die gesetzliche Rücklage und die Kapitalrücklage nach § 272 Abs. 2 Nr. 1-3 HGB erst nach der Auflösung anderer frei verfügbarer Rücklagen aufzulösen.

349 Vgl. *IDW RS HFA 43*, Tz. 14. So auch *Hörtnagl*, in: Schmitt/Hörtnagl/Stratz, UmwG[7], § 139 UmwG, Tz 8 m.w.N. zum str. Stand der Diskussion.

350 In diesem Falle müssen in dem übertragenen Vermögensteil ausreichende stille Reserven und/oder ein originärer Geschäfts- oder Firmenwert enthalten sein, da andernfalls die für die Gewährung der neuen Anteile erforderliche Kapitalerhöhung beim übernehmenden Rechtsträger respektive das EK des neu gegründeten übernehmenden Rechtsträgers nicht ordnungsgemäß aufgebracht werden.

Vermögensmehrung ist deshalb in die Kapitalrücklage nach § 272 Abs. 2 **Nr. 4** HGB einzustellen[351].

146 Für die Vermögens- und Erfolgszuordnung sind die für die Verschmelzung geltenden Grundsätze entsprechend anzuwenden[352].

### 3.2.4 Ausgliederung

147 Die Ausgliederung[353] unterscheidet sich von der Abspaltung nur hinsichtlich des Adressaten der Anteile des übernehmenden Rechtsträgers: Dies ist der übertragende Rechtsträger selbst, nicht – wie bei der Abspaltung – die Anteilsinhaber des übertragenden Rechtsträgers. Vor diesem Hintergrund stellt sich die Ausgliederung für den übertragenden Rechtsträger als ein (wertgleicher) Tausch der ausgegliederten Vermögensgegenstände und Schulden gegen die Anteile des übernehmenden Rechtsträgers dar[354], so dass es – anders als bei der Abspaltung – nicht zu einer Minderung seines Vermögens kommt und eine (vereinfachte) Kapitalherabsetzung ausgeschlossen ist[355].

148 Bei der Ausgliederung besteht – anders als bei der Auf- oder Abspaltung – eine **Anteilsgewährpflicht**[356]. Indes muss nach dem rkr. Beschluss des OLG München v. 15.11.2011[357] der übernehmende dem übertragenden Rechtsträger **nicht ausschließlich Anteile** als Gegenleistung für den Vermögenstransfer gewähren. Vielmehr ist es zulässig, dass der übertragende Rechtsträger dem übernehmenden Rechtsträger für eine Differenz zwischen dem (höheren) übertragenen (Rein-)Vermögen und dem Nennbetrag der Anteile z.B. ein Darlehen gewährt.

**Beispiel 18:**

A gliedert einen Teilbetrieb (Buchwert: 1.000 €; Zeitwert 1.200 €) auf B aus. Um neue Anteile mit einem Zeitwert von 1.200 € zu schaffen, müsste B sein Gezeichnetes Kapital um 400 € erhöhen. B kann sein Gezeichnetes Kapital indes auch nur um 200 € erhöhen (die einen Zeitwert von 600 € repräsentieren) und A zudem ein Darlehen i.H. v. 600 € gewähren. Damit tauscht A den Teilbetrieb gegen (neue) Anteile an B **und** eine (Finanz-) Forderung.

149 Für die Zugangsbewertung der Anteile am übernehmenden Rechtsträger gelten die für den **Tausch** von Vermögensgegenständen entwickelten Grundsätze[358]. Ist der Saldo des

---

351 Vgl. *IDW RS HFA 43*, Tz. 19. Nach *Hörtnagl*, in: Schmitt/Hörtnagl/Stratz, UmwG[7], § 17 UmwG, Tz. 58, ist es bei einem entsprechenden Willen der Gesellschafter (gewillkürter Erfolgsbeitrag) auch zulässig, die Vermögensmehrung als außerordentlichen (seit BilRUG: sonstigen betrieblichen) Ertrag zu behandeln.

352 Siehe Tz. 46 ff.

353 Vgl. hierzu ausführlich *Fenske*, WPg 1997, S. 256.

354 Vgl. *IDW RS HFA 43*, Tz. 21 f.

355 Vgl. *IDW RS HFA 43*, Tz. 22; a.A. *Hörtnagl*, in: Schmitt/Hörtnagl/Stratz, UmwG[7], § 139 UmwG, Tz. 31 m.w.N.

356 § 125 S. 1 UmwG präkludiert die §§ 54 Abs. 1 S. 3, 68 Abs. 1 S. 3 UmwG.

357 WM 2012, S. 512. Zum Beschluss vgl. *Wienecke*, EWiR § 54 UmwG 1/12, S. 223.

358 Siehe Tz. 86. Vgl. *IDW RS HFA 43*, Tz. 21; *Fenske*, WPg 1997, S. 256 (258); *Küting/Hayn/Hütten*, BB 1997, S. 565 (567).

ausgegliederten Buchvermögens **negativ**[359], sind die Anteile an dem übernehmenden Rechtsträger in der Bilanz des übertragenden Rechtsträgers zumindest mit einem Merkposten anzusetzen[360]. Auswirkungen aus der Ausgliederung sind stets **erfolgswirksam** in der GuV abzubilden[361].

Spätestens seit der Änderung des UmwG durch das Zweite Gesetz zur Änderung des UmwG, mit dem die „Spaltungsbremse" des § 132 UmwG a.F. aufgehoben wurde, ist eine **Ausgliederung von Altersversorgungsverpflichtungen** auf eine sog. „Rentnergesellschaft" zulässig[362]. Das **BAG** hatte bereits mit Urteil v. 22.02.2005[363] entschieden, dass eine Ausgliederung von Versorgungsverpflichtungen auch ohne Zustimmung der Versorgungsberechtigten oder des PSVaG zulässig ist; auch stehe den Versorgungsberechtigten kein Widerspruchsrecht zu[364]. Dies setzt indes voraus, dass der ausgliedernde Rechtsträger ausreichend Vermögen auf die „Rentnergesellschaft" überträgt, so dass diese die übernommenen Versorgungsverpflichtungen erfüllen könne. Andernfalls ist der übertragende Rechtsträger zum Schadenersatz verpflichtet[365]. Mit Urteil v. 11.03.2008[366] hatte das **BAG** überdies entschieden, dass der ausgliedernde Rechtsträger eine (originäre)[367] „Rentnergesellschaft" so mit Vermögen ausstatten müsse, dass diese auch in der Lage sei, ggf. erforderliche Anpassungen der Betriebsrenten nach § 16 BetrAVG zu erfüllen; andernfalls ist der übertragende Rechtsträger (nicht die Rentnergesellschaft)[368] zum Schadenersatz verpflichtet[369]. **150**

359 Dagegen muss der Zeitwert des ausgegliederten Reinvermögens positiv sein, da andernfalls bei der Ausgliederung zur Neugründung gegen die Gründungsvorschriften (§ 135 Abs. 2 UmwG) und bei der Ausgliederung zur Aufnahme gegen Ausgabe neuer Anteile gegen die Sachkapitalerhöhungsvorschriften (§ 142 UmwG für AG; §§ 125, 55 UmwG für GmbH) verstoßen würde, vgl. *Fenske*, WPg 1997, S. 256 (260). Nach § 20 Abs. 2 S. 2 Nr. 2 UmwStG hat die übernehmende KapGes. für den Fall, dass das eingebrachte Betriebsvermögen zu Buchwerten negativ ist, dieses mindestens so anzusetzen, dass sich die Aktiv- und Passivposten ausgleichen; dabei ist das EK nicht zu berücksichtigen.

360 Vgl. *IDW RS HFA 43*, Tz. 21; a.A. *Hörtnagl*, in: Schmitt/Hörtnagl/Stratz, UmwG[7], § 17 UmwG, Tz. 62 (Pflicht zum Ansatz des Zeitwerts der Anteile); *Klingberg*, in: Winkeljohann/Förschle/Deubert, Sonderbilanzen[5], I, Tz. 336 (zumindest Ansatz eines Merkpostens).

361 Vgl. *IDW RS HFA 43*, Tz. 21.

362 Zur Ausgliederung von Pensionsverpflichtungen vgl. *Döring*, in: Kolvenbach/Sartoris, Bilanzielle Auslagerung von Pensionsverpflichtungen[2], S. 190 ff. Zu Gestaltungsmöglichkeiten vgl. *Engelkamp*, ZIP 2016, 1664; *Wessels*, ZIP 2010, S. 1417. Zur Bedeutung der §§ 4f und 5 Abs. 7 EStG bei der Übertragung von Pensionsverpflichtungen vgl. *Huth/Wittenstein*, DStR 2015, S. 1153 (1154 ff.).

363 DB 2005, S. 954.

364 Vgl. BAG v. 11.03.2008 – 3 AZR 358/06, DB 2008, S. 2369.

365 § 280 Abs. 1 S. 1, § 241 Abs. 2, §§ 31, 278 BGB.

366 DB 2008, S. 2369. Zum Urteil vgl. *Baum/Humpert*, BB 2009, 950; *Hock*, BB 2009, 334; *Heinz/Wildner*, GmbHR 2008, S. 1332. Zu den Auswirkungen des BilMoG auf die BAG-Rechtsprechung vgl. *Frh. v. Buddenbrock/Manhart*, DB 2009, S. 1237.

367 Nach dem BAG v. 17.06.2014 – 3 AZR 298/13, BB 2014, S. 190 mit Komm. v. *Fischer*, sind die für sog. „originäre" (d.h. durch eine Abspaltung oder Ausgliederung nach dem UmwG entstandene) Rentnergesellschaften entwickelten Grundsätze auf Rentnergesellschaften, die durch Übertragung ihres operativen Geschäfts im Wege des Betriebsübergangs nach § 613a BGB auf einen Betriebserwerber entstehen (sog. „abgeleitete" Rentnergesellschaften), nicht anwendbar. Solchenfalls führt eine unzureichende Ausstattung einer Rentnergesellschaft nicht zu Schadensersatzansprüchen der Betriebsrentner.

368 Vgl. BAG v. 14.07.2015 – 3 AZR 252/14, DB 2015, S. 2519.

369 Nach *Ihrig/Kranz*, ZIP 2012, S. 749 (755), ist eine Anwendung der zehnjährigen Nachhaftung des übertragenden Rechtsträgers auf Altfälle (Spaltungen, die bereits vor dem 25.04.2007 wirksam wurden) „weder geboten noch gerechtfertigt".

### 3.2.5 Zwischenbilanz

151 Zur Aufstellung einer Zwischenbilanz einer an der Spaltung beteiligten AG siehe Tz. 56 ff., die entsprechend gelten.

## 3.3 Bilanzierung beim übernehmenden Rechtsträger

152 Nach § 125 S. 1 UmwG ist § 24 UmwG für alle Arten der Spaltung entsprechend anzuwenden. Besonderheiten der Rechnungslegung des übernehmenden Rechtsträgers bei Spaltungen[370] bestehen grundsätzlich nicht. Es sei lediglich auf die folgenden **Sonderfälle** hingewiesen:

- **Spaltung zur Aufnahme**: Erhalten bei der Auf- oder Abspaltung die Anteilsinhaber des übertragenden Rechtsträgers oder bei der Ausgliederung der übertragende Rechtsträger selbst Anteile des übernehmenden Rechtsträgers, allerdings nicht von dem übernehmenden Rechtsträger selbst, sondern von einem Dritten (z.B. dem MU des übernehmenden Rechtsträgers)[371], liegt aus Sicht des übernehmenden Rechtsträgers ein unentgeltlicher Erwerb vor. Für diesen unentgeltlichen Erwerb gelten die Grundsätze zur Bilanzierung beim down-stream- und zum side-stream-merger (jeweils, wenn auf die Gewährung von Anteilen verzichtet wird)[372].
- **Spaltung zur Neugründung**: Setzt der neu gegründete übernehmende Rechtsträger in der Rechtsform einer KapGes. das übertragene (Rein-)Vermögen – in Ausübung des Wahlrechts des § 24 UmwG – mit den Buchwerten aus der Schlussbilanz der übertragenden Rechtsträger an, entsteht insoweit, als der Nennbetrag/rechnerische Wert der neuen Anteile den Saldo des übertragenen Buchvermögens übersteigt, ein Differenzbetrag, der ergebniswirksam zu behandeln ist (Spaltungsverlust)[373]; der Differenzbetrag kann bei Buchwertverknüpfung nicht durch Aktivierung eines Geschäfts- oder Firmenwerts ausgeglichen werden. Auch bei einer Spaltung zur Aufnahme gegen Ausgabe neuer Anteile ist der Differenzbetrag ergebniswirksam (Ausweis unter den sonstigen betrieblichen Aufwendungen oder Erträgen, ggf. mit einer Angabepflicht nach § 285 Nr. 31 HGB)[374] zu behandeln[375].

153 Sind Bilanzposten des übertragenden Rechtsträgers mit einer **Ausschüttungssperre** belegt (§§ 253 Abs. 6 S. 2, 268 Abs. 8 HGB), **wirkt** diese beim übernehmenden Rechtsträger **nicht fort**, da die Verschmelzung zu einem Vermögenstransfer und mithin zu einer Anschaffung (Erwerb) beim übernehmenden Rechtsträger führt[376] (siehe Tz. 109).

---

370 Vgl. hierzu ausführlich *Fenske*, BB 1997, S. 1247.

371 Vgl. zu diesem (Ausnahme-)Fall *Fenske*, BB 1997, S. 1247 (1249).

372 Siehe Tz. 76 und 88 ff.

373 Vgl. *Widmann*, in: Widmann/Mayer, UmwRecht[3], § 24 UmwG, Tz. 331; *Fenske*, BB 1997, S. 1247. Gegen die Zulässigkeit des Buchwertansatzes, falls der Spaltungsverlust das Nennkapital tangiert: *Bula/Pernegger*, in: Sagasser/Bula/Brünger, Umwandlungen[4], § 19, Tz. 97; *Pohl*, S. 140 i.V.m. S. 128; *Fischer*, DB 1995, S. 485 (487).

374 So *Widmann*, in: Widmann/Mayer, UmwRecht[3], § 24 UmwG, Tz. 333. Unter Umständen sind auch zusätzliche Angaben im Anhang erforderlich (§ 264 Abs. 2 S. 2 HGB).

375 Vgl. *Widmann*, in: Widmann/Mayer, UmwRecht[3], § 24 UmwG, Tz. 332; *Fenske*, BB 1997, S. 1247 (1249).

376 A.A. *Schwarzmann*, StuB 2013, S. 704 (705) für eine Ausgliederung mit Buchwertverknüpfung und Gewährung von Anteilen (mangels entgeltlichen Erwerbs).

## 3.4 Bilanzierung beim Anteilsinhaber des übertragenden Rechtsträgers

### 3.4.1 Aufspaltung

154 Für die Anteilsinhaber des übertragenden Rechtsträgers stellt die Aufspaltung einen Tausch der (untergehenden) Anteile am übertragenden Rechtsträger gegen die Anteile an den übernehmenden Rechtsträgern dar[377]. Für die Bemessung der AK der erhaltenen Anteile gelten die **Tauschgrundsätze**[378]. Da die Anteilsinhaber des übertragenden Rechtsträgers bei der Aufspaltung Anteile von mindestens zwei übernehmenden Rechtsträgern erhalten, sind die nach Tauschgrundsätzen ermittelten Gesamt-AK auf die erhaltenen Anteile im Verhältnis der Zeitwerte des den übernehmenden Rechtsträgern übertragenen (Rein-)Vermögens aufzuteilen.

**Beispiel 19:**

Anteilsinhaber (AI) ist an A zu 100% beteiligt. Der Buchwert seiner Anteile an A beträgt 1.200 €. Das Vermögen von A besteht aus zwei Teilbetrieben. A spaltet den Teilbetrieb 1 auf B und den Teilbetrieb 2 auf C auf. Der Zeitwert von Teilbetrieb 1 beträgt 1.000 €, der von Teilbetrieb 2 beträgt 500 €.
AI verliert im Zuge der Aufspaltung seine Anteile an A und erhält von B und C jeweils neue und/oder eigene Anteile. Deren gesamte AK betragen nach Tauschgrundsätzen 1.200 € (Buchwert), 1.500 € (Zeitwert) oder – bei einer ggf. entstehenden Ertragsteuerbelastung (z.B. 100 €) – 1.300 € (steuerneutraler Zwischenwert). Diese AK sind dann auf die Anteile an B und C im Verhältnis 2:1 aufzuteilen.

### 3.4.2 Abspaltung

155 Mindert sich bei einer Abspaltung der innere Wert der Anteile der Anteilsinhaber des übertragenden Rechtsträgers, ist es sachgerecht, bei diesen einen mengenmäßigen Abgang an ihren Anteilen am übertragenden Rechtsträger zu erfassen, und zwar unabhängig davon, ob bei der Abspaltung Rücklagen aufgelöst werden oder eine Kapitalherabsetzung erfolgt[379]. Dadurch mindert sich der Buchwert der Anteile an dem übertragenden Rechtsträger im Verhältnis der Zeitwerte des abgespaltenen Vermögens zum ursprünglichen Vermögen des übertragenden Rechtsträgers[380].

**Beispiel 20:**

Gleicher Sachverhalt wie bei der Aufspaltung mit der Maßgabe, dass A den Teilbetrieb 1 auf B abspaltet. AI erhält neue und/oder eigene Anteile von B.
Der innere Wert der Anteile von AI an A mindert sich um 800 € (1.200 € X $^{2}/_{3}$, mit $^{2}/_{3}$ = 1.000 €/1.500 €) auf 400 €; die Zugangsbewertung der Anteile an B erfolgt nach Tauschgrundsätzen mit 800 € (Buchwert), mit 1.000 €[381] (Zeitwert) oder – bei einer ggf. entstehenden Ertragsteuerbelastung (z.B. 60 €) – mit 860 €[382] (steuerneutraler Zwischenwert).

377 Vgl. *IDW RS HFA 43*, Tz. 32.
378 Siehe Tz. 86.
379 Vgl. *IDW RS HFA 43*, Tz. 33.
380 Vgl. *IDW RS HFA 43*, Tz. 33.
381 1.000 € = 2/3 von 1.500 €.
382 860 € = 800 € (Buchwert) + 60 €.

### 3.4.3 Ausgliederung

156 Die Ausgliederung löst bei den Anteilsinhabern des übertragenden Rechtsträgers keinen Bilanzierungsanlass aus, da es bei dem übertragenden Rechtsträger infolge des wertgleichen Tauschs lediglich zu einer Änderung in der Zusammensetzung, nicht aber des Werts seines Vermögens kommt[383].

## 3.5 Bilanzierung von Verpflichtungen bei den beteiligten Rechtsträgern

157 Nach § 133 UmwG haften die an der Spaltung beteiligten Rechtsträger für die Verbindlichkeiten[384] des übertragenden Rechtsträgers, die vor dem Wirksamwerden der Spaltung (= Zeitpunkt der Eintragung der Spaltung ins Register des Sitzes des übertragenden Rechtsträgers) begründet worden sind, als **Gesamtschuldner** (= Haftungsschuldner).

158 Der Rechtsträger, dem im Spaltungs- und Übernahmevertrag/-plan die Verbindlichkeiten wirksam zugewiesen worden sind (= Primärschuldner), hat die übernommenen Verbindlichkeiten zu passivieren.

159 Die im Innenverhältnis freigestellten Rechtsträger[385] haften für die Verbindlichkeiten grundsätzlich fünf Jahre, für Altersversorgungsverpflichtungen zehn Jahre (§ 133 Abs. 3 UmwG). Eine Pflicht zur Angabe als **Haftungsverhältnis** im Anhang (§§ 251, 268 Abs. 7 HGB) besteht nicht[386]. Ggf. ist aber eine **Angabe im Anhang** nach §§ 285 Nr. 3a, 288 Abs. 1 HGB erforderlich.

160 Droht die Inanspruchnahme eines im Innenverhältnis freigestellten Rechtsträgers, hat dieser eine Rückstellung für ungewisse Verbindlichkeiten zu bilden (§ 249 Abs. 1 S. 1 HGB); nimmt der Gläubiger den im Innenverhältnis freigestellten Rechtsträger in Anspruch, hat er eine Verbindlichkeit zu passivieren. Im Falle der drohenden/tatsächlichen Inanspruchnahme eines freigestellten Rechtsträgers hat dieser ferner seinen vertraglichen Freistellungsanspruch[387] gegen den Primärschuldner in Höhe des gesamten[388] Betrags zu aktivieren, mit dem er in Anspruch genommen wird; die Bewertung des Freistellungsanspruchs bestimmt sich sodann nach der Bonität des Primärschuldners.

Soweit der Primärschuldner mit der Erfüllung des Freistellungsanspruchs ausfällt, hat der in Anspruch genommene Rechtsträger Ausgleichsansprüche gegenüber den anderen Gesamtschuldnern zu aktivieren (§ 426 Abs. 2 S. 1 BGB) und nach allgemeinen Grundsätzen zu bewerten; die Gesamtschuldner sind – vorbehaltlich einer abweichenden Regelung im Spaltungs- und Übernahmevertrag/-plan – nach der gesetzlichen Regelung

---

383 Vgl. *IDW RS HFA 43*, Tz. 37.

384 Verbindlichkeiten i.S.d. § 133 UmwG sind Schulden (= Verbindlichkeiten und Rückstellungen) i.S.d. Bilanzrechts (§ 246 Abs. 1 S. 1 HGB), vgl. *IDW RS HFA 43*, Tz. 28.

385 Das sind der übertragende Rechtsträger und andere an der Spaltung beteiligte übernehmende Rechtsträger, denen die Verbindlichkeiten nicht zugewiesen wurden.

386 Vgl. *IDW RS HFA 43*, Tz. 30 (Grund: gesetzliches Haftungsverhältnis).

387 Der Freistellungsanspruch entsteht mit der Begründung des Gesamtschuldverhältnisses, also mit der Eintragung der Spaltung ins Register des Sitzes des übertragenden Rechtsträgers.

388 So *Schwab*, in: Lutter/Bayer/Vetter, UmwG[5], § 133 UmwG, Tz. 146 f.; *Rümker*, WM 1994, Festgabe für Hellner, S. 76.

zum Ausgleich nach gleichen Anteilen verpflichtet[389]; ob indes ein Ausgleich zwischen den Gesamtschuldnern nach Maßgabe des von ihnen übernommenen (Rein-)Vermögens mit dem Gesetz vereinbar ist, ist unklar[390].

> **Praxistipp 4:**
>
> Im Spaltungs- und Übernahmevertrag sollte ausdrücklich geregelt werden, nach welchen Grundsätzen die anderen Gesamtschuldner dem von einem Gläubiger des Primärschuldners in Anspruch genommenen und mit seinem Freistellungsanspruch beim Primärschuldner ausgefallenen Rechtsträger haften (Binnenausgleich), falls die gesetzliche Ausgleichsregelung (d.h. Ausgleich nach gleichen Anteilen) abbedungen werden soll.

161 Nach § 133 Abs. 1 S. 2 UmwG ist zur **Sicherheitsleistung** (§§ 125, 22 UmwG) nur der an der Spaltung beteiligte Rechtsträger verpflichtet, gegen den sich der Anspruch richtet. Hierdurch entsteht für diesen Rechtsträger indes kein zusätzliches Haftungsverhältnis nach § 251 HGB[391].

162 Ist **Spaltungsobjekt ein Betrieb(-steil)**, gehen im Zuge der Spaltung nach § 613a BGB die aktiven Arbeitsverhältnisse und damit auch die den aktiven Mitarbeitern gegenüber bestehenden Pensionsverpflichtungen auf den übernehmenden Rechtsträger über[392]. Dagegen gehen die Pensionsverpflichtungen des übertragenden Rechtsträgers gegenüber seinen Pensionären und ausgeschiedenen Arbeitnehmern mit unverfallbarer Anwartschaft nur dann auf den übernehmenden Rechtsträger über, wenn diese im Spaltungs- und Übernahmevertrag/-plan dem übernehmenden Rechtsträger wirksam zugewiesen wurden[393].

163 Nach § 134 UmwG haftet im Falle einer **Betriebsaufspaltung** die Anlagegesellschaft auch für die Forderungen der Arbeitnehmer der Betriebsgesellschaft als Gesamtschuldner, die binnen fünf Jahren nach dem Wirksamwerden der Spaltung aufgrund der §§ 111 bis 113 des BetrVG begründet werden.

## 3.6 Bilanzierung konzerninterner Spaltungen im Konzernabschluss[394]

164 Die Auswirkungen, die sich infolge konzerninterner Spaltungen (= Spaltung von Unternehmen des Vollkonsolidierungskreises[395]) auf die JA der an der Spaltung beteiligten

389 Dagegen soll sich der Binnenausgleich nach *Goutier*, in: Goutier/Knopf/Tulloch, UmwRecht, § 133 UmwG, Tz. 14, in Ermangelung einer vertraglichen Regelung nicht nach gleichen Anteilen, sondern „nur nach dem Verhältnis des übernommenen (Netto-)Vermögens richten".

390 Dafür *Goutier*, in: Goutier/Knopf/Tulloch, UmwRecht, § 133 UmwG, Tz. 14; dagegen (wohl) *Schwab*, in: Lutter/Bayer/Vetter, UmwG[5], § 133 UmwG, Tz. 150, der deshalb den Beteiligten eine ausdrückliche Regelung im Spaltungs- und Übernahmevertrag/-plan empfiehlt.

391 Vgl. *IDW RS HFA 43*, Tz. 31.

392 Eine davon abweichende Zuordnung der Pensionsverpflichtungen im Spaltungs- und Übernahmevertrag ist nicht zulässig und deshalb unwirksam, vgl. *Sieger/Aleth*, DB 2002, S. 1487 (1492).

393 Zur Übertragung dieser Altersversorgungsverpflichtungen (außerhalb eines Spaltungs- und Übernahmevertrags/-plans) vgl. *IDW RS HFA 30 n.F.*, Tz. 96 ff.

394 Zur Abbildung der konzerninternen Spaltung im KA (am Beispiel der Ausgliederung) siehe *Küting/Hayn/Hütten*, BB 1997, S. 565 (570); *Ebeling*, S. 303.

395 Vgl. §§ 290, 294 HGB.

Rechtsträger ergeben, müssen nach dem **Einheitsgrundsatz**[396] für Zwecke der Aufstellung des KA grundsätzlich eliminiert werden. Dies gilt unabhängig davon, wie der übernehmende Rechtsträger das Wahlrecht nach § 24 UmwG ausübt. Denn anders als im JA der an der Spaltung beteiligten Rechtsträger stellt die konzerninterne Spaltung für den Konzern keinen Anschaffungs- respektive Veräußerungsvorgang dar: Das (Rein-) Vermögen des Konzerns ändert sich infolge der konzerninternen Spaltung nicht; die konzerninterne Spaltung führt lediglich zu einer „Umgruppierung von Vermögens- und Schuldwerten innerhalb der Einheitsunternehmung Konzern“[397]. Mithin ist grundsätzlich so zu konsolidieren, als hätte eine Spaltung nicht stattgefunden[398].

165 Auf eine dem Einheitsgrundsatz entsprechende Eliminierung der bilanziellen Auswirkungen konzerninterner Spaltungen kann indes verzichtet werden, wenn diese für die Darstellung der Vermögens-, Finanz- und Ertragslage des Konzerns von **untergeordneter Bedeutung** ist.

## 4. Rechnungslegung beim Formwechsel

### 4.1 Vorbemerkungen

#### 4.1.1 Rechtliche Grundlagen

166 Sedes materiae des Rechts des Formwechsels ist das Fünfte Buch des UmwG (§§ 190-304 UmwG). Es enthält in seinem Ersten Teil „Allgemeine Vorschriften“[399], die rechtsformneutral für alle Formwechsel gelten. Daran schließen sich im Zweiten Teil „Besondere Vorschriften“ (§§ 214-304 UmwG) rechtsformspezifische Bestimmungen an.

167 Merkmal des Formwechsels ist der Wechsel der Rechtsform bei Wahrung der Identität des Rechtsträgers (**Identitätsprinzip**): Da der Rechtsträger identisch bleibt, kommt es nicht zu einem Vermögenstransfer, sondern nur zu einer Änderung des für den Rechtsträger relevanten Normensystems[400]. Damit unterscheidet sich der Formwechsel von allen anderen Arten der Umwandlung nach dem UmwG durch die wirtschaftliche Kontinuität des Rechtsträgers vor und nach dem Formwechsel. Das Unternehmen des Rechtsträgers besteht unverändert fort. Dies bezieht sich auf die grundsätzliche Identität der am Rechtsträger beteiligten Anteilsinhaber und deren Anteilsverhältnisse sowie auf die Identität des Vermögensbestands vor und nach dem Formwechsel.

168 Die Änderung der Rechtsform hat jedoch die **Diskontinuität der Rechtsordnung** zur Folge. So können sich durch den Formwechsel die Rechtsverhältnisse der Gesellschaft zu ihren Gesellschaftern und der Gesellschafter untereinander erheblich ändern[401].

169 Infolge der Diskontinuität der Rechtsordnung sind beim Formwechsel stets die für die neue Rechtsform geltenden **Gründungsvorschriften** zu beachten, soweit sich aus den Vorschriften im Fünften Buch (§§ 190 bis 304) des UmwG nicht ausdrücklich etwas anderes ergibt (§ 197 S. 1 UmwG). Durch die Anwendung der für die neue Rechtsform geltenden Gründungsvorschriften wird sichergestellt, dass die spezifischen Anforde-

---

396 Vgl. § 297 Abs. 3 HGB.
397 *Küting/Hayn/Hütten*, BB 1997, S. 565 (570).
398 Vgl. hierzu die Fallstudie bei *Küting/Hayn/Hütten*, BB 1997, S. 565 (572).
399 Siehe §§ 190 bis 213 UmwG.
400 Vgl. *Meister/Klöcker*, in: Kallmeyer, UmwG$^5$, § 190 UmwG, Tz. 6.
401 Vgl. *Decher/Hoger*, in: Lutter/Bayer/Vetter, UmwG$^5$, § 190 UmwG, Tz. 1-8.

rungen des Gesellschaftsrechts über die Gründung einer Gesellschaft bestimmter Rechtsform durch den Formwechsel in eine neue Rechtsform nicht umgangen werden können[402]. Dies erfordert bei Umwandlung in eine KapGes. z.B. immer auch den Nachweis der realen Aufbringung des Nennkapitals der neuen KapGes., welches mindestens in Höhe des gesetzlichen Mindestgrundkapitals von 50 T€ (§ 7 AktG) bzw. des Mindeststammkapitals von 25 T€ (§ 5 Abs. 1 GmbHG) festgesetzt werden und – soweit zur Kapitaldeckung Barzuzahlungen erforderlich sind – zu mindestens ¼ des Nennkapitals (für GmbH mindestens 12,5 T€, § 7 Abs. 2 GmbHG) eingezahlt sein muss (§ 37 Abs. 1 AktG, § 8 Abs. 2 GmbHG).

Mangels eines Rechtsträgerwechsels unterliegt der Formwechsel eines Rechtsträgers mit Grundbesitz in eine neue Rechtsform auch nicht der **Grunderwerbsteuer**; dies gilt auch für die formwechselnde Umwandlung einer KapGes. in eine Personenhandelsgesellschaft (et vice versa)[403]. **170**

### 4.1.2 Ablauf eines Formwechsels

Der Ablauf eines Formwechsels stellt sich (vereinfacht) wie folgt dar[404]: **171**

- Umwandlungsbericht, der von dem Vertretungsorgan des formwechselnden Rechtsträgers zu erstatten ist (§ 192 UmwG).
- Umwandlungsbeschluss, der von den Anteilsinhabern des formwechselnden Rechtsträgers zu fassen ist (§§ 193 ff. UmwG).
- Anmeldung der neuen Rechtsform zur Eintragung in das Register, in dem der formwechselnde Rechtsträger eingetragen ist (§§ 198 f. UmwG).
- Eintragung und Bekanntmachung (§§ 201 f. UmwG).

### 4.1.3 Rechtsfolgen des Formwechsels[405]

Die Eintragung der neuen Rechtsform in das Register hat **konstitutiven** Charakter und löst – für alle Formwechselfälle[406] – die folgenden Rechtsfolgen aus (§ 202 Abs. 1 UmwG): **172**

- Der formwechselnde Rechtsträger besteht in der im Umwandlungsbeschluss bestimmten Rechtsform weiter (**Kontinuität des Rechtsträgers**)[407].
- Die Anteilsinhaber des formwechselnden Rechtsträgers sind an dem Rechtsträger nach den für die neue Rechtsform geltenden Vorschriften beteiligt, soweit[408] ihre Beteiligung nicht nach diesem Buch entfällt (**Kontinuität der Mitgliedschaft**)[409].
- Die Kontinuität der Mitgliedschaft umfasst dabei sowohl den Grundsatz der Identität der Anteilsinhaber als auch die Identität der Beteiligungen.

402 Vgl. *IDW RS HFA 41*, Tz. 4.
403 Vgl. BFH v. 04.12.1996 – II B 116/96, DB 1997, S. 79.
404 Ausführlich zum Ablauf eines Formwechsels siehe *Vossius*, in: Widmann/Mayer, UmwRecht[3], § 190 UmwG, Tz. 44-91.
405 Einzelheiten zur Wirkung der Eintragung bei *Meister/Klöcker*, in: Kallmeyer, UmwG[5], § 191 UmwG, Tz. 5 ff.
406 Zu rechtsformspezifischen Wirkungen der Eintragung vgl. *Meister/Klöcker*, in: Kallmeyer, UmwG[5], § 202 UmwG, Tz. 3.
407 Vgl. hierzu im Detail *Meister/Klöcker*, in: Kallmeyer, UmwG[5], § 191 UmwG, Tz. 13-27.
408 Vgl. §§ 294 Abs. 1 S. 2, 233 Abs. 3 S. 3 i.V.m. 236, 247 Abs. 2, 255 Abs. 3 UmwG.
409 Zur Problematik des Formwechsels einer KapGes. in eine GmbH Co. KG und umgekehrt im Lichte des Gebots der Identität der Anteilsinhaber vgl. *Meister/Klöcker*, in: Kallmeyer, UmwG[5], § 191 UmwG, Tz. 13-15.

173 Angesichts der **unterschiedlichen Finanz- und Haftungsverfassung** von Personenhandelsgesellschaften und KapGes. ist vor allem zwischen dem Formwechsel in eine KapGes. und dem Formwechsel aus einer KapGes. zu unterscheiden.

## 4.2 Kapitalaufbringung und -festsetzung sowie Höhe des Eigenkapitals beim Formwechsel in eine Kapital- oder Personenhandelsgesellschaft

### 4.2.1 Nachweis der Aufbringung des Nennkapitals der Kapitalgesellschaft

#### 4.2.1.1 Formwechsel einer Personenhandelsgesellschaft in eine Kapitalgesellschaft

174 Nach § 220 Abs. 1 UmwG darf der Nennbetrag des Grundkapitals einer AG/KGaA bzw. des Stammkapitals einer GmbH das nach Abzug der Schulden verbleibende Vermögen der formwechselnden Gesellschaft nicht übersteigen. Daher ist beim Formwechsel einer Personenhandelsgesellschaft in eine KapGes. der Nachweis zu erbringen, dass der Nennbetrag des Grund- bzw. Stammkapitals durch das mit **Verkehrswerten** (h.M.)[410] bewertete (Rein-)Vermögen des formwechselnden Rechtsträgers im Zeitpunkt der HR-Anmeldung gedeckt ist, auch wenn diese Werte nicht in der Bilanz angesetzt werden[411].

175 Die Gesellschafter der Personenhandelsgesellschaft, die dem Formwechsel zugestimmt haben, gelten als Gründer der KapGes. (§ 219 UmwG). Sie haben daher gem. § 220 Abs. 2 UmwG einen **(Sach-)Gründungsbericht** zu erstellen, in welchem – zusätzlich zu dem bereits nach § 220 Abs. 1 UmwG erforderlichen Nachweis der Kapitaldeckung – auch der bisherige Geschäftsverlauf und die Lage der formwechselnden Gesellschaft darzulegen sind. Im Rahmen der dabei gebotenen Darstellung der wesentlichen Umstände, aus denen sich ergibt, dass als Gegenleistung für die Sacheinlage die Ausgabe von Anteilen entsprechend dem Nennbetrag des Grund- bzw. Stammkapitals angemessen ist, sind in dem Bericht der Gründer insb. auch die Jahresergebnisse der beiden letzten GJ anzugeben (§ 197 S. 1 UmwG i.V.m. § 5 Abs. 4 GmbHG bzw. § 32 AktG).

176 Wenn nicht alle Gesellschafter der Personenhandelsgesellschaft zur Geschäftsführung berechtigt waren (§ 215 UmwG) oder nicht alle Gesellschafter gem. § 192 Abs. 2 UmwG in notariell zu beurkundender Weise ausdrücklich einen Verzicht auf die Erstattung eines Umwandlungsberichts erklären, haben die persönlich haftenden Gesellschafter als gesetzliches Vertretungsorgan der formwechselnden Personenhandelsgesellschaft (§ 125 HGB, ggf. i.V.m. § 161 Abs. 2 und § 264a Abs. 2 HGB für KG) außerdem allen nicht geschäftsführenden Gesellschaftern ein **Abfindungsangebot** nach § 207 UmwG zu unterbreiten[412].

---

410 Vgl. OLG Frankfurt a.M., Beschluss v. 19.03.2015 – 20 W 160/13, Tz. 29 und 34 ff., DStR 2015, 2618 (2621 f.); *Skoluda/Janitschke*, WPg 2013, S. 521 (524); *Bula/Pernegger*, in: Sagasser/Bula/Brünger, Umwandlungen[4], § 27, Tz. 22.

411 Vgl. *IDW RS HFA 41*, Tz. 9 und 15.

412 Das Abfindungsangebot muss die Verhältnisse des formwechselnden Rechtsträgers im Zeitpunkt der Beschlussfassung berücksichtigen; die Angemessenheit der Abfindung ist durch vom zuständigen Landgericht zu bestellende Sachverständige auf Kosten der Gesellschaft nur zu prüfen, wenn ein Gesellschafter dies verlangt (§ 225 UmwG). Beim Formwechsel einer KapGes. ist dagegen stets eine Angemessenheitsprüfung erforderlich, es sei denn, dass alle Anteilsinhaber durch notariell beurkundete Erklärung ausdrücklich darauf verzichten (§ 208 i.V.m. § 30 UmwG).

Ferner müssen sie einen ausführlichen schriftlichen Bericht (sog. **Umwandlungsbericht**) erstatten, in dem der Formwechsel und insb. die künftige Beteiligung der Anteilsinhaber rechtlich und wirtschaftlich erläutert und begründet werden; dem Bericht muss auch der Entwurf des beabsichtigten Umwandlungsbeschlusses beigefügt werden (§ 192 Abs. 1 S. 3 i.V.m. § 216 UmwG)[413]. 177

Für den Formwechsel einer Personenhandelsgesellschaft in eine AG/KGaA ist schließlich zusätzlich eine **Gründungsprüfung** nach § 33 Abs. 2 AktG mit Berichterstattung nach § 34 AktG durch externe Gründungsprüfer erforderlich, nicht dagegen die nach § 33 Abs. 1 AktG ansonsten vorgesehene interne Prüfung des Hergangs der Gründung durch Vorstand und AR (§ 220 Abs. 3 UmwG). 178

Der (Sach-)Gründungsbericht der an der Gründung des neuen Rechtsträgers beteiligten Gesellschafter sowie im Fall des Formwechsels in eine AG/KGaA auch der PrB der externen Gründungsprüfer sind der Anmeldung der neuen KapGes. zum HR neben den sonstigen vorzulegenden Unterlagen beizufügen (§ 199 UmwG i.V.m. § 37 Abs. 4 Nr. 4 AktG bzw. § 8 Abs. 1 Nr. 4 und 5 GmbHG). Durch den so geregelten **Nachweis der Kapitalaufbringung** wird eine Umgehung der spezifischen Sachgründungsvorschriften des AktG bzw. des GmbHG über den Umweg des Formwechsels einer zuvor gegründeten Personenhandelsgesellschaft ausgeschlossen[414]. 179

Soweit ein bilanzieller Nachweis der Kapitalaufbringung (Deckung des Nennkapitals der neuen KapGes. durch Reinvermögen der formwechselnden Personenhandelsgesellschaft) nicht offensichtlich bereits durch das in den letzten JA ausgewiesene buchmäßige EK zu Fortführungswerten und die Jahresergebnisse erbracht werden kann (= Vermögens- und Erfolgsermittlung auf Basis des Anschaffungskostenprinzips), ist der Nachweis entweder durch eine von den Gründern gesondert zu erstellende (kapitalwertorientierte) **Unternehmensbewertung** im Ganzen **oder** durch Aufstellung eines **Vermögensstatus** zu führen, in dem die mit den aktuellen Zeitwerten anzusetzenden Vermögensgegenstände (ggf. einschließlich eines Geschäfts- und Firmenwerts) den Zeitwerten der Schulden der formwechselnden Gesellschaft (ggf. einschließlich eines negativen Geschäftswerts bzw. eines noch zu erwartenden Aufwands für die Wiederherstellung der Ertragskraft) gegenüber zu stellen sind. Der gem. § 220 Abs. 1 UmwG zur Kontrolle der vollständigen Kapitaldeckung beim Formwechsel (anstelle einer Unternehmensbewertung) ggf. alternativ aufzustellende Vermögensstatus hat somit den gleichen Zweck, wie die bei der klassischen Sachgründung einer KapGes. normalerweise aufzustellende Kapitalaufbringungsbilanz, namentlich die Ermittlung der Höhe einer evtl. bestehenden Barausgleichspflicht der Gründer (Differenzhaftung) wegen nicht vollständiger Deckung des Nennkapitals. 180

Bezüglich der Wertansätze in einem solchen **Vermögensstatus** ist u.a. Folgendes zu beachten: 181

413 Die ursprünglich nach § 192 Abs. 2 UmwG a.F. bestehende Pflicht, dem Umwandlungsbericht auch eine Vermögensaufstellung beizufügen, wurde durch das Gesetz v. 19.04.2007 (BGBl. I 2007, 542) ersatzlos aufgehoben.

414 Das völlige Fehlen eines Nachweises über die Kapitalaufbringung (Vermögensaufstellung oder Unternehmensbewertung) hindert eine Eintragung des Formwechsels auch dann, wenn gegen den Umwandlungsbeschluss keine Anfechtungsklage erhoben wurde, vgl. OLG Frankfurt/M. v. 25.06.2003, DB 2003, S. 2378.

- **Noch ausstehende Pflichteinlagen** der Gesellschafter der formwechselnden Personengesellschaft sind, soweit werthaltig, als **Forderungen** in den Nachweis der Kapitalaufbringung einzubeziehen. Dies gilt nach Ansicht des HFA für eingeforderte und für nicht eingeforderte ausstehende Einlagen gleichermaßen[415]. Sofern zur Deckung des Nennkapitals Barzuzahlungen erforderlich sind, bleiben allerdings die Vorschriften über die Mindesteinzahlung unberührt. Soweit Sacheinlagen noch ausstehen, ist ferner zu beachten, dass eine Anmeldung zum HR nicht erfolgen darf, bevor die geschuldeten Sacheinlagen vollständig zur freien Verfügung der neuen Geschäftsführung erbracht wurden, denn die Vorschriften der §§ 7 Abs. 3 GmbHG, 36a Abs. 2 S. 1 AktG sind – insoweit[416] – auch bei einem Formwechsel zu beachten[417]. Verpflichtungen zu (künftigen) Dienstleistungen können nicht Gegenstand einer Sacheinlage sein (§ 27 Abs. 2 AktG, für GmbH analog).
- Da es sich bei dem Formwechsel um einen der Sacheinlage ähnlichen Vorgang handelt, ist Gegenstand der Sacheinlage i.d.R. ein Geschäftsbetrieb im Ganzen (Unternehmen). Der Zeitwert des Unternehmens ist daher prinzipiell auf der Grundlage seiner Ertragskraft nach den anerkannten Grundsätzen zur Durchführung von Unternehmensbewertungen als Gesamtwert (**Unternehmensertragswert**) zu ermitteln[418]. Im Falle einer Verlustsituation wäre daher auch ein evtl. bestehender Sanierungsbedarf (sog. Badwill) zu berücksichtigen. Sofern sichergestellt ist, dass der Unternehmenswert nicht niedriger ist, als die am Bewertungsstichtag vorhandene Vermögenssubstanz, dürfte auch die Vorlage einer Handelsbilanz zu Buchwerten oder eines Vermögensstatus zu Zeitwerten als Nachweis der Nennkapitaldeckung ausreichen.
- **Spezifische Bilanzposten** der Handelsbilanz des formwechselnden Rechtsträgers, die (bei einer KapGes.) einer Ausschüttungssperre nach § 268 Abs. 8 HGB unterliegen (aktivierte Entwicklungskosten, Aktivüberhang latenter Steuern sowie Beträge aus der Höherbewertung von Deckungsvermögen[419]), sowie Vermögen, das nach § 253 Abs. 6 S. 2 HGB ausschüttungsgesperrt ist, können in dem Vermögensstatus nicht angesetzt werden. Für Zwecke des Nachweises der Nennkapitaldeckung dürfen solche Posten bzw. die daraus resultierenden Vermögensvorteile nur im Rahmen eines Geschäfts- und Firmenwerts berücksichtigt werden, der aus der Gesamtbewertung des Unternehmens abzuleiten wäre.
- **Künftige Steuerlasten**, die daraus resultieren, dass die in einem Vermögensstatus angesetzten höheren Zeitwerte (einschl. der stillen Reserven gegenüber den handels-

---

415 Vgl. *IDW RS HFA 41*, Tz. 17. Dem stehen die Entscheidungen des KG Berlin v. 03.05.2005, DStR 2005, 1198 (nach dem Forderungen der Gesellschaft gegen die Gründer nicht einlagefähig sind) und des OLG Hamburg v. 26.10.1990, DStR 1991, 158 (nach dem Ansprüche auf Übertragung eines Bankguthabens des Gesellschafters nicht einlagefähig sind) nicht entgegen, da der Formwechsel – anders als eine Sachkapitalgründung oder -kapitalerhöhung – mangels Vermögenstransfers keine Sacheinlage ist, vgl. OLG Frankfurt a.M., Beschluss v. 19.03.2015 – 20 W 160/13, Tz. 17 ff., DStR 2015, S. 2618 (2620 f.).

416 Für die reale Aufbringung des Nennkapitals von KapGes. sollten daher im Zeitpunkt der Anmeldung Forderungen gegen Gesellschafter nur noch bestehen, soweit dies auch nach den Vorschriften über die Mindesteinzahlung (§ 7 Abs. 2 GmbHG, § 36 Abs. 2 AktG) zulässig ist.

417 Vgl. *IDW RS HFA 41*, Tz. 17; ebenso *Deubert/Hoffmann*, in: Winkeljohann/Förschle/Deubert, Sonderbilanzen[5], L, Tz. 54 m.w.N. Dies offen lassend OLG Frankfurt a.M., Beschluss v. 19.03.2015 – 20 W 160/13, Tz. 25, DStR 2015, S. 2618 (2621).

418 Vgl. OLG Frankfurt a.M., Beschluss v. 19.03.2015 – 20 W 160/13, Tz. 29 und 34 ff., DStR 2015, S. 2618 (2621 f.); *IDW RS HFA 41*, Tz. 16 unter Hinweis auf *IDW S 1 i.d.F. 2008*.

419 Vgl. § 248 Abs. 2 S. 1 i.V.m. §§ 255 Abs. 2a, 274 Abs. 1 S. 2 und § 246 Abs. 2 S. 2 i.V.m. § 253 Abs. 1 S. 4 HGB.

bilanziellen Buchwerten) von Vermögensgegenständen bei ihrer späteren Realisierung noch der Besteuerung unterliegen werden, sind durch Ansatz entsprechender (Steuer-) Rückstellungen oder Passivposten für latente Steuerlasten im Vermögensstatus als (stille) Lasten zu berücksichtigen[420]. Entsprechendes gilt für andere finanzielle Belastungen des Reinvermögens-Zeitwerts am Bewertungsstichtag, insb. für Altersversorgungsverpflichtungen, soweit diese jeweils unter Inanspruchnahme des Wahlrechts nach Art. 28 Abs. 1 EGHGB in der Handelsbilanz der formwechselnden Gesellschaft nicht passiviert sind sowie für noch nicht amortisierte BilMoG-Unterschiedsbeträge i.S.v. Art. 67 Abs. 1 S. 1 EGHGB.

- **Kosten des Formwechsels**, die vereinbarungsgemäß nicht die Gesellschafter, sondern die Gesellschaft nach Maßgabe des Umwandlungsbeschlusses zu tragen hat, sind bei der Kapitalaufbringungsprüfung nach § 220 UmwG nicht in Abzug zu bringen, sondern führen bei dem Rechtsträger neuer Rechtsform zu Aufwand des GJ, in dem der Formwechsel wirksam wird[421].

Das Gesetz regelt nicht, auf welchen **Stichtag eine Unternehmensbewertung** durchzuführen **bzw. ein Vermögensstatus** zum Nachweis der Kapitalaufbringung nach § 220 Abs. 1 UmwG aufzustellen ist. Nach der Literatur soll – entsprechend § 17 Abs. 2 S. 4 UmwG – ein Bewertungsstichtag innerhalb der letzten acht Monate vor der Anmeldung des Rechtsträgers neuer Rechtsform zur Eintragung ins HR zulässig sein[422], so dass für Zwecke der Bewertung bzw. der Aufstellung eines Vermögensstatus zu Zeitwerten auch auf den Stichtag der letzten Jahresbilanz rekurriert werden könnte. Dabei ist allerdings die bis zum Zeitpunkt der Anmeldung des Formwechsels zum HR eingetretene tatsächliche geschäftliche Entwicklung (insb. unterjähriges Jahresergebnis lt. Buchführung) zu berücksichtigen; zudem ist durch eine planmäßige Fortschreibung der ggf. in dem Vermögensstatus auf einen früheren Stichtag angesetzten Zeitwerte des Reinvermögens sicherzustellen, dass zwischenzeitlich keine Unterdeckung des Nennkapitals eingetreten ist. Andernfalls wäre ein Differenzbetrag durch die Gesellschafter in bar auszugleichen oder die Eintragung des Formwechsels abzulehnen[423]. **182**

Die **Anmeldung des Formwechsels** einer Personenhandelsgesellschaft nach § 198 UmwG ist gem. § 222 Abs. 1 UmwG durch alle Mitglieder des Vertretungsorgans der künftigen KapGes., mithin durch den Vorstand einer AG (§ 78 AktG), durch die persönlich haftenden Gesellschafter einer KGaA (§ 278 AktG) oder durch die Geschäftsführer einer GmbH (§ 35 GmbHG), sowie durch alle Mitglieder des AR vorzunehmen, wenn die KapGes. nach den für sie geltenden Vorschriften einen AR haben muss. Bei der Anmeldung ist von den gesetzlichen Vertretern und ggf. den Mitgliedern des AR (bei AG/KGaA zudem auch von den Gründer-Gesellschaftern) die **Versicherung** abzugeben, dass die Sacheinlagen in die neue Gesellschaft endgültig zur freien Verfügung der Mitglieder ihres Geschäftsführungsorgans bewirkt wurden und dass die erforderliche Min- **183**

420 Ebenso noch ausdrücklich *IDW St/HFA 1/1996*, Abschn. 21.

421 Vgl. *IDW RS HFA 41*, Tz. 18 (dort „formwechselnder Rechtsträger" genannt); *Künkele/Zwirner*, StuB 2013, S. 163 (167).

422 So z.B. *Bula/Pernegger*, in: Sagasser/Bula/Brünger, Umwandlungen[4], § 27, Tz. 19 und 25.

423 Vgl. *IDW RS HFA 41*, Tz. 15; im Ergebnis ebenso z.B. *Sagasser/Luke*, in: Sagasser/Bula/Brünger, Umwandlungen[4], § 26, Tz. 141 sowie *Bula/Pernegger*, in: Sagasser/Bula/Brünger, Umwandlungen[4], § 27, Tz. 19.

desteinlage auf das Grundkapital bzw. das Stammkapital geleistet wurde (§ 197 S. 1 UmwG i.V.m. § 37 Abs. 1 AktG, § 8 Abs. 2 GmbHG).

#### 4.2.1.2 Formwechsel einer Kapitalgesellschaft in eine andere Kapitalgesellschaft

**184** Grundsätzlich wird durch den Formwechsel einer KapGes. (AG, KGaA, GmbH) in eine KapGes. anderer Rechtsform das bisherige Stammkapital einer GmbH zum Grundkapital der neuen AG/KGaA bzw. das bisherige Grundkapital der AG/KGaA wird zum Stammkapital der neuen GmbH (§ 247 Abs. 1 UmwG); persönlich haftende Gesellschafter einer formwechselnden KGaA scheiden als solche aus der Gesellschaft aus (§ 247 Abs. 2 UmwG). Der Formwechsel erlaubt also keine beliebige Neufestsetzung des Nennkapitals.

**185** Den Gesellschaftern steht es jedoch frei, **vor** dem Umwandlungsbeschluss noch eine Änderung der Höhe des Stamm- bzw. Grundkapitals unter Beachtung der für die formwechselnde KapGes. geltenden allgemeinen Vorschriften über die Kapitalerhöhung bzw. die Kapitalherabsetzung zu beschließen und durchzuführen (§ 243 Abs. 2 UmwG)[424]. Dies setzt wegen § 54 Abs. 3 GmbHG bzw. §§ 189, 211, 224 AktG allerdings die Eintragung der Kapitalveränderung mindestens eine logische Sekunde vor der Eintragung des Formwechsels voraus. Eine vorherige Kapitalherabsetzung zur Rückzahlung von Nennkapital (§§ 222 Abs. 3 AktG, 58 Abs. 2 GmbHG) kann z.B. in Betracht kommen, um Gesellschafter abzufinden, die andernfalls Widerspruch zu dem Umwandlungsbeschluss erklären und dann gegen Zahlung einer Abfindung nach § 207 UmwG ausscheiden würden.

**186** Nach Eintragung der Kapitalveränderung werden die Geschäftsanteile in Aktien bzw. die Aktien in Geschäftsanteile umgetauscht (§ 202 Abs. 1 Nr. 2 UmwG); für den Umtausch ist eine gerichtliche Genehmigung nicht erforderlich (§ 248 Abs. 3 UmwG). Sofern vorher keine Kapitalherabsetzung durchgeführt wurde, kann die neue Gesellschaft stattdessen nach § 71 Abs. 1 Nr. 3 AktG bzw. § 33 Abs. 3 GmbHG die Anteile der nach § 207 Abs. 1 UmwG abzufindenden Gesellschafter auch als eigene Anteile erwerben. Dies ist jedoch nur i.R.d. gesetzlichen Restriktionen zulässig und setzt insb. voraus, dass die gesetzlichen Vertreter der neuen Gesellschaft in der Lage wären, den Erwerbspreis aus frei verfügbarem EK zu finanzieren (§ 71 Abs. 2 S. 2 AktG, § 33 Abs. 3 GmbHG)[425]. In diesem Fall ist bilanziell ein vorspaltiger Abzug der AK der eigenen Anteile nach § 272 Abs. 1a HGB vom Nennkapital erforderlich, was zu einem entsprechend geringeren bilanziellen EK der neuen KapGes. führt. Dies hat aber keinen Einfluss auf die Höhe des festgesetzten Stamm- bzw. Grundkapitals.

**187** Nach § 245 Abs. 1 bis 3 i.V.m. § 220 Abs. 1 UmwG darf der **Nennbetrag des Grundkapitals einer neuen AG/KGaA**, die durch Formwechsel einer KGaA/AG oder GmbH entstehen soll, das nach Abzug der Schulden verbleibende Vermögen der formwechselnden Gesellschaft nicht übersteigen. In diesen Fällen ist daher der Nachweis zu erbringen, dass das Grundkapital der AG/KGaA im Zeitpunkt der Anmeldung durch das (Rein-)Vermögen der bisherigen KapGes. gedeckt ist.

---

424 Ebenso *Deubert/Hoffmann*, in: Winkeljohann/Förschle/Deubert, Sonderbilanzen$^5$, L, Tz. 150 m.w.N.

425 Ebenso *Deubert/Hoffmann*, in: Winkeljohann/Förschle/Deubert, Sonderbilanzen$^5$, L, Tz. 61 ff., für die Abfindung nach dem Formwechsel aus einer Personenhandelsgesellschaft.

Beim Formwechsel aus einer GmbH sind alle Gesellschafter, die für den Formwechsel gestimmt haben, als Gründer der neuen AG anzusehen; im Fall der Umwandlung in eine KGaA außerdem die ihr beitretenden persönlich haftenden Gesellschafter (§ 245 Abs. 1 S. 1 UmwG). Beim Formwechsel einer AG in eine KGaA treten dagegen nur die Komplementäre an die Stelle der Gründer (§ 245 Abs. 2 S. 1 UmwG); auch im umgekehrten Fall des Formwechsels einer KGaA in eine AG sind Gründer der AG nur die Komplementäre der formwechselnden KGaA (§ 245 Abs. 3 S. 1 UmwG). 188

Die als Gründer der AG anzusehenden bisherigen Anteilsinhaber bzw. Komplementäre haben – ebenso wie beim Formwechsel einer Personenhandelsgesellschaft in eine AG/KGaA (siehe Tz. 175 ff.) – einen schriftlichen **Gründungsbericht** nach § 33 Abs. 2 AktG aufzustellen, in dem außer dem nach § 220 Abs. 1 UmwG erforderlichen Nachweis der Kapitaldeckung auch der bisherige Geschäftsverlauf und die Lage der formwechselnden KGaA darzulegen sind (§ 220 Abs. 2 UmwG). Im Rahmen der dabei gebotenen Darstellung der wesentlichen Umstände, aus denen sich ergibt, dass die Ausgabe von Aktien in der beabsichtigten Höhe des Grundkapitals für die von den Gründern geleistete Sacheinlage angemessen ist, sind in diesem Bericht der Gründer insb. auch die AHK aus den letzten beiden Jahren sowie die Jahresergebnisse der beiden letzten GJ anzugeben (§ 197 S. 1 UmwG i.V.m. § 32 Abs. 2 AktG). 189

Wenn an der formwechselnden AG nicht nur ein Anteilsinhaber beteiligt ist oder wenn nicht alle Gesellschafter bzw. Aktionäre gem. § 192 Abs. 2 i.V.m. § 238 S. 2 UmwG in notariell zu beurkundender Weise ausdrücklich einen Verzicht erklären, haben die gesetzlichen Vertreter der KapGes. außerdem allen Gesellschaftern bzw. Aktionären ein **Abfindungsangebot** nach § 207 UmwG bekannt zu machen **und** ferner einen ausführlichen schriftlichen **Umwandlungsbericht** vorzulegen, in dem der Formwechsel und insb. die künftige Beteiligung der Anteilsinhaber rechtlich und wirtschaftlich erläutert und begründet werden; dem Bericht muss auch der Entwurf des beabsichtigten Umwandlungsbeschlusses beigefügt sein (§ 238 S. 1 i.V.m. §§ 230, 231, 192 Abs. 1 UmwG). 190

Schließlich ist beim Formwechsel in eine AG/KGaA stets eine **externe Gründungsprüfung** nach § 33 Abs. 2 AktG mit Berichterstattung des externen Prüfers nach § 34 AktG erforderlich, nicht dagegen die nach § 33 Abs. 1 AktG ansonsten vorgesehene interne Prüfung des Hergangs der Gründung durch Vorstand und AR der neuen AG/KGaA (§§ 245 Abs. 1 bis 3 i.V.m. § 220 Abs. 3 UmwG)[426]. Der Gründungsbericht der Gründer sowie der PrB der externen Gründungsprüfer sind neben den sonst erforderlichen Unterlagen der Anmeldung der neuen AG/KGaA zum HR beizufügen (§ 199 UmwG i.V.m. § 37 Abs. 4 Nr. 4 AktG). Der Umwandlungsbericht ist dagegen nur zur Information der Gesellschafter bzw. Aktionäre bestimmt. 191

Nach der ausdrücklichen Regelung in § 245 Abs. 4 UmwG ist beim **Formwechsel einer AG/KGaA in eine GmbH kein Sachgründungsbericht** erforderlich. Dem Registergericht kann daher für Zwecke seiner Prüfung nach § 9c Abs. 1 GmbHG die **vollständige Deckung des Nennbetrags des Stammkapitals der neuen GmbH** in anderer Weise, etwa auch durch das im letzten JA oder in einer aktuellen Zwischenbilanz ausgewiesene buchmäßige EK der formwechselnden AG/KGaA oder durch einen auf Basis von Zeitwerten erstellten Vermögensstatus (Gegenüberstellung der Vermögensgegenstände und 192

426 Vgl. *IDW RS HFA 41*, Tz. 20.

Schulden) nachgewiesen werden. In der Regel verlangen die Gerichte zum Nachweis der Kapitaldeckung aber darüber hinaus auch die Vorlage der Werthaltigkeitsbescheinigung eines Sachverständigen[427].

### 4.2.2 Kapitalfestsetzung und Höhe des bilanziellen Eigenkapitals

#### 4.2.2.1 Formwechsel einer Personenhandelsgesellschaft in eine Kapitalgesellschaft

**193** Das nach § 264c Abs. 2 HGB gegliederte bilanzielle EK der Personenhandelsgesellschaft wird im Zeitpunkt der Eintragung des Formwechsels zum EK der KapGes., das nunmehr nach Maßgabe des § 266 Abs. 3 A. HGB zu gliedern ist. Dabei ist das in der Satzung bzw. im Gesellschaftsvertrag[428] bei Gründung in beliebiger Höhe[429] festsetzbare Grund- bzw. Stammkapital, das allerdings den Betrag des gesetzlichen **Mindest**-Grund- bzw. Stammkapitals nicht unterschreiten darf, zunächst aus den Kapitalanteilen der Gesellschafter der Personenhandelsgesellschaft zu dotieren[430]. Die Höhe dieser Kapitalanteile entspricht den Vermögenseinlagen der Gesellschafter (§ 705 BGB i.V.m. §§ 105 Abs. 3, 161 HGB) zuzüglich der dem Kapitalanteil ggf. gutgeschriebenen Gewinnanteile (§§ 120 Abs. 2, 167 Abs. 1 und 2 HGB) und abzüglich der bis zur Anmeldung des Formwechsels ggf. aufgelaufenen Verlustanteile sowie vermindert um die gesellschaftsrechtlich zulässigen Entnahmen (§§ 120 Abs. 2, 167 Abs. 1 und 3 HGB).

**194** Soweit die Summe der Kapitalanteile das Grund- bzw. Stammkapital übersteigt, ist der Mehrbetrag gem. § 272 Abs. 2 HGB als zusätzliche Einlage der Gesellschafter in die Kapitalrücklage einzustellen[431]. Nach Ansicht des HFA handelt es sich dabei grundsätzlich um eine frei verwendbare Kapitalrücklage nach § 272 Abs. 2 Nr. 4 HGB, soweit nicht i.R.d. Formwechselbeschlusses ausdrücklich eine (ggf. teilweise) Einstellung in die Agio-Kapitalrücklage nach § 272 Abs. 2 Nr. 1 festgelegt wurde[432].

**195** Soweit das bilanzielle EK der Personenhandelsgesellschaft infolge des zusätzlichen Ausweises von Rücklagen oder nicht verteilten Gewinnvorträgen höher ist, als die bisherigen Kapitalanteile der Gesellschafter, ist der übersteigende Betrag – je nach Herkunft – ebenfalls in die Kapitalrücklage nach § 272 Abs. 2 Nr. 4 HGB (soweit Rücklagen durch Zusatzeinlagen entstanden waren) oder in die Gewinnrücklagen nach § 272 Abs. 3 HGB einzustellen (soweit es sich nachweislich um thesaurierte Gewinne handelte)[433]. Ein Ausweis als gesetzliche Rücklage einer AG/KGaA ist hingegen nicht zulässig, weil diese als Gewinnrücklage stets nur aus dem Jahresüberschuss eines GJ dotiert werden darf[434].

**196** Infolge des Zwangs zur Buchwertfortführung beim Formwechsel (siehe Tz. 211) kann der Fall eintreten, dass trotz des Nachweises der realen Kapitalaufbringung das **Mindest**-

427 Vgl. *IDW RS HFA 41*, Tz. 20.

428 Siehe § 197 UmwG i.V.m. § 23 Abs. 3 Nr. 3 AktG bzw. § 3 Abs. 1 Nr. 3 GmbHG.

429 Vgl. *Deubert/Hoffmann*, in: Winkeljohann/Förschle/Deubert, Sonderbilanzen[5], L, Tz. 45 f. m.w.N.

430 Vgl. *Deubert/Hoffmann*, in: Winkeljohann/Förschle/Deubert, Sonderbilanzen[5], L, Tz. 49.

431 Siehe auch *Deubert/Hoffmann*, in: Winkeljohann/Förschle/Deubert, Sonderbilanzen[5], L, Tz. 50 f.

432 Vgl. *IDW RS HFA 41*, Tz. 8; a.A. *Winkeljohann/Hoffmann*, in: BeBiKo[10], § 272 HGB, Tz. 357: Pflichteinlagen (bedungene Einlagen) sind als Agio in die Kapitalrücklage nach § 272 Abs. 2 Nr. 1 HGB einzustellen.

433 Vgl. *IDW RS HFA 41*, Tz. 8; zu Beispielen *Künkele/Zwirner*, StuB 2013, S. 163 (164) und *Künkele/Gomoluch*, BC 2013, S. 151 (152); a.A. *Deubert/Hoffmann*, in: Winkeljohann/Förschle/Deubert, Sonderbilanzen[5], L, Tz. 52: Mehrkapital nur in Gewinnrücklagen; ebenso *Fischer*, BB 1995, 2178 ; demgegenüber *Widmann*, in: Widmann/Mayer, UmwRecht[3], § 24 UmwG, Tz. 486: Einstellung in die Kapitalrücklage.

434 So auch *Deubert/Hoffmann*, in: Winkeljohann/Förschle/Deubert, Sonderbilanzen[5], L, Tz. 52.

Grund- bzw. Stammkapital nicht durch das bilanzielle EK der Personenhandelsgesellschaft gedeckt ist. Die dadurch entstehende buchmäßige Unterbilanz (EK < Nennkapital) steht der Zulässigkeit des Formwechsels nach h.M. indes nicht entgegen[435]. Auch zwingt der insoweit entstehende Differenzbetrag nicht zu einer entsprechenden Aufstockung der Buchwerte[436]. Vielmehr ist der Differenzbetrag als **Verlustvortrag**, soweit er durch aufgelaufene Verluste der Personenhandelsgesellschaft entstanden ist, andernfalls als **gesonderter Abzugsposten** innerhalb des bilanziellen EK – z.B. als „Fehlbetrag zum festgesetzten Stammkapital" – auszuweisen (soweit er durch Entnahmen entstanden ist)[437].

Nach Ansicht des HFA ist der Abzugsposten in der Folgezeit „wie ein Verlustvortrag"[438] (d.h. durch Verrechnung mit künftigen Jahresüberschüssen) zu tilgen[439]. Der Posten wirkt daher wie eine Ausschüttungssperre.

Bei erfolgreichem Nachweis der realen Kapitalaufbringung ist ein Formwechsel auch zulässig, wenn die Personenhandelsgesellschaft ein **negatives buchmäßiges EK** ausweist[440]. Handelsrechtlich hat die KapGes. infolge des Zwangs zur Buchwertfortführung (siehe Tz. 211) das negative EK fortzuführen. Da aber das festgesetzte Grund- bzw. Stammkapital als „Gezeichnetes Kapital" zwingend mit dem Nennbetrag angesetzt werden muss (§ 152 Abs. 1 S. 1 AktG, § 42 Abs. 1 GmbHG), ist in der Bilanz neben dem ggf. übernommenen Verlustvortrag der Personenhandelsgesellschaft (bzw. einem gesonderten Abzugsposten für Entnahmen) ein weiterer **Sonderposten „Fehlbetrag zum festgesetzten Grund- bzw. Stammkapital"** auszuweisen. Auch dieser Posten wird wie ein Verlustvortrag durch künftige Jahresüberschüsse getilgt[441]. Zum Ausgleich des dadurch in Summe negativen EK ist auf der Aktivseite der Bilanz zusätzlich in Höhe des Negativsaldos ein entsprechender **Ausgleichsposten „Nicht durch EK gedeckter Fehlbetrag"** auszuweisen (§ 268 Abs. 3 HGB), wodurch die einzelnen Posten des EK auf der Passivseite in der Summe den Wert 0 € ergeben. In diesen Fällen besteht nach h.M. keine Gläubigergefährdung, wenn das festgesetzte Grund- bzw. Stammkapital bei Anmeldung zum HR durch stille Reserven gedeckt ist; eine Differenzhaftung der Anteilsinhaber ergibt sich nach Auffassung des HFA daher selbst dann nicht, wenn die stillen Reserven nach dem Formwechsel verlustig gehen sollten[442]. 197

### 4.2.2.2 Besonderheiten beim Formwechsel einer GmbH in eine AG/KGaA et vice versa

Grundsätzlich wird beim Formwechsel einer GmbH deren Stammkapital zum Grundkapital der AG/KGaA und die Kapitalrücklage bzw. die Gewinnrücklagen der GmbH 198

435 So *IDW RS HFA 41*, Tz. 9; *Fischer*, BB 1995, S. 2179.

436 Vgl. *Timmermans*, DB 1999, 949; *Fischer*, BB 1995, S. 2179; a.A. *Priester*, DB 1995, S. 913 (915), der unter Hinweis auf die Geltung des Gründungsrechts beim Formwechsel (§ 197 UmwG) eine Buchwertaufstockung als zwingend ansieht.

437 Vgl. *IDW RS HFA 41*, Tz. 9; ebenso *Deubert/Hoffmann*, in: Winkeljohann/Förschle/Deubert, Sonderbilanzen[5], L, Tz. 53; *Künkele/Zwirner*, StuB 2013, S. 163 (164 f.) und *Künkele/Gomoluch*, BC 2013, S. 151 (152 f.) (jeweils mit Beispielgliederung).

438 *IDW RS HFA 41*, Tz. 9.

439 Ebenso *Bula/Pernegger*, in: Sagasser/Bula/Brünger, Umwandlungen[4], § 27, Tz. 23 f.

440 Vgl. *Widmann*, in: Widmann/Mayer, UmwRecht[3], § 24 UmwG, Tz. 486. Dies gelte auch für den Formwechsel einer KapGes. in eine Personenhandelsgesellschaft (Tz. 490).

441 Vgl. *Widmann*, in: Widmann/Mayer, UmwRecht[3], § 24 UmwG, Tz. 486.

442 Vgl. *IDW RS HFA 41*, Tz. 9.

werden ungeachtet der Regelung in § 272 Abs. 2 Nr. 1 HGB grundsätzlich als solche von der AG/KGaA fortgeführt.

199 Was § 247 Abs. 1 UmwG für das gezeichnete Kapital explizit vorschreibt, gilt nach h.M. auch für die anderen Eigenkapitalposten der formwechselnden GmbH, d.h. deren freie Rücklagen (mithin auch die Kapitalrücklage) sind von der AG auch bzgl. der Zuordnung zu den einzelnen Komponenten des § 272 Abs. 2 HGB so fortzuführen, wie sie bei der formwechselnden GmbH vorher bestanden haben[443]. Es werden also nur die schon von der GmbH nach § 272 Abs. 2 Nr. 1-3 HGB gebildeten Kapitalrücklagen bei der AG/KGaA Teil des nach § 150 AktG geschützten Reservekapitals.

200 Soweit dessen Höchstbetrag nach § 150 Abs. 2 AktG (10% des Grundkapitals oder höherer Anteil gem. Satzung) dadurch noch nicht erreicht ist, kann der Formwechselbeschluss zudem noch eine Dotierung der gesetzlichen Rücklage der AG/KGaA aus bestehenden Gewinnrücklagen der GmbH vorsehen[444]. Eine Verpflichtung, einen Teil der Gewinnrücklagen der GmbH der gesetzlichen Rücklage der AG/KGaA zuzuweisen, besteht aber nicht[445]. Da die gesetzliche Rücklage nur aus dem Jahresergebnis zu dotieren ist (§ 150 Abs. 2 AktG) und es sich um eine Gewinnrücklage handelt (§§ 272 Abs. 3, 266 Abs. 3 A.III.2. HGB), scheidet eine Dotierung durch Umgliederung aus der Kapitalrücklage der formwechselnden GmbH dagegen aus[446].

201 Umgekehrt ist eine ggf. bestehende gesetzliche Rücklage der AG/KGaA nach dem Formwechsel in eine GmbH in deren Bilanz unter dem Posten „Andere Gewinnrücklagen" auszuweisen; stattdessen ist auch ein Ausweis unter den statutarischen Rücklagen möglich[447], wenn der Gesellschaftsvertrag dies vorsieht.

202 Erreicht die Stammkapitalziffer der formwechselnden GmbH nicht das für AG erforderliche Mindest-Grundkapital von 50 T€, ist ein Formwechsel in AG/KGaA nur möglich, wenn vor dem Umwandlungsbeschluss zunächst eine Kapitalerhöhung der GmbH aus Gesellschaftsmitteln (soweit vorhanden) oder durch Einlagen der Gesellschafter beschlossen wird. Die Kapitalerhöhung muss aber vor dem Formwechsel rechtswirksam werden[448]. Dagegen steht nach h.M. das Vorhandensein einer Unterbilanz (Summe EK < Nennkapital) dem Formwechsel in eine AG/KGaA nicht entgegen, falls das Grundkapital nachweislich durch ein positives Reinvermögen aufgebracht wurde, d.h. durch den Unternehmenswert bzw. durch den Zeitwert der Vermögensgegenstände nach Abzug des Zeitwerts der Schulden gedeckt ist[449]. Ob im umgekehrten Fall des Formwechsels einer AG/KGaA in eine GmbH geringere Anforderungen an die volle Deckung

443 Vgl. *Hennrichs*, in: FS Hoffmann-Becking, München 2013, S. 512 (521 f.) mit Verweis darauf, dass den Gläubigern kein Nachteil entstehe, wenn bislang frei verwendbare Bestandteile des EK auch künftig frei verwendbar bleiben. Über jeden Zweifel erhaben sei diese Sichtweise jedoch nicht (zu Vermeidungsstrategien siehe S. 523).

444 Vgl. *IDW RS HFA 41*, Tz. 10.

445 Vgl. *Deubert/Hoffmann*, in: Winkeljohann/Förschle/Deubert, Sonderbilanzen[5], L, Tz. 151 unter Hinweis auf L, Tz. 52.

446 A.A. offenbar *Künkele/Zwirner*, StuB 2013, 163 (166), und *Künkele/Gomoluch*, BC 2013, S. 151 (153), in ihren Beispielbilanzen.

447 Vgl. *IDW RS HFA 41*, Tz. 13.

448 Vgl. *IDW RS HFA 41*, Tz. 11; gl.A. *Skoluda/Janitschke*, WPg 2013, S. 521 (526) m.w.N.; siehe dazu auch *Hennrichs*, a.a.O., S. 512 (521 m.w.N.).

449 Vgl. *IDW RS HFA 41*, Tz. 12; *Deubert/Hoffmann*, in: Winkeljohann/Förschle/Deubert, Sonderbilanzen[5], L, Tz. 152 m.w.N.

ihres Stammkapitals zu stellen sind[450], erscheint zweifelhaft, weil die Vorschriften über die Gründung der GmbH (insb. §§ 9 bis 9c GmbHG) auch in diesem Fall zu beachten sind (§ 197 S. 1 GmbHG).

#### 4.2.2.3 Formwechsel einer Kapitalgesellschaft in eine Personenhandelsgesellschaft

Nach dem Formwechsel in eine Personenhandelsgesellschaft i.S.v. § 264a Abs. 1 HGB ist das EK nicht mehr nach § 266 Abs. 3 A. HGB, sondern nach § 264c Abs. 2 HGB zu gliedern. Dadurch treten die Kapitalanteile der Gesellschafter an die Stelle des „Gezeichneten Kapitals", wobei die **Kapitalanteile** der persönlich haftenden Gesellschafter getrennt von den Kapitalanteilen der Kommanditisten auszuweisen sind (§ 264c Abs. 2 S. 2 und 6 HGB)[451]. Die Summe der Kapitalanteile muss nicht mit dem bisherigen „Gezeichneten Kapital" übereinstimmen. Sie können also von den Gesellschaftern in dem zur Gründung der Personenhandelsgesellschaft notwendigen Gesellschaftsvertrag (§ 234 Nr. 3 UmwG) als Pflichteinlagen (= „bedungene Einlagen") i.R.d. Formwechselbeschlusses in beliebiger Höhe neu festgesetzt werden, denn Ausweis und Höhe des bilanziellen EK hängen allein von den im Gesellschaftsvertrag getroffenen Regelungen ab[452], die beliebig ausgestaltet werden können. 203

Für **Kommanditisten** ist nach § 172 Abs. 1 HGB eine Hafteinlage im HR einzutragen, die in beliebiger Höhe festgelegt werden kann und nicht der Pflichteinlage in die Gesellschaft entsprechen muss; die Haftung gegenüber den Gläubigern ist auf die eingetragene Haftsumme beschränkt (§ 161 Abs. 1 HGB). Zulässig ist dabei, für die nach § 172 Abs.1 HGB im HR einzutragenden Hafteinlagen von Kommanditisten einen Betrag festzulegen, der höher ist als das gesamte bisherige EK der KapGes.[453]. Soweit die Hafteinlage in diesem Fall durch den Zeitwert des Reinvermögens gedeckt war, gilt sie als erbracht; ein Nachweis ist insoweit nicht erforderlich[454]. Andernfalls muss der Betrag der nicht geleisteten Hafteinlage nach § 264c Abs. 2 S. 9 HGB im Anhang angegeben werden.

Für **persönlich haftende Gesellschafter** sind keine Hafteinlagen vorgeschrieben, da sie ohnedies mit ihrem gesamten Vermögen unbeschränkt haften (§ 128 HGB); sie können daher auch ohne feste Kapitalbeteiligung am Gewinn beteiligt werden.

Im Rahmen der Festlegung des EK der neuen Personenhandelsgesellschaft entscheiden die Gesellschafter auch über die Verteilung der weiteren EK-Bestandteile des bisherigen Rechtsträgers auf die verschiedenen Gesellschafterkonten[455].

Nach dem Formwechsel in eine Personenhandelsgesellschaft ist bilanziell nicht mehr zwischen der Kapitalrücklage und den Gewinnrücklagen zu unterscheiden, da § 264c Abs. 2 S. 1 HGB dafür insgesamt nur den Posten „**Rücklagen**" vorsieht. Ein Ausweis von Beträgen als Rücklagen innerhalb des bilanziellen EK der Personenhandelsgesellschaft setzt allerdings voraus, dass diese Beträge nach den Regelungen im Gesellschaftsvertrag 204

450 So *Deubert/Hoffmann*, in: Winkeljohann/Förschle/Deubert, Sonderbilanzen[5], L, Tz. 152 „weil § 245 Abs. 4 UmwG keine Verweisung auf § 220 UmwG enthält"; siehe auch *Busch*, AG 1995, S. 556.

451 Vgl. *Künkele/Zwirner*, StuB 2013, S. 163 (166) und *Künkele/Gomoluch*, BC 2013, S. 151 (153 f.).

452 Vgl. im Einzelnen *IDW RS HFA 7*, Tz. 42 ff.

453 Vgl. *Deubert/Hoffmann*, in: Winkeljohann/Förschle/Deubert, Sonderbilanzen[5], L, Tz. 112.

454 Vgl. *Skoluda/Janitschke*, WPg 2013, S. 521 (525 f.).

455 Vgl. *IDW RS HFA 41*, Tz. 14.

überhaupt als EK qualifizieren[456]. Dazu ist es erforderlich, dass die betreffenden Mittel in der Insolvenz der Gesellschaft nachrangig sind und den Gesellschaftsgläubigern als Verlustdeckungspotenzial zum Ausgleich künftiger Verluste bis zur vollen Höhe zur Verfügung stehen[457]. Gesellschafterkonten, die Fremdkapitalcharakter haben, dürfen dagegen nicht als Rücklagen ausgewiesen werden[458]. Auch ein nach § 264c Abs. 4 S. 2 HGB zu bildender **„Ausgleichsposten für aktivierte eigene Anteile"** in Höhe des Buchwerts von Anteilen, welche die neue Personenhandelsgesellschaft ggf. an einer eigenen Komplementärgesellschaft hält, scheidet nach dem Formwechsel aus dem EK der bisherigen KapGes. aus und ist stattdessen nach dem Posten „Eigenkapital" gesondert auszuweisen.

**205** Im Zuge des Formwechsels sind Kapitalrückzahlungen und Ausschüttungen bisher thesaurierter Gewinnanteile an die Gesellschafter in beliebigem Umfang zulässig, denn das Recht der Personenhandelsgesellschaft kennt kein **Haftkapital** in bestimmter (Mindest-)Höhe und demzufolge auch kein gesetzlich bestimmtes Kapitalaufbringungsgebot[459]. Soweit Gläubiger der formwechselnden KapGes. nicht sofortige Befriedigung verlangen können, haben sie nach einem Formwechsel jedoch das Recht, **Sicherheitsleistung** zu fordern, wenn sie glaubhaft machen, dass die Erfüllung ihrer Forderungen durch den Formwechsel gefährdet wird (§ 204 i.V.m. § 22 UmwG).

**206** Zum Schutz der Gläubiger wird ferner durch § 228 Abs. 1 UmwG sichergestellt, dass eine KapGes. durch Formwechsel die Rechtsform einer Personenhandelsgesellschaft nur erlangen kann, wenn der Unternehmensgegenstand im Zeitpunkt des Wirksamwerdens des Formwechsels den **Vorschriften über die Gründung einer OHG** (§ 105 Abs. 1 und 2 HGB) genügt. Danach müssten sich mindestens zwei Gesellschafter der formwechselnden KapGes. an der neuen Personenhandelsgesellschaft als unmittelbar und unbeschränkt persönlich haftende Gesellschafter (§ 128 HGB) beteiligen, um als OHG eintragungsfähig zu sein, **und** für die neue Gesellschaft muss zumindest nach § 2 S. 2 HGB die Eintragung in das HR beantragt werden, wenn nicht ohnehin bereits nach § 1 Abs. 2 HGB Eintragungspflicht besteht, weil die Gesellschaft bereits ein Handelsgewerbe betreibt.

**207** Soweit Gesellschafter lediglich als Kommanditisten der neuen Gesellschaft beitreten wollen, muss der Umwandlungsbeschluss nach § 233 Abs. 2 UmwG mindestens (falls bisher in Satzung oder Gesellschaftsvertrag der KapGes. keine höhere Mehrheit oder weitere Erfordernisse bestimmt waren) mit einer qualifizierten Mehrheit von ¾ der abgegebenen Stimmen der Alt-Gesellschafter (GmbH) bzw. des vertretenen Grundkapitals (AG/KGaA) gefasst werden und es muss die Zustimmung aller derjenigen Alt-Gesellschafter bzw. Aktionäre vorliegen, die in der neuen Personenhandelsgesellschaft die Stellung von persönlich haftenden Gesellschaftern haben sollen (§ 233 Abs. 2 S. 3 UmwG).

**208** Ohne die danach erforderliche qualifizierte Mehrheit oder Zustimmung könnte ein Formwechsel in eine KG indes auch erreicht werden, indem

456 Vgl. *Künkele/Zwirner*, StuB 2013, S. 163 (166).
457 Vgl. im Einzelnen *IDW RS HFA 7*, Tz. 13.
458 Vgl. *IDW RS HFA 7*, Tz. 46.
459 Vgl. *IDW RS HFA 41*, Tz. 21.

a) Alt-Gesellschafter zunächst nur als Vollhafter beitreten und nach der Eintragung des Formwechsels der KapGes. in eine OHG ihre Rechtsstellung in diejenige eines Kommanditisten (und damit die OHG in eine KG) umwandeln (mit der Folge ihrer fünfjährigen unbeschränkten Nachhaftung nach § 160 Abs. 3 HGB für die zu diesem Zeitpunkt bestehenden Verbindlichkeiten)

**oder** indem

b) aus der formwechselnden KapGes. zunächst ausgeschiedene Gesellschafter bzw. Aktionäre nach dem Formwechsel zur OHG dieser anschließend als Kommanditist z.B. unter Einbringung der ihnen nach §§ 231, 207 Abs. 1 S. 2 UmwG zustehenden Abfindungsansprüche wieder beitreten (in diesem Fall haften sie nach § 173 HGB für die zu diesem Zeitpunkt bestehenden Verbindlichkeiten der bisherigen OHG bis zur Höhe der im HR eingetragenen Hafteinlage der Kommanditisten).

Nach dem Grundsatz der Personenidentität müssen der formwechselnden KapGes. vor und der neuen Personenhandelsgesellschaft nach dem Formwechsel – abgesehen von den Gesellschaftern, die gegen den Umwandlungsbeschluss Widerspruch erklärt haben – dieselben Parteien angehören. 209

**Praxistipp 5:**

Da in der **Praxis** aber i.d.R. keiner der Gesellschafter der bisherigen KapGes. in die Rechtsstellung eines persönlich haftenden Gesellschafters z.B. einer GmbH & Co. KG wechseln möchte, bietet es sich solchenfalls an, vor dem Formwechsel der KapGes. eine (ggf. zu diesem Zweck neu gegründete) GmbH mit einem „Zwerganteil" in die KapGes. aufzunehmen. Dabei kann auch vereinbart werden, dass der neue Gesellschafter seinen Anteil nur treuhänderisch für einen oder mehrere Alt-Gesellschafter hält und diesen nach dem Formwechsel an die Treugeber (zurück-) überträgt[460].

Im Schrifttum wird es in analoger Anwendung des § 221 UmwG z.T. auch für zulässig gehalten, die Rechtsform der KapGes. z.B. direkt in eine GmbH & Co. KG umzuwandeln, mit gleichzeitigem Beitritt einer bisher nicht direkt an der Gesellschaft beteiligten GmbH als Komplementär-Gesellschaft ohne Einlage und ohne Ergebnisbeteiligung[461]. In solchen Fällen empfiehlt sich allerdings eine vorherige Abstimmung mit dem zuständigen Registergericht[462].

## 4.3 Bilanzierung

### 4.3.1 Keine Aufstellung von Schluss- und Eröffnungsbilanzen

Nach § 202 Abs. 1 Nr. 1 UmwG besteht der formwechselnde Rechtsträger in der in dem Umwandlungsbeschluss bestimmten Rechtsform weiter. Wesentliches **Merkmal des Formwechsels** ist, dass an ihm „nur ein Rechtsträger beteiligt ist, es weder zu einer Gesamtrechtsnachfolge eines Rechtsträgers in das Vermögen eines anderen kommt, noch 210

460 So z.B. *Fröhlich*, GmbH-StB 2004, S. 187, mit dem Vorschlag einer Musterformulierung für den Umwandlungsbeschluss.

461 Vgl. dazu *Deubert/Hoffmann*, in: Winkeljohann/Förschle/Deubert, Sonderbilanzen[5], L, Tz. 4 ff. m.w.N. zum Meinungsstand.

462 Vgl. *Fröhlich*, GmbH-StB 2004, S. 187.

es der Übertragung der einzelnen Vermögensgegenstände bedarf"[463]. Allein das Rechtskleid, also die Verfassung des Rechtsträgers, ändert sich. Das unterscheidet den Formwechsel von allen anderen Arten der Umwandlung, denen stets ein Übergang von Vermögen im Wege der Gesamtrechtsnachfolge von einem auf einen anderen Rechtsträger zugrunde liegt. Wegen der fortbestehenden wirtschaftlichen Identität des formwechselnden Rechtsträgers muss daher für den formwechselnden Rechtsträger handelsrechtlich[464] nach h.M. **weder eine Schlussbilanz, noch eine Eröffnungsbilanz** für den neuen Rechtsträger aufgestellt werden[465]. Dem **Identitätsprinzip** entsprechend wird daher in den Vorschriften zum Formwechsel (§§ 190 ff. UmwG) auch nicht auf die §§ 17 Abs. 2, 24 UmwG verwiesen; diese Vorschriften sind – mangels einer planwidrigen Unvollständigkeit im Gesetz – daher nach h.M. auch nicht analog anwendbar[466]. Stattdessen führt der formwechselnde Rechtsträger als Kaufmann seine handelsrechtliche Buchführung und (Konzern-) Rechnungslegung ohne Unterbrechung fort. Im Gegensatz zu den Fällen der Verschmelzung (§ 5 Abs. 1 Nr. 6 UmwG) oder Spaltung (§ 126 Abs. 1 Nr. 6 UmwG) gibt es beim Formwechsel (ungeachtet eines evtl. früheren Bewertungsstichtags für Zwecke der Kapitalaufbringungsprüfung) handelsrechtlich auch keine Rückbeziehung auf einen bestimmten Umwandlungsstichtag[467].

Steuerlich kann dagegen ein bis zu acht Monate zurückliegender Übertragungsstichtag festgelegt werden, wenn die steuerliche Wirkung (dazu Tz. 219) nicht erst mit der Eintragung des Formwechsels eintreten soll (§§ 9, 25 UmwStG).

### 4.3.2 Zwang zur Buchwertfortführung

211 Steuerlich ist im Rahmen eines Formwechsels grundsätzlich eine Neubewertung zum Übertragungsstichtag vorgesehen, sofern die Fortführung der steuerlichen Buchwerte nicht ausdrücklich beantragt wird; letzteres ist allerdings in der Praxis die Regel. Die Grundkonzeption des Formwechsels, nämlich die Beibehaltung der Identität des Rechtsträgers und die Kontinuität seines Vermögens bei lediglich geändertem Rechtskleid (wirtschaftliche Identität), verlangt dagegen handelsrechtlich „nach allgemeinen Bilanzierungsregeln die Fortführung der Buchwerte des formwechselnden Rechtsträgers"[468], denn mangels eines Anschaffungsgeschäfts[469] ist der neue Rechtsträger an die (fortgeführten) AK (= Wertansätze in der Buchführung) des formwechselnden Rechts-

463 BFH v. 04.12.1996, – II B 116/96, DB 1997, S. 79.

464 Steuerrechtlich ist dagegen beim Formwechsel einer KapGes. in eine Personengesellschaft et vice versa jeweils vom formwechselnden Rechtsträger eine Schluss- bzw. Übertragungsbilanz und vom Rechtsträger neuer Rechtsform eine Eröffnungsbilanz aufzustellen (§ 9 S. 2 bzw. § 25 S. 2 UmwStG).

465 Vgl. *IDW RS HFA 41*, Tz. 3 und Tz. 22; *Skoluda/Janitschke*, WPg 2013, S. 521 (522); *Bula/Pernegger*, in: Sagasser/Bula/Brünger, Umwandlungen[4], § 27, Tz. 4 f.

466 Vgl. *IDW RS HFA 41*, Tz. 5.

467 Vgl. *IDW RS HFA 41*, Tz. 3.

468 *IDW RS HFA 41*, Tz. 5.

469 A.A. *Priester*, DB 1995, S. 916, nach dessen Auffassung die Aufstockung der Buchwerte angesichts der externen Wertkontrolle durch Sachverständige und das Registergericht, die den Markttest ersetzen könne, durch den Gründungsakt gerechtfertigt sei.

trägers gebunden (**Zwang zur Buchwertfortführung**)[470]. Es dürfen daher auch keine stillen Reserven/Lasten und/oder ein originärer Geschäfts- oder Firmenwert aufgedeckt werden[471]. Infolgedessen sind auch die bei Aufstellung der Handelsbilanz des formwechselnden Rechtsträgers bisher angewandten Ansatz- und Bewertungsmethoden grundsätzlich beizubehalten (§§ 246 Abs. 3, 252 Abs. 1 Nr. 6 HGB). Eine Änderung ist daher nur in begründeten Ausnahmefällen zulässig (§ 252 Abs. 2 HGB)[472]. Dies ist der Fall, wenn die für die neue Rechtsform geltenden Vorschriften eine Änderung der Methode erfordern oder gestatten[473]. Wegen des generellen Wertaufholungsgebots (§ 253 Abs. 5 HGB) darf daher ein niedrigerer Wertansatz, der aus einer noch von dem bisherigen Rechtsträger vorgenommenen außerplanmäßigen Abschreibung nach § 253 Abs. 3 HGB für Gegenstände des Anlagevermögens oder auf einer Abwertung nach § 253 Abs. 4 HGB für Gegenstände des Umlaufvermögens resultiert, von dem Rechtsträger neuer Rechtsform nicht beibehalten werden, wenn die Gründe für den niedrigeren Wertansatz am nächsten Abschlussstichtag nicht mehr bestehen[474].

### 4.3.3 Maßgeblichkeit der Rechtsstruktur am Abschlussstichtag

Für die Rechnungslegung, Prüfung und Offenlegung des in neuem Rechtskleid fortgeführten Rechtsträgers gelten die für die neue Rechtsform relevanten Normen über den JA und LB erst nach der Eintragung der neuen Rechtsform in das HR. Wird der Formwechsel erst nach dem Abschlussstichtag, aber vor der Aufstellung des JA rechtswirksam, gilt aufgrund des **Stichtagsprinzips**, dass für die Rechnungslegung, Prüfung und Offenlegung des Rechtsträgers neuer Rechtsform (noch) die Vorschriften maßgeblich sind, die für die bisherige Rechtsform des Rechtsträgers am Abschlussstichtag galten[475]. Eine durch Formwechsel neu entstandene KapGes. hat daher z.B. den JA für den vorhergehenden Stichtag noch nach den für Personenhandelsgesellschaften geltenden Vorschriften zu gliedern und den Anhang und LB ohne die spezifischen Angaben für KapGes. aufzustellen. 212

470 Wie *IDW* auch *Künkele/Zwirner*, StuB 2013, S. 161 (163); *Widmann*, in: Widmann/Mayer, UmwRecht[3], § 24 UmwG, Tz. 197 und 483; *Bula/Pernegger*, in: Sagasser/Bula/Brünger, Umwandlungen[4], § 27, Tz. 6 ff.; *Busch*, AG 1995, S. 559 (beim Formwechsel einer KapGes. in eine KapGes.); *Fischer*, BB 1995, S. 2178; a.A. *Biener*, StbJb. 1995/96, S. 51; *Müller-Gatermann*, WPg 1996, 870; *Priester*, DB 1995, S. 915 (falls es im Zuge des Formwechsels zur Aufstockung der Buchwerte kommt; dabei ist die Aufstockung der Buchwerte indes – zumindest beim Formwechsel zwischen KapGes. – auf die Auffüllung des Nennkapitals begrenzt).

471 Vgl. *Bula/Pernegger*, in: Sagasser/Bula/Brünger, Umwandlungen[4], § 27, Tz. 7 m.w.N.

472 Zur Stetigkeit der Ansatz- und Bewertungsmethoden im Einzelnen *IDW RS HFA 38*.

473 Vgl. *IDW RS HFA 41*, Tz. 22. Ausnahmen bestehen nur für Personenhandelsgesellschaften im Sonderfall eines bloßen Gesellschafterwechsels, der allerdings wegen § 214 Abs. 1 UmwG nicht den Regelungen des UmwG unterliegt. Durch das dabei bestehende Wahlrecht zur identitätswahrenden Fortführung oder zur identitätsaufhebenden Umgründung der bisherigen Personenhandelsgesellschaft kann es zu einer Neubewertung kommen, dazu BFH v. 21.6.1994 – VIII R 5/92, BStBl II 1994, 856 und im Einzelnen *Winkeljohann/Kropp/Siemers*, in: Winkeljohann/Förschle/Deubert, Sonderbilanzen[5], C, Tz. 54 ff.

474 Vgl. *Skoluda/Janitschke*, WPg 2013, S. 521 (522); *Deubert/Hoffmann*, in: Winkeljohann/Förschle/Deubert, Sonderbilanzen[5], L, Tz. 75.

475 Vgl. *IDW RS HFA 41*, Tz. 24; *Skoluda/Janitschke*, WPg 2013, S. 521 (523).

> **Praxistipp 6:**
>
> Aus Gründen der Klarheit sollte in der Überschrift zum JA nicht nur die Firma des Rechtsträgers neuer Rechtsform genannt, sondern (z.B. durch den Zusatz: „vormals ....") auch auf die Firma und Rechtsform des vormaligen Rechtsträgers alter Rechtsform hingewiesen werden.

Die gesetzlichen Pflichten (zur Aufbewahrung siehe Tz. 218) sind von den Mitgliedern des Geschäftsführungsorgans des Rechtsträgers neuer Rechtsform zu erfüllen, die den JA des alten Rechtsträgers auch zu unterzeichnen haben[476]. Die Feststellung eines nach dem Formwechsel aufgestellten JA auf einen früheren Stichtag liegt in der Zuständigkeit des Organs, das für die **Feststellung** des JA des Rechtsträgers neuer Rechtsform zuständig wäre[477].

**213** Bestand für den letzten JA des formwechselnden Rechtsträgers noch keine Pflicht zur **Prüfung und Offenlegung**, kann diese allein durch den Formwechsel nicht begründet werden[478]. Umgekehrt kann eine bislang bestehende Pflicht zur Prüfung und Offenlegung durch den Formwechsel grundsätzlich auch nicht entfallen. Ausnahmsweise entfällt nach h.M. indes die Prüfungs- und Offenlegungspflicht auch mit Wirkung für den früheren JA oder KA, wenn ein bislang prüfungs- und offenlegungspflichtiger Rechtsträger als KapGes. durch Formwechsel in eine (personalistische) Personenhandelsgesellschaft umgewandelt wird, bei der mindestens eine natürliche Person unbeschränkt haftet[479]. Voraussetzung dafür ist allerdings, dass die neue Personenhandelsgesellschaft nicht auch wegen des Überschreitens der Größenkriterien des § 1 bzw. § 11 PublG mit ihrem JA oder KA weiterhin der Prüfungs- und Offenlegungspflicht nach den Vorschriften des PublG unterliegt (§ 3 Abs. 1 Nr. 1 PublG).

### 4.3.4 Rechnungslegung des neuen Rechtsträgers für den ersten Stichtag nach dem Rechtsformwechsel

**214** Aufgrund der Fortführung der Buchwerte des wirtschaftlich fortbestehenden Rechtsträgers führt ein Wechsel seiner Rechtsform im Allgemeinen nicht zu einer Beeinträchtigung der Vergleichbarkeit der Wertansätze in den JA auf den Stichtag vor und nach dem Zeitpunkt der Wirksamkeit des Formwechsels. Wegen der teilweise unterschiedlichen rechtsformspezifischen Vorschriften über die Gliederung der Bilanz und GuV (insb. nach einem Formwechsel in oder aus einer Personenhandelsgesellschaft, die nicht unter § 264a Abs. 1 HGB fällt) kann es jedoch im Erstjahr zu gewissen **Beeinträchtigungen der Vergleichbarkeit** der JA für den ersten und für den dem Formwechsel vorhergehenden Stichtag kommen. Entsprechendes gilt für die unterschiedliche Gliederung des bilanziellen EK nach der Umwandlung einer Personenhandelsgesellschaft in die Rechtsform der KapGes. (und umgekehrt).

---

476 Vgl. *IDW RS HFA 41*, Tz. 24; *Deubert/Hoffmann*, in: Winkeljohann/Förschle/Deubert, Sonderbilanzen[5], L, Tz. 42.

477 Vgl. *Deubert/Hoffmann*, in: Winkeljohann/Förschle/Deubert, Sonderbilanzen[5], L, Tz. 43.

478 Vgl. *Skoluda/Janitschke*, WPg 2013, S. 521 (523).

479 Vgl. *IDW RS HFA 41*, Tz. 25, unter Hinweis auf *IDW RS HFA 7*, Tz. 4, dort Verweis auf LG Osnabrück v. 01.07.2005 – 15 T 6/05, GmbHR 2005, S. 1618.

In solchen Fällen kann es geboten sein, die Beträge nicht vergleichbarer Posten im Anhang anzugeben und zu erläutern (§ 265 Abs. 2 S. 2 HGB) oder die Vorjahresposten gem. § 265 Abs. 2 S. 3 HGB entsprechend der geänderten Zugehörigkeit auf- bzw. umzugliedern und dies im Anhang zu erläutern[480]. Letzteres gilt insb. für einen von einer Personenhandelsgesellschaft bislang ggf. unter den Steuerrückstellungen ausgewiesenen Wertansatz für passive latente Steuern, der in den spezifischen Bilanzposten „Passive latente Steuern" (§ 266 Abs. 3 E. HGB) und – im Fall der Auflösung eines bislang ggf. saldierten Ausweises – auch in den Bilanzposten „Aktive latente Steuern" (§ 266 Abs. 2 D. HGB) umzugliedern wäre[481].

Beim **Formwechsel einer Personenhandelsgesellschaft**, die keine i.S.v. § 264a Abs. 1 HGB war, **in eine KapGes.** ist zunächst zu beachten, dass der JA des neuen Rechtsträgers um einen **Anhang** zu erweitern ist, der mit der Bilanz und GuV eine Einheit bildet, und dass zudem ein **LB** aufgestellt werden muss (§ 264 Abs. 1 S. 1 HGB), sofern es sich nicht um eine kleine Gesellschaft i.S.d. § 267 Abs. 1 HGB handelt (§ 264 Abs. 1 S. 4 HGB). Die Berichterstattung im Anhang zum JA der KapGes. muss den Anforderungen der §§ 284, 285 HGB sowie ggf. § 160 AktG und die im LB den Anforderungen des § 289 HGB (ggf. auch § 289a HGB) entsprechen. Dabei muss sie sich auf das gesamte GJ seit dem letzten Abschlussstichtag erstrecken und somit auch den Zeitraum vor der Eintragung des Formwechsels erfassen[482]. Ferner ist darauf hinzuweisen, dass in Abhängigkeit von der Unternehmensgröße Unterschiede in Bezug auf die Gliederung der Bilanz und GuV sowie die Angabepflichten im Anhang bestehen können, vor allem wenn die Erleichterungen der §§ 267a, 274a oder 276 HGB in Anspruch genommen werden können. 215

Im Hinblick auf die unterschiedlichen Anforderungen bezüglich Ansatz, Bewertung und Ausweis ist darüber hinaus im Wesentlichen Folgendes zu beachten: 216

- Ist formwechselnder Rechtsträger nicht eine Personenhandelsgesellschaft i.S.v. § 264a Abs. 1 HGB, kann die neue KapGes. bei erstmaligem Überschreiten der **Größenkriterien** des § 267 Abs. 2 oder 3 HGB für den ersten Abschlussstichtag nach dem Formwechsel bereits die gesetzlichen Anforderungen für eine (mittel-) große Gesellschaft zu erfüllen haben (§ 267 Abs. 4 S. 2 HGB)[483].
- Nach § 264 Abs. 2 S. 1 HGB hat der JA unter Beachtung der GoB ein den tatsächlichen Verhältnissen entsprechendes Bild der Vermögens-, Finanz- und Ertragslage der Gesellschaft zu vermitteln (**Generalnorm**).
- Die für KapGes. geltenden **Gliederungsvorschriften** der §§ 265, 266, 275 HGB und die **Vorschriften** der §§ 268 bis 274 HGB für die Bilanz und des § 277 HGB für die GuV sind erstmals zwingend anzuwenden[484]. Dies erfordert (evtl. erstmals) die An-

480 Vgl. *IDW RS HFA 41*, Tz. 26; so im Ergebnis auch *Deubert/Hoffmann*, in: Winkeljohann/Förschle/Deubert, Sonderbilanzen[5], L, Tz. 78, die es für den Formwechsel einer nicht § 264a Abs. 1 HGB unterliegenden Personenhandelsgesellschaft in analoger Anwendung von Art. 48 Abs. 4 S. 2 EGHGB allerdings auch für zulässig halten, die Vorjahresvergleichszahlen im Umstellungsjahr wegzulassen.

481 Vgl. *IDW RS HFA 41*, Tz. 29, unter Hinweis auf *IDW RS HFA 7*, Tz. 26.

482 Ebenso *Deubert/Hoffmann*, in: Winkeljohann/Förschle/Deubert, Sonderbilanzen[5], L, Tz. 79 ff., für die zeitraumbezogenen Angaben im Anhang der neuen KapGes.

483 Vgl. *Skoluda/Janitschke*, WPg 2013, S. 521 (525); so auch *Deubert/Hoffmann*, in: Winkeljohann/Förschle/Deubert, Sonderbilanzen[5], L, Tz. 140 für den Fall des Formwechsels einer KapGes. in eine KapGes. anderer Rechtsform.

484 Vgl. *IDW RS HFA 41*, Tz. 28 und 31.

gabe von Vorjahresvergleichszahlen[485] und insb. eine (im Vergleich zu einer Bilanzgliederung der bisherigen Personenhandelsgesellschaft nach § 247 Abs. 1 bzw. § 264c Abs. 1 HGB) weitergehende bzw. geänderte Untergliederung des EK. Außerdem ist gem. § 265 Abs. 2 S. 2 HGB im Anhang des ersten GJ nach dem Formwechsel darauf hinzuweisen, dass das Jahresergebnis erstmals – je nach steuerlichem Umwandlungsstichtag für das volle GJ oder nur teilweise – mit Steuern vom Einkommen (KSt, SolZ) und – insb. bei steuerlicher Neubewertung – ggf. unterschiedlich mit Steuern vom Ertrag (GewSt) belastet ist. Weil der Steueraufwand deshalb nicht mit dem Steueraufwand des Vorjahres vergleichbar ist, da dieser nur die Gewerbesteuerbelastung des Vorjahresergebnisses berücksichtigt, sind nach § 265 Abs. 2 HGB zusätzliche Angaben im Anhang erforderlich[486].

- Im Allgemeinen besteht nach dem Formwechsel auch die Pflicht zur Aufstellung eines **Anlagenspiegels** im Anhang (§ 284 Abs. 3 HGB, Ausnahme § 288 Abs. 1 Nr. 1 HGB). Falls für die einzelnen Gegenstände des Anlagevermögens nicht schon bisher eine entsprechende Anlagenbuchhaltung oder Anlagenlisten geführt wurden, müssen dazu auch die historischen AHK der formwechselnden Personenhandelsgesellschaft und die bis zum Abschlussstichtag des Vorjahres kumulierten Abschreibungen ermittelt werden[487]. Hierbei müsste überdies zwischen planmäßigen und außerplanmäßigen Abschreibungen unterschieden werden, da das Zuschreibungsgebot nur außerplanmäßige Abschreibungen erfasst.
- Soweit sich die für die Besteuerung des Einkommens und des Gewerbeertrags maßgebenden Wertansätze in der Steuerbilanz von denen in der Handelsbilanz unterscheiden, hat die neue KapGes. grundsätzlich die aus diesen Bewertungsdifferenzen resultierenden **latenten Steuerbelastungen oder -entlastungen** erstmals gem. § 274 HGB bilanziell abzugrenzen. Neben einer Rückstellung oder einem (ggf. bei freiwilliger Anwendung des § 274 HGB durch die formwechselnde Gesellschaft) bereits bei der Personenhandelsgesellschaft bestehenden Passivposten für latente GewSt-Belastung (Passivüberhang) sind dabei erstmals auch die KSt und der SolZ in die Berechnung mit einzubeziehen[488].
- Sofern es sich bei der neuen KapGes. nicht um eine kleine i.S.d. § 267 Abs. 1 HGB handelt, für die § 274 HGB nicht angewendet werden muss (§ 274a Nr. 4 HGB), sind bei der Berechnung erstmals auch sog. quasi-permanente Differenzen zu berücksichtigen, die sich erst im Fall eines Verkaufs des betreffenden Gegenstandes (z.B. Beteiligungen an KapGes. oder unbebauten Grundstücken) umkehren würden[489].

---

485 Vgl. *IDW RS HFA 41*, Tz. 26; *Deubert/Hoffmann*, in: Winkeljohann/Förschle/Deubert, Sonderbilanzen[5], L, Tz. 78, halten es in analoger Anwendung von Art. 48 Abs. 4 S. 2 EGHGB auch für zulässig, die Vorjahresvergleichszahlen im Umstellungsjahr wegzulassen.

486 So *Deubert/Hoffmann*, in: Winkeljohann/Förschle/Deubert, Sonderbilanzen[5], L, Tz. 85, die ferner bei untypisch niedriger Steuerquote zusätzliche Erläuterungen für erforderlich halten, wenn der steuerliche Umwandlungsstichtag nicht auf den Beginn des GJ zurückbezogen wurde.

487 *Deubert/Hoffmann*, in: Winkeljohann/Förschle/Deubert, Sonderbilanzen[5], L, Tz. 77, halten es demgegenüber auch für zulässig, „in Anlehnung an Art. 48 Abs. 5 EGHGB" die Buchwerte aus dem letzten JA als AK anzusetzen".

488 Zu weiteren Einzelheiten *Deubert/Hoffmann*, in: Winkeljohann/Förschle/Deubert, Sonderbilanzen[5], L, Tz. 86 ff.

489 Vgl. *Skoluda/Janitschke*, WPg 2013, S. 521 (525); zur Bilanzierung latenter Steuern kleiner Personenhandelsgesellschaften siehe *IDW RS HFA 7*, Tz. 26.

- Soweit sich der Wertansatz eines nun (ggf. erstmals) erforderlichen Passivpostens für latente Steuern von dem bisherigen Wertansatz der Rückstellung für latente Gewerbesteuer unterscheidet, ist ein aus der Neuberechnung resultierender Aufwand oder Ertrag im ersten JA der KapGes. erfolgswirksam zu erfassen[490] und in den gesonderten GuV-Ausweis für latente Steuern nach § 274 Abs. 2 S. 3 HGB einzubeziehen. Dasselbe gilt für einen Aufwand aus der erstmals erforderlichen Berücksichtigung latenter Steuern für KSt und SolZ.
- Steuerlich kann die neue KapGes. ihr Betriebsvermögen in der steuerlichen Eröffnungsbilanz (siehe Tz. 221 f.) anlässlich des Formwechsels auch mit einem höheren Wert, höchstens mit dem gemeinen Wert ansetzen, wenn sie nicht nach § 25 i.V.m. § 20 Abs. 2 UmwStG die Fortführung der bisherigen steuerlichen Buchwerte der Personenhandelsgesellschaft beantragt. Übersteigen die steuerlichen Buchwerte des Vermögens der neuen KapGes. in diesem Fall die fortgeführten Buchwerte in ihrer Handelsbilanz (oder sind die steuerlichen Wertansätze von Verbindlichkeiten niedriger als die handelsrechtlichen), kann die Gesellschaft ertragswirksam eine **aktive latente Steuer** für die voraussichtliche künftige Steuerentlastung ansetzen[491]. Unabhängig davon kommt auch bei steuerlicher Buchwertfortführung eine Aktivierung latenter Steuern in Betracht, soweit die steuerlichen Buchwerte von Vermögensgegenständen höher (bzw. von Verbindlichkeiten oder Rückstellungen niedriger) als die handelsrechtlichen Buchwerte sind[492]. Umgekehrt kann auch eine Passivierung latenter Steuerbelastungen wegen solcher Bewertungsdifferenzen erforderlich sein.
- Bisherige steuerliche Korrekturen von Wertansätzen (**Mehr- oder Minderwerte** in einer **steuerlichen Ergänzungsbilanz** von Gesellschaftern) gegenüber den Wertansätzen des Gesamthandsvermögens in der Handelsbilanz der Personenhandelsgesellschaft haben nach dem Formwechsel keinen Einfluss mehr auf die Handels- und Steuerbilanz der neuen KapGes.[493], weil solche gesellschafterbezogenen Mehr- oder Minderwerte nach dem Formwechsel nicht mehr planmäßig fortgeführt oder sich beim Verkauf des Wirtschaftsguts umkehren werden und deshalb die Steuerbemessungsgrundlage der Gesellschaft nicht mehr beeinflussen.
- Die Mehr- oder Minderwerte aufgrund bisheriger Ergänzungsbilanzen werden nunmehr Bestandteil der steuerlichen AK der Gesellschafter für ihre Anteile an der neuen KapGes. Solche Bewertungsdifferenzen bei den Anteilen wirken sich erst nach einem Ausscheiden des Gesellschafters aus der KapGes. (z.B. durch Anteilsverkauf) i.R.d. Ermittlung des Veräußerungs- oder Liquidationsgewinns aus. Aufgrund dessen hat jetzt der Gesellschafter in seiner Handelsbilanz die (quasi-permanente) Differenz zwischen dem handels- und dem steuerbilanziellen Buchwert seiner Anteile an der KapGes. bei der Berechnung seiner eigenen latenten Steuerposition zu berücksichti-

490 Vgl. *IDW RS HFA 41*, Tz. 29; mit Anwendungsbeispiel auch *Künkele/Zwirner*, StuB 2013, S. 163 (168 f.), die „mit Blick auf die Übergangsregelung des Art. 67 Abs. 6 EGHGB“ aber auch eine erfolgsneutrale Erhöhung der Gewinnrücklagen für zulässig halten.

491 Im Ergebnis ebenso *Skoluda/Janitschke*, WPg 2013, S. 521 (525).

492 A.A. *Skoluda/Janitschke*, WPg 2013, S. 521 (523) für den Formwechsel einer haftungsbeschränkten Personenhandelsgesellschaft, die § 274 HGB zu beachten hatte, falls sie das Wahlrecht zur Aktivierung latenter (Gewerbe-)Steuern bisher nicht ausgeübt hatte. Zu den steuerlichen Besonderheiten für Verpflichtungen aus Pensionszusagen an Gesellschafter der formwechselnden Personengesellschaft vgl. *Deubert/Hoffmann*, in: Winkeljohann/Förschle/Deubert, Sonderbilanzen[5], L, Tz. 91.

493 Vgl. dazu *Fischer/Olkus*, DB 1998, S. 2191.

gen, wenn er als KapGes. oder Personenhandelsgesellschaft den Regelungen des § 274 HGB unterliegt.

- Soweit die bisherige Personenhandelsgesellschaft Anteile an einer eigenen Komplementär-Gesellschaft gehalten hatte und deshalb in Höhe des Buchwerts ein **„Ausgleichsposten für aktivierte eigene Anteile"** nach § 264c Abs. 4 S. 2 HGB nach dem EK ausgewiesen wurde (siehe Tz. 204), **wird** dieser Sonderposten mit dem Formwechsel **zu EK** der neuen KapGes. Sofern es sich dabei aus Sicht der KapGes. jedoch um Anteile an einem herrschenden oder mit Mehrheit beteiligten Unternehmen handelt, muss in Höhe des Buchwerts dieser Anteile gleichzeitig eine **Rücklage nach § 272 Abs. 4 HGB** gebildet werden[494], ohne dadurch das Gezeichnete Kapital zu beeinträchtigen.
- Die infolge des Formwechsels **anfallenden Kosten** mindern das Jahresergebnis der neuen KapGes.[495].

**217** Beim Formwechsel einer KapGes. in eine Personenhandelsgesellschaft ist im Wesentlichen Folgendes zu beachten:

- Falls die neue Personenhandelsgesellschaft keine haftungsbeschränkte Gesellschaft i.S.d. § 264a Abs. 1 HGB ist, entfällt mit dem Formwechsel die Pflicht zur Aufstellung eines Anhangs und eines LB. Auch die **Generalnorm** des § 264 Abs. 2 S. 1 HGB muss nicht mehr beachtet werden. Ferner müssen die Vorschriften der §§ 265, 266, 275 HGB über die **Gliederung** und die **rechtsformspezifischen Vorschriften** der §§ 268-274 HGB für die Bilanz und des § 277 HGB für die GuV nach dem Formwechsel nicht mehr angewendet werden. Für die Bilanzgliederung ist daher nach dem Formwechsel nur noch die Mindestgliederung nach § 247 Abs. 1 HGB zu beachten. Im Übrigen gelten für den JA nur noch die allgemeinen GoB (§ 243 Abs. 1 HGB) und das Gebot der Klarheit und Übersichtlichkeit (§ 243 Abs. 2 HGB) sowie die allgemeinen Ansatz- und Bewertungsvorschriften (§§ 246 bis 256a HGB). Eine Angabe von Vorjahresvergleichszahlen ist nicht mehr ausdrücklich vorgeschrieben, dürfte aber GoB sein[496].
- Der JA ist von den persönlich haftenden Gesellschaftern als den gesetzlichen Vertretern (§ 125 Abs. 1 i.V.m. § 161 Abs. 2 HGB) aufzustellen und zu unterschreiben. Soweit es sich dabei um natürliche Personen handelt, ergibt sich dies aus § 245 S. 2 HGB. Sofern daneben auch eine oder mehrere Gesellschaften als Komplementäre persönlich haften, haben auch die gesetzlichen Vertreter der Komplementär-Gesellschaften bei der Aufstellung des JA mitzuwirken und ihn zu unterschreiben (§ 245 S. 2 i.V.m. § 264a Abs. 2 HGB)[497]. Den Komplementären steht es frei, dabei die Vorschriften freiwillig anzuwenden, die auch für haftungsbeschränkte Personenhandelsgesellschaften i.S.d. § 264a Abs. 1 HGB gelten würden[498].
- Werden von der neuen (personalistischen) Personenhandelsgesellschaft indes die **Größenmerkmale des § 1 PublG überschritten**, gelten die in § 5 PublG genannten Vorschriften des HGB für KapGes. weiterhin. Außerdem sind nach § 5 Abs. 1 S. 3

494 Vgl. *Deubert/Hoffmann*, in: Winkeljohann/Förschle/Deubert, Sonderbilanzen[5], L, Tz. 47.
495 Vgl. *IDW RS HFA 41*, Tz. 18; ebenso *Bula/Pernegger*, in: Sagasser/Bula/Brünger, Umwandlungen[4], § 27, Tz. 47 m.w.N.
496 So z.B. *Skoluda/Janitschke*, WPg 2013, S. 521 (523).
497 Vgl. *Künkele/Zwirner*, StuB 2013, S. 163 (168).
498 Vgl. *Skoluda/Janitschke*, WPg 2013, S. 521 (526), unter Hinweis auf *IDW RS HFA 41*, Tz. 32.

PublG auch die rechtsformspezifischen Bestimmungen zum gesonderten Ausweis von Ausleihungen, Forderungen und Verbindlichkeiten gegenüber Gesellschaftern (§ 264c Abs. 1 HGB), zur spezifischen Gliederung des EK in der Bilanz der Personenhandelsgesellschaft (§ 264c Abs. 2 HGB) und ggf. über die Bildung eines Ausgleichspostens für Anteile der Gesellschaft an eigenen Komplementär-Gesellschaften zu beachten, sofern solche neben den natürlichen Personen vorhanden sind (§ 264c Abs. 4 HGB). Es muss aber weder ein Anhang noch ein LB aufgestellt werden, und für die Gliederung der GuV bestehen nach § 5 Abs. 5 PublG bestimmte Erleichterungen.

- Obwohl der Formwechsel keine Vermögensübertragung i.e.S. kennt, führt er gleichwohl dazu, dass das Vermögen der formwechselnden KapGes. „in anderer Weise als Ganzes" auf die Personenhandelsgesellschaft übergeht. Gemäß § 2 Abs. 1 S. 2 PublG bestehen die Rechnungslegungspflichten nach PublG (und damit auch die Pflicht zur Prüfung und Offenlegung nach §§ 6, 9 PublG) deshalb bereits für das erste GJ nach dem Formwechsel bei erstmaligem Überschreiten der Größenmerkmale[499], wenn für die formwechselnde KapGes. an den letzten Abschlussstichtagen mindestens zwei der drei Merkmale des § 1 Abs. 1 PublG erfüllt waren. Für den Beginn der Konzernrechnungslegungspflicht nach § 11 PublG ist § 2 Abs. 1 S. 2 PublG dagegen nicht anzuwenden (§ 12 Abs. 1 PublG). Ungeachtet einer bisherigen Konzernrechnungslegungspflicht der formwechselnden KapGes. wäre für eine Konzernrechnungslegungspflicht der Personenhandelsgesellschaft daher Voraussetzung, dass auch in den beiden vorhergehenden GJ die Größenmerkmale des § 11 Abs. 1 PublG jeweils bereits überschritten wurden[500].
- Erfüllt die neue **Personenhandelsgesellschaft** den Tatbestand des **§ 264a Abs. 1 HGB**, sind grundsätzlich dieselben Vorschriften weiterhin anzuwenden, die auch schon die formwechselnde KapGes. zu beachten hatte. Es entfallen lediglich die rechtsformspezifischen Anforderungen für KapGes. (z.B. Zusatzangaben nach § 160 AktG). Stattdessen müssen nunmehr aber die Besonderheiten beachtet werden, die für den JA einer Personenhandelsgesellschaft i.S.d. § 264a Abs. 1 HGB gelten. Dies erfordert z.B. eine abweichende **Gliederung des EK** nach § 264c Abs. 2 HGB oder die Bildung eines **Sonderpostens** für von der Gesellschaft gehaltene Anteile an Komplementär-Gesellschaften nach § 264c Abs. 4 HGB[501] in der Bilanz sowie **Zusatzangaben im Anhang** nach § 265 Abs. 2 HGB zur Herstellung der Vergleichbarkeit mit dem Vorjahr und nach § 285 Nr. 15 HGB über Name, Sitz und gezeichnetes Kapital der Komplementär-Gesellschaften.
- Außerdem ist im Anhang ggf. der Betrag der im HR gem. § 172 Abs. 1 HGB eingetragenen **Hafteinlagen** von Kommanditisten anzugeben, soweit diese noch nicht vollständig geleistet sind (§ 264c Abs. 2 S. 9 HGB). Dabei ist zu beachten, dass die Hafteinlage auch als nicht geleistet gilt, soweit sie in Anteilen an Komplementär-Gesellschaften besteht (§ 172 Abs. 6 S. 1 HGB).
- Schließlich kann zur besseren **Vergleichbarkeit des Steueraufwands** von dem Wahlrecht nach § 264c Abs. 3 S. 2 HGB (Angabe eines pauschalierten Steueraufwands der Gesellschafter in der GuV) Gebrauch gemacht werden. Andernfalls wären auch insoweit Zusatzangaben zur Vergleichbarkeit im Anhang erforderlich.

---

499 Ebenso ADS[6], § 2 PublG, Tz. 13; *Deubert/Hoffmann*, in: Winkeljohann/Förschle/Deubert, Sonderbilanzen[5], L, Tz. 101.

500 Im Ergebnis ebenso *Deubert/Hoffmann*, in: Winkeljohann/Förschle/Deubert, Sonderbilanzen[5], L, Tz. 102.

501 Ebenso *Deubert/Hoffmann*, in: Winkeljohann/Förschle/Deubert, Sonderbilanzen[5], L, Tz. 126.

- Bestehende **Steuerverbindlichkeiten und Steuerrückstellungen** für Zeiträume, in denen die KapGes. noch Steuersubjekt war, werden nach dem Formwechsel von der neuen Personenhandelsgesellschaft geschuldet. Obwohl die Gesellschaft künftig nur noch der Gewerbesteuer unterliegt, sind daher auch die Wertansätze für noch zu zahlende KSt und SolZ zur KSt fortzuführen, solange die Steuerschuld noch besteht[502].
- **Latente Steuern**, die bisher in der Bilanz der formwechselnden KapGes. gem. § 274 HGB für voraussichtliche künftige Steuerbelastungen oder -entlastungen aufgrund bestehender Bewertungsunterschiede in Handels- und Steuerbilanz angesetzt waren, sind nach h.M. im ersten nachfolgenden JA der Personenhandelsgesellschaft erfolgswirksam aufzulösen, soweit die Steuerbelastung (oder Steuerentlastung) auf Ebene der Gesellschaft nicht mehr eintreten wird. Dies gilt insb. für die KSt und den SolZ[503], während die Höhe einer bisher ggf. passivierten latenten GewSt durch den Formwechsel regelmäßig nicht tangiert wird[504].
- Wird aber kein Antrag nach § 3 Abs. 2 i.V.m. § 9 UmwStG zur Fortführung der Buchwerte laut steuerlicher Schlussbilanz der bisherigen KapGes. gestellt und werden steuerlich stattdessen höhere gemeine Werte (Verkehrswerte) angesetzt, die dann auch für die Steuerbilanz der neuen Personenhandelsgesellschaft maßgeblich sind, ist auch eine Neuberechnung der latenten GewSt erforderlich. In diesem Fall könnte die Personenhandelsgesellschaft in ihrem nächsten handelsrechtlichen JA für einen aufgrund der höheren steuerlichen Wertansätze (§ 3 Abs. 1 i.V.m. § 18 Abs. 1 S. 1 UmwStG) ggf. entstehenden Aktivüberhang (Ersparnis infolge künftig höherer steuerlicher Betriebsausgaben) erfolgswirksam einen Bilanzposten für aktive latente GewSt ansetzen (§ 274 Abs. 1 S. 2 HGB)[505].
- Von der bisherigen KapGes. gehaltene und bilanziell mit dem EK verrechnete **eigene Anteile** sind nach dem Formwechsel erfolgsneutral vollständig über die Kapitalkonten der Gesellschafter auszubuchen[506], da Personengesellschaften keine eigenen Anteile besitzen können[507]. Die ursprünglichen AK dieser Anteile waren nach § 272 Abs. 1a HGB bereits mit freien Rücklagen verrechnet und der danach verbleibende Restbuchwert (= anteiliges Nennkapital der eigenen Anteile) war offen von dem Posten „Gezeichnetes Kapital“ abgesetzt worden, so dass in der Bilanz der KapGes. ohnehin nur noch ein entsprechend geringeres bilanzielles EK ausgewiesen wurde.
- Die infolge des Formwechsels **anfallenden Kosten** mindern das Jahresergebnis der Personenhandelsgesellschaft[508] und damit die Gewinnanteile ihrer Gesellschafter im ersten GJ
- Beim Formwechsel in eine KG sind im Umwandlungsbeschluss die Firmen bzw. Namen der Kommanditisten sowie die jeweiligen **Beträge ihrer Kommanditeinlagen**

502 Vgl. *IDW RS HFA 41*, Tz. 34.

503 Vgl. *IDW RS HFA 41*, Tz. 33; *Deubert/Hoffmann*, in: Winkeljohann/Förschle/Deubert, Sonderbilanzen[5], L, Tz. 131; *Künkele/Zwirner*, StuB 2013, S. 163 (169); *Widmann*, in: Widmann/Mayer, UmwRecht[3], § 24 UmwG, Tz. 491.

504 Vgl. *Deubert/Hoffmann*, in: Winkeljohann/Förschle/Deubert, Sonderbilanzen[5], L, Tz. 131.

505 Vgl. *Deubert/Hoffmann*, in: Winkeljohann/Förschle/Deubert, Sonderbilanzen[5], L, Tz. 131; *Künkele/Zwirner*, StuB 2013, S. 163 (167).

506 Im Ergebnis ebenso *Deubert/Hoffmann*, in: Winkeljohann/Förschle/Deubert, Sonderbilanzen[5], L, Tz. 113.

507 Zur aktuellen Diskussion, ob Personengesellschaften eigene Anteile halten können, vgl. *Priester*, ZIP 2014, S. 245 (der dies bejaht) und *Schmidt*, ZIP 2014, S. 493 (der dies verneint).

508 Vgl. *IDW RS HFA 41*, Tz. 18.

anzugeben (§ 234 Nr. 2 UmwG). Damit sind die im HR einzutragenden Hafteinlagen i.S.d. § 161 Abs. 1 HGB gemeint. Soweit es sich dabei zugleich um Pflichteinlagen handelt, sind in der Bilanz in dieser Höhe Kapitalanteile von Kommanditisten auszuweisen; dabei muss die Summe der Kapitalanteile allerdings nicht dem bei der KapGes. bislang gebundenen Kapital entsprechen (siehe Tz. 203 ff.).

### 4.3.5 Aufbewahrungspflichten des Rechtsträgers neuer Rechtsform

Für die Erfüllung der gesetzlichen Pflichten des Rechtsträgers neuer Rechtsform sind die gesetzlichen Vertreter (Mitglieder des Geschäftsführungsorgans) zuständig. Neben den evtl. noch ausstehenden Arbeiten zur Buchführung, Aufstellung des JA, Erteilung des Auftrags zur Prüfung sowie der Offenlegung haben diese Organe auch die Aufbewahrungs- und ggf. Vorlagepflichten nach den §§ 257-261 HGB für die Unterlagen des Rechtsträgers alter Rechtsform zu erfüllen; dies gilt auch für den Formwechsel in eine GbR[509]. **218**

### 4.3.6 Bilanzen und Wertansätze im Steuerrecht

Im Gegensatz zum Gesellschaftsrecht behandelt das Umwandlungssteuerrecht den Formwechsel einer KapGes. in eine Personengesellschaft et vice versa stets als eine Vermögensübertragung von dem formwechselnden auf den Rechtsträger neuer Rechtsform (§§ 9, 25 UmwStG). Aus diesem Grund muss auf den **steuerlichen Übertragungsstichtag**, der auf einen Zeitpunkt bis zu acht Monate vor der Anmeldung des Formwechsels zurückbezogen werden kann, grundsätzlich jeweils eine Bilanz sowohl für den formwechselnden als auch für den neuen Rechtsträger aufgestellt werden[510]. **219**

Bei dem statuswahrenden Formwechsel einer KapGes. in eine KapGes. anderer Rechtsform (oder zwischen Personenhandelsgesellschaften nach anderen Vorschriften als dem UmwG, § 214 Abs. 1 UmwG) ist aber wegen der unveränderten Besteuerung bei Fortführung der steuerlichen Buchwerte keine Bilanz zu erstellen[511]. **220**

Demgegenüber wird der statusändernde Formwechsel einer KapGes. in eine Personengesellschaft (und umgekehrt) steuerlich einer übertragenden Umwandlung gleichgestellt[512]. In diesem Fall ist daher für steuerliche Zwecke auf den Zeitpunkt, in dem der Formwechsel wirksam wird, oder auf einen höchstens acht Monate vor der HR-Anmeldung liegenden Stichtag zwingend eine steuerliche **Übertragungsbilanz** (= Schlussbilanz der KapGes.) und eine **Eröffnungsbilanz** der Personengesellschaft aufzustellen (§ 9 S. 2 f. UmwStG). Für die Wertansätze in diesen Bilanzen und die steuerlichen Auswirkungen (einschließlich der Besteuerung der Anteilsinhaber) gelten die Regelungen in den §§ 3 bis 8 UmwStG zum Vermögensübergang auf eine Personengesellschaft entsprechend (§ 9 S. 1 UmwStG)[513]. **221**

Auch im umgekehrten Fall des Formwechsels einer Personenhandelsgesellschaft in eine KapGes. muss nach § 25 S. 2 UmwStG eine steuerliche Übertragungsbilanz für die Personengesellschaft und eine Eröffnungsbilanz für die KapGes. auf den steuerlichen **222**

---

509 Vgl. *Widmann*, in: Widmann/Mayer, UmwRecht[3], § 24 UmwG, Tz. 496.

510 Zu weiteren Einzelheiten der steuerlichen Behandlung vgl. z.B. *Klingberg*, in: Winkeljohann/Förschle/Deubert, Sonderbilanzen[5], L, Tz. 190 ff.

511 Vgl. *Klingberg*, in: Winkeljohann/Förschle/Deubert, Sonderbilanzen[5], L, Tz. 220 f.

512 Vgl. *Klingberg*, in: Winkeljohann/Förschle/Deubert, Sonderbilanzen[5], K, Tz. 230 ff.

513 Im Einzelnen *Klingberg*, in: Winkeljohann/Förschle/Deubert, Sonderbilanzen[5], K, Tz. 125 ff. m.w.N.

Übertragungsstichtag aufgestellt werden. Für die Wertansätze in diesen Bilanzen und die steuerlichen Auswirkungen (einschließlich der Besteuerung der Anteilsinhaber) finden gem. § 25 S. 1 UmwStG die §§ 20-23 UmwStG zum Vermögensübergang auf eine KapGes. (sog. Einbringung) entsprechende Anwendung[514].

## 5. Rechnungslegung bei Umstrukturierungen nach IFRS

223 Nach der Verordnung (EG) Nr. 1606/2002 des Europäischen Parlaments und des Rates v. 19.07.2002 betreffend die Anwendung internationaler Rechnungslegungsstandards (IFRS-Verordnung)[515] sind **kapitalmarktorientierte**[516] MU verpflichtet, ihre konsolidierten Abschlüsse nach den von der EU übernommenen International Financial Reporting Standards (IFRS) (und den ergänzend nach § 315a Abs. 1 HGB anzuwendenden handelsrechtlichen Vorschriften) aufzustellen. Mit dem Bilanzrechtsreformgesetz (BilReG) v. 04.12.2004[517] hat der deutsche Gesetzgeber überdies **nicht-kapitalmarktorientierten** MU das Wahlrecht zur (befreienden) Konzernrechnungslegung nach IFRS sowie KapGes. und haftungsbeschränkten Personenhandelsgesellschaften i.S.v. § 264a Abs. 1 HGB die befreiende Offenlegung von IFRS-Einzelabschlüssen nach § 325 Abs. 2a HGB eröffnet. Vor diesem Hintergrund hat auch die bilanzielle Behandlung von Umstrukturierungen nach IFRS zunehmend an Bedeutung gewonnen[518]. Dabei ist zwischen konzernexternen und -internen Umwandlungen zu unterscheiden.

224 Eine **konzernexterne Umwandlung** (z.B. Verschmelzung) qualifiziert für den übernehmenden Rechtsträger als ein Unternehmenszusammenschluss (business combination) nach IFRS 3, falls der übertragende Rechtsträger ein Geschäftsbetrieb (business)[519] darstellt. Zur Bilanzierung eines Unternehmenszusammenschlusses nach IFRS 3 sei auf die Literatur verwiesen[520].

225 Bei einer **konzerninternen Umwandlung** (z.B. up-stream-merger[521]) ist IFRS 3 nicht anwendbar, da Transaktionen unter gemeinsamer Beherrschung (transactions under common control) aus seinem Anwendungsbereich ausgenommen sind (IFRS 3.2c). Eine **Transaktion unter gemeinsamer Beherrschung** „ist ein Zusammenschluss, in dem letztlich alle sich zusammenschließenden Unternehmen oder Geschäftsbetriebe von derselben Partei oder denselben Parteien sowohl vor als auch nach dem Unternehmenszusammenschluss beherrscht werden, und diese Beherrschung nicht vorübergehender Natur ist“[522].

226 In Ermangelung ausdrücklicher Regelungen zur Bilanzierung von Transaktionen unter gemeinsamer Beherrschung ist die Regelungslücke durch IAS 8.10 ff. zu schließen. Dabei können nach IAS 8.12 auch „sonstige Rechnungslegungs-Verlautbarungen“ verwendet werden, so bspw. *IDW RS HFA 2*[523].

---

514 Im Einzelnen *Klingberg*, in: Winkeljohann/Förschle/Deubert, Sonderbilanzen[5], K, Tz. 190 ff. m.w.N.
515 ABl.EU 2002, Nr. L 243, S. 1.
516 I.S.v. Art. 4 der IAS-VO (nicht: § 264d HGB).
517 BGBl. I 2004, S. 3166.
518 Vgl. hierzu *Lieck*, Umwandlungen.
519 Vgl. IFRS 3 Anhang A.
520 Vgl. *IDW*, WPH Edition, Wirtschaftsprüfung & Rechnungslegung[15], Kap. K Tz. 286 ff.
521 Vgl. hierzu *Dutzi/Leuveld/Rusch*, BB 2015, S. 2219 (2221 ff.) unter Hinweis auf zwei Discussion Paper der EFRAG zur bilanziellen Abbildung konzerninterner Transaktionen.
522 IFRS 3 Anhang B.1.
523 Stand: 06.06.2012.

Als **konzerninterne Umstrukturierungen** bezeichnet *IDW RS HFA 2* die Einbringung bislang vom MU gehaltener Anteile an einem TU in ein anderes TU durch Veräußerung oder durch Sacheinlage, die Verschmelzung zweier TU sowie die Veräußerung des gesamten (Rein-)Vermögens eines TU an ein anderes TU. Dabei wird jeweils unterstellt, dass beide an der Transaktion beteiligten TU bislang im Wege der Vollkonsolidierung in den KA eines gemeinsamen MU einbezogen werden, aber nicht demselben Teilkonzern angehören. 227

Die Abbildung von konzerninternen Einbringungen oder Verschmelzungen im **Teil-KA des übernehmenden TU** bestimmt sich danach, ob ein Teil-KA nach den IFRS als ein vom KA des übergeordneten MU eigenständiger Abschluss (separate reporting entity approach) oder lediglich als ein (unselbstständiger) Ausschnitt aus dem KA des übergeordneten MU betrachtet wird. 228

Bei Zugrundelegung des **separate reporting entity approach** ist die konzerninterne Einbringung oder Verschmelzung als ein Unternehmenszusammenschluss nach IFRS 3 analog abzubilden. Dies gilt auch für die Bestimmung des Erwerbers des Unternehmenszusammenschlusses[524]. Insbesondere bei der konzerninternen Einbringung oder Verschmelzung von 100%-igen TU kann die Gegenleistung des übernehmenden TU von den tatsächlichen Wertverhältnissen der übertragenen Anteile respektive des übertragenen (Rein-)Vermögens abweichen. Ist die Gegenleistung wesentlich höher (niedriger) als die tatsächlichen Wertverhältnisse, ist der **Differenzbetrag** mit der Kapitalrücklage zu verrechnen (in die Kapitalrücklage einzustellen); der Ansatz eines Geschäfts- oder Firmenwerts (der Ausweis eines Ertrags aus einem bargain purchase) scheidet insoweit aus[525]. 229

Wird dagegen ein Teil-KA lediglich als ein **Ausschnitt aus dem KA des übergeordneten MU** betrachtet, qualifiziert die konzerninterne Einbringung oder Verschmelzung nicht als ein Erwerb. Vielmehr sind solchenfalls im Teil-KA des übernehmenden TU die Vermögenswerte und Schulden mit den Konzernbuchwerten des übergeordneten MU im Zeitpunkt der Transaktion zu bewerten (predecessor accounting). Ein entstehender **Differenzbetrag** zwischen der Gegenleistung und dem (Rein-)Vermögen ist (erfolgsneutral) mit dem EK zu verrechnen. 230

Mehrere konzerninterne Einbringungen oder Verschmelzungen sind nach einer der beiden Methoden **einheitlich** abzubilden. Die angewandte Abbildungsmethode ist im **Anhang** darzustellen[526]. 231

Im **KA des übergeordneten MU** sind konzerninterne Einbringungen oder Verschmelzungen nach dem **Einheitsgrundsatz** grundsätzlich zu eliminieren. Die übertragenen Vermögenswerte und Schulden müssen mit ihren bisherigen Konzernbuchwerten fortgeführt werden[527]. Dies gilt auch bei einer konzerninternen Verschmelzung eines nicht im 100%-igen Anteilsbesitz des MU stehenden TU, bei der eine (anteilige) Anpassung der bisherigen Konzernbuchwerte nicht zulässig ist. Unterschiedsbeträge zwischen der Gegenleistung und dem Betrag, um den die nicht-beherrschenden Anteile angepasst werden, sind vielmehr mit dem EK zu verrechnen (IFRS 10.23). 232

524 Vgl. *IDW RS HFA 2*, Tz. 37.
525 Vgl. *IDW RS HFA 2*, Tz. 39 f.
526 Vgl. IAS 1.112(a) und IAS 1.117.
527 Vgl. *IDW RS HFA 2*, Tz. 43 f.

## 6. Formwechsel in eine SE sowie Rechnungslegung bei grenzüberschreitender Verschmelzung und Sitzverlegung

### 6.1 Gesellschaftsrecht

**233** Mit Inkrafttreten der Verordnung (EG) Nr. 2157/2001 des Rates v. 08.10.2001 über das Statut der Europäischen Gesellschaft (SE) am 08.10.2004 (Art. 70 der SE-VO)[528] wurde eine neue Rechtsform geschaffen, die sich zu den bisher bekannten Gesellschaftsformen nationalen Rechts gesellt.

Bei der **Societas Europaea** (SE) handelt es sich um eine juristische Person (KapGes.) mit Sitz in einem Mitgliedstaat der EU, die als AG i.S.d. jeweiligen nationalen Rechts gilt und die dem nationalen Recht des jeweiligen Sitzstaats unterliegt (Art. 3 Abs. 1 SE-VO). Mit dieser **neuen Rechtsform** soll es Gesellschaften mit statutarischem Sitz in verschiedenen EU-Mitgliedstaaten ermöglicht werden, grenzüberschreitend zu fusionieren oder eine Holding-SE zu errichten sowie gemeinsame TU in der Rechtsform der SE (Tochter-SE) zu gründen (Art. 2 SE-VO). Außerdem soll es allen nach dem Recht eines EU-Mitgliedstaats gegründeten AG i.S.v. Anhang I zu Art. 2 Abs. 1 der SE-VO (in Deutschland: AG, nicht aber KGaA) mit satzungsmäßigem Sitz und Hauptverwaltung innerhalb der EU ermöglicht werden, ihre Rechtsform in die einer SE durch Umwandlung ohne Auflösung zu wechseln (Formwechsel in SE), wenn sie seit mindestens zwei Jahren zumindest eine dem Recht eines anderen EU-Mitgliedstaats unterliegende Tochtergesellschaft haben (Art. 2 Abs. 4 SE-VO). Der Sitz einer SE kann dann nach dem Formwechsel unter den in Art. 8 SE-VO genannten Voraussetzungen in einen anderen Mitgliedstaat verlegt werden, wobei dies weder zur Auflösung der bestehenden SE, noch zur Gründung einer neuen juristischen Person führt.

**234** Eine SE kann in jedem EU-Mitgliedstaat nur unter den Voraussetzungen und in der Weise gegründet werden, die in der SE-Verordnung vorgesehen sind (Art. 1 Abs. 1 SE-VO)[529]. Das Grundkapital muss mindestens 120.000 €[530] betragen, sofern Bestimmungen des Sitzstaats für Gesellschaften, die bestimmte Tätigkeiten ausüben (z.B. Kreditinstitute), kein höheres Mindestgrundkapital vorsehen (Art. 4 SE-VO). Für die grenzüberschreitende **Verschmelzung bestehender SE** zur Gründung einer neuen SE oder zur Aufnahme durch eine SE ist für die beteiligten Gesellschaften jeweils das nationale Recht anzuwenden, das in ihrem jeweiligen Sitzstaat für die **Verschmelzung von AG** unter Berücksichtigung des grenzüberschreitenden Charakters maßgeblich ist (Art. 24 Abs. 1 SE-VO). In Deutschland sind das die Vorschriften der §§ 122a bis 122l UmwG i.V.m. §§ 5 bis 8 des SE-Ausführungsgesetzes (SEAG)[531]. Auch für die Beteiligung an der Gründung einer Tochter-SE findet das für den Sitz der neuen Tochter-SE maßgebliche nationale **Recht der Gründung von AG** Anwendung (Art. 36 SE-VO).

528 ABl.EU 2001, Nr. L 294, S. 1, zuletzt geändert durch VO (EG) Nr. 1791/2006 v. 20.11.2006, ABl.EU 2006, Nr. L 363, S. 1.

529 Vgl. zu Einzelheiten *Kersting*, DB 2001, S. 2079. Das Weitere regelt in Deutschland das Gesetz zur Ausführung der Verordnung (EG) Nr. 2157/2001 des Rates v. 08.10.2001 über das Statut der Europäischen Gesellschaft (SE) (SE-Ausführungsgesetz – SEAG) v. 22.12.2004, BGBl. I 2004, S. 3675, zuletzt geändert durch Gesetz v. 10.05.2016, BGBl. I, S. 1142.

530 Für Mitgliedstaaten ohne Euro wahlweise auch in Landeswährung nach entsprechender Umrechnung mit dem Euro-Kurs am letzten Tag des Monats vor der Gründung der SE (Art. 67 Abs. 1 SE-VO).

531 Vgl. *Deubert/Henckel*, in: Winkeljohann/Förschle/Deubert, Sonderbilanzen[5], H, Tz. 20 ff. m.w.N.

In Umsetzung der Richtlinie über die Verschmelzung von KapGes. aus verschiedenen Mitgliedstaaten (sog. Verschmelzungsrichtlinie)[532] gestattet § 122b Abs. 1 UmwG auch **anderen Rechtsformen von ausländischen KapGes.** i.S.d. Art. 2 Nr. 1 dieser Richtlinie die Beteiligung an einer grenzüberschreitenden Verschmelzung als übertragende, übernehmende oder neue Gesellschaft. Voraussetzung ist jedoch, dass die daran beteiligten KapGes. nach dem Recht eines EU-Mitgliedstaats oder eines anderen EWR-Vertragsstaats gegründet worden sind und ihren satzungsmäßigen Sitz, ihre Hauptverwaltung oder ihre Hauptniederlassung in einem dieser Staaten haben. Dabei muss jede – an einem solchen Vorgang beteiligte – KapGes. jeweils nur „die Vorschriften und Formalitäten des für sie geltenden innerstaatlichen Rechts einhalten bzw. erledigen"[533]. Die sich daraus ergebenden Möglichkeiten werden in der Praxis als ein Instrument zur Konzernstrukturierung, insb. zur Verschlankung bestehender Strukturen eingesetzt[534].

Für den **Formwechsel einer AG in eine SE** regelt die SE-VO ausdrücklich, dass die Umwandlung weder die Auflösung der bestehenden Gesellschaft, noch die Gründung einer neuen juristischen Person zur Folge hat (Art. 37 Abs. 2)[535]. Neben der ggf. erforderlichen vorherigen Anpassung des Grundkapitals einer formwechselnden deutschen AG auf den Mindestbetrag von 120.000 € (Art. 4 SE-VO) ist aber Voraussetzung für den Formwechsel in eine SE, dass die Anforderungen von Art. 37 i.V.m. Art. 12 SE-VO beachtet werden[536]. Danach ist es nicht zulässig, den Sitz der formwechselnden AG nationalen Rechts zugleich mit dem Formwechsel in einen anderen Mitgliedstaat zu verlegen (Art. 37 Abs. 3 SE-VO), bevor sie nach Art. 12 SE-VO in das maßgebliche Unternehmensregister im Sitzstaat eingetragen wurde. Der Formwechsel einer deutschen AG in die Rechtsform der SE erfordert dementsprechend, die SE zunächst als solche in das deutsche HR einzutragen (§ 3 SEAG i.V.m. § 16 ff. UmwG). Anschließend kann der Sitz dieser SE (vormals AG) nach Maßgabe der Regelungen über die **grenzüberschreitende Sitzverlegung** in Art. 8 SE-VO i.V.m. §§ 12 bis 14 SEAG in einen anderen Mitgliedstaat verlegt werden (siehe Tz. 242 f.). In diesem Fall ist jedem Aktionär, der gegen den Verlegungsbeschluss Widerspruch zur Niederschrift erklärt, der Erwerb seiner Aktien gegen eine angemessene Barabfindung anzubieten (§ 12 SEAG) und den Gläubigern der SE ist ggf. Sicherheit zu leisten (§ 13 SEAG). Auch aus dem unionsrechtlichen Prinzip der **Niederlassungsfreiheit** lässt sich kein allgemeiner Rechtssatz ableiten, der *ohne weiteres* einen (unmittelbar grenzüberschreitenden) Formwechsel von AG aus Deutschland in das Ausland (oder umgekehrt) ermöglichen würde[537], denn die Niederlassungsfreiheit gebietet nur die Gleichbehandlung von inländischen mit grenzüberschreitenden Um- 235

532 Richtlinie 2005/56/EG v. 26.10.2005, ABl.EU 2005, Nr. L 310, S. 1.

533 Art. 4 Abs. 1 Buchst. a der Richtlinie 2005/56/EG.

534 Zu aktuellen Fragen vgl. *Drygala/von Bressendorf*, NZG 2016, S. 1161; zu gesellschafts- und umwandlungsrechtlichen Praxisfragen der grenzüberschreitenden Verschmelzung sowie zu Gestaltungsvarianten der Arbeitnehmermitbestimmung siehe *Krauel/Mense/Wind*, Der Konzern 2010, S. 541; *Schwedhelm*, GmbH-StB 2007, S. 182; *Vetter*, AG 2006, S. 613; zu gesellschafts- und steuerrechtlichen Grundlagen *Louven et al.*, BB-Special 3/2006, S. 1; mögliche Auswirkungen des Brexit auf das Internationale Gesellschaftsrecht *Freitag/Korch*, ZIP 2016, S. 1361.

535 Wegen der bilanziellen Auswirkungen des Formwechsels einer deutschen AG in eine SE kann daher auf die vorhergehenden Ausführungen zum Wechsel der Rechtsform einer KapGes. in die einer anderen KapGes. verwiesen werden, wobei jeweils die für AG geltenden strengeren Vorschriften anzuwenden sind.

536 Zum Verfahren im Einzelnen *Seibt/Reinhard*, Der Konzern 2005, S. 422.

537 Vgl. EuGH v. 12.07.2012 – Rs C-378/10 („Vale"), ZIP 2012, S. 1394.

wandlungen[538]. Ein Formwechsel *unter gleichzeitiger Sitzverlegung* wäre also nur möglich, wenn die Rechtsordnungen beider beteiligter Mitgliedstaaten auch für einen inländischen Formwechsel die gleichzeitige Sitzverlegung ohne vorherige Eintragung der neuen Rechtsform gestatten würden. In Deutschland erfordert der Formwechsel aber nach § 198 Abs. 1 i.V.m. § 202 UmwG, Art. 7 SE-VO stets zunächst die Anmeldung und Eintragung der neuen Rechtsform zum HR am Sitz der Hauptverwaltung der formwechselnden AG (§ 235 Abs. 2 UmwG).

**236** Im Fall einer **grenzüberschreitenden Verschmelzung** aus Deutschland hinaus oder nach Deutschland hinein können sich – im Vergleich zu einer rein innerdeutschen Umwandlung – spezifische Besonderheiten sowohl für die nach § 122k Abs. 1 S. 2 UmwG erforderliche Schlussbilanz nach § 17 Abs. 2 UmwG als auch für die Übernahme ausländischer Bilanzansätze § 24 UmwG analog ergeben. Die SE-VO enthält keine Regelungen zur Rechnungslegung bei grenzüberschreitender Verschmelzung von SE oder dem Formwechsel einer (ggf. ausländischen) AG in eine SE. Den Bestimmungen in Art. 18 SE-VO ist nur zu entnehmen, dass im Fall der Verschmelzung zur Gründung einer SE für jede an der Gründung beteiligte Gesellschaft die für die Verschmelzung von AG geltenden Vorschriften des Mitgliedstaats anzuwenden sind, dessen Recht die an der Gründung beteiligte Gesellschaft unterliegt.

**237** Bei der **grenzüberschreitenden Verschmelzung** sind die Grundfälle (a) „Sitz der übertragenden Gesellschaft im Inland" (sog. Hinaus-Verschmelzung) und (b) „Sitz der übernehmenden Gesellschaft im Inland" (sog. Herein-Verschmelzung) zu unterscheiden. Im Falle einer **Hinaus-Verschmelzung** hat die übertragende deutsche KapGes. stets eine Schlussbilanz nach § 17 Abs. 2 UmwG aufzustellen, die zunächst dem Registergericht ihres Sitzes zur Anmeldung der Verschmelzung einzureichen ist (§ 122k Abs. 1 i.V.m. § 17 Abs. 2 UmwG), um die erforderliche „Verschmelzungsbescheinigung" über die Erfüllung der Voraussetzungen für eine grenzüberschreitende Verschmelzung erlangen zu können (§ 122k Abs. 2 UmwG). Die Registereintragung am Sitz der übertragenden Gesellschaft ist dann mit dem Vermerk zu versehen, dass die grenzüberschreitende Verschmelzung unter den Voraussetzungen des Rechts des Staats, dem die übernehmende oder neue Gesellschaft unterliegt, wirksam wird (§ 122k Abs. 2 S. 3 UmwG).

**238** Nach Eingang einer Mitteilung des ausländischen Registers, in dem die übernehmende oder neue Gesellschaft eingetragen ist oder wurde, über das Wirksamwerden der Verschmelzung im Ausland hat das deutsche Registergericht des Sitzes der übertragenden Gesellschaft den Tag des Wirksamwerdens im HR zu vermerken und die bei ihm aufbewahrten elektronischen Dokumente (also auch die Schlussbilanz) dem ausländischen Register zu übermitteln (§ 122k Abs. 4 i.V.m. § 16 Abs. 2 und 3 UmwG). Demnach gilt auch für die grenzüberschreitende Verschmelzung, dass sie zwar zunächst bei dem Register der übertragenden Gesellschaft anzumelden und einzutragen ist, aber erst mit der

538 Vgl. *Behrens*, Anm. zum Vale-Urteil des EuGH, EuZW 2012, S. 625; a.A. *IDW RS HFA 41*, Tz. 6, wo unter Hinweis auf das Urteil des EuGH v. 12.07.2012 offenbar von einer generellen Zulässigkeit des identitätswahrenden grenzüberschreitenden Formwechsels ausgegangen wird.

Eintragung der Verschmelzung in das (ausländische) Register der übernehmenden Gesellschaft rechtswirksam wird[539].

## 6.2 Bilanzrecht

239 Für die von einer **übertragenden deutschen** Gesellschaft aufzustellende Schlussbilanz gelten die deutschen handelsrechtlichen und rechtsformspezifischen Vorschriften über die Jahresbilanz und deren Prüfung entsprechend (§§ 122k Abs. 1 S. 2, 17 Abs. 2 S. 2 UmwG). Anpassungen an ggf. vom deutschen Bilanzrecht abweichende ausländische Ansatz- oder Bewertungsmethoden sind daher nicht zulässig, soweit die Wertansätze mit den deutschen handelsrechtlichen Vorschriften, insb. auch dem Grundsatz der Methodenstetigkeit, nicht vereinbar sind[540]. Bei der Aufstellung der Schlussbilanz ist aber für Zwecke der Steuerberechnung zu berücksichtigen, wie die grenzüberschreitende Verschmelzung bei der übertragenden Gesellschaft steuerlich zu behandeln ist[541]. Führt die grenzüberschreitende Hinaus-Verschmelzung etwa durch einen damit verbundenen Ausschluss oder eine Beschränkung des deutschen Besteuerungsrechts zu einer Veräußerungsgewinnbesteuerung (d.h. zwingender Ansatz des gemeinen Werts des Vermögens in der steuerlichen Schlussbilanz der übertragenden KapGes., § 11 Abs. 2 Nr. 2 UmwStG), muss für die damit verbundene (aufschiebend bedingte) Steuerbelastung eine Rückstellung für ungewisse Verbindlichkeiten auch in der handelsrechtlichen Schlussbilanz gebildet werden, auch wenn die rechtliche Entstehung der Steuerlast noch von dem Vollzug der Verschmelzung abhängt. Wirtschaftlich ist die Steuerbelastung jedoch bereits durch die Notwendigkeit der Aufstellung einer Steuerbilanz zu gemeinen Werten verursacht[542]. Ist dagegen das Besteuerungsrecht des deutschen Fiskus sichergestellt (z.B. weil das Vermögen in einer deutschen Betriebsstätte der übernehmenden ausländischen Gesellschaft verbleibt), wird der übertragenden deutschen KapGes. durch § 11 Abs. 2 UmwStG ein steuerliches Wahlrecht zur Gewinnrealisierung oder zur Fortführung der steuerlichen Buchwerte eingeräumt. Werden die steuerlichen Buchwerte fortgeführt, ist insoweit eine Steuerrückstellung in der Schlussbilanz also nicht erforderlich.

240 Die Zugangsbilanzierung und -bewertung bei der **übernehmenden ausländischen** Gesellschaft bestimmt sich nach deren nationalem Recht. Ein grenzüberschreitender Bilanzzusammenhang, für den weder die SE-VO noch die Richtlinie 2005/56/EG v. 26.10.2005 Regelungen enthalten, existiert insoweit nicht[543].

241 Im Falle einer **Herein-Verschmelzung** ist für die übernehmende inländische KapGes. das Wahlrecht des § 24 UmwG analog eröffnet, das nach h.M. bereits im Verschmelzungsplan auszuüben ist[544]. Bei Ausübung des Wahlrechts zugunsten einer

539 Siehe § 19 UmwG und auch die entsprechenden Vorgaben durch Art. 27 Abs.1 i.V.m. Art. 12 Abs. 1 SE-VO für die grenzüberschreitende Verschmelzung von SE zur Gründung einer SE sowie durch Art. 12 und Art. 13 der Richtlinie 2005/56/EG v. 26.10.2005, ABl.EU 2005, Nr. L 310, S. 1 ff. für die Verschmelzung von Gesellschaften anderer Rechtsformen.

540 Vgl. *IDW RS HFA 42*, Tz. 84.

541 Dazu *Müller, W.*, in: FS Raupach, S. 261 (272).

542 So *Müller, W.*, in: FS Raupach, S. 261 (270), der darüber hinaus auch die Passivierung anderer verschmelzungsbedingter Belastungen der übertragenden Gesellschaft (z.B. vereinbarte Übernahme von Verschmelzungskosten, noch vorgesehene Gewinnausschüttungen) für erforderlich hält. Gl.A. *Simon*, in: Dauner/Lieb/Simon, UmwG, § 24 UmwG, Tz. 96.

543 Vgl. *Müller, W.*, in: FS Raupach, S. 261 (268).

544 Vgl. *IDW RS HFA 42*, Tz. 87, unter Hinweis auf § 122c Abs. 2 Nr. 11 UmwG.

Übernahme der (ggf. nicht GoB-konformen) Buchwerte aus der Schlussbilanz der übertragenden ausländischen KapGes. können **Anpassungen** erforderlich werden[545]: Zwar müssen die Buchwerte oder Posten des übernommenen Reinvermögens nicht retrospektiv an die Buchwerte bzw. Ansätze angepasst werden, die sich ergeben hätten, wenn die ausländische Gesellschaft schon immer nach den deutschen GoB bilanziert hätte[546]. Allerdings dürfen Vermögensgegenstände (Schulden) nicht mit einem höheren (niedrigeren) als ihrem Zeitwert angesetzt werden. Ferner dürfen Posten in der Schlussbilanz der übertragenden ausländischen KapGes., die nach den deutschen handelsrechtlichen Vorschriften nicht angesetzt werden dürfen (z.B. Derivate nach IFRS 9 oder Forderungen aus PoC[547] nach IAS 11), nicht fortgeführt werden[548]. Erforderliche Anpassungen sind bereits im Zeitpunkt des Zugangs des (Rein-)Vermögens **erfolgsneutral** zu berücksichtigen[549].

**242** Eine **Sitzverlegung** in einen anderen Mitgliedstaat der EU ist nur nach Maßgabe der Art. 8 SE-VO, Art. 12 bis 14 SEAG zulässig. Voraussetzung ist danach, dass die betreffende Gesellschaft die Rechtsform der SE hat (Art. 8 Abs. 1 SE-VO). Daher kann es erforderlich sein, die Rechtsform vor der Sitzverlegung in eine SE (ggf. nach vorheriger Umwandlung in eine AG) umzuwandeln, denn der Sitz der SE darf nicht gleichzeitig mit dem Formwechsel in einen anderen Mitgliedstaat verlegt werden (siehe Tz. 235). Bei der Sitzverlegung in einen anderen EU-Mitgliedstaat handelt es sich um einen Identität wahrenden Vorgang, der einem Formwechsel nach §§ 190 ff. UmwG vergleichbar ist. Da für die Sitzverlegung keine zivilrechtliche Vermögensübertragung erforderlich ist, besteht handelsrechtlich durch die Sitzverlegung keine Verpflichtung zur Aufstellung einer spezifischen Umwandlungsbilanz (Sitzverlegungs-Schlussbilanz und -Eröffnungsbilanz) [550]. Demnach hat der Vorstand der sitzverlegenden SE die bisherigen **handelsrechtlichen Buchwerte** der SE (ggf. nach vorheriger Umrechnung in Euro bzw. in die maßgebliche Landeswährung) **unverändert fortzuführen**, weil die Sitzverlegung weder eine erneute Anschaffung darstellt noch zu einer Neugründung führt.

**243** Unabhängig davon könnte es sich gleichwohl empfehlen, auf den Zeitpunkt der Wirksamkeit der Sitzverlegung eine handelsrechtliche Zwischen- bzw. Eröffnungsbilanz aufzustellen, um die Ausgangswerte der Aktiva und Passiva im Hinblick auf evtl. erforderliche Anpassungen von Wertansätzen und Folgeabschlüsse unter dem neuen nationalen Rechnungslegungsregime zutreffend festhalten und anschließend nach den Bestimmungen des HGB bzw. des anderen EU-Mitgliedstaats fortführen zu können[551]. In diesem Zusammenhang kann es bei einer Sitzverlegung nach Deutschland erforderlich sein, gewisse Umgliederungen von Bilanz- und GuV-Posten, die bisher nach ausländischen Bestimmungen gegliedert wurden, zur Anpassung an die im Inland geltenden Gliederungsschemata nach §§ 266, 275 HGB vorzunehmen bzw. nach HGB nicht zulässige Posten (z.B. Neubewertungsrücklage) in andere Posten umzugliedern oder auszubuchen. Solche Anpassungen sind grundsätzlich **erfolgsneutral** durchzuführen, da die Sitzverlegung kein Geschäftsvorfall ist, der eine Erfolgsrealisierung rechtfertigen würde.

545 Kritisch hierzu *Dutzi/Leuveld/Rusch*, BB 2015, 2219 (2220): „Wertekonglomerat".
546 Vgl. *IDW RS HFA 42*, Tz. 90.
547 Percentage of Completion.
548 Vgl. *IDW RS HFA 42*, Tz. 90.
549 Vgl. *IDW RS HFA 42*, Tz. 91.
550 Vgl. *Müller, W.*, in: FS Raupach, S. 261 (274).
551 So auch *Müller, W.*, in: FS Raupach, S. 261 (275).

Aufgrund dessen ergeben sich zwar keine Auswirkungen auf die GuV; die Höhe des buchmäßigen EK der SE kann aber gleichwohl tangiert werden. Wegen möglicherweise notwendiger steuerlicher Umbewertungen kann die Sitzverlegung darüber hinaus auch zu einer Erfolgswirkung in dem betreffenden Veranlagungszeitraum führen, weil die (handels- und steuerrechtliche) Buchführung und Ergebnisermittlung bis zum Zeitpunkt der Wirksamkeit der Sitzverlegung dem alten und nach diesem Zeitpunkt dem neuen Rechnungslegungs- und Besteuerungsregime unterliegt. Es könnte sich daher anbieten, i.Z.m. der Sitzverlegung ein Rumpfgeschäftsjahr zu bilden (ggf. mit anschließender Rückumstellung des GJ) oder die Sitzverlegung der SE auf den oder zeitnah zum Abschlussstichtag durchzuführen.

## 7. Verschmelzungsprüfung

### 7.1 Vorbemerkungen

Die Verschmelzungsprüfung wurde mit dem Gesetz zur Durchführung der Dritten Richtlinie des Rates der Europäischen Gemeinschaften zur Koordinierung des Gesellschaftsrechts (Verschmelzungsrichtlinie-Gesetz) v. 25.10.1982[552] in das deutsche Recht eingeführt. Ihr Anwendungsbereich war zunächst auf die Verschmelzung zweier oder mehrerer AG beschränkt. Die Reform des Umwandlungsrechts durch das Gesetz zur Bereinigung des Umwandlungsrechts v. 28.10.1994[553], welches am 01.01.1995 in Kraft getreten ist, hat an dem Institut der Verschmelzungsprüfung mit seinem bewährten a-priori-Schutz der Anteilsinhaber festgehalten. Die Vorschriften zur Verschmelzungsprüfung (§§ 9-12 UmwG) sind dabei nur geringfügig geändert worden. Wesentlich erweitert hat sich dagegen ihr Anwendungsbereich. 244

### 7.2 Die rechtlichen Vorschriften zur Verschmelzungsprüfung

#### 7.2.1 Prüfungszweck

Mit der Verschmelzungsprüfung hat der Gesetzgeber einen **Präventivschutz** für die von der Verschmelzung betroffenen Anteilsinhaber geschaffen[554]. Es liegt im Interesse der Anteilsinhaber der an der Verschmelzung beteiligten Rechtsträger, dass insb. das **Umtauschverhältnis der Anteile und dessen Angemessenheit** von unabhängigen Sachverständigen geprüft und ggf. bestätigt wird. Bereits vor der Beschlussfassung über die Verschmelzung sollen sie über die Angemessenheit des Umtauschverhältnisses sachkundig informiert werden, so dass sie eine sachgemäße und verantwortliche Entscheidung treffen können[555]. 245

Dieser a-priori-Schutz wird durch einen **a-posteriori-Schutz** der Anteilsinhaber des übertragenden Rechtsträgers in Form eines **Spruchverfahrens** ergänzt, das eine Nach-

552 BGBl. I 1982, S. 1425.

553 BGBl. I 1994, S. 3210, und BGBl. I 1995, S. 428.

554 Vgl. hierzu auch BGH v. 22.05.1989, ZIP 1989, S. 982; *Drygala*, in: Lutter/Bayer/Vetter, UmwG[5], § 9 UmwG, Tz. 4; *Müller, W.*, in: Kallmeyer, UmwG[5], § 9 UmwG, Tz. 2.

555 Vgl. hierzu auch BR-Drs. 75/94 v. 04.02.1994, S. 84; *Bula/Pernegger*, in: Sagasser/Bula/Brünger, Umwandlungen[4], § 9 UmwG, Tz. 230.

prüfung der Angemessenheit des Umtauschverhältnisses ermöglicht (§ 15 UmwG i.V.m. dem SpruchG)[556].

Die Verschmelzungsprüfung dient mithin nur den Interessen der Gesellschafter, nicht jedoch denen der Gläubiger. Deren Schutz wird durch die Kapitalaufbringungs- und Kapitalerhaltungsvorschriften des Gesellschaftsrechts gewährleistet[557].

### 7.2.2 Prüfungsanlässe

246 Nach § 9 Abs. 1 UmwG hat eine Prüfung der Verschmelzung durch sachverständige Prüfer zu erfolgen, soweit sich dies aus den einzelnen Bestimmungen des Umwandlungsgesetzes ergibt. Damit regelt § 9 UmwG die Verschmelzungsprüfung als gesetzliches Institut für alle Verschmelzungen[558]. Ob eine Verschmelzungsprüfung erfolgt, ergibt sich aus den rechtsformbezogenen Abschnitten des Zweiten Teils des Zweiten Buchs (§§ 44, 45e, 48, 60, 78, 81 Abs. 2, 100 UmwG). Danach bestehen grundsätzlich drei Möglichkeiten der Verschmelzungsprüfung[559]:

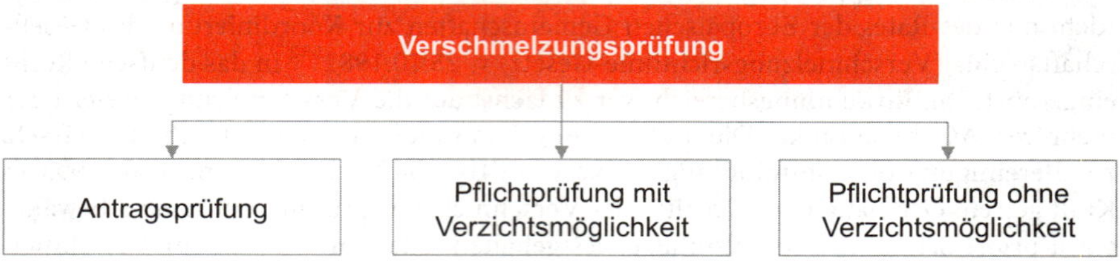


Abb. 3: Mögliche Verschmelzungsprüfungen

Die Verschmelzungsprüfung als **Antragsprüfung** findet nur statt, wenn sie von einem der Gesellschafter beantragt wird. Sie ist vornehmlich bei personalistisch strukturierten Gesellschaften anzutreffen, z.B. bei einer Verschmelzung unter Beteiligung von Personenhandelsgesellschaften, wenn die Verschmelzung mit Mehrheit beschlossen werden kann (§ 44 i.V.m. § 43 Abs. 2 UmwG); Gleiches gilt bei einer Verschmelzung von Partnerschaftsgesellschaften (§ 45e UmwG). Darüber hinaus ist sie bei der Verschmelzung unter Beteiligung von GmbH anzutreffen (§ 48 UmwG). Bei einer Verschmelzung unter Beteiligung von e.V. ergibt sich für die Antragsprüfung insoweit eine Besonderheit, als sie von mindestens 10% der Mitglieder schriftlich beantragt werden muss (§ 100 S. 2 UmwG); ansonsten entfällt sie[560].

Das Prüfungsbegehren der Gesellschafter einer Personenhandelsgesellschaft (§ 44 UmwG), einer GmbH (§ 48 UmwG) oder das der Partner einer Partnerschaftsgesellschaft (§ 44 i.V.m. § 45e UmwG) muss innerhalb von einer Woche geltend gemacht

556 Vgl. *Bula/Pernegger*, in: Sagasser/Bula/Brünger, Umwandlungen[4], § 9 UmwG, Tz. 232; *Müller, W.*, in: Kallmeyer, UmwG[5], § 9 UmwG, Tz. 3.
557 Vgl. *Ganske*, WPg 1994, S. 157 (159).
558 Vgl. *Drygala*, in: Lutter/Bayer/Vetter, UmwG[5], § 9 UmwG, Tz. 5; *Müller, W.*, in: Kallmeyer, UmwG[5], § 9 UmwG, Tz. 7.
559 Vgl. *Drygala*, in: Lutter/Bayer/Vetter, UmwG[5], § 9 UmwG, Tz. 6; *Müller, W.*, in: Kallmeyer, UmwG[5], § 9 UmwG, Tz. 7.
560 Zur Begründung dieser Vorgehensweise vgl. BT-Drs. 75/94 v. 04.02.1994, S. 111.

werden, nachdem die Gesellschafter durch die in § 42 bzw. § 47 UmwG aufgeführten Unterlagen vom Verschmelzungsvorhaben unterrichtet wurden[561].

§ 9 Abs. 3 i.V.m. § 8 Abs. 3 UmwG eröffnet die Möglichkeit, von einer Prüfung der Verschmelzung abzusehen, sofern **alle** Anteilsinhaber der beteiligten Rechtsträger im Rahmen notarieller Erklärungen darauf verzichten[562]. 247

Eine **Pflichtprüfung mit Verzichtsmöglichkeit** findet sich bspw. in den Fällen der Verschmelzung unter Beteiligung einer AG (§ 60 UmwG)[563] bzw. KGaA (§ 78 S. 1 UmwG) und eines wirtschaftlichen Vereins (§ 100 S. 1 UmwG). **Keine Verzichtsmöglichkeit** besteht dagegen für eG, da für diese gem. § 81 UmwG stets die Einholung eines Gutachtens durch den genossenschaftlichen Prüfungsverband erforderlich ist[564].

Nachfolgend findet sich ein Überblick über die prüfungspflichtigen Verschmelzungen[565]: 248

| Beteiligte Rechtsträger | Pflicht zur Verschmelzungsprüfung | Rechtsgrundlagen bei Verschmelzung durch Aufnahme | Rechtsgrundlagen bei Verschmelzung durch Neugründung |
|---|---|---|---|
| Personenhandelsgesellschaft (OHG, KG, KapGes. & Co. KG) | Auf Verlangen eines Gesellschafters, falls Gesellschaftsvertrag eine Mehrheitsentscheidung vorsieht | §§ 44 S. 1 i.V.m. 43 Abs. 2, 9 Abs. 1 UmwG | §§ 44 S. 1 i.V.m. 43 Abs. 2, 9 Abs. 1, 36 Abs. 1 S. 1 UmwG |
| PartG | Auf Verlangen eines Partners, falls Partnerschaftsvertrag eine Mehrheitsentscheidung vorsieht | §§ 45e i.V.m. 44 S. 1, 9 Abs. 1 UmwG | §§ 36 Abs. 1 S. 1 i.V.m. 45e, 44 S. 1, 9 Abs. 1 UmwG |
| GmbH | Auf Verlangen eines Gesellschafters | §§ 48 S. 1 i.V.m. 9 Abs. 1 UmwG | §§ 36 Abs. 1 S. 1 i.V.m. 48 S. 1, 9 Abs. 1 UmwG |
| AG | ja | §§ 60 i.V.m. 9 Abs. 1 UmwG | §§ 73 i.V.m. 60, 9 Abs. 1 UmwG |
| KGaA | ja | §§ 78 S. 1 i.V.m. 60, 9 Abs. 1 UmwG | §§ 78 S. 1 i.V.m. 73, 60, 9 Abs. 1 UmwG |
| eG | Prüfungsgutachten gem. § 81 Abs. 1 UmwG | § 81 Abs. 1 UmwG | §§ 96 i.V.m. 81 Abs. 1 UmwG |
| rechtsfähiger Verein | wirtschaftlicher Verein: ja | §§ 100 S. 1 i.V.m. 9 Abs. 1 UmwG | §§ 100 S. 1 i.V.m. 9 Abs. 1 UmwG |
| | e.V.: auf Verlangen von mind. 10% der Mitglieder | §§ 100 S. 2 i.V.m. 9 Abs. 1 UmwG | §§ 100 S. 2 i.V.m. 9 Abs. 1 UmwG |

561 Vgl. BT-Drs. 16/2919 v. 12.10.2006, Nr. 8 (Änderung von § 44 UmwG) und Nr. 9 (Änderung von § 48 UmwG), sowie die zugehörige Begründung, S. 23.

562 Vgl. ergänzend hierzu *Stratz*, in: Schmitt/Hörtnagl/Stratz, UmwG[7], § 9 UmwG, Tz. 12-15.

563 Vgl. *Rieger*, in: Widmann/Mayer, UmwRecht[3], § 60 UmwG, Tz. 5-8; *Stratz*, in: Schmitt/Hörtnagl/Stratz, UmwG[7], § 60 UmwG, Tz. 1 f.

564 An die Stelle einer Verschmelzungsprüfung tritt bei eG die Begutachtung der Verschmelzung durch den genossenschaftlichen Prüfungsverband (Prüfungsgutachten). Vgl. *Fronhöfer*, in: Widmann/Mayer, UmwRecht[3], § 81 UmwG, Tz. 2-8.

565 In Anlehnung an *Ossadnik*, S. 19, sowie *Ossadnik/Maus*, DB 1995, S. 105 (106).

| Beteiligte Rechtsträger | Pflicht zur Verschmelzungsprüfung | Rechtsgrundlagen bei Verschmelzung durch Aufnahme | Rechtsgrundlagen bei Verschmelzung durch Neugründung |
|---|---|---|---|
| Genossenschaftlicher Prüfungsverband | nein | Umkehrschluss zu § 9 Abs. 1 UmwG | Umkehrschluss zu § 9 Abs. 1 UmwG |
| VVaG (Verschmelzung nur untereinander oder mit einer Versicherungs-AG möglich) | nein | Umkehrschluss zu § 9 Abs. 1 UmwG | Umkehrschluss zu § 9 Abs. 1 UmwG |
| KapGes., die mit dem Vermögen einer natürlichen Person als Alleingesellschafter verschmolzen wird | nein | §§ 121 i.V.m. 9 Abs. 2 UmwG | – |

**249** Unabhängig von der Rechtsform der beteiligten Rechtsträger ist bei einem Angebot einer **Barabfindung** an ausscheidende Gesellschafter eine Prüfung der Angemessenheit der angebotenen Barabfindung erforderlich (§ 30 Abs. 2 S. 1 und 2 UmwG). Ein Barabfindungsangebot für einen austrittsberechtigten Anteilsinhaber ist immer dann in den Verschmelzungsvertrag oder dessen Entwurf aufzunehmen, wenn der übernehmende Rechtsträger eine andere Rechtsform hat, eine börsennotierte AG auf eine nicht börsennotierte AG verschmolzen werden soll (§ 29 Abs. 1 S. 1 UmwG) oder aber die Anteile bzw. Mitgliedschaften am übernehmenden Rechtsträger Verfügungsbeschränkungen unterliegen (§ 29 Abs. 1 S. 2 UmwG)[566]. Der Anspruch auf Barabfindung setzt voraus, dass der betreffende Anteilsinhaber in der Anteilsinhaberversammlung Widerspruch gegen die Verschmelzung zur Niederschrift erklärt (§ 29 Abs. 1 UmwG). Die Prüfung erstreckt sich in diesem Fall auf die Angemessenheit der angebotenen Barabfindung (§ 30 Abs. 2 S. 1 UmwG).

**250** Gem. § 30 Abs. 2 S. 3 UmwG haben die Berechtigten die Möglichkeit, auf die Prüfung insgesamt oder lediglich auf die Erstattung eines PrB zu verzichten[567]. Berechtigte i.S.d. § 30 UmwG sind nach h.M.[568] lediglich diejenigen Anteilsinhaber des übertragenden Rechtsträgers, die gegen den Verschmelzungsbeschluss Widerspruch zur Niederschrift erheben (§ 29 Abs. 1 UmwG). Wer Berechtigter ist, entscheidet sich grundsätzlich erst in der Versammlung, die über die Verschmelzung beschließt. Im Zeitpunkt der Prüfung ist der Kreis der Berechtigten insofern noch nicht bekannt. Aus diesem Grunde empfiehlt sich eine präventive Durchführung einer Verschmelzungsprüfung, sofern nicht zweifelsfrei feststeht, dass niemand die Barabfindung anzunehmen beabsichtigt[569].

Andere Anteilsinhaber als die Berechtigten haben keine Möglichkeit zum Verzicht, da deren quotenmäßige Beteiligung am Rechtsträger durch das Ausscheiden nicht vermindert werden kann[570].

---

566 Für die einzelnen, möglichen Verfügungsbeschränkungen sei auf *Marsch-Barner*, in: Kallmeyer, UmwG[5], § 29 UmwG, Tz. 5-10 verwiesen.

567 Die zugehörigen Verzichtserklärungen sind nach § 30 Abs. 2 S. 3 UmwG notariell zu beurkunden.

568 Vgl. etwa *Stratz*, in: Schmitt/Hörtnagl/Stratz, UmwG[7], § 30 UmwG, Tz. 14; kritisch *Müller, W.*, in: Kallmeyer, UmwG[5], § 30 UmwG, Tz. 20; *Grunewald*, in: Lutter/Bayer/Vetter, UmwG[5], § 30 UmwG, Tz. 8; *Zeidler*, in: Semler/Stengel, UmwG[3], § 30 UmwG, Tz. 28 f.

569 Vgl. *Drygala*, in: Lutter/Bayer/Vetter, UmwG[5], § 9 UmwG, Tz. 7.

570 Vgl. BR-Drs. 75/94 v. 04.02.1994, S. 95.

Eine Verschmelzungsprüfung ist stets entbehrlich, wenn die Verschmelzung ohne Anteilstausch erfolgt. So besteht bspw. bei einer (up-stream-) **Konzernverschmelzung**, bei der sich alle Anteile des übertragenden Rechtsträgers in der Hand eines übernehmenden Rechtsträger befinden, ein Verbot der Anteilsgewähr. Solchenfalls existieren keine schutzbedürftigen außenstehende Anteilsinhaber, sodass eine Verschmelzungsprüfung nicht erforderlich ist (§ 9 Abs. 2 UmwG)[571]. **251**

Entsprechendes gilt für die **Verschmelzung von Schwestergesellschaften**, deren Anteile sich jeweils zu 100% in der Hand eines übergeordneten Rechtsträgers (MU) befinden[572]. **252**

## 7.2.3 Gegenstand der Verschmelzungsprüfung

Gegenstand der Verschmelzungsprüfung ist gem. § 9 Abs. 1 UmwG der Verschmelzungs**vertrag** oder dessen Entwurf. Dieser ist grundsätzlich auf **Vollständigkeit und Richtigkeit** zu prüfen[573]. Die Vollständigkeitsprüfung zielt auf die formelle und materielle Vollständigkeit des Vertrags(-entwurfs). Die Prüfungshandlungen haben sich dabei zunächst auf die in § 5 Abs. 1 Nr. 1 bis 9 UmwG geforderten Angaben bezüglich des Inhalts des Verschmelzungsvertrags zu erstrecken (Mindestinhalt). Mit der Richtigkeitsprüfung soll beurteilt werden, ob die Aussagen im Verschmelzungsvertrag bzw. dessen Entwurf sachlich zutreffen und in sich widerspruchsfrei sind[574]. Fakultative Bestandteile des Verschmelzungsvertrags sind nicht auf Vollständigkeit, aber auf Richtigkeit zu prüfen[575]. Den Verschmelzungsprüfern obliegt bei pflichtgemäßer Durchführung des Prüfungsauftrags insgesamt eine Warn- und Hinweispflicht[576]. **253**

**Mindestangaben im Verschmelzungsvertrag**[577]

- Name oder Firma und Sitz der an der Verschmelzung beteiligten Rechtsträger
- Vereinbarung über die Übertragung des Vermögens jedes übertragenden Rechtsträgers als Ganzes gegen Gewährung von Anteilen oder Mitgliedschaften an dem übernehmenden Rechtsträger
- Umtauschverhältnis der Anteile und ggf. Höhe der baren Zuzahlung oder Angaben über die Mitgliedschaft bei dem übernehmenden Rechtsträger
- Einzelheiten für die Übertragung der Anteile des übernehmenden Rechtsträgers oder über den Erwerb der Mitgliedschaft bei dem übernehmenden Rechtsträger
- Zeitpunkt, von dem an diese Anteile oder die Mitgliedschaften einen Anspruch auf einen Anteil am Bilanzgewinn gewähren, sowie alle Besonderheiten in Bezug auf diesen Anspruch
- Zeitpunkt, von dem an die Handlungen der übertragenden Rechtsträger als für Rechnung des übernehmenden Rechtsträgers vorgenommen gelten (Verschmelzungsstichtag)

571 Vgl. *Müller, W.*, in: Kallmeyer, UmwG[5], § 9 UmwG, Tz. 40; *Stratz*, in: Schmitt/Hörtnagl/Stratz, UmwG[7], § 9 UmwG, Tz. 9 und 11.

572 Vgl. *Stratz*, in: Schmitt/Hörtnagl/Stratz, UmwG[7], § 9 UmwG, Tz. 10; *Zeidler*, in: Semler/Stengel, UmwG[3], § 9 UmwG, Tz. 50.

573 Vgl. *Müller, W.*, in: Kallmeyer, UmwG[5], § 9 UmwG, Tz. 17-22.

574 Vgl. *Müller, W.*, in: Kallmeyer, UmwG[5], § 9 UmwG, Tz. 17 und Tz. 20.

575 Vgl. *Müller, W.*, in: Kallmeyer, UmwG[5], § 9 UmwG, Tz. 19 und Tz. 21.

576 Vgl. *Müller, W.*, in: Kallmeyer, UmwG[5], § 9 UmwG, Tz. 20 und Tz. 22.

577 Vgl. § 5 Abs. 1 Nr. 1 bis 9 UmwG.

- Rechte, die der übernehmende Rechtsträger einzelnen Anteilsinhabern sowie den Inhabern besonderer Rechte wie Anteile ohne Stimmrecht, Vorzugsaktien, Mehrstimmrechtsaktien, Schuldverschreibungen und Genussrechte gewährt, oder die für diese Personen vorgesehenen Maßnahmen
- Jeder besondere Vorteil, der einem Mitglied eines Vertretungsorgans oder eines Aufsichtsorgans der an der Verschmelzung beteiligten Rechtsträger, einem geschäftsführenden Gesellschafter, einem Partner, einem Abschlussprüfer oder einem Verschmelzungsprüfer gewährt wird
- Folgen der Verschmelzung für die Arbeitnehmer und ihre Vertretungen sowie die insoweit vorgesehenen Maßnahmen

**254** **Nicht** Gegenstand der Verschmelzungsprüfung ist der Verschmelzungs**bericht**, welchen die Vertretungsorgane der an der Verschmelzung beteiligten Rechtsträger zu erstatten haben[578]. Die Verschmelzungsprüfung kann daher bereits dann erfolgen, wenn der Verschmelzungsbericht noch nicht vorliegt; eine zwingende (Prüf-) Reihenfolge besteht deshalb nicht[579]. Die Vorstände bzw. Geschäftsführer haben in ihrem Verschmelzungsbericht u.a. das Umtauschverhältnis rechtlich und wirtschaftlich zu erläutern und zu begründen (§ 8 Abs. 1 S. 1 UmwG)[580]. Eine solche Aufklärungs- und Informationspflicht obliegt dem Verschmelzungsprüfer mangels Pflicht zur Prüfung des Verschmelzungsberichts nicht. Es spricht jedoch nichts dagegen, den Verschmelzungsbericht i.R.d. Prüfungshandlungen zu berücksichtigen, da er wesentliche Angaben über die Angemessenheit des Umtauschverhältnisses enthält[581].

**255** Im Zentrum der Verschmelzungsprüfung steht – wie sich auch aus § 12 Abs. 2 UmwG ergibt – das vorgeschlagene Umtauschverhältnis der Anteile. Der Verschmelzungsprüfer hat hierbei die **Angemessenheit des Umtauschverhältnisses** zu prüfen. Die Bedeutung dieses Prüfungsgegenstands ergibt sich vor dem Hintergrund des Normzwecks der Verschmelzungsprüfung, dem Schutz der Anteilsinhaber. Gerade hinsichtlich der Beurteilung des Umtauschverhältnisses sind die Anteilsinhaber in besonderem Maße auf den Sachverstand des Verschmelzungsprüfers angewiesen, zumal sich der Verschmelzungsbericht nicht auf alle Einzelheiten der Verschmelzung beziehen muss und damit keine eigenständige Nachprüfung durch die Anteilsinhaber, sondern allenfalls eine Plausibilitätskontrolle ermöglicht[582]. Die Verschmelzungsprüfung ergänzt damit die Vorabinformationen, die die Anteilsinhaber durch den Verschmelzungsbericht erhalten[583].

---

578 Vgl. *Drygala*, in: Lutter/Bayer/Vetter, UmwG[5], § 9 UmwG, Tz. 13; *Stratz*, in: Schmitt/Hörtnagl/Stratz, UmwG[7], § 9 UmwG, Tz. 5; *Zeidler*, in: Semler/Stengel, UmwG[3], § 9 UmwG, Tz. 17 f.

579 Vgl. *Drygala*, in: Lutter/Bayer/Vetter, UmwG[5], § 9 UmwG, Tz. 15; *Müller, W.*, in: Kallmeyer, UmwG[5], § 9 UmwG, Tz. 11; *Zeidler*, in: Semler/Stengel, UmwG[3], § 9 UmwG, Tz. 22.

580 Vgl. zum Verschmelzungsbericht *Keil*; allgemein zum Inhalt des Verschmelzungsberichts vgl. etwa *Drygala*, in: Lutter/Bayer/Vetter, UmwG[5], § 8 UmwG, Tz. 11-47; *Mayer*, in: Widmann/Mayer, UmwRecht[3], § 9 UmwG, Tz. 17-46.1; *Stratz*, in: Schmitt/Hörtnagl/Stratz, UmwG[7], § 8 UmwG, Tz. 10-25.

581 Vgl. *Mayer*, in: Widmann/Mayer, UmwRecht[3], § 9 UmwG, Tz. 18. Es besteht jedoch grundsätzlich keine Pflicht der Vertretungsorgane, den Verschmelzungsbericht bis zum Ende der Prüfung fertigzustellen. Vgl. hierzu *Hannappel*, in: Goutier/Knopf/Tulloch, UmwRecht, § 12 UmwG, Tz. 10.

582 Vgl. *Stratz*, in: Schmitt/Hörtnagl/Stratz, UmwG[7], § 8 UmwG, Tz. 22.

583 Vgl. *Drygala*, in: Lutter, UmwG[5], § 9 UmwG, Tz. 10.

Bezüglich der Prüfung der Angemessenheit des Umtauschverhältnisses hat der Prüfer nach § 12 Abs. 2 UmwG zu untersuchen, 256

- nach welchen Methoden das vorgeschlagene Umtauschverhältnis ermittelt worden ist,
- aus welchen Gründen die Anwendung dieser Methoden angemessen ist,
- welches Umtauschverhältnis oder welcher Gegenwert sich bei der Anwendung verschiedener Methoden, sofern mehrere angewandt worden sind, jeweils ergeben würde; zugleich ist darzulegen, welches Gewicht den verschiedenen Methoden bei der Bestimmung des vorgeschlagenen Umtauschverhältnisses oder des Gegenwerts und der ihnen zugrunde liegenden Werte beigemessen worden ist und welche besonderen Schwierigkeiten bei der Bewertung der Rechtsträger aufgetreten sind.

Die Prüfung der Angemessenheit des Umtauschverhältnisses erfordert indes keine eigenständige Unternehmensbewertung der beteiligten Unternehmen durch die Verschmelzungsprüfer. Nach h.M. im Berufsstand ist vielmehr die bereits vorliegende Bewertung anhand des zugrunde liegenden Zahlenmaterials zu überprüfen[584]. Dabei ist auch festzustellen, ob die angewandten Methoden den Grundsätzen ordnungsmäßiger Unternehmensbewertung (vgl. *IDW S 1 i.d.F. 2008*[585]) entsprechen[586]. 257

Wie bei jeder Pflichtprüfung darf auch der Verschmelzungsprüfer die zu beurteilenden Angaben nicht selbst ermitteln. Selbst für den Fall, dass die vorgelegten Unterlagen zur Beurteilung der Angemessenheit des Umtauschverhältnisses nicht ausreichen, ist es nicht Aufgabe des Verschmelzungsprüfers, die erforderlichen Unternehmensbewertungen selbst durchzuführen. Dennoch wird er zur Verifizierung der Angaben Kontrollrechnungen durchführen[587]. Dies gilt insb., wenn die angewandten Methoden nicht der gängigen Unternehmensbewertungspraxis entsprechen.

Bei der Verschmelzung auf einen Rechtsträger anderer Rechtsform oder bei der Verschmelzung einer börsennotierten AG auf eine nicht börsennotierte AG (§ 29 Abs. 1 S. 1 UmwG) erstreckt sich die Verschmelzungsprüfung außerdem auf die Angemessenheit einer anzubietenden **Barabfindung** (§ 30 Abs. 2 S. 1 UmwG)[588]. Diese wird von dem übernehmenden Rechtsträger im Verschmelzungsvertrag oder dessen Entwurf jedem Anteilsinhaber angeboten, der gegen den Verschmelzungsbeschluss des übertragenden Rechtsträgers i.R.d. Versammlung der Anteilsinhaber Widerspruch zur Niederschrift erklärt hat[589]. 258

Nicht zu prüfen ist die **wirtschaftliche Zweckmäßigkeit** der Verschmelzung, d.h. die Frage, „ob sich die Maßnahme nach Abwägung aller dafür und dagegen sprechenden Gründe als beste Verfolgung des Unternehmenszwecks darstellt"[590]. Dies sollen die Anteilsinhaber der an der Verschmelzung beteiligten Rechtsträger auf der Grundlage 259

584 Vgl. *Drygala*, in: Lutter/Bayer/Vetter, UmwG$^5$, § 9 UmwG, Tz. 11; *Priester*, NJW 1983, S. 1462.

585 Der HFA des IDW hatte am 02.04.2008 eine Neufassung des *IDW Standards: Grundsätze zur Durchführung von Unternehmensbewertungen (IDW S 1 i.d.F. 2008)* verabschiedet. Die wesentlichen Änderungen gegenüber *IDW S 1* a.F. betrafen die Ermittlung des sog. objektivierten Unternehmenswerts und waren durch die Neuregelungen der Unternehmenssteuerreform 2008 veranlasst.

586 Vgl. *Mayer*, in: Widmann/Mayer, UmwRecht$^3$, § 9 UmwG, Tz. 27.

587 Vgl. *Müller, W.*, in: Kallmeyer, UmwG$^5$, § 9 UmwG, Tz. 23; *Zeidler*, in: Semler/Stengel, UmwG$^3$, § 9 UmwG, Tz. 30. Strenger *Dirrigl*, WPg 1989, S. 413 (419).

588 Vgl. *Mayer*, in: Widmann/Mayer, UmwRecht$^3$, § 9 UmwG, Tz. 21.

589 Im Einzelnen hierzu *Grunewald*, in: Lutter/Bayer/Vetter, UmwG$^5$, § 29 UmwG, Tz. 11-17.

590 *Drygala*, in: Lutter/Bayer/Vetter, UmwG$^5$, § 9 UmwG, Tz. 12.

ihrer Vorabinformationen durch den Verschmelzungsbericht und den PrB durch ihre Abstimmung entscheiden[591].

### 7.2.4 Verschmelzungsprüfer

#### 7.2.4.1 Auswahl

260 Für die Auswahl des Verschmelzungsprüfers verweist § 11 Abs. 1 S. 1 UmwG auf die §§ 319 Abs. 1 bis 4, 319a Abs. 1 und 319b Abs. 1 HGB mit der Folge, dass Verschmelzungsprüfer grundsätzlich **WP** und **WPG** sein müssen. Im Falle von mittelgroßen GmbH i.S.d. § 267 Abs. 2 HGB oder mittelgroßen Personenhandelsgesellschaften i.S.d. § 264a Abs. 1 HGB können auch **vBP** und **BPG** Verschmelzungsprüfer sein (§ 11 Abs. 1 S. 1 UmwG i.V.m. § 319 Abs. 1 S. 2 HGB). Soweit an der Verschmelzung Rechtsträger beteiligt sind, für die keine Pflicht zur Prüfung des JA besteht, sind gleichwohl die einschlägigen handelsrechtlichen Regelungen (§§ 319 Abs. 1 bis 4, 319a Abs. 1, 319b Abs. 1 HGB) anzuwenden[592]. Dabei ist § 267 Abs. 1 bis 3 HGB für die Umschreibung der Größenklassen zu berücksichtigen.

261 Sofern an einer Verschmelzung eine eG als Rechtsträger beteiligt ist, sind WP, WPG, vBP und BPG jeweils von einer Prüfungstätigkeit ausgeschlossen. Nach der Sonderregelung des § 81 UmwG gilt hier die ausschließliche Zuständigkeit des genossenschaftlichen Prüfungsverbandes[593].

262 Verschmelzungsprüfer müssen nicht über einen Auszug aus dem Berufsregister verfügen, der sie als Abschlussprüfer gem. § 38 Nr. 1 Buchst. h oder Nr. 2 Buchst. f WPO ausweist (§ 319 Abs. 1 S. 3 HGB), da die Verschmelzungsprüfung keine Vorbehaltsaufgabe für WP/WPG ist[594].

Ist eine Person bzw. eine Gesellschaft zum Verschmelzungsprüfer bestellt worden, die nicht die Voraussetzungen des § 319 Abs. 1 HGB erfüllt, ist bereits der Bestellungsakt und damit die Verschmelzungsprüfung i.S.d. §§ 9 ff. UmwG nichtig[595]. Der Verschmelzungsbeschluss der Anteilsinhaber ist anfechtbar und die Anmeldung der Verschmelzung gem. § 16 UmwG kann zurückgewiesen werden[596].

Wurde die Eintragung der Verschmelzung (§ 19 UmwG) jedoch im HR des übernehmenden Rechtsträgers bereits vorgenommen, so wird ihre Wirksamkeit durch eine Verletzung der §§ 319 Abs. 1 bis 4, § 319a Abs. 1, 319b Abs. 1 HGB nicht beeinträchtigt (§ 20 Abs. 2 UmwG). Es besteht für die betroffenen Gesellschaften allenfalls die Möglichkeit, Schadenersatzansprüche gegen den ausgeschlossenen Verschmelzungsprüfer oder ihre Vertretungsorgane (vgl. § 25 UmwG) geltend zu machen[597].

---

591 Vgl. *Drygala*, in: Lutter/Bayer/Vetter, UmwG[5], § 9 UmwG, Tz. 12.

592 Vgl. hierzu auch *Müller, W.*, in: Kallmeyer, UmwG[5], § 11 UmwG, Tz. 2.

593 Anstelle des PrB tritt gem. § 81 Abs. 1 S. 1 UmwG das Prüfungsgutachten. Siehe ergänzend zur Notwendigkeit eines Prüfungsgutachtens *Fronhöfer*, in: Widmann/Mayer, UmwRecht[3], § 81 UmwG, Tz. 7 f. Vgl. *Mayer*, in: Widmann/Mayer, UmwRecht[3], § 11 UmwG, Tz. 9; *Zeidler*, in: Semler/Stengel, UmwG[3], § 11 UmwG, Tz. 4.

594 Vgl. *Clauß*, in: Hense/Ulrich, WPO-Kommentar[2], § 57a WPO, Tz. 16.

595 Vgl. ADS[6], § 319 HGB, Tz. 243.

596 Vgl. *Drygala*, in: Lutter/Bayer/Vetter, UmwG[5], § 10 UmwG, Tz. 16; *Müller, W.*, in: Kallmeyer, UmwG[5], § 11 UmwG, Tz. 7; *Zeidler*, in: Semler/Stengel, UmwG[3], § 11 UmwG, Tz. 5.

597 Vgl. *Mayer*, in: Widmann/Mayer, UmwRecht[3], § 11 UmwG, Tz. 24.1; *Müller, W.*, in: Kallmeyer, UmwG[5], § 11 UmwG, Tz. 9; *Zeidler*, in: Semler/Stengel, UmwG[3], § 11 UmwG, Tz. 5.

### 7.2.4.2 Bestellung

#### 7.2.4.2.1 Überblick

263 Die Verschmelzungsprüfer werden für jede der beteiligten Gesellschaften auf Antrag des Vertretungsorgans vom LG, in dessen Bezirk ein übertragender Rechtsträger seinen Sitz hat, ausgewählt und bestellt (§ 10 Abs. 1 S. 1 UmwG i.V.m. § 10 Abs. 2 S. 1 UmwG)[598]. Ebenso besteht die Möglichkeit, die Verschmelzungsprüfer gem. § 10 Abs. 1 S. 2 UmwG für mehrere oder alle beteiligten Rechtsträger **gemeinsam** zu bestellen, wenn bei allen Rechtsträgern eine Verschmelzungsprüfung gesetzlich zwingend vorgeschrieben ist[599]. Hierzu bedarf es einer Einigung der Vertretungsorgane aller betroffenen Rechtsträger sowie eines gemeinsamen Bestellungsantrags[600]. Die endgültige Entscheidung, ob ein gemeinsamer oder jeweils gesonderte Prüfer bestellt wird bzw. werden, obliegt allein dem Gericht[601]. Auch ist das Gericht an einen Vorschlag der Vertretungsorgane bezüglich der Person des Verschmelzungsprüfers nicht gebunden[602].

#### 7.2.4.2.2 Bestellung durch das Gericht

264 § 10 Abs. 1 S. 1 UmwG bestimmt, dass die Verschmelzungsprüfer auf Antrag des Vertretungsorgans vom Gericht ausgewählt und bestellt werden. Durch die zwingende Zuständigkeit des Gerichts soll insb. dem Eindruck einer Parteinähe der Prüfer begegnet und damit die Akzeptanz der Prüfungsergebnisse, insb. für außenstehende Anteilsinhaber, erhöht werden[603]. Darüber hinaus sollen Verschmelzungsprüfer, deren Unabhängigkeit durch die gerichtliche Bestellung gesichert sein soll, auch als sachverständige Zeugen in einem etwaigen Spruchverfahren mitwirken können.

265 Das Verfahren zur Bestellung der Verschmelzungsprüfer unterliegt gem. § 10 Abs. 3 UmwG dem Gesetz über das Verfahren in Familiensachen und in den Angelegenheiten der freiwilligen Gerichtsbarkeit (FamFG), soweit nicht in § 10 Abs. 4 und 5 UmwG etwas anderes bestimmt ist. Danach kommen im Hinblick auf das Bestellungsverfahren grundsätzlich die allgemeinen Vorschriften des FamFG (§§ 1 bis 85 FamFG) zur Anwendung[604].

266 Zuständig für die Bestellung ist nach § 10 Abs. 2 UmwG jedes LG, in dessen Bezirk ein übertragender Rechtsträger seinen Sitz hat[605]. Maßgeblich ist dabei grundsätzlich der

598 Vgl. ergänzend *Fronhöfer*, in: Widmann/Mayer, UmwRecht³, § 10 UmwG, Tz. 11-11.6.

599 Vgl. *Fronhöfer*, in: Widmann/Mayer, UmwRecht³, § 10 UmwG, Tz. 3.1.

600 Vgl. *Fronhöfer*, in: Widmann/Mayer, UmwRecht³, § 10 UmwG, Tz. 3.2; *Müller, W.*, in: Kallmeyer, UmwG⁵, § 10 UmwG, Tz. 20.

601 Vgl. *Fronhöfer*, in: Widmann/Mayer, UmwRecht³, § 10 UmwG, Tz. 4; *Stratz*, in: Schmitt/Hörtnagl/Stratz, UmwG⁷, § 10 UmwG, Tz. 10.

602 Das Gericht wird kritisch prüfen, ob es einem Vorschlag der beteiligten Rechtsträger für die Auswahl eines bestimmten Verschmelzungsprüfers nachkommt. Gem. den Regelungen in § 10 Abs. 1 UmwG wird gefordert, dass das Gericht eine selbstständige Auswahl des Prüfers trifft. Eine selbstständige Auswahl würde indes nicht vorliegen, wenn das Gericht den Vorschlag ohne kritische Würdigung akzeptieren würde. Zudem kann nur durch eine intensive Prüfung des Vorschlags die Parteinähe des Prüfers vermieden werden. Vgl. dazu *Fronhöfer*, in: Widmann/Mayer, UmwRecht³, § 10 UmwG, Tz. 2.1 und 11.5; *Müller, W.*, in: Kallmeyer, UmwG⁵, § 10 UmwG, Tz. 13 und Tz. 20; *Zeidler*, in: Semler/Stengel, UmwG³, § 10 UmwG, Tz. 8.

603 Vgl. BT-Drs. 15/371 v. 29.01.2003, 18; *Müller, W.*, in: Kallmeyer, UmwG⁵, § 10 UmwG, Tz. 1 und Tz. 5; *Stratz*, in: Schmitt/Hörtnagl/Stratz, UmwG⁷, § 10 UmwG, Tz. 1.

604 Zum Bestellungsverfahren siehe *Fronhöfer*, in: Widmann/Mayer, UmwRecht³, § 10 UmwG, Tz. 9-18.11.

605 Vgl. hierzu auch *Bungert*, BB 1995, S. 1399.

statuarische Sitz, hilfsweise der Verwaltungssitz des Rechtsträgers[606]. Ist bei dem LG eine Kammer für Handelssachen gebildet, so entscheidet deren Vorsitzender an Stelle der Zivilkammer. Aus verfahrensökonomischen Gründen ist damit dasjenige Gericht für die Bestellung zuständig, das in einem sich an die Verschmelzung ggf. anschließenden Spruchverfahren die Angemessenheit des Umtauschverhältnisses der Anteile nachprüfen muss[607].

**267** Sofern mehrere übertragende Rechtsträger an einer Verschmelzung beteiligt sind, besteht ein Wahlrecht, welches Gericht die Bestellung der Verschmelzungsprüfer vornehmen soll[608]. Für einen solchen Fall lässt sich aus § 10 Abs. 2 S. 1 UmwG nicht entnehmen, dass jeder übertragende Rechtsträger den Antrag auf Bestellung zwingend bei dem für ihn zuständigen Gericht zu stellen hat. Das gilt auch dann, wenn kein gemeinsamer Verschmelzungsprüfer bestellt wird[609].

**268** § 71 Abs. 4 GVG ermächtigt die Landesregierungen zu einer Zuständigkeitskonzentration. Sie können durch Rechtsverordnung die Entscheidung über die Bestellung des Verschmelzungsprüfers für die Bezirke mehrerer LG einem der LG übertragen, wenn dies der Sicherung einer einheitlichen Rechtsprechung dient[610].

**269** Gegen die gerichtliche Entscheidung nach § 10 Abs. 1 UmwG des Gerichts ist die Beschwerde zulässig (§ 10 Abs. 4 UmwG)[611].

**270** Dabei ermächtigt § 10 Abs. 5 S. 1 UmwG die Landesregierungen neuerlich zu einer Zuständigkeitskonzentration. Sie können durch Rechtsverordnung die Entscheidung über die Beschwerde des Verschmelzungsprüfers für die Bezirke mehrerer OLG einem der OLG oder dem Obersten Landesgericht übertragen, wenn dies der Sicherung einer einheitlichen Rechtsprechung dient[612].

**271** Ist eine Prüferbestellung fehlerhaft, etwa weil ein nach §§ 319 Abs. 2 bis 4, 319a Abs. 1 oder 319b Abs. 1 HGB ausgeschlossener Prüfer geprüft hat, so liegt keine Pflichtprüfung i.S.d. §§ 9 ff. UmwG vor. Vor der Eintragung der Verschmelzung und vor der Beschlussfassung der Anteilsinhaber besteht die Möglichkeit zur Heilung des Mangels durch Nachholung eines gerichtlichen Bestellungsverfahrens. Andernfalls genügt der erstellte Verschmelzungsbericht nicht den gesetzlichen Anforderungen und ein objektiv urteilender Anteilsinhaber würde daher der Verschmelzung nicht zustimmen. Darüber hinaus wäre der Verschmelzungsbeschluss anfechtbar und das Registergericht müsste

---

606 Vgl. *Fronhöfer*, in: Widmann/Mayer, UmwRecht³, § 10 UmwG, Tz. 6 und 6.1.

607 Nach den bisherigen Erfahrungen im Konzernrecht können damit häufig die Bestellung eines Obergutachters sowie eine erhebliche Verzögerung des Spruchverfahrens vermieden werden; vgl. hierzu BR-Drs. 75/94 v. 04.02.1994, S. 85; *Müller, W.*, in: Kallmeyer, UmwG⁵, § 10 UmwG, Tz. 6; *Stratz*, in: Schmitt/Hörtnagl/Stratz, UmwG⁷, § 10 UmwG, Tz. 3.

608 Mit ausführlicher Begründung *Fronhöfer*, in: Widmann/Mayer, UmwRecht³, § 10 UmwG, Tz. 6; vgl. darüber hinaus *Bungert*, BB 1995, S. 1399 (1401).

609 Vgl. *Bungert*, BB 1995, S. 1399 (1401); *Fronhöfer*, in: Widmann/Mayer, UmwRecht³, § 10 UmwG, Tz. 6; *Müller W.*, in: Kallmeyer, UmwG⁵, § 10 UmwG, Tz. 8.

610 Vgl. *Stratz*, in: Schmitt/Hörtnagl/Stratz, UmwG⁷, § 10 UmwG, Tz. 11.

611 Ausführlicher hierzu *Fronhöfer*, in: Widmann/Mayer, UmwRecht³, § 10 UmwG, Tz. 17-17.4; *Zeidler*, in: Semler/Stengel, UmwG³, § 10 UmwG, Tz. 13 f.

612 Vgl. *Fronhöfer*, in: Widmann/Mayer, UmwRecht³, § 10 UmwG, Tz. 8; *Müller, W.*, in: Kallmeyer, UmwG⁵, § 10 UmwG, Tz. 7.

die Eintragung zurückweisen. Auf eine bereits eingetragene Verschmelzung hat eine fehlerhafte Prüferbestellung indes keine Auswirkungen[613].

### 7.2.4.3 Ausschlussgründe

Verschmelzungsprüfer kann nicht sein, wer einen der Ausschlussgründe des § 319 Abs. 2 bis 4, § 319a Abs. 1 oder § 319b Abs. 1 HGB erfüllt. Die **allgemeinen Ausschlussgründe** (§§ 319 Abs. 2 bis 4, 319b Abs. 1 HGB) gelten für jede Verschmelzungsprüfung; die **besonderen Ausschlussgründe** (§ 319a Abs. 1 HGB) gelten darüber hinaus für kapitalmarktorientierte Rechtsträger gem. § 264d HGB. 272

Als (allgemeine) Ausschlussgründe gelten Verstöße gegen den Unabhängigkeitsgrundsatz (Besorgnis der Befangenheit). Dabei lassen sich geschäftliche, finanzielle und persönliche Gründe unterscheiden, die eine Besorgnis der Befangenheit auslösen können[614].

Die Ausschlussgründe gelten im Verhältnis zu allen an der Verschmelzung beteiligten Rechtsträgern[615].

Bei Bestellung eines gemeinsamen Prüfers für mehrere Rechtsträger sind stets die am weitest reichenden Ausschlussgründe zu beachten[616].

Die Ausschlussgründe für die Prüferauswahl müssen nicht nur im Verhältnis zu derjenigen Gesellschaft, die den einzelnen Prüfer bestellt hat, beachtet werden, sondern im Verhältnis zu allen beteiligten Gesellschaften[617]. Die Tätigkeit als APr. bei einer der zu verschmelzenden Gesellschaften ist allerdings kein Ausschlussgrund für die Bestellung als Verschmelzungsprüfer[618]. Ferner ist aus dem bloßen Umstand einer Parallelprüfung[619] eine Befangenheit des Verschmelzungsprüfers i.S.d. § 319 Abs. 1 bis 4 HGB oder §§ 319a Abs. 1, 319b Abs. 1 HGB nicht abzuleiten[620]. Dagegen ist die Beratung eines oder mehrerer Rechtsträger i.Z.m. der Verschmelzung oder die Erstellung der Bewertungsgutachten für die Ermittlung des Umtauschverhältnisses in analoger Anwendung des § 319 Abs. 3 Nr. 3 HGB ein Ausschlussgrund[621].

Wird die Verschmelzungsprüfung durch nicht ausreichend qualifizierte oder durch ausgeschlossene Prüfer durchgeführt, sind keine gesellschafts- oder strafrechtlichen 273

613 Vgl. *Müller, W.*, in: Kallmeyer, UmwG[5], § 10 UmwG, Tz. 22 f.

614 Vgl. hierzu ausführlich *Schmidt/Nagel*, in: BeBiKo[10], Kommentierung zu §§ 319, 319a i.V.m. § 319b HGB.

615 Vgl. *Mayer*, in: Widmann/Mayer, UmwRecht[3], § 11 UmwG, Tz. 11.

616 Vgl. *Müller, W.*, in: Kallmeyer, UmwG[5], § 11 UmwG, Tz. 4.

617 Vgl. *Engelmeyer*, WPg 1996, S. 732 (734); *Drygala*, in: Lutter/Bayer/Vetter, UmwG[5], § 11 UmwG, Tz. 4 m.w.N.

618 Vgl. BT-Drs. 9/1785 v. 23.06.1982, S. 23; OLG Düsseldorf v. 24.05.2006, DB 2006, S. 1670; LG München I v. 21.10.1999, ZIP 1999, S. 2152 (2154); *Drygala*, in: Lutter/Bayer/Vetter, UmwG[5], § 11 UmwG, Tz. 4; *Müller, W.*, in: Kallmeyer, UmwG[5], § 11 UmwG, Tz. 5; *Zeidler*, in: Semler/Stengel, UmwG[3], § 11 UmwG, Tz. 7.

619 In der Praxis werden oftmals sachverständige Gutachter und Berater zur Unternehmensbewertung sowie zur Ermittlung des Umtauschverhältnisses der beteiligten Rechtsträger hinzugezogen. Überschneiden sich die Unternehmensbewertung und die gesetzlich vorgeschriebene Verschmelzungsprüfung zeitlich, so ist von einer Parallelprüfung die Rede. Vgl. *Müller, W.*, in: Kallmeyer, UmwG[5], § 10 UmwG, Tz. 27.

620 Vgl. *Müller, W.*, in: Kallmeyer, UmwG[5], § 10 UmwG, Tz. 27 f. Zur bestätigenden Auffassung der Rechtsprechung vgl. OLG Stuttgart v. 22.09.2009, AG 2010, S. 43; OLG Frankfurt a.M. v. 21.07.2008, ZIP 2008, S. 1966 f.; BGH v. 18.09.2006, DB 2006, S. 2506 f.; OLG Hamm v. 28.02.2005, AG 2005, S. 362; OLG Köln v. 26.08.2004, ZIP 2005, S. 1179; OLG Stuttgart v. 03.12.2003, ZIP 2003, S. 2365.

621 Vgl. *Hannappel*, in: Goutier/Knopf/Tulloch, UmwRecht, § 11 UmwG, Tz. 7; *Meyer zu Lösebeck*, WPg 1989, S. 499; *Müller, W.*, in: Kallmeyer, UmwG[5], § 11 UmwG, Tz. 5. Vgl. auch *Hopt/Merkt* in Baumbach/Hopt, Handelsgesetzbuch[37], § 319a HGB, Tz. 5

Sanktionen vorgesehen.[622] Die Annahme einer Ordnungswidrigkeit des Prüfers gem. § 334 Abs. 2 HGB dürfte an dem verfassungsrechtlichen Bestimmtheitsgrundsatz (Art. 103 Abs. 2 GG) scheitern[623].

Ist die Verschmelzungsprüfung durch einen nach §§ 319 Abs. 2 bis 4, 319a und 319b HGB ausgeschlossenen Prüfer vorgenommen worden, kann das Gericht auf Antrag des Vertretungsorgans einen anderen Prüfer bestellen. Der Prüfungsauftrag des bisherigen Prüfers ist aus wichtigem Grund durch die Vertretungsorgane der an der Verschmelzung beteiligten Rechtsträger zu kündigen[624].

### 7.2.4.4 Verantwortlichkeit

**274** Für die Verantwortlichkeit der Verschmelzungsprüfer, ihrer Gehilfen und der bei der Prüfung mitwirkenden gesetzlichen Vertreter einer Prüfungsgesellschaft gilt § 323 HGB entsprechend (§ 11 Abs. 2 S. 1 UmwG). Danach ist der Verschmelzungsprüfer zur Gewissenhaftigkeit, Unparteilichkeit und Verschwiegenheit verpflichtet. Die Ersatzpflicht beschränkt sich für eine Prüfung bei fahrlässigen Pflichtverletzungen auf 1 Mio. €, bei Prüfung einer AG, die Aktien mit amtlicher Notierung ausgegeben hat, auf 4 Mio. € (§ 323 Abs. 2 HGB). Bei vorsätzlicher Pflichtverletzung haften die Verschmelzungsprüfer unbeschränkt. Etwaige Ersatzpflichten können vertraglich weder ausgeschlossen noch beschränkt werden (§ 323 Abs. 4 HGB). Die Ersatzansprüche verjähren in drei Jahren (§ 195 BGB)[625]. Die Verjährung beginnt i.d.R. mit dem Schluss des Jahres, in dem der Anspruch entstanden ist und der Gläubiger von den anspruchsbegründenden Umständen und der Person des Schuldners Kenntnis erlangt oder ohne grobe Fahrlässigkeit hätte erlangen müssen (§ 199 Abs. 1 Nr. 1 und 2 BGB)[626].

**275** Die Verantwortlichkeit besteht gem. § 11 Abs. 2 S. 2 UmwG gegenüber den an der Verschmelzung beteiligten Rechtsträgern und deren Anteilsinhabern, nicht jedoch gegenüber Gesellschaftsgläubigern oder gegenüber verbundenen Unternehmen[627]. Die Verantwortlichkeit gegenüber den Anteilsinhabern unterstreicht die Bedeutung der Verschmelzungsprüfung und damit den a-priori-Schutz in Form der Begutachtung des Umtauschverhältnisses[628].

### 7.2.4.5 Auskunftsrechte

**276** Wie für die Auswahl, so sind gem. § 11 Abs. 1 S. 1 UmwG auch für das Auskunftsrecht des Verschmelzungsprüfers die Vorschriften für den APr. (§ 320 Abs. 1 S. 2 HGB (Einsichtnahme) und § 320 Abs. 2 S. 1 und 2 HGB (Aufklärungen und Nachweise)) entsprechend anzuwenden. Das Auskunftsrecht besteht nach § 11 Abs. 1 S. 4 UmwG ge-

---

622 Vgl. *Müller, W.*, in: Kallmeyer, UmwG[5], § 11 UmwG, Tz. 7.

623 Vgl. *Mayer*, in: Widmann/Mayer, UmwRecht[3], § 11 UmwG, Tz. 23.

624 Vgl. ADS[6], § 319 HGB, Tz. 255; *Mayer*, in: Widmann/Mayer, UmwRecht[3], § 11 UmwG, Tz. 23.

625 Vgl. *Mayer*, in: Widmann/Mayer, UmwRecht[3], § 11 UmwG, Tz. 33 f.; *Müller, W.*, in: Kallmeyer, UmwG[5], § 11 UmwG, Tz. 20, Tz. 22 und Tz. 24. § 323 Abs. 5 HGB, der eine fünfjährige Verjährung vorgesehen hatte, ist durch das Wirtschaftsprüferexamens-Reformgesetz v. 01.12.2003 (BGBl. I 2003, 2446) mit Wirkung zum 01.01.2004 aufgehoben worden. Dies übersieht *Stratz*, in: Schmitt/Hörtnagl/Stratz, UmwG[7], § 11 UmwG, Tz. 25.

626 Vgl. dazu *Müller, W.*, in: Kallmeyer, UmwG[5], § 11 UmwG, Tz. 24.

627 Vgl. *Drygala*, in: Lutter/Bayer/Vetter, UmwG[5], § 11 UmwG, Tz. 8. Kritisch zum Ausschluss verbundener Unternehmen dagegen *Müller, W.*, in: Kallmeyer, UmwG[5], § 11 UmwG, Tz. 18 f.; *Stratz*, in: Schmitt/Hörtnagl/Stratz, UmwG[7], § 11 UmwG, Tz. 23.

628 Vgl. *Bitzer*, S. 22 ff.

genüber allen an der Verschmelzung beteiligten Rechtsträgern und Konzernunternehmen (§ 18 AktG) sowie gegenüber abhängigen und herrschenden Unternehmen (§ 17 AktG). I.R.d. Auskunftsrechts kann der Verschmelzungsprüfer alle Bücher und Schriften sowie alle die Verschmelzung betreffenden Unterlagen einsehen, die für eine sorgfältige Prüfung erforderlich sind (§ 320 Abs. 1 S. 2 und Abs. 2 S. 2 HGB).

Zu den vorzulegenden Unterlagen gehören neben dem Verschmelzungsvertrag oder dessen Entwurf insb. die für die Ermittlung des Umtauschverhältnisses angefertigten Bewertungsgutachten, der Verschmelzungsbericht sowie prüfungsfähige Unterlagen zu den in § 5 Abs. 1 Nr. 1 bis 9 UmwG vorgeschriebenen sonstigen Mindestangaben des Verschmelzungsvertrags[629]. **277**

Neben dem angeführten Recht auf Einsichtnahme besteht gegenüber den gesetzlichen Vertretern ein Auskunftsrecht der Verschmelzungsprüfer hinsichtlich aller Aufklärungen und Nachweise, die für eine sorgfältige Verschmelzungsprüfung notwendig sind (§ 11 Abs. 1 UmwG i.V.m. § 320 Abs. 2 S. 1 und 2 HGB)[630]. **278**

Falschauskünfte der Mitglieder des vertretungsberechtigten Organs gegenüber dem Verschmelzungsprüfer sind mit einer Freiheits- oder Geldstrafe bewehrt (§ 313 Abs. 1 Nr. 2 UmwG). **279**

#### 7.2.4.6 Vergütung

Gemäß § 10 Abs. 1 S. 3 UmwG findet § 318 Abs. 5 HGB für den Ersatz von Auslagen und für die Vergütung der vom Gericht bestellten Verschmelzungsprüfer Anwendung. Danach haben Prüfer einen Anspruch auf Ersatz barer Auslagen und auf eine angemessene Vergütung (§ 318 Abs. 5 S. 1 HGB), die vom Gericht festgesetzt wird (§ 318 Abs. 5 S. 2 HGB). Gegen die Entscheidung des Gerichts ist die Beschwerde zulässig (§ 318 Abs. 5 S. 3 HGB). Das hindert eine vertragliche Vereinbarung zwischen der Gesellschaft und dem gerichtlich bestellten Prüfer über die Vergütung indes nicht[631], da die Festsetzung durch das Gericht (§ 318 Abs. 5 S. 2 HGB) nur auf Antrag des APr. erfolgt[632]. **280**

### 7.2.5 Prüfungsdurchführung

#### 7.2.5.1 Die Prüfung des Umtauschverhältnisses als Zentrum der Prüfungsdurchführung

Im Zentrum der Prüfung steht die Beurteilung des vorgeschlagenen Umtauschverhältnisses. Das Umtauschverhältnis (und die Ausgestaltung der gewährten Anteile oder Mitgliedschaften sowie ggf. die Höhe einer baren Zuzahlung) ist für die Anteilsinhaber aller an der Verschmelzung beteiligten Rechtsträger von zentraler Bedeutung, da es den Wert des übertragenden Unternehmens reflektiert. **281**

Beleg für die Bedeutung des Umtauschverhältnisses ist auch, dass ein Aktionär einer übertragenden Gesellschaft eine gerichtliche Nachprüfung der Wertrelationen bzw. **282**

629 Vgl. *Hannappel*, in: Goutier/Knopf/Tulloch, UmwRecht, § 11 UmwG, Tz. 9-11. Ähnlich *Zeidler*, in: Semler/Stengel, UmwG³, § 11 UmwG, Tz. 8.

630 Ergänzend hierzu *Mayer*, in: Widmann/Mayer, UmwRecht³, § 11 UmwG, Tz. 26; *Zeidler*, in: Semler/Stengel, UmwG³, § 11 UmwG, Tz. 9.

631 Vgl. *Drygala*, in: Lutter/Bayer/Vetter, UmwG⁵, § 10 UmwG, Tz. 25 m.w.N.; *Müller, W.*, in: Kallmeyer, UmwG⁵, § 10 UmwG, Tz. 19; *Zeidler*, in: Semler/Stengel, UmwG³, § 10 UmwG, Tz. 16.

632 Vgl. ADS⁶, § 318 HGB, Tz. 430 i.V.m. *Drygala*, in: Lutter/Bayer/Vetter, UmwG⁵, § 10 UmwG, Tz. 25 m.w.N.; *Müller, W.*, in: Kallmeyer, UmwG⁵, § 10 UmwG, Tz. 19.

einen Ausgleich durch bare Zuzahlung nach den Vorschriften des SpruchG (§ 15 Abs. 1 S. 2 UmwG) verlangen kann. Der Verschmelzungsbeschluss des übertragenden Rechtsträgers kann jedoch nicht mit der Begründung angefochten werden, das Umtauschverhältnis sei zu niedrig bemessen oder die Mitgliedschaft bei dem übernehmenden Rechtsträger sei kein ausreichender Gegenwert für die Anteile oder die Mitgliedschaft bei dem übertragenden Rechtsträger (§ 14 Abs. 2 UmwG). Eine gerichtliche Nachprüfung führt allenfalls zu einem Ausgleich durch bare Zuzahlung. Dabei ist die Zuzahlung nicht auf 10% des Gesamtnennbetrags der gewährten Anteile bzw. des auf die gewährten Aktien der übernehmenden Gesellschaft entfallenden anteiligen Betrags ihres Grundkapitals beschränkt (§ 15 Abs. 1 S. 1 UmwG), wie dies für die Durchführung der Verschmelzung gem. § 54 Abs. 4 und § 68 Abs. 3 UmwG vorgeschrieben ist.

**283** In Anbetracht des Postulats der Angemessenheit ist grundsätzlich eine Gleichwertigkeit von Leistung (Verlust der Anteile am übertragenden Rechtsträger) und Gegenleistung (Gewährung von Anteilen oder Mitgliedschaften am übernehmenden Rechtsträger) erforderlich[633]. Keinem Anteilsinhaber soll aus der Verschmelzung ein Vor- oder Nachteil entstehen. Daraus ist abzuleiten, dass das Umtauschverhältnis dann angemessen ist, wenn die Anteilsinhaber der an der Verschmelzung beteiligten Rechtsträger nach der Verschmelzung nicht schlechter gestellt sind als ohne eine solche[634]. Soweit der Wert der zu gewährenden Anteile unter dem Wert der untergehenden Anteile liegt, werden die Anteilsinhaber der übertragenden Gesellschaft benachteiligt. Andererseits darf der Wert der zu gewährenden Anteile auch nicht höher als derjenige der untergehenden Anteile sein, da sonst die bereits vorhandenen Anteilsinhaber des übernehmenden Rechtsträgers benachteiligt würden[635]. Nicht zuletzt hängt das Umtauschverhältnis auch von dem Verhandlungsgeschick der beteiligten Rechtsträger und der Stärke ihrer jeweiligen Verhandlungsposition ab[636], so dass Leistung und Gegenleistung nicht notwendigerweise dem inneren Wert der jeweils zu verschmelzenden Rechtsträger entsprechen.

**284** Grundlage für die Ermittlung des Umtauschverhältnisses ist regelmäßig eine Unternehmensbewertung (die auch auf Grundlage IFRS-basierter Planungsrechnungen erfolgen kann[637]) der an der Verschmelzung beteiligten Rechtsträger. Der Verschmelzungsprüfer hat dabei zu untersuchen, ob die zur Unternehmensbewertung angewandten Methoden den Grundsätzen zur Durchführung von Unternehmensbewertungen (vgl. *IDW S 1 i.d.F. 2008*, Tz. 17 ff.) entsprechen. Er wird dabei in der Funktion eines **Schiedsgutachters** tätig[638]. Zwecks zutreffender Festsetzung des Umtauschverhältnisses müssen alle an der Verschmelzung beteiligten Rechtsträger nach der gleichen

633 Vgl. *Bermel/Hannappel*, in: Goutier/Knopf/Tulloch, UmwRecht, § 5 UmwG, Tz. 13; *Mayer*, in: Widmann/Mayer, UmwRecht³, § 5 UmwG, Tz. 95; *Engelmeyer*, 37; a.A. *Piltz*, S. 71.

634 Vgl. *Mayer*; in: Widmann/Mayer; UmwRecht³, § 5 UmwG, Tz. 95; *Nonnenmacher*, AG 1982, S. 153 (157).

635 Vgl. *Engelmeyer*, S. 37.

636 Vgl. *Mayer*; in: Widmann/Mayer; UmwRecht³, § 5 UmwG, Tz. 95.

637 Vgl. OLG Hamburg v. 29.09.2004, ZIP 2004, S. 2288 (auch eine Unternehmensbewertung unter Zugrundelegung von nach IFRS geplanten Ertragswerten liefere zutreffende Ausgangszahlen für eine Unternehmensbewertung). Vgl. hierzu auch OLG Hamm v. 19.08.2005, DB 2005, S. 1956; *Hentzen*, DB 2005, S. 1891; *Vater*, StuB 2005, S. 1031; a.A. *Knoll*, BB 2006, S. 369.

638 Vgl. *IDW*, WP Handbuch 2014 Bd. II Kap. A Tz. 26 ff.; *IDW S 1 i.d.F. 2008*, Tz. 12; sofern die Zielsetzung in der Ermittlung eines nachvollziehbaren und typisierten Unternehmenswerts liegt, kann in den Auftragsvereinbarungen die Ermittlung eines objektivierten Unternehmenswerts vereinbart werden vgl. *F&A zu IDW S 1 i.d.F. 2008*.

Bewertungsmethode bewertet werden[639]. Anhand der hiernach ermittelten Unternehmenswerte wird anschließend der Wert eines einzelnen Anteils des übertragenden sowie des übernehmenden Rechtsträgers abgeleitet. Aus dem Verhältnis dieser beiden Anteilswerte ergibt sich das Umtauschverhältnis[640].

Als **zentrale Fragestellungen** bei der Prüfung des Umtauschverhältnisses ergeben sich im Schrifttum die Festlegung des Bewertungsstichtags, die Wahl der Bewertungsmethode und das Problem der Berücksichtigung von Verbundeffekten sowie die Berücksichtigung von Ertragsteuern. Auch die Einheitlichkeit der Vorgehensweise bei der Bewertung der an der Verschmelzung beteiligten Rechtsträger ist von großer Bedeutung. **285**

Der Verschmelzungsprüfer hat sämtliche in die Ermittlung des Umtauschverhältnisses eingehenden Informationen und Daten auf Richtigkeit, mindestens jedoch auf Plausibilität zu prüfen. Bei umfangreichem Zahlenmaterial kann er sich im Rahmen seiner Eigenverantwortung auf eine stichprobenweise Verifizierung beschränken. Wertkomponenten, die für das Umtauschverhältnis von wesentlicher Bedeutung sind, sind lückenlos zu prüfen bzw. zu begutachten. **286**

### 7.2.5.2 Der Bewertungsstichtag

#### 7.2.5.2.1 Überblick

Die der Ermittlung des Umtauschverhältnisses zugrunde liegenden Unternehmensbewertungen aller an der Verschmelzung beteiligten Rechtsträger müssen auf den gleichen **Stichtag** erfolgen[641]. **287**

Zum konkreten Bewertungsstichtag schweigt das UmwG indes[642]; das Schrifttum ist uneinheitlich. So finden sich teils Stimmen, die für eine Maßgeblichkeit des Stichtags der Eintragung der Verschmelzung ins HR[643], teils Stimmen, die für den Verschmelzungsstichtag (§ 5 Abs. 1 Nr. 6 UmwG) als maßgeblichen Bewertungsstichtag plädieren[644]. **288**

639 Vgl. *Drygala*, in: Lutter/Bayer/Vetter, UmwG[5], § 5 UmwG, Tz. 28 m.w.N.

640 Vgl. *Schmitz*, S. 10.

641 Vgl. *Drygala*, in: Lutter/Bayer/Vetter, UmwG[5], § 5 UmwG, Tz. 32.

642 Ein Hinweis auf den Bewertungsstichtag findet sich lediglich für den Fall einer Barabfindung: Den Regelungen in § 30 Abs. 1 UmwG zufolge muss die Barabfindung die Verhältnisse des übertragenden Rechtsträgers im Zeitpunkt der Beschlussfassung über die Verschmelzung berücksichtigen. Vgl. *Mayer*, in: Widmann/Mayer, UmwRecht[3], § 5 UmwG, Tz. 131.

643 Vgl. § 20 Abs. 1 Nr. 1 und 3 UmwG sowie *Hoffmann-Becking*, in: FS Fleck, S. 115. Auch bei der Bewertung von Sacheinlagen zur Prüfung der Kapitalaufbringung wird grundsätzlich auf den Zeitpunkt der HR-Anmeldung bzw. Eintragung abgestellt. Vgl. hierzu ausführlich *Angermayer*, S. 234 ff.

644 Vgl. *Bermel/Hannappel*, in: Goutier/Knopf/Tulloch, UmwRecht, § 5 UmwG, Tz. 25; *Seetzen*, WM 1994, S. 45 (46); *Stratz*, in: Schmitt/Hörtnagl/Stratz, UmwG[7], § 5 UmwG, Tz. 28 f.

#### 7.2.5.2.2 Der Zeitpunkt der Haupt-/Gesellschafterversammlung des übertragenden Rechtsträgers als maßgeblicher Bewertungsstichtag

289 Nach h.M. ist maßgeblicher Bewertungsstichtag der Zeitpunkt der **HV / Gesellschafterversammlung des übertragenden Rechtsträgers**[645]. Zu diesem Zeitpunkt müssen die Anteilsinhaber entscheiden, ob sie das Umtauschverhältnis für angemessen halten und dementsprechend über die Zustimmung zum Verschmelzungsvertrag beschließen. Insoweit kann auf andere Vorbilder des UmwG und des AktG rekurriert werden: So z.B. auf § 30 Abs. 1 S. 1 UmwG, nach dem eine etwaige **Barabfindung** die Verhältnisse des übertragenden Rechtsträgers im Zeitpunkt der Beschlussfassung über die Verschmelzung berücksichtigen muss[646]. Ferner auf § 305 Abs. 3 S. 2 AktG, nach dem die **angemessene Abfindung** der außenstehenden Aktionäre bei Beherrschungs- und Gewinnabführungsverträgen bereits bei Abschluss des Vertrags festgelegt werden und die Vermögens- und Ertragslage der Untergesellschaft im Zeitpunkt der Beschlussfassung ihrer HV über den Vertrag berücksichtigen muss.

290 Da das Umtauschverhältnis von den Unternehmensorganen bereits zu einem früheren Zeitpunkt als dem der Beschlussfassung des übertragenden Rechtsträgers festzulegen ist[647], wird das erforderliche Datenmaterial i.d.R. aus dem Zahlenwerk der aktuellsten Bilanzen rekrutiert: Für den übertragenden Rechtsträger ist dies regelmäßig seine Schlussbilanz. Allerdings müssen außergewöhnliche Entwicklungen, die seit der Aufstellung der Schlussbilanz eingetreten sind, bei der Beurteilung der Angemessenheit des Umtauschverhältnisses berücksichtigt werden[648].

### 7.2.5.3 Wahl der Bewertungsmethode

291 Mangels Festlegung der maßgeblichen Unternehmensbewertungsmethoden im Gesetz[649], hat der Verschmelzungsprüfer zu untersuchen, ob die von den Unternehmensorganen angewandten Bewertungsmethoden den **Grundsätzen zur Durchführung von Unternehmensbewertungen** nach *IDW S 1 i.d.F. 2008* entsprechen, die hierbei zugrunde gelegten Daten fachgerecht abgeleitet sind und Zukunftseinschätzungen plausibel erscheinen. Der Verschmelzungsprüfer hat somit Soll-Vorstellungen bezüglich der Wertrelationen der zu verschmelzenden Unternehmen zu entwickeln und diese mit den ihm vorgelegten Wertermittlungen zu vergleichen.

292 Die Grundsätze zur Durchführung von Unternehmensbewertungen sind in *IDW S 1 i.d.F. 2008* geregelt[650]. Danach bestimmt sich der Wert eines Unternehmens i.d.R. nach der **Er-**

---

645 Vgl. *Hoffmann-Becking*, in: FS Fleck, S. 105 (115 ff.); *Engelmeyer*, S. 38. Ähnlich *Müller, W.*, in: Kallmeyer, UmwG[5], § 9 UmwG, Tz. 36, wobei dieser jedoch auch den Verschmelzungsstichtag gem. § 5 Abs. 1 Nr. 6 UmwG als geeigneten Bewertungsstichtag zur Ermittlung eines angemessenen Umtauschverhältnisses in Erwägung zieht. Dagegen empfiehlt *Stratz*, den Zeitpunkt des Abschlusses des Verschmelzungsvertrags oder den Verschmelzungsstichtag als Bewertungsstichtag heranzuziehen, sofern diese Stichtage in den letzten drei Monaten vor der letzten Anteilsinhaberversammlung liegen. Vgl. *Stratz*, in: Schmitt/Hörtnagl/Stratz, UmwG[7], § 5 UmwG, Tz. 29.

646 Vgl. *Mayer*, in: Widmann/Mayer, UmwRecht[3], § 5 UmwG, Tz. 131.

647 So ist der Verschmelzungsvertrag bzw. sein Entwurf gem. § 5 Abs. 3 UmwG spätestens einen Monat vor dem Tag der Versammlung der Anteilsinhaber dem zuständigen Betriebsrat zuzuleiten.

648 Vgl. *Hoffmann-Becking*, in: FS Fleck, S. 105 (117).

649 Zum Verzicht der Richtliniengeber bzw. des Gesetzgebers, eine konkrete Bewertungsmethode verbindlich vorzugeben, vgl. *Zeidler*, in: Semler/Stengel, UmwG[3], § 9 UmwG, Tz. 34.

650 Zu den Grundlagen der Unternehmensbewertung vgl. die Ausführungen in *IDW*, WP Handbuch 2014 Bd. II Kap. A.

**tragswertmethode** [651]. Ebenso ist das sog. **DCF-Verfahren**, welches in verschiedenen Varianten angewendet werden kann, als zulässige Methode der Unternehmensbewertung anerkannt. DCF-Verfahren basieren wie die Ertragswertmethode auf dem sog. Kapitalwertkalkül (Kapitalisierung künftiger finanzieller Überschüsse)[652]. Unterschiede zwischen beiden Verfahren bestehen in der Ableitung der Überschüsse, den Annahmen über ihre Ausschüttbarkeit, der Kapitalisierung sowie der Berücksichtigung des Risikos[653]. Unter Zugrundelegung gleicher Bewertungsannahmen bzw. -vereinfachungen führen beide Methoden zu einem identischen Unternehmenswert[654].

Abhängig von der jeweiligen Situation können andere Methoden als die Ertragswertmethode oder das DCF-Verfahren zweckentsprechender, kostensparender oder zielorientierter sein[655]. Die **Substanzwertmethode** oder sog. **Kombinationsverfahren** entsprechen jedoch nicht dem neueren Erkenntnisstand der Unternehmensbewertungslehre und werden daher im Schrifttum, in der Praxis und in der Rechtsprechung als nicht mehr sachgerecht erachtet[656]. Auch die Buchwerte der Anteile können i.d.R. nicht als Maßstab für die Wertrelationen herangezogen werden[657]. **293**

Wurde in der Vergangenheit der **Börsenkurs** als geeignetes Kriterium überwiegend abgelehnt[658], so kommt ihm seit dem Beschluss des BVerfG v. 27.04.1999[659] eine Indikatorfunktion bei der Unternehmensbewertung zu. Danach steht dem Aktionär der übertragenden Gesellschaft bei Verschmelzungen der „wahre Wert", mindestens aber der Verkehrswert zu. Der Verkehrswert kann jedoch nicht ohne Rücksicht auf den Börsen- **294**

---

651 Die Ertragswertmethode, die als juristisch anerkannte und verfassungsrechtlich unbedenkliche Bewertungsmethode gilt, wird sowohl in der Rechtsprechung als auch in der Praxis bislang als vorherrschende Methode anerkannt. Vgl. hierzu exemplarisch BayObLG v. 18.12.2002, AG 2003, S. 569 f. m.w.N.; *Bermel/Hannappel*, in: Goutier/Knopf/Tulloch, UmwRecht, § 5 UmwG, Tz. 15; BVerfG v. 30.05.2007, WM 2007, S. 1522; BVerfG v. 26.04.2011, NJW 2011, S. 2498; *Drygala*, in: Lutter/Bayer/Vetter, UmwG[5], § 5 UmwG, Tz. 52 m.w.N.; *Marsch-Barner*, in: Kallmeyer, UmwG[5], § 8 UmwG, Tz. 13 m.w.N.; *Mayer*, in: Widmann/Mayer, UmwRecht[3], § 5 UmwG, Tz. 97-99 und 100.3 sowie § 9 UmwG, Tz. 28; *Müller, W.*, in: Kallmeyer, UmwG[5], § 9 UmwG, Tz. 30 m.w.N.; OLG Frankfurt a.M. v. 05.03.2012, NZG 2012, S. 550; OLG Stuttgart v. 14.09.2011, BeckRS 2011, S. 23678; OLG Stuttgart v. 14.09.2011, BeckRS 2011, S. 23676. Zu den Unternehmensbewertungsverfahren bei Verschmelzungen vgl. auch *Heurung*, DB 1997, S. 837 (Teil 1), S. 888 (Teil 2).

652 Der Wert eines Unternehmens wird unter der Voraussetzung ausschließlich finanzieller Ziele grundsätzlich durch dessen Eigenschaft bestimmt, finanzielle Überschüsse für die Anteilsinhaber zu erwirtschaften. Unter der genannten Prämisse bildet nach den Erkenntnissen der betriebswirtschaftlichen Investitionsrechnung der Barwert der zukünftigen Überschüsse der Einnahmen über die Ausgaben den theoretisch richtigen Wert des Unternehmens ab. Der Ertragswert i.S.v. *IDW S 1 i.d.F. 2008* entspricht diesem Barwert in Form einer praktisch durchgeführten Näherungslösung. In gleicher Weise gilt dies auch für die Verfahren der DCF-Methode. Vgl. *IDW S 1 i.d.F. 2008*, Tz. 4-7.

653 Ausführlich hierzu *IDW*, WP Handbuch 2014 Bd. II Kap. A Tz. 220 ff.

654 Vgl. *IDW S 1 i.d.F. 2008*, Tz. 101.

655 Vgl. *Müller, W.*, in: Kallmeyer, UmwG[5], § 9 UmwG, Tz. 31 f.

656 Vgl. *Mayer*, in: Widmann/Mayer, UmwRecht[3], § 5 UmwG, Tz. 98.

657 Vgl. *Marsch-Barner*, in: Kallmeyer, UmwG[5], § 8 UmwG, Tz. 14.

658 Vgl. BGH v. 30.03.1967, AG 1967, S. 264; OLG Düsseldorf v. 17.02.1984, DB 1984, S. 817; OLG Celle v. 31.07.1998, DB 1998, S. 2006; OLG Düsseldorf v. 02.04.1998, DB 1998, S. 1454.

659 BVerfG v. 27.04.1999, DB 1999, S. 1693. Das Urteil betraf ein Abfindungsverfahren nach §§ 304, 305, 320b AktG. Danach hält es das BVerfG für mit Art. 14 Abs. 1 GG unvereinbar, bei der Bestimmung der Abfindung oder des Ausgleichs für außenstehende oder ausgeschiedene Aktionäre nach §§ 304, 305, 320b AktG a.F. den Börsenkurs der Aktien außer Betracht zu lassen. Ähnlich BGH v. 12.03.2001, DB 2001, S. 969; BVerfG v. 08.09.1999, AG 2000, S. 40; BayObLG v. 11.07.2001, NZG 2001, S. 1035.

kurs festgesetzt werden[660]. Sofern der Börsenkurs den Verkehrswert der Aktie widerspiegelt, ist dieser in Verschmelzungs- und Spaltungsfällen bei der Bewertung von börsennotierten AG als Wertuntergrenze anzusehen[661]. Liegt der Ertragswert über dem Börsenwert, ist ersterer für das Umtauschverhältnis maßgebend[662].

**295** Unter Berücksichtigung der höchstrichterlichen Rechtsprechung sieht *IDW S 1 i.d.F. 2008* bei speziellen Unternehmensbewertungsanlässen (z.B. Abfindung und Ausgleich gem. §§ 304, 305 AktG, § 320b AktG sowie § 327a f. AktG) die Ermittlung des Verkehrswerts unter Berücksichtigung des Börsenkurses vor[663]. Demnach findet der Börsenkurs bei Verschmelzungen börsennotierter Gesellschaften[664], bei denen ein Beherrschungsverhältnis besteht, Berücksichtigung. Bei Verschmelzungen gleichberechtigter Gesellschaften (sog. merger of equals) hingegen kann der Börsenkurs nicht als ausschlaggebender Bewertungsmaßstab herangezogen werden[665]. Darüber hinaus scheidet der Börsenkurs für die Bestimmung des Umtauschverhältnisses aus, wenn an der Verschmelzung keine oder nur eine börsennotierte AG beteiligt ist. Eine einseitige Berücksichtigung des Börsenkurses würde bei der Bestimmung der Verschmelzungswertrelation zu Verwerfungen führen, da der Börsenwert nicht mit dem festgestellten Wert des anderen Rechtsträgers verglichen werden kann. In diesem Fall müsste auf die Ertragswertmethode oder ein DCF-Verfahren rekurriert werden[666]. Der Börsenkurs kommt auch dann nicht als Referenzmaßstab bei der Unternehmensbewertung in Betracht, wenn er etwa aufgrund bestehender Marktenge[667] oder wegen Manipulationen des Börsenkurses den Verkehrswert der Aktie nicht reflektiert[668].

**296** Maßgeblicher Börsenkurs ist nach h.M. der durchschnittliche Börsenkurs[669]. Nach *IDW S 1 i.d.F. 2008* ist zur Ermittlung des Börsenkurses ein geeigneter Durchschnittskurs

660 Entgegen der h.A. eine Anwendung der Entscheidung des BVerfG auf Verschmelzungen ablehnend *Riegger*, DB 1999, S. 1889 (1890); *Wilm*, NZG 2000, S. 234. Für eine Anwendung vgl. bspw. *Erb*, DB 2001, S. 523; *Piltz*, ZGR 2001, S. 189 (205); *Reuter*, DB 2001, S. 2483.

661 So LG Stuttgart v. 09.02.2005, WPg 2005, S. 1160 (der Beschluss des LG Stuttgart wurde jedoch vom OLG Stuttgart mit Urteil v. 08.03.2006, DStR 2006, S. 626, aufgehoben.). Vgl. auch *Müller, W.*, in: Kallmeyer, UmwG[5], § 9 UmwG, Tz. 33.

662 Vgl. BGH v. 12.03.2001, ZIP 2001, S. 736; LG Stuttgart v. 09.02.2005, AG 2005, S. 452; LG München I v. 27.03.2000, ZIP 2000, S. 1055; *Marsch-Barner*, in: Kallmeyer, UmwG[5], § 8 UmwG, Tz. 14.

663 Vgl. *IDW S 1 i.d.F. 2008*, Tz. 16.

664 Sind an einer Verschmelzung ausschließlich börsennotierte AG beteiligt, so hält es *Mayer* unter der Prämisse, dass der jeweilige Börsenkurs keinen Sondereinflüssen unterliegt, für vertretbar, für jede Gesellschaft einen Mittelwert zwischen dem Börsenkurs und dem Ertragswert zur Feststellung des Umtauschverhältnisses anzunehmen. Vgl. *Mayer*, in: Widmann/Mayer, UmwRecht[3], § 5 UmwG, Tz. 100.1 mit Bezugnahme auf OLG Stuttgart v. 06.07.2007, NJOZ 2007, S. 4730.

665 Vgl. BayObLG v. 18.12.2002, AG 2003, S. 569; *Drygala*, in: Lutter/Bayer/Vetter, UmwG[5], § 5 UmwG, Tz. 38; *Marsch-Barner*, in: Kallmeyer, UmwG[5], § 8 UmwG, Tz. 14.

666 Vgl. *Bungert*, BB 2003, S. 699 (700 f.); LG München I v. 08.09.2006, Der Konzern 2007, S. 137 (141); *Drygala*, in: Lutter/Bayer/Vetter, UmwG[5], § 5 UmwG, Tz. 52; *Marsch-Barner*, in: Kallmeyer, UmwG[5], § 8 UmwG, Tz. 14.

667 Vgl. LG Hamburg v. 15.07.2005, Der Konzern 2006, S. 307 (308); LG Frankfurt a.M. v. 17.01.2006, AG 2006, S. 757 (758); OLG München v. 11.07.2006, DNotZ 2006, S. 946 (947).

668 Vgl. BGH v. 12.03.2001, ZIP 2001, S. 734 (736); *IDW S 1 i.d.F. 2008*, Tz. 16; *Drygala*, in: Lutter/Bayer/Vetter, UmwG[5], § 5 UmwG, Tz. 51. Siehe auch LG Frankfurt a.M. v. 06.02.2002, AG 2002, S. 358.

669 Vgl. OLG Düsseldorf v. 04.02.2000, DB 2000, S. 710; *Drygala*, in: Lutter/Bayer/Vetter, UmwG[5], § 5, Tz. 45; *Luttermann*, AG 2000, S. 459 (463); *Stratz*, in: Schmitt/Hörtnagl/Stratz, UmwG[7], § 5 UmwG, Tz. 58; *Wilm*, NZG 2000, S. 1070 (1073). Der hingegen auf den Stichtagskurs abstellende Vorlagebeschluss des OLG Düsseldorf v. 25.05.2000 wurde im Rahmen einer späteren Entscheidung des BGH verworfen. Siehe hierzu BGH v. 12.03.2001, ZIP 2001, S. 734 (736); OLG Düsseldorf v. 25.05.2000, NZG 2000, S. 1075.

heranzuziehen, wobei Länge und Endzeitpunkt des Referenzzeitraums grds. von den konkreten Gegebenheiten des Einzelfalls abhängen[670]. Der BGH hatte zunächst mit Urteil vom 12.03.2011[671] entschieden, dass zur Ermittlung des Börsendurchschnittskurses auf einen Referenzzeitraum von drei Monaten vor dem HV-Beschluss[672] abzustellen ist[673]. Unter teilweiser Aufgabe seiner Rechtsprechung ist nunmehr der einer angemessenen Abfindung zugrunde liegende Börsenwert einer Aktie auf Basis eines nach Umsatz gewichteten Durchschnittskurses innerhalb eines dreimonatigen Referenzzeitraums vor der Bekanntmachung einer Strukturmaßnahme zu ermitteln[674].

Auch der **Liquidationswert**, der allenfalls als **Untergrenze** für den Wert eines Unternehmens angesehen wird[675], ist bei Verschmelzungen meistens nicht relevant, da eine Fusion mit einem ertraglosen Unternehmen grundsätzlich wirtschaftlich nicht sinnvoll ist. Der Liquidationswert kann jedoch ausnahmsweise Bedeutung erlangen, wenn die Verschmelzung mit einem ertraglosen Unternehmen z.B. mit dem Ziel durchgeführt wird, Marktanteile zusammenzulegen oder Fertigungskapazitäten von der übertragenden Gesellschaft zu erwerben bzw. Investitionen bei der übernehmenden Gesellschaft einzusparen. 297

Wird einem Verschmelzungsprüfer ein Liquidationswert zur Prüfung vorgelegt und ergeben sich hieraus wesentliche Nachteile für die betroffenen Anteilsinhaber, erscheint eine **Redepflicht** für den Prüfer sachgerecht (§ 321 Abs. 1 S. 3 HGB analog), obwohl ihm die Prüfung der Zweckmäßigkeit der Verschmelzung nicht obliegt. 298

### 7.2.5.4 Einheitliche Vorgehensweise bei der Unternehmensbewertung

Um einen **Interessenausgleich** zwischen den Anteilsinhabern der fusionierenden Rechtsträger herbeizuführen, ist es grundsätzlich notwendig und in der Praxis üblich, nach einer einheitlichen Unternehmensbewertungsmethode (i.d.R. Ertragswertmethode oder DCF-Methode) und innerhalb dieser Methode nach einheitlichen Grundsätzen zu verfahren. Letztere beziehen sich auf ein **einheitliches Vorgehen**, z.B. bei der Schätzung 299

670 Vgl. *IDW S 1 i.d.F. 2008*, Tz. 16.

671 ZIP 2001, S. 734 (736).

672 Vgl. BGH v. 12.03.2001, ZIP 2001, S. 734 (736).

673 Der BGH beruft sich in seinem Beschluss auf einen dreimonatigen Referenzzeitraum, dessen Ende der Termin der beschlussfassenden HV markiert. Siehe grundlegend BGH v. 12.03.2001. Die vorgeschlagenen Referenzzeiträume reichten von drei, fünf oder sechs Monaten vor Bekanntwerden der Verschmelzungsabsicht (vgl. hierzu *Marsch-Barner*, in: Kallmeyer, UmwG[5], § 8 UmwG, Tz. 14 (drei bzw. sechs Monate vor Bekanntwerden der Verschmelzungsabsicht); *Luttermann*, ZIP 2001, S. 872 (einerseits Hinweis auf sechsmonatige Frist, die die Börsensachverständigenkommission im Rahmen des Übernahmekodex vorschlägt, andererseits sollte der Referenzzeitraum mindestens ein Jahr betragen, möglichst gar zwei bis drei Jahre umfassen); *Vetter*, DB 2001, S. 1347 (1348 ff.) (mindestens sechs Monate); *Meilicke/Heidel*, DB 2001, S. 974 (drei Monate); die allgemeine Problematik aufzeigend *Bungert*, BB 2001, S. 1163 (1164 ff.) bis zu einem Zeithorizont von zwei bis drei Jahren (so etwa BayObLG v. 29.09.1998, DB 1998, S. 2316; *Luttermann*, ZIP 1999, S. 51. Das OLG Stuttgart spricht sich in diesem Kontext grundsätzlich für eine längere Referenzperiode aus, um die Einbeziehung spekulationsbedingter Kursschwankungen zu vermeiden; siehe hierzu OLG Stuttgart v. 04.02.2000, DB 2000, S. 710.).

674 Vgl. BGH v. 19.07.2010, BB 2010, S. 1941. Für weitere gerichtliche Entscheidungen, die auf den Tag der Bekanntgabe der Strukturmaßnahme als maßgeblichen Stichtag abstellen, siehe OLG Stuttgart v. 16.02.2007, NZG 2007, S. 302 (305); OLG Stuttgart v. 14.02.2008, BB 2008, S. 580 f.; OLG Düsseldorf v. 09.09.2009, BB 2009, S. 2265, sowie ergänzend *Gärtner*, BB 2010, S. 114; OLG Stuttgart v. 18.12.2009, BeckRS 2010, S. 00900, sowie zusammenfassend *Wüstemann*, BB 2010, S. 1715 (1720); OLG Frankfurt a.M. v. 30.03.2010, NZG 2010, S. 664.

675 Vgl. *IDW S 1 i.d.F. 2008*, Tz. 140.

der finanziellen Überschüsse, der Festlegung des Zeithorizonts (Phasenmethode), der Festlegung des Kalkulationszinsfußes, der Behandlung von allgemeinen und speziellen Unternehmensrisiken oder der Behandlung der Inflation[676]. Da es sich bei der Verschmelzung vor allem um die Festlegung des Umtauschverhältnisses handelt, ist es vielfach unerheblich, wie gleiche Sachverhalte behandelt werden. Wichtig ist indes, dass sie nach gleichen Grundsätzen (Methoden und Maßstäbe) in die Rechnung eingehen. Beachtet werden muss allerdings, dass die ceteris paribus-Bedingung erfüllt ist.

300 Bei den einzelnen zu bewertenden Rechtsträgern können unterschiedliche Verfahren (z.B. Verfahren zur Planung von Erlösen und Aufwendungen, Verfahren zur Berücksichtigung der Inflation, Phasenmethode) den Verschmelzungsprüfer veranlassen, diese auf angemessene Anwendung zu prüfen. So mag es in Ausnahmefällen durchaus sachgerecht sein, bei unterschiedlich strukturierten Rechtsträgern voneinander abweichende Verfahren bei der Ermittlung der einzelnen Wertkomponenten anzuwenden. Daraus ergibt sich auch, dass sowohl bei der Ermittlung des Umtauschverhältnisses als auch bei der Prüfung seiner Angemessenheit **Ermessensspielräume** bestehen, die auch die Anwendung von **Vereinfachungsmöglichkeiten** einschließen.

301 Zur Ermittlung eines objektiven Umtauschverhältnisses müssen auch Ausstattung und Charakter der umzutauschenden Anteile berücksichtigt werden. So ist für Sonderrechte auf **Gleichwertigkeit** zu achten oder es sind hierfür Sonderzahlungen vorzusehen[677]. Demgegenüber haben die einzelnen Anteilsinhaber aufgrund ihrer individuellen Verhältnisse unterschiedliche Wertvorstellungen. Diese können auf divergierenden Alternativverzinsungen, Risikoeinschätzungen, Inflationserwartungen, Steuerverhältnissen sowie auf allen Einflussfaktoren, die zu einem Marktpreis führen, beruhen. Der Verschmelzungsprüfer kann derartige Einzelinteressen nicht berücksichtigen. Er hat vielmehr eine Typisierung vorzunehmen und muss bei der Beurteilung der Angemessenheit des Umtauschverhältnisses den „durchschnittlichen Anteilsinhaber“ vor Augen haben[678].

### 7.2.5.5 Berücksichtigung von Verbundeffekten[679]

#### 7.2.5.5.1 Die Berücksichtigung von Verbundeffekten in der Diskussion

302 Der wirtschaftliche Grund für Verschmelzungen ist häufig die Realisierung von sog. Verbund- bzw. Synergieeffekten (z.B. Ergänzung des Produktionsprogramms, Diversifikation, Verbesserung der Kapazitätsauslastung, Zuwachs von Know-how, Marktbereinigung, Ergänzung des Vertriebsnetzes). Synergieeffekte lassen sich als Differenz zwischen der Summe der Zukunftserfolge der zu verschmelzenden Rechtsträger ohne und mit Fusion quantifizieren[680]. Dabei unterscheidet man zwischen Verbundeffekten, die nur zwischen den zu verschmelzenden Rechtsträgern realisiert werden können

676 Nach *IDW S 1 i.d.F. 2008* sind bei der Unternehmensbewertung auch persönliche Ertragsteuern zu berücksichtigen. Danach sind die Ertragsteuern der Anteilsinhaber von den Zukunftserfolgen abzusetzen; darüber hinaus ist der Bewertung ein um entsprechende Steuereffekte verminderter Kapitalisierungszinsfuß zugrunde zu legen. Vgl. *IDW S 1 i.d.F. 2008*, Tz. 43 ff. und 119 ff.

677 Vgl. *Schedlbauer*, WPg 1984, S. 33 (42).

678 Vgl. *Bitzer*, S. 48.

679 Vgl. hierzu ausführlich *Angermayer-Michler/Oser*, S. 1101.

680 Vgl. *Mayer*, in: Widmann/Mayer, UmwRecht$^3$, § 5 UmwG, Tz. 107.

(**echte Verbundeffekte**), und allgemeinen Verbundeffekten (z.B. Verlustvortrag), die mit jeder beliebigen Partei zu verwirklichen wären (**unechte Verbundeffekte**)[681].

Die Frage, inwieweit derartige Effekte bei der Ermittlung des Umtauschverhältnisses Berücksichtigung finden können, ist umstritten[682]. Nach ***IDW S 1 i.d.F. 2008*** und der Rechtsprechung[683] dürfen bei der Ermittlung objektivierter Unternehmenswerte nur unechte Synergieeffekte berücksichtigt werden, soweit die synergiestiftende Maßnahmen bereits eingeleitet und im Unternehmenskonzept dokumentiert sind. Dagegen können bei der Ermittlung subjektiver Unternehmenswerte auch echte Synergieeffekte berücksichtigt werden[684]. **303**

Aus Sicht der betroffenen Anteilsinhaber (subjektive Betrachtungsweise) sind jedoch künftige Ertragssteigerungen durch die Kooperation von wesentlicher Bedeutung. Sofern i.R.d. Unternehmensbewertungen keine objektivierten Werte, sondern vielmehr Schieds- bzw. faire Einigungswerte ermittelt werden, sind (echte und unechte) Synergieeffekte grds. zu berücksichtigen[685]. Darüber hinaus wird darauf hingewiesen, dass die Wertfindungsgrundsätze bei einer **freiwilligen** Anteilsveräußerung und der dabei erfolgenden Berücksichtigung von Synergieeffekten auch im Fall des zwangsweisen Ausscheidens (Verschmelzung) Gültigkeit haben müssen, so dass in beiden Fällen Synergieeffekte in die Unternehmensbewertung einzubeziehen sind[686]. **304**

Zu beachten ist, dass die Anteilsinhaber des übertragenden Rechtsträgers (so sie im Zuge der Verschmelzung nicht ausscheiden) über die Gewährung von Anteilen am übernehmenden Rechtsträger an Synergieeffekten mittelbar partizipieren[687]. **305**

### 7.2.5.5.2 Aufteilungsverfahren

Soweit die Synergieeffekte im Verhältnis der einzelnen Unternehmenswerte auf die betroffenen Anteilsinhaber aufgeteilt werden, bedarf es keiner besonderen Ermittlung. Wenn die Verbundeffekte dagegen in einem anderen Verhältnis, z.B. je hälftig aufgeteilt werden, sind diese für jeden beteiligten Rechtsträger gesondert zu bestimmen. Insoweit unterliegt die Ermittlung des Barwerts der jeweiligen Synergieeffekte sowie deren Ver- **306**

681 Vgl. *IDW S 1 i.d.F. 2008*, Tz. 33 f. und 50 f.

682 Vgl. zum Diskussionsstand *Bermel/Hannappel*, in: Goutier/Knopf/Tulloch, UmwRecht, § 5 UmwG, Tz. 32; *Mertens*, AG 1992, S. 321; *Fleischer*, ZGR 1997, S. 368 (383 ff.); *Fleischer*, ZGR 2001, S. 27; *Hüttemann*, ZHR 1998, S. 563 (586 f.); *Stratz*, in: Schmitt/Hörtnagl/Stratz, UmwG[7], § 5 UmwG, Tz. 30-32. *Stratz* differenziert zwischen einer baren Zuzahlung gem. § 15 Abs. 1 UmwG und einer Barabfindung gem. §§ 29 ff. UmwG. Daraus leitet er ab, dass bei der Ermittlung einer baren Zuzahlung gerade die mit der Verschmelzung verbundenen konkreten Verbundeffekte zu berücksichtigen seien, während diese bei einer Barabfindung nicht in Betracht kommen würden, sofern noch keine Maßnahmen zur Realisierung der Verbundeffekte eingeleitet worden sind. Sich gegen eine Berücksichtigung von (echten) Verbundeffekten aussprechend *Drygala*, in: Lutter/Bayer/Vetter, UmwG[5], § 5 UmwG, Tz. 55 m.w.N.; *Marsch-Barner*, in: Kallmeyer, UmwG[5], § 8 UmwG, Tz. 17 (m.w.N.); für eine Berücksichtigung sprechen sich *Busse von Colbe*, ZGR 1994, S. 595, und *Mayer*, in: Widmann/Mayer, UmwRecht[3], § 5 UmwG, Tz. 107, aus.

683 Vgl. BGH v. 04.03.1998, DB 1998, S. 873; BayObLG v. 11.12.1995, AG 1996, S. 177; OLG Düsseldorf v. 17.02.1984, WM 1984, S. 734; OLG Hamburg v. 17.08.1979, DB 1980, S. 77.

684 Vgl. *IDW S 1 i.d.F. 2008*, Tz. 33 f. und Tz. 50 f.

685 Vgl. *Bermel/Hannappel*, in: Goutier/Knopf/Tulloch, UmwRecht, § 5 UmwG, Tz. 33 m.w.N.; *IDW S 1 i.d F. 2008*, Tz. 50 f.

686 Vgl. *Lamla*, S. 166 m.w.N.

687 Vgl. hierzu OLG Düsseldorf v. 17.02.1984, AG 1984, S. 218. Demgegenüber partizipieren Minderheitsgesellschafter nicht an den Verbundeffekten, falls diese nicht in die Ermittlung der Abfindung einbezogen werden. Vgl. hierzu *Dirrigl*, WPg 1989, S. 454 (462); *Meyer zu Lösebeck*, WPg 1989, S. 499 (501).

teilung auf die Anteilsinhaber der Verschmelzungsprüfung[688]. Wird bei einem ertraglosen Rechtsträger der Substanzwert (anstelle des Liquidationswerts) dem Umtauschverhältnis zugrunde gelegt (z.B. weil der übernehmende Rechtsträger sich damit eigene Investitionen erspart), so liegt in der Differenz zwischen dem Liquidationswert und dem höheren Substanzwert bereits die Bewertung des Verbundvorteils. Insoweit wird den Anteilsinhabern des übertragenden Rechtsträgers der Wert des Synergieeffekts voll zugerechnet.

307 Bei der Zurechnung von Synergieeffekten ist den Geschäftsführungsorganen der an der Verschmelzung beteiligten Rechtsträger ein Ermessensspielraum zuzubilligen, der in der Praxis im Wege von Verhandlungen ausgefüllt wird. Der Verschmelzungsprüfer wird deshalb nur Einwendungen erheben können, wenn die Zuordnung der Synergieeffekte zu unbilligen Ergebnissen führt[689]. Da die Anteilsinhaber der zu verschmelzenden Rechtsträger i.d.R. gegensätzliche Interessen haben, stellt ein Umtauschverhältnis, bei dem sich die Anteilsinhaber nicht schlechter stellen als ohne Verschmelzung, das jeweilige **Grenz-Umtauschverhältnis** dar. Da es einerseits schon aus Praktikabilitätsgründen unmöglich ist, die individuellen Verhältnisse der einzelnen Anteilsinhaber zu berücksichtigen, und andererseits die Verschmelzung Verbundvorteile (positive Verbundeffekte) mit sich bringen soll, stellt sich die Frage, wem dieser Verschmelzungseffekt zusteht. Liegt das Umtauschverhältnis innerhalb der zu ermittelnden **Mindest- bzw. Höchst-Umtauschverhältnisse**, wird dies als angemessen beurteilt werden, soweit die Verteilung der Synergieeffekte als **„fairer" Interessenausgleich** bezeichnet werden kann. Dem Prüfer muss hierbei in hohem Maße ein eigenverantwortliches Ermessen zugestanden werden.

308 Die Ermittlung der Grenz-Umtauschverhältnisse lässt sich anhand des folgenden Beispiels ableiten[690]:

| Gesellschaften | Anzahl der Aktien vor Verschmelzung | Unternehmenswert in Mio. € | Wert der Synergieeffekte in Mio. € |
|---|---|---|---|
| A (übernehmend) | a = 100.000 | $W_A = 80$ | S = 10 |
| B (übertragend) | b = 50.000 | $W_B = 20$ | |

Ohne Berücksichtigung der Synergieeffekte ergibt sich das Umtauschverhältnis (u) wie folgt:

$$u = \frac{b \cdot W_A}{a \cdot W_B} = \frac{50.000 \cdot 80}{100.000 \cdot 20} = \frac{2}{1}$$

Danach erhalten die Aktionäre der Gesellschaft B für zwei (alte) Aktien eine neue Aktie der Gesellschaft A. Die übernehmende Gesellschaft A begibt 25.000 neue Aktien gegen Einlage des Vermögens der Gesellschaft B als Ganzes. Der Wert einer Aktie von A beträgt vor und nach der Fusion 800 € (80 Mio. € : 100.000 = 100 Mio. € : 125.000). Das Grenz-Umtauschverhältnis aller an der Verschmelzung beteiligten Anteilsinhaber ist

688 A.A. *Bitzer*, S. 99.

689 Vgl. hierzu *Dirrigl*, WPg 1989, S. 454 (461); *Dirrigl*, WPg 1989, S. 617 (620); *Meyer zu Lösebeck*, WPg 1989, S. 499 (500).

690 Vgl. hierzu *Bitzer*, S. 66; *Nonnenmacher*, AG 1982, S. 153; *Ossadnik*, DB 1985, S. 1953 (1955).

damit ohne Berücksichtigung von Verbundeffekten zugleich das **Einigungs-Umtauschverhältnis**.

309 Werden Synergieeffekte berücksichtigt, ergeben sich je nach Zurechnung aus der Sicht der Gesellschafter A und B unterschiedliche Grenz-Umtauschverhältnisse. Das **Mindest-Umtauschverhältnis** aus Sicht der Aktionäre der übernehmenden Gesellschaft A ($u_A$) beantwortet die Frage: „Wie viele Aktien von B müssen für eine neue Aktie A mindestens verlangt werden?“. Die Antwort ergibt sich, wenn der Wert der Synergieeffekte (S) in voller Höhe den Aktionären B zugerechnet wird:

$$u_A = \frac{b \cdot W_A}{a \cdot (W_B + S)} = \frac{50.000 \cdot 80}{100.000 \cdot 30} = \frac{1{,}33}{1}$$

Umgekehrt ermittelt sich das **Höchst-Umtauschverhältnis** aus Sicht der Aktionäre der übertragenden Gesellschaft B ($u_B$) („Wie viele Aktien von B dürfen höchstens für eine neue Aktie von A hingegeben werden?“) folgendermaßen:

$$u_A = \frac{b \cdot (W_A + S)}{a \cdot W_B} = \frac{50.000 \cdot 90}{100.000 \cdot 20} = \frac{2{,}25}{1}$$

310 Das angemessene Umtauschverhältnis liegt innerhalb des durch die Grenz-Umtauschverhältnisse determinierten Einigungsbereichs. Da sich der Verbundnutzen nicht verursachungsgerecht den sich verschmelzenden Gesellschaften zuordnen lässt, sind sämtliche **Aufteilungsverfahren**, die zu Ergebnissen führen, die zwischen den Grenz-Umtauschverhältnissen liegen, konsensfähig. Um ein ausgewogenes und damit „angemessenes“ Umtauschverhältnis zu ermitteln, kommen folgende Aufteilungsverfahren in Betracht[691]:

a) Mittelwertverfahren $$\frac{1{,}33 + 2{,}25}{2} = 1{,}79$$

b) Halbierungsverfahren $$\frac{50.000 \cdot (80 + 5)}{100.000 \cdot (20 + 5)} = 1{,}7$$

c) Anteilsverfahren $$\frac{50.000 \cdot [80 + 0{,}8(10)]}{100.000 \cdot [20 + 0{,}2(10)]} = 2{,}0$$

Bei der Aufteilung der Verbundvorteile im Wege des Anteilsverfahrens im Verhältnis der Zukunftserfolgswerte erübrigt sich eine Bestimmung des jeweiligen Grenz-Umtauschverhältnisses für die verschiedenen Parteien. Das Anteilsverfahren entspricht dem Umtauschverhältnis, wie es ohne Berücksichtigung der Synergieeffekte ermittelt wurde. Es bedarf somit keiner Quantifizierung des Verbundeffekts, wenn das Einigungs-Umtauschverhältnis auf der Grundlage der für beide Parteien einheitlichen Grenz-Umtauschverhältnisse (d.h. ohne Berücksichtigung von Verbundeffekten) bestimmt wird, da dann per se eine Verteilung des Verbundeffekts nach Maßgabe der anteiligen Zukunftserfolgswerte erfolgt[692]. Das Anteilsverfahren muss grundsätzlich als angemessenes Aufteilungsverfahren betrachtet werden[693].

691 Vgl. *Ossadnik*, DB 1985, S. 1953 (1956).
692 Vgl. *Heurung*, DB 1997, S. 837 (841); *Bitzer*, S. 98.
693 Vgl. *Heurung*, DB 1997, S. 837 (841); *Bitzer*, S. 98.

Vorstehende Verfahren führen zu folgenden Ergebnissen:

| Verfahren | Umtausch-verhältnisse | Alte Aktien | | | Neue Aktien | | | Alle Aktien | | |
|---|---|---|---|---|---|---|---|---|---|---|
| | | Stück | Einzel-wert € | Gesamt-wert Mio. € | Stück | Einzel-wert € | Gesamt-wert Mio. € | Stück | Einzel-wert € | Gesamt-wert Mio. € |
| a) Mindest-Umtauschverhältnis | 1,33 | 100.000 | 800 | 80 | 37.500 | 800 | 30 | 137.500 | 800 | 110 |
| b) Höchst-Umtauschverhältnis | 2,25 | 100.000 | 900 | 90 | 22.222 | 900 | 20 | 122.222 | 900 | 110 |
| c) Mittelwertverfahren | 1,79 | 100.000 | 860 | 86 | 27.900 | 860 | 24 | 127.900 | 860 | 110 |
| d) Halbierungsverfahren | 1,70 | 100.000 | 850 | 85 | 29.400 | 850 | 25 | 129.400 | 850 | 110 |
| e) Anteilsverfahren | 2,00 | 100.000 | 880 | 88 | 25.000 | 880 | 22 | 125.000 | 880 | 110 |

Das Halbierungsverfahren ist einfach und praktikabel, zeugt jedoch davon, dass genaue Aussagen über die Zurechnung der Verbundeffekte nicht möglich sind[694]. Darüber hinaus ist es nicht unproblematisch, da es eine Ermittlung des Verbundeffekts voraussetzt und es nicht zu den Aufgaben des Verschmelzungsprüfers gehört, die wirtschaftliche Zweckmäßigkeit des Verschmelzungsvorgangs zu beurteilen[695].

311 Das Problem der Zurechnung der Verbundeffekte[696] tritt in der Praxis i.d.R. jedoch insoweit in den Hintergrund, als die Anteilsinhaber des übertragenden Rechtsträgers i.R.d. Umtauschverhältnisses an den künftigen Synergieeffekten partizipieren. Durch die Zuordnung der Synergieeffekte kommt es nur dann zu einer Änderung des Umtauschverhältnisses, wenn diese nicht im Verhältnis der objektivierten Unternehmenswerte aufgeteilt werden[697]. Eine abweichende Aufteilung bedarf einer besonderen Begründung, da sie zu einer überproportionalen Beteiligung einer Partei an den Verbundvorteilen führt[698].

### 7.2.6 Der Prüfungsbericht als Ergebnis der Verschmelzungsprüfung

#### 7.2.6.1 Form

312 Die Verschmelzungsprüfer haben über das Ergebnis der Prüfung schriftlich zu berichten (§ 12 Abs. 1 S. 1 UmwG). Dabei berichtet grds. jeder Prüfer über den von ihm geprüften Rechtsträger getrennt. Aus Zweckmäßigkeitsgründen sieht das Gesetz im Falle der Bestellung verschiedener Prüfer jedoch vor, dass der PrB auch gemeinsam erstattet werden kann (§ 12 Abs. 1 S. 2 UmwG).

694 Vgl. *Ossadnik*, DB 1997, S. 885 (886).

695 Vgl. *Heurung*, DB 1997, S. 837 (841).

696 Zur Frage der Berücksichtigung negativer Verbundeffekte vgl. *Heurung*, DB 1997, S. 837 (841), nach dem ihre Berücksichtigung ausscheidet. Jedoch dürfte ein auf der Grundlage des Anteilsverfahrens ermitteltes Umtauschverhältnis als angemessen angesehen werden, wenn den rechnerisch erfassbaren negativen Verbundeffekten andere nicht quantifizierbare Vorteile gegenüberstehen.

697 Vgl. *Bermel/Hannappel*, in: Goutier/Knopf/Tulloch, UmwRecht, § 5 UmwG, Tz. 34; *Mertens*, AG 1992, S. 321 (330).

698 Vgl. *Bermel/Hannappel*, in: Goutier/Knopf/Tulloch, UmwRecht, § 5 UmwG, Tz. 34; *Seetzen*, WM 1994, S. 45 (49).

Sind die Prüfer gemeinschaftlich gem. § 10 Abs. 1 S. 2 UmwG für alle Rechtsträger bestellt, so ist ein gemeinsamer PrB sinnvoll und berufsüblich[699].

### 7.2.6.2 Inhalt des Prüfungsberichts

#### 7.2.6.2.1 Überblick

Der Inhalt des PrB ist im Gesetz nicht abschließend geregelt. Wichtige Bestandteile des **313** Berichtsinhalts ergeben sich jedoch aus § 12 Abs. 2 UmwG (**Mindestinhalt**). Im Mittelpunkt steht dabei die Angemessenheit des vorgeschlagenen Umtauschverhältnisses und dessen Ermittlung (siehe hierzu ausführlich Tz. 281 ff.). Danach muss im Bericht angegeben werden, nach welchen Methoden das vorgeschlagene Umtauschverhältnis ermittelt worden ist (§ 12 Abs. 2 S. 2 Nr. 1 UmwG) und aus welchen Gründen die Anwendung dieser Methoden angemessen ist (§ 12 Abs. 2 S. 2 Nr. 2 UmwG). Sofern verschiedene Methoden zur Anwendung gekommen sind, sind gem. § 12 Abs. 2 S. 2 Nr. 3 UmwG noch weitere Angaben erforderlich. Es ist darzulegen, welches Umtauschverhältnis sich bei der Anwendung jeder dieser Methoden ergeben würde und welches Gewicht den verschiedenen Methoden bei der Bestimmung des vorgeschlagenen Umtauschverhältnisses sowie der ihnen zugrunde liegenden Werte beigemessen worden ist. Sind bei der Bewertung eines an der Verschmelzung beteiligten Rechtsträgers besondere Schwierigkeiten aufgetreten, ist auch darüber zu berichten.

Der PrB schließt mit der Erklärung ab, ob das vorgeschlagene Umtauschverhältnis der **314** Anteile, ggf. die Höhe der baren Zuzahlung oder die Mitgliedschaft bei dem übernehmenden Rechtsträger als Gegenwert angemessen ist („**Testat**") (§ 12 Abs. 2 S. 1 UmwG).

Darüber hinaus bestimmen sich die Berichtsgegenstände nach dem pflichtgemäßen Ermessen des Prüfers und dem Zweck der Prüfung[700].

#### 7.2.6.2.2 Einzelne Berichtsgegenstände

- **Verschmelzungsvertrag**

Aus dem Zweck der Verschmelzungsprüfung abgeleitet ist im PrB darüber zu berichten, **315** ob der Verschmelzungsvertrag bzw. dessen Entwurf den gesetzlichen Anforderungen entspricht, d.h. vollständig und richtig ist. Maßstab für diese Beurteilung ist der Katalog des § 5 Abs. 1 UmwG (siehe Tz. 253). Soweit keine Beanstandungen bestehen, bedarf es nur einer kurzen Stellungnahme[701].

- **Verschmelzungsbericht**

Auf den Verschmelzungsbericht braucht der PrB nicht einzugehen, da er nicht Prü- **316** fungsgegenstand ist[702]. Er stellt jedoch grundsätzlich eine wichtige Unterlage dar, um das Ergebnis der Berechnungen der Vertretungsorgane zu würdigen[703]. Im Einzelfall

699 Vgl. *Müller, W.*, in: Kallmeyer, UmwG$^5$, § 12 UmwG, Tz. 2; *Stratz*, in: Schmitt/Hörtnagl/Stratz, UmwG$^7$, § 12 UmwG, Tz. 2; *Priester*, NJW 1983, S. 1462; *Zeidler*, in: Semler/Stengel, UmwG$^3$, § 12 UmwG, Tz. 5.

700 Vgl. *Drygala*, in: Lutter/Bayer/Vetter, UmwG$^5$, § 12 UmwG, Tz. 3.

701 Vgl. *Drygala*, in: Lutter/Bayer/Vetter, UmwG$^5$, § 12 UmwG, Tz. 3 m.w.N.

702 A.A. *Bayer*, AG 1988, S. 328.

703 Vgl. *Mayer*, in: Widmann/Mayer, UmwRecht$^3$, § 9 UmwG, Tz. 18 und § 12 UmwG, Tz. 27; *Stratz*, in: Schmitt/Hörtnagl/Stratz, UmwG$^7$, § 12 UmwG, Tz. 21.

wird es daher zweckmäßig sein, auf ihn zu verweisen, um Redundanzen zu vermeiden[704]. Es empfiehlt sich indes, im PrB darauf hinzuweisen, dass der Verschmelzungsbericht nicht Gegenstand der Verschmelzungsprüfung ist.

- **Angaben zur Angemessenheit des Umtauschverhältnisses**

a) Verwendete Methoden

**317** Der Prüfer hat i.R.d. Beurteilung der Angemessenheit des Umtauschverhältnisses die verwendeten Methoden darzulegen und ihre Angemessenheit zu bewerten. Als „Methoden" sind nach h.M. die Methoden zur Ermittlung der Unternehmenswerte (= Basiswert), wie sie den Umtauschverhältnissen zugrunde gelegt werden, zu verstehen (z.B. Ertragswertverfahren, DCF-Verfahren, Börsenkurse, Substanzwertverfahren, kombinierte Verfahren oder die Ermittlung von Liquidationswerten)[705]. Wertansätze und Prognosen der finanziellen Überschüsse stellen dagegen keine eigenständigen Methoden dar[706]. Eine Interpretation des Begriffs „Methode" in diesem Sinne würde den PrB überfrachten.

**318** Da es in Theorie, Praxis und Rechtsprechung nahezu unstrittig ist, dass für die Bewertung eines Unternehmens regelmäßig das **Ertragswertverfahren**, ggf. unter Berücksichtigung des Börsenwerts, oder ein **DCF-Verfahren** in Betracht kommen, wird der Verschmelzungsprüfer in seinem Bericht eine Aussage darüber zu treffen haben, ob die Vorgehensweise der Vertretungsorgane zur Ermittlung des Zukunftserfolgswerts den Grundsätzen zur Durchführung von Unternehmensbewertungen[707] entspricht. Vor dem Hintergrund einer verbesserten Information für die Anteilsinhaber sollte dabei auch eine kurze Beschreibung der Grundzüge der gewählten Methode Berücksichtigung finden[708]. Zur Begründung, warum diese Methode gewählt wurde, genügt in diesem Fall die Angabe, dass es sich dabei um die für den Normalfall angemessene und allgemein anerkannte Methode der Unternehmensbewertung handelt (Standardverfahren)[709].

Die Entscheidungen des BVerfG v. 27.04.1999 und des BGH v. 12.03.2001 bzgl. der Berücksichtigung des Börsenwerts i.R.d. Unternehmensbewertung, können nicht ohne Auswirkungen auf den Verschmelzungsbericht bleiben. Sofern bei der Unternehmensbewertung der Börsenwert Verwendung findet, sollte der Verschmelzungsprüfer die Grundlagen seiner Berechnung (Zeitraum der berücksichtigten Börsenkurse bei der Ermittlung des Durchschnittsbörsenkurses) darlegen (siehe Tz. 294 ff.). Sollte zur Ermittlung des Umtauschverhältnisses der Börsenwert Anwendung finden, da dieser über dem Zukunftserfolgswert liegt, so ist dies anzugeben. Aufgabe des Verschmelzungsprüfers

---

704 So gilt der PrB als eine den Verschmelzungsbericht ergänzende Maßnahme. Siehe hierzu grundlegend BGH v. 18.12.1989, ZIP 1990, S. 259 ff. Die beiden Berichtsinstrumente sollen gemeinsam insoweit zur Transparenz des Verschmelzungsvorgangs beitragen, dass die Anteilsinhaber bzw. Mitglieder entscheiden können, ob die Verschmelzung wirtschaftlich zweckmäßig ist und den gesetzlichen Anforderungen sowie ihren subjektiven Vorstellungen entspricht. Vgl. *Müller, W.*, in: Kallmeyer, UmwG[5], § 12 UmwG, Tz. 3 und 6.

705 Kritisch dazu *Müller, W.*, in: Kallmeyer, UmwG[5], § 12 UmwG, Tz. 7; vgl. auch *Mayer*, in: Widmann/Mayer, UmwRecht[3], § 12 UmwG, Tz. 17; *Mertens*, AG 1990, S. 20 (30 f.); *Ganske*, DB 1981, S. 1553.

706 Ebenso *Drygala*, in: Lutter/Bayer/Vetter, UmwG[5], § 12 UmwG, Tz. 5.

707 Vgl. *IDW S 1 i.d.F. 2008*.

708 Vgl. *Engelmeyer*, S. 152; a.A. *Mertens*, AG 1990, S. 20 (31).

709 Vgl. *Drygala*, in: Lutter/Bayer/Vetter, UmwG[5], § 12 UmwG, Tz. 4; *Mayer*, in: Widmann/Mayer, UmwRecht[3], § 12 UmwG, Tz. 22 sowie Tz. 18.

kann es jedoch nicht sein, grds. die Gründe für eine Differenz zwischen Zukunftserfolgs- und Börsenwert zu untersuchen und zu erläutern.

Die Notwendigkeit der Wahl anderer Bewertungsmethoden besteht insb. bei ertraglosen Rechtsträgern. Da hier das Ertragswertverfahren zu dem Wert Null führen würde, sind in diesem Fall die Liquidationswerte maßgeblich. Es bedarf hier einer umfangreichen Begründung, warum diese Methode zur Anwendung kommt[710]. 319

Darüber hinaus ist auf die i.d.R. notwendige **einheitliche Vorgehensweise** bei der Unternehmensbewertung der einzelnen zu verschmelzenden Rechtsträger einzugehen[711]. 320

b) Anwendung mehrerer Methoden

§ 12 Abs. 2 S. 2 Nr. 3 UmwG verlangt vom Verschmelzungsprüfer eine **Parallelrechnung** für den Fall, dass für die einzelnen Rechtsträger verschiedene Methoden angewendet worden sind. Danach hätte der Verschmelzungsprüfer eine eigene Unternehmensbewertung vorzunehmen, zumal er darzulegen hat, welches Umtauschverhältnis sich bei alleiniger Anwendung der jeweiligen Methoden ergeben würde und welches Gewicht den verschiedenen Methoden bei der Bestimmung des vorgeschlagenen Umtauschverhältnisses und der ihm zugrunde liegenden Werte beigemessen worden ist. Diese in der Praxis äußerst zeitaufwendige und für den Anteilsinhaber schwer verständliche Darlegung lässt es angeraten sein, die Unternehmensbewertungen bei den zu verschmelzenden Rechtsträgern nach einheitlichen Grundsätzen vorzunehmen. Da indes das Ertragswertverfahren bzw. ein DCF-Verfahren als dominierende Unternehmensbewertungsmethoden anzusehen sind, wird es in der Praxis höchst selten vorkommen, dass für einzelne zu verschmelzende Rechtsträger **verschiedene Bewertungsmethoden** angewandt werden. Damit sind die Angaben nach § 12 Abs. 2 S. 2 Nr. 3 UmwG über alternative Umtauschverhältnisse bzw. die Gewichtung der verschiedenen Methoden bei der Bestimmung des vorgeschlagenen Umtauschverhältnisses i.d.R. nicht relevant. In diesem Fall ist eine Negativerklärung dahingehend ausreichend, dass außer dem Ertragswertverfahren, ggf. unter Berücksichtigung des Börsenwerts, bzw. einem DCF-Verfahren andere Bewertungsmethoden nicht angewandt worden sind[712]. 321

Die einzelnen Bewertungsparameter zur Ermittlung des Zukunftserfolgswerts (Schätzung der finanziellen Überschüsse, Behandlung der Inflation, Höhe des Kapitalisierungszinssatzes, Phasenmethode, Behandlung des Unternehmerrisikos usw.) sind nicht als Methoden i.S.d. § 12 Abs. 2 S. 2 Nr. 1 UmwG anzusehen[713]. Eine alternative Berechnung der einzelnen Parameter ist nicht erforderlich, da dies keine Kombination von Methoden darstellt[714]. Dennoch kann es sinnvoll sein, im PrB auf diese Verfahren und die Ermittlung der einzelnen Wertkomponenten einzugehen. Dies gilt insb. im Rahmen von § 12 Abs. 2 S. 2 Nr. 1 UmwG (Ermittlung des Umtauschverhältnisses) und dann, wenn hierbei Schwierigkeiten anlässlich der Unternehmensbewertung aufgetreten sind, da in diesem Fall ausdrücklich in der Schlusserklärung auf diese hinzuweisen ist. 322

710 Vgl. *Drygala*, in: Lutter/Bayer/Vetter, UmwG[5], § 12 UmwG, Tz. 4.

711 Ähnlich auch *Mayer*, in: Widmann/Mayer, UmwRecht[3], § 12 UmwG, Tz. 19.

712 Vgl. auch *Engelmeyer*, S. 153; *Mayer*, in: Widmann/Mayer, UmwRecht[3], § 12 UmwG, Tz. 23.

713 Vgl. *Drygala*, in: Lutter/Bayer/Vetter, UmwG[5], § 12 UmwG, Tz. 5; a.A. *Dirrigl*, WPg 1989, S. 454 (456); *Heurung*, DB 1997, S. 888.

714 Vgl. *Drygala*, in: Lutter/Bayer/Vetter, UmwG[5], § 12 UmwG, Tz. 5.

- **Hinweis auf besondere Bewertungsschwierigkeiten**

323 Von besonderer Bedeutung ist die Pflichtangabe bezüglich Schwierigkeiten, die bei der Unternehmensbewertung aufgetreten sind. Diese Informationspflicht deckt sich mit derjenigen im Verschmelzungsbericht (§ 8 Abs. 1 S. 2 UmwG). Die Hinweispflicht erstreckt sich nur auf **besondere Schwierigkeiten**, die für das **Umtauschverhältnis** oder eine **Barabfindung** von wesentlicher Bedeutung sind, d.h. allgemeine Bewertungsschwierigkeiten sind nicht zu erwähnen[715]. Eine solche „besondere" Bewertungsschwierigkeit liegt bspw. dann vor, wenn eine sichere Beurteilung aufgrund von unzugänglichen Informationen für den Prüfer nicht möglich ist. Dies kann mitunter dann der Fall sein, wenn von ausländischen Tochtergesellschaften keine oder nur spärliche Auskünfte zu erlangen sind[716]. Zu berücksichtigen sind jedoch auch jene Bewertungseinflüsse, die einen infolge der Unsicherheit erheblichen Beurteilungsspielraum zulassen und damit je nach unterstellter Lösungsalternative zu erheblich unterschiedlichen Unternehmenswerten führen, wie

- ein schwebender Rechtsstreit über ein bedeutendes Patent,
- entschiedene, aber noch nicht realisierte Sanierungsmaßnahmen,
- erforderliche, aber hinsichtlich der Höhe noch nicht abzuschätzende Umweltschutzmaßnahmen.

In diesen Fällen hat der Verschmelzungsprüfer – soweit es sich um besondere Schwierigkeiten handelt – eine eingehende Informationspflicht, damit der Anteilsinhaber sich ein eigenes Bild machen kann.

### 7.2.6.3 Umfang des Prüfungsberichts

324 Im Gegensatz zum Verschmelzungsbericht, in dem das Umtauschverhältnis rechtlich und wirtschaftlich erläutert und begründet werden muss, braucht der PrB keine Detailinformationen, vor allem nicht die Offenlegung von Zahlen für die Ermittlung des Unternehmenswerts, zu enthalten[717]. Der PrB beschränkt sich auf die bloße Darlegung und Rechtfertigung der zugrundeliegenden Methoden und auf das „Testat" über die Angemessenheit des vorgeschlagenen Umtauschverhältnisses[718]. Die Berichtspflicht der Vertretungsorgane i.R.d. Verschmelzungsberichts reicht somit weiter als die der Verschmelzungsprüfer im PrB. Detaillierte Ausführungen zu den Einzelheiten der Unternehmensbewertung, insb. die Prognose der finanziellen Überschüsse und die künftigen unternehmenspolitischen Entscheidungen der fusionierenden Rechtsträger kann der Anteilsinhaber vom Verschmelzungsprüfer nicht verlangen[719]. Der Verschmelzungsprüfer muss mithin nicht über den Gang, sondern das **Ergebnis** seiner Prüfung berichten[720]. Soweit Einzelangaben, die für notwendig erachtet werden, im Verschmelzungsbericht enthalten sind, brauchen sie nicht wiederholt zu werden. Es genügt eine

715 Vgl. *Bitzer*, S. 106.

716 Vgl. *Drygala*, in: Lutter/Bayer/Vetter, UmwG[5], § 12 UmwG, Tz. 6.

717 Vgl. *Drygala*, in: Lutter/Bayer/Vetter, UmwG[5], § 12 UmwG, Tz. 7.

718 Vgl. *Engelmeyer*, S. 148.

719 Vgl. OLG Hamm v. 20.06.1988, DB 1988, S. 1842 ff.; *Mayer*, in: Widmann/Mayer, UmwRecht[3], § 12 UmwG, Tz. 12; *Stratz*, in: Schmitt/Hörtnagl/Stratz, UmwG[7], § 12 UmwG, Tz. 12-14.

720 Vgl. *Stratz*, in: Schmitt/Hörtnagl/Stratz, UmwG[7], § 12 UmwG, Tz. 11 m.w.N.

Bezugnahme, Ergänzung oder wertende Feststellung aufgrund eines so geschaffenen tatsächlichen Informationsstandards[721].

### 7.2.6.4 Aufbau und Gliederung des Prüfungsberichts

Der PrB sollte so gestaltet sein, dass der Leser einen Überblick über die vom Prüfer getroffenen wesentlichen Feststellungen und über das Prüfungsergebnis erlangen kann. **325**

Vor diesem Hintergrund empfiehlt sich folgende Gliederung:

A. Auftrag und Auftragsdurchführung

B. Prüfung des (Entwurfs eines) Verschmelzungsvertrags

  I. Vollständigkeit und Richtigkeit des Verschmelzungsvertrags

  II. Methodik zur Ermittlung des vorgeschlagenen Umtauschverhältnisses – Beschreibung –

  III. Angemessenheit der angewandten Bewertungsmethode

  - Begründung
  - alternative Umtauschverhältnisse und Gewichtung bei der Anwendung verschiedener Bewertungsmethoden
  - besondere Schwierigkeiten bei der Bewertung

C. Erklärung zur Angemessenheit des vorgeschlagenen Umtauschverhältnisses

### 7.2.6.5 Schutzklausel

Einem etwaigen Geheimhaltungsinteresse der beteiligten Rechtsträger wird in § 12 Abs. 3 UmwG Rechnung getragen. Durch den Verweis auf § 8 Abs. 2 UmwG wird der Prüfer von der Pflicht entbunden, **unternehmensschädliche** Tatsachen offenzulegen. Dementsprechend brauchen in den Verschmelzungsprüfungsbericht solche Tatsachen nicht aufgenommen zu werden, deren Bekanntwerden geeignet ist, einem der beteiligten Rechtsträger oder einem verbundenen Unternehmen einen nicht unerheblichen Nachteil zuzufügen. In diesem Falle sind in dem Bericht die Gründe darzulegen, weshalb die Tatsachen nicht aufgenommen worden sind. **326**

Die Beurteilung, welche Angaben dem Geheimhaltungsschutz unterliegen, liegt im pflichtgemäßen Ermessen des Prüfers[722]. Maßgeblich ist, ob die Angabe der fraglichen Tatsache nach vernünftiger kaufmännischer Beurteilung geeignet ist, die Gesellschaftsinteressen erheblich zu beeinträchtigen[723]. Dabei bedarf es einer Abwägung aller mit einer Offenlegung verbundenen Vor- und Nachteile für den Rechtsträger. So sind bspw. strategische Aussagen über geplante Investitionen, Produktinnovationen und künftiges Marktverhalten, die die Ertragsaussichten des Rechtsträgers wesentlich beeinflussen können, im PrB regelmäßig nicht offenzulegen. **327**

An Entscheidungen der Vertretungsorgane hinsichtlich geheim zu haltender Tatsachen bei der Abfassung des Verschmelzungsberichts ist der Prüfer nicht gebunden. Aufgrund **328**

721 Ebenso *Bayer*, WM 1989, S. 123; *Bayer*, AG 1988, S. 328.

722 Vgl. *Drygala*, in: Lutter/Bayer/Vetter, UmwG[5], § 12 UmwG, Tz. 10; *Müller, W.*, in: Kallmeyer, UmwG[5], § 12 UmwG, Tz. 12.

723 Vgl. *Drygala*, in: Lutter/Bayer/Vetter, UmwG[5], § 8 UmwG, Tz. 50.

der Verantwortlichkeit des Prüfers gem. § 11 Abs. 2 UmwG sollte eine Abweichung jedoch nur bei genügender Tragfähigkeit der Beurteilungsgrundlage erfolgen[724]. Umgekehrt wird sich mithin die Geheimhaltungspflicht nicht auf solche Angaben erstrecken, die im Verschmelzungsbericht enthalten sind.

**329** Praktische Relevanz kann die Schutzklausel des § 8 Abs. 2 UmwG oftmals auch dann erlangen, wenn der Prüfer sein „Testat" einschränkt oder versagt. In diesen Fällen sind im PrB nämlich Zahlenangaben erforderlich, die Geschäfts- oder Betriebsgeheimnisse sein können[725].

### 7.2.6.6 Entbehrlichkeit des Prüfungsberichts

**330** Nach § 12 Abs. 3 i.V.m. § 8 Abs. 3 UmwG ist die Erstellung eines PrB nicht erforderlich, wenn alle Anteilsinhaber der beteiligten Rechtsträger in notariell beurkundeter Form[726] darauf verzichten oder sich alle Anteile des übertragenden Rechtsträgers in der Hand des übernehmenden Rechtsträgers befinden.

Soweit sich alle Anteile in der Hand des übernehmenden Rechtsträgers befinden, ist gem. § 9 Abs. 2 UmwG bereits keine Verschmelzungsprüfung und damit auch kein Verschmelzungsprüfungsbericht erforderlich. Insofern dürfte § 12 Abs. 3 i.V.m. § 8 Abs. 3 Alt. 2 UmwG wenig praktische Relevanz beizumessen sein.

Die Möglichkeit des Verzichts durch alle Anteilsinhaber kann insb. dann Bedeutung erlangen, wenn die Anteilsinhaber nach Durchführung der Prüfung deren Ergebnis nach mündlicher Erörterung für richtig und den häufig kostenaufwendigen Bericht nicht mehr für erforderlich halten[727]. Diese kostengünstige Möglichkeit bedingt jedoch das Entstehen von Kosten für die notarielle Beurkundung der Verzichtserklärung, die allerdings regelmäßig durch die durch den Verzicht auf die Erstellung des Prüfungsberichts verbundene Ersparnis überkompensiert werden dürften[728].

**331** Eine formlose und damit kostengünstigere Möglichkeit zum Verzicht auf den PrB gibt es bei personalistisch strukturierten Gesellschaften. Hier ist die Verschmelzungsprüfung nur auf Verlangen eines Anteilsinhabers innerhalb einer einwöchigen Frist erforderlich (§§ 44, 48 UmwG). Der Anteilsinhaber kann dabei jederzeit sein Prüfungsverlangen zurückziehen[729]. Dies ist in jedem Stadium der Prüfung möglich, also auch nachdem der Verschmelzungsprüfer sein Prüfungsergebnis mündlich erörtert hat. Das Zurückziehen des Prüfungsverlangens kann formlos und unabhängig von den anderen Anteilsinhabern erfolgen.

### 7.2.6.7 Schlusserklärung

**332** Nach § 12 Abs. 2 S. 1 UmwG hat der Prüfer seinen PrB mit einer Schlusserklärung („**Testat**") über die Angemessenheit des Umtauschverhältnisses, ggf. die Höhe der baren Zuzahlungen oder die Angemessenheit der Mitgliedschaft bei dem übernehmenden

724 Vgl. *Stratz*, in: Schmitt/Hörtnagl/Stratz, UmwG[7], § 12 UmwG, Tz. 25.

725 Vgl. *Engelmeyer*, S. 155; *Mayer*, in: Widmann/Mayer, UmwRecht[3], § 12 UmwG, Tz. 28.

726 Mit der Pflicht zur notariellen Beurkundung ist eine Warnfunktion verbunden.

727 Vgl. BR-Drs. 75/94 v. 04.02.1994, S. 85; *Drygala*, in: Lutter/Bayer/Vetter, UmwG[5], § 12 UmwG, Tz. 12. Kritisch hierzu jedoch *Engelmeyer*, S. 157, die in dem schriftlichen PrB eine sicherere und bessere Informationsquelle als in einer mündlichen Unterrichtung sieht.

728 Vgl. *Drygala*, in: Lutter/Bayer/Vetter, UmwG[5], § 12 UmwG, Tz. 12; *Stratz*, in: Schmitt/Hörtnagl/Stratz, UmwG[7], § 12 UmwG, Tz. 28.

729 Vgl. *Drygala*, in: Lutter/Bayer/Vetter, UmwG[5], § 12 UmwG, Tz. 13.

Rechtsträger als Gegenwert abzuschließen. Das „Testat" stellt das zusammengefasste Gesamturteil des Prüfers dar und ist für die Anteilsinhaber die wesentliche Information über das Ergebnis der Prüfung. Im Falle eines positiven Befundes bietet sich folgende Formulierung an:

> „Nach meinen/unseren Feststellungen ist aus den dargelegten Gründen das vorgeschlagene Umtauschverhältnis, nach dem die Gesellschafter der ... für ... Anteile ihrer Gesellschaft im Nennbetrag von (zum geringsten Ausgabebetrag von) ... € Anteile der ... im Nennbetrag[730] von (zum geringsten Ausgabebetrag von) ... € erhalten, auf der Grundlage der Verschmelzungswertrelation zum ... angemessen. Bare Zuzahlungen wurden (nicht) gewährt"[731].

Kommt der Verschmelzungsprüfer zu dem Ergebnis, dass der Inhalt des Verschmelzungsvertrags unvollständig, unrichtig oder das Umtauschverhältnis **unangemessen** ist, so ist dies in der Schlusserklärung anzugeben und zu begründen. Analog zum BestV nach § 322 HGB kann es erforderlich sein, die Schlusserklärung einzuschränken oder zu versagen[732]. Muss die abschließende Erklärung **eingeschränkt** oder versagt werden, so kann es bezüglich des Umtauschverhältnisses notwendig werden, dies durch Betragsangaben zu quantifizieren. 333

Kommt der Verschmelzungsprüfer bei der Beurteilung der Angemessenheit des Umtauschverhältnisses zu keinem positiven Ergebnis und erteilt er das „Testat" nur eingeschränkt oder versagt er es gar, hat dies zunächst keine unmittelbaren rechtlichen Folgen (siehe Tz. 338). 334

### 7.2.6.8 Offenlegung

Bei der Verschmelzung unter Beteiligung von AG[733] bestimmt § 63 Abs. 1 Nr. 5 UmwG, dass die PrB der Verschmelzungsprüfer vom Zeitpunkt der Einberufung der Beschluss fassenden HV an im Geschäftsraum der Gesellschaft zur Einsicht der Aktionäre auszulegen sind. Außerdem ist jedem Aktionär auf Verlangen unverzüglich und kostenlos eine Abschrift der PrB zukommen zu lassen (§ 63 Abs. 3 S. 1 UmwG); alternativ kann der PrB mit der Einwilligung des jeweiligen Aktionärs in elektronischer Form übermittelt werden (§ 63 Abs. 3 S. 2 UmwG). Gleiches – mit Ausnahme der Möglichkeit zur elektronischen Übermittlung von Unterlagen – gilt gem. § 82 Abs. 1 und 2 UmwG für Verschmelzungen unter Beteiligung von eingetragenen Genossenschaften sowie gem. § 101 Abs. 1 und Abs. 2 UmwG für Verschmelzungen unter Beteiligung von rechtsfähigen Vereinen. 335

Fraglich ist indes die Offenlegung bei Verschmelzungen unter Beteiligung von Personenhandels- oder Partnerschaftsgesellschaften sowie von GmbH[734]. Das Umwand- 336

---

730 Bei der Gewährung von Stückaktien wäre entsprechend auf die Zahl der zu gewährenden Stückaktien und den sich danach ergebenden anteiligen Betrag am Grundkapital zu verweisen.

731 Nach *Müller, W.*, in: Kallmeyer, UmwG[5], § 12 UmwG, Tz. 11, sind mit Blick auf § 12 Abs. 2 S. 2 Nr. 3 UmwG hingegen ausführlichere Angaben und ggf. zahlenmäßige Erläuterungen erforderlich.

732 Vgl. hierzu *IDW*, WPH Edition, Wirtschaftsprüfung & Rechnungslegung[15], Kap. M Tz. 810 ff. und Tz. 847 ff.

733 Für eine grenzüberschreitende Verschmelzung unter Beteiligung mindestens einer AG sind gem. § 122a Abs. 2 UmwG die Vorschriften des Dritten Abschnitts des Zweiten Teils des UmwG (Verschmelzung unter Beteiligung von AG) entsprechend anzuwenden, sofern sich aus den Regelungen des Zehnten Abschnitts des Zweiten Teils des UmwG (Grenzüberschreitende Verschmelzung von KapGes.) nichts anderes ergibt.

734 Diese Fragestellung trifft gleichermaßen auf grenzüberschreitende Verschmelzungen unter Beteiligung mindestens einer GmbH zu. Vgl. § 122a Abs. 2 UmwG.

lungsgesetz enthält in diesem Zusammenhang keine Regelungen. Analog zur Verfahrensweise beim Verschmelzungsvertrag und Verschmelzungsbericht (§§ 42, 45c, 47 UmwG) geht hier das Schrifttum von einer **Übersendungspflicht** aus. Diese ergibt sich vor dem Hintergrund der gegenseitigen Ergänzung von Verschmelzungsbericht und Verschmelzungsprüfungsbericht. Beide Berichte sollen zu einer Transparenz des Verschmelzungsvorgangs beitragen, so dass mithin die gleichen Offenlegungsmaßnahmen, nämlich die Übersendung, erforderlich sind[735].

### 7.2.6.9 Rechtsfolgen

**337** Soweit der PrB ordnungsgemäß erstattet und ein „Testat" erteilt wurde, verfügen die Anteilsinhaber der an der Verschmelzung beteiligten Rechtsträger über eine gute Informationsgrundlage, um ihre Entscheidung in den Beschluss fassenden Versammlungen sachgemäß und verantwortlich ausüben zu können. An die Erstattung des PrB können sich jedoch unterschiedliche Rechtsfolgen knüpfen, soweit das „Testat" eingeschränkt bzw. versagt wurde, der PrB mit Mängeln behaftet ist oder der Verschmelzungsvertrag als Prüfungsgegenstand nachträglich geändert wurde.

#### 7.2.6.9.1 Einschränkung des Testats oder Versagungsvermerk

**338** Sofern der Verschmelzungsprüfer seine abschließende Erklärung einschränkt oder versagt[736], etwa weil er das Umtauschverhältnis als unangemessen beurteilt, hat dies keine unmittelbaren Rechtsfolgen[737]. Es darf jedoch davon ausgegangen werden, dass die Anteilsinhaber die Zustimmung zur Verschmelzung versagen werden[738]. Dies hat zur Folge, dass der Verschmelzungsvertrag nicht wirksam wird (§ 13 Abs. 1 UmwG). Im Falle einer Zustimmung können die Anteilsinhaber das Umtauschverhältnis gerichtlich nachprüfen lassen (§ 15 UmwG i.V.m. dem SpruchG)[739].

Kommt es trotz Einschränkung oder Versagung der abschließenden Erklärung aufgrund eines Mehrheitsbeschlusses mit der erforderlichen 3/4-Mehrheit[740] zu einer Zustimmung zum vorliegenden Verschmelzungsvertrag, könnte ggf. der Tatbestand eines **Mehrheitsmissbrauchs** zulasten der Minderheit erfüllt sein. Dies hätte zur Folge, dass der Beschluss im Falle einer KapGes. (Personenhandelsgesellschaft) anfechtbar (nichtig) wäre[741].

---

735 Vgl. ausführlich hierzu *Zimmermann*, in: FS Brandner, S. 167 (176 f.); *Müller, W.*, in: Kallmeyer, UmwG[5], § 9 UmwG, Tz. 2.

736 Vgl. *Drygala*, in: Lutter/Bayer/Vetter, UmwG[5], § 12 UmwG, Tz. 14; *Müller, W.*, in: Kallmeyer, UmwG[5], § 12 UmwG, Tz. 18.

737 Vgl. *Drygala*, in: Lutter/Bayer/Vetter, UmwG[5], § 12 UmwG, Tz. 14 m.w.N.

738 Vgl. *Drygala*, in: Lutter/Bayer/Vetter, UmwG[5], § 12 UmwG, Tz. 14; *Müller, W.*, in: Kallmeyer, UmwG[5], § 12 UmwG, Tz. 18.

739 Der Verschmelzungsprüfer kann vom Gericht als Sachverständiger im Verfahren zur Bestimmung des Ausgleichs durch bare Zuzahlung gem. § 15 UmwG i.V.m. dem SpruchG beauftragt werden. Vgl. LG Köln v. 05.08.1999, DB 2000, S. 314. Siehe auch LG Frankfurt a.M. v. 20.08.2001, BB 2001, S. 1813.

740 Grds. ist für den Zustimmungsbeschluss eine 3/4-Mehrheit erforderlich. Bei Personenhandelsgesellschaften ist die Zustimmung aller Gesellschafter erforderlich (§ 43 Abs. 1 UmwG), sofern der Gesellschaftsvertrag nicht gem. § 43 Abs. 2 UmwG eine qualifizierte Mehrheitsentscheidung zulässt. Vgl. *Drygala*, in: Lutter/Bayer/Vetter, UmwG[5], § 13 UmwG, Tz. 27. Gleiches gilt gem. § 45d UmwG auch für Partnerschaftsgesellschaften.

741 Vgl. *Drygala*, in: Lutter/Bayer/Vetter, UmwG[5], § 12 UmwG, Tz. 14; *Müller, W.*, in: Kallmeyer, UmwG[5], § 12 UmwG, Tz. 18.

#### 7.2.6.9.2 Nicht ordnungsgemäßer oder fehlender Prüfungsbericht

Dieselben Rechtsfolgen ergeben sich auch für den Fall, dass der PrB des Verschmelzungsprüfers fehlt oder nicht ordnungsgemäß (d.h. erheblich unrichtig oder unvollständig) ist. Bei Vorliegen eines solchen Tatbestands ist zugleich der Zustimmungsbeschluss der Anteilsinhaber fehlerhaft, da nicht anzunehmen ist, dass bei Kenntnis der tatsächlichen Verhältnisse eine Zustimmung zur Verschmelzung erfolgt wäre[742]. Damit ist der Verschmelzungsbeschluss anfechtbar (KapGes.) bzw. nichtig (Personenhandelsgesellschaften). **339**

#### 7.2.6.9.3 Änderung des Verschmelzungsvertrags oder dessen Entwurfs nach Erstattung des Prüfungsberichts

Wird der Verschmelzungsvertrag nach Erstattung des PrB geändert oder abweichend vom geprüften Entwurf beschlossen, kann der PrB seiner Aufgabe eines Informationsinstruments über den Umwandlungsvorgang nicht mehr voll gerecht werden, da der geprüfte Soll-Verschmelzungsvertrag nicht mehr mit dem tatsächlichen Ist-Vertrag übereinstimmt. Das UmwG enthält in diesem Zusammenhang keine Regelungen über etwaige Rechtsfolgen. Grundsätzlich ist jedoch davon auszugehen, dass der Verschmelzungsvertrag i.S.d. § 9 Abs. 1 UmwG bei einer späteren Änderung oder einer Abweichung des letztendlich abgeschlossenen Vertrags von dessen Entwurf insoweit nicht geprüft ist, als er Änderungen erfahren hat[743]. Somit ist bezüglich der erfolgten Änderungen eine neue Prüfung erforderlich. Dabei ist jedoch zu unterscheiden, ob die jeweilige Verschmelzungsprüfung zwingend notwendig war oder nur auf Verlangen stattgefunden hat. Soweit eine Prüfungspflicht (z.B. nach §§ 30 Abs. 2 S. 1, 60, 100 S. 1 UmwG) bestand, hat auch eine Prüfung der Änderungen in jedem Fall zu erfolgen. Bei einer Prüfung, die nur auf Verlangen (z.B. nach §§ 44, 48 UmwG) durchgeführt worden ist, kann mit Zustimmung der das Verlangen äußernden Anteilsinhaber von einer „Nachtragsprüfung" abgesehen werden[744]. **340**

### 7.2.7 Prüfung grenzüberschreitender Verschmelzungen

#### 7.2.7.1 Grenzüberschreitende Verschmelzungen

Durch das Zweite Gesetz zur Änderung des UmwG (UmwGÄndG) wurden im Umwandlungsrecht die Vorschriften über Verschmelzungen um einen Zehnten Abschnitt **„Grenzüberschreitende Verschmelzung von Kapitalgesellschaften"** (§§ 122a bis 122l UmwG) ergänzt (s. auch Tz. 236 f.). Diese regeln die Besonderheiten grenzüberschreitender Verschmelzungen. Sie sind nur auf die an einer grenzüberschreitenden Verschmelzung beteiligten Gesellschaften, die deutschem Recht unterliegen, anwendbar. Ferner regeln sie nur die grenzüberschreitende Verschmelzung von KapGes. aus verschiedenen EU-/EWR-Mitgliedstaaten, sodass insb. grenzüberschreitende Verschmelzungen von Personengesellschaften nicht von dem Anwendungsbereich des Zehnten Abschnitts erfasst werden[745]. **341**

742 Vgl. *Drygala*, in: Lutter/Bayer/Vetter, UmwG[5], § 12 UmwG, Tz. 15 m.w.N.
743 Vgl. *Müller, W.*, in: Kallmeyer, UmwG[5], § 9 UmwG, Tz. 16.
744 Vgl. *Müller, W.*, in: Kallmeyer, UmwG[5], § 9 UmwG, Tz. 16.
745 Vgl. *Bayer*, in: Lutter/Bayer/Vetter, UmwG[5], § 122a UmwG, Tz. 3 *Hörtnagl*, in: Schmitt/Hörtnagel/Stratz, UmwG[7], § 1 UmwG, Tz. 46.

342 Die nachfolgenden Ausführungen beschränken sich auf eine Darstellung der Grundzüge der Prüfung grenzüberschreitender Verschmelzungen sowie ihrer Besonderheiten gegenüber der innerstaatlichen Verschmelzungsprüfung.

### 7.2.7.2 Prüfungsdurchführung bei einer grenzüberschreitenden Verschmelzung

343 Wie der Verschmelzungsvertrag bei einer innerstaatlichen Verschmelzung ist auch der **Verschmelzungsplan/-entwurf** bei einer grenzüberschreitenden Verschmelzung durch einen oder mehrere sachverständige Prüfer zu prüfen (§ 122f S. 1 Hs. 1 UmwG). Auf die Bestellung der **Verschmelzungsprüfer**, die Durchführung der Prüfung und die Erstellung des PrB finden gem. § 122f S. 1 Hs. 1 UmwG grundsätzlich die §§ 9 bis 12 UmwG entsprechende Anwendung[746].

344 § 122f S. 1 Hs. 1 UmwG verweist somit auch auf § 10 Abs. 1 S. 2 UmwG, wonach auf gemeinsamen Antrag der zuständigen Vertretungsorgane ein gemeinsamer Verschmelzungsprüfer für mehrere oder alle beteiligten Rechtsträger bestellt werden kann.

345 Die **Verschmelzungsprüfung** ist unabhängig vom Verlangen eines oder mehrerer Gesellschafter durchzuführen. Daher wird § 48 UmwG, der für eine GmbH bestimmt, dass die Verschmelzungsprüfung und die Erstellung des PrB nur auf Verlangen eines ihrer Gesellschafter erforderlich sind, ausdrücklich für nicht anwendbar erklärt (§ 122f S. 1 Hs. 2 UmwG). Eine solche fakultative Verschmelzungsprüfung entspricht nicht den Vorgaben der Verschmelzungsrichtlinie (Art. 8 Abs. 1)[747].

346 Die Verschmelzungsrichtlinie erlaubt in Art. 8 Abs. 4 ausdrücklich den Verzicht auf Verschmelzungsprüfung und PrB durch die Anteilsinhaber, sodass § 9 Abs. 3 i.V.m. § 8 Abs. 3 UmwG über § 122f S. 1 Hs. 1 UmwG Anwendung finden. Danach sind die Verschmelzungsprüfung und die Erstellung eines zugehörigen PrB entbehrlich, wenn die Anteilsinhaber aller an der grenzüberschreitenden Verschmelzung beteiligten Rechtsträger in notariell beurkundeter Form darauf verzichten. Ferner ist eine Pflichtprüfung gem. § 122f i.V.m. § 9 Abs. 2 UmwG entbehrlich, wenn sämtliche Anteile am übertragenden Rechtsträger vom übernehmenden Rechtsträger gehalten werden[748].

347 Die Verschmelzungsprüfer haben gem. § 122f S. 1 Hs. 1 i.V.m. § 12 Abs. 1 UmwG über ihre Ergebnisse der Prüfung schriftlich zu berichten. Der **PrB** muss spätestens einen Monat vor der Versammlung der Anteilsinhaber vorliegen, die nach § 13 UmwG über die Zustimmung zum Verschmelzungsplan beschließen soll (§ 122f S. 2 UmwG).

348 Gegenstand der Verschmelzungsprüfung ist die Prüfung des Verschmelzungsplans bzw. dessen Entwurfs auf Vollständigkeit und Richtigkeit. Für diese Beurteilung ist der Katalog des § 122c Abs. 2 UmwG maßgeblich, weshalb bei grenzüberschreitenden Verschmelzungen auch auf die Bewertung des zu übertragenden Aktiv- und Passivvermögens einzugehen ist[749]. Im PrB muss hingegen keine Aussage zur Richtigkeit der Angaben der Vertretungsorgane im Verschmelzungsbericht getroffen werden, da dessen

746 Hierzu ausführlich Tz. 260 ff. und Tz. 312 ff.

747 Richtlinie 2005/56/EG des Europäischen Parlaments und des Rates v. 26.10.2005 über die Verschmelzung von Kapitalgesellschaften aus verschiedenen Mitgliedstaaten, ABl.EU 2005, Nr. L 310, S. 5.

748 Vgl. ergänzend hierzu *Mayer*, in: Widmann/Mayer, UmwRecht³, § 122f UmwG, Tz. 26; *Müller, W.*, in: Kallmeyer, UmwG⁵, § 122f UmwG, Tz. 3.

749 Vgl. *Bayer*, in: Lutter/Bayer/Vetter, UmwG⁵, § 122f UmwG, Tz. 9.

Prüfung nach § 9 Abs. 1 UmwG nicht vorgesehen ist[750]. Daneben kommt der Beurteilung der **Angemessenheit des Umtauschverhältnisses** i.R.d. Verschmelzungsprüfung eine zentrale Bedeutung zu[751]. Insbesondere in diesem Kontext ist ein entsprechender Kenntnisstand über die Gegebenheiten der ausländischen Rechtsordnung unabdingbar[752].

## 7.2.8 Aspekte der Prüfung bei einem verschmelzungsrechtlichen Squeeze-out

### 7.2.8.1 Vorbemerkung

Mit dem Dritten Gesetz zur Änderung des Umwandlungsgesetzes wurde – neben dem aktien- (§ 327a Abs. 1 S. 1 AktG) und dem übernahmerechtlichen (§ 39a Abs. 1 WpÜG) Squeeze-out – der **verschmelzungsrechtliche Ausschluss von Minderheitsaktionären** (squeeze-out) ins UmwG eingeführt (§ 62 Abs. 5 UmwG). Danach können Gesellschafter, denen Aktien i.H.v. **90%**[753] des Grundkapitals einer übertragenden AG gehören, die Minderheitsaktionäre gegen Gewährung einer angemessenen Barabfindung nach den §§ 327a ff. AktG ausschließen. Die Angemessenheit der Barabfindung unterliegt gem. § 62 Abs. 5 UmwG i.V.m. § 327c Abs. 2 AktG ebenfalls einer Prüfung. 349

### 7.2.8.2 Prüfung im Rahmen des verschmelzungsrechtlichen Squeeze-out und Berichterstattung

Die Prüfung bezieht sich **ausschließlich** auf die **Angemessenheit der Barabfindung** gem. § 327c Abs. 2 S. 2 AktG. Die Prüfung der weiteren Voraussetzungen, insb. die Vollständigkeit und Richtigkeit des Übertragungsberichts der Hauptaktionärin, sind nicht Gegenstand der Prüfung. 350

Die Angemessenheit der Barabfindung lässt sich grundsätzlich durch eine Prüfung der Unternehmensbewertung beurteilen, die der Bestimmung der Abfindung zugrunde liegt. Dabei hat der Prüfer die Bewertung hinsichtlich der Angemessenheit der Methode, der Vollständigkeit und der inhaltlichen Prämissen zu beurteilen. Insbesondere ist zu untersuchen, ob die wertrelevanten Daten fachgerecht abgeleitet sind und die in die Bewertung mündenden geplanten Ereignisse plausibel erscheinen. 351

Gemäß §§ 327c Abs. 2 i.V.m. 293e Abs. 1 AktG ist über das **Ergebnis der Prüfung** schriftlich zu berichten. Der **PrB** muss mit einer Erklärung darüber abschließen, ob die Abfindung angemessen ist. Dabei ist im PrB anzugeben: 352

- nach welchen Methoden die Barabfindung ermittelt worden ist,
- aus welchen Gründen die Anwendung der Methoden angemessen ist,
- welche Barabfindung sich bei Anwendung verschiedener Methoden jeweils ergeben würde, falls mehrere Methoden angewandt wurden; es ist auch darzulegen, welches Gewicht den verschiedenen Methoden bei der Bestimmung der festgelegten Barabfindung und der ihnen zugrunde liegenden Werte beigemessen wurde ist und welche besonderen Schwierigkeiten bei der Bewertung des Unternehmens aufgetreten sind.

---

750 Vgl. *Mayer*, in: Widmann/Mayer, UmwRecht³, § 122f UmwG, Tz. 19.

751 Vgl. hierzu die Ausführungen zur inländischen Verschmelzungsprüfung in Tz. 255 ff.; BGH v. 22.05.1989, ZIP 1997, S. 1613 (1621); *Schott*, S. 145 f.

752 Siehe *Schott*, S. 146.

753 Für den aktien- und übernahmerechtlichen Ausschluss beträgt der Schwellenwert dagegen 95% des Grundkapitals.

Aufgrund des nahezu identischen Wortlauts von § 293e Abs. 1 AktG und § 12 Abs. 2 UmwG kann auf die Ausführungen zur Verschmelzungsprüfung[754] verwiesen werden.

## 7.3 Weitere Prüfungen im Kontext der Verschmelzung

### 7.3.1 Gründungsprüfung

353 Bei der Verschmelzung durch Neugründung entsteht ein neuer Rechtsträger. Auf dessen Gründung sind grundsätzlich und vorbehaltlich abweichender Regelungen in den §§ 2 - 122 UmwG die für dessen Rechtsform geltenden Gründungsvorschriften anzuwenden (§ 36 Abs. 2 UmwG). Da im Gesellschaftsrecht nur für die Gründung einer AG oder KGaA eine Pflicht[755] zur Gründungsprüfung angeordnet ist, sind bei Verschmelzungen mit der Neugründung einer AG oder KGaA grundsätzlich die **Vorschriften des AktG zur Gründungsprüfung** anzuwenden (§§ 33 ff. AktG). Danach qualifiziert die Übertragung des (gesamten) Vermögens der übertragenden Rechtsträger als eine Sacheinlage in den neuen Rechtsträger, die die Prüfungspflicht auslöst (§ 33 Abs. 2 Nr. 4 AktG). Bezüglich der Durchführung der Prüfung und der dabei auftretenden Probleme kann auf die Ausführungen in Kap. J Tz. 67 ff. verwiesen werden.

354 Ist übertragender Rechtsträger eine KapGes. oder eine eingetragene Genossenschaft[756], ist die **Gründungsprüfung** indes **entbehrlich** (§ 75 Abs. 2 UmwG)[757]. Ist übertragender Rechtsträger dagegen eine Personenhandels- oder Partnerschaftsgesellschaft oder ein rechtsfähiger Verein, muss eine Gründungsprüfung erfolgen, da solchenfalls[758] – mangels einer registergerichtlichen Kontrolle – eine zu hohe Gefahr für eine ordnungsgemäße Kapitalaufbringung besteht[759].

355 Die Durchführung der Gründungs- und Verschmelzungsprüfung kann durch dieselben Sachverständigen erfolgen (§ 75 Abs. 1 S. 2 UmwG). Solchenfalls gelten für die **Auswahl der Prüfer** § 11 Abs. 1 UmwG, § 319 Abs. 1 bis 4 und § 319a Abs. 1 HGB[760].

### 7.3.2 Nachgründungsprüfung

#### 7.3.2.1 Hintergrund

356 Die Verschmelzung durch Aufnahme könnte im Falle einer AG (oder KGaA, § 78 UmwG) als aufnehmender Rechtsträger ggf. mit der Motivation durchgeführt werden, die strengen sowie kosten- und zeitintensiven Regelungen über die Nachgründung gem. § 52 AktG zu vermeiden, die u.a. eine Prüfung der Nachgründung beinhalten. Zur Ver-

754 Vgl. hierzu die Ausführungen zur Prüfung der Angemessenheit des Umtauschverhältnisses in Tz. 255 ff.

755 Ausnahme: § 33a AktG.

756 Gleiches gilt für KGaA durch § 78 i.V.m. § 75 Abs. 2 UmwG. Dazu kritisch *Grunewald*, in: Lutter/Bayer/Vetter, UmwG[5], § 75 UmwG, Tz. 4.

757 Gemäß § 75 Abs. 2 UmwG ist nur die externe Gründungsprüfung i.S.d. § 33 Abs. 2 AktG entbehrlich. Die Pflicht der Mitglieder des Vorstands und des AR zur internen Prüfung der Gründung nach § 33 Abs. 1 AktG bleibt davon unberührt (vgl. *Rieger*, in: Widmann/Mayer, UmwRecht[3], § 75 UmwG, Tz. 11; *Zimmermann*, in: Kallmeyer, UmwG[5], § 75 UmwG, Tz. 6).

758 Anders bei einer AG: i.d.R. Gründungsprüfung durch interne und externe Revisoren mit anschließender registergerichtlicher Kontrolle (§ 38 AktG). Auch bei Sachgründung einer GmbH erfolgt eine Prüfung durch das Registergericht (§ 9c GmbHG). Bei Genossenschaften findet nach § 11 Abs. 2 Nr. 3 GenG eine Prüfung der wirtschaftlichen Verhältnisse, insb. der Vermögenslage der Genossenschaft, durch einen Prüfungsverband und nach § 11a Abs. 2 GenG durch das Registergericht statt.

759 Vgl. UmwBerG, BR-Drs. 75/94 v. 04.02.1994, zu § 75, S. 105, sowie zu § 58, S. 101 f.

760 Vgl. BT-Drs. 17/3122 v. 01.10.2010, S. 14 sowie ausführlich Tz. 260 ff.

meidung von Umgehungen und im Interesse des Gläubigerschutzes hat daher der Gesetzgeber eine entsprechende Anwendung der Nachgründungsvorschriften angeordnet[761].

Eine Nachgründung liegt nach § 52 Abs. 1 AktG grundsätzlich dann vor, wenn eine **AG** **357**
in den ersten zwei Jahren seit ihrer Eintragung in das HR Vermögensgegenstände für eine 10% des Grundkapitals übersteigende Vergütung von Aktionären, die mit mehr als 10% des Grundkapitals an der Gesellschaft beteiligt sind, oder von Gründern erwerben soll.

### 7.3.2.2 Voraussetzungen

Wird im Falle der Verschmelzung durch Aufnahme der Verschmelzungsvertrag in den **358**
ersten zwei Jahren seit der Eintragung der übernehmenden Gesellschaft in das HR geschlossen, sind nach § 67 UmwG die Vorschriften über die Nachgründung (§ 52 Abs. 3, 4, 6 bis 9 AktG) entsprechend anzuwenden. Da § 67 UmwG nur eine Rechtsfolgenverweisung auf § 52 Abs. 3, 4, 6 bis 9 AktG enthält, ist im Schrifttum umstritten, ob § 52 AktG auch dann gilt, wenn kein Gründer oder maßgeblich beteiligter Aktionär betroffen ist[762].

In zeitlicher Hinsicht erfasst § 67 UmwG alle Verschmelzungsverträge, die innerhalb des **Nachgründungszeitraums** von zwei Jahren geschlossen wurden. Maßgebend ist dabei der Zeitpunkt des Abschlusses des Verschmelzungsvertrags, d.h. der Tag der notariellen Beurkundung[763]. Damit werden in zeitlicher Hinsicht zunächst alle Verschmelzungen erfasst, bei denen der Vertrag innerhalb von zwei Jahren nach der Eintragung der AG in das HR geschlossen wird. Irrelevant sind dagegen der Tag der Aufstellung des Entwurfs des Verschmelzungsvertrags oder der Zeitpunkt des Verschmelzungsbeschlusses[764].

In quantitativer Hinsicht sind die Nachgründungsvorschriften nur anwendbar, wenn **359**
der Gesamtnennbetrag der zu gewährenden Aktien 10% des Grundkapitals übersteigt. Maßgeblich ist dabei der Zeitpunkt der Eintragung der Verschmelzung in das HR[765]. Wird zur Durchführung der Verschmelzung das Grundkapital erhöht, ist der Berechnung das erhöhte Grundkapital zugrunde zu legen (§ 67 S. 3 UmwG). Genehmigtes und bedingtes Kapital sind – soweit bereits in Anspruch genommen – hinzuzurechnen[766]. Grundsätzlich sind in die Berechnung alle Aktien einzubeziehen, die dem übertragenden Rechtsträger gewährt werden, gleichviel ob die Aktien im Zuge einer Kapitalerhöhung neu entstanden sind oder eigene Aktien verwendet werden[767].

Zu beachten ist, dass Anteile, die die übernehmende Gesellschaft am übertragenden **360**
Rechtsträger hält, in die Ermittlung des quantitativen Schwellenwerts nicht eingerechnet werden dürfen, da insoweit ein Verbot der Anteilsgewähr besteht. Dadurch reduziert sich die Zahl der zu gewährenden Aktien[768].

761 Zur Nachgründung vgl. Kap. J Tz. 171 ff.
762 Vgl. zum Meinungsstand *Grunewald*, in: Lutter/Bayer/Vetter, UmwG[5], § 67 UmwG, Tz. 3.
763 Vgl. *Marsch-Barner*, in: Kallmeyer, UmwG[5], § 67 UmwG, Tz. 3; *Stratz*, in: Schmitt/Hörtnagl/Stratz, UmwG[7], § 67 UmwG, Tz. 3.
764 Vgl. *Marsch-Barner*, in: Kallmeyer, UmwG[5], § 67 UmwG, Tz. 3.
765 Vgl. *Grunewald*, in: Lutter/Bayer/Vetter, UmwG[5], § 67 UmwG, Tz. 8; *Stratz*, in: Schmitt/Hörtnagl/Stratz, UmwG[7], § 67 UmwG, Tz. 5.
766 Vgl. *Grunewald*, in: Lutter/Bayer/Vetter, UmwG[5], § 67 UmwG, Tz. 7; *Stratz*, in: Schmitt/Hörtnagl/Stratz, UmwG[7], § 67 UmwG, Tz. 5; *Marsch-Barner*, in: Kallmeyer, UmwG[5], § 67 UmwG, Tz. 4.
767 Vgl. *Marsch-Barner*, in: Kallmeyer, UmwG[5], § 67 UmwG, Tz. 4.
768 Vgl. *Stratz*, in: Schmitt/Hörtnagl/Stratz, UmwG[7], § 67 UmwG, Tz. 7.

### 7.3.2.3 Ausnahmen

361 § 52 Abs. 9 AktG regelt Ausnahmen von der Nachgründung, insb. wenn der Erwerb der Vermögensgegenstände (hier: ein werbendes Unternehmen) i.R.d. lfd. Geschäfte der Gesellschaft erfolgt oder wenn der Unternehmensgegenstand im Erwerb derjenigen Vermögensgegenstände besteht, über die der übertragende Rechtsträger nahezu ausschließlich verfügt, bspw. Immobilien und Beteiligungen[769].

Die Nachgründungsvorschriften finden gem. § 67 S. 2 UmwG auch dann keine Anwendung, wenn eine übernehmende AG (oder KGaA, § 78 UmwG) vor der Verschmelzung bereits seit mindestens zwei Jahren in der Rechtsform einer GmbH im HR eingetragen war.

Von einer Nachgründungsprüfung kann schließlich unter den Voraussetzungen des § 33a Abs. 1 AktG (Einlage von bestimmten übertragbaren Wertpapieren oder Geldmarktinstrumenten, für deren Bewertung eindeutige Anhaltspunkte vorliegen) abgesehen werden[770].

### 7.3.2.4 Gegenstand der Nachgründungsprüfung

362 Bei Erfüllung der Voraussetzungen des § 67 UmwG sind die Vorschriften über die Nachgründung entsprechend anzuwenden (§ 52 Abs. 3, 4, 6 bis 9 AktG). Danach hat der AR vor der Beschlussfassung den Verschmelzungsvertrag zu prüfen und einen Nachgründungsbericht zu erstatten. Außerdem ist vor dem Verschmelzungsbeschluss eine **Gründungsprüfung** durch externe Revisoren nach den Vorschriften der §§ 33 Abs. 3 bis 5, 34 und 35 AktG durchzuführen. Die Prüfer werden vom Gericht bestellt (§ 52 Abs. 4 S. 2 i.V.m. § 33 Abs. 3 AktG). Zu Gründungsprüfern können auch die Verschmelzungsprüfer bestellt werden[771]. Der Gründungsprüfer hat den Hergang der Gründung zu prüfen. Gemäß § 34 Abs. 1 AktG hat sich die Prüfung insb. auf die Richtigkeit und Vollständigkeit der statutarischen Angaben zu erstrecken und auch darauf, ob der Wert der Sacheinlagen oder Sachübernahmen den geringsten Ausgabebetrag der dafür zu gewährenden Aktien erreicht[772]. Über die Prüfung ist schriftlich zu berichten (§ 34 Abs. 2 AktG)[773]. Bezüglich einzelner Fragestellungen i.R.d. Prüfungsdurchführung wird auf Kap. J verwiesen.

363 Unterbleibt die Nachgründungsprüfung nach § 52 Abs. 4 AktG, ist der Verschmelzungsbeschluss der übernehmenden Gesellschaft nichtig, da eine dem Gläubigerschutz dienende Vorschrift verletzt wurde (§ 241 Nr. 3 AktG). Die Prüfung soll grundsätzlich aufzeigen, ob der Wert des Vermögens des übertragenden Rechtsträgers dem Wert der dafür gewährten Aktien und baren Zuzahlungen entspricht. Sonstige Mängel, etwa das Fehlen des Nachgründungsberichts des AR (§ 52 Abs. 3 AktG) oder die nicht rechtzeitige Vorlage des PrB (§ 52 Abs. 4 S. 2 i.V.m. § 34 Abs. 2 AktG) führen zur Anfechtbarkeit des Verschmelzungsbeschlusses (§ 243 Abs. 1 AktG). Folglich kann die Verschmelzung

769 Vgl. *Grunewald*, in: Lutter/Bayer/Vetter, UmwG[5], § 67 UmwG, Tz. 11 m.w.N.

770 Vgl. § 52 Abs. 4 S. 3 i.V.m. § 33a Abs. 1 AktG.

771 Vgl. *Marsch-Barner*, in: Kallmeyer, UmwG[5], § 67 UmwG, Tz. 7; *Stratz*, in: Schmitt/Hörtnagl/Stratz, UmwG[7], § 67 UmwG, Tz. 12.

772 Vgl. *Koch*, in: Hüffer/Koch, AktG[12], § 34 AktG, Tz. 2 f.

773 Zu Form und Inhalt des PrB vgl. *Koch*, in: Hüffer/Koch, AktG[12], § 34 AktG, Tz. 4-6.

nicht eingetragen werden. Sofern die Eintragung dennoch erfolgt, ist sie indes wirksam (§ 20 Abs. 2 UmwG)[774].

## 7.3.3 Prüfung der Kapitalerhöhung gegen Sacheinlagen

### 7.3.3.1 Prüfungspflicht

Soweit zur Durchführung einer Verschmelzung durch Aufnahme die übernehmende AG das Grundkapital erhöht[775], liegt eine **Kapitalerhöhung gegen Sacheinlage** vor, die grds. eine Sacheinlagenprüfung auslöst (§ 69 Abs. 1 UmwG i.V.m. § 183 Abs. 3 AktG)[776]. Eine Prüfung der Sacheinlage findet indes **nur** statt, 364

- soweit übertragende Rechtsträger die Rechtsform einer Personenhandels- oder einer Partnerschaftsgesellschaft oder eines rechtsfähigen Vereins haben,
- wenn Vermögensgegenstände in der Schlussbilanz eines übertragenden Rechtsträgers höher bewertet worden sind als in dessen letzter Jahresbilanz,
- wenn die in einer Schlussbilanz angesetzten Werte nicht als AK in den Jahresbilanzen der übernehmenden Gesellschaft angesetzt werden **oder**
- wenn das Gericht Zweifel hat, ob der Wert der Sacheinlage den geringsten Ausgabebetrag der dafür zu gewährenden Aktien erreicht[777].

Ziel der Prüfung ist die Kontrolle, ob der Wert der Sacheinlage (= Wert des gesamten Vermögens des übertragenden Rechtsträgers) den Betrag der i.R.d. Verschmelzung zu gewährenden Aktien erreicht[778]. 365

Nach § 183 Abs. 3 S. 1 AktG hat die Prüfung der Sacheinlage durch einen oder mehrere Prüfer stattzufinden. Die Prüfer werden auf Antrag der AG, vertreten durch den Vorstand, von dem für den Sitz der übernehmenden AG zuständigen Registergericht bestellt (§ 33 Abs. 3 S. 2 AktG). Zur sachlichen und persönlichen Qualifikation der Prüfer vgl. § 33 Abs. 4 und 5 AktG. 366

Die Prüfung der Sacheinlagen und des Verschmelzungsvertrags durch dieselben Sachverständigen ist gestattet. Gemäß § 69 Abs. 1 S. 4 UmwG kann der Verschmelzungsprüfer zum Sacheinlagenprüfer bestellt werden. Für die Auswahl der Prüfer gelten in diesem Fall § 11 Abs. 1 UmwG, §§ 319 Abs. 1 bis 4, 319a Abs. 1 und 319b Abs. 1 HGB[779]. 367

774 Vgl. *Grunewald*, in: Lutter/Bayer/Vetter, UmwG[5], § 67 UmwG, Tz. 18; *Marsch-Barner*, in: Kallmeyer, UmwG[5], § 67 UmwG, Tz. 10.

775 Dabei kommt eine ordentliche Kapitalerhöhung (§§ 182 ff. AktG), eine bedingte Kapitalerhöhung (§§ 192 ff. AktG) sowie die Inanspruchnahme genehmigten Kapitals (§§ 202 ff. AktG) in Frage.

776 Gem. § 183 Abs. 3 S. 2 AktG sind bei einer Sacheinlagenprüfung die Vorschriften über die Gründungsprüfung (§§ 33 Abs. 3 bis 5, 34, 35 AktG) sinngemäß anzuwenden, denn der Inhalt der Prüfung einer Sachkapitalerhöhung weicht von der Prüfung bei einer Sachgründung sinngemäß nicht ab. Vgl. BT-Drs. 16/11642 v. 21.01.2009, S. 36.

777 Wird im Zuge der Kapitalerhöhung eine Sacheinlage erbracht, deren Wert hinter dem geringsten Ausgabebetrag der dafür ausgegebenen Aktien der übernehmenden Gesellschaft zurückbleibt, sind die Aktionäre der übertragenden Gesellschaft nicht verpflichtet, die Wertdifferenz in bar einzuzahlen. Vgl. hierzu BGH v. 12.03.2007, II ZR 302/05, NZG 2007, S. 513; OLG München v. 27.10.2005, DB 2006, S. 146. Zum Meinungsstand *Grunewald*, in: Lutter/Bayer/Vetter, UmwG[5], § 69 UmwG, Tz. 11; wie auch *Marsch-Barner*, in: Kallmeyer, UmwG[5],§ 69 UmwG, Tz. 18.

778 Vgl. *Marsch-Barner*, in: Kallmeyer, UmwG[5], § 69 UmwG, Tz. 11.

779 Vgl. BT-Drs. 17/3122 v. 01.10.2010, zu Nummer 9 (§ 69 UmwG), S. 14. Ergänzend hierzu *Marsch-Barner*, in: Kallmeyer, UmwG[5], § 69 UmwG, Tz. 11a.

368 Zum Auskunftsrecht der Prüfer und zur angemessenen Vergütung ihrer Tätigkeit vgl. § 35 AktG.

369 Über die Prüfung, die vor der Anmeldung der Kapitalerhöhung zum HR zu erfolgen hat (§ 184 Abs. 1 S. 2 AktG), ist schriftlich zu berichten (§ 34 Abs. 2 S. 1 AktG). Je ein Exemplar dieses Berichts ist dem Gericht und dem Vorstand einzureichen (§ 34 Abs. 3 S. 1 AktG).

#### 7.3.3.2 Anwendungskonkurrenz mit anderen Prüfungsnormen

370 Wird im Zuge einer Verschmelzung durch Aufnahme eine **Kapitalerhöhung** durchgeführt, kann die Anwendung des § 69 UmwG (Sacheinlagenprüfung) mit der des § 67 UmwG (Nachgründungsprüfung) streiten. Dabei genießt grds. § 67 UmwG Vorrang. Im Hinblick auf die materiellen Prüfungshandlungen führen beide Prüfungsnormen zum gleichen Ergebnis. So hat jeweils eine Prüfung des als Sacheinlage eingebrachten (Teil-) Betriebs nach den aktienrechtlichen Gründungsprüfungsvorschriften zu erfolgen[780].

### 7.3.4 Prüfung der Schlussbilanz des übertragenden Rechtsträgers

371 Nach § 17 Abs. 2 S. 2 UmwG gelten für die Schlussbilanz die Vorschriften über die Jahresbilanz und deren **Prüfung** entsprechend[781]. Dies bedeutet, dass eine Schlussbilanz nach den §§ 316 ff. HGB[782] zu prüfen ist, wenn ein auf den Stichtag der Schlussbilanz aufgestellter JA des übertragenden Rechtsträgers **kraft Gesetzes** prüfungspflichtig wäre[783]. Mithin besteht (nur) für die Schlussbilanz von (mittel-)großen KapGes. und haftungsbeschränkten Personenhandelsgesellschaften i.S.v. § 264a Abs. 1 HGB eine Prüfungspflicht (§ 316 Abs. 1 S. 1 HGB). Die Schlussbilanz von Kreditinstituten und Kreditgenossenschaften[784] (§ 340k HGB) sowie von Versicherungsunternehmen (§ 341k HGB) ist dagegen stets zu prüfen. Unterbleibt eine Prüfung der Schlussbilanz, ist die Eintragung der Verschmelzung ins Register abzulehnen[785].

372 Für Zwecke des § 267 Abs. 4 **S. 1** HGB (Zweijahresvergleich) ist der – vom Stichtag der Jahresbilanz abweichende Stichtag – „wie ein eigener Abschlussstichtag zu behandeln“[786] (fiktives Rumpf-GJ)[787].

373 Bei Vorliegen der Voraussetzungen der **§§ 264 Abs. 3 oder 4, 264b HGB** oder des **§ 5 Abs. 6 PublG** besteht für die Schlussbilanz keine Prüfungspflicht, falls Schlussbilanz die letzte (identische) Jahresbilanz ist[788].

---

780 §§ 52, 183 AktG verweisen jeweils auf die §§ 33 ff. AktG.

781 Zu Besonderheiten der Prüfung der Schlussbilanz: *IDW PH 9.490.1* i.d.F. der redaktionellen Anpassung durch den HFA am 10.08.2015 (IDW-FN 2015, S. 552). Zu *IDW PH 9.490.1* siehe *Bertram*, WPg 2014, S. 410; *Schumm*, WP Praxis 2014, S. 273. Aus *IDW PS 480* und *IDW PS 490*, die beide für die Prüfung einer Schlussbilanz anwendbar sind, ergeben sich dagegen keine zusätzlichen Besonderheiten.

782 Damit gilt für die Prüfung der Schlussbilanz auch das Haftungsprivileg des § 323 HGB.

783 Vgl. *IDW RS HFA 42*, Tz. 13.

784 Für andere Genossenschaften siehe § 53 Abs. 2 GenG i.V.m. § 267 Abs. 3 HGB. Vgl. *HFA*, IDW-FN 10/2014, S. 434.

785 Vgl. *Hörtnagl*, in: Schmitt/Hörtnagl/Stratz, UmwG[7], § 17 UmwG, Tz. 23.

786 Vgl. *Roß*, DB 2014, S. 1822 (1823 f.); a.A. *Bertram*, WPg 2014, S. 410 (412).

787 Zur Ermittlung der Schwellenwerte für die Kriterien „Umsatzerlöse“ und „AN-Zahl“ bei (hier: fiktivem) Rumpf-GJ vgl. *Winkeljohann/Lawall*, in: BeBiKo[10], § 267 HGB, Tz. 8 und 13.

788 Vgl. *IDW PH 9.490.1*, Tz. 14; gl.A. *Hargarten/Seidler*, BB 2016, S. 2795 (2798); *Scheunemann*, DB 2006, S. 797 (798), der indes nicht danach differenziert, ob Schlussbilanz die letzte Jahresbilanz ist oder nicht.

> **Praxistipp 7:**
>
> Nach anderer Ansicht soll die Erleichterung nach § 264 Abs. 3 HGB, auf die Prüfung der (Jahres-) Bilanz zu verzichten, dagegen präkludiert sein[789], falls diese als handelsrechtliche Schlussbilanz verwendet werden soll. Um das Risiko einer Nicht-Eintragung der Verschmelzung zu vermeiden, empfiehlt es sich, die Befreiung von der Pflicht zur Prüfung der Schlussbilanz mit dem zuständigen Registergericht abzustimmen[790].

Wird als Schlussbilanz nicht die letzte Jahresbilanz verwendet, besteht eine Pflicht zur Prüfung für umwandlungsrechtliche Zwecke, da zum abweichenden Stichtag der Schlussbilanz regelmäßig nicht alle Voraussetzungen für eine Befreiung von den vorbezeichneten Vorschriften kumulativ erfüllt sein werden; insb. werden kein befreiender KA und KLB zum maßgeblichen Stichtag vorliegen[791].

Für Personengesellschaften, die nicht unter das Publizitätsgesetz (§§ 1, 6 PublG) fallen, **374** sowie für übertragende Rechtsträger, deren JA nur nach Satzung/Gesellschaftsvertrag[792] prüfungspflichtig ist oder deren JA freiwillig geprüft wird, entfällt eine Pflicht zur Prüfung der Schlussbilanz.

Ob die Schlussbilanz einer übertragenden KapGes. mit satzungsmäßigem Sitz im EU-/ **375** EWR-Ausland bei einer **grenzüberschreitenden Herein-Verschmelzung** (siehe hierzu Tz. 236 ff.) zu prüfen ist, bestimmt sich allein nach den umwandlungsrechtlichen Vorschriften des Sitzstaats der übertragenden KapGes.[793]. Die Prüfung ggf. erforderlicher Anpassungen der ausländischen (ggf. nicht GoB-konformen) Schlussbilanz an die deutschen handelsrechtlichen Vorschriften[794] erfolgt nicht im Zuge der Prüfung der Schlussbilanz, sondern im Zuge der auf die Verschmelzung folgenden Abschlussprüfung beim übernehmenden Rechtsträger[795].

**Prüfer**[796] einer nicht mit der letzten Jahresbilanz identischen[797] Schlussbilanz ist (kon- **376** kludent) der APr. des JA nur, wenn Jahres- und Schlussbilanz identisch (Stichtag und Rechnungslegungsgrundsätze)[798] sind. Andernfalls ist der Prüfer der Schlussbilanz entsprechend einem APr. **gesondert zu bestellen** (§ 17 Abs. 2 S. 2 UmwG i.V.m. § 318 Abs. 1 und 4 HGB)[799]; er wird regelmäßig (muss aber nicht) personenidentisch mit dem Apr. sein. Bei grenzüberschreitenden Verschmelzungen sind **ausländische Prüfer** nur zulässig, wenn sie nach § 131k WPO als WP bestellt sind[800]. Erfolgt die Prüfung der

789 Vgl. *Deubert/Henckel*, in: Winkeljohann/Förschle/Deubert, Sonderbilanzen[5], H, Tz. 137 m.w.N.
790 Vgl. *IDW PH 9.490.1*, Tz. 14.
791 Vgl. *IDW PH 9.490.1*, Tz. 14.
792 Siehe Tz. 371 („kraft Gesetzes").
793 Vgl. *IDW PH 9.490.1*, Tz. 15.
794 Vgl. *IDW RS HFA 42*, Tz. 86 ff. Zu erforderlichen Anpassungen siehe Tz. 243.
795 Vgl. *IDW PH 9.490.1*, Tz. 16.
796 Zum Personenkreis siehe § 319 Abs. 1 HGB.
797 Sei es bei einem abweichenden Stichtag, sei es bei abweichender Ausübung von Ansatz- oder Bewertungswahlrechten auf den identischen Stichtag der letzten Jahresbilanz.
798 Gl.A. *Bertram*, WPg 2014, S. 410 (412 f.).
799 In Abweichung zu § 318 Abs. 4 S. 1 HGB darf der Prüfer allerdings auch nach dem Stichtag der Schlussbilanz noch bestellt werden.
800 Vgl. *Müller, W.*, in: Kallmeyer, UmwG[5], § 17 UmwG, Tz. 37.

Schlussbilanz durch einen nach §§ 319-319b HGB ausgeschlossenen Prüfer, ist die Eintragung der Verschmelzung ins Register abzulehnen[801].

**377** Die Pflicht zur Prüfung der Schlussbilanz kann erfüllt werden durch

- Einreichung des vollständigen letzten geprüften JA ggf. nebst LB sowie des hierzu erteilten BestV („Testatsexemplar"),
- Einreichung nur der Bilanz (einschließlich der Wahlpflichtangaben) des letzten geprüften JA,
- Einreichung einer auf den Stichtag des JA, aber unter abweichender Inanspruchnahme von Ansatz- und Bewertungswahlrechten gesondert aufgestellten Schlussbilanz[802],
- Einreichung einer auf einen vom Stichtag des JA abweichenden (unterjährigen) Stichtag gesondert aufgestellten Schlussbilanz[803].

**378** Besteht für die Schlussbilanz Prüfungspflicht (so die Prämisse für die Ausführungen in den Tz. 379-385), ist über das Ergebnis der Prüfung schriftlich zu berichten (BestV und PrB).

**379** Zur Schlussbilanz ist ein **BestV**[804] zu erteilen[805]; andernfalls ist die Eintragung der Verschmelzung abzulehnen[806]. Eine Ergänzung (hinweisender Zusatz) oder Einschränkung des BestV hindert die Eintragung der Verschmelzung dagegen nicht. Unklar ist, ob ein Versagungsvermerk die Eintragung der Verschmelzung hindert[807].

**380** Ist Schlussbilanz nicht die letzte Jahresbilanz, ist zur Schlussbilanz ein **gesonderter** BestV zu erteilen, für den nach *IDW PH 9.490.1* folgende **Formulierung** in Betracht kommt:

801 Vgl. *Hörtnagl*, in: Schmitt/Hörtnagl/Stratz, UmwG[7], § 17 UmwG, Tz. 23.

802 In diesem Fall ist der verlängerte Wertaufhellungszeitraum (§ 252 Abs. 1 Nr. 4 HGB) zu beachten, vgl. *Schumm*, WP Praxis 2014, S. 273 (275).

803 Vgl. *IDW PH 9.490.1*, Tz. 6.

804 Nicht: *Prüfungs*vermerk nach *IDW PS 480/490*; das ergibt sich aus § 17 Abs. 2 S. 2 UmwG, der auf die *Jahres*bilanz und deren Prüfung rekurriert.

805 Vgl. *Müller, W.*, in: Kallmeyer, UmwG[5], § 17 UmwG, Tz. 39; LG Hagen v. 08.02.1994, GmbHR 1994, S. 714 (zum alten Umwandlungsrecht). Eine Ausnahme stellt der Fall dar, wenn der übertragende Rechtsträger eine i.S.v. § 267 Abs. 1 HGB kleine KapGes. oder Personenhandelsgesellschaft i.S.v. § 264a HGB ist. Vgl. hierzu LG Dresden v. 18.11.1997, GmbHR 1998, S. 1086.

806 Vgl. *Hörtnagl*, in: Schmitt/Hörtnagl/Stratz, UmwG[7], § 17 UmwG, Tz. 23; *Müller, W.*, in: Kallmeyer, UmwG[5], § 17 UmwG, Tz. 39.

807 Zum Meinungsstand vgl. *Hörtnagl*, in: Schmitt/Hörtnagl/Stratz, UmwG[7], § 17 UmwG, Tz. 23; *Müller, W.*, in: Kallmeyer, UmwG[5], § 17 UmwG, Tz. 39. Weitergehend *Widmann*, in: Widmann/Mayer, UmwRecht[3], § 24 UmwG, Tz. 145, der in der Erteilung eines Versagungsvermerks ein Eintragungshindernis sieht.

„Bestätigungsvermerk zur Schlussbilanz gemäß § 17 Abs. 2 UmwG

Wir haben die Schlussbilanz einschließlich der erläuternden Angaben (im Folgenden: Schlussbilanz) der ... [Firma der übertragenden Gesellschaft] zum ... [Datum] geprüft. Die Aufstellung der Schlussbilanz nach den gemäß § 17 Abs. 2 Satz 2 UmwG entsprechend anzuwendenden deutschen handelsrechtlichen Vorschriften über die Jahresbilanz (und den ergänzenden Bestimmungen des Gesellschaftsvertrags/der Satzung) liegt in der Verantwortung der gesetzlichen Vertreter der Gesellschaft. Unsere Aufgabe ist es, auf der Grundlage der von uns durchgeführten Prüfung eine Beurteilung über die Schlussbilanz abzugeben.

Wir haben unsere Prüfung nach § 17 Abs. 2 Satz 2 UmwG entsprechend § 317 HGB unter Beachtung der vom Institut der Wirtschaftsprüfer in Deutschland e.V. (IDW) festgestellten deutschen Grundsätze ordnungsmäßiger Abschlussprüfung vorgenommen. Danach ist die Prüfung so zu planen und durchzuführen, dass Unrichtigkeiten und Verstöße, die sich auf die Schlussbilanz der Gesellschaft wesentlich auswirken, mit hinreichender Sicherheit erkannt werden. Bei der Festlegung der Prüfungshandlungen werden die Kenntnisse über die Geschäftstätigkeit und über das wirtschaftliche und rechtliche Umfeld der Gesellschaft sowie die Erwartungen über mögliche Fehler berücksichtigt. Im Rahmen der Prüfung werden die Wirksamkeit des rechnungslegungsbezogenen internen Kontrollsystems sowie Nachweise für die Angaben in der Schlussbilanz überwiegend auf der Basis von Stichproben beurteilt. Die Prüfung umfasst die Beurteilung der angewandten Bilanzierungsgrundsätze und der wesentlichen Einschätzungen der gesetzlichen Vertreter. Wir sind der Auffassung, dass unsere Prüfung eine hinreichend sichere Grundlage für unsere Beurteilung bildet.

Unsere Prüfung hat zu keinen Einwendungen geführt.

Nach unserer Beurteilung aufgrund der bei der Prüfung gewonnenen Erkenntnisse entspricht die Schlussbilanz den gesetzlichen Vorschriften [und den ergänzenden Bestimmungen des Gesellschaftsvertrags/der Satzung].

(Ort)

(Datum)

(Unterschrift)

Wirtschaftsprüfer“[808]

Der BestV zu einer Schlussbilanz, die mit der letzten Jahresbilanz nicht identisch ist, **381**
muss **gesiegelt** werden (§ 48 Abs. 1 S. 1 WPO), sofern ein auf den Stichtag der Schlussbilanz i.S.d. § 17 Abs. 2 UmwG aufgestellter JA gesetzlich prüfungspflichtig wäre[809].

Sind Jahres- und Schlussbilanz identisch, reicht der übertragende Rechtsträger beim **382**
Registergericht aber nicht den vollständigen JA, ggf. nebst LB, sondern nur die Bilanz (einschließlich der Wahlpflichtangaben) ein, darf der zum JA erteilte BestV der Anmeldung nicht ohne eine mit dem aktuellen Datum versehene **Bescheinigung** darüber, dass die Bilanz mit den betreffenden Inhalten des geprüften JA übereinstimmt, beigefügt werden[810]. Mit der Erteilung der Bescheinigung gibt der Prüfer des JA kein gesondertes Urteil zur Schlussbilanz ab. Für die Bescheinigung kommt nach *IDW PH 9.490.1*, Tz. 8 folgende **Formulierung** in Betracht:

808 *IDW PH 9.490.1*, Tz. 22 i.V.m. Tz. 13.

809 Vgl. *IDW PH 9.490.1*, Tz. 20.

810 U.E. muss nur die Bescheinigung (nicht auch der BestV zum JA und ggf. LB) eingereicht werden, falls sich aus der Bescheinigung das Datum und der Inhalt des Prüfungsurteils zum JA und ggf. LB ergibt; so wohl auch *Bertram*, WPg 2014, S. 410 (414). Dies gilt erst recht, wenn – entsprechend dem Bescheinigungsmuster des IDW – in der Bescheinigung der Wortlaut des BestV zum JA und ggf. LB zitiert wird.

„Aufgrund des von uns vorgenommenen Abgleichs der in der Bilanz des Jahresabschlusses ausgewiesenen Posten und Beträge mit denen der Schlussbilanz sowie des Abgleichs der im Anhang des Jahresabschlusses enthaltenen Wahlpflichtangaben mit den erläuternden Angaben zur Schlussbilanz stellen wir fest, dass die Schlussbilanz gemäß § 17 Abs. 2 Satz 1 UmwG der…[Firma der übertragenden Gesellschaft] zum ... [Datum] nebst den erläuternden Angaben mit der Bilanz und den im Anhang enthaltenen Wahlpflichtangaben des geprüften Jahresabschlusses der ... [Firma der übertragenden Gesellschaft] zum ... [Datum] übereinstimmt. Diese Bescheinigung enthält kein gesondertes Urteil zu der Schlussbilanz. Zu dem Jahresabschluss (und ggf. Lagebericht) zum ... [Datum] haben wir mit Datum vom ... den folgenden (uneingeschränkten/eingeschränkten) Bestätigungsvermerk (Versagungsvermerk) erteilt: ‚...‘.“

**383** Die Bescheinigung darf, muss aber nicht gesiegelt werden (§ 48 Abs. 1 S. 2 WPO)[811].

**384** Ist die Schlussbilanz nicht die letzte Jahresbilanz, ist über das **Ergebnis der Prüfung** der Schlussbilanz ferner nach § 321 HGB i.V.m. *IDW PS 450* schriftlich zu berichten (PrB). Der Prüfer kann dabei grundsätzlich auf eine Stellungnahme zur Beurteilung der Lage des Unternehmens durch die gesetzlichen Vertreter verzichten. Liegen indes Besonderheiten vor (vor allem bestandsgefährdende oder entwicklungsbeeinträchtigende Risiken), besteht auch insoweit eine Pflicht zur Berichterstattung[812]. Der PrB zur Schlussbilanz gehört nicht zu den zum HR einzureichenden Unterlagen[813].

**385** Die Schlussbilanz ist nicht vom AR oder Beirat zu prüfen[814].

## 7.4 Die rechtlichen Vorschriften zur Spaltungsprüfung

**386** Die rechtlichen Vorschriften zur Spaltungsprüfung entsprechen im Wesentlichen denen zur Verschmelzungsprüfung[815]. Die nachfolgenden Ausführungen beschränken sich deshalb auf eine Darstellung der Grundzüge der Spaltungsprüfung sowie ihrer Besonderheiten gegenüber der Verschmelzungsprüfung.

### 7.4.1 Grundlagen der Spaltungsprüfung

**387** § 125 S. 1 UmwG ordnet für die Spaltung – mit wenigen Ausnahmen – eine entsprechende Anwendung der für die Verschmelzung geltenden Vorschriften an (§§ 2-122 UmwG). Damit sind insb. auch die **§§ 9 bis 12 UmwG** zur Verschmelzungsprüfung für die Spaltungsprüfung entsprechend anzuwenden.

**388** Bei der **Auf- und Abspaltung** (§ 123 Abs. 1 und 2 UmwG) ist eine Spaltungsprüfung grundsätzlich obligatorisch[816]: Der Spaltungs- und Übernahmevertrag/-plan ist durch einen oder mehrere sachverständige Prüfer (Spaltungsprüfer) zu prüfen.

**389** Das Rechtsinstitut der Spaltungsprüfung ist in den allgemeinen Vorschriften (§ 125 S. 1 i.V.m. §§ 9 bis 12 UmwG), der Prüfungsbefehl dagegen für die einzelnen Rechtsformen jeweils im Besonderen Teil des Umwandlungsgesetzes (§ 125 S. 1 i.V.m. §§ 44, 45e, 48, 60, 78, 81 und 100 UmwG) geregelt.

---

811 Vgl. *Schumm*, WP Praxis 2014, S. 273 (276). A.A. *Bertram*, WPg 2014, S. 410 (414): Verbot der Siegelführung.

812 Vgl. *IDW PS 450*, Tz. 34.

813 Vgl. § 17 Abs. 1 und 2 UmwG; a.A. *Widmann*, in: Widmann/Mayer, UmwRecht[3], § 24 UmwG, Tz. 147.

814 Vgl. *IDW RS HFA 42*, Tz. 13; *Müller, W.*, WPg 1996, S. 857 (861).

815 Siehe Tz. 245 ff.

816 Vgl. § 125 S. 1 i.V.m. §§ 9 bis 12 UmwG.

Die Spaltungsprüfung ist nicht erforderlich, wenn sämtliche Anteilsinhaber aller beteiligten Rechtsträger auf die Spaltungsprüfung verzichten[817]; die Verzichtserklärungen sind notariell zu beurkunden[818]. Der Verzicht ist nur für die AG/KGaA relevant, denn für beteiligte Personenhandelsgesellschaften, Partnerschaftsgesellschaften und GmbH ist eine Prüfung bereits dann entbehrlich, wenn sie kein Gesellschafter innerhalb von einer Woche nach Erhalt der Verschmelzungsunterlagen verlangt (§§ 44, 45e, 48 UmwG)[819]. 390

Bei einer verhältniswahrenden Auf- bzw. Abspaltung von AG zur Neugründung, d.h. einer Auf- bzw. Abspaltung, bei der die Gewährung von Aktien im Verhältnis zur Beteiligung der Aktionäre an der übertragenden Gesellschaft erfolgt, entfallen die Prüfungs- und Berichtspflichten nach den §§ 8 bis 12 UmwG und die Informationspflichten nach § 63 Abs. 1 Nr. 3 bis 5 UmwG (§ 143 UmwG). Wenngleich die Entbehrlichkeit eines Spaltungsberichts gem. § 127 UmwG – womöglich aufgrund eines Redaktionsversehens – nicht explizit in § 143 UmwG Erwähnung findet, so ist davon auszugehen, dass diese ebenfalls Bestand hat[820]. 391

Da die Generalverweisung des § 125 S. 1 UmwG die Anwendung des § 9 Abs. 2 UmwG ausschließt, ist die Spaltungsprüfung nach dem Gesetzeswortlaut bei Konzernkonstellationen nicht entbehrlich[821]. 392

Bei der **Ausgliederung** (§ 123 Abs. 3 UmwG) findet eine Ausgliederungsprüfung nicht statt[822], da es im Zuge einer Ausgliederung nicht zu einem Anteilstausch kommt[823]. 393

### 7.4.2 Sinn und Zweck der Spaltungsprüfung

Sinn und Zweck der Spaltungsprüfung ist ausschließlich der **Präventivschutz der Anteilsinhaber** des übertragenden und des übernehmenden Rechtsträgers **durch die Bereitstellung von Informationen**. Der schriftliche PrB des Spaltungsprüfers[824] soll den Anteilsinhabern **vor** den Beschlussfassungen der HV/Gesellschafterversammlungen über den Spaltungs- und Übernahmevertrag/-plan eine sachgemäße und verantwortliche Ausübung ihrer Stimmrechte ermöglichen (**a-priori-Schutz**)[825]. 394

### 7.4.3 Spaltungsprüfer

Die Vorschriften zur Auswahl und Bestellung des Verschmelzungsprüfers sowie der weiteren Bestimmungen in diesem Zusammenhang gelten über § 125 S. 1 i.V.m. §§ 9-12 395

817 Vgl. § 125 S. 1 i.V.m. §§ 9 Abs. 3, 8 Abs. 3 S. 1 Alt. 1 UmwG. Kritisch hierzu *Engelmeyer*, S. 116 ff.

818 Vgl. § 125 S. 1 i.V.m. §§ 9 Abs. 3, 8 Abs. 3 S. 2 UmwG.

819 Vgl. auch *Kallmeyer/Sickinger*, in: Kallmeyer, UmwG$^5$, § 125 UmwG, Tz. 10.

820 Vgl. *Kallmeyer/Sickinger*, in: Kallmeyer, UmwG$^5$, § 143 UmwG, Tz. 3.

821 Diese Schlussfolgerung gilt im Schrifttum durchaus als strittig. Vgl. *Geck*, DStR 1995, S. 416 (418); *Kallmeyer*, in: Kallmeyer, UmwG$^5$, § 125 UmwG, Tz. 9 (der Ausschluss des § 9 Abs. 2 UmwG müsse auch auf § 9 Abs. 3 i.V.m. § 8 Abs. 3 S. 1 2. Alt. UmwG erstreckt werden); a.A. *Mayer*, in: Widmann/Mayer, UmwRecht$^3$, § 9 UmwG, Tz. 7; *Sagasser/Bultmann*, in: Sagasser/Bula/Brünger, Umwandlungen$^4$, § 18 UmwG, Tz. 160 (§ 125 S. 1 UmwG sei in Bezug auf den Ausschluss von § 9 Abs. 2 UmwG teleologisch zu reduzieren).

822 Vgl. § 125 S. 2 UmwG.

823 Kritisch hierzu *Hörtnagl*, in: Schmitt/Hörtnagl/Stratz, UmwG$^7$, § 125 UmwG, Tz. 12.

824 Vgl. § 125 S. 1 i.V.m. § 12 UmwG.

825 Ergänzt wird der a-priori-Schutz durch einen a-posteriori-Schutz mittels des Spruchverfahrens (§ 15 UmwG i.V.m. dem SpruchG).

UmwG für den Spaltungsprüfer entsprechend. Es wird daher auf die Ausführungen in Tz. 260 ff. verwiesen.

### 7.4.4 Gegenstand und Umfang der Spaltungsprüfung

396 Gegenstand der Spaltungsprüfung ist der **Spaltungs- und Übernahmevertrag/-plan**[826], nicht dagegen die Spaltungsberichte der Vertretungsorgane der an der Spaltung beteiligten Rechtsträger (§ 127 UmwG)[827]. Indes hat sich die Spaltungsprüfung auch auf die in den Spaltungsberichten enthaltenen Angaben, insb. zum Umtauschverhältnis der Anteile, zu erstrecken, da die Prüfung der Angemessenheit des vorgeschlagenen Umtauschverhältnisses der Anteile (und ggf. die Höhe einer baren Zuzahlung)[828] im Mittelpunkt der Prüfung des Spaltungs- und Übernahmevertrags/-plans steht.

397 Die Prüfung des Spaltungs- und Übernahmevertrags/-plans ist eine **Rechtmäßigkeits-, keine Zweckmäßigkeitskontrolle**[829]. Die Zweckmäßigkeitskontrolle obliegt allein den Anteilsinhabern der an der Spaltung beteiligten Rechtsträger.

398 Der **Umfang der Spaltungsprüfung** bestimmt sich allgemein nach dem Sinn und Zweck der Spaltungsprüfung. Danach umfasst die Spaltungsprüfung – neben der Vollständigkeit des Spaltungs- und Übernahmevertrags/-plans (**Mindestinhalt** gem. § 126 Abs. 1 Nr. 1 bis 11 UmwG) und der Richtigkeit der in ihm enthaltenen Angaben – im Wesentlichen die Prüfung der **Angemessenheit des vorgeschlagenen Umtauschverhältnisses** (und ggf. die Höhe einer baren Zuzahlung) und – im Falle einer Auf- oder Abspaltung auf einen Rechtsträger anderer Rechtsform (= Mischaufspaltung/Mischabspaltung)[830] – die Prüfung der **Angemessenheit einer anzubietenden Barabfindung**[831].

### 7.4.5 Prüfungsergebnis

399 Der Spaltungsprüfer hat in einem PrB über das Ergebnis der Prüfung schriftlich zu berichten[832]. Mehrere Spaltungsprüfer haben grundsätzlich getrennt über das Ergebnis zu berichten; sie können indes auch einen gemeinsamen PrB erstatten[833].

400 Der Mindestinhalt des PrB bestimmt sich nach § 125 S. 1 i.V.m. § 12 Abs. 2 S. 2 UmwG. Im Übrigen hat der Spaltungsprüfer den Inhalt des PrB nach pflichtgemäßem Ermessen festzulegen[834]. Der PrB hat mit einer Erklärung über die Angemessenheit des Umtauschverhältnisses der Anteile zu schließen[835]. In den PrB brauchen Tatsachen nicht aufgenommen zu werden, deren Bekanntwerden geeignet ist, einem der beteiligten Rechtsträger oder einem verbundenen Unternehmen (§ 15 AktG) einen nicht unerheblichen Nachteil zuzufügen (**Schutzklausel**[836]); der Spaltungsprüfer hat in dem Be-

---

826 Vgl. § 125 S. 1 i.V.m. §§ 9 Abs. 1, 44, 45e, 48, 60, 78, 81, 100 UmwG.

827 Vgl. *Mayer*, in: Widmann/Mayer, UmwRecht³, § 9 UmwG, Tz. 18 f.; *Stratz*, in: Schmitt/Hörtnagl/Stratz, UmwG⁷, § 9 UmwG, Tz. 5.

828 Vgl. § 126 Abs. 1 Nr. 3 UmwG.

829 Vgl. *Engelmeyer*, S. 107.

830 Vgl. § 125 S. 1 i.V.m. § 29 Abs. 1 S. 1 UmwG.

831 Vgl. § 125 S. 1 i.V.m. § 30 Abs. 2 S. 1 UmwG.

832 Vgl. § 125 S. 1 i.V.m. § 12 Abs. 1 S. 1 UmwG.

833 Vgl. § 125 S. 1 i.V.m. § 12 Abs. 1 S. 2 UmwG.

834 Vgl. hierzu ausführlich *Engelmeyer*, S. 149 ff.

835 Vgl. § 125 S. 1 i.V.m. § 12 Abs. 2 S. 1 UmwG. Diese Erklärung ist entbehrlich, wenn sich die Beteiligungsverhältnisse nicht ändern, so bspw. bei der Abspaltung auf Muttergesellschaften oder beteiligungsidentische Schwestergesellschaften, vgl. *Kallmeyer/Sickinger*, in: Kallmeyer, UmwG⁵, § 125 UmwG, Tz. 11.

836 Vgl. hierzu ausführlich Tz. 326 ff.

richt die Gründe darzulegen, weshalb die Tatsachen nicht aufgenommen worden sind[837]. Die Schutzklausel kommt insb. dann zum Zuge, wenn der Spaltungsprüfer sein „Testat" einschränkt oder versagt, da der PrB in diesen Fällen konkrete Zahlenangaben enthalten muss, die Geschäfts- oder Betriebsgeheimnisse sein können[838].

Ein PrB ist nicht erforderlich, wenn alle Anteilsinhaber aller beteiligten Rechtsträger auf seine Erstattung verzichten; die Verzichtserklärungen sind notariell zu beurkunden[839]. Ein PrB ist des Weiteren nicht erforderlich, wenn sich alle Anteile des übertragenden Rechtsträgers in der Hand des übernehmenden Rechtsträgers befinden[840]. **401**

## 7.5 Verhältnis der Spaltungsprüfung zu anderen Prüfungen

Im Zuge einer Spaltung können neben der Spaltungsprüfung auch die folgenden Prüfungen veranlasst sein: **402**

**a) Gründungsprüfungen**

Nach § 144 UmwG ist eine externe Gründungsprüfung[841] bei einer Spaltung zur Neugründung einer (oder mehrerer) AG oder KGaA stets erforderlich. Das Tatbestandsmerkmal „stets" im Wortlaut des § 144 UmwG zielt allerdings auf § 75 Abs. 2 UmwG und bezweckt den Ausschluss der in § 75 Abs. 2 UmwG für die Verschmelzung geregelten Ausnahmen für die Spaltung[842]; eine externe Gründungsprüfung ist deshalb nur erforderlich, wenn zugleich die Tatbestandsmerkmale des § 33 Abs. 2 AktG erfüllt sind[843] (= Rechtsgrundverweisung). Die externe Gründungsprüfung richtet sich nach dem aktienrechtlichen Gründungsrecht (§ 135 Abs. 2 S. 1 UmwG)[844]. Die Prüfung ist durch einen vom Registergericht bestellten unabhängigen Prüfer durchzuführen[845]. Es steht nichts entgegen, dem Spaltungsprüfer (§ 125 S. 1 i.V.m. § 9 Abs. 1 UmwG) zugleich die Gründungsprüfung zu übertragen[846]. Zur Qualifikation der Gründungsprüfer vgl. § 33 Abs. 4 und 5 AktG. Gegenstand, Umfang und Ziel der Prüfung ergeben sich aus § 34 AktG. Über die Prüfung ist nach näherer Maßgabe des § 34 Abs. 2 AktG schriftlich zu berichten. Dieser PrB ist bei Anmeldung der neuen Gesellschaft zum HR (§ 37 Abs. 4 Nr. 4 AktG) einzureichen. **403**

837 Vgl. § 125 S. 1 i.V.m. §§ 12 Abs. 3, 8 Abs. 2 UmwG.
838 Vgl. *Engelmeyer*, S. 155.
839 Vgl. § 125 S. 1 i.V.m. §§ 12 Abs. 3, 8 Abs. 3 Alt. 1 und S. 2 UmwG.
840 Vgl. § 125 S. 1 i.V.m. §§ 12 Abs. 3, 8 Abs. 3 Alt. 2 und S. 2 UmwG.
841 Siehe hierzu Kap. J.
842 Die Durchführung einer Gründungsprüfung unabhängig von der Rechtsform des übertragenden Rechtsträgers ist notwendig, um den Vorgaben von Art. 22 Abs. 4 der Europäischen Spaltungsrichtlinie v. 17.12.1982 (ABl.EG 1982, Nr. L378/47) gerecht zu werden; anders als in der Verschmelzungsrichtlinie ist darin keine Erleichterung des Gründungsvorgangs gestattet (vgl. *Rieger*, in: Widmann/Mayer, UmwRecht[3], § 144 UmwG, Tz. 2 f.).
843 Vgl. *Schwab*, in: Lutter/Bayer/Vetter, UmwG[5], § 144 UmwG, Tz. 9-11. Nach *Hörtnagl* ist die Gründung im Rahmen einer Spaltung stets eine Sachgründung, insofern wäre § 33 Abs. 2 AktG stets als erfüllt anzusehen. Vgl. *Hörtnagl*, in: Schmitt/Hörtnagl/Stratz, UmwG[7], § 144 UmwG, Tz. 3.
844 Vgl. *Engelmeyer*, S. 315; *Engelmeyer*, AG 1996, S. 193 (207).
845 Die Bestellung erfolgt auf Antrag des übertragenden Rechtsträgers zusammen mit dem Vorstand der neu zu gründenden Gesellschaft (vgl. *Schwab*, in: Lutter/Bayer/Vetter, UmwG[5], § 144 UmwG, Tz. 12).
846 Vgl. *Schwab*, in: Lutter/Bayer/Vetter, UmwG[5], § 144 UmwG, Tz. 12; *Kallmeyer/Sickinger*, in: Kallmeyer, UmwG[5], § 144 UmwG, Tz. 3.

### b) Nachgründungsprüfungen

404 Nach § 125 S. 1 i.V.m. § 67 S. 1 UmwG ist § 52 Abs. 3, 4, 6 bis 9 AktG über die Nachgründung entsprechend anzuwenden, wenn eine AG (oder KGaA, § 78 UmwG) als übernehmender Rechtsträger an einer Spaltung beteiligt ist. Der Umfang der Nachgründungsprüfung bestimmt sich gem. § 34 AktG, wonach insb. zu prüfen ist, ob der Wert der Vermögensgegenstände abzüglich Schulden den Nennbetrag der dafür zu gewährenden Aktien zumindest erreicht hat und damit das Verbot der materiellen Unterpari-Emission Beachtung fand.[847] Maßgebender Zeitpunkt bei Spaltungen ist der Zeitpunkt des Abschlusses des Spaltungs- und Übernahmevertrags respektive des Ausgliederungs- und Übernahmevertrags oder der Aufstellung des Spaltungs- bzw. Ausgliederungsplans. Die entsprechende Anwendung der aktienrechtlichen Vorschriften über die Nachgründung scheidet indes aus, wenn der Gesamtnennbetrag der zu gewährenden Aktien 10% des (erhöhten) Grundkapitals der AG nicht übersteigt oder wenn eine übernehmende AG (oder KGaA, § 78 UmwG) vor einem durchgeführten Formwechsel, durch den sie ihre Rechtsform erhalten hat, seit mindestens zwei Jahren in der Rechtsform einer GmbH im HR eingetragenen war[848] (§ 125 S. 1 i.V.m. § 67 S. 2 und 3 UmwG). Mithin scheiden Abspaltungen auf die Mutter-AG und Abspaltungen auf eine Tochter- oder Schwester-AG mit Verzicht der Anteilsinhaber des übertragenden Rechtsträgers auf Gewährung von Anteilen am übernehmenden Rechtsträger aus dem Anwendungsbereich der Nachgründungsvorschriften aus[849].

### c) Sacheinlagenprüfungen

405 § 142 Abs. 1 UmwG ordnet für alle Arten der Spaltung stets eine Prüfung der Sacheinlage nach § 183 Abs. 3 AktG an[850], wenn ein übernehmender Rechtsträger in der Rechtsform einer AG (oder KGaA, § 78 UmwG) zur Durchführung der Spaltung sein Grundkapital erhöht[851]. So ist eine Sacheinlagenprüfung – im Gegensatz zur Verschmelzung – bspw. auch dann erforderlich, wenn der übertragende Rechtsträger eine KapGes. ist oder der übernehmende Rechtsträger die Buchwerte des übertragenden Rechtsträgers fortführt (§ 24 UmwG).

Nach § 69 Abs. 1 S. 4 UmwG besteht die Möglichkeit, den Spaltungsprüfer auch zum Prüfer der Sacheinlagen zu bestellen.

Im Spaltungsbericht ist gegebenenfalls auf den Bericht über die Sacheinlagenprüfung bei der übernehmenden Aktiengesellschaft sowie auf dessen Hinterlegung beim Register

847 Vgl. *Rieger*, in: Widmann/Mayer, UmwRecht[3], § 67 UmwG, Tz. 30.

848 Diese Regelung basiert auf der Überlegung, dass bei einer GmbH ähnliche Regelungen wie bei einer AG i.Z.m. der Kapitalaufbringung vorherrschen, woraus auf die Entbehrlichkeit einer Behandlung als Nachgründung geschlossen werden kann. Vgl. BT-Drs. 16/2919 v. 12.10.2006, zu § 67, S. 13 f.

849 Vgl. *Kallmeyer/Sickinger*, in: Kallmeyer, UmwG[5], § 125 UmwG, Tz. 75. Kritisch zum Anteilsverzicht *Mayer*, in: Widmann/Mayer, UmwRecht[3], § 126 UmwG, Tz. 81.

850 Grundlegend zur Sacheinlagenprüfung *Angermayer*, S. 23 ff.; *Angermayer*, WPg 1995, S. 681 ff.

851 Anders als bei der Verschmelzung von AG/KGaA (vgl. § 69 Abs. 1 S. 1 Hs. 2 UmwG) kann bei der Spaltung unter Beteiligung einer übernehmenden AG/KGaA nicht auf die Einlagenprüfung verzichtet werden. Auf diese Weise soll der Gefahr begegnet werden, dass der übernehmenden AG/KGaA nicht ausreichende, d.h. den Gesamtnennbetrag der zu gewährenden Aktien wertmäßig nicht erreichende, Vermögensgegenstände zugeteilt werden (vgl. *Schwab*, in: Lutter/Bayer/Vetter, UmwG[5], § 142 UmwG, Tz. 5).

hinzuweisen[852] (§ 142 Abs. 2 UmwG). Die Pflicht zur Erstattung eines Spaltungsberichts entfällt, wenn ein Spaltungsbericht entbehrlich ist (§§ 127 S. 2, 8 Abs. 3 UmwG)[853]. Die Hinweispflicht gilt für den Spaltungsbericht jedes beteiligten Rechtsträgers[854].

**d) Prüfung der Schlussbilanz des übertragenden Rechtsträgers**

Zur Prüfung der Schlussbilanz des übertragenden Rechtsträgers siehe Tz. 371 ff. **406**

## 8. Prüfung des Formwechsels

### 8.1 Vorbemerkung

Im Gegensatz zur Verschmelzung und zur Spaltung findet – mit Ausnahme des Formwechsels einer eingetragenen Genossenschaft (§ 259 UmwG) – eine Prüfung des Formwechsels durch externe Prüfer im Allgemeinen nicht statt. Dagegen können im Zuge eines Formwechsels die folgenden Prüfungen veranlasst sein: **407**

### 8.2 Gründungsprüfung

Infolge des Verweises in § 197 S. 1 UmwG auf die für die neue Rechtsform geltenden Gründungsvorschriften[855], kann es – soweit diese einen Sachgründungsbericht und eine Gründungsprüfung verlangen – zu einer (partiellen) Prüfung des Formwechsels kommen[856]. So findet eine Gründungsprüfung beim Formwechsel von Personenhandelsgesellschaften in eine AG oder KGaA statt (§ 220 Abs. 3 UmwG). Analog dazu ist eine Gründungsprüfung auch für den Formwechsel von KapGes. in eine KapGes.anderer Rechtsform[857] notwendig (§ 245 Abs. 1 bis 3 UmwG i.V.m. § 220 Abs. 3 S. 1 UmwG). Dagegen kommt es beim Formwechsel in eine GmbH oder in eine Personengesellschaft nicht zu einer Gründungsprüfung[858]. **408**

Die Prüfung beschränkt sich auf die Gründungsprüfung (siehe hierzu Kap. J); sie erstreckt sich nicht auch auf sonstige Aspekte des Formwechsels, die ihrer Art nach einer Prüfung zugänglich wären[859]. Ziel der Prüfung ist insb. die Sicherung der Kapitalauf- **409**

852 Der Hinweis ist aufzunehmen, wenn in der übernehmenden Aktiengesellschaft im Kontext der Spaltung eine Kapitalerhöhung durchgeführt wurde. Vgl. *Hörtnagl*, in: Schmitt/Hörtnagl/Stratz, UmwG[7], § 142 UmwG, Tz. 2; *Schwab*, in: Lutter/Bayer/Vetter, UmwG[5], § 142 UmwG, Tz. 6.

853 Vgl. *Kallmeyer/Sickinger*, in: Kallmeyer, UmwG[5], § 142 UmwG, Tz. 2.

854 Vgl. *Rieger*, in: Widmann/Mayer, UmwRecht[3], § 142 UmwG, Tz. 11.

855 § 197 UmwG dient dem Umgehungsschutz: Gelten für den Rechtsträger neuer Rechtsform strengere Grundsätze der Kapitalaufbringung als für den formwechselnden Rechtsträger, so sollen diese durch den Formwechsel nicht unterlaufen werden können, vgl. *Angermayer*, WPg 1995, S. 681 (690).

856 Vgl. *Meister/Klöcker*, in: Kallmeyer, UmwG[5], § 192 UmwG, Tz. 50. Mit der Verweisung im Formwechselrecht auf die für die neue Rechtsform geltenden Gründungsvorschriften sowie den mit einem Formwechsel in eine KapGes. verbundenen Bestimmungen zum Kapitalschutz soll sichergestellt werden, dass rechtsformspezifische Anforderungen des Gesellschaftsrechts berücksichtigt werden. Vgl. hierzu *IDW RS HFA 41*, Tz. 4.

857 Der Gründungsprüfung unterliegen somit der Formwechsel einer GmbH in eine AG bzw. KGaA, der Formwechsel einer AG in KGaA und der Formwechsel einer KGaA in AG.

858 Vgl. *Meister/Klöcker*, in: Kallmeyer, UmwG[5], § 197 UmwG, Tz. 26 und 53. Einzelheiten zur formwechselnden Umwandlung bei *Mayer*, in: Widmann/Mayer, UmwRecht[3], § 197 UmwG (in eine GmbH Tz. 16-80.8; in eine AG/KGaA Tz. 81-231; in eine Personengesellschaft Tz. 232-237).

859 Vgl. *Decher/Hoger*, in: Lutter/Bayer/Vetter, UmwG[5], § 197 UmwG, Tz. 29; *Meister/Klöcker*, in: Kallmeyer, UmwG[5], § 192 UmwG, Tz. 50.

bringung[860] (§ 220 Abs. 1 UmwG, auf diesen verweist auch § 245 Abs. 1 bis 3 UmwG[861]). Die externen Gründungsprüfer sind vom Gericht zu bestellen (§ 33 Abs. 3 S. 2 AktG); in bestimmten Fällen kann auch der Gründungsnotar die Prüfung im Auftrag der Gründer vornehmen (§ 33 Abs. 3 S. 1 AktG). Über das Ergebnis der Prüfung haben diese schriftlich zu berichten (§ 34 Abs. 2 AktG). Das Ergebnis der Gründungsprüfung ist im Darstellungs- und Begründungsteil des Umwandlungsberichts darzustellen[862].

## 8.3 Prüfung der Angemessenheit einer Barabfindung

**410** Nach § 194 Abs. 1 Nr. 6 UmwG muss der Umwandlungsbeschluss grundsätzlich[863] ein Abfindungsangebot nach § 207 UmwG enthalten, falls Anteilsinhaber gegen den Umwandlungsbeschluss Widerspruch erklären oder – falls der Rechtsträger aufgrund seiner neuen Rechtsform eigene Anteile oder Mitgliedschaften nicht erwerben kann – Anteilsinhaber ihr Ausscheiden aus dem Rechtsträger erklärt haben.

**411** Die Angemessenheit der Barabfindung[864] ist stets[865] durch externe Prüfer zu prüfen; die Prüfung erfolgt ausschließlich im Interesse der Anteilsinhaber. Für die Bestellung, Stellung und Verantwortlichkeit der Prüfer finden über § 208 i.V.m. § 30 Abs. 2 S. 2 UmwG die Bestimmungen der §§ 10 und 11 UmwG Anwendung. Über das Ergebnis der Prüfung haben die externen Prüfer einen schriftlichen PrB zu erstatten (§ 208 i.V.m. § 30 Abs. 2 S. 2, § 12 Abs. 1 UmwG). Für den Inhalt des PrB ist § 12 Abs. 2 UmwG sinngemäß heranzuziehen[866]. Die Berechtigten können auf die Prüfung oder den PrB durch notarielle Erklärung verzichten (§ 208 i.V.m. § 30 Abs. 2 S. 3 UmwG). Zudem ist über das Ergebnis der Prüfung der Angemessenheit der Barabfindung im Darstellungs- und Begründungsteil des Umwandlungsberichts zu berichten[867].

**412** Die Verweigerung des Testats des Prüfers über die Angemessenheit der angebotenen Barabfindung steht der Wirksamkeit des Formwechsels nicht entgegen[868]. Es kann jedoch ggf. zu einer gerichtlichen Nachprüfung der Abfindung nach den Vorschriften des Spruch-verfahrens kommen (§§ 210, 212 UmwG i.V.m. SpruchG).

---

860 Zum Erfordernis eines Nachweises zur Kapitalaufbringung beim Formwechsel vgl. *IDW RS HFA 41*, Tz. 15 ff.

861 Eine teleologische Reduktion des § 245 Abs. 1 bis 3 (jeweils S. 2) UmwG auf § 220 Abs. 2 und 3 UmwG ist nicht zulässig, vgl. *Dirksen*, in: Kallmeyer, UmwG[5], § 245 UmwG, Tz. 7.

862 Vgl. *Meister/Klöcker*, in: Kallmeyer, UmwG[5], § 192 UmwG, Tz. 50.

863 Zu Ausnahmen vgl. *Decher/Hoger*, in: Lutter/Bayer/Vetter, UmwG[5], § 207 UmwG, Tz. 4 f. Die Anteilsinhaber können mit allseitiger Zustimmung auch von vornherein auf ein Angebot zur Barabfindung nach § 207 UmwG verzichten. In diesem Fall entfällt die Grundlage für eine Prüfung gem. § 208 UmwG unter Verweis auf § 30 UmwG. Vgl. ergänzend *Decher/Hoger*, in: Lutter/Bayer/Vetter, UmwG[5], § 207 UmwG, Tz. 22.

864 Die Prüfung im Rahmen des § 208 i.V.m. § 30 Abs. 2 UmwG bezieht sich ausschließlich auf die Angemessenheit der Barabfindung, nicht dagegen auf den gesamten Umwandlungsvorgang (vgl. *Decher/Hoger*, in: Lutter/Bayer/Vetter, UmwG[5],§ 208 UmwG, Tz. 14 und 18.; *Müller, W.*, in: Kallmeyer, UmwG[5], § 208 UmwG, Tz. 5).

865 Die Prüfung ist nicht abhängig von einem Antrag der Anteilsinhaber, es handelt sich vielmehr um eine Pflichtprüfung. Vgl. *Decher/Hoger*, in: Lutter/Bayer/Vetter, UmwG[5], § 208 UmwG, Tz. 13.

866 Vgl. hierzu *Decher/Hoger*, in: Lutter/Bayer/Vetter, UmwG[5], § 208 UmwG, Tz. 19 f.

867 Vgl. *Meister/Klöcker*, in: Kallmeyer, UmwG[5], § 192 UmwG, Tz. 52.

868 Vgl. *Müller, W.*, in: Kallmeyer, UmwG[5], § 12 UmwG, Tz. 18.

## 8.4 Verhältnis der Prüfung des Formwechsels zu anderen Prüfungen

Im Zusammenhang mit dem Formwechsel kann auch eine Kapitalerhöhung vorgenommen werden. Sie wird gem. § 243 Abs. 2 UmwG nicht von der Gründungsprüfung erfasst, sondern es gelten die einschlägigen Vorschriften über die Kapitalerhöhung[869]. 413

Auch die Angemessenheit der **baren Zuzahlungen**[870] zwecks Verbesserung des Beteiligungsverhältnisses (§ 196 UmwG) unterliegt keiner Prüfung. 414

Schließlich ist beim Formwechsel keine **Schlussbilanz** (§ 17 Abs. 2 UmwG) aufzustellen[871]. 415

869 Vgl. *Decher/Hoger*, in: Lutter/Bayer/Vetter, UmwG⁵,§ 194 UmwG, Tz. 37; *Göthel*, in: Lutter/Bayer/Vetter, UmwG⁵, § 243 UmwG, Tz. 41-45, § 247 UmwG, Tz. 7 f.; *Mertens*, AG 1995, S. 561 (562); *Schaal*, S. 58.

870 Die angemessene bare Zuzahlung wird auf Antrag durch das Gericht nach den Vorschriften des SpruchG bestimmt. Vgl. hierzu *Decher/Hoger*, in: Lutter/Bayer/Vetter, UmwG⁵, § 196 UmwG, Tz. 5 ff.; *Meister/Klöcker*, in: Kallmeyer, UmwG⁵, § 196 UmwG, Tz. 5 ff.

871 Vgl. § 199 UmwG; siehe Tz. 20 und 210.

# Kapitel F

# Die betriebswirtschaftliche Prüfung von zukunftsorientierten Finanzinformationen

Verfasser:
WP StB Dipl.-Kfm. Martin Pföhler, Berlin

Mitarbeit:
WP Dr. Karina Riese, Berlin

Inhalt Tz.

# 1. Einleitung

## 1.1 Bedeutung der Prüfung von zukunftsorientierten Finanzinformationen

WP haben nach § 2 Abs. 1 WPO „die berufliche Aufgabe, betriebswirtschaftliche Prüfungen, insb. solche von Jahresabschlüssen wirtschaftlicher Unternehmen, durchzuführen und Bestätigungsvermerke über die Vornahme und das Ergebnis solcher Prüfungen zu erteilen". Im Rahmen der gesetzlichen Jahres- und Konzernabschlussprüfungen erstreckt sich die Prüfung ebenso auf den LB und damit die **im LB enthaltenen Prognosen**, einschl. Prognosen von Finanzinformationen[1]. 1

Im Rahmen ihrer beruflichen Tätigkeiten befassen sich WP aber auch außerhalb gesetzlicher oder freiwilliger[2] Abschlussprüfungen zunehmend mit der Prüfung zukunftsorientierter Finanzinformationen. Gesetzlich geregelt wurde eine **Prüfungspflicht** zukunftsorientierter Finanzinformationen außerhalb einer Lageberichtsprüfung im Rahmen einer handelsrechtlichen Abschlussprüfung erstmalig im Wertpapierprospektgesetz (WpPG)[3]. Sofern Emittenten auf freiwilliger Basis sog. Gewinnprognosen in einen 2

1 Nach § 289 Abs. 1 S. 4 HGB ist die voraussichtliche Entwicklung der Gesellschaft darzustellen. Entsprechendes gilt für den KLB gemäß § 315 Abs. 1 S. 5 HGB.

2 Sofern sich die freiwillige Abschlussprüfung auch auf den LB erstreckt.

3 Nach § 1 Abs. 1 WpPG ist das WpPG anzuwenden auf die Erstellung, Billigung und Veröffentlichung von Prospekten für Wertpapiere, die öffentlich angeboten und zum Handel an einem organisierten Markt zugelassen werden sollen. In § 7 WpPG ist geregelt, dass hinsichtlich der Mindestangaben, die in einen Wertpapierprospekt aufzunehmen sind, die Anforderungen der VO (EG) Nr. 809/2004 der Kommission vom 29.04.2004 zur Umsetzung der Richtlinie 2003/71/EG des Europäischen Parlaments und des Rates betreffend die in Prospekten enthaltenen Informationen sowie das Format, die Aufnahme von Informationen mittels Verweis und die Veröffentlichung solcher Prospekte und die Verbreitung von Werbung, Abl.EU Nr. L 149 v.30.04.2004 (im Folgenden: ProspektVO) gelten.

Wertpapierprospekt i.S.d. WpPG aufnehmen, muss ein WP die **Gewinnprognose prüfen** und eine Bescheinigung über die Prüfung erteilen[4].

**3** Zukunftsorientierte Finanzinformationen können aber auch **für andere Zwecke** aufgestellt werden. Sie können

- zur Information des Managements genutzt werden, z.B. um (beabsichtigte) Investitionen zu beurteilen,
- oder dazu dienen, Informationen an Dritte im Rahmen von Verhandlungen über die Zuführung von Eigen- oder Fremdmitteln
- oder über den Erwerb oder die Veräußerung von Unternehmen oder Unternehmensteilen zu geben[5].

**4** Durch eine betriebswirtschaftliche Prüfung der als Prognose oder Projektion aufgestellten zukunftsorientierten Finanzinformationen und die Abgabe von Prüfungsurteilen darüber kann der WP dem Bedürfnis vieler Unternehmen und Investoren nach **zusätzlicher Sicherheit** nachkommen[6].

**5** Mit dem ISAE 3400: The Examination of Prospective Financial Information und dem *IDW Prüfungshinweis: Prüfung von Gewinnprognosen und -schätzungen i.S.v. IDW RH HFA 2.003 und Bestätigung zu Gewinnschätzungen auf Basis vorläufiger Zahlen (IDW PH 9.960.3)* existieren zwar Standards über die Prüfung zukunftsorientierter Finanzinformationen. Gleichwohl ist der **ISAE 3400** bereits seit etlichen Jahren **unverändert in Kraft**[7], ohne dass er an neue Entwicklungen im Bereich der Assurance-Standards angepasst wurde. So ist der zugehörige Umbrella-Standard ISAE 3000 im Dezember 2013 in einer überarbeiteten Fassung veröffentlicht worden[8] und entspricht somit den aktuellen Anforderungen an internationale Prüfungsstandards. Der ***IDW PH 9.960.3*** beschäftigt sich zwar mit der Prüfung von Gewinnprognosen, adressiert aber die Prüfung von Gewinnprognosen, die in Wertpapierprospekte aufgenommen und nach den Regelungen der ProspektVO erstellt worden sind[9]. Darüber hinaus fehlt es bisher an Erläuterungen und weitergehenden Anwendungshilfen zur Durchführung von betriebswirtschaftlichen Prüfungen zukunftsorientierter Finanzinformationen.

---

4 Vgl. ProspektVO sowie *IDW RH HFA 2.003* und *IDW PH 9.960.3*.

5 Vgl. auch die Beispiele in ISAE 3400.6. Zukunftsorientierte Finanzinformationen in Prospekten werden in ISAE 3400 beispielhaft genannt. Gewinnprognosen, die auf Grundlage der ProspektVO erstellt werden, sind gleichwohl nach den einschlägigen Vorgaben der ProspektVO zu erstellen und zu prüfen. Die Vorgaben der ProspektVO sind durch *IDW RH HFA 2.003* und *IDW PH 9.960.3* umgesetzt. Ein Auftrag über eine betriebswirtschaftliche Prüfung nach ISAE 3400 einer Gewinnprognose, die in einen Wertpapierprospekt nach den Vorgaben der ProspektVO aufgenommen wird, kommt somit nicht in Betracht. Hier sind die Anforderungen der ProspektVO sowie *IDW PH 9.960.3* einschlägig.

6 Vgl. *Hauser*, WPg 2014, H. 15 Editorial S. I.

7 So wurde der ISAE 3400 noch als ISA 810 verabschiedet. Die Zuordnung als ISAE erfolgte i.R.d. Neustrukturierung der Nummerierung der Titel der Verlautbarungen des IAASB. So wurde der ISA 810 in ISAE 3400 umbenannt (*renumbered*), ohne den Standard inhaltlich zu ändern (vgl. Handbook of International Auditing, Assurance and Ethics Pronouncements, New York 2004, S. 1).

8 ISAE 3000 (Revised) Assurance Engagements Other than Audits or Reviews of Historical Financial Information, International Framework for Assurance Engagements and Related Conforming Amendments, Final Pronouncement December 2013, im Folgenden: ISAE 3000 (Rev.). ISAE 3000 (Rev.) ist anzuwenden für Assurance-Aufträge, soweit der Assurance-Bericht des Prüfers auf oder nach dem 15.12.2015 datiert (vgl. ISAE 3000.9 (Rev.)).

9 Vgl. *IDW PH 9.960.3*, Tz. 1.

## 1.2 Zielsetzung des Kapitels

6 Dieses Kapitel analysiert den Prüfungsgegenstand zukunftsorientierter Finanzinformationen und soll aufzeigen, wie die **Prüfung** nach den einschlägigen Prüfungsstandards und Verlautbarungen **durchzuführen** sowie über diese Prüfung **zu berichten** ist. Dazu werden nach einer systematischen Darstellung möglicher Prüfungsgrundlagen und der Definition zukunftsorientierter Finanzinformationen zunächst Überlegungen zur Prüfbarkeit von und durch eine Prüfung erzielbare Sicherheiten zu zukunftsorientierten Finanzinformationen angestellt. Es wird weiter dargestellt, ob und wie angemessene Prüfungsnachweise erlangt werden können. Insbesondere werden aufgegriffen

- der prüferische Umgang mit den den zukunftsorientierten Finanzinformationen zugrunde liegenden Annahmen
- und die Aufstellung[10] der zukunftsorientierten Finanzinformationen auf der Basis der Annahmen und der vom Aufsteller angewendeten Rechnungslegungsgrundsätze.

7 Für vergangenheitsorientierte Finanzinformationen haben Standardsetter und Gesetzgeber Rechnungslegungsgrundsätze (HGB, IFRS oder auch US-GAAP) entwickelt, auf deren Grundlage Unternehmen ihre Abschlüsse aufstellen und die die Prüfer der Prüfung dieser Abschlüsse zugrunde legen[11]. Zudem können vergangenheitsorientierte Finanzinformationen auch nach Rechnungslegungsgrundsätzen für einen speziellen Zweck aufgestellt werden[12]. Bei zukunftsorientierten Finanzinformationen **fehlt es** hingegen **an Aufstellungsgrundsätzen**, die der Aufstellung zukunftsorientierter Finanzinformationen **unmittelbar** zugrunde gelegt werden können[13]. Hierzu wird analysiert, wie ein Prüfer mit dieser Situation aus prüferischer Sicht umgehen sollte.

8 Abschließend wird auf der Basis der dargelegten Überlegungen ein **Vorschlag** erarbeitet, wie über die Durchführung und das Ergebnis der Prüfung berichtet werden kann.

9 **Nicht Gegenstand** dieses Kapitels ist die Prüfung zukunftsorientierter bzw. prognostischer Informationen in LB, die nach § 289 sowie § 315 HGB unter Berücksichtigung der Anforderungen in DRS 20 zu erstellen und nach § 316 ff. HGB i.R.d. Abschlussprüfung zu prüfen sind; auch nicht Gegenstand dieses Kapitels ist die Prüfung von zukunftsorientierten Informationen, die nicht Finanzinformationen sind.

---

10 Vgl. zum Begriff der Aufstellung ISAE 3400.28. Hier ist vorgesehen, dass der Prüfer ein Urteil abgibt, dass die Prognose ordnungsgemäß auf der Basis der Annahmen aufgestellt ist („... *in our opinion the forecast is properly prepared on the basis of the assumptions* ..."). Hier und im Folgenden wird „preparation" mit „Aufstellung" übersetzt. Zu unterscheiden hiervon ist der Prozess der Erstellung. So wird ausgehend von den Anforderungen der ProspektVO in *IDW PH 9.960.1*, Tz. 17 ein Prüfungsurteil dazu gefordert, dass die Prognose ordnungsgemäß auf der Basis der Annahmen erstellt ist („... *has been properly compiled on the basis stated*"). Gleiches gilt für die Anforderungen hinsichtlich des Prüfungsurteils für Aufträge über die betriebswirtschaftliche Prüfung von Pro-Forma-Finanzinformationen zur Aufnahme in Wertpapierprospekte nach den Anforderungen der ProspektVO (vgl. hierzu ISAE 3420.35(h), .A54 sowie Appendix vorletzter Absatz). Hier und im Folgenden wird „compilation" mit „Erstellung" übersetzt.

11 Sog. Rechnungslegungsgrundsätze für allgemeine Zwecke; vgl. *IDW PS 480*, Tz. 12 f.; *Gewehr/Böhm/Herckendell*, WPg 2013, S. 343 ff.

12 Vgl. *IDW PS 480*, Tz. 12g); *Gewehr/Böhm/Herckendell*, WPg 2013, S. 343 ff.

13 Regelmäßig werden zur Aufstellung zukunftsorientierter Finanzinformationen mittelbar die Rechnungslegungsgrundsätze für vergangenheitsorientierte Finanzinformationen angewendet.

## 2. Grundlagen

### 2.1 Fachliche Verlautbarungen zur Aufstellung und betriebswirtschaftlichen Prüfung zukunftsorientierter Finanzinformationen

#### 2.1.1 Verlautbarungen zur Aufstellung zukunftsorientierter Finanzinformationen

10 Trotz der zunehmenden praktischen Bedeutung zukunftsorientierter Finanzinformationen und vieler offener Fragestellungen fehlt es bisher an expliziten berufsständischen Verlautbarungen über die Aufstellung zukunftsorientierter Finanzinformationen für andere Zwecke als die Aufnahme in handelsrechtliche LB oder die Aufnahme in Wertpapierprospekte. *Pföhler/Riese* haben sich mit den offenen Fragestellungen der **Abgrenzung und** der **Herangehensweise** bei der Er- bzw. Aufstellung zukunftsorientierter Finanzinformationen in ihrem Beitrag „Zukunftsorientierte Finanzinformationen – Systematisierung sowie Erstellung nach internationalen und nationalen Regelungen“ auseinandergesetzt[14]. Im Folgenden werden Fragen der Erstellung nur überblickartig behandelt. Im Hinblick auf weitere Einzelheiten wird auf diesen Beitrag verwiesen.

#### 2.1.2 Verlautbarungen zur betriebswirtschaftlichen Prüfung zukunftsorientierter Finanzinformationen

11 **ISAE 3400** beschäftigt sich mit der Prüfung zukunftsorientierter Finanzinformationen (*prospective financial information*) und der Berichterstattung über die betriebswirtschaftliche Prüfung solcher Informationen, wobei die Prüfung von zukunftsorientierten Finanzinformationen allgemeiner und beschreibender Natur, wie sie in der „*management's discussion and analysis*“ in Geschäftsberichten vorkommen, nicht in seinem Anwendungsbereich liegt[15]. Der Standard definiert zukunftsorientierte Finanzinformationen und grenzt unterschiedliche zukunftsorientierte Finanzinformationen gegeneinander ab. Weiter geht er unter Bezug auf mögliche Prüfungsnachweise auf die erreichbare Prüfungssicherheit ein, zeigt Prüfungshandlungen zur Prüfung zukunftsorientierter Finanzinformationen auf und enthält beispielhafte Auszüge für die Berichterstattung über die betriebswirtschaftliche Prüfung von Prognosen und Projektionen.

12 Die nachfolgende Abb. ordnet die betriebswirtschaftliche Prüfung zukunftsorientierter Finanzinformationen in die **Systematik der internationalen Prüfungsstandards** ein:

14 *Pföhler/Riese*, WPg 2014, S. 1184.
15 Vgl. ISAE 3400.1.

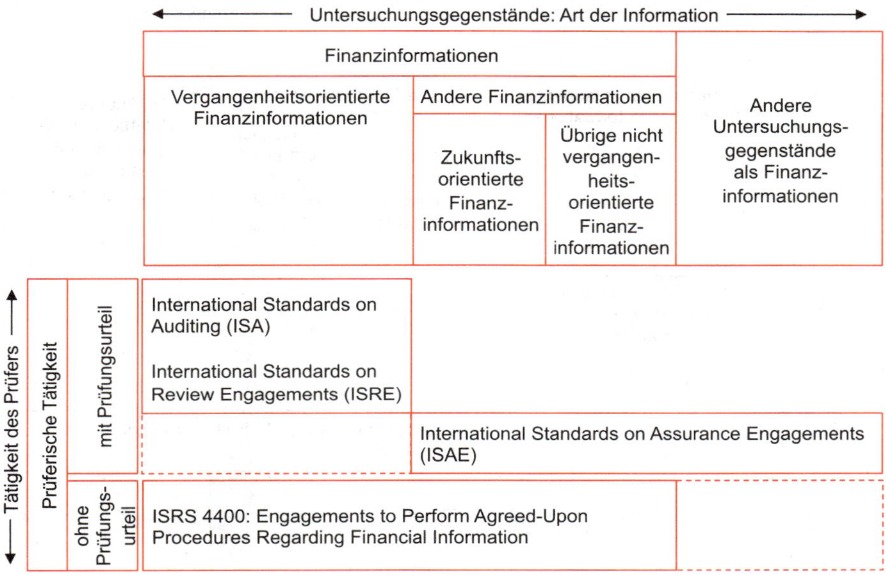


Abb. 1: Einordnung der betriebswirtschaftlichen Prüfung zukunftsorientierter Finanzinformationen in die Systematik der internationalen Prüfungsstandards[16]

Für den Fall der Prüfung einer Gewinnprognose, die nach der ProspektVO erstellt wurde und in einen Wertpapierprospekt aufgenommen wird, ist die Prüfung nach den Anforderungen des ***IDW PH 9.960.3***, in dem die Anforderungen hinsichtlich der Durchführung der Prüfung vor dem Hintergrund der ProspektVO festgelegt worden sind, durchzuführen[17]. Weitere unmittelbar einschlägige nationale Prüfungsstandards für die Prüfung zukunftsorientierter Finanzinformationen stehen nicht zur Verfügung. **13**

Nach den deutschen Prüfungsgrundsätzen sind betriebswirtschaftliche Prüfungen anderer zukunftsorientierter Finanzinformationen als Gewinnprognosen nach der ProspektVO als sonstige betriebswirtschaftliche Prüfungen einzuordnen, die mangels eines expliziten deutschen Prüfungsstandards ein WP nach deutschen berufsüblichen Grundsätzen nach § 2 WPO durchführt. Die nachfolgende Abb. ordnet betriebswirtschaftliche Prüfungen zukunftsorientierter Finanzinformationen in die **Systematik der deutschen Prüfungsgrundsätzen** ein: **14**

16 Vgl. zur systematischen Einordnung *Pföhler/Kamping*, WPg 2010, S. 585; WP Handbuch 2014 Bd. II, Kap. K, Tz. 6; übernommen von *IDW Positionspapier: Vorformulierte Bescheinigungen*, FN-IDW 2015, S. 79 (81).

17 *IDW PH 9.960.3* stellt lediglich auf die Prüfung von Gewinnprognosen und -schätzungen ab, die auf freiwilliger Basis in Wertpapierprospekte nach den Anforderungen des WpPG und der ProspektVO aufgenommen werden (vgl. *IDW PH 9.960.3*, Tz. 1).

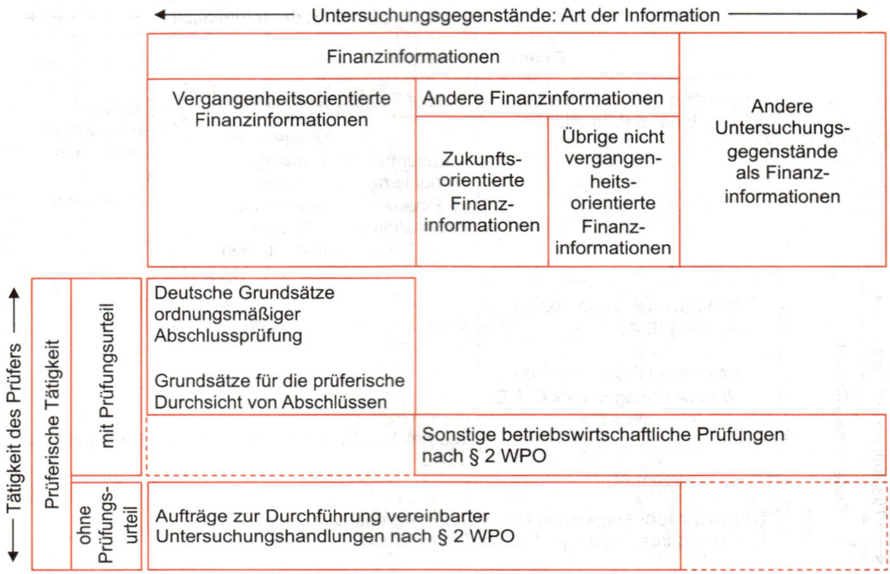


Abb. 2: Einordnung der betriebswirtschaftlichen Prüfung[18] zukunftsorientierter Finanzinformationen in die Systematik der deutschen Prüfungsgrundsätze

## 2.2 Definition und Begrifflichkeiten zukunftsorientierter Finanzinformationen

### 2.2.1 Zukunftsorientierte Finanzinformationen

15 In ISAE 3400 sind zukunftsorientierte Finanzinformationen definiert. Hiernach sind zukunftsorientierte Finanzinformationen solche, die einen **Zeitraum** abbilden, **der in der Zukunft liegt**. Sie können gleichwohl einen Zeitraum erfassen, der bereits teilweise abgelaufen ist[19]. Zukunftsorientierte Finanzinformationen basieren dementsprechend auf Annahmen über Ereignisse, die künftig stattfinden können, und möglichen Handlungen des Managements. ISAE 3400 nimmt weiter eine Unterscheidung der zukunfts-

18 Soweit ersichtlich wird der Begriff der sonstigen betriebswirtschaftlichen Prüfung in der deutschsprachigen Literatur durch das WP Handbuch eingeführt (vgl. WP Handbuch 2014 Bd. II Kap. K, Tz. 4). Hiernach wird der Begriff „assurance engagement" als „betriebswirtschaftliche(r) Prüfung(-sauftrag)" übersetzt. Dabei wird klargestellt, dass der Begriff „Prüfung" in diesem Kontext nichts über den Grad der Prüfungssicherheit (*reasonable assurance*) aussagt, so dass eine betriebswirtschaftliche Prüfung sowohl mit einer hinreichenden Sicherheit als auch mit einer begrenzten Sicherheit (*limited assurance*) durchgeführt werden kann. ISAE 3400 ist im Original in englischer Sprache verfasst. Hier wird der Begriff „examination" i.S.v. „assurance engagement" verwandt, um die hier einschlägige betriebswirtschaftliche Prüfung (*examination*) von einer Prüfung vergangenheitsorientierter Finanzinformationen (*audit*) abzugrenzen.

19 Vgl. *Pföhler/Riese*, WPg 2014, S. 1184 (1188); *IDW RH HFA 2.003*, Tz. 3 sowie ferner ISAE 3000.24 (Rev.), der zwar keine entsprechende Definition enthält, aber unterstellt, dass bei zukunftsorientierten Finanzinformationen ein Teil des Zeitraums bereits abgelaufen sein kann.

orientierten Finanzinformationen anhand der zu treffenden Annahmen in Prognosen (*forecasts*) und Projektionen (*projections*) vor[20].

### 2.2.2 Prognosen auf Basis bestmöglicher Schätzung der Annahmen

ISAE 3400.4 definiert Prognosen als zukunftsorientierte Finanzinformationen, die auf der Grundlage von Annahmen aufgestellt werden über vom Management erwartete künftige Ereignisse und beabsichtigte Handlungen **zum Zeitpunkt der Prognoseaufstellung**. Diese Annahmen werden als bestmögliche Schätzung der Annahmen (*best-estimate assumptions*) bezeichnet. ISAE 3400.2 (a) fordert dabei, dass bestmögliche Schätzungen der Annahmen, auf denen die Prognosen basieren, nicht unbegründet (*not unreasonable*) sind. Dies hat u.a. zur Folge, dass der einer Prognose zugrunde liegende Zeitraum nicht über den Zeitpunkt hinausreichen darf, bis zu dem die Annahmen der Unternehmensleitung eine vertretbare Basis haben[21]. 16

*IDW RH HFA 2.003* **definiert** in Übereinstimmung mit den Anforderungen der ProspektVO eine **Gewinnprognose** als eine „[…] Darstellung, in der eine Zahl oder eine Bandbreite für die wahrscheinliche Höhe des Gewinns in der laufenden Periode oder in Folgeperioden genannt wird oder die Angaben enthält, aufgrund derer die eindeutige Berechnung einer solchen Zahl oder Bandbreite möglich ist“[22]. 17

### 2.2.3 Projektionen auf Basis hypothetischer Annahmen

Basis einer Projektion bilden hingegen hypothetische Annahmen (*hypothetical assumptions*), d.h. 18

- Annahmen über künftige Ereignisse, deren Eintritt zwar denkbar ist, das Management aber den Eintritt nicht notwendigerweise erwartet oder
- auf Annahmen über Handlungen des Managements, die das Management nicht unbedingt beabsichtigt durchzuführen (sog. „wenn dann“ („*as if*“)-Scenario)[23].

Bei der Festlegung der hypothetischen Annahmen ist darauf zu achten, dass die getroffenen hypothetischen Annahmen zumindest nicht eindeutig unrealistisch (*clearly unrealistic*) sind[24] und mit dem Zweck der Projektion in Einklang stehen (*consistent with the purpose of the information*)[25]. Die **Zweckbestimmung der Projektion** begrenzt demnach die zu erfassenden Perioden bei der Aufstellung einer Projektion[26]. In der Definition für Projektionen werden Unternehmen in der Start-up-Phase und Unternehmen, bei denen eine beträchtliche Änderung der Art der Geschäftstätigkeit vorliegt, als Beispiele von Fällen für hypothetische Annahmen genannt[27]. In solchen Fällen fehlt der Vergangenheitsbezug, sodass regelmäßig eine Prognose auf Basis bestmöglicher Schätzung der Annahmen nicht gegeben ist. Im Ausnahmefall sind gleichwohl auch Fälle

---

20 Die hier verwandten deutschen Begriffe sind im Wesentlichen der Übersetzung des ISAE 3400 (Veröffentlichung in Vorbereitung) entnommen.

21 Vgl. zur Länge des Zeitraums, der einer Prognose zugrunde gelegt werden kann, ISAE 3400.16 sowie *Pföhler/Riese*, WPg 2014, S. 1184 (1186 f.).

22 *IDW RH HFA 2.003*, Tz. 3.

23 Vgl. ISAE 3400.5.

24 Vgl. ISAE 3400.20.

25 Vgl. ISAE 3400.2 (a) und .20.

26 Vgl. *Pföhler/Riese*, WPg 2014, S. 1184 (1186).

27 Vgl. ISAE 3400.5 (a).

denkbar, in denen hier Prognosen aufgestellt werden können, sofern eine anderweitige Grundlage für die bestmöglichen Annahmen vorliegt[28].

### 2.2.4 Systematisierung von Prognosen und Projektionen

19 Die folgende Abb. systematisiert Prognosen und Projektionen anhand der zugrunde liegenden Annahmen[29].

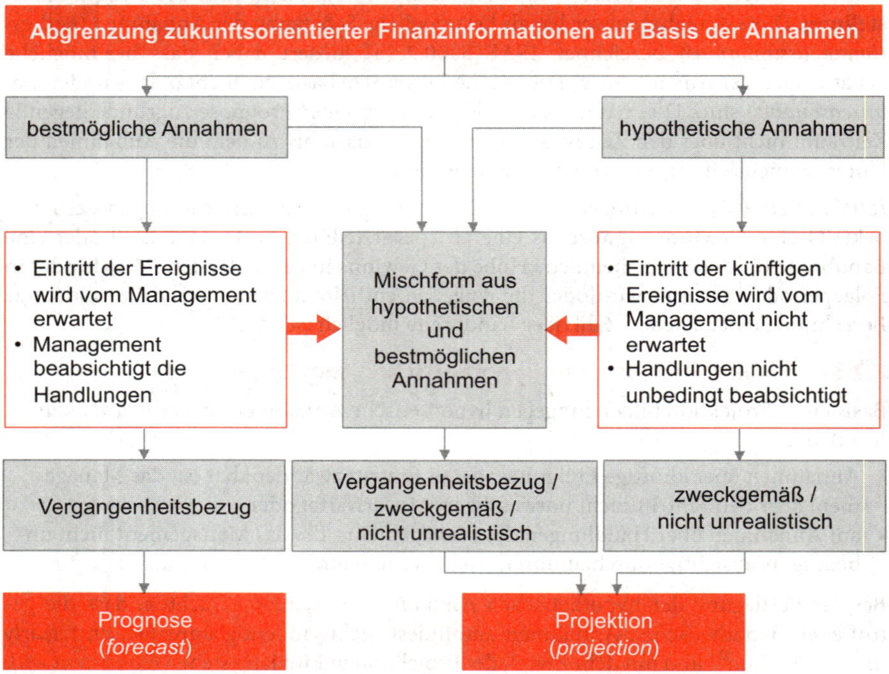


Abb. 3: Abgrenzung zwischen Prognosen und Projektionen anhand der zugrunde liegenden Annahmen

### 2.2.5 Teilweise abgelaufene Zeiträume in Prognosen und Projektionen

20 Prognosen und Projektionen sind zukunftsorientierte Finanzinformationen, die sich auf eine künftige Periode beziehen. Sie können gleichwohl teilweise auch Zeiträume erfassen, die bereits abgelaufen sind[30]. Zu denken ist an den Fall, dass ein Unternehmen im Mai 2016 eine Gewinnprognose für das GJ 2016 abgibt. In einem solchen Fall sind drei **Phasen bei der Erstellung der Prognose** zu unterscheiden[31]:

28 Vgl. *Pföhler/Riese*, WPg 2014, S. 1184 (1186).
29 Entnommen aus *Pföhler/Riese*, WPg 2014, S. 1184 (1189).
30 Vgl. Tz. 15.
31 Die folgende Unterscheidung spiegelt sich nicht so deutlich in ISAE 3400 wider. Es werden im Folgenden die Überlegungen aus *IDW RH HFA 2.003*, Tz. 6 übernommen. Gleichwohl kann jedoch festgehalten werden, dass auch nach ISAE 3400 bereits abgelaufene Zeiträume in Prognosen und Projektionen berücksichtigt werden können, vgl. ISAE 3400.24.

- Zunächst sind die Geschäftsvorfälle zu erfassen, die sich bis zum Zeitpunkt der Erstellung der Prognose ereignet haben und im Rechnungswesen des Unternehmens abgebildet sind.
- Sind die Geschäftsvorfälle noch nicht im Rechnungswesen erfasst, sind entsprechende Annahmen für vergangene Handlungen und Ereignisse zu treffen[32].
- Für den noch nicht abgelaufenen Zeitraum ist schließlich eine Prognose im eigentlichen Sinne vorzunehmen[33].

## 2.3 Anwendungsbereich und Abgrenzung gegenüber anderen Informationen

### 2.3.1 Vergangenheitsorientierte Finanzinformationen

ISA 200 und ISAE 3000 (Rev.) definieren vergangenheitsorientierte Finanzinformationen (*historical financial information*) als "*information expressed in financial terms in relation to a particular entity, derived primarily from that entity's accounting system, about economic events occurring in past time periods or about economic conditions or circumstances at points in time in the past*"[34]. Vergangenheitsorientierte Finanzinformationen beziehen sich im Gegensatz zu Prognosen und Projektionen vollständig auf bereits **abgelaufene Berichtszeiträume** und sind somit **retrospektiv**[35]. 21

### 2.3.2 Pro-Forma-Finanzinformationen

Pro-Forma-Finanzinformationen beruhen ebenso wie Projektionen auf hypothetischen Annahmen. So ist es der **Zweck von Pro-Forma-Finanzinformationen** darzustellen, welche Auswirkungen Unternehmenstransaktionen auf vergangenheitsorientierte Abschlüsse gehabt hätten, wenn das Unternehmen während des gesamten Berichtszeitraums in der durch die Unternehmenstransaktion geschaffenen Struktur bestanden hätte[36]. Entsprechendes gilt für die Pro-Forma-Darstellung der Umsatzerlöse und des Gewinns oder des Verlusts im Falle von Unternehmenszusammenschlüssen im Anhang eines konsolidierten IFRS-Abschlusses[37]. Im Gegensatz zu Projektionen beziehen sie sich Pro-Forma-Finanzinformationen jedoch ausschließlich auf abgelaufene Zeiträume und sind somit retrospektiv[38]. 22

32 Diese Vorgehensweise entspricht der bei der Erstellung einer Gewinnschätzung; vgl. *IDW RH HFA 2.003* Tz. 24 ff.

33 Vgl. *Pföhler/Riese*, WPg 2014, S. 1184 (1188).

34 ISA 200.13 (g); ISAE 3000.12(k) (Rev.). Dementsprechend sind in *IDW PS 480*, Tz. 12c) vergangenheitsorientierte Finanzinformationen definiert als in Begriffen des Rechnungswesens ausgedrückte Informationen über ein bestimmtes Unternehmen, die überwiegend aus der Buchführung des betreffenden Unternehmens abgeleitet werden, über wirtschaftliche Ereignisse in vergangenen Zeiträumen oder über wirtschaftliche Gegebenheiten oder Umstände zu bestimmten Zeitpunkten in der Vergangenheit. Finanzinformationen können Abschlüsse, Finanzaufstellungen oder Bestandteile einer Finanzaufstellung sein.

35 Vgl. zur Systematisierung von Finanzinformationen: *Pföhler* u.a., WPg 2015, S. 224 (228 ff.); Federation of European Accountants, Capital Markets Working Party, Combined and Carve-Out Financial Statements – Analysis of Common Practices, February 2013 (https://www.accountancyeurope.eu/wp-content/uploads/Combined_and_Carve_out_Financial_Statements_Analysis_of_Common_Practices_1302.pdf; Abruf: 14.05.2017), im Folgenden: AE Analysepapier kombinierte Abschlüsse.

36 Vgl. *IDW RH HFA 1.004*, Tz. 2.

37 Vgl. IFRS 3.B64(q).

38 Vgl. zur Systematisierung von Finanzinformationen: *Pföhler* u.a., WPg 2015, S. 224; AE Analysepapier kombinierte Abschlüsse.

### 2.3.3 Zukunftsorientierte nichtfinanzielle Informationen

23 In seiner Einleitung definiert ISAE 3400 zukunftsorientierte Finanzinformationen für die Zwecke der Durchführung einer betriebswirtschaftlichen Prüfung. ISAE 3400 ist auf die Prüfung von Finanzinformationen beschränkt.

### 2.3.4 Würdigung von zukunftsbezogenen Sachverhalten, die den vergangenheitsorientierten Finanzinformationen zugrunde liegen

24 Eine betriebswirtschaftliche Prüfung verlangt für die Durchführung und die Abgabe eines Prüfungsurteils (*conclusion*) ein belastbares Sollobjekt bzw. – in der Begrifflichkeit des International Framework for Assurance Engagements – **Kriterien oder Maßstäbe** (*criteria*), das (die) zur Beurteilung des Untersuchungsgegenstandes[39] (*subject matter*) anzulegen ist (sind)[40]. Hierbei ist es unerheblich, ob der Auftrag zur Erlangung einer hinreichenden Sicherheit (*reasonable assurance*) oder lediglich zur Erlangung einer begrenzten Sicherheit (*limited assurance*) durchgeführt wird. Im Rahmen der Prüfungsdurchführung sind ausreichende und angemessene Prüfungsnachweise[41] einzuholen, auf deren Basis beurteilt werden kann, ob die zu beurteilenden Informationen frei von wesentlichen falschen Darstellungen sind[42].

25 Bereits bei der Prüfung handelsrechtlicher Abschlüsse wird der APr. an verschiedenen Stellen mit **Bewertungsfragen** konfrontiert, die unmittelbar von erwarteten **zukünftigen Ereignissen** abhängen. Dies gilt u.a. für die Beurteilung der Annahme der Fortführung der Unternehmenstätigkeit i.R.d. Abschlussprüfung[43]. Letztendlich handelt es sich hierbei um eine Beurteilung einer Unternehmensprognose für Zwecke einer handelsrechtlichen Abschlussprüfung[44]. Dies gilt auch bei anderen Bewertungsfragen wie bsw. bei der Beurteilung der Verwertbarkeit des Vorratsvermögens zu den bilanzierten Buchwerten, dem niedrigeren beizulegenden Wert von Beteiligungen oder bei Ansatz- und Bewertungsfragen im Bereich der Rückstellungen.

26 Umso mehr gilt dies bei Abschlüssen, die nach IFRS aufgestellt werden. Der **IFRS-Rechnungslegung** liegt in stärkerem Maße ein Fair Value-Konzept zugrunde mit der

---

39 Im Folgenden mit gleicher Bedeutung auch Prüfungsgegenstand.

40 Vgl. International Framework for Assurance Engagements, Rz. 7, 8, 20, 32, in: Handbook of International Quality Control, Auditing, Review, Other Assurance, and Related Services Pronouncements PART II, 2010 (da keine offizielle Übersetzung des Frameworks existiert, werden hierfür eigene Übersetzungen vorgenommen); *IDW (Hrsg.)*, International Standards on Auditing (ISAs), IDW Textausgabe Englisch – Deutsch, ISA 210.6(a), .A2f (von der IFAC und der EU-Kommission genehmigte Übersetzung des IDW in Kooperation mit dem Institut Österreichischer Wirtschaftsprüfer und der Treuhand-Kammer, Schweizerische Kammer der Wirtschaftsprüfer und Steuerexperten (im Folgenden: ISA IDW-Übersetzung).

41 Vgl. ISAE 3000.A147 (Rev.). Hiernach ist die Angemessenheit von Prüfungsnachweisen als Maß für die Qualität, d.h. ihre Relevanz und Verlässlichkeit, die Schlussfolgerungen zu untermauern, auf denen das Prüfungsurteil beruht, definiert.

42 Vgl. ISAE 3000.12. (a), 24a; A37 ff. (Rev.), Appendix sowie International Framework for Assurance Engagements, Rz. 20, 39-55. Neben einem angemessenen Untersuchungsgegenstand, geeigneten Kriterien sowie ausreichenden angemessenen Prüfungsnachweisen verlangt das International Framework for Assurance Engagements als weitere Elemente eines Prüfungsauftrags eine Drei-Parteien-Beziehung bestehend aus Prüfer, der verantwortlichen Partei und dem vorgesehenen Nutzer sowie eine schriftliche Berichterstattung (Rz. 20). Die Drei-Parteien-Beziehung wird in den nachfolgenden Ausführungen nicht weiter thematisiert. Zur Berichterstattung erfolgen am Ende des Kapitels noch Ausführungen.

43 Vgl. zum Gedanken, dass auch bei der Prüfung vergangenheitsorientierter Abschlüsse der Prüfer mit zukunftsorientierten Fragestellungen konfrontiert wird, WP Handbuch 2014 Bd. II, Kap. K, Tz. 42.

44 Vgl. *IDW PS 270*, ISA 570 sowie ISA 570 (Rev.).

Folge eines verstärkten und zunehmenden Zukunftsbezugs. Die Ergebnisse der Prüfung der zukunftsbezogenen Sachverhalte hat der APr. i.R.d. Abschlussprüfung auf der Grundlage der bestehenden gesetzlichen Regelungen und Prüfungsstandards in Form einer Gesamtbeurteilung des Abschlusses als Ganzes im Hinblick auf die Einhaltung der handelsrechtlichen Regelungen bzw. der IFRS vorzunehmen, da eine Abschlussprüfung konzeptionell nicht dafür vorgesehen ist, zu den einzelnen annahmenbasierten Ansatz- und Bewertungsfragen ein Prüfungsurteil abzugeben. Dementsprechend hat der APr. ein Prüfungsurteil darüber abzugeben, ob der Abschluss nach den handelsrechtlichen Regelungen bzw. den IFRS aufgestellt ist[45].

Im Ergebnis ist der APr. zwar **mit** einer Vielzahl von **zukunftsbezogenen Fragestellungen konfrontiert**, da Prognosen zur Beurteilung vergangenheitsorientierter Finanzinformationen erforderlich sind. Gleichwohl handelt es sich bei vergangenheitsorientierten Finanzinformationen nicht um Prognosen i.S.d. Kapitels, da sich Ansatz und Bewertung vergangenheitsorientierter Finanzinformationen auf einen Stichtag bzw. Zeitraum in der Vergangenheit beziehen, während Prognosen sich auf Stichtage bzw. Zeiträume in der Zukunft beziehen. Letztendlich geht es bei einer Prüfung eines vergangenheitsorientierten Abschlusses um die Beurteilung, ob im Rahmen einer Gesamtbeurteilung des Abschlusses Abschlussangaben nach den einschlägigen Bilanzierungs- und Bewertungsgrundsätzen ermittelt wurden. 27

### 2.3.5 Abschlussprüfung, insbesondere Prüfung der prognostischen Angaben im Lagebericht

#### 2.3.5.1 Prognosebericht im Lagebericht

§ 289 Abs. 1 S. 4 und § 315 Abs. 1 S. 5 HGB fordern als Pflichtbestandteil des LB bzw. des KLB, dass die Geschäftsführung die **voraussichtliche Entwicklung** des Unternehmens bzw. Konzerns beurteilt und erläutert (sog. Prognosebericht im LB). Zugrunde liegende Annahmen sind anzugeben. 28

Im Prognosebericht des KLB hat die Geschäftsführung die voraussichtliche Entwicklung der einzelnen VFE-Lagen sowie der wesentlichen **Eckdaten** zu erläutern, bspw. Beschäftigung, Investitionen und ihre Finanzierung, Belegschaft, Umsatz, Kosten, Erträge, Geschäftsergebnis, soweit es sich hier um bedeutsame Leistungsindikatoren handelt[46]. Die Berichterstattung hat über eine reine Darstellung der voraussichtlichen Entwicklung hinauszugehen und **Erklärungen sowie Verdeutlichungen** der Zusammenhänge, Sachverhalte und Umstände zu erfassen. Ferner ist die voraussichtliche Entwicklung aus der Sicht der Geschäftsführung zu beurteilen und zu kommentieren, mithin ein Urteil über die voraussichtliche Entwicklung mit ihren Komponenten abzugeben[47]. 29

In dem Prognosebericht hat die Geschäftsführung zu den bedeutsamsten finanziellen und nichtfinanziellen Leistungsindikatoren, die zur internen Steuerung des Konzerns herangezogen werden, Prognosen abzugeben[48]. **Zulässige Prognosearten** sind hierbei 30

---

45 Dies gilt zumindest bei Vorliegen der Voraussetzungen für eine positive Gesamtbeurteilung. Vgl. § 322 Abs. 3 S. 1 HGB; ISA 700.35 f.; *IDW PS 400*, Tz. 42 (*IDW PS 400* wird neugefasst. Der *IDW PS 400 n.F.* sowie die neuen *IDW PS 401*, *IDW PS 405* und *IDW PS 406* liegen derzeit als Entwürfe vor).

46 Vgl. *Grottel*, in: BeBiKo[10], § 315, Rn. 122.

47 Vgl. *Grottel*, in: BeBiKo[10], § 315, Rn. 126.

48 Vgl. DRS 20.26, .102, .105 f. sowie .126.

zunächst einmal Punktprognosen (Angabe eines Zahlenwerts) oder Intervallprognosen (Bandbreiten). Ebenso zulässig sind aber auch Trendaussagen, die einen positiven oder negativen Trend erkennen lassen (steigen oder fallen) und zudem Angaben zur Intensität des Trends enthalten (z.B. stark, erheblich, geringfügig, leicht). Nicht zulässige Prognosearten sind hingegen qualitative und komparative Prognosen[49]. Mittels Diagramm lassen sich die Prognosen in Bezug auf ihre Zulässigkeit wie folgt systematisieren:

| Prognosearten nach DRS 20 | | | |
|---|---|---|---|
| Punktprognose | Intervallprognose | Trendaussage einschließlich Stärke des Trends | qualitative und komperative Trendaussagen |
| nach DRS 20 zulässige Prognosen | | | nach DRS 20 unzulässige Prognosen |

Abb. 4: Zulässige Prognosearten in einem KLB

31 Im **Prognosebericht** sind alle wesentlichen Annahmen, auf denen die Prognosen und Trendaussagen beruhen, anzugeben. Nach den Anforderungen des DRS 20 müssen die Annahmen im Einklang mit den Prämissen stehen, die dem KA zugrunde liegen[50]. Als Beispiel ist im DRS 20 genannt, dass die Annahmen zur künftigen Entwicklung der Umsätze bei der Ergebnisprognose mit der Planungsrechnung für den Werthaltigkeitstest des Geschäfts- und Firmenwertes in Einklang stehen müssen[51].

32 Ein Vergleich zwischen den Anforderungen an einen Prognosebericht in einem LB mit den Anforderungen an zukunftsorientierte Finanzinformationen ergibt Folgendes:

- Der Prognosebericht im LB ist eine **zusammenhängende Berichterstattung** über die voraussichtliche Entwicklung mit Erläuterungen und Beurteilungen durch die Unternehmensleitung. Hierbei können Angaben von Prognosen über Finanzinformationen i.S.d. ISAE 3400 oder auch Gewinnprognosen nach *IDW RH HFA 2.003* in Betracht kommen, sofern es sich bei diesen Finanzinformationen um bedeutsame Leistungsindikatoren handelt und die Geschäftsführung erwartet, dass die zugrunde liegenden Annahmen eintreten bzw. der **Eintritt des Gewinns** wahrscheinlich ist.
- **Projektionen** und **Trendaussagen** kommen als Angaben in einem Prognosebericht im LB zur Darstellung der voraussichtlichen Entwicklung in Betracht, sind aber **keine Prognosen** nach ISAE 3400 oder *IDW RH HFA 2.003* .

### 2.3.5.2 Prüfung des Prognoseberichts im Lagebericht

33 Der APr. hat die Prüfung des LB bzw. des KLB nicht als gesonderte Lageberichtsprüfung, sondern als **integralen Bestandteil der Abschlussprüfung** durchzuführen. So hat der APr. zu prüfen, ob der LB mit dem Abschluss sowie den bei der Prüfung gewonnenen Erkenntnissen in Einklang steht und insgesamt ein zutreffendes Bild von der Lage des Unternehmens bzw. des Konzerns vermittelt. Die Prüfung des LB hat sich auch darauf zu

49 Vgl. DRS 20.128 ff.
50 Vgl. DRS 20.120.
51 Vgl. DRS 20.121.

erstrecken, ob die gesetzlichen Vorschriften zur Aufstellung des LB beachtet worden sind[52].

Weder die Prognosen und Trendaussagen zu den bedeutsamsten finanziellen und nichtfinanziellen Leistungsindikatoren noch der Prognosebericht im LB sind eigenständige Prüfungsgegenstände. Der APr. gibt vielmehr auf der Grundlage der nach Maßgabe des § 317 Abs. 2 HGB durchgeführten Prüfung ein Urteil darüber ab, ob die Darstellung der Lage insgesamt ein **zutreffendes Bild von der Lage** des Unternehmens bzw. des Konzerns vermittelt[53]. Mit anderen Worten: Der APr. hat i.S.d. nach § 317 HGB gebotenen Prüfung zu würdigen, ob die prognostischen Angaben im LB sowohl mit dem im Abschluss vermittelten Bild der Vermögens-, Finanz- und Ertragslage als auch mit seinen bei der Prüfung des Abschlusses gewonnenen Erkenntnissen übereinstimmen und nicht von diesen in einem Ausmaß abweichen, dass dies zu einer wesentlich falschen Darstellung der Lage(n) führt. 34

Ein zusätzlicher Gedanke ergibt sich aus *IDW EPS 350 n.F.* Demnach wird zusätzlich eine aussagebezogene Beurteilung des Risikos für wesentliche falsche Angaben verlangt[54]. Diese **Risikobeurteilung** hat sich zumindest auf den Prognosebericht insgesamt zu beziehen (da dieser eine Informationskategorie darstellt)[55]. Sofern der Prognosebericht wesentliche Einzelangaben enthält (was zumindest für jede prognostizierte Angabe zu jedem bedeutsamen finanziellen und nichtfinanziellen Leistungsindikator zu unterstellen ist), ist für diese Angaben jeweils eine gesonderte **Risikobeurteilung auf Aussageebene** durchzuführen. Dem risikoorientierten Prüfungsansatz folgend hat der APr. dann für jedes auf Aussageebene identifizierte Risiko einer wesentlichen falschen Angabe ausreichende und angemessene aussagebezogene Prüfungshandlungen ggf. in Kombination mit Kontrollprüfungshandlungen durchzuführen – es sei denn, er hat bereits i.R.d. Prüfung des Abschlusses Prüfungsnachweise erlangt, die ausreichend und angemessen sind, um wesentliche Fehler in den prognostischen Angaben des LB mit hinreichender Sicherheit ausschließen zu können[56]. 35

## 2.4 Aspekte der betriebswirtschaftlichen Prüfung zukunftsorientierter Finanzinformationen

### 2.4.1 Aufspaltung in prüfbare Aspekte

Bei einer betriebswirtschaftlichen Prüfung zukunftsorientierter Finanzinformationen stellt sich die Problematik der **Messbarkeit**[57] des Untersuchungsgegenstandes umso mehr, da hier die zukunftsorientierten Finanzinformationen der ausschließliche Untersuchungsgegenstand sind. ISAE 3400 ist unter der Überschrift „Prüfungssicherheit des 36

52 Entsprechendes gilt für den KLB in Bezug auf den KA bzw. dessen Prüfung. Nach § 317 Abs. 2 S. 3 HGB hat sich die Prüfung des LB auch darauf zu erstrecken, ob die gesetzlichen Vorschriften zur Erstellung des LB beachtet worden sind. Diese Regelung, die im Zuge der Umsetzung des Art. 34 der Richtlinie 2013//34/EU Einzug in § 317 HGB fand, dient lediglich der Klarstellung und ergab sich auch bereits vor Umsetzung der Richtlinie (Vgl. *Schmidt/Almeling*, in: BeBiKo[10], § 317, Rn. 69, so auch RegE BilRUG Begr. zu Nr. 42.)

53 § 322 Abs. 6 HGB.

54 *IDW EPS 350 n.F.*, Tz. 38.

55 *IDW EPS 350 n.F.*, Tz. A10.

56 *IDW EPS 350 n.F.*, Tz. 86 ff.

57 Messbar soll hier nicht nur quantitativ verstanden werden, sondern im Sinne eines Benchmarkings anhand von Kriterien nach ISAE 3000.12(c), A10 (Rev.).

Wirtschaftsprüfers bei der Prüfung zukunftsorientierter Finanzinformationen (*The Auditor's Assurance Regarding Prospektive Financial Information*)" zu entnehmen, dass selbst wenn es Nachweise für die den zukunftsorientierten Finanzinformationen zugrunde liegenden Annahmen gibt, diese meist selbst auf die Zukunft gerichtet und daher im Gegensatz zu den bei der Prüfung vergangenheitsorientierter Abschlüsse verfügbaren Nachweisen ihrem Wesen nach **spekulativ** sind. Im Standard wird hieraus zutreffender Weise die Schlussfolgerung gezogen, dass der Prüfer zukunftsorientierter Finanzinformationen nicht in der Lage ist, ein Urteil darüber abzugeben, ob die in den zukunftsorientierten Finanzinformationen enthaltenen Ergebnisse erreicht werden[58].

37 Ferner ist bei einem Vergleich mit der Prüfung vergangenheitsorientierter Abschlüsse zu berücksichtigen, dass umfassende Regelwerke für die Aufstellung und die Präsentation von handelsrechtlichen und IFRS-Abschlüssen existieren, die unmittelbar für die Aufstellung und Prüfung der Abschlüsse anzuwenden sind. Im Gegensatz hierzu gibt es für die Aufstellung zukunftsorientierter Finanzinformationen in **Deutschland** lediglich **Anforderungen in Bezug auf die Annahmen**, die den zukunftsorientierten Finanzinformationen zugrunde zu legen sind[59], sowie Anforderungen **an den Prozess der Erstellung** der zukunftsorientierten Finanzinformationen auf der Basis der zugrunde gelegten Annahmen[60], wobei hierfür die Regelungen für die Aufstellung vergangenheitsorientierter Abschlüsse mittelbar angewandt werden[61].

38 Für die betriebswirtschaftliche Prüfung zukunftsorientierter Finanzinformationen nach ISAE 3400 bedeutet dies, dass im Gegensatz zu einer Abschlussprüfung kein Prüfungsurteil zu zukunftsorientierten Finanzinformationen an sich abgegeben wird. Nach ISAE 3400 ist vielmehr der Ansatz vorgegeben, dass **zu einzelnen Aspekten** der zukunftsorientierten Finanzinformationen ein Prüfungsurteil (*conclusion*) gegeben wird[62]. Bei Prüfungen von Prognosen und Projektionen nach den internationalen Prüfungsstandards ist dies v.a. der Aspekt der Nachvollziehbarkeit der zugrunde gelegten best-

58 ISAE 3400.8.

59 Vgl. *Pföhler/Riese*, WPg 2014, S. 1184 (1186 ff.).

60 Vgl. *Pföhler/Riese*, WPg 2014, S. 1184 (1191 ff.); Vorschriften zur Aufstellung zukunftsorientierter Abschlüsse existieren vereinzelt in anderen Ländern. Dies gilt bspw. für die USA (vgl. AICPA Audit und Accounting Guide für Prospective Financial Information). Diese sind allerdings nicht Gegenstand dieses Kapitels.

61 Vgl. ISAE 3400.2(d). Hiernach soll der Prüfer ausreichende und angemessene Nachweise darüber erlangen, dass die zukunftsorientierten Finanzinformationen in Einklang mit den Aufstellungsgrundsätzen, nach denen die vergangenheitsorientierten Abschlüsse aufgestellt wurden, aufgestellt sind; vgl. ferner hinsichtlich des Sollobjekts bei der Prüfung einer Prognose, die in einen Wertpapierprospekt nach ProspektVO aufgenommen wird, *IDW RH HFA 2.003*, Tz. 12.

62 Vgl. hierzu International Framework for Assurance Engagements, Rz. 18 (a) (i) sowie ISAE 3000.A2 (Rev.). Hiernach können die Informationen des Untersuchungsgegenstandes in Aspekte aufgeteilt werden und separate Schlussfolgerungen (*conclusions*) bezogen auf die einzelnen Aspekte gezogen werden.

möglichen Annahmen[63], sowie der Aspekt der ordnungsgemäßen Aufstellung der Prognose auf der Basis der zugrunde gelegten Annahmen[64].

Die nachfolgende Abb. spiegelt diesen Gedanken wider: 39

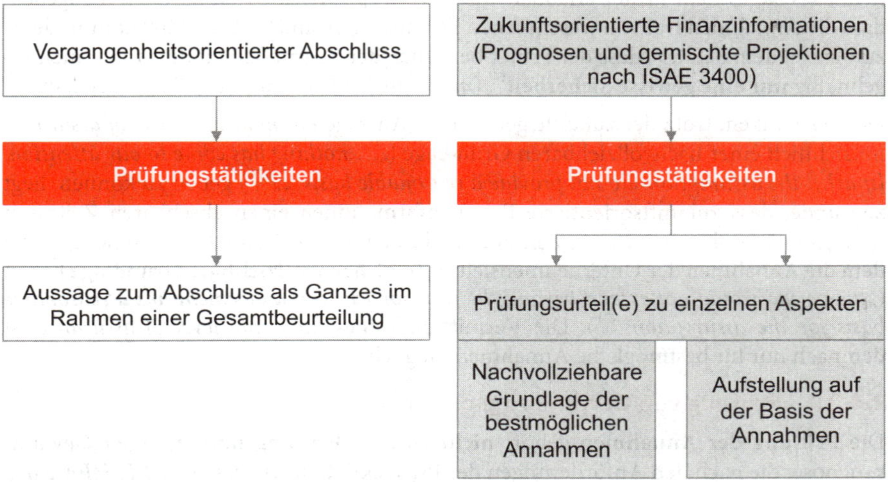


Abb. 5: Gesamtaussage zu einem vergangenheitsorientierten Abschluss versus Prüfungsurteil(e) zu einzelnen Aspekten zukunftsorientierter Finanzinformationen (Prognosen und Projektionen) nach ISAE 3400

### 2.4.2 Prüfung der zugrunde liegende Annahmen

#### 2.4.2.1 Prüfung von Prognosen nach internationalen Prüfungsgrundsätzen

Prognosen basieren ausschließlich auf bestmöglichen Schätzungen der Annahmen über 40
Ereignisse, die noch nicht eingetreten sind, deren Eintritt vom Management aber erwartet wird, und Handlungen, die noch nicht vollzogen sind, aber vom Management beabsichtigt sind, wobei die Annahmen **nicht unbegründet** sein dürfen[65].

---

63 Bei der betriebswirtschaftlichen Prüfung einer Prognose nach ISAE 3400 ist im Bericht des Prüfers eine Aussage vorgesehen, dass keine Gründe vorliegen, dass die Annahmen keine nachvollziehbare Grundlage für die Prognose darstellen *(… which causes us to believe that these assumptions do not provide a reasonable basis for the forecast)* (ISAE 3400.28.). Entsprechendes gilt bei einer sog. gemischten Projektion, die sowohl auf bestmöglichen Annahmen als auch auf hypothetischen Annahmen beruht. Hier ist ebenso vorgesehen, dass der Prüfer ein in negativer Form ausgedrücktes Urteil zu den bestmöglichen Annahmen abgibt (ISAE 3400.29; *Pföhler/Riese*, WPg 2014, S. 1184 (1187 f.)). Bei einer Prüfung einer Prognose nach *IDW PH 9.960.3* erstreckt sich die Prüfung auf die Ordnungsmäßigkeit des Erstellungsprozesses auf der Basis der zugrunde gelegten Annahmen (*IDW PH 9.960.3*, Tz. 13).

64 Bei der betriebswirtschaftlichen Prüfung einer Prognose oder einer Projektion nach ISAE 3400 ist eine Urteil mit positiver Formulierung zu der ordnungsgemäßen Aufstellung vorgesehen (…, *in our opinion the forecast [the projection] is properly prepared on the basis of the assumptions…*) (ISAE 3400.28 und .29.). Bei einer Prüfung einer Prognose nach *IDW PH 9.960.3* erstreckt sich die Prüfung auf die Ordnungsmäßigkeit des Erstellungsprozesses auf der Basis der zugrunde gelegten Annahmen (*IDW PH 9.960.3* Tz. 13).

65 Vgl. Tz. 15 ff.

41 Weiterhin ist in ISAE 3400 dargelegt, dass die Nachweise, die bei der Einschätzung der den zukunftsorientierten Finanzinformationen zugrunde liegenden Annahmen verfügbar sind, ihrer Art nach den Prüfer nur schwer in einem Maße zufriedenstellen können, dass sie es dem Prüfer erlauben würden, ein positives Urteil darüber abzugeben, dass die Annahmen frei von wesentlichen Fehlaussagen sind[66]. ISAE 3400 kommt demzufolge zu dem Schluss, dass der Prüfer bezüglich der Begründetheit der Annahmen regelmäßig **nur eine gewisse Sicherheit**[67] (*moderate level of assurance*) [68] abgeben kann[69].

42 Dem Gedanken, trotz der zukunftsgerichteten Aussage ein *moderate level of assurance* hinsichtlich einer nachvollziehbaren Grundlage („*... nothing has come to our attention, [that]... the assumptions do not provide a reasonable basis ...*“[70]) geben zu können, liegt zugrunde, dass zukunftsorientierte Finanzinformationen einen absehbaren Zeitraum umfassen, dass also der erfasste Zeitraum nicht über den Zeitpunkt hinausreicht, bis zu dem die Annahmen der Unternehmensleitung eine **nachvollziehbare Grundlage** haben („*the period would not extend beyond the time for which management has a reasonable basis for the assumptions*“[71]). Die Vermittlung eines *moderate level of assurance* ist demnach nur für bestmögliche Annahmen möglich.

### 2.4.2.2 Prüfung von Gewinnprognosen nach IDW PH 9.960.3

43 Die **Prüfung der Annahmen** gehört **nicht** zu dem **Prüfungsumfang** einer Gewinnprognose, die nach den Anforderungen der ProspektVO sowie des *IDW RH HFA 2.003* erstellt ist und nach den Anforderungen der ProspektVO und nach *IDW PH 9.960.3* einer Prüfung unterzogen wird[72].

---

66 Vgl. ISAE 3400.8.

67 Vgl. ISAE 3400.9. Dabei schließt der Standard nicht aus, dass eine positive Zusicherung bezüglich der Annahmen erfolgen kann, sofern der Prüfer (im Ausnahmefall) beurteilt, ein angemessenes Niveau an Prüfungsnachweisen erhalten zu haben.

68 Der Begriff „moderate assurance“ wird im aktuellen Framework (2010) nicht mehr verwendet. Die Definition „moderate assurance“ und deren Übersetzung findet sich in: *WPK* (in Zusammenarbeit mit dem Institut Österreichischer Wirtschaftsprüfer) *(Hrsg.)*, International Standards on Auditing (ISAs) – Internationale Prüfungsgrundsätze, Autorisierte Übersetzung der Verlautbarungen der IFAC, Stand: Juni 2002, Stuttgart 2003, ISA 120.4, .8. In der Terminologie des ISAE 3000 (Rev.), der für betriebswirtschaftliche Prüfungen einschlägig ist, wird mittlerweile der Begriff der begrenzten Sicherheit (*limited assurance*) verwendet (ISAE 3000.2 (Rev.)). Obwohl ISAE 3400 ein negativ ausgedrücktes Urteil für die Annahmen erfordert, bedeutet dies nach ISAE 3000 (Rev.) nicht, dass es sich um begrenzte Sicherheit handelt. Laut ISAE 3000 (Rev.) kann begrenzte Sicherheit nur vorliegen, wenn weniger Prüfungsnachweise bzw. weniger aussagekräftige Prüfungsnachweise erlangt wurden, als für eine hinreichende Sicherheit notwendig gewesen wären. Es handelt sich bei der Prüfung der Annahmen stattdessen um inhärente Grenzen der Messung bzw. Beurteilung von zukunftsorientierter Informationen (die zugleich inhärente Grenzen der Prüfung sind) – nicht um begrenzte Sicherheit. Dies ist vom Konzept der gewissen Sicherheit zu unterscheiden.

69 ISAE 3400 unterscheidet sich in diesem Punkt konzeptionell von ISAE 3000 (Rev.). Nach ISAE 3000.A41 (Rev.) ist ein Untersuchungsgegenstand (*subject matter*) nur dann geeignet (*appropriate*), wenn der Untersuchungsgegenstand nicht beeinflusst wird durch den Grad der Prüfungssicherheit (*level of assurance*). Dies bedeutet, dass nach ISAE 3000 (Rev.) ein Untersuchungsgegenstand nicht geeignet ist, falls man nur eine begrenzte Sicherheit und nicht eine hinreichende Sicherheit erreichen kann. ISAE 3400 ist eine Spezialvorschrift, die die betriebswirtschaftliche Prüfung von Prognosen und Projektionen regelt und nach wie vor in Kraft ist. ISAE 3000.A41 (Rev.) ist insofern nicht einschlägig.

70 Vgl. ISAE 3400.28 f.

71 Vgl. ISAE 3400.16.

72 Vgl. *IDW PH 9.960.3*, Tz. 7.

Nach den einschlägigen Regelungen der ProspektVO sind die der Gewinnprognose zugrunde liegenden Annahmen in die **Erläuterungen zur Gewinnprognose**[73] und in den Wertpapierprospekt aufzunehmen[74]. Die Annahmen sind somit dem Leser des Wertpapierprospekts zugänglich. Ein potenzieller Investor hat demgemäß die Annahmen auf dieser Basis **eigenständig einzuschätzen**, ohne dass eine Beurteilung eines unabhängigen Prüfers vorliegt. 44

#### 2.4.2.3 Prüfung von Projektionen nach internationalen Prüfungsgrundsätzen

Projektionen beruhen entweder ausschließlich auf hypothetischen Annahmen oder sowohl auf hypothetischen Annahmen als auch bestmöglichen Annahmen[75]. **Hypothetische Annahmen**, die zukunftsorientierte Finanzinformationen als Projektion qualifizieren, entziehen sich aufgrund ihres Charakters weitgehend einer Prüfung auf der Grundlage von Prüfungsnachweisen. ISAE 3400 reflektiert diese Überlegung, indem er die hypothetischen Annahmen **als vorausgesetzt** (*assumed*) in das Prüfungsergebnis aufnimmt und keine Urteile zu den hypothetischen Annahmen vorsieht[76]. In das Ergebnis zur Prüfung einer Projektion wird daher aufgenommen, unter welchen vorausgesetzten hypothetischen Annahmen die zukunftsorientierte Finanzinformation ordnungsgemäß abgeleitet wurde („*... assuming that (state or refer to hypothetical assumptions)*“[77]). Sofern eine Projektion darüber hinaus auch auf bestmöglichen Annahmen basiert, sind die bestmöglichen Annahmen entsprechend den für die Prüfung von Prognosen nach internationalen Grundsätzen dargestellten Ausführungen (Tz. 40 ff.) zu behandeln. 45

### 2.4.3 Ordnungsmäßigkeit der Aufstellung oder des Erstellungsprozesses

#### 2.4.3.1 Anforderungen nach ISAE 3400 und IDW PH 9.960.3

ISAE 3400.27 h) fordert als Bestandteil des Berichts des Prüfers „*...an opinion as to whether the prospective financial information is properly prepared on the basis of the assumptions [...] in accordance with the relevant financial reporting framework*“. **ISAE 3400** fordert demgemäß ein Prüfungsurteil darüber, ob die zukunftsorientierten 46

73 Vgl. *IDW RH HFA 2.003* , Tz. 17.

74 Vgl. ProspektVO, Anhang I, Rz. 13.1. im Falle von Aktienemissionen.

75 Vgl. *Pföhler/Riese*, WPg 2014, S. 1184 (1186 ff.).

76 Aus prüferischer Sicht fordert ISAE 3400, dass die getroffenen hypothetischen Annahmen mit dem Zweck der Projektion in Einklang stehen und dass es keinen Grund zu der Annahme gibt, dass die getroffenen Annahmen eindeutig unrealistisch sind. Hierbei handelt es sich nicht um Kriterien, die der Prüfung als Maßstab zu Grunde zu legen sind, sondern es geht darum, dass dem Prüfer im Rahmen seiner Prüfung keine Tatsachen gewahr wurden. Falls die hypothetischen Annahmen eindeutig unrealistisch sind, darf der Prüfer den Prüfungsauftrag nicht annehmen bzw. muss von ihm zurücktreten. (ISAE 3400.11; *Pföhler/Riese*, WPg 2014, S. 1184 (1186), insb. Fußnote 16).

77 ISAE 3400.29.

Finanzinformationen[78] auf der Basis der Annahmen **in Übereinstimmung mit dem relevanten Regelwerk** der Rechnungslegung[79] aufgestellt sind[80].

**47** *IDW PH 9.960.3* fordert im Prüfungsurteil der Prüfungsbescheinigung zu einer Gewinnprognose hingegen ein Prüfungsurteil zur **Ordnungsmäßigkeit des Prozesses** der Erstellung der Prognose. In der Bescheinigung ist der folgende Wortlaut vorgesehen:

„...Nach meiner/unserer Beurteilung aufgrund der bei der Prüfung gewonnenen Erkenntnisse ist die Gewinnprognose auf den in den Erläuterungen zur Gewinnprognose dargestellten Grundlagen ordnungsgemäß erstellt. Die bei der Erstellung der Gewinnprognose angewandten Grundsätze stehen mit den Rechnungslegungsgrundsätzen sowie den Ausweis-, Bilanzierungs- und Bewertungsmethoden des Emittenten im Einklang“[81].

**48** Die Prüfung des Aspekts der Aufstellung einer Prognose oder einer Projektion auf der Basis der zugrunde gelegten Annahmen nach ISAE 3400 und die Prüfung des Erstellungsprozesses einer Prognose nach *IDW PH 9.960.3* sind konzeptionell insofern vergleichbar, als dass **beide Ansätze nicht die Prüfung der Annahmen** erfassen. So ist zwar bei der Prüfung einer Prognose nach ISAE 3400 die Prüfung des Aspekts der Begründetheit der bestmöglichen Annahmen vorgesehen. Gleichwohl sind auch hier die Annahmen nicht in der Prüfung des Aspekts der Aufstellung auf der Basis der Annahmen berücksichtigt.

**49** **Konzeptionell unterscheiden** sich aber ISAE 3400 und *IDW PH 9.960.3* in dem folgenden Punkt: Nach ISAE 3400 ist der Aspekt der Aufstellung zu prüfen, während nach *IDW PH 9.960.3* der **Erstellungsprozess** durch die Prüfung erfasst wird[82].

**50** Bei der Bezugnahme auf das zugrunde liegende Rechenwerk sind ISAE 3400 und *IDW PH 9.960.3* **wiederum vergleichbar**.

ISAE 3400 nimmt bei der Prüfung des Aspekts der Aufstellung Bezug auf ein Regelwerk der Rechnungslegung für vergangenheitsorientierte Finanzinformationen, wie z.B. die handelsrechtlichen Grundsätze oder die IFRS. Nach ISAE 3400.2(d) ist zu prüfen, ob die Prognose oder die Projektion im Einklang mit vergangenheitsorientierten Finanzinformationen der Berichtseinheit aufgestellt ist („... *is prepared on a consistent basis with historical financial statements*“)[83].

78 Der Standard bezieht sich auf zukunftsorientierte Finanzinformationen, sodass sich diese Aussage des Prüfers sowohl auf Prognosen als auch Projektionen erstreckt.

79 Vgl. ISA IDW-Übersetzung, ISA 200.13 (a).

80 Vgl. ebenso die Beispielformulierungen für die Berichterstattung des Prüfers über die betriebswirtschaftliche Prüfung von Prognosen und Projektionen in ISAE 3400.28 f. Auch wird ein Prüfungsurteil formuliert, das die Übereinstimmung der Aufstellung mit einem Regelwerk für vergangenheitsorientierte Finanzinformationen vorsieht. Zusätzlich soll sich das Prüfungsurteil auch darauf erstrecken, dass die Prognose bzw. die Projektion in Übereinstimmung mit einem Regelwerk für vergangenheitsorientierte Finanzinformationen präsentiert wird.

81 Vgl. *IDW PH 9.960.3*, Tz. 13. In der englischsprachigen Fassung der ProspektVO lautet das Prüfungsurteil: „...has been properly compiled“, vgl. ProspektVO, Anhang 1 bspw. Rz. 13.2 zur Eigenkapitalemission.

82 Vgl. hierzu Tz. 6 ff., insb. Fußnote 11.

83 ISAE 3400.28 fordert zwar im Prüfungsurteil ein Prüfungsurteil darüber, ob die zukunftsorientierten Finanzinformationen in Übereinstimmung mit einem Regelwerk für vergangenheitsorientierte Finanzinformationen aufgestellt sind (... *is prepared in accordance with* ...). Die Forderung nach einer Übereinstimmung mit einem Regelwerk für vergangenheitsorientierte Finanzinformationen ist jedoch bei der Aufstellung zukunftsorientierter Finanzinformationen nicht sachgerecht. Es ist daher davon auszugehen, dass lediglich eine Aufstellung im Einklang mit einem Regelwerk für vergangenheitsorientierte Finanzinformationen gefordert ist.

Nach *IDW PH 9.960.3* ist ein zweistufiges Verfahren vorgesehen. Im ersten Schritt wird Bezug genommen auf die in den Erläuterungen dargestellten Erstellungsgrundsätze[84] und in einem zweiten Schritt wird der Einklang mit den Rechnungslegungsgrundsätzen sowie den Ausweis-, Bilanzierungs- und Bewertungsmethoden des Emittenten bescheinigt[85]. Auch hier wird somit Bezug genommen auf ein Sollobjekt, das abgeleitet ist aus einem Regelwerk der Rechnungslegung für vergangenheitsorientierte Finanzinformationen.

Darüber hinaus ist im **Prüfungsurteil nach ISAE 3400** die Aussage vorgesehen, dass die zukunftsorientierten Finanzinformationen in Übereinstimmung mit den Anforderungen an ein Regelwerk für vergangenheitsorientierte Finanzinformationen (..., *in our opinion the forecast [...] is presented in accordance with [the relevant financial reporting framework]*)[86] dargestellt werden. Ein Regelwerk für vergangenheitsorientierte Finanzinformationen wären bspw. die handelsrechtlichen Regelungen oder die IFRS. Denkbar sind aber auch Rechnungslegungsgrundsätze für einen speziellen Zweck[87]. Hier stellt sich die Frage, welche Anforderungen an Art und Inhalt der Erläuterungen zu zukunftsorientierten Finanzinformationen zu stellen sind. Sachgerechterweise sollten zumindest die zugrunde gelegten Rechnungslegungsgrundsätze sowie Ausweis-, Bilanzierungs- und Bewertungsmethoden dargestellt werden. Dabei kann auf die entsprechenden Angaben im letzten JA bzw. KA Bezug genommen werden. Weichen die zugrunde gelegten Grundsätze und Methoden von denen ab, die im letzten Abschluss angewendet werden, ist es sachgerecht, dies unter Angabe der größenmäßigen Auswirkungen darzustellen[88]. 51

Auch nach ***IDW PH 9.960.3*** sind Prüfungshandlungen in Bezug auf die Erläuterungen zu den zukunftsorientierten Finanzinformationen vorgesehen[89]. Es ist jedoch **kein ausdrückliches Prüfungsurteil** zu den Erläuterungen vorgesehen. 52

### 2.4.3.2 Zukunftsorientierte Finanzinformationen im Einklang mit Rechnungslegungsgrundsätzen für einen speziellen Zweck

Bei der betriebswirtschaftlichen Prüfung einer Gewinnprognose nach *IDW PH 9.960.3* wird der ordnungsgemäße Erstellungsprozess in Bezug gesetzt zu den Rechnungslegungsgrundsätzen, die der Emittent den letzten vergangenheitsorientierten Abschlüssen zu Grunde gelegt hat. Mittelbar werden somit **Rechnungslegungsgrundsätze für vergangenheitsorientierte Abschlüsse** der Gewinnprognose zugrunde gelegt. Die Prüfung der Vertretbarkeit der zugrunde gelegten Rechnungslegungsgrundsätze, die ansonsten bei Anwendung vergangenheitsorientierter Rechnungslegungsgrundsätze erforderlich wäre[90], entfällt hier, da es sich im Falle von Gewinnprognosen, die auf frei- 53

84 Vergleichbar mit einem Prüfungsurteil bei Prüfungen von Abschlüssen, die nach Rechnungslegungsgrundsätzen für einen speziellen Zweck aufgestellt sind (hierzu *IDW PS 480 und IDW PS 490* sowie die Definitionen in *IDW PS 480*, Tz. 12c) bis 12g)).

85 Vgl. bspw. bei einer Aktienemission ProspektVO, Anhang I Rz. 20.1.

86 An dieser Stelle soll das relevante Regelwerk der Rechnungslegung angeführt werden (vgl. Fußnote 2 zu ISAE 3400.28).

87 *IDW PS 480*, Tz. 12g).

88 Vgl. hierzu *IDW RH 2.003* Tz. 19; Eine entsprechende Herangehensweise ist ebenso nach IAS 34.16A(a) für einen IFRS Zwischenabschluss gefordert.

89 Vgl. ISAE 3400.26 und *IDW PH 9.960.3* Tz. 10.

90 Vgl. *IDW PS 490*, Tz. 15 und A7 f. sowie ISA 210 App. 2.

williger Basis in Wertpapierprospekte aufgenommen werden und nach den Anforderungen der ProspektVO und des *IDW PH 9.960.3* geprüft werden, um gesetzliche Vorgaben handelt, so dass davon auszugehen ist, dass die anzuwendenden Rechnungslegungsgrundsätze vertretbar im Sinne der Prüfungsstandards sind[91].

54 Werden jedoch im Rahmen einer betriebswirtschaftlichen Prüfung nach internationalen Grundsätzen oder nach § 2 WPO Rechnungslegungsgrundsätze, die darauf gerichtet sind, den Informationsinteressen spezifischer Adressaten von Finanzinformationen gerecht zu werden (Rechnungslegungsgrundsätze für einen speziellen Zweck)[92] der Aufstellung der zukunftsorientierten Finanzinformationen zugrunde gelegt, ist die Einhaltung dieser Eigenschaften aber im Einzelfalle zu prüfen, um zu beurteilen, ob die Rechnungslegungsgrundsätze vertretbar sind. Als Kriterien für die **Vertretbarkeit** sind die in den internationalen und nationalen Standards angeführten Eigenschaften Relevanz (*relevance*), Vollständigkeit (*completeness*), Verlässlichkeit (*reliability*), Neutralität (*neutrality*) und Verständlichkeit (*understandability*) zu erfüllen[93].

### 2.4.4 Einklang mit den angewandten Rechnungslegungsgrundsätzen sowie den Ausweis-, Bilanzierungs- und Bewertungsmethoden

55 Im Falle der **Prüfung des Erstellungsprozesses der Gewinnprognose** auf Basis der zugrunde gelegten Annahmen nach *IDW PH 9.960.3* hat der Prüfer im Anschluss an das Prüfungsurteil über die ordnungsgemäße Erstellung basierend auf den in den Erläuterungen zur Gewinnprognose dargestellten Grundlagen zu bescheinigen, dass diese Grundlagen im Einklang mit den Rechnungslegungsgrundsätzen sowie den Ausweis-, Bilanzierungs- und Bewertungsmethoden der Gesellschaft stehen[94]. Hierdurch wird der Bezug der prognostizierten Zahlen der Gewinnprognose zu den Zahlen, die im nächsten (dann vergangenheitsorientierten) Abschluss veröffentlicht werden, hergestellt.

56 Die Aussage zum **Einklang der verwendeten Rechnungslegungsgrundsätze** ist gleichwohl zwingend nur nach den Anforderungen der ProspektVO bzw. des *IDW PH 9.960.3* sowie nach ISAE 3400 gefordert. Nach den Anforderungen der ProspektVO bzw. des *IDW PH 9.960.3* beziehen sich die verwendeten Rechnungslegungsgrundsätze auf die Rechnungslegungsgrundsätze, die den gesetzlichen Abschlüssen zugrunde gelegt sind. Nach ISAE 3400 können auch andere Rechnungslegungsgrundsätze der Gesellschaft verwendet werden. Sofern keine Einklangsprüfung vorgesehen ist, kann die Prüfung nach ISAE 3000 (Rev.) durchgeführt werden.

## 2.5 Prüfungsumfänge nach internationalen und nationalen Prüfungsgrundsätzen

57 Bei einer betriebswirtschaftlichen Prüfung zukunftsorientierter Finanzinformationen ist eine **Gesamtbeurteilung** der zukunftsorientierten Finanzinformationen selbst mangels angemessenem zugrunde liegenden Sachverhalt sowie ausreichend geeigneter Prüfungsnachweise **nicht möglich**[95]. Gleichwohl können zum Untersuchungsgegenstand

91 Entsprechendes gilt für Rechnungslegungsgrundsätze für allgemeine Zwecke.
92 Vgl. *IDW PS 480* Tz. 12g).
93 Vgl. *IDW PS 480*.A16 sowie Anlage 1 sowie *Pföhler/Riese*, WPg 2014, S. 1184 (1192 f.).
94 Vgl. *IDW PH 9.960.3* Tz. 13.
95 Vgl. hierzu ISAE 3000.24(b) (i) und (iv) (Rev.).

verschiedene Aspekte identifiziert werden, die einer prüferischen Beurteilung zugänglich sind und für die folglich eine Assurance erlangt werden kann[96].

Bei der betriebswirtschaftlichen Prüfung von Prognosen nach ISAE 3400 hat der Prüfer Prüfungshandlungen vornehmen, um **ausreichende und angemessene Prüfungsnachweise** zu Aspekten der Zukunftsinformationen zu erlangen, insbesondere zu: **58**

- den bestmöglichen Annahmen der Unternehmensleistung[97],
- der ordnungsgemäßen Aufstellung der Prognose auf Basis der Rechnungslegungsgrundsätze und der Annahmen[98]
- sowie dem Einklang mit den Rechnungslegungsmethoden des Aufstellers[99].

Bei Projektionen gehören die hypothetischen Annahmen hingegen nicht zum Prüfungsumfang. Sie werden als angenommen (*assumed*) vorausgesetzt, sofern sie mit dem **Zweck der Projektion** im Einklang stehen und es **keinen Grund** zu der Annahme gibt, dass sie **eindeutig unrealistisch** sind[100]. **59**

Nach *IDW PH 9.960.3* ist die betriebswirtschaftliche Prüfung einer Gewinnprognose i.S.d. ProspektVO darauf ausgerichtet, mit hinreichender Sicherheit ein Urteil darüber abzugeben, ob die Gewinnprognose ordnungsgemäß erstellt wurde und ob die in den Erläuterungen zur Gewinnprognose dargestellten Grundlagen im Einklang mit den Rechnungslegungsgrundsätzen sowie den Ausweis-, Bilanzierungs- und Bewertungsmethoden des die Gewinnprognose erstellenden Unternehmens stehen[101]. Demgemäß ist hier die Prüfung beschränkt auf die **Ordnungsmäßigkeit des Erstellungsprozesses** auf der Basis der Annahmen sowie der Rechnungslegungsmethoden des Emittenten. Die Annahmen gehören hier ebenso wie bei einer betriebswirtschaftlichen Prüfung einer Projektion nicht zum Prüfungsumfang[102]. **60**

Die nachfolgende Darstellung fasst die Überlegungen zu den zu untersuchenden **Aspekten** i.R.d. Prüfung von Prognosen und Projektionen sowie Gewinnprognosen nach dem jeweils einschlägigen internationalen und nationalen Prüfungsstandard zusammen: **61**

96 Vgl. Tz. 36 ff.
97 Vgl. Tz. 40 ff.
98 Vgl. Tz. 46 ff.
99 Vgl. Tz. 55 ff.
100 Vgl. zum Prüfungsumfang hinsichtlich der hypothetischen Annahmen Tz. 45.
101 *IDW PH 9.960.3*, Tz. 5.
102 Vgl. *IDW PH 9.960.3*, Tz. 6.

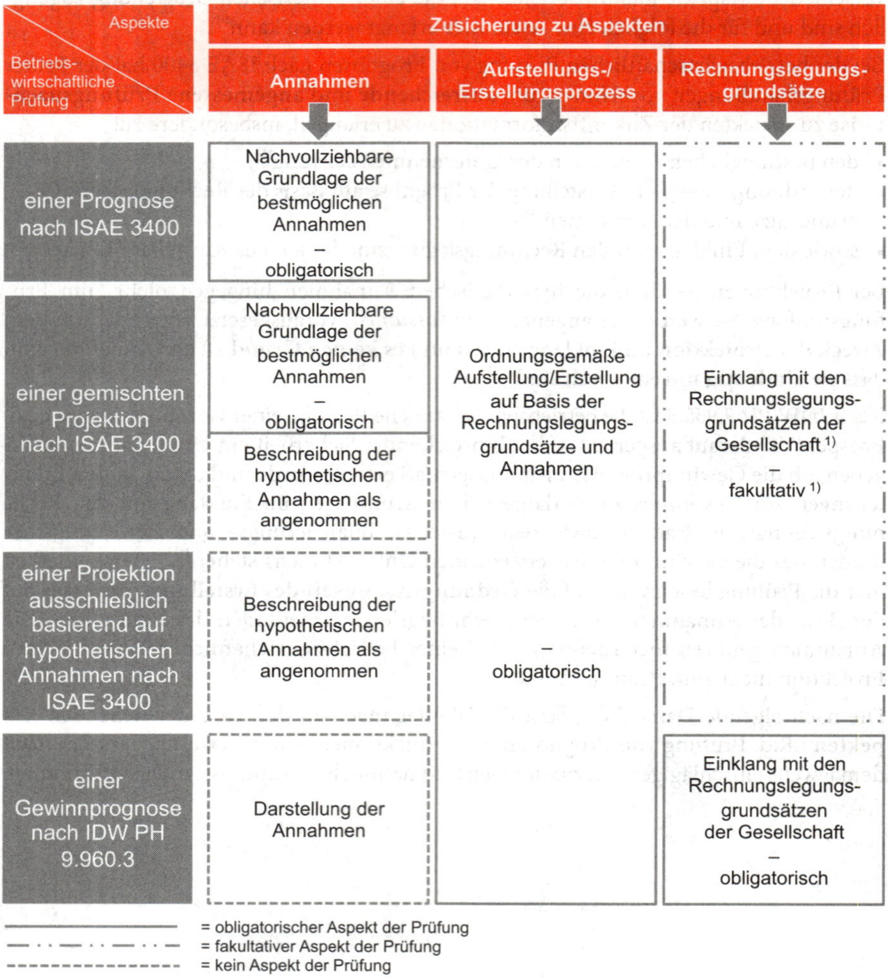


1) Sofern keine Prüfung des Einklangs der Rechnungslegungsgrundsätze durchgeführt werden soll, ist eine Prüfung nach ISAE 3000 (Rev.) zu beauftragen.

Abb. 6: Aspekte bei der betriebswirtschaftlichen Prüfung von Prognosen und Projektionen nach ISAE 3400 sowie Gewinnprognosen nach *IDW PH 9.960.3*

62 Fraglich ist, ob zu einer betriebswirtschaftlichen Prüfung einer Prognose nach den internationalen Prüfungsgrundsätzen zwingend der Aspekt der **Prüfung der bestmöglichen Annahmen** gehört. Der Aspekt der Prüfung der bestmöglichen Annahmen gehört zwar zum Umfang einer betriebswirtschaftlichen Prüfung einer Prognose nach ISAE 3400. Gleichwohl haben der EU-Verordnungsgeber sowie der deutsche Gesetzgeber i.R.d. Erstellung von Wertpapierprospekten die Wertungsentscheidung getroffen, dass zumindest in dem Kontext von Wertpapierprospekten **keine Prüfung der Annah-**

**men** vorgesehen ist[103]. Dies setzt allerdings nach den Regelungen der ProspektVO voraus, dass der Emittent alle Annahmen in den Erläuterungen zur Prognose und damit in dem Wertpapierprospekt offenlegt, so dass der Leser des Wertpapierprospektes und damit der Prognose sich ein eigenständiges Bild über die zugrunde liegenden Annahmen verschaffen kann. Wenn nach der Verordnungs- und Gesetzeslage in Bezug auf Wertpapierprospekte keine Prüfung des Aspekts der der Gewinnprognose zugrunde liegenden Annahmen als notwendig erachtet wird, ist es dementsprechend nicht zwingend, dass eine betriebswirtschaftliche Prüfung einer Prognose oder einer Projektion auch den Aspekt der zugrunde liegenden bestmöglichen Schätzungen der Annahmen umfasst[104]. Sollte bei einer betriebswirtschaftlichen Prüfung einer Prognose oder einer Projektion nach den internationalen Prüfungsgrundsätzen der Aspekt der Begründetheit der bestmöglichen Annahmen nicht zum Prüfungsumfang gehören, kommt ein Prüfungsauftrag nach ISAE 3400 nicht in Betracht. Sofern dann ein Prüfungsauftrag nach ISAE 3000 (Rev.) durchgeführt wird, sind die bestmöglichen Annahmen wie hypothetische Annahmen zu behandeln. Diese hypothetischen Annahmen werden dann als vorausgesetzt (*assumed*) berücksichtigt[105].

*IDW PH 9.960.3* ist konzipiert für die Prüfung des Erstellungsprozesses von Gewinnprognosen, die in **Wertpapierprospekte** aufgenommen werden. Mangels expliziter nationaler Standards ist zu hinterfragen, ob betriebswirtschaftliche Prüfungen des Erstellungsprozesses von Prognosen und Projektionen auch nach nationalen Standards in Fällen außerhalb des Anwendungsbereichs des WpPG und der ProspektVO durchgeführt werden können. Die Durchführung betriebswirtschaftlicher Prüfungen gehört zu den beruflichen Aufgaben eines WP[106]. Hierzu gehört auch die Durchführung betriebswirtschaftlicher Prüfungen des Erstellungsprozesses von Prognosen und Projektionen. Mangels nationaler Vorschriften für deren Durchführung sind diese Prüfungen im Rahmen von § 2 WPO nach berufsüblichen Grundsätzen durchzuführen. Zur Auslegung der Berufsüblichkeit sollten hierbei grundsätzlich die internationalen Standards herangezogen werden[107]. 63

## 3. Durchführung der Prüfung zukunftsorientierter Finanzinformationen

### 3.1 Kenntnis der Geschäftstätigkeit und des wirtschaftlichen Umfeldes des Mandanten

#### 3.1.1 Vollständigkeit der getroffenen Annahmen

Um einschätzen zu können, ob alle für die Aufstellung zukunftsorientierter Finanzinformationen erforderlichen Annahmen getroffen worden sind, hat der Prüfer zukunftsorientierter Finanzinformationen gem. ISAE 3400.13 eine angemessene **Kenntnis der Geschäftstätigkeit** und des wirtschaftlichen Umfeldes des Mandanten zu erwerben. 64

103 Vgl. Tz. 43 f.
104 Vgl. Tz. 76 ff.
105 Vgl. Tz. 76 ff.
106 § 2 Abs. 1 WPO.
107 ISAE 3400 ist hier nicht einschlägig, da er sich auf den Aspekt der Aufstellung bezieht (vgl. hierzu Tz. 6 ff., insb. Fußnote 11). Somit ist im Grundsatz auf den allgemeineren Standard ISAE 3000 (Rev.) zurückzugreifen. Ergänzend kann auch das Gedankengut aus *IDW PH 9.960.3* herangezogen werden.

ISAE 3400 enthält jedoch keine weiteren Ausführungen, wie der Prüfer diese Kenntnis erwirbt. *IDW PH 9.960.3* ist hier konkreter. Gemäß den nationalen berufsständischen Anforderungen für die Prüfung von Gewinnprognosen werden solche Kenntnisse üblicherweise dadurch gewonnen, dass der WP den letzten historischen (Zwischen-)Abschluss geprüft oder prüferisch durchgesehen hat[108]. Sofern der Prüfer der zukunftsorientierten Finanzinformationen den letzten vergangenheitsorientierten Abschluss nicht geprüft hat oder einen Zwischenabschluss nicht prüferisch durchgesehen hat, hat er sich diese Kenntnisse anderweitig zu verschaffen[109].

### 3.1.2 Verfahren der Erstellung der zukunftsorientierten Finanzinformationen

65 Der Prüfer muss sich auch mit dem **Verfahren der Erstellung** der zukunftsorientierten Finanzinformationen vertraut machen und wird dabei bspw. Folgendes zu berücksichtigen haben:

- die internen Kontrollen des bei der Erstellung der zukunftsorientierten Finanzinformationen verwandten Systems sowie die Kenntnisse und die Erfahrung der Personen, die die zukunftsorientierten Finanzinformationen erstellen,
- die Art der von der Berichtseinheit erstellten und die Annahmen des Managements stützenden Dokumentationen,
- das Ausmaß der Benutzung statistischer, mathematischer und computergestützter Verfahren,
- die für die Ausarbeitung und Anwendung der Annahmen verwandten Methoden sowie
- die Genauigkeit früherer zukunftsorientierter Finanzinformationen und die Gründe für beträchtliche Abweichungen[110].

### 3.1.3 Verlässlichkeit vergangenheitsorientierter Finanzinformationen

66 Nach ISAE 3400.14 hat der Prüfer zu berücksichtigen, in welchem Maße er sich auf vergangenheitsorientierte Finanzinformationen der Berichtseinheit verlassen kann. Bei der Prüfung von Prognosen und Projektionen nutzt der Prüfer die vergangenheitsorientierten Finanzinformationen in zweierlei Hinsicht. So muss er einschätzen, ob die zukunftsorientierten Finanzinformationen auf einer **Grundlage** aufgestellt worden sind, die mit den vergangenheitsorientierten Finanzinformationen im Einklang stehen[111]. Außerdem nutzt der Prüfer die vergangenheitsorientierten Finanzinformationen als **Prüfungsmaßstab** für die bestmöglichen Annahmen, die einer Prognose oder auch einer Projektion zugrunde liegen.

67 Als prüferische Maßnahme ist in ISAE 3400 genannt, dass der Prüfer festzustellen hat, ob relevante vergangenheitsorientierte Finanzinformationen geprüft oder prüferisch durchgesehen wurden und ob bei ihrer Aufstellung vertretbare Rechnungslegungsgrundsätze verwandt wurden. Wenn der Bericht über die Prüfung oder die prüferische

108 Vgl. *IDW PH 9.960.3*, Tz. 4. Hiernach muss der Prüfer einer Gewinnprognose nach der ProspektVO in ausreichendem Umfang mit der Geschäftstätigkeit, den angewandten Rechnungslegungsgrundsätzen sowie den Ausweis-, Bilanzierungs- und Bewertungsmethoden des Unternehmens, welches die Gewinnprognose erstellt, vertraut sein.

109 Vgl. hierzu ISAE 3000.45 ff. (Rev.).

110 Vgl. ISAE 3400.13.

111 Vgl. ISAE 3400.2 (d) sowie Tz. 55 f.

Durchsicht der vergangenheitsorientierten Finanzinformationen nicht uneingeschränkt war, sollte der Prüfer die **Begleitumstände in Betracht ziehen** und berücksichtigen, wie sich dies auf die Prüfung der zukunftsorientierten Finanzinformationen auswirkt[112].

Besonderheiten ergeben sich auch, wenn sich die Berichtseinheit in der **Gründungsphase** befindet, da ein Unternehmen, das sich in der Gründungsphase befindet, naturgemäß nicht über vergangenheitsorientierte Finanzinformationen verfügt, so dass keine bestmöglichen Annahmen im Sinne des ISAE 3400 getroffen werden können[113]. Die Berichtseinheit kann insofern lediglich eine Projektion auf der Basis hypothetischer Annahmen aufstellen. Aber auch bei der Prüfung einer Projektion muss der Prüfer einschätzen, ob die Rechnungslegungsgrundsätze, die der Projektion zugrunde gelegt werden, vertretbar sind. Mangels vergangenheitsorientierter Finanzinformationen muss der Prüfer diese Einschätzung somit auf einer anderweitigen Grundlage treffen. ISAE 3400 gibt an dieser Stelle leider keine Hinweise, wie der Prüfer mit dieser Problematik umgehen soll. In ISAE 3400 ist lediglich ausgeführt, dass der Prüfer zu berücksichtigen hat, wie sich dies auf die Prüfung einer Projektion auswirkt[114]. 68

## 3.2 Bestimmungsfaktoren für Art und Umfang der Prüfungshandlungen

Bei der Festlegung von **Art, Umfang und Zeitpunkt** der Prüfungshandlungen zur Beurteilung der Zukunftsinformationen sind folgende Überlegungen vorzunehmen über 69

- die Wahrscheinlichkeit von wesentlichen falschen Darstellungen,
- die Kenntnisse aus dem laufenden Auftrag und aus vergangenen Aufträgen,
- die Sachkunde des Managements, zukunftsorientierte Finanzinformationen aufzustellen,
- das Ausmaß, in welchem die Zukunftsinformation von Ermessen des Managements beeinflusst ist und
- die Angemessenheit und Glaubhaftigkeit der zugrunde gelegten Daten[115].

## 3.3 Prüfung der bestmöglichen Annahmen

Auch wenn der Prüfer von zukunftsorientierten Finanzinformationen regelmäßig lediglich ein **Urteil mit gewisser Sicherheit**[116] zu den bestmöglichen Annahmen in der Form abgeben kann, dass ihm nichts zur Kenntnis gelangt ist, was ihn zu der Einschätzung veranlasst, dass die zugrunde liegenden Annahmen keine begründete Basis für die zukunftsorientierten Finanzinformationen bilden[117], gibt der Prüfer ein Prüfungs- 70

112 Vgl. ISAE 3400.15.
113 Vgl. ISAE 3400.5 (a); *Pföhler/Riese*, WPg 2014, S. 1184 (1187).
114 Vgl. ISAE 3400.15.
115 Vgl. ISAE 3400.17.
116 Vgl. Tz. 40 ff.
117 Vgl. die Berichtsformulierungen für eine Prognose in ISAE 3400.28: "... *Based on or examination of the evidence supporting the assumptions, nothing has come to our attention which causes us to believe that these assumptions do not provide a reasonable basis for the forecast ...*" sowie ebenso für eine Projektion, die sowohl auf bestmöglichen als auch hypothetischen Annahmen beruht in ISAE 3400.29: "...*Based on or examination of the evidence supporting the assumptions, nothing has come to our attention which causes us to believe that these assumptions do not provide a reasonable basis for the forecast, assuming that (state or refer to the hypothetical assumptions) ...*". Demgemäß wird auch im Rahmen der Berichterstattung bei der Projektion unterschieden zwischen bestmöglichen Annahmen, zu denen ein Urteil mit gewisser Sicherheit abgegeben werden kann und hypothetischen Annahmen, zu denen kein Urteil abgegeben wird.

urteil zu den bestmöglichen Annahmen ab. Im Falle eines Urteils mit gewisser Sicherheit gilt ebenso wie bei jedem Urteil, dass für die prüferische Tätigkeit ein Prüfungsmaßstab erforderlich ist[118]. Weiter sind bei der Prüfung der bestmöglichen Annahmen die Quellen und die Glaubwürdigkeit der Nachweise zu beurteilen.

**71** Hinsichtlich eines Prüfungsmaßstabes ist unter der Überschrift "Knowledge of the Business" in ISAE 3400.14 Folgendes ausgeführt: „*The auditor requires a knowledge of the entity's financial information to assess whether the prospective financial information has been prepared on a basis consistent with the historical financial information and to provide a **historical yardstick** for considering management's assumptions ...*"[119].

**72** Ferner ist in ISAE 3400.18 unter der Überschrift "Examination Procedures" ausgeführt: „*The auditor would assess the source and reliability of the evidence supporting management's best assumptions. Sufficient appropriate evidence supporting such assumptions would be obtained from **internal and external sources** including consideration of the assumptions in the light of historical information and an evaluation of whether they are based on plans that are within the entity's capacity*"[120].

**73** Hiernach hat der Prüfer der zukunftsorientierten Finanzinformationen Prüfungsnachweise auf der Basis **interner und externer Quellen** zu erlangen. Zu den internen Quellen gehören insb. die vergangenheitsorientierten Finanzinformationen der Berichtseinheit, die eine Verifizierung der nachvollziehbaren Grundlage (*reasonable basis*) der bestmöglichen Annahmen auf der Basis der vergangenheitsorientierten Zahlen der Berichtseinheit erlauben[121].

**74** Als **interne Quellen** kommen zudem u.a. prognostische Unterlagen bspw. der Controllingabteilung des Unternehmens, insb. Unternehmensplanungen, in Betracht. In der Praxis werden diese anhand von Interviews mit dem Management und dem AR des Unternehmens zu hinterfragen sowie mit dem Prüfer der Prognose vorliegenden Kenntnissen und Informationen abzugleichen sein. Konkret ist im ISAE 3400 ausgeführt, dass zu hinterfragen ist, ob die der Prognose zugrunde liegenden Annahmen innerhalb der Kapazitäten des Unternehmens liegen[122]. Sinnvoll ist es aber v.a. zu prüfen, ob die Planungen auch von den zuständigen Gremien des Unternehmens verabschiedet sind. In Abhängigkeit von Größe und Komplexität der Berichtseinheit können weiterhin auch das Testen von Kontrollen und aussagebezogene Prüfungshandlungen in Betracht

118 Vgl. International Framework for Assurance Engagements, Rz. 34 ff.

119 Hervorhebungen durch die Autoren.

120 Hervorhebungen durch die Autoren.

121 Vgl. ISAE 3400.28. Eine vergleichbare Vorgehensweise ist im Falle einer Unternehmensbewertung nach *IDW Standard: Grundsätze zur Durchführung von Unternehmensbewertungen (IDW S 1 i.d.F. 2008)* im Hinblick auf die zu prognostizierenden künftigen finanziellen Überschüsse vorgesehen. Hiernach ist eine Vergangenheitsanalyse der Ausgangspunkt für die gutachterliche Stellungnahme zu zukünftigen Entwicklungen und die Vornahme von Plausibilitätsüberlegungen (*IDW S 1 i.d.F. 2008*, Tz. 72 ff.).

122 Vgl. ISAE 3400.18.

kommen. Als externe Quellen kommen u.a. gutachterliche Stellungnahmen über Standortentwicklungen, Marktstudien etc. in Betracht[123].

75 Die Fähigkeit, bestmögliche Annahmen zu treffen, sinkt mit der Zunahme der in die Ermittlung der zukunftsorientierten Finanzinformationen einbezogenen Perioden. Deshalb ist zu prüfen, ob die zukunftsorientierten Finanzinformationen einen **absehbaren Zeitraum** umfassen, also der erfasste Zeitraum nicht über den Zeitpunkt hinausreicht, bis zu dem die Annahmen der Unternehmensleitung eine nachvollziehbare Grundlage haben (*the period would not extend beyond the time for which management has a reasonable basis for the assumptions*). Bei der Einschätzung dieses Zeitraumes berücksichtigt der Prüfer den geschäftlichen Zyklus (z.B. bei der Durchführung eines wesentlichen Projektes), den Grad der Glaubwürdigkeit der Annahmen (z.B. sind bei der Einführung eines neuen Produktes kürzere Betrachtungszeiträume sachgerecht, wohingegen beim Verleasen einer Immobilie auch längere Zeiträume in Betracht kommen können) und die Bedürfnisse des vorgesehenen Nutzers[124].

## 3.4 (Nicht-)Prüfung hypothetischer Annahmen

76 Auf Grund ihres Charakters entziehen sich hypothetische Annahmen weitgehend einer Prüfung durch Prüfungsnachweise[125]. Dementsprechend werden die hypothetischen Annahmen i.R.d. Prüfung als vorausgesetzt (*assumed*) berücksichtigt[126]. Dennoch hat der Prüfer auch **die hypothetischen Annahmen** zu **würdigen**.

77 So hat sich der Prüfer im Falle hypothetischer Annahmen damit zu beschäftigen, ob alle bedeutsamen **Auswirkungen der Annahmen** in den Überlegungen berücksichtigt worden sind[127]. In ISAE 3400 wird hierzu folgendes Beispiel gebildet:

**Beispiel 1:**

Wird bspw. angenommen, dass die Umsätze so stark ansteigen, dass die gegenwärtige Betriebskapazität überschritten wird, so muss die Projektion auch die für die Kapazitätsausweitung erforderlichen Investitionen bzw. die Kosten von Alternativen wie erforderlicher Fremdbezug berücksichtigen, um die projektierten Umsätze zu erreichen[128].

---

123 Vgl. *IDW RH HFA 2.003* , Tz. 10; ESMA, CESR's recommendations for the consistent implementation of the European Commission's regulation on Prospectuses No 809/2004;zuletzt geändert durch: ESMA update of the CESR recommendations – The consistent implementation of Commission Regulation (EC) No 809/2004 implementing the Prospectus Directive, 20 March 2013/ESMA/2013/319, Rn. 50 (aus technischen Gründen z.Z. (21.05.2017) nicht verfügbar auf der ESMA-Website, aber verfügbar auf der Website des französischen Regulators AMF (http://www.amf-france.org/en_US/Reglementation/Textes-europeens/Societe-cotees-et-operations-financieres/Prospectus/Recommandations-du-CERVM-sur-l-application-coherente-du-reglement—Prospectus—n–809-2004–publiee-le-20-mars-2013–actualisation–en-anglais-seulement-.html); *Pföhler/Riese*, WPg 2014, S. 1184 (1192).

124 Vgl. ISAE 3400.16.

125 Vgl. Tz. 18.

126 Vgl. ISAE 3400.29. Hier wird als Formulierung für den Bericht des Prüfers vorgeschlagen: „*... Based on our examination of the evidence supporting the assumptions, nothing has come to our attention which causes us to believe that these assumptions do not provide a reasonable basis for the projection, assuming [Hervorhebung durch die Autoren] that (state or refer to the hypothetical assumptions) ...*" Hiernach werden die hypothetischen Annahmen als vorausgesetzt berücksichtigt. Im Gegensatz hierzu ist hinsichtlich des Aspekts der Begründetheit bestmöglicher Annahmen eine prüferische Aussage vorgesehen.

127 Vgl. ISAE 3400.19.

128 Vgl. ISAE 3400.19.

Das in dem Standard genannte Beispiel kann jedoch nicht bedeuten, dass der Prüfer eigenständige Prüfungshandlungen durchführt, um die Betriebskapazität zu ermitteln[129]. Hier geht es vielmehr darum zu hinterfragen, ob in der Kalkulation der Projektion Kapazitätsgrenzen berücksichtigt sind.

**78** Außerdem fordert ISAE 3400, dass die hypothetischen Annahmen **in Einklang mit dem Zweck der Projektion** sind und dass keine Gründe dafür sprechen, dass diese Annahmen eindeutig unrealistisch sind („*...consistent with the purpose ... and that there is no reason to believe they are clearly unrealistic*“[130])[131].

## 3.5 Prüfung der ordnungsgemäßen Aufstellung oder des ordnungsgemäßen Erstellungsprozesses

**79** ISAE 3400 fordert als Ergebnis der Prüfung dieses Aspekts der ordnungsgemäßen Aufstellung eine Aussage, dass die zukunftsorientierten Finanzinformationen ordnungsgemäß auf Basis der Annahmen aufgestellt worden sind („*... properly prepared on the basis of the assumptions ...*“)[132]. Voraussetzung für diese Prüfung sind auch hier **geeignete Maßstäbe**, anhand derer die Aufstellung der zukunftsorientierten Finanzinformationen beurteilt werden kann. Daher muss sich der Prüfer zunächst mit möglichen Anforderungen an die Aufstellung zukunftsorientierter Finanzinformationen auseinandersetzen[133], um zu einer prüferischen Aussage kommen zu können.

**80** ISAE 3400 gibt als Beispiele für die Ordnungsmäßigkeitsprüfung der Aufstellung z.B. **sachliche Prüfungen** (*clerical checks*), wie Nachrechnen und Prüfung der Widerspruchsfreiheit, an[134]. Letzteres kann geschehen z.B. durch Durchsicht der inneren Konsistenz im Hinblick darauf, dass die geplanten Management-Handlungen miteinander kompatibel sind und dass keine Inkonsistenzen bei der Bestimmung der Beträge bestehen, die auf gemeinsamen Variablen, wie Zinsen, beruhen[135]. Der Fokus der Prüfung würde auf Bereichen liegen, die auf veränderte Eingangsgrößen besonders sensitiv reagieren und sich wesentlich auf die in der Prognose oder der Projektion dargestellten Ergebnisse auswirken. Dies wirkt sich wiederum auf den Umfang der Prüfungshandlungen zur Erlangung angemessener Prüfungsnachweise sowie auf die Beurteilung der Eignung und Angemessenheit (*appropriateness and adequacy*) der Erläuterungen zu den zukunftsorientierten Finanzinformationen aus[136].

---

129 Die Ermittlung der Betriebskapazität kann eine sehr technisch geprägte Fragestellung sein, die weit über eine betriebswirtschaftliche Prüfung einer Projektion hinausgehen kann. Jedenfalls ist sie grundsätzlich nicht Bestandteil der betriebswirtschaftlichen Prüfung einer Projektion.

130 Vgl. ISAE 3400.14 sowie .20.

131 Falls die Annahmen klar unrealistisch sind, darf der Prüfer den Prüfungsauftrag nicht annehmen bzw. muss von ihm zurücktreten (ISAE 3400.11; *Pföhler/Riese*, WPg 2014, S. 1184 (1186)). Hierbei handelt es sich somit nicht um eine Prüfungsmaßnahme im eigentlichen Sinne, die zu einem Prüfungsurteil oder einer Schlussfolgerung führt. Die betriebswirtschaftliche Prüfung der Projektion kann dann vielmehr gar nicht durchgeführt werden, so dass der Prüfungsauftrag nicht angenommen werden darf oder von ihm zurückzutreten ist.

132 Vgl. ISAE 3400.27 (h).

133 Vgl. zur Analyse und Ableitung möglicher Anforderungen *Pföhler/Riese*, WPg 2014, S. 1184 (1185 ff.).

134 Vgl. ISAE 3400.21.

135 Vgl. ISAE 3400.21 sowie *IDW PH 9.960.3*, Tz. 7 und 8.

136 Vgl. ISAE 3400.22.

**Beispiel 2:**

Im VJ wurde ein Umsatz in Höhe von 100 erzielt. Das Management trifft die Annahme einer Steigerung des Umsatzes um 4%. Der clerical check besteht im Nachrechnen. Der Umsatz in der Projektion oder der Prognose wäre dann richtigerweise 104. Unbenommen davon muss dies dann im Einklang stehen mit der Betriebskapazität und dem Prüfer vorliegenden Informationen, wie bspw., dass bekanntermaßen ein Streik zu Beginn des Jahres dazu geführt hat, dass der Umsatzanstieg auf 4% nicht mehr realistisch ist und die Zukunftsinformationen die Auswirkungen des Streiks nicht berücksichtigt haben.

Die Prüfung der Erstellung einer Gewinnprognose im Sinne der ProspektVO nach **81** *IDW PH 9.960.3* bezieht sich auf die Ordnungsmäßigkeit des Erstellungsprozesses und führt im Ergebnis zu einer Aussage, dass die Prognose auf den ihr zugrunde liegenden Grundlagen ordnungsgemäß erstellt ist. Als Maßstab für diese Aussage dienen die in *IDW RH HFA 2.003* dargestellten Schritte. Diese Schritte zur Erstellung fordern die sachlich und rechnerisch **richtige Ableitung aus den getroffenen Annahmen** und beziehen ausdrücklich die sachlich und rechnerisch richtige Ableitung aus den Rechnungslegungsgrundsätzen sowie den Ausweis-, Bilanzierungs- und Bewertungsmethoden des Erstellers ein[137]. *IDW PH 9.960.3* setzt damit ein Erfordernis der ProspektVO um, die einen (Assurance-)Bericht eines Prüfers fordert, in dem festgestellt wird, dass die Prognose ordnungsgemäß erstellt wurde[138].

*IDW PH 9.960.3* sieht eine positive Aussage zur Prüfung der ordnungsgemäßen Er- **82** stellung vor[139] und setzt für die Abgabe eines positiven Urteils (*opinion*) voraus, dass der Prüfer ausreichende und angemessene Prüfungsnachweise erlangt hat[140].

Prüfungsnachweise liefern hier das **Nachvollziehen und die Würdigung des Prozesses** der Ermittlung der zukunftsorientierten Finanzinformationen. Die Ermittlung dieser Zukunftsinformationen folgt bestimmten Schritten, wie die Einschätzung von Absatzmengen und Preisen, die Ermittlung eines Finanzierungsbedarfes usw. Aus diesen Informationen sind die zukunftsorientierten Finanzinformationen zu ermitteln. Der *IDW PH 9.960.3* fordert diesem Gedanken folgend u.a. nachfolgende Prüfungshandlungen bei der Prüfung der Ermittlung einer Gewinnprognose nach ProspektVO[141]:

- Würdigung der organisatorischen Maßnahmen zur Ermittlung sowohl der die Prognoseinformation beeinflussenden Faktoren (Ereignisse und Handlungen) als auch der Annahmen über die Faktoren

137 *IDW PH 9.960.3*, Tz. 7, 12.

138 Vgl. ProspektVO, Rz. 13.2.

139 Vgl. *IDW PH 9.960.3*, Tz. 6.

140 So hat der Prüfer eine hinreichend sichere Grundlage für seine Beurteilung zu erlangen. Möglich erscheint aber auch, dass der Prüfer seine prüferische Tätigkeit auf die Erlangung von Prüfungsnachweisen beschränkt, die ein begrenztes Urteil erlaubt. Diese Alternative soll für Zwecke dieses Kapitels jedoch nicht weiter verfolgt werden.

141 Vgl. *IDW PH 9.960.3*, Tz. 7. Zwar bezieht sich der *IDW Prüfungshinweis* explizit auf Gewinnprognosen nach *IDW RH HFA 2.003*. Der Prüfungsansatz des *IDW Prüfungshinweises* kann jedoch entsprechend für andere mögliche Prognoseinformationen herangezogen werden.

- Befragung der Unternehmensleitung und ggf. weiterer Auskunftspersonen im Hinblick darauf, welche Annahmen hinsichtlich der identifizierten Faktoren für die Prognoseinformation getroffen wurden.

**83** Sollten im zu prognostizierenden Zeitraum bereits **abgelaufene Zeiträume** enthalten sein[142], so hat der Prüfer nach den Anforderungen des ISAE 3400 zudem einzuschätzen, welche Prüfungshandlungen er in Bezug auf die vergangenheitsorientierten Informationen für die bereits abgelaufenen Perioden vornehmen muss[143].

**84** Dabei ist zu berücksichtigen, dass der **Erstellungsvorgang** sehr **unterschiedlich** ausgestaltet sein kann. So ist es denkbar, dass ausgereifte Abläufe zur Ermittlung dieser Informationen bestehen, wohingegen bei anderen Auf-/Erstellern von zukunftsorientierten Finanzinformationen keine definierten Abläufe implementiert sind.

### 3.6 Prüfung des Einklangs mit den Rechnungslegungsmethoden des Erstellers

**85** *IDW PH 9.960.3* führt vor dem Hintergrund einer Einklangsprüfung als Prüfungshandlungen ein **kritisches Lesen** des letzten veröffentlichten Abschlusses sowie die **Befragung** der Unternehmensleitung und den Vergleich mit den Angaben in den Erläuterungen zur Gewinnprognose an. Ziel ist es festzustellen, ob die zugrunde liegenden Rechnungslegungsgrundsätze sowie die Ausweis-, Bilanzierungs- und Bewertungsmethoden in den Erläuterungen sachgerecht dargestellt wurden oder ein entsprechender Verweis auf den Anhang des letzten veröffentlichten Abschlusses enthalten ist oder ob ggf. vorhandene Abweichungen einschl. ihrer quantitativen Auswirkungen ausreichend in den Erläuterungen dargestellt sind[144].

## 4. Berichterstattung über die Prüfung zukunftsorientierter Finanzinformationen

### 4.1 Aufbau der Berichterstattung

**86** ISAE 3400 nennt die **Inhalte einer Berichterstattung** über die Prüfung zukunftsorientierter Finanzinformationen[145]. Danach sind u.a. aufzunehmen

- die Identifizierung der zukunftsorientierten Finanzinformationen als Untersuchungsgegenstand[146],
- ein Verweis auf die Standards, die auf die Prüfung der zukunftsorientierten Finanzinformationen anzuwenden sind[147],
- eine Erklärung zur Verantwortung der gesetzlichen Vertreter für die zukunftsorientierten Finanzinformationen[148],

142 Vgl. *Pföhler/Riese*, WPg 2014, S. 1184 (1188).
143 Vgl. ISAE 3400.24.
144 *IDW PH 9.960.3*, Tz. 9.
145 Vgl. ISAE 3400.27.
146 Vgl. ISAE 3400.27.
147 Vgl. ISAE 3400.27 (c).
148 Vgl. ISAE 3400.27 (e).

- ein negativ formuliertes Urteil (*a statement of negative assurance*), ob die Annahmen eine angemessene Grundlage für die zukunftsorientierten Finanzinformationen bieten[149],
- ein Prüfungsurteil, dass die zukunftsorientierten Finanzinformationen auf der Grundlage der Annahmen ordnungsgemäß aufgestellt wurden und in Übereinstimmung mit den relevanten Rechnungslegungsgrundsätzen dargestellt sind[150],
- Hinweise auf Vorbehalte hinsichtlich der Erreichbarkeit der in den zukunftsorientierten Finanzinformationen dargestellten Ergebnisse (*caveats concerning the achievability*)[151],
- eine Erklärung darüber, dass der WP die Anforderungen des ISQC 1 erfüllt oder vergleichbare nationale Qualitätssicherungsstandards angewendet hat,
- eine Erklärung darüber, dass der WP bestimmte Unabhängigkeitsanforderungen eingehalten hat[152].

Im Folgenden wird eine Berichterstattung vorgeschlagen, die sich an der Berichterstattung des ISAE 3400 orientiert, welche jedoch den ISAE 3000 (Rev.) als sog. „Umbrella"-Standard – sofern relevant – berücksichtigt. **87**

## 4.2 Berichterstattung über die Prüfung einer Prognose

Nachfolgend wird am Beispiel einer Prognoserechnung für den Zeitraum vom 01.01.2015 bis 31.12.2016, die nach ISAE 3400 geprüft wird, verdeutlicht, wie eine Berichterstattung aussehen kann[153]. Es wird von uneingeschränkten Prüfungsurteilen ausgegangen[154]. **88**

„An: [Gesellschaft]

**Bericht des unabhängigen Prüfers**

Wir haben eine betriebswirtschaftliche Prüfung der Prognoserechnung der ... [Gesellschaft] für den Zeitraum vom 1. Januar 2015 bis zum 31. Dezember 2016, bestehend aus[155] Gewinn- und Verlustrechnungen, Bilanzen, Kapitalflussrechnungen sowie Erläuterungen zur Prognoserechnung („Prognoserechnung"), durchgeführt.

**Verantwortung der gesetzlichen Vertreter**

Die gesetzlichen Vertreter der [Gesellschaft] sind für die Aufstellung und die Darstellung der Prognoserechnung einschließlich der in den Erläuterungen zur Prognoserechnung dargestellten Annahmen, auf deren Grundlage die Prognoserechnung aufgestellt wurde, verantwortlich.

---

149 Vgl. ISAE 3400.27 (g).

150 Vgl. ISAE 3400.27 (h).

151 Vgl. ISAE 3400.27 (i).

152 ISAE 3400 fordert im Bericht des Prüfers anders als ISAE 3402, 3410, 3420 und 3000 (Rev.) keine Aussage zur Anwendung von Qualitätssicherungsstandards sowie seiner Unabhängigkeit. Gleichwohl können solche Aussagen als gute Praxis betrachtet werden. Vgl. zu den Anforderungen bspw. ISAE 3000.69 (i) f. und .A171 f (Rev.).

153 Hierbei wird ein Auftrag über eine betriebswirtschaftliche Prüfung mit der Fragestellung unterstellt, ob (1) die in den Erläuterungen zur Prognoserechnung angegebenen Annahmen eine begründete Basis darstellen, ob (2) die Prognoserechnung auf der Grundlage dieser Annahmen sowie nach den in den Erläuterungen dargestellten Rechnungslegungsgrundsätzen sowie -methoden (Grundlagen) ordnungsgemäß aufgestellt ist und (3) diese Grundlagen in Übereinstimmung mit den Rechnungsmethoden des Aufstellers der Prognose stehen.

154 Ferner wird davon ausgegangen, dass die Prognose in 2015 aufgestellt und geprüft wird, also z.B. eine Aufstellung und Prüfung im März 2015.

155 Ist abhängig vom Auftrag anzupassen.

**Verantwortung des Prüfers**

Unsere Aufgabe ist es, eine betriebswirtschaftliche Prüfung durchzuführen und auf der Grundlage der von uns durchgeführten Prüfung

- ein Prüfungsurteil mit gewisser Sicherheit abzugeben, ob die in den Erläuterungen zur Prognoserechnung angegebenen Annahmen eine begründete Basis für die Prognoserechnung darstellen
- und darüber hinaus ein Urteil mit hinreichender Sicherheit abzugeben, ob die Prognoserechnung auf der Grundlage dieser Annahmen sowie auf den in den Erläuterungen dargestellten Rechnungslegungsgrundsätzen sowie Ausweis-, Bilanzierungs- und Bewertungsmethoden (Grundlagen) ordnungsgemäß aufgestellt ist sowie ob diese Grundlagen in Übereinstimmung mit den Rechnungslegungsgrundsätzen sowie den Ausweis-, Bilanzierungs- und Bewertungsmethoden der Gesellschaft stehen[156].

Wir haben als Wirtschaftsprüfungsgesellschaft die Anforderungen des *IDW Qualitätssicherungsstandards: Anforderungen an die Qualitätssicherung in der Wirtschaftsprüferpraxis (IDW EQS 1)*[157] zu erfüllen. Die Berufspflichten gemäß der Wirtschaftsprüferordnung und der Berufssatzung für Wirtschaftsprüfer/vereidigte Buchprüfer einschließlich der Anforderungen an die Unabhängigkeit haben wir eingehalten.[158]

Wir sind mit Schreiben vom… beauftragt worden und haben unsere Prüfung in Übereinstimmung mit dem International Standard on Assurance Engagements 3400 „The Examination of Prospective Financial Information“ (ISAE 3400) durchgeführt. Danach ist die Prüfung so zu planen und durchzuführen,

- ein Urteil mit gewisser Sicherheit abzugeben, ob die in den Erläuterungen zur Prognoserechnung angegebenen Annahmen eine begründete Basis für die Prognoserechnung darstellen
- und darüber hinaus ein Urteil mit hinreichender Sicherheit abzugeben, ob die Prognoserechnung auf der Grundlage dieser Annahmen sowie auf den in den Erläuterungen dargestellten Rechnungslegungsgrundsätzen sowie Ausweis-, Bilanzierungs- und Bewertungsmethoden (Grundlagen) ordnungsgemäß aufgestellt ist sowie ob diese Grundlagen in Übereinstimmung mit den Rechnungslegungsgrundsätzen sowie den Ausweis-, Bilanzierungs- und Bewertungsmethoden der Gesellschaft stehen[159].

Die Prüfungshandlungen, um mit gewisser Sicherheit zu beurteilen, ob die in den Erläuterungen zur Prognoserechnung angegebenen Annahmen eine begründete Basis für die Prognoserechnung darstellen, beinhalten Befragungen des Managements und weiterer Auskunftspersonen, insbesondere von Personen, die für die Annahmen verantwortlich sind, und die Erlangung von Prüfungsnachweisen anhand interner und externer Quellen auf Basis vergangenheitsorientierter Finanzinformationen der Gesellschaft und auch andere geeignete aussagebezogene Prüfungshandlungen.

Die Prüfungshandlungen zur Erlangung der hinreichenden Sicherheit, ob die Prognoserechnung auf Grundlage der in den Erläuterungen zur Prognoserechnung angegebenen Annahmen sowie auf den in den Erläuterungen dargestellten Rechnungslegungsgrundsätzen sowie Ausweis-, Bilanzierungs- und Bewertungsmethoden (Grundlagen) ordnungsgemäß aufgestellt wurde und ob die Grundlagen mit den Rechnungslegungsgrundsätzen sowie Ausweis-, Bilanzierungs- und Bewertungsmethoden der Gesell-

---

156 Die Prüfung des Einklangs mit den Rechnungslegungsgrundsätzen der Gesellschaft (Rechnungslegungsgrundsätze für gesetzliche Abschlüsse) ist bei einer Prüfung einer Gewinnprognose nach ProspektVO bzw. *IDW PH 9.960.3* obligatorisch. Nach ISAE 3400 ist zwar ebenso eine Einklangsprüfung gefordert. Hier können aber auch andere Rechnungslegungsgrundsätze der Gesellschaft als die für die gesetzlichen Abschlüsse zugrunde gelegt werden. Sofern keine Einklangsprüfung vorgesehen ist, kann die Prüfung nach ISAE 3000 (Rev.) durchgeführt werden (vgl. Tz. 55 f.).

157 *IDW EQS 1* beinhaltet eine noch nicht abgestimmte Berufsauffassung. Im Einklang mit dem *IDW Prüfungsstandard: Rechnungslegungs- und Prüfungsgrundsätze für die Abschlussprüfung (IDW PS 201)*, Tz. 30, hat der HFA jedoch eine Empfehlung zur Anwendung des *IDW EQS 1* ausgesprochen.

158 Vgl. ISAE 3000.A171 f. (Rev.). Die Formulierung in ISAE 3000 (Rev.) bezieht sich auf die Anwendung der Unabhängigkeits- und anderer ethischer Anforderungen nach dem Code of Ethics for Professional Accountants. In Betracht kommt – ebenso wie hier vorgeschlagen – die Anwendung nationaler Anforderungen der WPO und der BS WP/vBP.

159 Die Prüfung der Übereinstimmung mit den Rechnungslegungsgrundsätzen der Gesellschaft ist nur bei einer Prüfung einer Gewinnprognose nach ProspektVO bzw. *IDW PH 9.960.3* sowie ISAE 3400 obligatorisch (vgl. hierzu Tz. 55 f.).

schaft übereinstimmen, beinhalten sachliche Prüfungen und die Prüfung der Widerspruchsfreiheit sowie das Nachvollziehen des Prozesses der Ermittlung der Prognose und Befragungen des Managements und weiterer Auskunftspersonen.

Die Auswahl der Prüfungshandlungen liegt im pflichtgemäßen Ermessen des Prüfers und ist so zu planen und durchzuführen, dass wesentliche falsche Darstellungen bei der Aufstellung der Prognoserechnung auf Grundlage der in den Erläuterungen dargestellten Annahmen sowie bei der Aufstellung dieser Grundlagen in Übereinstimmung mit den Rechnungslegungsgrundsätzen der Gesellschaft mit hinreichender Sicherheit erkannt werden. Wir sind der Auffassung, dass wir ausreichende angemessene Prüfungsnachweise als Grundlage für unsere Beurteilung erlangt haben.

Da sich die Prognoserechnung auf einen noch nicht abgeschlossenen Zeitraum bezieht und auf der Grundlage von Annahmen über künftige ungewisse Ereignisse und Handlungen aufgestellt wird, ist sie naturgemäß mit erheblichen Unsicherheiten behaftet. Aufgrund dieser Unsicherheiten ist es möglich, dass die tatsächlichen Finanzinformationen der Gesellschaft für den Zeitraum vom 1. Januar 2015 bis zum 31. Dezember 2016 wesentlich von der Prognoserechnung abweichen.

**Prüfungsurteile**

Auf der Grundlage unserer Prüfung der die Annahmen unterstützenden Nachweise sind uns keine Sachverhalte bekannt geworden, die uns zu der Annahme veranlassen, dass die in den Erläuterungen zur Prognoserechnung angegebenen Annahmen keine nachvollziehbare Grundlage für die Prognoserechnung darstellen. Des Weiteren ist die Prognoserechnung auf Grundlage der in den Erläuterungen zur Prognoserechnung angegebenen Annahmen sowie den in den Erläuterungen dargestellten Rechnungslegungsgrundsätzen sowie Ausweis-, Bilanzierungs- und Bewertungsmethoden (Grundlagen) ordnungsgemäß und in Übereinstimmung mit den Rechnungslegungsgrundsätzen sowie den Ausweis-, Bilanzierungs- und Bewertungsmethoden der Gesellschaft aufgestellt“[160].

In Abhängigkeit vom Zweck und den Auftragsvereinbarungen kann es empfehlenswert sein, dass hier ggf. Ausführungen zu einer **Verwendungsbeschränkung** der Bescheinigung und zu den Auftragsvereinbarungen aufgenommen werden. 89

## 4.3 Berichterstattung über die Prüfung einer Projektion

Die Berichterstattung über die **Prüfung der Projektion** ist, wie unter Tz. 86 f. beschrieben, vorzunehmen. In der Berichterstattung ist herauszuarbeiten, dass es sich um eine Projektion handelt. Es ist v.a. der Zweck darzustellen und ein Hinweis aufzunehmen, dass die Projektion auf hypothetischen Annahmen beruht. Der entsprechende Hinweis in der Berichterstattung kann wie folgt lauten: 90

„Diese Projektion wurde für Zwecke … aufgestellt. Da sich die Gesellschaft in der Gründungsphase befindet, ist die Projektion auf einer Reihe von Annahmen aufgestellt, die hypothetische Annahmen über den Eintritt künftiger Ereignisse und Annahmen über Handlungen des Managements, deren Eintritt nicht unbedingt erwartet wird, beinhalten. In der Konsequenz weisen wir darauf hin, dass diese Projektion für keinen anderen als den beschriebenen Zweck geeignet ist“[161].

Um diesen Umstand auch im Prüfungsurteil adäquat zu berücksichtigen, ist im Falle einer **gemischten Projektion**, die sowohl auf bestmöglichen als auch hypothetischen Annahmen[162] beruht, folgende Formulierung angemessen: 91

„Auf der Grundlage unserer Prüfung der die Annahmen unterstützenden Nachweise sind uns keine Sachverhalte bekannt geworden, die uns zu der Annahme veranlassen, dass die in den Erläuterungen zur Projektion angegebenen bestmöglichen[163] Annahmen keine nachvollziehbare Grundlage für die Projektion darstellen. Vorausgesetzt wurde, dass… (Verweis oder Aufnahme der hypothetischen Annahmen).

160 Sofern der Aspekt der Prüfung der Übereinstimmung mit den Rechnungslegungsgrundsätzen sowie den Ausweis-, Bilanzierungs- und Bewertungsmethoden beauftragt ist (Vgl. Tz. 55 f.).

161 Vgl. ISAE 3400.29 (eigene Übersetzung).

162 Vgl. hierzu ISAE 3400.5 (b) und *Pföhler/Riese*, WPg 2014, S. 1184 (1186).

163 Der Begriff „bestmögliche“ wurde zur Klarstellung ergänzt. In ISAE 3400 fehlt dieser Begriff; dass es sich um bestmögliche Annahmen handelt, ergibt sich jedoch aus dem Kontext.

Des Weiteren ist die Projektion auf den in den Erläuterungen zur Projektion dargestellten Grundlagen ordnungsgemäß und in Übereinstimmung mit den Rechnungslegungsgrundsätzen der Gesellschaft aufgestellt"[164].

92 Im Falle einer **Projektion**, die **ausschließlich auf hypothetischen Annahmen** basiert, kann das Prüfungsurteil wie folgt formuliert werden:

„Die in den Erläuterungen zur Projektion dargestellten hypothetischen Annahmen werden vorausgesetzt und unterlagen somit keiner Prüfung. Des Weiteren ist die Projektion auf den in den Erläuterungen zur Projektion dargestellten Grundlagen ordnungsgemäß und in Übereinstimmung mit den Rechnungslegungsgrundsätzen der Gesellschaft aufgestellt"[165].

93 In Abhängigkeit vom Zweck und den Auftragsvereinbarungen sollten hier ggf. Ausführungen zu einer **Verwendungsbeschränkung** der Bescheinigung und zu den Auftragsvereinbarungen aufgenommen werden.

164 Sofern die Berichterstattung über die Prüfung des Aspekts der Prüfung der Übereinstimmung mit den Rechnungslegungsgrundsätzen beauftragt ist (vgl. Tz. 55 f.).

165 Sofern der Aspekt der Prüfung der Übereinstimmung mit den Rechnungslegungsgrundsätzen beauftragt ist (vgl. Tz. 55 f.).

# Kapitel G

# Zuwendungen und deren Prüfung

Verfasser:
WP StB Dipl.-Ök. Andreas Dörschell, Krefeld

Inhalt Tz.



## 1. Einleitung

1 Die Gewährung verschiedener Arten von Zuwendungen durch die öffentliche Hand aber auch von privater Seite gehört zum wirtschaftlichen Alltag. Ebenso vielfältig wie die **Ausgestaltung der Zuwendungen** können die Aufgaben des WP i.Z.m. deren Prüfung beim Zuwendungsgeber oder Zuwendungsempfänger sein. Neben der Prüfung der bilanziellen Abbildung im JA oder KA des Zuwendungsgebers oder Zuwendungsempfängers i.R.d. Jahresabschlussprüfung umfasst das Leistungsspektrum dabei zunehmend sonstige betriebswirtschaftliche Prüfungen (**Assurance-Leistungen**) außerhalb der Abschlussprüfung. Typischerweise werden WP beauftragt zu prüfen, ob die Voraussetzungen für die Zuwendungsgewährung im Einzelfall vorliegen oder ob der Zuwendungsempfänger nach der Zuwendungsgewährung die Zuwendungsbedingungen eingehalten hat. Beispiele hierfür sind die Prüfung im Zusammenhang mit der Antragstellung stromkostenintensiver Unternehmen nach dem Erneuerbare-Energien-Gesetz oder die Prüfung der ordnungsgemäßen Mittelverwendung bei regionalen oder landes-

gesetzlichen Förderprogrammen. Die diesbezüglich in den einschlägigen rechtlichen Vorschriften oder den jeweiligen Zuwendungsbedingungen getroffenen Festlegungen geben den Rahmen für die Assurance-Leistungen des WP vor.

Der nachfolgende Beitrag konzentriert sich nach einem Abschnitt zu Definition der Be- 2
grifflichkeiten auf die sonstigen betriebswirtschaftlichen Prüfungen außerhalb der Abschlussprüfung i.R.d. Gewährung und im Anschluss an die Gewährung öffentlicher und privater Zuwendungen.

## 2. Definitionen Zuwendungen/Zuschüsse

In der Praxis werden für gewährte wirtschaftliche Vorteile ganz **unterschiedliche Ter- 3
mini synonym** verwendet. So finden sich etwa Bezeichnungen wie Zuwendung, Zuschuss, Zulage, Prämie, Fördermittel, Subvention oder Beihilfe[1]. Zuwendungen können in Form liquider Mittel oder in Form von Sachzuwendungen oder sonstigen Vorteilen (z.B. Steuervergünstigungen oder Zinsvorteilen) gewährt werden. Ferner werden Zuwendungen oder Zuschüsse danach unterschieden, ob sie von der öffentlichen Hand oder von privater Seite gewährt werden, ob sie mit einer Gegenleistungsverpflichtung verbunden sind und ob bzw. unter welchen Voraussetzungen eine Rückzahlungsverpflichtung des Empfängers besteht.

### 2.1 Öffentliche Zuwendungen[2]

Öffentliche Zuschüsse werden regelmäßig aus politischen Gründen gewährt und sehen 4
in aller Regel **keine unmittelbare Gegenleistungsverpflichtung** des Zuwendungsempfängers gegenüber dem Zuwendungsgeber vor.

**Beispiel 1:**

Öffentliche Zuschüsse können bspw. sein:

- Investitionszuschüsse aus öffentlichen Mitteln
- zinsgünstige Förderkredite der KfW
- Eingliederungszuschüsse für die Einstellung von älteren Menschen oder Menschen mit Behinderungen
- Steuerbefreiungen oder -ermäßigungen nach dem Stromsteuergesetz
- die Gewährung von verschiedenen finanziellen Vorteilen für Anlagenbetreiber und stromkostenintensive Unternehmen nach dem Erneuerbare-Energien-Gesetz (EEG) oder nach dem Kraft-Wärme-Kopplungsgesetz (KWKG)
- Beihilfen für indirekte CO2-Kosten (Strompreiskompensation).

Zudem ist danach zu unterscheiden, ob öffentliche Zuschüsse **nicht rückzahlbar oder 5
bedingt rückzahlbar** sind. Typische Fälle bedingt rückzahlbarer Zuschüsse sind bspw. Investitionszulagen, bei denen eine Rückzahlungsverpflichtung entsteht, wenn der Zuwendungsempfänger bestimmte Bindungsfristen oder Vereinbarungen nicht einhält. Eine Rückzahlungsverpflichtung kann an Bedingungen wie den Erhalt einer bestimmten

1 In der Praxis werden z.T. steuerpflichtige Zuwendungen als Zuschüsse, steuerfreie Zuwendungen als Zulagen bezeichnet. Nachfolgend werden die Begriffe Zuschuss oder Zuwendung synonym verwendet.

2 Vgl. zur nachfolgenden Definition bereits *Stellungnahme HFA 1/1984: Bilanzierungsfragen bei Zuwendungen, dargestellt am Beispiel finanzieller Zuwendungen der öffentlichen Hand (St HFA 1/1984)* sowie *Tjaden*, WPg 1985; S. 33 ff.

Zahl von Arbeitsplätzen oder an den wirtschaftlichen Erfolg des Zuschussempfängers geknüpft sein.

6 Öffentliche Zuwendungen an Betriebe oder Unternehmen stellen i.d.R. **Subventionen** i.S.d. § 264 Abs. 7 StGB und/oder **Beihilfen** i.S.d. Art. 107 Abs. 1 Vertrag über die Arbeitsweise der Europäischen Union (AEUV) dar. Dabei handelt es sich um selektive aus staatlichen Mitteln finanzierte Maßnahmen im Sinne eines wirtschaftlichen Vorteils zugunsten eines Unternehmens, die begünstigende Wirkung für das Unternehmen haben[3]. In beiden Fällen können Verstöße gegen die Regelungen oder unrichtige Angaben strafrechtliche Konsequenzen nach sich ziehen.

## 2.2 Private Zuschüsse[4]

7 Private Zuschüsse werden i.d.R. im Rahmen einer Geschäftsbeziehung unter fremden Dritten gewährt und beruhen grundsätzlich auf einem **ökonomischen Austauschverhältnis**, bei dem Leistung des Zuschussgebers und Gegenleistung des Zuschussempfängers gegeneinander abgewogen sind. Der Zuschussgeber wendet den Zuschuss zur Erreichung eines in seinem Interesse liegenden Ziels auf, während die Gegenleistung des Zuschussempfängers in der Erfüllung eines bestimmten Zwecks besteht.

**Beispiel 2:**

Als private Zuschüsse kommen bspw. in Frage
- Formkostenzuschüsse (Werkzeugkostenzuschüsse),
- Baukostenzuschüsse
- Marketingzuschüsse oder
- Aufwands- und Ertragszuschüsse für bestimmte im Interesse des Zuschussgebers erbrachte Leistungen.

8 Der **Zweck der Zuschussgewährung** kann z.B. bei Werkzeugkostenzuschüssen in der Anschaffung eines bestimmten Werkzeugs oder einer Maschine zur Sicherstellung der Lieferbereitschaft von Produkten an den Zuschussgeber oder bei Marketingzuschüssen in der Durchführung bestimmter Werbemaßnahmen für den Zuschussgeber liegen.

9 Daneben bestehen in **Ausnahmefällen** auch private Zuschüsse ohne Gegenleistungsverpflichtung des Zuschussempfängers. Hierbei handelt es sich i.d.R. um Kapitalzuführungen oder um einen Forderungsverzicht nach § 397 BGB durch einen Gesellschafter. Zuschüsse ohne Gegenleistungsverpflichtung können jedoch auch von Dritten erbracht werden.

10 Der WP ist regelmäßig i.R.d. Jahres- und Konzernabschlussprüfung mit der Prüfung der Bilanzierung privater Zuschüsse beim Zuschussgeber oder Zuschussempfänger befasst. Diesbezüglich ist die **Würdigung der** vom Zuschussempfänger nach den Zuschussbedingungen übernommenen **Gegenleistungsverpflichtung** von zentraler Bedeutung. Namentlich richtet sich die ertragswirksame Vereinnahmung des Zuschusses beim Zuschussempfänger bzw. die aufwandswirksame Erfassung beim Zuschussgeber nach der

3 Vgl. hierzu im Einzelnen *IDW Prüfungsstandard: Prüfung von Beihilfen nach Art. 107 AEUV insbesondere zugunsten öffentlicher Unternehmen (IDW PS 700).*

4 Vgl. zur nachfolgenden Definition *Stellungnahme 2/1996 i.d.F. 2013: Zur Bilanzierung privater Zuschüsse (St HFA 2/1996 i.d.F. 2013).*

Erfüllung der übernommenen zeit- und/oder mengenbezogenen Verpflichtung bzw. nach dem erworbenen Anspruch auf die Gegenleistung[5]. Die Besonderheiten der Prüfung der Bilanzierung privater Zuschüsse sind nicht Gegenstand der nachfolgenden Ausführungen.

Sonstige betriebswirtschaftliche Prüfungen i.Z.m. privaten Zuschüssen stellen in der Praxis einen vergleichsweise seltenen Ausnahmefall dar. Im Zweifel erscheint in einem solchen Fall die Anwendung der nachfolgenden Grundsätze zur Prüfung im Rahmen der Gewährung öffentlicher Zuschüsse sachgerecht. 11

## 3. Prüfungen im Rahmen der Gewährung von öffentlichen Zuschüssen

### 3.1 Mögliche Auftragsarten

Öffentliche Zuschüsse werden nach Maßgabe der **Zuschussbedingungen** gewährt, deren Vorliegen im Einzelfall der Prüfung durch WP unterliegt. Bei den zu prüfenden bzw. zu beurteilenden Sachverhalten kann es sich um vergangenheits- oder zukunftsorientierte Finanzinformationen (z.B. Investitionskosten) oder andere Informationen handeln, wie z.B. Mitarbeiterzahl, Strommengen, Leitungslängen oder Zeitpunkte der Inbetriebnahme von Einrichtungen. Dabei bestimmt die Art der Sachverhaltsinformation zusammen mit der geforderten Aussage des WP die anzuwendenden beruflichen Grundsätze: 12

5 Vgl. im Einzelnen *St HFA 2/1996 i.d.F. 2013*, Abschn. 2 und Abschn. 3.

<table>
<tr><th colspan="2">Art der Sachverhaltsinformation</th><th colspan="4">Art der Aussage des Wirtschaftsprüfers</th></tr>
<tr><td colspan="2"></td><td colspan="2">Prüfungsurteil</td><td rowspan="2" colspan="2"></td></tr>
<tr><td colspan="2"></td><td>mit hinreichender Sicherheit</td><td>mit begrenzter Sicherheit</td></tr>
<tr><td rowspan="2">Finanzinformationen</td><td>vergangenheitsorientiert</td><td>IDW PS 480[1] / IDW PS 490[2]</td><td>IDW PS 900[3]</td><td rowspan="8">Vereinbarte Untersuchungshandlungen (ISRS 4400[4])</td><td rowspan="8">Sachverständige bzw. gutachterliche Stellungnahme</td></tr>
<tr><td>zukunftsorientiert</td><td colspan="2">ISAE 3000[5] (Revised) i.V.m. ISAE 3400[6]</td></tr>
<tr><td rowspan="6">Andere Informationen</td><td>vergangenheitsorientiert</td><td colspan="2" rowspan="6">ISAE 3000 (Revised)</td></tr>
<tr><td>zukunftsorientiert</td></tr>
<tr><td>Systeme & Prozesse</td></tr>
<tr><td>Einhaltung von Regeln (Compliance)</td></tr>
<tr><td>Sonstige</td></tr>
</table>

1 Vgl. *IDW Prüfungsstandard: Prüfung von Abschlüssen, die nach Rechnungslegungsgrundsätzen für einen speziellen Zweck aufgestellt wurden (IDW PS 480)* (Stand: 28.11.2014).

2 Vgl. *IDW Prüfungsstandard: Prüfung von Finanzaufstellungen oder deren Bestandteilen (IDW PS 490)* (Stand: 28.11.2014).

3 Vgl. *IDW Prüfungsstandard: Grundsätze für die prüferische Durchsicht von Abschlüssen (IDW PS 900)* (Stand: 01.10.2002).

4 International Standard on Related Services (ISRS) 4400: Engagements to Perform Agreed-Upon Procedures Regarding Financial Information.

5 International Standard on Assurance Engagements (ISAE) 3000 (Revised): Assurance Engagements Other than Audits or Reviews of Historical Financial Information.

6 International Standard on Assurance Engagements (ISAE) 3400: The Examination of Prospective Financial Information.

Abb 1: Kategorisierung der Aufträge einerseits nach der Art der Sachverhaltsinformation und andererseits nach der Art der Aussage des Wirtschaftsprüfers[6]

6 Das Schaubild ist entnommen aus dem *Entwurf einer Neufassung des IDW Prüfungsstandards: Sonstige betriebswirtschaftliche Prüfungen und ähnliche Leistungen im Zusammenhang mit energierechtlichen Vorschriften (IDW EPS 970 n.F.)*, Tz. 7.

13 Bei Prüfungen im Zusammenhang mit der Gewährung von Zuschüssen ist in aller Regel die Erlangung **hinreichender Sicherheit** über vergangenheitsorientierte Sachverhaltsinformationen erforderlich. Soweit es sich bei den zu prüfenden Angaben um Finanzinformationen handelt, ist grundsätzlich eine Prüfung mit einem Prüfungsurteil mit hinreichender Sicherheit auf der Grundlage von *IDW PS 490* angezeigt[7]. Bei anderen Informationen ist ISAE 3000 (Rev.) einschlägig, der die Alternativen eines Prüfungsurteils mit hinreichender Sicherheit (reasonable assurance) oder begrenzter Sicherheit (limited assurance) kennt. Ggf. existieren speziellere Verlautbarungen des IDW, die im Einzelfall vorrangig zu beachten sind, wie z.B. der *IDW EPS 970 n.F.* bzw. die diesbezüglichen Prüfungshinweise. So prüft der WP etwa bei der Prüfung eines stromkostenintensiven Unternehmens nach § 64 Abs. 3 Nr. 1 Buchst. c EEG 2017, ob die Antragsvoraussetzungen vorliegen und erteilt hierzu einen Prüfungsvermerk. Im Einzelnen wird mit hinreichender Sicherheit beurteilt, ob die in einer gesonderten Anlage gemachten vergangenheitsorientierten Angaben des Unternehmens zum Betriebszweck und zur Betriebstätigkeit, zu den Strommengen, zu sämtlichen Bestandteilen der Bruttowertschöpfung und der getragenen Stromkosten frei von wesentlichen Fehlern sind[8]. Prüfungsgegenstand sind insoweit sowohl Finanzinformationen als auch andere Informationen.

14 **Beurteilungen von zukunftsorientierten Sachverhalten** betreffen etwa die Prüfung des prognostizierten Anteils der Wärmeeinspeisung in ein Wärmenetz[9], der prognostizierten Stromverbrauchsmengen einer Schienenbahn[10] oder auch die Tragfähigkeit von Geschäftskonzepten oder Businessplänen im Zusammenhang mit Zuschussgewährungen, z.B. im Rahmen von Unternehmensgründungen. Sofern es sich um zukunftsorientierte Finanzinformationen handelt, ist ISAE 3400 anzuwenden. Bei der Prüfung von zukunftsorientierten Informationen, die keine Finanzinformationen sind, bietet es sich an, ISAE 3000 (Rev.) ergänzt um ISAE 3400 heranzuziehen. Zukunftsorientierten (Finanz-)Informationen liegen Annahmen zugrunde. Daher sind bei der Prüfung einer Prognose die getroffenen Annahmen in einem ersten Schritt mit dem Ziel zu prüfen, dass der WP ein Urteil darüber abgeben kann, dass ihm keine Sachverhalte bekannt geworden sind, die ihn zu der Annahme veranlassen, dass die getroffenen Annahmen keine angemessene Grundlage für die Aufstellung der Prognose sind. In einem zweiten Schritt zielt die Prüfung der auf der Grundlage der getroffenen Annahmen prognostizierten Angaben darauf ab, ein Urteil mit hinreichender Sicherheit abzugeben, ob die Prognoserechnung auf der Grundlage der getroffenen Annahmen in allen wesentlichen Be-

7 *IDW PS 480* dürfte bei der Prüfung von Zuschüssen allenfalls ausnahmsweise einschlägig sein.

8 Vgl. im Einzelnen *IDW Prüfungshinweis: Besonderheiten der Prüfung im Zusammenhang mit der Antragstellung stromkostenintensiver Unternehmen auf Besondere Ausgleichregelung nach dem EEG 2014 (IDW PH 9.970.10). IDW PH 9.970.10* wird zzt. überarbeitet, da das EEG 2017, das zum 01.01.2017 in Kraft getreten ist, das EEG 2014 ablöst.

9 Vgl. hierzu *IDW Prüfungshinweis: Besonderheiten der Prüfung nach § 30 Abs. 1 Nr. 3 KWKG im Zusammenhang mit der Antragstellung auf Förderung von Wärme- und Kältenetzen (IDW PH 9.970.31).* Das KWKG wurde mit Wirkung zum 01.01.2017 geändert; daher wird der *IDW PH 9.970.31* entsprechend angepasst.

10 Dieser Anwendungsfall wird ausdrücklich aus dem Anwendungsbereich des *IDW Prüfungshinweises: Besonderheiten der Prüfung im Zusammenhang mit der Antragstellung von Schienenbahnen auf Besondere Ausgleichsregelung nach dem EEG 2014 (IDW PH 9.970.14)* ausgenommen; vgl. *IDW PH 9.970.14*, Tz. 4. *IDW PH 9.970.14* wird überarbeitet, da das EEG 2017, das zum 01.01.2017 in Kraft getreten ist, das EEG 2014 ablöst.

langen in Übereinstimmung mit den jeweils maßgeblichen Vorschriften aufgestellt wurde. Da sich die Prognosen auf einen zum Zeitpunkt der Beurteilung noch nicht abgeschlossenen Zeitraum beziehen und auf der Grundlage von Annahmen über künftige ungewisse Handlungen erstellt werden, ist in dem Prüfungsvermerk zu verdeutlichen, dass die Prognosen mit erheblichen Unsicherheiten behaftet sind[11].

15 Ein Sonderfall ist die gesonderte **Prüfung von Ausgleichsleistungen** bei der gewährenden Stelle im Zusammenhang mit der Gewährung von Beihilfen an bestimmte Unternehmen, die mit der Erbringung von Dienstleistungen von allgemeinem wirtschaftlichem Interesse betraut sind[12]. Gegenstand der Beurteilung durch den WP sind in diesem Fall die in einer Beschreibung der gesetzlichen Vertreter der gewährenden Stelle enthaltenen Angaben über einzelne in einem bestimmten Zeitraum gewährte Ausgleichsleistungen. Es handelt sich hierbei im Wesentlichen um die Prüfung „anderer Informationen". Der Prüfer stellt im Fall eines positiven Urteils fest, dass die in der Beschreibung enthaltenen Aussagen in allen wesentlichen Belangen zutreffend sind[13].

## 3.2 Grundsätze der Prüfung

### 3.2.1 Auftragsannahme

16 Voraussetzung für die Auftragsannahme einer Prüfung i.Z.m. der Gewährung von Zuschüssen ist stets die **Einhaltung der Berufspflichten** einschließlich der Pflicht zur Unabhängigkeit durch den WP. Da Zuschüsse auf der Grundlage bestimmter rechtlicher Vorschriften gewährt werden, hat sich der WP insb. davon zu überzeugen, dass er bzw. das eingesetzte Prüfungsteam über den für die Auftragsdurchführung erforderlichen besonderen Sachverstand verfügt. Im Einzelfall können dies bestimmte Kenntnisse eines rechtlichen (z.B. energierechtlich oder arbeitsrechtlich) oder technischen Rahmens sein. Häufig ist auch zunächst zu analysieren, welche Vorgehensweise erwartet wird, um bei der Auftragsannahme Gegenstand, Art und Umfang des Auftrags einschließlich der Form der Berichterstattung sowie die darin im Detail geforderten Aussagen festzulegen.

17 Von maßgeblicher Bedeutung ist zudem, dass der WP die **Aufgabenstellung eindeutig** identifiziert, die Auftragsgegenstände für den Empfänger eindeutig abgrenzt und sicherstellt, dass eindeutige Kriterien als Beurteilungsmaßstab (Sollobjekt) zur Erteilung des Prüfungsurteils verwendet werden.

18 Im **Auftragsschreiben** bietet es sich an, auf folgende Sachverhalte einzugehen[14]:

- das mit dem Auftrag verfolgte Ziel
- die Verantwortung der gesetzlichen Vertreter für die Ordnungsmäßigkeit der zugrunde liegenden Sachverhaltsinformationen
- Art und Umfang des Auftrags ggf. einschließlich einer Bezugnahme auf vorhandene *IDW Verlautbarungen* oder andere Prüfungsgrundsätze
- Form und Inhalt der Berichterstattung über den Auftrag (Prüfungsvermerk, Bericht, sachverständige/gutachterliche Stellungnahme, Brief)

---

11 Vgl. hierzu *IDW PH 9.970.31*, Anhang 1 sowie auch *IDW Prüfungshinweis: Prüfung von Gewinnprognosen und -schätzungen i.S.v. IDW RH 2.003 und Bestätigung zu Gewinnschätzungen auf Basis vorläufiger Zahlen (IDW PH 9.960.3)*, Tz. 13.

12 Vgl. hierzu im Einzelnen *IDW PS 700*, Tz. 61 ff.

13 Vgl. im Einzelnen *IDW PS 700*, Tz. 80.

14 In diesem Sinne auch *IDW EPS 970 n.F.*, Tz. A22.

- bei Prüfungen zur Erlangung hinreichender Sicherheit die Tatsache, dass wegen der Prüfung in Stichproben und wegen anderer immanenter Grenzen der Prüfung, zusammen mit den immanenten Grenzen eines jeden für die zu prüfenden Angaben relevanten IKS, ein unvermeidbares Risiko besteht, dass selbst wesentliche falsche Angaben unentdeckt bleiben
- das Erfordernis eines uneingeschränkten Zugangs zu den für den Auftrag erforderlichen Anlagen, Aufzeichnungen, Schriftstücken und sonstigen Informationen und der Bereitschaft der gesetzlichen Vertreter, Auskünfte in dem erforderlichen Umfang vollständig zu erteilen
- die Grundlagen der Honorarabrechnung sowie des Ersatzes von Auslagen
- Vereinbarungen über Haftungs- sowie Weitergabebeschränkungen
- die Verpflichtung der gesetzlichen Vertreter zur Erteilung einer VollstE
- Hinweis auf die ggf. erforderliche Hinzuziehung eines sachverständigen Dritten
- Regelungen zur Durchführung einer ggf. erforderlichen Nachtragsprüfung.

Da im Zusammenhang mit der Zuschussgewährung häufig feste Ausschlussfristen gelten, sollte zudem i.R.d. Auftragserteilung klargestellt werden, dass die **fristgerechte Abgabe** der einschlägigen Unterlagen in der Verantwortung des Unternehmens liegt, und die fristgemäße Durchführung des Auftrags durch den WP die fristgerechte Vorlage der zu prüfenden Unterlagen voraussetzt. **19**

Bei Auftragsannahme sollte zudem auf den **Wortlaut** des zu erteilenden Prüfungsvermerks bzw. der zur erteilenden Bescheinigung[15] hingewiesen werden. Diese müssen so formuliert sein, dass sich das Prüfungsurteil auf denselben Prüfungsgegenstand und die Kriterien bezieht, die in den Prüfungsanforderungen festgelegt sind. **20**

Besondere **Vorsicht** ist **bei der Verwendung vorformulierter Prüfungsvermerke** geboten, da häufig Unklarheit über den Prüfungsgegenstand, über die Urteilskriterien (Sollobjekt) sowie über Art und Umfang der durchgeführten Tätigkeiten herrscht[16]. Damit besteht grundsätzlich die Gefahr einer Erwartungslücke beim Adressaten zwischen der tatsächlich geleisteten Tätigkeit des Prüfers und den Aussagen des vorformulierten Prüfungsvermerks. Aufgrund dieser Problematik müssen WP die Unterzeichnung derartiger vorformulierter Prüfungsvermerke häufig ablehnen. Sie erteilen in diesen Fällen Prüfungsvermerke, Bescheinigungen oder Berichte auf Basis der vom IDW bzw. vom International Auditing and Assurance Standards Board (IAASB) festgestellten Grundsätze entweder **21**

- anstelle des vorformulierten Prüfungsvermerks oder
- zusätzlich zur Unterzeichnung des vorformulierten Prüfungsvermerks mit Aufnahme eines Hinweises auf den nach den Berufsgrundsätzen erteilten Prüfungsvermerk, manchmal mit dem Hinweis, dass dieser konstitutiv ist. Beide Prüfungsvermerke werden fest miteinander verbunden.

**Beispiele** für derartige vorformulierte Prüfungsvermerke bzw. Bescheinigungen bei Prüfungen i.R.d. Gewährung von Zuschüssen können sehr vielfältig sein. So kommen z.B. in Betracht: **22**

15 In der Vergangenheit wurde regelmäßig der Begriff „Bescheinigung" verwendet. Vor dem Hintergrund der Veröffentlichung des *IDW PS 480* und des *IDW PS 490* setzt sich in der Praxis zunehmend der Begriff „Prüfungsvermerk" durch, der daher im Folgenden verwendet wird. Vgl. auch Tz. 29.

16 Vgl. hierzu und zum Folgenden: *IDW Positionspapier: Vorformulierte Bescheinigungen*, Abschn. 1.

- Bescheinigungen zur Einhaltung der Zweckbindung und der Zweckbindungsfristen
- Verwendungsnachweise von Förderbanken
- Nachweis von Dauerarbeitsplätzen für Zuwendungsbescheide.

23 Hervorzuheben ist, dass der WP in keinem Fall dem Verlangen, derartige vorformulierte Prüfungsvermerke zu erteilen, unbesehen nachgeben darf. Sein Vorgehen wird sich vielmehr an den nachfolgenden Prüfungsgrundsätzen orientieren müssen.

### 3.2.2 Prüfungsplanung und Prüfungsdurchführung

24 Die Prüfung i.R.d. Gewährung von Zuschüssen folgt grundsätzlich dem in *IDW PS 480* bzw. *IDW PS 490* oder auch in IASE 3000 vorgesehenen **risikoorientierten Prüfungsansatz**. Dieser lässt sich wie folgt skizzieren[17]:

- Die Prüfung ist in sachlicher, personeller und zeitlicher Hinsicht so zu planen, dass eine ordnungsgemäße Prüfungsdurchführung gewährleistet ist. Dies setzt ein Verständnis von dem zu prüfenden Unternehmen – einschließlich der Systeme zur Erfassung, Verarbeitung und Aufzeichnung, die für die Ermittlung der jeweils zu prüfenden Sachverhaltsinformation des Unternehmens – und dessen Umfeld voraus.
- Im Rahmen der Prüfungsplanung sind Wesentlichkeitsgrenzen ggf. sowohl hinsichtlich der zugrunde liegenden Finanzinformationen als auch hinsichtlich der anderen Sachverhaltsinformationen festzulegen. Dabei ist das sich aus dem Prüfungsgegenstand ergebende Prüfungsrisiko zu berücksichtigen, insb. sofern die Über- oder Unterschreitung von Schwellenwerten beurteilt werden soll.
- Die Prüfung ist risikoorientiert so zu planen und durchzuführen[18], dass wesentliche Fehler unter Beachtung des Grundsatzes der Wirtschaftlichkeit und Berücksichtigung etwaiger Besonderheiten mit hinreichender Sicherheit erkannt werden. Soweit auf interne Kontrollen des Unternehmens zurückgegriffen werden soll, sind Aufbau- und Funktionsprüfungen zu den internen Kontrollen, die für die Ermittlung der zu prüfenden Sachverhaltsinformationen relevant sind, sowie aussagebezogene Prüfungshandlungen (analytische Prüfungshandlungen und stichprobenartige Einzelfallprüfungen) zu planen. Art und Umfang der im Einzelfall erforderlichen Prüfungshandlungen hat der WP i.R.d. Eigenverantwortlichkeit nach pflichtgemäßem Ermessen zu bestimmen.

25 Es ist möglich, die Prüfung allein auf der Grundlage aussagebezogener Prüfungshandlungen vorzunehmen, um auf diese Weise ausreichende und angemessene Prüfungsnachweise zu erhalten, wenn dies nach der Beurteilung des WP im gegebenen Fall sinnvoll ist. Für dieses Vorgehen können insb. auch **Wirtschaftlichkeitsgründe** sprechen.

26 Sofern der WP auch mit der Prüfung des JA beauftragt ist und der Auftraggeber einer Verwendung der Ergebnisse der Jahresabschlussprüfung i.R.d. Prüfung i.Z.m. der Zuschussgewährung zugestimmt hat, kann er zudem die **Prüfungsnachweise verwerten**, die bei der Prüfung des JA erlangt wurden und für die Verwertung geeignet sind.

27 Anschließend ist zu beurteilen, welchen Einfluss die Ergebnisse der Risikobeurteilung sowie der Funktionsprüfungen auf den Umfang der durch analytische Prüfungshand-

17 Vgl. hierzu im Einzelnen *Gewehr/Böhm/Herkendell*, WPg 2013, S. 343 ff.
18 Zur Planung und Durchführung von Prüfungshandlungen vgl. auch *IDW*, WPH Edition, Wirtschaftsprüfung & Rechnungslegung[15], Kap. L.

lungen und durch sonstige aussagebezogene Prüfungshandlungen zu erzielenden **Sicherheit** haben.

### 3.2.3 Dokumentation

Die Dokumentation muss geeignet sein, einem fachkundigen Dritten zu ermöglichen, die Planung und Durchführung der Tätigkeit des WP sowie die von ihm gezogenen Schlussfolgerungen **nachzuvollziehen**. Zumindest sollte eine von den gesetzlichen Vertretern des Unternehmens rechtswirksam unterzeichnete Fassung der dem Auftrag zugrunde liegenden Sachverhaltsinformationen zu den Arbeitspapieren genommen werden. Ferner ist eine VollstE von den gesetzlichen Vertretern des geprüften Unternehmens einzuholen. 28

### 3.2.4 Berichterstattung

Sind vergangenheitsorientierte Finanzinformationen Gegenstand einer Prüfung i.Z.m. der Gewährung öffentlicher Zuschüsse, ist darüber grundsätzlich nach Maßgabe der Grundsätze des *IDW PS 480* bzw. *IDW PS 490* zu berichten. Insbesondere ist der zu erteilende Vermerk als **„Prüfungsvermerk“** – nicht als „Bescheinigung“ – zu bezeichnen, soweit nicht gesetzliche Vorschriften oder behördliche Regelungen die Verwendung des Begriffs „Bescheinigung“ vorschreiben. Die Pflicht zur Erstellung eines PrB besteht hingegen nur, sofern dies gesetzlich vorgeschrieben oder vertraglich vereinbart ist. In diesen Fällen wird der Prüfungsvermerk in der weitergehenden Berichterstattung erteilt oder dort lediglich wiedergegeben. 29

Geboten sind u.a. die folgenden **Mindestbestandteile** der Berichterstattung[19]: 30

- Überschrift: Prüfungsvermerk
- Adressierung an den Auftraggeber
- Darstellung der Verantwortung des Auftraggebers für die der Prüfung zugrunde liegenden Informationen sowie für interne Kontrollen
- Darstellung der Verantwortung des WP: Beschreibung der Durchführungsgrundsätze der Prüfung, Benennung oder Beschreibung des Sachverhalts und der Sachverhaltsinformation, Grad der zu erzielenden Urteilssicherheit, Angabe der angewandten Kriterien, Angabe, dass der Auftrag in Übereinstimmung mit *IDW PS 480* bzw. *IDW PS 490* oder einer einschlägigen speziellen Verlautbarung durchgeführt wurde
- Urteil des WP in Form einer Positivaussage, dass nach Auffassung des WP die Sachverhaltsinformation in allen wesentlichen Belangen den einschlägigen Kriterien entspricht
- Weitergabebeschränkung
- ggf. Hinweis auf Haftungsbeschränkung
- Ort, Datum und Unterschrift.

Ergeben sich wesentliche Beanstandungen zur geprüften Sachverhaltsinformation oder bestehen Prüfungshemmnisse, muss das Urteil des WP in eindeutiger Form **modifiziert** werden. 31

Handelt es sich um eine Prüfung i.R.d. Gewährung von Zuschüssen, die den Grundsätzen des **ISAE 3000 (Rev.)** folgt, so wird ein Prüfungsvermerk erteilt. Dieser muss die 32

19 Vgl. hierzu die in Anlage 2 zu *IDW PS 480* und Anlage 3 zu *IDW PS 490* vorgegebenen Formulierungsbeispiele.

in ISAE 3000 (Rev.) vorgesehenen 15 Mindestbestandteile (basic elements) enthalten[20]. Weitere Inhalte des Prüfungsvermerks sind nach ISAE 3000.68 (Rev.) zulässig, müssen aber klar vom Urteil abgegrenzt werden. Das Prüfungsurteil kann auftragsabhängig mit hinreichender oder begrenzter Sicherheit erteilt werden.

## 3.3 Besonderheiten bei Prüfungen im Zusammenhang mit der Antragstellung stromkostenintensiver Unternehmen auf die Besondere Ausgleichsregelung nach dem EEG 2017

### 3.3.1 Prüfungsgegenstand

33 Nach § 64 Abs. 3 Nr. 1 Buchst. c EEG 2017 i.V.m. § 6 Abs. 2 DSPV ist auf der Grundlage geprüfter handelsrechtlicher JA i.R.d. Antragstellung eine **Zusammenstellung bestimmter Informationen** von einem WP zu prüfen. Diese umfassen insb.[21]

- Angaben zum Betriebszweck und zur Betriebstätigkeit des Unternehmens,
- sämtliche Strombezugsmengen im letzten GJ pro Abnahmestelle für sämtliche Abnahmestellen des antragstellenden Unternehmens, einschließlich der Strommengen, die an Dritte weitergeleitet wurden,
- sämtliche Bestandteile der tatsächlichen Strombezugskosten im letzten abgeschlossenen GJ,
- Angaben zu den Vollbenutzungsstunden, einschließlich der im letzten abgeschlossenen GJ an der beantragten Abnahmestelle jeweils entnommenen elektrischen Arbeit,
- sämtliche Bestandteile der Bruttowertschöpfung im Nachweiszeitraum.

34 Da es sich bei diesen Informationen sowohl um vergangenheitsbezogene Finanzinformationen als auch um vergangenheitsbezogene andere Informationen handelt, kommen als Grundlage für das prüferische Vorgehen zunächst sowohl *IDW PS 490* als auch ISAE 3000 (Rev.) in Betracht. Der Fachausschuss für öffentliche Unternehmen und Verwaltungen (ÖFA) des IDW hat als spezielle Verlautbarung für diese Prüfung den ***IDW PH 9.970.10*** verabschiedet, der auf *IDW EPS 970 n.F.* basiert und mit *IDW PS 490* und ISAE 3000 (Rev.) in Einklang steht.

### 3.3.2 Besonderheiten bei der Auftragsannahme

35 Ergänzend zu den Ausführungen in Tz. 16 ff. sind bei derartigen Aufträgen folgende Punkte in das **Auftragsschreiben** aufzunehmen[22]:

- Bezugnahme auf *IDW PH 9.970.10*
- Hinweis, dass die form- und fristgerechte sowie vollständige Einreichung der Antragsunterlagen in der Verantwortung des Unternehmens liegt und dass zur fristgemäßen Prüfungsdurchführung das Erfordernis einer rechtzeitigen Vorlage aller notwendigen Unterlagen durch den Auftraggeber besteht
- Hinweis, dass die Prüfung keine Garantie für einen positiven Bescheid darstellt
- Erweiterung des Prüfungsauftrags, soweit das BAFA über den gesetzlich vorgegebenen Prüfungsgegenstand hinausgehende Darstellungen fordert.

---

20 Vgl. ISAE 3000.69 (Rev.).

21 Zur vollständigen Auflistung der nach § 64 Abs. 3 Nr. 1 Buchst. c EEG 2014 i.V.m. § 6 Abs. 2 DSPV zu prüfenden Angaben vgl. *IDW PH 9.970.10*, Tz. 6 f.

22 Vgl. im Einzelnen *IDW PH 9.970.10*, Tz. 13.

Eine Besonderheit dieser Prüfung liegt darin, dass der **Antrag elektronisch** über das vom BAFA eingerichtete Portal zu stellen ist. Das BAFA fordert dabei zur Autorisierung, dass der zu erteilende Prüfungsvermerk nebst Anlagen mit einer qualifizierten elektronischen Signatur versehen ist. Für den WP ist es erforderlich, dass er sich über diese formalen Anforderungen rechtzeitig informiert und sicherstellt, dass er sie erfüllen kann[23]. 36

### 3.3.3 Besonderheiten bei der Planung und Durchführung der Prüfung

*IDW PH 9.970.10* verweist für die Planung und Durchführung der Prüfung grundlegend auf die Grundsätze des *IDW EPS 970 n.F.*[24]. Der *IDW Prüfungshinweis* enthält darüber hinaus - ausgehend von der Festlegung der Wesentlichkeit - detaillierte Anforderungen für die **Prüfung der Bruttowertschöpfung**, die der Besonderheit des Prüfungsgegenstands Rechnung tragen. 37

### 3.3.4 Besonderheiten bei der Berichterstattung

*IDW PH 9.970.10* enthält in Anhang 1 einen Formulierungsvorschlag für die Berichterstattung über die Prüfung nach § 64 Abs. 3 Nr. 1 Buchst. c EEG 2017. Der WP erteilt einen Prüfungsvermerk, der angesichts der gesetzlich vorgeschriebenen Vorbehaltsaufgabe **zu siegeln** ist. 38

Der Formulierungsvorschlag enthält die nach *IDW PS 480* bzw. *IDW PS 490* sowie ISAE 3000 (Rev.) für den Prüfungsvermerk geforderten Bestandteile. Hervorzuheben ist, dass der WP ein **positives Urteil** mit hinreichender Sicherheit abgibt: „Nach unserer Beurteilung ist der gesetzliche Prüfungsgegenstand in allen wesentlichen Belangen nach den Vorschriften des EEG 2017 und des DSPV aufgestellt". 39

Darüber hinaus enthält *IDW PH 9.970.10* die detaillierte Anforderung, dass das Prüfungsurteil **einzuschränken** ist, wenn der WP Fehler in der Bruttowertschöpfungsrechnung aufdeckt und das antragstellende Unternehmen diesen Fehler – und sei er noch so geringfügig – nicht korrigiert. 40

## 3.4 Besonderheiten bei Prüfungen im Zusammenhang mit dem Antrag auf Strompreiskompensation

### 3.4.1 Prüfungsgegenstand

Die EU-Kommission hat den Mitgliedstaaten unter bestimmten Voraussetzungen gestattet, stromintensiven Industrieunternehmen **Beihilfen für indirekte $CO_2$-Kosten** zu gewähren. Nach der vorliegenden Förderrichtlinie des BMWi müssen Unternehmen mit dem Beihilfeantrag eine Bescheinigung eines WP über tatsachenbezogene Angaben vorlegen. Bewilligungsbehörde ist die Deutsche Emissionshandelsstelle (DEHSt) beim Umweltbundesamt in Berlin. 41

Voraussetzung für die Gewährung der Beihilfe ist, dass das Unternehmen **beihilfefähige Produkte** produziert. Jedoch ist ein Antrag ausgeschlossen, sofern der zur Herstellung bezogene Strom keine $CO_2$-Kosten enthält oder bei Eigenstromerzeugung die Anlage 42

---

23 § 20 Abs. 2 S. 2 BS WP/vBP ermöglicht nunmehr eine elektronische Siegelführung. Zu beachten ist jedoch, dass die Erteilung eines Prüfungsvermerks in elektronischer Form formaler und technischer Voraussetzungen bedarf.

24 Vgl. *IDW PH 9.970.10*, Tz. 18.

nicht dem Emissionshandel unterliegt. Weitere Ausschlussgründe ergeben sich aus Nr. 3 Abs. 2 der Förderrichtlinie.

43 Die Berechnung der Beihilfe bezieht sich einerseits auf die hergestellte Produktionsmenge und andererseits auf den hierfür angefallenen Stromverbrauch im relevanten Abrechnungsjahr. Der **Prüfungsgegenstand** ergibt sich aus den Angaben, die seitens der DEHSt im Formular-Management-System (FMS) gefordert sind. Der WP bescheinigt, dass die im Antrag angegebenen Produktionsmengen bzw. Stromverbräuche den maßgeblichen Regelungen entsprechen.

44 Da es sich bei diesen Informationen um vergangenheitsbezogene andere Informationen handelt, war bisher ISAE 3000 (Rev.) Grundlage für das prüferische Vorgehen. Der Hauptfachausschuss (HFA) des IDW hat spezielle Hinweise für diese Prüfung veröffentlicht, die auf ISAE 3000 (Rev.) verweisen[25]. Diese Veröffentlichungen liegen den Arbeiten des WP zugrunde. **Künftig** soll auf den *IDW EPS 970 n.F.* zurückgegriffen und die Bescheinigung näher an den verschiedenen einschlägigen *IDW Prüfungshinweisen* zum KWKG und EEG formuliert werden.

### 3.4.2 Besonderheiten bei der Auftragsannahme

45 Ergänzend zu Tz. 16 ff. sind bei derartigen Aufträgen insb. folgende Punkte in das **Auftragsschreiben** aufzunehmen[26]:

- Bezugnahme auf ISAE 3000 (Rev.) oder eine vergleichbare *IDW Verlautbarung*
- Verantwortung der gesetzlichen Vertreter des Antragstellers für die Ordnungsmäßigkeit der zu prüfenden Angaben, einschließlich der Konzeption, Implementierung und Aufrechterhaltung eines IKS, soweit es für die ordnungsgemäße Ermittlung der im Antrag dargelegten Angaben von Bedeutung ist
- Verantwortung des Unternehmens für die fristgerechte Abgabe der Unterlagen
- Hinweis, dass die Prüfung keine Garantie für einen positiven Bescheid darstellt
- Hinweis auf die ggf. notwendige Hinzuziehung eines sachverständigen Dritten, soweit der Prüfer dies für notwendig erachtet.

46 Der Antrag auf Strompreiskompensation ist **ebenfalls elektronisch** zu stellen. Neben der qualifizierten elektronischen Signatur des Antragstellers ist auch eine qualifizierte elektronische Signatur des WP erforderlich, die nach den Ausführungen im Leitfaden der DEHSt ein entsprechendes Berufsattribut enthalten muss. Der WP hat sich über die bestehenden formalen Anforderungen rechtzeitig zu informieren und sicherzustellen, dass er diese erfüllen kann.

---

25 Vgl. IDW Hinweise zur Prüfung von Angaben im Rahmen von Beihilfen für indirekte $CO_2$-Kostem (Strompreiskompensation) v. 06.02.2014 und nachfolgend IDW Hinweise zur Prüfung von Produktionsmengen bzw. Stromverbräuchen und dazugehörigen Angaben im Rahmen der Beantragung von Beihilfen für indirekte $CO_2$-Kosten vom 04.05.2015.

26 Vgl. im Einzelnen DEHSt, Leitfaden zur Prüfung von Anträgen auf Beihilfen für indirekte $CO_2$-Kosten (Strompreiskompensation) in Deutschland für Wirtschaftsprüferinnen und Wirtschaftsprüfer, vereidigte Buchprüferinnen und vereidigte Buchprüfer (DEHSt-Leitfaden), Stand März 2016, S. 10, https://www.dehst.de/SPK/SharedDocs/Downloads/Antragstellung/SPK-Leitfaden_WP.pdf?__blob=publicationFile (abgerufen am 24.02.2017).

### 3.4.3 Besonderheiten bei der Planung und Durchführung der Prüfung

47 Für die Planung und Durchführung der Prüfung sind auch jeweils die aktuellen Veröffentlichungen der DEHSt, namentlich die **DEHSt-Leitfäden** für die Antragsteller und WP zu beachten[27].

48 Die Prüfung umfasst die Durchführung von Prüfungshandlungen, um Prüfungsnachweise für die Berechnung der im Antrag angegebenen Produktionsmengen bzw. für den angegebenen Stromverbrauch zu erlangen. Hervorzuheben ist, dass der WP i.R. seiner **Risikobeurteilung** das IKS berücksichtigt, das für die Ermittlung der dem Antrag zugrunde liegenden Produktionsmengen bzw. des Stromverbrauchs relevant ist. Dies zielt darauf ab, Prüfungshandlungen zu planen und durchzuführen, die unter den gegebenen Umständen angemessen sind. Die Prüfung umfasst dabei auch die Beurteilung der angewandten Methoden zur Berechnung der angegebenen Produktionsmengen bzw. des Stromverbrauchs. Eine VollstE ist einzuholen.

49 Weitere Einzelheiten insb. zur Prüfung der internen Kontrollen, zu den zu prüfenden Unterlagen und Nachweisen bei der Prüfung der Produktionsmengen und des Stromverbrauchs und zum Umgang mit Nachweislücken und Schätzungen sind im DEHSt-Leitfaden niedergelegt. Ausdrücklich wird dort auch auf die Notwendigkeit einer **technischen Anlagenbegehung** und der **Vor-Ort-Einsichtnahme** in Nachweise und Belege hingewiesen. Dabei muss eine technische Anlagenbegehung vorgenommen werden, wenn ein Unternehmen erstmals einen Antrag auf Strompreiskompensation stellt, ein Wechsel des WP stattgefunden hat oder soweit es in der Anlage Änderungen gegeben hat, die Auswirkungen auf die Ermittlung von Angaben für den Antrag auf Strompreiskompensation haben können[28].

### 3.4.4 Besonderheiten der Berichterstattung

50 Der DEHSt-Leitfaden fordert die Erstellung eines PrB, der dem Antrag als Anhang beigefügt wird[29]. Der PrB muss die tragenden Erwägungen der Prüfungsentscheidung enthalten und dient in Zusammenschau mit den angefertigten Arbeitspapieren der Dokumentation und Nachweisführung über die Prüfungstätigkeit. Die Prüfung soll nach Aufbau, Strategie, Inhalt und Ablauf dokumentiert werden. Gefordert sind zudem die Aufnahme der Ergebnisse der Prüfung und deren **strukturierte Darstellung**. Die IDW Hinweise zur Prüfung von Angaben im Rahmen von Beihilfen für indirekte $CO_2$-Kosten (Strompreiskompensation) v. 04.05.2015: enthalten eine mit der DEHSt abgestimmte Gliederungsempfehlung für den PrB.

51 Die o.g. IDW Hinweise und der DEHSt-Leitfaden enthalten gleichlautende **Musterformulierungen** für die Bescheinigung des WP. Die Prüfungsaussage wird mit hinreichender Sicherheit getroffen.

27 Vgl. hierzu und zum Folgenden im Einzelnen DEHSt-Leitfaden, Abschn. 3 und Abschn. 4.
28 Vgl. DEHSt-Leitfaden, Abschn. 4.7.
29 Vgl. DEHSt-Leitfaden, Abschn. 5.

## 3.5 Beurteilung prognostizierter Angaben im Rahmen des Antrags auf Förderung nach § 18 Abs. 1, § 20 Abs. 2 S. 2 sowie § 20 Abs. 6 KWKG

52 Betreiber eines neuen oder ausgebauten Wärmenetzes haben gegenüber dem Übertragungsnetzbetreiber gem. § 18 Abs. 1 KWKG Anspruch auf **Zahlung eines Zuschlags**. Der Anspruch steht nach § 18 Abs. 1 KWKG unter der Voraussetzung, dass die Versorgung der Abnehmenden, die an das neue oder ausgebaute Wärmenetz angeschlossen sind, innerhalb von 36 Monaten ab der Inbetriebnahme des Wärmenetzes mindestens zu 75% mit Wärme aus KWK-Anlagen oder mindestens zu 50% mit einer Kombination aus Wärme aus KWK-Anlagen, Wärme aus erneuerbaren Energien oder industrieller Abwärme, die ohne zusätzlichen Brennstoffeinsatz bereitgestellt wird, erfolgt und dass eine Zulassung für das Wärmenetz gemäß § 20 KWKG erteilt wurde.

Die Angaben zur Versorgung der Abnehmenden sind nach §20 Abs. 2 S. 1 KWKG **anhand gemessener Werte nachzuweisen**. Liegen jedoch im Zeitpunkt der Antragstellung noch keine gemessenen Werte vor, so lässt § 20 Abs. 2 S. 2 KWKG die Angabe vorläufig prognostizierter Werte zu, sofern der Nachweis nach Ablauf von 36 Monaten anhand von gemessenen Werten nachgereicht wird. Zudem kann nach § 20 Abs. 6 KWKG ein Antrag auf Erteilung eines Vorbescheides auf der Grundlage einer Prognose über den Neu- oder Ausbau des Wärmenetzes gestellt werden. § 30 Abs. 1 Nr. 3 KWKG sieht in diesem Zusammenhang die Prüfung der verschiedenen Angaben des Wärme- bzw. Kältenetzbetreibers durch einen WP vor[30].

53 Bei dem **Förderantrag** auf Basis gemessener Werte handelt es sich um vergangenheitsorientierte Finanzinformationen bzw. um andere vergangenheitsorientierte Informationen. Wird hingegen der Antrag auf Basis eines prognostizierten KWK-Anteils gestellt oder für einen Antrag auf Vorbescheid auf die Prognose sämtlicher Angaben zurückgegriffen, liegen (zum Teil) zukunftsorientierte (Finanz-)Informationen vor. Der vom HFA verabschiedete *IDW PH 9.970.31* behandelt die Besonderheiten dieser Prüfung auf der Grundlage des *IDW EPS 970 n.F.* sowie im Einklang mit *IDW PS 480* bzw. *IDW PS 490* und ISAE 3000 (Rev.) und – bezogen auf die Beurteilung von Prognosedaten – ISAE 3400[31]. Zielsetzung im Hinblick auf die vergangenheitsorientieren (Finanz-) Informationen ist die Erteilung eines Prüfungsvermerks, in dem ein Urteil mit hinreichender Sicherheit abgegeben wird. In Bezug auf Prognosedaten ist mit hinreichender Sicherheit zu beurteilen, ob die Prognoserechnung auf der Grundlage der getroffenen Annahmen in allen wesentlichen Belangen in Übereinstimmung mit dem KWKG aufgestellt wurde[32].

54 *IDW PH 9.970.31* geht insb. auf Prüfungshandlungen zur Beurteilung der **Prognoserechnung** sowie der zugrunde liegenden Annahmen ein und nennt dabei u.a.[33]:

- Einsichtnahme in die Dokumentation der Prognoserechnung einschließlich der zugrunde liegenden Annahmen

30 Vgl. hierzu im Einzelnen *IDW PH 9.970.31*.
31 Nachfolgend wird allein der Sonderfall der Beurteilung von Prognosedaten weiter betrachtet.
32 So *IDW PH 9.970.31*, Tz. 17.
33 *IDW PH 9.970.31*, Tz. 26 und Tz.35.

- Beurteilung der Quellen und der Verlässlichkeit der Nachweise für die zugrunde liegenden Annahmen ggf. auch im Hinblick darauf, ob in der Vergangenheit getroffene Annahmen tatsächlich eingetroffen sind
- Beurteilung der zugrunde liegenden Annahmen im Hinblick darauf, ob sie mit den Gegebenheiten und den Möglichkeiten des Unternehmens im Einklang stehen
- Nachvollziehen der Berechnung.

In Bezug auf den Prüfungsvermerk enthalten Anhang 1 und Anhang 3 des *IDW PH 9.970.31* **Formulierungsvorschläge**, die auch auf den Fall der Beurteilung prognostizierter Daten eingehen. Bezüglich der Beurteilung der Angaben prognostizierter Werte gem. § 20 Abs. 2 S. 2 KWKG wird ausgeführt, dass die Prüfungshandlungen eine Beurteilung umfassen, ob die dem prognostizierten KWK-Anteil von den gesetzlichen Vertretern zugrunde gelegten Annahmen aufgrund angemessener und geeigneter Prüfungsnachweise nachvollziehbar und vertretbar sind und ob der prognostizierte KWK-Anteil sachgerecht aus diesen Annahmen abgeleitet wurde. Ergänzend wird darauf hingewiesen, dass die Prognose naturgemäß mit Unsicherheiten behaftet ist, so dass das unvermeidbare Risiko besteht, dass die tatsächlichen Gegebenheiten wesentlich von dem prognostizierten KWK-Anteil abweichen. 55

Der Formulierungsvorschlag für den Prüfungsvermerk über die Prüfung im Rahmen des Antrags auf **Erteilung eines Vorbescheides** nach § 20 Abs. 6 KWKG enthält hingegen folgendes Urteil: „Auf der Grundlage unserer Prüfung sind uns keine Sachverhalte bekannt geworden, die uns zu der Annahme veranlassen, dass die getroffenen Annahmen keine angemessene Grundlage für die Aufstellung der Prognoserechnung sind. Nach unserer Beurteilung wurde die Prognoserechnung in allen wesentlichen Belangen auf Grundlage der getroffenen Annahmen nach den Vorschriften des KWKG aufgestellt."

## 3.6 Prüfung der Verwendung pauschaler Fördermittel nach Landeskrankenhausrecht

Die Prüfung der **Verwendung pauschaler Fördermittel** nach Landeskrankenhausrecht 56
kann je nach dem zugrunde liegenden Landesrecht als Erweiterung der gesetzlichen Jahresabschlussprüfung vorgesehen sein oder aufgrund eines gesonderten bzw. freiwilligen Prüfungsauftrags durchgeführt werden. Diese Prüfung vergangenheitsorientierter Finanzinformationen geht über die Jahresabschlussprüfung gemäß §§ 316 ff. HGB und auch über Prüfung der Ordnungsmäßigkeit der Geschäftsführung nach § 53 Abs. 1 Nr. 1 HGrG hinaus[34]. Hervorzuheben ist, dass die gesetzlich vorgeschriebene Haftungsbegrenzung des § 323 HGB nur dann gilt, wenn die Prüfung der Verwendung pauschaler Fördermittel nach Landeskrankenhausrecht eine Erweiterung der gesetzlichen Abschlussprüfung darstellt. Bei freiwilliger bzw. gesonderter Beauftragung ist eine **gesonderte Haftungsvereinbarung** vorzusehen, zu diesem Zweck können die Allgemeinen Auftragsbedingungen für Wirtschaftsprüfer und Wirtschaftsprüfungsgesellschaften vereinbart werden[35].

34 Vgl. *IDW Prüfungsstandard: Zum erweiterten Umfang der Jahresabschlussprüfung von Krankenhäusern nach Landeskrankenhausrecht (IDW PS 650)*, Tz. 18.

35 Vgl. hierzu insb. *IDW Prüfungshinweis: Berichterstattung über die Prüfung der Verwendung pauschaler Fördermittel nach Landeskrankenhausrecht (IDW PH 9.420.1)*, Tz. 8.

57 Das Prüfungsvorgehen ist ebenso wie der nach landeskrankenhausrechtlichen Vorschriften zu gestaltende Verwendungsnachweis und der zu erteilende Prüfungsvermerk in *IDW PH 9.420.1* dargestellt. Hat die Prüfung zu keinen Einwendungen geführt, enthält der Prüfungsvermerk das Urteil des WP in Form einer **Positivaussage**. Der Prüfungsvermerk wird zugunsten der Fördermittelbehörde unter der Voraussetzung erteilt, dass diese die vereinbarte Haftungsbegrenzung auch sich gegenüber gelten lässt.

58 Für die Frage, ob das Prüfungsurteil über die Prüfung der Verwendung pauschaler Fördermittel in den BestV zur Abschlussprüfung aufgenommen wird, gilt Folgendes[36]: Der BestV beinhaltet ausschließlich ein auf JA und ggf. LB bezogenes Prüfungsurteil des APr., sofern der BestV nicht aufgrund gesetzlicher Vorschriften nach Bundes- oder Landesrecht ausdrücklich zu erweitern ist[37]. Im vorliegenden Fall handelt es sich um ein Beispiel für die **gesetzlich vorgeschriebene Erweiterung des BestV** um zusätzliche Aussagen, so dass auch der BestV entsprechend erweitert ist[38]. In gleicher Weise kann bei landesrechtlichen Vorschriften verfahren werden, wenn zwar das anzuwendende Landesrecht eine solche Erweiterung nicht vorsieht, diese aber durch Beauftragung analog zu gesetzlichen Vorschriften in anderen Bundesländern zum Gegenstand der Berichterstattung im BestV gemacht wird. Sehen gesetzliche Vorschriften eine Erweiterung des Auftrags, nicht aber eine Aussage darüber ausdrücklich im BestV vor, nimmt der Abschlussprüfer die Prüfungsaussagen in Einklang mit *IDW EPS 450 n.F.* in den Prüfungsbericht auf.

36 Vgl. *Entwurf IDW Prüfungsstandard: Bildung eines Prüfungsurteils und Erteilung eines Bestätigungsvermerks (IDW EPS 400 n.F.)*, Tz. A56.

37 *IDW EPS 400 n.F.*, Tz. 22.

38 Vgl. hierzu *IDW Prüfungshinweis: Zur Erteilung des Bestätigungsvermerks bei Krankenhäusern (IDW PH 9.400.1)*.

# Kapitel H

# Nachhaltigkeitsberichterstattung und deren Prüfung

Verfasserin:
WP StB Dipl.-Kfm. Ellen Simon-Heckroth, Hamburg

Mitarbeit:
WP StB Dipl.-Kfm. Nils Borcherding, Hamburg

Inhalt Tz.



## 1. Einleitung

1 Die **Brundtland-Kommission**, im Jahr 1983 durch die World Commission on Environment and Development, einer Unterorganisation der Vereinten Nationen, gegründet, hat mit ihrem Abschlussbericht „Our Common Future" aus dem Jahr 1987 u.a. die nachfolgend wiedergegebene und heute allgemein anerkannte Definition der **Nachhaltigkeit** geliefert. Danach ist eine Entwicklung dann nachhaltig, wenn sie die Bedürfnisse der Gegenwart befriedigt, ohne zu riskieren, dass künftige Generationen ihre eigenen Bedürfnisse nicht befriedigen können[1]. Im Wesentlichen ist eine nachhaltige Entwicklung ein Wandlungsprozess, in dem die Nutzung von Ressourcen, das Ziel von Investitionen, die Richtung technologischer Entwicklung und institutioneller Wandel

1 *The World Commission on Environment and Development*, S. 43: „Sustainable development is development that meets the needs of the present without compromising the ability of future generations to meet their own needs.".

miteinander harmonieren und das derzeitige bzw. künftige Potenzial vergrößern, menschliche Bedürfnisse und Wünsche zu erfüllen[2].

So definiert der **DRS 20** Nachhaltigkeit als ein Konzept, das eine ganzheitliche und dauerhaft zukunftsfähige Entwicklung der ökonomischen, ökologischen und sozialen Leistung eines Unternehmens oder Konzerns anstrebt[3]. 2

In Anlehnung an die Definition der Nachhaltigkeit der Brundtland-Kommission kann ein nachhaltig geführtes und agierendes Unternehmen als ein „Unternehmen, das die Bedürfnisse seiner Anspruchsgruppen erfüllt, ohne zu riskieren, dass das Unternehmen die Bedürfnisse zukünftiger Interessengruppen nicht erfüllen kann“ definiert werden[4]. 3

Im Zuge der wirtschaftlichen und gesellschaftlichen Entwicklung der vergangenen 40 Jahre, die mit einer stetig gestiegenen Sensibilisierung der Öffentlichkeit für die unternehmerische Verantwortung einherging und in Zukunft weiterhin einhergehen wird, wurden und werden zunehmend höhere Anforderungen an die Rechenschaftslegung von Unternehmen gestellt, die über die reine Berichterstattung der ökonomischen Leistung eines Unternehmens hinausgehen. Dies vor dem Hintergrund, dass die primäre Ausrichtung der Finanzberichterstattung in der Bereitstellung überwiegend vergangenheitsbezogener **entscheidungsnützlicher Informationen** über wirtschaftliche Aspekte der Geschäftstätigkeit liegt und damit diese Form der Unternehmenspublizität den gesellschaftlichen Anforderungen nur noch begrenzt entsprechen kann. In Ergänzung dazu sind nichtfinanzielle Informationen für die Adressaten der Finanzberichterstattung dann entscheidungsnützlich, wenn sie Rückschlüsse auf das Zustandekommen des finanziellen Unternehmenserfolgs sowie auf die voraussichtliche künftige Entwicklung des Unternehmens zulassen. 4

Während in den 1970er Jahren, neben der Rechenschaftslegung zu ökonomischen Aspekten, der Schwerpunkt der Berichterstattung auf sozialen Aspekten in Form von freiwillig erstellten von der Finanzberichterstattung getrennten **Personal- oder Sozialberichten** lag, fanden in den 1980er Jahren gesellschaftliche und unternehmerische Themenstellungen des Umweltschutzes zunehmend Beachtung. Diesbezügliche Veröffentlichungen erfolgten vorwiegend in Form von **Umweltberichten**, die freiwillig zusätzlich zur gesetzlich verpflichtend geforderten Finanzberichterstattung aufgestellt und veröffentlicht wurden. 5

Das nach diesen Entwicklungen, auch befördert durch Auswirkungen der Finanz- und Wirtschaftskrise und vor dem Hintergrund einer zunehmenden Globalisierung der Wirtschaft, stetig steigende Erfordernis, das Vertrauen der **Anspruchsgruppen** von Unternehmen und damit verbunden ihre Wettbewerbsfähigkeit z.B. auf dem Absatzmarkt, Kapitalmarkt oder Arbeitsmarkt zu stärken, führte in der weiteren Entwicklung der Unternehmenspublizität zu einer intensivierten Berichterstattung über nichtfinanzielle Aspekte der Unternehmenstätigkeit. 6

---

2 *The World Commission on Environment and Development*, S. 46: „In essence, sustainable development is a process of change in which the exploitation of resources, the direction of investments, the orientation of technological development, and institutional change are all in harmony and enhance both current and future potential to meet human needs and aspirations.“.

3 DRS 20.11.

4 *Hockerts*, S. 19: „A sustainable firm meets the needs of its stakeholders without compromising the firms ability to meet the needs of future stakeholders as well.“.

7 Zum Erhalt und zur Steigerung der gesellschaftlichen Akzeptanz und Reputation von Unternehmen wurden in den vergangenen Jahren zunehmend auf freiwilliger Basis erstellte (Konzern-)Nachhaltigkeitsberichte veröffentlicht, die u.a. entscheidungsnützliche Informationen über ökonomische, ökologische und soziale Aspekte der betrieblichen Tätigkeit und damit über die Auswirkungen der Unternehmenstätigkeit auf die Ziele einer gesamtgesellschaftlichen nachhaltigen Entwicklung Rechenschaft legen.

8 Zu den Adressaten dieser Rechenschaftslegung über Aspekte der Nachhaltigkeit zählen interne und externe Anspruchsgruppen, wie Anteilseigner, derzeitige und potentielle Kunden, Mitarbeiter, Regierungsorganisationen, Nichtregierungsorganisationen, Lieferanten, die interessierte Öffentlichkeit sowie weitere Menschen und Organisationen, die von der Geschäftstätigkeit des Unternehmens beeinflusst werden[5].

9 Parallel zu dieser Entwicklung in der freiwilligen Unternehmensberichterstattung in Form von gesonderten (Konzern-)Nachhaltigkeitsberichten, die unabhängig von der Finanzberichterstattung veröffentlicht werden, hat in den letzten Jahren die Angabe nichtfinanzieller Informationen auch in die gesetzlich verpflichtende Berichterstattung in LB bzw. KLB von Unternehmen Eingang gefunden.

10 So wurden z.B. mit dem BilReG[6] große KapGes und Konzerne dazu verpflichtet, in ihre (Konzern-)Lageberichterstattung zur Analyse des Geschäftsverlaufs und der Lage der Gesellschaft auch die bedeutsamsten **nichtfinanziellen Leistungsindikatoren** einzubeziehen, soweit sie für das Verständnis des Geschäftsverlaufs oder der Lage von Bedeutung sind. Darüber hinaus sind in der (Konzern-)Lageberichterstattung Angaben über die künftige Entwicklung zu machen, wenn sich Aspekte der Nachhaltigkeit wesentlich auf die künftige Entwicklung des Unternehmens oder Konzerns auswirken. Auch in der Erklärung zur Unternehmensführung ist anzugeben, wenn die Unternehmensleitung eine freiwillige Selbstverpflichtung eingegangen ist, die Unternehmensführung an den Zielen einer nachhaltigen Entwicklung auszurichten.

11 Die aktuellste Entwicklung in der gesetzlich verpflichtenden Berichterstattung über nichtfinanzielle Informationen stellt der Entwurf eines Gesetzes zur Stärkung der nichtfinanziellen Berichterstattung der Unternehmen in ihren LB/KLB (**CSR-Richtlinie-Umsetzungsgesetz**)[7] dar. Danach müssen bestimmte große Unternehmen von öffentlichem Interesse ihren LB/KLB für nach dem 31.12.2016 beginnende GJ um eine sog. **nichtfinanzielle Erklärung** erweitern. Dieser Gesetzentwurf definiert die Mindestanforderungen an den Inhalt der nichtfinanziellen (Konzern-)Erklärung bzw. an den nichtfinanziellen (Konzern-)Bericht. Nach dem RegE sind verschiedene Formen der Berichterstattung möglich. Dies sind zum einen die vollständige Integration der nichtfinanziellen Angaben an verschiedenen Stellen oder die konzentrierte Darstellung in einem gesonderten Abschnitt im LB/KLB und zum anderen die Erstellung eines gesonderten nichtfinanziellen (Konzern-)Berichts, einem sog. (Konzern-)Nachhaltigkeitsbericht.

12 In Ermangelung einer gesetzlichen Normierung der nichtfinanziellen Berichterstattung in Form eines (Konzern-)Nachhaltigkeitsberichts werden in der Praxis weit über-

5 *Schmidt*, S. 31, in der weitgefassten Begriffsdefinition.

6 Gesetz zur Einführung internationaler Rechnungslegungsstandards und zur Sicherung der Qualität der Abschlussprüfung (Bilanzrechtsreformgesetz) vom 04.12.2004, BGBl. I 2004, S. 3166 ff.

7 RegE CSR-Richtlinie-Umsetzungsgesetz, BR-Drs. 547/16 vom 23.09.2016.

wiegend sog. **Rahmenwerke** für diese Unternehmensberichterstattung genutzt. Auch nach dem Entwurf des CSR-Richtlinie-Umsetzungsgesetzes wird den Unternehmen die Möglichkeit zur Nutzung solcher Rahmenwerke eingeräumt.

Diverse Organisationen haben in den beiden letzten Dekaden sowohl auf nationaler als auch auf internationaler Ebene solche Rahmenwerke zur Aufstellung von Berichterstattungen zu Aspekten der Nachhaltigkeit erarbeitet und publiziert. 13

In diesem Kapitel wird neben der Darstellung der anerkannten nationalen und internationalen Rahmenwerke zur Nachhaltigkeitsberichterstattung auch auf die in der Praxis am häufigsten verwendeten **Leistungsindikatorensets** eingegangen. Ein weiterer Abschnitt dieses Kapitels enthält Ausführungen zum **Integrated Reporting**, das ein Rahmenkonzept zur Berichterstattung sowohl über finanzielle als auch nichtfinanzielle Informationen in klarer und komprimierter Form darstellt. 14

Zu den bestehenden gesetzlichen Vorschriften zur Berichterstattung über nichtfinanzielle Informationen im LB/KLB wird auf die Ausführungen in *IDW*, WPH Edition, Wirtschaftsprüfung & Rechnungslegung[15], Kap. F und Kap. G verwiesen. 15

Zur Erhöhung der **Glaubwürdigkeit** der Berichterstattung zur Nachhaltigkeit können (Konzern-)Nachhaltigkeitsberichte einer Prüfung oder einer prüferischen Durchsicht durch WP unterzogen werden. Insofern wird in diesem Kapitel im Anschluss an diese Ausführungen zur Rechenschaftslegung über nichtfinanzielle Aspekte der unternehmerischen Tätigkeit auf die wesentlichen Standards eingegangen, die den Prüfungen bzw. den prüferischen Durchsichten zugrunde liegen. 16

# 2. Regelwerke zur Nachhaltigkeitsberichterstattung

## 2.1 Rahmenwerke

### 2.1.1 Kodex des Rates für Nachhaltige Entwicklung

Als bedeutsames nationales Rahmenwerk zur Standardisierung der Nachhaltigkeitsberichterstattung ist der **Deutsche Nachhaltigkeitskodex** (DNK) anzusehen[8]. 17

Die Bundesregierung hat im April 2001 den **Rat für Nachhaltige Entwicklung** (RNE) berufen, dem aktuell 15 Personen des öffentlichen Lebens angehören[9]. Der Rat unterstützt die Bundesregierung in der Nachhaltigkeitspolitik, sowie bei der Entwicklung von Vorschlägen zu Zielen und Indikatoren zur Fortentwicklung der Nachhaltigkeitsstrategie bzw. zu Projekten zur Umsetzung dieser Strategie[10]. 18

Der RNE versteht Nachhaltigkeit als gleichrangige Berücksichtigung von ökologischen, sozialen und wirtschaftlichen Aspekten mit dem Ziel, sowohl die Umwelt als auch den Zusammenhalt in der Gesellschaft zu bewahren und die wirtschaftliche Entwicklung, sowohl national als auch international, zu fördern[11]. 19

Im Rahmen seiner Tätigkeiten veröffentlichte der RNE Ende November 2010 ein Diskussionspapier zur Entwicklung des DNK. Im Anschluss an den Dialogprozess und die Erprobung der Anwendungsfähigkeit durch 28 Unternehmen wurde im Oktober 2011 20

8 *Stawinoga*, S. 26.
9 http://www.nachhaltigkeitsrat.de/der-rat/ (abgerufen am 08.06.2016).
10 http://www.nachhaltigkeitsrat.de/de/der-rat/auftrag-des-rates/ (abgerufen am 08.06.2016).
11 *Rat für Nachhaltige Entwicklung*, Empfehlungen, S. 16.

durch den RNE der DNK verabschiedet[12]. Der DNK wurde bei der Bundesregierung eingereicht und diese hat dessen Anwendung empfohlen[13].

21 Durch den RNE wurde im August 2014 eine aktualisierte Fassung des DNK beschlossen. Grund der Aktualisierung war u.a. die Änderung von im DNK angewandten Bezugsgrößen[14].

22 Insgesamt fordert der DNK für die Nachhaltigkeitsberichterstattung z.Z. die Beachtung von 20 Kriterien zu ökologischen, sozialen und ökonomischen Dimensionen der Nachhaltigkeit, die in die folgenden vier Bereiche untergliedert werden[15]:

- Strategie
  - strategische Analyse und Maßnahmen
  - Wesentlichkeit
  - Ziele
  - Tiefe der Wertschöpfungskette
- Prozessmanagement
  - Verantwortung
  - Regeln und Prozesse
  - Kontrolle
  - Anreizsysteme
  - Beteiligung von Anspruchsgruppen
  - Innovations- und Produktmanagement
- Umwelt
  - Inanspruchnahme natürlicher Ressourcen
  - Ressourcenmanagement
  - klimarelevante Emissionen
- Gesellschaft
  - Arbeitnehmerrechte
  - Chancengerechtigkeit
  - Qualifizierung
  - Menschenrechte
  - Gemeinwesen
  - politische Einflussnahme
  - Gesetzes- und richtlinienkonformes Verhalten.

23 Für jedes Kriterium erfordert der DNK die Angabe von qualitativen Informationen[16].

24 Durch den Bezug von einzelnen Kriterien des DNK zu ausgewählten, konkret benannten **Leistungsindikatoren** der GRI bzw. der EFFAS sind darüber hinaus quantitative Informationserfordernisse zu berücksichtigen. Die Entscheidung für eine Berichterstattung nach den dort genannten Leistungsindikatoren der GRI oder der EFFAS hat das berichtende Unternehmen nach den unternehmensindividuellen Anforderungen zu be-

12 *Rat für Nachhaltige Entwicklung*, Empfehlungen, S. 18.
13 *Rat für Nachhaltige Entwicklung*, Empfehlungen, S. 32.
14 http://www.deutscher-nachhaltigkeitskodex.de/de/aktuelles/aktuelles/nachricht/artikel/rat-legt-ueberarbeiteten-deutschen-nachhaltigkeitskodex-dnk-vor.html (abgerufen am 08.06.2016).
15 *Rat für Nachhaltige Entwicklung*, Maßstab, S. 7, 10 ff.
16 *Rat für Nachhaltige Entwicklung*, Maßstab, S. 16.

stimmen, wobei diese Festlegung durchgängig für die gesamte Berichterstattung beibehalten werden soll[17].

Die gesamte Berichterstattung nach dem DNK unterliegt dem übergeordneten Prinzip der Wesentlichkeit[18]. 25

Die Anwendung des DNK wird für Unternehmen jeder Größe und Branche, einschl. öffentlicher Unternehmen, empfohlen. Um **kleine und mittlere Unternehmen** bei der Anwendung des DNK zu unterstützen wurde vom RNE in Zusammenarbeit mit der Bertelsmann Stiftung 2014 ein Leitfaden veröffentlicht, der als Orientierungshilfe für mittelständische Unternehmen dienen soll[19]. 26

Darüber hinaus bestehen derzeit die nachfolgenden **branchenspezifischen Ergänzungen**: 27

- Abfallwirtschaft und Stadtreinigung
- Ernährungsindustrie
- hochschulspezifischer DNK
- Sparkassen
- Wohnungswirtschaft.

Sämtliche qualitativen und quantitativen Angaben sind in eine **Entsprechenserklärung** aufzunehmen, wobei über die **Erfüllung (comply)** bzw. die **Abweichung (explain)** von Kodexkriterien zu berichten ist[20]. 28

**Praxistipp 1:**

Als Orientierungswert für die Berichterstattung werden 500 bis 2000 Zeichen je erfülltem Kodexkriterium angesehen.

Zum Zweck der Veröffentlichung in der DNK-Datenbank ist die Entsprechenserklärung der Geschäftsstelle des RNE zu übermitteln. Die Geschäftsstelle des RNE führt vor der Veröffentlichung eine formale Überprüfung der Entsprechenserklärung durch. Eine Zertifizierung seitens der Geschäftsstelle des RNE erfolgt nicht. Der RNE empfiehlt Unternehmen, die Entsprechenserklärung einer externen Überprüfung unterziehen zu lassen[21]. 29

Die Entsprechenserklärung wird in der DNK-Datenbank erfasst und kann von allen Interessierten eingesehen werden[22]. 30

**Hinweis 1:**

Es besteht keine Verpflichtung zu einer regelmäßigen Abgabe der Entsprechenserklärung, jedoch wird empfohlen, die Entsprechenserklärung spätestens alle zwei Jahre zu erneuern.

17 *Rat für Nachhaltige Entwicklung*, Maßstab, S. 18 ff.
18 *Rat für Nachhaltige Entwicklung*, Maßstab, S. 33.
19 *Bertelsmann Stiftung*, S. 4.
20 *Rat für Nachhaltige Entwicklung*, Maßstab, S. 16.
21 http://www.deutscher-nachhaltigkeitskodex.de/de/anwendung/faq.html (abgerufen am 26.09.2016).
22 http://www.deutscher-nachhaltigkeitskodex.de/de/anwendung/glossar.html?tx_smileglossary_pi1%5Bword%5D=16 (abgerufen am 08.06.2016).

31 Den Unternehmen wird nach der Veröffentlichung ein DNK-Anwender-Signet zur Verfügung gestellt, mit dem die Anwendung des DNK in der Unternehmenskommunikation (z.B. in E-Mails, auf Broschüren etc.) genutzt werden kann[23].

> **Praxistipp 2:**
>
> Unternehmen, die dem UNGC (Tz. 56) angehören, können ihre Entsprechenserklärung als Fortschrittsbericht (Tz. 57) nutzen. Zur Erfüllung der Mindestanforderungen des UNGC sollte die Entsprechenserklärung zusätzlich die Unterstützungserklärung (Tz. 59) seitens der Unternehmensführung und Angaben zu weiteren Anstrengungen zur Umsetzung und Förderung der 10 Prinzipien (Tz. 58) enthalten.

32 Seit der Veröffentlichung des DNK im Jahr 2011 haben bis September 2015 insgesamt 155 Unternehmen und Organisationen 310 Entsprechenserklärungen zum Kodex vorgelegt[24].

### 2.1.2 Berichtsrahmen der Global Reporting Initiative

33 Die **Global Reporting Initiative** (GRI) ist eine gemeinnützige Stiftung, die 1997 u.a. durch die US-amerikanische Organisation **Coalition for Environmentally Responsible Economy** (CERES) und dem **United Nations Environment Programme** (UNEP) in den Vereinigten Staaten von Amerika gegründet wurde. Im Jahre 2002 verlegte die GRI den Hauptsitz nach Amsterdam[25].

34 Das **Ziel** der GRI ist, Unternehmen und Organisationen hinsichtlich der Nachhaltigkeitsberichterstattung zu unterstützen. Zur Erreichung dieses Ziels wurden Berichtsrahmen aufgestellt und weiterentwickelt, um die Harmonisierung aller wichtigen Standards zur Nachhaltigkeit zu fördern. Diesbezüglich bestehen strategische Allianzen mit der Organisation for Economic Co-operation and Development (OECD), dem UNEP, dem UNGC und der ISO[26].

35 Durch die GRI wurde der **Prozess einer internationalen Standardisierung** der Nachhaltigkeitsberichterstattung wesentlich geprägt.

36 Seit Gründung der GRI wurden die nachfolgenden Berichtsrahmen veröffentlicht:

- G1 (Bekanntmachung im Jahr 2000)
- G2 (Bekanntmachung im Jahr 2002)
- G3 (Bekanntmachung im Jahr 2006)
- G3.1 (Bekanntmachung im Jahr 2011)
- G4 (Bekanntmachung im Jahr 2013).

37 Am 19.10.2016 wurden durch die GRI die **GRI Standards** bekannt gegeben, die für alle Berichte oder sonstigen Materialien, die **am oder nach dem 01.07.2018** veröffentlicht werden, gelten. Der Berichtsrahmen G4 läuft zu diesem Zeitpunkt aus. Erstaufstellern

---

23 http://www.deutscher-nachhaltigkeitskodex.de/de/anwendung/fuer-anwender.html (abgerufen am 08.08.2016).

24 *Rat für Nachhaltige Entwicklung,* DNK-Newsletter, S. 3.

25 https://www.globalreporting.org/information/about-gri/gri-history/Pages/GRI's%20history.aspx (abgerufen am 14.07.2016).

26 https://www.globalreporting.org/information/news-and-press-center/press-resources/Pages/default.aspx (abgerufen am 14.07.2016).

von Berichten vor dem 01.07.2018 wird empfohlen, sich bereits von Anbeginn auf die GRI Standards zu beziehen[27].

Die GRI Standards setzen sich zusammen aus drei allgemeinen Standards (GRI-101 bis GRI-103) sowie drei themenspezifischen Standardgruppen (GRI-200, GRI-300 und GRI-400). GRI-101 befasst sich mit den Grundlagen der Berichterstattung, GRI-102 mit allgemeinen Angaben zu den berichterstattenden Unternehmen und Organisationen, GRI-103 mit dem Managementansatz. Die Standards aus der Gruppe GRI-200 gehen auf die wirtschaftlichen Aspekte, die der Gruppe GRI-300 auf die ökologischen und die der Gruppe GRI-400 auf die gesellschaftlichen Aspekte der Berichterstattung ein. **38**

Der noch geltende **Berichtsrahmen G4** (grundsätzlich inhaltsgleich mit den GRI Standards) umfasst die nachfolgend genannten zwei voneinander getrennten, sich jedoch ergänzenden Dokumente[28]: **39**

- Berichterstattungsgrundsätze und Standardangaben
- Umsetzungsanleitung.

Die Ausführungen zu den **Berichterstattungsgrundsätzen und Standardangaben** regeln u.a. die grundlegenden Prinzipien und Inhalte der Berichterstattung. **40**

Als **grundlegende Prinzipien** zur Bestimmung des Umfangs der Berichterstattung werden von der GRI angesehen[29]: **41**

- Einbeziehung von Anspruchsgruppen
- Nachhaltigkeitskontext
- Wesentlichkeit
- Vollständigkeit.

Die Befolgung des Prinzips der **Einbeziehung von Anspruchsgruppen** hat zur Voraussetzung, dass Unternehmen und Organisationen ihre bedeutsamen Anspruchsgruppen sowie deren Informationsbedürfnisse identifizieren. Demzufolge soll in der Nachhaltigkeitsberichterstattung das Verfahren der Einbindung von Stakeholdern dargestellt werden und wie diese Einbindung die Berichtsinhalte und die Nachhaltigkeitsaktivitäten des Unternehmens beeinflusst hat[30].

Das Prinzip des **Nachhaltigkeitskontextes** beinhaltet die Verpflichtung dazu, dass Unternehmen und Organisationen darüber informieren sollen, wie deren Geschäftstätigkeit zu einer nachhaltigen Entwicklung der Gesellschaft beiträgt. Dazu ist anzugeben, wie die Unternehmen und Organisationen lokal, regional oder weltweit ökonomische, soziale bzw. ökologische Sachverhalte beeinflussen[31].

Nach dem Prinzip der **Wesentlichkeit** soll sowohl über signifikant ökonomische, soziale bzw. ökologische Einflüsse mit Auswirkung auf die Geschäftstätigkeit der Unternehmen und Organisationen als auch über bedeutsame Sachverhalte, die Einflüsse auf die Beurteilungen sowie Entscheidungen der Anspruchsgruppen haben können, berichtet wer-

27 https://www.globalreporting.org/information/g4/Pages/default.aspx (abgerufen am 10.04.2017).

28 https://www.globalreporting.org/Pages/resource-library.aspx?resSearchMode=resSearchModeTextresSearchText=G4resCatText=Reporting+FrameworkresLangText=German (abgerufen am 13.07.2016).

29 *GRI*, Berichterstattungsgrundsätze und Standardangaben, S. 16 f.

30 *GRI*, Umsetzungsanleitung, S. 9 f.

31 *GRI*, Umsetzungsanleitung, S. 10 f.

den. I.R.d. Entscheidung, was als wesentlich anzusehen ist, sind interne und externe Faktoren zu berücksichtigen[32].

Das Prinzip der **Vollständigkeit** beinhaltet die Verpflichtung, dass die wesentlichen Sachverhalte hinreichend erläutert werden, so dass die Anspruchsgruppen die Nachhaltigkeitsleistung entspr. beurteilen können. Danach ist der Grundsatz der Vollständigkeit auf den Umfang und die Grenzen von Aspekten sowie den zeitlichen Rahmen der Berichterstattung zu beziehen. Der Nachhaltigkeitsbericht muss sämtliche für die Anspruchsgruppen relevanten Informationen enthalten[33].

42 In dem Berichtsrahmen G4 werden als **Grundsätze zur Sicherung der Berichtsqualität** genannt[34]:

- Ausgewogenheit
- Vergleichbarkeit
- Genauigkeit
- Aktualität
- Klarheit
- Verlässlichkeit.

Die Berichterstattung gilt als **ausgewogen**, wenn sowohl über wesentliche positive als auch negative Nachhaltigkeitsaspekte berichtet und eine Beurteilung der Gesamtleistung ermöglicht wird. Dabei sollte zwischen Fakten und einer Interpretation von Informationen erkennbar unterschieden werden[35].

Nach dem Grundsatz der **Vergleichbarkeit** sollen die Informationen sowohl im Zeitablauf beurteilbar sein als auch einen Vergleich mit anderen Unternehmen und Organisationen ermöglichen. Sofern eine Änderung des Umfangs oder der Grenzen von Aspekten, des Berichtsinhalts oder der Berichtsperiode erfolgt, sollen die aktuellen und die historischen Informationen dargestellt werden[36].

**Genauigkeit** der Berichterstattung bedeutet, dass die zu berichtenden Informationen so präzise sein sollen, dass den Anspruchsgruppen eine Bewertung der Leistung der Unternehmen und Organisationen möglich ist. Dabei kommen qualitative als auch quantitative Angaben in Betracht. Der Grad der Genauigkeit ist abhängig von den zu berichtenden Informationen[37].

Der Grundsatz der **Aktualität** bedeutet, dass die Berichterstattung regelmäßig erfolgen soll und dass die Informationen den Anspruchsgruppen rechtzeitig zur Verfügung stehen. Eine Aussage zum Intervall oder zu einer Ad-hoc-Publizität analog § 15 WpHG wird durch den Berichtsrahmen nicht gegeben[38].

Nach dem Grundsatz der **Klarheit** sollen die Informationen für die Anspruchsgruppen nachvollziehbar und verständlich sein und in zumutbarer Weise zur Verfügung gestellt werden[39].

32 *GRI*, Umsetzungsanleitung, S. 11 f.
33 *GRI*, Umsetzungsanleitung, S. 12 f.
34 *GRI*, Berichterstattungsgrundsätze und Standardangaben, S. 17 f.
35 *GRI*, Umsetzungsanleitung, S. 13 f.
36 *GRI*, Umsetzungsanleitung, S. 14.
37 *GRI*, Umsetzungsanleitung, S. 15.
38 *GRI*, Umsetzungsanleitung, S. 15.
39 *GRI*, Umsetzungsanleitung, S. 16.

Der Grundsatz der **Verlässlichkeit** verlangt darüber hinaus, dass die Informationen derart erfasst, aufbereitet und veröffentlicht werden, dass sie überprüfbar sind. Insb. sollen interne Kontrollen oder entspr. Dokumentationen die Qualität und Wesentlichkeit der Informationen sicherstellen[40].

Der Inhalt der Berichterstattung im G4 wird durch die **Standardangaben** festgelegt. Dabei unterscheidet die GRI allgemeine und spezifische Standardangaben. **43**

Die **allgemeinen Standardangaben** umfassen hier sieben Teile[41]: **44**

- Strategie und Analyse
- Organisationsprofil
- wesentliche Aspekte und Grenzen
- Einbindung der Anspruchsgruppen
- Berichtsprofil
- Unternehmensführung
- Ethik und Integrität.

Sofern für Sektoren (Branchen) weitere allgemeine Standardangaben zur Verfügung stehen, sind diese von den Unternehmen und Organisationen zusätzlich zu beachten (Tz. 47).

Jeder Teil der allgemeinen Standardangaben beinhaltet mehrere individuelle Standardangaben. Insgesamt werden 58 individuelle Standardangaben gefordert. Die allgemeinen Standardangaben sind von allen Unternehmen und Organisationen in Abhängigkeit des gewählten Erfüllungsgrades „**core**" oder „**comprehensive**" (Tz. 50) zu beachten. **45**

Die **spezifischen Standardangaben** beinhalten[42]: **46**

- Angaben zum Managementansatz
- Einzelaspekte nach den Kategorien „wirtschaftlich", „ökologisch" und „gesellschaftlich".

Die Kategorie „gesellschaftlich" wird im Berichtsrahmen G4 weiter unterteilt in die Unterkategorien[43]:

- Arbeitspraktiken und menschenwürdige Beschäftigung
- Menschenrechte
- Gesellschaft
- Produktverantwortung.

Sofern für Branchen weitere spezifische Standardangaben zur Verfügung stehen, sind diese von den Unternehmen und Organisationen grds. zusätzlich zu beachten (Tz. 47).

Die jeweiligen Kategorien bzw. Unterkategorien enthalten mehrere Aspekte. Den Aspekten liegen jeweils konkrete Indikatoren zugrunde. Insgesamt bestehen 91 Indikatoren, wobei ein als nicht wesentlich eingestufter Aspekt dann als wesentlich einzustufen ist, sofern ein Indikator des Aspektes als wesentlich anzusehen ist[44].

---

40 *GRI*, Umsetzungsanleitung, S. 16.
41 *GRI*, Berichterstattungsgrundsätze und Standardangaben, S. 21.
42 *GRI*, Berichterstattungsgrundsätze und Standardangaben, S. 22 f.
43 *GRI*, Berichterstattungsgrundsätze und Standardangaben, S. 22 f.
44 *GRI*, FAQ, S. 21.

47 Durch die GRI wurden bisher zehn **sektorspezifische Ergänzungen** veröffentlicht[45]:

- Airport Operations
- Construction and Real Estate
- Electric Utilities
- Event Organizers
- Financial Services
- Food Processing
- Media
- Mining and Metals
- NGO
- Oil and Gas.

Die jeweiligen sektorspezifischen Ergänzungen unterteilen sich in[46]

- allgemeine Standardangaben,
- spezifische Standardangaben bezogen auf G4 Aspekte,
- spezifische Standardangaben bezogen auf sektorspezifische Aspekte.

Die **sektorspezifischen Ergänzungen** sind von den Unternehmen und Organisationen, für die eine sektorspezifische Ergänzung einschlägig ist, zu beachten. Allgemeine Standardangaben sind dabei zwingend zu beachten. Die spezifischen Standardangaben bezogen auf G4 Aspekte sind wie auch die spezifischen Standardangaben bezogen auf sektorspezifische Aspekte hingegen nur insoweit zu beachten, soweit der jeweilige G4 Aspekt bzw. der sektorspezifische Aspekt von den berichtenden Unternehmen und Organisationen als wesentlich erachtet wird[47].

48 Die **Umsetzungsanleitung** beinhaltet unterstützende Erläuterungen hinsichtlich der Anwendung der Berichterstattungsprinzipien und Standardangaben.

49 Der Berichtsrahmen G4 kann von Unternehmen und Organisationen unabhängig von ihrer Größe, Branche oder ihres Standorts angewendet werden.

50 Hinsichtlich der Anwendungsebenen erfolgt eine Differenzierung und Angabe durch die Unternehmen und Organisationen, ob sie den Bericht in Übereinstimmung mit („**in accordance with**") den GRI-Kriterien aufgestellt haben. Dabei wird zwischen den vom Erfüllungsgrad abhängigen Optionen „**core**" (Minimalerfüllung) und „**comprehensive**" (erweiterte Erfüllung) unterschieden[48].

> **!** **Hinweis 2:**
>
> Unternehmen und Organisationen, die nicht die Anforderungen der Minimalerfüllung erreichen, sollten ihren Nachhaltigkeitsbericht nicht als „in Übereinstimmung mit den GRI-Kriterien" aufgestellt bezeichnen, sondern im Nachhaltigkeitsbericht darauf hinweisen, in welchem Umfang Angaben aus den GRI-Leitlinien zur Nachhaltigkeitsberichterstattung gemacht wurden.

45 https://www.globalreporting.org/standards/sector-guidance/sectorguidanceG4/Pages/default.aspx (abgerufen am 13.07.2016).

46 *GRI*, Berichterstattungsgrundsätze und Standardangaben, S. 12.

47 *GRI*, Berichterstattungsgrundsätze und Standardangaben, S. 12.

48 *GRI*, Berichterstattungsgrundsätze und Standardangaben, S. 11.

Zur erweiterten Erfüllung sind alle 58 allgemeinen Standardangaben sowie - bezogen auf die spezifischen Standardangaben - für jeden als wesentlich eingestuften Aspekt der Managementansatz und die zum Aspekt gehörigen Indikatoren von den Unternehmen und Organisationen darzulegen. Die Minimalerfüllung erfordert hingegen die Beachtung von 34 der 58 allgemeinen Standardangaben sowie - bezogen auf die spezifischen Standardangaben - die Angabe des Managementansatzes für jeden als wesentlich eingestuften Aspekt und die Darlegung von mindestens einem zugehörigen Indikator[49].

> **!** **Hinweis 3:**
>
> Unternehmen und Organisationen können zur Vermeidung von wiederholten Darlegungen von Angaben auch in ihrem Nachhaltigkeitsbericht auf andere Quellen (z.B. Geschäftsbericht) verweisen, sofern die Informationen öffentlich und leicht zugänglich sind.

Die Angabe von Informationen zu Standardangaben, die nicht allgemeine Standard- 51
angaben der Minimalerfüllung darstellen, kann in Ausnahmefällen ausgelassen werden. Bei **Auslassungen** ist anzugeben, welche Informationen warum nicht angegeben wurden. Als mögliche Erklärungen werden von der GRI genannt[50]:

- die Standardangabe, ein Teil der Standardangabe oder der Indikator ist nicht anwendbar
- die Informationen unterliegen speziellen Vertraulichkeitsauflagen
- es bestehen spezifische gesetzliche Verbote
- die Informationen sind gegenwärtig nicht verfügbar.

Die Angabe einer **externen Überprüfung** ist im Berichtsrahmen G4 in dem GRI Content 52
Index je Indikator anzugeben[51].

### 2.1.3 Prinzipien des Institute of Social and Ethical AccountAbility

Das **Institute of Social and Ethical AccountAbility** (AA) wurde 1995 in London ge- 53
gründet. Das internationale Netzwerk hat sich u.a. als Ziel gesetzt, die Rechnungslegung von Unternehmen und Organisationen in Form einer umfassenderen Nachhaltigkeitsberichterstattung zu fördern[52].

Derzeit umfassen die Verlautbarungen des AA **Leitfäden** für die Aufstellung und Prü- 54
fung von Berichterstattungen im Bereich der Nachhaltigkeit bzw. den Dialog mit den Anspruchsgruppen[53]:

- AA1000 AccountAbility Principles Standard (AA1000APS (2008))[54]
- AA1000 AccountAbility Assurance Standard (AA1000AS (2008))[55]
- AA1000 Stakeholder Engagement Standard (AA1000SES (2015))[56].

49 *GRI*, FAQ, S. 16 f.
50 *GRI*, Berichterstattungsgrundsätze und Standardangaben, S. 13.
51 *GRI*, Berichterstattungsgrundsätze und Standardangaben, S. 31 ff.
52 http://www.accountability.org/about-us/governance/index.html (abgerufen am 13.07.2016); http://www.accountability.org/services/index.html (abgerufen am 27.09.2016).
53 http://www.accountability.org/standards/index.html (abgerufen am 13.07.2016).
54 http://www.accountability.org/standards/aa1000aps.html (abgerufen am 13.07.2016).
55 http://www.accountability.org/standards/aa1000as/index.html (abgerufen am 13.07.2016).
56 http://www.accountability.org/standards/aa1000ses.html (abgerufen am 13.07.2016).

! **Hinweis 4:**

Da mit dem AA1000 Stakeholder Engagement Standard (AA1000SES (2015)) ein eigenständiger Standard für den Einbezug von Anspruchsgruppen besteht, können Unternehmen und Organisationen diesen Standard auch i.R.d. Dialogs mit ihren Anspruchsgruppen bei einer Aufstellung von Nachhaltigkeitsberichten nach anderen Rahmenwerken berücksichtigen.

**55** Ziel des AA1000APS (2008) ist es, **international anerkannte Prinzipien** zur Verfügung zu stellen, die Unternehmen und Organisationen einen Rahmen dafür bieten, sich ihrer Verantwortlichkeit für Nachhaltigkeit bewusst zu werden, diese zu managen, zu verwalten, umzusetzen, zu bewerten und zu kommunizieren[57]. Der AA1000APS (2008) basiert auf den nachfolgenden drei Prinzipien[58]:

- Inklusivität (Grundprinzip)
- Wesentlichkeit
- Reaktivität.

Das AA definiert und erläutert im AA1000APS (2008) die vorstehenden Prinzipien. Zusätzlich werden zu jedem Prinzip Kriterien angegeben, die der Erfüllung des jeweiligen Prinzips dienen.

Nach AA1000APS (2008) fordert das Grundprinzip der **Inklusivität**, dass die Anspruchsgruppen von Unternehmen systematisch und gezielt bei der Entwicklung und Umsetzung einer verantwortlichen und strategischen Reaktion auf Herausforderungen der Nachhaltigkeit einbezogen werden. Darüber hinaus wird Inklusivität zusätzlich als Selbstverpflichtung zum verantwortlichem Handeln ggü. denjenigen, auf die die Unternehmen und Organisation Einfluss ausüben, verstanden. Als ein wesentliches Kriterium der Einhaltung dieses Grundprinzips, wird die Einrichtung eines strukturierten Prozesses zur Einbindung von Anspruchsgruppen genannt, der im gesamten Unternehmen und in der gesamten Organisation integriert sein und kontinuierlich angewendet werden soll[59].

Das Prinzip der **Wesentlichkeit** bedeutet, dass Unternehmen und Organisationen ihre bedeutenden Sachverhalte zu Aspekten der Nachhaltigkeit identifizieren müssen. Dazu muss die Relevanz eines Sachverhaltes für die Unternehmen, Organisationen und für die Anspruchsgruppen beurteilt werden. Voraussetzung dafür ist eine umfassende und ausgewogene Beschaffung von Informationen und deren Analyse. Insofern wird als ein grundlegendes Kriterium zur Erfüllung des Prinzips der Wesentlichkeit, die Einrichtung eines Prozesses zur Beurteilung der Wesentlichkeit von Nachhaltigkeitsaspekten genannt, der ebenfalls im gesamten Unternehmen und in der gesamten Organisation integriert sein und kontinuierlich angewendet werden soll[60].

Nach dem Prinzip der **Reaktivität** haben Unternehmen und Organisationen auf ihre Anspruchsgruppen einzugehen, die auf die Nachhaltigkeitsleistung der Unternehmen und Organisationen wirken. Reaktivität bedeutet, wie Unternehmen und Organisationen auf Themen der Nachhaltigkeit ihrer Anspruchsgruppen reagieren und inwiefern sie

57 *AccountAbility*, AA1000APS, S. 8.
58 *AccountAbility*, AA1000APS, S. 9.
59 *AccountAbility*, AA1000APS, S. 10 f.
60 *AccountAbility*, AA1000APS, S. 12 f.

ihnen ggü. verantwortlich handeln. Als ein wesentliches Kriterium zur Erfüllung des Prinzips der Reaktivität wird die Einrichtung eines Prozesses zur Entwicklung von angemessenen Reaktionen angesehen, der im gesamten Unternehmen und in der gesamten Organisation integriert und kontinuierlich angewendet werden soll, um eine rechtzeitige Reaktion sicherstellen zu können[61].

AA weist darauf hin, dass der Grundsatz der **Vollständigkeit** nicht explizit in den AA1000APS (2008) aufgenommen wurde, jedoch als eine Grundvoraussetzung für die Berichterstattung erachtet wird, da sich dieser auf den Umfang, wie die drei Prinzipien umgesetzt werden, bezieht[62].

### 2.1.4 Prinzipien der United Nations Global Compact

Am 31.01.1999 rief der damalige Generalsekretär der UNO, Kofi Annan, auf dem Welt- 56
wirtschaftsforum in Davos die Wirtschaftsführer in aller Welt auf, sich gemeinsam für eine gerechte Globalisierung zu engagieren. Dieser Rede nachfolgend wurde der **United Nations Global Compact** (UNGC) gegründet, der seine operative Tätigkeit am 26.07.2000 am Amtssitz der UNO in New York aufgenommen hat. Ziel des UNGC ist es, das gesellschaftliche Engagement von Unternehmen und Organisationen zu fördern und damit die Wirtschaft und Zivilgesellschaft in die Lösung der Herausforderungen der Globalisierung einzubeziehen[63]. Der UNGC ist heute ein weltweites Netzwerk von zahlreichen Unternehmen, Arbeitnehmer-, Menschenrechts-, Umwelt- und Entwicklungsorganisationen[64].

Unternehmen sowie Organisationen können dem Netzwerk mittels einer Erklärung 57
beitreten[65]. Mit dem Beitritt verbunden ist die Verpflichtung für Unternehmen zur Abgabe eines **Fortschrittsberichts** („Communication on Progress" (COP))[66]. Organisationen haben in ihrer Beitrittserklärung eine Zuordnung zur Organisationsart zu treffen und mindestens eine der vom UNGC vorgeschlagenen Aktivitäten zur Unterstützung zu benennen. Vom UNGC sind die nachfolgenden Organisationsarten zur Auswahl vorgesehen:

- Universitäten
- Verbände und Kammern
- Städte
- NGOs
- Gewerkschaften
- öffentliche Institutionen.

Organisationen haben seit dem 31.10.2013 beim UNGC einen **Bericht über das Engagement** (Communication on Engagement - COE) einzureichen[67].

Vom UNGC wurden **10 ökologische und soziale Prinzipien** zu vier Themenbereichen 58
entwickelt, über deren Umsetzung und Einhaltung die teilnehmenden Unternehmen

61 *AccountAbility*, AA1000APS, S. 14 ff.
62 *AccountAbility*, AA1000APS, S. 4.
63 *Vereinte Nationen*, Richtlinien, S. 2.
64 *Deutsche Gesellschaft für Internationale Zusammenarbeit*, S. 1.
65 https://www.unglobalcompact.org/participation/join/application (abgerufen am 09.08.2016).
66 *United Nations*, Global Compact, Richtlinien, S. 1.
67 *United Nations*, Global Compact, Policy, S. 1 f.

verpflichtet sind, jährlich den Anspruchsgruppen mittels eines Fortschrittsberichts unabhängig von der Finanzberichterstattung zu berichten[68]:

- Menschenrechte
  - Unternehmen sollen den Schutz der internationalen Menschenrechte unterstützen und achten und
  - sicherstellen, dass sie sich nicht an Menschenrechtsverletzungen mitschuldig machen.
- Arbeitsnormen
  - Unternehmen sollen die Vereinigungsfreiheit und die wirksame Anerkennung des Rechts auf Kollektivverhandlungen wahren sowie ferner für
  - die Beseitigung aller Formen der Zwangsarbeit,
  - die Abschaffung der Kinderarbeit und
  - die Beseitigung von Diskriminierung bei Anstellung und Erwerbstätigkeit eintreten.
- Umweltschutz
  - Unternehmen sollen im Umgang mit Umweltproblemen einen vorsorgenden Ansatz unterstützen,
  - Initiativen ergreifen, um ein größeres Verantwortungsbewusstsein für die Umwelt zu erzeugen und
  - die Entwicklung und Verbreitung umweltfreundlicher Technologien fördern.
- Korruptionsbekämpfung
  - Unternehmen sollen gegen alle Arten der Korruption eintreten, einschl. Erpressung und Bestechung.

> **!** **Hinweis 5:**
> Unternehmen, die in dem Fortschrittsbericht einen oder mehrere der vier Themenbereiche (Menschenrechte, Arbeitsnormen, Umweltschutz, Korruptionsbekämpfung) nicht ansprechen, haben diesbezüglich eine Erklärung hinzuzufügen.

**59** Für den Bericht bestehen keine Formatvorgaben, jedoch müssen als **inhaltliche Mindestanforderung** für Unternehmen drei Kernelemente enthalten sein[69]:

a) eine einleitende Unterstützungserklärung seitens der Unternehmensführung (Geschäftsführung, Vorstand oder andere Mitglieder der Unternehmensleitung), in der die Unterstützung des Global Compact und seiner Prinzipien erklärt wird,
b) die Beschreibung der Maßnahmen, die vom Unternehmen zur Umsetzung der zehn Prinzipien ergriffen worden sind,
c) eine Bewertung der Ergebnisse, d.h. die Beurteilung, inwieweit die Vorgaben in qualitativer oder quantitativer Hinsicht erreicht wurden.

Organisationen haben abweichend von b) in ihrem Bericht über das Engagement als inhaltliche Mindestanforderung über die Maßnahmen, bezogen auf die beim Beitritt angegebenen Aktivitäten, zu berichten[70].

**60** Ein teilnehmendes Unternehmen hat den ersten Fortschrittsbericht innerhalb eines Jahres, berechnet vom Zeitpunkt des Beitritts, und alle folgenden Fortschrittsberichte

---

68 *Deutsche Gesellschaft für Internationale Zusammenarbeit*, S. 1 f.
69 *United Nations*, Global Compact, Richtlinien, S. 1.
70 *United Nations*, Global Compact, Policy, S. 2.

jeweils innerhalb eines Jahres beim UNGC einzureichen[71]. Für teilnehmende Organisationen gilt hingegen eine jeweilige Zweijahresfrist[72].

Sofern eine Anpassung der Fristen für die Einreichung der Berichte an den Zyklus einer sonstigen Berichterstattung des Unternehmens oder der Organisation, z.B. der Finanz- oder Jahresberichterstattung, erfolgen soll, kann ein **Änderungsantrag** zur einmaligen Aufschiebung der Frist um bis zu 11 Monate gestellt werden. Wenn ein Verzug zur fristgerechten Einreichung der Berichte absehbar ist, kann vom teilnehmenden Unternehmen oder der Organisation ein **Aufschubantrag** von 90 Tagen, berechnet ab der ursprünglichen Frist zur Einreichung der Berichte, gestellt werden[73]. 61

Teilnehmende Unternehmen haben zusätzlich zum jeweiligen Fortschrittsbericht eine, den Fortschrittsbericht zusammenfassende, **Selbsteinschätzung** einzureichen. Unternehmen werden in eine von zwei Kategorien eingestuft: 62

- GC Active
- GC Advanced.

Die Einstufung des teilnehmenden Unternehmens als „**GC Active**" entspricht der Erfüllung der Mindestanforderungen (Tz. 59) im Fortschrittsbericht. Zur Erreichung der Einstufung „**GC Advanced**" muss das teilnehmende Unternehmen, zusätzlich zu den Mindestanforderungen, über die

- Umsetzung der 10 Prinzipien in Form von Strategien und Abläufen,
- Handlungsmaßnahmen zur Unterstützung der übergeordneten Ziele und Themen der UNO sowie
- nachhaltige Unternehmensführung und den Vordenkeransatz

berichten[74].

Als diesbezügliche Hilfestellung werden vom UNGC die Modelle „Blueprint for Corporate Sustainability Leadership"[75] und „UN Global Compact Management Model"[76] angeboten.

Sollte ein teilnehmendes Unternehmen nicht der Kategorie „GC Active" genügen, so wird es in eine Anfänger-Plattform (**Learners Platform**) eingestuft. Als Folge wird eine zusätzliche Kulanzfrist von 12 Monaten gewährt, um dem Unternehmen die Möglichkeit einzuräumen, den Fortschrittsbericht entspr. den Mindestanforderungen zu gestalten. Die Einstufung in die Kategorie der Anfänger-Plattform kann nur einmalig erfolgen[77].

Für teilnehmende Organisationen besteht hingegen kein Differenzierungsprogramm. 63

Alle teilnehmenden Unternehmen und Organisationen sind zur **Veröffentlichung** ihrer Berichte auf der Website des UNGC verpflichtet[78]. 64

---

71 *United Nations,* Global Compact, Richtlinien, S. 2.
72 *United Nations,* Global Compact, Policy, S. 2.
73 *United Nations,* Global Compact, Richtlinien, 4; *Global Compact*, Policy, S. 3.
74 *United Nations,* Global Compact, Richtlinien, S. 2.
75 *United Nations,* Global Compact, Blueprint, S. 1 ff.
76 *United Nations,* Global Compact *u.a.*, Management Model, S. 1 ff.
77 *United Nations,* Global Compact, Richtlinien, S. 3.
78 *United Nations,* Global Compact, Richtlinien, S. 2; *Global Compact*, Policy, S. 2.

> **!** **Hinweis 6:**
>
> Unternehmen mit weniger als 250 Beschäftigten können ab dem 01.04.2016 das vereinfachte Verfahren einer „Express COP" anwenden, eine „Express COE" für Organisationen wurde hingegen vom UNGC nicht vorgesehen.

**65** Teilnehmer, die der fristgerechten Verpflichtung zur Einreichung eines Berichts nicht nachkommen, gelten als „nicht-mitteilende" Unternehmen oder Organisationen (**non-communicating**)[79].

**66** Sofern ein teilnehmendes Unternehmen oder eine Organisation, welche als „nicht-mitteilend" eingestuft wurde, innerhalb eines Jahres, berechnet ab dem Beginn dieser Einstufung, versäumt, einen den Mindestanforderungen entspr. Bericht einzureichen, wird das Unternehmen oder die Organisation vom Netzwerk des UNGC ausgeschlossen. Eine **Wiederaufnahme** des Unternehmens oder der Organisation ist durch eine erneute Antragstellung möglich[80].

**67** Auf Antrag können aktiv am UNGC teilnehmende Unternehmen und Organisationen das Logo „We Support the Global Compact" in der Kommunikation nutzen[81]. Das speziell für Unternehmen zur Aufnahme im Fortschrittsbericht vorgesehene „Communication on Progress"-Logo kann hingegen ohne einen entsprechenden Antrag genutzt werden[82].

**68** Dem Netzwerk des UNGC gehören über 13.000 Unternehmen und Organisationen aus Zivilgesellschaft, Politik und Wissenschaft aus 170 Ländern an[83].

## 2.2 Leistungsindikatorensets

### 2.2.1 Indikatoren der Deutsche Vereinigung für Finanzanalyse und Asset Management

**69** Aufgrund einer nach Ansicht der **Deutsche Vereinigung für Finanzanalyse und Asset Management** (DVFA) ungenügenden Ausrichtung von Nachhaltigkeits- und Lageberichten an den Informationserfordernissen von Investoren und Finanzanalysten, wurden seit dem Jahr 2007 Schlüsselkriterien für die Bereiche Umwelt, Soziales und Unternehmensführung entwickelt[84]. Die DVFA ist der Berufsverband der Investment Professionals in der Bundesrepublik Deutschland[85]. Die Zielsetzung des Vereins ist u.a. eine Weiterentwicklung und Verbesserung der Berichterstattung von Unternehmen hinsichtlich nichtfinanzieller Leistungsindikatoren, die einen wesentlichen Einfluss auf die Lage und Entwicklung der Geschäftsergebnisse haben können und damit den Bedürf-

---

79 *United Nations,* Global Compact, Richtlinien, S. 3; *Global Compact*, Policy, S. 3.

80 *United Nations,* Global Compact, Richtlinien, S. 3; *Global Compact*, Policy, S. 3.

81 http://www.globalcompact.de/de/teilnahme/logo-nutzung/ (abgerufen am 09.08.2016); deutsche aktiv teilnehmende Unternehmen und Organisationen sind von der zusätzlichen Verpflichtung zur finanziellen Unterstützung ausgenommen.

82 *United Nations,* Global Compact, Logo Policy, S. 3.

83 http://globalcompact.de/de/ueber-uns/dgcn-ungc.php?navid=539859539859 (abgerufen am 09.08.2016).

84 http://www.nachhaltigkeit.info/artikel/dvfa_schluesselkriterien_zur_nachhaltigkeit_esg_k_1630.htm (abgerufen am 13.07.2016).

85 http://www.dvfa.de/verband (abgerufen am 13.07.2016).

nissen der Finanzbranche in höherem Ausmaß als die reine Finanzberichterstattung gerecht werden sollen[86].

International ist die DVFA als Mitglied der **European Federation of Financial Analysts Societies** (EFFAS) und der Association of Certified International Investment Analysts (ACIIA) europa- bzw. weltweit vertreten[87]. 70

Im September 2010 wurde durch die DVFA und EFFAS die derzeit aktuelle Version 3.0 der **Key Performance Indicators for Environmental Social & Governance Issues** (KPIs for ESG 3.0) veröffentlicht[88]. 71

In Anlehnung an den **Industry Classification Benchmark** (ICB)[89], der kapitalmarktorientierte Unternehmen nach ihrem primären Umsatz in einzelne Branchen einteilt, definieren die KPIs for ESG 3.0 branchenabhängige Leistungsindikatoren. 72

Der ICB unterscheidet die nachfolgenden zehn Branchen[90]:

- Erdöl und Erdgas
- Grundstoffe
- Industrieunternehmen
- Verbrauchsgüter
- Gesundheitswesen
- Verbraucherservice
- Telekommunikation
- Versorger
- Finanzdienstleistungen
- Technologie.

Ausgehend von diesen zehn Branchen erfolgt eine weitere Unterteilung in insgesamt 19 übergeordnete Sektoren, 41 Sektoren sowie 114 untergeordnete Sektoren. Zu jedem der insgesamt 114 untergeordneten Sektoren werden durch die KPIs for ESG 3.0 jeweils Leistungsindikatoren i.S.v. messbaren Kriterien zur Verfügung gestellt, wodurch die Vergleichbarkeit der Berichterstattung von Unternehmen hergestellt werden soll[91]. 73

Um eine möglichst einheitliche Qualität der Berichterstattung gewährleisten zu können, werden die nachfolgenden **Grundsätze** als von besonderer Bedeutung für die Anwendung der KPIs for ESG 3.0 hervorgehoben[92]: 74

- Relevanz
- Transparenz
- Kontinuität und Aktualität.

Der Grundsatz der **Relevanz** bedeutet, dass die aus Sicht der Investoren und Analysten notwendigen Informationen in angemessenem Umfang, zeitgerecht, detailliert und vollständig zur Verfügung gestellt werden müssen[93].

86 http://www.nachhaltigkeit.info/artikel/dvfa_schluesselkriterien_zur_nachhaltigkeit_esg_k_1630.htm (abgerufen am 13.07.2016).
87 http://www.dvfa.de/verband/ (abgerufen am 13.07.2016).
88 *DVFA/EFFAS*, S. 1 ff.
89 http://www.icbenchmark.com/ (abgerufen am 13.07.2016).
90 *FTSE International Limited*, S. 1 ff.
91 *DVFA/EFFAS*, S. 1 ff.
92 *DVFA/EFFAS*, S. 11 f.
93 *DVFA/EFFAS*, S. 11.

Nach dem Grundsatz der **Transparenz** haben die Informationen sowohl in quantitativer als auch qualitativer Sicht konsistent und verständlich zu sein[94].

Der Grundsatz der **Kontinuität und Aktualität** besagt, dass die Informationen stetig darzustellen sind und den aktuellen Stand i.R.d. Unternehmensentwicklung widerzuspiegeln haben[95].

**75** Hinsichtlich des **Umfangs** der auszuweisenden Informationen bzgl. der Leistungsindikatoren werden durch die KPIs for ESG 3.0 die nachfolgenden drei Stufen unterschieden[96]:

- Einstiegsstufe (Entry Level)
- mittlere Stufe (Midlevel)
- höchste Stufe (High Level).

Die **Einstiegsstufe** stellt den Mindestumfang der Berichterstattung dar. Sofern Unternehmen diesen Mindestumfang nicht einhalten, sollen die Gründe dargestellt werden. Die Erfüllung der **mittleren Stufe** bzw. **höchsten Stufe** erfordert jeweils detailliertere Angaben zu weiteren Leistungsindikatoren.

**76** Gem. dem Rahmenkonzept der KPIs for ESG 3.0 wird den Unternehmen empfohlen, sich bzgl. der Berichterstattung an den IFRS oder vergleichbaren Standards zu orientieren[97]. Die Angabe der Informationen nach den KPIs for ESG 3.0 soll im LB/KLB als Teil der Finanzberichterstattung erfolgen. Zudem werden durch das Rahmenkonzept als mögliche Medien einer Berichterstattung die Website des jeweiligen Unternehmens sowie Präsentationen für Investoren und Analysten empfohlen[98].

### 2.2.2 Indikatoren des Sustainability Accounting Standards Board

**77** Die Gründung des **Sustainability Accounting Standards Board** (SASB) erfolgte im Juli 2011 vor dem Hintergrund der Studie „From Transparency to Performance" der Initiative for Responsible Investment (IRI) an der Harvard Universität, Cambridge[99]. Gegenstand der Studie war die Entwicklung einer Methode zur Ableitung von branchenspezifischen Leistungsindikatoren zur Beurteilung der Nachhaltigkeitsleistung von Unternehmen. Die Methode basierte auf den Prinzipien der Einfachheit, Wesentlichkeit und Transparenz[100].

**78** In Anlehnung an den Industry Classification Benchmark (ICB) (Tz. 72) beschränkte sich die Studie bei der Entwicklung dieser spezifischen Leistungsindikatoren auf die nachfolgenden sechs untergeordneten Sektoren[101]:

- Fluggesellschaften
- Automobile
- diversifizierte REITs
- herkömmliche Stromerzeugung

94 *DVFA/EFFAS*, S. 12.
95 *DVFA/EFFAS*, S. 12.
96 *DVFA/EFFAS*, S. 15.
97 *DVFA/EFFAS*, S. 9.
98 *DVFA/EFFAS*, S. 13 f.
99 http://www.sasb.org/sasb/vision-mission/#1470334393614-641257f4-8d58 (abgerufen am 20.09.2016).
100 IRI, S. VI.
101 IRI, S. 20.

- Papierindustrie
- Banken.

In Anbetracht der Reaktionen auf die Studie wurden vom SASB für weitere Branchen spezifische Leistungsindikatoren entwickelt, um eine Vielzahl von Unternehmen dabei zu unterstützen, Investoren entscheidungsnützliche Informationen in Form von KPIs aus den Bereichen Umwelt, Soziales und Unternehmensführung zu geben[102]. Ausgehend vom Conceptual Framework des SASB wurde dazu das SASB Sustainability Industry Classification System (SICS) eingeführt, das aus den zehn Sektoren **79**

- Consumption,
- Financials,
- Health Care,
- Infrastructure,
- Non-Renewable Resources,
- Renewable Resources & Alternative Energy,
- Resource Transformation,
- Services,
- Technology & Communications,
- Transportation

besteht mit insgesamt 79 untergeordneten Sektoren[103].

Durch das SASB wurden für jeden untergeordneten Sektor wesentliche Bereiche der Nachhaltigkeit festgelegt. Für jeden vom SASB als wesentlich erachteten Bereich der Nachhaltigkeit erfolgte darauf aufbauend eine Vorgabe von einzelnen KPIs, sog. **Accounting Metrics**. Sofern Unternehmen einen Bereich der Nachhaltigkeit als wesentlich betrachten, empfiehlt das SASB den Unternehmen, die Angabeerfordernisse zu den entspr. vorgegebenen KPIs zu erfüllen[104]. **80**

Um eine Analyse der KPIs durch Investoren zu erleichtern, wurden durch das SASB zusätzlich sog. Activity Metrics in die jeweiligen Standards aufgenommen. Die **Activity Metrics** erfordern, sofern für die Unternehmen relevant, Angaben über „high-level" Informationen der Unternehmen, wie z.B. die Anzahl der Arbeitnehmer, Kunden oder der Produkte oder Dienstleistungen. Ferner bilden die Activity Metrics z.T. Grundlagen der quantitativen und/oder qualitativen Angaben der KPIs[105]. **81**

Hinsichtlich des Umfangs der von den Unternehmen zu befolgenden Angaben sieht das SASB keine Abstufungen vor. **82**

Die Standards sollen nach dem SASB vorwiegend für Unternehmen zur Anwendung kommen, deren Anteile an der SEC notiert sind. Die erforderlichen Angaben sollen demnach grds. mit in den Jahresbericht der Unternehmen (z.B. 10-K, 20-F) aufgenommen werden. Das SASB hebt jedoch hervor, dass auch andere Unternehmen, z.B. Unternehmen, die in anderen Ländern börsennotiert sind, die Standards anwenden können[106]. **83**

---

102 http://www.sasb.org/sasb/vision-mission/#1470334393614-641257f4-8d58 (abgerufen am 22.09.2016).
103 *SASB*, Brochure, S. 6 f.
104 *SASB*, Conceptual Framework, S. 20.
105 *SASB*, Automobiles, S. 5 f.
106 *SASB*, Conceptual Framework, S. 4.

## 3. Rahmenwerk des International Integrated Reporting Council

84 **„The Prince's Accounting for Sustainability Project"** (A4S) wurde 2004 von seiner Königlichen Hoheit, dem **Prinzen von Wales und Herzog von Cornwall**, mit dem Ziel gegründet, Nachhaltigkeitsaspekte stärker als bisher in die Entscheidungsfindung und Berichterstattung einzubinden[107]. Die Kritik des A4S an der klassischen Finanzberichterstattung von Unternehmen besteht darin, dass den Anspruchsgruppen überwiegend vergangenheitsbezogene finanzielle Informationen sowie kurzfristige finanzielle Prognosen zur Verfügung gestellt werden, während Informationen über nichtfinanzielle Aspekte, die langfristig den Geschäftserfolg beeinflussen, häufig fehlen. Eine gesonderte Berichterstattung, die ausschließlich auf nichtfinanzielle Aspekte abstellt, wird jedoch ebenso abgelehnt[108]. Vielmehr fordert A4S einen Berichtsrahmen zu schaffen, der sowohl die Finanzberichterstattung als auch für die wirtschaftliche Lage wesentliche nichtfinanzielle Aspekte bzgl. der Unternehmensstrategie und -führung, des Geschäftsmodells und der -risiken, einschl. der Auswirkungen der Geschäftstätigkeit auf die Umwelt und die Gesellschaft umfasst. Insofern wird von A4S eine Integration von finanziellen und nichtfinanziellen Aspekten der Geschäftstätigkeit in einem einzigen Bericht gefordert[109].

85 Dem nachfolgend wurde im August 2010 auf Anregung des A4S, der GRI und der IFAC das International Integrated Reporting Committee, welches später in **International Integrated Reporting Council (IIRC)** umbenannt wurde, gegründet[110].

86 Der IIRC ist ein **globaler Zusammenschluss** von Regulatoren, Investoren, Unternehmen, Standardsettern, Nichtregierungsorganisationen und dem Berufsstand der WP, der das Ziel verfolgt, die Unternehmensberichterstattung unter Berücksichtigung der Wertschöpfung weiterzuentwickeln. Der IIRC beabsichtigt, ein **weltweit anerkanntes Rahmenkonzept** für die Berichterstattung sowohl über finanzielle als auch nichtfinanzielle Informationen in klarer und komprimierter Form zu entwickeln[111].

87 Zu den einflussreichsten Vordenkern des „Integrated Reporting" zählen Robert G. Eccles und Michael P. Krzus mit der vielbeachteten Veröffentlichung im Jahr 2010 **„One Report – Integrated Reporting for a Sustainable Strategy"**[112].

88 Im Dezember 2013 hat der IIRC nach einer mehrjährigen Entwicklungsphase das finale Rahmenkonzept zum **Integrated Reporting** veröffentlicht[113]. Diese Entwicklungsphase begann im Herbst 2011 mit der Bekanntgabe eines Diskussionspapiers[114], welches auf große Resonanz in der Öffentlichkeit stieß. Dem nachfolgend hat der IIRC ein Pilotprogramm unter Einbezug von Unternehmen gestartet, um die integrierte Berichterstattung nach IIRC in ihrer praktischen Umsetzung zu erforschen und ein Rahmen-

---

107 https://www.accountingforsustainability.org/about-us/project-history (abgerufen am 08.08.2016); http://integratedreporting.org/wp-content/uploads/2011/03/Press-Release1.pdf (abgerufen am 08.08.2016).

108 *A4S*, Governance Collaboration, S. 4 f.

109 *A4S*, Governance Collaboration, S. 4.

110 http://integratedreporting.org/wp-content/uploads/2011/03/Press-Release1.pdf (abgerufen am 08.08.2016).

111 http://integratedreporting.org/wp-content/uploads/2011/03/Press-Release1.pdf (abgerufen am 08.08.2016).

112 *Eccles/Krzus*, S. 1 ff.

113 *IIRC*, IR Framework, Rz. 1 ff.

114 *IIRC*, IR Discussion Paper, Rz. 1 ff.

konzept zu erarbeiten. Seit 2012 wurde das Pilotprogramm unter Mitwirkung von Investoren komplettiert[115]. Basierend auf diesen Erkenntnissen veröffentlichte der IIRC im Juli 2012 einen ersten Gliederungsentwurf für das Rahmenkonzept, in dem die grundlegende Struktur eines integrierten Berichts dargestellt wurde[116]. Dem folgte im November 2012 der erste Prototyp des Rahmenkonzepts zur integrierten Berichterstattung[117]. Im April 2013 wurde der Entwurf des Rahmenkonzepts zur Kommentierung durch die interessierte Öffentlichkeit publiziert[118]. Bis zum Ende der Kommentierungsfrist am 15.07.2013 konnte der IIRC mehr als 350 Stellungnahmen verzeichnen. Das finale Rahmenkonzept zum Integrated Reporting ist im Vergleich zum im April 2013 veröffentlichten Entwurf im Wesentlichen von einer höheren Prägnanz, einer stringenteren Gliederung und der Vermeidung von Redundanzen geprägt[119].

In Abhängigkeit davon, ob sich die Berichterstattung auf Anspruchsgruppen innerhalb oder außerhalb des Unternehmens bezieht, kann zwischen einer internen respektive externen Berichterstattung unterschieden werden. Während sich bei der internen Berichterstattung die Informationsvermittlung der Unternehmensleitung an unternehmensinterne Anspruchsgruppen, wie z.B. AR, Betriebsrat und Mitarbeiter, richtet, dient die externe Berichterstattung der Informationsversorgung außenstehender Anspruchsgruppen, wie z.B. Investoren, Kunden und Lieferanten. 89

Der IIRC verfolgt mit dem Rahmenkonzept primär das Ziel einer effizienten und in sich geschlossenen Unternehmensberichterstattung zur Vermittlung eines Einblicks in die Unternehmensstrategie, -führung und -leistung sowie in die kurz-, mittel- und langfristigen Prognosen zum Erhalt und zur Steigerung des Unternehmenswerts, um Kapitalgeber in ihrer Entscheidungsfindung für die Bereitstellung von Kapital zu unterstützen[120]. Obwohl das Rahmenkonzept zwischen der Wertschöpfung für das Unternehmen (in Form finanzieller Rückflüsse für die Kapitalgeber) und der Wertschöpfung für die sonstigen Anspruchsgruppen (wie z.B. Mitarbeiter, Kunden, Lieferanten und Geschäftspartner) unterscheidet, wird die Wertschöpfung der sonstigen Anspruchsgruppen jedoch nur dann als relevant für die Berichterstattung angesehen, wenn diese die Wertschöpfung in Form finanzieller Rückflüsse für die Kapitalgeber wesentlich beeinflusst bzw. beeinflussen kann[121]. 90

Es empfiehlt sich hinsichtlich der Struktur der Berichterstattung nicht danach zu differenzieren, ob diese der Informationsvermittlung interner oder externer Anspruchsgruppen dienen soll, da das Rahmenkonzept dem Integrated Report vor dem Hintergrund der Zielsetzung der Vermittlung eines Einblicks in die Unternehmensstrategie, -führung und -leistung sowie in die kurz-, mittel- und langfristigen Prognosen zur Wertschöpfung auch eine Nutzenstiftung für alle übrigen Anspruchsgruppen des Unternehmens zuspricht[122]. 91

115 *Haller/Zellner*, DB 2013, S. 1125 (1126).
116 *IIRC*, IR Draft outline, Rz. 1 ff.
117 *IIRC*, IR Prototyp, Rz. 1 ff.
118 *IIRC*, IR Consultation Draft, Rz. 1 ff.
119 *Haller/Zellner*, DB 2014, S. 253.
120 *IIRC*, IR Framework, Rz. 1.1 ff.
121 *IIRC*, IR Framework, Rz. 1.7 f., 2.4 ff.
122 *IIRC*, IR Framework, Rz. 1.8.

92 Obwohl der **Integrated Report** in vielen Belangen mit den Entwicklungen der Finanz- und sonstigen Unternehmensberichterstattungen einhergeht, unterscheidet sich dieser insb. durch die **Fokussierung auf die Wertschöpfung** eines Unternehmens auf kurz-, mittel- und langfristige Sicht, durch die Verpflichtung zur Rechenschaftslegung und Verantwortung in Bezug auf den Einsatz der verschiedenen Arten von Kapitalien und durch die Verpflichtung zur Darstellung der Interdependenzen zwischen diesen Kapitalarten.

93 Durch den IIRC wurde unter Berücksichtigung einer möglichst hohen Flexibilität mit dem gleichzeitigen Erfordernis der Vergleichbarkeit von Unternehmensberichten ein prinzipienbasierter Ansatz gewählt[123]. Die Anwendung bestimmter Indikatoren, spezifischer Bewertungsmethoden oder die Angabe bestimmter unternehmensindividueller Informationen wird nicht vorgeschrieben[124]. Es bleibt in der Verantwortung des Managements zu entscheiden, welche Angaben wesentlich sind und über welche Aspekte in Ansehung der individuellen Gegebenheiten des Unternehmens berichtet werden sollte[125].

94 Obwohl quantitative Angaben in Form von Leistungsindikatoren als der Berichterstattung hilfreich angesehen werden, erachtet der IIRC eine Kombination von qualitativen und quantitativen Informationen als die angemessenste Form der Berichterstattung[126].

95 Der IIRC überlässt die Entscheidung über die Form der Berichterstattung dem rechenschaftslegenden Unternehmen insofern, als dass der Integrated Report in die bestehenden Berichtserfordernisse einbezogen werden kann, sofern dieser klar von der sonstigen Unternehmensberichterstattung abgrenzbar ist, nicht durch andere Informationen überlagert und als solcher zugänglich gemacht wird, oder aber als eigenständiger Bericht aufgestellt werden kann. Auch im Fall eines Einbezugs des Integrated Reports in eine gesetzlich vorgeschriebene Unternehmensberichterstattung, z.B. in den LB/KLB, hat dieser den Erfordernissen des Rahmenkonzepts zu genügen[127].

96 Bzgl. des Turnus der Berichterstattung enthält das Rahmenkonzept, außer der Verpflichtung zu einer periodischen Berichterstattung, keine spezifizierten Anforderungen[128].

97 Aufgrund seiner Prägnanz in der Vermittlung des Einblicks in die Unternehmensstrategie, -führung, -leistung und in die kurz-, mittel- und langfristigen Prognosen zur Wertschöpfung kann der Integrated Report durch Verweismöglichkeiten auch als Ausgangspunkt weiterer Unternehmensberichterstattungen mit detaillierteren Informationen dienen, wie z.B. für einen ggf. freiwillig aufgestellten Nachhaltigkeitsbericht oder die gesetzlich vorgeschriebene Finanzberichterstattung[129].

98 Primär soll das Rahmenkonzept privatwirtschaftlich gewinnorientierten Unternehmen dienen, eine integrierte Berichterstattung nach IIRC aufzustellen, wobei auch Unter-

---

123 *IIRC*, IR Framework, Rz. 1.9.
124 *IIRC*, IR Framework, Rz. 1.10.
125 *IIRC*, IR Framework, Rz. 1.10.
126 *IIRC*, IR Framework, Rz. 1.11.
127 *IIRC*, IR Framework, Rz. 1.14.
128 *IIRC*, IR Framework, Glossary Nr. 7.
129 *IIRC*, IR Framework, Rz. 1.16.

nehmen der öffentlichen Hand sowie gemeinnützige Unternehmen diese Form der Berichterstattung, ggf. mit entsprechenden Anpassungen, nutzen können[130].

Durch den IIRC wurde im Juli 2014 durch die Veröffentlichungen der Publikationen „Assurance on <IR>, an introduction to the discussion“[131] und „Assurance on <IR>, an exploration of issues“[132] die öffentliche Diskussion zu prüferischen Maßnahmen i.Z.m. Berichterstattungen nach IIRC vorangetrieben. Eine Zusammenfassung der beim IIRC eingegangenen Stellungnahmen zu diesen Publikationen wurde im Juli 2015 veröffentlicht[133].

## 3.1 Grundlegende Konzepte

### 3.1.1 Zielsetzung

Der Integrated Report soll vor dem Hintergrund des Ziels einer Darstellung der Fähig- 99
keit des Unternehmens zur kurz-, mittel- und langfristigen Wertschöpfung einen Einblick in die wesentlichen Wechselbeziehungen des Unternehmens mit dem Unternehmensumfeld, in die Veränderungen der eingesetzten Ressourcen im Hinblick auf die Erhaltung und Steigerung des Unternehmenswerts und in die Prozesse der Wertschöpfung geben[134]. Zur Erreichung dieser Zielsetzung basiert die integrierte Berichterstattung nach IIRC auf den Grundkonzepten der Betrachtung der Kapitalarten und des Prozesses der Wertschöpfung.

### 3.1.2 Kapitalarten

Die Kapitalarten stellen Wertspeicher dar, die durch die Geschäftstätigkeit eines Unter- 100
nehmens entweder erhöht, verringert oder in eine oder mehrere andere Kapitalarten gewandelt werden[135].

Der IIRC geht von den folgenden **sechs Kapitalarten** für das Rahmenkonzept aus[136]:

- Finanzkapital
- Produktionskapital
- geistiges Kapital
- Humankapital
- Sozial- und Netzwerkkapital
- natürliches Kapital.

Diese sechs Kapitalarten werden vom IIRC zur Berichterstattung empfohlen, stellen jedoch keine Pflichtbestandteile eines integrierten Berichts nach IIRC dar[137].

Insb. soll auf die **Wechselwirkungen** der einzelnen Kapitalarten eingegangen werden. Dies kann z.B. der Fall sein, wenn ein Unternehmen in Humankapital, z.B. durch Schulungen, investiert. Somit wird der Wert des Humankapitals erhöht, gleichzeitig

130 *IIRC*, IR Framework, Rz. 1.4.
131 *IIRC*, Assurance on IR, an introduction to the discussion.
132 *IIRC*, Assurance on IR, an exploration of issues.
133 *IIRC*, *IIRC*, Assurance on IR, Overview of feedback and call to action.
134 *IIRC*, IR Framework, Rz. 2.3.
135 *IIRC*, IR Framework, Rz. 2.11.
136 *IIRC*, IR Framework, Rz. 2.10.
137 *IIRC*, IR Framework, Rz. 2.10.

nimmt der Wert des Finanzkapitals ab bzw. es wird Finanz- in Humankapital umgewandelt[138].

101 Obwohl die Kapitalarten teilw. bereits Gegenstand anderer Unternehmensberichterstattungen (z.B. Finanzberichterstattung, Nachhaltigkeitsberichterstattung) sind, sollen diese nachfolgend entspr. der Interpretation durch den IIRC kurz dargestellt werden.

102 Nach dem Rahmenkonzept versteht der IIRC das **Finanzkapital** als EK oder FK, das einem Unternehmen zur Produktion von Gütern oder für die Erbringung von Dienstleistungen zur Verfügung steht[139].

103 Unter **Produktionskapital** werden Güter verstanden, die einem Unternehmen für die Herstellung von Erzeugnissen oder für die Erbringung von Dienstleistungen zur Verfügung stehen. Darunter fallen Vermögensgegenstände des Sachanlagevermögens, aber z.B. auch eine dem Unternehmen zur Verfügung stehende Infrastruktur[140].

104 Das **geistige Kapital** umfasst sowohl immaterielle geistige Vermögensgegenstände, wie z.B.

- Patente,
- Urheberrechte,
- Software,
- Rechte,
- Lizenzen,

als auch organisatorisches geistiges Kapital, wie

- Systeme,
- Verfahren u.a.m.[141].

Die steigende Bedeutung besonders immaterieller Werte für Unternehmen wird auch durch die im Oktober 2007 gegründete **World Intellectual Capital/Assets Initiative** (WICI) und das von ihr im September 2016 veröffentlichte WICI Intangibles Reporting Framework version 1.0 verdeutlicht[142].

105 Das **Humankapital** wird über Kompetenzen, Fähigkeiten, Erfahrungen und Innovationsfreude der Mitarbeiter definiert. Dies beinhaltet auch die Motivation und Loyalität der Mitarbeiter zum Unternehmen und die Bereitschaft zur Beachtung ethischer Werte und Normen[143].

106 Unter **Sozial- und Netzwerkkapital** werden sowohl das Vorhandensein einer Struktur als auch die Bereitschaft zur Förderung des individuellen Wohls und des Allgemeinwohls verstanden. Außerdem beinhaltet das Sozial- und Netzwerkkapital

- gemeinsame Werte und Normen sowie ein gemeinsames Verständnis über die Verhaltensweisen,
- Beziehungen eines Unternehmens zu den wesentlichen Anspruchsgruppen sowie die Bereitschaft, Beziehungen zu externen Gruppen aufzubauen und zu schützen und

138 *IIRC*, IR Framework, Rz. 2.12.
139 *IIRC*, IR Framework, Rz. 2.15.
140 *IIRC*, IR Framework, Rz. 2.15.
141 *IIRC*, IR Framework, Rz. 2.15.
142 *WICI*, Framework.
143 *IIRC*, IR Framework, Rz. 2.15.

- immaterielle Werte, wie Markennamen und Reputation des Unternehmens[144].

**Natürliches Kapital** beinhaltet erneuerbare und nicht-erneuerbare Umweltressourcen, wie[145]: 107

- Luft
- Wasser
- Land
- Mineralien
- Wald
- Artenreichtum
- Ökosystem.

Insb. hat ein Unternehmen auf den Verbrauch von begrenzt verfügbaren und **nicht-erneuerbaren Ressourcen** zu achten, da diese Auswirkungen auf die langfristige Wertschöpfung eines Unternehmens haben können[146]. 108

### 3.1.3 Prozess der Wertschöpfung

Durch das Rahmenkonzept werden zur Darstellung des Prozesses der Wertschöpfung Inhaltselemente eines Integrated Reports genannt, wobei diese der Strukturierung eines integrierten Berichts dienen können, jedoch keine vorgeschriebene Gliederung bilden. Das berichtende Unternehmen hat unter Berücksichtigung der unternehmensindividuellen Gegebenheiten über den Einbezug der Inhaltselemente in seine Berichterstattung zu entscheiden, wobei die Wechselwirkungen der Elemente zu beschreiben sind. 109

## 3.2 Inhaltselemente

Zum Aufbau des Berichts enthält das Rahmenkonzept zur integrierten Berichterstattung nach IIRC nachfolgende Vorgabe[147]: 110

- Unternehmen und Unternehmensumfeld
- Unternehmensführung
- Geschäftsmodell
- Risiken und Chancen
- Strategie und Ressourceneinsatz
- Leistung
- Prognosen.

Die Ausführungen zu diesen Bestandteilen sollten nicht isoliert, sondern in einer die einzelnen Bestandteile verbundenen Art erfolgen[148].

Zur Vermittlung eines Überblicks über das **Unternehmen und dessen Umfeld** ist auf den Gegenstand der unternehmerischen Tätigkeit und die Faktoren einzugehen, soweit sie die Geschäftstätigkeit des Unternehmens beeinflussen[149]. Darüber hinaus soll über 111

144 *IIRC*, IR Framework, Rz. 2.15.
145 *IIRC*, IR Framework, Rz. 2.15.
146 *IIRC*, IR Framework, Rz. 4.54.
147 *IIRC*, IR Framework, Rz. 4.1.
148 *IIRC*, IR Framework, Rz. 4.2.
149 *IIRC*, IR Framework, Rz. 4.4.

die unternehmerischen Ziele und Visionen berichtet werden. Hierzu gehören u.a. Ausführungen

- zur Unternehmenskultur, -ethik und -werten,
- zur Eigentümer- und Organisationstruktur,
- zu wesentlichen Geschäftsbereichen und Märkten,
- zur Wettbewerbsstruktur und Marktposition und
- zur Position in der Lieferkette[150].

112 Im Bereich des **Umfelds** des Unternehmens, wie dem rechtlichen, wirtschaftlichen, sozialen, ökologischen und politischen Umfeld, soll insb. auf dessen Einwirkung hinsichtlich der kurz-, mittel- und langfristigen Wertschöpfung des Unternehmens eingegangen werden. Veränderungen in diesem Bereich können sich entweder direkt oder indirekt auf die verschiedenen Arten des Kapitals des Unternehmens auswirken[151].

113 Der Bericht soll darstellen, wie die Führungsstruktur die Wertschöpfung des Unternehmens in kurz-, mittel- und langfristiger Sicht zu unterstützen vermag[152]. Dabei sollte der Bericht u.a. Einblick in die Vielfalt und Fähigkeiten der **Unternehmensführung**, in die strategischen Entscheidungsprozesse, in konkret ergriffene Maßnahmen zur strategischen Ausrichtung des Unternehmens und in deren Risikomanagement sowie in die Art der Beeinflussung der verschiedenen Kapitalarten durch die ethischen und kulturellen Werte des Unternehmens geben. Außerdem sollte dargestellt werden, wie das Vergütungssystem einschl. der entgeltbezogenen Anreize auf die kurz-, mittel- und langfristige Wertschöpfung und wie es auf die verschiedenen Arten des Kapitals wirkt[153].

114 Das **Geschäftsmodell** ist mit den wesentlichen Einflussfaktoren in der Berichterstattung zu erläutern[154]. Dazu soll unter Berücksichtigung der Auswirkungen auf die verschiedenen Arten des Kapitals, u.a. auch auf die wettbewerbsrelevante Stellung des Unternehmens und die Notwendigkeit von Innovationen, eingegangen werden[155].

115 Die wesentlichen **Risiken und Chancen**, die Einfluss auf die kurz-, mittel- und langfristige Wertschöpfung eines Unternehmens haben, sollen einschl. des Umgangs damit, in der Berichterstattung erläutert werden[156]. Dabei sollen sowohl interne als auch externe Risiken und Chancen mit deren Eintrittswahrscheinlichkeiten und deren Ausmaß in die Darstellungen einbezogen werden[157]. Die Berichterstattung soll den unternehmerischen Umgang mit Risiken, die einen maßgeblichen Einfluss auf die Wertschöpfung haben können, auch dann enthalten, wenn die Eintrittswahrscheinlichkeit als gering eingestuft wird[158].

116 In der Berichterstattung zum **Strategie und Ressourceneinsatz** soll über die kurz-, mittel- und langfristigen Ziele des Unternehmens und die strategischen Maßnahmen zur Zielerreichung berichtet werden[159]. Des Weiteren soll über die Verfahren zur Messung

150 *IIRC*, IR Framework, Rz. 4.5.
151 *IIRC*, IR Framework, Rz. 4.6.
152 *IIRC*, IR Framework, Rz. 4.8.
153 *IIRC*, IR Framework, Rz. 4.9.
154 *IIRC*, IR Framework, Rz. 4.10 ff.
155 *IIRC*, IR Framework, Rz. 4.12 u. 4.16.
156 *IIRC*, IR Framework, Rz. 4.23.
157 *IIRC*, IR Framework, Rz. 4.25.
158 *IIRC*, IR Framework, Rz. 4.26.
159 *IIRC*, IR Framework, Rz. 4.27 f.

der kurz-, mittel- und langfristigen Zielerreichung berichtet werden[160]. Darüber hinaus ist die Ressourcenallokation zur Erreichung der strategischen Ziele darzustellen[161].

In der Integrierten Berichterstattung nach IIRC soll das Unternehmen Ausführungen **117** zur erzielten **Leistung** des Unternehmens tätigen. In diesem Zusammenhang ist auf das Erreichen der strategischen Ziele unter Einbezug der Auswirkungen auf die verschiedenen Kapitalarten einzugehen[162]. Es werden sowohl qualitative als auch quantitative Aussagen erwartet[163]. Der Einsatz von Leistungskennzahlen fördert die Vergleichbarkeit der Berichterstattung und erleichtert die Darstellung der Zielerreichung auch unter Berücksichtigung der Erreichung der finanziellen Ziele mit den Auswirkungen auf die verschiedenen Kapitalarten[164].

Das berichtende Unternehmen soll über die unternehmerischen **Prognosen** insb. hin- **118** sichtlich der Herausforderungen und Unsicherheiten bei der Verfolgung der unternehmensspezifischen Strategie berichten. Dabei ist auch auf mögliche Folgen für das Geschäftsmodell und für die zukünftige Unternehmensleistung einzugehen[165].

## 3.3 Leitprinzipien

Die integrierte Berichterstattung nach IIRC soll die nachfolgenden Leitprinzipien be- **119** folgen und hierzu Ausführungen enthalten[166]:

- Unternehmensstrategie und Zukunftsorientierung
- Wirkungen der Wertschöpfungsfaktoren
- Beziehungen zu Anspruchsgruppen
- Wesentlichkeit
- Prägnanz
- Verlässlichkeit und Vollständigkeit
- Stetigkeit und Vergleichbarkeit.

Eine integrierte Berichterstattung nach IIRC im Sinne einer **Zukunftsorientierung** soll **120** dem Berichtsadressaten einen Einblick in die **Unternehmensstrategie** gewähren und darstellen, wie diese unter Einbezug der Kapitalarten die Möglichkeit der Wertschöpfung in **kurz-, mittel- und langfristiger Sicht** ermöglichen kann[167]. Dabei soll die Verfügbarkeit, die Qualität und die Erschwinglichkeit der wesentlichen Kapitalarten erläutert werden, die für die Erreichung der zukünftigen Ziele und damit für die Wertschöpfung eines Unternehmens von Bedeutung sind[168].

Unter **Wirkungen der Wertschöpfungsfaktoren** wird verstanden, dass die Zusam- **121** menhänge, die Wechselbeziehungen und die Abhängigkeiten zwischen den einzelnen Faktoren, die für die Wertschöpfung eines Unternehmens von Bedeutung sind, dargestellt werden[169]. Dabei wird dem „Integrierten Denken" eine hohe Bedeutung beige-

160 *IIRC*, IR Framework, Rz. 4.28.
161 *IIRC*, IR Framework, Rz. 4.29.
162 *IIRC*, IR Framework, Rz. 4.30.
163 *IIRC*, IR Framework, Rz. 4.31.
164 *IIRC*, IR Framework, Rz. 4.32.
165 *IIRC*, IR Framework, Rz. 4.34.
166 *IIRC*, IR Framework, Rz. 3.1.
167 *IIRC*, IR Framework, Rz. 3.3.
168 *IIRC*, IR Framework, Rz. 3.5.
169 *IIRC*, IR Framework, Rz. 3.6.

messen, da nur durch ein Verständnis der Wechselwirkungen der verschiedenen Faktoren, die zu einer Wertschöpfung beitragen, ein zielführender Informationsfluss zustande kommen kann, welcher wiederum den Prozess der integrierten Berichterstattung nach IIRC fördert[170].

122 Der integrierte Bericht nach IIRC soll sowohl die Art als auch die Qualität der **Beziehungen zu** wesentlichen **Anspruchsgruppen** darstellen. Dies setzt voraus, dass das Unternehmen die Bedürfnisse und Interessen seiner Anspruchsgruppen kennt, um in der Berichterstattung den legitimen Informationsinteressen entsprechen zu können[171].

123 Den Vorstellungen des IIRC folgend hat nach dem Prinzip der **Wesentlichkeit** ein berichtendes Unternehmen lediglich die Informationen, die zu einer wesentlichen Wertschöpfung führen, darzustellen. Hierzu bedarf es der Identifikation, Bewertung und Gewichtung der wesentlichen Sachverhalte im Hinblick auf deren Auswirkungen zur Beeinflussung der Wertschöpfung des Unternehmens in kurz-, mittel- und langfristiger Sicht. Zur Bestimmung der Wesentlichkeit ist die Beachtung der Berichtsgrenzen evident. Obwohl die Finanzberichterstattung für die Kapitalgeber von entscheidendem Interesse ist, sind die **Berichtsgrenzen** des Integrated Reports weiter zu fassen als die der Finanzberichterstattung, da wesentliche Risiken, Chancen und Auswirkungen, die die kurz-, mittel- und langfristige Wertschöpfung des Unternehmens beeinflussen, aus einem über den Konsolidierungskreis hinausgehenden Unternehmensumfeld resultieren können[172]. Um Unternehmen i.R.d. Aufstellung eines integrierten Berichts nach IIRC bei der Anwendung des Prinzips der Wesentlichkeit zu unterstützen, wurde im November 2015 vom IIRC eine Leitlinie zur Wesentlichkeit veröffentlicht[173].

124 Die Befolgung des Prinzips der **Prägnanz** bedeutet, dass die Berichterstattung insoweit ausreichend ausgestaltet sein muss, um dem Adressaten einen Einblick in die Unternehmensstrategie, -führung und -leistung sowie die zukünftige Entwicklung zu vermitteln, ohne jedoch die Berichterstattung mit unwesentlichen Informationen zu belasten. Ggf. kann auf weitergehende detailliertere Informationen aus anderen Unternehmensberichterstattungen oder aus allgemein zugänglichen Quellen verwiesen werden[174].

125 Das Prinzip der **Verlässlichkeit und Vollständigkeit** eines Integrated Reports beinhaltet das Erfordernis, dass alle wesentlichen Sachverhalte, positive wie negative, in einer ausgewogenen Art und frei von wesentlichen Darstellungsfehlern enthalten sein müssen[175].

Um die **Verlässlichkeit** eines Berichts sicherstellen bzw. erhöhen zu können, wird u.a. ein stabiles internes Kontroll- und Berichtswesen, eine Einbindung der verschiedenen Anspruchsgruppen sowie eine externe unabhängige Prüfung empfohlen[176]. Die Unternehmensführung muss dabei entscheiden, ob Informationen hinreichend verlässlich sind, um sie in die integrierte Berichterstattung nach IIRC aufnehmen zu können[177].

---

170 *IIRC*, IR Framework, Rz. 3.7.
171 *IIRC*, IR Framework, Rz. 3.10.
172 *IIRC*, IR Framework, Rz. 3.17 ff.
173 *IIRC*, IR Materiality.
174 *IIRC*, IR Framework, Rz. 3.36 ff.
175 *IIRC*, IR Framework, Rz. 3.39.
176 *IIRC*, IR Framework, Rz. 3.40.
177 *IIRC*, IR Framework, Rz. 3.42.

Zur Einhaltung der **Vollständigkeit** ist eine Abwägung der mit der Informationsvermittlung verbundenen Kosten mit den Vorteilen der Vermittlung eines Bildes zur Wertschöpfung vorzunehmen[178].

Die Informationen in dem integrierten Bericht nach IIRC sollten den Leitprinzipien der **Stetigkeit** im Zeitablauf und der unternehmensübergreifenden **Vergleichbarkeit** folgen[179]. Im Falle der Durchbrechung des Prinzips der Stetigkeit sollte diese erläutert und die daraus resultierenden Effekte beschrieben oder quantifiziert werden. Der Erreichung eines gewissen Ausmaßes an unternehmensübergreifender Vergleichbarkeit der Berichterstattung dient die Orientierung an den im Rahmenkonzept geforderten Inhaltselementen des Prozesses der Wertschöpfung[180]. **126**

## 3.4 Aufstellung, Darstellung und Verantwortlichkeiten

Im Rahmen eines Integrated Reports sind Erläuterungen grundsätzlicher Natur, wie z.B. zum Verfahren der Ermittlung der Wesentlichkeit, der Gewichtung von Sachverhalten und der Entscheidung zur Auswahl der dargestellten Sachverhalte[181], sowie zusammenfassende Darstellungen der angewandten Methoden, z.B. zur Rechnungslegung und zur Quantifizierung bzw. Erfassung zu tätigen[182]. **127**

Zudem sind die **Berichtsgrenzen** darzustellen und es ist zu erläutern, wie diese Grenzen bestimmt wurden. In der Festlegung der Berichtsgrenzen kann sich das berichtende Unternehmen grundsätzlich nach dem der Finanzberichterstattung zugrunde liegenden Konsolidierungskreis richten. Es sollen jedoch auch solche Risiken, Chancen und Ergebnisse in die Berichterstattung einbezogen werden, die von nicht in den Konsolidierungskreis einbezogenen Unternehmen ausgehen, sofern diese einen wesentlichen Einfluss auf die Wertschöpfung des Unternehmens haben[183]. **128**

Der Integrated Report beinhaltet eine **Erklärung der Unternehmensleitung**, aus der die Übernahme der Verantwortung für die Gewissenhaftigkeit der integrierten Berichterstattung nach IIRC ersichtlich ist. Die Erklärung hat auch die Beachtung des Rahmenkonzepts zur Aufstellung des Integrated Reports darzulegen und eine Aussage zu enthalten, ob der Bericht der gemeinschaftlich getragenen Erkenntnis der Mitglieder der Unternehmensleitung entspricht. **129**

> **!** **Hinweis 7:**
>
> Zur Abgabe einer solchen Erklärung wird eine Übergangszeit von maximal drei Berichterstattungen nach dem Rahmenkonzept des IIRC eingeräumt, wobei Integrated Reports, die eine solche Erklärung nicht beinhalten, mindestens Angaben darüber enthalten sollten, welche Rolle die Unternehmensleitung in der Auf- und Darstellung der integrierten Berichterstattung nach IIRC eingenommen hat und welche Maßnahmen ergriffen werden, dass zukünftig eine solche Erklärung abgegeben wird.

178 *IIRC*, IR Framework, Rz. 3.48.
179 *IIRC*, IR Framework, Rz. 3.54.
180 *IIRC*, IR Framework, Rz. 3.56.
181 *IIRC*, IR Framework, Rz. 4.40 ff.
182 *IIRC*, IR Framework, Rz. 4.47.
183 *IIRC*, IR Framework, Rz. 4.43 ff.

## 4. Durchführung prüferischer Maßnahmen bei Nachhaltigkeitsberichten

130 Unabhängig von der gesetzlichen Verpflichtung zur Prüfung des LB/KLB nach § 316 Abs. 1 und 2 HGB i.V.m. § 317 Abs. 2 HGB, wonach zu prüfen ist, ob der LB mit dem JA und der KLB mit dem KA im Einklang steht, ob diese insgesamt eine zutreffende Vorstellung von der Lage des Unternehmens resp. des Konzerns vermitteln und ob die Chancen und Risiken der künftigen Entwicklung zutreffend dargestellt sind, lassen Unternehmen ihre über die gesetzlichen Vorschriften hinausgehende freiwillige Berichterstattung zu Aspekten der Nachhaltigkeit weit überwiegend einer **prüferischen Durchsicht,** teilweise aber auch einer Prüfung durch WP unterziehen.

131 Die Prüfung resp. prüferische Durchsicht freiwilliger Berichterstattungen zur Nachhaltigkeit gibt dem Leitungs- und Überwachungsorgan eine hinreichende bzw. begrenzte Sicherheit, dass die im Nachhaltigkeitsbericht gemachten Angaben den tatsächlichen Gegebenheiten entsprechen oder, soweit es sich um Prognosen handelt, diese nachvollziehbar und plausibel sind. Darüber hinaus fördert es auch die **Glaubwürdigkeit** der gemachten Angaben in der Berichterstattung zur Nachhaltigkeit ggü. externen Anspruchsgruppen.

132 Die prüferische Durchsicht stellt eine **betriebswirtschaftliche Prüfung i.S.v. § 2 Abs. 1 WPO** dar, die, im Gegensatz zu einer Prüfung, eine kritische Würdigung, insb. basierend auf analytischen Beurteilungen und Befragungen, ist. Die prüferische Durchsicht zielt im Gegensatz zu einer Prüfung nicht auf eine positive Gesamtaussage ab, sondern ermöglicht lediglich eine negativ formulierte Aussage, die der WP nicht wie im Falle einer Prüfung mit hinreichender Sicherheit, sondern nur mit einer **begrenzten Sicherheit** trifft. Eine gewisse Sicherheit ist gegeben, wenn der WP davon überzeugt ist, dass die Nachhaltigkeitsberichterstattung plausibel ist[184].

133 Der WP hat seine prüferische Durchsicht so zu planen und durchzuführen, dass er nach kritischer Würdigung durch **analytische Beurteilungen** und **Befragungen** mit einer begrenzten Sicherheit ausschließen kann, dass die Angaben im Nachhaltigkeitsbericht in wesentlichen Belangen nicht in Übereinstimmung mit den angewandten Regelwerken zur Berichterstattung über Aspekte der Nachhaltigkeit aufgestellt wurden[185].

134 Über das Ergebnis einer Prüfung resp. prüferischen Durchsicht erteilt der WP eine **Bescheinigung**.

135 Obwohl die Durchführung einer Prüfung oder prüferischen Durchsicht von Berichten zur Nachhaltigkeit keine Vorbehaltsaufgabe des WP i.S.d. WPO darstellt, wird diese überwiegend von WP durchgeführt[186].

136 Für eine Prüfung oder prüferische Durchsicht von Nachhaltigkeitsberichten stehen insb. die drei nachfolgenden **Standards** zur Verfügung:

- *IDW PS 821 - IDW Prüfungsstandard: Grundsätze ordnungsmäßiger Prüfung oder prüferischer Durchsicht von Berichten im Bereich der Nachhaltigkeit*
- ISAE 3000 (Rev.) "Assurance Engagements Other than Audits or Reviews of Historical Financial Information"

184 *IDW PS 900*, Tz. 7.
185 *IDW PS 821*, Tz. 12.
186 *Haller/Durchschein*, KoR 2016, S. 188 (193).

- AA1000AS (2008) AA1000 AccountAbility Assurance Standard.

In der Praxis finden sich vereinzelt auch **Verifizierungen** einzelner Prinzipien der Berichterstattung, wie z.B. der GRI Materiality Disclosures Service[187], der bestätigt, dass in der Berichterstattung das grundlegende Prinzip der Wesentlichkeit beachtet wurde.

Darüber hinaus wird z.T. von **Zertifizierungsmöglichkeiten** Gebrauch gemacht[188] oder versucht, durch Einbezug von Kommentierungen von Nachhaltigkeitsexperten in die Berichterstattung zur Nachhaltigkeit des Unternehmens, die Glaubwürdigkeit der Berichterstattung zu erhöhen.

## 4.1 Grundsätze ordnungsmäßiger Prüfung oder prüferischer Durchsicht von Berichten im Bereich der Nachhaltigkeit (IDW PS 821)

Das IDW hat mit dem *IDW PS 821* im Bereich der Nachhaltigkeit einen Prüfungsstandard geschaffen, der die Berufsauffassung, nach der WP unbeschadet ihrer Eigenverantwortlichkeit derartige Aufträge durchführen, darlegt. Dabei ist die Prüfung oder prüferische Durchsicht nur auf in sich geschlossene Berichte anzuwenden[189]. **137**

Der *IDW PS 821* ist mit Verabschiedung durch den HFA am 06.09.2006 in Kraft getreten **138**
und hat damit den *IDW Prüfungsstandard: Grundsätze ordnungsmäßiger Durchführung von Umweltberichtsprüfungen (IDW PS 820)* ersetzt. Er steht grds. im Einklang mit dem ISAE 3000 mit Stand vom Dezember 2003[190]. Der ISAE 3000 wurde in den vergangenen Jahren weiterentwickelt und liegt nunmehr mit dem aktuellen Stand des ISAE 3000 (Rev.) vom Dezember 2013 vor (Tz. 158).

Nach *IDW PS 821* kann sich die Prüfung oder prüferische Durchsicht im Bereich der **139**
Nachhaltigkeit auf einzelne Leistungsbereiche, Teilbereiche oder eine umfassende Berichterstattung beziehen[191]. Art und Umfang sind bei Beauftragung mit dem WP abzustimmen[192]. Im *IDW PS 821* werden zwei Arten der Beauftragung eines WP behandelt[193]:

- Prüfung von Nachhaltigkeitsberichten
- prüferische Durchsicht von Nachhaltigkeitsberichten.

I.R.d. **Prüfung von Nachhaltigkeitsberichten** ist diese so auszurichten, dass der WP eine Prüfungsaussage mit **hinreichender Sicherheit** treffen kann. Die Beurteilung wird in Form eines positiven Prüfungsurteils wiedergegeben[194].

Bei einer **prüferischen Durchsicht** eines Berichts im Bereich der Nachhaltigkeit wird dieser durch den WP kritisch gewürdigt. Nach dieser Würdigung schließt der WP die Durchsicht in Form einer negativen Aussage mit **begrenzter Sicherheit** ab[195].

---

187 https://www.globalreporting.org/services/alignment/Materiality_Disclosures/Pages/default.aspx (abgerufen am 04.10.2016).
188 Beispielhaft sei hier die DIN EN ISO 14001 (Umweltmanagementsysteme) genannt.
189 *IDW PS 821*, Tz. 5.
190 *IDW PS 821*, Tz. 7 f.
191 *IDW PS 821*, Tz. 8.
192 *IDW PS 821*, Tz. 9.
193 *IDW PS 821*, Tz. 10.
194 *IDW PS 821*, Tz. 11.
195 *IDW PS 821*, Tz. 12.

**140** Der *IDW PS 821* berücksichtigt ebenfalls eine **Kombination** der beiden **Beauftragungsarten**. So können Teile einer Nachhaltigkeitsberichterstattung auftragsgemäß einer Prüfung und andere Teile lediglich einer prüferischen Durchsicht unterzogen werden. In diesem Fall kann zu dem geprüften Teil ein Prüfungsurteil mit hinreichender Sicherheit abgegeben und für den Teil, der einer prüferischen Durchsicht unterzogen wurde, nur eine Aussage mit einer begrenzten Sicherheit getroffen werden[196].

**141** Eine besondere Berücksichtigung bei der Auftragsannahme hat die Abstimmung mit dem rechenschaftslegenden Auftraggeber über die Kriterien zur inhaltlichen Abgrenzung **des Berichts** zu finden, auf deren Basis die Vollständigkeit eines Nachhaltigkeitsberichts beurteilt werden kann. Diese Kriterien müssen in dem Bericht dargestellt werden[197].

WP müssen vor der **Auftragsannahme** beurteilen, ob der Gegenstand der Berichterstattung und die ihm zugrunde liegenden Kriterien angemessen sind[198].

Damit ein WP eine Prüfung oder eine prüferische Durchsicht im Bereich der Nachhaltigkeit durchführen kann, muss er über **entspr. Kenntnisse und Erfahrungen** verfügen bzw. sich diese verschaffen[199]. Dies schließt z.B. ein, dass der WP ggf. sachverständige Dritte zur Prüfung hinzuzieht[200]. Hierfür ist der *IDW Prüfungsstandard: Verwertung der Arbeit eines für den APr. tätigen Sachverständigen (IDW PS 322 n.F.)* zu beachten.

Ein WP darf jedoch nicht zusammen mit einem, nicht dem Berufsstand angehörigen Sachverständigen, die **gemeinsame Verantwortung** für die Durchführung von Prüfungen oder prüferischen Durchsichten übernehmen[201].

**142** Um den Informationsbedürfnissen der Adressaten z. entsprechen, müssen die **Kriterien** zur Berichterstattung über Aspekte der Nachhaltigkeit folgende **Eigenschaften** haben:

- Relevanz
- Eignung
- Verlässlichkeit
- Neutralität
- Verständlichkeit[202].

Als Kriterien können allgemein zugängliche Berichtskriterien, wie GRI, AA oder UNGC, aber auch eigens von der jeweils berichtenden Organisation entwickelte Kriterien, die die o.g. Eigenschaften erfüllen, verwendet werden[203].

**143** *IDW PS 821* hebt hervor, dass sämtliche Kriterien, mit ihren Anforderungen **vollständig** im Nachhaltigkeitsbericht zu berücksichtigen sind, so dass die **wesentlichen Auswirkungen** angemessen dargestellt werden[204]. Angaben sind dann als wesentlich zu betrachten, wenn das Unterlassen oder die fehlerhafte Angabe, einen Adressaten in seiner

196 *IDW PS 821*, Tz. 13.
197 *IDW PS 821*, Tz. 15.
198 *IDW PS 821*, Tz. 17.
199 *IDW PS 821*, Tz. 19.
200 *IDW PS 821*, Tz. 18.
201 *IDW PS 821*, Tz. 20.
202 *IDW PS 821*, Tz. 23.
203 *IDW PS 821*, Tz. 24 f.
204 *IDW PS 821*, Tz. 27.

Entscheidung beeinflussen würde[205]. Abhängig von der Komplexität der Unternehmenstätigkeit können die Angaben in der Nachhaltigkeitsberichterstattung mehr oder weniger umfangreich ausfallen[206].

Neben der Vollständigkeit der Nachhaltigkeitsberichterstattung ist auch die **Richtigkeit** 144
der Angaben festzustellen. Die Angaben in einem Nachhaltigkeitsbericht sollen

- intersubjektiv nachprüfbar,
- glaubhaft,
- rechnerisch und sachlich richtig sowie
- willkürfrei sein[207].

Eine weitere wesentliche Anforderung der Nachhaltigkeitsberichterstattung ist die 145
**Klarheit und Verständlichkeit**. Dem Adressaten des Berichts darf kein irreführendes Bild über die Auswirkungen der Tätigkeit eines Unternehmens vermittelt werden[208].

Hinsichtlich der Planung und Auftragsdurchführung hat der WP die Prüfung oder 146
prüferische Durchsicht mit der gebotenen **kritischen Grundhaltung** unter Berücksichtigung der fachlichen Grundsätze, wie diese in den einschlägigen Standards des IDW (u.a. *IDW Prüfungsstandard: Rechnungslegungs- und Prüfungsgrundsätze für die Abschlussprüfung (IDW PS 201)* oder dem *IDW Prüfungsstandard: Grundsätze für die prüferische Durchsicht von Abschlüssen (IDW PS 900)*) niedergelegt sind, durchzuführen, soweit diese auf einen Auftrag zur Prüfung resp. zu einer prüferischen Durchsicht der Berichterstattung im Bereich der Nachhaltigkeit anwendbar sind[209].

I.R.d. Auftragsdurchführung kann es dazu kommen, dass spezielle Sachverhalte (z.B. 147
technischer Art) nicht vollständig durch den WP beurteilt werden können. In diesem Fall sollte ein **Sachverständiger** hinzugezogen werden. Für die Verwertung dessen Ergebnisse ist der *IDW PS 322 n.F.* analog anzuwenden[210].

In einigen Fällen, wie z.B. dem Umweltmanagementsystem, kann es sein, dass dem WP 148
bereits Ergebnisse Dritter vorliegen (z.B. Zertifizierungen), die er bei seiner Beurteilung berücksichtigen kann[211].

Der WP hat seine Prüfung oder prüferische Durchsicht über die Nachhaltigkeits- 149
berichterstattung entspr. *IDW Prüfungsstandard: Arbeitspapiere des Abschlussprüfers (IDW PS 460 n.F.)* zu dokumentieren[212].

Der WP hat über die Prüfung oder prüferische Durchsicht eines Nachhaltigkeitsberichts 150
eine **Bescheinigung** zu erstellen[213]. *IDW PS 821* bietet hierfür Beispiele für die Formulierung von Bescheinigungen, die an den jeweiligen Auftrag anzupassen sind.

Um ein Prüfungsurteil bzw. eine Aussage abgeben zu können, hat der WP zu beurteilen, 151
ob er die benötigte Sicherheit erlangt hat[214].

---

205 *IDW PS 821*, Tz. 28.
206 *IDW PS 821*, Tz. 31.
207 *IDW PS 821*, Tz. 33.
208 *IDW PS 821*, Tz. 34.
209 *IDW PS 821*, Tz. 38.
210 *IDW PS 821*, Tz. 64.
211 *IDW PS 821*, Tz. 68.
212 *IDW PS 821*, Tz. 69.
213 *IDW PS 821*, Tz. 70.
214 *IDW PS 821*, Tz. 72.

152 Ist der WP mit einer Prüfung eines Nachhaltigkeitsberichts beauftragt worden, so hat diese mit einem **Prüfungsurteil mit hinreichender Sicherheit** zu enden. Die Bescheinigung über die Prüfung eines Nachhaltigkeitsberichts ist positiv zu formulieren. Der WP hat auf die angewandten Kriterien einzugehen und muss ein Prüfungsurteil darüber abgeben, ob die geprüften Aussagen des Nachhaltigkeitsberichts im Wesentlichen mit diesen Kriterien übereinstimmen[215].

153 Hat der WP eine prüferische Durchsicht durchgeführt, kann er ggü. einer Prüfung nur eine **Aussage mit begrenzter Sicherheit** erteilen[216]. Im Gegensatz zu einer Prüfung sollte der WP klarstellen, dass sich seine prüferische Durchsicht im Wesentlichen auf Befragungen und Plausibilitätsbeurteilungen stützt und dass keine Prüfung durchgeführt worden ist und daher nur eine Aussage mit einer begrenzten Sicherheit gegeben werden kann. Diese Aussage ist durch den WP negativ zu formulieren, d.h. er ist auf keine Sachverhalte gestoßen, die ihn zu der Annahme veranlassen, dass der Nachhaltigkeitsbericht nicht in allen wesentlichen Belangen in Übereinstimmung mit den zugrunde gelegten Kriterien aufgestellt worden ist[217].

154 Im Fall, dass ein Unternehmen **Teile seines Nachhaltigkeitsberichts** einer Prüfung und andere Teile nur einer prüferischen Durchsicht unterziehen lässt, hat der WP dies in der Bescheinigung ausdrücklich darzustellen[218].

155 Sollte ein WP im Verlauf der Prüfung zu der Erkenntnis kommen, dass wesentliche abgrenzbare Teile nicht mit den zugrunde liegenden Kriterien übereinstimmen, hat er seine Bescheinigung diesbezüglich einzuschränken[219]. Sollten die fehlerhaften Auswirkungen so wesentlich sein, dass eine Einschränkung nicht mehr ausreicht, hat der WP seine Bescheinigung zu versagen. Gleiches gilt im Falle von Prüfungshemmnissen[220]. In diesen Fällen sollten die *IDW Prüfungsstandards* zum BestV analog angewendet werden[221].

## 4.2 Assurance Engagements Other Than Audits or Reviews of Historical Financial Information (ISAE 3000 (Rev.)[222])

156 Das International Auditing and Assurance Standards Board (IAASB) der IFAC veröffentlichte im Jahr 2003 das **„Framework for Assurance Engagements“ (Rahmenkonzept)**, welches die Bestandteile und Ziele von Prüfungsaufträgen beschreibt. Zeitgleich wurde mit dem ISAE 3000 „Assurance Engagements Other than Audits or Reviews of Historical Financial Information“ ein Standard zur Durchführung von Prüfungen[223], die sich im Unterschied zu den „Audits of Historical Financial Information“

215 *IDW PS 821*, Tz. 82.
216 *IDW PS 821*, Tz. 71.
217 *IDW PS 821*, Tz. 83.
218 *IDW PS 821*, Tz. 88.
219 *IDW PS 821*, Tz. 84.
220 *IDW PS 821*, Tz. 87.
221 *IDW PS 821*, Tz. 85.
222 Ausführlich zu ISAE 3000 (Rev.) vgl. Kap. C.
223 Die Verwendung des Begriffs „Prüfung“ im Kontext des ISAE 3000 (Rev.) umfasst sowohl die Prüfung mit hinreichender Sicherheit (in diesem Kap. „Prüfung“) als auch die Prüfung mit begrenzter Sicherheit (in diesem Kap. „prüferische Durchsicht“).

(ISA) und den „Reviews of Financial Information“ (ISRE) nicht auf vergangenheitsorientierte Finanzinformationen beziehen, entwickelt.

Da der ISAE 3000 Grundsätze und grundlegende Tätigkeitsanforderungen an derartige Prüfungen festlegt, kann er auch als übergeordneter Rahmenstandard für die Anwendung des **ISAE 3400 „The Examination of Prospective Financial Information“** bzw. des **ISAE 3410 „Assurance Engagements on Greenhouse Gas Statements“** angesehen werden. 157

Die Überarbeitung des ISAE 3000 führte im April 2011 zur Veröffentlichung des **ED ISAE 3000**, in den im Wesentlichen Erläuterungen eingearbeitet wurden, um dem Anwender ein besseres Verständnis für die Konzepte des Standards zu vermitteln. Ein weiterer Gegenstand der Überarbeitung war die Integration von Grundsätzen aus dem Rahmenkonzept, mit dem Ziel, die Anwendung dieses Standards ohne eine Bezugnahme auf das Rahmenkonzept zu ermöglichen. Die Verabschiedung des ED ISAE 3000 nach Ablauf der Kommentierungsfrist durch das IAASB erfolgte am 09.12.2013. Der ISAE 3000 (Rev.) ist auf Berichterstattungen ab dem 15.12.2015 anzuwenden[224]. 158

Die Anwendung des ISAE 3000 (Rev.) erfordert vom Auftragnehmer die Einhaltung von Teil A und B des vom **International Ethics Standards Board for Accountants (IESBA)** verabschiedeten „**Code of Ethics for Professional Accountants**“ oder vergleichbarer berufsständischer Anforderungen. Zudem hat der Auftragnehmer den **ISQC 1 „Quality Control for Firms that Perform Audits and Reviews of Financial Statements, and other Assurance and Related Services Engagements“** oder vergleichbare berufsständische Anforderungen zu erfüllen[225]. Insofern stehen mit dem ISAE 3000 (Rev.) und dem ISAE 3410 zwei weitere Standards zur Prüfung von Nachhaltigkeitsinformationen zur Verfügung. Die nachfolgenden Ausführungen beschränken sich auf den ISAE 3000 (Rev.), da dieser im Vergleich zu ISAE 3410 ein breiteres Anwendungsspektrum aufweist. 159

Der ISAE 3000 (Rev.) unterteilt sich in die nachfolgenden fünf Abschn.: 160

- Einleitung
- Ziele
- Definitionen
- Anforderungen
- Anwendungshinweise und sonstige Erläuterungen.

Hervorzuheben sind insb. der zweite Abschn. (Ziele) und der vierte Abschn. (Anforderungen).

Für den Prüfer von Nachhaltigkeitsberichten ist die Unterscheidung bei der Beauftragung zwischen prüferischen Handlungen zur Erzielung einer „**limited assurance**“ (begrenzte Sicherheit) oder zur Erzielung einer „**reasonable assurance**“ (hinreichende Sicherheit) von zentraler Bedeutung. 161

Der ISAE 3000 (Rev.) ordnet betriebswirtschaftliche Prüfungen noch in einer anderen Hinsicht ein und zwar in ein „**attestation engagement**“, bei dem ein Dritter und nicht der Prüfer einen Wert ermittelt und entspr. des gewählten Kriteriums bewertet und be-

224 http://www.ifac.org/news-events/2013-12/iaasb-enhances-standard-assurance-engagements (abgerufen am 18.07.2016).

225 *IAASB*, ISAE 3000.1 ff. (Rev.).

richtet und ein „**direct engagement**", bei dem der Prüfer selbst die erforderlichen Angaben der Berichterstattung erhebt und entspr. der gewählten Kriterien bewertet und berichtet[226]. Auf diese beiden weiteren Formen der Beauftragung soll nachfolgend nicht weiter eingegangen werden, da diesen keine zentrale Bedeutung beigemessen wird.

In Abhängigkeit vom pflichtgemäßen Ermessen und der Sicht der Adressaten der Nachhaltigkeitsberichterstattung hat der WP seine Maßnahmen zur Erlangung der jeweiligen erforderlichen Prüfungsnachweise zu planen. Der Kreis der Adressaten ist diesbezüglich umfassend i.S. aller Anspruchsgruppen auszulegen[227]. Dabei werden regelmäßig Art und Umfang der prüferischen Maßnahmen zur Erlangung einer begrenzten Sicherheit – im Vergleich zur hinreichenden Sicherheit – von anderer Art und dem Umfang nach geringer sein.

Der ISAE 3000 (Rev.) formuliert im 4. Abschn. einzelne **Anforderungen** an den Auftragnehmer in Bezug auf die nachfolgenden Bereiche, die sich bzgl. der jeweils zu erreichenden Sicherheit nur im Bereich „Erlangung von Nachweisen" und „Bildung eines abschließenden Urteils" signifikant unterscheiden:

- berufsethische Anforderungen
- Annahme und Fortführung
- Qualitätssicherung
- kritische Grundhaltung, pflichtgemäßes Ermessen und Prüfungstechniken
- Auftragsplanung und -durchführung
- Erlangung v. Nachweisen
- nachträgliche Ereignisse
- zusätzliche Informationen
- Beurteilung der Angemessenheit der Kriterien
- Bildung eines abschließenden Urteils
- Berichterstattung
- Arten von Bescheinigungen
- sonstige Berichterstattungen
- Dokumentation.

**162** Hinsichtlich der **berufsethischen Anforderungen** wird auf Tz. 159 verwiesen.

**163** I.R.d. **Annahme und Fortführung** wird u.a. vom WP gefordert, zu beurteilen, ob die notwendigen Vorbedingungen für die Prüfung der Nachhaltigkeitsberichterstattung gegeben sind. Dazu ist u.a. zu evaluieren, ob das der Prüfung zugrundeliegende Soll-Objekt einer Verifizierung anhand von geeigneten Kriterien (z.B. durch Verwendung des Berichtsrahmens der GRI oder der zehn Prinzipien des UNGC), die den Adressaten zugänglich sein müssen, angemessen und prüffähig ist. Diese Beurteilung ist grds. erforderlich und unabhängig davon, ob eine hinreichende oder eine begrenzte Sicherheit erzielt werden soll[228]. Als notwendige Eigenschaften solcher Kriterien werden durch den ISAE 3000 (Rev.)

- Relevanz,
- Vollständigkeit,
- Verlässlichkeit,

---

226 *IAASB*, ISAE 3000.12 (Rev.); vgl. ausführlich dazu Kap. C Tz. 39 ff.
227 *IAASB*, ISAE 3000.A86 ff. (Rev.).
228 *IAASB*, ISAE 3000.A40 f. (Rev.).

- Neutralität,
- Verständlichkeit

angesehen[229].

Sind diese Eigenschaften und die übrigen Vorbedingungen als nicht erfüllt anzusehen und können diese auch nicht durch den Auftraggeber herbeigeführt werden, darf der WP den Auftrag nicht annehmen[230].

Hinsichtlich der **Qualitätssicherung** betont der ISAE 3000 (Rev.) ausdrücklich, dass der WP die Regelungen des ISQC 1 bzw. vergleichbare Anforderungen zu erfüllen und über ausreichende Kenntnisse zur Durchführung des Auftrages zu verfügen hat[231]. Eine auftragsbegleitende Qualitätssicherung wird nur dann gefordert, wenn diese aufgrund gesetzlicher oder durch freiwillige individuelle Regelungen des WP vorgeschrieben ist[232]. 164

I.R.d. Planung sowie der Durchführung hat der WP sowohl eine **kritische Grundhaltung** zu bewahren als auch nach **pflichtgemäßem Ermessen** zu handeln. 165

Die **Auftragsplanung und -durchführung** hat u.a. unter Beachtung des Prinzips der Wesentlichkeit zu erfolgen. Die Wesentlichkeit ist aus der Sicht der Anspruchsgruppen festzulegen und ist grds. unabhängig davon, ob eine begrenzte oder hinreichende Sicherheit zu erzielen ist[233]. 166

Zur **Erlangung von Nachweisen** hat der WP zunächst ein Verständnis vom Soll-Objekt zu gewinnen. In Anbetracht der zu erzielenden Sicherheit unterscheiden sich Art und Umfang der durchzuführenden Prüfungshandlungen zur Erlangung von Nachweisen[234]. 167

Zur Erzielung einer **hinreichenden Sicherheit** hat der WP aufgrund des Verständnisses vom Soll-Objekt und der Identifizierung bzw. der Beurteilung von Risiken möglicher wesentlicher falscher Darstellungen Art, Umfang und Zeitpunkt der einzelnen Prüfungshandlungen z. bestimmen. Die Prüfungshandlungen sollen u.a. aussagebezogene Prüfungshandlungen und, soweit möglich, Funktionsprüfungen des IKS umfassen[235]. 168

Aufgrund der Erkenntnisse über das Soll-Objekt und die Bereiche, in denen möglicherweise falsche Darstellungen wesentlicher Art auftreten können, sind Art, Zeitpunkt und Umfang der Prüfungshandlungen auch bei einem Auftrag zur Erlangung einer begrenzten Sicherheit festzulegen.

Nach Durchführung der festgelegten Prüfungshandlungen hat der WP zu beurteilen, ob in Ansehung der gewonnenen Erkenntnisse die Möglichkeit einer wesentlichen falschen Darstellung besteht und ob daher weitere Prüfungshandlungen erforderlich sind[236].

229 *IAASB*, ISAE 3000.A45 (Rev.).
230 *IAASB*, ISAE 3000.25 (Rev.).
231 *IAASB*, ISAE 3000.31 (Rev.).
232 *IAASB*, ISAE 3000.36 (Rev.).
233 *IAASB*, ISAE 3000.A92 (Rev.).
234 *IAASB*, ISAE 3000.48L f., .48R f. (Rev.).
235 *IAASB*, ISAE 3000.48R (Rev.).
236 *IAASB*, ISAE 3000.64 (Rev.).

Bzgl. Art, Zeitpunkt und Umfang sieht der ISAE 3000 (Rev.) unabhängig von der zu erzielenden Sicherheit nachfolgende Prüfungshandlungen vor[237]:

- analytische Prüfungshandlungen
- Einsichtnahme/Inaugenscheinnahme
- Befragung/Beobachtung
- Bestätigung
- Berechnung
- Nachvollziehen.

**169** Sofern der WP einen **Sachverständigen** zur Durchführung des Auftrags hinzuzieht, ist die Kompetenz, Fähigkeit und Objektivität zu beurteilen und ein Verständnis vom Fachgebiet des Sachverständigen zu erlangen. Zudem ist mit dem Sachverständigen eine Vereinbarung zu treffen, aus der u.a. der Umfang und die Ziele bzgl. der Tätigkeit des Sachverständigen hervorgehen[238]. Beabsichtigt der WP die Arbeit eines anderen Prüfers bzw. der internen Revision des Auftraggebers zu verwerten, sind die vorstehenden Grundsätze ebenso zu beachten[239].

**170** Des Weiteren wird vom WP verlangt, eine schriftliche **Vollständigkeitserklärung** vom Auftraggeber einzuholen[240].

**171** Ferner wird nach dem ISAE 3000 (Rev.) auch die **Beachtung nachträglicher Ereignisse** gefordert, soweit diese zwischen dem Stichtag der Berichterstattung und dem Datum der Bescheinigung eintreten und bekannt werden. Dieses gilt ebenso für Ereignisse, die erst nach dem Datum der Bescheinigung bekannt werden[241].

**172** Sofern das Unternehmen **zusätzliche Informationen** mit Bezug zum Auftragsgegenstand veröffentlicht, hat der WP diese kritisch zu würdigen. Soweit Unstimmigkeiten zwischen diesen Veröffentlichungen bestehen, ist zusammen mit dem Auftraggeber eine Klärung der Abweichungen herbeizuführen und ggf. eine angemessene Reaktion zu veranlassen[242].

**173** Der WP hat eine **Beurteilung der Angemessenheit** der zur Berichterstattung verwendeten **Kriterien** vorzunehmen und zu beschreiben[243].

**174** Zur **Bildung eines abschließenden Urteils** hat der WP auf Grundlage seiner Prüfung festzustellen, ob die Berichterstattung frei von wesentlichen falschen Darstellungen ist[244].

**175** Die **Berichterstattung** hat in schriftlicher Form zu erfolgen und u.a. das Prüfungsurteil zu enthalten[245].

**176** Der ISAE 3000 (Rev.) sieht zwei **Arten von Prüfungsvermerken** in Abhängigkeit der zu erzielenden Sicherheit vor. Sofern die Erzielung einer hinreichenden Sicherheit Gegenstand der Beauftragung war und diese erreicht wurde, ist durch den WP eine positive

---

237 *IAASB*, ISAE 3000.A108 (Rev.).
238 *IAASB*, ISAE 3000.52 (Rev.).
239 *IAASB*, ISAE 3000.A135 (Rev.).
240 *IAASB*, ISAE 3000.56 ff. (Rev.).
241 *IAASB*, ISAE 3000.61 (Rev.).
242 *IAASB*, ISAE 3000.62 (Rev.).
243 *IAASB*, ISAE 3000.63 (Rev.).
244 *IAASB*, ISAE 3000.65 (Rev.).
245 *IAASB*, ISAE 3000.67 (Rev.).

Aussage zu formulieren, dass der Bericht in allen wesentlichen Belangen in Übereinstimmung mit den Berichtskriterien aufgestellt worden ist. Im Rahmen einer prüferischen Durchsicht mit nur begrenzter Sicherheit erfolgt demgegenüber eine negative Aussage, dass keine Sachverhalte bekannt geworden sind, dass die Angaben nicht in allen wesentlichen Belangen in Übereinstimmung mit den Berichtskriterien aufgestellt sind.

I.R.d. Bildung des Prüfungsurteils können neben den vorstehenden nicht modifizierten Prüfungsurteilen auch **modifizierte Formen von Prüfungsurteilen** notwendig sein. Solche Modifikationen können je nach Art und Umfang der fehlerhaften Darstellungen und/oder Prüfungshemmnisse zu einer Einschränkung oder zu einer Versagung des Urteils führen[246]. 177

Der WP hat zu entscheiden, ob außer seiner schriftlichen Berichterstattung über die durchgeführte Prüfung **sonstige Berichterstattungen**, z.B. an den Auftraggeber oder an Mitglieder des Überwachungsorgans, geboten sein könnten[247]. 178

Der WP hat sowohl in zeitlicher Hinsicht als auch nach Art und Umfang eine angemessene **Dokumentation** der durchgeführten Prüfung vorzunehmen, aus der ein sachverständiger Dritter sich in angemessener Zeit einen Einblick in die zeitliche Gestaltung der Prüfung, in Art und Umfang der durchgeführten Prüfungshandlungen, die Nachweise und Ergebnisse der Prüfung einen Einblick verschaffen kann[248]. 179

Der fünfte Abschn. des ISAE 3000 (Rev.) enthält zu den drei vorhergehenden Abschn. „Ziele", „Definitionen" und „Anforderungen" jeweils **Anwendungshinweise und sonstige Erläuterungen**.

## 4.3 AA 1000AS AccountAbility Assurance Standard

Im Jahr 2003 wurde mit dem AA1000AS der erste, die Prüfung von Nachhaltigkeitsberichterstattungen betr. Prüfungsstandard veröffentlicht. Die aktuelle Version des AA1000AS (2008) stellt die zweite Version des Prüfungsstandards des AA dar[249]. 180

Mit dem AA1000AS (2008) wurde ein Instrument geschaffen, nichtfinanzielle Angaben, die mit der Finanzberichterstattung verknüpft sind, zu prüfen. Des Weiteren bietet der Standard die Möglichkeit, andere Formen der Verifizierung und Zertifizierung, die mit Nachhaltigkeitsberichterstattungen in Verbindung stehen, zu integrieren. Dabei ist aus Sicht des AA die Erhöhung der **Glaubwürdigkeit der Nachhaltigkeitsberichterstattung** einer der wesentlichen Gründe, für eine Beurteilung der Berichterstattung durch einen externen Prüfer unter Anwendung professioneller Prüfungsstandards[250]. 181

Der AA1000AS (2008) richtet sich primär an die Prüfer von Nachhaltigkeitsberichten. Darüber hinaus kann er aber auch den berichtenden Unternehmen sowie anderen Anspruchsgruppen als Informationsquelle dienen[251]. 182

246 *IAASB*, ISAE 3000.74 ff. (Rev.).
247 *IAASB*, ISAE 3000.78 (Rev.).
248 *IAASB*, ISAE 3000.79 (Rev.).
249 *AccountAbility*, AA1000AS, S. 5.
250 *AccountAbility*, AA1000AS, S. 6.
251 *AccountAbility*, AA1000AS, S. 8.

**183** Dieser Prüfungsstandard sieht zwei verschiedene Auftragsarten zur Prüfung von Nachhaltigkeitsberichten vor:

- Auftragsart 1 – AA Prinzipien
- Auftragsart 2 – AA Prinzipien und Angaben über die Performance.

Bei beiden Auftragsarten hat der Prüfer die Einhaltung der drei Prinzipien des AA1000APS (2008) (**Inklusivität, Wesentlichkeit und Reaktivität**) in der Berichterstattung des Unternehmens zu prüfen und zu beurteilen. Dabei muss der Prüfer entspr. Prüfungshandlungen durchführen, um einschätzen z. können, wie ein Unternehmen seine Nachhaltigkeitsleistung erzielt und darüber berichtet.

Bei Prüfungen nach **Auftragsart 1** beurteilt der Prüfer die veröffentlichten Angaben und die unternehmensindividuellen Systeme und Prozesse im Hinblick auf die Einhaltung der o.g. Prinzipien. Schlussfolgerungen über die Verlässlichkeit einzelner Leistungsinformationen sind dabei nicht erforderlich. Der Prüfer verwendet die Angaben über die Nachhaltigkeitsleistung vielmehr als Nachweis der Einhaltung der Prinzipien. Dabei darf es keine Einschränkungen dem Prüfer ggü. geben, seine Nachweise zu erlangen[252].

Bei Prüfungen nach **Auftragsart 2** beurteilt der Prüfer zusätzlich die Verlässlichkeit von einzelnen Leistungsinformationen. Die Auswahl der zu prüfenden Angaben wird zwischen dem Prüfer und dem beauftragenden Unternehmen vereinbart und in den Prüfungsgegenstand aufgenommen. Diese Angaben werden als spezifische Angaben bezeichnet. Sie werden unter Berücksichtigung von Wesentlichkeitsaspekten ausgewählt und müssen eine bedeutende Aussagekraft für die Adressaten des Berichts haben[253].

Sollte ein Auftrag ausschließlich die Beurteilung der Verlässlichkeit von spezifischen Angaben über Nachhaltigkeitsleistungen beinhalten, so ist dieser nicht im Einklang mit dem AA1000AS (2008)[254].

Die **Beurteilung der Verlässlichkeit** von spezifischen Angaben basiert auf Aussagen der Unternehmensleitung zu einzelnen Nachhaltigkeitsleistungen und schließt eine Beurteilung hinsichtlich der Vollständigkeit und Genauigkeit dieser Angaben ein. Sollte ein Unternehmen ein bestimmtes **Rahmenwerk** anwenden und die Einhaltung dieses Rahmenwerks erklären, und die Einhaltung dieses Rahmenwerks auch Gegenstand der Beauftragung der Prüfung sein, so hat der Prüfer über Feststellungen und Schlussfolgerungen zur ordnungsgemäßen Anwendung des Rahmenwerks zu berichten[255].

**184** Der AA1000AS (2008) unterscheidet neben den beiden Auftragsarten auch hinsichtlich der Anforderung zur zu erreichenden Prüfungssicherheit. Hierbei wird zwischen einer **moderaten** und einer **hohen Prüfungssicherheit** unterschieden. Die unterschiedlichen Ausprägungen der Prüfungssicherheit können auch einzelne Teile des Nachhaltigkeitsberichts betreffen. So kann eine Bescheinigung eine hohe Prüfungssicherheit für einen Teil und für einen anderen Teil eine moderate Prüfungssicherheit enthalten[256].

252 *AccountAbility*, AA1000AS, S. 9.
253 *AccountAbility*, AA1000AS, S. 10.
254 *AccountAbility*, AA1000AS, S. 10.
255 *AccountAbility*, AA1000AS, S. 10.
256 *AccountAbility*, AA1000AS, S. 10.

Der Prüfer kann im Rahmen seiner Prüfung des Nachhaltigkeitsberichts auch auf **andere Verifizierungen und Zertifizierungen** zurückgreifen, um entspr. Prüfungsnachweise zu erhalten[257]. 185

I.R.d. **Auftragsannahme** für die Durchführung einer Prüfung nach AA1000AS (2008) sollte das beauftragende Unternehmen mit dem Prüfer Gegenstand und Umfang der Prüfung schriftlich vereinbaren. Zuvor ist durch den Prüfer die Unbefangenheit und Unabhängigkeit sicherzustellen. Ein Prüfer darf eine Nachhaltigkeitsprüfung nicht annehmen, wenn er oder seine Organisation aufgrund von Beziehungen zum zu prüfenden Unternehmen oder deren Anspruchsgruppen in irgendeiner Form befangen oder nicht unabhängig ist[258]. 186

Ein weiteres Ausschlusskriterium für den Prüfer ist eine möglicherweise mangelnde **Kompetenz**. Der Prüfer muss sowohl die Kompetenz des Prüfungsteams als auch die eines ggf. hinzugezogenem Sachverständigen nachweisen und evtl. den interessierten Anspruchsgruppen öffentlich zugänglich machen[259].

Im Fall von Prüfungen nach Auftragsart 2 hat der Prüfer die wesentlichen Sachverhalte hinsichtlich des Prüfungsumfangs zu beurteilen, um sicherstellen zu können, dass auch die als wesentlich definierten Sachverhalte Bestandteil der Prüfung und somit der Bescheinigung sein werden[260].

Der Prüfer hat sich des Weiteren im Vorfeld der Prüfung davon zu überzeugen, dass die Anforderungen des AA1000AS (2008) erfüllt werden können und dass der Prüfungsgegenstand angemessen ist. Außerdem ist es Grundvoraussetzung, dass geeignete Kriterien vorliegen. Für die berichtenden Unternehmen besteht keine Verpflichtung bereits etablierte Kriterien aus verfügbaren Rahmenwerken zu verwenden, wobei dies jedoch empfohlen wird[261].

Außerdem sollte der Prüfer in dem Auftrag die zu **erzielende Prüfungssicherheit** schriftlich vereinbaren, wobei für einzelne Teile der Berichterstattung unterschiedliche Prüfungssicherheiten vereinbart werden können. Dabei hat der Prüfer im Vorfeld zu beurteilen, ob eine entspr. Prüfungssicherheit erreichbar ist. Im Verlauf der Prüfung kann nicht von einer Beauftragung mit einer hohen Prüfungssicherheit auf eine Beauftragung mit einer moderaten Prüfungssicherheit gewechselt werden, ohne dass dies in der Bescheinigung dargestellt werden muss[262].

Abschließend gelten als Grundvoraussetzung für die Auftragsannahme folgende Bedingungen, die schriftlich festgehalten werden müssen[263]: 187

- Darstellung der Verantwortungsbereiche
- Prüfungsgegenstand
- Auftragsart und Prüfungssicherheit
- Anwendung des AA1000AS (2008).

257 *AccountAbility*, AA1000AS, S. 12.
258 *AccountAbility*, AA1000AS, S. 14.
259 *AccountAbility*, AA1000AS, S. 15.
260 *AccountAbility*, AA1000AS, S. 13.
261 *AccountAbility*, AA1000AS, S. 13.
262 *AccountAbility*, AA1000AS, S. 14.
263 *AccountAbility*, AA1000AS, S. 16.

188 Im Zuge der Auftragsdurchführung hat der Prüfer eine **Prüfungsplanung** zu erstellen, die eine klare Prüfungsstrategie aufweist. Diese muss ggf. im Verlauf einer Prüfung angepasst werden[264].

Der gesamte Prüfungsprozess hat mit der gebotenen **kritischen Grundhaltung** zu erfolgen.

Ziel der Prüfung ist es, durch geeignete Prüfungshandlungen und -nachweise die **Einhaltung der Prinzipien** des AA1000APS (2008) zu prüfen und die Feststellungen und Schlussfolgerungen den interessierten Lesern öffentlich zugänglich zu machen. Dabei sind die vereinbarten Prüfungssicherheiten zu beachten. Zur Erzielung einer **moderaten Prüfungssicherheit** sollten daher mindestens folgende **Prüfungshandlungen** durchgeführt werden[265]:

- Erlangen eines Verständnisses und stichprobenartiges Prüfen von Prozessen
- Befragen des Managements hinsichtlich der Effektivität der Prozesse
- stichprobenartiges Beobachten und Prüfen der Praktiken des Managements und der Prozesskontrollen
- Erfassen und Beurteilen von dokumentierten Prüfungsnachweisen und Erklärungen des Leitungsorgans hinsichtlich der Einhaltung der Prinzipien des AA.

Für die Erreichung einer **hohen Prüfungssicherheit** sollten darüber hinaus umfangreiche Prüfungsnachweise eingeholt werden, so dass das Risiko einer fehlerhaften Schlussfolgerung nahezu ausgeschlossen werden kann[266].

Die Schlussfolgerungen und Feststellungen der Nachhaltigkeitsprüfung sind vom Prüfer entspr. zu **dokumentieren**[267].

189 Die Berichterstattung über die Prüfung eines Nachhaltigkeitsberichts nach AA1000AS (2008) erfolgt, sofern vereinbart, in einem **PrB**, auf jeden Fall aber in Form einer **Bescheinigung**. In dieser Bescheinigung werden die Ergebnisse der Prüfung, bestehend aus Feststellungen, Schlussfolgerungen und Empfehlungen, dargestellt.

Die Bescheinigung muss in Übereinstimmung mit den Vorgaben des AA1000AS (2008) erteilt werden, wobei die Mindestinhalte einer Bescheinigung nach AA1000AS (2008) vorgegeben sind[268].

190 Sollte es im Verlauf der Prüfung zu Prüfungshemmnissen gekommen sein, sind diese in der Bescheinigung und ggf. im PrB zu adressieren[269].

264 *AccountAbility*, AA1000AS, S. 17.
265 *AccountAbility*, AA1000AS, S. 18.
266 *AccountAbility*, AA1000AS, S. 19.
267 *AccountAbility*, AA1000AS, S. 21.
268 *AccountAbility*, AA1000AS, S. 21 f.
269 *AccountAbility*, AA1000AS, S. 21.

# Kapitel J

# Gesellschaftsrechtliche Sonderprüfungen

Verfasser:
WP StB RA Friedrich Graf von Kanitz, Köln

Inhalt Tz.



## 1. Einleitung

1 Unter gesellschaftsrechtliche Sonderprüfungen können alle Prüfungen verstanden werden, die – im Gegensatz zur Abschlussprüfung nach § 316 HGB – nicht periodisch stattfinden, sondern aufgrund besonderer Umstände veranlasst werden. Sieht man die Prüfung des Abhängigkeitsberichts (§ 313 AktG) als Annex der Jahresabschlussprüfung[1], kennt das AktG bei einer werbenden Gesellschaft folgende Sonderprüfungen in dem hier verstandenen Sinn:

- **allgemeine** Sonderprüfung nach §§ 142-146 AktG

1 Vgl. IDW, WPH Edition, Wirtschaftsprüfung & Rechnungslegung[15], Kap. O Tz. 78 ff.; *Schmidt/Heinz*, in: BeBiKo[10], § 289 HGB Rn. 450.

- **Gründungsprüfung**
- Prüfung von **Sacheinlagen bei Kapitalerhöhungen** (vgl. Tz. 222 ff.)
- Prüfung der **geschäftlichen Beziehungen** der Gesellschaft zu dem **herrschenden** oder einem mit ihm **verbundenen** Unternehmen (§ 315 AktG) (siehe Tz. 230 ff.)[2]
- Sonderprüfung wegen **unzulässiger Unterbewertung** gem. §§ 258-261 AktG.

Das GmbHG enthält keine vergleichbaren Regelungen zur Sonderprüfung. Die GmbH-rechtliche Sonderprüfung wird auf § 46 Nr. 6 GmbHG gestützt, der den Gesellschaftern die Zuständigkeit für Maßregeln zur Prüfung und Überwachung der Geschäftsführung zuweist; zur Ausfüllung etwaiger Regelungslücken können einzelne Vorschriften der allgemeinen aktienrechtlichen Sonderprüfung entsprechend herangezogen werden[3]. Die Bestellung des Sonderprüfers einer GmbH kann mit einfacher Mehrheit der abgegebenen Stimmen beschlossen werden; von der Sonderprüfung betroffene Gesellschafter unterliegen dabei einem Stimmverbot[4]. Dagegen kommt ein den §§ 258 ff. AktG entsprechendes Verfahren für die GmbH nicht in Betracht[5]. Der **Anwendungsbereich** der §§ 142-146, 258-261 AktG erstreckt sich auf Gesellschaften in der Rechtsform der **AG** und **KGaA**[6] sowie kraft Verweisung in Art. 9 Abs. 1 Buchst. c) ii), Art. 52 S. 2 SE-VO auch auf die **SE** mit Sitz in Deutschland[7]. 2

## 2. Allgemeine Sonderprüfung (§§ 142-146 AktG)

### 2.1 Rechtliche Grundlagen

Nach § 142 Abs. 1 AktG können durch eine HV-Mehrheit **Sonderprüfer** zur Prüfung von Vorgängen bei der Gründung oder der Geschäftsführung, namentlich auch bei Maßnahmen der Kapitalbeschaffung und Kapitalherabsetzung bestellt werden; eine Aktionärsminderheit kann ein solche gerichtlich anordnen lassen (§ 142 Abs. 2 AktG). Zweck der Sonderprüfung ist vor allem die Aufklärung der tatsächlichen Grundlagen zur **Vorbereitung von Schadenersatzansprüchen** gegen Gründer oder Verwaltungsmitglieder. Die Möglichkeit zur Initiierung einer Sonderprüfung kompensiert den Umstand, dass die Aktionäre angesichts der Leitungsmacht des Vorstands (§ 78 AktG) und ihres beschränkten Einsichtsrechts in interne Vorgänge nur über sehr geringe Einflussmöglichkeiten verfügen. Sie gibt den Aktionären ein Kontrollinstrument ggü. den Organmitgliedern an die Hand, das insb. in Fällen von Bedeutung ist, in denen der Verdacht auf ein kollusives Zusammenwirken von Vorstand und AR vorliegt. 3

Die allgemeine Sonderprüfung nach § 142 AktG tritt hinter die spezialgesetzlichen Sonderprüfungen nach §§ 258 ff. und 315 AktG zurück. Ihre praktische Bedeutung war daher in vergangenen Jahrzehnten relativ gering[8], die Behandlung fiel in der Literatur eher

2 Vgl. zum Verhältnis zur allg. Sonderprüfung nach § 142 AktG vgl. OLG München v. 08.06.2011, AG, S. 720; OLG Hamm v. 29.06.2000, ZIP, S. 1299; *Vetter* in: Schmidt/Lutter, AktG[3], § 315 Rn. 3.

3 Vgl. LG Frankenthal v. 09.08.2012, BB, S. 2970; *Skauradszun*, GmbHR 2012, S. 936; *Leinekugel*, GmbHR 2008, S. 632; *Lohr*, GmbH-StB, 2015, 113; *Peters/Dechnow*, GmbHR 2007, 236..

4 LG Essen v. 31.7.2014, GmbHR 1014, 990 (991).

5 *Koch*, in: MünchKomm. AktG[4], § 258 Rn. 67 m.w.N.

6 *Bachmann*, in: Spindler/Stilz, AktG[3], § 283 Rn. 17; *Perlitt*, in: MünchKomm. AktG[4], § 283 Rn. 30 f.

7 Vgl. *Kiem*, in: Kölner Komm. AktG[3], Art. 52 SE-VO Rn. 31; *Kubis*, in: MünchKomm. AktG[4], Art. 52 SE-VO Rn. 21; ausführlich *Mock*, Der Konzern 2010, S. 455 ff.

8 Angaben bei ADS[6], §§ 142-146 AktG, Tz. 3; *Schröer* in: MünchKomm. AktG[3], § 142 Rn. 10 m.w.N.; *Fleischer*, RIW 2000, S. 809.

knapp aus. In jüngerer Zeit hat jedoch die Zahl der beantragten Sonderprüfungen spürbar zugenommen, auch Rspr. und Literatur[9] befassen sich vermehrt mit Fragen der Sonderprüfung. Die Gründe für diese Entwicklung dürften in der Absenkung der Schwellenwerte für die Antragstellung durch das UMAG[10] sowie in der Häufung kritischer Fälle in Folge der Finanzmarktkrise[11], aber auch in der wachsenden Beliebtheit der Sonderprüfung bei „räuberischen" Aktionären[12] liegen. Die Bedeutung des Rechtsinstituts der allgemeinen Sonderprüfung nach §§ 142 ff. AktG wird jedoch weiterhin insb. in ihrer **präventiven Wirkung** gesehen[13].

4 Die allgemeine Sonderprüfung nach § 142 AktG muss gegenständlich beschränkt sein und sich auf bestimmte Vorgänge bei der Gründung oder der Geschäftsführung beziehen. Die allgemeine Sonderprüfung kann sich somit nicht auf den gesamten Gründungshergang erstrecken, sondern nur einzelne unaufgeklärte **Gründungsvorgänge** umfassen. Darin und in der zeitlichen Abfolge unterscheidet sie sich von der aktienrechtlichen Gründungsprüfung (§ 33 AktG). Gründungsvorgänge sind alle Vorgänge bis zur Eintragung der Gesellschaft sowie Nachgründungsvorgänge (§ 52 AktG). Eine Sonderprüfung bestimmter Vorgänge ist auch nach durchgeführter Gründungsprüfung möglich[14].

5 Sonderprüfer können ferner bestellt werden, um bestimmte **Vorgänge bei der Geschäftsführung** zu untersuchen. Dies umfasst zunächst Vorgänge im gesamten Verantwortungsbereich des Vorstands, aber auch Vorgänge aus der Amtsführung des AR, soweit sie sich auf die Geschäftsführung des Vorstands beziehen[15]. Hierzu zählen auch **konzernbezogene** Vorgänge bei der Geschäftsführung wie etwa vertragliche Geschäftsbeziehungen zu Konzernunternehmen, veranlasste Maßnahmen mit wirtschaftlichen Auswirkungen für die Gesellschaft oder bestimmte Fragen der Konzernleitung[16].

6 Infolge der gesetzlichen Verknüpfung („namentlich") rechnet das Gesetz zu Vorgängen bei der Geschäftsführung auch **Maßnahmen der Kapitalbeschaffung bzw. Kapitalherabsetzung**. Dies bedeutet nach verbreiteter Auffassung, dass nicht nur die den jeweiligen Kapitalveränderungsbeschluss der HV vorbereitenden und ausführenden Tätigkeiten der Verwaltung Gegenstand einer Sonderprüfung sein können, sondern auch die Gesamtmaßnahme der betr. Kapitalveränderung[17].

7 Der Prüfungsgegenstand muss gegenständlich beschränkt sein; die Prüfung ganzer Zeitabschnitte kann daher nicht Gegenstand der Sonderprüfung nach § 142 AktG sein[18].

---

9 *Kamm*; *Wilsing*; *Jänig*.

10 *Kirschner*, S. 2; *Spindler*, in: Schmidt/Lutter, AktG³, § 142 Rn. 7 m.w.N.; *Trölitzsch/Gunßer*, AG 2008, S. 833; zweifelnd *Mock*, in: Spindler/Stilz, AktG³, § 142 Rn. 8.

11 Hierzu *Spindler*, NZG 2010, S. 281; *Müller-Michaels/Wingerter*, AG 2010, S. 903.

12 Vgl. *Bayer/Hoffmann*, AG-Report 2012, S. 272 ff. mit Beispielsfällen; *Trölitzsch/Gunßer*, AG 2008, S. 833; *Wilsing/Ogorek*, GWR 2009, S. 75.

13 *Koch*, in: Hüffer, AktG¹², § 142 Rn. 1.

14 *Mock*, in: Spindler/Stilz, AktG³, § 142 Rn. 47.

15 *Koch*, in: Hüffer, AktG¹², § 142 Rn. 4 f.; *Schröer*, in: MünchKomm. AktG³, § 142 Rn. 21; für die Einbeziehung sämtlicher Handlungen des AR vgl. *Jänig*, WPg 2005, S. 761 (766).

16 Vgl. *Mock*, in: Spindler/Stilz, AktG³, § 142 Rn. 55; *Schneider*, AG 2008, S. 305 (308), *Schröer*, in: MünchKomm. AktG³, § 142 Rn. 20.

17 Vgl. *Koch*, in: Hüffer, AktG¹², § 142 Rn. 7 m.w.N.; *Schröer*, in: MünchKomm. AktG³, § 142 Rn. 24; a.A. *Jänig*, WPg 2005, S. 761 (770).

18 OLG Hamburg v. 23.12.2010, ZIP 2011, S. 677 (679); *Koch*, in: Hüffer, AktG¹², § 142 Rn. 2 m.w.N.; *Jänig*, S. 205; *Schröer*, in: MünchKomm. AktG³, § 142 Rn. 14; *Spindler*, in: Schmidt/Lutter, AktG3³, § 142 Rn. 8.

Eine allgemeine Sonderprüfung, die daher den JA, KA oder LB/KLB in seiner Gesamtheit zum Gegenstand hätte, ist nicht zulässig[19], da insoweit die Abschlussprüfung nach §§ 316 ff. HGB stets vorrangig ist[20]. Diese Bestandteile der externen Rechnungslegung können aber in die Sonderprüfung mit dem Ziel einbezogen werden, daraus Erkenntnisse für die eigentlich in Frage stehenden bestimmten Vorgänge der Geschäftsführung zu gewinnen.

Eine allgemeine Sonderprüfung ist ferner nach § 142 Abs. 3 AktG ausnahmslos ausgeschlossen für Vorgänge, die Gegenstand einer **Sonderprüfung wegen unzulässiger Unterbewertung nach § 258 AktG** sein können[21]. Bei Überbewertungen greift die Sperrwirkung des § 142 Abs. 3 AktG indessen nicht[22].Nicht selten werden „Sonderprüfungen der Geschäftsführung" auch von einem Mehrheitsaktionär oder vom AR (in Wahrnehmung von dessen eigenem Prüfungsrecht gem. § 111 Abs. 2 S. 2, Alt. 2 AktG) veranlasst[23], auf die die §§ 142 ff. AktG keine Anwendung finden[24]. Gleiches gilt für eine von der HV beschlossene Prüfung, die sich nicht auf bestimmte Vorgänge bezieht[25]. Bei einer „Sonderprüfung", die durch den Mehrheitsaktionär außerhalb der HV in Auftrag gegeben wird; ist bei der Berichterstattung über das Ergebnis der Prüfung das Gebot der Gleichbehandlung der Aktionäre zu beachten. Der Sonderprüfer kann entweder durch Beschluss der **HV** (§ 142 Abs. 1 AktG) oder bei Vorliegen bestimmter Verdachtsmomente auf der Grundlage eines von Aktionären betriebenen subsidiären Antragsverfahrens durch das **Gericht** (§ 142 Abs. 2 AktG) bestellt werden. Zwar sieht das Gesetz im Fall einer Bestellung des Sonderprüfers durch die HV[26] – anders als im Fall der gerichtlichen Bestellung (§ 142 Abs. 2 S. 1 AktG) – keine zeitliche Begrenzung vor, bis zu der die zur Prüfung gestellten Vorgänge bei der Geschäftsführung zurückliegen dürfen[27]. Ein Antrag auf Bestellung eines Sonderprüfers an die HV ist indessen als rechtsmissbräuchlich[28] anzusehen, sofern aus dem Prüfungsergebnis wegen Zeitablaufs keinerlei Folgerung mehr gezogen werden könnte. 8

Über die Bestellung von Sonderprüfern entscheidet die HV durch **Beschluss mit einfacher Stimmenmehrheit** (§ 142 Abs. 1 S. 1 AktG). Der Beschluss der HV muss sowohl die Einsetzung einer Sonderprüfung unter Bezugnahme auf bestimmte Vorgänge[29] als auch die namentliche Bestimmung des Sonderprüfers[30] umfassen. Ist ein Mitglied des Vorstands oder des AR zugleich Aktionär, kann sein Stimmrecht bei der Beschluss- 9

19 Vgl. ADS⁶, §§ 142-146 AktG, Tz. 8; *Bezzenberger*, in: Großkomm. AktG⁴, § 142 Rn. 16; *Habersack*, in: FS Wiedemann, S. 889 (900); *Mock*, in: Spindler/Stilz, AktG³, § 142 Rn. 50; *Schröer*, in: MünchKomm. AktG³, § 142 Rn. 32.

20 *Mock*, in: Spindler/Stilz, AktG³, § 142 Anm. 52.

21 Vgl. *Fleischer*, in: HdR⁵, § 142 AktG Rn. 17; *Spindler*, in: Schmidt/Lutter, AktG³, § 142 Rn. 21.

22 Vgl. LG München v. 30.12.2010, AG 2011, S. 760 (761); *Bezzenberger*, in Großkomm. AktG⁴, § 258 Rn. 12 m.w.N.; *Koch*, in: Hüffer, AktG¹², § 142 Rn. 26.

23 *Koch*, in: Hüffer, AktG¹², § 111 Rn. 23

24 ADS⁶, §§ 142-146 AktG, Tz. 4; *Schröer*, in: MünchKomm. AktG³, § 142 Rn. 30.

25 Vgl. ADS⁶, §§ 142-146 AktG, Tz. 7; *Koch*, in: Hüffer, AktG¹², § 142 Rn. 2.

26 Zur Bekanntmachung als Tagesordnungspunkt vgl. OLG Brandenburg v. 10.11.2010, AG 2011, S. 418; *Koch*, in: Hüffer, AktG¹², § 142 Rn. 9; *Mock*, in: Spindler/Stilz, AktG³, § 142 Rn. 69.

27 *Mock*, in: Spindler/Stilz, AktG³, § 142 Rn. 54; *Spindler*, in: Schmidt/Lutter, AktG³, § 142 Rn. 22.

28 OLG München v. 25.03.2010, ZIP, S. 1127 (1129); *Koch*, in: Hüffer, AktG¹², § 142 Rn. 8; *Mock*, in: Spindler/Stilz, AktG³, § 142 Rn. 54; *Schröer*, in: MünchKomm. AktG³, § 142 Rn. 26.

29 *Mock*, in: Spindler/Stilz, AktG³, § 142 Rn. 73.

30 Letztere kann nicht dem Vorstand oder dem AR überlassen werden: ADS⁶, §§ 142-146 AktG, Tz. 12; *Koch*, in: Hüffer, AktG¹², § 142 Rn. 10; *Mock*, in: Spindler/Stilz, AktG³, § 142 Rn. 77.

fassung in der HV nicht ausgeübt werden, wenn die Prüfung sich auf Vorgänge erstrecken soll, die mit der Entlastung eines Mitglieds des Vorstands oder des AR oder der Einleitung eines Rechtsstreits zwischen der Gesellschaft und einem Mitglied des Vorstands oder des AR zusammenhängen (§ 142 Abs. 1 S. 2 u. S. 3 AktG). Darüber hinausgehend enthält § 285 Abs. 1 S. 2 Nr. 3 AktG für die KGaA die Regelung, dass die persönlich haftenden Gesellschafter in der HV bei der Bestellung von Sonderprüfern das Stimmrecht weder für sich noch für einen anderen ausüben können.

Über den Beschluss zur Bestellung hinaus ist der **Abschluss eines Prüfungsvertrags** zwischen der Gesellschaft und dem Sonderprüfer erforderlich. Die Auftragserteilung ist – anders als im Fall der Jahresabschlussprüfung (§ 318 Abs. 1 S. 4 HGB) – gesetzlich nicht geregelt. In der Literatur ist streitig, in wessen Zuständigkeit diese bei Anwendung des § 142 AktG auf Seiten der Gesellschaft fällt[31], sofern der Sonderprüfer nicht bereits selbst in der HV anwesend ist. Nach ganz überwiegender Auffassung liegt die **originäre** Zuständigkeit zwar bei der HV, gleichwohl wird der **Vorstand** regelmäßig als von dieser zum Abschluss des Prüfungsvertrags als (konkludent) ermächtigt anzusehen sein[32], sieht man ihn nicht – einer älteren Auffassung folgend[33] – als bloßen Erklärungsboten an. Die Gefahr eines Interessenkonflikts besteht hierdurch nicht, da die wesentlichen Auftragsinhalte durch die zwingenden Vorgaben im HV-Beschluss bereits festgelegt sind[34].

**10** Ein Sonderprüfer ist **auf Antrag** durch das **LG** zu bestellen, in dessen Bezirk die Gesellschaft ihren Sitz hat (§ 142 Abs. 5 S. 3 AktG), wenn

- die HV die Bestellung abgelehnt hat oder
- eine Minderheit die Bestellung eines anderen Sonderprüfers verlangt.

Der **Ablehnung der Bestellung** durch HV-Beschluss steht es gleich, wenn eine ordnungsgemäße Beschlussfassung vereitelt wird, der gefasste Bestellungsbeschluss nichtig ist oder im Anfechtungsverfahren für nichtig erklärt wird oder wenn die Bestellung durch einen späteren HV-Beschluss wieder aufgehoben wird[35].

**11** Erfolgt im Fall der Ablehnung der Bestellung durch die HV eine gerichtliche Bestellung, kann die Sonderprüfung einen Vorgang bei der Gründung oder einen Vorgang bei der Geschäftsführung (einschl. Kapitalmaßnahmen[36]) zum Gegenstand haben, der nicht länger als **fünf Jahre** zurückliegen darf. War die Gesellschaft zum Zeitpunkt der Vornahme des zu prüfenden Geschäftsführungsvorgangs börsennotiert, verlängert sich die Frist auf **zehn Jahre**. Der Grund für die zeitliche Begrenzung auf fünf bzw. zehn Jahre ergibt sich aus der Verjährungsfrist des § 93 Abs. 6 AktG; eine Sonderprüfung wäre sinnlos, wenn festgestellte Ersatzansprüche gegen Organmitglieder rechtlich nicht mehr durchgesetzt werden könnten[37]. Für die Prüfung von Gründungsvorgängen bestehen keine zeitlichen Beschränkungen[38].

---

31 *Koch*, in: Hüffer, AktG[12], § 142 Rn. 11 m.w.N.

32 Rieckers/Vetter in: Kölner Komm. AktG[3], Rn. 192.

33 Kronstein/Zöllner,in: Kölner Komm. AktG[1], Rn. 20; ablehnend *Spindler*, in: Schmidt/Lutter, AktG[3], § 142 Rn. 35.

34 *Mock*, in: Spindler/Stilz, AktG[3], § 142 Rn. 97; ähnlich *Spindler*, in: Schmidt/Lutter, AktG[3], § 142 Rn. 35.

35 Vgl. OLG Düsseldorf v. 09.12.2009, ZIP 2010, S. 28 (29); *Mock*, in: Spindler/Stilz, AktG[3], § 142 Rn. 117; *Spindler*, in: Schmidt/Lutter, AktG[3], § 142 Rn. 48.

36 *Schröer*, in: MünchKomm. AktG[3], § 142 Rn. 63; *Mock*, in: Spindler/Stilz, AktG[3], § 142 Rn. 122.

37 *Mock*, in: Spindler/Stilz, AktG[3], § 142 Rn. 123; *Spindler*, in: Schmidt/Lutter, AktG[3], § 142 Rn. 51; *Trölitzsch/Gunßer*, AG 2008, S. 833 (834).

38 *Koch*, in: Hüffer, AktG[12], § 142 Rn. 19; *Mock*, in: Spindler/Stilz, AktG[3], § 142 Rn. 123.

Der Antrag auf gerichtliche Bestellung nach § 142 Abs. 2 AktG, für den keine Antragsfrist[39] besteht[40], kann nur von Aktionären gestellt werden, deren Anteile zusammen mindestens den hundertsten Teil des Grundkapitals oder den anteiligen Nominalbetrag von 100.000 € erreichen (§ 142 Abs. 2 S. 1, Abs. 4 S. 1 AktG). Jede Aktiengattung gewährt das Antragsrecht, also auch stimmrechtslose Vorzugsaktien[41]. Für die Berechnung des Quorums ist auf die zum Zeitpunkt der Antragstellung im HR eingetragene Höhe des Grundkapitals abzustellen, wobei eigene Aktien sowie solche, aus denen wegen der Verletzung von Mitteilungspflichten keine Rechte zustehen, abzuziehen sind[42]. Die Antragsteller müssen dabei **nachweisen**, dass sie seit mindestens drei Monaten vor dem Tag der HV Inhaber der Aktien sind und dass sie die Aktien bis zur Entscheidung über den Antrag halten (§ 142 Abs. 2 S. 2 AktG). Der Berechtigungsnachweis für die Aktienbesitzzeit erfolgt entweder durch eine **Bestätigung** des depotführenden KI mit Sperrvermerk oder durch zwei Bestätigungen, von denen eine auf den Tag der Antragstellung und eine zum Ende des Verfahrens ausgestellt wird; alternativ kommt als Nachweis auch weiterhin eine Hinterlegungsbescheinigung in Betracht[43]. Der Antrag auf gerichtliche Bestellung von Sonderprüfern wird unzulässig, wenn der Antragsteller seine Aktionärseigenschaft verliert[44]. Der illoyalen, grob eigennützigen Ausübung des Antragsrechts steht der Einwand des **Rechtsmissbrauchs** entgegen[45]. Darüber hinaus hat das Gericht vor allem in Geringfügigkeitsfällen eine **Verhältnismäßigkeitsprüfung** anzustellen, ob die mit der Sonderprüfung verbundenen negativen Auswirkungen und Kosten für die Gesellschaft in angemessenem Verhältnis zu dem durch das Fehlverhalten ausgelösten Schaden stehen[46]. Bei **börsennotierten** Gesellschaften ist eine **Vereinbarung** zur Vermeidung einer Sonderprüfung unverzüglich in den Gesellschaftsblättern in vollem Umfang bekannt zu machen (§ 142 Abs. 2 S. 3 i.V.m. § 149 AktG[47]). Mit dieser Regelung soll dem provozierten Abkauf des Sonderprüfungsverlangens einer „räuberischen" Minderheit durch die Publizität der vereinbarten Konditionen entgegengewirkt werden[48]. 12

Die gerichtliche Bestellung setzt in materieller Hinsicht voraus, dass Tatsachen vorliegen, die den Verdacht rechtfertigen, dass bei dem Vorgang **Unredlichkeiten** oder grobe **Verletzungen** des Gesetzes oder der Satzung vorgekommen sind (§ 142 Abs. 2 S. 1 AktG). Aus der sachlichen Beschränkung auf Unredlichkeiten oder grobe Rechts- 13

39 Vgl. *Fleischer*, in: HdR[5], § 142 AktG Rn. 124; *Spindler*, in: Schmidt/Lutter, AktG[3], § 142 Rn. 47.

40 Der Antrag kann nach § 25 FamFG schriftlich oder zu Protokoll der Geschäftsstelle des zuständigen LG oder eines AmtsG erklärt werden, vgl. *Kirschner*, S. 74; *Mock*, in: Spindler/Stilz, AktG[3], § 142 Rn. 112; *Spindler*, in: Schmidt/Lutter, AktG[3], § 142 Rn. 46 m.w.N.

41 *Koch*, in: Hüffer, AktG[12], § 142 Rn. 22; *Schröer*, in: MünchKomm. AktG[3], § 142 Rn. 61.

42 *Mock*, in: Spindler/Stilz, AktG[3], § 142 Rn. 114; *Schröer*, in: MünchKomm. AktG[3], § 142 Rn. 61.

43 *Koch*, in: Hüffer, AktG[12], § 142 Rn. 23 f.; *Spindler*, in: Schmidt/Lutter, AktG[3], § 142 Rn. 43; *Wilsing/Neumann*, DB 2006, S. 31 (33).

44 OLG München v. 11.05.2010, ZIP, S. 1032 für den Fall eines Squeeze Out; *Koch*, in: Hüffer, AktG[12], § 142 Rn. 22.

45 OLG München v. 16.07.2007, AG 2008, S. 33 (34); OLG Düsseldorf v. 09.12.2009, ZIP 2010, S. 28 (30); *Koch*, in: Hüffer, AktG[12], § 142 Rn. 21; *Mock*, in: Spindler/Stilz, AktG[3], § 142 Rn. 134; *Trölitzsch/Gunßer*, AG 2008, S. 833 (836).

46 OLG Düsseldorf v. 09.12.2009, ZIP 2010, S. 28 (30); *Koch*, in: Hüffer, AktG[12], § 142 Rn. 21; *Mock*, in: Spindler/Stilz, AktG[3], § 142 Rn. 129 m.w.N., *Spindler*, NZG 2010, S. 281 (282); *Trölitzsch/Gunßer*, AG 2008, S. 833 (837 f.).

47 Neuregelung durch das UMAG v. 22.09.2005 (BGBl. I, S. 2802).

48 Vgl. *Koch*, in: Hüffer, AktG[12], § 142 Rn. 25; *Spindler*, in: Schmidt/Lutter, AktG[3], § 142 Rn. 57; *Wilsing/Neumann*, DB 2006, S. 31 (33).

verstöße folgt, dass die Überprüfung der Notwendigkeit oder Zweckmäßigkeit einer unternehmerischen Entscheidung nicht Gegenstand der Sonderprüfung sein kann[49]. Das Gericht muss aufgrund der vorgetragenen Tatsachen und nach Anhörung der Gesellschaftsorgane mit einer gewissen Wahrscheinlichkeit vom Vorliegen von Unredlichkeiten oder groben Rechtsverletzungen ausgehen können oder sich zumindest veranlasst sehen, von Amts wegen weitere Ermittlungen vorzunehmen[50]. Werden hinreichende Verdachtsmomente nicht zur Überzeugung des Gerichts festgestellt, wird der Antrag abgelehnt.

**14** Verlangt die Minderheit einen **anderen Sonderprüfer** als in der HV bestellt, so hat das Gericht auf Antrag einen anderen Sonderprüfer zu bestellen, wenn dies aus einem in der Person des Sonderprüfers liegenden Grund geboten erscheint. Das Gesetz nennt beispielhaft mangelnde Sachkenntnis, Besorgnis der Befangenheit oder Bedenken gegen die Zuverlässigkeit (§ 142 Abs. 4 S. 1 AktG).

**15** Ein Antrag zur Bestellung eines anderen Sonderprüfers ist binnen einer **Ausschlussfrist** von zwei Wochen seit dem Tag der HV zu stellen (§ 142 Abs. 4 S. 2 AktG). Dieser unterliegt hinsichtlich des erforderlichen Quorums grundsätzlich den gleichen Voraussetzungen wie ein Antrag nach Abs. 2.Allerdings bestehen in diesem Fall die Anforderungen nach § 142 Abs. 2 S. 2 AktG nicht[51].

**16** Vor seiner Entscheidung gem. § 142 Abs. 2 oder 4 AktG hat das Gericht die Beteiligten (Antragsteller und Gesellschaft) und den AR zu hören, sowie – bei Antrag auf Bestellung eines anderen Sonderprüfers – auch den von der HV bestellten Sonderprüfer. Gegen die Entscheidung ist die Beschwerde zulässig (§ 142 Abs. 5 AktG). Ordnet das Gericht nach Ablehnung durch die HV eine Sonderprüfung an, hat es den genauen Inhalt des Sonderprüfungsauftrags festzulegen.

**17** Sofern die Gesellschaft Wertpapiere i.S.d. § 2 Abs. 1 S. 1 WpHG ausgegeben hat, die an einer **inländischen Börse** zum Handel im regulierten Markt zugelassen sind, haben der Vorstand bzw. das Gericht der **BaFin** den Eingang eines Antrags auf Bestellung eines Sonderprüfers beim Gericht, die Bestellung des Sonderprüfers und dessen **Bericht mitzuteilen** (§ 142 Abs. 7 AktG)[52].

## 2.2 Auswahl und Bestellung der Sonderprüfer

**18** Die zwingenden[53] Kriterien für die Auswahl der Sonderprüfer durch die HV oder das Gericht sind in § 143 AktG geregelt und darauf ausgerichtet, eine **sachkundige und unparteiische Prüfung** sicherzustellen[54]. Zu Sonderprüfern sollen, sofern der Gegenstand der Sonderprüfung keine anderen Kenntnisse erfordert, nur bestellt werden

---

49 OLG München v. 16.07.2007, AG 2008, S. 33 (35); *Balthasar/Hamelmann*, WM 2010, S. 589 (592); *Mock*, in: Spindler/Stilz, AktG³, § 142 Rn. 127; *Trölitzsch/Gunßer*, AG 2008, S. 833 (835).

50 Vgl. OLG Köln v. 22.02.2010, AG, S. 414 (415); OLG Stuttgart v. 15.06.2010, AG, S. 717 (718); OLG München v. 30.08.2010, AG, S. 840 (841); *Koch*, in: Hüffer, AktG¹², § 142 Rn. 20; *Spindler*, in: Schmidt/Lutter, AktG³, § 142 Rn. 56.

51 *Mock*, in: Spindler/Stilz, AktG³, § 142 Rn. 161; *Schröer*, in: MünchKomm. AktG³, § 142 Rn. 83; *Spindler*, in: Schmidt/Lutter, AktG³, § 142 Rn. 64.

52 Mit dieser Regelung soll die Einhaltung der Sperrwirkung sichergestellt werden, die eine eingeleitete aktienrechtliche Sonderprüfung ggü. dem Bilanzkontrollverfahren der DPR bzw. der BaFin entfaltet (§§ 342b Abs. 3 HGB, 37o Abs. 2 WpHG).

53 *Koch*, in: Hüffer, AktG¹², § 143 Rn. 1.

54 *Koch*, in: Hüffer, AktG¹², § 143 Rn. 1; *Schröer*, in: MünchKomm. AktG³, § 143 Rn. 7.

- Personen, die **in der Buchführung ausreichend vorgebildet und erfahren** sind (§ 143 Abs. 1 Nr. 1 AktG),
- Prüfungsgesellschaften, von deren gesetzlichen Vertretern mindestens einer in der Buchführung ausreichend vorgebildet und erfahren ist (§ 143 Abs. 1 Nr. 2 AktG).

WP und WPG gelten in jedem Fall als in der Buchführung ausreichend vorgebildet und erfahren. Diese werden auch erfahrungsgemäß i.d.R. zu Sonderprüfern bestellt[55]. Maßgebend sind allerdings die in Anbetracht des Prüfungsgegenstands jeweils „erforderlichen Kenntnisse", wobei es sich im Einzelfall auch um *besondere technische, wirtschaftliche, branchenbezogene oder wirtschaftsrechtliche Kenntnisse handeln kann.* Buchführungskenntnisse sind daher nur dann (ggf. auch nur zusätzlich) erforderlich, wenn sie tatsächlich gebraucht werden[56].

Erfordert die Beurteilung von Geschäftsvorgängen neben anderen Kenntnissen und Erfahrungen auch solche buchhalterischer Art, können ggf. mehrere, gemeinschaftlich verantwortliche Sonderprüfer bestellt werden, von denen z.B. einer spezielle technische Kenntnisse aufweist, während ein anderer das Erfordernis des § 143 Abs. 1 Nr. 1 AktG erfüllt. Verfügt ein Sonderprüfer nicht selbst über die zur Beurteilung von Vorgängen notwendigen ergänzenden Fachkenntnisse, bestehen hingegen auch keine Bedenken, wenn der bestellte Sonderprüfer im Rahmen seines Auftrags die erforderlichen Fachkräfte (z.B. als freie Mitarbeiter) hinzuzieht.

APr. der Gesellschaft sind von einer Sonderprüfung nach § 142 AktG – anders als bei der Sonderprüfung wegen unzulässiger Unterbewertung (§ 258 Abs. 4 S. 3 AktG) – nicht ausgeschlossen[57]; im Einzelfall kann ihr Einsatz sogar zweckmäßig sein[58]. Sonderprüfer darf nicht sein, wer nach den §§ 319 Abs. 2, 3 bzw. 4, 319a Abs. 1 oder 319b HGB nicht APr. sein darf bzw. während der Zeit, in der sich der zu prüfende Vorgang ereignet hat, nicht hätte sein dürfen (§ 143 Abs. 2 AktG)[59]. **19**

## 2.3 Verantwortlichkeiten und Rechte der Sonderprüfer

Für die **Verantwortlichkeit** der Sonderprüfer gilt § 323 HGB sinngemäß (§ 144 AktG). Sie haften ebenso wie der APr. für Vorsatz oder Fahrlässigkeit bei der Verletzung ihrer Pflichten. Falsche oder unvollständige Berichterstattung ist strafbar nach § 403 AktG. **20**

Nach § 145 Abs. 1-3 AktG haben die Sonderprüfer Anspruch auf folgende **Informationen**: **21**

- Der Vorstand hat den Sonderprüfern zu gestatten, die Bücher und Schriften der Gesellschaft sowie die Vermögensgegenstände, namentlich die Gesellschaftskasse und die Bestände an Wertpapieren und Waren, zu prüfen.

55 ADS[6], §§ 142-146 AktG, Tz. 27.

56 *Schröer*, in: MünchKomm. AktG[3], § 143 Rn. 9.

57 Vgl. ADS[6], §§ 142-146 AktG, Tz. 26 f.; *Fleischer*, in: HdR[5], § 143 AktG Rn. 13; *Schröer*, in: MünchKomm. AktG[3], § 143 Rn. 22; *Spindler*, in: Schmidt/Lutter, AktG[3], § 143 Rn. 17.

58 ADS[6], §§ 142-146 AktG, Tz. 26.

59 Zu den Rechtsfolgen bei Verletzung eines Bestellungsverbots vgl. *Koch*, in: Hüffer, AktG[12], § 143 Rn. 6; *Spindler*, in: Schmidt/Lutter, AktG[3], § 143 Rn. 31 ff. m.w.N.; zum Widerruf der Bestellung des Sonderprüfers vgl. ADS[6], §§ 142-146 AktG, Tz. 22; *Koch*, in: Hüffer, AktG[12], § 142 Rn. 34; *Spindler*, in: Schmidt/Lutter, AktG[3], § 142 Rn. 75 f.

- Die Sonderprüfer können von den Mitgliedern des Vorstands und des AR alle Aufklärungen und Nachweise verlangen, welche die sorgfältige Prüfung der Vorgänge notwendig macht.
- Die Sonderprüfer haben die Auskunftsrechte auch ggü. einem Konzernunternehmen sowie ggü. einem abhängigen oder herrschenden Unternehmen.

22 **Auslagenersatz** und **Vergütung** richten sich bei von der HV bestellten Sonderprüfern nach ihrem Vertragsverhältnis zur Gesellschaft. Bei vom Gericht bestellten Sonderprüfern setzt das Gericht auf Antrag die Auslagen und die Vergütung fest (§ 142 Abs. 6 AktG); Schuldnerin ist die Gesellschaft (§ 146 S. 1 AktG). Ob es auch in den Fällen gerichtlicher Bestellung zulässig ist, Auslagenersatz und Vergütung vertraglich mit der Gesellschaft zu regeln[60], ist in der Literatur streitig, wird aber wohl mittlerweile mehrheitlich abgelehnt[61]. Soweit keine Vereinbarungen getroffen sind, ist gem. §§ 632 Abs. 2, 675 BGB die übliche Vergütung geschuldet. Falls der Antragsteller die Bestellung des Sonderprüfers durch vorsätzlich oder grob fahrlässig unrichtigen Vortrag erwirkt hat, muss er der Gesellschaft die **Kosten erstatten** (§ 146 S. 2 AktG)[62].

## 2.4 Durchführung der Sonderprüfung und Berichterstattung

23 Art und Umfang der i.R.d. Sonderprüfung nach § 142 AktG vorzunehmenden **Prüfungshandlungen** werden bestimmt durch die Art der zu prüfenden Vorgänge sowie die Feststellungen, die die Sonderprüfer treffen sollen[63]. Der Wortlaut des Sonderprüfungsauftrags ist vom Sonderprüfer in eigener Kompetenz nach allgemeinen Auslegungskriterien und dem mutmaßlichen Interesse der Antragsteller auszulegen[64]. Eine Änderung des Inhalts des Auftrags kann nur durch den erfolgen, der den Sonderprüfer bestellt hat.

Die **Feststellungen** sind gewissenhaft und sorgfältig zu treffen und zu dokumentieren[65]. Eine Schlussbesprechung wird im Hinblick auf den besonderen Charakter der Sonderprüfung und die gebotene Unabhängigkeit der Prüfer in aller Regel nicht in Betracht kommen[66]. Eine vorherige Abstimmung der Berichterstattung mit Vorstand oder AR scheidet ebenfalls aus.

24 Das AktG enthält keine Vorschriften über **Umfang und Inhalt des Sonderprüfungsberichts** sowie über die Notwendigkeit abschließender Feststellungen. Auch hier sind die Anforderungen aus dem Berichtszweck zu entwickeln. Die Darstellung hat in verständlicher Form zu erfolgen; der relevante Sachverhalt ist soweit wie möglich zu klären und mit allen zum Verständnis notwendigen Elementen vollständig darzustellen. I.d.R.

---

60 So *Koch*, in: Hüffer, AktG[12], § 142 Rn. 33.

61 So *Koch*, in: Hüffer, AktG[12], § 142 Rn. 33 m.w.N.; *Mock*, in: Spindler/Stilz, AktG[3], § 142 Rn. 198; *Spindler*, in: Schmidt/Lutter, AktG[3], § 142 Rn. 71; nach wie vor befürwortend hingegen: *Schröer* in MünchKom. AktG[3], § 142 Rn. 93.

62 Mit dieser klarstellenden Regelung soll Missbräuchen des Antragsrechts durch ein spürbares Kostenrisiko begegnet werden, vgl. *Koch*, in: Hüffer, AktG[12], § 146 Rn. 3; *Spindler*, in: Schmidt/Lutter, AktG[3], § 146 Rn. 2.

63 Vgl. zu Einzelheiten des Prüfungsvorgehens ADS[6], §§ 142-146 AktG, Tz. 37 ff.; *Ball/Haager*, S. 161 ff.; *Bungert/Rothfuchs*, DB 2011, S. 1677.

64 ADS[6], §§ 142-146 AktG, Tz. 40; *Fleischer*, in: HdR[5], § 145 AktG Rn. 3; *Spindler*, in: Schmidt/Lutter, AktG[3], § 145 Rn. 4.

65 Vgl. ADS[6], §§ 142-146 AktG, Tz. 38; *Fleischer*, in: HdR[5], § 145 AktG Rn. 10.

66 Vgl. *Fleischer*, in: HdR[5], § 145 AktG Rn. 9, der eine Schlussbesprechung für nicht statthaft hält.

wird auch eine eigene Beurteilung durch den Sonderprüfer erwartet; die tatsächlichen Feststellungen müssen diese abschließende Beurteilung erlauben.

Zwar ist auch über **Tatsachen zu berichten**, durch deren Bekanntwerden die Gesellschaft oder ein mit ihr verbundenes Unternehmen einen nicht unerheblichen **Nachteil** erleiden kann, sofern deren Kenntnis für die HV erforderlich ist, um den zur Prüfung gestellten Vorgang zu beurteilen (§ 145 Abs. 6 S. 2 AktG). Das zuständige Gericht (§ 145 Abs. 5 AktG) kann jedoch auf Antrag des Vorstands ausnahmsweise gestatten, dass bestimmte Tatsachen nicht in den Bericht aufgenommen werden, wenn **überwiegende Belange** der Gesellschaft dies gebieten und sie zur Darlegung der Unredlichkeiten oder groben Verletzungen nicht unerlässlich sind[67] (§ 145 Abs. 4 AktG). Die diesbezügliche gerichtliche Entscheidung ist für den Prüfer bindend. Der Anwendungsbereich dieser Schutzklausel ist allerdings auf solche Fälle beschränkt, in denen der Gesellschaft gravierende Nachteile oder ein erheblicher Schaden drohen[68]. 25

Zur **weiteren Behandlung des Sonderprüfungsberichts** haben die Sonderprüfer den Bericht zu unterzeichnen, unverzüglich dem Vorstand vorzulegen und zum HR des Sitzes der Gesellschaft einzureichen (§ 145 Abs. 6 S. 3 AktG)[69]. Das Registergericht gestattet jedem die Einsicht und erteilt auf Anforderung eine Abschrift (§ 9 Abs. 1, Abs. 2 S. 1 HGB). Auf Verlangen hat auch der Vorstand jedem Aktionär eine Abschrift des Berichts zu erteilen (§ 145 Abs. 6 S. 4 AktG); die Abschrift ist für den Aktionär kostenfrei. 26

Der Vorstand hat den Bericht dem AR vorzulegen und bei der Einberufung der nächsten HV als Gegenstand der Tagesordnung bekanntzumachen (§ 145 Abs. 6 S. 5 AktG). Es steht im Ermessen der HV, ob sie den Bericht ohne Beschlussfassung zur Kenntnis nimmt, die Entlastung verweigert (§ 120 AktG) oder mit einfacher Stimmenmehrheit beschließt, dass **Ersatzansprüche** geltend gemacht werden müssen (§ 147 Abs. 1 AktG). Zur Geltendmachung von Ersatzansprüchen kann die HV (§ 147 Abs. 2 S. 1 AktG) oder unter bestimmten Voraussetzungen das Gericht (§ 147 Abs. 2 S. 2 AktG) **besondere Vertreter**[70] bestellen. Darüber hinaus sieht § 148 AktG zur Geltendmachung von Ersatzansprüchen auf Antrag von Aktionären, deren Anteile bestimmte Schwellenwerte erreichen, ein gerichtliches **Klagezulassungsverfahren** vor[71]. 27

## 3. Gründungsprüfung (§ 33 AktG)

## 3.1 Rechtliche Grundlagen der Gründung einer AG

### 3.1.1 Gründungsarten

Die Gründung einer AG ist ein mehraktiger Vorgang. Die Satzungsfeststellung (§ 23 AktG), also die Einigung der an der Gründung beteiligten Aktionäre über den Inhalt der 28

67 Vgl. ausführlich auch zu Verfahrensfragen *Wilsing/von der Linden/Ogorek*, NZG 2010, S. 729.

68 Vgl. *Kirschner*, S. 321 f.; *Mock*, in: Spindler/Stilz, AktG³, § 145 Rn. 31; *Wilsing/Neumann*, DB 2006, S. 31 (34); zur rechtshistorischen Entwicklung der Schutzklausel vgl. *Jänig*, BB 2005, S. 949 (953 f.).

69 Eine Vorabinformation des AR durch den Sonderprüfer kommt nur in Betracht, wenn kein AR-Mitglied in den Prüfungsgegenstand involviert ist und der Zweck der Sonderprüfung hierdurch nicht beeinträchtigt wird; bei andernfalls drohenden Nachteilen hinsichtlich der Geltendmachung etwaiger Ersatzansprüche der Gesellschaft gegenüber dem Vorstand kann sie allerdings im Einzelfall geboten sein.

70 Vgl. ausführlich *Hüffer*, ZHR 2010, S. 642; *Mock*, AG 2008, S. 839.

71 Vgl. zu Einzelheiten *Mock*, in: Spindler/Stilz, AktG³, § 148 Rn. 40 ff.; ausführlich *Schmolke*, ZGR 2011, S. 398.

Satzung, macht letztere in der Sprache des Gesetzes zwar bereits zu „Gründern" der Gesellschaft (§ 28 AktG). Diese ist mit der Übernahme aller Aktien errichtet (§ 29 AktG). Als juristische Person existiert sie indessen erst mit der Eintragung (§ 41 Abs. 1 S. 1 AktG)[72] in das HR.

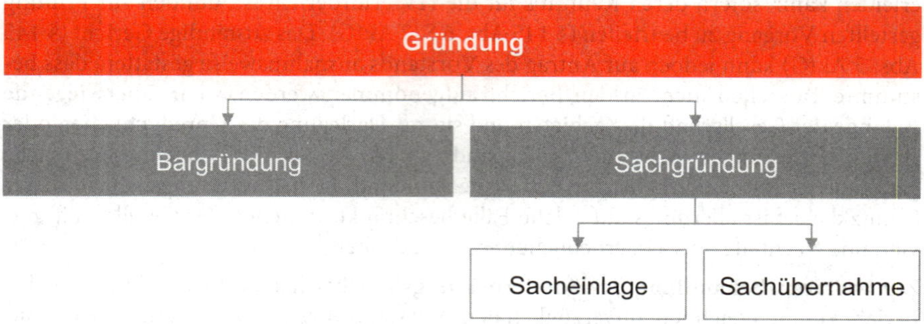


Abb. 1: Arten von Gründungen

29 Die Gründung einer AG kann als Bar- oder Sachgründung erfolgen. Kommen die Gründer ihren Einlageverpflichtungen (geringster oder höherer Ausgabebetrag) durch Barzahlung[73] nach, so spricht man von einer **Bargründung**[74]. Die Bar- oder Geldeinlage kann nach Maßgabe von § 54 Abs. 3 S 1 AktG nur durch Hingabe inländischer gesetzlicher Zahlungsmittel (Bargeld) oder durch vorbehaltlose und frei verfügbare Kontogutschrift auf einem Konto der in Gründung befindlichen Gesellschaft oder einem Treuhandkonto des Vorstands bei einem KI mit Sitz in der EU oder einem anderen Vertragsstaat des Abkommens über den Europäischen Wirtschaftsraum (§§ 1 Abs 1, 5a KWG) oder einer inländischen Zweigstelle eines ausländischen KI (§ 53 Abs. 1 S 1 KWG) erbracht werden.

30 Bei einer **Sachgründung** dagegen besteht die Einlage nicht in Geld, sondern in der Hingabe anderer Vermögensgegenstände (§ 27 AktG). Als Sacheinlage definiert das Gesetz jede Einlage, die nicht eine Bareinlage ist (§ 27 Abs. 1 S. 1 AktG)[75]. Hinsichtlich des Gegenstands der Sacheinlage, der übertragenden Person und des Nennbetrags der zu gewährenden Aktien besteht das Erfordernis der Satzungspublizität. Der Sacheinlage liegt nach h.M. ein (im Gesellschaftsvertrag angelegtes) pflichtbegründendes Geschäft und ein Vollzugsgeschäft zugrunde.

31 Eine Sachgründung kann auch durch eine Sachübernahme geschehen (Tz. 164 ff.). Eine **Sachübernahme** liegt vor, wenn die Gesellschaft jedwede vorhandenen oder herzustellenden Anlagen oder andere Vermögensgegenstände gegen Gewährung einer Vergütung übernehmen soll. Rechtlich betrachtet besteht eine Sachübernahme aus einem schuldrechtlichen Verpflichtungsgeschäft (i.d.R. Kauf) zwischen der Gesellschaft und

---

72 Zur Vorgesellschaft vgl. MünchHdb. AG[3], § 3 Rn. 30 ff.

73 Zum Begriff der Einzahlung „zur freien Verfügung" des Vorstands vgl. ausführlich *Henze*, DB 2001, S. 1469; *Hommelhoff/Kleindiek*, ZIP 1987, S. 477, und *Schmidt*, AG 1986, S. 106.

74 *Winkeljohann/Hermesmeier*, in: Winkeljohann/Förschle/Deubert, Sonderbilanzen[5], Abschnitt D, Rn. 34.

75 Zur Leistung und Fälligkeit der Sacheinlage vgl. *Henze*, DB 2001, S. 1471.

einem Gründer (oder Dritten[76]), das ebenfalls der Satzungspublizität unterliegt, einem entsprechenden dinglichen Vollzugsgeschäft sowie einer Verrechnungsabrede, welche die Verrechnung der für die Sachübernahme erhaltenen Vergütung mit der Einlageforderung der Gesellschaft gegen den Gründer zum Gegenstand hat. Unter diesen Voraussetzungen gilt diese gem. § 27 Abs. 1 S. 2 AktG als Sacheinlage[77]. Der maßgebliche Unterschied im Vergleich zur „echten" Sacheinlage besteht darin, dass als Gegenleistung für den übertragenen Vermögensgegenstand eine **Vergütung** gewährt wird, die – anders als bei der Sacheinlage – nicht in der Begründung von Mitgliedschaftsrechten besteht, sondern auf die Einlageverpflichtung des Aktionärs angerechnet werden soll. Soweit eine Geldeinlage eines Aktionärs als **verdeckte Sacheinlage** (§ 27 Abs. 3 S. 1 AktG) zu bewerten ist, bleibt es bei der Einlageverpflichtung des Aktionärs (vgl. Tz. 153). Der Tatbestand der verdeckten Sacheinlage ist typischerweise erfüllt, wenn eine AG die Bareinlage, die sie anlässlich ihrer Gründung oder im Rahmen einer Kapitalerhöhung erhalten hat, dazu verwendet, vom (Bar-)Einleger einen Gegenstand zu erwerben oder ggü. dem (Bar-)Einleger eine Forderung zurückzuführen[78]. Auf die fortbestehende Geldeinlagepflicht des Aktionärs wird der Wert des Vermögensgegenstands im Zeitpunkt der Anmeldung der Gesellschaft zur Eintragung in das HR oder im Zeitpunkt seiner Überlassung an die Gesellschaft, falls diese später erfolgt, angerechnet (§ 27 Abs. 3 S. 3 AktG).

Bei einer Kapitalerhöhung im **Schütt-aus-hol-zurück**-Verfahren finden die Grundsätze **32**
der verdeckten Sacheinlage keine Anwendung[79] (Tz. 155).

Die Regelungen zur **Nachgründung** (§§ 52, 53 AktG) dienen vor allem dem Umge- **33**
hungsschutz und damit der Sicherung der Kapitalaufbringung[80]. Danach werden Verträge der Gesellschaft mit Gründern oder mit mehr als 10 vom Hundert des Grundkapitals an der Gesellschaft beteiligten Aktionären, nach denen sie vorhandene oder herzustellende Anlagen oder andere Vermögensgegenstände für eine den zehnten Teil des Grundkapitals übersteigende Vergütung erwerben soll, und die in den ersten zwei Jahren seit der Eintragung der Gesellschaft in das HR geschlossen werden, nur mit Zustimmung der HV und durch Eintragung in das HR wirksam (§ 52 Abs. 1 S. 1 AktG).

### 3.1.2 Ablauf der Gründungsvorgänge

Nachfolgend werden die Gründungsvorgänge mit den betreffenden Paragraphen des **34**
AktG aufgezählt[81]:

76 Arnold, in: Kölner Komm. AktG³, § 27 Rn. 25 f.

77 Vgl. *Koch*, in: Hüffer, AktG¹², § 27 Rn. 5..

78 Vgl. *Lawall/Wille/Konopatzki*, AG 2009, S. 529 (531) mit Rechtsprechungsnachweisen; BT-Drs. 16/13098, S. 36.

79 *Pentz*, in: MünchKomm. AktG⁴ , § 27 Rn. 195; Dies gilt auch nach der gesetzlichen Regelung der verdeckten Sacheinlage in § 27 Abs. 3 AktG; vgl. *Spindler/Stilz*, AktG³, § 27, Rn. 155.

80 Vgl. *Koch*, in: Hüffer, AktG¹², § 52 Rn. 1.

81 In Anlehnung an *Munkert*, in: HWRev², Spalte 778 ff.; siehe dazu auch *Schiller*, DB 1992, S. 281; Schiller, S. 8 ff.; *Olfert/Körner/Langenbeck*, S. 83 ff.

| **Gründungsvorgang** | **§§ AktG** |
|---|---|
| 1. Feststellung der Satzung durch den/die Gründer | 2, 28 |
| a) Form der Feststellung | 23 Abs. 1 |
| – notarielle Beurkundung | |
| b) Mindestinhalt | 23 Abs. 3 |
| – Firma nebst Zusatz „AG" | 4 |
| – Sitz | 5 |
| – Gegenstand des Unternehmens | 23 Abs. 3 Nr. 2 |
| – Grundkapital | 6, 7 |
| – Zerlegung des Grundkapitals, Nennbetrag bzw. Zahl sowie Gattung der Aktien | 8 bis 13, 24 |
| – Art der Aktien | 10 |
| – Zahl der Mitglieder des Vorstands oder Regeln, nach denen die Zahl festgelegt wird | 76 Abs. 2 |
| – Form der Bekanntmachungen | 23 Abs. 4 |
| – Sondervorteile, Gründungsaufwand | 26 |
| – Sacheinlagen, Sachübernahmen | 27 |
| 2. Übernahme aller Aktien durch den/die Gründer | 29 |
| 3. Bestellung des ersten AR und APr. für das erste Voll- oder Rumpf-GJ durch den/die Gründer (notarielle Beurkundung) | 30, 31 |
| 4. Bestellung des ersten Vorstands durch den AR | 30 Abs. 4 |
| 5. Gründer erstatten schriftlich Bericht (Gründungsbericht) über den Hergang der Gründung | 32 |
| 6. Prüfung des Gründungshergangs durch sämtliche Mitglieder des Vorstands und des AR; Berichterstattung in schriftlicher Form | 33, 34 |
| 7. Prüfung des Gründungshergangs durch Gründungsprüfer bzw. Notar (Bericht in Schriftform) bei Vorliegen von | 33, 33a, 34 |
| a) Besorgnis der Befangenheit und/oder | 33 Abs. 2 Nr. 1-3 |
| b) Sacheinlagen und/oder Sachübernahmen | 33 Abs. 2 Nr. 4, 33a |
| 8. Einzahlung des eingeforderten Betrags, mindestens jedoch ein Viertel des geringsten Ausgabebetrags zuzüglich eines etwaigen Aufgelds; Sacheinlagen sind vollständig zu leisten | 36 Abs. 2<br>36a, 54 Abs. 3<br>36a Abs. 2 |

| Gründungsvorgang | | §§ AktG |
|---|---|---|
| 9. | Anmeldung der Gesellschaft zur Eintragung in das HR durch Gründer, Vorstand und AR, Inhalt und Form der Anmeldung | 36, 37 |
| 10. | Prüfung durch das Gericht | 38 |
| 11. | Eintragung in das HR | 39 |

Tabelle 1: Gründungsablauf

## 3.2 Rechtliche Grundlagen der Gründungsprüfung

### 3.2.1 Prüfungspflichtige Gründungen

Die hier darzustellende Gründungsprüfung beschränkt sich auf die Prüfung der Gründung einer neu zu errichtenden AG und der Kapitalerhöhung gegen Sacheinlagen bei einer AG. **35**

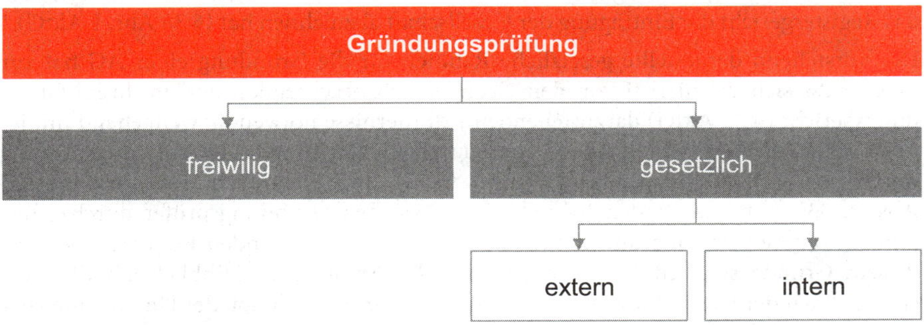


Abb. 2: Gründungsprüfungen

Eine Gründungsprüfung kann auf gesetzlicher oder freiwilliger Grundlage erfolgen. Bei der gesetzlichen Gründungsprüfung ist zwischen der internen und externen Prüfung zu unterscheiden. Im Gegensatz zur **internen** Gründungsprüfung durch den Vorstand und den ersten AR (§ 33 Abs. 1 AktG), die stets und unabhängig vom Erfordernis einer externen Gründungsprüfung[82] durchzuführen ist, hat die letztere nur zu erfolgen, wenn die in § 33 Abs. 2 AktG abschließend bestimmten subjekt- oder objektbezogenen Tatbestände erfüllt sind[83] – die entsprechenden Tatsachen sind aus dem Gründungsbericht der Gründer (§ 32 AktG) ersichtlich – und nicht nach § 33a AktG von der Prüfung abgesehen werden kann. Letzteres ist der Fall, wenn Vermögensgegenstände i.S.d. § 33a Abs. 1 AktG eingelegt werden sollen, für deren Bewertung eindeutige Anhaltspunkte vorliegen (Tz. 47 ff.). Dieses Verfahren ist jedoch ausgeschlossen, wenn aufgrund besonderer Umstände eine sichere Bewertung der Einlagegegenstände nicht möglich ist (§ 33a Abs. 2 AktG). **36**

82 *Koch*, in: Hüffer, AktG[12], § 33 Rn. 2.
83 Vgl. die tabellarische Übersicht bei *Munkert*, in: HWRev[2], Sp. 778 ff. und Sp. 786.

37 Eine externe Gründungsprüfung ist auch durch das **Registergericht** durchzuführen (§ 38 AktG). Hierbei handelt sich nicht nur um eine formelle, sondern auch um eine materielle Prüfung[84]; die jedoch nicht Gegenstand der nachfolgenden Ausführungen ist. **Freiwillige Gründungsprüfungen** sind ohne Einschränkung zulässig. Ihr Umfang richtet sich nach den Vorgaben des Auftraggebers.

38 In § 33 Abs. 3 AktG ist geregelt, dass in den Fällen des § 33 Abs. 2 Nr. 1 und 2 AktG der **beurkundende Notar** (§ 23 Abs. 1 S. 1 AktG) anstelle eines Gründungsprüfers die Prüfung im Auftrag der Gründer vornehmen kann. In den übrigen Fällen des § 33 Abs. 2 AktG ist durch das Gericht ein Gründungsprüfer zu bestellen. Das Erfordernis der förmlichen Gründungsprüfung besteht auch dann, wenn die Fälle des § 33 Abs. 2 Nr. 1 oder 2 AktG und des § 33 Abs. 2 Nr. 3 oder 4 AktG kumuliert vorliegen. Das Gleiche gilt, wenn der Notar in den Fällen des § 33 Abs. 2 Nr. 1 und 2 AktG nicht zum Prüfer bestellt werden sollte. Letzteres liegt in der Entscheidung der Gründer. Die Bestimmungen der Gründungsprüfung finden auf die Prüfung durch den Notar sinngemäße Anwendung (§ 33 Abs. 3 S. 1 AktG). Die Unterlassung der gesetzlich vorgeschriebenen internen oder externen Gründungsprüfung begründet einen **Errichtungsmangel** mit der Folge, dass das Registergericht die Eintragung der Gesellschaft abzulehnen hat (§ 38 Abs. 1 AktG).

39 Der vorstehend dargestellte gesetzliche Rahmen für die Gründung einer AG hat zur Folge, dass sich die hierbei von den Gründern zu beachtenden und in ihrem Gründungsbericht (§ 32 AktG) darzustellenden Erfordernisse notwendig weitgehend mit jenen decken, die Gegenstand einer – stets erforderlichen – internen Gründungsprüfung durch die Gesellschaftsorgane (§ 33 Abs. 1 AktG) sowie einer nach Maßgabe der §§ 33 Abs. 2, 33a AktG „außerdem" durch einen externen Gründungsprüfer durchzuführenden weiteren Prüfung und der jeweils hierüber zu erstattenden Berichte sind. Aus diesem Grunde sind i.R.d. nachfolgenden Erläuterungen im Hinblick auf die Verständlichkeit der Darstellung Wiederholungen unvermeidlich, soll der Umfang interner Verweise in Grenzen gehalten werden.

40 Die externe Gründungsprüfung ist also in folgenden vier Fällen notwendig:

**a) Gründer ist Mitglied des Vorstands oder des AR (§ 33 Abs. 2 Nr. 1 AktG)**

41 Maßgeblicher Zeitpunkt für die Organmitgliedschaft ist der Zeitpunkt der Eintragung in das HR[85]. Es reicht aus, wenn ein Gründer stellvertretendes Vorstandsmitglied ist, da es sich bei diesen um echte Vorstandsmitglieder handelt (§ 94 AktG), nicht dagegen die Bestellung eines Gründers als Ersatzmitglied des AR[86], da dieses erst mit Wegfall eines AR-Mitglieds selbst ein solches wird. Gehört eine AG oder GmbH zu den Gründern, so ist nach h.M. § 33 Abs. 2 Nr. 1 AktG erfüllt, wenn ein vertretungsberechtigtes Organmitglied dieser mitgründenden Gesellschaft zum Vorstand oder AR der neuen AG bestellt wird[87]. Ist an der Gründung eine GmbH & Co. KG beteiligt, so müssen diese Grundsätze auch für den Fall gelten, dass der Geschäftsführer der Komplementär-GmbH zum Vorstandsmitglied der neugegründeten AG bestellt wird[88]. Umstritten ist, ob dies auch in dem Fall gilt, dass ein nichtvertretungsberechtigter Gesellschafter einer

84 Vgl. hierzu auch *Joswig*, S. 88 ff.
85 Vgl. *Pentz*, in: MünchKomm. AktG[4], § 33 Rn. 18; *Arnold*, in: Kölner Komm. AktG[3], § 33 Rn. xx.
86 Vgl. *Pentz*, in: MünchKomm. AktG[4], § 33 Rn. 16.
87 Vgl. *Arnold*, in: Kölner Komm. AktG[3], § 33 Rn. 13, m.w.N.
88 Vgl. *Spindler/Stilz*, AktG[3], § 33 Rn. 8.

Personengesellschaft zum Vorstand oder AR bestellt wird[89]. Bei Erben- und Gütergemeinschaften genügt es, wenn ein Mitglied der Gemeinschaft Vorstands- oder AR-Mitglied der AG wird[90].

**b) Aktienübernahme für Rechnung eines Mitglieds des Vorstands oder AR – Strohmanngründung (§ 33 Abs. 2 Nr. 2 AktG)**

§ 33 Abs. 2 Nr. 2 AktG ist unabhängig davon erfüllt, welche Person im eigenen Namen, aber für Rechnung eines Mitglieds des Vorstands oder AR Aktien übernommen hat. Die Anzahl der übernommenen Aktien ist unerheblich[91]. **42**

**c) Besondere Vorteile oder Gründerlohn für Vorstands- und AR-Mitglieder (§ 33 Abs. 2 Nr. 3 AktG)**

In diesem Zusammenhang ist es gleichgültig, wer die versprochene Leistung zu erbringen hat. Beispiele für entsprechende Vorteile sind vertragliche Abmachungen über feste Zahlungen, Umsatzprovisionen, Naturalleistungen oder die Gewährung von Genussrechten. Es kann sich auch um die AG verpflichtende Liefer- und Abnahmeverträge zugunsten eines Vorstands- oder AR-Mitglieds handeln[92]. **43**

**d) Gründung mit Sacheinlagen oder Sachübernahmen (§ 33 Abs. 2 Nr. 4 AktG)**

Voraussetzung einer externen Prüfungspflicht nach § 33 Abs. 2 Nr. 4 AktG ist, dass es sich um eine nach § 27 AktG **wirksame** Sacheinlage oder Sachübernahme handelt. Eine Pflicht zur Prüfung besteht in diesem Fall unabhängig davon, ob ein Mitglied des Vorstands oder AR an der Sachgründung beteiligt ist[93]. **44**

### 3.2.2 Ausnahmen von der Prüfungspflicht

§ 33a Abs. 1 AktG bestimmt in sachlicher Hinsicht diejenigen **Klassen von Gegenständen**, bei deren Einbringung bei einer Gründung mit Sacheinlagen oder Sachübernahmen (§ 33 Abs. 2 Nr. 4 AktG) von einer externen Werthaltigkeitsprüfung abgesehen werden kann[94]. Hierbei handelt es sich um folgende Gegenstände: **45**

a) **übertragbare Wertpapiere oder Geldmarktinstrumente** i.S.d. § 2 Abs. 1 S. 1 und Abs. 1a WpHG, wenn sie mit dem **gewichteten Durchschnittspreis** bewertet werden, zu dem sie während der letzten drei Monate vor dem Tag ihrer tatsächlichen Einbringung auf einem oder mehreren organisierten Märkten i.S.d. § 2 Abs. 5 WpHG gehandelt worden sind

b) andere als die in Nummer 1 genannten Vermögensgegenstände, wenn eine Bewertung zu Grunde gelegt wird, die ein unabhängiger, ausreichend vorgebildeter und erfahrener **Sachverständiger** nach den allgemein anerkannten Bewertungsgrundsätzen mit dem **beizulegenden Zeitwert** ermittelt hat und wenn der Bewertungsstichtag nicht mehr als sechs Monate vor dem Tag der tatsächlichen Einbringung liegt.

89 Vgl. *Godin/Wilhelmi*, AktG[4], § 33 Anm. 3.
90 Vgl. Großkomm.[4], § 33 Anm. 12.; *Arnold*, in: Kölner Komm. AktG[3], § 33 Rn. 13.
91 Vgl. *Arnold*, in: Kölner Komm. AktG[3], § 33 Rn. 14.
92 Vgl. *Klein*, S. 29.
93 Ausführlich zur aktienrechtlichen Prüfung von Sacheinlagen vgl. *Angermayer*, S. 23.
94 BT-Drs. 16/11642, S. 22.

46 Wertpapiere nach § 2 Abs. 1 S. 1 WpHG sind, auch wenn keine Urkunden über sie ausgestellt sind, alle Gattungen von **übertragbaren Wertpapieren** mit Ausnahme von Zahlungsinstrumenten, die ihrer Art nach auf den Finanzmärkten handelbar sind. Die Vorschrift gilt damit insb. für **Aktien**, andere Anteile an in- oder ausländischen juristischen Personen, Personengesellschaften und sonstigen Unternehmen, soweit sie Aktien vergleichbar sind, Zertifikate, die Aktien vertreten, und **Schuldtitel**.

47 **Geldmarktinstrumente** sind nach § 2 Abs. 1a WpHG alle Gattungen von Forderungen, die nicht unter § 2 Abs. 1 WpHG fallen und die üblicherweise auf dem Geldmarkt gehandelt werden, mit Ausnahme von Zahlungsinstrumenten. Da § 33a Abs. 1 Nr. 1 AktG ausdrücklich auf § 2 Abs. 5 WpHG verweist, sind auch auf **ausländischen Märkten gehandelte Wertpapiere** erfasst[95].

48 Sollen nicht ausschließlich Vermögensgegenstände i.S.d. Vorschrift eingebracht werden, kommt die Erleichterung nur für die in der Vorschrift ausdrücklich bezeichneten Vermögensgegenstände in Betracht[96].

49 Der **Bewertungsmaßstab des gewichteten Durchschnittspreises** ist lediglich ein abstrakter Maßstab, der für die an deutschen organisierten Märkten gehandelten Wertpapiere z.B. laufend von der BaFin ermittelt wird. Dies bedeutet jedoch nicht, dass die Verwendung von Preisen anderer Anbieter ausgeschlossen ist[97].

50 Die **Zeitspanne**, über die der Durchschnittspreis der einzubringenden Wertpapiere und Geldmarktinstrumente ermittelt werden soll, wird in Anlehnung an § 5 der Verordnung über den Inhalt der Angebotsunterlage, die Gegenleistung bei Übernahmeangeboten und Pflichtangeboten und die Befreiung von der Verpflichtung zur Veröffentlichung und zur Abgabe eines Angebots[98] auf **drei Monate vor der tatsächlichen Einbringung** festgelegt[99]. Mit tatsächlicher Einbringung ist der Zeitpunkt gemeint, zu dem vereinbarungsgemäß Nutzen und Risiko auf die Gesellschaft übergehen[100]. Zu beachten ist allerdings, dass die nach § 36a Abs. 2 AktG grds. noch nach der Anmeldung zulässige Einbringung in diesem Fall ausscheidet[101].

51 Die weitere Ausnahmekonstellation der Nr. 2 in § 33a Abs. 1 AktG erfasst sachlich alle nicht in Nr. 1 genannten Vermögensgegenstände, sofern sie einer Bewertung zugänglich sind (§ 27 Abs. 2 AktG) und von einem **Sachverständigen** unter den näher bestimmten Voraussetzungen mit dem **beizulegenden Zeitwert** bewertet worden sind[102]. In Anlehnung an § 33 Abs. 4 Nr. 1 AktG und § 143 Abs. 1 Nr. 1 AktG muss der Sachverständige ausreichend vorgebildet und erfahren sein.

52 Der Bewertungsstichtag darf nicht länger als **sechs Monate** zurückliegen. Maßgeblich ist der Tag der tatsächlichen Einbringung der Einlage. Das Registergericht kann diesen Tag anhand der Antragsunterlagen leicht feststellen[103].

---

95 *Arnold*, in: Kölner Komm. AktG³, § 33a Rn. 7.
96 BT-Drs. 16/11642, S. 22.
97 BT-Drs. 16/11642, S. 22.
98 WpÜG-Angebotsverordnung v. 27.12.2001, BGBl. I S. 4263.
99 BT-Drs. 16/11642, S. 22.
100 *Arnold*, in: Kölner Komm. AktG³, § 33a Rn. 10.
101 *Arnold*, in: Kölner Komm. AktG³, § 33a Rn. 11.
102 *Watrin/Stöver*, WPg 2012, S. 999, zur Bewertung von Sacheinlagen im Rahmen von Sachgründung und Sachkapitalerhöhung sowie Implikationen für die Verschmelzung.
103 BT-Drs. 16/11642, S. 22.

§ 33a Abs. 2 AktG formuliert zwei **Gegenausnahmen** zu § 33a Abs. 1 AktG. Eine **Neubewertung von Wertpapieren oder Geldmarktinstrumenten** ist danach zum einen veranlasst, wenn der gewichtete Durchschnittspreis der Wertpapiere oder Geldmarktinstrumente durch außergewöhnliche Umstände beeinflusst war, die eine erhebliche Änderung des Werts des Vermögensgegenstands zum Zeitpunkt seiner tatsächlichen Einbringung bewirken würden und zwar auch dann, wenn der Markt für diese Wertpapiere oder Geldmarktinstrumente illiquide geworden ist. Die Vorschrift trägt dem Umstand Rechnung, dass die Preisbildung an organisierten Märkten unter außergewöhnlichen Umständen versagen kann[104]. **Außergewöhnliche Umstände** können z.B. vorliegen, wenn der Handel mit den betreffenden Papieren über einen längeren Zeitraum zum Erliegen gekommen ist oder ausgesetzt war oder der Markt durch Missbrauch oder verbotene Kursmanipulation künstlich beeinflusst worden ist und dadurch eine erhebliche Änderung des Börsenwerts bewirkt wurde. Keine außergewöhnlichen Umstände sind dagegen anzunehmen bei mit der zulässigen Marktpraxis vereinbaren Handlungen i.S.v. § 20a Abs. 2 WpHG[105] sowie bei erlaubten Rückkaufprogrammen eigener Aktien und Maßnahmen zur Kursstabilisierung i.S.v. § 20a Abs. 3 WpHG[106]. 53

Eine **Neubewertung von anderen Vermögensgegenständen** i.S.v. § 33a Abs. 1 Nr. 2 AktG ist ferner dann erforderlich, wenn sich der Wert des Gegenstands in der Zeit nach der Begutachtung durch den Sachverständigen geändert hat oder wenn **nachträglich Umstände bekannt geworden** sind, bei deren Kenntnis der Sachverständige zu anderen Ergebnissen gelangt wäre. Im Interesse der realen Kapitalaufbringung kommt es nur auf Umstände an, nach denen die sachverständige Bewertung erheblich zu hoch erscheint. Es genügt, wenn Umstände darauf hindeuten, dass die Bewertung durch den Sachverständigen erheblich zu hoch ausgefallen sein könnte. Liegen Umstände vor, die auf die Unrichtigkeit des Gutachtens schließen lassen, entfällt schon aus diesem Grund die Rechtfertigung für das Absehen von einer externen Prüfung[107]. 54

**Maßgeblicher Zeitraum**, während dem bei der Bewertung anderer Vermögensgegenstände (§ 33a Abs. 1 Nr. 2 AktG) keine außergewöhnlichen Umstände eintreten oder neu bekannt werden dürfen, ist die Zeit **bis zur tatsächlichen Einbringung**. Werden allerdings vor der Anmeldung Umstände bekannt, die schon vor der Einbringung eingetreten waren, so kommt eine Anmeldung im vereinfachten Eintragungsverfahren wegen der nach § 37a Abs. 2 AktG erforderlichen Versicherung nicht mehr in Betracht[108]. Sofern von einer externen Prüfung von Sacheinlagen abgesehen wird, sind die Anforderungen des § 37a AktG zu beachten. 55

### 3.2.3 Auswahl und Bestellung der Gründungsprüfer

Als Gründungsprüfer sollen nach § 33 Abs. 4 AktG, wenn die Prüfung keine anderen Kenntnisse fordert, **nur** solche Personen bestellt werden, die in der Buchführung ausreichend vorgebildet und erfahren sind. Bei **Prüfungsgesellschaften** muss wenigstens einer der gesetzlichen Vertreter die genannten Voraussetzungen erfüllen. Damit gehört 56

104 BT-Drs. 16/11642, S. 22.
105 § 7 ff. der Verordnung zur Konkretisierung des Verbots der Marktmanipulation (Marktmanipulations-Konkretisierungsverordnung – MaKonV), BGBl. I 2005, S. 515.
106 BT-Drs. 16/11642, S. 22 m.w.N.
107 BT-Drs. 16/11642, S. 22 f.
108 BT-Drs. 16/11642, S. 23.

die Gründungsprüfung nicht zu den Vorbehaltsaufgaben der WP und WPG. Es können daher auch andere Personen mit den erforderlichen Kenntnissen (z.B. StB) bestellt werden. In der Praxis werden allerdings nahezu ausschließlich WP und WPG zu Gründungsprüfern bestellt[109]. Beauftragen die Gründer in den Fällen des § 33 Abs. 2 Nr. 1 und 2 AktG stattdessen in Ausübung ihres Wahlrechts den **beurkundenden Notar** mit der Prüfung, entfällt die gerichtliche Bestellung eines Gründungsprüfers (§ 33 Abs. 3 S. 1AktG). Lehnt der Notar hingegen die Prüfung ab („was er kann"), ist durch das Gericht ein Gründungsprüfer zu bestellen (§ 33 Abs. 3 S. 2 AktG)[110].

**57** Den oder die externen Gründungsprüfer bestellt das **(Amts-)Gericht** am Gesellschaftssitz (§ 33 Abs. 3 i.V.m. § 14 AktG). Das Gericht wird nur auf Antrag tätig. Antragsberechtigt sind die Gründer und der Vorstand[111]. In dem Antrag können Vorschläge gemacht werden, wer Gründungsprüfer sein soll[112]. Das Gericht entscheidet durch Beschluss, gegen den Beschwerde zulässig ist (§ 33 Abs. 3 S. 3 AktG). Die Auswahl des Prüfers oder der Prüfer steht ebenso wie deren Zahl im pflichtgemäßen Ermessen des Gerichts, das bei seiner Entscheidung die in § 33 Abs. 4 und Abs. 5 AktG genannten Kriterien zu beachten hat[113]. Das Gericht kann in komplizierten Fällen, die Spezialkenntnisse erfordern, eine Aufgabenteilung unter mehreren Prüfern anordnen[114].

**58** Ein vom Gericht bestellter Gründungsprüfer kann die Übernahme des Auftrags grds. ablehnen. Das gilt jedoch dann nicht, wenn er vor der Bestellung bereits mit den Antragstellern verhandelt und die Annahme zugesagt hat[115].

**Praxistipp 1:**

Es wird als zweckmäßig erachtet, das zuständige (Amts-)Gericht zu veranlassen, in der Bestellungsverfügung den Anlass der Gründungsprüfung (§ 33 Abs. 2 AktG) zu erwähnen[116].

**59** Die **Ausschlussgründe** für die Prüferauswahl sind in § 33 Abs. 5 i.V.m. § 143 Abs. 2 AktG (vgl. Tz. 18) geregelt. Hiernach darf als Gründungsprüfer nicht bestellt werden, wer nach § 319 Abs. 2 bis 4, § 319a Abs. 1 HGB oder § 319b HGB nicht APr. sein darf oder während der einschlägigen Zeit nicht hätte sein dürfen. Nicht bestellt werden dürfen ferner Personen und Prüfungsgesellschaften, auf deren Geschäftsführung der/die Gründer oder diejenigen, für deren Rechnung der/die Gründer Aktien übernommen hat/haben, maßgeblichen Einfluss haben (§ 33 Abs. 5 S. 2 AktG) bzw. haben können[117]. Für den Einfluss i.S.d. Vorschrift genügt die Einflussmöglichkeit eines Gründers oder Hintermanns; eine tatsächliche Einflussnahme ist nicht erforderlich[118]. Das Gericht verlangt zur Prüfung möglicher persönlicher Bestellungshindernisse in der Regel eine

109 Zur Bestellung und Qualifikation der Gründungsprüfer vgl. *Angermayer*, S. 71.
110 *Arnold*, in: Kölner Komm. AktG[3], § 33 Rn. 19.
111 *Arnold*, in: Kölner Komm. AktG[3], § 33 Rn. 22; *Klein*, S. 19; MünchKomm. AktG[4], § 33 Rn. 30; Großkomm.[4], § 33 Anm. 19.
112 MünchKomm. AktG[4], § 33 Rn. 31.
113 *Koch*, in: Hüffer, AktG[12], § 33 Rn. 7 u. 9.
114 Großkomm.[4], § 33 Anm. 19.
115 *Klein*, S. 19.
116 *Schedlbauer*, S. 49.
117 *Arnold*, in: Kölner Komm. AktG[3], § 33 Rn. 31.
118 *Schmidt/Lutter*, AktG[3], § 33 Rn. 13.

Erklärung des vorgesehenen Gründungsprüfers, dass gegen seine Bestellung keine Ausschlussgründe nach § 33 Abs. 5 AktG bestehen.

> **Praxistipp 2:**
>
> Es empfiehlt sich daher zum Zwecke der Verfahrensbeschleunigung, dem Bestellungsantrag eine Erklärung, dass keine Ausschlussgründe bestehen, vorsorglich beizufügen[119].

Das Gericht hat bei der Bestellung auch andere zutage tretende Interessenkollisionen zu **60**
berücksichtigen und ggf. von der Bestellung abzusehen[120]. Der vom Gericht bestellte Gründungsprüfer und der von den Gründern bestellte erste APr. können identisch sein. Die Bestellung zum APr. begründet keine Befangenheit nach § 33 Abs. 5 AktG[121].

### 3.2.4 Verantwortlichkeiten und Rechte der Gründungsprüfer

Die externen Gründungsprüfer nehmen ein ihnen **im öffentlichen Interesse** übertra- **61**
genes Amt wahr[122], ohne dass es zur Begründung ihrer Befugnisse eines Vertrags mit der Gesellschaft bedarf. Diese kann das Prüfungsverhältnis auch nicht einseitig beenden[123]. Der vom Gericht bestellte Prüfer ist grds. nicht zur Übernahme des Amts verpflichtet. Die Amtsniederlegung durch den Prüfer kann jederzeit erfolgen und ist dem Gericht ggü. zu erklären. Ebenso kann das Gericht den Prüfer jederzeit abberufen[124].

Die Gründungsprüfer haben ggü. der Gesellschaft Anspruch auf Ersatz angemessener **62**
barer Auslagen sowie auf **Vergütung** ihrer Tätigkeit (§ 35 Abs. 3 AktG), dessen Höhe auf Antrag eines Beteiligten (Vorstand der AG oder Prüfer) vom Gericht durch Beschluss festgesetzt wird (§ 35 Abs. 3 Satz 2 AktG)[125], gegen den die Beschwerde zulässig ist (§ 35 Abs. 3 Satz 3 AktG).

> **Hinweis 1:**
>
> Obwohl in der Praxis regelmäßig Vereinbarungen zwischen den Gründungsprüfern und den Gründern getroffen werden, wird man sich daher bei Streitigkeiten hierauf nicht berufen können[126]. Die Kosten der Prüfung zählen zu den **Gründungskosten** der AG und werden nach deren Eintragung daher grds. von dieser geschuldet. Die Gründer sind nur dann Schuldner, wenn sie sich unmittelbar ggü. dem Gericht oder den Gründungsprüfern zur Zahlung des gerichtlich festgesetzten Betrages verpflichtet haben[127].

Die zivilrechtliche **Verantwortlichkeit** der Gründungsprüfer richtet sich nach § 49 AktG **63**
i.V.m. § 323 Abs. 1 bis 4 HGB. Wer demnach als Prüfer, Gehilfe oder als gesetzlicher Vertreter einer Prüfungsgesellschaft vorsätzlich oder fahrlässig, d.h. ohne Anwendung

---

119 Vgl. *Pentz*, in: MünchKomm. AktG[4], § 33 Rn. 54.
120 Vgl. *Arnold*, in: Kölner Komm. AktG[3], § 33 Rn. 32.
121 MünchHdb. AG[3], § 3 Rn. 21.
122 BayObLG, Beschluss v. 14.08.1973, AG 1974, S. 22 ff.; *Schmidt/Lutter*, AktG[3], § 33 Rz. 10.
123 Großkomm.[4], § 33 Anm. 21; *Arnold*, in: Kölner Komm. AktG[3], § 33 Rn. 33.
124 Großkomm.[4], § 33 Anm. 21; *Arnold*, in: Kölner Komm. AktG[3], § 33 Rn. 34.
125 *Arnold*, in: Kölner Komm. AktG[3], § 35 Rn. 21.
126 *Arnold*, in: Kölner Komm. AktG[3], § 35 Rn. 19; *Godin/Wilhelmi*, AktG[4], § 35 Anm. 11.
127 *Koch*, in: Hüffer, AktG[12], § 35 Rn.7.

der erforderlichen Sorgfalt, seine Pflichten verletzt, ist zum Ersatz des daraus entstehenden Schadens verpflichtet[128]. Sonstige Ansprüche können sich aus §§ 826, 823 Abs. 2 BGB i.V.m. §§ 403 und 404 AktG ergeben, in denen die strafrechtlichen Folgen geregelt sind[129]. Indessen stellt § 49 AktG i.V.m. § 323 HGB weder zugunsten der Gesellschaft noch zugunsten Dritter ein Schutzgesetz i.S.v. § 823 Abs. 2 BGB dar[130].

64 Die Gründungsprüfer können von den **Gründern** alle **Aufklärungen und Nachweise** verlangen, die für eine sorgfältige Prüfung notwendig sind (§ 35 Abs. 1 AktG). Sind mehrere Prüfer eingesetzt, so kann dies jeder von ihnen tun. Das Auskunftsverlangen bedarf nicht der Schriftform[131].

65 Halten die Gründer die geforderte Aufklärung und die verlangten Nachweise für eine sorgfältige Prüfung nicht für erforderlich, können sie sich weigern, dem Ersuchen nachzukommen[132]. Über **Meinungsverschiedenheiten** zwischen Gründungsprüfer und Gründern über den Umfang der zu gewährenden Aufklärungen und Nachweise entscheidet das Gericht (§ 35 Abs. 2 S. 1 AktG) auf Antrag. Antragsberechtigt ist jeder Gründungsprüfer, falls die Gründer dem Auskunftsbegehren widersprechen, sowie jeder Gründer, der sich dem Auskunftsverlangen widersetzen möchte[133]. Die Entscheidung ist unanfechtbar (§ 35 Abs. 2 S. 2 AktG). Die Gründungsprüfer können sich nach h.M. stattdessen auch an die Mitglieder des Vorstands oder des AR wenden und diese um die Aufklärungen und Nachweise ersuchen[134]. Einen Rechtsanspruch i.S.v. § 35 Abs. 1 AktG haben sie insoweit jedoch nicht[135].

66 Das Gericht entscheidet nach § 35 Abs. 2 S. 1 AktG nur über Meinungsverschiedenheiten zwischen den Gründern und den Gründungsprüfern hinsichtlich des Umfangs von Aufklärungen und Nachweisen, nicht jedoch über Meinungsverschiedenheiten bezüglich des Umfangs der Prüfung[136]. Der Gründungsprüfer muss in seinem Bericht über die Gründungsprüfung auf diese Meinungsverschiedenheiten hinweisen[137]. Solange sich die Gründer weigern, der Entscheidung des Gerichts nachzukommen, wird der PrB nicht erstattet (§ 35 Abs. 2 S. 3 AktG). Im PrB sind auch Meinungsverschiedenheiten zwischen den Gründungsprüfern einerseits und den Vorstands- und AR-Mitgliedern andererseits wiederzugeben[138].

## 3.3 Durchführung der Gründungsprüfung und Berichterstattung

### 3.3.1 Prüfungsablauf und Prüfungsgegenstände

67 Eine ordnungsmäßige Gründungsprüfung erfordert ein planvolles Vorgehen, dass sich an der (gesetzlich festgelegten) Zielsetzung der Prüfung zu orientieren hat. Dieser allge-

128 Vgl. *Angermayer*, S. 77.
129 *Pentz*, in: MünchKomm. AktG[4], § 49 Rn. 18.
130 *Koch*, in: Hüffer, AktG[12], § 49 Rn. 1.
131 *Pentz*, in: MünchKomm. AktG[4], § 35 Rn. 6.
132 *Arnold*, in: Kölner Komm. AktG[3], § 35 Rn. 5.
133 *Koch*, in: Hüffer, AktG[12], § 35 Rn.7.
134 *Pentz*, in: MünchKomm. AktG[4], § 35 Rn. 5; *Arnold*, in: Kölner Komm. AktG[3], § 35 Rn. 5; *Klein*, S. 20; *Selchert*, S. 30.
135 *Pentz*, in: MünchKomm. AktG[4], § 35 Rn. 5; *Arnold*, in: Kölner Komm. AktG[3], § 35 Rn. 5.
136 Vgl. *Pentz*, in: MünchKomm. AktG[4], § 35 Rn. 13.
137 Vgl. *Pentz*, in: MünchKomm. AktG[4], § 35 Rn. 15; *Arnold*, in: Kölner Komm. AktG[3], § 35 Rn. 10.
138 Vgl. *Pentz*, in: MünchKomm. AktG[4], § 35 Rn. 15.

meine Grundsatz ist nicht auf die Jahresabschlussprüfung beschränkt und gilt auch für die Gründungsprüfung[139].

Gegenstand der Gründungsprüfung ist der „**Hergang der Gründung**" (§ 33 Abs. 1 AktG), wobei das Schwergewicht auf die in § 34 Abs. 1 AktG genannten Tatbestände zu legen ist (vgl. Tz. 34). Danach hat sich die Prüfung „namentlich" darauf zu erstrecken, ob **68**

- die **Angaben der Gründer** über die Übernahme der Aktien, über die Einlagen auf das Grundkapital und über die Festsetzungen nach §§ 26 und 27 AktG richtig und vollständig sind,
- der **Wert der Sacheinlagen oder Sachübernahmen** den geringsten Ausgabebetrag der dafür zu gewährenden Aktien oder den Wert der dafür zu gewährenden Leistungen erreicht.

**Prüfungsablauf** und **Prüfungsumfang** sind danach so auszurichten, dass der Prüfer einen umfassenden und vollständigen Überblick über den gesamten Gründungshergang erhält und aus den dabei gewonnenen Erkenntnissen feststellen kann, dass die Gründung den gesetzlichen Vorschriften entspricht. Hierbei sind die in den *IDW Prüfungsstandards*, insb. die in *IDW PS 200, IDW PS 201, IDW PS 240* sowie *IDW PS 450*[140] und *IDW PS 460 n.F.* niedergelegten Grundsätze, sinngemäß zu beachten. **69**

Ein planmäßiger Prüfungsablauf ist nur gewährleistet, wenn das zu prüfende Unternehmen die **erforderlichen Unterlagen** in der für die Prüfung benötigten Form rechtzeitig bereitstellt. Daher ist es zweckmäßig, dass der Gründungsprüfer die Vollständigkeit der bis zu seinem Tätigwerden angefallenen Urkunden und Schriftstücke feststellt und sie auf ihre inhaltliche Übereinstimmung untereinander abstimmt[141]. Hierzu ist es erforderlich, dass er sich mit der Gesellschaft umgehend nach seiner Bestellung in Verbindung setzt, um die benötigten Unterlagen bereitstellen zu lassen. **70**

Zu diesen Unterlagen zählen insb. **71**

- sämtliche im Rahmen des Gründungshergangs angefertigten notariellen und sonstigen Urkunden mit schuld- und sachenrechtlichem Charakter, insb.
  - die Satzung und deren Feststellung,
  - die Bestellung von AR und erstem APr.,
- alle Protokolle über die bisher abgehaltenen Sitzungen bzw. Versammlungen von Vorstand und AR bzw. der Gründer, insb.
  - zur Bestellung des Vorstands,
- Nachweise über zu erbringende Leistungen und auf Bareinlagen geleistete Zahlungen (vgl. auch Tz. 203 f.), d.s.
  - alle Erklärungen und Aktennotizen zu dem Prüfungsstoff,
  - Bericht der Gründer über den Hergang der Gründung,
  - Gründungsprüfungsbericht von Vorstand und AR,
  - erforderliche behördliche oder staatliche Genehmigungen,
  - Verträge und sonstige Unterlagen über Sondervorteile und Gründungsaufwand,

139 Vgl. *Munkert*, S. 36.

140 Z.Z. liegt der Entwurf einer Neufassung des *IDW Prüfungsstandards: Grundsätze ordnungsmäßiger Erstellung von Prüfungsberichten (IDW EPS 450 n.F.)* vor, der insb. die durch die VO (EU) Nr. 537/2014, das AReG und das BilRUG erforderlich gewordenen Änderungen enthält und noch im Laufe des Jahres 2017 verabschiedet werden wird.

141 Vgl. *Klein*, S. 73.

- bei Sacheinbringungen
  - Grundbuchauszüge,
  - Inventarlisten,
  - Wertgutachten und andere Wertnachweise,
  - Bilanzen und Geschäftsbücher,
  - HR-Auszug,
  - Verträge, in die die AG eintritt,
  - Verträge über die Sacheinlagen und -übernahmen.

**72** Die Planung einer ordnungsmäßigen Prüfung umfasst auch die Aufteilung des Prüfungsstoffes in einzelne Prüfungsgebiete. In Anlehnung an *Munkert*[142] und *Schedlbauer*[143] kann eine Aufteilung in Prüfungsgebiete bspw. wie folgt vorgenommen werden:

I. Rechtliche Verhältnisse
   1. Gründer
   2. Zwischenscheine, Aktien, Grundkapital
   3. Firma, Sitz und Gegenstand des Unternehmens
   4. Vorvertrag, Satzung und Übernahmeerklärung
   5. Bestellung des AR, des Vorstands und des APr.
   6. Gründungsbericht und Prüfung durch Vorstand und AR

II. Sacheinbringungen

III. Sondervorteile

IV. Gründungsaufwand

Sinnvoll erscheint auch eine Aufteilung in folgende Prüfungsgebiete:

I. Gründer

II. Feststellung und Inhalt der Satzung

III. Bestellung von AR, Vorstand und erstem APr.

IV. Gründungsbericht der Gründer

V. Prüfungsbericht von Vorstand/AR über die interne Gründungsprüfung

VI. Staatliche Genehmigungen

VII. Angaben der Gründer über die Übernahme der Aktien und über die Einlagen auf das Grundkapital

VIII. Sondervorteile und Gründungsaufwand

IX. Sachgründung

142 Vgl. *Munkert*, Anlage V und IX (mit ausführlicher Prüfungsanweisung für „Rechtliche Verhältnisse“).
143 Vgl. *Schedlbauer*, S. 50.

73 Neben dem „**Hergang der Gründung**"[144] (§ 33 Abs. 1 AktG) ist der **Gründungsprüfungsbericht von Vorstand und AR** vom Gründungsprüfer zu prüfen[145]. Der „Hergang der Gründung" umfasst nicht sämtliche Gründungsvorgänge aus Tabelle 1 (Tz. 34), sondern lediglich die Vorgänge von Nr. 1 bis Nr. 6. **Nicht** zum Prüfungsumfang gehören hingegen die

- Anmeldung der AG[146] sowie deren Inhalt und Voraussetzungen (§§ 36, 37 AktG),
- die Prüfung durch das Gericht (§ 38 AktG) und
- Eintragung selbst (§ 39 AktG)[147].

Hierzu zählt auch nicht, ob bei Bareinlagen bereits ein Viertel eingezahlt ist (§ 36 Abs. 2, § 36a Abs. 1 AktG)[148], denn die Mindesteinlage muss bei Bareinlagen erst vor der Anmeldung geleistet werden. Folglich kann sich die Prüfung, inwieweit der eingeforderte Betrag dem Vorstand zur freien Verfügung (Tz. 203) steht, nur auf den bereits von den Gründern eingezahlten Betrag beziehen[149]. Eine Einzahlung steht nur dann endgültig zur freien Verfügung des Vorstands, wenn sie nicht durch Gegenforderungen beeinträchtigt ist[150]. Soweit die eingeforderten Beträge noch nicht voll eingezahlt sind, muss dies allerdings im PrB vermerkt werden[151]. Die Zahlungsfähigkeit der Gründer ist grds. nicht Gegenstand der Prüfung, wohl aber ist bekannten Bedenken nachzugehen und evtl. darüber zu berichten[152].

74 Eine Einbeziehung der **Eröffnungs- oder Gründungsbilanz** (§ 242 Abs. 1 S. 1 HGB) in die Prüfung des Gründungshergangs wird nicht für erforderlich gehalten[153]. Die Heranziehung dieser Bilanz kann jedoch wichtige Hinweise für die Bewertung von Sacheinlagen, Gründungskosten und Fremdkapitalausstattungen der ersten Stunde (z.B. von Gründern) geben[154].

75 Ein Gründungsprüfer ist im Allgemeinen nicht verpflichtet, die **wirtschaftliche Lebensfähigkeit** des Unternehmens oder die Tauglichkeit eines von diesem angewendeten technischen Verfahrens zu beurteilen[155]. Wenn sich ihm jedoch bei pflichtgemäßer Durchführung seines Prüfungsauftrages die Erkenntnis aufdrängen muss, das Verfahren entspreche technisch nicht den Erwartungen der Gesellschaft, hat er diese darauf hinzuweisen („Warnpflicht"). Die Pflicht des Gründungsprüfers, zum Wert von Sacheinlagen Stellung zu nehmen, bleibt hiervon unberührt. Bei Bedenken im Hinblick auf den Wertansatz von Sacheinlagen genügt allerdings ein „Hinweis" i.R.d. Warnpflicht nicht. Der Gründungsprüfer muss in einem solchen Fall entweder die Prüfung unterbrechen und den/die Gründer sowie den Vorstand und AR um Aufklärung bitten, oder er muss

144 Vgl. BGH v. 27.02.1975, BGHZ 64, S. 53 ff. und 60.
145 Vgl. *Klein*, WPg 1972, S. 402.
146 Zur Anmeldung beim HR und der beizufügenden Unterlagen vgl. die Ausführungen bei *Gustavus*, S. 1 ff.
147 Vgl. *Munkert*, S. 20.
148 Vgl. *Pentz*, in: MünchKomm. AktG⁴, § 34 Rn. 12.
149 Vgl. *Voß*, WPg 1964, S. 439 (444); *Selchert*, S. 32.
150 Vgl. LG Mainz v. 30.09.1988, AG 1989, S. 176 ff
151 Vgl. *Selchert*, S. 32; *Klein*, S. 51.
152 Vgl. *Godin/Wilhelmi*, AktG⁴, § 34 Anm. 2; Kölner Komm. AktG³, § 34 Rn. 6; *Schedlbauer*, S. 55.
153 Vgl. *Selchert*, S. 27 f.; *Schedlbauer*, S. 48.
154 Vgl. *Schedlbauer*, S. 48.
155 Vgl. BGHZ 64, S. 52 ff., DB 1975 S. 778; vgl. auch *Schmidt*, DB 1975, S. 1781, und *Saage*, ZGR 1977, S. 683.

seinen PrB unter Darlegung seiner Bedenken gegen den Wertansatz der Sacheinlage erstatten[156].

76 **Gründer** der Gesellschaft sind Personen, die die Satzung festgestellt haben (§ 28 AktG). Die Einzelheiten bezüglich Form und Inhalt der Satzung sind in § 23 AktG normiert (vgl. Tz. 79 ff.). An der **Feststellung der Satzung**, d.h. dem Abschluss des Gesellschaftsvertrags, müssen sich eine oder mehrere Personen beteiligen, welche die Aktien gegen Einlagen übernehmen (§ 2 AktG). Personen, die sich möglicherweise außerdem an der Feststellung der Satzung beteiligt haben, ohne selbst Aktien zu übernehmen, gehören hingegen nicht zu den Gründern[157]. Gemäß § 29 AktG ist die AG mit der **Übernahme aller Aktien** durch die Gründer **errichtet**.

77 Daher ist i.R.d. Gründungsprüfung zunächst festzustellen, ob sich an der Gründung eine oder mehrere Personen beteiligt haben (§ 2 AktG), die auch in der **notariellen Urkunde** über die Feststellung der Satzung namentlich aufgeführt sind (§ 23 Abs. 2 Nr. 1 AktG).

78 Bei der Gründung wird zwischen dem Regelungsgegenstand – der Satzung – und deren rechtlichem Geltungsgrund – der Feststellung - unterschieden. Erfolgt die Gründung durch mehrere Personen, wird die Satzung durch **Vertrag** festgestellt. Wird die AG hingegen nur durch **eine Person** errichtet, liegt in der Feststellung der Satzung ein **einseitiges Rechtsgeschäft** vor[158], wobei die nicht empfangsbedürftige Erklärung bereits mit ihrer formgerechten Abgabe wirksam wird[159].

79 Neben natürlichen Personen können auch **juristische Personen** und **Personenhandelsgesellschaften** Gründer sein[160]. Zu letzteren zählt nach der Rechtsprechung[161] und h.M.[162] auch die Außen-GbR, wohingegen die Gründungsfähigkeit einer Erbengemeinschaft in der Literatur[163] umstritten ist und von der Rechtsprechung nach wie vor abgelehnt wird[164]. Da die Gründer hinreichend individualisierbar sein müssen, ist bei natürlichen Personen deren Name und Anschrift und bei juristischen Personen und Personenhandelsgesellschaften deren Firma und Sitz anzugeben[165]. Neben der Feststellung der Satzung müssen die Gründer auch **alle Aktien** gegen Einlagen zu ihren Lasten übernehmen. Gründer im hier verstandenen Sinn ist deshalb nur, wer eine entsprechende Aktienübernahmeerklärung (§ 23 Abs. 2 AktG) abgibt (vgl. Tz. 28).

---

156 Vgl. *Saage*, ZGR 1977, S. 683 (688).

157 Kritisch zur - grundsätzlich wohl zulässigen - Beteiligung von Personen ohne Einlagepflicht an der Feststellung der Satzung indessen *Koch*, in: Hüffer, AktG[12], § 2 Rn. 13.

158 Vgl. *Koch*, in: Hüffer, AktG[12], § 2 Rn. 4a.

159 Die Errichtung einer Einmann-AG kann indessen nach ganz h.M. auch durch Vertrag erfolgen, nämlich in der Weise, dass der spätere Alleinaktionär zunächst mit einem weiteren Gründer (Strohmann) zusammenwirkt, dessen Aktien er unmittelbar nach der Errichtung übernimmt (vgl. *Koch*, in: Hüffer, AktG[12], § 2 Rn. 4; *Arnold*, in: Kölner Komm. AktG[3], § 2 Rn. 5; *Heider*, in: MünchKomm. AktG[4], § 2 Rn. 22 ff.). Die Strohmanneigenschaft eines Gründers ist indessen bedeutsam für die Angaben im Gründungsbericht (§ 32 Abs. 3 AktG) und für die Voraussetzungen der Gründungsprüfung (§ 33 Abs. 2 Nr. 2 AktG).

160 Dies schließt grundsätzlich auch ausländische Staatsangehörige und Handelsgesellschaften ein, vgl. *Koch*, in: Hüffer, AktG[12], § 2 Rn. 7, 8.

161 Vgl. BGHZ 145, 341 BGHZ 118, 83, NJW 1992, S. 2222; BGHZ 78, S. 311 ff, NJW 1981, 682.

162 Vgl. *Koch*, in: Hüffer, AktG[12], § 2 Rn. 10; *Arnold*, in: Kölner Komm. AktG[3], § 2 Rn. 10; a.A. *Heider*, in: MünchKomm. AktG[4], § 2 Rn. 17.

163 Zum Meinungsstand: *Koch*, in: Hüffer, AktG[12], § 2 Rn. 11; *Arnold*, in: Kölner Komm. AktG[3], § 2 Rn. 11.

164 Vgl. BGH v. 17.10.2006, NJW, S. 3715 f.; BGH v. 11.09.2002, NJW 2002, S. 3389.

165 Vgl. *Arnold*, in: Kölner Komm. AktG[3], § 23 Rn. 60.

Die Mitteilungspflicht über den Erwerb einer Kapitalbeteiligung von über 25% an einer AG nach § 20 Abs. 1 AktG erstreckt sich auch auf Gründungsaktionäre[166], sofern es sich hierbei um ein Unternehmen und nicht um einen Privataktionär handelt. 80

Jeder Gründer kann sich bei der Feststellung der Satzung und der Übernahme der Aktien durch einen **Bevollmächtigten**, der einer notariell beglaubigten Vollmacht bedarf, vertreten lassen (§ 23 Abs. 1 S. 2 AktG). 81

Die Feststellung der Satzung – die Begriffe „Satzung" und „Gesellschaftsvertrag" sind synonym zu verstehen – muss gem. § 23 Abs. 1 S. 1 AktG durch **notarielle Beurkundung** erfolgen[167]. Die notarielle Urkunde über die Satzungsfeststellung muss daneben die Angaben des § 23 Abs. 2 AktG enthalten (Gründer, Übernahme der Aktien, eingezahlter Betrag des Grundkapitals); die Satzung kann dieser Urkunde als Anlage beigefügt werden. 82

> **!** **Hinweis 2:**
> Es ist nicht notwendig, dass die Beurkundung aller Gründererklärungen gleichzeitig erfolgt[168]. Die Satzung ist allerdings erst dann festgestellt, wenn die Erklärung des letzten Gründers beurkundet ist.

Die Urkunde nach § 23 Abs. 2 AktG wird auch als **Aktienübernahmeerklärung** bezeichnet, mit der sich der/die Gründer zur Übernahme der Aktien und damit zur Leistung der Einlage verpflichten. Diese Erklärung ist notwendig materieller Bestandteil der Satzung[169], jedoch nach h.M. ein von der Feststellung der Satzung zu unterscheidendes Rechtsgeschäft[170]. Außerhalb der Feststellung der Satzung gibt es bei der Gründung keine Übernahme von Aktien[171].

Der **Mindestinhalt der Satzung** ergibt sich aus § 23 Abs. 3 und Abs. 4 AktG sowie aus §§ 26 und 27 AktG. Die Satzung kann von den Vorschriften des AktG nur abweichen, wenn es ausdrücklich zugelassen ist (§ 23 Abs. 5 S. 1 AktG). Eine Abweichung liegt vor, wenn eine gesetzliche Regelung durch eine andere ersetzt wird[172]. Sie kann nur getroffen werden, wenn sie im Gesetz ausdrücklich zugelassen ist. Ergänzende Bestimmungen der Satzung sind nur dann zulässig, wenn dass das AktG insoweit keine abschließende Regelung enthält (§ 23 Abs. 5 S. 2 AktG). Eine Ergänzung liegt vor, wenn das Gesetz entsprechende Regelungsinhalte nicht enthält oder eine gesetzliche Regelung ihrem Gedanken nach weitergeführt wird, also im Grundsatz unberührt bleibt. Weitergehende Satzungsvorgaben können in anderen Gesetzen geregelt sein (vgl. §§ 6 u. 7 UrhWG oder §§ 1, 11 Abs. 3 REITG)[173]. 83

---

166 Vgl. BGH v. 24.04.2006, BB, S. 1351 ff.; *Theusinger/Klein*, BB 2006, S. 1408.

167 Zur Auslandsbeurkundung vgl. *Koch*, in: Hüffer, AktG[12], § 23 Rn. 9; Großkomm.[4], § 23 Anm. 47 ff.

168 Vgl. *Pentz*, in: MünchKomm. AktG[4], § 23 Anm. 29.

169 Eine getrennte Beurkundung des Inhalts der Satzung und der Erklärungen, durch welche die Gründer sämtliche Aktien der Gesellschaft übernehmen, ist hingegen nicht zulässig.

170 Vgl. hierzu aber *Koch*, in: Hüffer, AktG[12], § 23 Rn. 16.

171 Vgl. Großkomm.[4], § 23 Anm. 2.

172 Vgl. *Arnold*, in: Kölner Komm. AktG[3], § 23 Rn. 137 und Rn. 139 ff. mit einer Liste von erlaubten Abweichungen.

173 Vgl. *Arnold*, in: Kölner Komm. AktG[3], § 23 Rn. 68.

84 Nach § 23 Abs. 3 Nr. 1 AktG sind Angaben zur Firma und dem Sitz erforderlich. Mit § 4 AktG hat der Gesetzgeber eine die AG betreffende Spezialvorschrift zum Firmenrecht getroffen. Die **Firma** der AG muss danach den Rechtsformzusatz „Aktiengesellschaft" oder eine allgemein verständliche Abkürzung dieser Bezeichnung enthalten (§ 4 AktG)[174], auch wenn sie nach § 22 HGB oder nach anderen gesetzlichen Vorschriften fortgeführt wird. Im Rechtsverkehr hat sich die Abkürzung „AG" durchgesetzt[175]. Diese Bezeichnung muss in deutscher Sprache abgefasst sein, auch dann, wenn die Firma ansonsten aus einer fremdsprachlichen Bezeichnung besteht. Dabei spielt es keine Rolle, an welcher Stelle die Zusatzbezeichnung in die Firma eingefügt wird und ob sie mit einem sonstigen Bestandteil der Firma verbunden wird[176].Der Rechtsformzusatz ist aus Gründen des Verkehrsschutzes stets und in allen Varianten der Firmenbildung erforderlich[177] und daher sowohl in den Fällen der ursprünglichen Firmenbildung als auch in den Fällen der Firmenfortführung deshalb in die Firma der AG aufzunehmen.

85 Bei der Firmenbildung von AG sind ferner die allgemeinen, für alle Kaufleute geltenden Vorschriften des Firmenrechts in § 18 HGB zu beachten. Danach muss die Firma zur Kennzeichnung des Kaufmanns geeignet sein und Unterscheidungskraft besitzen (§ 18 Abs. 1 HGB). Sie darf keine Angaben enthalten, die geeignet sind, über geschäftliche Verhältnisse, die für die angesprochenen Verkehrskreise wesentlich sind, irrezuführen (§ 18 Abs. 2 S. 1 HGB). Im Verfahren vor dem Registergericht wird die Eignung zur Irreführung allerdings nur berücksichtigt, wenn sie ersichtlich ist (§ 18 Abs. 2 S. 2 HGB). Bei der Wahl der Firma hat die AG auch das Irreführungsverbot gem. § 3 UWG sowie vorrangige kollidierende Namen und Kennzeichen i.S.d. § 12 BGB und § 15 Markenschutzgesetz zu beachten.

86 Nach § 5 AktG ist **Sitz** der Gesellschaft der Ort im Inland, den die Satzung bestimmt. Dadurch soll es deutschen Gesellschaften ermöglicht werden, einen Verwaltungssitz zu wählen, der nicht notwendig mit dem Satzungssitz übereinstimmt. Diese Regelung erlaubt es AG, einen Verwaltungssitz im Ausland zu nehmen. Danach wird es etwa einer deutschen Konzernmutter möglich, ihre ausländischen Tochtergesellschaften einheitlich in deutscher Rechtsform führen und dadurch ggf. den Beratungsaufwand zu reduzieren[178].

87 Die Satzung muss ferner den **Gegenstand** des Unternehmens (§ 23 Abs. 3 Nr. 2 AktG) umschreiben. Hierunter ist die von der AG beabsichtigte Tätigkeit zu verstehen, die entfaltet werden soll, um den Unternehmenszweck zu erreichen[179]. Bei Handels- und Industrieunternehmen ist die Art der Erzeugnisse und Waren, die hergestellt oder gehandelt werden sollen, näher anzugeben (§ 23 Abs. 3 Nr. 2 AktG). Einer AG stehen alle Tätigkeiten offen, soweit diese nicht gegen das Gesetz oder die guten Sitten verstoßen.

---

174 Geändert mit dem Gesetz zur Neuregelung des Kaufmanns- und Firmenrechts und zur Änderung anderer handels- und gesellschaftsrechtlicher Vorschriften (Handelsrechtsreformgesetz – HRefG) v. 22.06.1998, BGBl. I, S. 1474.

175 Ob neben der Abkürzung „AG" weitere allgemein verständliche Abkürzungen der Bezeichnung „Aktiengesellschaft" bestehen, hat der Gesetzgeber offen gelassen. Die Verwendung anderer Abkürzungen ist jedenfalls gegenwärtig nicht verkehrsüblich, weshalb bis auf weiteres nur die Abkürzung „AG" den Anforderungen des § 4 AktG gerecht wird (vgl. *Heider*, in: MünchKomm. AktG$^4$, § 4 Rn. 19).

176 Vgl. *Heider*, in: MünchKomm. AktG$^4$, § 4 Rn. 18.

177 Vgl. *Heider*, in: MünchKomm. AktG$^4$, § 4 Rn. 10.

178 Vgl. *Möller*, Der Konzern 2008, S. 1 (2).

179 Vgl. *Arnold*, in: Kölner Komm. AktG$^3$, § 23 Rn. 74.

Der Unternehmensgegenstand muss in der Satzung so weitgehend **individualisiert** sein, dass der Schwerpunkt der Geschäftstätigkeit für die beteiligten Wirtschaftskreise erkennbar wird[180]. Ein Unternehmensgegenstand, dessen Verwirklichung nicht bei der Gründung bereits konkret beabsichtigt ist, darf nicht in der Satzung erscheinen[181].

Die in der Satzung zwingend anzugebende **Höhe des Grundkapitals** (§ 23 Abs. 3 Nr. 3 AktG) muss mindestens 50.000 € betragen (§§ 6, 7 AktG), auch nach einer Kapitalherabsetzung (§ 228 Abs. 1 AktG). Es genügt nicht, dass sich das Grundkapital aus anderen Angaben in der Satzung errechnen lässt. Unzulässig ist die Angabe eines Mindest- oder Höchstbetrags[182]. Der Gesamtwert der Aktien darf bei Ausgabe niemals den in § 7 AktG angeführten Mindestnennbetrag unterschreiten. Spezielle gesetzliche Regelungen sehen ein höheres Mindestkapital für solche Gesellschaften vor, die bestimmte Unternehmensgegenstände verfolgen, z.B. Unternehmensbeteiligungsgesellschaften, KI, FDLI, KAG, VU und Bausparkassen[183]. **88**

In die Satzung kann auch schon bei der Gründung ein **genehmigtes Kapital** aufgenommen werden (§§ 202 ff. AktG). Ein bei der Gründung festgelegtes genehmigtes Kapital oder ein von den Gründern über den geringsten Ausgabebetrag hinaus zu zahlender Betrag (§ 9 Abs. 2 AktG) wird auf die Höhe des Grundkapitals nicht angerechnet[184]. Das Grundkapital muss der Summe aller geringsten Ausgabebeträge entsprechen. **89**

Die Satzung muss ferner Angaben zur **Zerlegung des Grundkapitals**, d.h. zur Aktienform sowie zur Einteilung des Grundkapitals aufweisen (§ 23 Abs. 3 Nr. 4 AktG). Aus diesen Angaben muss der Prüfer das in der Satzung anzugebende Grundkapital errechnen können. Aktien können nach entweder als **Nennbetragsaktien** oder als **Stückaktien** begründet werden (§ 8 Abs. 1 AktG)[185]. Bei ein und derselben Gesellschaft ist ein Nebeneinander beider Aktienformen aus Gründen der Klarheit und Praktikabilität unzulässig. Die Beteiligungsquote bestimmt sich bei Nennbetragsaktien nach dem Verhältnis ihres Nennbetrags zum Grundkapital, bei Stückaktien nach der Zahl der Aktien (§ 8 Abs. 4 AktG). Die Begriffsbestimmung trifft sowohl auf die einzelne Aktie wie auch auf den gesamten Anteilsbesitz einer Person zu. Die Satzung muss bei Nennbetragsaktien deren Nennbetrag und die Zahl der Aktien jedes Nennbetrags, bei Stückaktien deren Zahl enthalten (§ 8 Abs. 4 AktG). **90**

Der **Ausgabebetrag der Aktien** (§ 9 AktG) braucht nicht in der Satzung bestimmt zu werden. Dem Nennbetrag bei der Nennbetragsaktie entspricht bei der Stückaktie der auf sie entfallende anteiligen Betrag des Grundkapitals, der als **„geringster Ausgabebetrag"** definiert wird (§ 9 Abs. 1 AktG). Für einen geringeren Betrag dürfen Aktien nicht ausgegeben werden. Dieses Verbot wird für Sacheinlagen in § 36a Abs. 2 S. 3 AktG bekräftigt. Danach muss der Wert der Sacheinlagen dem geringsten Ausgabebetrag und bei Ausgabe der Aktien für einen höheren als diesen auch dem Mehrbetrag entsprechen **91**

180 Vgl. BGH v. 03.11.1980, BB 1981, S. 450.
181 Vgl. *Arnold*, in: Kölner Komm. AktG[3], § 23 Rn. 83.
182 Vgl. *Pentz*, in: MünchKomm. AktG[4], § 23 Anm. 115.
183 Vgl. hierzu Kölner Komm. AktG[3], § 7 Rn. 6.
184 Vgl. Kölner Komm. AktG[3], § 23 Rn. 113.
185 Zur Einführung der Stückaktien vgl. *Ekkenga*, WM 1997, S. 1645; *Funke*, AG 1997, S. 385; *Geiger*, VW 1997, S. 1768; *Heider*, AG 1998, S. 1; *Kopp*, BB 1998, S. 701; Stückaktiengesetz v. 25.03.1998, BGBl. I, S. 590; *Schröer*, ZIP 1998, S. 529; *Seibert*, ZGR 1998, S. 1.

(Tz. 201, 213 zur Differenzhaftung)[186].Für einen höheren Betrag ist die Ausgabe hingegen zulässig (§ 9 Abs. 2 AktG). Der geringste Ausgabebetrag bzw. ein höherer Ausgabebetrag begrenzt die Einlagepflicht der Aktionäre (§ 54 Abs. 1 AktG). Er ist vielmehr bei der Übernahme der Aktien in der **notariellen Urkunde** über die Feststellung der Satzung anzugeben (§ 23 Abs. 2 Nr. 2 AktG)[187].

**92** **Nennbetragsaktien** müssen auf mindestens einen Euro lauten. Der Mindestnennbetrag von einem Euro ist auch bei Kapitalerhöhungen einzuhalten[188]. Aktien über einen geringeren Nennbetrag sind nichtig (§ 8 Abs. 2 AktG). Höhere Aktiennennbeträge müssen auf volle Euro lauten.

**93** **Stückaktien** lauten auf keinen Nennbetrag (§ 8 Abs. 3 S. 1 AktG). Sie müssen auch nicht auf eine Quote lauten. Jede Stückaktie ist vielmehr nur „1 Aktie“ oder „1 Stück“. Die Stückaktien einer Gesellschaft sind am Grundkapital in gleichem Umfang beteiligt (§ 8 Abs. 3 S. 2 AktG), d.h. sie haben den gleichen Wert, denn sie verkörpern jeweils den gleichen Bruchteil des Grundkapitals. Der auf die einzelne Stückaktie entfallende anteilige Betrag des Grundkapitals muss mindestens einen Euro betragen (§ 8 Abs. 3 S. 3 AktG). Ob dieser Betrag unterschritten ist, wird ermittelt, indem man den Betrag des Grundkapitals durch die Zahl der Stückaktien teilt. Stückaktien über einen geringeren Betrag als einen Euro sind nichtig (§ 8 Abs. 3 S. 3 i.V.m. § 8 Abs. 2 S. 2 AktG).

**94** Nach § 11 S. 1 AktG können die **Aktien**[189] auf satzungsrechtlicher Grundlage unterschiedliche Rechte gewähren[190], namentlich bei der Verteilung des Gewinns oder des Gesellschaftsvermögens. Aktien mit gleichen Rechten (oder Pflichten[191]) bilden eine **Gattung** (§ 11 S. 2 AktG). Üblicherweise unterscheidet man in dieser Hinsicht **Stammaktien** und **Vorzugsaktien**. Die Aktiengattung hat Bedeutung für die Ausübung von Mitgliedschaftsrechten. Vorzugsaktien können als Aktien ohne Stimmrecht ausgegeben werden (§ 12 Abs. 1 S. 2 AktG). Außerdem sieht das Gesetz in §§ 179 Abs. 3, 182 Abs. 2 und 222 Abs. 2 AktG Sonderbeschlüsse der Aktionäre der einzelnen Aktiengattungen vor. Die Gattung der Aktien sowie die Anzahl der Aktien je Gattung sind in der **Satzung** anzugeben (§ 23 Abs. 3 Nr. 4 AktG). Unterschiedliche Rechte können in Bezug auf die Verteilung des Gewinns und Gesellschaftsvermögens (§ 11 AktG) oder der Stimmrechtsausübung geschaffen werden (§ 12 Abs. 1 AktG). Nach § 139 Abs. 2 AktG ist die Zahl der Vorzugsaktien ohne Stimmrecht auf die Hälfte des Grundkapitals begrenzt. Mehrstimmrechtsaktien sind unzulässig (§ 12 Abs. 2 AktG).

**95** Aktien können auf den **Inhaber** oder auf **Namen** lauten (§ 10 Abs. 1 AktG). Zulässig ist auch die Bestimmung der Aktienart dahingehend, dass ein Teil der Aktien auf den Inhaber, der andere Teil auf Namen lauten soll[192]. Hierin liegt noch keine Schaffung verschiedener Aktiengattungen i.S.d. § 11 AktG. In der **Satzung** muss angegeben werden,

186 Vgl. BGH v. 06.12.2012, II ZR 149/10, AG, S. 87. Zum Leistungszeitpunkt von Sacheinlagen nach § 36a Abs. 2 AktG vgl. *Krebs/Wagner*, AG 1998, S. 467.

187 Vgl. *Pentz*, in: MünchKomm. AktG[4], § 23 Rn. 60

188 Vgl. *Fett/Spiering*, NZG 2002, S. 358 (362); *Koch*, in: *Hüffer*, AktG[12], § 8 Rn. 5.

189 Zum Inhalt der Aktienurkunde vgl. MünchHdb. AG[3], § 12 Rn. 8 ff.

190 Hinsichtlich des Verhältnisses zum Gleichbehandlungsgebot vgl. *Koch*, in: *Hüffer*, AktG[12], § 11 Rn. 2.

191 Allg. Meinung, vgl. *Koch*, in: *Hüffer*, AktG[12], § 11 Rn. 7.

192 Vgl. *Pentz*, in: MünchKomm. AktG[4], § 23 Rn. 136.

ob die Aktien Inhaber- oder Namensaktien sind (§ 23 Abs. 3 Nr. 5 AktG), nicht aber die Zahl der Aktien nach Aktienarten[193].

Bei **Namensaktien** sind gem. § 67 Abs. 1 AktG Angaben zur Person des Inhabers (Namen, Geburtsdatum, Adresse) sowie zum Aktienbesitz (Aktiennummer, Stückzahl bzw. Nennwert) in das Aktienregister der Gesellschaft einzutragen. Wird der Inhaber von Namensaktien nicht in das Aktienregister eingetragen, so ist das depotführende Institut auf Verlangen der Gesellschaft verpflichtet, sich an dessen Stelle gesondert in das Aktienregister eintragen zu lassen (§ 67 Abs. 4 S. 5 AktG). Wird ein Institut im Rahmen eines Übertragungsvorgangs von Namensaktien allerdings nur vorübergehend gesondert in das Aktienregister eingetragen, so löst diese Eintragung keine Pflichten infolge des § 67 Abs. 2 AktG und nach § 128 AktG aus (§ 67 Abs. 4 S. 7 AktG) und führt nicht zur Anwendung von satzungsmäßigen Beschränkungen nach § 67 Abs. 1 Satz 3 AktG. 96

Sollen **Aktienurkunden** vor der vollen Leistung des Ausgabebetrags ausgegeben werden, so muss es sich um **Namensaktien** handeln (§ 10 Abs. 2 AktG). Die Satzung kann die Übertragbarkeit von Namensaktien an die Zustimmung der Gesellschaft binden (vinkulierte Namensaktien).Sollen den Aktionären **statutarische Nebenleistungspflichten** auferlegt werden (§ 55 Abs. 1 AktG) oder soll den Inhabern bestimmter Aktien ein Entsendungsrecht in den AR eingeräumt werden (§ 101 Abs. 2 S. 2 AktG), so setzt dies voraus, dass die betroffenen Aktien **vinkulierte Namensaktien** sind[194]. In der **Satzung** kann der Anspruch des Aktionärs auf **Verbriefung** seines Anteils ausgeschlossen oder eingeschränkt werden (§ 10 Abs. 5 AktG)[195]. Diese Regelung soll den Gesellschaften eine Kostenersparnis ermöglichen[196]. 97

Nach h.M. ist die Verbriefung in einer **Globalurkunde als Minimum** unverzichtbar, etwa weil die Verbriefung in einer Globalurkunde Voraussetzung für die Girosammelverwahrung der Aktien ist[197]. Der Verbriefungsanspruch kann unter Beachtung des Gleichbehandlungsgebots auch in solcher Weise eingeschränkt werden, dass das Recht auf Verbriefung von der Kostenübernahme durch den Aktionär abhängig gemacht wird oder dass lediglich Aktien mit geringen Nennbeträgen, insb. 1-€-Aktien, von der Verbriefung ausgeschlossen werden[198].

Die Satzung kann bestimmen, dass auf Verlangen eines Aktionärs seine Inhaberaktie in eine Namensaktie oder seine Namensaktie in eine Inhaberaktie umzuwandeln ist (§ 24 AktG). Ohne eine entsprechende Satzungsklausel besteht indessen kein Anspruch auf Umwandlung[199].Trotz der systematischen Einordnung dieser Vorschrift bei den Gründungsvorschriften muss das Umwandlungsrecht allerdings nicht bereits in der ursprünglichen Satzung enthalten sein, sondern es kann auch nachträglich im Wege der Satzungsänderung in die Satzung aufgenommen werden[200]. Aus der fakultativen Natur

193 Vgl. Kölner Komm. AktG$^3$, § 23 Rn. 118.

194 Bei WPG (§ 28 Abs. 5 WPO) und StBG (§ 50 Abs. 5 StBerG) ist eine Vinkulierung zwingend vorgeschrieben.

195 Ausführlich hierzu vgl. *Schwennicke*, AG 2001, S. 118.

196 Vgl. *Planck*, GmbHR 1994, S. 501.

197 Vgl. *Hüffer*, AktG$^{10}$, § 10 Rn. 10 f.; Kölner Komm. AktG$^3$, § 10 Rn. 12.

198 Vgl. *Heider*, in: MünchKomm. AktG$^4$, § 10 Rn. 60.

199 Vgl. *Pentz*, in: MünchKomm. AktG$^4$, § 24 Rn. 2.

200 Vgl. *Pentz*, in: MünchKomm. AktG$^4$, § 24 Rn. 3.

des **Umwandlungsanspruchs** folgt, dass dieser auf eine Aktiengattung beschränkt werden kann. Zulässig ist ferner, den Anspruch an weitere Voraussetzungen, z.B. die Zustimmung des Vorstands, zu knüpfen[201]. Das Umwandlungsverlangen muss an den Vorstand als Organ gerichtet werden. Schriftform ist nicht erforderlich, kann jedoch in der Satzung vorgesehen werden[202].

> **!** **Hinweis 3:**
>
> Die Satzung kann auch bestimmen, wer die **Kosten** für die Umwandlung der Aktien trägt. Es empfiehlt sich sogar, dies in der Satzung zu regeln, da ansonsten die Frage der Kostentragung strittig ist.

**98** Nach § 23 Abs. 3 Nr. 6 AktG muss die Satzung die **Zahl der Mitglieder des Vorstands** oder die Regeln, nach denen diese Zahl festgelegt wird, umfassen. Der Vorstand kann aus einem alleinigen Vorstand oder aus mehreren Personen bestehen (§ 76 Abs. 2 S. 1 AktG). In der Satzung kann die Zahl der Mitglieder des Vorstands exakt festgelegt werden, es kann aber auch eine Mindest- oder Höchstzahl bestimmt werden, wobei aber dann die Regeln, die die genaue Zahl festlegen, ausdrücklich in der Satzung genannt sein müssen. Dabei kann die Bestimmung der Zahl der HV oder dem AR überlassen werden[203]. Stellvertretende Vorstandsmitglieder (§ 94 AktG) sind einzubeziehen[204].

**99** Hat die Gesellschaft weniger Vorstandsmitglieder als in der Satzung vorgesehen (Unterbesetzung), ist der Vorstand als Kollegialorgan nach h.M. handlungsunfähig[205]. Fallen die Vorstandsmitglieder nach Eintragung der Gesellschaft weg, wirkt sich dies zwar nicht auf den Bestand der AG aus. Der AR ist jedoch verpflichtet, unverzüglich fehlende Mitglieder zu bestellen oder weggefallene zu ersetzen. Bestellt der AR mehr Vorstandsmitglieder als die Satzung zulässt (Überbesetzung), so ist der Beschluss über die Bestellung der überzähligen Vorstandsmitglieder nicht wegen Verstoßes gegen die Satzung nichtig[206].

**100** Die Satzung muss ferner Bestimmungen über die **Form der Bekanntmachungen** der Gesellschaft enthalten (§ 23 Abs. 4 AktG). Bestimmt das Gesetz oder die Satzung, dass eine Bekanntmachung der Gesellschaft durch die Gesellschaftsblätter erfolgen soll, so ist sie in den BAnz einzurücken (§ 25 AktG). Diese Vorschrift ergänzt damit Gesetz und Satzung, soweit sie Bekanntmachungen der AG in den Gesellschaftsblättern vorschreiben. Derartige Vorschriften sind teils zwingend (z.B. §§ 20 Abs. 6, 64 Abs. 2 oder 97 Abs. 1 AktG), teils steht die Bekanntmachung unter dem Vorbehalt einer anderslautenden Satzungsbestimmung (z.B. § 63 Abs. 1 AktG)[207].

**101** Jeder einem einzelnen Aktionär oder einem Dritten eingeräumte **besondere Vorteil** muss in der Satzung unter Bezeichnung des Berechtigten festgesetzt werden (§ 26 Abs. 1 AktG). Hierzu ist die Zustimmung der Gründer erforderlich. Durch die Festsetzung in

---

201 Vgl. *Hüffer*, AktG[10], § 24 Rn. 2.
202 Vgl. *Pentz*, in: MünchKomm. AktG[4], § 24 Rn. 7.
203 Vgl. *Mertens*, in: Kölner Komm. AktG[3], § 23 Rn. 124; *Pentz*, in: MünchKomm. AktG[4], § 23 Rn. 144.
204 Vgl. *Koch*, in: Hüffer, AktG[12], § 23 Rn. 31.
205 Vgl. MünchHdb. AG[3], § 19 Rn. 37.
206 Vgl. MünchHdb. AG[3], § 19 Rn. 38; der AR ist i.d.R. gehalten, die vorschriftswidrige Besetzung durch eine Abberufung des überzähligen Vorstandsmitglieds zu beseitigen (so ausdrücklich *Spindler/Stilz/Fleischer*, AktG[3], § 76 Rn. 114).
207 Vgl. Kölner Komm. AktG[3], § 25 Rn. 3.

der Satzung sollen Gläubiger und Aktionäre auf drohende Risiken hingewiesen werden, die sich für sie mittelbar aufgrund der eingeräumten Rechte ergeben können.

Erforderlich ist eine genaue und unmissverständliche Bezeichnung des Vorteils und der Person, der er gewährt werden soll. Unzulässig ist eine Satzungsbestimmung, durch die der Vorstand oder andere Personen zur Gewährung des Sondervorteils ermächtigt werden.

Von der Festsetzung in der Satzung zu unterscheiden ist der **Vertrag**, der zwischen der Gesellschaft und dem Berechtigten über den Sondervorteil abgeschlossen wird. Dieser unterliegt grds. keiner Form. In § 37 Abs. 4 Nr. 2 AktG wird indessen angeordnet, dass diese Verträge, sollten sie schriftlich vorliegen, der Anmeldung beigefügt werden müssen[208].

Im Gründungsbericht ist nach § 32 Abs. 3 AktG u.a. anzugeben, ob und in welcher Weise ein Mitglied des Vorstands oder des AR sich einen besonderen Vorteil ausbedungen hat. In solchen Fällen hat nach § 33 Abs. 2 Nr. 3 AktG ferner eine Prüfung durch einen oder mehrere Gründungsprüfer stattzufinden.

Mit dem Begriff „**Sondervorteil**" sind alle in sachlichem Zusammenhang mit der 102
Gründung stehenden und ohne Bezug auf eine bestimmte, gleichwertige Gegenleistung einem oder mehreren Aktionären oder Dritten persönlich eingeräumten **Gläubigerrechte** ggü. der Gesellschaft gemeint (z.B. Lieferrechte, Provisionen, Belieferungs-, Vorkaufs- oder Nutzungsrechte, Abnahmeverpflichtungen, Verpflichtung zum Abschluss gegenseitiger Verträge)[209]. Sondervorteile sind nur solche Vorteile, die zumindest auch durch die Gesellschaft zu erbringen sind. Ausschließlich durch andere Personen zu erbringende Vorteile müssen mithin nicht in der Satzung festgesetzt werden[210].

Im Gegensatz zu mitgliedschaftlichen Rechten (z.B. Vorzugsaktien oder Entsendungsrechte) bestehen sie unabhängig von der Mitgliedschaft und sind demgemäß vorbehaltlich ihrer inhaltlichen Ausgestaltung unabhängig von der Aktie übertragbar.

Unklar ist, ob auch Mitgliedschaftsrechte (Entsendungsrechte, Auskunftsrechte, Recht auf Büchereinsicht) als Sondervorteile eingeräumt werden können. Dies soll möglich sein, soweit das Mitgliedschaftsrecht an die Aktionärsstellung gekoppelt ist und erlischt, wenn es nicht an den Rechtsnachfolger übertragen wird[211].

Als Sondervorteile dürfen **nicht** gewährt werden[212]

- feste Zahlungen ohne Rücksicht auf den Jahresgewinn, da es sich dabei um eine verbotene Einlagenrückgewähr handeln könnte (§ 57 Abs. 1 AktG), auch keine festen Zinsen (§ 57 Abs. 2 AktG),
- Freiaktien,
- Zusicherung des Rechts auf Bezugsrechte (§ 187 Abs. 2 AktG),
- das Recht auf Bezug von Aktien unter dem Nennbetrag sowie
- das Recht auf einen Vorstandsposten oder den Posten eines leitenden Angestellten.

208 Vgl. *Pentz*, in: MünchKomm. AktG[4], § 26 Rn. 18.
209 Vgl. *Koch*, in: *Hüffer*, AktG[12], § 26 Rn. 2.
210 Vgl. Kölner Komm. AktG[3], § 26 Rn. 6.
211 Vgl. Kölner Komm. AktG[3], § 26 Rn. 11; a.A. *Koch*, in: *Hüffer*, AktG[12], § 26 Rn. 2.
212 Vgl. Kölner Komm. AktG[3], § 26 Rn. 11; *Pentz*, in: MünchKomm. AktG[4], § 26 Rn. 13.

103 Nach § 26 Abs. 2 AktG ist darüber hinaus der **Gesamtbetrag** des von der Gesellschaft zu tragenden **Gründungsaufwands** in der Satzung festzusetzen[213]. Gründungsaufwand sind alle Leistungen, die die Gesellschaft als Ersatz für Aufwendungen oder als Gegenleistung für eine Tätigkeit bei der Gründung bzw. deren Vorbereitung erbringen soll. Der Gründungsaufwand ist also sowohl Aufwandsersatz als auch Gegenleistung für eine Tätigkeit. Das AktG nennt „Entschädigungen" und „Belohnungen". Hinsichtlich des Gründungsaufwands ist mithin zwischen der **Gründungsentschädigung** und dem **Gründerlohn** zu unterscheiden. In der Satzung anzugeben ist lediglich der **Gesamtbetrag** des Gründungsaufwands (Gründungsentschädigung und Gründerlohn)[214], die Art und Höhe der Vergütungen im Einzelnen und deren Empfänger brauchen hingegen nicht aufgeführt zu werden[215].

> **!** **Hinweis 4:**
> Gründungsaufwand, der nicht aus dem Gesellschaftsvermögen geleistet werden soll, muss in der Satzung ebenfalls keine Berücksichtigung finden.

104 **Gründungsentschädigungen** sind Ersatz von Aufwendungen für Kosten der Gründung und der Einlagenleistung, die bei der Gründung im Interesse der Gesellschaft gemacht werden oder entstanden sind. Zu den **Entschädigungen** gehören z.B.[216]

- Kosten für die Tätigkeit des Notars,
- Gerichtskosten[217],
- Aufwendungen für die Gründungsprüfer,
- Kosten für die HR-Anmeldung und -Eintragung[218],
- Kosten für die erforderlichen Bekanntmachungen,
- Beratungskosten für RA, StB und WP[219],
- Gutachterkosten für die Bewertung von Sacheinlagen[220],
- Druckkosten für die Aktien,
- evtl. Steuern anlässlich der Gründung.

105 Daneben gehört auch ein **Gründerlohn** für Aktionäre oder Dritte zum Gründungsaufwand. Der Sache nach handelt es sich um eine Tätigkeitsvergütung. Diese wird im Hinblick auf die von diesen Personen aufgewendete Zeit und Mühe für die Gründung sowie zum Ausgleich für das mit der Gründung übernommene Risiko gewährt. Allerdings stellt die **Vergütung des ersten Vorstands vor der Eintragung der Gesellschaft** keinen Gründungsaufwand dar[221]. Der Gründerlohn kann in Geld oder geldwerten Leistungen

---

213 Zur Festsetzung bei der GmbH vgl. OLG Düsseldorf v. 21.06.1990, GmbHR 1991, S. 20; BGH v. 20.02.1989, DB, S. 871; *Schmidt-Troschke*, GmbHR 1986, S. 253; *Emmerich*, GmbHR 1985, S. 324.

214 Vgl. hierzu auch OLG Düsseldorf v. 21.06.1990, GmbHR 1991, S. 20.

215 Vgl. *Pentz*, in: MünchKomm. AktG[4], § 26 Rn. 34.

216 Vgl. Kölner Komm. AktG[3], § 26 Rn. 20; *Pentz*, in: MünchKomm. AktG[4], § 26 Rn. 30; *Koch*, in: *Hüffer*, AktG[12], § 26 Rn. 5; *Joswig*, S. 61.

217 Zu den Gründungskosten, die eine GmbH kraft Gesetzes nach ihrer Eintragung treffen, vgl. BayObLG v. 29.09.1988, AG 1989, S. 132 ff.

218 Vgl. *Joswig*, S. 61.

219 Vgl. *Joswig*, S. 61.

220 Vgl. *Joswig*, S. 61.

221 Vgl. BGH NJW 2004, S. 2519 (2520); *Koch*, in: Hüffer, AktG[12], § 26 Rn. 5; Kölner Komm. AktG[3], § 26 Rn. 20.

festgelegt werden, wobei sowohl eine einmalige als auch eine fortlaufende Leistung in Betracht kommt[222]. Lässt sich der Betrag nicht genau ermitteln, so ist er zu schätzen[223]. Belohnungen für eine Tätigkeit bei der Gründung oder ihrer Vorbereitung dürfen nicht unangemessen hoch sein[224].

Ohne diese Festsetzungen in der Satzung sind die Verträge und die Rechtshandlungen zu ihrer Ausführung der Gesellschaft ggü. unwirksam (§ 26 Abs. 3 S. 1 AktG). Nach der Eintragung der Gesellschaft in das HR kann die Unwirksamkeit nicht durch Satzungsänderung geheilt werden (§ 26 Abs. 3 S. 2 AktG). Daher fällt dem Gründungsprüfer hier eine nicht unbedeutende Beratungsaufgabe in den Grenzen des Unabhängigkeitsgebots zu.

Wird der Gründungsaufwand einem Mitglied des Vorstands oder AR gewährt, muss dies gem. § 32 Abs. 3 AktG in dem von den Gründern zu erstattenden Gründungsbericht angegeben werden. Nach § 33 Abs. 2 Nr. 3 AktG muss in diesem Falle auch eine besondere Gründungsprüfung durch einen externen Gründungsprüfer stattfinden.

§ 27 AktG unterscheidet zwei Formen der **Sachgründung**: Die Sachgründung durch Sacheinlagen sowie die Sachgründung durch Sachübernahmen (vgl. Abb. 1 und Tz. 29 ff.). Bei einer Sachgründung müssen **106**

- der Gegenstand der Sacheinlage oder Sachübernahme,
- die Person, von der die Gesellschaft den Gegenstand erwirbt,
- der Nennbetrag bzw. bei Stückaktien die Zahl der bei der Sacheinlage zu gewährenden Aktien oder
- die bei der Sachübernahme zu gewährende Vergütung

in der Satzung angegeben werden (§ 27 Abs. 1 S. 1 AktG)[225]. Die Angaben müssen derart bestimmt sein, dass der Registerrichter, aber auch sonstige Interessenten sich unmittelbar aus der Satzung selbst einen zutreffenden Eindruck von den Kapitalverhältnissen der Gesellschaft verschaffen können[226]. Wirken sich Nebenabsprachen auf die Wertverhältnisse der einzubringenden Sachen aus oder dienen sie der Bestimmung des einzubringenden Gegenstands, so müssen daher auch sie in der Satzung enthalten sein[227]. Das Fehlen der nach § 27 Abs. 1 AktG erforderlichen Angaben führt zu einem Errichtungsmangel. Die Gesellschaft darf nach § 38 Abs. 1 AktG nicht eingetragen werden[228].

Der **Gegenstand** der Sacheinlage oder Sachübernahme muss in der Satzung so genau bezeichnet sein, dass Zweifel über seine Identität ausgeschlossen und seine einzelnen Merkmale zumindest bestimmbar und Belastungen erkennbar sind. Werden mehrere gleichartige Gegenstände eingebracht, muss deren Anzahl bestimmt oder zumindest bestimmbar sein. Handelt es sich um eine **Sachgesamtheit** (Betrieb, Teilbetrieb), müssen die einzelnen Vermögensgegenstände in der Satzung nicht einzeln aufgelistet werden; es genügt eine schlagwortartige, verkehrsübliche und objektiv individualisierende Bezeichnung (z.B. Einbringung des Betriebes der X-GmbH mit allen Aktiven und Pas- **107**

222 Vgl. Kölner Komm. AktG³, § 26 Rn. 22.
223 Vgl. BayObLG v. 29.09.1988, AG 1989, S. 132 ff.; *Pentz*, in: MünchKomm. AktG⁴, § 26 Rn. 34.
224 Vgl. Kölner Komm. AktG³, § 26 Rn. 22; *Godin-Wilhelmi*, AktG⁴, § 26 Anm. 3.
225 Vgl. *Angermayer*, S. 90 ff.
226 Vgl. *Pentz*, in: MünchKomm. AktG⁴, § 27 Rn. 69.
227 Vgl. *Pentz*, in: MünchKomm. AktG⁴, § 27 Rn. 69.
228 Vgl. Kölner Komm. AktG³, § 27 Rn. 41, zur Heilung unwirksamer Festsetzungen.

siven)[229]. Sollen einzelne, zur Sachgesamtheit gehörende Gegenstände ausgeschlossen werden, so müssen diese in der Satzung ausdrücklich genannt werden[230].

**108** Durch die Angaben zur **Person, von der die Gesellschaft den Gegenstand erwirbt,** muss diese exakt identifizierbar sein, d.h. es müssen Name, Vorname bzw. Firma und Anschrift bzw. Sitz angegeben werden[231]. Beim Erwerb durch mehrere Personen sind alle Personen zu nennen.

**109** Auch für die Angabe der jeweiligen **Gegenleistung** der Gesellschaft gilt das Bestimmtheitserfordernis, d.h. es muss klar erkennbar sein, wie hoch bei Nennbetragsaktien der Nennbetrag bzw. bei Stückaktien die Zahl (und der rechnerische Wert) der zu gewährenden Aktien sein soll[232]. Der **Wert** der Sacheinlage oder der Sachübernahme muss in der Satzung hingegen nicht angegeben werden[233].

**110** Bei **gemischten Sacheinlagen** muss sich aus der Satzung ergeben, dass der Inferent nicht nur Aktien, sondern auch eine besondere Gegenleistung von der Gesellschaft erhält. Die Gegenleistung muss sich aus der Satzung ergeben. Soweit diese Gegenleistung noch nicht feststeht, wie dies bspw. bei der Einbringung von Unternehmen als Sacheinlage häufig der Fall ist, muss sich die Berechnung aus der Satzung ergeben (Tz. 30 f.)

**111** Die Gründer haben den **ersten AR** zu bestellen[234]. Die Bestellung muss notariell beurkundet werden (§ 30 Abs. 1 AktG). Der Beschluss muss nach h.M. nicht unter Mitwirkung aller Gründer gefasst werden[235]. Nötig ist nach h.M. die einfache Mehrheit der abgegebenen Stimmen, sofern die Satzung für die Wahl von AR-Mitgliedern nicht andere Bestimmungen enthält. Die Mehrheit berechnet sich nach den Aktiennennbeträgen der anwesenden Gründer[236]. Bei der Bestellung des AR kann sich jeder Gründer vertreten lassen. Die Vollmacht bedarf der Schriftform (§ 134 AktG). Soweit die Satzung ein Entsendungsrecht vorsieht, gilt es auch für die Bestellung des ersten AR. Die Amtsdauer des ersten AR bestimmt sich nach § 30 Abs. 3 AktG (Zeit bis zur Beendigung der HV, die über die Entlastung für das erste Voll- oder Rumpfgeschäftsjahr beschließt).

**112** Für die **Zusammensetzung des ersten AR** gelten grds. die allgemeinen Vorschriften, insb. die §§ 95, 100, 105 AktG sowie zulässige Regelungen in der Satzung. § 30 Abs. 2 AktG stellt indessen klar, dass die Vorschriften über die Bestellung von Arbeitnehmervertretern hierbei keine Anwendung finden. Es ist darauf zu achten, dass die Gründer die gesetzlich oder satzungsmäßig vorgeschriebene Zahl (§ 95 AktG) von AR-Mitgliedern bestellt haben.

**113** Auch bei der **Sachgründung** gilt für die Bestellung des ersten AR im Grundsatz die Regelung des § 30 Abs. 2 AktG. § 31 AktG bestimmt jedoch für den Fall der **Einbringung eines Unternehmens oder Unternehmensteils** ein besonderes Verfahren[237].

229 Vgl. MünchHdB. AG[3], § 4 Rn. 4; *Priester*, BB 1980, S. 19.

230 Vgl. *Priester*, BB 1980, S. 19.

231 Zu weiteren Einzelheiten vgl. *Priester*, BB 1980, S. 19, und zur Unwirksamkeit der Erbringung einer Sacheinlage bei fehlenden Angaben zu den Gründern der AG vgl. *Lawall/Wille/Konopatzki*, AG 2009, S. 529.

232 Vgl. *Angermayer*, S. 91.

233 Vgl. *Pentz*, in: MünchKomm. AktG[4], § 27 Rn. 72.

234 Zum ersten AR einer AG vgl. *Brauksiepe*, BB 1967, S. 484.

235 Vgl. z.B. Großkomm.[4], § 30 Anm. 4; *Hüffer*, AktG[10], § 30 Rn. 2, m.w.N.; a.A. *Selchert*, S. 34.

236 Vgl. *Hüffer*, AktG[10], § 30 Rn. 2.

237 Einzelheiten zu diesem Verfahren vgl. MünchHdb. AG[3], § 4 Rn. 18 ff.; *Finken/Decher*, AG 1989, S. 391/397; *Hüffer*, AktG[10], § 31 Rn. 1 ff.

Die **Gründer** – und nicht die HV – müssen außerdem den **ersten APr.** bestellen (§ 30 Abs. 1 S. 1 AktG), soweit nach § 316 Abs. 1 HGB eine Abschlussprüfung notwendig ist[238]. Die Bestellung bedarf ebenfalls der notariellen Beurkundung. Für den Beschluss ist, sofern die Satzung keine anderen Bestimmungen enthält, die einfache Stimmenmehrheit ausreichend[239]. Unterbleibt die – notwendige – Bestellung eines APr., hindert dies die ordnungsmäßige Errichtung der AG zwar nicht, erfordert aber eine gerichtliche Ersatzbestellung (§ 318 Abs. 4 HGB)[240]. Der Prüfungsauftrag wird hingegen nach den allgemeinen Vorschriften vom AR erteilt (§ 111 Abs. 2 S. 3 AktG). **114**

Die Mitglieder des **ersten Vorstands** werden vom AR bestellt (§ 30 Abs. 4 AktG). Die Bestellung unterliegt keiner bestimmten Form. Die Niederschrift über die Sitzung des (ersten) AR (§ 107 Abs. 2 AktG) ist nur Beweisurkunde. Sie ist der Anmeldung zum HR beizufügen (§ 37 Abs. 4 Nr. 3 AktG), neben einer Liste der AR-Mitglieder, aus welcher Name, Vorname, ausgeübter Beruf und Wohnort ersichtlich ist (§ 37 Abs. 4 Nr. 3a AktG). Das Fehlen eines Vorstands bildet nach § 38 Abs. 1 AktG ein Eintragungshindernis bei Gründung der Gesellschaft, denn die Anmeldung der Gesellschaft zum HR ist u.a. von sämtlichen Vorstandsmitgliedern zu bewirken[241]. **115**

Es sind so viele Vorstandsmitglieder zu bestellen, wie es § 76 Abs. 2 AktG oder die Satzung vorsehen. Die Bestellung darf nur unter Beachtung der §§ 76 ff. AktG und auf höchstens **fünf Jahre** erfolgen (§ 84 Abs. 1 AktG) – gerechnet ab Aufnahme der Amtstätigkeit[242]. Die Prüfungs- und Berichtspflicht des externen Gründungsprüfers umfasst weder die persönliche Eignung der Vorstandsmitglieder noch deren kaufmännische Tätigkeit[243].

Nach § 76 Abs. 3 S. 1 AktG kann Vorstandsmitglied nur eine natürliche und unbeschränkt geschäftsfähige Person sein. Sie darf nach § 76 Abs. 3 S. 2 AktG nicht i.S.d. §§ 1896 ff., 1903 BGB unter Betreuung stehen. Auf die Staatsangehörigkeit, den Wohnsitz oder die Eigenschaft, Aktionär der Gesellschaft zu sein, kommt es nicht an. **116**

Vorstandsmitglied kann nach § 76 Abs. 3 S. 2 AktG u.a. nicht sein, wer wegen einer Insolvenzstraftat nach §§ 283 bis 283d StGB verurteilt worden ist. Der Ausschluss ist zeitlich begrenzt auf fünf Jahre nach Rechtskraft der Verurteilung. Bei der Berechnung dieser Frist wird die Zeit nicht eingerechnet, die der Täter auf behördliche Anordnung in einer Anstalt verwahrt worden ist.

Ausgeschlossen vom Vorstandsamt sind nach § 105 Abs. 1 AktG ferner AR-Mitglieder. Nur unter den besonderen Voraussetzungen des § 105 Abs. 2 AktG kann ein AR-Mitglied für die Dauer von höchstens einem Jahr zum Stellvertreter eines fehlenden oder sonst verhinderten Vorstandsmitglieds bestellt werden.

238 Nach a.A. ist ein APr. auch dann zu bestellen, wenn die Gründer annehmen, dass es sich bei der in Gründung befindlichen Gesellschaft voraussichtlich um eine kleine KapGes. i.S.d. § 267 Abs. 1 HGB handeln wird, bei der nach § 316 Abs. 1 HGB eine Abschlussprüfung unterbleiben kann. Schließlich kann die Frage der Prüfungspflicht vor dem ersten Bilanzstichtag noch nicht sicher beantwortet werden; vgl. Kölner Komm. AktG[3], § 30 Rn. 27.

239 Vgl. *Pentz*, in: MünchKomm. AktG[4], § 30 Rn. 44; Kölner Komm. AktG[3], § 30 Rn. 27; Großkomm.[4], § 30 Anm. 25.

240 *Pentz*, in: MünchKomm. AktG[4], § 30 Rn. 49.

241 Vgl. Beck AG-HB[2], § 2 Rn. 36.

242 *Koch*, in: Hüffer, AktG[12], § 31 Rn. 12.

243 Vgl. BGH v. 27.02.1975, BGHZ 64, S. 53 ff. und 59.

117 Die AG entsteht rechtlich erst mit Eintragung (§ 41 Abs. 1 S. 1 AktG). In der Phase zwischen Errichtung und der Eintragung besteht sie jedoch bereits als ein Rechtsgebilde eigener Art, das als **Vorgesellschaft** oder Gründungsgesellschaft bezeichnet wird[244]. Die i.R.d. Gründung bestellten Vorstandsmitglieder sind bereits zur Leitung der **Vorgesellschaft** berechtigt und verpflichtet. Die **Geschäftsführungsbefugnis** des Vorstands ist vor der Eintragung grds. auf die Vornahme der zur Eintragung der AG erforderlichen Handlungen beschränkt, es sei denn, sie wird erweitert, um etwa i.R.d. Einbringung eines anderen Unternehmens als Sacheinlage dieses Unternehmen fortzuführen[245]. Dagegen ist die **Vertretungsmacht** des Vorstands bereits im Gründungsstadium nach h.M. unbeschränkt[246]. Ein Handeln namens der Vorgesellschaft hat die Handelndenhaftung des § 41 Abs. 1 S. 2 AktG zur Folge, die mit Eintragung der AG in das HR erlischt[247].

118 Die Gründer haben nach Bestellung des Vorstands einen **schriftlichen Bericht über den Hergang der Gründung** (Gründungsbericht) zu erstatten (§ 32 Abs. 1 AktG). Im Gründungsbericht sind die wesentlichen Umstände darzulegen, von denen die Angemessenheit der Leistungen für Sacheinlagen oder Sachübernahmen abhängt (§ 32 Abs. 2 S. 1 AktG). Die Gründer (§ 28 AktG) müssen den Bericht schriftlich und persönlich erstattet haben; eine Vertretung ist daher nicht zulässig[248]. Für juristische Personen handelt das vertretungsberechtigte Organ. Bei einem gemeinsamen Bericht müssen alle Gründer eigenhändig unterschreiben; bei Einzelberichten genügt es, wenn jeder Gründer seinen Bericht selbst unterschreibt[249]. Der Gründungsbericht muss über den Hergang der Gründung Auskunft geben (§ 32 Abs. 1 AktG) und alle für die Entstehung der AG wesentlichen Umstände enthalten, ohne Rücksicht darauf, ob sie sich bereits aus der Satzung ergeben, z.B.[250]

- die Personen der Gründer,
- den Tag der Feststellung der Satzung,
- das Grundkapital,
- die Zahl der von jedem Gründer übernommenen Aktien (jeweils unterteilt nach Nennbetrag und Ausgabebetrag),
- die Bareinlagen bzw. Sacheinlagen und Sachübernahmen,
- die Übernahme aller Aktien,
- die Wahl des AR (Tag und Mitglieder),
- die Bestellung des Vorstands (Tag und Mitglieder),
- die Sondervorteile bzw. den Gründerlohn eines Gründers, der nicht Mitglied des Vorstands oder AR ist[251],
- ob ein Organmitglied gleichzeitig Gründer ist,
- ob Sondervorteile oder Gründerlohn versprochen, aber nicht in die Satzung aufgenommen wurden.

119 Ferner muss nach § 32 Abs. 3 AktG angegeben werden,

---

244 Vgl. *Heidinger*, GmbHR 2003, S. 189 (194).
245 Vgl. *Hüffer*, AktG$^{10}$, § 41 Rn. 6; Kölner Komm. AktG$^{3}$, § 41 Rn. 31.
246 Vgl. *Hüffer*, AktG$^{10}$, § 41 Rn. 6; Kölner Komm. AktG$^{3}$, § 41 Rn. 32.
247 Vgl. BAG v. 01.12.2004, AG 2005, S. 203; *Hüffer*, AktG$^{10}$, § 41 Rn. 25.
248 Eine Hinzuziehung von Gehilfen ist jedoch erlaubt, vgl. *Koch*, in: Hüffer, AktG$^{12}$, § 32 Rn. 2.
249 Vgl. *Selchert*, S. 35; Kölner Komm. AktG$^{3}$, § 32 Rn. 4.
250 Vgl. *Klein*, S. 54; Kölner Komm. AktG$^{3}$, § 32 Rn. 7; *Hüffer*, AktG$^{10}$, § 32 Rn. 3.
251 Vgl. *Pentz*, in: MünchKomm. AktG$^{4}$, § 32 Rn. 36.

- ob und in welchem Umfang ein **Strohmann** für Rechnung eines Mitglieds des Vorstands oder AR Aktien übernommen hat. Anzugeben ist der Name des beteiligten Organmitglieds und der Umfang der jeweiligen Aktienübernahme,
- ob und in welcher Weise sich ein Mitglied des Vorstands oder AR einen **Sondervorteil**, einen **Gründerlohn** oder eine **Gründerentschädigung** ausbedungen hat. Anzugeben sind der Name sowie die Ausgestaltung des Sondervorteils, Gründerlohns bzw. der Gründerentschädigung.

Der **Gründungsprüfer** muss sich davon überzeugen, dass die Angaben der Gründer über die Übernahme der Aktien (§ 23 Abs. 2 AktG) **richtig und vollständig** sind. Zu prüfen ist ferner, ob die Angabe der Gründer über die Einlagen – ob Bareinlagen, und in welcher Höhe, oder Sacheinlagen – auf das Grundkapital vollständig und richtig sind (Tz. 132). **120**

Der Gründungsprüfer muss prüfen, ob die Angaben der Gründer über Sondervorteile und **Gründungsaufwand** (§ 26 AktG) vollständig und richtig sind und ob die Satzung die erforderlichen Angaben enthält. **121**

Bis zur Eintragung der Gesellschaft können fehlerhafte Festsetzungen von Gründungsaufwand und Sondervorteilen durch Änderung der Satzung berichtigt werden (§ 26 Abs. 3 AktG). Obwohl es das Gesetz nicht explizit verlangt, ist nach h.M. durch den Gründungsprüfer auch zu prüfen, ob die Sondervorteile und der Gründungsaufwand angemessen sind[252]. Daher fällt dem Gründungsprüfer hier eine nicht unbedeutende Beratungsaufgabe in den Grenzen des Unabhängigkeitsgebots zu.

Handelt es sich um eine **Sachgründung**, so sind die in § 32 Abs. 2 AktG genannten Angaben im Gründungsbericht zu machen. § 32 Abs. 2 S. 1 AktG verlangt die Angabe der „**wesentlichen Umstände**, von denen die **Angemessenheit der Leistungen** der Gesellschaft für die Sacheinlage oder Sachübernahme abhängt". Dazu gehören bspw.[253] **122**

- bei Sacheinlagen die Angabe des Ausgabebetrags der als Gegenleistung gewährten Aktien,
- Angaben über die Beschaffenheit der eingebrachten oder übernommenen Gegenstände,
- Zusagen über die Beschaffenheit dieser Gegenstände,
- die Größe und Lage eines Grundstücks,
- die bebaute Fläche und Bauausführung eines bebauten Grundstücks,
- die Mieterträge eines Gegenstands,
- der technische Stand und die Kapazität einer maschinellen Anlage,
- Vereinbarungen über die Mängelhaftung und den Ausschluss der Gewährleistung.

In § 32 Abs. 2 S. 2 Nr. 1 bis 3 AktG nennt das AktG die Angaben, die für den Fall der Sachgründung stets erforderlich sind:

**a) die den Sacheinlagen oder Sachübernahmen vorausgegangenen Rechtsgeschäfte, die auf den Erwerb durch die Gesellschaft hingezielt haben**

Gemeint sind damit – ohne zeitliche Beschränkung – vor allem **Rechtsgeschäfte**, durch die ein Gründer oder ein Dritter einen Gegenstand von einem Dritten erworben hat **123**

---

252 Vgl. *Richter*, in: FS Wundsam, S. 429 (438).

253 Vgl. *Godin/Wilhelmi*, AktG$^4$, § 32 Anm. 4; Kölner Komm. AktG$^3$, § 32 Rn. 8; *Pentz*, in: MünchKomm. AktG$^4$, § 32 Rn. 16.

(Zwischengeschäfte), um ihn bei der Gründung der Gesellschaft als Sacheinlage oder Sachübernahme zu überlassen. Wenn keine solchen Zwischengeschäfte getätigt wurden, ist dies im Bericht ausdrücklich anzugeben (Fehlmeldung).

Um einen Gründer muss es sich dabei nicht gehandelt haben. Maßgeblich ist allein, dass der Erwerb auf die Übertragung auf die Gesellschaft gezielt hat. Die Vorschrift erfasst daher auch Dritte, soweit die Rechtsgeschäfte i.Z.m: der Sacheinlage oder der Sachübernahme stehen.

**b) die AHK aus den letzten beiden Jahren**

**124** Durch die Angabe der AHK aus den letzten beiden Jahren kann festgestellt werden, welche Differenz zwischen den Aufwendungen des Einlegers bzw. Einbringers und der Gegenleistung der Gesellschaft besteht. Eine Schutzklausel zugunsten der Gesellschaft oder der Gründer besteht nicht[254].

Die **Zweijahresfrist** berechnet sich vom Tag der Satzungsfeststellung zwei Jahre zurück[255]. Liegen die Anschaffung oder die Herstellung länger als zwei Jahre zurück, ist dies ausdrücklich anzugeben. Die AHK müssen in diesem Fall nicht aufgeführt werden; eine Angabe kann sich jedoch aus der Bestimmung des § 32 Abs. 2 S. 2 Nr. 1 AktG ergeben. Das Gesetz geht hier davon aus, dass bei weiter zurückliegenden Vorgängen kein Zusammenhang mit der Gründung mehr besteht.

Probleme können sich dann ergeben, wenn die Gesellschaft den Gegenstand von einem Dritten im Wege der Sachübernahme erwerben soll. Den Dritten trifft weder ggü. der Vorgesellschaft noch ggü. den Gründern eine gesetzliche Pflicht zur Offenlegung seiner AHK. Mithin ist darauf zu achten, dass der Dritte **vertraglich** zur Offenlegung seiner Kosten verpflichtet wird. Ist der Dritte hierzu nicht bereit, darf die geplante Sachübernahme nicht durchgeführt werden[256].

**c) die Betriebserträge aus den letzten beiden GJ beim Übergang eines Unternehmens auf die Gesellschaft**

**125** Ist ein **Unternehmen** – oder ein Unternehmensteil[257] - Gegenstand einer Sacheinlage oder Sachübernahme, müssen in den Gründungsbericht nach § 32 Abs. 2 S. 2 Nr. 3 AktG die Betriebserträge aus den letzten beiden GJ aufgenommen werden.

Verlangt werden die Angaben aus den letzten beiden abgeschlossenen GJ, die für jedes GJ getrennt zu machen sind[258]. Anzugeben ist bei KapGes. der Jahresüberschuss/Jahresfehlbetrag der letzten beiden abgeschlossenen GJ[259]; bei anderen Unternehmen oder bei Unternehmensteilen der diesem entsprechende Betrag[260]. Angaben über das lfd. GJ werden für zweckmäßig gehalten[261]. Besteht das eingebrachte oder übernommene Unternehmen noch keine zwei GJ, genügt die Angabe des Betriebsertrags für das abge-

---

254 Vgl. *Pentz*, in: MünchKomm. AktG[4], § 32 Rn. 20.

255 Vgl. *Arnold, A.*, in: Kölner Komm. AktG[3], § 32 Rn. 11.

256 Vgl. *Pentz*, in: MünchKomm. AktG[4], § 32 Rn. 21.

257 Vgl. *Pentz*, in: MünchKomm. AktG[4], § 32 Rn. 24.

258 Die nicht vorgeschriebene – zusätzliche – Angabe des im lfd. GJ entstandenen Betriebsertrags kann zweckmäßig sein.

259 Dieser dürfte indessen um „Erträge und Aufwendungen von außergewöhnlicher Größenordnung oder außergewöhnlicher Bedeutung" i.S.d. § 285 Nr. 31 HGB zu bereinigen sein, vgl. noch zu „a.o. Aufwendungen bzw. Erträgen": *Pentz*, in: MünchKomm. AktG[4], § 32 Rn. 25.

260 Vgl. *Pentz*, in: MünchKomm. AktG[4], § 32 Rn. 25 und 26.

261 *Godin/Wilhelmi*, AktG[4], § 32 Anm. 7.

laufene GJ. Wenn das Unternehmen noch kein volles GJ existiert, ist der bisherige Betriebsertrag anzugeben.

Die Mitglieder des **Vorstands** und des **AR** haben nach § 33 Abs. 1 AktG den **Hergang der Gründung** zu prüfen und darüber schriftlich zu berichten (§ 34 Abs. 2 AktG). Die Prüfung ist von sämtlichen Mitgliedern des Vorstands, auch den stellvertretenden (§ 94 AktG), sowie des AR in eigener Verantwortung und persönlich vorzunehmen, ohne Zulässigkeit einer Vertretung[262]. Die Hinzuziehung von Gehilfen ist dagegen möglich. Die Prüfung ist auch von solchen Organmitgliedern vorzunehmen, die selbst Gründer oder Hintermänner von Gründern sind[263]. 126

Die in der Anmeldung der AG zur Eintragung in das HR genannten Vorstands- und AR-Mitglieder müssen die Prüfung selbst vorgenommen haben[264]. Scheidet ein Mitglied nach Vornahme der Prüfung jedoch vor der Eintragung der AG in das HR aus dem Vorstand oder dem AR aus, hat der Nachfolger die Prüfung zu wiederholen. Lehnt ein Mitglied des Vorstands oder AR die Prüfung ab, so kann es abberufen werden. Diese Weigerung und der dafür angegebene Grund gehören zum Hergang der Gründung und sind im PrB des externen Gründungsprüfers mit zu erwähnen.

Der **Umfang der Prüfung** durch die Organmitglieder ergibt sich aus § 33 Abs. 1 AktG und § 34 Abs. 1 AktG. Die Organmitglieder müssen danach den Hergang der Gründung auf seine Gesetz- und Ordnungsmäßigkeit prüfen, insb. die in § 34 Abs. 1 AktG genannten Vorgänge[265]. 127

Der **Bericht** über die interne Gründungsprüfung, der wiederum Gegenstand der externen Gründungsprüfung ist, hat alle Punkte zu nennen, die nach §§ 33 und 34 AktG Gegenstand der Prüfung sind; in dem Bericht ist ferner der Gegenstand jeder Sacheinlage oder Sachübernahme zu beschreiben sowie anzugeben, welche Bewertungsmethoden bei der Ermittlung des Wertes angewandt worden sind (§ 34 Abs. 2 AktG). Umstritten ist, ob die PrB von Vorstand und AR in einem Schriftstück als „Einheit zusammengefasst werden können“[266], oder ob zwei Berichte erstellt werden müssen[267]. Das AktG gibt jedoch keinen Anhalt dafür, dass der Bericht des AR getrennt von dem des Vorstands erstattet werden müsste[268]. 128

Bedarf es zum Betrieb des Unternehmens der Gesellschaft behördlicher oder staatlicher Genehmigungen, so ist im PrB darüber zu berichten. KI und FDLI dürfen – soweit sie nach § 32 i.V.m. § 1 KWG erlaubnispflichtige Geschäfte betreiben – in ein öffentliches Register nur eingetragen werden, wenn sie die von der BaFin zu erteilende Erlaubnis nachweisen (§ 43 Abs. 1 KWG). Die BaFin darf die Erlaubnis nur aus den in § 33 KWG, bei Bausparkassen auch aus den in § 8 BauSparkG genannten Gründen versagen[269]. VU bedürfen zum Geschäftsbetrieb der Erlaubnis der BaFin (§ 5 Abs. 1 VAG). Der An- 129

262 Vgl. Großkomm.[4], § 33 Anm. 3.
263 Vgl. Kölner Komm. AktG[3], § 33 Rn. 6.
264 Vgl. *Pentz*, in: MünchKomm. AktG[4], § 33 Rn. 6
265 Insoweit handelt es sich um denselben Prüfungsumfang wie bei der externen Gründungsprüfung, vgl. *Pentz*; in: MünchKomm. AktG[4], § 34 Rn. 7.
266 Vgl. Kölner Komm. AktG[3], § 34 Rn. 10; Großkomm.[4], § 34 Anm. 10.
267 Vgl. *Pentz*, in: MünchKomm. AktG[4], § 34 Rn. 19.
268 Vgl. Großkomm.[4], § 34 Anm. 10.
269 Vgl. zur Zulassung zum Geschäftsbetrieb von KI und FDLI *Zerwas/Hanten*, BB 1998, S. 2481.

meldung zum HR ist u.a. die Urkunde über die Erlaubnis zum Geschäftsbetrieb beizufügen (§ 31 Abs. 1 Nr. 1 VAG).

Als weitere genehmigungspflichtige Unternehmensgegenstände kommen z.B. in Betracht[270]:

- Güterbeförderung mit Kraftfahrzeugen
- Personenbeförderung mit Straßenbahnen, Omnibussen oder Kraftfahrzeugen im Linien- oder Gelegenheitsverkehr
- Herstellung von Arzneimitteln, Sera und Impfstoffen
- gewerbsmäßige Beförderung von Personen und Sachen mit Luftfahrzeugen
- Waffenherstellung, Waffenhandel und Waffeneinfuhr
- gewerbsmäßige Arbeitnehmerüberlassung
- Wirtschaftsprüfung, Steuerberatung.

**130** Der Gründungsprüfer muss sich ferner davon überzeugen, dass die Angaben der Gründer über die **Übernahme der Aktien** (§ 23 Abs. 2 AktG) richtig und vollständig sind. Solange die Einlagen noch nicht erbracht sind, kann sich die Prüfung der Angaben über die Aktienübernahme und die Einlagen auf das Grundkapital darauf beschränken, ob eine ordnungsgemäße Beurkundung einer § 23 Abs. 2 AktG entsprechenden Übernahmeerklärung vorliegt und die Einzahlungspflicht der Gründung wirksam begründet worden ist[271].

**131** Die **notarielle Urkunde** über die Feststellung der Satzung muss den Nennbetrag, bei Stückaktien die Zahl, den Ausgabebetrag und, wenn mehrere Gattungen bestehen, die Gattung der Aktien, die jeder Gründer übernimmt, enthalten (§ 23 Abs. 2 Nr. 2 AktG). Bei Nennbetragsaktien genügt die Angabe der Anzahl und Summe der Nennwerte aller Aktien, die ein Gründer übernimmt, ggf. aufgeschlüsselt nach Gattungen, sowie die Summe der Einlagepflicht, die jeden Gründer trifft[272]. Die Gründer haben alle Aktien zu übernehmen. Bei unterschiedlichem Ausgabebetrag muss die Angabe des Ausgabebetrags für jede Aktienübernahme gesondert erfolgen[273].

**132** Zu prüfen ist ferner, ob die Angaben der Gründer über die **Einlagen** – ob Bareinlagen, und in welcher Höhe, oder Sacheinlagen – auf das Grundkapital vollständig und richtig sind[274]. Anzugeben ist in der notariellen Urkunde auch der eingezahlte Betrag des Grundkapitals (§ 23 Abs. 2 Nr. 3 AktG); dabei ist nur der Gesamtbetrag, der zum Zeitpunkt der Aktienübernahme bereits eingezahlt ist, anzugeben[275]. Eine Aufgliederung auf die einzelnen Gründer und Aktien ist nicht erforderlich. Bei den bereits eingegangenen Zahlungen ist festzustellen, ob sie, soweit nicht bereits zur Bezahlung der bei der Gründung angefallenen Steuern und Gebühren verwandt, endgültig zur freien Verfügung des Vorstands stehen (§ 36 Abs. 2 AktG)[276]. Auf die Fähigkeit der Gründer zur vollständigen Leistung der von ihnen übernommenen Einlagen ist nur dann einzugehen, wenn sich aus dem Gründungsbericht oder sonstigen den Prüfern bekannten oder sich ihnen bei

270 Vgl. *Gottwald*, DStR 2001, S. 944 mit einer alphabetischen Aufzählung zahlreicher genehmigungspflichtiger Tätigkeiten; *Pentz*, in: MünchKomm. AktG$^4$, § 37 Rn. 77.
271 Vgl. *Pentz*, in: MünchKomm. AktG$^4$, § 34 Rn. 12.
272 Vgl. Kölner Komm. AktG$^3$, § 23 Rn. 61.
273 Vgl. *Pentz*, in: MünchKomm. AktG$^4$, § 23 Rn. 60.
274 Vgl. Kölner Komm. AktG$^3$, § 34 Rn. 6.
275 Vgl. Kölner Komm. AktG$^3$, § 23 Rn. 91.
276 Vgl. *Heigl/Uecker*, S. 98.

pflichtmäßiger Sorgfalt aufdrängenden Umständen Anhaltspunkte dafür ergeben, dass die Einlagen nicht erbracht werden können[277].

Der Gründungsprüfer muss prüfen, ob die Angaben der Gründer über die **Festsetzungen nach § 26 AktG vollständig und richtig** sind. Nach § 26 AktG muss in der Satzung festgesetzt werden 133

- jeder einem einzelnen Aktionär oder Dritten eingeräumte besondere Vorteil unter Bezeichnung des Berechtigten,
- der Gesamtaufwand, der zu Lasten der Gesellschaft an Aktionäre oder an andere Personen als Entschädigung oder Belohnung für die Gründung oder ihre Vorbereitung gewährt wird.

Bei Vorliegen entsprechender Verdachtsmomente ist – auch bei fehlenden Angaben in der Satzung – der Frage nachzugehen, ob Sondervorteile vereinbart wurden. Obwohl es das Gesetz nicht explizit verlangt, ist nach h.M.[278] durch den Gründungsprüfer auch zu prüfen, ob die Sondervorteile und der Gründungsaufwand angemessen sind. Das Gesetz hebt dies zwar im Gegensatz zur Regelung über Sacheinlagen und Sachübernahmen nicht ausdrücklich hervor, die Frage der **Angemessenheit** ist jedoch für den zu prüfenden Hergang der Gründung wesentlich und als solcher prüfungspflichtig.

Die Gründer müssen im Fall einer Sachgründung bereits zum Zeitpunkt der Feststellung 134
der Satzung den **Wert der Sacheinlage** bestimmen, weil sie in der Satzung gem. § 27 AktG u.a. den Gegenstand der Sacheinlage und den Nennbetrag bzw. bei Stückaktien die Zahl der für die Sacheinlage zu gewährenden Aktien festzusetzen haben[279]. Da die Gesellschaft nicht in das HR eingetragen werden kann, wenn nach Ansicht des Registergerichts der Wert der Sacheinlagen hinter dem geringsten Ausgabebetrag der dafür zu gewährenden Aktien zurückbleibt, bildet der festgestellte Wert der Sacheinlage die Obergrenze für den in der Satzung festzusetzenden geringsten Ausgabebetrag der zu gewährenden Aktien.

Im Rahmen der Gründungsprüfung werden die von den Gründern vorgenommenen 135
Bewertungen der Sacheinlage überprüft und damit objektiviert[280]. Der Bewertungsprüfung bei einer Sachgründung hat die Erforschung der **rechtlichen Grundlagen** vorauszugehen[281]. Ihr Ziel ist insb. die Feststellung der Verfügungsberechtigung des Einbringenden, evtl. Eigentumsvorbehalte oder Pfandrechte an eingebrachten Gegenständen und von Vormerkungen und Belastungen in den Grundbüchern bei Grundstücken. Bei der Einbringung von Unternehmen oder selbständigen Unternehmensteilen ist die für die Übertragung notwendige Zustimmung der zuständigen Organe, Gesellschafter oder Eigentümer festzustellen[282].

Der Gründungsprüfer hat nach § 34 Abs. 1 Nr. 2 AktG insb. zu prüfen, ob der Wert der 136
Sacheinlage oder Sachübernahme mindestens den geringsten Ausgabebetrag der dafür zu gewährenden Aktien oder den Wert der dafür zu gewährenden Leistungen erreicht.

277 Vgl. Großkomm.[4], § 34 Anm. 6, m.w.N.; *Schedlbauer*, S. 55.
278 Vgl. *Pentz*, in: MünchKomm. AktG[4], § 34 Rn. 13; Kölner Komm. AktG[3], § 34 Rn. 5.
279 Vgl. *Schiller*, AG 1992, S. 20 (21).
280 Vgl. *Schiller*, AG 1992, S. 20 (21).
281 Vgl. *Klein*, S. 73.
282 Vgl. *Klein*, S. 74.

Der tatsächliche Wert des Sacheinlagegegenstands bildet die Obergrenze für den auf die übernommenen Aktien anzurechnenden Betrag. Da das Gesetz nur verlangt, dass der Wert der Sacheinlage den Ausgabebetrag der hierfür gewährten Aktien bzw. im Falle der Sachübernahme den Wert der hierfür zu gewährenden Gegenleistung erreicht, ist grds. nur die **Überbewertung** eines Gegenstands verboten, bei der der Ausgabebetrag der Aktien bzw. die Gegenleistung der Gesellschaft hinter dem tatsächlichen Wert des Gegenstands zurückbleiben. Sie führt zur Ablehnung der Eintragung in das HR (§ 38 Abs. 2 S. 2 AktG).

Strittig ist hingegen die Frage, ob der Gesellschaft im Hinblick auf die Bewertung der Sacheinlage insoweit ein Wahlrecht zukommt, als es um die Frage einer **Unterbewertung** geht[283]. Nach h.M. ist indessen eine willkürliche, d.h. durch das Vorsichtsprinzip offensichtlich nicht mehr gedeckte Unterbewertung nicht gestattet[284]. Auch wenn in § 34 AktG die Unterbewertung eines Gegenstands, bei der der Ausgabebetrag der Aktien bzw. die Gegenleistung der Gesellschaft hinter dem tatsächlichen Wert des Gegenstands zurückbleibt, nicht geregelt ist, hat der Gründungsprüfer auf **willkürliche Unterbewertungen** im PrB hinzuweisen[285].

**137** Für die Beurteilung der Angemessenheit der Leistungen kommt es praktisch auf den **Zeitpunkt der Prüfung** an, nicht auf den mutmaßlichen Zeitpunkt, zu dem die Gesellschaft in das HR eingetragen wird[286]. Eine Beurteilung der Werthaltigkeit zum möglichen Zeitpunkt der Eintragung in das HR ist dem Prüfer faktisch nicht möglich. Ist allerdings in naher Zukunft mit einer Entwertung des Gegenstands oder mit Leistungsstörungen in diesem Zusammenhang zu rechnen, muss im PrB hierauf hingewiesen werden. Diese Pflicht ergibt sich aus dem Sinn und Zweck der Prüfung.

**138** Eine Prüfung – unter Beachtung der sinngemäßen Anwendung der §§ 33 Abs. 3 bis 5, 34 und 35 AktG – muss auch bei einer **Kapitalerhöhung mit Sacheinlagen** stattfinden (§ 183 Abs. 3 AktG). Die Prüfung erstreckt sich hierbei auf die Frage, ob der Wert der Sacheinlage den geringsten Ausgabebetrag der zu gewährenden Aktien erreicht, d.h. auf die Angemessenheit von Leistung und Gegenleistung bei der Ausgabe von (jungen) Aktien[287]. Nach § 183a Abs. 1 S. 1 AktG kann unter den Voraussetzungen des § 33a AktG von der Prüfung der Sacheinlage abgesehen werden (vgl. Tz. 45 ff.). Wird hiervon Gebrauch gemacht, gilt § 183 Abs. 2 bis 4 AktG (§ 183a Abs. 1 S. 2 AktG).

**139** Im Bericht über die Gründungsprüfung ist der Gegenstand jeder Sacheinlage oder Sachübernahme zu beschreiben sowie anzugeben, welche Bewertungsmethoden bei der Ermittlung des Werts angewandt worden sind (§ 34 Abs. 2 S. 2 AktG). In dem **PrB der Mitglieder des Vorstands und des AR** kann davon sowie von Ausführungen zu § 34 Abs. 1 Nr. 2 AktG abgesehen werden, soweit nach § 33a AktG von einer externen Gründungsprüfung abgesehen wird (§ 34 Abs. 2 S. 3 AktG)[288]. Der Bericht braucht dann auch keine Beschreibung der Sacheinlagen und Sachübernahmen zu enthalten, wie es § 34 Abs. 2 S. 2 AktG vorschreibt. Im Übrigen bleiben die Mitglieder des Vorstands und

283 Vgl. *Pentz*, in: MünchKomm. AktG[4], § 27 Rn. 39, m.w.N.

284 Ausnahmen sind jedoch bei einer Buchwertfortführung in Umwandlungsfällen zulässig.

285 Vgl. *Pentz*, in: MünchKomm. AktG[4], § 34 Rn. 17.

286 Vgl. *Pentz*, in: MünchKomm. AktG[4], § 34 Rn. 16.

287 Vgl. *Schedlbauer*, S. 74 f.

288 Die Erstellung des Gründungsberichts durch die Gründer bleibt von dieser durch das ARUG eingefügten Regelung unberührt (vgl. BT-Drs. 16/11642, S. 23).

des AR zur Prüfung des Hergangs der Gründung sowie zur Erstattung eines entsprechenden Berichts verpflichtet[289]. An die Stelle der Berichtspflicht tritt indessen die Pflicht, ggü. dem Registergericht entsprechende Angaben zu machen (§ 37a Abs. 1 und 2 AktG). Die **Einlagefähigkeit** von Sacheinlagegegenständen ist ein im Schrifttum immer wiederkehrend untersuchter Aspekt der Sacheinlagenproblematik[290]. Einlagefähig können nur Vermögensgegenstände sein, deren wirtschaftlicher Wert feststellbar ist, nicht jedoch Verpflichtungen zu Dienstleistungen (§ 27 Abs. 2 AktG)[291].

Demnach kommen jedenfalls solche Vermögensgegenstände in Betracht, die in der Eröffnungsbilanz in Ansatz gebracht, d.h. aktiviert werden können[292]. Dagegen ist unklar, ob auch solche Vermögenswerte einlagefähig sind, die nicht bilanzierungsfähig sind, aber **wirtschaftlich verwertet** werden können. Für Zwecke des Gläubigerschutzes kann es indessen nur darauf ankommen, ob der betreffende Gegenstand zur Befriedigung der Gesellschaftsgläubiger verwertet werden kann[293]. 140

Entsprechend dem in § 27 Abs. 2 AktG enthaltenen Rechtsgedanken nicht einlagefähig sind auch 141

- Gegenstände,
  - hinsichtlich deren tatsächlicher **Einbringbarkeit** ein erhebliches Risiko besteht,
  - deren Wert so stark vom Zufall bestimmt ist, dass er auch mit einem Mindestbetrag nicht mehr hinreichend sicher bestimmbar ist, oder
- Gegenstände, deren Erlangbarkeit mehr oder weniger vom Zufall abhängt[294].

Darüber hinaus müssen die Gegenstände **übertragbar** sein, d.h. sie müssen an einem bestimmten Stichtag zur freien Verfügung in das Vermögen der Gesellschaft überführt werden können. 142

Sacheinlagen sind vollständig zu leisten (§ 36a Abs. 2 S. 1 AktG). Besteht die Sacheinlage in der Verpflichtung, einen Vermögensgegenstand auf die Gesellschaft zu übertragen, muss diese Leistung innerhalb von fünf Jahren nach der Eintragung der Gesellschaft in das HR zu bewirken sein (§ 36a Abs. 2 S. 2 AktG). 143

**Gegenstand einer Sacheinlage** können bspw. sein[295] 144

- bewegliche (z.B. Maschinen, Vorräte) und unbewegliche Sachen (z.B. Grundstücke und Gebäude)[296],
- grundstücksgleiche Rechte, wie das Erbbaurecht oder das Bergwerkseigentum,

289 Vgl. BT-Drs. 16/11642, S. 23.

290 Vgl. ausführlich *Angermayer*, S. 95, m.w.N.; *Joswig*, S. 35 ff., m.w.N.; *Wieneke*, AG 2013, S. 437, zu Problemen in der Praxis bei der Festsetzung der Sacheinlage.

291 Zur aktienrechtlichen Sacheinlagefähigkeit vgl. *Penné*, WPg 1988, S. 35; zum Verbot der Einbringung von Dienstleistungen vgl. *Penné*, S. 127 ff.; *Joswig*, S. 52 ff.

292 Vgl. Kölner Komm. AktG[3], § 27 Rn. 43 und § 183 Rn. 10; *Godin/Wilhelmi*, AktG[4], § 27 Anm. 11; *Brandt*, S. 40 ff.

293 Vgl. Kölner Komm. AktG[3], § 27 Rn. 44 m.w.N.

294 Vgl. *Pentz*, in: MünchKomm. AktG[4], § 27 Rn. 20.

295 Einzelheiten siehe Kölner Komm. AktG[3], § 27 Rn. 48 ff.; *Pentz*, in: MünchKomm. AktG[4], § 27 Rn. 11 ff.; Großkomm.[4], § 27 Anm. 12 ff.; *Schiller*, BB 1991, S. 2403 (2407); *Weyand*, BBK 2005, S. 6811 (6813).

296 Etwaige Belastungen müssen bei der Bewertung berücksichtigt werden. Vgl. hierzu OLG Frankfurt, Beschluss v. 18.05.2006, DB, S. 1610 f., wonach bei der vom Registerrichter vorzunehmenden Überprüfung der Werthaltigkeit nicht nur auf den Verkehrswert des Grundstücks abzustellen ist, sondern eine bereits auf dem Grundstück lastende und bestehenbleibende Grundschuld, die der Absicherung bereits bestehender Darlehensverbindlichkeiten der Gesellschaft dient, wertmindernd zu berücksichtigen ist.

- beschränkt dingliche Rechte an Sachen wie Dienstbarkeiten und Nießbrauch[297],
- Rechte wie Urheberrechte[298], Patente, Lizenzen, Gebrauchs- und Geschmacksmuster, übertragbare Konzessionen[299],
- Lizenzrechte an Sponsorenverträgen[300],
- Warenzeichenrechte[301],
- Anteile an einem Unternehmen[302], wie Aktien und GmbH-Anteile sowie Anteile an einer Personengesellschaft,
- Forderungen des Gründers gegen einen Dritten[303],
- Forderungen des Gründers gegen die Gesellschaft[304],
- die Übernahme einer Schuld der Gesellschaft oder die Tilgung einer solchen,
- andere vermögenswerte Positionen, z.B. Herstellungsverfahren, Goodwill, sofern sie aktivierungsfähig sind,
- Sachgesamtheiten, z.B. ein Unternehmen oder ein Teilbetrieb.

**Rechte aus einem Vertragsangebot** können als Einlage erbracht werden; ihnen muss aber ein über die von der Gesellschaft zu erbringende Gegenleistung hinausgehender Wert zukommen[305]. Ein **Kundenstamm** oder eine **Vertreterorganisation** können ebenfalls Gegenstand einer Sacheinlage sein; Unsicherheiten bezüglich der Bereitschaft der Kunden bzw. Vertreter, zur Gesellschaft zu wechseln, müssen i.R.d. Bewertung der Einlage berücksichtigt werden.

Soll die Gesellschaft einen Vermögensgegenstand übernehmen, für den eine **Vergütung** gewährt werden soll, und soll diese Vergütung auf die Einlage des Aktionärs angerechnet werden, so gilt die Übernahme nach § 27 Abs. 1 S. 2 AktG als Sacheinlage (fingierte Sacheinlage).

**Nicht sacheinlagefähig** sind **Ansprüche aus einem Werkvertrag**, d.h. schuldrechtliche Ansprüche auf die Herstellung eines Werks, sowie **Dienstleistungen** eines Gründers oder Dienstleistungsansprüche gegen Dritte. **Forderungen gegen den Inferenten** scheiden ebenfalls als tauglicher Sacheinlagegegenstand aus, da es hier nur zu einem Forderungsaustausch käme.

**Eigene Aktien** der Gesellschaft können nicht als Sacheinlage eingebracht werden. Der Verzicht auf den Anspruch auf Rückerstattung von darlehensweise an die Gesellschaft überlassenen Aktien steht dem Einbringen als Sacheinlage jedenfalls dann gleich, wenn er in einem unmittelbaren zeitlichen Zusammenhang mit der Darlehensgewährung vereinbart wurde[306].

---

297 Vgl. *Hüffer*, AktG[10], § 27 Rn. 17; *Angermayer*, S. 95, m.w.N.

298 Zur Einlagefähigkeit von Domain-Namen vgl. *Sosnitza*, GmbHR 2002, S. 821.

299 Zur Sacheinlagefähigkeit von obligatorischen Nutzungsrechten vgl. *Haas*, in: FS Döllerer, S. 169 ff.; *Groh*, BB 1982, S. 133; BGH v. 14.06.2004, BB, S. 1925; hierzu *Hiort*, BB 2004, S. 2760.

300 Vgl. BGH v. 15.05.2000, GmbHR, S. 870 ff.; hierzu *Boehme*, GmbHR 2000, S. 841.

301 Vgl. *Pentz*, in: MünchKomm. AktG[4], § 27 Rn. 24.

302 Vgl. LG Mannheim v. 26.03.1990, AG 1991, S. 110; zur Bewertung von Beteiligungen vgl. *Mohr*, WPg 1960, S. 573.

303 Vgl. *Scholz*, GmbHR 1957, S. 65 (66); zur Behandlung der Einbringung von Forderungen als Sacheinlagen vgl. OLG Koblenz v. 28.04.1988, AG, S. 242 ff.

304 Vgl. BGH v. 15.01.1990, DB, S. 311 ff. und 313, der auch auf die Bewertung eingeht; OLG Düsseldorf v. 25.07.1996, GmbHR 1997, S. 606, mit einer Besprechung von *Klaft/Maxem*, GmbHR 1997, S. 586.

305 *Pentz*, in: MünchKomm. AktG[4], § 27 Rn. 24.

306 BGH v. 20.09.2011, II ZR 234/09, AG, S. 876.

Nach § 27 Abs. 1 S. 1 AktG ist unter einer **Sachübernahme** die Übernahme von Vermögensgegenständen durch die Gesellschaft zu verstehen, wobei diese Übernahme aus Anlass der Gründung und gegen eine Vergütung erfolgen muss, die nicht in Aktien besteht. **Gegenstand einer Sachübernahme**[307] können alle Vermögenswerte sein, die auch Gegenstand einer Sacheinlage sein können, darüber hinaus auch noch erst herzustellende Anlagen (§ 27 Abs. 1 S. 1 AktG)[308]. Im Gegensatz zur Sacheinlage kann bei der Sachübernahme nicht nur ein Gründer, sondern auch ein Dritter beteiligt sein. Erhält ein Gründer für einen Vermögensgegenstand z.T. Aktien der Gesellschaft und z.T. ein anderes Entgelt, so liegt eine sog. **gemischte Sacheinlage** vor[309]. 145

Die **Prüfung des Mengengerüsts** durch den externen Gründungsprüfer kann insoweit problematisch werden, als Sacheinlagen bis zum Prüfungszeitpunkt noch nicht erbracht sind[310]. Die hierfür erforderliche Bestandsaufnahme kann als Grundlage für die Erstellung der Eröffnungsbilanz dienen[311]. Es sind die für eine Inventur geltenden Regeln zu beachten (z.B. Inventurbeobachtung). 146

Das Verbot der Unterpariemission des § 9 Abs. 1 AktG gilt als allgemeiner Rechtsgedanke auch für Sacheinlagen. Dies wird in § 36a Abs. 2 S. 3 AktG ausdrücklich klargestellt und ist in § 38 Abs. 2 S. 2 AktG vorausgesetzt. Der **Wert der Sacheinlage**[312] muss danach mindestens den geringsten Ausgabebetrag der für sie ausgegebenen Aktien bzw. den höheren Ausgabebetrag erreichen, da sonst eine unzulässige Überbewertung der Einlage vorliegt (§ 36a Abs. 2 S. 3 AktG)[313]. 147

Der Gründungsprüfer muss i.R.d. **Bewertungsprüfung** den von ihm zu ermittelnden Sacheinlagenwert (Sollwert) dem – von der Gesellschaft bzw. den Gründern – der Sacheinlage beigelegten und sich in der vereinbarten Vergütung widerspiegelnden (Ist-)Wert gegenüberstellen. Die vereinbarte Vergütung besteht in den zu gewährenden Aktien. Der maßgebliche (Ist-)Wert bemisst sich nach der Höhe des Nennbetrags bzw. des höheren Ausgabebetrags der Aktien. 148

Die **Bewertung der Sacheinlage** bestimmt die Anschaffungskosten für die zukünftige Bilanzierung bei der AG[314]. Ist der Zeitwert der Sacheinlagen höher als der geringste bzw. höhere Ausgabebetrag der Aktien, so können die Sachanlagen in der Eröffnungsbilanz (Handelsbilanz) mit dem Betrag, der dem geringsten Ausgabebetrag der zu gewährenden Aktien bzw. dem höheren Ausgabebetrag entspricht oder mit ihrem höheren Zeitwert bewertet werden (vgl. Tz. 213). 149

Ist ein höherer Ausgabebetrag als der geringste Ausgabebetrag vereinbart, muss der Wert der Sacheinlagen mindestens dem geringsten Ausgabebetrag zuzüglich des Betrags des Aufgelds entsprechen.

307 Zum Begriff der Sachübernahme vgl. *Müller*, WPg 1964, S. 435.

308 Vgl. *Hofmeister*, DStR 2010, S. 261, zu entgeltlichen Dienstvereinbarungen und Kapitalaufbringung bei Gründung der AG.

309 Vgl. *Ekkenga*, ZIP 2013, S. 541, ausführlich zur gemischten Sacheinlage.

310 Vgl. hierzu *Angermayer*, S. 162 ff.

311 Zu den Formen der Bestandsaufnahme vgl. *Angermayer*, S. 177 ff.

312 Zur Bewertung von Gegenständen des Anlagevermögens als Sacheinlage vgl. OLG Düsseldorf v. 28.03.1991, WM, S. 1669.

313 Ausführlich zur Prüfung der Bewertung von Sacheinlagen vgl. *Angermayer*, S. 215.

314 Vgl. *Mohr*, WPg 1960, S. 573 (575).

Der über den Nennbetrag oder, falls ein solcher nicht vorhanden ist, über den rechnerischen Wert der Aktien hinausgehende Betrag ist jeweils in die Kapitalrücklage gem. § 272 Abs. 2 Nr. 1 HGB einzustellen.

**150** Bei der Wertermittlung ist der **Zeitwert** des Einlagegegenstands aus Sicht der Gesellschaft zugrunde zu legen[315]. Dabei kommt der Gesellschaft ein gewisser Beurteilungsspielraum zu[316]. Bei der Ermittlung der Werte einzelner Vermögensgegenstände[317] sind die allgemein gültigen Grundsätze und Verfahren zur Ermittlung des Verkehrs- oder Zeitwerts anzuwenden[318]. Ggf. müssen Sachverständige hinzugezogen werden.

**151** Hinsichtlich des für die Prüfung der Sacheinlage maßgebenden **Bewertungsstichtags** bestehen im Schrifttum unterschiedliche Auffassungen[319]. Vor dem Hintergrund des § 38 Abs. 2 S. 2 AktG dürfte der letztlich maßgebliche Stichtag der Tag der Anmeldung zum HR sein. Der Gründungsprüfer hat jedoch praktische Probleme, die Bewertung zu diesem Stichtag vorzunehmen. Daher ist faktisch der **Zeitpunkt der Prüfung** maßgeblich. Soweit sich Anhaltspunkte für eine Wertminderung bis zur Anmeldung zum HR ergeben, muss im PrB hierauf hingewiesen werden.

**152** Der **Wert der Sachübernahmen** muss wie bei der Sacheinlage mindestens den Wert der zu gewährenden Leistungen erreichen. Eine Überbewertung der Sachübernahmen ist ebenfalls nicht zulässig. Die Anschaffungskosten für die AG ergeben sich aus der in der Satzung festgelegten Höhe der Vergütung[320].

**153** Ist eine Geldeinlage eines Aktionärs bei wirtschaftlicher Betrachtung und aufgrund einer i.Z.m. der Übernahme der Geldeinlage getroffenen Abrede vollständig oder teilweise als Sacheinlage zu bewerten (**verdeckte Sacheinlage**), so befreit dies den Aktionär nicht von seiner Einlageverpflichtung (§ 27 Abs. 3 S. 1 AktG). Nach der Rechtsprechung liegt eine verdeckte Sacheinlage[321] vor, wenn die gesetzlichen Regeln für Sacheinlagen dadurch unterlaufen werden, dass zwar eine Bareinlage vereinbart wird, die Gesellschaft aber bei wirtschaftlicher Betrachtung von dem Einleger aufgrund einer i.Z.m. der Übernahme der Einlage getroffenen Absprache einen Sachwert erhält[322].

**154** **Dienstleistungen** können nicht Gegenstand einer verdeckten Sacheinlage sein[323]. § 27 Abs. 2 Hs. 2 AktG bezeichnet zwar Dienstleistungen als nicht sacheinlagefähig, verbietet damit aber nicht Dienstverträge mit Gründern oder – bei der Kapitalerhöhung – mit Alt- oder Neuaktionären[324].

**155** In Bezug auf **Geschäfte des lfd. Geschäftsbetriebs** ist die Abgrenzung eines – i.S.d. verdeckten Sacheinlage – schädlichen Verkehrsgeschäfts von einem neutralen Umsatzge-

---

315 Zur Prüfung von Zeitwerten vgl. *IDW PS 314 n.F.*

316 Vgl. *Weyand*, BBK 2005, S. 6811 (6814).

317 Zu den Wertansätzen einzelner Vermögensgegenstände vgl. *Joswig*, S. 199 ff.

318 Siehe hierzu auch *Angermayer*, S. 162 ff. und S. 222 ff.; *Penné*, S. 142 ff.; *Klein*, S. 76 ff.; *Schiller*, AG 1992, S. 24 ff.; *Joswig*, S. 199 ff.; zum Wert einer Darlehensforderung des Gründers gegen die Gesellschaft vgl. BGH v. 15.01.1990, DB, S. 311 (313).

319 Zu den möglichen Bewertungsstichtagen vgl. *Schiller*, AG 1992, S. 22, m.w.N.

320 Vgl. ADS[6], § 255 HGB, Tz. 103.

321 Vgl. *Ekkenga*, ZIP 2013, S. 541, zur gemischten verdeckten Sacheinlage.

322 Vgl. BT-Drs. 16/13098, S. 36.

323 Vgl. BGH v. 16.02.2009, II ZR 120/07 (Qivive), AG 2009, S 368; BGH v. 01.02.2010, II ZR 173/08 (Eurobike), AG, S. 246; *Wachter*, DStR 2010, S. 1240 (1244).

324 Vgl. BGH v. 01.02.2010, II ZR 173/08 (Eurobike), AG, S. 246 (247).

schäft mit einem Gründer noch nicht abschließend geklärt[325]. Wird ggü. dem Registergericht offengelegt, dass eine Kapitalerhöhung im **Schütt-aus-hol-zurück-Verfahren** durchgeführt werden soll, sind die Voraussetzungen ihrer Eintragung an der für die Kapitalerhöhung aus Gesellschaftsmitteln geltenden Regelung auszurichten. Die Grundsätze der verdeckten Sacheinlage finden in diesem Fall keine Anwendung[326].

Zur Feststellung einer Absprache werden Beweiserleichterungen angenommen, wenn ein enger zeitlicher Zusammenhang zwischen der Gründung oder Kapitalerhöhung einerseits und der Erbringung der Sachleistung andererseits besteht. Nach der Rechtsprechung treten die Regeln zur verdeckten Sacheinlage im Aktiengesellschaftsrecht neben den Umgehungsschutz des **Nachgründungsrechts** aus § 52 AktG[327]. **156**

Im Fall einer verdeckten Sacheinlage wird der Wert des Vermögensgegenstands im Zeitpunkt der Anmeldung der Gesellschaft zur Eintragung in das HR oder im Zeitpunkt seiner Überlassung an die Gesellschaft, falls diese später erfolgt, auf die fortbestehende Geldeinlagepflicht des Aktionärs angerechnet (Anrechnungslösung gem. § 27 Abs. 3 S. 3 AktG)[328]. Die Anrechnung erfolgt nicht vor Eintragung der Gesellschaft in das HR (§ 27 Abs. 3 S. 4 AktG). Der Aktionär trägt die Beweislast für die Werthaltigkeit des Vermögensgegenstands (§ 27 Abs. 3 S. 5 AktG). **157**

§ 27 Abs. 4 AktG, der im Wesentlichen der Vorschrift des § 19 Abs. 5 GmbHG entspricht, betrifft das sog. **Hin- und Herzahlen**[329] und betrifft den Fall, dass eine Bareinlage an den Inferenten aufgrund vorheriger Vereinbarung einer Leistung an diesen zurückgezahlt wird, ohne dass dies eine verdeckte Sacheinlage darstellt[330]. Hierzu kann es insb. dann kommen, wenn die Einlage im Rahmen eines **Cash-Pools** in engem zeitlichen Zusammenhang mit der Gründung der Gesellschaft wieder an den Inferenten zurückfließt, ohne dass hierdurch ein Darlehensanspruch getilgt wird[331]. Rechtlich stellt sich der Cash-Pool nach h.M. als System wechselseitiger Darlehensverträge dar (Tz. 204). § 27 Abs. 4 S. 1 AktG sieht für solche Fälle vor, dass die Einlageforderung auch dann erfüllt werden kann, wenn die Einlagemittel aufgrund vorheriger Vereinbarung wieder an den Inferenten zurückfließen (Erfüllungslösung). Voraussetzung hierfür ist allerdings, dass der Gesellschaft insoweit ein **liquider und vollwertiger Rückgewähranspruch** zusteht[332]. Die Vollwertigkeit der Forderung setzt voraus, dass diese bilanziell in voller Höhe aktiviert werden darf; eine Besicherung wird allerdings nicht vorausgesetzt[333]. Liegen die Voraussetzungen für eine Erfüllungswirkung gem. § 27 Abs. 4 S. 1 AktG nicht vor, gilt die Rechtsprechung fort, wonach eine fehlerhafte Bezeichnung in der Tilgungsbestimmung bei Rückzahlung eines vermeintlichen Darlehens die Erfüllung der Einla- **158**

325 Vgl. *Spindler/Stilz*, AktG³, § 27, Rn. 160; *Wachter*, DStR 2010, S. 1240 (1243) mit dem Hinweis auf die BGH-Rechtsprechung, wonach gewöhnliche Umsatzgeschäfte im Rahmen des lfd. Geschäftsverkehrs nicht vom Anwendungsbereich der verdeckten Sacheinlage ausgeklammert seien.

326 Vgl. BGH v. 26.05.1997, BB, S. 1602; *Schiessl/Rosengarten*, GmbHR 1997, S. 772, m.w.N. Dies gilt auch nach der gesetzlichen Regelung der verdeckten Sacheinlage in § 27 Abs. 3 AktG; vgl. *Spindler/Stilz*, AktG³, § 27, Rn. 155.

327 Vgl. BT-Drs. 16/13098, S. 36; vgl. *Wachter*, DStR 2010, S. 1240 (1243).

328 Vgl. Kölner Komm. AktG³, § 27 Rn. 103 ff. und *Schmidt/Lutter*, AktG³, § 27 Rz. 67 ausführlich zu den Rechtsfolgen der verdeckten Sacheinlage.

329 Bgl. BT-Drs. 16/13098, S. 37.

330 Vgl. *Wachter*, DStR 2010, S. 1240 (1241), zur Rechtsprechung des BGH.

331 Vgl. BT-Drs. 16/13098, S. 37.

332 Vgl. BT-Drs. 16/13098, S. 37.

333 Vgl. *Spindler/Stilz*, AktG³, § 27, Rn. 303.

geforderung grds. nicht hindert[334]. Die Privilegierung nach § 27 Abs. 4 S. 1 AktG erfordert entsprechend dem Wortlaut des § 27 Abs. 4 S. 2 AktG die Offenlegung der Vereinbarung ggü. dem Registergericht bei der Erstanmeldung bzw. der Anmeldung über die Kapitalerhöhung. Die Nachholung einer unterlassenen Offenlegung ist allenfalls möglich, solange die AG bzw. die Kapitalerhöhung noch nicht in das HR eingetragen ist. Durch die Anrechnungslösung bei der verdeckten Sacheinlage (§ 27 Abs. 3 AktG) sowie die Erfüllungslösung beim Hin- und Herzahlen (§ 27 Abs. 4 AktG) ist gewährleistet, dass die Zahlungsflüsse aufgrund einer Cash-Pool-Abrede im Ergebnis der Tilgung der Einlagenverbindlichkeit nicht notwendig entgegensteht, immer vorausgesetzt, die jeweiligen Forderungen sind **werthaltig**[335].

159 Die Bezahlung von **Beratungsleistungen vor Leistung der Einlage** ist keine verdeckte Finanzierung durch die Gesellschaft im Sinn eines – rechtlich dem Hin- und Herzahlen gleichstehenden – Her- und Hinzahlens, wenn eine tatsächlich erbrachte Leistung entgolten wird, die dafür gezahlte Vergütung einem Drittvergleich standhält und die objektiv werthaltige Leistung nicht aus der Sicht der Gesellschaft für sie unbrauchbar und damit wertlos ist[336].

160 Darüber hinaus nimmt die Rechtsprechung etwa beim **mittelbaren Bezugsrecht** gem. § 186 Abs. 5 AktG ein unzulässiges Hin- und Herzahlen an, wenn die Einlageleistung des Emissionsunternehmens von der Gesellschaft zur Finanzierung des Bezugspreises verwendet wird, den die Altaktionäre bei Ausübung ihres Bezugsrechts an das Emissionsunternehmen zu zahlen haben[337].

### 3.3.2 Prüfungsergebnis

#### 3.3.2.1 Prüfungsbericht

161 Über die Gründungsprüfung hat der externe Gründungsprüfer schriftlich zu berichten (§ 34 Abs. 2 S. 1 AktG). Für den Gründungsprüfungsbericht können die Grundsätze der *IDW Prüfungsstandards* sinngemäß herangezogen werden. Im PrB hat der Gründungsprüfer über das Ergebnis der Prüfung unparteiisch, vollständig, wahrheitsgetreu und mit der gebotenen Klarheit zu berichten.

Der Gründungsprüfungsbericht ist **schriftlich** zu erstatten (§ 34 Abs. 2 S. 1 AktG). Es sind alle mit der Gründung und deren Besonderheiten zusammenhängenden Umstände „darzulegen“ (§ 34 Abs. 2 S. 1 AktG)[338]. Aufgrund des Berichts der externen Gründungsprüfer muss sich jeder Berichtsleser ein eigenes Urteil über alle Fragen bilden können, die Gegenstand der Gründungsprüfung sind, insb. über die Feststellungen nach den §§ 26 und 27 AktG. Es ist damit über den gesamten Hergang der Gründung genauso zu berichten wie über Sondervorteile, Gründungsaufwand und Sacheinbringungen und deren Bewertung sowie die Angemessenheit der gewährten Gegenleistungen. Nur auf diese Weise wird es auch dem Registergericht möglich, selbst zu prüfen, ob die Ein-

334 Vgl. BT-Drs. 16/13098, S. 37.
335 Vgl. ausführlich *Spindler/Stilz*, AktG$^3$, § 27, Rn. 307.
336 BGH v. 01.02.2010, II ZR 173/08 (Eurobike), AG 2010, S. 246.
337 Vgl. BT-Drs. 16/13098, S. 37.
338 Vgl. auch *Voß*, WPg 1964, S. 439 (444).

tragung der Gesellschaft vorgenommen werden kann oder gem. § 38 AktG abgelehnt werden muss[339].

Bestehen **Meinungsverschiedenheiten** zwischen den Gründern und den Gründungsprüfern, so muss im PrB darauf hingewiesen werden. Gleiches gilt für Meinungsverschiedenheiten zwischen den Gründungsprüfern einerseits und den Vorstands- und AR-Mitgliedern andererseits (Tz. 66). **162**

Geschäfts- und Betriebsgeheimnisse dürfen im PrB jedoch nicht offenbart werden, da die Gründungsprüfer zur **Verschwiegenheit** verpflichtet sind (§ 49 AktG i.V.m. § 323 Abs. 1 HGB). Die Gründungsprüfer haben daher gerade bei der Sacheinlage oder Sachübernahme von Unternehmen (Unternehmensteilen) sorgfältig abzuwägen, welche Angaben zur Information der Berichtsempfänger wesentlich sind und auf welche Angaben zur Wahrung schutzwürdiger Belange verzichtet werden kann[340]. **163**

Bei der **Sachgründung** muss der Gegenstand der Sacheinlage oder der Sachübernahme beschrieben werden (§ 34 Abs. 2 S. 2 AktG), wobei sich die Beschreibung vor allem auf die wertbestimmenden Faktoren zu erstrecken hat[341]. § 34 Abs. 2 S. 2 AktG verlangt ferner die Angabe der Bewertungsmethoden, die zur Ermittlung des Werts der Sacheinlagen und Sachübernahmen angewandt worden sind. Dagegen kann im PrB des Vorstands und des AR davon sowie von den Ausführungen zu § 34 Abs. 1 Nr. 2 AktG abgesehen werden, soweit nach § 33a AktG von einer externen Gründungsprüfung abgesehen wird (§ 34 Abs. 2 S. 3 AktG). **164**

Empfohlen wird, im PrB bei Sacheinlagen auf folgende Punkte einzugehen[342]: **165**

- Beschreibung des Sacheinlagegegenstands (u.a. Angaben über den Zeitpunkt der Leistung der Sacheinlagen)
- Angaben der Gründer über die wesentlichen Umstände, von denen die Angemessenheit der Leistungen für Sacheinlagen abhängt (Angaben lt. Gründungsbericht § 32 Abs. 2 S. 2 Nr. 1 bis 3 AktG)
- satzungsmäßige Festsetzung (Gegenstand der Sacheinlage, Name des einbringenden Aktionärs und Nennbetrag der zu gewährenden Aktien)
- Ergebnis der Prüfung von Vorstand und AR
- Prüfung der Bewertung der Sacheinlagen (u.a. Darstellung der Methoden zur Ermittlung der Werte)
- Stellungnahme des Gründungsprüfers.

Im PrB ist auf die nachfolgend aufgeführten Punkte einzugehen[343]: **166**

A. Auftrag und Auftragsdurchführung

- Bestellung durch das Gericht
- Zeitraum der Prüfungsdurchführung
- Prüfungsunterlagen und Auskunftspersonen

339 Ausführlich zu Inhalt und Form des PrB vgl. *Angermayer*, S. 315 ff.

340 Vgl. *Godin/Wilhelmi*, AktG$^4$, § 34 Anm. 2; Kölner Komm. AktG$^3$, § 34 Rn. 12; *Munkert*, S. 53, 65; *Klein*, S. 112 ff.

341 Vgl. *Pentz*, in: MünchKomm. AktG$^4$, § 34 Rn. 21.

342 Vgl. *Angermayer*, S. 317 f.

343 Vgl. Weitere Gliederungen finden sich bei *Munkert*, S. 73 und Anlage XV; *Klein*, S. 114 f.; *Dienst*, S. 139.

- Feststellung, ob die gewünschten Auskünfte und die erforderlichen Nachweise vollständig erbracht wurden
- Bezeichnung ggf. hinzugezogener Sachverständiger
- Hinweis auf die Auftragsbedingungen

B. Darstellung und Beurteilung des Gründungshergangs

I. Zweck der Gründung

- Gegenstand des Unternehmens
- mit der Gründung zusammenhängende wesentliche Vorgänge und Rechtsgeschäfte (Hinweis auf § 32 Abs. 2 und 3 AktG)

II. Ordnungsmäßigkeit des Gründungshergangs

- Errichtung der Gesellschaft (insbes. Anzahl und Namen der Gründer, Feststellung der Satzung, Übernahme der Aktien)
- Bestellung des ersten AR und des ersten Vorstands
- Bestellung des APr. für das erste GJ
- etwaige Einzahlungen auf das Grundkapital (hierbei Beachtung des § 36a Abs. 1 AktG)
- etwa erforderliche behördliche Genehmigungen
- Beachtung der gesetzlichen Formerfordernisse

III. Ordnungsmäßigkeit der Satzung

- Mindestinhalt der Satzung (Hinweis auf § 23 Abs. 3 und 4 AktG)
- Richtigkeit und Vollständigkeit der Festsetzungen über Sondervorteile und Gründungsaufwand (§ 26 AktG)
- Grund, Art, Höhe und Angemessenheit der Sondervorteile
- Angemessenheit des Gründungsaufwandes
- Richtigkeit und Vollständigkeit der Festsetzungen über Sacheinlagen und Sachübernahmen (§ 27 AktG)
- Ordnungsmäßigkeit der übrigen Satzungsbestimmungen

C. Gegenstand und Bewertung der Sacheinlagen und Sachübernahmen

- Ordnungsmäßigkeit der Sacheinlage- und Sachübernahmevereinbarungen
- Beschreibung der Gegenstände (§ 34 Abs. 2 S. 2 AktG)
- bei der Einbringung von Unternehmen und Unternehmensteilen Angaben zum Gegenstand dieser Unternehmen
- Zweck des Erwerbs durch die AG
- Zeitpunkt für die Leistung der Sacheinlagen (Hinweis § 36a Abs. 2 AktG)
- Vorliegen einer verdeckten Sacheinlage

- Darstellung der Methoden zur Ermittlung des Werts (Hinweis § 34 Abs. 2 S. 2 AktG)
- Beurteilung der künftigen Ertragslage bei Unternehmen und Unternehmensteilen
- Zweckbestimmung und Wirtschaftlichkeit der sonstigen Gegenstände
- Feststellung, ob der Wert der Gegenstände dem geringsten oder dem höheren Ausgabebetrag der Aktien entspricht oder den Wert der dafür zu gewährenden Leistungen erreicht (§ 34 Abs. 1 Nr. 2 AktG)

D. Gründungsbericht und PrB des Vorstands und des AR
- Vollständigkeit und Richtigkeit des Gründungsberichts (§§ 32, 34 Abs. 1 Nr. 1 AktG)
- Stellungnahme zum Bericht über die Prüfung des Hergangs der Gründung durch die Mitglieder des Vorstands und des AR
- evtl. Bedenken bezüglich der Zahlungsfähigkeit der Aktienübernehmer

E. Schlussbemerkung
- zusammenfassende Schlussbemerkung („Testat")

Anlagen
- Gründungsbericht
- Bericht über die Gründungsprüfung durch Vorstand und AR
- Satzung
- notarielles Gründungsprotokoll
- Allgemeine Auftragsbedingungen

Es erscheint zweckmäßig, dem PrB als Anlage neben den **Allgemeinen Auftragsbedingungen** auch die Berichte der Gründer sowie des Vorstands und des AR, die Satzung der neuen Gesellschaft und das Protokoll des Notars über die Gründungsverhandlungen beizufügen[344]. **167**

Je ein Stück des Berichts über die Gründungsprüfung ist dem Registergericht und dem Vorstand einzureichen (§ 34 Abs. 3 S. 1 AktG). Die Einreichung bei der IHK ist nicht mehr erforderlich. **168**

Verantwortlich für die Einreichung sind die Gründungsprüfer[345]. Da nach § 37 Abs. 4 Nr. 4 AktG der Gründungsprüfungsbericht der Anmeldung zum HR beizufügen ist, kann die Einreichung bei Gericht auch über den Vorstand erfolgen[346]. Die Übergabe des PrB an die Gründer ist nicht vorgeschrieben. Der Bericht kann beim Registergericht von jedermann eingesehen werden (§ 34 Abs. 3 S. 2 AktG). **169**

344 Vgl. *Voß*, WPg 1964, S. 444; *Klein*, S. 116.
345 Vgl. *Pentz*, in: MünchKomm. AktG[4], § 34 Rn. 24.
346 Vgl. Kölner Komm. AktG[3], § 34 Rn. 17.

#### 3.3.2.2 Schlussbemerkung

170 Das Aktiengesetz sieht die Erteilung eines BestV über das Ergebnis der Gründungsprüfung nicht vor. Es empfiehlt sich jedoch, das Prüfungsergebnis in einer **Schlussbemerkung** im PrB zusammenzufassen.

> **Praxistipp 3:**
>
> Für die Schlussbemerkung kommt etwa folgender Wortlaut in Betracht:
> „Nach dem abschließenden Ergebnis meiner (unserer) pflichtgemäßen Prüfung nach § 34 AktG aufgrund der mir (uns) vorgelegten Urkunden, Bücher, Schriften sowie der mir (uns) erteilten Aufklärungen und Nachweise bestätige(n) ich (wir), dass die Angaben der Gründer im Gründungsbericht richtig und vollständig sind. Dies gilt insbesondere für die Angaben über die Übernahme der Aktien, über die Einlagen auf das Grundkapital und über die Festsetzungen nach §§ 26 und 27 AktG. Der Wert der Sacheinlagen erreicht den geringsten Ausgabebetrag der dafür zu gewährenden Aktien. (Der Wert der Sachübernahmen erreicht den Wert der dafür zu gewährenden Leistungen.)".

Der PrB ist vom Gründungsprüfer zu unterzeichnen. Wurden mehrere Gründungsprüfer bestellt und bestehen zwischen diesen unterschiedliche Meinungen über bestimmte Sachverhalte, ist dies in einem Zusatz zum PrB darzustellen, sofern nicht gesonderte Berichte erstellt werden.

### 3.4 Nachgründungsprüfung

171 Die Nachgründung einer AG ist in § 52 AktG[347] geregelt, der bei nachgelagerten Gründungsvorgängen der Sicherstellung der realen Kapitalaufbringung dient[348]. Von dieser Vorschrift werden nur schuldrechtliche Verträge[349] mit Gründern oder mit an der Gesellschaft zu **mehr als 10%**[350] des Grundkapitals beteiligten Aktionären erfasst, die den Erwerb von vorhandenen oder herzustellenden Anlagen oder von anderen Vermögensgegenständen **innerhalb der ersten zwei Jahre** nach Eintragung der Gesellschaft in das HR zum Inhalt haben (§ 52 Abs. 1 AktG). Dabei ist auf das gesamte Grundkapital abzustellen[351], zu dem neben stimmrechtslosen Vorzugsaktien auch eigene Aktien zählen[352].

Mit Hilfe der Nachgründungvorschriften soll eine Umgehung der Sachgründungsregelungen verhindert und damit die Kapitalaufbringung der Gesellschaft sichergestellt

347 Änderungen erfolgten seinerzeit durch das Gesetz zur Namensaktie und zur Erleichterung der Stimmrechtsausübung (Namensaktiengesetz – NaStraG) vom 18.01.2001 (BGBl. I, S. 123 ff.) und durch das Gesetz zur Umsetzung der Aktionärsrechterichtlinie (ARUG) vom 30.07.2009 (BGBl. I, S. 2479 ff.).

348 *Pentz*, in: MünchKomm. AktG[4], § 52 Rn. 5.

349 Vgl. *Witte*, BB 2000, S. 2213.

350 Diese Prozentschwelle wird als nicht im Einklang mit Art. 13 Abs. 1 EU-Kapitalrichtlinie angesehen, da danach bereits Verträge mit einem Gegenwert von „mindestens" 10% erfasst sind (vgl. hierzu *Pentz*, in: MünchKomm. AktG[4], § 52 Rn. 2).

351 Die aktuelle Fassung des § 52 AktG nimmt allein auf eine Beteiligung am Grundkapital Bezug, so dass auch Verträge mit Aktionären, die mehr als 10% des Grundkapitals in Form von stimmrechtslosen Vorzugsaktien halten, nachgründungspflichtig wären. Nach *Dormann/Fromholzer*, AG 2001, S. 242 (245), „... könnte erwogen werden, insoweit eine teleologische Reduktion vorzunehmen, wenn durch Gesellschafter mit stimmrechtslosen Vorzugsaktien angesichts ihrer nach §§ 140, 141 AktG auf Sonderfälle beschränkten Stimmrechte keine vergleichbare Einflußnahme auf den Vorstand der Gesellschaft droht".

352 Vgl. Kölner Komm. AktG[3], § 52 Rn. 15.

werden. Für Unternehmen besteht wegen der geringeren Komplexität der Bargründung ein Anreiz, die Gesellschaft zunächst durch eine Bargründung ins Leben zu rufen und anschließend, wie bei einer verdeckten Sacheinlage, Vermögensgegenstände gegen Abfluss von Barmitteln in das Gesellschaftsvermögen zu übernehmen. Der Gesetzgeber unterstellt bei einem derartigen Vorgehen, dass dies bereits zum Gründungszeitpunkt beabsichtigt war.

172 Für die Nachgründung existieren ähnliche Vorschriften wie für die Sachgründung, da die gründungsnahen Erwerbspflichten für die Gesellschaft mit einem vergleichbaren Risiko verbunden sind[353]. Erfasst werden alle Vereinbarungen, die nach § 27 AktG in der Satzung festgesetzt werden müssten, wenn sie vor der Eintragung der Gesellschaft in das HR geschlossen worden wären[354]. Dies gilt jedoch dann nicht, wenn der Erwerb der Vermögensgegenstände i.R.d. lfd. Geschäfte[355] der Gesellschaft, in der Zwangsversteigerung[356] oder an der Börse erfolgt (§ 52 Abs. 9 AktG). § 52 AktG begründet eine **unwiderlegliche Vermutung für das Vorliegen einer verdeckten Sacheinlage oder Sachübernahme**, sofern die Gesellschaft in den ersten zwei Jahren Vermögensgegenstände zu einer 10% des Grundkapitals übersteigenden Gegenleistung außerhalb des Anwendungsbereichs des § 52 Abs. 9 AktG übernimmt.

173 **Gründer** sind die Aktionäre, die die Satzung festgestellt haben (§ 28 AktG). Während es bei (originären) Gründern nicht darauf ankommt, ob sie der Gesellschaft auch weiterhin angehören[357], müssen die i.S.d. § 52 Abs. 1 AktG nennenswert beteiligten **Aktionäre** diese Eigenschaft zum Zeitpunkt des Abschlusses des Nachgründungsvertrags noch besitzen[358]. Maßgeblich ist die Höhe der Beteiligung zu diesem Zeitpunkt. Liegt die Beteiligung zwar vor oder nach diesem Zeitpunkt bei oder unterhalb der 10%-Grenze, zum Zeitpunkt des Vertragsabschlusses selbst aber über der 10%-Grenze, führt dies nicht zu einem Ausschluss des Nachgründungstatbestands. Nach dem eindeutigen Wortlaut ist für die Berechnung der Tatbestandsgrenze von 10% ausschließlich auf das satzungsmäßige und im HR eingetragene Grundkapital abzustellen. Kapital- oder Gewinnrücklagen können nicht hinzugerechnet werden.

174 Bei Vorliegen eines Abhängigkeitsverhältnisses ist es im Hinblick auf den Schutzzweck des § 52 AktG zutreffend, dem Vertragspartner den vollen Anteilsbesitz der abhängigen Tochtergesellschaft zuzurechnen, da der Vertragspartner die mit dem Anteilsbesitz verbundenen Einflussmöglichkeiten wahrnehmen kann. Daneben unterliegen auch Verträge mit einem Vertragspartner, der unter Hinzurechnung der für ihn treuhänderisch gehaltenen Aktien die Beteiligungsgrenze von 10% überschreitet, der Nachgründungspflicht[359]. Ferner erscheint es erwägenswert, Verträge auch dann in die Nachgründungsvorschrift einzubeziehen, wenn ein Aktionär an der jungen AG mit mehr als 10%

353 Vgl. *Marczak*, NWB 2001, S. 3831.

354 Vgl. *Pentz*, in: MünchKomm. AktG[4], § 52 Rn. 4.

355 Zum Begriff der „lfd. Geschäfte“ vgl. *Walter/Hald*, DB 2001, S. 1183, und *Dormann/Fromholzer*, AG 2001, S. 242 (245).

356 Zu der terminologisch zu eng gefassten Transformation der Kapitalrichtlinie, die insoweit von einem Erwerb *„auf Anordnung oder unter Aufsicht einer Verwaltungsbehörde oder eines Gerichts“* spricht, vgl. *Pentz*, in: MünchKomm. AktG[4], § 52 Rn. 2.

357 Zum Ausscheiden der Gründer vgl. *Dormann/Fromholzer*, AG 2001, S. 242 (243).

358 Vgl. *Priester*, DB 2001, S. 468.

359 Zu alledem maßgeblich: *Dormann/Fromholzer*, AG 2001, S. 242 (243).

und an dem Vertragspartner mehrheitlich beteiligt ist oder aufgrund sonstiger Umstände ein Abhängigkeitsverhältnis des Vertragspartners besteht[360].

Weitere Voraussetzungen für die Erfüllung des Nachgründungstatbestandes sind nach § 52 AktG:

- Die vereinbarte **Vergütung muss 10% des Grundkapitals übersteigen**. Für die Berechnung ist das satzungsmäßige Grundkapital (Nennbetrag) zum Zeitpunkt des Vertragsabschlusses maßgebend[361]. Besteht die Gegenleistung nicht in Geld, so ist ihr Wert maßgebend, der ggf. zu schätzen ist[362]. Maßgebend ist die Gesamtvergütung, wenn es sich um einen Gegenstand handelt, der mehreren Personen gehört, und demzufolge mehrere Verträge mit jeweils anteiliger Gegenleistung geschlossen werden[363]. Ein unentgeltlicher Erwerb fällt nicht unter § 52 AktG.
- Der Abschluss der Verträge muss **innerhalb von zwei Jahren nach der Eintragung** der Gesellschaft in das HR erfolgt sein. Notwendig ist, dass Angebot und Annahme innerhalb der Zweijahresfrist wirksam geworden sind. Das gilt auch, wenn der Vertrag bedingt oder befristet geschlossen war und die Bedingung oder der vereinbarte Zeitpunkt nach Ablauf der zwei Jahre eintritt[364]. Auf den Zeitpunkt der Erbringung der Leistung durch die Gesellschaft kommt es nicht an[365].

Die **Zweijahresfrist** beginnt bereits mit dem Tag der Eintragung und berechnet sich nach § 188 Abs. 2, 3 BGB. Während dieses Zeitraums können mehrere Nachgründungsverträge geschlossen werden. Eine neue Nachgründungsfrist setzen solche Verträge nicht in Gang.

**175** Nach h.M. ist § 52 AktG auch auf den Fall der **Kapitalerhöhung** mit Sacheinlagen innerhalb der Zweijahresfrist entsprechend anzuwenden[366]. Maßgeblich ist dann, ob für die einzubringenden Sacheinlagen Aktien im Nennbetrag[367] von mehr als 10% des erhöhten Grundkapitals gewährt werden sollen. Die Anwendung des § 52 AktG neben § 183 AktG bedeutet, dass zusätzlich zur Prüfung durch den externen Gründungsprüfer auch ein PrB des AR erstellt werden muss und der Einbringungsvertrag der Zustimmung der HV und der Eintragung im HR bedarf[368].

**176** Bedeutung können die Nachgründungsvorschriften bei der **Einführung eines Unternehmens an der Börse** erlangen, wenn damit gleichzeitig ein Formwechsel oder eine Kapitalerhöhung verbunden ist[369]. Mittels Kapitalerhöhungen im Rahmen einer Börseneinführung sollen regelmäßig bestimmte Investitionsvorhaben finanziert werden.

---

360 So eben *Dormann/Fromholzer*, AG 2001, S. 242 (244). Würde in diesen Fällen keine Zurechnung des mittelbaren Vertragspartners an den mit mehr als 10% beteiligten Aktionär erfolgen, so könnten die Nachgründungsvorschriften dadurch umgangen werden, dass der betreffende Aktionär eine Tochtergesellschaft gründet, die an seiner Stelle Vertragspartner der jungen AG wird.

361 Vgl. Großkomm.[4], § 52 Anm. 2.

362 Vgl. Großkomm.[4], § 52 Anm. 2.

363 Vgl. Kölner Komm. AktG[3], § 52 Rn. 21.

364 Vgl. Kölner Komm. AktG[3], § 52 Rn. 19, m.w.N.

365 Vgl. auch *Witte*, BB 2000, S. 2213 (2215).

366 Vgl. OLG Oldenburg v. 20.06.2002, AG, S. 620; zur Kritik an diesem Beschluss vgl. *Mülbert*, AG 2003, S. 136.

367 Nach h.M. ist der Börsen- oder Marktwert der Aktien nicht relevant; vgl. *Witte*, BB 2000, S. 2218.

368 Vgl. *Grub/Fabian*, AG 2002, S. 614.

369 Vgl. hierzu *Binz/Freudenberg*, DB 1992, S. 2281; *Werner*, NZG 2000, S. 231.

Diese werden im Börsenprospekt beschrieben, um den Anlegern eine Perspektive für die Verwendung der dem Unternehmen zufließenden Mittel zu geben.

Eine Nachgründung nach § 52 AktG liegt auch dann vor, wenn die AG durch **Formwechsel** einer GmbH entstanden ist und innerhalb der folgenden zwei Jahre die Einbringung von Vermögensgegenständen für eine Gegenleistung von mehr als 10% des Grundkapitals vereinbart wird[370]. Die Zweijahresfrist des § 52 Abs. 1 AktG wird hier von der Eintragung des Formwechsels in das HR gerechnet (§ 220 Abs. 3 S. 2 UmwG). Wenn in den letzten zwei Jahren vor dem Formwechsel die GmbH durch Sachgründung entstanden oder ihr Kapital durch Sacheinlagen erhöht worden ist, sind die Schutzvorschriften der §§ 26 ff., 183 AktG i.R.d. Formwechsels nachträglich auf die Gründung bzw. Kapitalerhöhung anzuwenden, um eine Umgehung der aktienrechtlichen Erfordernisse auszuschließen[371]. Die Vorschriften über die Nachgründung sind nach § 67 UmwG auch anzuwenden, wenn eine Gesellschaft auf eine seit weniger als zwei Jahren eingetragene AG verschmolzen wird und Aktien von mehr als 10% des (erhöhten) Grundkapitals gewährt werden. 177

Bei den **Prüfungsgegenständen** kann es sich um Kaufverträge, Werkverträge[372] und Gebrauchsüberlassungsverträge handeln. Gegenstände dieser Verträge können bspw. sein[373]: 178

- Grundstücke sowie bewegliche Sachen
- Sachgesamtheiten, z.B. Warenlager, Erbschaften
- Unternehmen im Ganzen
- Urheberrechte, Patente, Lizenzen, Gebrauchs- und Geschmacksmuster, übertragbare Konzessionen (z.B. Software)
- Aktien, GmbH-Anteile, Anteile an Personengesellschaften
- sonstige übertragbare Ansprüche aus obligatorischen Rechtsverhältnissen, z.B. Geldforderungen
- Miet-, Pacht- und Leasingverträge, wenn der zugrunde liegende Vertrag auf eine bestimmte Zeit geschlossen und nicht jederzeit kündbar ist[374].

**Vorverträge** fallen ebenfalls unter § 52 AktG, wenn durch sie eine Verpflichtung der Gesellschaft begründet werden soll[375], nicht jedoch Verträge über Dienstleistungen, da Dienstleistungen nach § 27 Abs. 2 AktG nicht Gegenstand von Sacheinlagen oder Sachübernahmen sein können. Der verpflichtende Erwerbs- oder Einbringungsvertrag bedarf als **Nachgründungsvertrag** nach § 52 Abs. 2 S. 1 AktG mindestens der Schriftform, soweit nicht wegen des Gegenstands (Grundstücke, GmbH-Anteile) eine notarielle Beurkundung erforderlich ist.

Die Nachgründungsvorschriften gelten jedoch dann nicht, wenn der Erwerb der Vermögensgegenstände i.R.d. lfd. Geschäfte der Gesellschaft, in der Zwangsvollstreckung oder an der Börse erfolgt (§ 52 Abs. 9 AktG)[376]. 179

---

370 Vgl. MünchHdb. AG³, § 4 Rn. 45; *Witte*, BB 2000, S. 2213 (2217); Kap. E Tz. 356 ff.
371 Vgl. MünchHdb. AG³, § 4 Rn. 45.
372 Zu Werkverträgen vgl. *Dienst*, WPg 1964, S. 149 (150).
373 Vgl. *Klein*, S. 61 f.
374 Vgl. *Klein*, S. 62; *Müller*, WPg 1964, S. 435.
375 Vgl. Großkomm.⁴, § 52 Anm. 3.
376 Vgl. hierzu *Priester*, DB 2001, S. 470.

180 Die Verträge werden nach § 52 Abs. 1 S. 1 AktG nur mit **Zustimmung der HV** (qualifizierte Mehrheit) und Eintragung in das HR wirksam. Bis zur Zustimmung der HV und der Eintragung in das HR sind die Verträge und Rechtshandlungen zu ihrer Ausführung schwebend unwirksam[377]. Vor der Beschlussfassung durch die HV hat der **AR** – nicht jedoch der Vorstand – den Nachgründungsvertrag zu prüfen und hierüber einen schriftlichen Bericht (Nachgründungsbericht) zu erstatten (§ 52 Abs. 3 AktG). Der Vorstand muss den Nachgründungsvertrag zu Beginn der HV erläutern. Da nicht die Mitglieder des AR, sondern der AR als Organ den Nachgründungsvertrag zu prüfen hat, genügt für den Nachgründungsbericht eine Beschlussfassung des AR und die Unterzeichnung durch den Vorsitzenden[378]. Außerdem hat vor der Beschlussfassung durch die HV eine Prüfung durch einen externen Prüfer stattzufinden, für die die Vorschriften über die Gründungsprüfung sinngemäß anzuwenden sind (§ 52 Abs. 4 S. 1 AktG).

181 Der **APr.** muss nach Auffassung im Schrifttum[379] seine Prüfung des JA[380] auf Nachgründungstatbestände ausdehnen und in seinem PrB zur Jahresabschlussprüfung entsprechend auf solche hinweisen[381]. Dies wird damit begründet, dass die Verträge, die bei Vorliegen eines Nachgründungstatbestands den Gegenstand der Nachgründung bilden, kraft Gesetzes schwebend unwirksam seien[382] und der JA mit den damit zu Unrecht aktivierten Vermögensgegenständen nicht uneingeschränkt testiert werden könne[383]. Bei Weigerung der Organe, eine Nachgründungsprüfung durchführen zu lassen, ist der BestV aufgrund der wesentlichen Beanstandungen gegen abgrenzbare Teile des JA – und zwar in Hinblick auf die zu Unrecht aktivierten Vermögensgegenstände – einzuschränken[384]. Sofern diese Vermögensgegenstände quantitativ bedeutend sind und zu wesentlichen Beanstandungen Anlass geben, ist ein Versagungsvermerk zu erteilen[385]. Auch wenn die gesetzlichen Vertreter der AG durch Auftragsvergabe ihren Willen bekunden, die vom APr. geforderte Nachgründungsprüfung nachzuholen, und der Nachgründungsprüfer vor Testatserteilung des APr. zum Ergebnis kommt, dass der Wert der Gegenstände den Wert der zu gewährenden Gegenleistungen erreicht, so ist dennoch der BestV einzuschränken. Eine Erteilung des BestV unter aufschiebender Bedingung ist nicht sachgerecht, da in praxi zwar grds. die drei Voraussetzungen für eine derartige Testatserteilung vorliegen dürften[386], jedoch die Nachgründung erst nach erfolgter Zustimmung der HV und mit Eintragung in das HR wirksam wird und keine gesetzliche

377 Vgl. Kölner Komm. AktG³, § 52 Rn. 39 ff.

378 Vgl. MünchHdb. AG³, § 4 Rn. 52.

379 So z.B. *Klein*, S. 35; *Schedlbauer*, S. 64; *Dienst*, WPg 1964, S. 149 (152).

380 Dies kann bis zur Prüfung des dritten JA nach der Gründung/Eintragung in das HR von Bedeutung sein, da die Zweijahresfrist bis in das dritte GJ laufen kann.

381 Vgl. *Kohl*, BB 1995, S. 139.

382 Vgl. *Krieger*, in: FS Claussen, S. 223 ff.

383 Vgl. *Schedlbauer*, S. 64.

384 Vgl. in Analogie zur Jahresabschlussprüfung: *IDW PS 400*, Tz. 50 ff.; derzeit wird der *IDW Prüfungsstandard* zum BestV überarbeitet und durch mehrere *IDW Prüfungsstandards* zum BestV ersetzt (*IDW PS 400 n.F., IDW PS 401, IDW PS 405 und IDW PS 406*), die derzeit als Enwürfe vorliegen.

385 Vgl. *IDW PS 400*, Tz. 65.

386 Gemäß *IDW PS 400*, Tz. 99 darf ein BestV unter einer aufschiebenden Bedingung nur dann erteilt werden, wenn die zum Abschluss der Prüfung noch nicht erfüllte Bedingung in einem formgebundenen Verfahren inhaltlich bereits festgelegt ist und zur rechtlichen Verwirklichung noch der Beschlussfassung von Organen oder formeller Akte bedarf und wenn die anstehende Erfüllung der Voraussetzung mit an Sicherheit grenzender Wahrscheinlichkeit erwartet werden kann.

Vorschrift eine rückwirkende Aktivierbarkeit des bis dahin schwebend unwirksamen Geschäfts zum Abschlussstichtag zulässt[387].

Nach § 52 Abs. 4 S. 2 AktG sind die **Vorschriften** der §§ 33 Abs. 3 bis 5, 34 und 35 AktG **über die Gründungsprüfung sinngemäß anzuwenden**. Da das AktG die Generalklausel des § 33 Abs. 1 AktG ausdrücklich ausklammert, ist bei einer Nachgründung nicht der Hergang der Gründung zu prüfen[388]. Ist demnach bei einer Gründung eine externe Gründungsprüfung unterblieben, weil zunächst weder die Fälle des § 33 Abs. 2 Nr. 1 bis 3 AktG noch eine Sachgründung vorlagen, so wird bei einer Nachgründung nicht die gesamte Gründungsprüfung nachgeholt[389]. Die Prüfung ist vielmehr auf die die Nachgründung auslösenden Verträge beschränkt. **182**

Unter den Voraussetzungen des § 33a AktG kann von einer Prüfung durch Gründungsprüfer abgesehen werden (§ 52 Abs. 4 S. 3 AktG). Wird hiervon Gebrauch gemacht, entfällt das Erfordernis der externen Prüfung (Tz. 45 ff.); die übrigen Voraussetzungen einer wirksamen Nachgründung bleiben hiervon unberührt[390]. **183**

Als Gegenstand kommt auch die über § 52 AktG zu erfassende Sacheinlagenvereinbarung anlässlich von **Kapitalerhöhungen** innerhalb der Zweijahresfrist in Betracht[391]. In diesem Zusammenhang können über § 52 Abs. 4 i.V.m. § 34 Abs. 1 Nr. 1 AktG auch die Angaben zur Übernahme von Aktien, über Einlagen auf das Grundkapital sowie Sondervorteile und Gründungsaufwand zu prüfen sein[392]. Bei einer Kapitalerhöhung mit Sacheinlagen ist maßgeblich, ob für die einzubringenden Sacheinlagen Aktien im geringsten Ausgabebetrag von mehr als 10% des aktuellen Grundkapitals vor Berücksichtigung des Kapitalerhöhungsbetrags gewährt werden sollen. Die Anwendung des § 52 AktG neben § 183 AktG bedeutet, dass ferner ein PrB des AR erstellt werden muss und der Einbringungsvertrag der Zustimmung der HV sowie der Eintragung in das HR bedarf. **184**

Die Nachgründungsprüfer haben darauf zu achten, dass die Nachgründungssachverhalte im Nachgründungsbericht vollständig und richtig erfasst sind (§§ 52 Abs. 4, 34 Abs. 1 u. 2 AktG). Jeder der vorliegenden Verträge ist daraufhin zu untersuchen, ob es sich um einen Nachgründungsvertrag i.S.d. § 52 AktG handelt. Daher empfiehlt es sich, den Nachgründungszeitraum im PrB genau anzugeben und den 10% des Grundkapitals ausmachenden Betrag ausdrücklich zu nennen[393]. Außerdem haben die Nachgründungsprüfer zu jedem Nachgründungsvertrag im PrB Stellung zu nehmen und dabei insb. auf die Frage einzugehen, ob der Wert der zu erwerbenden Vermögensgegenstände den Wert der dafür zu gewährenden Leistung(en) erreicht. **185**

Für den **Bericht** über die Nachgründungsprüfung gelten insoweit die gleichen Grundsätze wie für den Fall der Sachgründung. Ferner ist im Bericht der Gegenstand des Un- **186**

387 Bezüglich der Aktivierbarkeit von Vermögensgegenständen i.Z.m. Nachgründungstatbeständen vgl. ADS[6], § 246 HGB, Tz. 256 ff.

388 Vgl. *Schedlbauer*, S. 67.

389 Vgl. *Schedlbauer*, S. 67.

390 Vgl. BT-Drs. 16/11642, S. 25.

391 Zur Anwendung des § 52 AktG bei Kapitalerhöhungen vgl. *Grub/Fabian*, AG 2002, S. 614; Kölner Komm. AktG[3], § 52 Rn. 9-11.

392 Vgl. *Klein*, S. 61.

393 Vgl. *Klein*, S. 63.

ternehmens für die Anwendung der Ausnahmeregelung des § 52 Abs. 9 AktG ausdrücklich zu nennen[394].

187 Der Bericht der Nachgründungsprüfer ist der **Öffentlichkeit** ebenso zugänglich wie der Bericht der Gründungsprüfer (§ 52 Abs. 4, § 34 Abs. 3 AktG). Die Nachgründungsprüfer müssen daher ihre Verschwiegenheitspflicht beachten (§ 49 AktG, § 323 Abs. 1 HGB).

188 Bei der Nachgründungsprüfung ist die Erteilung eines BestV nicht vorgeschrieben. Es empfiehlt sich jedoch ebenfalls, das Prüfungsergebnis in einer **Schlussbemerkung** im PrB zusammenzufassen.

**Praxistipp 4:**

Für die Schlussbemerkung kommt etwa folgender Wortlaut in Betracht:
„Nach dem abschließenden Ergebnis meiner (unserer) pflichtgemäßen Prüfung nach §§ 52 Abs. 4, 34 AktG aufgrund der mir (uns) vorgelegten Urkunden, Bücher und Schriften sowie der mir (uns) erteilten Aufklärungen und Nachweise bestätige (n) ich (wir), dass die Angaben im Nachgründungsbericht des AR richtig und vollständig sind. Der Wert der zu erwerbenden Vermögensgegenstände erreicht den Wert (den Betrag) der dafür zu gewährenden Vergütung."

## 3.5 Gründungsbilanzierung

189 Der Kaufmann hat zu Beginn seines Handelsgewerbes (und für den Schluss eines jeden GJ) einen das Verhältnis seines Vermögens und seiner Schulden darstellenden Abschluss (Eröffnungsbilanz) aufzustellen (§ 242 Abs. 1 S. 1 HGB)[395]. Der Gesetzgeber formuliert somit deutlich den Anspruch an den Unternehmensgründer, von Beginn seiner unternehmerischen Tätigkeit an Rechnung zu legen. Die hier zu behandelnde Eröffnungsbilanz betrachtet nur die im Rahmen einer Unternehmensgründung aufzustellende Bilanz. Auf diese Eröffnungsbilanz (Gründungsbilanz) sind die für den JA geltenden Vorschriften entsprechend anzuwenden, soweit sie sich auf die Bilanz beziehen (§ 242 Abs. 1 S. 2 HGB)[396].

Die Pflicht, eine Eröffnungsbilanz zu Beginn des Handelsgewerbes zu erstellen, gilt u.a. für die Neugründung eines vollkaufmännischen Unternehmens. Die Eröffnungsbilanz (Gründungsbilanz) gibt eine Übersicht über die Vermögens- und Schuldposten zum Gründungszeitpunkt. Sie dient also dazu, veranlasst durch die Unternehmensgründung, die Vermögens- und Finanzlage zum Beginn des Geschäftsbetriebs abzubilden. Sie ist der Ausgangspunkt für die nachfolgend zu erstellenden ordentlichen Jahresbilanzen. Gemäß § 242 Abs. 1 S. 2 HGB finden daher die für den JA geltenden Vorschriften für die Eröffnungsbilanz entsprechende Anwendung.

190 Für die Eröffnungsbilanz sind die **allgemeinen Vorschriften** (§§ 243 bis 245 HGB: Aufstellungsgrundsatz, Aufstellung in deutscher Sprache und in Euro; Unterzeichnungspflicht) ebenso zu beachten wie die **Ansatz- und Bewertungsvorschriften** (§§ 246 bis 256a HGB), die insb. für die Behandlung von Sacheinlagen von Bedeutung

394 Vgl. *Klein*, S. 63.
395 Zu den Aufgaben der Gründungsbilanz vgl. *Joswig*, DStR 1996, S. 1908; *Schiller*, BB 1991, S. 2403.
396 Ausführlich zur Gründungsbilanzierung vgl. *Joswig*; *Schiller*; *Schiller*, BB 1991, S. 2403; *Olfert/Körner/Langenbeck*, S. 67 ff.; *Budde/Förschle/Winkeljohann*, Sonderbilanzen[4], D Anm. 103 ff.; *Veit* (Hrsg.), S. 13 ff.

sind. AG müssen darüber hinaus die ergänzenden Vorschriften der §§ 264 ff. HGB befolgen, d.h. für die Eröffnungsbilanz sind die Gliederungsvorschriften anzuwenden. Für KI und FDLI gelten ergänzend die Vorschriften der §§ 340 ff. HGB und der RechKredV. VU haben die Vorschriften der §§ 341 ff. HGB und der RechVersV zu beachten.

Die **Verantwortung für die Aufstellung** der Eröffnungsbilanz obliegt dem Vorstand (§ 91 Abs. 1 AktG). Die Eröffnungsbilanz (Gründungsbilanz) ist unter Angabe des Datums zu unterzeichnen (§ 242 Abs. 1 S. 2 i.V.m. § 245 S. 1 HGB). Eine Feststellung durch die zuständigen Organe (§§ 172, 173, 286 Abs. 1 AktG) ist für die Eröffnungsbilanz nicht ausdrücklich vorgeschrieben[397]. **191**

Für die Eröffnungsbilanz (Gründungsbilanz) besteht keine **Prüfungspflicht**[398]. Der Prüfer des Abschlusses für das erste (Rumpf-)GJ ist jedoch gehalten, unter Heranziehung der entsprechenden Unterlagen in gewissem Umfang auch die Plausibilität und Richtigkeit der Wertansätze in der Eröffnungsbilanz zu kontrollieren[399]. Insbesondere hat er sich davon zu überzeugen, dass die Vermögensgegenstände, Schulden und RAP so erfasst und bewertet waren, dass hieraus nicht mit einer wesentlichen Beeinträchtigung der Darstellung der Ertragslage des zu prüfenden GJ zu rechnen ist. Infolge des Bilanzzusammenhangs ergibt sich dadurch mit der Prüfung des ersten JA indirekt auch eine Kontrolle der vorangehenden Eröffnungsbilanz. **192**

Die Eröffnungsbilanz unterliegt weder nach § 325 HGB noch nach anderen Vorschriften der **Offenlegung**. Sie ist damit als solche nicht bekanntzumachen. Die Eröffnungsbilanz wird auch von den Vorlagepflichten nach § 26 KWG und § 55 VAG nicht erfasst, obwohl die Aufsichtsbehörden in der Praxis regelmäßig die Vorlage der Eröffnungsbilanz verlangen. **193**

Wie alle Bilanzen ist auch die Eröffnungsbilanz zehn Jahre aufzubewahren (§ 257 Abs. 4 i.V.m. Abs. 1 Nr. 1 HGB). Die **Aufbewahrungsfrist** beginnt mit dem Schluss des Kalenderjahres, in dem die Bilanz aufgestellt oder festgestellt (unterzeichnet) wurde (§ 257 Abs. 5 HGB). Es ist stets die unterzeichnete Originalbilanz aufzubewahren. Eine Archivierung auf einem Bild- oder anderen Datenträger ist nicht gestattet (§ 257 Abs. 3 S. 1 HGB). **194**

Die Eröffnungsbilanz ist zu **Beginn des Handelsgewerbes** aufzustellen (§ 242 Abs. 1 HGB). Ein eindeutiger Stichtag bezogen auf die Gründungsbilanz ist im Gesetz nicht kodifiziert. Bei KapGes. in Gründung bestehen unterschiedliche Auffassungen dazu, ob der Zeitpunkt der Errichtung durch formgültigen Gesellschaftsvertrag, der Anmeldung oder erst der Eintragung in das HR als Stichtag der Eröffnungsbilanz maßgeblich ist[400]. Fest steht indessen, dass die Eröffnungsbilanz **frühestens** auf den Zeitpunkt der **Errichtung** (ab diesem Zeitpunkt existiert die sog. **Vorgesellschaft**[401]) und **spätestens** auf den Zeitpunkt der **Eintragung** in das HR aufzustellen ist[402]. **195**

---

397 *Budde/Förschle/Winkeljohann* halten eine Genehmigung durch die Gründer für erforderlich; ferner deute der Wortlaut des § 257 Abs. 5 HGB, wonach für den Beginn der Aufbewahrungsfrist auf den Tag der Feststellung der Eröffnungsbilanz abgestellt wird, auf die Notwendigkeit einer förmlichen Feststellung hin. Vgl. dazu *Budde/Förschle/Winkeljohann*, Sonderbilanzen[4], D Anm. 253.

398 Vgl. HdR[5], § 242 HGB Rn. 5; *Veit*, S. 24.

399 Vgl. *Budde/Förschle/Winkeljohann*, Sonderbilanzen[4], D Anm. 255.

400 Vgl. *Joswig*, S. 141 ff.; *Veit*, S. 21 ff.

401 Sämtliche Aufwendungen und Erträge der sog. Vorgesellschaft werden handels- und steuerrechtlich der AG zugerechnet, HdR[5], § 242 HGB Rn. 8; *Joswig*, DStR 1996, S. 1907.

402 Vgl. *Rodewald*, BB 1993, S. 1693; *Budde/Förschle/Winkeljohann*, Sonderbilanzen[4], D Anm. 68; HdR[5], § 242 HGB Rn. 8; *Joswig*, S. 141 ff., mit umfangreichen Literaturhinweisen; *Veit*, S. 22.

**Praxistipp 5:**

In der Praxis ist i.d.R. der Abschluss des Gesellschaftsvertrags Anlass für die Erstellung der Eröffnungsbilanz und den Beginn der Buchführung[403]. Da mit der Eintragung in das HR das Vermögen der Vorgesellschaft im Ganzen auf die AG übergeht, dürfte eine erneute Eröffnungsbilanz im Allgemeinen nicht mehr erforderlich sein[404].

**196** Innerhalb des Zeitraums zwischen Errichtung und Eintragung ist der **Beginn der Geschäftstätigkeit** entscheidend: Wurde mit der Geschäftstätigkeit bis zur Eintragung in das HR noch nicht begonnen, ist die Eröffnungsbilanz auf den Tag der HR-Eintragung aufzustellen, da diese bei KapGes. konstitutiv wirkt[405]. Die Gründungsbilanz dokumentiert in diesem Fall die tatsächlichen Vermögens- und Kapitalverhältnisse des Unternehmens als Ergebnis seiner rechtlich abgeschlossenen Gründung[406]. Hilfsweise kann die Eröffnungsbilanz bereits auf den (früheren) Tag der Errichtung aufgestellt werden.

**197** Wird hingegen bereits vor der Eintragung in das HR mit der Geschäftstätigkeit begonnen, ist der Tag des Geschäftsbeginns als Stichtag der Gründungsbilanz maßgebend[407]. Andererseits bestehen grds. keine Bedenken, die Eröffnungsbilanz aus Praktikabilitätsgründen bereits auf den Zeitpunkt der **Begründung der Buchführungspflicht** aufzustellen[408].

**198** Von der Eröffnungs- bzw. Gründungsbilanz ist die **Vorbelastungsbilanz** zu unterscheiden, die nach der Rechtsprechung[409] dann aufzustellen ist, wenn zwischen dem Tag der Errichtung und der Anmeldung oder Eintragung Vermögensminderungen eingetreten sind oder eingetreten sein können[410]. Besteht die Gefahr, dass das Nennkapital nicht mehr voll vorhanden ist, liegt die in diesem Fall erforderliche Aufstellung einer Vorbelastungsbilanz[411] in Anbetracht der Handelndenhaftung (§ 41 AktG) und der bei HR-Anmeldung abzugebenden Versicherung (§ 37 Abs. 1 AktG) auch im Interesse des Vorstands. Durch die Vorbelastungsbilanz soll das Gesellschaftsvermögen zum Zeitpunkt der HR-Eintragung und somit die Differenz zum Errichtungsvermögen ermittelt

---

403 Vgl. *Budde/Förschle/Winkeljohann*, Sonderbilanzen[4], D Anm. 75.

404 Vgl. HdR[5], § 242 Rn. 8; *Budde/Förschle/Winkeljohann*, Sonderbilanzen[4], D Anm. 70.

405 Vgl. *Joswig*, DStR 1996, S. 1909; HdR[5], § 242 HGB Rn. 7; *Budde/Förschle/Winkeljohann*, Sonderbilanzen[4], D Anm. 69; *Schiller*, BB 1991, S. 2404.

406 Vgl. *Joswig*, DStR 1996, S. 1909.

407 Vgl. BeBiKo[10], § 242 HGB Rn. 3; HdR[5], § 242 HGB Rn. 7 und 8; *Budde/Förschle/Winkeljohann*, Sonderbilanzen[4], D Anm. 74; *Joswig*, DStR 1996, S. 1909.

408 Vgl. HdR[5], § 242 HGB Rn. 7; *Rodewald*, BB 1993, S. 1693.

409 Vgl. BGH v. 09.03.1981, BGHZ 80, S. 129, ders., NJW 1981, S. 1373; BB 1981, S. 689. Nach BGH v. 27.01.1997, BB, S. 905, haften die Gesellschafter einer Vor-GmbH für die Verbindlichkeiten dieser Gesellschaft unbeschränkt. Es besteht eine einheitliche Gründerhaftung in Form einer bis zur Eintragung der Gesellschaft andauernden Verlustdeckungshaftung und einer an die Eintragung geknüpften Vorbelastungs-(Unterbilanz-)Haftung. Weitere Einzelheiten vgl. *Monhemius*, GmbHR 1997, S. 384; *Ernsthaler*, BB 1997, S. 257; siehe auch: OLG Hamm v. 20.01.1997 (rkr.), GmbHR, S. 602; *Flume*, DB 1998, S. 45; OLG Bremen v. 06.05.1997 (rkr.), GmbHR 1998, S. 40; OLG Köln v. 21.03.1997, DStR 1998, S. 178; *Henze*, DB 2001, S. 1475, OLG Brandenburg v. 14.02.2006, GmbHR, S. 656 ff.

410 Vgl. HdR[5], § 242 HGB Rn. 8; *Budde/Förschle/Winkeljohann*, Sonderbilanzen[4], D Anm. 70.

411 Vgl. *Budde/Förschle/Winkeljohann*, Sonderbilanzen[4], D Anm. 56 ff.; nach Ansicht von *Winnefeld*, Bilanz-Handbuch[4], S. 2086, können bei der Feststellung der Unterbilanz die Gründungsaufwendungen außer Betracht bleiben.

werden[412]. Eine Vorbelastungsbilanz ist jedoch nicht als Eröffnungsbilanz (Gründungsbilanz) zu qualifizieren[413]. Aus den selbständigen Ansatz- und Bewertungsregeln für die Vorbelastungsbilanz folgt, dass ein Bilanzzusammenhang zur Eröffnungsbilanz nicht besteht[414]. Hat die Ingangsetzung der Vorgesellschaft in der Zeit zwischen Aufnahme der Geschäftstätigkeit und Eintragung der Gesellschaft in das HR zu einer Organisationseinheit geführt, die als Unternehmen anzusehen ist, das über seine einzelnen Vermögenswerte hinaus einen eigenen Vermögenswert repräsentiert, hat die Bewertung des Vermögens in der Vorbelastungsbilanz nach der Ertragswertmethode zu erfolgen[415].

Wird die Geschäftstätigkeit bereits vor dem notariellen Gesellschaftsvertrag (Satzung) **199**
aufgenommen (sog. **Vorgründungsgesellschaft**[416]), liegt eine Sacheinlage im Wege der Einzelrechtsnachfolge oder eine Umwandlung vor[417]. In solchen Fällen der „Einbringung" einer Personengesellschaft sind stets die Vorschriften über die Sachgründung oder die Umwandlung zu beachten[418]. Bei der Einzelrechtsnachfolge ist mithin auf den Tag der Errichtung der AG eine Schlussbilanz der Vorgründungsgesellschaft und eine Eröffnungsbilanz für die Vorgesellschaft zu erstellen[419]. Die persönliche Haftung der Gesellschafter aus Geschäften der Vorgründungsgesellschaft erlischt grds. nicht mit Gründung oder Eintragung der Gesellschaft, wenn nicht etwas anderes mit dem Geschäftspartner vereinbart worden ist[420].

Für die **Aufstellungsfrist** sind gem. § 242 Abs. 1 S. 2 HGB die auf den JA bezogenen **200**
Vorschriften heranzuziehen. Im Schrifttum werden z.T. Fristen von maximal drei Monaten[421] bzw. von drei bis maximal sechs Monaten gefordert[422]. Abgesehen von der Befreiung gem. § 241a HGB hat nach § 240 Abs. 1 HGB jeder Kaufmann „zu Beginn seines Handelsgewerbes seine Grundstücke, seine Forderungen und Schulden, den Betrag seines baren Geldes sowie seine sonstigen Vermögensgegenstände genau zu verzeichnen und damit den Wert der einzelnen Vermögensgegenstände und Schulden anzugeben".

412 Vgl. *Rodewald*, BB 1993, S. 1695; *Monhemius*, GmbHR 1997, S. 387.

413 Vgl. *Rodewald*, BB 1993, S. 1695; HdR[5], § 242 HGB Rn. 8: Aufgrund der Zwecksetzung der Vorbelastungsbilanz, die Vorbelastungshaftung zu ermitteln, kann auch ein Ansatz der Vermögensgegenstände und Schulden zu Zeitwerten vorgenommen werden. Für sie besteht keine Bindung an die für die Jahresbilanz geltenden Bilanzierungs- und Bewertungsvorschriften.

414 Vgl. *Rodewald*, BB 1993, S. 1695.

415 Vgl. BGH v. 09.11.1998, DStR 1999, S. 206; hierzu *Fleischer*, GmbHR 1999, S. 752; *Hey*, GmbHR 2001, S. 905. Bei sog. Start-up-Unternehmen kann während der Vorgründungsphase nur in engen Ausnahmefällen und erst dann, wenn das von den Gründern verfolgte innovative Geschäftskonzept seine Bestätigung am Markt gefunden hat, von einem selbständig zu bewertenden Unternehmen ausgegangen werden. Vgl. hierzu BGH v. 16.01.2006, DB, S. 775.

416 Vgl. HdR[5], § 242 HGB Rn. 8. Das Stadium vor der notariellen Beurkundung der Satzung wird als Vorgründungsgesellschaft bezeichnet. Die Gesellschafter der Vorgründungsgesellschaft werden steuerrechtlich als Mitunternehmer angesehen. Aufwendungen und Erträge der Vorgründungsgesellschaft können weder handels- noch steuerrechtlich der noch zu errichtenden AG zugerechnet werden. Siehe auch *Joswig*, DStR 1996, S. 1908. Zur Rechnungslegung von Vorgründungsgesellschaften vgl. *Schiller*, DB 1992, S. 281; zur Unternehmereigenschaft vgl. *Zugmaier*, DStR 2000, S. 2176.

417 Vgl. *Budde/Förschle/Winkeljohann*, Sonderbilanzen[4], D Anm. 78.

418 Vgl. *Budde/Förschle/Winkeljohann*, Sonderbilanzen[4], D Anm. 78; ausführlich zu Umwandlungsfragen Kap. E.

419 Vgl. *Budde/Förschle/Winkeljohann*, Sonderbilanzen[4], D Anm. 78.

420 Vgl. BGH v. 25.10.2000, GmbHR 2001, S. 293 f.

421 *Joswig*, DStR 1996; S. 1911 bestreitet, dass die Fristen des § 264 Abs. 1 HGB für die Aufstellung der Eröffnungsbilanz maßgebend sind. Er geht davon aus, dass die Gründungsbilanz vielmehr gem. § 243 Abs. 3 HGB „innerhalb der einem ordnungsgemäßen Geschäftsgang entsprechenden Zeit" aufzustellen ist.

422 Vgl. HdR[5], § 242 HGB Rn. 6.

201 Die Durchführung einer Inventur und die Aufstellung eines **Eröffnungsinventars** auf den Stichtag der Eröffnungsbilanz ist die Vorstufe der Aufstellung einer Eröffnungsbilanz. Die Aufstellung eines Eröffnungsinventars ist zwar grds. auch bei einer Bargründung erforderlich; sie unterbleibt jedoch im Regelfall, weil sie sich in der Feststellung der Guthabensalden bei einem KI bzw. in einer Kassenbestandsaufnahme erschöpfen würde[423]. Bei der Prüfung einer Bargründung sind i.d.R. Kontoauszüge über die Bareinlagen heranzuziehen. Mithin hat die Eröffnungsinventur mit der Erstellung eines Inventars vornehmlich bei einer Sachgründung praktische Bedeutung. Das Eröffnungsinventar muss sämtliche Vermögensgegenstände und übernommenen Schulden enthalten. Es sind dabei auch alle Differenzhaftungsansprüche gegen Gründer, deren Sacheinlagen den Wert der bedungenen Einlagen nicht erreichen, zu berücksichtigen[424]. Stehen Einlagen noch aus, sind entsprechende Forderungen mit der Bezeichnung des Schuldners in das Inventar aufzunehmen.

202 Der Begriff der **Bareinlage** wird in § 36a AktG genannt, ohne dass eine Definition im AktG erfolgt. Als Bareinlage wird die i.R.d. Gründung oder Kapitalerhöhung entstandene Einlageverpflichtung verstanden, die in **Geld** zu erfüllen ist. Dem Gründer stehen für die ordnungsgemäße Leistung der Einlage nur die in § 54 Abs. 3 AktG aufgeführten Zahlungsarten offen:[425]

- gesetzliche Zahlungsmittel (Bareinzahlung)
- Gutschrift auf ein Konto bei einem KI[426] oder einem nach § 53 Abs. 1 S. 1 KWG oder § 53b Abs. 1 S. 1 oder Abs. 7 KWG tätigen Unternehmen der Gesellschaft oder des Vorstands.

Die im AktG aufgeführten Zahlungsarten regeln die Erfüllung der Bareinlagepflicht abschließend. Jede andere Art der Tilgung der Einlageschuld wird damit ausgeschlossen. Eine Direktzahlung an Gesellschaftsgläubiger kann vor Anmeldung zum HR nicht schuldbefreiend geleistet werden, auch nicht mit Einverständnis des Vorstands[427]. Kontoführende Stelle kann bei der Gutschrift auf einem Konto im Inland auch eine inländische Zweigstelle eines ausländischen KI (§ 53 Abs. 1 S. 1 KWG, § 53b Abs. 1 S. 1 und Abs. 7 KWG) sein, weil eine derartige Zweigstelle als KI gilt. Im Gegensatz dazu hat die Gutschrift auf einem Konto einer ausländischen Zweigstelle eines ausländischen KI, welches nicht in einem Mitgliedstaat des EWR ansässig ist, keine Befreiungswirkung[428].

423 Vgl. *Budde/Förschle/Winkeljohann*, Sonderbilanzen[4], D Anm. 119 ff., mit weiteren Einzelheiten zur Durchführung der Eröffnungsinventur.

424 Vgl. *Wenig*, DStR 2012, S. 862, zur aktienrechtlichen Differenzhaftung bei Sacheinlagen und Anmerkungen zu BGH v. 06.12.2011, II ZR 149/10.

425 Die Möglichkeit des Gründers, seine Einlage durch Hingabe eines von der Deutschen Bundesbank bestätigten Schecks ordnungsgemäß zu leisten, ist mit Art. 4 Nr. 1 des Begleitgesetzes zum Gesetz zur Umsetzung von EG-Richtlinien zur Harmonisierung bank- und wertpapierrechtlicher Vorschriften v. 22.10.1997 (BGBl. I S. 2567) entfallen.

426 Zur Frage der schuldbefreienden Wirkung, wenn ein KI selbst an der Gründung beteiligt ist, vgl. *Hüffer*, AktG[10], § 54 Rn. 17.

427 Vgl. BGH v. 13.07.1992, GmbHR 1993 S. 225; der BGH nimmt in diesem Urteil auch Stellung zur Frage der Haftung eines KI aufgrund einer schriftlichen Bestätigung nach § 37 Abs. 1 S. 4 AktG; vgl. auch OLG Düsseldorf v. 28.03.1991, WM, S. 998; OLG Stuttgart v. 28.06.1995 (nrkr.), GmbHR, S. 666; BGH v. 26.09.2005, AG, S. 883.

428 Vgl. *Hüffer*, AktG[10], § 54 Rn. 15.

Der eingezahlte Betrag muss zum Zeitpunkt der Anmeldung der Gesellschaft zur Eintragung in das HR **endgültig zur freien Verfügung des Vorstands stehen**[429] (§ 36 Abs. 2 i.V.m. § 54 Abs. 3 AktG)[430]: 203

- Die eingezahlten Mittel müssen aus dem Vermögen des Leistenden ausgeschieden sein, so dass der Vorstand über die eingezahlten Mittel frei verfügen kann (zum **Sonderfall des Hin- und Herzahlens** vgl. Tz. 158 ff.). Der Vorstand muss die tatsächliche Gewalt im Sinne einer ungehinderten Verfügungsmöglichkeit über den Betrag haben. Es dürfen vor allem keine Rückforderungsrechte, Gegenforderungen oder Nebenabreden (Darlehensabreden, Treuhandabreden etc.) bestehen[431].
- Die eingezahlten Mittel müssen **endgültig** zur freien Verfügung des Vorstands stehen, die Mittelaufbringung muss also vorbehaltlos sein[432].

Nach h.M. ist bei Gründung die freie Verfügbarkeit der eingezahlten Mittel unter dem Vorbehalt einer wertgleichen Deckung erfüllt, d.h. der Vorstand der Vorgesellschaft kann zwar die geleisteten Bareinlagen i.R.d. satzungsgemäßen Geschäftsbetriebs verwenden, muss aber dafür Sorge tragen, dass sie bei Anmeldung dem Wert nach noch vorhanden sind[433]. Ein Thesaurierungsgebot würde im Gegensatz dazu die Handlungsfähigkeit der Geschäftsführung erheblich einschränken[434].

Nach der Rechtsprechung gelten die Regelungen zur Kapitalaufbringung uneingeschränkt auch im Rahmen von **Cash-Pooling-Systemen**[435], d.h. bei einem Fall des sog. **Hin- und Herzahlens** (vgl. Tz. 158 ). Durch die Anrechnungslösung bei der verdeckten Sacheinlage (§ 27 Abs. 3 AktG) sowie die Erfüllungslösung beim Hin- und Herzahlen (§ 27 Abs. 4 AktG) ist gewährleistet, dass die Zahlungsflüsse aufgrund einer Cash-Pool-Abrede im Ergebnis der Tilgung der Einlagenverbindlichkeit nicht notwendig entgegensteht, immer vorausgesetzt, die jeweiligen Forderungen sind werthaltig[436]. 204

Eine Ausnahme von dem strengen Ausgabeverbot des § 36 Abs. 2 AktG besteht lediglich hinsichtlich der Ausgaben zur Bezahlung der bei der Gründung angefallenen **Steuern** 205

429 Zur Einzahlung auf ein debitorisches Konto vgl. OLG Düsseldorf v. 28.03.1991, WM, S. 998; OLG Düsseldorf v. 20.11.1992, DStR 1993, S. 214; BGH v. 13.07.1992, GmbHR 1993, S. 225; OLG Stuttgart v. 28.06.1995 (nrkr.), GmbHR, S. 666; BGH v. 10.06.1996, DStR, S. 1416; des Weiteren vgl. *Schick*, GmbHR 1997, S. 1048; *Klaft/Maxem*, GmbHR 1997, S. 586; OLG Düsseldorf v. 25.07.1996, GmbHR 1997, S. 606; *Henze*, BB 2002, S. 955 (956); *Geißler*, GmbHR 2004, S. 1181 (1187).

430 Vgl. auch *Joswig*, S. 71, m.w.N.

431 Vgl. *Wachter*, DStR 2010, S. 1240 (1241); Nach der Rechtsprechung des BGH tilgt ein Hin- und Herzahlen des Einlagebetrags in geringem zeitlichen Abstand die Einlageschuld nicht, weil in diesem Fall nicht davon ausgegangen werden kann, dass die Leistung zur freien Verfügung der Gesellschaft steht; vgl. dazu BGH v. 17.09.2001, BB, S. 2282; BGH v. 16.09.2002, BB, S. 2347, sowie *Geißler*, GmbHR 2004, S. 1181 (1184). Das gilt auch dann, wenn die Rückzahlung der Einlage auf ein treuhänderisch geführtes Konto erfolgt (vgl. BGH v. 09.01.2006, BB, S. 624) oder als Darlehensgewährung an den Gesellschafter deklariert wird (vgl. BGH v. 21.11.2005, BB, S. 62).

432 Vgl. *Wachter*, DStR 2010, S. 1240.

433 Bei einer Kapitalerhöhung ist das Gebot der wertgleichen Deckung aufgegeben worden. Vgl. BGH v. 18.03.2002, NJW, S. 1717; *Kort*, DStR 2002, S. 1223.

434 Vgl. *Hüffer*, AktG$^{10}$, § 36 Rn. 11 f.; *Geißler*, GmbHR 2004, S. 1181/1183; zur Frage der Dispositionsbefugnis bei einer Barkapitalerhöhung vgl. *Hallweger*, DStR 2002, S. 2131; *Henze*, BB 2002, S. 955.

435 Vgl. BGH v. 16.01.2006, DStR, S. 764; hierzu *Bayer/Lieder*, GmbHR 2006, S. 449; *Flitsch/Schellenberger*, BB 2006, S. 850; *Hentzen*, DStR 2006, S. 948; *Lamb/Schluck-Amend*, DB 2006, S. 879; *Langner*, GmbHR 2006, S. 477; *Vetter/Schwandtner*, Der Konzern 2006, S. 407; *Werner*, BKR 2006, S. 211.

436 Vgl. ausführlich *Spindler/Stilz*, AktG$^{3}$, § 27, Anm. 307.

und **Gebühren**. Voraussetzung ist diesbezüglich aber, dass die Gründungsaufwendungen gem. § 26 Abs. 2 AktG in der Satzung festgesetzt worden sind.

**206** Vor der Anmeldung zum HR muss gem. § 36a AktG auf jede Aktie der eingeforderte Betrag, mindestens jedoch ein **Viertel des geringsten Ausgabebetrags**, und bei Ausgabe der Aktien zu einem höheren Ausgabebetrag auch der Mehrbetrag (Agio) ordnungsgemäß eingezahlt werden. Damit die Einzahlung der Bareinlagen zu einer Erfüllung der übernommenen Einlageverpflichtung führt, müssen die Einlagen rechtswirksam vom Vorstand der Gesellschaft eingefordert werden (§§ 54, 63 AktG). Der Anspruch der Gesellschaft auf Leistung der Einlagen verjährt in zehn Jahren, beginnend mit der Aufforderung des Vorstands an die Aktionäre zur Einzahlung (§ 54 Abs. 4 AktG i.V.m. § 63 Abs. 1 AktG).

**207** In der Gründungsbilanz werden die Bareinlagen im Posten „Kassenbestand, Bundesbankguthaben, Guthaben bei KI und Schecks" erfasst. Handelt es sich bei dem in Gründung befindlichen Unternehmen um ein KI oder FDLI, so erfolgt der Ausweis in den Posten „Barreserve" bzw. „Forderungen an Kreditinstitute". Bei VU ist der Ausweis im Posten „Laufende Guthaben bei Kreditinstituten, Schecks und Kassenbestand" vorzunehmen.

**208** Auf der Passivseite wird das Grundkapital als „Gezeichnetes Kapital" erfasst. Das gezeichnete Kapital ist in Höhe des in der Satzung festgesetzten Nennbetrags oder, falls ein Nennbetrag nicht vorhanden ist, in Höhe des rechnerischen Werts zu passivieren (§ 272 Abs. 1 HGB). Darüber hinaus ist der auf jede **Aktiengattung entfallende Betrag des Grundkapitals** gesondert in der Gründungsbilanz anzugeben (§ 152 Abs. 1 S. 2 AktG)[437].

**209** Leistet ein Gründer eine Einzahlung auf die von ihm übernommene Bareinlage, die den vom Vorstand eingeforderten Betrag übersteigt, wird nach *Schiller*[438] in Höhe des Mehrbetrags eine Verbindlichkeit der Gesellschaft ggü. dem Einzahler begründet, die in der Gründungsbilanz als „Sonstige Verbindlichkeit" auszuweisen ist.

**210** Haben die Gründer zum Zeitpunkt der Aufstellung der Eröffnungsbilanz ihre Bareinlagen noch nicht oder nicht in voller Höhe eingezahlt, müssen die ausstehenden Einlagen bilanziell erfasst werden, weil das gezeichnete Kapital zum Nennbetrag auszuweisen ist (§ 272 Abs. 1 HGB). Die für den JA geltenden Ausweisvorschriften des § 272 Abs. 1 HGB gelten auch für die Eröffnungsbilanz (§ 242 Abs. 1 S. 2 HGB).

Die nicht eingeforderten ausstehenden Einlagen auf das gezeichnete Kapital sind vom Posten „Gezeichnetes Kapital" offen abzusetzen; der verbleibende Betrag ist als Posten „Eingefordertes Kapital" in der Hauptspalte der Passivseite auszuweisen; der eingeforderte, aber noch nicht eingezahlte Betrag ist unter den Forderungen gesondert auszuweisen und entsprechend zu bezeichnen (§ 272 Abs. 1 S. 3 HGB)[439].

**211** Als Aufgeld oder Agio versteht man die Beträge, die die Aktionäre über den Nennbetrag oder, falls ein Nennbetrag nicht vorhanden ist, über den rechnerischen Wert der Anteile hinaus der Gesellschaft zu zahlen haben. Das Agio muss als solches vereinbart sein. Es entsteht, wenn der Ausgabebetrag (§ 9 AktG) der Aktien deren geringsten Ausgabebe-

437 Vgl. *IDW*, WPH Edition, Wirtschaftsprüfung & Rechnungslegung[15], Kap. F Tz. 435.
438 Vgl. *Schiller*, BB 1991, S. 2406.
439 Vgl. *IDW*, WPH Edition, Wirtschaftsprüfung & Rechnungslegung[15], Kap. F Tz. 434 zur Darstellung in der Bilanz.

trag übersteigt. Das im Falle einer Überpariemission eingezahlte Aufgeld (Agio) ist gem. § 272 Abs. 2 Nr. 1 HGB der „Kapitalrücklage" zuzuführen, wobei die durch die Ausgabe der Aktien entstandenen Kosten (Gründungskosten) nicht mit dem Einzahlungsbetrag verrechnet werden dürfen.

Sacheinlagen sind grds. bereits vor der Anmeldung der Gesellschaft zur Eintragung in das HR vollständig zu leisten (§ 36 Abs. 2 AktG). Allerdings dürfen Sacheinlagen, die in der Verpflichtung bestehen, einen Vermögensgegenstand auf die Gesellschaft zu übertragen, auch innerhalb der ersten fünf Jahre nach der Eintragung der Gesellschaft in das HR erbracht werden (§ 36a Abs. 2 S. 2 AktG). 212

Die **Anschaffungskosten** der Vermögensgegenstände werden durch die Festsetzungen i.R.d. Satzung oder des Kapitalerhöhungsbeschlusses bestimmt (geringster oder der höhere Ausgabebetrag der Aktien). Der Wert der Sacheinlagen muss dem geringsten Ausgabebetrag und bei Ausgabe der Aktien für einen höheren Betrag als diesen auch dem Mehrbetrag entsprechen (§ 36a Abs. 2 S. 3 AktG). Als Anschaffungskosten ist hiernach der für die Begebung der Anteile vereinbarte (festgesetzte) Ausgabebetrag anzusetzen, wenn er durch den Zeitwert gedeckt ist[440]. Erreicht der Zeitwert der Sacheinlage – auch unter Berücksichtigung eines ggf. vorhandenen Geschäfts- oder Firmenwerts – nicht den Ausgabebetrag, so darf der Zeitwert nicht überschritten werden. In Höhe der Differenz ist eine Ausgleichsforderung gegen den Inferenten anzusetzen[441]. Der gesetzliche Differenzhaftungsanspruch besteht bei der AG auch, soweit der Wert der Sacheinlage zwar den geringsten Ausgabebetrag (§ 9 Abs. 1 AktG), aber nicht das Aufgeld (§ 9 Abs. 2 AktG) deckt[442]. Werden bei Grundstücken dingliche Belastungen (Hypothek, Grundschuld) mit übernommen, sind diese übernommenen Verbindlichkeiten grds. gesondert als Verbindlichkeit zu passivieren; das Grundstück selbst ist mit seinem (Zeit-)Wert anzusetzen[443]. 213

Ist der **Zeitwert** der Sacheinlagen höher als der Nennwert oder, falls ein Nennwert nicht vorhanden ist, höher als der rechnerische Wert der Aktien, so bestehen für die Bilanzierung in der Eröffnungsbilanz (Gründungsbilanz) bzw. bei einer Kapitalerhöhung – und damit für die Wertfindung – mehrere Möglichkeiten[444]:

- Bewertung der Sacheinlagen mit dem Betrag, der dem **Nennwert/rechnerischen Wert der zu gewährenden Aktien** bzw. dem höheren Ausgabebetrag entspricht. Eine Dotierung der Kapitalrücklage in Höhe des „stillen" Aufgeldes unterbleibt insoweit. Der Wertansatz enthält dann zulässigerweise eine stille Reserve.
- Bewertung der Sacheinlagen mit ihrem höheren **Zeitwert**, soweit dem die Vereinbarung nicht ausdrücklich entgegensteht. Eine solche Beschränkung liegt nicht ohne Weiteres in der Bezifferung des Agios. Der über den Nennbetrag bzw. den rechnerischen Wert der Aktien hinausgehende Betrag ist in die Kapitalrücklage gem. § 272 Abs. 2 Nr. 1 HGB einzustellen. Da der Gegenstand der Sacheinlage in der Satzung bzw. im Kapitalerhöhungsbeschluss festgelegt ist, handelt es sich nicht um eine freiwillige Zuzahlung nach § 272 Abs. 2 Nr. 4 HGB.

440 Vgl. ADS$^6$, § 255 HGB, Tz. 96.
441 Vgl. ADS$^6$, § 255 HGB, Tz. 96.
442 BGH v. 06.12.2012, II ZR 149/10, AG, S. 87.
443 Vgl. *Winnefeld*, Bilanz-Handbuch$^4$, S. 2079.
444 Vgl. ADS$^6$, § 255 HGB, Tz. 97; *Mutze*, AG 1970, S. 324.

Nach überwiegender Meinung kann die Bewertung von Sacheinlagen handelsrechtlich bis zur Obergrenze des Zeitwerts – unabhängig von den historischen AHK – frei festgelegt werden[445]. Eine über den Zeitwert hinausgehende Bewertung scheitert am Verbot der Überbewertung.

**214** Besteht die Sacheinlage in der Verpflichtung, einen Vermögensgegenstand auf die Gesellschaft zu übertragen, muss diese Leistung innerhalb von fünf Jahren nach der Eintragung der Gesellschaft in das HR zu bewirken sein (§ 36a Abs. 2 AktG). Ggf. sind in der Gründungsbilanz die ausstehenden Einlagen nach § 272 Abs. 1 HGB zu bilanzieren[446].

**215** Die Sachübernahmevereinbarung (Tz. 31 ff.) ist ein schuldrechtlicher Austauschvertrag, dessen rechtliche Behandlung sich nach der in der Satzung vereinbarten Leistung richtet. Dieser stellt meist einen Kaufvertrag dar. Bezieht sich eine Sachübernahme auf erst noch herzustellende Vermögensgegenstände, handelt es sich um einen Werkvertrag. Die Verträge können mit einem Gründer oder einem Dritten abgeschlossen werden.

Bei Sachübernahmen zur Erfüllung der Einlagepflicht eines Gründers ist zunächst einmal danach zu unterscheiden, ob der Sachübernahmevertrag vor oder nach der Erstellung der Gründungsbilanz erfüllt wird. Wird der Sachübernahmevertrag erst nach der Erstellung der Gründungsbilanz erfüllt, handelt es sich am Stichtag der Gründungsbilanz um ein schwebendes Geschäft, das grds. nicht zu bilanzieren ist. Wurde der Sachübernahmevertrag bereits vorher abgewickelt, ist der Gegenstand der Sachübernahme mit seinen AHK, die sich aus der in der Satzung festgelegten Höhe der Vergütung ergeben, zu aktivieren[447]. In gleicher Höhe ist zum Zeitpunkt der Übernahme des Vermögensgegenstands eine Verbindlichkeit zu passivieren, die sogleich insoweit, als sie auf die ausstehenden Einlagen des Gründers anzurechnen ist, verringert wird. Falls die vereinbarte Vergütung die noch nicht erbrachte Einlage übersteigt, bleibt für die Gesellschaft eine Verbindlichkeit in Höhe des Differenzbetrags bestehen. In diesem Fall könnten bei der Einbuchung des Vermögensgegenstands auch sofort eine um den Einlagebetrag reduzierte Verbindlichkeit angesetzt und in entsprechender Höhe ausstehende Einlagen ausgebucht werden.

**216** Das AktG definiert den **Gründungsaufwand** in § 26 Abs. 2 AktG als den Gesamtaufwand, der zu Lasten der Gesellschaft an Aktionäre und an andere Personen als Entschädigung oder als Belohnung für die Gründung oder ihre Vorbereitung gewährt wird. Hierzu zählen u.a. Ausgaben für Aktiendruck, Rechts-, Steuer- und sonstige Beratung, Gründungsprüfung, Notar. Ohne eine wirksame Festsetzung des Gesamtbetrags in der Satzung dürfen Zahlungen zu Lasten der Gesellschaft nicht geleistet werden. In diesem Fall haben die Gründer die Aufwendungen zu tragen[448]. Es handelt sich dabei um Anschaffungskosten der Anteile bzw. Beteiligungen[449].

In die Bilanz dürfen Aufwendungen für die Gründung eines Unternehmens nicht als Aktivposten aufgenommen werden (§ 248 Abs. 1 Nr. 1 HGB). Gründungsaufwendungen können, sofern sie in der Satzung festgesetzt und deshalb von der Gesellschaft zu tragen sind, bereits vor dem Stichtag der Gründungsbilanz (Eröffnungsbilanz) zu Ausgaben

445 Vgl. dezidiert für den Zeitwert *Olfert/Körner/Langenbeck*, S. 114; *Angermayer*, DB 1998, S. 146.
446 Vgl. auch *Joswig*, S. 181.
447 Vgl. ADS$^6$, § 255 HGB, Tz. 103.
448 Vgl. HdR$^5$, § 248 HGB Rn. 10.
449 Vgl. ADS$^6$, § 248 HGB, Tz. 7.

führen. Mithin sind sie als Aufwand zu buchen und führen in entsprechender Höhe ggf. zum Ausweis eines Verlustvortrags[450]. Das Ansatzverbot gem. § 248 Abs. 1 Nr. 1 HGB stellt nur auf die Aktivseite der Bilanz ab, weshalb ordnungsmäßig festgesetzte Gründungsaufwendungen, die zwar angefallen, aber zum Aufstellungszeitpunkt der Gründungsbilanz noch nicht beglichen waren, als Verbindlichkeit oder Rückstellung zu erfassen sind[451]. Zur Behandlung von Fremdkapitalkosten vgl. im Einzelnen *Veit* (Hrsg.)[452]. In der Vorbelastungsbilanz können bei der Feststellung der Unterbilanz die Gründungsaufwendungen außer Betracht bleiben[453].

Das Bilanzierungsverbot der Aufwendungen für die **Beschaffung des Eigenkapitals** nach § 248 Abs. 1 Nr. 2 HGB (anlässlich der Gründung oder einer Kapitalerhöhung/Einlage) bezieht sich nicht nur auf unmittelbar für diesen Zweck entstandene Aufwendungen, sondern auch auf Zahlungen, die an Dritte geleistet werden, z.B. an Kapitalvermittlungsunternehmen[454].

Entgegen einer in der Literatur vertretenen Auffassung[455] ist der Ansatz des Grün- **217**
dungsaufwands in der **Eröffnungsbilanz** mit einem Posten eigener Art oder als RAP als unzulässig anzusehen. Eine Aktivierung dieser Aufwendungen ist ein Verstoß gegen § 248 Abs. 1 Nr. 1 HGB. Ferner stellen die Aufwendungen für die Gründung und Eigenkapitalbeschaffung dem Grunde nach keinen Aufwand der Geschäftstätigkeit dar, sondern (auf der Vermögensebene der Gründer/Gesellschafter) Anschaffungskosten für den Erwerb der Anteile[456].

Ist der Aufwand von der Gesellschaft zu tragen, sind die Beträge zu passivieren, soweit sie **218**
am Bilanzstichtag bereits wirtschaftlich entstanden und noch nicht bezahlt oder den Gründern zu erstatten waren. Dies führt zu einem Bilanzverlust. Über die Festlegungen in der Satzung hinausgehende Aufwendungen stellen verdeckte Kapitalrückzahlungen dar, die der Gesellschaft zu ersetzen sind.

Im Falle einer Überpariemission kann zur Vermeidung eines Verlustausweises wegen § 272 Abs. 2 Nr. 1 HGB auch keine Verrechnung der Aufwendungen gegen den Agiobetrag vorgenommen werden.

Wird die Gründungsbilanz frühzeitig aufgestellt (z.B. bei Errichtung der Gesellschaft), werden die Gründungsaufwendungen im Regelfall nicht in vollem Umfang in der Gründungsbilanz erfolgswirksam. Die nach dem Stichtag der Eröffnungsbilanz anfallenden Gründungsaufwendungen stellen einen Aufwand der folgenden Rechnungsperiode dar und mindern den handelsrechtlichen Gewinn des ersten GJ[457].

---

450 Vgl. *Schiller*, BB 1991, S. 2411; *Joswig*, S. 168 ff.; a.A. ADS[6], § 248 HGB, Tz. 6 und *Winnefeld*, Bilanz-Handbuch[4], S. 2085, wonach die bereits vor dem Stichtag der Eröffnungsbilanz (Gründungsbilanz) verausgabten Gründungsaufwendungen als aktiver RAP bzw. als Posten eigener Art auszuweisen sind, um diese Beträge ordnungsgemäß als Aufwand des ersten GJ ausweisen zu können. Dementsprechend muss der Posten im ersten GJ aufgelöst und unter den sonstigen betrieblichen Aufwendungen erfasst werden.

451 Vgl. ADS[6], § 248 HGB, Tz. 6.

452 Vgl. *Veit*, S. 29 ff.

453 Vgl. *Winnefeld*, Bilanz-Handbuch[4], S. 2086.

454 *IDW*, WPH Edition, Wirtschaftsprüfung & Rechnungslegung[15], Kap. F Tz. 66..

455 Vgl. *Crezelius*, DStR 1987, S. 748; *Sarx*, DStR 1991, S. 692; *Olfert/Körner/Langenbeck*, S. 118; a.A. *Budde/Förschle/Winkeljohann*, Sonderbilanzen[4], D Anm. 147.

456 Vgl. *Budde/Förschle/Winkeljohann*, Sonderbilanzen[4], D Anm. 147.

457 Vgl. *Joswig*, S. 170, m.w.N.

**219** Aufwendungen für die **Beschaffung von Fremdkapital** sind in § 248 Abs. 1 HGB, der sich nur auf Aufwendungen für die Beschaffung des Eigenkapitals bezieht, nicht angesprochen. Ob und inwieweit diese aktivierbar sind, richtet sich nach allgemeinen Bilanzierungsgrundsätzen. Da solche Aufwendungen nicht zur Schaffung eines Vermögensgegenstands führen, sind sie i.R.d. aktiven RAP aktivierbar[458].

**220** Schulden, die durch den Geschäftsbetrieb veranlasst sind oder bei der Einbringung von Sachgesamtheiten[459] mit eingebrachten Vermögensgegenständen in Zusammenhang stehen, sind nach dem Vollständigkeitsgebot (§ 246 Abs. 1 HGB) zu passivieren, auch wenn es sich um ungewisse Verbindlichkeiten oder drohende Verluste aus schwebenden Geschäften handelt (§ 249 Abs. 1 HGB)[460].

**221** Soweit aktive RAP z.B. zeitlich limitierte Ansprüche auf Versicherungsschutz oder Mietnutzung verkörpern, sind sie ansatzfähig[461]. Passive RAP für Einnahmen, die vor dem Stichtag der Eröffnungsbilanz eingegangen sind, sind zu passivieren, wenn sie Erträge für einen bestimmten Zeitraum nach dem Stichtag darstellen. Im Übrigen sind sie im Rahmen von Unternehmensübernahmen zu passivieren[462]. Ein Disagio kann in der Eröffnungsbilanz unter denselben Voraussetzungen wie im JA angesetzt werden[463].

## 4. Prüfung von Sacheinlagen bei Kapitalerhöhungen

**222** Das AktG unterscheidet vier **Formen der Kapitalerhöhung**:

- die Kapitalerhöhung gegen Einlagen (§§ 182 bis 191 AktG)
- das genehmigte Kapital (§§ 202 bis 206 AktG)
- die bedingte Kapitalerhöhung (§§ 192 bis 201 AktG)
- die Kapitalerhöhung aus Gesellschaftsmitteln (§§ 207 bis 220 AktG)[464].

Unter betriebswirtschaftlichen Aspekten ist bedeutsam, ob die Kapitalerhöhung einen Zufluss von finanziellen Mitteln an die Gesellschaft bewirkt, ob Sach- anstatt Geldeinlagen erfolgen bzw. erfolgen dürfen und ob das Bezugsrecht der Aktionäre ausgeschlossen ist[465].

---

458 Vgl. ADS[6], § 248 HGB, Tz. 11.

459 Vgl. hierzu OLG Düsseldorf, Beschluss v. 30.07.1992, DB 1993, S. 974.

460 Zur Frage des Nichtpassivierungs-Wahlrechts für vor dem 01.01.1987 direkt zugesagte laufende Pensionen oder Pensionsanwartschaften und mittelbare Pensionszusagen vgl. *Budde/Förschle/Winkeljohann*, Sonderbilanzen[4], D Anm. 163; danach gilt das Nichtpassivierungs-Wahlrecht für die Eröffnungsbilanz (Gründungsbilanz) nicht, weil sich das Wahlrecht nach seinem Sinn und Zweck auf ein bereits bestehendes Unternehmen bezieht. Bei Einbringung eines Unternehmens wäre die übernommene Verpflichtung aus der Pensionszusage als Bestandteil der Gegenleistung für die übernommenen Vermögensgegenstände zu passivieren.

461 Vgl. *Budde/Förschle/Winkeljohann*, Sonderbilanzen[4], D Anm. 153.

462 Vgl. *Winnefeld*, Bilanz-Handbuch[4], S. 2077.

463 Vgl. *Budde/Förschle/Winkeljohann*, Sonderbilanzen[4], D Anm. 155.

464 Zur Anpassung der Satzung an Kapitalerhöhungen vgl. *Cahn*, AG 2001, S. 181. Gemäß *IDW PH 9.400.6* ist bei einer Kapitalerhöhung aus Gesellschaftsmitteln dem Erhöhungsbeschluss einer AG die letzte festgestellte Jahresbilanz (§ 209 Abs. 1 AktG) oder eine nicht auf den Abschlussstichtag aufgestellte Zwischenbilanz (§ 209 Abs. 2 AktG) zugrunde zu legen, sofern der Stichtag der jeweiligen Bilanz höchstens acht Monate vor Anmeldung zur Eintragung in das HR liegt. Zur Kapitalerhöhung aus Gesellschaftsmitteln vgl. *Fett/Spiering*, NZG 2002, S. 358; *Grosjean/Schmidt*, DB 2005, S. 1518/1519; *Korsten*, AG 2006, S. 321.

465 Vgl. *Drukarczyk*, in: HWRev.[2], Sp. 935.

Mit Ausnahme der Kapitalerhöhung aus Gesellschaftsmitteln sind alle Formen der Kapitalerhöhung mit **Sacheinlagen** vollziehbar (§§ 183, 194, 205 AktG)[466]. Die Regelungen der **verdeckten Sacheinlage** nach § 27 Abs. 3 AktG (Tz. 153 f.) und des **Hin- und Herzahlens** nach § 27 Abs. 4 AktG (Tz. 158) gelten gem. § 183 Abs. 2, § 194 Abs. 2 und § 205 Abs. 3 AktG entsprechend auch für die Kapitalerhöhung[467]. Dies ist nötig, weil § 27 AktG seiner systematischen Stellung nach nur für die Gründung gilt[468].

Eine Sacheinlage liegt bspw. vor, wenn eine **Forderung gegen die Gesellschaft** zur Leistung der Einlage verwendet werden soll (z.B. im Falle des sog. Distressed Debt Investing)[469]. Dies trifft auch zu, wenn die Zahlung an die Gesellschaft ohne ausdrückliche Abrede zwischen der AG und dem Gesellschafter, dass es sich um eine **Voreinzahlung** auf eine Bareinlageverpflichtung handelt, erfolgt ist[470]. Für **Voreinzahlungen** (vor Beschlussfassung) der Einlage in einer **Krise**, etwa in Sanierungsfällen zur schnellen Überwindung akuter Liquiditätsengpässe oder einer Überschuldung, ist die schuldbefreiende Wirkung unter bestimmten Voraussetzungen anerkannt. Dazu muss sich die AG tatsächlich in einer Krise befinden, die Vorleistung der Einlage zur Bewältigung der Krise notwendig und geeignet sein, die Mittel entsprechend § 36 Abs. 2 AktG geleistet und ausdrücklich als Vorleistung auf die künftige Einlageschuld gekennzeichnet sein, die Leistung im Hinblick auf eine konkret geplante, alsbald beschlossene und entsprechend durchgeführte Kapitalerhöhung erfolgen und die Vorleistung auch bei Scheitern der Kapitalmaßnahme der Gesellschaft als Eigenkapital zur Verfügung gestellt werden mit der Folge der nachrangigen Befriedigung im Falle einer Insolvenz[471].

Zahlt der Gesellschafter den Einlagebetrag (aus einer Kapitalerhöhung) nach Fassung des Kapitalerhöhungsbeschlusses **ein zweites Mal** an die Gesellschaft, verbunden mit der Anweisung, die Zahlung an ihn zur Tilgung seiner Bereicherungsforderung aus einem ersten, fehlgeschlagenen Erfüllungsversuch zurück zu überweisen, liegt darin eine verdeckte Sacheinlage in Form des Hin- und Herzahlens (Tz. 158)[472].

Werden i.R.d. **Kapitalerhöhung gegen Einlagen** und der **bedingten Kapitalerhöhung** **223**
Sacheinlagen geleistet[473], müssen

- der Gegenstand der Sacheinlage,
- die Person, von der die Gesellschaft den Gegenstand erwirbt,

466 Gegenstände und Sachwerte, deren Besitz der Gesellschaft bereits vor dem Kapitalerhöhungsbeschluss überlassen worden ist, können nur dann als Sacheinlage eingebracht werden, wenn sie zumindest zum Zeitpunkt des Kapitalerhöhungsbeschlusses noch gegenständlich im Gesellschaftsvermögen vorhanden sind; ist das nicht der Fall, kommt als Sacheinlage lediglich eine dem Gesellschafter zustehende Erstattungs- oder Ersatzforderung in Betracht; vgl. BGH v. 18.09.2000, WM, S. 2304.

467 Vgl. BT-Drs. 16/13098, S. 40 f.

468 Vgl. BT-Drs. 16/13098, S. 40 zu den Besonderheiten der bedingten Kapitalerhöhung.

469 Beim Distressed Debt Investing erwerben Investoren notleidende Kredite und wandeln diese durch eine anschließende Sachkapitalerhöhung in Eigenkapital des schuldnerischen Unternehmens um. Vgl. dazu *Sydow/Beyer*, AG 2005, S. 635. Zur Einbringung von Forderungen (sog. Debt-to-Equity-Swap) generell und zu einem empirischen Überblick über Sachkapitalerhöhungen im Transaktionskontext vgl. *Seibt/Schulz*, Corporate Finance law 2012, S. 313. Zur Einlage wertgeminderter Gesellschafterforderungen vgl. *Groh*, BB 1997, S. 2523.

470 Vgl. OLG Düsseldorf v. 25.07.1996, GmbHR 1997, S. 606; *Klaft/Maxem*, GmbHR 1997, S. 586. Zur Zulässigkeit von Voreinzahlungen auf künftige Kapitalerhöhungen vgl. *Kort*, DStR 2002, S. 1223 (1224). Zu Vorausleistungen auf die Kapitalerhöhung nach MoMiG und ARUG vgl. *Priester*, DStR 2010, S. 494.

471 Vgl. *Vaupel/Reers*, AG 2010, S. 93 (98); *Hüffer*, AktG[10], § 188 Rn. 8.

472 BGH v. 10.07.2012, II ZR 212/10, Der Konzern 2012, S. 509.

473 Vgl. *Priester*, DStR 2010, S. 494, zu Vorausleistungen auf die Kapitalerhöhung nach MoMiG und ARUG.

- und der Nennbetrag, bei Stückaktien die Zahl der bei der Sacheinlage zu gewährenden Aktien,

**im Beschluss über die Kapitalerhöhung** festgesetzt werden (§§ 183 Abs. 1 S. 1, 194 Abs. 1 S. 1 AktG)[474]. Der Beschluss darf darüber hinaus nur gefasst werden, wenn die Einbringung von Sacheinlagen ausdrücklich und ordnungsgemäß bekannt gemacht worden ist (§§ 183 Abs. 1 S. 2, 194 Abs. 1 S. 3 AktG).

**224** Bei einem **genehmigten Kapital** sind der Gegenstand der Sacheinlage, die Person, von der die Gesellschaft den Gegenstand erwirbt, und der Nennbetrag (bei Stückaktien die Zahl) der bei der Sacheinlage zu gewährenden Aktien, wenn sie nicht in der Ermächtigung festgesetzt sind, vom **Vorstand** festzusetzen und in den Zeichnungsschein aufzunehmen (§ 205 Abs. 2 S. 1 AktG).

**225** Das Gericht prüft, ob der HV-Beschluss ordnungsgemäß zustande gekommen ist. Es muss die Eintragung ablehnen, wenn die **Festsetzungen** nach § 183 Abs. 1, § 194 Abs. 1 bzw. § 205 Abs. 2 AktG **fehlen, unvollständig oder sonst fehlerhaft** sind[475].

**226** Das **Gericht** kann die Eintragung der Kapitalerhöhung gegen Sacheinlagen ablehnen, wenn der Wert der Sacheinlage nicht unwesentlich hinter dem geringsten Ausgabebetrag der dafür zu gewährenden Aktien zurückbleibt (§§ 184 Abs. 3 S. 1, 195 Abs. 3 S. 1, 205 Abs. 7 S. 1 AktG).

**227** Bei Kapitalerhöhungen von AG mit Sacheinlagen schreibt das Gesetz eine **Prüfung** durch einen oder mehrere **externe Prüfer** vor[476], für die die §§ 33 Abs. 3 bis 5, 34 sowie 35 AktG sinngemäß gelten (§§ 183 Abs. 3, 194 Abs. 4, 205 Abs. 5 S. 1 AktG). Der Inhalt der Prüfung bei einer Sachkapitalerhöhung weicht von der Prüfung bei einer Sachgründung sinngemäß nicht ab[477]. § 183a Abs. 1 AktG – § 194 Abs. 5 und § 205 Abs. 5 S. 2 AktG entsprechend – erlaubt von einer Prüfung durch einen oder mehrere Prüfer abzusehen, soweit (im Fall der Gründung) das **vereinfachte Eintragungsverfahren** nach § 33a AktG gewählt werden konnte (vgl. Tz. 45 ff.)[478].

Die Prüfung erstreckt sich hierbei auf die Frage, ob der **Wert der Sacheinlage** den geringsten Ausgabebetrag der zu gewährenden Aktien erreicht, d.h. auf die Angemessenheit von Leistung und Gegenleistung bei Ausgabe von (jungen) Aktien[479].

**228** Über das **Ergebnis der Prüfung** ist schriftlich zu berichten. Im **Bericht**[480] über die Prüfung der Kapitalerhöhung mit Sacheinlagen ist auf Festsetzungen über den Gegenstand, über die Person, von der die Gesellschaft den Gegenstand erwirbt, und über den Nennbetrag bzw. bei Stückaktien die Zahl und deren rechnerischen Wert der für die Sacheinlage zu gewährenden Aktien einzugehen. Dabei ist der Gegenstand der Sacheinlage zu beschreiben und unter Angabe der Bewertungsmethode zu der Frage Stellung zu neh-

---

474 Vgl. *Wieneke*, AG 2013, S. 437, zu Problemen in der Praxis bei der Festsetzung der Sacheinlage.

475 Zu den Auswirkungen fehlerhafter oder unvollständiger Festsetzungen, die nicht in diese Fallgruppen passen, vgl. *Hüffer*, AktG[10], § 183 Rn. 11 ff.

476 Ausführlich zur aktienrechtlichen Prüfung von Sacheinlagen vgl. *Angermayer*, S. 36, 56 ff.

477 Vgl. BT-Drs. 16/11642, S. 36, 38 u. 39.

478 Vgl. BT-Drs. 16/11642, S. 36, 38 u. 39.

479 Vgl. *Schedlbauer*, S. 74 f.

480 Zur Abgrenzung des Sacheinlageprüfungsberichts des Sacheinlagenprüfers von einer *Fairness Opinion* vgl. *Cannivé/Suerbaum*, AG 2011, S. 317 (318).

men, ob der Wert der Sacheinlage den geringsten Ausgabebetrag der dafür zu gewährenden Aktien erreicht[481].

Ebenso wie der PrB über die Gründungsprüfung ist der Bericht über die Prüfung der Kapitalerhöhung mit Sacheinlagen der **Öffentlichkeit** zugänglich. Auch hier ist vom AktG die Erteilung eines BestV nicht vorgesehen. 229

**Praxistipp 6:**

Es empfiehlt sich jedoch, das Prüfungsergebnis in einer **Schlussbemerkung** im PrB zusammenzufassen. Hierfür kann der folgende Wortlaut gewählt werden:
„Nach dem abschließenden Ergebnis meiner (unserer) pflichtmäßigen Prüfung nach §§ 34, 183 Abs. 3 (194 Abs. 4, 205 Abs. 3) AktG bestätige(n) ich (wir) aufgrund der mir (uns) vorgelegten Urkunden, Bücher und Schriften sowie der mir (uns) erteilten Aufklärungen und Nachweise, dass der Wert der Sacheinlage(n) (ggf. „unter Berücksichtigung der Barvergütung") den geringsten Ausgabebetrag der dafür zu gewährenden Aktien erreicht."

## 5. Sonderprüfung zur Prüfung der geschäftlichen Beziehungen der Gesellschaft zu herrschenden oder einem mit ihm verbundenen Unternehmen (§ 315 AktG)

In § 315 AktG ist in Erweiterung des Schutzes der Rechte von Minderheitsaktionären für bestimmte Fälle eine spezielle Sonderprüfung der geschäftlichen Beziehungen einer abhängigen Gesellschaft zu verbundenen Unternehmen vorgesehen. Diese Vorschrift soll es außenstehenden Aktionären erleichtern, Verstöße gegen das **Benachteiligungsverbot** in § 311 AktG aufzudecken und auf der Grundlage der so gewonnenen Erkenntnisse Schadensersatzansprüche nach § 317 AktG geltend zu machen[482]. Eines solchen Instruments bedarf es insb. auch im Hinblick darauf, dass der nach § 312 AktG zu erstellende Abhängigkeitsbericht des Vorstands nur dem APr. und dem AR vorzulegen ist[483] und den Aktionären auch der PrB des APr. zum Abhängigkeitsbericht nicht zugänglich ist. Lediglich die abschließende formelhafte Erklärung des Vorstands im Abhängigkeitsbericht ist nach § 312 Abs. 3 S. 3 AktG in den LB aufzunehmen. 230

Für die gerichtliche Bestellung eines Sonderprüfers i.S.d. § 315 S. 1 AktG ist der **Antrag eines Aktionärs** ausreichend. Voraussetzung der Antragstellung ist damit die Existenz mindestens eines außenstehenden Aktionärs[484]. Ferner ist es nach Satz 1 der Vorschrift erforderlich, dass eine der nachstehend genannten, lediglich formal[485] vorliegenden Konstellationen vorliegt, nämlich dass der 231

481 Vgl. auch *Drukarczyk*, in: HWRev.², Sp. 938; *Sydow/Beyer*, AG 2005, S. 635 (637).
482 Vgl. *Altmeppen*, in MünchKomm AktG⁴, § 315 Rn. 1.
483 Vgl. *Altmeppen*, in MünchKomm AktG⁴, § 312 Rn. 7.
484 Gläubigern der Gesellschaft ist damit dieser Weg nicht eröffnet. Diese haben aber über die Veröffentlichung des Berichts über eine von Aktionärsseite veranlasste Sonderprüfung im HR mittelbar Zugang zu deren Ergebnis.
485 Vgl. *Altmeppen*, in MünchKomm AktG⁴, § 315 Rn. 11.

- APr. den Vermerk zum Abhängigkeitsbericht[486] eingeschränkt oder versagt hat[487],
- der AR erklärt hat, dass Einwendungen gegen die Erklärung des Vorstands am Schluss des Abhängigkeitsberichts zu erheben sind[488] oder der
- Vorstand selbst erklärt hat, dass die Gesellschafter durch bestimmte Geschäfte oder Maßnahmen benachteiligt worden ist, ohne dass die Nachteile ausgeglichen worden sind.

**232** Da Einschränkungen des Vermerks des APr. zum Abhängigkeitsbericht oder diesbezüglich einschränkende Erklärungen des AR oder des Vorstands höchst selten sind, ist eine Sonderprüfung nach § 315 AktG aus den in Satz 1 aufgeführten Anlässen bisher nicht bekannt geworden[489]. Der Gesetzgeber hat indessen durch die Einfügung des Satzes 2[490] den Zugang zu einer Sonderprüfung erweitert. Danach kann der Antrag nach § 315 AktG auch dann gestellt werden, wenn **sonstige Tatsachen** vorliegen, die den **Verdacht einer pflichtwidrigen Nachteilszufügung** rechtfertigen. Über ein Antragsrecht verfügen Aktionäre, deren Anteile zusammen den 100sten Teil des Grundkapitals oder den anteiligen Betrag von 100.000 € erreichen. Das erforderliche Aktionärsquorum entspricht damit dem des § 142 Abs. 2 AktG (vgl. Tz. 12). Die anspruchsbegründenden Tatsachen müssen weder bewiesen noch glaubhaft gemacht werden. Das Gericht braucht nicht festzustellen, ob der behauptete Verdacht tatsächlich zutrifft, es genügt vielmehr, dass das Gericht von hinreichenden Verdachtsmomenten überzeugt wird[491].

Die in § 315 S. 1 und 2 AktG geregelten Fallgestaltungen sind Unterfälle der allgemeinen Sonderprüfung nach § 142 AktG, ohne letztere aber zwangsläufig zu verdrängen. Allerdings ist für ein Minderheitsverlangen nach § 142 Abs. 2 AktG bei Anwendbarkeit des § 315 S. 2 AktG i.d.R. kein Raum, da dieser den Zugang zu einer Sonderprüfung wesentlich erleichtert[492]. So kann im Fall von § 315 S. 1 AktG jeder Aktionär den Antrag stellen und in beiden Fallgruppen des § 315 AktG ist kein vorangegangener ablehnender Beschluss der HV erforderlich. Im Übrigen bestimmt sich der verfahrensrechtliche Teil der Sonderprüfung weitgehend nach den für die allgemeine Sonderprüfung nach § 142 AktG geltenden Vorschriften.

**233** Über den Antrag entscheidet das **Landgericht**, in dessen Bezirk die Gesellschaft ihren Sitz hat (§ 315 S. 3 AktG), durch Beschluss. Gegen diese Entscheidung ist Beschwerde zulässig (§ 315 S. 5 AktG). In ihr ist zugleich der Sonderprüfer zu bestimmen. Hinsichtlich der **Auswahl der Sonderprüfer** gilt § 143 AktG. Im Hinblick auf den Gegenstand

486 Der Versagung des Vermerks zum Abhängigkeitsbericht steht der Fall gleich, dass der APr. den BestV zum JA der Gesellschaft mit der Begründung eingeschränkt hat, dass der Vorstand ihm zu Unrecht keinen Abhängigkeitsbericht vorgelegt hat (vgl. *Altmeppen,* in MünchKomm AktG[4], § 315 Rn. 13.), zum Vermerk des APr. über die Prüfung des Abhängigkeitsberichts vgl. *IDW,* WPH Edition, Wirtschaftsprüfung & Rechnungslegung[15], Kap. O Tz. 121 ff.

487 Ein Zusatz zum Vermerk eröffnet den Weg zur Sonderprüfung hingegen nicht (vgl. *Altmeppen,* in MünchKomm AktG[4], § 315 Rn. 11 m.w.N.).

488 Entsprechendes gilt, wenn der Beschluss hinsichtlich der Erklärung des AR nach § 314 Abs. 3 AktG rechtskräftig für nichtig erklärt wurde (vgl. *Altmeppen,* in MünchKomm AktG[4], § 315 Rn. 14.).

489 *Koppensteiner,* in KölnerKomm AktG[4], § 315 Rn. 4.

490 Eingefügt durch das Gesetz zur Kontrolle und Transparenz im Unternehmensbereich (KonTraG) vom 27.04.1998 (BGBl. I, S. 786).

491 Vgl. *Habersack,* in: Emmerich/Habersack, Aktien- und GmbH-Konzernrecht[6], § 315 Rn. 16.

492 Vgl. *Altmeppen,* in MünchKomm AktG[4], § 315 Rn. 8.

der Prüfung werden i.d.R. WP oder vBP zu wählen sein[493]. Für das Verfahren gilt § 142 Abs. 8 AktG entsprechend (§ 315 S. 4 AktG). Die Gerichtskosten und die Kosten der Sonderprüfung sind von der Gesellschaft zu tragen (§ 146 S. 1 AktG). Der Antragsteller hat im Fall eines Antrags nach § 315 S. 1 AktG seine Eigenschaft als Aktionär der Gesellschaft sowie einer der Voraussetzungen der Nr. 1 bis 3 nachzuweisen. Für die Berechnung der nach § 315 S. 2 AktG antragsberechtigten Aktionärsminderheit gelten die Grundsätze nach § 142 Abs. 2 AktG.

Für die Durchführung der Sonderprüfung gelten die allgemeinen Regeln der §§ 142 ff. **234** AktG. Die Sonderprüfung nach § 315 AktG ist eine umfassende Prüfung aller geschäftlichen Beziehungen des abhängigen Unternehmens mit dem herrschenden Unternehmen und mit allen mit diesem verbundenen Unternehmen, sofern die Bestellung durch das Gericht die Prüfung nicht auf bestimmte Unternehmen als Prüfungsobjekte beschränkt[494]. Im Rahmen der Sonderprüfung ist damit zugleich die Vollständigkeit des Abhängigkeitsberichts zu prüfen.

Der **Bericht** über die Sonderprüfung ist unter Hervorhebung des Wesentlichen so ein- **235** gehend und deutlich abzufassen, dass ein sachkundiger Dritter diesen im Hinblick auf mögliche Ersatzansprüche (§ 317 AktG) oder eine persönliche Verantwortlichkeit von Verwaltungsmitgliedern (§ 318 AktG) auswerten kann. Der Bericht ist zum HR der Gesellschaft einzureichen (§ 145 Abs. 6 S. 3 AktG). Dort kann er von jedermann eingesehen werden.

## 6. Sonderprüfung wegen unzulässiger Unterbewertung (§ 258 AktG)

### 6.1 Rechtliche Grundlagen

Die Bestimmungen über die **Sonderprüfung** wegen unzulässiger **Unterbewertung** gem. **236** §§ 258-261a AktG geben den Aktionären einen Rechtsbehelf an die Hand für Fälle wesentlicher Unterbewertung bzw. unterlassener oder unvollständiger Angaben im Anhang.

Dieser Rechtsbehelf soll insb. dazu beitragen, dass das Verbot der Bildung stiller Reser- **237** ven durch **unzulässige Unterbewertung** beachtet wird. Er dient mittelbar dem Schutz der Kompetenz der HV zur Entscheidung über die Gewinnverwendung und damit dem Dividendeninteresse der Aktionäre[495].

Auf Antrag hat das Gericht nach § 258 Abs. 1 AktG Sonderprüfer zu bestellen, wenn **238** Anlass zu der Annahme besteht, dass

- in dem festgestellten JA bestimmte **Posten** nicht unwesentlich **unterbewertet** sind, oder
- der Anhang die **vorgeschriebenen Angaben** nicht oder nicht vollständig enthält und der Vorstand in der HV die fehlenden Angaben, obwohl nach ihnen gefragt worden ist, nicht gemacht hat und die Aufnahme der Frage in die Niederschrift verlangt worden ist.

---

493 Vgl. *Habersack*, in: Emmerich/Habersack, Aktien- und GmbH-Konzernrecht[6], § 315 Rn. 14; *Altmeppen*, in: MünchKomm. AktG[4], § 315 Rn. 25.

494 *Koch*, in: Hüffer, AktG[12], § 315 Rn. 6.

495 Vgl. *Hoffmann-Becking*, in: MünchHdb. AG[3], § 47 Rn. 11 m.w.N.; *Hüffer*, AktG[10], § 258 Rn. 1.

239 Der erforderliche **Antrag** muss nach § 258 Abs. 2 S. 1 AktG innerhalb eines Monats nach der HV bei dem Gericht i.S.d. § 14 AktG – Registergericht am Sitz der Gesellschaft – gestellt werden. Die Frist beginnt auch dann mit dem Tag nach der HV, wenn ein von der HV geänderter JA erneut zu prüfen ist (§ 258 Abs. 2 S. 2 AktG). Antragsberechtigt sind nur Aktionäre, deren Anteile zusammen den Schwellenwert des § 142 Abs. 2 AktG – also den hundertsten Teil des Grundkapitals oder den anteiligen Nominalbetrag von 100.000 € – erreichen. Die Aktien müssen bis zur Entscheidung über den Antrag entweder hinterlegt oder es muss eine Versicherung des depotführenden KI vorgelegt werden, dass die Aktien so lange nicht veräußert werden (§ 258 Abs. 2 S. 4 AktG). Außerdem müssen die Antragsteller glaubhaft machen, dass sie seit mindestens drei Monaten vor dem Tag der HV Inhaber der Aktien sind. Zur Glaubhaftmachung ist die Vorlage von Bankdepotauszügen geeignet, es genügt aber auch die eidesstattliche Versicherung vor dem Gericht oder einem Notar[496] (§ 258 Abs. 2 S. 5 AktG).

240 Im Antrag sind diejenigen Tatsachen und Umstände darzulegen, die den Anlass für die Annahme begründen sollen, es liege eine nicht unwesentliche Unterbewertung vor oder der Anhang enthalten die erforderlichen Angaben nicht oder nicht vollständig[497]. Im Hinblick darauf, dass ein Antragsteller ins einzelne gehende Kenntnisse über die Bewertung überhaupt nicht haben kann, dürfen die Anforderungen an die **Darlegungslast** des Aktionärs nicht überspannt werden. Erforderlich ist daher weniger als ein Beweisantritt über die Unterbewertung oder Unvollständigkeit von Angaben, aber auch deutlich mehr als eine bloße unsubstantiierte Behauptung. Der Antragsteller muss deshalb **konkrete Verdachtsmomente** vortragen, die die Annahme begründen, es liege eine Unterbewertung vor[498]. Insb. muss sich der Antrag auf die Unterbewertung bestimmter Aktiv- oder Passivposten beziehen. Mit „Posten" sind die Gliederungsposten des § 266 Abs. 2 und 3 HGB gemeint. Die Bemängelung kann sich entweder auf den gesamten Bilanzposten oder auf einzelne Aktiva bzw. Passiva beziehen, die in diesem Bilanzposten ausgewiesen oder enthalten sind (vgl. Tz. 251). Es können auch mehrere bestimmte Bilanzposten nebeneinander beanstandet werden.

241 Die Unterbewertung muss **nicht unwesentlich** sein. Durch die doppelte Verneinung kommt zum Ausdruck, dass die Unterbewertung jedenfalls nicht die Grenze der Wesentlichkeit i.S.v. § 256 Abs. 4 AktG erreichen muss, denn anderenfalls macht der sprachliche Unterschied keinen Sinn[499]. Im Übrigen ist die Frage, was unter „nicht unwesentlich" zu verstehen ist, schwer zu beantworten und in der Literatur umstritten. Nach herkömmlicher Auffassung ist die Gewichtung einer Unterbewertung nicht auf den betr. Bilanzposten als Vergleichsgröße zu beschränken, sondern kann nur aus dem Gesamtzusammenhang heraus und nur unter Beachtung der jeweiligen Größenordnung der Gesellschaft, namentlich des ausgewiesenen Jahresergebnisses und des Grundkapitals beurteilt werden[500]. Die Gegenmeinung, die als Vergleichsgröße auf den jewei-

496 *Claussen*, in: Kölner Komm. AktG[3], § 258 Rn. 26; *Koch*, in: MünchKomm. AktG[4], § 258 Rn. 46.

497 Vgl. ADS[6], § 258 AktG, Tz. 12 m.w.N.; *Kleindiek*, in: Schmidt/Lutter, AktG[3], § 258 Rn. 6; *Rodewald*, in: HdR[5], § 258 AktG Rn. 26 ff.

498 ADS[6], § 258 AktG, Tz. 18 m.w.N.; *Hüffer*, AktG[10], § 258 Rn. 3; *Jänig*, NZG 2008, S. 257 (259); OLG München v. 20.06.2006, AG, S. 801 (802); OLG München v. 03.02.2009, AG, S. 672 (674).

499 *Claussen*, in: Kölner Komm. AktG[3], § 258 Rn. 16; *Euler/Sabel*, in: Spindler/Stilz, AktG[3], § 258 Rn. 14; *Koch*, in: MünchKomm. AktG[4], § 258 Rn. 19; *Kleindiek*, in: Schmidt/Lutter, AktG[3], § 258 Rn. 9.

500 ADS[6], § 258 AktG, Tz. 86; *Frey*, WPg 1966, S. 634; *Claussen*, in: Kölner Komm. AktG[3], § 258 Rn. 17 m.w.N.

ligen Bilanzposten abstellt, begründet dies mit dem gesetzlichen Regelungszweck, die Einhaltung der zulässigen Bewertungsgrenzen für Bilanzposten sicherzustellen[501]. Der erstgenannten Auffassung ist im Ergebnis zu folgen, denn ein praktisches Bedürfnis der Aktionäre für die Beantragung einer Sonderprüfung besteht nur, wenn ein unterbewerteter Einzelposten oder mehrere in ihrer Summe für den gesamten JA Bedeutung haben. Nur in einem solchen Falle kann die Ausschüttung einer angemessenen höheren Dividende in Betracht kommen. Der Schutz des mitgliedschaftsrechtlichen Dividendenrechts, nicht die formale Rechtsdurchsetzung ist zentraler Normzweck.

Dagegen besteht keine Notwendigkeit, für die nicht unwesentliche Unterbewertung feste Betragsgrenzen anzunehmen. Im älteren Schrifttum wurde vielfach angenommen, dass die Voraussetzungen des § 258 Abs. 1 Nr. 1 AktG gegeben seien, wenn die Unterbewertung im ausmachenden Betrag mehr als 10% des Jahresüberschusses und 0,5% des Grundkapitals betrage[502]. Diese aus dem früheren § 160 Abs. 2 S. 5 AktG a.F. abgeleitete Auffassung wurde schon vor seiner Aufhebung durch das Bilanzrichtliniengesetz kritisiert, da starre Abgrenzungskriterien kein geeigneter Maßstab für die Unwesentlichkeit einer Unterbewertung sind. Es ist vielmehr eine am Einzelfall orientierte sachverständige Billigkeitsentscheidung (durch das Gericht bzw. die Sonderprüfer) erforderlich[503]. Nach dem Wegfall der festen Wertgrenzen des § 160 Abs. 2 S. 5 AktG a.F. dürfte der an dessen Grenzen orientierten Auffassung auch die Grundlage entzogen sein. 242

Da es sich um ein Verfahren der freiwilligen Gerichtsbarkeit handelt[504], hat das Gericht nach § 26 FamFG von Amts wegen die zur Feststellung der Tatsachen erforderlichen Ermittlungen einzuleiten und geeignet erscheinende Beweise aufzunehmen. Der Antragsteller trägt deshalb nicht die **Beweisführungslast** für seine Darlegung. Ist der Antrag schlüssig, hat das Gericht in die Amtsprüfung einzutreten, wobei es auch Sachverständige hinzuziehen kann. 243

Vor der **Bestellung der Sonderprüfer** hat das Gericht nach § 258 Abs. 3 AktG den Vorstand, den AR und den APr. zu hören. Gegen die Entscheidung ist die Beschwerde binnen Monatsfrist nach den §§ 258 Abs. 3 S. 2 AktG, 63 FamFG zulässig. 244

Auch bei einem Antrag nach § 258 AktG dürften Fälle der missbräuchlichen Ausübung des Antragsrechts nicht von vornherein ausgeschlossen sein, zumal das erforderliche Quorum[505] zusammen mit dem bei der allgemeinen Sonderprüfung stark herabgesetzt wurde (vgl. Tz. 12, 239). Eine grob eigennützige Ausübung des Antragsrechts würde es bedeuten, wenn die Antragsteller mit dem Antrag einen Lästigkeitswert aufbauen wollen, um Zahlungen an sich selbst durchzusetzen, die ihnen nicht zustehen. 245

Bei **Kreditinstituten** oder **Finanzdienstleistungsinstituten** kann ein Sonderprüfer nach § 258 Abs. 1 AktG nicht bestellt werden, soweit zwar Unterbewertung oder Anhanglücken gegeben sein mögen, diese aber auf der in § 340f HGB zugelassenen Vorsorge für 246

501 *Euler/Sabel*, in: Spindler/Stilz, AktG[3], § 258 Rn. 14; *Koch*, in: MünchKomm. AktG[4], § 258 Rn. 21 m.w.N.; *Kleindiek*, in: Schmidt/Lutter, AktG[3], § 258 Rn. 9; *Krag/Hullermann*, DB 1980, S. 459; *Rodewald*, in: HdR[5], § 258 AktG Rn. 40.

502 *Frey*, WPg 1966, S. 634; *Claussen*, in: Kölner Komm. AktG[1], § 258 Rn. 15.

503 ADS[6], § 258 AktG, Tz. 86; *Euler/Sabel*, in: Spindler/Stilz, AktG[3], § 258 Rn. 14; *Hüffer*, AktG[10], § 258 Rn. 8.

504 Trotz Fehlens einer gesetzlichen Klarstellung einhellige Auffassung; vgl. *Hüffer*, AktG[10], § 258 Rn. 13; *Kleindiek*, in: Schmidt/Lutter, AktG[3], § 258 Rn. 16, 19.

505 Bis zur Änderung durch das UMAG betrugen die Antragsschwellenwerte 5% des Grundkapitals oder 500.000 €.

allgemeine Bankrisiken beruhen (§ 258 Abs. 1a AktG). Die Ausnahmeregelung des § 258 Abs. 1a AktG ist auf VU nicht analog anwendbar; allerdings sind i.R.d. Sonderprüfung die in den §§ 341b bis 341h HGB zugelassenen besonderen Bewertungsmöglichkeiten zu berücksichtigen[506].

Handelt es sich um eine AG, die Wertpapiere i.S.d. § 2 Abs. 1 S. 1 WpHG ausgegeben hat, die an einer inländischen **Börse** zum Handel im amtlichen oder geregelten Markt zugelassen sind, so hat das Gericht den Eingang eines Antrags auf Bestellung von Sonderprüfern, jede rechtskräftige Entscheidung hierüber, den Sonderprüfungsbericht sowie eine rechtskräftige Gerichtsentscheidung über abschließende Feststellungen der Sonderprüfer der **BaFin mitzuteilen** (§ 261a AktG). Mit dieser Regelung soll – wie bei der Parallelvorschrift des § 142 Abs. 7 AktG – die Einhaltung der **Sperrwirkung** sichergestellt werden, die eine eingeleitete Sonderprüfung ggü. dem Bilanzkontrollverfahren der DPR bzw. der BaFin entfaltet (§§ 342b Abs. 3 HGB, 37o Abs. 2 WpHG).

## 6.2 Bestellung der Sonderprüfer

247 Zu Sonderprüfern nach § 258 AktG können nur WP und WPG bestellt werden. Die Auswahl ist ebenso wie bei der Prüfung des JA durch die sinngemäße Anwendung von § 319 Abs. 2-4, § 319a Abs. 1 und § 319b Abs. 1 HGB beschränkt. Eine weitere Beschränkung ergibt sich aus § 258 Abs. 4 S. 3 AktG. Danach können weder der aktuelle APr. der Gesellschaft noch – natürliche und juristische – Personen, die in den letzten drei Jahren vor Bestellung APr. der Gesellschaft waren, Sonderprüfer sein.

248 Die **Stellung der Sonderprüfer** nach § 258 AktG ist die gleiche wie die Stellung der allgemeinen Sonderprüfer nach § 145 Abs. 1-3 AktG (§ 258 Abs. 5 S. 1 AktG; vgl. Tz. 21).

Besonders ist darauf hinzuweisen, dass die Sonderprüfer nach § 258 Abs. 5 S. 2 AktG die Rechte nach § 145 Abs. 2 AktG auch ggü. dem APr. der Gesellschaft haben. Sie können auch von diesem alle Aufklärungen und Nachweise verlangen, welche die sorgfältige Prüfung der Vorgänge notwendig macht.

249 Für ihre **Verantwortlichkeit** gilt § 323 HGB sinngemäß (§ 258 Abs. 5 AktG; vgl. Tz. 20). Die Sonderprüfer haben Anspruch auf Ersatz angemessener Auslagen und auf Vergütung ihrer Tätigkeit. Die Festsetzung erfolgt durch das Gericht. Die festgesetzten Kosten hat unabhängig vom Ergebnis der Sonderprüfung die Gesellschaft zu tragen[507]. Allerdings haben die Antragsteller der Gesellschaft die Kosten zu **erstatten**, wenn sie die Bestellung der Sonderprüfer durch vorsätzlich oder grob fahrlässig **unrichtigen Vortrag** erwirkt haben (§ 258 Abs. 5 S. 1 i.V.m. § 146 S. 2 AktG).

## 6.3 Durchführung der Sonderprüfung und Berichterstattung

250 Für den **Umfang der Sonderprüfung** nach § 258 AktG ist, sofern das Gericht die Sonderprüfer bestellt, die Bestimmung des Prüfungsgegenstands im Gerichtsbeschluss maßgeblich (§ 258 Abs. 1 S. 1-3 AktG). Der Beschluss hat den Prüfungsgegenstand so genau zu bezeichnen, dass er anhand dieser Urkunde zweifelsfrei identifiziert werden kann[508]. Die Sonderprüfer haben demnach die bemängelten Bilanzposten darauf zu

506 *Bezzenberger*, in: Großkomm. AktG[4], § 258 Rn. 57 m.w.N.; *Koch*, in: MünchKomm. AktG[4], § 258 Rn. 38.
507 Vgl. *Bezzenberger*, in: Großkomm. AktG[4], § 258 Rn. 102, 117; *Hüffer*, AktG[10], § 258 Rn. 28.
508 Vgl. ADS[6], § 258 AktG, Tz. 56 f.; *Koch*, in: MünchKomm. AktG[4], § 258 Rn. 30, 55; *Rodewald*, in: HdR[5], § 258 AktG Rn. 52.

prüfen, ob sie nicht unwesentlich unterbewertet sind; antragsgemäßer Gegenstand der Sonderprüfung können aber auch nur einzelne Aktiva bzw. Passiva sein[509]. Maßstab für die Beurteilung, ob eine nicht unwesentliche Unterbewertung vorliegt, bleibt auch in diesem Fall die Bewertung des Postens.

Bei Sonderprüfungen nach § 258 Abs. 1 S. 1 Nr. 2 AktG haben die Sonderprüfer den Anhang darauf zu prüfen, ob die nach Handels- und Aktienrecht erforderlichen Angaben nicht oder nicht vollständig gemacht worden sind und der Vorstand in der HV die fehlenden Angaben, obwohl nach ihnen gefragt worden ist, nicht gemacht hat und die Aufnahme der Frage in die Niederschrift verlangt worden ist. Während sich die Abschlussprüfung auf sämtliche Posten des JA und grds. auch auf alle Angaben des Anhangs erstreckt, hat der Sonderprüfer nur die im Gerichtsbeschluss bestimmten Posten auf Unterbewertung oder den Anhang auf die bestimmten fehlenden bzw. unvollständigen Angaben hin zu prüfen.

Da der oder die Antragsteller nicht im Einzelnen darlegen müssen, woraus sie den Anlass **251**
für die Annahme der Unterbewertung ableiten, müssen die Sonderprüfer eine umfassende Prüfung der Bewertung der gerügten Posten vornehmen. Sie müssen die Bewertung sowohl von der quantitativen Seite (z.B. Ordnungsmäßigkeit der Inventur, sachgerechte Anwendung der Grundsätze der Vollständigkeit und wirtschaftlichen Zugehörigkeit) als auch von der qualitativen Seite (z.B. Anwendung der richtigen Bewertungs- und Abschreibungsmethode, verwendete Parameter) überprüfen[510]. Dabei haben sie nach § 259 Abs. 2 S. 2 AktG ihrer Beurteilung die Verhältnisse am Stichtag des JA zugrunde zu legen, wobei wertaufhellende Ereignisse bis zum Ende des ursprünglichen Wertaufhellungszeitraums (endgültige Aufstellung des bemängelten Abschlusses) zu berücksichtigen sind[511]. Die Sonderprüfer haben nach § 259 Abs. 2 S. 3 AktG für den Ansatz der Werte und Beträge diejenigen Bewertungs- und Abschreibungsmethoden zugrunde zu legen, nach denen die Gesellschaft die zu bewertenden Gegenstände oder vergleichbare Wertgegenstände zuletzt in zulässiger Weise bewertet hat (Ansatz- und Bewertungsstetigkeit). Ist die Prüfung eines Bilanzpostens verlangt, ist die Bewertung sämtlicher darin enthaltender Vermögensgegenstände vorzunehmen. Werden dabei neben unzulässigen Unterbewertungen auch unzulässige Überbewertungen bei anderen Vermögensgegenständen innerhalb dieses Postens festgestellt, kommt es auf die saldierte Auswirkung an[512]. Ist dagegen die Prüfung des Wertansatzes eines einzelnen Vermögensgegenstandes verlangt (vgl. Tz. 250), ist streitig, ob sich die Ermittlung der Unterbewertung auf diesen Vermögensgegenstand beschränken darf[513] oder ob die anderen in diesem Posten ausgewiesenen Vermögensgegenstände daraufhin zu untersuchen sind, ob unzulässige Überbewertungen festzustellen sind[514]. Zwar ist richtig, dass es nach dem Gesetzeswortlaut auf die Unterbewertung des Postens ankommen soll.

509 ADS[6], § 258 AktG, Tz. 19, 57; a.A. *Bezzenberger*, in: Großkomm. AktG[4], § 258 Rn. 25; *Hüffer*, in: MünchKomm. AktG[3], § 258 Rn. 15.

510 ADS[6], § 258 AktG, Tz. 65; *Euler/Sabel*, in: Spindler/Stilz, AktG[3], § 258 Rn. 36 f.; *Hüffer*, in: MünchKomm. AktG[3], § 258 Rn. 31; *Rodewald*, in: HdR[5], § 258 AktG Rn. 59 ff.

511 Vgl. ADS[6], § 258 AktG, Tz. 76; *Bezzenberger*, in: Großkomm. AktG[4], § 259 Rn. 23; *Hüffer*, in: MünchKomm. AktG[3], § 259 Rn. 10.

512 *Euler/Sabel*, in: Spindler/Stilz, AktG[3], § 258 Rn. 40; *Koch*, in: MünchKomm. AktG[4], § 258 Rn. 14; *Kleindiek*, in: Schmidt/Lutter, AktG[3], § 258 Rn. 8.

513 ADS[6], § 258 AktG, Tz. 57, 69; *Claussen*, in: Kölner Komm. AktG[3], § 258 Rn. 18.

514 *Koch*, in: MünchKomm. AktG[4], § 258 Rn. 15; *Rodewald*, in: HdR[5], § 258 AktG Rn. 53.

Wird jedoch die Unterbewertung nur in Bezug auf einen konkreten Vermögensgegenstand behauptet und der Sonderprüfungsauftrag hierauf bezogen, ist auch bei Feststellung einer Unterbewertung regelmäßig kein Anlass ersichtlich, sämtliche anderen Vermögensgegenstände auf eine etwaige Überbewertung zu untersuchen, weil diese im Zweifel bereits i.R.d. vorangegangenen Abschlussprüfung beanstandet worden wären. Etwas anderes gilt dann, wenn der Prüfer bei seiner Tätigkeit konkrete Anhaltspunkte für eine solche Überbewertung feststellt.

**252** Die Sonderprüfer haben nach § 259 Abs. 1 AktG über das Ergebnis der Prüfung schriftlich zu berichten. Dazu müssen sie grds. auch Tatsachen, deren Bekanntwerden der Gesellschaft oder einem verbundenen Unternehmen einen **Nachteil** zufügen kann, in den Sonderprüfungsbericht aufnehmen, wenn deren Kenntnis zur Urteilsbildung durch die HV erforderlich ist. Allerdings hat der Vorstand die Möglichkeit, durch gerichtliche Entscheidung das **Weglassen** bestimmter **Tatsachen** im Bericht durchzusetzen, wenn **überwiegende Belange** der Gesellschaft dies gebieten und sie für den Zweck der Berichterstattung nicht unerlässlich sind (§ 259 Abs. 1 S. 3 i.V.m. § 145 Abs. 4-6 AktG) (siehe auch Tz. 25). Die Sonderprüfer haben den unterzeichneten Bericht unverzüglich dem Vorstand vorzulegen und zum HR des Gesellschaftssitzes einzureichen. Der Vorstand muss auf Verlangen jedem Aktionär eine Abschrift des Berichts aushändigen. Außerdem hat der Vorstand den Bericht dem AR vorzulegen und bei der Einberufung der nächsten HV als Gegenstand der Tagesordnung bekanntzumachen. Ob die HV über Kenntnisnahme und Billigung des Berichts einen besonderen Beschluss fasst, steht in ihrem Ermessen.

**253** Der Bericht der Sonderprüfer endet mit **abschließenden Feststellungen**[515]. Diese abschließenden Feststellungen sind vom Vorstand nach § 259 Abs. 5 AktG unverzüglich in den Gesellschaftsblättern bekanntzumachen. Der Vorstand kann vom Registergericht durch Festsetzung eines Zwangsgeldes nach § 407 Abs. 1 AktG zur Veröffentlichung angehalten werden.

Der Inhalt der abschließenden Feststellung bei einer nicht unwesentlichen Unterbewertung ist in § 259 Abs. 2 AktG festgelegt. Die Sonderprüfer haben danach zu erklären,

- mit welchem Wert die einzelnen Aktivposten mindestens und mit welchem Betrag die einzelnen Passivposten höchstens anzusetzen waren und
- um welchen Betrag sich der Jahresüberschuss bei Ansatz dieser Werte oder Beträge erhöht oder der Jahresfehlbetrag sich ermäßigt hätte.

**254** Sind nach dem Ergebnis der Prüfung dagegen die Posten nicht oder nur unwesentlich unterbewertet, so haben die Sonderprüfer gem. § 259 Abs. 3 AktG zu erklären, dass nach ihrer pflichtgemäßen Prüfung und Beurteilung die bemängelten Posten nicht unzulässig unterbewertet sind.

> **Praxistipp 7:**
>
> Es empfiehlt sich folgende Formulierung:
> „Nach meiner (unserer) pflichtgemäßen Prüfung und Beurteilung sind die bemängelten Posten im Jahresabschluss zum ... [Datum] nicht unzulässig unterbewertet.“

515 Vgl. ADS[6], § 258 AktG, Tz. 20 ff.

Diese Formulierung kann auch dann verwendet werden, wenn die Sonderprüfer zwar eine Unterbewertung festgestellt, diese jedoch als unwesentlich eingestuft haben[516].

Haben die Sonderprüfer bei Wahrnehmung ihrer Aufgaben festgestellt, dass Posten **255** überbewertet sind oder **Gliederungsverstöße** vorliegen, so haben sie gem. § 259 Abs. 1 S. 2 AktG auch dies in ihren Bericht aufzunehmen. Diese Vorschrift bedeutet aber keine Ausdehnung des Prüfungsgegenstands, sondern nur eine erweiterte Berichterstattungspflicht, wenn diese Mängel bei Durchführung der Sonderprüfung erkannt worden sind[517]; eine Beurteilung des Sonderprüfers, ob diese Mängel zur Nichtigkeit des JA führen, ist nicht gefragt. Ob neben der erweiterten Berichterstattung auch die abschließende Feststellung entspr. zu ergänzen ist, sollte davon abhängig gemacht werden, ob andernfalls die Gefahr einer zu hohen Gewinnausschüttung besteht[518]. Die erweiterte Berichtspflicht erstreckt sich nach dem Gesetz nicht auf festgestellte **Unterbewertungen** bei solchen Posten, die nicht den Gegenstand der Sonderprüfung bilden[519].

Die abschließende Feststellung zur **Unvollständigkeit des Anhangs** ist ausführlich in **256** § 259 Abs. 4 AktG geregelt. Die diesbezüglichen Feststellungen des Sonderprüfers sind endgültig, da gegen die Sonderprüfung wegen Unvollständigkeit des Anhangs ein gerichtliches Entscheidungsverfahren nicht gegeben ist (im Gegensatz zur Sonderprüfung wegen Unterbewertung gem. § 259 Abs. 2 und 3 i.V.m. § 260 AktG). Die nach dem Wortlaut des § 259 Abs. 4 S. 3 AktG vorgegebene Formulierung für die abschließende Feststellung bei negativem Prüfungsergebnis (die bemängelte Angabe ist nicht unvollständig oder fehlt nicht) ist bei partieller Prüfung des Anhangs zu weit. Die Feststellung ist daher dahingehend einschränkend auszulegen, dass die im Auftrag als fehlend oder unvollständig bezeichneten Angaben nicht unterlassen und in der vorgeschriebenen Form gemacht worden sind[520].

**Praxistipp 8:**

Insoweit ist es zweckmäßig für die abschließende Feststellung etwa folgenden Wortlaut zu verwenden:
„Nach meiner (unserer) pflichtmäßigen Prüfung und Beurteilung sind im Anhang für das Geschäftsjahr ... die in dem mir (uns) erteilten Auftrag als fehlend oder unvollständig bezeichneten Angaben in der vorgeschriebenen Form gemacht und nicht unterlassen worden."

## 6.4 Gerichtliche Entscheidung über die abschließenden Feststellungen

Gegen die abschließenden Feststellungen der Sonderprüfer zur Unterbewertung können **257** nach § 260 Abs. 1 AktG die Gesellschaft oder Aktionäre, deren Anteile zusammen 5% des Grundkapitals oder den anteiligen Betrag von 500.000 € erreichen, innerhalb eines Mo-

516 Vgl. ADS[6], § 259 AktG, Tz. 24.
517 Vgl. ADS[6], § 259 AktG, Tz. 6; *Euler/Sabel*, in: Spindler/Stilz, AktG[3], § 259 Rn. 5; *Hüffer*, AktG[10], § 259 Rn. 3.
518 ADS[6], § 259 AktG, Tz. 12 f.; *Claussen*, in: Kölner Komm. AktG[3], § 259 Rn. 10; *Koch*, in: MünchKomm. AktG[4], § 259 Rn. 7; *Rodewald*, in: HdR[5], § 258 AktG Rn. 13.
519 ADS[6], § 259 AktG, Tz. 7; *Koch*, in: MünchKomm. AktG[4], § 259 AktG Rn. 5.
520 ADS[6], § 259 AktG, Tz. 30; *Koch*, in: MünchKomm. AktG[4], § 259 Rn. 17.

nats nach der Veröffentlichung im eBAnz den Antrag auf Entscheidung durch das zuständige Gericht stellen. Ausschließlich zuständig ist nach § 132 Abs. 1 AktG das LG, in dessen Bezirk die Gesellschaft ihren Sitz hat.

**258** Der Antrag muss auf Feststellung des Betrags gerichtet sein, mit dem die im Antrag zu bezeichnenden Aktivposten mindestens oder die im Antrag zu bezeichnenden Passivposten höchstens anzusetzen waren (§ 260 Abs. 1 S. 3 AktG). Hiernach müssen die Aktionäre, die die Feststellung einer höheren Bewertung beantragen, präzise den oder die betr. Posten bezeichnen. Dabei sind nach h.M. auch konkrete Beträge zu nennen[521]. Bei Bewertungsentscheidungen, die für den Bewertenden einen Ermessensspielraum aufweisen, geht es um die Bezifferung des unteren Wertes der Ermessensbandbreite, weil nur dessen Unterschreiten einen Gesetzesverstoß darstellt.

Der Antrag der Gesellschaft kann auch auf die Feststellung gerichtet sein, dass der JA die in der abschließenden Feststellung der Sonderprüfer festgestellten Unterbewertungen nicht enthielt (§ 260 Abs. 1 S. 4 AktG). Auch wenn dies im Gesetz nicht deutlich zum Ausdruck kommt, ist davon auszugehen, dass sowohl Aktionäre als auch die Gesellschaft jeweils einen zu beziffernden höheren oder niedrigeren Ansatz der Unterbewertung beantragen können, soweit hierfür ein Rechtsschutzbedürfnis besteht[522].

**259** Nach § 260 Abs. 2 AktG entscheidet das Gericht unter Würdigung aller Umstände nach freier Überzeugung. Das Gericht ist dabei ebenso wie zuvor die Sonderprüfer an die getroffene Entscheidung der Verwaltung in der Ausübung der Bewertungswahlrechte und an die Verhältnisse am Stichtag des JA gebunden.

Gegen den Beschluss des LG ist gem. §§ 260 Abs. 3 S. 1, 99 Abs. 3 AktG die Beschwerde gegeben.

## 6.5 Entscheidung über den Ertrag aufgrund höherer Bewertung

**260** Haben die Sonderprüfer nach § 258 AktG in ihrer abschließenden Feststellung erklärt oder hat das gem. § 260 AktG angerufene Gericht festgestellt, dass Posten unterbewertet sind, und ist diese Feststellung auch unanfechtbar geworden, so sind nach § 261 Abs. 1 S. 1 AktG die Posten in dem ersten JA, der danach aufgestellt[523] wird, mit den festgestellten Werten oder Beträgen anzusetzen.

Die Feststellung der Unterbewertung ist dann unanfechtbar, wenn gegen die abschließende Feststellung des Sonderprüfers nicht innerhalb der Monatsfrist gem. § 260 Abs. 1 AktG Antrag auf gerichtliche Entscheidung gestellt wurde oder wenn die gerichtliche Entscheidung rechtskräftig wurde (§ 261 Abs. 1 S. 1, Abs. 2 S. 1 AktG).

**261** Nach der gesetzlichen Regelung ist somit nicht der angegriffene JA, der die unterbewerteten Posten enthält, zu ändern, sondern erst im nachfolgenden JA eine Korrektur in lfd. Rechnung vorzunehmen. Damit soll die rückwirkende Aufhebung von Bilanzen vermieden werden[524]. § 261 Abs. 1 S. 2 AktG stellt klar, dass der vom Sonderprüfer

---

521 ADS[6], § 260 AktG, Tz. 11; *Claussen*, in: Kölner Komm. AktG[3], § 260 Rn. 7; *Euler/Sabel*, in: Spindler/Stilz, AktG[3], § 260 Rn. 4; *Koch*, in: MünchKomm. AktG[4], § 260 Rn. 10; *Rodewald*, in: HdR[5], § 260 AktG Rn. 15; a.A. *Falkenhausen*, AG 1967, S. 309.

522 Vgl. ADS[6], § 260 AktG, Tz. 13; *Claussen*, in: Kölner Komm. AktG[3], § 260 Rn. 8; a.A. *Euler/Sabel*, in: Spindler/Stilz, AktG[3], § 260 Rn. 3; *Hüffer*, AktG[10], § 260 Rn. 5.

523 Zu Einzelheiten ADS[6], § 261 AktG, Tz. 3; *Rodewald*, in: HdR[5], § 261 AktG Rn. 5.

524 Begr.RegE bei Kropff, AktG, S. 353; ADS[6], § 261 AktG, Tz. 1; *Claussen*, in: Kölner Komm. AktG[3], § 261 Rn. 1.

festgestellte Betrag nicht unverändert in den Folgeabschluss übernommen werden kann, sondern nach den allgemeinen Bilanzierungs- und Bewertungsvorschriften auf den Bilanzstichtag fortzuführen ist. Werden solche Anpassungen vorgenommen, sind im **Anhang** die Gründe anzugeben und in einer **Sonderrechnung**[525] die Entwicklung des von den Sonderprüfern bzw. vom Gericht festgestellten Wertes oder Betrags auf den angesetzten Wert oder Betrag darzustellen.

Bei den einzelnen Posten der Jahresbilanz sind nach § 261 Abs. 1 S. 5 AktG die Unterschiedsbeträge zu vermerken, um die die Aktivposten mit einem höheren Wert oder Passivposten mit einem niedrigeren Wert angesetzt worden sind[526]. Eine Angabe im Anhang genügt dabei grds. nicht, es sei denn, dass Posten nach § 265 Abs. 7 Nr. 2 HGB zusammengefasst und nur im Anhang angegeben worden sind. Nach § 261 Abs. 1 S. 2 AktG vorgenommene Anpassungen sind nicht in die Angabe einzubeziehen. Sind die Gegenstände nicht mehr vorhanden, so ist darüber und über die Verwendung des Ertrages aus dem Abgang der Gegenstände im Anhang zu berichten. Eine Separierung des Teilbetrags aus einem Abgangsgewinn, der auf die festgestellte Unterbewertung entfällt, schreibt das Gesetz nicht vor. Damit verbleibt auch dieser Teil im Jahresergebnis und ist nicht in den „Ertrag aufgrund höherer Bewertung gemäß dem Ergebnis der Sonderprüfung" einzubeziehen. Folglich unterfällt er auch nicht der besonderen Verwendungsregelung des § 261 Abs. 3 AktG[527].

Die Summe der Unterschiedsbeträge ist auf der Passivseite der Bilanz und in der GuV als **262** „**Ertrag aufgrund höherer Bewertung gemäß dem Ergebnis der Sonderprüfung**" gesondert auszuweisen[528]. Der gesonderte Ausweis hat in der Bilanz und in der GuV im Anschluss an den Posten Jahresüberschuss/Jahresfehlbetrag bzw. Bilanzgewinn/Bilanzverlust zu erfolgen; eine Zusammenfassung des Sonderpostens mit dem Jahresergebnis bzw. dem Bilanzergebnis oder aber mit anderen Ertragsposten innerhalb der GuV ist unzulässig[529]. Hat das Gericht festgestellt, dass Posten unterbewertet sind, dann ist nach § 261 Abs. 2 AktG die Summe der Unterschiedsbeträge als „Ertrag aufgrund höherer Bewertung gemäß gerichtlicher Entscheidung" gesondert auszuweisen.

Der Ertrag aus höherer Bewertung rechnet nach § 261 Abs. 3 S. 1 AktG für die An- **263** wendung des § 58 AktG nicht zum Jahresüberschuss, so dass dieser Ertrag nicht der Gewinnverwendungsvorschrift des § 58 AktG unterliegt. Dieser Ertrag bleibt auch hinsichtlich der Gewinnbeteiligung von Mitgliedern des Vorstands und des AR außer Betracht, da diese nicht von der Aufdeckung einer unzulässigen Unterbewertung profitieren dürfen[530].

Über die Verwendung des Ertrags abzüglich der auf ihn zu entrichtenden Steuern ent- **264** scheidet die **HV**, soweit nicht in dem JA ein Bilanzverlust ausgewiesen wird, der nicht durch Kapital- und Gewinnrücklagen gedeckt ist (§ 261 Abs. 3 S. 2 AktG). Die gesetzliche Regelung soll besagen, dass ein Ertrag zunächst zum Ausgleich von Verlustvorträgen zu

525 Vgl. ADS[6], § 261 AktG, Tz. 11; *Bezzenberger*, in: Großkomm. AktG[4], § 261 Rn. 22; *Hüffer*, AktG[10], § 261 Rn. 4.

526 Vgl. ADS[6], § 261 AktG, Tz. 13 ff.; *Claussen*, in: Kölner Komm. AktG[3], § 261 Rn. 9.

527 Ebenso ADS[6], § 261 AktG, Tz. 13; *Claussen*, in: Kölner Komm. AktG[3], § 261 Rn. 8.

528 ADS[6], § 261 AktG, Tz. 17 f.; *Hüffer*, AktG[10], § 261 Rn. 7.

529 ADS[6], § 261 AktG, Tz. 18; *Euler/Wirth*, in: Spindler/Stilz, AktG[2], § 260 Rn. 12; *Hüffer*, AktG[10], § 261 Rn. 7.

530 *Claussen*, in: Kölner Komm. AktG[3], § 260 Rn. 10; *Hüffer*, AktG[10], § 261 Rn. 9; a.A. *Bezzenberger*, in: Großkomm. AktG[4], § 261 Rn. 29.

verwenden ist[531]. Soweit von dem Ertrag aus höherer Bewertung Steuern zu entrichten sind, sind auch diese abzuziehen. Dies richtet sich allein danach, ob auch in der Steuerbilanz unterbewertet wurde oder nicht[532].

Die HV entscheidet mit einfacher Mehrheit. Da sie nicht an die Rücklagenzuführungsvorschrift des § 58 Abs. 2 AktG und nicht an entspr. Satzungsvorschriften gem. § 58 Abs. 1 AktG gebunden ist (und damit auch nicht an die Zuweisungsvorschrift zur gesetzlichen Rücklage gem. § 150 Abs. 2 AktG), kann sie frei verfügen, ob sie den Ertrag an die Aktionäre ausschüttet, ihn auf neue Rechnung vorträgt oder den Gewinnrücklagen zuführt.

531 ADS$^{6}$, § 261 AktG, Tz. 27; *Claussen*, in: Kölner Komm. AktG$^{3}$, § 261 Rn. 11, *Koch*, in: MünchKomm. AktG$^{4}$, § 261 Rn. 20.

532 *Claussen*, in: Kölner Komm. AktG$^{3}$, § 261 Rn. 12; *Koch*, in: MünchKomm. AktG$^{4}$, § 261 Rn. 18.

# Kapitel K

# Corporate Governance Systeme und deren Prüfung


Verfasser:
WP StB Dr. Stefan Schmidt, Frankfurt am Main

Mitarbeit:
Dr. Beate Eibelshäuser, Frankfurt am Main
WP StB Dipl.-Kfm. Peter Hamm, Düsseldorf
WP CISA Dipl.-Kffr. Kathrin Kersten, Frankfurt am Main
Dipl.-Kfm. Thomas Tilch, Düsseldorf

Inhalt Tz.

# 1. Einleitung

## 1.1 Der Begriff „Corporate Governance"

1 Der **Begriff der Corporate Governance** ist in der Fachliteratur bislang noch nicht allgemeingültig und einheitlich definiert. Zu finden sind Übersetzungen aus dem Englischen mit Begriffen wie „Verfassung von Unternehmen", „Verwaltung von Unternehmen" oder „Führung von Unternehmen"[1]. Die folgende Definition fasst die in der Fachliteratur verwendeten Begriffe zusammen:

„Corporate Governance bezeichnet in einer Kurzformel den rechtlichen und faktischen Ordnungsrahmen für die Leitung und Überwachung eines Unternehmens"[2].

1 Vgl. statt vieler *Dörner/Orth*, S. 3 (6), sowie bereits *Langenbucher/Blaum*, DB 1994, S. 2197; *Schneider*, DB 2000, S. 2413; kritisch hierzu *Böcking*, S. 247 (248).

2 *Von Werder*, Corporate Governance (Unternehmensverfassung), S. 1137; vgl. auch *von Werder*, in: HWB[6], Sp. 221 (222);. ausführlich zur Definition der Corporate Governance *Eibelshäuser*, S. 7-10.

Abweichend von der Unternehmensverfassung, die primär die innere Ordnung des Unternehmens regelt, werden unter dem Stichwort „Corporate Governance“ auch Fragen der (rechtlichen und faktischen) Einbindung des Unternehmens in sein Umfeld (z.B. in den Kapitalmarkt) adressiert. Im Mittelpunkt der Betrachtungen steht die große börsennotierte (Aktien-)Gesellschaft. Zunehmend werden auch andere Rechtsformen und Unternehmen mittlerer Größenordnungen aus dem Blickwinkel ihrer spezifischen Anforderungen an die Corporate Governance in die Überlegungen einbezogen[3]. 2

In den vergangenen Jahren wurden in Deutschland zahlreiche regulatorische Maßnahmen im Bereich der Corporate Governance ergriffen. Diese verfolgen das Ziel, das Vertrauen der Investoren in den Kapitalmarkt sowie in die Leitungs- und Überwachungsorgane der Unternehmen zu verbessern bzw. wieder herzustellen[4]. Der **Deutsche Corporate Governance Kodex (DCGK)** verweist auf gesetzliche Vorschriften und enthält darüber hinaus Empfehlungen und Anregungen zur Leitung und Überwachung deutscher börsennotierter Gesellschaften (Unternehmensführung) sowie international und national anerkannte Standards guter und verantwortungsvoller Unternehmensführung. Sein Ziel ist es, den deutschen Kapitalmarkt bzw. das deutsche Corporate Governance System für in- und ausländische Investoren nachvollziehbar und transparent darzustellen. Vor allem soll ausländischen Kapitalmarktteilnehmern eine Übersicht über die geltende materielle Unternehmensverfassung in Deutschland nach Intention des deutschen Gesetzgebers gegeben werden[5]. 3

Unternehmen sind gesetzlich gem. § 289f HGB dazu verpflichtet, über die wesentlichen Elemente der Corporate Governance jährlich Bericht zu erstatten. Demnach haben börsennotierte AG sowie AG, die ausschließlich andere Wertpapiere als Aktien zum Handel an einem organisierten Markt i.S.d. § 2 Abs. 5 des WpHG ausgegeben haben und deren ausgegebene Aktien auf eigene Veranlassung über ein multilaterales Handelssystem i.S.d. § 2 Abs. 3 S. 1 Nr. 8 des WpHG gehandelt werden, eine **Erklärung zur Unternehmensführung** in ihren Lagebericht aufzunehmen, die dort einen gesonderten Abschnitt bildet. Die Erklärung zur Unternehmensführung setzt sich aus den folgenden Inhalten zusammen: 4

a) Entsprechenserklärung gem. § 161 AktG
b) relevante Angaben zu Unternehmensführungspraktiken, die über die gesetzlichen Anforderungen hinaus angewandt werden, nebst Hinweis, wo sie öffentlich zugänglich sind
c) Beschreibung der Arbeitsweise von Vorstand und AR sowie der Zusammensetzung und Arbeitsweise von deren Ausschüssen (sind die Informationen auf der Internetseite der Gesellschaft öffentlich zugänglich, kann darauf verwiesen werden)

3 Vgl. *von Werder*, in: Gablers Wirtschaftslexikon, http://wirtschaftslexikon.gabler.de/Archiv/55268/corporate-governance-v7.html (abgerufen am 13.05.2017).

4 Vgl. *Hehn/Hartung*, DB 2006, S. 1909.

5 Vgl. Präambel des DCGK sowie ausführlich m.w.N. *Steuber*, DStR 2006, S. 1182 (1183).

d) bei börsennotierten Aktiengesellschaften die Festlegungen nach § 76 Abs. 4[6] und § 111 Abs. 5[7] AktG und die Angabe, ob die festgelegten Zielgrößen während des Bezugszeitraums erreicht worden sind, und wenn nicht, Angaben zu den Gründen
e) die Angabe, ob die Gesellschaft bei der Besetzung des AR mit Frauen und Männern jeweils Mindestanteile im Bezugszeitraum eingehalten hat, und wenn nicht, Angaben zu den Gründen, sofern es sich um folgende Gesellschaften handelt:
   - börsennotierte AG, die auf Grund von § 96 Abs. 2 und 3 AktG Mindestanteile einzuhalten haben oder
   - börsennotierte Europäische Gesellschaften (SE), die auf Grund von § 17 Abs. 2 oder § 24 Abs. 3 des SE-Ausführungsgesetzes Mindestanteile einzuhalten haben.
f) bei AG i.S.d. § 289f Abs. 1 HGB, die nach § 267 Abs. 3 S. 1 und Abs. 4 bis 5 HGB große KapGes. sind, eine Beschreibung des Diversitätskonzepts, das im Hinblick auf die Zusammensetzung des vertretungsberechtigten Organs und des AR in Bezug auf Aspekte wie bspw. Alter, Geschlecht, Bildungs- oder Berufshintergrund verfolgt wird, sowie der Ziele dieses Diversitätskonzepts, der Art und Weise seiner Umsetzung und der im GJ erreichten Ergebnisse.

## 1.2 Pflichten der Unternehmensorgane

5 Der **Vorstand** hat im Rahmen seiner allgemeinen Sorgfaltspflichten nach § 93 Abs. 1 AktG u.a. die Aufgabe, Maßnahmen im Unternehmen zu verankern, damit die Mitarbeiter die gesetzlichen Vorschriften und unternehmensinternen Vorgaben befolgen. Der **AR** hat nach der Generalklausel des § 111 Abs. 1 AktG den Vorstand zu überwachen, damit dieser seinen diesbezüglichen Pflichten nachkommt. Nach § 107 Abs. 3 S. 2 AktG kann der AR aus seiner Mitte einen PrA einrichten, der sich neben der Überwachung der Abschlussprüfung mit der Überwachung des Rechnungslegungsprozesses sowie der Wirksamkeit der folgenden Systeme zu befassen hat:

- des internen Kontrollsystems (IKS),
- des Risikomanagementsystems (RMS) und
- des internen Revisionssystems (IRS).

6 Diese Bereiche konkretisieren die **Überwachungsaufgabe des AR**, die in § 111 Abs. 1 AktG verankert ist. Für den Fall, dass ein AR aus seiner Mitte keinen PrA eingerichtet hat, obliegt es ihm, diese Aufgaben selbst wahrzunehmen. Darüber hinaus umfassen die Überwachungsaufgaben des AR auch die Maßnahmen des Vorstands, die dieser ergriffen hat, um Risiken aus möglichen Verstößen gegen gesetzliche Vorschriften und interne Richtlinien (Compliance) zu begrenzen. Dieser Aspekt spiegelt sich auch in der Tz. 5.3.2 des DCGK wider, der im Hinblick auf die Aufgaben des PrA ergänzt, dass sich

6 „Der Vorstand von Gesellschaften, die börsennotiert sind oder der Mitbestimmung unterliegen, legt für den Frauenanteil in den beiden Führungsebenen unterhalb des Vorstands Zielgrößen fest. Liegt der Frauenanteil bei Festlegung der Zielgrößen unter 30 Prozent, so dürfen die Zielgrößen den jeweils erreichten Anteil nicht mehr unterschreiten. Gleichzeitig sind Fristen zur Erreichung der Zielgrößen festzulegen. Die Fristen dürfen jeweils nicht länger als fünf Jahre sein" (§ 76 Abs. 4 AktG).

7 „Der AR von Gesellschaften, die börsennotiert sind oder der Mitbestimmung unterliegen, legt für den Frauenanteil im AR und im Vorstand Zielgrößen fest. Liegt der Frauenanteil bei Festlegung der Zielgrößen unter 30 Prozent, so dürfen die Zielgrößen den jeweils erreichten Anteil nicht mehr unterschreiten. Gleichzeitig sind Fristen zur Erreichung der Zielgrößen festzulegen. Die Fristen dürfen jeweils nicht länger als fünf Jahre sein. Soweit für den AR bereits eine Quote nach § 96 Absatz 2 gilt, sind die Festlegungen nur für den Vorstand vorzunehmen" (§ 111 Abs. 5 AktG).

der PrA mit der Compliance bzw. dem Compliance Management System (CMS) des Unternehmens befasst, falls dies keinem anderen Ausschuss obliegt.

Die Einrichtung, Ausgestaltung und Überwachung der Systeme ist eine im Organisationsermessen des Vorstands stehende unternehmerische Entscheidung – ungeachtet der Pflichten nach § 91 Abs. 2 AktG. Hierdurch kommt der Vorstand seinen allgemeinen **Organisations- und Sorgfaltspflichten** gemäß § 93 Abs. 1 S. 1 AktG nach – vor dem Hintergrund der unternehmensindividuellen Gegebenheiten[8]. 7

Die originäre Überwachungsaufgabe des AR bzw. die Verantwortung für die Überwachung des Unternehmens darf nicht auf Dritte übertragen werden. Nicht ausgeschlossen ist hingegen nach § 111 Abs. 2 S. 2 AktG, dass der AR sich für bestimmte Aufgaben auch einzelner Mitglieder oder Sachverständiger bedient. Es kann insb. für ihn von besonderem Interesse sein, einen **Wirtschaftsprüfer** mit Prüfungen im Bereich der Corporate Governance Systeme (CGS) als Basis für seine eigene Beurteilung zu beauftragen. 8

## 1.3 Pflichten des Abschlussprüfers

Im Rahmen der Durchführung der Abschlussprüfung von börsennotierten Unternehmen befasst sich der **Abschlussprüfer** zwar mit den in § 107 Abs. 3 S. 2 AktG bzw. in Tz. 5.3.2 des DCGK genannten CGS – allerdings nur in sehr begrenzter Form. Lediglich im Hinblick auf das Risikofrüherkennungssystem prüft er, dass der Vorstand die nach § 91 Abs. 2 AktG geforderten Maßnahmen zur Einrichtung eines Risikofrüherkennungssystems in geeigneter Form getroffen hat und dass das Risikofrüherkennungssystem geeignet ist, Entwicklungen, die den Fortbestand der Gesellschaft gefährden, frühzeitig zu erkennen. 9

| **Bereiche nach AktG/DCGK** | **Aufgabe des PrA** | **Abdeckung durch die Abschlussprüfung** | **Erläuterung** |
|---|---|---|---|
| Rechnungslegungsprozess | Ja | Ja | Voraussetzung für risikoorientierte Prüfung des Abschlusses und des Lageberichts. |
| Internes Kontrollsystem | Ja | zum Teil | Die Beurteilung des IKS durch den PrA geht über die Beurteilung des rechnungslegungsbezogenen IKS hinaus und bezieht sich auf das gesamte IKS im Unternehmen. Im Unterschied zum PrA hat der APr. das IKS nur insoweit zu beurteilen als es für den Abschluss und den LB relevant ist und er sich i.R.d. risikoorientierten Prüfungsansatzes auf dieses IKS stützt. |
| Risikomanagementsystem | Ja | zum Teil | Das Risikofrüherkennungssystem ist Gegenstand der Abschlussprüfung bei börsennotierter AG, soweit es sich auf bestandsgefährdende Risiken bezieht. |
| Internes Revisionssystem | Ja | zum Teil | Der APr. beurteilt die interne Revision als Teil der Befassung mit dem rechnungslegungsbezogenen IKS und verwertet Ergebnisse der Internen Revision. |

8 Vgl. *IDW PS 981*, Tz. 4, A2.

| Bereiche nach AktG/DCGK | Aufgabe des PrA | Abdeckung durch die Abschlussprüfung | Erläuterung |
|---|---|---|---|
| Compliance Management System | Ja | Nein | Grundsätzlich nicht abgedeckt durch die gesetzliche Abschlussprüfung. Ergibt sich allerdings aus Compliance-Verstößen ein Bezug zur Rechnungslegung, dann wird dies durch die Abschlussprüfung mit eingeschlossen. |

Tabelle 1: Unterstützung des PrA durch den APr.[9]

10 Tabelle 1 zeigt die bestehenden **Überwachungslücken**, die daraus resultieren, dass die Abschlussprüfung nicht alle Bereiche abdecken kann, die der PrA überwachen muss. Um diese Lücken zu schließen, ist eine Unterstützung durch einen WP empfehlenswert[10].

11 Vor diesem Hintergrund hat das IDW für die Prüfung

- des Compliance Management Systems den *IDW Prüfungsstandard: Grundsätze ordnungsmäßiger Prüfung von Compliance Management Systemen (IDW PS 980)*, Stand: 11.03.2011,
- des Risikomanagementsystems den *IDW Prüfungsstandard: Grundsätze ordnungsmäßiger Prüfung von Risikomanagementsystemen (IDW PS 981)*, Stand: 03.03.2017,
- des internen Kontrollsystems der Unternehmensberichterstattung, d.h. des internen und externen Berichtswesens (im Folgenden: IKS des Berichtswesens), den *IDW Prüfungsstandard: Grundsätze ordnungsmäßiger Prüfung des internen Kontrollsystems des internen und externen Berichtswesens (IDW PS 982)*, Stand: 03.03.2017, sowie
- des internen Revisionssystems den *IDW Prüfungsstandard: Grundsätze ordnungsmäßiger Prüfung von Internen Revisionssystemen (IDW PS 983)*, Stand: 03.03.2017

veröffentlicht. Die Abgrenzung der Prüfungsgegenstände ist dabei nicht notwendigerweise überschneidungsfrei.

12 Im Unterschied zur Abschlussprüfung verfolgen die einzelnen Prüfungen der klar abgegrenzten Teilbereiche der jeweiligen CGS die folgenden Ziele:

9 Tabelle in Anlehnung an *Schmidt*, Wirtschaftsprüfung und CMS-Prüfung, S. 1412.

10 Vgl. *Schmidt*, Wirtschaftsprüfung und CMS-Prüfung, S. 1412.

| **Bereiche nach AktG/DCGK** | **Aufgabe des PrA** | **Abdeckung durch die *IDW PS*** | **Ziele der Prüfungen der CGS** |
|---|---|---|---|
| Compliance Management System | Ja | *IDW PS 980* | Ziel einer umfassenden CMS-Prüfung (Wirksamkeitsprüfung) ist es, dem Prüfer anhand der von dem Unternehmen zugrunde gelegten CMS-Grundsätzen eine Aussage mit hinreichender Sicherheit darüber zu ermöglichen, ob die in der CMS-Beschreibung enthaltenen Aussagen über die Grundsätze und Maßnahmen des CMS in allen wesentlichen Belangen angemessen dargestellt sind, dass die dargestellten Grundsätze und Maßnahmen in Übereinstimmung mit den angewandten CMS-Grundsätzen geeignet sind, mit hinreichender Sicherheit sowohl Risiken für wesentliche Regelverstöße rechtzeitig zu erkennen als auch solche Regelverstöße zu verhindern und dass die Grundsätze und Maßnahmen zu einem bestimmten Zeitpunkt implementiert und während eines bestimmten Zeitraums wirksam waren[11]. |
| Risikomanagementsystem | Ja | *IDW PS 981* | Die Zielsetzung liegt in der Beurteilung, inwieweit das Unternehmen durch Einrichtung eines RMS Vorsorge getroffen hat, wesentliche Risiken, die dem Erreichen der festgelegten Ziele des RMS entgegenstehen, rechtzeitig zu identifizieren, zu bewerten, zu steuern und zu überwachen. Ziel ist es dagegen nicht, eine Aussage darüber zu treffen, ob sämtliche Risiken von dem zu prüfenden RMS identifiziert und adressiert wurden und ob einzelne von den gesetzlichen Vertretern oder den nachgeordneten Entscheidungsträgern eingeleitete oder durchgeführte Maßnahmen als Reaktion auf erkannte und beurteilte Risiken geeignet oder wirtschaftlich sinnvoll sind. Die Prüfung ist auch nicht darauf ausgerichtet, ein Prüfungsurteil über den Fortbestand des geprüften Unternehmens zu erteilen[12]. |

11 Vgl. *IDW PS 980*, Tz. 14.
12 Vgl. *IDW PS 981*, Tz. 8.

| **Bereiche nach AktG/DCGK** | **Aufgabe des PrA** | **Abdeckung durch die *IDW PS*** | **Ziele der Prüfungen der CGS** |
|---|---|---|---|
| Internes Kontrollsystem des Berichtswesens | Ja | *IDW PS 982* | Ziel des IKS-Prüfers ist es, ein Prüfungsurteil mit hinreichender Sicherheit darüber abzugeben, ob – in Übereinstimmung mit den angewandten IKS-Grundsätzen – die Regelungen des IKS in der Beschreibung des IKS des Berichtswesens (im Folgenden: IKS-Beschreibung) in allen wesentlichen Belangen angemessen dargestellt sind und die dargestellten Regelungen in allen wesentlichen Belangen geeignet und implementiert bzw. geeignet und wirksam waren. Nach *IDW PS 982* können Regelungen sowohl einzelner als auch mehrerer Prozesse bzw. Teilprozesse der internen und externen Unternehmensberichterstattung mit oder ohne Rechnungslegungsbezug Gegenstand der IKS-Beschreibung und damit Beurteilungsgegenstand des IKS-Prüfers sein.[13] |
| Internes Revisionssystem | Ja | *IDW PS 983* | Die Zielsetzung liegt in der Beurteilung, inwieweit das Unternehmen durch Einrichtung eines IRS Vorsorge getroffen hat, dass die Einrichtung einer Internen Revisionsfunktion und die unabhängige und objektive Erbringung von Prüfungs- und Beratungsdienstleistungen durch die Interne Revision in Übereinstimmung mit den verbindlichen Elementen des IPPF erfolgt[14]. |

Tabelle 2: Ziele der einzelnen Systemprüfungen

## 2. Corporate Governance Systeme

### 2.1 Rahmenkonzept für die Ausgestaltung von Corporate Governance Systemen

13 Die gesetzlichen Vertreter von Unternehmen haben auf der Grundlage der allgemeinen Unternehmensziele die strategische Ausrichtung des Unternehmens festzulegen sowie eine ordnungsgemäße Geschäftstätigkeit, die Einhaltung der relevanten Vorschriften und eine verlässliche interne und externe Berichterstattung sicherzustellen. Hierzu werden in den Unternehmen Systeme und Prozesse eingerichtet, die auf die Erreichung dieser Ziele ausgerichtet sind. Treten Ereignisse ein, die sich auf die Erreichung der Unternehmensziele negativ auswirken, entstehen dem Unternehmen Schäden oder Verluste. Die Maßnahmen – einschl. der Systeme und Prozesse, die im Unternehmen zur Vermeidung solcher Schäden eingerichtet werden – können unter dem Begriff **„Risikomanagement“** oder **„Risikomanagementsystem“** zusammengefasst werden.

14 Im **System der Corporate Governance** sind diese Grundgedanken dadurch verankert, dass dem Vorstand die Verantwortung zugewiesen ist, unternehmensweite Rechnungslegungs-, Risikomanagement-, Compliance- und Revisionssysteme einzuführen. Der AR muss überwachen, dass der Vorstand dieser Verantwortung nachkommt.

13 Vgl. *IDW PS 982*, Tz. 13.
14 Vgl. *IDW PS 983*, Tz. 12; zum IPPF s. Tz. 103 ff.

Die Art und Weise, wie der **Vorstand** eine ordnungsgemäße Geschäftstätigkeit in Übereinstimmung mit den eigenen Vorgaben und den gesetzlichen Vorschriften sicherstellt, obliegt seinem pflichtgemäßen Ermessen. Dies gilt auch für die Umsetzung der Anforderungen an die einzurichtenden Systeme. Es haben sich in den vergangenen Jahren hierfür aber Leitlinien herausgebildet, die von vielen Unternehmen bei der Einführung und Weiterentwicklung der internen Steuerungs- und Überwachungssysteme berücksichtigt werden. 15

Im Jahr 1992 hat das **Committee of Sponsoring Organizations of the Treadway Commission (COSO)** einen Bericht veröffentlicht, in dem in der Unternehmenspraxis anerkannte Grundsätze für interne Steuerungs- und Überwachungssysteme zusammengefasst wurden (COSO-Report). Diese Grundsätze sind seitdem von vielen Unternehmen aufgegriffen und angewendet worden[15]. Im Jahr 2004 hat COSO eine Ergänzung zu seinem ursprünglichen Modell, das sog. COSO ERM Framework (Enterprise Risk Management Framework), veröffentlicht – auch COSO II genannt. COSO II baut auf dem ursprünglichen Konzept auf, stellt aber stärker auf das an den Unternehmenszielen ausgerichtete unternehmensweite Risikomanagement ab. Dabei wird der Begriff „Risikomanagement“ ganzheitlich verwendet und deckt weitgehend die im deutschen System der Corporate Governance verankerten Organisationspflichten von Vorstand und AR ab. 16

COSO II stellt mithin ein **Rahmenkonzept** dar, dessen Anwendung auf eine sinnvolle Unternehmensstrategie, eine effiziente Geschäftstätigkeit, die Beachtung der relevanten Vorschriften und eine ordnungsgemäße und an den Bedürfnissen des Unternehmens ausgerichtete interne und externe Berichterstattung abzielt. Für die im Unternehmen eingeführten Grundsätze und Maßnahmen, um diese Ziele zu erreichen, wird der Begriff **„unternehmensweites Risikomanagement“** verwendet (zu den Bestimmungsfaktoren eines unternehmensweiten Risikomanagements siehe Abb. 1). 17

15 *COSO*, Internal Control.

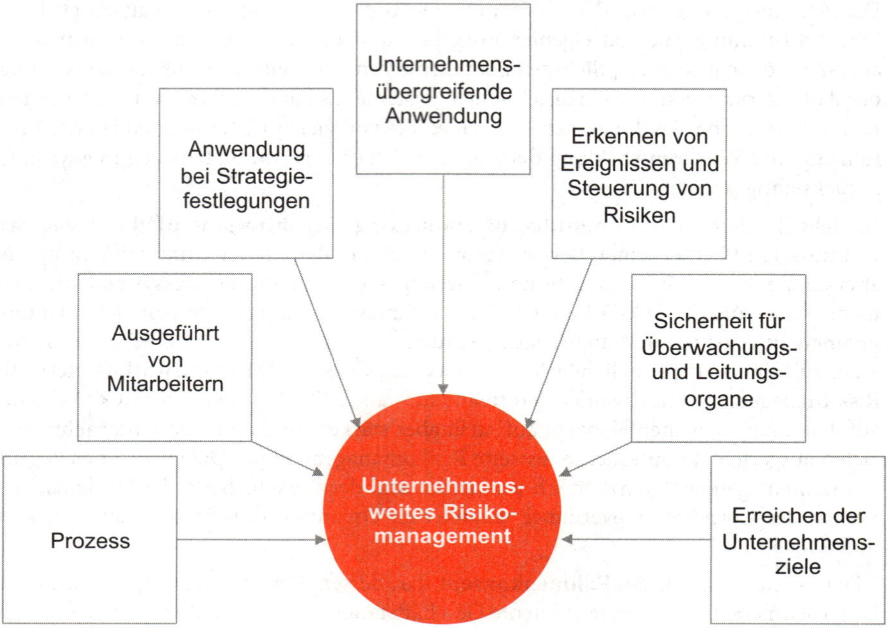


Abb. 1: Bestimmungsfaktoren eines unternehmensweiten Risikomanagements

**18** Unter einem **Risiko** wird die Möglichkeit verstanden, dass ein Ereignis auftritt, das die Zielerreichung negativ beeinflusst. Eine **Chance** ist dementsprechend definiert als die Möglichkeit, dass ein Ereignis auftritt, das die Zielerreichung positiv beeinflusst. Aufbauend hierauf wird das unternehmensweite Risikomanagement als Prozess definiert, der auf mögliche Ereignisse ausgerichtet ist, welche die Zielerreichung negativ beeinflussen können. Solche Ereignisse müssen erfasst und bewertet werden, damit angemessene Maßnahmen zum Umgang mit ihnen getroffen werden können: „Unternehmensweites Risikomanagement ist ein Prozess, ausgeführt durch Überwachungs- und Leitungsorgane, Führungskräfte und Mitarbeiter einer Organisation, angewandt bei der Strategiefestlegung sowie innerhalb der Gesamtorganisation, gestaltet um die die Organisation beeinflussenden, möglichen Ereignisse zu erkennen und um hinreichende Sicherheit bezüglich des Erreichens der Ziele der Organisation zu gewährleisten“[16].

**19** Abb. 2[17] bildet die vier **Zielkategorien** – strategische Ziele, operative Ziele, Berichterstattungsziele und Regeleinhaltung (Compliance) – des Risikomanagements in den vertikalen Spalten auf der Kopfseite des Würfels ab. Die acht Komponenten eines unternehmensweiten Risikomanagements sind in den horizontalen Reihen des Würfels dargestellt. Die Unternehmensbereiche, in denen die Grundsätze und Maßnahmen des Risikomanagements eingeführt werden, bilden die dritte Würfel-Dimension.

16 *COSO*, Unternehmensweites Risikomanagement, S. 2, http://www.coso.org/documents/COSO_ERM_ExecutiveSummary_German.pdf (zit. 24.11.2016).

17 Vgl. *COSO*, Unternehmensweites Risikomanagement, S. 5, http://www.coso.org/documents/COSO_ERM_ExecutiveSummary_German.pdf (zit. 24.11.2016).

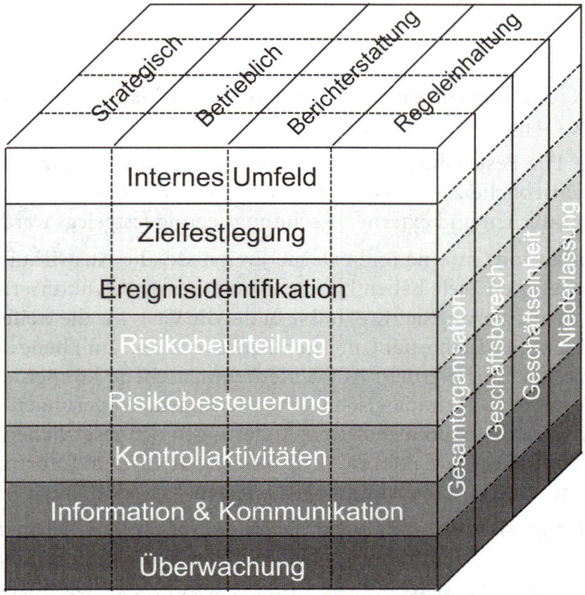


Abb. 2: Unternehmensweites Risikomanagement nach COSO II

## 2.2 Komponenten eines unternehmensweiten Risikomanagements

Das unternehmensweite Risikomanagement setzt sich aus acht miteinander verknüpften **Komponenten** zusammen[18]: 20

- internes Umfeld
- Zielfestlegung
- Ereignisidentifikation
- Risikobeurteilung
- Risikosteuerung
- Kontrollaktivitäten
- Information und Kommunikation
- Überwachung.

**Internes Umfeld:** Das interne Umfeld ist die bestimmende Komponente für das unternehmensweite Risikomanagement. Es beeinflusst das Risikobewusstsein der gesetzlichen Vertreter und Mitarbeiter sowie die Frage, welche Risiken akzeptiert und wie Risiken gehandhabt werden (Risikophilosophie und -bereitschaft). Geprägt wird es u.a. durch die Grundeinstellungen und Verhaltensweisen des Managements sowie die Rolle des Aufsichtsorgans („tone at the top"). 21

Die folgenden Faktoren beeinflussen das interne Umfeld:

- Unternehmenskultur

18 Vgl. *DIIR*, S. 10.

- Bedeutung von fachlicher und persönlicher Kompetenz der Mitarbeiter
- Führungsstil der Unternehmensleitung und
- Personalpolitik[19].

Ein Mittel zur Förderung eines positiven internen Umfelds kann die Entwicklung eines Verhaltenskodex sein.

22 **Zielfestlegung:** Die Feststellung und der Umgang mit Risiken setzt voraus, dass strategische und betriebliche Ziele sowie Zielvorstellungen zur Beachtung von relevanten Regeln und zur internen und externen Rechnungslegung festgelegt werden[20].

23 **Ereignisidentifikation:** Interne und externe Ereignisse, die Auswirkungen auf das Erreichen der festgelegten Ziele haben können, sind in einem strukturierten Prozess festzustellen. Die Identifizierung der Ereignisse bildet die Basis für die weiteren Schritte des Risikomanagements und sollte auf Unternehmensebene und auf Ebene der betrieblichen Funktionen durchgeführt werden. Auf Unternehmensebene können sich Risiken aus externen Faktoren (z.B. technologische Veränderungen, Änderungen der Nachfragestruktur, Aktivitäten der Konkurrenz und Änderungen der gesetzlichen Rahmenbedingungen) und aus internen Faktoren (z.B. Störungen in den Informationssystemen, Qualifikation und Motivation des Personals) ergeben[21].

24 **Risikobeurteilung:** Risikobeurteilungen zielen darauf ab, das Ausmaß und die Eintrittswahrscheinlichkeit von Ereignissen im Hinblick auf mögliche Schäden zu analysieren. Dies stellt die Grundlage für die Risikosteuerung dar. Die Risikobeurteilungen umfassen sowohl eine Betrachtung der Bruttorisiken als auch der nach den Maßnahmen zur Risikobegrenzung verbleibenden Rest- oder Nettorisiken[22].

25 **Risikosteuerung:** Auf der Grundlage der beurteilten Risiken trifft das Management Entscheidungen zur Risikosteuerung (Risikovermeidung, Risikoreduktion, Risikoabwälzung sowie Risikoakzeptanz)[23].

26 **Kontrollaktivitäten:** Es werden Grundsätze und Maßnahmen eingeführt, die sicherstellen, dass vom Management getroffene Maßnahmen zur Risikosteuerung im Unternehmen umgesetzt werden. Beispiele sind Genehmigungskontrollen, Abstimmungen, Beobachtungen, Performance-Reviews und Funktionstrennungen[24].

27 **Information und Kommunikation:** Informationen werden benötigt für die Geschäftssteuerung, um Risiken zu erkennen und zu beurteilen und um geeignete Risikosteuerungsmaßnahmen und Kontrollaktivitäten zu ergreifen. Die Kommunikation von In-

19 Vgl. *Schmidt*, Handbuch, Rz. 56.

20 Vgl. *COSO*: Unternehmensweites Risikomanagement, S. 4, http://www.coso.org/documents/COSO_ERM_ExecutiveSummary_German.pdf (zit. 24.11.2016).

21 Vgl. weniger ausführlich *COSO*, Unternehmensweites Risikomanagement,(http://www.coso.org/documents/COSO_ERM_ExecutiveSummary_German.pdf (zit. 24.11.2016).

22 Vgl. *COSO*, Unternehmensweites Risikomanagement, S. 4, http://www.coso.org/documents/COSO_ERM_ExecutiveSummary_German.pdf (zit. 24.11.2016).

23 Vgl. *COSO*, Unternehmensweites Risikomanagement, S. 4, http://www.coso.org/documents/COSO_ERM_ExecutiveSummary_German.pdf (zit. 24.11.2016).

24 Vgl. *COSO*, Unternehmensweites Risikomanagement, S. 4, http://www.coso.org/documents/COSO_ERM_ExecutiveSummary_German.pdf (zit. 24.11.2016).

formationen ist notwendig, damit die Mitarbeiter ihrer Verantwortung gerecht werden und die ihnen zugeordneten Aufgaben erfüllen können[25].

**Überwachung:** Die Angemessenheit und Wirksamkeit des unternehmensweiten Risikomanagements sind zu überwachen. Die Überwachung ist erforderlich, um die Wirksamkeit des Systems in einem sich ständig ändernden Umfeld zu gewährleisten. Bei den Überwachungsmaßnahmen kann es sich um laufende, in die Prozesse integrierte Maßnahmen und um prozessunabhängige Maßnahmen, z.B. der Internen Revision, handeln. Art und Umfang der prozessunabhängigen Maßnahmen hängen u.a. von der Wirksamkeit der prozessintegrierten Maßnahmen ab. Die Feststellungen aus den Überwachungsmaßnahmen werden ausgewertet und zur Weiterentwicklung und Verbesserung des Risikomanagements verwendet[26]. 28

## 2.3 Überleitung der Komponenten in die Grundelemente der Corporate Governance Systeme

Die vier **Zielkategorien** – strategische Ziele, operative Ziele, Berichterstattungsziele und Regeleinhaltung (Compliance) – des Risikomanagements werden in den vertikalen Spalten auf der Kopfseite des COSO-Würfels abgebildet. Somit können die für Risikomanagementsysteme geltenden Komponenten unmittelbar auch auf CMS, RMS, IKS und IRS angewendet werden. 29

Das IDW hat mit *IDW PS 980*, *IDW PS 981*, *IDW PS 982* sowie *IDW PS 983* die COSO-II-Komponenten für Zwecke der **Einrichtung von Corporate Governance Systemen** (CGS) analysiert und jeweils systemabhängig in sechs bis acht Grundelementen zusammengefasst. Die Zusammenfassung erfolgte zwecks Erleichterung der praktischen Handhabung und baut auf Erfahrungen mit der Organisation von Risikomanagement- und Risikofrüherkennungssystemen in Deutschland auf. Tabelle 3[27] stellt den Zusammenhang zwischen den COSO-II-Komponenten und den Grundelementen der einzelnen CGS nach den oben aufgeführten Prüfungsstandards dar. 30

25 Vgl. *COSO*, Unternehmensweites Risikomanagement, S. 4, http://www.coso.org/documents/COSO_ERM_ExecutiveSummary_German.pdf (zit. 24.11.2016).

26 Vgl. *COSO*, Unternehmensweites Risikomanagement, S. 4, http://www.coso.org/documents/COSO_ERM_ExecutiveSummary_German.pdf (zit. 24.11.2016).

27 In Anlehnung an *Balk/Schulte/Westphal*, ZCG 2010, S. 242 (243).

| **Komponenten nach COSO II** | **CMS-Grundelemente von *IDW PS 980*** | **RMS-Grundelemente von *IDW PS 981*** | **IKS-Grundelemente von *IDW PS 982*** | **IRS-Grundelemente von *IDW PS 983*** |
|---|---|---|---|---|
| **internes Umfeld** | Compliance-Kultur | Risikokultur | Kontrollumfeld | Revisionskultur |
| | Compliance-Organisation | Organisation des RMS | | Organisation des IRS |
| **Zielfestlegung** | Compliance-Ziele | Ziele des RMS | IKS-Ziele | Ziele des IRS |
| **Ereignisidentifikation** | Compliance-Risiken | Risikoidentifikation | Risikobeurteilung | |
| **Risikobeurteilung** | | Risikobewertung | | |
| **Risikosteuerung** | Compliance-Programm | Risikosteuerung | | Revisionsplanung und -programm |
| **Kontrollaktivitäten** | | | Kontrollaktivitäten | Revisionsdurchführung |
| **Information und Kommunikation** | Compliance-Kommunikation | Risikokommunikation | Information und Kommunikation | Revisionskommunikation |
| **Überwachung** | Compliance-Überwachung und -Verbesserung | Überwachung und Verbesserung des RMS | Überwachung des IKS | Revisionsüberwachung und -verbesserung |

Tabelle 3: Komponenten nach COSO II und Grundelemente der einzelnen CGS

**31** Die **Grundelemente** der einzelnen CGS stehen in einem im Folgenden erläuterten engen Zusammenhang mit den **Grundsätzen** eines CGS. Im Allgemeinen sind Grundsätze wesentliche Regeln in Form von inhaltlichen Vorgaben, die bei der Einrichtung eines CGS zu beachten sind. In den Prüfungsstandards, z.B. in *IDW PS 980*, sind CMS-Grundsätze definiert als allgemein anerkannte Rahmenkonzepte, andere angemessene Rahmenkonzepte oder vom Unternehmen selbst entwickelte Grundsätze für CMS. Die gesetzlichen Vertreter entscheiden u.a., welche CMS-Grundsätze bei der Einrichtung eines CMS angewendet werden sollen[28]. Diese Ausführungen lassen sich auch auf die drei anderen CGS übertragen. CGS-Grundsätze können vom Unternehmen selbst entwickelt oder aus bestehenden **Rahmenkonzepten** abgeleitet werden. Sie stellen die fachlichen und organisatorischen Leitlinien dar, die bei der Einrichtung von CGS in bestimmten Teilbereichen beachtet werden.

**32** Die CGS-Grundelemente spiegeln dagegen im Wesentlichen den Prozess der Einrichtung eines CGS in Übereinstimmung mit den CGS-Grundsätzen wider. Die konkrete Ausgestaltung des CGS bzw. die konkreten Prozessabläufe liegen in der Verantwortung der gesetzlichen Vertreter des Unternehmens.

**33** Im Idealfall decken die CGS-Grundsätze alle CGS-Grundelemente von der Kultur bis zur Überwachung und Verbesserung ab[29]. Deckt das angewandte Rahmenkonzept nicht alle CGS-Grundelemente ab, bietet sich eine Ergänzung durch andere Grundsätze an, die individuell entwickelt, im Rahmen von Vergleichen mit der Praxis anderer Unternehmen festgestellt oder einem anderen Rahmenkonzept entnommen werden können[30].

28 Vgl. *IDW PS 980*, Tz. 8, A30.
29 Vgl. *IDW PS 980*, Tz. 8.
30 Vgl. *IDW PS 980*, Tz. A30.

Die CGS-Grundelemente stehen in einer wechselseitigen Beziehung zueinander und sind insofern als grundsätzliche Ordnungsprinzipien nicht vollständig überschneidungsfrei. Der Detaillierungsgrad der Ausgestaltung der einzelnen CGS-Grundelemente wird bestimmt durch die vom Unternehmen definierten Teilbereiche sowie von der Größe, der Art und dem Umfang der Geschäftstätigkeit des Unternehmens. 34

Aufgrund dieser Abhängigkeit eines CGS und seiner Grundelemente vom jeweiligen Unternehmen und dem individuellen Umfeld, insb. dem Geschäftsmodell, der gesellschaftsrechtlichen Struktur, der Unternehmensgröße, der Branche sowie dem Internationalisierungsgrad[31] gibt es – abgesehen von dem in den Grundelementen verankerten Prozess der Einrichtung von CGS – keinen allgemeingültigen Ansatz für die Einrichtung eines CGS im Unternehmen. 35

## 2.4 Besonderheiten der einzelnen Corporate Governance Systeme

### 2.4.1 Compliance Management Systeme

#### 2.4.1.1 Begriff und Ziele von Compliance Management Systemen

In der Unternehmenspraxis werden in vielen Unternehmen sogenannte **Compliance Management Systeme** (CMS) eingeführt, um der Pflicht zur Unternehmens-Compliance nachzukommen[32]. Eine allgemein anerkannte betriebswirtschaftliche Definition dieses Begriffs besteht nicht. Der *IDW PS 980* beschreibt das CMS als „auf der Grundlage der von den gesetzlichen Vertretern festgelegten Ziele […] eingeführten Grundsätze und Maßnahmen eines Unternehmens […], die auf die Sicherstellung eines regelkonformen Verhaltens der gesetzlichen Vertreter und der Mitarbeiter des Unternehmens sowie ggf. von Dritten abzielen, d.h. auf die Einhaltung bestimmter Regeln und damit auf die Verhinderung von wesentlichen Verstößen (Regelverstöße) […]. Ein CMS i.S.d. *IDW Prüfungsstandards* kann sich insb. auf Geschäftsbereiche, auf Unternehmensprozesse (z. B. Einkauf) oder auf bestimmte Rechtsgebiete (z. B. Kartellrecht) beziehen (abgegrenzte Teilbereiche) […]“[33]. 36

Mit der Einrichtung eines CMS wird das Ziel verfolgt, dass die für das Unternehmen relevanten Regeln in den abgegrenzten Teilbereichen zuverlässig befolgt werden. CMS haben vor allem eine **Präventionsfunktion**: Risiken für Verstöße sollen rechtzeitig erkannt und Verstöße verhindert werden[34]. Ein CMS kann Verstöße allerdings niemals vollständig und mit 100%iger Sicherheit vermeiden[35]. Werden Verstöße aufgedeckt, so sind die Ursachen hierfür zu untersuchen und Maßnahmen zu ergreifen, die eine Wiederholung verhindern. Hierzu zählen ggf. auch Sanktionen gegen die Personen, die sich nicht an die geltenden Regeln halten[36]. 37

31 Vgl. *Wieland, Steinmeyer, Grüninger*, S. 189.

32 Vgl. hierzu statt vieler *Arbeitskreis Externe und Interne Überwachung der Unternehmung der Schmalenbach-Gesellschaft für Betriebswirtschaft e.V. (AKEIÜ)*, DB 2010, S. 1509; *Eisolt*, BB 2010, S. 1843; *Görtz*, CCZ 2010, S. 127; *Grüninger*, Der Aufsichtsrat 2010, S. 140. Dies ist auch Ergebnis einer Befragung ausgewählter Compliance-Beauftragter. Vgl. hierzu *Wermelt*, CCZ 2010, S. 150.

33 *IDW PS 980*, Tz. 6.

34 Vgl. *Lorenz*, S. 3 (19).

35 Vgl. hierzu auch *Grüninger/Remberg*, CB 2013, S. 187.

36 Vgl. *Eibelshäuser/Schmidt*, WPg 2011, S. 939.

### 2.4.1.2 Bestimmung von Grundsätzen für Compliance Management Systeme

38 Zur Bestimmung von **CMS-Grundsätzen** bestehen in einzelnen Branchen und für einzelne Rechtsgebiete **best practices**, an denen sich die gesetzlichen Vertreter orientieren können. Solche best practices finden sich z.B. in sog. Rahmenkonzepten, auf die im *IDW PS 980* eingegangen wird. Zu nennen sind hier z.B. die Geschäftsgrundsätze zur Bekämpfung von Korruption (Transparency International), die Verhaltensrichtlinie des Bundesverbandes Materialwirtschaft (BME) oder das United States Federal Sentencing Guidelines Manual (United States Sentencing Commission)[37]. Weitere Beispiele können der folgenden Tabelle entnommen werden:

| Name | Organisation | Anwendungsbereich |
|---|---|---|
| **1. Allgemeine Rahmenkonzepte** | | |
| ISO DIS 19600 Compliance management systems-Guidelines | International Organization for Standardization (ISO), Geneva, Switzerland | Intention der "Compliance management systems-Guidelines" ist es, flexible Richtlinien für die Einrichtung, Entwicklung, Durchführung, Auswertung, Aufrechterhaltung und Verbesserung von CMS innerhalb von Unternehmen zu vermitteln. |
| Foundation Guidelines „Red Book" | Open Compliance and Ethics Group (OCEG), Phoenix, USA | Die „OCEG Guidelines" sollen Richtlinien für die Konzeption, Implementierung, Aufrechterhaltung, Überwachung und Beurteilung von Compliance-Programmen geben. Im Vordergrund steht ein integrativer Ansatz von Governance, Compliance und Risikomanagement. |
| Australian Standard on Compliance Programs (AS 3806-2006) | Standards Australia Committee QR-014, Sydney, Australien | Zielsetzung des AS 3806-2006 ist es, einen organisatorischen Rahmen für die Einführung und Umsetzung wirksamer Compliance-Programme zu geben. |
| Unternehmensweites Risikomanagement - Übergreifendes Rahmenwerk (COSO II) | Committee of Sponsoring Organization, Jersey City, USA | Umfassendes Modell eines unternehmensweiten Risikomanagements |
| OECD Grundsätze der Corporate Governance | Organisation für wirtschaftliche Zusammenarbeit und Entwicklung (OECD), Paris, Frankreich | Grundsätze der OECD für Corporate Governance, die weltweit Mindeststandards setzen sollen |
| OECD Guidelines for Multinational Enterprises | Organisation für wirtschaftliche Zusammenarbeit und Entwicklung (OECD), Paris, Frankreich | Die OECD-Leitsätze für multinationale Unternehmen stellen Empfehlungen für ein verantwortungsvolles und dem geltenden Recht entsprechendes unternehmerisches Verhalten dar. |

37 Vgl. *IDW PS 980*, Anlage 1: Allgemein anerkannte CMS-Rahmenkonzepte.

| Name | Organisation | Anwendungsbereich |
|---|---|---|
| **2. Spezifische Rahmenkonzepte** | | |
| Pflichtenheft zum Compliance Management in der Immobilienwirtschaft | Initiative Corporate Governance der deutschen Immobilienwirtschaft e.V., Berlin | Grundsätze für eine transparente und professionelle Unternehmensführung in der Immobilienwirtschaft |
| Grundsätze ordnungsmäßiger Compliance | Österreichische Finanzmarktaufsicht, Wien, Österreich | Grundsätze ordnungsmäßiger Compliance für österreichische Kreditinstitute, die Geschäfte und Dienstleistungen i.Z.m. Finanzinstrumenten durchführen |
| United States Federal Sentencing Guidelines Manual | United States Sentencing Commission | US-Grundsätze für organisatorische Maßnahmen zur Verhinderung von Straftaten der Mitglieder einer Organisation bzw. zur Mitwirkung bei der Aufdeckung von Straftaten |
| PACI: Principles for Countering Bribery | Partnering Against Corruption Initiative (PACI), Genf, Schweiz | Prinzipien zur Verhinderung von Bestechung |
| OFT Guide for Compliance with Competition Law | Office of fair trading (OFT), London, England (*non-ministerial government department* in UK) | Grundsätze zur Einhaltung von Vorschriften des Wettbewerbsrechts |
| Korruption bekämpfen – Ein ICC-Verhaltenskodex für die Wirtschaft | ICC Deutschland e.V., Internationale Handelskammer, Berlin / Deutscher Industrie- und Handelskammertag e.V., Berlin | Verhaltenskodex zur Korruptionsbekämpfung |
| Geschäftsgrundsätze für die Bekämpfung von Korruption | Transparency International Deutschland e.V., Berlin | Geschäftsgrundsätze für die Bekämpfung von Korruption |
| BME-Verhaltensrichtlinie Code of Conduct | Bundesverband für Materialwirtschaft, Einkauf und Logistik e.V., Frankfurt/Main | Die BME-Verhaltensrichtlinie ist ein freiwilliger Kodex zur Umsetzung von nachhaltigen, verantwortungsvollen und ethischen Handlungsgrundsätzen. |
| The Bribery Act 2010 – Guidance about procedures which relevant commercial organisations can put into place to prevent persons associated with them form bribing (section 9 of the Bribery Act 2010) | The Ministry of Justice, London | Zum „UK Bribery Act" sind Richtlinien publiziert, die den Unternehmen helfen sollen, die Anforderungen des UK Bribery Act zu erfüllen. Der „UK Bribery Act" ist ein Antikorruptionsgesetz, das Bestechungstaten unter Strafe stellt. Auch deutsche Unternehmen können in den Anwendungsbereich des Gesetzes fallen, wenn sie einen hinreichenden Geschäftsbezug zu Großbritannien (z.B. durch eine Betriebsstätte oder umfangreiche Warenlieferungen) haben. |

| Name | Organisation | Anwendungsbereich |
|---|---|---|
| Recommendation of the Council for Further Combating Bribery of Foreign Public Officials in International Business Transactions; Annex II: Good Practice Guidance on Internal Controls, Ethics, and Compliance | Organisation für wirtschaftliche Zusammenarbeit und Entwicklung (OECD), Paris, Frankreich | Die Leitlinien richten sich an Unternehmen mit dem Ziel, die Wirksamkeit von Programmen oder Maßnahmen in den Gebieten Interner Kontrollsysteme, Ethik und Compliance mit dem Zweck der Verhütung und Aufklärung von Bestechung ausländischer Amtsträger im internationalen Geschäftsverkehr sicherzustellen. |

Tabelle 4: Allgemein anerkannte CMS-Rahmenkonzepte[38]

#### 2.4.1.3 Die Grundelemente des Compliance-Management-Systems

##### 2.4.1.3.1 Übersicht

39 Ein CMS im Sinne des *IDW PS 980* weist die folgenden **Grundelemente** auf, die in die Geschäftsabläufe eingebunden sind[39]:

a) Compliance-Kultur
b) Compliance-Ziele
c) Compliance-Risiken
d) Compliance-Programm
e) Compliance-Organisation
f) Compliance-Kommunikation
g) Compliance-Überwachung und -Verbesserung.

##### 2.4.1.3.2 Compliance-Kultur

40 Grundvoraussetzung der Sicherstellung von Compliance im Unternehmen ist eine günstige **Compliance-Kultur**. Dieses CMS-Grundelement umfasst den Wertekanon im Unternehmen sowie das Verhalten der Führungskräfte und des Aufsichtsorgans in Bezug auf Integrität und Regeleinhaltung.

41 Die Compliance-Kultur hat entscheidende Bedeutung für die Wirksamkeit der eingeführten Grundsätze und Maßnahmen, die in den weiteren Grundelementen des CMS ausgeprägt sind. Mitarbeiter werden sich nur dann verlässlich an die vorgegebenen Grundsätze und Maßnahmen des CMS halten, wenn sie davon überzeugt sind, dass dies dem Willen und der Grundüberzeugung der Führungskräfte entspricht. Die Werteorientierung der verschiedenen Ebenen des Managements und deren Bekenntnis zu einem verantwortungsvollen und regelkonformem Handeln sind hierfür entscheidend.

*IDW PS 980* nennt beispielhaft die folgenden **Merkmale**, durch die die Compliance-Kultur im Unternehmen geprägt wird[40]:

- das die Unternehmenswerte vermittelnde Verhalten der gesetzlichen Vertreter
- die aufgestellten und kommunizierten Verhaltensgrundsätze

38 Vgl. Anlage 1 zu *IDW PS 980*.
39 Vgl. *IDW PS 980*, Tz. 23.
40 Vgl. *IDW PS 980*, Tz. A14.

- das integre, verantwortungsvolle und werteorientierte Verhalten der Mitglieder des Managements auf allen Managementebenen im Einklang mit den zu beachtenden Regeln
- die Anreizsysteme, mit denen regelkonformes Verhalten gefördert wird, einschl. der Berücksichtigung von Compliance bei Personalbeurteilungen und Beförderungen
- der Führungsstil und die Personalpolitik des Unternehmens
- die Stellung des Aufsichtsorgans und die Art seiner Aufgabenwahrnehmung i.Z.m. Risikomanagement und Compliance
- der Umgang mit aufgedeckten Regelverstößen.

In der Praxis ergibt sich die im Unternehmen vorherrschende Compliance-Kultur re- **42**
gelmäßig aus der Wechselwirkung der vorgelebten Verhaltensweisen von Führungskräften und den tatsächlich wirkenden Anreizsystemen. Insofern ist es von Bedeutung für die im Unternehmen etablierte Compliance-Kultur,

- wie konsistent sich die Ausgestaltung der im Unternehmen geltenden Verhaltensgrundsätze mit den tatsächlich gelebten Werten darstellt,
- wie umfassend bei der Erarbeitung von Verhaltensgrundsätzen die Leitungsebenen und Mitarbeiter mit ihren Erfahrungen aus der betrieblichen Praxis eingebunden sind,
- mit welcher Priorität die gewünschten Verhaltensgrundsätze in die Regelkommunikation der Unternehmensleitung eingebunden sind,
- wie nachhaltig und praktisch anwendbar entsprechende Schulungen erfolgen,
- wie konsistent die Anreizsysteme an den Verhaltensgrundsätzen ausgerichtet sind und
- wie transparent und konsequent Fehlverhalten sanktioniert wird.

Dabei sollte zur Erreichung einer günstigen Compliance-Kultur sichergestellt sein, dass **43**
die im Unternehmen etablierten Maßnahmen insb. den innerbetrieblichen Zusammenhalt fördern, um ein hohes Maß an informeller Sozialkontrolle zu erreichen sowie Gleichmut gegenüber Regelverstößen zu vermeiden[41].

### 2.4.1.3.3 Compliance-Ziele

Auf der Grundlage der allgemeinen Unternehmensziele legen die gesetzlichen Vertreter **44**
die **Compliance-Ziele** fest[42]. Dies beinhaltet z.B. die Frage, welche Geschäftsbereiche, Unternehmensprozesse oder Rechtsgebiete in das CMS einbezogen werden. Bei der Festlegung der Compliance-Ziele sollten u.a. die folgenden Aspekte berücksichtigt werden[43]:

- Konsistenz der unterschiedlichen Ziele
- Verständlichkeit und Praktikabilität der Ziele
- Messbarkeit des Grades der Zielerreichung
- Abstimmung mit den verfügbaren Ressourcen[44].

Es empfiehlt sich in der Praxis, eine erste (Compliance-)Risikoanalyse auf der Ebene der **45**
Gesamtunternehmung durchzuführen, um die Teilbereiche zu identifizieren, für die

41 Vgl. *PricewaterhouseCoopers/Martin-Luther-Universität Halle-Wittenberg (Hrsg.)*, S. 3 ff.
42 Vgl. *IDW PS 980*, Tz. 23.
43 Vgl. *IDW PS 980*, Tz. A15.
44 Vgl. *IDW PS 980*, Tz. A15.

aufgrund von Risikoabwägungen die Einrichtung eines CMS erforderlich erscheint[45]. Hierbei bietet es sich an, sämtliche für das Unternehmen relevanten Rechtsgebiete danach zu untersuchen, ob z.B.

- Erkenntnisse über Regelverstöße aus der Vergangenheit vorliegen,
- ein Regelverstoß zu einer operativen Beeinträchtigung der Geschäftstätigkeit führen kann oder
- aus dem Regelverstoß ein materieller Reputations- bzw. finanzieller Schaden für das Unternehmen erwachsen kann.

46 Auch vor dem Hintergrund der in der Literatur geführten Diskussion über die Pflicht zur Einrichtung und Ausgestaltung von CMS[46] ergibt sich aus diesen Erwägungen unter Berücksichtigung der unternehmensspezifischen Gegebenheiten die Fragestellung, inwieweit die Einrichtung eines CMS für die betrachteten Geschäftsbereiche, Unternehmensprozesse und Rechtsgebiete als erforderlich angesehen werden muss.

#### 2.4.1.3.4 Compliance-Risiken

47 Unter Berücksichtigung der Compliance-Ziele sind die **Compliance-Risiken** festzustellen und zu beurteilen, die der Erreichung der Compliance-Ziele entgegenstehen können. Hierfür ist eine systematische Vorgehensweise notwendig[47]. Die Rollen und Verantwortlichkeiten für den Prozess der Identifikation und Analyse der Risiken sollten klar festgelegt werden.

48 Bei der Feststellung von Compliance-Risiken sollten z.B. folgende Einflussfaktoren berücksichtigt werden[48]:

- Änderungen im wirtschaftlichen und rechtlichen Umfeld
- Personalveränderungen
- überdurchschnittliches Unternehmenswachstum
- neue Technologien
- neue oder atypische Geschäftsfelder oder Produkte
- Umstrukturierungen
- Ort(e) der Geschäftstätigkeit
- Expansion in neue Märkte.

Die festgestellten Risiken werden üblicherweise in einem Risikoinventar dokumentiert.

49 Die Risiken werden anschließend anhand ihrer Eintrittswahrscheinlichkeit und potenzieller Folgen bei Risikoeintritt (z.B. monetäre Schadenshöhe) sowie entsprechend den Vorstellungen der gesetzlichen Vertreter bewertet.

50 Vor dem Hintergrund wachsender regulatorischer Anforderungen und um der hohen Veränderungsgeschwindigkeit nachzukommen, ist es ratsam, die Risikoanalyse fortlaufend durchzuführen.

51 Das Element der Compliance-Risiken stellt die Grundlage für das zu konzipierende Compliance-Programm dar, da auf Basis der Risiken die Maßnahmen zur Risikosteuerung bestimmt werden.

---

45 Vgl. *Busekist/Schlitt*, CCZ 2012, S. 86 (89).

46 Statt vieler vgl. *Schneider*, ZIP 2003, S. 645; *Hauschka*, ZIP 2004, S. 877.

47 Zur Risikoermittlungspflicht i.R.d. *IDW PS 980* vgl. ausführlich *Busekist/Schlitt*, CCZ 2012, S. 86 (86-95).

48 Vgl. *IDW PS 980*, Tz. A16.

#### 2.4.1.3.5 Compliance-Programm

Mit dem **Compliance-Programm** reagiert das Unternehmen in Übereinstimmung mit den von den gesetzlichen Vertretern bestimmten CMS-Grundsätzen auf die analysierten Compliance-Risiken. Das Compliance-Programm umfasst alle Grundsätze und Maßnahmen, die als Reaktion auf die Compliance-Risiken zur Vermeidung von Regelverstößen entwickelt werden. Bei den Grundsätzen handelt es sich um Grundsätze, Verfahren und vorgegebene Maßnahmen i.R.d. CMS (Regelungen), mit denen die Mitarbeiter und ggf. Dritte zu regelkonformem Verhalten angehalten werden. Sie beinhalten klare Festlegungen zur Zulässigkeit bzw. Unzulässigkeit bestimmter Aktivitäten sowie zu den Maßnahmen des Compliance-Programms, die zur Sicherstellung der Compliance zu beachten sind.[49] 52

Mit der Einrichtung eines Compliance-Programms werden vor allem die folgenden drei Ziele verfolgt: 53

- Verhinderung von Regelverstößen (Prävention) (z.B. Erstellung eines Verhaltenskodex, Einrichtung einer Beratungsstelle für Compliance-Fragen)
- rechtzeitiges Erkennen von Regelverstößen für Compliance-Verstöße (z.B. durch die Einrichtung eines Hinweisgeberverfahrens)
- Reaktion auf die erkannten Risiken.

Werden Regelverstöße aufgedeckt, stellen die Maßnahmen des Compliance-Programms eine zeitnahe Kommunikation an die zuständigen Stellen im Unternehmen und falls erforderlich an externe Stellen (z.B. bei Verdacht auf Verstöße gegen das Geldwäschegesetz) sowie eine Analyse der Ursachen für die Regelverstöße sicher. Diese Ursachenanalyse stellt eine wesentliche Grundlage für die Verbesserung des CMS dar[50].

Die in das CMS-Programm integrierten **Kontrollen** sollen sicherstellen, dass die festgelegten Grundsätze und Maßnahmen des Compliance-Programms eingehalten werden. Hierbei handelt es sich z. B. um 54

- Funktionstrennungen,
- Berechtigungskonzepte,
- Genehmigungsverfahren und Unterschriftsregelungen,
- Vorkehrungen zum Vermögensschutz und andere Sicherheitskontrollen,
- unabhängige Gegenkontrollen (4-Augen-Prinzip) und
- Job-Rotationen[51].

Um eine **personenunabhängige Funktion** des CMS sicherzustellen, sind die Grundsätze und Maßnahmen des CMS zu dokumentieren. 55

Für die **Ausgestaltung des Compliance-Programms** ist eine Unterscheidung in teilbereichsübergreifende (bezogen auf die durch das CMS abzudeckenden Geschäftsbereiche, Prozesse oder Rechtsgebiete) und teilbereichsspezifische Maßnahmen empfehlenswert. Dabei sind teilbereichsübergreifende Maßnahmen dadurch gekennzeichnet, dass sie auf unterschiedliche Risiken aus mehreren Teilbereichen einheitlich wirken können. So kann bspw. ein Richtlinienmanagement teilbereichsüber- 56

49 Vgl. *IDW PS 980*, Tz. A17.
50 Vgl. *IDW PS 980*, Tz. A17.
51 Vgl. *IDW PS 980*, Tz. A17.

greifend durchgeführt werden, ebenso ein Hinweisgebermanagement oder der Prozess zur Überprüfung von Geschäftspartnern.

57 **Teilbereichsspezifische Maßnahmen** sind dagegen für die Steuerung spezifischer Risiken einzelner Teilbereiche anwendbar. Ein Beispiel hierfür sind Genehmigungsprozesse für den Teilbereich Antikorruption zur Gewährung bzw. Annahme von Geschenken.

58 Zusätzlich ist zu empfehlen, bei der **Konzeption des Compliance-Programms** bereits vorhandene Maßnahmen (z.B. Unterschriften-Richtlinien, Genehmigungs- und Freigabeprozesse und -kontrollen) zu berücksichtigen, da i.d.R. bereits Maßnahmen zur Adressierung von Compliance-Risiken im Unternehmen etabliert, aber nicht als solche klassifiziert sind.

59 In der Praxis hat sich eine konsequente Orientierung an den festgestellten **Compliance-Risiken** bei der Entwicklung des Compliance-Programms als nützlich erwiesen. Nur so kann vermieden werden, dass zusätzliche Abläufe geschaffen werden, deren Nutzen für die Mitarbeiter nicht erkennbar ist und die insofern Umgehungsstrategien auslösen können[52].

### 2.4.1.3.6 Compliance-Organisation

60 Im Unternehmen ist als Bestandteil des CMS eine effektive **Compliance-Organisation** mit klarer Zuordnung von Rollen und Verantwortlichkeiten einzurichten. Hierzu kann auch die Bildung einer Compliance-Abteilung oder eines Compliance-Gremiums zählen, das die Compliance-Aktivitäten des Unternehmens koordiniert. Die Unternehmensgröße und Komplexität sowie der Regulierungsgrad der Branche spielen eine entscheidende Rolle für die Entscheidung, ob eine eigenständige Compliance-Organisation geschaffen wird oder eine Zuordnung der entsprechenden Aufgaben zu bereits existierenden Unternehmensfunktionen erfolgt.

61 Die Compliance-Organisation dient als Gerüst für die Umsetzung und **Verankerung des CMS in die Unternehmensstrukturen** (Aufbauorganisation und Ablauforganisation). Es ist wichtig, dass gerade im Hinblick darauf, die Compliance-Ziele zu erreichen und Compliance-Risiken zu begrenzen, ausreichende Ressourcen zur Konzeption, Einführung, Durchsetzung und Überwachung sowie zur kontinuierlichen Verbesserung des CMS zur Verfügung stehen.

62 Des Weiteren ist es sinnvoll, **Integrationsmöglichkeiten** sowohl aus systemischer als auch aus aufgabenspezifischer Sicht zu analysieren. So kann z.B. eine Integration der Compliance-Organisation mit dem Risikomanagement sinnvoll sein. Gleichzeitig kann aus aufgabenspezifischer Sicht eine Aufgabenteilung mit der Internen Revision und der Rechtsabteilung von Nutzen sein.

63 Damit die ergriffenen Compliance-Maßnahmen im Unternehmen beachtet werden, sind organisatorische und technische **Hilfsmittel** zu einzelnen CMS-Bestandteilen nützlich. Dies umfasst z.B. Handbücher, Checklisten und Verfahrensbeschreibungen, die den Mitarbeitern zur Verfügung gestellt werden[53].

52 Vgl. *Schefold*, ZRFC 2013, S. 12 (16).
53 Vgl. *IDW PS 980*, Tz. A18.

### 2.4.1.3.7 Compliance-Kommunikation

Mit der **Compliance-Kommunikation** soll sichergestellt werden, dass die Mitarbeiter über die sie betreffenden Grundsätze und Maßnahmen des Compliance-Programms und die ihnen zugewiesenen Aufgaben informiert werden[54]. 64

Im Unternehmen wird zudem festgelegt, wie **Compliance-Risiken** sowie Hinweise auf mögliche und festgestellte Regelverstöße an die zuständigen Stellen im Unternehmen (z.B. die gesetzlichen Vertreter und erforderlichenfalls das Aufsichtsorgan) berichtet werden. 65

Das Element der **Compliance-Kommunikation** spielt sowohl im Aufbau als auch im Regelbetrieb des CMS eine wesentliche Rolle, denn das definierte Compliance-Programm muss umfassend kommuniziert werden, um die Maßnahmen umsetzen zu können und eine entsprechende Wahrnehmung bei den Mitarbeitern für Compliance zu schaffen. 66

Demnach müssen die Mitarbeiter, die i.R.d. Aufbaus, der Überführung in den Regelbetrieb und im Regelbetrieb definierte Rollen und Verantwortlichkeiten übernehmen, ausreichende **Informationen** erhalten, damit sie zur Ausführung ihrer Tätigkeiten befähigt sind. Gleichermaßen müssen alle Mitarbeiter, die in ihrer täglichen Arbeit von den Grundsätzen und Maßnahmen des Compliance-Programms betroffen sind, darüber in Kenntnis gesetzt werden. Es bietet sich an, i.R. von Schulungen wesentliche Teile der erstellten Richtlinien, Arbeitsanweisungen oder Prozessbeschreibungen zu erläutern. Darüber hinaus kann es sinnvoll sein, das Thema „Compliance" im Unternehmen generell durch Informationsmaterial, Broschüren o.ä. bekanntzumachen, um auch bei Mitarbeitern, die nicht direkt durch Maßnahmen betroffen sind, die Bedeutung eines regelkonformen Verhaltens herauszustellen. 67

### 2.4.1.3.8 Compliance-Überwachung und -Verbesserung

Das Grundelement „**Compliance-Überwachung und -Verbesserung**" beinhaltet die Verfahren, die auf die systematische Überwachung und ständige Verbesserung des CMS abzielen. Voraussetzung für eine wirksame Überwachung ist eine ausreichende **Dokumentation** des CMS, einschl. von Nachweisen, dass die Grundsätze und Maßnahmen des CMS eingehalten wurden. Sofern (potenzielle) Schwachstellen des CMS identifiziert werden, ist es für die Wirksamkeit des CMS maßgeblich, die Ursachen zu analysieren und zu beheben. 68

Die Überwachung des CMS erfolgt einerseits i.R.d. innerhalb des CMS-Programms vorhandenen **internen Kontrollen** zur Sicherstellung der Wirksamkeit des Systems[55]. 69

Andererseits ist die CMS-Überwachung durch prozessunabhängige Stellen durchzuführen, z.B. durch die Interne Revision. Für eine systematische und konsistente Sicherstellung der erforderlichen Überwachungsmaßnahmen, insb. der **prozessunabhängigen CMS-Überwachung**, sind folgende Aspekte von Bedeutung[56]: 70

- Festlegung der Zuständigkeiten für die Compliance-Überwachung
- Entwicklung eines Überwachungsplans
- Bereitstellung von ausreichend erfahrenen Ressourcen für die Durchführung der Überwachungsmaßnahmen

54 Vgl. *IDW PS 980*, Tz. 23 i.V.m. A19.
55 Vgl. *IDW PS 980*, Tz. A17.
56 Vgl. *IDW PS 980*, Tz. A20.

- Bestimmung der Berichtswege für die Ergebnisse der Überwachungsmaßnahmen sowie
- Erstellung von Berichten über die Ergebnisse der Überwachungsmaßnahmen und Auswertung der Berichte durch die zuständige Stelle.

**71** Informationen zu den durchgeführten Überwachungsmaßnahmen und deren Ergebnissen zählen zu den wesentlichen **Informationen für die Aufsichtsorgane**, damit diese ihrer Pflicht zur Überwachung der Wirksamkeit der verschiedenen Governance Systeme im Unternehmen nachkommen können (z.B. nach § 107 Abs. 3 AktG).

#### 2.4.1.4 Prozess der Einrichtung eines CMS

**72** Zusammenfassend zeigt die folgende Abb. einen idealtypischen **Prozess der Einrichtung** eines CMS als Ablaufdiagramm.

Abb. 3: Prozess der Einrichtung eines CMS[57]

57 Vgl. *Eibelshäuser/Schmidt*, WPg 2011, S. 939 (942).

### 2.4.2 Risikomanagementsysteme

#### 2.4.2.1 Begriff und Ziele von Risikomanagementsystemen

Der *IDW PS 981* definiert **Risikomanagement** als strukturierten Umgang mit Risiken (i.S.v. positiven und negativen Zielabweichungen) im Unternehmen, d.h. ein Risikomanagement ist die Gesamtheit der Grundsätze, Verfahren und vorgegebenen Maßnahmen i.R.d. RMS (Regelungen), die einen solchen Umgang sicherstellt[58]. Die Verantwortung für die Einrichtung eines derartigen RMS tragen die gesetzlichen Vertreter des Unternehmens und diese haben bei Berücksichtigung der Ziele und individuellen Risiken des Unternehmens über die konkrete Gestaltung des RMS zu entscheiden sowie die benötigten Ressourcen zur Verfügung zu stellen. Der *IDW PS 981* befasst sich schwerpunktmäßig mit der Prüfung des Teils des unternehmensweiten Risikomanagements, der strategische und operative Chancen und Risiken aus der Geschäftstätigkeit des Unternehmens (Risiken aus den Leistungserstellungsprozessen) beinhaltet. 73

#### 2.4.2.2 Bestimmung von RMS-Grundsätzen für das Unternehmen

Zur Bestimmung von **RMS-Grundsätzen** bestehen in einzelnen Branchen allgemein anerkannte **RMS-Rahmenkonzepte**, an denen sich die gesetzlichen Vertreter orientieren können[59]. Die folgende Tabelle zeigt ausgewählte Beispiele für allgemeine und spezifische RMS-Rahmenkonzepte: 74

| Rahmenkonzept | Organisation | Anwendungsbereich |
|---|---|---|
| **1. Allgemeine RMS-Rahmenkonzepte** | | |
| DIN ISO 31000 Risk management: 2009[60] | International Organization for Standardization | Norm zur Einrichtung eines Integrierten Risikomanagements für Organisationen. |
| ONR 49000 ff: Risikomanagement für Organisationen und Systeme (2014)[61] | Österreichisches Normungsinstitut | Generischer, universell anwendbarer und branchenunabhängiger Rahmen für das Risikomanagement von Organisationen und Systemen (einschl. Checklisten, Prozessbeschreibungen etc.) |
| BS-6079-3:2000 Project Management, Guide to the management of business related project risk (GB 2000)[62] | British Standards Institution | Hinweise zur Identifikation und Steuerung von Projekt-Risiken in Organisationen (primär für das RM von Projekten gedacht) |
| **2. Spezifische RMS-Rahmenkonzepte** | | |
| ISO 22301: Business Continuity Management[63] | International Organization for Standardization | Norm für die Erstellung und den Umgang mit dem Business Continuity Management System. |

58 Vgl. *IDW PS 981*, Tz. 18.
59 Vgl. *Schmidt/Tilch/Lenz/Eibelshäuser*, WPg 2016, S. 944 (948).
60 http://www.iso.org/iso/home/standards/iso31000.htm (zit. 13.07.2016).
61 https://shop.austrian-standards.at/action/de/public/details/514131/ONR_49000_2014_01_01 (zit. 13.05.2017).
62 http://shop.bsigroup.com/en/ProductDetail/?pid=000000000019994545 (zit. 13.05.2017).
63 http://www.beuth.de/de/norm/din-en-iso-22301/215741063 (zit. 13.05.2017).

| Rahmenkonzept | Organisation | Anwendungsbereich |
|---|---|---|
| IT-Grundschutz-Standards:<br>BSI-Standard 100-1: Managementsysteme für Informationssicherheit<br>BSI-Standard 100-2: IT-Grundschutz-Vorgehensweise<br>BSI-Standard 100-3: Risikoanalyse auf der Basis von IT-Grundschutz<br>BSI-Standard 100-4: Notfallmanagement | Bundesamt für Sicherheit in der Informationstechnik (BSI) | BSI-Standards enthalten Empfehlungen des BSI zu Methoden, Prozessen und Verfahren sowie Vorgehensweisen und Maßnahmen mit Bezug zur Informationssicherheit. |
| DIN EN ISO 14971 – Medizinprodukte – Anwendung des Risikomanagements auf Medizinprodukte[64] | International Organization for Standardization | Norm für das wirksame Management der mit der Anwendung von Medizinprodukten im Gesundheitswesen verbundenen Risiken durch den Hersteller. |

Tabelle 5: Allgemeine und spezifische RMS-Rahmenkonzepte[65]

#### 2.4.2.3 Grundelemente eines Risikomanagementsystems

##### 2.4.2.3.1 Übersicht

75 Ein RMS im Sinn des *IDW PS 981* weist die folgenden Grundelemente auf:

a) Risikokultur
b) Ziele des RMS
c) Organisation des RMS
d) Risikoidentifikation
e) Risikobewertung
f) Risikosteuerung
g) Risikokommunikation
h) Überwachung und Verbesserung des RMS[66].

##### 2.4.2.3.2 Risikokultur

76 Die grundsätzliche Einstellung und die Verhaltensweisen des Unternehmens beim Umgang mit Risikosituationen werden als **Risikokultur** bezeichnet. Dieser Teilbereich der Unternehmenskultur bildet die Basis für ein wirksames RMS und nimmt maßgeblichen Einfluss auf das Risikobewusstsein im Unternehmen[67].

**Beispiel 1:**

Folgende Merkmale können z.B. die Risikokultur in einem Unternehmen beeinflussen:

- Vorgaben durch die Unternehmensleitung in Form von Verhaltensgrundsätzen/ Code of Conduct, ergänzt durch einen regelmäßig zum Ausdruck gebrachten „tone from the top" sowie konsequente Ausrichtung der persönlichen Verhaltensweisen der Unternehmensleitung an den vorgegebenen Prinzipien

64 http://www.beuth.de/de/norm/din-en-iso-14971/170088031 (zit. 13.05.2017).
65 Vgl. *IDW PS 981*, Anlage 1.
66 Vgl. ausführlich zu den Grundelementen *IDW PS 981*, Tz. 31.
67 Vgl. *IDW PS 981*, Tz. 31.

- Förderung eines umfassenden Risikobewusstseins über die Gesamtorganisation hinweg sowie einer offenen Kommunikation von erkannten Risikoentwicklungen
- gelebtes Verhalten der Unternehmensleitung durch Berücksichtigung von Risiken bei unternehmerischen Entscheidungen sowie bei Eintritt kritischer Risikosituationen oder wirtschaftlichen Problemen
- Differenzierung der Risikobereitschaft unter Berücksichtigung der Erwartungen der Stakeholder (z.B. der Aktionäre, Mitarbeiter, Kunden, Lieferanten) und der externen Rahmenbedingungen, bspw. „zero tolerance" bei der Beachtung von Integrität und ethischen Werten vs. hohe Risikofreudigkeit beim Eintritt in neue Märkte oder bei der Einführung innovativer Produkte und Technologien – gepaart mit entsprechenden Maßnahmen zur Risikosteuerung
- Verankerung in den Regelungen zur Zusammenarbeit von Unternehmensleitung und Aufsichtsgremien bspw. durch die Definition von zustimmungspflichtigen Geschäften und regelmäßigen Informationen an das Aufsichtsgremium
- Verknüpfung mit Anreiz-, Leistungsbeurteilungs- und Mitarbeiterentwicklungssystemen zur Förderung einer positiven Risikokultur und Sanktionierung von unerwünschtem Verhalten[68].

### 2.4.2.3.3 Ziele des RMS

Die **Ziele des RMS** sind darauf ausgerichtet sicherzustellen, dass die Unternehmensziele entsprechend der Risikostrategie erreicht werden. Die Risikostrategie baut auf den RMS-Zielen auf. Sie wird festgelegt, um die RMS-Ziele zu erreichen. Dabei werden in Form einer Risikopolitik die unternehmerischen Vorgaben zum Umgang mit Risiken formuliert und im Unternehmen kommuniziert, um die aus Unternehmenssicht definierten Ziele in Bezug auf den Risikoappetit und die Risikotoleranz für den jeweiligen Unternehmensbereich zu operationalisieren[69]. 77

Sowohl die **Risikostrategie** als auch die systematische Ausgestaltung des Risikomanagements eines Unternehmens werden von den unternehmenspolitischen Zielsetzungen und der Unternehmensstrategie abgeleitet. Die Risikostrategie besteht aus folgenden Bestandteilen: 78

- **Risikoappetit** ist die grundsätzliche Bereitschaft, zur Erreichung angestrebter Ziele und Wertsteigerungen damit verbundene Risiken einzugehen. Hieraus wird unter Beachtung der Unternehmensstrategie die Risikotoleranz für das RMS festgelegt.
- **Risikotoleranz** ist die maximal tolerierte Abweichung in Bezug auf die angestrebte Zielsetzung. Diese wird i.d.R. in Form konkreter quantitativer oder auch qualitativer Wesentlichkeitsgrenzen umgesetzt, welche meist mit dem gleichen Maßstab wie die Zielerreichung gemessen werden.
- **Risikotragfähigkeit** des Unternehmens ist der Ausgangspunkt für die Bemessung des Risikoappetits und der Risikotoleranz. Sie beschreibt das maximale Risikoausmaß, welches das Unternehmen ohne Gefährdung seines Fortbestands tragen kann[70].

68 Vgl. *IDW PS 981*, Tz. A21.
69 Vgl. *IDW PS 981*, Tz. A22.
70 Vgl. *IDW PS 981*, Tz. A22.

### 2.4.2.3.4 Organisation des RMS

79 Für ein funktionierendes RMS sind insb. eine transparente und klare **Aufbauorganisation** und eine eindeutige Ablauforganisation relevant, die folgende Aspekte beinhalten:

- klare Regelung, Abgrenzung, Kommunikation und Dokumentation der Verantwortungsbereiche und Rollen
- Erfüllen der persönlichen und fachlichen Voraussetzungen der Aufgabenträger
- ausreichende Ressourcen für das Risikomanagement (insb. Personen, Technologie, Hilfsmittel)[71].

80 Eine verbindliche Vorgabe sowie eine ausreichende Dokumentation der wesentlichen Regelungen des Risikomanagements bezüglich der Aufbau- und Ablauforganisation sind notwendig.

### 2.4.2.3.5 Risikoidentifikation

81 Die regelmäßige und systematische Analyse sowohl von internen als auch externen Ereignissen und Entwicklungen, die zu positiven oder negativen Abweichungen von den festgelegten Zielen des RMS führen können, wird als **Risikoidentifikation** bezeichnet. Die Häufigkeit und Regelmäßigkeit der Betrachtung dieser Ereignisse und Entwicklungen ist an die Dynamik der betrachteten Risiken anzupassen. Dynamische Risiken sind volatil, d.h. sie verändern sich im Zeitablauf stärker als weniger dynamische Risiken. So ist eine kontinuierliche bzw. in kurzen Abständen erfolgende Betrachtung für sehr dynamische Risiken sinnvoll, während weniger dynamische Risiken durchaus in längeren Intervallen oder bei wesentlichen Veränderungen an der Organisation oder am Prozess detailliert betrachtet werden können. Sehr dynamische Risiken sind z.B. Risiken i.Z.m. Entwicklungen am Finanzmarkt, wogegen Risiken von Betriebsunterbrechungen im Allgemeinen deutlich weniger dynamisch sind[72].

**Beispiel 2:**

Folgende Merkmale kennzeichnen eine systematische Risikoidentifikation:

- die vollständige Betrachtung der Ursachen wesentlicher Risiken für das zu prüfende RMS innerhalb des Unternehmens als auch im Umfeld, z.B. unterstützt durch themen- bzw. branchenspezifische Risikokataloge
- die systematische Analyse von Frühwarnindikatoren und Kennzahlen, aus deren Beobachtung frühzeitig mögliche kritische Entwicklungen erkannt werden können. Diese können sowohl aus vorausschauenden Indikatoren und Prognosewerten bestehen (Früherkennung), als auch der Aufdeckung von Schadensfällen und der Analyse von Trends dienen
- die Top-Down-Analyse aus Sicht der Unternehmensleitung und eine Bottom-Up-Analyse aus Sicht der Bereiche, die sich operativ mit der Erkennung und Steuerung des RMS befassen
- die Erfassung und Kommunikation von als kritisch eingestuften Entwicklungen für die nachfolgende Risikobewertung und -steuerung;
- die vollständige und nachvollziehbare Dokumentation der Risikoidentifikation[73].

71 Vgl. ausführlicher *IDW PS 981*, Tz. A23.
72 Vgl. *IDW PS 981*, Tz. A24.
73 Vgl. *IDW PS 981*, Tz. A24.

#### 2.4.2.3.6 Risikobewertung

Im Rahmen der **Risikobewertung** werden Risiken u.a. im Hinblick auf ihre Eintrittswahrscheinlichkeit und mögliche Auswirkungen systematisch beurteilt. Die eindeutige Definition von Bewertungsverfahren und Kriterien umfasst auch die Verwendung einer Bewertungssystematik, die es erlaubt, die Bedeutung und den Wirkungsgrad von Risikosteuerungsmaßnahmen einzuschätzen. Einzelne Risikobewertungen werden systematisch aggregiert, Risikointerdependenzen werden analysiert und berücksichtigt[74]. **82**

#### 2.4.2.3.7 Risikosteuerung

Die wesentlichen Maßnahmen der **Risikosteuerung** sind Risikovermeidung, -reduktion, -teilung bzw. -transfer und -akzeptanz. Die Unternehmensleitung wählt auf Basis der Risikoidentifikation und Risikobewertung und i.R.d. festgelegten Ziele des RMS geeignete Steuerungsmaßnahmen aus. Neben diesen Maßnahmen umfasst die Risikosteuerung auch Kontrollaktivitäten zur Sicherstellung der Umsetzung der vom Management getroffenen Maßnahmen. Beispiele für diese Grundsätze und Maßnahmen zur Kontrolle sind Genehmigungskontrollen, Abstimmungen, Beobachtungen, Performance-Reviews und Funktionstrennungen[75]. **83**

#### 2.4.2.3.8 Risikokommunikation

Ziel der **Risikokommunikation** ist es, einen angemessenen Informationsfluss für das RMS im Unternehmen sicherzustellen. Im Rahmen eines angemessenen Informationsflusses soll ein ausreichender Informationsstand über interne und externe Entwicklungen sichergestellt werden, die Risiken bergen können. Um diesen angemessen Informationsfluss zu gewährleisten, bedarf es eines standardisierten Prozesses, der die Zuständigkeiten, Intervalle, Schwellenwerte und Berichtsformate festlegt. Der Standardprozess ist um einen separaten Prozess für eilbedürfte (ad hoc) Risikomeldungen zu ergänzen, um bei solchen Meldungen eine zeitnahe Kommunikation der relevanten Informationen zu gewährleisten. Entscheidungsrelevante Informationen werden für die Risikobeurteilung gesammelt, die auf ihre Zuverlässigkeit überprüft und aktualisiert werden[76]. **84**

**Praxistipp 1:**

Es ist empfehlenswert, dass die Risikokommunikation die folgenden Elemente beinhaltet:

- Kommunikation der Regelungen des RMS und von relevanten Risikobereichen an die betroffenen Personen
- Festlegung der Berichtspflichten (Anlässe) und der Berichtswege für die Kommunikation von Risiken an die zuständigen Stellen im Unternehmen einschließlich Unternehmensleitung und Aufsichtsgremien
- Sicherstellung aktueller, zutreffender entscheidungsrelevanter Informationen.

74 Vgl. hierzu ausführlicher *IDW PS 981*, Tz. A25.
75 Vgl. hierzu ausführlicher *IDW PS 981*, Tz. A26.
76 Vgl. hierzu ausführlicher *IDW PS 981*, Tz. A27.

Zudem sollte der Prozess der Risikokommunikation z.B. durch Terminvorgaben, Vorgaben der Berichtsformate sowie der Kommunikationswege nachvollziehbar festgelegt und dokumentiert werden.

### 2.4.2.3.9 Überwachung und Verbesserung des RMS

85 Durch prozessintegrierte und prozessunabhängige Kontrollen werden die Angemessenheit und Wirksamkeit des eingerichteten RMS überwacht. Eine angemessene Dokumentation des Risikomanagementprozesses ist die Voraussetzung für eine effektive Überwachung. Die Ergebnisse der durchgeführten **Überwachungsmaßnahmen** werden zwecks Ursachenanalyse im Unternehmen kommuniziert und ausgewertet. Daraufhin können erforderliche **Maßnahmen zur Verbesserung** des Systems und der Beseitigung von Mängeln durchgeführt werden[77].

! **Hinweis 1:**

Das RMS ist Gegenstand einer regelmäßigen prozessunabhängigen Überwachung z.B. durch die Interne Revision. Beurteilungskriterien für eine prozessunabhängige Überwachung können u.a. folgende Aspekte sein:

- vollständige Erfassung aller Risikofelder des Unternehmens
- Angemessenheit der eingerichteten Regelungen zur Risikoerfassung und Risikokommunikation
- Angemessenheit und kontinuierliche Anwendung der Risikosteuerungsmaßnahmen vor dem Hintergrund der gewählten Risikostrategie und der Ziele des RMS
- mögliche beabsichtigte Umgehung eingerichteter Prozesse und Kontrollen.

86 Falls sich i.R.d. Überwachung oder bei sonstigen Maßnahmen des RMS Hinweise auf Mängel des RMS ergeben, werden Maßnahmen zur Verbesserung des RMS getroffen (z.B. Schulungen, Änderung von Berichtslinien und -frequenzen sowie -inhalten, Sanktionen etc.). Stand und Verbesserungspotenzial des RMS werden z.B. mit Hilfe von Best Practices, Benchmarking oder Reifegradmodellen beurteilt[78].

## 2.4.3 Internes Kontrollsystem des Berichtswesens

### 2.4.3.1 Begriff und Ziele von internen Kontrollsystemen des Berichtswesens

87 Das IKS betrifft Grundsätze, Verfahren und Maßnahmen (Regelungen) i.Z.m. dem internen und externen Berichtswesen, welches die Gewinnung, Verarbeitung, Weiterleitung und Darstellung von entscheidungsrelevanten Informationen (Informationsverarbeitungsprozess) in Form von Unternehmensberichterstattungen zum Gegenstand hat. Unternehmensberichterstattungen beinhalten i.d.R. für eine vorgegebene Zielsetzung zusammengefasste entscheidungsrelevante Informationen aus den Kerngeschäfts- bzw. Unterstützungsprozessen des Unternehmens. Die Bandbreite der Unternehmensberichterstattungen reicht von einzelnen entscheidungsrelevanten Informatio-

77 Vgl. hierzu ausführlicher *IDW PS 981*, Tz. A28.
78 Vgl. *IDW PS 981*, Tz. A28.

nen für das Unternehmen, bis hin zu Berichtssystemen bspw. der externen Rechnungslegung[79].

**Praxistipp 2:**

Der Begriff „Unternehmensberichterstattung“[80] wird entsprechend weit gefasst. Beispiele für interne und externe Unternehmensberichterstattungen sind[81]:

Interne Unternehmensberichterstattungen:
- internes Management-Reporting wie z.B. Performance-Reports, Forecasts, Prognosen, Simulationen
- interne Risikoberichterstattung
- Controlling-Berichte, wie bspw. Berichte des Beschaffungs-, Absatz-, Personal- oder Investitionscontrollings
- interne Berichte von Unternehmensbeauftragten, bspw. Datenschutzbeauftragte, Gleichstellungsbeauftragte, Umweltbeauftragte.

Externe Unternehmensberichterstattungen:
- Jahresabschlüsse, Konzernabschlüsse, Zwischenabschlüsse
- Lageberichte
- Geschäftsberichte
- Corporate Governance Erklärungen
- gesetzliche oder regulierungsrelevante Unternehmensberichterstattungen
- Nachhaltigkeitsberichte, Emissionsberichte, sonstige Umwelt- oder Sozialberichterstattungen
- Ad-hoc-Berichte
- Börsenprospekte
- Berichterstattungen im Rahmen von Investorenkonferenzen
- Berichte an Banken oder andere Darlehensgeber
- Berichterstattungen an Kunden oder Lieferanten
- Steuererklärungen
- Country-by-Country-Reporting.

### 2.4.3.2 Grundsätze für interne Kontrollsysteme

Zur Bestimmung von IKS-Grundsätzen bestehen in einzelnen Branchen **allgemein an-** 88
**erkannte Rahmenkonzepte**, an denen sich die gesetzlichen Vertreter orientieren können. Allgemein anerkannte Rahmenkonzepte sind z.B. COSO[82] oder Cobit®[83]. Neben dem Rahmenkonzept Internal Control – Integrated Framework (COSO I)[84] können zur Darstellung des IKS des Berichtswesens auch vergleichbare Rahmenkonzepte eingesetzt sein, soweit sie gleichwertig und allgemein anerkannt sind[85]. Daneben existieren durch

79 Vgl. *IDW PS 982*, Tz. 9.
80 Im Sinne des Begriffs “reporting” des COSO Internal Control - Integrated Framework (2013).
81 Vgl. *IDW PS 982*, Tz. A4.
82 www.coso.org.
83 www.isaca.org/cobit (zit. 13.05.2017).
84 COSO (1992): Internal Control – Integrated Framework, Two-volume edition, New York 1992. Das Rahmenkonzept wurde 2013 überarbeitet.
85 Vgl. *IDW PS 982*, Tz. A6.

regulatorische Anforderungen festgelegte Rahmenkonzepte wie bspw. die MaRisk[86] oder von Unternehmen selbst entwickelte Grundsätze für IKS.

### 2.4.3.3 Grundelemente eines internen Kontrollsystems

#### 2.4.3.3.1 Übersicht

89 Der *IDW PS 982* beschreibt die folgenden sechs miteinander in Wechselwirkung stehenden **Grundelemente des IKS**, bei denen davon ausgegangen wird, dass diese für jedes IKS relevant sind[87]:

a) Kontrollumfeld
b) IKS-Ziele
c) Risikobeurteilung
d) Kontrollaktivitäten
e) Information und Kommunikation
f) Überwachung des IKS.

#### 2.4.3.3.2 Kontrollumfeld

90 Das **Kontrollumfeld** stellt den Rahmen dar, innerhalb dessen die Regelungen[88] eingeführt und angewendet werden. Es wird durch die Grundeinstellungen, das Problembewusstsein und die Verhaltensweisen der gesetzlichen Vertreter sowie die Rolle des Aufsichtsorgans („tone at the top") in Bezug auf das IKS geprägt und beeinflusst fundamental das Kontrollbewusstsein der Mitarbeiter. An der Art und Weise wie bspw. mit Kontrollschwächen und deren Behebung als vorgelebte Kultur verfahren wird, lassen sich in der Praxis bereits erste grundlegende Einschätzungen durch den IKS-Prüfer ableiten. Während ein ungünstiges Kontrollumfeld die Gefahr in sich birgt, dass Regelungen von Mitarbeitern nicht oder nur der Form halber angewendet werden, kann ein günstiges Kontrollumfeld allein allerdings die Wirksamkeit des IKS nicht gewährleisten. Eine Aufbau- und Ablauforganisation, die die Verantwortlichkeiten klar regelt und abgrenzt sowie dokumentierte und verbindlich vorgegebene wesentliche Regelungen tragen zu einem günstigen Kontrollumfeld bei[89].

91 Merkmale, die das Kontrollumfeld beeinflussen, sind z.B.:

- Verpflichtung zur Wahrung der Integrität und zur Einhaltung ethischer Werte,
- durch die Unternehmensleitung vorgegebene und konsequent vorgelebte Verhaltensgrundsätze,
- ein unabhängiges Aufsichtsorgan, das seine Überwachungstätigkeit in Bezug auf Entwicklung und Funktionsfähigkeit des IKS angemessen ausübt,
- die Unternehmensorganisation beachtet die Grundsätze der Funktionstrennung und sie ist den Mitarbeitern bekannt gemacht
- die Fähigkeit des Unternehmens in Übereinstimmung mit den Zielen des IKS, Mitarbeiter mit der notwendigen Kompetenz anzustellen, weiterzuentwickeln und zu binden[90].

---

86 Vgl. Rundschreiben 10/2012 (BA) „Mindestanforderungen an das Risikomanagement – MaRisk" der BaFin v. 14.12.2012.

87 Vgl. hierzu sowie zu den folgenden Beschreibungen der Grundelemente *IDW PS 982*, Tz. 30.

88 Vgl. *IDW PS 982*, Tz. 17d) „Regelungen - Oberbegriff für Grundsätze, Verfahren und vorgegebene Maßnahmen des internen Kontrollsystems".

89 Vgl. *IDW PS 982*, Tz. 30.

90 Vgl. *IDW PS 982*, Tz. A17.

### 2.4.3.3.3 IKS-Ziele

Die gesetzlichen Vertreter legen auf Grundlage der allgemeinen Unternehmensziele fest, 92
welche entscheidungsrelevanten Informationen für die Unternehmensführung bzw. Rechenschaftslegung zu welchen Zeitpunkten, in welcher Form, von welchen Personen (interne oder externe Adressaten) benötigt werden. Aus diesen Informationsbedürfnissen und den daraus abgeleiteten Anforderungen an die Unternehmensberichterstattung leiten sich die **IKS-Ziele** ab, die mit dem IKS verfolgt werden.

**Beispiel 3:**

Die Unternehmensleitung verfolgt das Ziel, in einen bestimmten Auslandsmarkt mit einem Produkt zu wachsen. Die zur Steuerung und Erfolgsüberwachung notwendigen Daten sind in einem internen Controlling-Bericht aufgeführt. Das IKS zielt entsprechend darauf ab, dass diese Informationen in der vorgegebenen Güte zu einem bestimmten Zeitpunkt bereitgestellt werden.

In Bezug auf die externe Rechnungslegung leiten sich die IKS-Ziele aus den für das Un- 93
ternehmen relevanten Rechnungslegungsvorschriften ab. Bei der handelsrechtlichen Rechnungslegung ergeben sich darüber hinaus notwendige IKS-Ziele im Hinblick auf die Einhaltung der Grundsätze ordnungsmäßiger Buchführung oder regulatorischer, aufsichtsrechtlicher oder aufgabenbezogener Anforderungen an die Gestaltung rechnungslegungsrelevanter Tätigkeiten des Unternehmens[91].

### 2.4.3.3.4 Risikobeurteilungen

Unternehmen sind einer Vielzahl von Risiken ausgesetzt, die den Ablauf der Prozesse 94
zur Erstellung von Unternehmensberichten und damit die Erreichung der IKS-Ziele gefährden. Fehlerhafte interne Prozesse oder IT-Systeme, personell bedingte Fehler sowie externe Ereignisse sind Beispiele[92]. Durch systematische **Risikobeurteilungen** werden solche Risiken erkannt, analysiert und bewertet und über deren Adressierung z.B. durch Kontrollen entschieden. Die Qualität der Risikobeurteilungen hängt eng mit der Definition der IKS-Ziele zusammen. Nur wenn die IKS-Ziele (z.B. die Präzision von Aussagen in einzelnen Unternehmensberichten oder ein noch tolerierbares Fehlerniveau) hinreichend klar festgelegt sind, können die damit zusammenhängenden Risiken identifiziert und analysiert werden. Ein angemessener Prozess zur Risikobeurteilung berücksichtigt die Möglichkeit von Verstößen und wesentliche Veränderungen im Unternehmen und im Unternehmensumfeld, die Einfluss auf das IKS haben könnten. Im Rahmen der Risikobeurteilungen wird in manchen Unternehmen ein sog. IKS-Scoping vorgenommen, das z.B. auf Basis der Risikobeurteilung vorgibt, in welchen Konzernunternehmen oder Unternehmensbereichen, bezogen auf welche Berichtsinformationen jeweils IKS-Regelungen konkret umzusetzen sind. Dabei spielen quantitative und qualitative Wesentlichkeitsfaktoren eine wichtige Rolle. So kann neben der relativen Bedeutung eines Konzernunternehmens für den Unternehmensbericht bspw. von Bedeutung sein, ob das Unternehmen erst kürzlich erworben wurde oder in einem Geschäftsumfeld oder Land operiert, in denen besondere Korruptionsrisiken vorliegen.

91 Vgl. *IDW PS 982*, Tz. 39.
92 Vgl. *IDW PS 982*, Tz. 30 und Tz. A19.

**Beispiel 4:**

In Bezug auf die externe Rechnungslegung nutzen Unternehmen z.T. standardisierte Risikokataloge für einzelne Prozesse (z.B. Einkaufs- oder Verkaufsprozess), die als Checkliste bzw. Mindestvorgabe bei der Ausgestaltung des IKS aller als relevant eingestufter Konzernunternehmen oder Unternehmensbereiche zu verwenden sind. Dadurch wird eine konsistente und einheitliche Aufnahme von Risiken ermöglicht, die sich positiv auf ein einheitliches IKS-Niveau auswirkt.

### 2.4.3.3.5 Kontrollaktivitäten

95 **Kontrollaktivitäten** beinhalten Steuerungs- und Überwachungsmaßnahmen, die den identifizierten und bewerteten Risiken begegnen und somit der Erreichung der IKS-Ziele dienen. Kontrollaktivitäten lassen sich in Steuerungs- und Überwachungsmaßnahmen mit fehlervermeidender (auch präventiver) und fehleraufdeckender Wirkung gliedern. Fehlervermeidende Kontrollaktivitäten beruhen auf Kenntnissen über die mögliche Entstehung von Fehlern und erhöhen das allgemeine Sicherheitsniveau. Sie haben den Zweck, falsche Daten von vornherein von der weiteren Verarbeitung auszuschließen. Fehleraufdeckende Kontrollaktivitäten sind den einzelnen Schritten des Verarbeitungsprozesses nachgelagert. Kontrollaktivitäten werden z.B. zur Reduzierung von Risiken im Hinblick auf die IKS-Ziele auf ein akzeptables Niveau eingesetzt, mittels der eingesetzten IT-Systeme im Berichtswesen realisiert oder durch Verfahrensanweisungen und Maßnahmen zu deren Umsetzung implementiert[93].

96 Kontrollaktivitäten können grob in manuelle und IT-Kontrollen unterschieden werden.

**Beispiel 5:**

Als Beispiele für manuelle Kontrollen können
- Funktionentrennung,
- Genehmigungsverfahren und Unterschriftsregelungen,
- unabhängige Gegenkontrollen (4-Augen-Prinzip),
- Kennzahlenanalysen,
- physische Inaugenscheinnahmen

angeführt werden.

Im Hinblick auf die IT-Kontrollen können sich mögliche Maßnahmen und Verfahren auf die IT-Infrastruktur beziehen wie bspw.
- physische IT-Sicherungsmaßnahmen,
- logische IT-Zugriffskontrollen,
- Datensicherungs- und Auslagerungsverfahren,
- Maßnahmen für den geordneten IT-Regelbetrieb sowie den Notbetrieb,
- Maßnahmen zur Sicherung der IT-Bereitschaft.

Oder sie können sich im Wesentlichen auf die Geschäftsprozesse der Unternehmensberichterstattung beziehen, wie
- in den IT-Anwendungen enthaltene Eingabe-, Verarbeitungs- und Ausgabekontrollen,

93 Vgl. *IDW PS 982*, Tz. A20.

- alle im IT-System vorgesehenen prozessinternen Kontrollen und organisatorischen Sicherungsmaßnahmen, z.B. Berechtigungskonzepte oder Netzwerkkontrollen,
- Maßnahmen, die sich unabhängig von der einzelnen IT-Anwendung auf das gesamte IT-System auswirken (z.B. Kontrollen zur Entwicklung, Einführung und Änderung von IT-Anwendungen)[94].

Zum Teil werden in der Praxis Kontrollaktivitäten nach ihrem Wirkungsgrad[95] oder **97** ihrer Präzision unterschieden. So haben Regelungen im Bereich des Kontrollumfeldes eher eine indirekte und Kontrollaktivitäten, die unmittelbar auf einzelne Geschäftsvorfälle wirken (sog. Transaktionskontrollen) eine direkte Wirkung auf die Erreichung der IKS-Ziele. Transaktionskontrollen werden häufig in sog. Risiko-Kontroll-Matrizen dargestellt[96].

### 2.4.3.3.6 Information und Kommunikation

**Information und Kommunikation** gewährleisten einen angemessenen Informations- **98** fluss im IKS. Dies umfasst, dass erforderliche Informationen in geeigneter und zeitgerechter Form eingeholt und an die zuständigen Stellen im Unternehmen weitergeleitet werden. Dazu zählen auch die für die Risikobeurteilungen notwendigen Informationen sowie die Information der Mitarbeiter über Aufgaben und Verantwortlichkeiten im IKS. Neben der mündlichen Kommunikation können bspw. Organisationshandbücher, Arbeitsanweisungen, Arbeitsplatzbeschreibungen und Richtlinien für das interne und externe Berichtswesen sowie Schulungen in Betracht kommen. Die Kommunikation ist nicht allein auf interne Adressaten beschränkt, sie bezieht sich auch auf Externe (bspw. Lieferanten) in Bezug auf Sachverhalte, die einen Einfluss auf die Funktionsfähigkeit des IKS haben. So kann es sinnvoll sein, dass Lieferanten z.B. mit den Einkaufsrichtlinien des Unternehmens vertraut sind, um ggf. auf Missstände bzgl. der Regelungen des Unternehmens hinweisen zu können. Die Schulung der Mitarbeiter nimmt eine zentrale Rolle ein. Neben der Sensibilisierung für die Bedeutung des IKS, sollte das Unternehmen sicherstellen, dass die Mitarbeiter ihre Rolle und Bedeutung im jeweiligen Prozess und deren Abhängigkeiten von vor- und nachgelagerten Prozessschritten bzw. internen Kontrollen kennen[97].

### 2.4.3.3.7 Überwachung des internen Kontrollsystems

Unter **Überwachung des internen Kontrollsystems** ist die objektive Beurteilung der **99** Wirksamkeit des IKS durch Mitarbeiter des Unternehmens zu verstehen. Dabei wird sowohl eine Beurteilung der Angemessenheit als auch der kontinuierlichen Wirksamkeit des IKS vorgenommen. Dies erfolgt vor allem prozessunabhängig durch die Interne Revision (oder eine ähnliche Funktion im Unternehmen), zum Teil aber auch durch andere Abteilungen. Daneben können prozessintegrierte Überwachungsmaßnahmen bspw. Datenanalysen oder auch die erneute Durchführung von Kontrollen in Stichproben herangezogen werden, um die Wirksamkeit der Kontrollen festzustellen. Voraussetzung

94 Vgl. *IDW PS 982*, Tz. A20.
95 Bspw. konzernweite Kontrollen i.S.d. *IDW PS 320*, Tz. 9.
96 Vgl. zu Risiko-Kontroll-Matrizen vgl. auch Tz. 113.
97 Vgl. *IDW PS 982*, Tz. 30 und Tz. A21.

für jede Form der Überwachung ist eine angemessene Dokumentation des IKS. Zur Überwachung des IKS gehört auch zwingend, dass die Ergebnisse (z.B. Kontrollschwächen) zeitnah in geeigneter Form an die für deren Behebung Verantwortlichen sowie an die gesetzlichen Vertreter und ggf. das Aufsichtsorgan berichtet und ausgewertet werden, damit Sofort-Maßnahmen bei einer Kontrollschwäche und Fehlerbehebungen wie auch nachhaltige Verbesserungen des Systems erfolgen können[98].

#### 2.4.3.4 Internationaler Vergleich und Ausblick

100 Ein mit dem *IDW PS 982* vergleichbarer Prüfungsstandard für eine freiwillige IKS-Prüfung findet sich im internationalen Umfeld nicht. Sofern Standards mit Bezug zum IKS des Berichtswesens existieren, beziehen sich diese vielfach auf das IKS bzgl. Dienstleistungsbeziehungen (wie ISAE 3402[99] oder SSAE No. 16[100]) oder den Fall des „Integrated Audit“[101].

101 Der *IDW PS 982* ist zwar für die unternehmensinterne Anwendung konzipiert, gleichwohl ermöglicht er aufgrund der Mindestanforderungen die Einschätzung und den Vergleich von Unternehmen untereinander.

102 Mit dem *IDW PS 982* wird insb. auch dem Mittelstand ein Instrument zur Gestaltung und Überwachung des IKS an die Hand gegeben, das bei notwendiger Präzisierung der Anforderungen gleichzeitig genügend Gestaltungsspielraum bietet. Aufgrund der Flexibilität des Standards können auch nur Teilbereiche (z.B. das IKS über jeweils bestimmte Unternehmensberichte) betrachtet werden, wodurch eine gezielte Beauftragung z.B. auf Hochrisikobereiche erfolgen kann. Für den WP bietet sich die Möglichkeit, unter Beachtung der Unabhängigkeitskriterien eine wertvolle Unterstützung im Bereich der Corporate Governance anzubieten.

### 2.4.4 Internes Revisionssystem

#### 2.4.4.1 Begriffe und Ziele von Internen Revisionssystemen

103 In der Unternehmenspraxis verfügen heutzutage viele Unternehmen über ein sogenanntes **Internes Revisionssystem (IRS)**. Die Interne Revision ist eine wesentliche Funktion im Unternehmen und stellt die dritte Verteidigungslinie im **Three-Lines-of-Defense-Modell**[102] dar. Sie ist eine prozessunabhängige Instanz, die keinerlei operativen Tätigkeiten nachkommt. Eine allgemein anerkannte Definition der Internen Revision ergibt sich aus dem **International Professional Practices Framework (IPPF)** des Insti-

98 Vgl. *IDW PS 982*, Tz. 30 und Tz. A22.

99 ISAE 3402: Assurance Reports on Controls at a Service Organization

100 Statement on Standards for Attestation Engagements (SSAE) No. 16 “Reporting on Controls at a Service Organization”.

101 Vgl. PCAOB Auditing Standard No. 5” An Audit of Internal Control over Financial Reporting that is integrated with an Audit of Financial Statements”.

102 „Das Three-Lines-of-Defense Modell beschreibt die möglichen Verteidigungslinien in einem Unternehmen innerhalb des Corporate Governance Systems. In der ersten Verteidigungslinie sind die Kontrollaktivitäten der operativen Prozesse enthalten. Die zweite Verteidigungslinie überwacht die Kontrollaktivitäten der ersten Verteidigungslinie und stellt einen wesentlichen Bestandteil des Risiko- und Compliancemanagements des Unternehmens dar. Die dritte Verteidigungslinie ist eine unabhängige Instanz, die weder in die operativen Prozesse des Unternehmens noch in die Steuerungs- und Kontrollaktivitäten der zweiten Verteidigungslinie eingebunden ist. Sie wird regelmäßig durch die Interne Revision wahrgenommen“, *IDW PS 983*, Tz. 10.

tute of Internal Auditors (IIA). Danach erbringt die Interne Revision unabhängige und objektive Prüfungs- und Beratungsdienstleistungen, welche darauf ausgerichtet sind, Mehrwerte zu schaffen und die Geschäftsprozesse zu verbessern. Sie unterstützt die Organisation bei der Erreichung ihrer Ziele, indem sie mit einem systematischen und zielgerichteten Ansatz die Effektivität des Risikomanagements, der Kontrollen und der Führungs- und Überwachungsprozesse bewertet und diese zu verbessern hilft[103].

#### 2.4.4.2 Grundsätze für Interne Revisionssysteme

**IRS-Grundsätze** i.R.d. *IDW PS 983* sind Grundsätze, Verfahren und vorgegebene **104**
Maßnahmen i.R.d. IRS (Regelungen), die bei seiner Einrichtung beachtet werden müssen. Hierunter sind die verbindlichen Elemente der Internationalen Grundlagen für die berufliche Praxis der Internen Revision International Professional Practices Framework (IPPF) und ggf. zusätzliche vom Unternehmen beachtete Anforderungen (z.B. empfohlene Elemente des IPPF), datenschutzrechtliche Bestimmungen sowie aufsichtsrechtliche (z.B. MaRisk BA, MaRisk VA) oder gesetzliche Vorschriften zu verstehen.

#### 2.4.4.3 Grundelemente eines Internen Revisionssystems

Die Leitlinien des IPPF müssen bei der Konzeption eines Internen Revisionssystems **105**
berücksichtigt werden und decken die in Tabelle 6 erläuterten Grundelemente ab.[104]

| | |
|---|---|
| **Revisionskultur** | Die Revisionskultur stellt die Grundlage für die Angemessenheit und Wirksamkeit eines Revisionssystems dar. Sie wird geprägt durch die Grundeinstellungen von Management und Überwachungsorgan zur Notwendigkeit und Ausgestaltung der Revisionsfunktion. Sie beeinflusst die Bedeutung, welche einer Revisionsfunktion in der Organisation beigemessen wird und damit deren Effektivität. Vision, Leitbild und Wertesystem geben der Revision Zielrichtung, Identität und Selbstverständnis. |
| **Organisation des IRS** | Das Management regelt die Rollen, Verantwortlichkeiten sowie die Rahmenbedingungen der Aufbau- und Ablauforganisation und stellt die für ein wirksames Revisionssystem notwendigen Ressourcen und Rahmenbedingungen zur Verfügung. Neutralität, Objektivität und Unabhängigkeit der Internen Revision sowie ein uneingeschränktes Informations- und Prüfungsrecht werden gewährleistet. |
| **Ziele des IRS** | Das Management legt auf der Grundlage der allgemeinen Unternehmensziele und -risiken sowie in Abstimmung mit den relevanten Stakeholdern die Ziele fest, welche durch die Revisionsfunktion erreicht werden sollen. Dies umfasst auch die Definition und Festlegung des Prüfungsrahmens (Audit-Universe), welcher wiederum die Grundlage für die Prüfungsplanung und die hieraus abgeleiteten Prüfungsprogramme darstellt. |

103 Vgl. Internationale Standards für die berufliche Praxis der Internen Revision 2017, S. 9.
104 Vgl. *IDW PS 983*, Tz. A19.

| | |
|---|---|
| **Revisionsplanung und Revisionsprogramm** | Auf Basis der Revisionsziele sowie des Prüfungsrahmens (Audit-Universe) und der identifizierten und bewerteten Risiken wird eine standardisierte und risikoorientierte Gesamtplanung erstellt. Für die einzelnen Prüfungen werden hieraus Konzepte und Programme abgeleitet, welche der Prüfungsdurchführung zu Grunde gelegt werden. |
| **Revisionsdurchführung** | Die Revisionsdurchführung umfasst für die einzelnen Prüfungen sowohl Prüfungsvorbereitung, -handlungen, -nachbereitung und Follow-Up. Dabei ist auf eine einheitliche, sachgerechte und ordnungsgemäße Dokumentation von Art und Umfang der Prüfungshandlungen und -ergebnisse zu achten. Die Berichterstattung erfolgt nach einem standardisierten Verfahren. |
| **Revisionskommunikation** | Regeln zur Kommunikation innerhalb des Prüfungsteams sowie mit relevanten Stakeholdern werden definiert und umgesetzt. Hierzu gehört neben der Berichterstattung an Management und Aufsichtsorgane auch der regelmäßige Informations- und Erfahrungsaustausch mit sonstigen Stakeholdern. |
| **Revisionsüberwachung und Verbesserung** | Im Rahmen eines kontinuierlichen Verbesserungsprozesses werden sowohl interne als auch externe Qualitätskontrollen durchgeführt. Der Leiter der Internen Revision sorgt für die Beseitigung von Mängeln sowie die Verbesserung des Systems. |

Tabelle 6: Grundelemente für Interne Revisionssysteme

# 3. Prüfung von Corporate Governance Systemen

## 3.1 Allgemeine Grundsätze

### 3.1.1 Grundlegende Merkmale der Prüfung von Corporate Governance Systemen

**106** Prüfungen von CGS beziehen sich nicht auf ein undifferenziertes CGS für das gesamte Unternehmen mit allen denkbaren Grundsätzen und Maßnahmen. Sie beziehen sich vielmehr auf die in **abgegrenzten Teilbereichen** eingeführten Grundsätze und Maßnahmen des jeweiligen CGS. Diese Eingrenzung ist aufgrund von Art und Umfang einer Prüfung eines CGS und zur Sicherstellung einer ausreichenden Aussagekraft der Prüfungsergebnisse notwendig. Die Prüfung aller möglichen Aspekte der unternehmensweiten CGS wäre praktisch im Rahmen einer Systemprüfung nicht darstellbar[105]. Eine Ausnahme ergibt sich im Hinblick auf die Prüfung der Internen Revision. Diese umfasst

105 Vgl. stellvertretend *IDW PS 980*, Tz. 6; *IDW PS 981*, Tz. 10; *IDW PS 982*, Tz. 11; *Eibelshäuser/Schmidt*, WPg 2011, S. 939 (940).

stets sämtliche verbindlichen Elemente der internationalen Grundlagen für die berufliche Praxis der Internen Revision (IPPF)[106].

## 3.1.2 Beschreibung des Corporate Governance Systems

### 3.1.2.1 Allgemeines

Gegenstand der Prüfung von CGS sind die Aussagen der gesetzlichen Vertreter in der **Beschreibung des CGS**. Die Beschreibung enthält Erklärungen zur Konzeption des jeweiligen CGS, eine Beschreibung der einzelnen Elemente des Systems und wie diese im Unternehmen umgesetzt werden (z.B. zur Kultur, den Zielen und dem Programm) sowie Informationen darüber, ob das System als angemessen und wirksam angesehen wird[107]. Eine Aneinanderreihung oder Zusammenfassung von Verfahrensanweisungen des jeweiligen Unternehmens ist typischerweise keine sachgerechte Beschreibung des CGS. **107**

Die Prüfungsstandards enthalten keine detaillierten **Anforderungen an die System-Beschreibung**. Die Beschreibung muss aber in allen wesentlichen Belangen zutreffende Aussagen zu jedem einzelnen CGS-Grundelement enthalten und darf den Leser nicht durch Auslassungen, verallgemeinernde oder irreführende Darstellungen zum CGS täuschen[108]. Enthält die Beschreibung solche irreführenden Darstellungen, darf der WP den Auftrag zur Prüfung des CGS nicht annehmen bzw. muss – wenn der Auftrag bereits angenommen ist – das Prüfungsurteil versagen[109]. **108**

Am folgenden Beispiel der CMS-Beschreibung nach *IDW PS 980* werden einzelne Aspekte aufgeführt, die bei der **Ausgestaltung der Beschreibung des jeweiligen CGS** berücksichtigt werden können. Für die Beschreibung der CGS gelten die allgemein anerkannten Berichtsgrundsätze der Vollständigkeit, Wesentlichkeit, Verlässlichkeit (Richtigkeit, Nachvollziehbarkeit, Konsistenz und Widerspruchsfreiheit), Klarheit und Übersichtlichkeit, Vermittlung der Sicht der Unternehmensleitung sowie der Informationsabstufung (in Abhängigkeit von den spezifischen Gegebenheiten des Unternehmens bzw. des Teilbereichs)[110]. **109**

| Grundelement | Aspekte |
|---|---|
| **Einführung/Beschreibung des CMS-Teilbereichs** | angewandte CMS-Grundsätze (Verweis auf CMS-Rahmenkonzepte/ Herleitung von selbstentwickelten Grundsätzen) |
| | Verantwortung der gesetzlichen Vertreter für das CMS |
| | Zeitpunkt der Erstellung der CMS-Beschreibung und Angabe des Zeitraums, auf den sich die Inhalte der CMS-Beschreibung beziehen |
| | Abgrenzung und Beschreibung der CMS-Teilbereiche |

106 Vgl. hierzu *IDW PS 983*, Tz. A11. Die Anforderungen der verbindlichen Elemente des IPPF sind in dem als Anlage 1 zu *IDW PS 983* enthaltenen Kriterienkatalog zusammengefasst.

107 Vgl. *IDW PS 980*, Tz. 7; *IDW PS 981*, Tz. 20 ff.; *IDW PS 982*, Tz. 19 ff.; *IDW PS 983*, Tz. 21 ff.

108 Vgl. *IDW PS 980*, Tz. 19.

109 Vgl. *IDW PS 980*, Tz. 60.

110 Vgl. *Schmidt*, Handbuch, Rz. 75.

| Grundelement | Aspekte |
|---|---|
| Compliance-Kultur | „Tone at the top“, Bekenntnis des Managements zur Compliance sowie zur Bedeutung von Compliance für das Unternehmen |
| | Zusammenspiel von Werteorientierung und Kontrollorientierung bei der Ausgestaltung des CMS |
| | Methoden zur Kommunikation der angestrebten und zur Einschätzung der gelebten Compliance-Kultur |
| | Grundsätze für Konsequenzen bei Compliance-Verstößen (Systemverbesserungen, personenbezogene Maßnahmen) |
| | Bedeutung von Anreizsystemen zur Förderung der Compliance (z.B. Berücksichtigung im Rahmen von Zielvereinbarungen) |
| | Compliance bei sonstigen Aspekten der Personalpolitik, z.B. bei Einstellungen |
| Compliance-Ziele | Zuständigkeiten für die Festlegung der Compliance-Ziele |
| | Vorgehensweise zur Festlegung der Compliance-Ziele einschl. der Abgrenzung der Teilbereiche (z.B. Methodik, Grundlagen für die Einschätzung der Relevanz von Themen bzw. Rechtsgebieten) |
| | Abstimmung der Compliance-Ziele mit den allgemeinen Unternehmenszielen |
| | wesentliche Unterschiede bei den zu beachtenden Regeln in unterschiedlichen Unternehmensbereichen (z.B. Anwendung länderspezifischer Korruptionsvorschriften) |
| | Vorgehensweise zur Abstimmung der Compliance-Ziele mit verfügbaren Ressourcen |
| | Methoden zur Messung der Zielerreichung |
| Compliance-Risiken | Zusammenhang zwischen Compliance-Zielen und Compliance-Risiken |
| | wesentliche Informationsquellen für die Identifikation von Compliance-Risiken |
| | Prozess zur Identifizierung von Compliance-Risiken |
| | Analyse von Compliance-Risiken |
| | Festlegungen zur Einschätzung der Wesentlichkeit von Compliance-Risiken |
| Compliance-Programm | Prozesse und Zuständigkeiten für die Entwicklung und Implementierung von Maßnahmen (Prozesse, Kontrollen etc.) als Reaktion auf erkannte Compliance-Risiken |
| | wesentliche Elemente des Compliance-Programms |
| | bestehende interne Grundsätze (z.B. Verhaltenskodex), mit denen Mitarbeiter zu regelkonformem Verhalten angehalten werden, mit Angabe der wesentlichen Regelungsinhalte |
| | bestehende Anforderungen an Geschäftspartner in Bezug auf Compliance (Verpflichtungserklärungen, Auskünfte, Hintergrundanalysen o.Ä.) und Methoden zu deren Durchsetzung |
| Compliance-Organisation | Rollen und Verantwortlichkeiten im CMS (Compliance-Beauftragte, Compliance-Gremien etc.) |
| | Berichtslinien und Berichtspflichten |
| | Ressourcen und Ressourcenbedarf der Compliance-Organisation |
| | Organisatorische Verbindungen zwischen CMS und anderen Systemen (z.B. Risikomanagement, IKS) |

| Grundelement | Aspekte |
|---|---|
| **Compliance-Kommunikation** | Dokumentation des CMS zum Nachweis der Einhaltung der Grundsätze und Maßnahmen im CMS |
| | Kommunikation der Compliance-Ziele im Unternehmen |
| | Berichtswege und -pflichten in Bezug auf erkannte Compliance-Risiken |
| | Berichtswege bzw. -pflichten in Bezug auf aufgedeckte oder vermutete Compliance-Verstöße (z.B. Hinweisgebersysteme) |
| | Berichtspflichten und -wege für Ergebnisse von Überwachungsmaßnahmen zwecks Ursachenanalyse und Entwicklung von Maßnahmen zur Verbesserung des CMS |
| | Kommunikation der zu beachtenden Regeln (z.B. Handbücher, Rundschreiben oder ähnliche Maßnahmen zur Vermittlung der notwendigen Kenntnisse der zu beachtenden Regeln an die betroffenen Mitarbeiter und ggf. Dritte) |
| | Mitarbeiterschulungen |
| | wesentliche genutzte organisatorische und/oder technische Hilfsmittel (Organisationshandbücher, Checklisten, IT-Tools) |
| **Compliance-Überwachung und -Verbesserung** | Zuständigkeiten für die Überwachung des CMS (z.B. Interne Revision, Compliance-Abteilung) |
| | Verantwortlichkeiten für die Entwicklung von Compliance-Prüfplänen und Abstimmungen mit anderen Überwachungsmaßnahmen |
| | Aspekte der Überwachungsmethodik (wesentliche Prüfungshandlungen, Abgrenzung zwischen formeller Durchführungsüberwachung und inhaltlicher Wirksamkeitsüberwachung) |
| | Verantwortlichkeiten und Prozesse zur Auswertung und Berichterstattung der Überwachungsergebnisse |
| | Prozesse zur Umsetzung der Überwachungsergebnisse in Verbesserungsmaßnahmen |
| | Berichtswege und Berichtsinhalte der Berichterstattung an das Aufsichtsorgan |
| | Verfügbarkeit, Kompetenzen und Unabhängigkeit der für die Durchführung von Überwachungsmaßnahmen zur Verfügung stehenden Ressourcen |

Tabelle 7: Ausgewählte Aspekte der Beschreibung eines CGS am Beispiel einer CMS-Beschreibung[111]

### 3.1.2.2 Besonderheiten der RMS-Beschreibung

Der *IDW PS 981* bezieht sich analog zum *IDW PS 980* auf die sog. Beschreibung des Systems, welche den Prüfungsgegenstand darstellt: „Gegenstand der Prüfung sind die in der **RMS-Beschreibung** enthaltenen Aussagen des Unternehmens über das RMS“[112]. Verweise auf relevante interne Verfahrensbeschreibungen, z.B. unternehmensspezifische Risikomanagementrichtlinien oder -handbücher sind gestattet. Die RMS-Beschreibung als solche muss jedoch separat betrachtet verständlich sein und alle relevanten Regelungen enthalten. Andernfalls liegen Fehler in der RMS-Beschreibung vor, die 110

111 Übersicht entnommen aus *Schmidt*, Wirtschaftsprüfung und CMS-Prüfung, S. 1406 (1425-1427).

112 *IDW PS 981*, Tz. 20. Hierzu wird in *IDW PS 981*, Tz. A12 ausgeführt, dass diese Beschreibung die Konzeption des RMS und hiermit korrespondierende Regelungen angemessen und transparent darstellen muss.

seitens des Prüfers entsprechend zu berücksichtigen sind. Solche Fehler in der RMS-Beschreibung liegen u.a. dann vor, wenn nicht sämtliche Grundelemente erfasst worden sind, auf vorhandene Mängel im dargestellten RMS nicht eingegangen wird oder unangemessene Verallgemeinerungen bzw. unausgewogene oder verzerrende Darstellungen enthalten sind[113].

#### 3.1.2.3 Besonderheiten der IKS-Beschreibung

111 Die ordnungsgemäße **Prüfung des internen Kontrollsystems des Berichtswesens** gem. *IDW PS 982* erfordert eine **IKS-Beschreibung** durch die gesetzlichen Vertreter. Die IKS-Beschreibung enthält Aussagen zu den Regelungen des IKS für sämtliche Grundelemente. Mittels der Beschreibung wird die Grundform des attestation engagement[114] gem. ISAE 3000 (Rev.) wie auch die Abgrenzung des Prüfungsobjektes (z.B. auf Teilbereiche, Unternehmensfunktionen oder bestimmte Unternehmensberichte) ermöglicht.

112 Die **IKS-Beschreibung** hat die folgenden Mindestinhalte zu umfassen:

- Darstellung der bei der Ausgestaltung des IKS angewandten IKS-Grundsätze[115]. Die angewandten IKS-Grundsätze sind in der IKS-Beschreibung entweder durch Verweis auf allgemein zugängliche IKS-Grundsätze oder durch Aufzählung der einzelnen IKS-Grundsätze darzustellen
- explizite Nennung der jeweiligen Unternehmensberichterstattungen, auf die sich die IKS-Beschreibung bezieht
- Beschreibung der IKS-Ziele (bspw. Bereitstellung richtiger, vollständiger und periodengerechter Daten im Unternehmensbericht)
- Beschreibung des Kontrollumfelds (bspw. Erläuterungen bzgl. der Verhaltensgrundsätze und Grundeinstellungen sowie der Geschäftsordnung der gesetzlichen Vertreter oder der Maßnahmen zur Verankerung der IKS-Bedeutung in der Belegschaft anhand von Newslettern, Videobotschaften, Intranet-Seiten etc.)
- Beschreibung der für das Berichtswesen relevanten Aufbau- und Ablauforganisation und des Prozesses ihrer Erstellung einschl. der Rollen und Verantwortlichkeiten. Auf etwaige Auslagerungen von Prozessen und Kontrollen auf interne oder externe Dienstleister sollte eingegangen werden. Handelt es sich um Unternehmensberichterstattungen mit Bezug zur Rechnungslegung sind auch die Grundzüge der Organisation des externen bzw. internen Rechnungswesens zu beschreiben. Die Prozessbeschreibung hat die Lokalisierung der Regelungen (z.B. Kontrollaktivitäten) im Prozess zu ermöglichen
- Beschreibung der für das Berichtswesen relevanten IT-Systeme und deren Einordnung in den Prozessablauf
- Beschreibung des Prozesses der Risikobeurteilungen
- Beschreibung der Kontrollaktivitäten unmittelbar mit Risiko-Kontroll-Matrizen oder durch Verweise auf solche
- Beschreibung der Information und Kommunikation (bspw. Richtlinienwesen, Schulungen, innerbetriebliche Kommunikation)

113 *IDW PS 981*, Tz. A13.
114 Vgl. ISAE 3000.12 (ii)a) (Rev.).
115 Wie z.B. COSO oder Cobit.

- Beschreibung (soweit vorhanden) derjenigen internen Abteilung, die mit unterstützenden organisatorischen Tätigkeiten bzgl. der Einrichtung und Aufrechterhaltung des IKS befasst ist (IKS-Grundsatzabteilung)
- Beschreibung der Verantwortlichkeiten, Prozesse und Maßnahmen zur Überwachung und Verbesserung des IKS[116].

Die **Risiko-Kontroll-Matrix** hat sich in der Praxis als gängiges Instrument zu Darstellung insb. von Transaktionskontrollen etabliert. Dabei werden die Risiken (als Ergebnis des Risikobeurteilungsprozesses) bzw. die einzelnen IKS-Ziele den dazu eingerichteten Kontrollen gegenübergestellt. Die Risiko-/Kontrollmatrix muss nicht zwingend Bestandteil der IKS-Beschreibung sein, aber zur ordnungsgemäßen Prüfung nach *IDW PS 982* vorliegen und folgende Mindestbestandteile umfassen 113

- das konkrete Risiko, alternativ das Kontrollziel,
- die Kontrollbeschreibung (Kontrolldurchführender, Kontrollaktivität, Automatisierungsgrad),
- Kontrollanlass oder Kontrollfrequenz,
- Kontrollnachweis und den
- Umgang mit aufgedeckten Fehlern, deren Korrekturen und die erneute Kontrolle.

### 3.1.2.4 Besonderheiten der IRS-Beschreibung

**Gegenstand der IRS-Prüfung** sind die Aussagen der gesetzlichen Vertreter in der **IRS-Beschreibung**. Die IRS-Beschreibung enthält Erklärungen zu den Elementen des IRS sowie zur Angemessenheit, Implementierung und ggf. zur Wirksamkeit des IRS in Übereinstimmung mit den angewandten IRS-Grundsätzen[117]. 114

Im Prüfungsstandard wurde auf eine detaillierte Darstellung der **Anforderungen an die IRS-Beschreibung** verzichtet[118]. Dies wird damit begründet, dass die in der IRS-Beschreibung dargestellten IRS-Grundsätze als einziges allgemein anerkanntes Rahmenkonzept die verbindlichen Elemente des IPPF enthalten (Grundprinzipien für die berufliche Praxis der Internen Revision, Definition der Internen Revision, Ethikkodex und Internationale Standards für die berufliche Praxis der Internen Revision (Standards))[119]. Die IRS-Beschreibung muss auf sämtliche verbindlichen Elemente des IPPF und ggf. zusätzliche vom Unternehmen beachtete Anforderungen eingehen und darf keine wesentlichen Fehler enthalten[120]. 115

Liegt eine IRS-Beschreibung nicht vor bzw. verweigern die gesetzlichen Vertreter ihre Bereitschaft, eine IRS-Beschreibung zu erstellen, darf der Prüfer den Auftrag nicht annehmen[121] bzw. muss – wenn der Auftrag bereits angenommen ist – das Prüfungsurteil versagen[122]. 116

Nachfolgend werden ergänzende Hinweise zu den verbindlichen **Elementen des IPPF** skizziert: 117

116 Vgl. *IDW PS 982*, Tz. 32.
117 Vgl. *IDW PS 983*, Tz. 21 f.
118 Vgl. *IDW PS 983*, Tz. 21 f.
119 Vgl. *IDW PS 983*, A11 und IPPF 2015, Vorwort.
120 Vgl. *IDW PS 983*, Tz. 27.
121 Vgl. *IDW PS 983*, Tz. 38.
122 Vgl. *IDW PS 983*, Tz. 91.

**Hinweis 2:**

| Verbindliches Element des IPPF | Ergänzende Hinweise |
|---|---|
| Grundprinzipien für die berufliche Praxis der Internen Revision | formulieren grundlegende Anforderungen für eine angemessene und wirksame Interne Revision |
| | Dazu zählen:<br>• Rechtschaffenheit,<br>• Sachkunde und berufsübliche Sorgfalt,<br>• Objektivität und Unabhängigkeit,<br>• Ausrichtung an Strategien, Zielen und Risiken der Organisation aus,<br>• geeignete Positionierung und angemessene Mittelausstattung,<br>• Qualität und kontinuierliche Verbesserung,<br>• wirksame Kommunikation,<br>• Erbringung risikoorientierter Prüfungsleistungen,<br>• aufschlussreich, proaktiv und zukunftsorientiert und<br>• Förderung organisatorischer Verbesserungen. |
| Definition der Internen Revision | beschreibt den grundlegenden Zweck, die Art und den Arbeitsbereich der Internen Revision |
| Ethikkodex | beschreibt die Prinzipien für und Erwartungen an die Interne Revision bei der Durchführung von Revisionsaufträgen |
| | soll einer von ethischen Grundsätzen geprägten Kultur im Berufsstand der Internen Revision fördern |
| | Ethikkodex ist notwendig und zweckmäßig für den Berufsstand der Internen Revision, damit das Vertrauen in seine objektive Prüfung des Risikomanagements, der Kontrollen sowie der Unternehmensführung und -überwachung begründet werden kann |
| Internationale Standards für die berufliche Praxis der Internen Revision (Standards) | Standards sind prinzipienbasiert |
| | stellen ein Rahmenwerk für die Durchführung und Förderung der Internen Revision zur Verfügung |
| | Unterteilung in Attributstandards und Ausführungsstandards:<br>• Attributstandards beschreiben die Merkmale von Organisationen und Personen, die Aufgaben der Internen Revision wahrnehmen<br>• Ausführungsstandards beschreiben die Tätigkeitsfelder der Internen Revision und stellen Qualitätskriterien auf, mit denen die Ausführung dieser Leistungen bewertet werden kann<br>• Attribut- und Ausführungsstandards sind so ausgestaltet, dass sie sich auf alle Arten der Revisionstätigkeit beziehen<br>• Außerdem sind Umsetzungsstandards so ausgestaltet, dass sie die Attribut- und Ausführungsstandards um Anforderungen an Prüfungstätigkeiten und Beratungstätigkeiten ergänzen. |

Tabelle 8: ergänzende Hinweise zu den verbindlichen Elementen des IPPF

## 3.2 Berufspflichten des Wirtschaftsprüfers

Prüfungen von CGS zählen zu den betriebswirtschaftlichen Prüfungen. Hierbei sind neben den **allgemeinen Berufspflichten** der Unabhängigkeit, Verschwiegenheit, Eigenverantwortlichkeit und Gewissenhaftigkeit (§§ 17 Abs. 1, 43 Abs. 1 S. 1, 49 WPO, §§ 1-12 BS WP/vBP) auch die **besonderen Berufspflichten** nach §§ 28-44 BS WP/vBP zu beachten[123]. 118

## 3.3 Auftragsannahme

Der WP hat sich vor der Annahme eines Auftrags zu vergewissern, dass die Regelungen des Qualitätssicherungssystems der WP-Praxis zur Auftragsannahme und -fortführung eingehalten werden[124]. Ein Auftrag zur Durchführung einer Prüfung von CGS darf nur angenommen werden, wenn die **Berufspflichten** einschl. des Unabhängigkeitsgrundsatzes eingehalten werden können. Voraussetzung hierfür ist auch, dass in der WP-Praxis ausreichende Erfahrung und Kompetenz sowie personelle und zeitliche Ressourcen vorhanden sind, um eine ordnungsmäßige Auftragsdurchführung zu gewährleisten (§ 4 Abs. 2 BS WP/vBP)[125]. 119

Bei der Beauftragung einer Prüfung nach den *IDW PS 980*, *IDW PS 981* sowie nach *IDW PS 982* ist es möglich, auch den Prüfer zu beauftragen, der die Jahresabschlussprüfung für das Unternehmen durchführt[126]. Im Gegensatz hierzu gilt bei der Beauftragung einer Prüfung nach *IDW PS 983* das Verbot nach Artikel 5 Abs. 1 S. 2 Buchst. h der VO (EU) Nr. 537/2014[127]. Danach darf der APr. bei Unternehmen von öffentlichem Interesse keine Leistungen i.Z.m. der Internen Revision erbringen[128]. 120

Vor Annahme des Auftrags sind die **Auftragsrisiken** zu beurteilen. Hierbei ist insb. festzustellen, ob die für die Durchführung des Auftrags notwendigen Fach- und Branchenkenntnisse tatsächlich verfügbar sind, Erfahrungen mit den einschlägigen rechtlichen Anforderungen vorliegen oder erlangt werden können und erforderlichenfalls Spezialisten zur Verfügung stehen[129]. 121

Damit der WP beurteilen kann, ob das in der jeweiligen Beschreibung dargestellte Corporate Governance System als Prüfungsgegenstand geeignet ist, hat sich der Prüfer vor Auftragsannahme über die Ausgestaltung des Systems sowie die angewandten System-Grundsätze zu informieren. Hierbei empfiehlt es sich, die folgenden Fragen zu berücksichtigen[130]: 122

- Übernehmen die gesetzlichen Vertreter Verantwortung für Einrichtung, Aufrechterhaltung, Überwachung und Durchsetzung des Systems?

123 Vgl. *IDW PS 980*, Tz. 24, *IDW PS 981*, Tz. 32; *IDW PS 982*, Tz. 33; *IDW PS 983*, Tz. 33.

124 Vgl. *IDW EQS 1*, Tz. 33.

125 Vgl. zur Auftragsannahme *IDW PS 980*, Tz. 25-30; *IDW PS 981*, Tz. 33-42; *IDW PS 982*, Tz. 34-45; *IDW PS 983*, Tz. 34-43.

126 Vgl. *IDW PS 981*, Tz. 34; *IDW PS 982*, Tz. 35.

127 VO (EU) Nr. 537/2014 des Europäischen Parlaments und des Rates vom 16.04.2014 über spezifische Anforderungen an die Abschlussprüfung bei Unternehmen von öffentlichem Interesse und zur Aufhebung des Beschlusses 2005/909/EG der Kommission (im Folgenden: VO (EU) Nr. 537/2014), Abl.EU Nr. L 158 v. 27.05.2014, S. 77 ff.

128 Vgl. *IDW PS 983*, Tz. 35; vgl. hierzu auch *IDW*, Positionspapier zu Nichtprüfungsleistungen des Abschlussprüfers, S. 28.

129 Vgl. *IDW PS 980*, Tz. 26; *IDW PS 981*, Tz. 35; *IDW PS 982*, Tz. 36; *IDW PS 983*, Tz. 36.

130 Vgl. *IDW PS 980*, Tz. 27, A21.

- Ist das jeweilige System in einer Weise dokumentiert, dass ein sachverständiger Dritter in angemessener Zeit einen Überblick über dieses erhalten kann?
- Sind die zu prüfenden Teilbereiche des Systems klar abgegrenzt (Ausnahme: *IDW PS 983*)?
- Hat das Unternehmen bei der Konzeption des Systems ein strukturiertes Vorgehen gewählt und geeignete System-Grundsätze verwendet?

Die Prüfung eines CGS darf nur angenommen werden, wenn eine System-Beschreibung vorliegt bzw. wenn die gesetzlichen Vertreter ihre Bereitschaft erklären, eine System-Beschreibung zu erstellen.

**123** Die **Auftragsbedingungen** sind zwischen Prüfer und Auftraggeber schriftlich zu vereinbaren[131]. Im Rahmen der schriftlichen Vereinbarung der Auftragsbedingungen sind u.a. die folgenden Punkte zu beachten[132]:

- Ziel und Gegenstand der System-Prüfung
- Verantwortung der gesetzlichen Vertreter für das CGS sowie für die Inhalte der System-Beschreibung
- die vom Unternehmen angewandten System-Grundsätze
- Art und Umfang der Prüfung des Systems und der Berichterstattung einschl. einer Bezugnahme auf den jeweiligen *IDW Prüfungsstandard*; dies bezieht sich auch auf eine etwaige Berichtspflicht gegenüber Dritten
- die Tatsache, dass die Prüfung der Aussagen in der System-Beschreibung risikoorientiert erfolgt und keine Vollprüfung, sondern eine Prüfung in Stichproben vorgenommen wird und deshalb ein unvermeidbares Risiko besteht, dass selbst wesentliche falsche Aussagen in der System-Beschreibung bzw. wesentliche Mängel im System unentdeckt bleiben
- einen Hinweis darauf, dass das jeweilige CGS Grenzen unterliegt (s. Hinweis 3)
- bei einer Wirksamkeitsprüfung: Zeitraum, auf den sich die Prüfung der Wirksamkeit des Systems beziehen soll
- Hinweise auf die Verwertung von Arbeiten der Internen Revision sowie von Spezialisten
- das Erfordernis eines unbeschränkten Zugangs des Prüfers zu den für die Prüfung erforderlichen Informationen und der Bereitschaft der gesetzlichen Vertreter, Auskünfte in dem erforderlichen Umfang vollständig und richtig zu erteilen
- die Grundlagen der Honorarabrechnung und den Auslagenersatz
- Haftungsbeschränkungen
- die Verpflichtung der gesetzlichen Vertreter, eine Vollständigkeitserklärung abzugeben,
- ggf. Verwendungsvorbehalt der Berichterstattung sowie
- ggf. Hinweis auf Berichtspflichten gegenüber dem Aufsichtsorgan.

131 Vgl. *IDW PS 980*, Tz. 28 ff.; *IDW PS 981*, Tz. 38 f.; *IDW PS 982*, Tz. 41 f.; *IDW PS 983*, Tz. 39 f.

132 Vgl. *IDW PS 980*, Tz. A22; *IDW PS 981*, Tz. A33; *IDW PS 982*, Tz. A35; *IDW PS 983*, Tz. A31.

**Hinweis 3:**

In den Auftragsbedingungen bzw. im Auftragsbestätigungsschreiben für die jeweilige CGS-Prüfung sind die folgenden Hinweise aufzunehmen:

| Prüfungsart | Wichtiger Hinweis in den Auftragsbedingungen |
|---|---|
| CMS-Prüfung | Es wird keine Prüfungssicherheit über die tatsächliche Einhaltung von Regeln erlangt. |
| RMS-Prüfung | Es wird keine Prüfungssicherheit darüber erlangt, ob einzelne von den gesetzlichen Vertretern oder den nachgeordneten Entscheidungsträgern eingeleitete oder durchgeführte Maßnahmen als Reaktion auf durch das zu prüfende RMS erkannte und beurteilte Risiken geeignet oder wirtschaftlich sinnvoll sind, sondern ausschließlich die in der RMS-Beschreibung getroffenen Aussagen zum RMS werden beurteilt. |
| IKS-Prüfung | Die Berichtsinhalte der Unternehmensberichterstattung sind selbst nicht Gegenstand der Prüfung. Es werden ausschließlich die in der IKS-Beschreibung getroffenen Aussagen zum internen Kontrollsystem beurteilt. |
| IRS-Prüfung | Es wird keine Prüfungssicherheit darüber erlangt, ob einzelne oder sämtliche Revisionsaufträge durch die Revisionsfunktion fehlerfrei durchgeführt wurden sowie ob einzelne von den gesetzlichen Vertretern oder den nachgeordneten Entscheidungsträgern eingeleitete oder durchgeführte Maßnahmen als Reaktion auf die Feststellungen der Internen Revision geeignet oder wirtschaftlich sinnvoll sind. Es werden ausschließlich die in der IRS-Beschreibung getroffenen Aussagen zum IRS beurteilt. |

Tabelle 9: Hinweise in den Auftragsbedingungen

Aus Gründen der Wirtschaftlichkeit sowie zur Vermeidung von Verstößen gegen Verschwiegenheitspflichten wird empfohlen, dass der WP vereinbart, dass auch die Ergebnisse anderer Dienstleistungen (z.B. Abschlussprüfung), die er für das Unternehmen durchgeführt hat, bei der Prüfung des Systems berücksichtigt werden dürfen[133]. **124**

## 3.4 Abgrenzung der Prüfungsarten

### 3.4.1 Wirksamkeitsprüfung

Es ist das **Ziel einer Wirksamkeitsprüfung** eines CGS, ein Urteil mit hinreichender Sicherheit darüber zu fällen, ob **125**

- die im Prüfungszeitraum angewendeten Regelungen des CGS in der System-Beschreibung in Übereinstimmung mit den angewandten System-Grundsätzen in allen wesentlichen Belangen angemessen dargestellt sind,
- diese Regelungen entsprechend den geltenden System-Grundsätzen in allen wesentlichen Belangen
  - während des geprüften Zeitraums geeignet waren, mit hinreichender Sicherheit die wesentlichen Risiken, die dem Erreichen der festgelegten Ziele des CGS entgegenstehen, rechtzeitig zu erkennen, zu bewerten, zu steuern und zu überwachen, und
  - während des geprüften Zeitraums wirksam waren[134].

133 Vgl. *IDW PS 980*, Tz. A23; *IDW PS 981*, Tz. A34; *IDW PS 982*, Tz. A36; *IDW PS 983*, Tz. A32.
134 Vgl. *IDW PS 980*, Tz. 14; *IDW PS 981*, Tz. 22; *IDW PS 982*, Tz. 21; *IDW PS 983*, Tz. 23.

126 Eine **Wirksamkeitsprüfung** wird in Betracht kommen, wenn das CGS konzipiert, im Unternehmen eingeführt und/oder eine Änderung oder Erweiterung des Systems nachprüfbar dokumentiert sind. Dann kann der Prüfer des entsprechenden CGS Aufbau- und Funktionsprüfungen durchführen, um die Wirksamkeit des CGS zu beurteilen.

127 Ein CGS gilt als **wirksam**, wenn die Regelungen in der Aufbau- und Ablauforganisation des CGS von den hiervon Betroffenen nach Maßgabe ihrer Verantwortung in einem bestimmten Zeitraum wie vorgesehen bei ihrer täglichen Arbeit beachtet werden. Betroffen hiervon müssen nicht nur die vom Unternehmen beschäftigten Mitarbeiter sein. Zum Beispiel können auch Mitarbeiter eines Dienstleisters bei ausgelagerten Dienstleistungen von den Grundsätzen und Maßnahmen betroffen sein, sofern dies mit dem Dienstleister vertraglich vereinbart wurde[135].

128 Unabhängig davon kann der Prüfer auch nur für die Prüfung der Angemessenheit der in der System-Beschreibung dargestellten Regelungen des CGS, beauftragt werden. Eine Wirksamkeitsprüfung umfasst stets auch die Angemessenheitsprüfung[136].

### 3.4.2 Angemessenheitsprüfung

129 Eine **Angemessenheitsprüfung** bezieht sich im Gegensatz zur Wirksamkeitsprüfung nur auf die Angemessenheit und Implementierung der in der CGS-Beschreibung dargestellten Regelungen des CGS. Sie zielt somit auf die Beurteilung der Eignung der Regelungen des CGS ab, um die System-Ziele zu erreichen sowie die Implementierung des CGS im Unternehmen[137].

130 In einer Angemessenheitsprüfung werden die Aussagen in der System-Beschreibung zur Eignung des CGS beurteilt[138]. Dies erfolgt als reine Aufbauprüfung ohne Funktionsprüfungen und gibt daher keine Nachweise über die tatsächliche Funktion des Systems während eines Zeitraums.

131 Die Angemessenheitsprüfung erfolgt in **drei Schritten**:

**1. Schritt:** Beurteilung, ob die zu einem bestimmten Zeitpunkt implementierten Regelungen des CGS in der System-Beschreibung in Übereinstimmung mit den angewandten System-Grundsätzen in allen wesentlichen Belangen angemessen dargestellt sind.

**2. Schritt:** Beurteilung, ob die dargestellten Regelungen in Übereinstimmung mit den angewandten System-Grundsätzen in allen wesentlichen Belangen geeignet sind, mit hinreichender Sicherheit die System-Ziele zu erreichen.

**3. Schritt:** Erlangung eines Nachweises, dass die Regelungen des CGS zu einem bestimmten Zeitpunkt in die Geschäftsprozesse implementiert waren[139].

### 3.4.3 Würdigung der Prüfungsarten

132 Die beiden Prüfungsarten unterscheiden sich hinsichtlich ihrer Ausrichtung und Reichweite. Dank dieser Abstufung ist es den Unternehmen möglich, Prüfungsleistungen bereits in der Entwicklungsphase eines CGS bzw. im Kontext einer konzep-

135 Vgl. *IDW PS 983*, Tz. 30, A25.
136 Vgl. *IDW PS 980*, Tz. 39; *IDW PS 983*, Tz. 24.
137 Vgl. stellvertretend *IDW PS 981*, Tz. 24.
138 Vgl. *IDW PS 983*, Tz. 27.
139 Vgl. *IDW PS 980*, Tz. 17; *IDW PS 981*, Tz. 24; *IDW PS 982*, Tz. 23; *IDW PS 983*, Tz. 25.

tionellen Neuausrichtung zu beauftragen. Dementsprechend kann der Prüfer im Rahmen einer Angemessenheitsprüfung einen Beitrag zur Qualitätssicherung des CGS schon während der Aufbau- oder Weiterentwicklungsphase leisten, indem er auf Optimierungspotenziale bei der Ausgestaltung des CGS hinweist, die sich aus seinen Prüfungsfeststellungen ableiten[140].

Darüber hinaus besteht die Möglichkeit, die Prüfung projektbegleitend durchzuführen[141]. Eine solche Vorgehensweise ermöglicht eine weitere Flexibilisierung des Prüfungsansatzes, indem der CGS-Prüfer nicht erst nach einer abgeschlossenen Entwicklungsphase des Unternehmens tätig wird, sondern die prüferischen Feststellungen bereits während der Entwicklung in das Projekt des Auftraggebers einbringt. **133**

Zwar unterscheiden sich die einzelnen Auftragsarten hinsichtlich des Prüfungsumfangs und der Prüfungstiefe. Beiden Auftragsarten gemeinsam ist aber, dass sie die Beurteilung der Aussagen in der System-Beschreibung mit **hinreichender Sicherheit** beinhalten. **134**

Hingegen stellt aber nur die Wirksamkeitsprüfung eine umfassende Beurteilung sicher, die den Aufsichtsorganen nachweist, dass die CGS-Systeme in den abgegrenzten Teilbereichen ihre Aufgaben mit hinreichender Sicherheit erfüllen. Eine **haftungsreduzierende Wirkung** im Fall eines Schadens kann allerdings nur von einer Wirksamkeitsprüfung ausgehen, weil nur i.R. dieser Prüfung die tatsächliche Funktion der einzelnen Komponenten des jeweiligen CGS beurteilt wird[142]. **135**

Der Nutzen für Unternehmen, Corporate Governance-Prüfungen gemäß den Regelungen der vier *IDW Prüfungsstandards* zu beauftragen, liegt darin, dass die Unternehmensorgane einen objektiven Nachweis i.R. einer Wirksamkeitsprüfung über die Wirksamkeit der CGS erhalten. Richtet die Unternehmensleitung i.R. ihrer Leitungsaufgabe keine wirksamen CGS im Unternehmen ein, können ihr zivilrechtliche Konsequenzen (z.B. Schadensersatzansprüche) wegen schuldhafter Verletzung ihrer organschaftlichen Pflichten nach § 93 Abs. 1 AktG drohen. Allerdings liegt nach § 93 Abs. 1 S. 2 AktG eine Pflichtverletzung des Vorstands nicht vor, wenn bei einer unternehmerischen Entscheidung vernünftigerweise davon ausgegangen werden kann, auf der Grundlage angemessener Informationen zum Wohl der Gesellschaft zu handeln. Diese sog. **Business Judgement Rule** dient dem Schutz des Vorstands und nach § 116 AktG auch des AR bei unternehmerischen Entscheidungen. Neben dem Vorstand kann auch der AR Haftungsrisiken ausgesetzt sein, wenn dem Unternehmen oder einem Dritten ein Schaden aus einer Geschäftsführungsmaßnahme entsteht. Im Rahmen seiner Überwachungsfunktion sollte der AR deshalb darauf achten, dass der Vorstand angemessene CGS einrichtet, die Verstöße in den für das Unternehmen besonders relevanten Bereichen wirksam verhindern[143] und ihm darüber berichtet. **136**

Neben der risikobegrenzenden Wirkung kann eine Prüfung eines CGS auch als „**Stresstest**" für das Unternehmen verstanden werden, der dazu beiträgt, ggf. bestehende **137**

140 Vgl. *IDW PS 981*, Tz. 106; *IDW PS 982*, Tz. 111; *IDW PS 983*, Tz. 108.

141 Vgl. *IDW PS 981*, Tz. 25; *IDW PS 982*, Tz. 24; *IDW PS 983*, Tz. 26.

142 Vgl. hierzu ähnliche Ausführungen bezogen auf die Prüfung von Compliance-Management-Systemen *Schmidt*, Wirtschaftsprüfung und CMS-Prüfung, S. 1406 (1413).

143 Vgl. ähnliche Ausführungen zum Nutzen der Einrichtung von CMS *Eibelshäuser/Schmidt*, WPg 2011, S. 939 (940 f.)

Schwächen (z.B. Regelungslücken im CGS oder Schwächen in der operativen Ausführung) zu erkennen und das System bzw. die Systeme entsprechend zu verbessern[144].

### 3.4.4 Besonderheiten der Prüfung des Compliance Management Systems

138 Eine sog. Konzeptionsprüfung ist nur für CMS vorgesehen. Ziel der **Konzeptionsprüfung** ist, dass der Prüfer anhand der von Seiten des Unternehmens zugrunde gelegten CMS-Grundsätze eine Aussage mit hinreichender Sicherheit darüber treffen kann, ob die in der CMS-Beschreibung enthaltenen Aussagen zur Konzeption des CMS in allen wesentlichen Belangen angemessen dargestellt sind[145]. Die Aussagen der CMS-Beschreibung sind angemessen dargestellt, wenn sie auf sämtliche Grundelemente des CMS eingehen und weder wesentlich falsche Angaben noch unangemessene Verallgemeinerungen oder unausgewogene und verzerrende Darstellungen enthalten, die eine Irreführung der Berichtsadressaten zur Folge haben können[146]. Somit ist die Beschreibung der Konzeption des CMS der alleinige Prüfungsgegenstand, zu dem der CMS-Prüfer ein Prüfungsurteil abgibt[147].

139 Im Unterschied zur Wirksamkeitsprüfung sind die Konzeptions- und Angemessenheitsprüfung in erster Linie an die Unternehmensorgane gerichtet, die an einer unabhängigen Beurteilung des Entwicklungsstands des CMS Interesse zeigen. Eine **haftungsreduzierende Wirkung** in einem Schadensfall kann jedoch nur von einer Wirksamkeitsprüfung ausgehen, weil nur bei einer Wirksamkeitsprüfung die tatsächliche Funktion der einzelnen Komponenten des CMS beurteilt wird[148].

140 Die folgende Tabelle gibt einen Überblick über die Unterschiede beim **Prüfungsumfang** zwischen den verschiedenen Auftragsarten bei CMS-Prüfungen[149]:

| **Prüffelder und deren Darstellung in der CMS-Beschreibung** | **Konzeptionsprüfung** | **Angemessenheitsprüfung** | **Wirksamkeitsprüfung** |
|---|---|---|---|
| Compliance-Kultur | x | x | x |
| Compliance-Ziele | x | x | x |
| Compliance-Risiken | x | x | x |
| **Compliance-Programm** | | | |
| Prozess der Erstellung des Programms | x | x | x |
| Eignung der Grundsätze und Maßnahmen | | x | x |
| Wirksamkeit der Grundsätze und Maßnahmen | | | x |

144 Vgl. *Schmidt*, WPg 2013, H. 18, Editorial, S. I.
145 Vgl. *IDW PS 980*, Tz. 16.
146 Vgl. *IDW PS 980*, Tz. 19.
147 Vgl. *IDW PS 980*, Tz. 41.
148 Vgl. *Gelhausen/Wermelt*, CCZ 2010, S. 208.
149 Tabelle in Anlehnung an *IDW PS 980*, Tz. A11.

| Prüffelder und deren Darstellung in der CMS-Beschreibung | Konzeptionsprüfung | Angemessenheitsprüfung | Wirksamkeitsprüfung |
|---|---|---|---|
| **Compliance-Organisation** | | | |
| Entwicklung eines Konzepts für die Aufbau- und Ablauforganisation | x | x | x |
| Eignung und Implementierung der Compliance-Organisation | | x | x |
| Wirksamkeit der Compliance-Organisation | | | x |
| **Compliance-Kommunikation** | | | |
| Entwicklung des Kommunikationsprozesses | x | x | x |
| Eignung der Kommunikationsmaßnahmen | | x | x |
| Wirksamkeit der Kommunikationsmaßnahmen | | | x |
| **Compliance-Überwachung und -Verbesserung** | | | |
| Entwicklung von Verfahren zur Überwachung und Verbesserung des CMS | x | x | x |
| Eignung und Implementierung der Überwachungs- und Verbesserungsmaßnahmen | | x | x |
| Wirksamkeit der Überwachungs- und Verbesserungsmaßnahmen | | | x |

Tabelle 10: Unterschiede zwischen Konzeptions-, Angemessenheits- und Wirksamkeitsprüfung

### 3.4.5 Besonderheiten bei der Prüfung des Risikomanagementsystems

Der Fokus bei der Risikobetrachtung i.R.d. *IDW PS 981* liegt auf **strategischen und operativen Risiken**. Folglich besteht die Möglichkeit, sich bei einer RMS Prüfung ausschließlich auf die strategischen Risiken zu konzentrieren. Diese sind ausschlaggebend für die derzeitigen sowie künftigen Erfolgspotenziale des Unternehmens und der relevanten Geschäftsfelder. Risiken resultieren u.a. aus falschen Geschäftsentscheidungen, mangelhafter Implementierung von Entscheidungen oder unzulänglicher Anpassung an das sich ändernde Geschäftsumfeld. Risiken können eine nachhaltige und signifikante Reduzierung des Unternehmenswerts nach sich ziehen[150]. Folglich stellen **strategische Risiken** ein Hindernis bei der Erreichung der strategischen Unternehmensziele dar. Bei 141

150 Vgl. *IDW PS 981*, Tz. A6.

einer RMS-Prüfung mit Fokus auf strategische Risiken erfolgt keine Begrenzung auf einzelne Unternehmensprozesse oder losgelöste Bestandteile der Unternehmensorganisation, da in diesem Fall eine unternehmensweite Sichtweise erforderlich ist[151].

142 **Operative (betriebliche) Risiken** resultieren hingegen aus der Geschäftstätigkeit bzw. den Leistungserstellungsprozessen. Diese Risiken stellen ein Hindernis bei der Erreichung der operativen Ziele dar, die sich wiederum aus den strategischen Zielen ableiten. Gemäß *IDW PS 981* ist im Fall einer RMS Prüfung mit Fokus auf operative Risiken eine Abgrenzung der zu prüfenden Teilbereiche vorzunehmen[152]. Nur mittels einer solchen Abgrenzung kann eine ausreichende Aussagekraft der Prüfungsergebnisse gewährleistet werden. Die Abgrenzung des geprüften Teilbereichs ergibt sich aus den einzelnen operativen Risikoarten und/oder Unternehmensprozessen bzw. Organisationseinheiten[153]. Die folgenden beiden Übersichten zeigen beispielhafte Einflussfaktoren für eine mögliche Abgrenzung von Teilbereichen in Bezug auf operative Risiken.

| **Risiken aus Unternehmensfunktionen (funktionale Sicht)** | |
|---|---|
| Risiken der Beschaffung (Supply-Chain) | Beschaffung von Produktionsfaktoren (Qualität, Verfügbarkeit)<br>Beschaffungslogistik |
| Risiken der Produktion (Produkte/Technische Realisation), inklusive Sicherstellung der operativen Betriebsfortführung | Risiken aus der Produktion selbst (z.B. Umwelt-/Gesundheitsgefährdung)<br>Qualitätsrisiken/Gewährleistungsrisiken<br>Wissensmanagement (Warenzeichen, Patente, Knowhow) |
| Risiken des Absatzes | Marketing, Vertrieb, Distributionslogistik<br>Absatzportfoliosteuerung (Produkte, Leistungen) |
| **Risiken resultierend aus den angrenzenden Funktionen (Hilfsfunktionen)** | |
| Rechnungswesen/Finanzwesen | Wachstumssteuerung (Investitionen)<br>Finanzierung (Liquidität, Marktpreis, Kreditsicherheit) |
| Personalwesen | Ressourcenplanung (Ausbildung, Fortbildung, Ruhestand)<br>Nachfolgeplanung |
| IT-Betrieb | |
| Sonstige Funktionen | |

Tabelle 11: Risiken aus Unternehmensfunktionen (funktionale Sicht)[154]

151 Vgl. *IDW PS 981*, Tz. 10. Für Zwecke der Prüfung kann eine Abgrenzung in Teilbereiche im Bereich der strategischen Risiken ausnahmsweise erfolgen, wenn strategische Risiken für einzelne Geschäftsbereiche isoliert betrachtet werden können. Eine solche Teilbereichsabgrenzung kann z.B. bei stark diversifizierten Unternehmen in Betracht kommen, bei denen eigenständige und daher getrennt zu betrachtende Geschäftsbereiche unter einer Finanzholding zusammengefasst werden; *IDW PS 981*, Tz. A7.

152 Vgl. *IDW PS 981*, Tz. 9.

153 Vgl. *IDW PS 981*, Tz. 11, A4.

154 Vgl. *Schmidt/Tilch/Lenz/Eibelshäuser*, WPg 2016, S. 944 (950).

| Risiken aus diversen Prozessen (prozessuale Sicht) | |
|---|---|
| Kernprozesse | Innovationsprozess/F&E<br>Beschaffungsprozess<br>Produktionsprozess<br>Vertriebsprozess<br>Vermarktung |
| Unterstützende Prozesse/Hilfsprozesse | Abrechnung<br>Qualitätssicherung<br>Personalprozesse<br>Mahnwesen<br>Investitionen<br>IT/Datenmanagement<br>Mergers & Acquisitions<br>Rechtsbereich/Legal |
| Management Prozesse: | Qualitäts-, Umwelt-, und Sicherheitspolitik<br>Budgetplanung<br>Ressourcenplanung<br>Personalplanung und -entwicklung<br>Projektmanagement (z.B. Management von Großprojekten) |

Tabelle 12: Risiken aus diversen Prozessen (prozessuale Sicht)[155]

### 3.4.6 Besonderheiten der Prüfung des Internen Revisionssystems

Der Standard zur Prüfung des Internen Revisionssystems wurde gemeinschaftlich vom IDW und dem Deutschen Institut für Interne Revision e.V. (DIIR) verfasst. Der *IDW Prüfungsstandard: Grundsätze ordnungsmäßiger Prüfung von Internen Revisionssystemen (IDW PS 983)* entspricht somit inhaltlich weitestgehend dem gleichlautenden Standard (DIIR Revisionsstandard Nr. 3: Prüfung des Internen Revisionssystems), den das DIIR zur Nutzung durch Prüfer für Interne Revisionssysteme DIIR herausgegeben hat. **143**

Grundlagen für die IRS-Prüfung können sich einerseits aus § 107 Abs. 3 S. 2 AktG oder andererseits aus den internationalen Grundlagen für die berufliche Praxis der Internen Revision (International Professional Practices Framework – IPPF) des IIA (The Institute of Internal Auditors), insb. Attribute Standard „AS 1312 – Externe Beurteilungen" ergeben. **144**

Nach Attribute Standard „AS 1312 – Externe Beurteilungen" muss mindestens alle fünf Jahre eine externe Beurteilung der Internen Revision von einem qualifizierten und unabhängigen Beurteiler durchgeführt werden, um eine von Interessenkonflikten freie Beurteilung über die Übereinstimmung mit der Definition der Internen Revision und den Standards sowie die Einhaltung der Berufspflichten (Ethikkodex) zu gewährleisten. **145**

Bei Unternehmen von öffentlichem Interesse (sog. Public Interest Entities – PIE) gilt gem. Art. 5 Abs. 1 S. 2 Buchst. h VO (EU) Nr. 537/2014, dass der APr. keine Leistungen i.Z.m. der Internen Revision erbringen darf. Davon ist auch die Prüfung der Internen Revision nach *IDW PS 983* betroffen[156]. **146**

155 Vgl. *Schmidt/Tilch/Lenz/Eibelshäuser*, WPg 2016, S. 944 (950).

156 Vgl. hierzu *IDW PS 983*, Tz. 35 sowie auch *IDW*, Positionspapier zu Nichtprüfungsleistungen des Abschlussprüfers, S. 28.

## 3.5 Prüfungsplanung

### 3.5.1 Allgemeine Grundsätze und Wesentlichkeit

147 Der CGS-Prüfer hat die Prüfung in sachlicher, personeller und zeitlicher Hinsicht so zu planen, dass sie ordnungsgemäß durchgeführt werden kann[157]. Hierzu sind die Prüfungshandlungen so zu planen, dass die Prüfungsziele erreicht werden[158].

148 Bei der **Auswahl der Mitglieder des Prüfungsteams** hat der CGS-Prüfer darauf zu achten, dass diese insgesamt über ausreichende praktische Erfahrungen mit Systemprüfungen sowie die notwendigen Branchen- und ggf. Rechtskenntnisse verfügen, um den Auftrag ordnungsgemäß durchzuführen und ein sachgerechtes Prüfungsurteil zu erteilen. Das Prüfungsteam muss über ausreichende Kenntnisse in den relevanten Teilbereichen verfügen, die dem zu prüfenden CGS zugrunde liegen. Der CGS-Prüfer hat sich zu vergewissern, dass das Prüfungsteam bei der Hinzuziehung von Sachverständigen im erforderlichen Umfang in die Tätigkeit des Sachverständigen eingebunden werden kann, um die Verantwortung für sein Prüfungsurteil insgesamt übernehmen zu können[159].

149 Der CGS-Prüfer muss die Prüfung mit einer **kritischen Grundhaltung** planen und mit dem Bewusstsein durchführen, dass Umstände bestehen können, die dazu führen, dass das CGS zu dem zu prüfenden Zeitpunkt bzw. in dem zu prüfenden Zeitraum nicht angemessen bzw. wirksam war. Unter Ausübung seines pflichtgemäßen Ermessens hat der Prüfer die Prüfungshandlungen so zu planen und durchzuführen, dass das Prüfungsrisiko soweit reduziert wird, um mit hinreichender Sicherheit beurteilen zu können, ob die System-Beschreibung wesentliche Fehler enthält[160].

150 Bei der Bestimmung von **Art und Umfang der Prüfungshandlungen** hat der CGS-Prüfer die Art des Prüfungsauftrags (Angemessenheits- oder Wirksamkeitsprüfung) und das beurteilte Risiko wesentlicher Fehler in der System-Beschreibung zu berücksichtigen, das insb. von den angewandten System-Grundsätzen, der Beschreibung des CGS durch die gesetzlichen Vertreter und den in der System-Beschreibung dargestellten Teilbereichen des CGS bestimmt wird[161]. Umfasst die Prüfung des CGS mehrere Organisationseinheiten (z.B. rechtlich selbständige Einheiten oder Niederlassungen), hat der CGS-Prüfer bei der Festlegung von Art und Umfang der Prüfungshandlungen die Bedeutsamkeit der relevanten Risiken in den jeweiligen Organisationseinheiten zu berücksichtigen[162].

151 Der Prüfer hat ein **Prüfungsprogramm** zu erstellen, das zum einen die Prüfungshandlungen zusammenfasst und zum anderen Prüfungsanweisungen zur sachlichen und zeitlichen Abwicklung des Prüfungsauftrags für die Mitglieder des Prüfungsteams enthält (§ 56 Nr. 1 BS WP/vBP)[163]. Die Prüfungsplanung beinhaltet auch die übrigen auftragsbezogenen Qualitätssicherungsmaßnahmen. Diese umfassen insb. die Über-

157 Vgl. stellvertretend *IDW PS 980*, Tz. 31.
158 Zur Prüfungsplanung siehe *IDW PS 980*, Tz. 31-37; *IDW PS 981*, Tz. 43-56; *IDW PS 982*, Tz. 46-59; *IDW PS 983*, Tz. 44-59.
159 Vgl. stellvertretend *IDW PS 980*, Tz. 32.
160 Vgl. stellvertretend *IDW PS 981*, Tz. 45.
161 Vgl. stellvertretend *IDW PS 981*, Tz. 46.
162 Vgl. stellvertretend *IDW PS 981*, Tz. 47.
163 Vgl. stellvertretend *IDW PS 981*, Tz. 49.

wachung der Auftragsabwicklung und die Durchsicht der Prüfungsergebnisse (*IDW EQS 1*, Tz. 13 ff.)[164].

Der CGS-Prüfer hat für Zwecke der Planung und Durchführung der Prüfungshandlungen sowie der Auswertung der Prüfungsergebnisse zu bestimmen, in welchen Fällen ein Fehler in der System-Beschreibung bzw. in welchen Fällen ein Mangel des CGS qualitativ oder quantitativ als wesentlich einzustufen ist. Die Bestimmung der **Wesentlichkeit** liegt im pflichtgemäßen Ermessen des CGS-Prüfers[165]. **152**

Die **Wesentlichkeitsüberlegungen** wirken sich auf die folgenden Aspekte aus: **153**

- Planung und Durchführung der Prüfung einschl. der Bestimmung von Art, Umfang und zeitlicher Einteilung der Prüfungshandlungen
- Auswertung von Prüfungsfeststellungen, d.h. bei der Beurteilung, ob die Aussagen in der CGS-Beschreibung wesentliche Fehler enthalten[166].

In den Aussagen der CGS-Beschreibung liegt ein **wesentlicher Fehler** vor, wenn **154**

- sie einen vorhandenen wesentlichen Mangel des CGS nicht erkennen lassen,
- sie falsche Angaben enthalten oder Angaben fehlen, die – einzeln oder in der Summe – für die Berichtsadressaten entscheidungsrelevant sein können, oder
- sie unangemessene Verallgemeinerungen oder unausgewogene und verzerrende Darstellungen enthalten, die eine Irreführung der Berichtsadressaten zur Folge haben können[167].

Ist das CGS nicht dazu geeignet, mit hinreichender Sicherheit **wesentliche Risiken**, die dem Erreichen der festgelegten Ziele des CGS entgegenstehen, rechtzeitig zu identifizieren, zu bewerten, zu steuern und zu überwachen sowie solche Risiken zu verhindern, liegt ein wesentlicher Mangel des CGS vor. Ein wesentlicher Mangel des CGS kann auch bei einer Kumulation von nicht rechtzeitig identifizierten und nicht entsprechend den festgelegten Zielen des CGS gesteuerten Risiken vorliegen, die einzeln betrachtet nicht wesentlich sind[168]. **155**

164 Vgl. *IDW PS 981*, Tz. 49.
165 Vgl. stellvertretend *IDW PS 981*, Tz. 50.
166 Vgl. *IDW PS 981*, Tz. A40; *IDW PS 982*, Tz. A42.
167 Vgl. *IDW PS 980*, Tz. A26; *IDW PS 981*, Tz. A41; *IDW PS 982*, Tz. A43.
168 Vgl. *IDW PS 981*, Tz. A42.

156 Folgende Fragen sind bei der **Bestimmung der Wesentlichkeit** von Mängeln des in der CGS-Beschreibung dargestellten CGS von Bedeutung:

| Einordnung des Mangels/Risikos | Fragestellungen |
|---|---|
| **Art des Mangels** | • Ist ein nicht rechtzeitig erkanntes, unzutreffend beurteiltes und/oder nicht zielgerichtet gesteuertes Risiko auf eine systemimmanente Schwachstelle zurückzuführen oder handelt es sich um eine einmalige Durchbrechung des Systems?<br>• Wurden in der CGS-Beschreibung dargestellte Regelungen des CGS durch die gesetzlichen Vertreter oder durch andere Mitglieder des Managements außer Kraft gesetzt oder umgangen? |
| **Bedeutung des vom CGS adressierten Risikos** | • Können die möglichen Mängel zu wesentlichen Fehlsteuerungen oder Verfehlungen hinsichtlich der Ziele des CGS führen?<br>• In welchem Umfang sind einzelne Unternehmenseinheiten/-prozesse oder die Gesamtorganisation von dem mit dem Mangel verbundenen Risiko betroffen? |
| **(Potenzielles) Schadensausmaß** | • Welcher finanzielle oder sonstige Schaden ist mit einem nicht rechtzeitig erkannten, unzutreffend beurteilten und/oder nicht zielgerichtet gesteuerten strategischen oder operativen Risiko für die Unternehmensorganisation verbunden?<br>• Welche Auswirkungen können sich unter Berücksichtigung der Risikotragfähigkeit und des Risikoappetits aus dem Mangel auf die Gesamtorganisation bzw. einzelne Organisationseinheiten oder Prozesse ergeben? |
| **Bestandsgefährdende Risiken** | • Können die (möglichen) Mängel den Fortbestand des Unternehmens gefährden? |
| **Ursache für den Mangel** | • Beruht ein nicht rechtzeitig erkanntes, beurteiltes und/oder gesteuertes Risiko auf beabsichtigtem oder irrtümlichem Handeln oder Unterlassen? |

Tabelle 13: Fragen bei der Bestimmung der Wesentlichkeit[169]

### 3.5.2 Prüfungshandlungen zur Identifikation und Beurteilung von Risiken wesentlicher Fehler in der System-Beschreibung

157 Der CGS-Prüfer hat zunächst ein **Verständnis von dem rechtlichen und wirtschaftlichen Umfeld**, den Merkmalen des Unternehmens sowie den Unternehmenszielen, -strategien und -risiken zu erlangen, soweit es für die Prüfung relevant ist. Dazu gehört

169 Vgl. *IDW PS 981*, Tz. A43.

auch, dass sich der CGS-Prüfer u.a. durch Befragungen ein angemessenes Verständnis von den Verantwortlichkeiten sowie über die Prozesse zur Aufstellung der CGS-Beschreibung veschafft[170].

Über Befragungen der gesetzlichen Vertreter und weiterer geeigneter Personen verschafft sich der Prüfer ein Verständnis des dargestellten CGS einschl. der Verantwortlichkeiten und Abläufe zur Erstellung der System-Beschreibung. Folgende Punkte sind in den Befragungen und weiterführende Prüfungshandlungen von Bedeutung: **158**

- Ziele des CGS
- angewandte (ggfs. eigenentwickelte) Grundsätze bzw. anerkannte Rahmenkonzepte
- Einbeziehung von Sachverständigen in die Konzeption des CGS oder die Erstellung der System-Beschreibung
- Kenntnisse über falsche Aussagen in der System-Beschreibung oder über Mängel des Systems[171].

Die gewonnenen Erkenntnisse werden genutzt um das **Risiko für wesentliche Fehler** in der System-Beschreibung zu identifizieren und zu beurteilen. Auf dieser Basis werden die weiteren Prüfungshandlungen zur Prüfung der Angemessenheit und ggf. der Wirksamkeit des internen Kontrollsystems geplant und durchgeführt. Die ursprüngliche Risikoeinschätzung und die Planung sind anzupassen, wenn sich i.R.d. Prüfungsdurchführung Nachweise ergeben, die den ersten Annahmen entgegenstehen[172]. **159**

### 3.5.3 Besonderheiten bei der Planung der Prüfung des Internen Revisionssystems

Sofern regelmäßige **Selbstbeurteilungen** der Internen Revision stattgefunden haben, sind die Ergebnisse vom Prüfer zu würdigen und unter Umständen bei der Prüfungsplanung des IRS zu berücksichtigen. Die Berücksichtigung hängt ab von der Beurteilung **160**

- der fachlichen Kompetenz, Erfahrungen, Objektivität, Unabhängigkeit und organisatorische Einordnung der Personen, die die Selbstbeurteilungen durchgeführt haben,
- der Art, dem Umfang und des zeitlichen Ablaufs der durchgeführten Selbstbeurteilungen und
- der Eignung der Ergebnisse der Selbstbeurteilungen.

Sollte der Prüfer eine Verwertung der Ergebnisse der Selbstbeurteilung beabsichtigen, „muss er dennoch in ausreichendem Umfang eigene Prüfungshandlungen zur Beurteilung des in der IRS-Beschreibung dargestellten IRS durchführen und sich bewusst sein, dass die Selbstbeurteilung nicht von unabhängigen Personen durchgeführt wurde“[173].

Schließlich hat der Prüfer bei der Prüfungsplanung auch den Aspekt der **Wesentlichkeit** zu berücksichtigen. Er hat für die Planung und Durchführung der Prüfungshandlungen sowie der Auswertung der Prüfungsergebnisse zu bestimmen, in welchen Fällen ein Fehler in der IRS-Beschreibung bzw. in welchen Fällen ein Mangel des IRS als wesentlich einzustufen ist[174]. Es handelt sich hier um eine Ermessensentscheidung des Prüfers. Al- **161**

170 Vgl. stellvertretend *IDW PS 982*, Tz. 54-56.
171 Vgl. stellvertretend *IDW PS 982*, Tz. 57.
172 Vgl. stellvertretend *IDW PS 982*, Tz. 58, 59.
173 Vgl. *IDW PS 983*, Tz. 52.
174 Vgl. *IDW PS 983*, Tz. 53.

lerdings liegt bei der **Nichteinhaltung** der folgenden Kriterien (Mindeststandards) immer ein wesentlicher Fehler in der IRS-Beschreibung bzw. ein wesentlicher Mange des IRS vor[175]:

- Vorhandensein einer offiziellen schriftlichen, angemessenen Regelung (Geschäftsordnung, Revisions-Richtlinie o.ä.)
- Sicherstellung der Neutralität, der Unabhängigkeit von anderen Funktionen sowie eines uneingeschränkten Informationsrechts
- angemessene quantitative und qualitative Personalausstattung der Internen Revision
- Erstellung des Prüfungsplans der Internen Revision auf Grundlage eines standardisierten und risikoorientierten Planungsprozesses
- einheitliche, sachgerechte und ordnungsgemäße Dokumentation von Art und Umfang der Prüfungshandlungen und -ergebnisse
- Überwachung der Umsetzung der im Bericht dokumentierten Maßnahmen durch die Interne Revision in einem effektiven Follow-up-Prozess.

Unabhängig davon kann die Nichteinhaltung weiterer Kriterien einzeln oder kumuliert zu einer wesentlichen Beanstandung führen.

**162** Prüfungshandlungen zur Identifikation und Beurteilung von **Risiken wesentlicher Fehler** in der IRS-Beschreibung umfassen

- die Gewinnung eines Verständnisses von dem Unternehmen sowie von dessen rechtlichem und wirtschaftlichem Umfeld,
- die Gewinnung eines Verständnisses von dem in der IRS-Beschreibung dargestellten Internen Revisionssystem und
- die Identifizierung und Beurteilung der Risiken wesentlicher Fehler in der IRS-Beschreibung.

**163** Der Prüfer hat sich mit dem **rechtlichen und wirtschaftlichen Umfeld des Unternehmens**, den Merkmalen des Unternehmens zu befassen sowie mit den Unternehmenszielen, -strategien und -risiken, soweit es für die IRS-Prüfung relevant ist[176].

**164** Das zu erlangende Verständnis bildet einerseits die Basis zur Feststellung und Beurteilung der Risiken wesentlicher Fehler in der IRS-Beschreibung bzw. wesentlicher Mängel des in der IRS-Beschreibung dargestellten IRS und andererseits eine Grundlage für die Planung und Durchführung von Prüfungshandlungen[177].

**165** Mittels Befragungen und anderen Prüfungshandlungen zu Verantwortlichkeiten i.R.d. IRS sowie zu den Prozessen zur Aufstellung der IRS-Beschreibung muss sich der Prüfer ein angemessenes **Verständnis von dem in der IRS-Beschreibung dargestellten IRS** verschaffen[178].

**166** Die Befragungen dienen dem Prüfer zur Beurteilung, ob

- die befragten Personen Kenntnisse über vorliegende, vermutete oder behauptete bewusst falsche Angaben in der IRS-Beschreibung oder über Mängel des IRS haben,

175 Vgl. *IDW PS 983*, Tz. 53.
176 Vgl. *IDW PS 983*, Tz. 54.
177 Vgl. *IDW PS 983*, Tz. 55.
178 Vgl. *IDW PS 983*, Tz. 56.

- ob das IRS auch ein Programm zur Qualitätssicherung- und -verbesserung umfasst und regelmäßige interne Beurteilungen der Internen Revision durchgeführt werden, und
- ob das Unternehmen Sachverständige bei der Konzeption des IRS oder der Erstellung der IRS-Beschreibung eingesetzt hat[179].

Auf der Basis des gewonnenen Verständnisses von dem Unternehmen und von dessen rechtlichem und wirtschaftlichem Umfeld sowie von dem zu prüfenden IRS muss der IRS-Prüfer die **Risiken wesentlicher Fehler in der IRS-Beschreibung bzw. wesentliche Mängel des IRS identifizieren und beurteilen**. Als Ergebnis der Beurteilung plant der Prüfer weitere Prüfungshandlungen zur Prüfung der Angemessenheit und ggf. der Wirksamkeit des IRS und führt diese durch[180]. **167**

Eine Modifikation der geplanten Prüfungshandlungen hat der Prüfer dann in Betracht zu ziehen, wenn die i.R.d. Prüfungsdurchführung erlangten Nachweise nicht mit den Prüfungsnachweisen in Einklang stehen, auf die er seine Risikobeurteilung ursprünglich gestützt hat[181]. **168**

## 3.6 Prüfungsdurchführung

### 3.6.1 Durchführung der Prüfung des Compliance Management Systems

#### 3.6.1.1 Prüfungshandlungen zur Risikobeurteilung

Der Prüfer hat sich zunächst mit dem **rechtlichen und wirtschaftlichen Umfeld des Unternehmens** zu befassen sowie mit den Unternehmenszielen und -strategien, soweit es für den zu prüfenden Teilbereich des CMS relevant ist[182]. Handelt es sich bei dem CMS-Prüfer um den APr. des Unternehmens, dürften die erforderlichen Kenntnisse teilweise bereits bei ihm vorhanden sein. Im Unterschied zur CMS-Prüfung hat die Abschlussprüfung allerdings das Ziel, die Ordnungsmäßigkeit der Rechnungslegung zu beurteilen. Daher richtet der APr. die Risikobeurteilungen auf die Feststellung wesentlicher falscher Angaben in der Rechnungslegung aus. Die hierbei gewonnenen Kenntnisse über das rechtliche Umfeld des Unternehmens werden für Zwecke der CMS-Beschreibung im Allgemeinen nicht ausreichend sein[183]. **169**

Aufbauend auf den Kenntnissen des rechtlichen und wirtschaftlichen Umfeldes des Unternehmens führt der Prüfer i.R.d. **Prüfungsdurchführung** Prüfungshandlungen durch, um Risiken für wesentliche Fehler in der **CMS-Beschreibung** feststellen zu können. Diese festgestellten Risiken bilden die Basis für die weiteren Prüfungshandlungen[184]. Risiken für wesentliche Mängel des CMS können sich z.B. aus den folgenden Situationen ergeben[185]: **170**

- Verwendung unangemessener CMS-Grundsätze

179 Vgl. *IDW PS 983*, Tz. 57.
180 Vgl. *IDW PS 983*, Tz. 58.
181 Vgl. *IDW PS 983*, Tz. 59.
182 Vgl. *IDW PS 980*, Tz. 40.
183 Vgl. *IDW PS 980*, Tz. A29.
184 Vgl. *IDW PS 980*, Tz. 38.
185 Vgl. *IDW PS 980*, Tz. A28.

- lückenhafte Konzeption des CMS (nicht alle Risiken für wesentliche Regelverstöße werden berücksichtigt)
- Schwachstellen im Prozess zur systematischen Erfassung von Compliance-Risiken
- keine regelmäßige Überprüfung und ggf. Änderung der Grundsätze und Maßnahmen des CMS hinsichtlich Anpassungsbedarf wegen geänderter Rahmenbedingungen
- kein Einsatz ausreichender Ressourcen im CMS
- keine ausreichende Kommunikation und Überwachung des CMS im Unternehmen
- keine konsequente Durchsetzung des CMS z.B. wenn die Nichtbeachtung des CMS durch Mitarbeiter bei aufgedeckten Regelverstößen keine Konsequenzen hat.

**171** Falls der CMS-Prüfer mit der Durchführung einer Konzeptionsprüfung (vgl. Tz. 138 ff.) beauftragt wird, hat er zu beurteilen, ob die Aussagen in der CMS-Beschreibung zur Konzeption des CMS angemessen dargestellt sind[186]. Zu berücksichtigen sind bei der Bestimmung von Art und Umfang der Prüfungshandlungen die angewandten CMS-Grundsätze, die Beschreibung des CMS durch die gesetzlichen Vertreter und die der Prüfung unterliegenden Teilbereiche des CMS[187]. Der Prüfer kann die beschriebene Konzeption des CMS mit den folgenden **Prüfungshandlungen** beurteilen:

- Befragungen (u.a. der gesetzlichen Vertreter des Unternehmens)
- Durchsicht von Organisationsunterlagen, wie Protokolle und Sitzungsberichte, Berichte der Internen Revision, Handbücher und Verfassungsgrundsätze sowie von vertraglichen Vereinbarungen mit Dritten (einschl. Vereinbarungen über die Auslagerung von Dienstleistungen an Dritte)[188].

#### 3.6.1.2 Aufbau- und Funktionsprüfung in Bezug auf das Compliance-Management-System

**172** Die Ergebnisse der **Risikobeurteilungen** hat der Prüfer zu analysieren und i.R.d. weiteren Prüfungshandlungen zu berücksichtigen. Sind dem Prüfer bereits anlässlich der Prüfungshandlungen zur Beurteilung der Konzeption des CMS erhebliche Mängel bekannt geworden, kann er den Schluss ziehen, dass das CMS nicht angemessen ausgestaltet ist. In diesem Fall erübrigen sich weitere Prüfungshandlungen zur Aufbau- und Funktionsprüfung des CMS[189].

**173** Der Prüfer hat i.R.d. **Aufbauprüfung** des CMS zu beurteilen, ob die in der CMS-Beschreibung des Unternehmens dargestellten Grundsätze und Maßnahmen so ausgestaltet und eingerichtet sind, dass sie geeignet sind, mit hinreichender Sicherheit sowohl Risiken für wesentliche Regelverstöße zu verhindern als auch solche Regelverstöße rechtzeitig zu erkennen[190].

**174** Der Prüfer hat die Möglichkeit bei wiederkehrenden Aufträgen Ergebnisse früherer CMS-Prüfungen i.R.d. **Festlegung der Prüfungshandlungen** zu verwerten. Dies gilt z.B. für die Beurteilung des Aufbaus des CMS, die sich bei Folgeprüfungen vor allem auf Veränderungen des CMS erstrecken wird. Erkenntnisse aus früheren Prüfungen wirken sich im Wesentlichen auf die Risikoeinschätzung des CMS-Prüfers und den Umfang der

186 Vgl. *IDW PS 980*, Tz. 41.
187 Vgl. *IDW PS 980*, Tz. 42.
188 Vgl. *IDW PS 980*, Tz. A31.
189 Vgl. *IDW PS 980*, Tz. 43.
190 Vgl. *IDW PS 980*, Tz. 44.

Funktionsprüfungen bei der Beurteilung der Wirksamkeit des CMS im Prüfungszeitraum aus. Prüfungsnachweise aus früheren Prüfungen stellen aber für sich genommen keinen Nachweis für die Wirksamkeit des CMS im zu prüfenden Zeitraum dar[191].

Im Rahmen der Aufbauprüfung kommen folgende **Prüfungshandlungen** in Betracht[192]: 175

- Befragungen der gesetzlichen Vertreter, Mitglieder des Managements und von Mitgliedern des Aufsichtsorgans (z.B. zur Konzeption des CMS, zur Durchsetzung des CMS, zu bekannten Schwachstellen im CMS sowie zu festgestellten Regelverstößen)
- Befragungen von Personen, die für die Überwachung des CMS und die Koordination von Aktivitäten i.Z.m. dem CMS zuständig sind, um deren Aufgabenstellung, Kompetenz und Erfahrung, Stellung innerhalb der Unternehmenshierarchie und Kenntnisse über mögliche Schwachstellen im CMS und festgestellte Verstöße gegen zu beachtende Regeln oder gegen im Compliance-Programm verankerte Grundsätze und Maßnahmen sowie die Reaktionen des Unternehmens auf solche Feststellungen in Erfahrung zu bringen (z.B. Compliance-Beauftragter oder Interne Revision)
- Durchsicht von Dokumentationen des CMS (z.B. Organisationshandbücher, in denen Verantwortlichkeiten und Maßnahmen zur Sicherstellung der Compliance geregelt sind, sowie entsprechende Anweisungen an die Mitarbeiter)
- Durchsicht von Unterlagen, die durch das CMS generiert werden (z.B. Dokumentation zu festgestellten Regelverstößen und Sanktionen bei festgestellten Regelverstößen)
- Beobachtung von Aktivitäten und Arbeitsabläufen im Unternehmen, die mit dem CMS in Verbindung stehen.

Zusätzlich zur Aufbauprüfung zielen **Funktionsprüfungen** des CMS auf die Beurteilung 176
ab, ob die in der CMS-Beschreibung dargestellten Grundsätze und Maßnahmen innerhalb eines bestimmten Zeitraums wirksam waren[193]. Sie betrifft die kontinuierliche Anwendung der im CMS verankerten Grundsätze und Maßnahmen in dem von der Prüfung abgedeckten Zeitraum. Zu prüfen ist, ob das Compliance-Programm von den dafür bestimmten Personen durchgeführt wurde. Berücksichtigt wird dabei auch, ob diesen die für die Wahrnehmung der Aufgaben erforderlichen Informationen zur Verfügung standen[194].

Bei der Bestimmung von Art, Umfang und Zeitpunkt der i.R.d. Funktionsprüfungen 177
(wie auch i.R.d. Aufbauprüfungen) durchzuführenden **Prüfungshandlungen** sind die folgenden Aspekte zu berücksichtigen[195]:

- die gewählten CMS-Grundsätze
- die Inhalte der CMS-Beschreibung
- die bisherigen Erfahrungen des Prüfers mit dem Unternehmen
- die Ergebnisse der Risikobeurteilungen
- die Ausgestaltung des CMS und dessen Dokumentation
- die Art und Weise der Überwachung des CMS, z.B. durch die Interne Revision sowie
- Wesentlichkeitsüberlegungen.

---

191 Vgl. *IDW PS 980*, Tz. A32.
192 Vgl. *IDW PS 980*, Tz. A33.
193 Vgl. *IDW PS 980*, Tz. 45.
194 Vgl. *IDW PS 980*, Tz. A34.
195 Vgl. *IDW PS 980*, Tz. A35.

178 In Betracht kommen die folgenden Prüfungshandlungen im Rahmen von Funktionsprüfungen des CMS[196]:

- Befragung von Mitarbeitern
- Durchsicht von Nachweisen über die Einhaltung des Compliance-Programms, z.B. Kommunikation eines Verhaltenskodex, Trainingsdokumentation, schriftliche Erklärungen der Mitarbeiter oder Meldungen im Beschwerdemanagement
- Beobachtung der Durchführung von in der CMS-Beschreibung dargestellten Maßnahmen
- Nachvollzug von Kontrollaktivitäten sowie
- Einsichtnahme in Berichte der Internen Revision.

179 Funktionsprüfungen müssen einen **angemessenen Zeitraum** abdecken, z.B. ein GJ, damit die Kontinuität der Beachtung der Grundsätze und Maßnahmen des CMS entsprechend beurteilt werden kann. Hierbei gilt die Beziehung, dass die gewonnene Prüfungssicherheit in Bezug auf die Wirksamkeit des CMS bei gleicher Prüfungsintensität umso größer ist, je länger der geprüfte Zeitraum ist. Werden Prüfungshandlungen zur Beurteilung der Wirksamkeit der Grundsätze und Maßnahmen des CMS zu einem vorgezogenen Zeitpunkt durchgeführt, hat der Prüfer festzulegen, welche Prüfungsnachweise zur Beurteilung der Wirksamkeit für den Zeitraum bis zum Ende des zu prüfenden Zeitraums einzuholen sind[197].

#### 3.6.1.3 Umgang mit festgestellten Regelverstößen

180 Für den Fall, dass ein Prüfer während seiner Prüfungstätigkeit **Regelverstöße** feststellt oder ihm hierfür entsprechende Anhaltspunkte vorliegen, hat er hierüber die verantwortlichen Mitglieder des Managements und ggf. die gesetzlichen Vertreter des Unternehmens zeitnah zu informieren. Von dieser Pflicht ist er befreit, wenn ihm Informationen darüber vorliegen, dass die gesetzlichen Vertreter darüber auf andere Art und Weise bereits informiert wurden[198]. Die gesetzlichen Vertreter haben zu untersuchen, welche Umstände den Regelverstoß verursacht haben und weshalb der Regelverstoß nicht durch das CMS verhindert wurde. Der WP hat die gesetzlichen Vertreter i.R.d. Kommunikation festgestellter Verstöße darauf hinzuweisen, dass es nicht Ziel der Prüfung des CMS ist, einzelne Regelverstöße aufzudecken[199].

181 Der Prüfer hat sich mit der Untersuchung und den Untersuchungsergebnissen des Unternehmens zu befassen. Er hat eigenverantwortlich zu beurteilen, ob festgestellte Regelverstöße auf Mängel im CMS zurückzuführen sind. Nur mit Hilfe der entsprechenden Prüfungsnachweise kann der Prüfer davon ausgehen, dass es sich bei dem Regelverstoß um einen einmaligen Vorgang handelt[200]. Hierzu kann er die folgenden **Prüfungshandlungen** ergreifen[201]:

- Befragungen des Managements zur eigenen Einschätzung der Ursache des festgestellten Regelverstoßes

196 Vgl. *IDW PS 980*, Tz. A36.
197 Vgl. *IDW PS 980*, Tz. 46.
198 Vgl. *IDW PS 980*, Tz. 47.
199 Vgl. *IDW PS 980*, Tz. 47.
200 Vgl. *IDW PS 980*, Tz. 48.
201 Vgl. *IDW PS 980*, Tz. A37.

- Würdigung des Umgangs des Unternehmens mit dem festgestellten Regelverstoß (z.B. Unterrichtung der Mitarbeiter, Sanktionen und Anpassung der Grundsätze und Maßnahmen im CMS)
- Prüfung, ob die Interne Revision vergleichbare Regelverstöße identifiziert hat und welche Maßnahmen daraufhin veranlasst wurden.

### 3.6.2 Durchführung der Prüfung des Risikomanagementsystems

#### 3.6.2.1 Abgrenzung von der Prüfung des Risikofrüherkennungssystems

Der Vorstand einer AG ist gem. § 91 Abs. 2 AktG zu einer systemgebundenen **Risikofrüherkennung** verpflichtet[202]. Der APr. prüft bei börsennotierten Unternehmen die Ordnungsmäßigkeit des Risikofrüherkennungssystems gem. § 317 Abs. 4 HGB i.R.d. gesetzlichen Jahresabschlussprüfung. Zur Durchführung dieser Systemprüfungen[203] hat das IDW 1999 den *IDW Prüfungsstandard: Die Prüfung des Risikofrüherkennungssystems nach § 317 Abs. 4 HGB (IDW PS 340)* veröffentlicht. 182

Das **Risikofrüherkennungssystem (RFS)** gemäß § 91 Abs. 2 AktG ist ein Bestandteil des weiter gefassten RMS. Daher präzisiert der *IDW PS 981* die Unterschiede zu der Prüfung eines RFS nach § 317 Abs. 4 HGB. Danach ist z.B. die Prüfung nach § 317 Abs. 4 HGB grundsätzlich auf alle Risikoarten ausgerichtet, eine Prüfung des RMS gem. *IDW PS 981* beschränkt sich nur auf **strategische und operative Risiken** für abgegrenzte Teilbereiche[204]. 183

Ungeachtet der dargestellten Unterschiede bestehen Überschneidungen in der inhaltlichen Ausrichtung der Prüfungen. Wird ein Prüfer, der das RFS schon i.R.d. regulären Jahresabschlussprüfung prüft, mit einer Prüfung nach *IDW PS 981* beauftragt, ergeben sich hieraus Synergiepotenziale. 184

#### 3.6.2.2 Ausgestaltung der RMS-Prüfung

Bei der RMS-Prüfung handelt es sich analog zur Prüfung eines CMS um eine **betriebswirtschaftliche Prüfung**, bei der die Grundsätze ordnungsmäßiger Durchführung betriebswirtschaftlicher Prüfungen zu beachten sind[205]. „Diese enthalten z.B. Anforderungen an 185

- die Beachtung der allgemeinen Berufspflichten,
- die Verwertung der Arbeiten von Spezialisten,
- die zwischen Abschluss der materiellen Prüfung und dem Datum der Berichterstattung vorzunehmenden Prüfungshandlungen,
- die Einholung einer VollstE,
- die Qualitätssicherung im Prüfungsteam und
- die Dokumentation der Prüfungshandlungen in den Arbeitspapieren“[206].

202 Eine entsprechende Organisationspflicht besteht nach h.M. auch für weitere Gesellschaftsformen, sofern eine sogenannte Ausstrahlungswirkung besteht. Vgl. hierzu bspw. *Jakobus*, S. 73 f. m.w.N.

203 Zum Prüfungsvorgehen bei Systemprüfungen, insb. auch des Risikofrüherkennungssystems siehe *IDW*, WPH Edition, Wirtschaftsprüfung & Rechnungslegung[15], Kap. L Tz. 205 ff. sowie Kap. O Tz. 56 ff.

204 Vgl. *IDW PS 981*, Tz. 13.

205 Vgl. zu den Grundsätzen ordnungsmäßiger Durchführung betriebswirtschaftlicher Prüfungen ISAE 3000 (Rev.) sowie *Almeling*, WPg 2011, S. 607 ff. und S. 653 ff.

206 *Eibelshäuser/Schmidt*, WPg 2011, S. 393 (944).

Die hiermit einhergehenden Anforderungen einschl. von Hinweisen zu möglichen methodischen Ansätzen der Prüfungsdurchführung werden in *IDW PS 981* detailliert erläutert[207]. Der Prüfer hat die durchgeführten Prüfungshandlungen sowie die relevanten Prüfungsnachweise in seinen Arbeitspapieren zu dokumentieren[208].

**186** Um das RMS prüfen zu können, hat der RMS-Prüfer ein **Detailverständnis** von dem System zu erlangen. Dieses umfasst z.B. folgende Aspekte:

- Unternehmensziele und die daraus abgeleiteten RMS-Ziele
- Risikostrategie und Risikopolitik des Unternehmens
- Ausprägung des Risikobewusstseins der Mitarbeiter
- Aufbau- und Ablauforganisation des RMS
- Regelungen zur Identifikation, Bewertung, Kommunikation und Steuerung der wesentlichen Risiken
- Regelungen zur Überwachung und Verbesserung des RMS[209].

**187** Im Rahmen der Prüfung der Wirksamkeit des RMS kommen folgende Prüfungshandlungen in Betracht:

- Befragung der von den Regelungen betroffenen Personen (gesetzliche Vertreter, Mitarbeiter im RMS, Mitarbeiter der Internen Revision und andere relevante Mitarbeiter)
- Durchsicht und Auswertung der RMS-Dokumentation hinsichtlich der kontinuierlichen Anwendung der Regelungen, z.B. Protokolle von Aufsichtsratssitzungen, Risikoinventaren, Checklisten, Fragebögen, Kontrollbeschreibungen, Berichte der Internen Revision
- Beobachtung der Einhaltung von Grundsätzen bzw. der Durchführung von Verfahren und Maßnahmen im RMS (z.B. Risk Assessment Diskussionen, Überwachungsmaßnahmen der Internen Revision)
- Nachvollziehen von für das RMS relevanten Kontrollen
- IT-gestützte Prüfungshandlungen (z.B. Datenanalysen i.Z.m. systemtechnisch abgebildeten Berechtigungs- und Freigabekonzepten)[210].

**188** Hierbei sind Art, Umfang und Zeitpunkt der i.R.d. Prüfung der Angemessenheit und Wirksamkeit durchzuführenden Prüfungshandlungen u.a. abhängig von

- den angewandten RMS-Grundsätzen,
- den Inhalten der RMS-Beschreibung,
- den bisherigen Erfahrungen des Prüfers mit dem Unternehmen,
- den Ergebnissen der Risikobeurteilungen,
- der Ausgestaltung des RMS und dessen Dokumentation,
- der verwendeten IT-Unterstützung,
- der Art und Weise der Überwachung des RMS, z.B. durch die Interne Revision oder andere unternehmensinterne Funktionen sowie

207 Ein Auftrag zur Durchführung einer RMS-Prüfung darf hierbei vom WP nur angenommen werden, wenn davon auszugehen ist, dass die Berufspflichten einschl. des Unabhängigkeitsgrundsatzes eingehalten werden können. Sofern der WP mit der Jahresabschlussprüfung oder anderen betriebswirtschaftlichen Prüfungen für das Unternehmen beauftragt ist, steht dies einer Auftragsannahme nicht entgegen, vgl. *IDW PS 981*, Tz. 33 ff.

208 Vgl. *IDW PS 981*, Tz. 96 ff.

209 Vgl. *IDW PS 981*, Tz. A48.

210 Vgl. *IDW PS 981*, Tz. A53.

- Wesentlichkeitsüberlegungen[211].

## 3.6.3 Durchführung der Prüfung des internen Kontrollsystems

### 3.6.3.1 Prüfung der Ausgestaltung und Aktualität der IKS-Beschreibung

Auf Basis der Erkenntnisse aus der Planungsphase sowie unter Berücksichtigung der Pflichtangaben erfolgt die **Prüfung der Ausgestaltung und Aktualität der IKS-Beschreibung**. Im Kern ist zu ermitteln, ob die IKS-Beschreibung vollständig und richtig ist. 189

- Sind die bei der Ausgestaltung des IKS angewandten IKS-Grundsätze beschrieben?
- Enthält die IKS-Beschreibung alle Mindestinhalte?
- Wird auf alle Grundelemente eingegangen?
- Wird das IKS in einer für die Adressaten verständlichen Weise dargestellt?
- Entspricht das beschriebene IKS dem tatsächlichen Stand oder sind zwischenzeitlich Änderungen eingetreten und nicht berücksichtigt worden?

Erfolgt eine Prüfung der Wirksamkeit des IKS, sind die Veränderungen auch mit Bezug auf den Betrachtungszeitraum zu beschreiben[212].

### 3.6.3.2 Prüfung der Angemessenheit des internen Kontrollsystems

Im Rahmen der **Prüfung der Angemessenheit des IKS** analysiert der IKS-Prüfer zunächst die Ergebnisse seiner Risikobeurteilung. Möglicherweise hat er bereits i.R.d. Erlangung des Verständnisses über das IKS oder bei der Prüfung der IKS-Beschreibung wesentliche Mängel in der Ausgestaltung des IKS aufgedeckt. Dann erübrigt sich die weitere Prüfung der Angemessenheit und Wirksamkeit. Die Durchführung der Angemessenheitsprüfung soll eine Beurteilung darüber ermöglichen, ob die vom Unternehmen dargestellten Regelungen in geeigneter Weise ausgestaltet und implementiert sind, um die IKS-Ziele für das Berichtswesen mit hinreichender Sicherheit zu erreichen. Die Prüfung erfolgt auf Basis von Befragungen in Kombination mit anderen Prüfungshandlungen. Ergebnisse von wiederkehrenden Aufträgen zur IKS-Prüfung sowie Ergebnisse der Jahresabschlussprüfung oder anderer betriebswirtschaftlicher Prüfungen können Verwendung finden, sind aber allein nicht ausreichend. Insbesondere bei den beschriebenen Regelungen zum Kontrollumfeld steht die tatsächliche Umsetzung im Vordergrund. Häufig existieren Regelungen „nur auf dem Papier", werden aber nicht gelebt. Die Befassung mit den IKS-Zielen stellt einen Kernpunkt der Angemessenheitsprüfung dar, da das Verständnis der IKS-Ziele notwendige Voraussetzung für die Prüfung des Risikobeurteilungsprozesses und die Eignung der Kontrollaktivitäten ist. Die Beurteilung der Regelungen zur Information und Kommunikation als weiterer Teil der Angemessenheitsprüfung umfasst die Einschätzung, ob alle notwendigen Informationen in Bezug auf das IKS erhoben, erfasst, verarbeitet und weitergegeben werden. Notwendige Informationen zum IKS sind z.B. 190

- Organisationshandbücher, Richtlinien und Arbeitsanweisungen,
- Berichte, Auswertungen, Analysen oder sonstige entscheidungsrelevante Informationen,

211 Vgl. *IDW PS 981*, Tz. A55.
212 Vgl. *IDW PS 982*, Tz. 60-62.

- Informationen zur Verarbeitung von Geschäftsvorfällen und Transaktionen,
- externe Informationen zu Märkten und Geschäftspartnern,
- Konzepte und Methoden zur Steuerung und Überwachung des IKS,
- externe und interne Ergebnisse und Statusmeldungen zur Wirksamkeit des IKS,
- Informationen zu IKS-Mängeln, Interimsregelugen und Behebungsmaßnahmen[213].

191 Die Prüfung der Regelungen zur **Überwachung des IKS** fokussieren sich auf die Einschätzung der Tätigkeit der Internen Revision oder anderer interner Funktionen bzw. der Berücksichtigung von externen Prüfungen[214].

192 Bei der **Angemessenheitsprüfung** werden verschiedene **Prüfungstechniken** kombiniert. Befragungen aller relevanten Personen[215] bilden einen Schwerpunkt bei der Gewinnung eines Verständnisses von dem in der IKS-Beschreibung dargestellten IKS[216]. Bei der Angemessenheitsprüfung werden die Befragungen aber zwingend durch weitere Prüfungshandlungen ergänzt, da sie alleine für die erforderliche Urteilssicherheit nicht ausreichend sind[217]. Eine klassische Prüfungstechnik stellt der Prozessdurchlauf anhand einzelner Transaktionen (Walkthrough) dar. Über den Nachvollzug der Be- und Verarbeitungsschritte zur Erstellung der Unternehmensberichte inkl. der Kontrollaktivitäten durch Beispielfälle lassen sich Varianten und Ausnahmen, Schnittstellen zwischen IT-Systemen, manuelle (fehleranfällige) Teilschritte und individuelle IT (z.B. Tabellenkalkulationen) erkennen. Der Walkthrough stellt oft die einzige Möglichkeit dar, fehlende Kontrollen zu identifizieren. Im Rahmen des Prozessdurchlaufs werden die vom IKS-Prüfer als Schlüsselkontrollen identifizierten Regelungen des Unternehmens zumindest einmal geprüft. Die Prüfung des Prozessdurchlaufs erfordert entsprechende Kenntnisse beim Prüfungsdurchführenden, es muss eine ausgeprägte Sollvorstellung über den Prozess, Wissen über typische Risikobereiche und eine hinreichende Erfahrung im Umgang mit Techniken der Befragung vorhanden sein. Auf eine ausführliche und aussagekräftige Dokumentation des Walkthroughs (insb. bei der Erstprüfung) sollte geachtet werden. Idealerweise werden Beispielberichte, Screenshots, Organisationsanweisungen und typische festgestellte Fehler zu den Prüfungsakten genommen.

### 3.6.3.3 Prüfung der Wirksamkeit des internen Kontrollsystems

193 Die **Prüfung der Wirksamkeit des IKS** soll eine Beurteilung ermöglichen, ob die Regelungen innerhalb des gesamten geprüften Zeitraums kontinuierlich durchgeführt wurden[218]. Dazu sollte ein angemessener Zeitraum z.B. ein GJ gewählt werden. Treten unterjährig Änderungen ein, sind die Regelungen vor und nach den Änderungen zu testen. Im Kern wird geprüft, ob die Regelungen wie vorgesehen, von den dafür nominierten Personen, mit den erforderlichen Hilfsmitteln und Informationen und zum vorgesehen Zeitpunkt vorgenommen wurden. Art, Umfang und Zeitpunkt der Funktionsprüfungen der Regelungen sind u.a. abhängig von

- den mit den einzelnen Regelungen (Kontrollaktivitäten) verbundenen Risiken der fehlerhaften Ausübung,

213 Vgl. *IDW PS 982*, Tz. 63-65 und Tz. A60.
214 Vgl. *IDW PS 982*, Tz. A61.
215 Vgl. *IDW PS 982*, Tz. 57.
216 Vgl. *IDW PS 982*, Tz. 65 und Tz. A64.
217 Vgl. *IDW PS 982*, Tz. 65.
218 Vgl. *IDW PS 982*, Tz. 66.

- der Komplexität der Kontrolldurchführung (z.B. Kontrollen bzgl. Unternehmensberichten zu einzelnen Großinvestitionen oder Altersversorgungsrückstellungen),
- der Art der Kontrollmaßnahme (z.B. physische Inventur),
- dem Automatisierungsgrad der Kontrollmaßnahmen (manuell oder IT-gestützt),
- den angewandten IKS-Grundsätzen,
- den Inhalten der IKS-Beschreibung,
- den bisherigen Erfahrungen des IKS-Prüfers mit dem Unternehmen,
- dem Grad, in dem die Kontrollmaßnahmen durch interne Überwachungsmaßnahmen (z.B. der Internen Revision) erfasst werden sowie
- Wesentlichkeitsüberlegungen[219].

Die Frequenz der durchgeführten **Kontrollmaßnahmen** kann z.B. mehrmals täglich, täglich, wöchentlich, monatlich, quartalsweise, jährlich oder anlassbezogen sein. Auf Basis von Erfahrungswerten bzw. mathematisch-statistischer Verfahren werden hinreichende Stichproben gezogen bzw. erfolgt eine hinreichende bewusste Auswahl der Elemente. Je größer das mit der Kontrollmaßnahme verbundene Risiko oder je häufiger die Frequenz, desto größer sind die festzulegenden Stichprobenumfänge bzw. desto größer ist die Auswahl von bestimmten Elementen. 194

Im Rahmen der Wirksamkeitsprüfung werden die folgenden typischen **Prüfungstechniken**[220] genutzt: 195

| | |
|---|---|
| Befragung | Befragung der relevanten Personen (gesetzliche Vertreter, Kontrolldurchführende, Interne Revision, Prozessverantwortliche, externe Prüfer etc.) |
| Durchsicht | Durchsicht und Auswertung der IKS-Dokumentation wie z.B. der Kontrollnachweise (Protokolle, Checklisten, Exception reports, Inventurberichte etc.) |
| Beobachtung | Beobachtung der Durchführung von in der IKS-Beschreibung dargestellten Regelungen |
| Nachvollzug | Unabhängige Durchführung von Verfahren oder Kontrollen durch den IKS-Prüfer, die ursprünglich als Teil des IKS des Unternehmens durchgeführt wurden |
| IT-Tests | IT-gestützte Prüfungshandlungen (z.B. Datenanalysen bzgl. systemtechnisch abgebildeter Berechtigungs- oder Freigabekonzepte |

Tabelle 14: Typische Prüfungstechniken

Die Güte der **Kontrollnachweise** des Unternehmens hat für die Prüfung der Wirksamkeit des IKS eine zentrale Bedeutung. Je besser die Durchführung einer Regelung dokumentiert ist, je einfacher und effizienter ist die IKS-Prüfung. Entsprechend sollte insb. im Rahmen einer projektbegleitenden IKS-Prüfung auf eine gute Dokumentation hingewirkt werden. 196

219 Vgl. *IDW PS 982*, Tz. A66.
220 Vgl. *IDW PS 982*, Tz. A67.

### 3.6.4 Durchführung der Prüfung des internen Revisionssystems

#### 3.6.4.1 Prüfungshandlungen zur Risikobeurteilung und Ableitung der Prüfungsstrategie

**197** Der Prüfer hat sich zunächst mit dem **rechtlichen und wirtschaftlichen Umfeld des Unternehmens** zu befassen sowie mit den Unternehmenszielen und -strategien, soweit es für die Prüfung des IRS relevant ist[221]. Handelt es sich bei dem IRS-Prüfer um den APr. des Unternehmens, dürften die erforderlichen Kenntnisse teilweise bereits bei ihm vorhanden sein. Im Unterschied zur IRS-Prüfung hat die Abschlussprüfung allerdings das Ziel, die Ordnungsmäßigkeit der Rechnungslegung zu beurteilen. Daher richtet der APr. die Risikobeurteilungen auf die Feststellung wesentlicher falscher Angaben in der Rechnungslegung aus. Die hierbei gewonnenen Kenntnisse über das rechtliche Umfeld des Unternehmens werden für Zwecke der IRS-Beschreibung im Allgemeinen nicht ausreichend sein[222].

**198** Aufbauend auf den Kenntnissen des rechtlichen und wirtschaftlichen Umfelds des Unternehmens muss der IRS-Prüfer ein angemessenes **Verständnis** des in der IRS-Beschreibung dargestellten IRS erlangen[223]. Dies umfasst insb. ein Verständnis über folgende Aspekte des IRS[224]:

- Unternehmensziele und daraus abgeleitete IRS-Ziele
- Risikostrategie und Risikopolitik des Unternehmens und deren Auswirkungen auf Art und Umfang des IRS
- Aufbau- und Ablauforganisation des IRS sowie
- Regelungen zur Überwachung und Verbesserung des IRS.

**199** Der IRS-Prüfer verschafft sich ein angemessenes Verständnis des IRS u.a. durch Befragungen zu Verantwortlichkeiten innerhalb des IRS und den IRS-Prozessen[225]. Insbesondere hat der IRS-Prüfer **Befragungen** der für das IRS verantwortliche Personen sowie weiterer geeigneter Personen im Unternehmen durchzuführen, um festzustellen[226],

- ob dieser Person Kenntnis über vorliegende, vermutete oder behauptete bewusst falsche Angaben in der IRS-Beschreibung der IRS-Beschreibung oder über Mängel des IRS haben,
- ob das IRS auch ein Programm zur Qualitätssicherung und -verbesserung umfasst und regelmäßig interne Beurteilungen[227] der Internen Revision durchgeführt werden und
- ob das Unternehmen Sachverständige bei der Konzeption des IRS oder der Erstellung der IRS-Beschreibung eingesetzt hat.

**200** Aufbauend auf den Kenntnissen des rechtlichen und wirtschaftlichen Umfelds des Unternehmens und einem angemessenen Verständnis IRS des Unternehmens führt der IRS-Prüfer i.R.d. Prüfungsdurchführung Prüfungshandlungen durch, um Risiken für

221 Vgl. *IDW PS 983*, Tz. 54.
222 Vgl. *IDW PS 983*, Tz. A46 f..
223 Vgl. *IDW PS 983*, Tz. 56.
224 Vgl. *IDW PS 983*, Tz. A48.
225 Vgl. *IDW PS 983*, Tz. 56.
226 Vgl. *IDW PS 983*, Tz. 57.
227 Vgl. IPPF AS 1311.

wesentliche Fehler in der IRS-Beschreibung feststellen zu können. Diese festgestellten Risiken bilden die Basis für die weiteren Prüfungshandlungen[228]. **Risiken für wesentliche Mängel** des IRS können sich z.B. aus den folgenden Situationen ergeben[229]:

- die IRS-Beschreibung lässt einen vorhandenen wesentlichen Mangel nicht erkennen
- die IRS-Beschreibung enthält falsche Angaben oder es fehlen in der Beschreibung Angaben, die einzeln oder in Summe für den Adressaten der Beschreibung entscheidungsrelevant sein könnten
- die IRS-Beschreibung enthält unangemessene Verallgemeinerungen, unausgewogene oder verzerrende Darstellungen, die zu einer Irreführung des Adressaten der Beschreibung führen können oder
- die IRS-Beschreibung ist nicht geeignet, um mit hinreichender Sicherheit in Übereinstimmung mit den IRS-Grundsätzen die Einrichtung einer Internen Revisionsfunktion sowie die unabhängige und objektive Erbringung von Prüfungs- und Beratungsleistungen durch die Interne Revision zu gewährleisten.

Bei der Beurteilung der Mängel kann ein wesentlicher Mangel auch bei einer Kumulation von Mängeln vorliegen, die – einzeln betrachtet – nicht wesentlich sind[230]. Bei der Bestimmung der **Wesentlichkeit eines Mangels** des in der IRS-Beschreibung dargestellten IRS sind insb. die Einhaltung der Vorgaben des IPPF von Bedeutung[231]: **201**

- das IRS erfüllt einzelne oder alle der sechs Mindeststandards[232] nicht
- das IRS erfüllt einzelne oder alle verpflichtend vorgegebenen IPPF-Grundprinzipien nicht oder
- das IRS erfüllt einzelne oder alle Betrachtungsfelder I.-XI. im Kriterienkatalog[233] nicht.

Zur Einschätzung der Wesentlichkeit eines Mangels vgl. Tz. 153.

### 3.6.4.2 Prüfung der Ausgestaltung und Aktualität der Beschreibung des Internen Revisionssystems

Der IRS-Prüfer hat die IRS-Beschreibung hinsichtlich ihrer Ausgestaltung und ihrer Aktualität zu beurteilen[234]. **202**

Hinsichtlich der **Ausgestaltung der IRS-Beschreibung** beurteilt der IRS-Prüfer, ob die IRS-Beschreibung die Regelungen zum Aufbau und zur Funktionsweise des IRS vollständig und richtig beschreibt sowie in einer für die Adressaten der IRS-Beschreibung verständlichen Art und Weise darstellt[235]. Dazu zählen auch die bei der Ausgestaltung des IRS angewandten IRS-Grundsätze. Die Prüfung der Vollständigkeit umfasst auch, ob die Aussagen der gesetzlichen Vertreter zu den Regelungen des IRS auf sämtliche ver- **203**

228 Vgl. *IDW PS 983*, Tz. 555.
229 Vgl. *IDW PS 983*, Tz. A42 ff.
230 Vgl. *IDW PS 983*, Tz. A44.
231 Vgl. *IDW PS 983*, Tz. A45.
232 Vgl. *IDW PS 983*, Tz. 53.
233 Vgl. *IDW PS 983*, Anlage 1. In Anlage 1 wird der zur Beurteilung der Angemessenheit und Wirksamkeit des IRS zu nutzende Kriterienkatalog dargestellt. IDW und DIIR gehen davon aus, dass ein IRS als nicht wirksam angesehen werden muss, sobald mindestens einer der sechs Mindeststandards als „nicht erfüllt" beurteilt wird.
234 Vgl. *IDW PS 983*, Tz. 60.
235 Vgl. *IDW PS 983*, Tz. 60.

bindliche Elemente des IPPF und ggf. zusätzlich vom Unternehmen beachtete Anforderungen eingehen. Bei Verweisen innerhalb der IRS-Beschreibung auf andere Verfahrensbeschreibungen und Dokumente ist die IRS-Beschreibung aus sich heraus verständlich und enthält alle wesentlichen Regelungen[236].

204 Hinsichtlich der **Aktualität der IRS-Beschreibung** beurteilt der IRS-Prüfer, ob die IRS-Beschreibung dem zu prüfenden Stand des IRS entspricht oder ob zwischenzeitlich Änderungen vorgenommen wurden, die aus Sicht des IRS-Prüfers als wesentlich zu erachten sind[237]. Ist dies der Fall, hat der IRS-Prüfer die gesetzlichen Vertreter aufzufordern, die IRS-Beschreibung entsprechend anzupassen.

205 Im Fall einer Wirksamkeitsprüfung hat der IRS-Prüfer außerdem zu beurteilen, ob die IRS-Beschreibung auf **wesentliche Veränderungen im IRS bezogen auf den Betrachtungszeitraum** gesondert eingeht[238].

#### 3.6.4.3 Angemessenheits- und Wirksamkeitsprüfung der in der IRS-Beschreibung dargestellten Regelungen

206 Bei Beurteilung der Angemessenheit und der Wirksamkeit der in der **IRS-Beschreibung** dargestellten Regelungen ist die Einhaltung der Anforderungen zu betrachten, die sich aus den verbindlichen Elementen der Internationalen Grundlagen für die berufliche Praxis der Internen Revision (IPPF) ergeben. Der **Kriterienkatalog zur Prüfung des IRS**[239] wird dabei von IDW und DIIR als ein sachgerecht angesehenes Hilfsmittel angesehen, um eine einheitliche Prüfungsqualität bei der Beurteilung der Anforderungen zu gewährleisten. Der Kriterienkatalog ist durch den IRS-Prüfer entsprechend zu erweitern, falls sich aus sonstigen vereinbarten Prüfungskriterien weitere Anforderungen ergeben.

207 Der Kriterienkatalog setzt sich aus **82 Kriterien in elf Betrachtungsfeldern** zusammen.

> **!**
>
> **Hinweis 4:**
>
> Der Kriterienkatalog des *IDW PS 983*, Anlage 1 ist nahezu gleichlautend zum bestehenden „Leitfaden zur Durchführung eines Quality Assessments (QA)“ des DIIR (Stand Juli 2012). Im Unterschied zum DIIR-Leitfaden wurden im Kriterienkatalog zwei zusätzliche Kriterien zur Revisionskultur im Betrachtungsfeld I. „Organisation, Einordnung im Unternehmen und Tätigkeitsfelder“ aufgenommen (Kriterien Nr. 10 und 11).

Bei der Beurteilung der Angemessenheit und Wirksamkeit des IRS werden die Kriterien Nr. 1, 5, 12, 17, 39 sowie 59 als Mindeststandards angesehen, die durch die Interne Revision zu erfüllen sind. Kommt der IRS-Prüfer zum Schluss, dass einer oder mehrere Kriterien der sechs Mindeststandards nicht erfüllt werden (Bewertung „0“), so ist die IRS-Beschreibung bzw. das IRS als nicht angemessen bzw. nicht wirksam zu beurteilen.

208 Das in Anlage 2 des *IDW PS 983* dargestellte **Bewertungsverfahren**[240] ist ein sachgerechtes Hilfsmittel, um den IRS-Prüfer bei der Würdigung zu unterstützen, ob nicht korrigierte Fehler in der IRS-Beschreibung oder Mängel des IRS einzeln oder in Summe

236 Vgl. *IDW PS 983*, Tz. A6.
237 Vgl. *IDW PS 983*, Tz. 61.
238 Vgl. *IDW PS 983*, Tz. 62.
239 Vgl. *IDW PS 983*, Anlage 1.
240 Vgl. *IDW PS 983*, Anlage 2.

wesentlich sind. Die Beurteilung der Wesentlichkeit ist dabei kein rein mathematischer Prozess, sondern unterliegt dem prüferischen Ermessen des IRS-Prüfers und ist mit berufsüblicher Sorgfalt durchzuführen. Bei der Beurteilung sind insb. qualitative Faktoren zu berücksichtigen, die auch von branchen-, größen- und organisationsspezifischen Besonderheiten beeinflusst werden. Das Bewertungsverfahren entbindet den IRS-Prüfer nicht davon, eine begründete und nachvollziehbare Gesamteinschätzung abzugeben.

Zur **Bewertung der Qualitätskriterien** wird in Anlage 2 des *IDW PS 983* eine Skalierung **209**
von 0 bis 3 zugrunde gelegt[241]. Die Skalierung hat folgende Bedeutung:

| | | |
|---|---|---|
| 3 | = | voll erfüllt |
| 2 | = | leichtes Verbesserungspotenzial |
| 1 | = | deutliches Verbesserungspotenzial |
| 0 | = | unzureichend |
| n.a. | = | nicht anwendbar |

Die Bewertung „n.a." ist nur in Ausnahmefällen zu verwenden und immer zu begründen.

Die Bewertung eines der Kriterien des Kriterienkatalogs mit 0, 1 oder 2 bedeutet, dass ein **210**
Mangel des IRS vorliegt.

Im Rahmen der Prüfung der Angemessenheit des IRS hat der IRS-Prüfer die Ergebnisse **211**
seiner **Risikobeurteilungen** zu analysieren und bei den weiteren Prüfungshandlungen zu berücksichtigen[242]. Sollten ihm bereits bei der Gewinnung des Verständnisses des zu prüfenden IRS und der IRS-Beschreibung wesentliche Fehler in der IRS-Beschreibung bzw. Mängel im IRS bekannt werden, kann er zu dem Ergebnis gelangen, dass das dargestellte IRS nicht angemessen ist. In diesem Fall erübrigen sich weitere Prüfungshandlungen zur Angemessenheit und Wirksamkeit des IRS.

**Beispiel 6:**

Im Rahmen der Gewinnung des Verständnisses zur IRS-Beschreibung und dem IRS stellt der IRS-Prüfer fest, dass die Geschäftsleitung keine geeignete Geschäftsordnung zur Internen Revision erlassen hat. Im Interview mit der Leitung der Internen Revision stellt der IRS-Prüfer außerdem fest, dass der Internen Revision aufgrund der fehlenden formellen Beauftragung durch die Geschäftsleitung der Zugriff auf wesentliche Informationen im Unternehmen verwehrt wurde.
Der IRS-Prüfer kann zu dem Schluss kommen, dass der Mindeststandard 1[243] nicht erfüllt ist (Bewertung „0") und damit das IRS ggf. als nicht angemessen und nicht wirksam einzustufen ist.

Im Rahmen der **Prüfung der Angemessenheit** des IRS hat der IRS-Prüfer zu beurteilen, **212**
ob die in der IRS-Beschreibung des Unternehmens dargestellten Regelungen so ausgestaltet und implementiert sind, dass sie in Übereinstimmung mit den angewandten IRS-

241 Vgl. *IDW PS 983*, Anlage 2.
242 Vgl. *IDW PS 983*, Tz. 63.
243 Vgl. *IDW PS 983*, Anlage 1.

Grundsätzen geeignet sind, mit hinreichender Sicherheit die Einrichtung einer Internen Revisionsfunktion sowie die unabhängige und objektive Erbringung von Prüfungs- und Beratungsleistungen durch die Interne Revision zu gewährleisten[244]. Bei der Festlegung der Prüfungshandlungen zur Beurteilung der Angemessenheit des IRS kann der IRS-Prüfer bei wiederkehrenden Aufträgen insb. Ergebnisse früherer IRS-Prüfungen verwenden, die sich in den Folgeprüfungen vor allem auf Veränderungen des IRS erstrecken[245]. Prüfungsnachweise aus früheren Prüfungen stellen aber für sich genommen keine Nachweise über die Wirksamkeit des IRS im zu prüfenden Zeitraum dar.

**213** Im Rahmen der Prüfung der Angemessenheit kommen dabei insb. folgende **Prüfungshandlungen** in Betracht[246]:

- Befragung der gesetzlichen Vertreter (insb. des für die Interne Revision zuständigen Mitglieds des Vorstands bzw. der Geschäftsführung), anderer Mitglieder des Managements der geprüften Bereiche, von Personen auf allen Ebenen der Internen Revision, der externen Prüfer (z.B. APr. oder Rechnungshöfe) sowie der Mitglieder des Aufsichtsorgans (z.B. zur Konzeption des IRS, zur Durchsetzung des IRS und zu bekannten Schwachstellen im IRS)
- Befragung von Personen, die für die Konzeption und/oder Weiterentwicklung, die Überwachung des IRS und die Koordination von Aktivitäten i.Z.m. dem IRS zuständig sind, um deren Aufgabenstellung, Kompetenz und Erfahrung, Stellung innerhalb der Unternehmenshierarchie und Kenntnisse über mögliche Schwachstellen im IRS und festgestellte Verstöße sowie die Reaktionen des Unternehmens auf solche Feststellungen in Erfahrung zu bringen (z.B. Mitarbeiter der Internen Revision)
- Durchsicht von Dokumentationen des IRS (z.B. Geschäftsordnung der Internen Revision, Revisionsrichtlinien, Personal- und Sachkostenbudget, Prüfungsplan)
- Durchsicht von Unterlagen, die i.Z.m. dem IRS generiert werden (z.B. PrB der Internen Revision, Follow-up Berichte)
- Beobachtung der Aktivitäten und Arbeitsabläufen im Unternehmen, die mit dem IRS in Verbindung stehen, einschl. der IT-gestützten Verfahren der Internen Revision
- Nachvollziehen der Umsetzung von Maßnahmen aus früheren IRS-Prüfungen und Selbstbeurteilungen.

**214** Der IRS-Prüfer hat durch eine **Kombination von Befragungen mit anderen Prüfungshandlungen**, einschl. Beobachtung sowie Einsichtnahme in Aufzeichnungen und Dokumente, festzustellen, ob das IRS wie beschrieben zu einem bestimmten Zeitpunkt wirksam eingerichtet (implementiert) ist[247]. Befragung alleine ist als Prüfungshandlung nicht ausreichend, um ein Gesamturteil mit hinreichender Sicherheit abgegeben zu können.

**215** Die **Prüfung der Wirksamkeit des IRS** zielt zusätzlich auf die Beurteilung ab, ob die in der IRS-Beschreibung dargestellten Regelungen innerhalb des gesamten zu prüfenden Zeitraums wie vorgesehen eingehalten wurden[248]. Die Prüfung der Wirksamkeit muss dafür einen angemessenen Zeitraum abdecken, z.B. mindestens ein GJ[249]. Wird in der

244 Vgl. *IDW PS 983*, Tz. 64.
245 Vgl. *IDW PS 983*, Tz. A48.
246 Vgl. *IDW PS 983*, Tz. A48 ff.
247 Vgl. *IDW PS 983*, Tz. 65.
248 Vgl. *IDW PS 983*, Tz. 66, A51.
249 Vgl. *IDW PS 983*, Tz. 67.

Wirksamkeitsprüfung ein Zeitraum unter einem Jahr betrachtet, so sollten die Gründe dafür im PrB erläutert werden[250].

**Praxistipp 3:**

In der Praxis der externen Qualitätsbeurteilung hat sich i.R.d. Wirksamkeitsprüfung des IRS die Betrachtung der zwei letzten GJ als übliches Vorgehen etabliert, um die kontinuierliche Anwendung auch der im IRS verankerten Regelungen zu beurteilen, die ggf. nur im jährlichen Turnus angewendet werden (z.B. die kontinuierliche Anwendung der Planungs- und Budgetierungsprämissen in der Internen Revision über mehrere GJ hinweg).

Als **Prüfungshandlungen für die Prüfung der Wirksamkeit der IRS** kommen insb. **216**
folgende Prüfungshandlungen in Betracht[251]:

- Befragung der von der Regelungen betroffenen Personen (gesetzliche Vertreter, Mitarbeiter im IRS und andere relevante Mitarbeiter)
- Durchsicht und Auswertung der IRS-Dokumentation hinsichtlich der kontinuierlichen Anwendung der Regelungen, z.B. Protokolle von AR-Sitzungen, Prüfungslandkarte, Checklisten, Fragebögen, Kontrollbeschreibungen, Bericht der Internen Revision
- Beobachtung der Einhaltung von Grundsätzen bzw. der Durchführung von Verfahren und Maßnahmen im IRS (z.B. Diskussionen zum Audit Universe (Prüfungslandkarte), Ursachen von und im Umgang mit Planabweichungen im Bereich der Revisionsplanung)
- Nachvollziehen von für das IRS relevanten Kontrollen
- IT-gestützte Prüfungshandlungen.

**Art, Umfang und Zeitpunkt der i.R.d. Prüfung der Angemessenheit und Wirksam-** **217**
**keit** durchzuführenden Prüfungshandlungen sind u.a. abhängig von[252]

- den angewandten IRS-Grundsätzen,
- den Inhalten der IRS-Beschreibung,
- den bisherigen Erfahrungen des Prüfers im Unternehmen,
- den Ergebnissen der Risikobeurteilungen zur Prüfungslandkarte,
- der Ausgestaltung des IRS und dessen Dokumentation,
- der verwendeten IT-Unterstützung,
- der Art und Weise interner Beurteilungen der Internen Revision, z.B. Überwachungsmaßnahmen oder Selbstbeurteilungen sowie
- Wesentlichkeitsüberlegen.

Ebenso wie bei der Prüfung der Angemessenheit sind ausschließlich Befragungen für die **218**
Beurteilung der Wirksamkeit des IRS nicht ausreichend, sondern sind mit einer oder mehreren zusätzlichen Arten von Prüfungshandlungen zu kombinieren[253].

---

250 Vgl. *IDW PS 983*, Tz. A52.
251 Vgl. *IDW PS 983*, Tz. A53.
252 Vgl. *IDW PS 983*, Tz. A55.
253 Vgl. *IDW PS 983*, Tz. A54.

219 Sofern Prüfungshandlungen zur Beurteilung der Wirksamkeit der in der IRS-Beschreibung dargestellten Regelungen zu einem vorgezogenen Zeitpunkt durchgeführt werden, sind weitere Prüfungsnachweise zur Beurteilung der Wirksamkeit bis zum Ende des zu prüfenden Zeitraums einzuholen[254].

### 3.6.4.4 Verwertung der Ergebnisse einer Selbstbeurteilung

220 In den Regelungen des IPPF wird eine regelmäßige **Selbstbeurteilung des IRS** (interne Beurteilung) gefordert[255]. Diese regelmäßigen internen Beurteilungen dienen dazu, die Übereinstimmung des eingerichteten IRS mit den IPPF-Anforderungen und ggf. weiteren internen (z.B. der Geschäftsordnung) und externen (z.B. regulatorischen Anforderungen) Vorgaben zu bestimmen und zu beurteilen, ob das IRS effizient und wirksam arbeitet. Darüber hinaus fordert das IPPF eine regelmäßige, mindestens alle fünf Jahre stattfindende, externe Beurteilung des IRS[256]. Die externe Beurteilung kann dabei in Form einer vollständigen externen Beurteilung oder eine Selbstbeurteilung mit unabhängiger Validierung erfolgen.

221 Im Rahmen der Prüfungsplanung und Risikobeurteilung kann der IRS-Prüfer die Ergebnisse vorangegangener – i.R.d. Programms zur Qualitätssicherung und -verbesserung durchgeführter – interner Beurteilungen (ohne externe Validierung) für seine Prüfungsplanung heranziehen[257].

222 Wurde eine Selbstbeurteilung mit externer Validierung durchgeführt, kann der IRS-Prüfer beurteilen, inwieweit er die **Ergebnisse der Selbstbeurteilung verwerten** kann und welche eigenen Prüfungshandlungen er noch durchzuführen hat, um ein eigenverantwortliches Prüfungsurteil zum IRS in Übereinstimmung mit dem *IDW PS 983* abgeben zu können[258].

223 **Voraussetzung für die Verwertung der Ergebnisse einer Selbstbeurteilung** mit externer Validierung ist ein umfassender und dokumentierter Selbstbeurteilungsprozess, der im Einklang mit einer Prüfung des IRS nach dem *IDW PS 983* steht[259].

224 Sowohl im Fall der Verwertung der Ergebnisse einer Selbstbeurteilung für die eigene Prüfungsplanung als auch als Prüfungsnachweise i.R.d. Prüfung des IRS hat der IRS-Prüfer zu beurteilen[260],

- die Kompetenz, Erfahrungen, Objektivität, Unabhängigkeit und organisatorische Einordnung der Personen, die die Selbstbeurteilungen durchgeführt haben,
- Art, Umfang und zeitlichen Ablauf der durchgeführten Selbstbeurteilungen und
- die Eignung der Ergebnisse der Selbstbeurteilungen.

Beabsichtigt der IRS-Prüfer eine Verwertung der Ergebnisse der Selbstbeurteilung, muss er dennoch **in ausreichendem Umfang eigene Prüfungshandlungen** zur Beurteilung des in der IRS-Beschreibung dargestellten IRS durchführen und sich bewusst sein, dass die Selbstbeurteilungen nicht von unabhängigen Personen durchgeführt wurden.

254 Vgl. *IDW PS 983*, Tz. 68.
255 Vgl. IPPF AS 1311.
256 Vgl. IPPF AS 1312.
257 Vgl. *IDW PS 983*, Tz. 52.
258 Vgl. *IDW PS 983*, Tz. A39 ff.
259 Vgl. *IDW PS 983*, Tz. A41.
260 Vgl. *IDW PS 983*, Tz. 52.

## 3.7 Weitere Prüfungshandlungen

### 3.7.1 Verwertung der Arbeit von Sachverständigen des Prüfers

Der Prüfer des jeweiligen CGS hat zu entscheiden, ob **Sachverständige** hinzuzuziehen sind, wenn die Beurteilung bedeutsamer Sachverhalte besondere Sachkenntnisse erfordern, um angemessene und ausreichende Prüfungsnachweise zu erlangen[261]. 225

**Beispiel 7:**

Die Verwertung der Arbeit von Sachverständigen kann u.a. in den folgenden Fällen geboten sein:

- Beurteilung von Maßnahmen der Risikoqualifizierung des Unternehmens, wenn dieses in speziellen Branchen tätig ist, z.B. im Rohstoff- oder Immobiliensektor
- Interpretation spezifischer Anforderungen der angewandten RMS-Grundsätze
- Beurteilung von IT-gestützten Bestandteilen des RMS
- Würdigung von Sachverhalten, die auf besondere (z.B. bestandsgefährdende) Risiken hindeuten, und Würdigung von Maßnahmen des Unternehmens zur Begegnung dieser Risiken[262].

Beim Einsatz von internen Sachverständigen des Prüfers unterliegen diese dem **Qualitätssicherungssystem** der WP-Praxis. Der System-Prüfer hat die internen Sachverständigen angemessen anzuleiten und zu überwachen[263]. 226

**Hinweis 5:**

Für den Fall, dass der Prüfer die Arbeiten eines **externen Sachverständigen** des Prüfers verwertet, hat er die folgenden Aspekte zu beachten:

- Beurteilung, ob der Sachverständige über die Kompetenz, die Fähigkeiten und die Objektivität verfügt, die für die Zwecke der Prüfung notwendig sind. Die Beurteilung der Objektivität des Sachverständigen umfasst u.a. eine Befragung zu möglichen Interessen und Beziehungen, die eine Gefährdung der Objektivität des Sachverständigen hervorrufen können[264]
- Erlangung eines ausreichenden Verständnisses von dem Fachgebiet des Sachverständigen
- Vereinbarung von Art, Umfang und Ziele der Arbeit für die Zwecke der Prüfung mit dem Sachverständigen und
- Beurteilung der Angemessenheit der Arbeit des Sachverständigen für die Zwecke der Prüfung des CGS[265].

### 3.7.2 Verwertung der Arbeit anderer Wirtschaftsprüfer

Plant der Prüfer des CGS die **Verwertung der Arbeit eines anderen Wirtschaftsprüfers**, hat er zu beurteilen, ob dessen Arbeit für seine Zwecke geeignet ist[266]. Die 227

261 Vgl. *IDW PS 980*, Tz. 49; *IDW PS 981*, Tz. 66; *IDW PS 982*, Tz. 70; *IDW PS 983*, Tz. 69.
262 Vgl. *IDW PS 981*, Tz. 66 i.V.m. Tz. A62.
263 Vgl. *IDW PS 980*, Tz. 50; *IDW PS 981*, Tz. 67; *IDW PS 982*, Tz. 71; *IDW PS 983*, Tz. 70.
264 Siehe hierzu ergänzend *IDW PS 981*, Tz. A63.
265 Vgl. *IDW PS 980*, Tz. 51, 52; *IDW PS 981*, Tz. 68, A61; *IDW PS 982*, Tz. 72; *IDW PS 983*, Tz. 71.
266 Vgl. *IDW PS 981*, Tz. 69; *IDW PS 982*, Tz. 73; *IDW PS 983*, Tz. 72.

Ausführungen in Tz. 225 können auch auf die Verwertung der Arbeit eines anderen WP bzw. auf die Verwendung der Arbeit von Sachverständigen der gesetzlichen Vertreter und auf die Verwendung der Arbeit der Internen Revision angewandt werden[267].

### 3.7.3 Verwertung der Arbeit von Sachverständigen der gesetzlichen Vertreter

228 Sollen Informationen, die unter Verwendung der Tätigkeit eines Sachverständigen der gesetzlichen Vertreter erstellt wurden, als Prüfungsnachweise verwendet werden, muss der CGS-Prüfer, soweit notwendig, unter Berücksichtigung der Bedeutung der Tätigkeit des Sachverständigen für die Zwecke des CGS-Prüfers

- die Kompetenz, Fähigkeiten und Objektivität des Sachverständigen beurteilen,
- ein ausreichendes Verständnis von der Tätigkeit des Sachverständigen gewinnen und
- die Angemessenheit der Tätigkeit des Sachverständigen als Prüfungsnachweis beurteilen[268].

### 3.7.4 Ereignisse nach dem Beurteilungszeitpunkt/-zeitraum

229 Der CGS-Prüfer hat die Auswirkungen von **Ereignissen nach dem Zeitpunkt bzw. Zeitraum**, auf den sich die Aussagen in der System-Beschreibung beziehen, bis zum Datum des CGS-Prüfungsberichts zu würdigen[269].

230 Der Prüfer ist nicht verpflichtet, Prüfungshandlungen nach dem Datum des CGS-Prüfungsberichts durchzuführen oder Prüfungshandlungen durchzuführen, um Ereignisse festzustellen, die nicht den Prüfungszeitraum betreffen[270].

231 Falls dem CGS-Prüfer nach dem Datum des CGS-Prüfungsberichts bis zur Auslieferung des Berichts Sachverhalte bekannt werden, die auf Mängel oder bedeutsame zwischenzeitliche Änderungen im CGS hindeuten, auf die in der CGS-Beschreibung nicht eingegangen wird, hat er auf eine Änderung der CGS-Beschreibung durch das Unternehmen hinzuwirken. Unterbleibt eine Änderung, hat er zu untersuchen, ob weitere Prüfungshandlungen vorzunehmen sind, um festzustellen, ob die betreffenden Sachverhalte eine Auswirkung auf sein Prüfungsurteil haben. Des Weiteren kann es erforderlich sein, die Adressaten der Berichterstattung hierüber zu informieren[271].

232 Werden dem CGS-Prüfer nach dem Datum der Auslieferung des PrB Sachverhalte bekannt, die dazu führen, dass das Prüfungsurteil in der erteilten Form nicht hätte abgegeben werden dürfen, hat er die Adressaten hiervon in Kenntnis zu setzen. Die Einholung rechtlichen Rats kann angezeigt sein[272].

### 3.7.5 Sonstige Angaben in der System-Beschreibung

233 Enthält die **System-Beschreibung** sonstige Angaben, die nicht Gegenstand der Auftragsvereinbarung sind (z.B. Angaben in Bezug auf nicht zu prüfende Teilbereiche des CGS oder Angaben zur Wirksamkeit des CGS bei einer Angemessenheitsprüfung), hat der CGS-Prüfer darauf hinzuwirken, dass die gesetzlichen Vertreter diese Angaben in

---

267 Vgl. *IDW PS 982*, Tz. A79.
268 Vgl. *IDW PS 981*, Tz. 70; *IDW PS 982*, Tz. 74; *IDW PS 983*, Tz. 73.
269 Vgl. *IDW PS 981*, Tz. 73; *IDW PS 982*, Tz. 77; *IDW PS 983*, Tz. 74.
270 Vgl. *IDW PS 981*, Tz. 74; *IDW PS 982*, Tz. 78; *IDW PS 983*, Tz. 75.
271 Vgl. *IDW PS 981*, Tz. 75; *IDW PS 982*, Tz. 79; *IDW PS 983*, Tz. 76.
272 Vgl. *IDW PS 981*, Tz. 76; *IDW PS 982*, Tz. 80; *IDW PS 983*, Tz. 77.

der CGS-Beschreibung unterlassen oder diese Angaben eindeutig von den prüfungsrelevanten Angaben der System-Beschreibung abgrenzen[273].

Die sonstigen Angaben müssen nicht in die Prüfung einbezogen werden, wenn das Unternehmen die sonstigen Angaben eindeutig von den zu prüfenden Angaben abgrenzt oder sich der Prüfer dafür entscheidet, die sonstigen Angaben nicht in die Prüfung einzubeziehen[274]. **234**

Wenn das Unternehmen die sonstigen Angaben eindeutig von den auftragsgemäß zu prüfenden Angaben abgrenzt, oder sich der CGS-Prüfer dafür entscheidet, die sonstigen Angaben nicht in die Prüfung einzubeziehen, hat der CGS-Prüfer die sonstigen Angaben im CGS-Prüfungsbericht zu benennen und darauf hinzuweisen, dass sie nicht geprüft wurden und sich daher das Prüfungsurteil nicht darauf erstreckt[275]. **235**

**Nicht in die Prüfung einbezogene sonstige Angaben** hat der CGS-Prüfer jedoch kritisch zu lesen, um ggf. bestehende wesentliche Unstimmigkeiten gegenüber den geprüften Aussagen in der CGS-Beschreibung festzustellen[276]. **236**

Falls der CGS-Prüfer beim **kritischen Lesen** der sonstigen Angaben **237**

- eine wesentliche Unstimmigkeit zwischen den sonstigen Angaben und den geprüften Aussagen in der CGS-Beschreibung oder den Aussagen im CGS-Prüfungsbericht oder
- wesentliche offensichtliche Fehler in den sonstigen Angaben feststellt, die nicht mit den geprüften Aussagen in der CGS-Beschreibung und den Aussagen im CGS-Prüfungsbericht zusammenhängen,

hat er den Sachverhalt mit den gesetzlichen Vertretern zu erörtern und ggf. weitere angemessene Maßnahmen zu ergreifen[277].

Stellt der Prüfer fest, dass die Klarheit und Übersichtlichkeit der System-Beschreibung durch die sonstigen Angaben, die nicht Gegenstand der Prüfung sind, wesentlich beeinträchtigt sind, hat er das Prüfungsurteil einzuschränken oder zu versagen[278]. **238**

### 3.7.6 Schriftliche Erklärungen

Der CGS-Prüfer hat vor Abschluss der Prüfung von den gesetzlichen Vertretern eine **Vollständigkeitserklärung** einzuholen, in der bestätigt wird, dass die System-Beschreibung auf der Grundlage der angewandten CGS-Grundsätze vollständig und richtig ist und dem Prüfer, wie in den Auftragsbedingungen vereinbart, alle relevanten Erklärungen und Nachweise zur Angemessenheit, Implementierung und ggf. Wirksamkeit des CGS erteilt worden sind. Dazu gehört auch die Zusicherung, dass die gesetzlichen Vertreter dem Prüfer vollständig die folgenden ihnen bekannten Aspekte mitgeteilt haben: **239**

- Mängel in Bezug auf die Angemessenheit des CGS
- Fälle, in denen die Regelungen des CGS nicht wie in der CGS-Beschreibung dargestellt durchgeführt wurden
- geplante bedeutsame Änderungen im CGS

273 Vgl. *IDW PS 981*, Tz. 77; *IDW PS 982*, Tz. 81; *IDW PS 983*, Tz. 78.
274 Vgl. *IDW PS 981*, Tz. 78; *IDW PS 982*, Tz. 82; *IDW PS 983*, Tz. 79.
275 Vgl. *IDW PS 981*, Tz. 79; *IDW PS 982*, Tz. 82; *IDW PS 983*, Tz. 79.
276 Vgl. *IDW PS 981*, Tz. 80; *IDW PS 982*, Tz. 83; *IDW PS 983*, Tz. 80.
277 Vgl. *IDW PS 981*, Tz. 81; *IDW PS 982*, Tz. 84; *IDW PS 983*, Tz. 81.
278 Vgl. *IDW PS 981*, Tz. 82; *IDW PS 982*, Tz. 85; *IDW PS 983*, Tz. 82.

- Ereignisse, die nach dem Prüfungszeitraum, aber vor dem Datum des CGS-Prüfungsberichts eingetreten sind und eine erhebliche Auswirkung auf die Aussagen in der CGS-Beschreibung haben können[279].

**240** Über die Einholung der VollstE hinaus, kann es notwendig sein, weitere schriftliche Erklärungen zu erlangen, um andere für die CGS-Beschreibung relevante Prüfungsnachweise zu stützen[280].

**241** Sofern sich einzelne Aspekte der VollstE oder weiterer schriftlicher Erklärungen auf Sachverhalte beziehen, die wesentlich für die in der CGS-Beschreibung dargestellten Aussagen sind, muss der CGS-Prüfer

- die Begründetheit dieser Erklärung(en) und deren Konsistenz zu anderen erlangten Nachweisen, einschl. anderer mündlicher oder schriftlicher Erklärungen der gesetzlichen Vertreter beurteilen und
- abwägen, ob zu erwarten ist, dass die Personen, welche die schriftlichen Erklärungen abgeben, in Bezug auf die betreffenden Sachverhalte ausreichend informiert sind[281].

**242** Die VollstE muss zeitnah zum Datum des CGS-Prüfungsberichts, darf aber nicht nach diesem datiert werden[282].

**243** Weigern sich die gesetzlichen Vertreter, eine VollstE abzugeben, oder bestehen begründete Zweifel in Bezug auf die Kompetenz oder die Integrität der Personen, welche die VollstE abgeben, bzw. bestehen andere begründete Zweifel, dass die erteilte Erklärung verlässlich ist, ist darin ein **Prüfungshemmnis** zu sehen. In diesem Fall hat der CGS-Prüfer im PrB darauf hinzuweisen, dass ein Prüfungsurteil nicht erteilt wird[283].

**244** Beziehen sich die Zweifel auf andere vom CGS-Prüfer angeforderte schriftliche Erklärungen, hat der Prüfer den Sachverhalt mit den Verantwortlichen zu erörtern, die Auswirkungen auf die Verlässlichkeit der bereits eingeholten Prüfungsnachweise zu würdigen und – sofern angebracht – weitere Maßnahmen zu ergreifen, einschl. der Feststellung möglicher Auswirkungen auf das Prüfungsurteil[284].

### 3.7.7 Auswertung der Prüfungsfeststellungen und Bildung eines Prüfungsurteils

**245** Der CGS-Prüfer muss würdigen, ob ausreichende und angemessene **Prüfungsnachweise** als Grundlage für die Beurteilung der Aussagen in der CGS-Beschreibung über die Angemessenheit, Implementierung bzw. Wirksamkeit des CGS erlangt wurden. Ist dies der Fall, hat der Prüfer die Prüfungsfeststellungen auszuwerten und auf dieser Grundlage ein Prüfungsurteil zu treffen[285].

**246** Bei der **Bildung des Prüfungsurteils** hat der CGS-Prüfer zu würdigen, ob nicht korrigierte Fehler in der CGS-Beschreibung bzw. festgestellte Mängel in dem in der System-Beschreibung dargestellten CGS einzeln oder in der Summe wesentlich sind. Hierbei hat der CGS-Prüfer alle relevanten Prüfungsnachweise zu berücksichtigen, unabhängig da-

279 Vgl. *IDW PS 981*, Tz. 83; *IDW PS 982*, Tz. 86; *IDW PS 983*, Tz. 83.
280 Vgl. *IDW PS 981*, Tz. 84; *IDW PS 982*, Tz. 87; *IDW PS 983*, Tz. 84.
281 Vgl. *IDW PS 981*, Tz. 85; *IDW PS 982*, Tz. 88; *IDW PS 983*, Tz. 85.
282 Vgl. *IDW PS 981*, Tz. 86; *IDW PS 982*, Tz. 89; *IDW PS 983*, Tz. 86.
283 Vgl. *IDW PS 981*, Tz. 87; *IDW PS 982*, Tz. 90; *IDW PS 983*, Tz. 87.
284 Vgl. *IDW PS 981*, Tz. 87; *IDW PS 982*, Tz. 91; *IDW PS 983*, Tz. 87.
285 Vgl. *IDW PS 981*, Tz. 88; *IDW PS 982*, Tz. 92; *IDW PS 983*, Tz. 88.

von, ob sie dem Anschein nach die Aussagen in der System-Beschreibung bestätigen oder ihnen widersprechen[286].

Bestehen keine wesentlichen Beanstandungen in Bezug auf die **System-Beschreibung** bzw. die in der CGS-Beschreibung dargestellten Regelungen, hat der CGS-Prüfer ein uneingeschränktes Prüfungsurteil abzugeben. Liegen wesentliche Beanstandungen vor, ist das Prüfungsurteil einzuschränken oder zu versagen[287]. **247**

Das **Prüfungsurteil** ist wegen eines Fehlers in der CGS-Beschreibung oder eines Mangels in dem in der CGS-Beschreibung dargestellten CGS einzuschränken, wenn der Fehler bzw. Mangel zwar wesentlich, aber nicht umfassend ist. Sind die Beanstandungen nicht auf bestimmte Teile der in der CGS-Beschreibung enthaltenen Aussagen einzugrenzen, z.B. weil aufgrund von Mängeln bei der Konzeption des CGS oder eines unangemessenen CGS-Umfelds die dargestellten Regelungen des CGS insgesamt als nicht angemessen anzusehen sind, ist das Prüfungsurteil zu versagen[288]. **248**

Ist der CGS-Prüfer nicht in der Lage, angemessene und ausreichende Prüfungsnachweise zu erlangen, liegt ein **Prüfungshemmnis** vor. In diesem Fall ist das Prüfungsurteil einzuschränken, wenn die Auswirkungen des Prüfungshemmnisses zwar die Beurteilung eines wesentlichen Teils der Aussagen in der CGS-Beschreibung ausschließen, eine Beurteilung insgesamt aber noch möglich ist. Kann aufgrund von Prüfungshemmnissen auch nach Ausschöpfung der prüferischen Möglichkeiten ein Urteil nicht abgegeben werden, ist in der Berichterstattung des CGS-Prüfers darauf hinzuweisen, dass ein Prüfungsurteil nicht erteilt wird. Erforderlichenfalls hat der CGS-Prüfer abzuwägen, ob der Prüfungsauftrag niederzulegen ist[289]. **249**

Falls sich im Verlauf der Prüfung herausstellt, dass sich die CGS-Beschreibung nicht für eine Prüfung eignet oder sie unangemessene Verallgemeinerungen oder unausgewogene und verzerrende Darstellungen enthält, die eine Irreführung der Berichtsadressaten zur Folge haben können, hat der CGS-Prüfer zunächst auf eine entsprechende Änderung der System-Beschreibung hinzuwirken. Unterbleibt eine Änderung, hat er abzuwägen, ob das Prüfungsurteil zu versagen ist. Wenn sich im Verlauf der Prüfung herausstellt, dass die zu prüfenden Teilbereiche von den gesetzlichen Vertretern irreführend festgelegt oder abgegrenzt wurden oder die angewandten CGS-Grundsätze nicht geeignet sind, hat der CGS-Prüfer das Prüfungsurteil zu versagen[290]. **250**

**Einschränkungen, Versagungen oder Nichterteilungen des Prüfungsurteils** sind klar durch die Verwendung des Begriffs „Einschränkung" bzw. „Versagung" oder „Nichterteilung" zu kennzeichnen. Die Gründe für die Einschränkung bzw. Versagung oder die Nichterteilung des Prüfungsurteils sind vollständig und eindeutig im CGS-Prüfungsbericht darzustellen[291]. **251**

Hält der CGS-Prüfer es für notwendig, die Berichtsadressaten auf einen in der System-Beschreibung enthaltenen Sachverhalt aufmerksam zu machen, der nach der Beurteilung des CGS-Prüfers grundlegend für das Verständnis der CGS-Beschreibung durch **252**

286 Vgl. *IDW PS 981*, Tz. 89; *IDW PS 982*, Tz. 93; *IDW PS 983*, Tz. 89.
287 Vgl. *IDW PS 981*, Tz. 90; *IDW PS 982*, Tz. 94; *IDW PS 983*, Tz. 90.
288 Vgl. *IDW PS 981*, Tz. 91; *IDW PS 982*, Tz. 95; *IDW PS 983*, Tz. 91.
289 Vgl. *IDW PS 981*, Tz. 92; *IDW PS 982*, Tz. 96; *IDW PS 983*, Tz. 92.
290 Vgl. *IDW PS 981*, Tz. 93; *IDW PS 982*, Tz. 97; *IDW PS 983*, Tz. 93.
291 Vgl. *IDW PS 981*, Tz. 94; *IDW PS 982*, Tz. 98; *IDW PS 983*, Tz. 94.

die Berichtsadressaten ist, muss der CGS-Prüfer einen Absatz zur Hervorhebung des Sachverhalts in den CGS-Prüfungsbericht aufnehmen. Die Hervorhebung darf sich nur auf in der CGS-Beschreibung angegebene Informationen beziehen[292].

**253** Darüber hinaus hat der CGS-Prüfer auf sonstige Sachverhalte hinzuweisen, auch wenn diese nicht in der CGS-Beschreibung dargestellt sind, wenn dies nach der Beurteilung des CGS-Prüfers für die Berichtsadressaten zum Verständnis des Prüfungsauftrags, der Verantwortung des CGS-Prüfers oder zum Verständnis des CGS-Prüfungsberichts erforderlich ist. Ein hinweisender Absatz ist klar zu kennzeichnen und es ist klarzustellen, dass das Prüfungsurteil im Hinblick auf den entsprechenden Sachverhalt nicht eingeschränkt oder versagt wird[293].

## 3.8 Dokumentation

**254** Der CGS-Prüfer hat die zur Stützung seines Prüfungsurteils dienenden Prüfungsnachweise in angemessener Zeit in den Arbeitspapieren zu dokumentieren[294]. **Form und Inhalt der Dokumentation** stehen im pflichtgemäßen Ermessen des CGS-Prüfers. Die Arbeitspapiere sind so anzulegen, dass sich ein erfahrener WP, der nicht mit der Prüfung befasst war, in angemessener Zeit ein Bild über die Abwicklung und Ergebnisse der Prüfung machen kann.

**255** Anhand der Dokumentation muss ein erfahrener WP folgende Punkte in angemessener Zeit nachvollziehen können:

- Einhaltung der Regelungen des jeweiligen CGS-Prüfungsstandards
- Einhaltung der Berufspflichten (insb. zum Grundsatz der Unabhängigkeit einschl. möglicher Unabhängigkeitsgefährdungen und deren Lösung)
- Art, Zeitpunkte und Umfang der durchgeführten Prüfungshandlungen
- Ergebnisse der Prüfungshandlungen und die erlangten Prüfungsnachweise
- bedeutende Sachverhalte, die während der Prüfung aufgetreten sind, sowie daraus resultierende bedeutsame Schlussfolgerungen und Beurteilungen.

**256** Im Rahmen der Dokumentation von Art, Umfang und Zeitpunkten der Prüfungshandlungen hat der CGS-Prüfer aufzuzeichnen,

- welche Prüfungsnachweise zur Angemessenheit und Wirksamkeit des CGS erlangt wurden nebst deren eindeutiger Bezeichnung,
- von wem die Prüfungshandlungen durchgeführt und wann sie abgeschlossen wurden,
- von wem und wann die Prüfungshandlungen kontrolliert wurden sowie den Inhalt dieser Überprüfung.

**257** Soweit der CGS-Prüfer bestimmte Arbeiten z.B. von der Internen Revision oder von Sachverständigen verwertet, hat er dies zu dokumentieren. Hiervon umfasst ist die Dokumentation seiner Beurteilungsergebnisse sowie seiner in diesem Zusammenhang durchgeführten Prüfungshandlungen.

**258** Erhält der CGS-Prüfer Informationen, die einer zuvor erfolgten abschließenden Beurteilung eines bedeutsamen Prüfungssachverhalts entgegenstehen, hat er die in diesem

292 Vgl. *IDW PS 982*, Tz. 99; *IDW PS 983*, Tz. 96.
293 Vgl. *IDW PS 982*, Tz. 100; *IDW PS 983*, Tz. 97.
294 Zur Dokumentation vgl. auch im Folgenden *IDW PS 981*, Tz. 96-103; *IDW PS 982*, Tz. 101-108; *IDW PS 983*, Tz. 98-105.

Zusammenhang ergriffenen Maßnahmen (z.B. die Durchführung zusätzlicher Prüfungshandlungen) zu dokumentieren.

Der **Abschluss der Auftragsdokumentation** hat innerhalb eines angemessenen Zeitraums nach dem Datum des CGS-Prüfungsberichts zu erfolgen. Die Löschung bzw. das Entfernen von Dokumentationen ist nach der abschließenden Zusammenstellung der Arbeitspapiere und finalen Auftragsdokumentation vor dem Ablauf der Aufbewahrungsfrist unzulässig. 259

Für den Fall, dass der Prüfer es für notwendig erachtet, die Auftragsdokumentation nach der abschließenden Zusammenstellung zu ändern oder zu ergänzen, und dies keine Auswirkungen auf den PrB hat, ist Folgendes zu dokumentieren: 260

- die Gründe für die Änderungen bzw. Ergänzungen,
- von wem sie wann durchgeführt sowie
- von wem sie wann durchgesehen wurden.

## 3.9 Berichterstattung

### 3.9.1 Form und Inhalt

Der CGS-Prüfer hat einen schriftlichen **CGS-Prüfungsbericht** zu verfassen, der ein Prüfungsurteil über die in der CGS-Beschreibung getroffenen Aussagen enthält bzw. eine Aussage enthält, dass ein Prüfungsurteil nicht erteilt werden kann[295]. 261

Im CGS-Prüfungsbericht ist das **Prüfungsurteil** von anderen Informationen und Erläuterungen (z.B. von Hervorhebungen und Hinweisen oder von Feststellungen und Empfehlungen zum CGS, die keinen Einfluss auf das Urteil haben) klar zu trennen. 262

Der Prüfungsbericht muss folgende **Bestandteile** enthalten: 263

a) Überschrift: Angabe, dass es sich um den Bericht eines unabhängigen WP handelt
b) Berichtsadressaten
c) Prüfungsauftrag
d) Beschreibung des zu prüfenden CGS
e) Darstellung der oder Bezugnahme auf die vom Unternehmen angewandten CGS-Grundsätze
f) zusammenfassende Beschreibung der durchgeführten Prüfungshandlungen (Prüfungshandlungen zur Risikobeurteilung, Aufbau- und Funktionsprüfungen sowie der weiteren Prüfungshandlungen) einschl. der Klarstellung, dass es sich um einen Auftrag zur Erlangung hinreichender Sicherheit über die in der CGS-Beschreibung enthaltenen Aussagen über das CGS handelt
g) Beschreibung der Verantwortlichkeiten der gesetzlichen Vertreter und des CGS-Prüfers
h) Aussage, dass die Prüfung in Übereinstimmung mit dem entsprechenden *IDW Prüfungsstandard* durchgeführt wurde; der CGS-Prüfer darf nicht die Einhaltung eines *IDW Prüfungsstandards* erklären, wenn er nicht sämtliche einschlägigen Anforderungen beachtet hat

295 Vgl. zur Berichterstattung *IDW PS 981*, Tz. 104-112; *IDW PS 982*, Tz. 109-117; *IDW PS 983*, Tz. 106-114.

i) Aussage, dass bei der Prüfung die Berufspflichten der WPO und der BS WP/vBP, einschl. der Anforderungen an die Unabhängigkeit, eingehalten werden und dass die WP-Praxis die Anforderungen an die Qualitätssicherung anwendet
j) Feststellungen zum jeweiligen CGS und ggf. Empfehlungen
k) falls relevant:
   - Beschreibung von bedeutenden Schwierigkeiten bei der Beurteilung des Prüfungsgegenstands
   - Aussage, dass der Auftrag für einen bestimmten Zweck bzw. Adressatenkreis durchgeführt wurde und deshalb die Verwendung der Ergebnisse für andere Zwecke ausgeschlossen ist
   - ggf. Hinweis auf nicht geprüfte sonstige Angaben in der CGS-Beschreibung
l) zusammenfassendes Prüfungsurteil:
   - Urteil, ob die im geprüften Zeitraum implementierten Regelungen des CGS in der System-Beschreibung in Übereinstimmung mit den angewandten CGS-Grundsätzen in allen wesentlichen Belangen angemessen dargestellt sind, ob die dargestellten Regelungen in Übereinstimmung mit den angewandten CGS-Grundsätzen in allen wesentlichen Belangen für den geprüften Zeitraum geeignet waren, mit hinreichender Sicherheit die wesentlichen Risiken, die dem Erreichen der festgelegten Ziele des CGS entgegenstehen, rechtzeitig zu identifizieren, zu bewerten, zu steuern und zu überwachen, und ob die dargestellten Regelungen in allen wesentlichen Belangen während des geprüften Zeitraums wirksam waren
   - sofern sich die Prüfung nur auf die Aussagen zur Angemessenheit und Implementierung des CGS bezieht (Angemessenheitsprüfung): Urteil, ob die zu einem bestimmten Zeitpunkt implementierten Regelungen des CGS in der CGS-Beschreibung in Übereinstimmung mit den angewandten CGS- Grundsätzen in allen wesentlichen Belangen angemessen dargestellt sind, ob die dargestellten Regelungen in Übereinstimmung mit den angewandten CGS-Grundsätzen in allen wesentlichen Belangen geeignet waren, mit hinreichender Sicherheit die wesentlichen Risiken, die dem Erreichen der festgelegten Ziele des CGS entgegenstehen, rechtzeitig zu identifizieren, zu bewerten, zu steuern und zu überwachen, und ob die dargestellten Regelungen in allen wesentlichen Belangen zu einem bestimmten Zeitpunkt implementiert waren
   - wird das Prüfungsurteil eingeschränkt oder versagt bzw. nicht erteilt, sind die Gründe für die Einschränkung, Versagung oder Nichterteilung in einem gesonderten Abschnitt des CGS-Prüfungsberichts darzustellen
m) Aussage über die inhärenten Grenzen des CGS und zum Risiko, die Feststellungen zum CGS auf die Zukunft zu übertragen
n) Datum des CGS-Prüfungsberichts: Das Datum darf nicht vor dem Datum liegen, an dem der Prüfer ausreichende und angemessene Nachweise als Grundlage für das Prüfungsurteil über das CGS erlangt hat
o) Unterschrift, Name und Ort des Prüfers.

264 Hält der CGS-Prüfer es für notwendig, die Berichtsadressaten auf einen in der **CGS-Beschreibung** enthaltenen Sachverhalt aufmerksam zu machen, der nach der Beurteilung des CGS-Prüfers grundlegend für das Verständnis der Berichtsadressaten für die System-Beschreibung ist, muss der CGS-Prüfer einen Absatz zur Hervorhebung des Sach-

verhalts in den CGS-Prüfungsbericht aufnehmen. Die Hervorhebung darf sich nur auf in der System-Beschreibung angegebene Informationen beziehen.

Darüber hinaus hat der CGS-Prüfer auf sonstige Sachverhalte hinzuweisen, auch wenn diese nicht in der CGS-Beschreibung dargestellt sind, wenn dies nach der Beurteilung des CGS-Prüfers für die Berichtsadressaten zum Verständnis des Prüfungsauftrags, der Verantwortung des CGS-Prüfers oder zum Verständnis des CGS-Prüfungsberichts erforderlich ist. Ein hinweisender Absatz ist klar zu kennzeichnen und es ist klarzustellen, dass das Prüfungsurteil im Hinblick auf den entsprechenden Sachverhalt nicht eingeschränkt oder versagt wird. **265**

Da die freiwillige Prüfung von CGS keine Vorbehaltsaufgabe i.S.d. § 48 Abs. 1 S. 1 WPO ist, besteht keine Pflicht zur **Führung des Siegels**. **266**

Wenn der CGS-Prüfer auf die Arbeit eines **Sachverständigen** des CGS-Prüfers im CGS-Prüfungsbericht Bezug nimmt, darf nicht der Eindruck entstehen, dass die Verantwortung des Prüfers für das Prüfungsurteil durch diese Bezugnahme verringert wird. **267**

Die **CGS-Beschreibung** der gesetzlichen Vertreter ist dem CGS-Prüfungsbericht als Anlage beizufügen. Sind in der Beschreibung auch nicht geprüfte Angaben enthalten, ist dies im CGS-Prüfungsbericht zu verdeutlichen. **268**

Erfordern nach der Einschätzung des Prüfers bestimmte Prüfungsfeststellungen eine unmittelbare Reaktion des Unternehmens, ist darüber vorab zu berichten. Der Prüfer muss feststellen, ob ggf. weitere **Berichtspflichten** bestehen, z.B. gegenüber dem Aufsichtsorgan des Unternehmens. Im Falle einer Berichtspflicht ist diese im PrB oder in sonstiger geeigneter Weise zu erfüllen. Diese weitere Berichtspflicht des Prüfers kann sich gegenüber dem Auftraggeber aufgrund der folgenden Prüfungsfeststellungen ergeben: **269**

- beabsichtigte oder unbeabsichtigte Verstöße der gesetzlichen Vertreter oder von Mitarbeitern des Unternehmens gegen Gesetze und andere Vorschriften
- Hinweise, dass einzelne von den gesetzlichen Vertretern oder den nachgeordneten Entscheidungsträgern eingeleitete oder umgesetzte Maßnahmen offensichtlich nicht geeignet sind[296].

## 3.9.2 Besonderheiten der Berichterstattung über die Prüfung des Compliance Management Systems

Da *IDW PS 980* im Vergleich zu *IDW PS 981*, *IDW PS 982* und *IDW PS 983* als einziger dieser *IDW Prüfungsstandards* die Konzeptionsprüfung vorsieht, ist i.R.d. zusammenfassenden Prüfungsurteils über die Prüfung des CMS die folgende Besonderheit zu beachten. Sofern sich die Prüfung nur auf die Aussagen zur **Konzeption des CMS** bezieht (Konzeptionsprüfung) ist das Urteil darüber abzugeben, ob die in der **CMS-Beschreibung** enthaltenen Aussagen zur Konzeption des CMS angemessen dargestellt sind[297]. **270**

Für den Fall der Wirksamkeitsprüfung enthält der *IDW PS 980* folgendes Formulierungsbeispiel für das **Prüfungsurteil**: **271**

296 Vgl. *IDW PS 981*, Tz. A74; *IDW PS 982*, Tz. A88; *IDW PS 983*, Tz. A69.
297 Vgl. *IDW PS 980*, Tz. 68.

> „Nach unserer Beurteilung aufgrund der bei der Prüfung gewonnenen Erkenntnisse sind die in der CMS-Beschreibung enthaltenen Aussagen über die Grundsätze und Maßnahmen des CMS in allen wesentlichen Belangen angemessen dargestellt. Die in der CMS-Beschreibung dargestellten Grundsätze und Maßnahmen sind in Übereinstimmung mit den angewandten CMS-Grundsätzen ... [Bezeichnung der CMS-Grundsätze] geeignet, mit hinreichender Sicherheit sowohl Risiken für wesentliche Verstöße gegen ... [Beschreibung der betreffenden Regeln bzw. des oder der abgegrenzten Teilbereiche(s)] rechtzeitig zu erkennen als auch solche Regelverstöße zu verhindern. Die Grundsätze und Maßnahmen waren zum [Datum] implementiert und während des Zeitraums vom [Datum] bis [Datum] wirksam.
> Zu unseren einzelnen Feststellungen [und Empfehlungen] verweisen wir auf unsere Ausführungen in [Abschn. C. II.].
> Die CMS-Beschreibung des für ... [Beschreibung des oder der abgegrenzten Teilbereiche(s)] bei der Gesellschaft wurde zum [Datum] erstellt; die Ausführungen zu den Prüfungshandlungen zur Beurteilung der Wirksamkeit einzelner Grundsätze und Maßnahmen erstreckt sich auf den Zeitraum vom [Datum] bis [Datum]. Jede Übertragung dieser Angaben auf einen zukünftigen Zeitpunkt birgt die Gefahr, dass wegen zwischenzeitlicher Änderungen des CMS falsche Schlussfolgerungen gezogen werden.
> Auch ein wirksames CMS unterliegt systemimmanenten Grenzen, sodass möglicherweise auch wesentliche Regelverstöße auftreten können, ohne systemseitig verhindert oder aufgedeckt zu werden“[298].

### 3.9.3 Besonderheiten der Berichterstattung über die Prüfung des Risikomanagementsystems

**272** Der RMS-Prüfer hat einen schriftlichen **RMS-Prüfungsbericht** zu verfassen, der ein Prüfungsurteil über die in der RMS-Beschreibung getroffenen Aussagen enthält bzw. erforderlichenfalls eine Aussage enthält, dass ein Prüfungsurteil nicht erteilt werden kann[299]. Die einzelnen Bestandteile des RMS-Prüfungsberichts können Tz. 263 entnommen werden.

**273** Der *IDW PS 981* enthält die folgenden Formulierungsbeispiele für das Prüfungsurteil einer Wirksamkeitsprüfung. Es wird unterschieden zwischen den folgenden Fällen:

> **Fall 1: Das RMS in Bezug auf strategische Risiken ist Gegenstand des Prüfungsauftrags.**
>
> „Nach unserer Beurteilung aufgrund der bei der Prüfung gewonnenen Erkenntnisse
> - sind die im Zeitraum von [Datum] bis [Datum] implementierten Grundsätze, Verfahren und Maßnahmen (Regelungen) des strategischen RMS in der RMS-Beschreibung in Übereinstimmung mit den angewandten RMS-Grundsätzen ... [Bezeichnung der RMS-Grundsätze] in allen wesentlichen Belangen angemessen dargestellt,
> - waren die in der RMS-Beschreibung dargestellten Regelungen in Übereinstimmung mit den angewandten RMS-Grundsätzen ... [Bezeichnung der RMS-Grundsätze] in allen wesentlichen Belangen
>   - während des Zeitraums von [Datum] bis [Datum] geeignet, mit hinreichender Sicherheit die wesentlichen Risiken, die dem Erreichen der festgelegten strategischen Unternehmensziele entgegenstehen, rechtzeitig zu identifizieren, zu bewerten, zu steuern und zu überwachen, und
>   - während des Zeitraums vom [Datum] bis [Datum] wirksam.
>
> **Fall 2: Das operative RMS ist Gegenstand des Prüfungsauftrags.**
>
> „Nach unserer Beurteilung aufgrund der bei der Prüfung gewonnenen Erkenntnisse
> - sind die im Zeitraum von [Datum] bis [Datum] implementierten Grundsätze, Verfahren und Maßnahmen (Regelungen) des [Beschreibung der zu prüfenden abgegrenzten Teilbereiche des RMS] in der RMS-Beschreibung in Übereinstimmung mit den angewandten RMS-Grundsätzen ... [Bezeichnung der RMS-Grundsätze] in allen wesentlichen Belangen an- gemessen dargestellt,

298 *IDW PS 980*, Anlage 2.1 D.
299 Vgl. *IDW PS 981*, Tz. 104.

| |
|---|
| • waren die in der RMS-Beschreibung dargestellten Regelungen in Übereinstimmung mit den angewandten RMS-Grundsätzen ... [Bezeichnung der RMS-Grundsätze] in allen wesentlichen Belangen<br>– während des Zeitraums von [Datum] bis [Datum] geeignet, mit hinreichender Sicherheit die wesentlichen Risiken, die dem Erreichen der aus den strategischen Unternehmenszielen abgeleiteten operativen Ziele für [Beschreibung der zu prüfenden abgegrenzten Teilbereiche des RMS] entgegenstehen, rechtzeitig zu identifizieren, zu bewerten, zu steuern und zu überwachen, und<br>– während des Zeitraums vom [Datum] bis [Datum] wirksam.“ |
| **Fall 3: Das RMS ist sowohl in Bezug auf strategische Risiken als auch auf abgegrenzte Teilbereiche in Bezug auf operative Risiken Gegenstand des Prüfungsauftrags.** |
| „Nach unserer Beurteilung aufgrund der bei der Prüfung gewonnenen Erkenntnisse<br>• sind die im Zeitraum von [Datum] bis [Datum] implementierten Grundsätze, Verfahren und Maßnahmen (Regelungen) des strategischen RMS und [Beschreibung des oder der abgegrenzten Teilbereiche(s) des RMS] in der RMS-Beschreibung in Übereinstimmung mit den angewandten RMS-Grundsätzen ... [Bezeichnung der RMS-Grundsätze] in allen wesentlichen Belangen angemessen dargestellt,<br>• waren die in der RMS-Beschreibung dargestellten Regelungen in Übereinstimmung mit den angewandten RMS-Grundsätzen ... [Bezeichnung der RMS-Grundsätze] in allen wesentlichen Belangen<br>– während des Zeitraums von [Datum] bis [Datum] geeignet, mit hinreichender Sicherheit die wesentlichen Risiken, die dem Erreichen der strategischen Unternehmensziele und der aus den strategischen Unternehmenszielen abgeleiteten operativen Ziele für [Beschreibung des oder der abgegrenzten Teilbereiche(s) des RMS] entgegenstehen, rechtzeitig zu identifizieren, zu bewerten, zu steuern und zu überwachen, und<br>– während des Zeitraums vom [Datum] bis [Datum] wirksam.“ |

Tabelle 15: Formulierungsbeispiele für das Prüfungsurteil einer Wirksamkeitsprüfung

Für den folgenden Teil des Prüfungsurteils wird keine Fallunterscheidung mehr vorgenommen:

| |
|---|
| „Zu unseren einzelnen Feststellungen [und Empfehlungen] verweisen wir auf unsere Ausführungen in [Abschn. C. II.].<br>Die RMS-Beschreibung des für ... [Beschreibung des zu prüfenden RMS bzw. der abgegrenzten Teilbereiche] bei der Gesellschaft wurde zum [Datum] erstellt; die Ausführungen zu den Prüfungshandlungen zur Beurteilung der Wirksamkeit einzelner Regelungen erstrecken sich auf den Zeitraum vom [Datum] bis [Datum]. Jede Übertragung dieser Angaben auf einen zukünftigen Zeitpunkt birgt die Gefahr, dass wegen zwischenzeitlicher Änderungen des RMS falsche Schlussfolgerungen gezogen werden.<br>Auch ein wirksames RMS unterliegt systemimmanenten Grenzen, sodass möglicherweise auch wesentliche Risiken, die dem Erreichen der festgelegten Ziele des RMS entgegenstehen, auftreten können, ohne systemseitig rechtzeitig erkannt und entsprechend den vom Unternehmen festgelegten Zielen des RMS gesteuert zu werden“[300]. |

### 3.9.4 Besonderheiten der Berichterstattung über die Prüfung des internen Kontrollsystems

Der IKS-Prüfer hat einen schriftlichen **IKS-Prüfungsbericht** zu verfassen, der ein Prüfungsurteil über die in der IKS-Beschreibung getroffenen Aussagen enthält bzw. erforderlichenfalls ein Aussage enthält, dass ein Prüfungsurteil nicht erteilt werden kann[301]. **274**
Die einzelnen Bestandteile des IKS-Prüfungsberichts können Tz. 263 entnommen werden.

300 *IDW PS 981*, Anhang 2.1 D.
301 Vgl. *IDW PS 982*, Tz. 109.

275 Der *IDW PS 982* enthält folgendes **Formulierungsbeispiel** für den Fall der Wirksamkeitsprüfung:

> „Nach unserer Beurteilung aufgrund der bei der Prüfung gewonnenen Erkenntnisse
> - sind die im Zeitraum von [Datum] bis [Datum] implementierten Grundsätze, Verfahren und Maßnahmen (Regelungen) des internen Kontrollsystems in der IKS-Beschreibung in Übereinstimmung mit den angewandten IKS-Grundsätzen [Bezeichnung der IKS-Grundsätze] in allen wesentlichen Belangen angemessen dargestellt,
> - waren die in der IKS-Beschreibung dargestellten Regelungen in Übereinstimmung mit den angewandten IKS-Grundsätzen [Bezeichnung der IKS-Grundsätze] in allen wesentlichen Belangen
>   - während des Zeitraum von [Datum] bis [Datum] geeignet, mit hinreichender Sicherheit die IKS-Ziele für das Berichtswesen zu erreichen und
>   - während des Zeitraums vom [Datum] bis [Datum] wirksam.
>
> Zu unseren einzelnen Feststellungen [und Empfehlungen] verweisen wir auf unsere Ausführungen in [Abschn.].
> Die IKS-Beschreibung für [Beschreibung des internen Kontrollsystems des Berichtswesens] bei der [Gesellschaft] wurde zum [Datum] erstellt; die Ausführungen zu den Prüfungshandlungen zur Beurteilung der Wirksamkeit einzelner Regelungen erstrecken sich auf den Zeitraum vom [Datum] bis [Datum]. Jede Übertragung dieser Angaben auf einen zukünftigen Zeitpunkt birgt die Gefahr, dass wegen zwischenzeitlicher Änderungen des internen Kontrollsystems falsche Schlussfolgerungen gezogen werden.
> Auch ein wirksames internes Kontrollsystem unterliegt systemimmanenten Grenzen, sodass möglicherweise auch wesentliche Fehler in der Unternehmensberichterstattung auftreten können, ohne dass dies systemseitig rechtzeitig erkannt und gesteuert wird“[302].

### 3.9.5 Besonderheiten der Berichterstattung über die Prüfung des Internen Revisionssystems

276 Der IRS-Prüfer hat einen schriftlichen **IRS-Prüfungsbericht** zu verfassen, der ein Prüfungsurteil über die in der IRS-Beschreibung getroffenen Aussagen enthält bzw. erforderlichenfalls eine Aussage enthält, dass ein Prüfungsurteil nicht erteilt werden kann[303]. Die einzelnen Bestandteile des IRS-Prüfungsberichts können Tz. 263 entnommen werden.

> „Nach unserer Beurteilung aufgrund der bei der Prüfung gewonnenen Erkenntnisse
> - sind die im Zeitraum vom … [Datum] bis zum … [Datum] implementierten Grundsätze, Verfahren und Maßnahmen (Regelungen) des IRS in der IRS-Beschreibung in Übereinstimmung mit den angewandten IRS-Grundsätzen ... [Bezeichnung der IRS-Grundsätze] in allen wesentlichen Belangen angemessen dargestellt,
> - waren die in der IRS-Beschreibung dargestellten Regelungen in Übereinstimmung mit den angewandten verbindlichen Elementen der Internationalen Grundlagen für die berufliche Praxis der Internen Revision (IPPF) [sowie ggf. sonstiger angewandter IRS-Grundsätze] in allen wesentlichen Belangen
>   - während des Zeitraums vom … [Datum] bis zum … [Datum] geeignet, mit hinreichen- der Sicherheit die Einrichtung einer Internen Revisionsfunktion sowie die unabhängige und objektive Erbringung von Prüfungs- und Beratungsleistungen zu gewährleisten, und
>   - während des Zeitraums vom … [Datum] bis zum … [Datum] wirksam.

302 *IDW PS 982*, Anlage 1.D.
303 Vgl. *IDW PS 983*, Tz. 106.

Zu unseren einzelnen Feststellungen [und Empfehlungen] verweisen wir auf unsere Ausführungen in [Abschn. C. II.].
Die IRS-Beschreibung für ... [Beschreibung des zu prüfenden IRS] bei der Gesellschaft wurde zum … [Datum] erstellt; die Ausführungen zu den Prüfungshandlungen zur Beurteilung der Wirksamkeit einzelner Regelungen erstrecken sich auf den Zeitraum vom … [Datum] bis zum … [Datum]. Jede Übertragung dieser Angaben auf einen zukünftigen Zeitpunkt birgt die Gefahr, dass wegen zwischenzeitlicher Änderungen des IRS falsche Schlussfolgerungen gezogen werden.
Auch ein wirksames IRS unterliegt systemimmanenten Grenzen, sodass möglicherweise auch wesentliche Fehler bei der Einrichtung einer Internen Revisionsfunktion sowie bei der Erbringung von unabhängigen und objektiven Prüfungs- und Beratungsleistungen, die verbindlichen Elementen der Internationalen Grundlagen für die berufliche Praxis der Internen Revision (IPPF) entgegenstehen, auftreten können, ohne systemseitig rechtzeitig erkannt zu werden“[304].

## 4. Abschließende Würdigung

*IDW PS 980*, *IDW PS 981*, *IDW PS 982* und *IDW PS 983* bieten eine Grundlage für die Prüfung von CGS. Sie behandeln alle vier Zieldimensionen des COSO ERM[305]. Die Ausführungen zeigen, dass die Grenzen sowohl zwischen den einzelnen Systemen als auch zwischen den einzelnen Standards fließend sind. Somit lassen sich auch die Prüfungsgegenstände nicht überschneidungsfrei voneinander abgrenzen und es bleibt Raum dafür, auch verzahnte und integrierte Systemabläufe prüfen zu können. Ein Beispiel hierfür ist die Verzahnung zwischen der Risikosteuerung im operativen RMS und den Kontrollaktivitäten des IKS des Berichtswesens[306]. **277**

Die Ausführungen zu den vier *IDW Prüfungsstandards* zu den CGS verdeutlichen, wie sehr es bei ihrer Prüfung einer klar strukturierten Vorgehensweise bedarf. Die umfassend formulierten *IDW Prüfungsstandards*, die auch eine Vielzahl von Anwendungshinweisen erhalten, ermöglichen dem WP, qualitative hochwertige Prüfungen der entsprechenden Systeme durchführen zu können[307]. **278**

Abschließend sind in der folgenden Tabelle **kritische Aspekte** der CGS-Prüfungen zusammengestellt: **279**

| Prozess-Schritt | Kritischer Faktor | Hinweise |
|---|---|---|
| Auftrags-annahme | Unabhängigkeit des CGS-Prüfers | Der CGS-Prüfer muss die Berufspflicht der Unabhängigkeit beachten, insb. darf er zur Vermeidung einer Selbstprüfung nicht wesentlich an der Konzeption und Einführung des CGS beteiligt gewesen sein. Dies schließt – wie bspw. oben dargelegt – eine Tätigkeit als projektbegleitender Prüfer im Rahmen einer Konzeptions- und/oder Angemessenheitsprüfung auch dann nicht aus, wenn der WP dem Vorstand in dieser Funktion Empfehlungen zur Vermeidung von Systemdefiziten gibt. |

304 *IDW PS 983*, Anlage 3.1 D.
305 Vgl. COSO, Internal Control.
306 Vgl. auch *Laue/Glage/Havers*, WPg 2016, S. 1208 (1215 f.).
307 Vgl. auch *Eichler*, WPg 2016, S. 1159 (1166).

| **Prozess-Schritt** | **Kritischer Faktor** | **Hinweise** |
|---|---|---|
| | Kompetenz des CGS-Prüfers | Der CGS-Prüfer muss über die notwendigen Kenntnisse und Erfahrungen verfügen, um die Prüfung sachgerecht durchführen zu können; die notwendige Kompetenz hängt insb. von den abgegrenzten Teilbereichen ab (z. B. Einkaufsprozess, Antikorruptionsvorschriften oder Wettbewerbsrecht); im Allgemeinen werden detaillierte Rechtskenntnisse erforderlich sein. |
| | CGS-Beschreibung | Der Mandant muss bereits eine CGS-Beschreibung erstellt haben oder bereit sein, eine solche zu erstellen, die den Anforderungen an eine CGS-Prüfung genügt. |
| | CGS-Grundsätze | Die vom Mandanten festgelegten CGS-Grundsätze (z.B. auf der Grundlage eines anerkannten Rahmenkonzepts) müssen im Hinblick auf die CGS-Ziele geeignet sein; sie müssen ausreichend konkret formuliert werden, damit sie als Prüfungskriterien herangezogen werden können. |
| | Teilbereiche | Die Teilbereiche, auf die sich das CGS bezieht, müssen z.B. bezogen auf ein CMS<br>• die für das Unternehmen bedeutsamen Risiken für Regelverstöße widerspiegeln und<br>• eindeutig abgegrenzt sein. |
| | Dokumentation | Das CGS muss ausreichend dokumentiert sein, damit i.R.d. CGS-Prüfung Nachweise für den Aufbau und die Funktion des Systems eingeholt werden können; die Dokumentation erfolgt nicht in der CGS-Beschreibung. |
| | Auftragsbedingungen | Der schriftliche Prüfungsauftrag muss die im jeweiligen *IDW Prüfungsstandard* dargestellten Mindestbestandteile enthalten. |
| Prüfungsplanung | sachliche, zeitliche und personelle Planung | Die Prüfung muss so geplant werden, dass die Einhaltung der Berufspflichten sichergestellt ist; insb. sind ausreichend kompetente Prüfer einzusetzen, die sich zum einen in der Technik von Systemprüfungen und zum anderen in den mit dem Mandanten vereinbarten Teilbereichen auskennen; auch der Einsatz von Spezialisten (z.B. RA) ist rechtzeitig zu planen. |

| Prozess-Schritt | Kritischer Faktor | Hinweise |
|---|---|---|
| | Wesentlichkeit | Bei den Überlegungen des CGS-Prüfers zur Wesentlichkeit von Regelungen des CGS und zur Wesentlichkeit von möglichen Regelverstößen am Beispiel einer CMS-Prüfung sind die Bedeutung der Regel, die Folgen eines möglichen Verstoßes, die Motivation für mögliche Verstöße sowie deren Tragweite (Einzelverstoß oder systematischer Verstoß) zu berücksichtigen. |
| System-prüfung | Risikobeurteilungen | Bei der Feststellung und Analyse von Risiken für wesentliche falsche Angaben in der CGS-Beschreibung bzw. wesentliche Systemschwächen ist Folgendes zu berücksichtigen:<br>• Angemessenheit der angewendeten CGS-Grundsätze<br>• Güte der Konzeption des CGS und des Risikoanalyseprozesses im Unternehmen<br>• Prozess der Überprüfung und Anpassung des CGS an sich verändernde Rahmenbedingungen<br>• Kommunikation der Grundsätze und Maßnahmen des CGS an die betroffenen Mitarbeiter und ggf. Dritte<br>• CGS-Kultur und Durchsetzung des CGS. |
| | Prüfung der Angemessenheit und Wirksamkeit | Falls i.R.d. Prüfung der Angemessenheit und Wirksamkeit z.B. eines CMS Regelverstöße bekannt werden, sind folgende Prüfungsschritte erforderlich, um zwischen einem abgrenzbaren Einzelverstoß und einem für das Prüfungsurteil des CMS-Prüfers relevanten Systemmangel zu unterscheiden:<br>• Befassung mit der vom Unternehmen vorzunehmenden Ursachenanalyse<br>• Feststellung, ob weitere vergleichbare Regelverstöße vorliegen (ggf. Ausweitung des Stichprobenumfangs und Berücksichtigung der Ergebnisse der Arbeiten der Internen Revision)<br>• Beurteilung des Umgangs des Unternehmens mit dem Regelverstoß (z.B. Ergreifen von Sanktionen oder Einleitung von Systemverbesserungen). |

| Prozess-Schritt | Kritischer Faktor | Hinweise |
|---|---|---|
| Bericht-erstat-tung | Auswertung der Prüfungs-ergebnisse und Prü-fungsurteil | Der CGS-Prüfer hat die i.R.d. CGS-Prüfung gewonnenen Erkenntnisse auszuwerten und zu entscheiden, ob Mängel im CGS vorliegen, die eine Auswirkung auf das Prüfungsurteil haben, weil auf sie in der CGS-Beschreibung nicht eingegangen wird, oder ob es Bereiche gibt, die aufgrund von Prüfungshemmnissen nicht beurteilt werden konnten; bei wesentlichen abgrenzbaren Mängeln und Prüfungshemmnissen ist das Prüfungsurteil einzuschränken; nicht abgrenzbare Mängel und Prüfungshemmnisse führen zu einer Versagung des Prüfungsurteils; der CGS-Prüfer hat zudem einen „misleading test" vorzunehmen: Falls sich im Verlauf der Prüfung herausstellt, dass sich die CGS-Beschreibung nicht für eine Prüfung eignet oder sie unangemessene Verallgemeinerungen oder unausgewogene und verzerrende Darstellungen enthält, die eine Irreführung der Berichtsadressaten zur Folge haben können, ist das Prüfungsurteil zu versagen. Dies gilt auch, wenn die zu prüfenden Teilbereiche von den gesetzlichen Vertretern einseitig oder irreführend festgelegt werden bzw. die angewandten CGS-Grundsätze nicht geeignet sind, um ein angemessenes CGS in den abgegrenzten Teilbereichen einzurichten. |
| | CGS-Prü-fungsbericht | Der CGS-Prüfungsbericht muss die in den *IDW Prüfungsstandards* dargestellten Mindestbestandteile enthalten; Feststellungen, die nicht zu einer Einschränkung des Prüfungsurteils führen, sollten daraufhin analysiert werden, ob sich daraus Empfehlungen ableiten lassen, die als solche in den PrB aufgenommen werden können; der CGS-Prüfungsbericht ist als ausführliche Berichterstattung über Prüfungsdurchführung, Prüfungsfeststellungen und Empfehlungen konzipiert; die *IDW Prüfungsstandards* enthalten jeweils in einer Anlage Beispiele für CGS-Prüfungsberichte bei Wirksamkeits- und Angemessenheitsprüfungen, an denen sich der CGS-Prüfer orientieren kann. |

| **Prozess-Schritt** | **Kritischer Faktor** | **Hinweise** |
|---|---|---|
| | Bericht über Regelverstöße im Fall der CMS-Prüfung | Die CMS-Prüfung ist nicht auf die Aufdeckung von Regelverstößen (z. B. Verstöße gegen das Geldwäschegesetz) ausgerichtet. Aus der Treuepflicht des Wirtschaftsprüfers ergibt sich aber, dass der Mandant über anlässlich der CMS-Prüfung festgestellte Regelverstöße in geeigneter Form informiert wird (im CMS-Prüfungsbericht oder auf andere Weise); über die Form der Berichterstattung über Regelverstöße sollte sich der CMS-Prüfer mit dem Mandanten bereits bei der Auftragsannahme einigen; der CMS-Prüfer muss auch feststellen, ob weitere Berichtspflichten bestehen, z.B. gegenüber dem Aufsichtsorgan des Unternehmens. |
| | Besonderheiten bei Veröffentlichung von Prüfungsergebnissen nach *IDW PS 980* | *IDW PS 980* sieht für Wirksamkeitsprüfungen die Möglichkeit vor, einen verkürzten CMS-Prüfungsbericht zu erstellen, der vom Mandanten zur Weitergabe an Dritte oder zur Veröffentlichung (z. B. auf der Webseite des Unternehmens) verwendet werden kann; eine solche Berichterstattung muss alle für die potenziellen Adressaten entscheidungsrelevanten Informationen, insb. zu Gegenstand und Umfang der CMS-Prüfung und zu den nicht in der CMS-Beschreibung enthaltenen Schwächen im CMS, darstellen; es ist zu empfehlen, das im *IDW PS 980* enthaltene Berichtsformat zu verwenden. |

Tabelle 16: Hinweise zu den kritischen Aspekten einer Wirksamkeitsprüfung der CGS[308]

308 Tabelle entnommen aus *Eibelshäuser/Schmidt*, WPg 2011, S. 939 (945).

# Kapitel L

# Tax Compliance

Verfasser:
StB Dipl.-Betriebsw. Sebastian Koch
WP StB Dipl.-Kfm. Marc Stauder

Mitarbeit:
WP Dipl.-Kfm. Guido Havers
Janne Valeska Heitmann, LL.M.
StB Dr. Magdalena Kruczynski
Julia Quade, M.Sc.
Carolin van Uum, M.Sc.
Jo Barbara Volkwein, M.A.

Inhalt Tz.



## 1. Einleitung

1 Die Einhaltung steuerrechtlicher Vorschriften durch Unternehmen hat nicht nur vor dem Hintergrund einer fortwährenden **Compliance-Diskussion**, sondern ebenso aufgrund der öffentlich wirksamen Thematik der Steuerhinterziehung in der Vergangenheit an Brisanz gewonnen.

2 Über diese aktuellen Entwicklungen hinaus hat zudem der jüngst durch das BMF veröffentlichte **Anwendungserlass zu § 153 AO** hinsichtlich der Abgrenzung der Berichtigung einer Erklärung von einer Selbstanzeige (§ 371, § 378 Abs. 3 AO) die Bedeutung eines wirksamen Tax Compliance Management Systems (Tax CMS) gestärkt. So

können sich Unternehmen durch die Einrichtung eines Tax CMS vor dem Vorwurf einer leichtfertigen oder vorsätzlichen Steuerverkürzung schützen, da ein solches Kontrollsystem die Erfüllung steuerlicher Pflichten sicherstellen soll und somit das Bemühen eines Unternehmens zum Ausdruck bringt, eine präventive Verhinderung von Gesetzesverstößen in die betrieblichen Prozesse zu integrieren[1].

**Tax Compliance** ist die Einhaltung gesetzlicher Vorschriften und unternehmensinterner Richtlinien im Teilbereich Steuern. Die organisatorische Umsetzung erfolgt durch die Implementierung eines Tax CMS, das durch einen systematischen und präventiv ausgerichteten Aufbau gekennzeichnet ist und einen inhaltlichen Teilbereich des gesamten CMS darstellt. Die Gewährleistung eines wirksamen Tax CMS kann zum einen die Unternehmen vor finanziellen Schäden und potentiellen Reputationsverlusten bewahren und zum anderen die gesetzlichen Vertreter eines Unternehmens schützen[2]. 3

Das Steuerrecht unterliegt regelmäßig Änderungen durch den Gesetzgeber und erfordert aufgrund der **ausgeprägten Komplexität** ein hohes Maß an Know-how und Steuerung. Folglich werden Unternehmen mit sukzessive steigenden Anforderungen konfrontiert, die sie mit einem angemessenen und wirksamen Tax CMS zur korrekten Behandlung steuerlicher Sachverhalte erfüllen können[3]. 4

Im Folgenden werden zunächst die begrifflichen und rechtlichen Grundlagen der Tax Compliance dargestellt, um anschließend Nutzen und Grenzen sowie die konkrete Ausgestaltung eines Tax CMS zu erörtern. Darauf aufbauend wird in einem nächsten Schritt die Prüfung eines Tax CMS auf der Grundlage des *IDW PS 980*[4] erläutert. 5

## 2. Begriffliche Grundlagen

### 2.1 Compliance und Compliance Management System

Der Begriff „Compliance" ist definiert als die zeitgerechte **Einhaltung von** sämtlichen **Regeln**, mit denen ein Unternehmen konfrontiert ist. Diese können zum einen aus externen Regularien, wie gesetzlichen Vorschriften, aber auch aus unternehmensinternen Bestimmungen, wie z.B. Richtlinien, bestehen. Die Implementierung eines CMS erfolgt auf der Grundlage der durch die gesetzlichen Vertreter eines Unternehmens formulierten Ziele und dient der Vermeidung bzw. frühzeitigen Aufdeckung von Regelverstößen durch präventive Grundsätze und Maßnahmen[5]. 6

Ein wirksames CMS erfüllt insb. eine **Schutzfunktion** für Unternehmen, da es jene Compliance-Risiken überwacht und steuert, die zu Sanktionen (Schadenersatzleistungen, Strafen oder Bußgeldern) und ggf. zu Reputationsschäden für das Unternehmen führen können. Darüber hinaus kann ein effektives CMS ebenso eine Beratungs-, Informations-, Qualitätssicherungs-, Innovations-, Überwachungs- und Marketingfunktion ausüben[6]. 7

1 Vgl. *Müller*, IDW Life 2016, S. 117.
2 Vgl. *Creed/Link*, BB 2016, S. 983; s. auch Tz. 30.
3 Vgl. *Kromer/Pumpler/Henschel*, CB 2013, S. 156.
4 *IDW Prüfungsstandard: Grundsätze ordnungsmäßiger Prüfung von Compliance Management Systemen (IDW PS 980)*.
5 Vgl. *IDW PS 980* Tz. 6.
6 Vgl. *IDW PS 980*, Tz. 5 f.; *Laue/Kunz/Schmiegel*, S. 3 f. (4).

8 Der 2011 veröffentlichte ***IDW PS 980*** stellt primär eine Prüfungsgrundlage für den WP dar, jedoch hat sich der Standard zusätzlich zu einer Hilfestellung für die Ausgestaltung und Implementierung eines CMS entwickelt. Der Standard enthält einen grundsätzlichen organisatorischen Ansatz, der sieben Grundelemente eines CMS vorstellt, dabei jedoch ausreichenden Gestaltungsspielraum für die individuelle Umsetzung im Unternehmen bietet. Darüber hinaus besteht seit 2014 die **ISO-Norm 19600:2014**, die international ausgerichtet ist, detaillierte Empfehlungen für die Ausgestaltung eines CMS beinhaltet und sich durch einen weitaus höheren Konkretisierungsgrad auszeichnet. Zudem richtet sich die ISO-Norm insb. an mittelständische Unternehmen und soll diesen als Hilfestellung dienen[7].

9 Im Zuge der Konzeption eines CMS werden die sog. **CMS-Grundsätze** festgelegt, die das Rahmenwerk eines CMS bilden. Hierbei kann es sich um allgemein anerkannte, andere angemessene oder auch individuell entwickelte Rahmenkonzepte handeln. Als allgemein anerkannte Konzepte werden jene Rahmenwerke verstanden, die durch eine autorisierte Organisation in einem transparenten Verfahren entwickelt wurden, wie z.B. das COSO II-Modell, die OECD Grundsätze der Corporate Governance, die Principles for Countering Bribery oder der Guide for Compliance with Competition Law[8]. Im Rahmen der Entwicklung eines CMS können ebenso unterschiedliche Rahmenkonzepte kombiniert oder individuelle Lösungen entsprechend ergänzt werden, wesentlich ist hierbei jedoch, dass die sieben Grundelemente berücksichtigt wurden.

10 Das wesentliche Kernelement eines effektiven CMS bildet die **CMS-Beschreibung**, die die zentralen Aussagen zur Konzeption des CMS enthält und wesentlich für die Prüfung ist. Neben dem grundsätzlichen Konzept werden zudem Erklärungen zur Angemessenheit, Implementierung und Wirksamkeit des CMS hinsichtlich der zugrunde liegenden CMS-Grundsätze dokumentiert. Die Aussagen in der CMS-Beschreibung sind darüber hinaus Gegenstand einer CMS-Prüfung nach *IDW PS 980*[9].

## 2.2 Zweck eines Tax CMS

11 Ein Tax CMS dient der **systematischen und präventiven Sicherstellung** der Befolgung steuerrechtlicher Regelungen auf allen Ebenen im Unternehmen. Neben der Vermeidung von steuerrechtlichen Straf- bzw. Haftungsrisiken hat Tax Compliance ebenso die zulässige Optimierung der Steuerbelastung des Unternehmens zum Ziel und leistet somit auch einen Beitrag zur Gewinnmaximierung. Die gesetzlichen Vertreter eines Unternehmens, Vorstand bzw. Geschäftsführung, sind zum einen verantwortlich für die Entwicklung eines angemessenen Tax CMS auf Basis der entsprechenden Grundsätze und zum anderen für die inhaltliche Ausgestaltung der Tax CMS-Beschreibung, welche analog zum übergreifenden CMS das Kernelement einer möglichen Prüfung darstellt[10].

12 Die Einrichtung eines Tax CMS hat grundsätzlich eine steuergestaltende, eine abwehrende und eine organisatorische Funktion. Die **steuergestaltende Funktion** hat die Optimierung der Steuerlast des Unternehmens zum Ziel, indem zulässige steuerliche

---

7 Vgl. *Laue/Kunz/Schmiegel* S. 4 f. (5); *Laue/Kunz/Schmiegel* S. 174 f.; ISO 19600.

8 Vgl. hierzu im Einzelnen *IDW PS 980*, Tz. 8, A30.

9 Vgl. *IDW PS 980*, Tz. 5 ff.

10 Vgl. *IDW Praxishinweis 1/2016: Ausgestaltung und Prüfung eines Tax CMS gemäß IDW PS 980*, Tz. 19; *Laue/Kunz/Schmiegel*, S. 243 (244).

Gestaltungsspielräume genutzt werden. Die zentrale Absicht eines wirksamen Tax CMS stellt die **Vermeidung von steuerstrafrechtlichen Risiken** und Haftungsrisiken dar, die durch abgestimmte und auf allen Ebenen implementierte Steuerungsprozesse sowie die entsprechende Dokumentation erreicht werden soll. Um diese Ziele zu erreichen, erfüllt ein Tax CMS zusätzlich eine **organisatorische Funktion**, da nicht nur die systematischen Rahmenbedingungen geschaffen, sondern zudem bspw. Richtlinien und Handlungsanweisungen bereitgestellt werden[11].

## 2.3 Verhältnis eines Tax CMS zu einem CMS

Ein Tax CMS dient der Sicherstellung eines regelkonformen Verhaltens im Unternehmen hinsichtlich aller steuerrechtlichen Vorschriften und bildet somit einen abgegrenzten **Teilbereich eines** übergreifenden, ganzheitlichen **CMS**. Dies wird auch i.R.d. *IDW Praxishinweis 1/2016* zur Ausgestaltung und Prüfung eines Tax CMS deutlich, der auf *IDW PS 980* basiert und dessen Inhalte auf den steuerspezifischen Teilbereich überträgt[12]. 13

Die Abgrenzung eines allgemeinen CMS in inhaltliche Teilbereiche kann anhand von Geschäftsbereichen, Unternehmensprozessen oder Rechtsgebieten erfolgen, z.B. können die Teilbereiche Antikorruption und/oder Kartellrecht betrachtet werden. Diese Systematik kann auch auf ein Tax CMS übertragen werden, sodass bspw. eine spezifische Steuerart getrennt betrachtet werden kann[13]. 14

Als Bestandteil des CMS bildet das Tax CMS zusammen mit dem IKS, dem Risikomanagement und der Internen Revision die zentralen **Governance-Elemente** im Unternehmen[14]. Auch in Anbetracht bestehender Schnittstellen erfüllen beide Systeme eine eigene, übergeordnete Zielsetzung, die über die reine Sicherstellung regelkonformen Verhaltens hinausgeht[15]. 15

## 2.4 Verhältnis zum Begriff des innerbetrieblichen Kontrollsystems

Im Rahmen des Anwendungserlasses zur AO (AEAO) zu § 153 AO wird der Begriff des **innerbetrieblichen Kontrollsystems** nicht definiert oder näher erläutert. Es erfolgt lediglich die Einschränkung, dass ein solches System „der Erfüllung der steuerlichen Pflichten dient". Trotz einer begrifflichen Nähe ist in diesem Zusammenhang nicht das IKS eines Unternehmens gemeint, da dieses nicht ausschließlich der Sicherstellung regelkonformen Verhaltens dient. Vielmehr geht es um ein System, das auf die ganzheitliche Überwachung des Unternehmens durch entsprechende Kontrollen und die Funktionsfähigkeit der Geschäftsprozesse gerichtet ist. Der *IDW PS 982* versteht unter einem IKS der Unternehmensberichterstattung sämtliche Regelungen hinsichtlich des Berichtswesens, das die Gewinnung, Verarbeitung, Weiterleitung und Darstellung von entscheidungsrelevanten Informationen in Form von Unternehmensberichterstattungen umfasst (Informationsverarbeitungsprozess)[16]. 16

---

11 Vgl. *Laue/Kunz/Schmiegel*, S. 243 (245-248); *Rogge*, BB 2014, S. 664.
12 Vgl. *IDW Praxishinweis 1/2016*, Tz. 4, 8.
13 Vgl. *IDW PS 980*, Tz. 6; *IDW Praxishinweis 1/2016*, Tz. 7.
14 Vgl. allgemein zu Corporate Governance Systemen und deren Prüfung Kap. K.
15 Vgl. *Müller*, IDW Life 2016, S. 119.
16 Vgl. *IDW PS 982*, Tz. 9; *Müller*, IDW Life 2016, S. 117; *Hilsebein*, CB 2016, S. 120.

17 Da der Anwendungserlass ein System fordert, das die Einhaltung von steuerlichen Pflichten sicherstellt, entspricht dies einem abgegrenzten Teilbereich eines allgemeinen CMS und somit dem Tax CMS. Darüber hinaus bieten der *IDW PS 980* und der *IDW Praxishinweis 1/2016* die entsprechenden Grundlagen und **Hilfestellungen**, auf die nicht nur i.R.d. Prüfung, sondern zudem für die Entwicklung und Ausgestaltung im Unternehmen zurückgegriffen werden kann[17].

## 3. Rechtsgrundlagen zur Errichtung eines CMS

18 Sowohl in der Praxis als auch in der Literatur bestehen unterschiedliche Ansichten hinsichtlich der Pflicht zur Einrichtung eines Tax CMS[18]. Eine solche Pflicht könnte sich unmittelbar oder nur mittelbar ergeben.

Die steuerlichen Pflichten der gesetzlichen Vertreter juristischer Personen sind in der Abgabenordnung (AO) normiert. Eine Norm, die Unternehmen vorschreibt, Strukturen zu schaffen, um bestmöglich steuerliche Pflichten zu erfüllen, existiert in der AO nicht[19]. Eine **unmittelbare Verpflichtung** zur Einrichtung eines Tax CMS ist daher **abzulehnen**[20].

Die AO verpflichtet den Steuerpflichtigen jedoch zur Einhaltung von **Sorgfaltspflichten**, die gewisse Strukturen innerhalb einer Organisation erforderlich machen können. So sind bspw. nach § 150 Abs. 2 AO die Angaben in der Steuererklärung wahrheitsgemäß nach bestem Wissen und Gewissen zu machen, während für die Buchführung die Vorschriften der §§ 145, 146 AO gelten. Zudem gelten die Mitwirkungspflichten des § 90 AO[21].

19 Eine **mittelbare Verpflichtung** kann sich aus dem Gesellschaftsrecht ergeben. Die eigenständige rechtliche Pflicht zur Einrichtung eines CMS findet sich in § 64a Abs. 1 S. 4 Nr. 3 VAG für Versicherungsunternehmen, in § 25a Abs. 1 Nr. 3 KWG für Kreditinstitute und Finanzdienstleistungsinstitute und in § 33 Abs. 1 S. 2 Nr. 1 WpHG für Wertpapierdienstleistungsunternehmen. Diese Spezialregelungen umfassen jedoch nicht sämtliche gesetzlichen Regelungen, sondern nur die **branchenspezifischen Regelungen**[22]. Folglich kann hieraus keine allgemeingültige Pflicht zur Compliance abgeleitet werden[23].

20 Abgesehen von Unternehmen der Finanzbranche besteht somit keine gesetzlich kodifizierte Pflicht zur Einrichtung eines CMS. Auf der Grundlage von § 93 Abs. 1 AktG lässt sich eine indirekte Verpflichtung zur Ausgestaltung von Compliance-Strukturen ableiten, die der Erfüllung der aktienrechtlichen Legalitätspflicht eines Vorstands dient. Diese Auffassung hat insb. seit dem sog. Neubürger-Urteil von 2013 an Bedeutung gewonnen, da hierdurch ein äußerst relevanter Interpretationsspielraum durch den Gesetzgeber geschlossen wurde[24]. Demnach genügt ein Vorstandsmitglied seiner Organisations-

---

17 Vgl. AEAO zu § 153 eingef. durch BMF v. 23.05.2016, BStBl. I, S. 490, Tz. 2.6; *Müller*, IDW Life 2016, S. 117; *Hilsebein*, CB 2016, S. 120.
18 Vgl. hierzu ausführlich *Hauschka/Moosmayer/Lösler*, § 1 Rn. 30 ff. m.w.N.
19 Vgl. *Streck/Mack/Schwedhelm*, Rn. 1.21.
20 So auch *von Wolfersdorff/Hey*, WPg 2016, S. 934 (936); *Beckschäfer*, ZWH 2016, S. 189 (189 f.).
21 Vgl. *von Wolfersdorff/Hey*, WPg 2016, S. 934 (936).
22 Vgl. *Koch*, in: Hüffer, AktG, § 76 Rn. 13.
23 Vgl. *Risse*, S. 15.
24 Vgl. LG München I v. 10.12.2013, 5HK O 1387/10, NZG 2014, S. 345.

pflicht „[…] bei entsprechender Gefährdungslage nur dann, wenn er eine auf Schadensprävention und Risikokontrolle angelegte Compliance-Organisation einrichtet.“[25]. Die Einrichtung eines funktionierenden CMS bzw. die Einhaltung des Legalitätsprinzips unterliegt somit der **Gesamtverantwortung des Vorstands**. Der Sorgfaltsmaßstab wird dabei durch § 93 Abs. 1 S. 2 AktG, der sog. Business Judgement Rule vorgegeben, wonach eine Pflichtverletzung nicht vorliegt, „[…] wenn das Vorstandsmitglied bei einer unternehmerischen Entscheidung vernünftigerweise annehmen durfte, auf der Grundlage angemessener Information zum Wohle der Gesellschaft zu handeln.“

Übertragen auf den Bereich Steuern bedeutet dies, dass bei einer Gefährdungslage organisatorische Vorkehrungen zu treffen sind, um eine steuerliche Pflichtverletzung zu verhindern. In Abhängigkeit von der Unternehmensgröße und -struktur können die **organisatorischen Vorkehrungen** in Form eines Tax CMS getroffen werden[26]. Im Gegensatz zu mittelständischen Unternehmen sowie zu Großunternehmen und Konzernen können bei kleineren Unternehmen mit nur geringen Risiken keine umfassenden Compliance-Strukturen gefordert werden. Der Präventionsaufwand steigt daher mit der Unternehmensgröße, wobei ein Mindestmaß an Prävention in allen Unternehmen erforderlich ist[27].

Darüber hinaus kann die Pflicht zur Implementierung eines CMS aus § 91 Abs. 2 AktG **21** abgeleitet werden, der den Vorstand beauftragt, bestandsgefährdende Risiken, also bspw. **auch** wesentliche **Compliance-Risiken**, mit Hilfe eines entsprechenden Systems **frühzeitig** zu **erkennen** und zu überwachen. Die Überwachung des Vorstands erfolgt durch den AR bzw. den PrA, der nach § 107 Abs. 3 AktG den Rechnungslegungsprozess, die Wirksamkeit des IKS, des Risikomanagementsystems, des internen Revisionssystems und der Abschlussprüfung zu überwachen hat[28]. Hierbei handelt es sich um eine Konkretisierung der allgemeinen Überwachungsaufgabe[29], die sich nicht nur auf die genannten Bereiche, sondern gem. Ziffer 5.3.2 des DCGK auch auf die Überwachung der Compliance erstreckt[30]. Für eine GmbH ergibt sich die Sorgfaltspflicht und daraus abgeleitet die Kontrollpflicht aus § 43 Abs. 1 GmbHG i.V.m. § 35 GmbHG[31].

Neben der aktienrechtlichen Legalitätspflicht kann sich eine Verpflichtung zum Aufbau **22** eines CMS mittelbar auch aus § 130 Abs. 1 OWiG ergeben[32]. Diese Vorschrift verpflichtet den Inhaber des Betriebs bzw. bei juristischen Personen die Organe und andere verantwortlich handelnde Leitungspersonen i.S.d. § 9 Abs. 1 und 2 OWiG zur **„gehörigen Aufsicht“**, d.h. es sind Aufsichtsmaßnahmen zu treffen, die Zuwiderhandlungen gegen Pflichten verhindern, da deren Verletzung mit einer Strafe oder Geldbuße bedroht ist. Die gehörige Aufsicht umfasst insb. folgende fünf Pflichten[33]:

- sorgfältige Auswahl und Einweisung der Mitarbeiter

---

25 LG München I v. 10.12.2013, 5HK O 1387/10, NZG 2014, S. 345.

26 Vgl. *Beckschäfer*, ZWH 2016, S. 189 (190).

27 Vgl. *Hauschka/Greeve*, BB 2007, S. 165 (166 f.).

28 Vgl. bspw. zur Überwachung der Rechnungslegung *IDW*, WPH Edition, Wirtschaftsprüfung & Rechnungslegung[15], Kap. B Tz. 84 ff.

29 Vgl. § 111 Abs. 1 AktG.

30 Vgl. *Laue/Kunz/Schmiegel*, S. 1 (2); *Ringleb*, DCGK (2015): Z. 5.3.2; *IDW Prüfungsstandard: Grundsätze ordnungsmäßiger Prüfung von Risikomanagementsystemen (IDW PS 981)*, Tz. 3 ff.; Kap. K.

31 Vgl. hierzu ausführlich *Roth/Altmeppen*, GmbHG, Rn. 21 ff.

32 Vgl. *Hauschka/Moosmayer/Lösler*, § 1 Rn. 30.

33 Vgl. *Rogall*, in: Senge, KK-OWiG, § 130 Rn. 53 ff.

- angemessene Instruktion der Mitarbeiter bzgl. ihrer Aufgaben und Pflichten
- Kontrolle und Überwachung von Mitarbeitern
- Sanktionierung in der Vergangenheit begangener Verstöße
- sachgerechte Organisation und Aufgabenverteilung innerhalb des Betriebs.

§ 130 Abs. 1 OWiG gilt grundsätzlich für alle Unternehmensbereiche und damit auch für den Bereich Steuern. Dies bedeutet, dass die Ahndung nach § 130 OWiG nicht wegen einer konkreten steuerlichen Verfehlung erfolgt, sondern wegen eines allgemeinen Organisationsverschuldens[34]. In Abhängigkeit von der Unternehmensgröße bedarf es nach § 130 Abs. 1 OWiG einer Verankerung der organisatorischen Struktur im Unternehmen und somit einer Einrichtung eines CMS. Gleichwohl wird eine allgemeine Pflicht verneint[35].

## 4. Nutzen und Grenzen von Tax CMS

### 4.1 Nutzen von Tax CMS

#### 4.1.1 AEAO zu § 153 AO

23 Mit dem BMF-Schreiben vom 23.05.2016 hat die Finanzverwaltung den Anwendungserlass zur AO um den Abschnitt zu § 153 AO – „Berichtigung von Erklärungen" ergänzt. Demnach besteht die Anzeige- und Berichtigungspflicht nach § 153 Abs. 1 S. 1 AO, wenn ein Steuerpflichtiger, sein gesetzlicher Vertreter oder eine andere in § 153 Abs. 1 S. 2 AO genannte Person nachträglich erkennt, dass eine von ihm oder für ihn abgegebene Erklärung objektiv unrichtig oder unvollständig ist und es dadurch zu einer Steuerverkürzung gekommen ist oder kommen kann. Die Anzeige- und Berichtigungspflicht stellt eine **steuerrechtliche Pflicht** dar[36].

Die Anzeige- und Berichtigungspflicht des § 153 AO ergänzt die Erklärungs- und Mitwirkungspflichten der §§ 149, 150, 90 AO und dient der gesetzmäßigen Besteuerung. Die Wahrheitspflicht für Angaben in den Steuererklärungen nach § 150 Abs. 2 AO und § 90 Abs. 1 S. 2 AO bleibt somit auch nach deren Abgabe fortbestehen[37].

24 Bei juristischen Personen trifft die Anzeige- und Berichtigungspflicht des § 153 AO die nach §§ 34 und 35 AO handelnden Personen, wie z.B. den Geschäftsführer einer GmbH und den Vorstand einer AG. Diese besteht auch dann, wenn die Steuererklärung von einem **Bevollmächtigten**, d.h. einem StB, WP oder RA vorbereitet, unterschrieben oder elektronisch übermittelt wurde[38].

> **!** **Hinweis 1:**
>
> Nach Nr. 4 des AEAO zu § 153 besteht für StB, WP, RA und Lohnsteuerhilfevereine hinsichtlich der Angelegenheiten der Mandanten bzw. Mitglieder insoweit keine Anzeige- oder Berichtigungspflicht.

34 Vgl. *Bohnert*, § 130 Rn. 1 ff.
35 Vgl. *Pelz*, in: Hauschka/Moosmayer/Lösler, § 5 Rn. 1.
36 Vgl. AEAO zu § 153 AO, Nr. 1, BStBl. I 2016, S. 490.
37 Vgl. *Cöster*, in: Koenig, AO, § 153 Rn. 1 ff.
38 Vgl. AEAO zu § 153 AO, Nr. 4, BStBl. I 2016, S. 490.

Die Anzeige- und Berichtigungspflicht des § 153 Abs. 1 S. 1 AO erstreckt sich auf alle **Erklärungen des Steuerpflichtigen**, die sich auf die Höhe der festgesetzten Steuer auswirken. Damit werden nicht nur Steuererklärungen erfasst, sondern auch Änderungsanträge nach § 172 Abs. 1 S. 1 Nr. 2 Buchst. a AO oder § 173 Abs. 1 Nr. 2 AO sowie Anträge auf Herabsetzung der Vorauszahlungen. Bei Letzteren besteht die Verpflichtung aber nur dann, wenn die erstmalige Festsetzung der Vorauszahlungen auf unrichtigen oder unvollständigen Angaben beruhte. Im Falle der Änderung der wirtschaftlichen Verhältnisse nach dem Antrag auf Herabsetzung der Vorauszahlungen besteht nach Ansicht des BMF hingegen keine Verpflichtung zur Anzeige und Berichtigung[39]. 25

Die Anzeige nach § 153 Abs. 1 S. 1 und Abs. 2 AO muss „**unverzüglich**", d.h. ohne schuldhaftes Zögern gegenüber der sachlich und örtlich zuständigen Finanzbehörde erfolgen. Die Berichtigung nach § 153 Abs. 1 S. 1 AO kann hingegen ggf. zu einem späteren Zeitpunkt erfolgen, sofern für eine Aufbereitung der Unterlagen eine gewisse Zeit erforderlich ist. In diesem Fall ist die Dauer der Aufbereitung zu begründen[40]. 26

Die Anzeige- und Berichtigungspflicht nach § 153 Abs. 1 S. 1 und Abs. 2 AO gilt auch im Falle der **Steuerhinterziehung**, die **mit bedingtem Vorsatz** begangen wurde. Dieser muss ebenfalls „unverzüglich" nachgekommen werden[41]. Das Zugeständnis der angemessenen Zeit zur Aufbereitung der Selbstanzeige ist jedoch nicht im Kontext des § 371 AO zu sehen, da dieser ein solches Zugeständnis nicht vorsieht[42]. Voraussetzung für eine Selbstanzeige ist gem. § 371 Abs. 1 AO, dass gegenüber der Finanzbehörde zu allen unverjährten Steuerstraftaten einer Steuerart in vollem Umfang die unrichtigen Angaben berichtigt und die unvollständigen Angaben ergänzt oder die unterlassenen Angaben nachgeholt werden. Es gilt der Zeitpunkt des Eingangs der Selbstanzeige, wenn kein Sperrgrund i.S.d. § 371 Abs. 2 AO vorliegt[43].

Im Falle des **Verstoßes** gegen die Anzeige- und Berichtigungspflicht nach § 153 Abs. 1 S. 1 und Abs. 2 AO liegt ab dem Zeitpunkt des Erkennens der objektiv unrichtig abgegebenen Steuererklärung bzw. des vollständigen oder teilweisen Wegfalls einer Steuervergünstigung eine Steuerhinterziehung durch Unterlassen gem. § 370 Abs. 1 Nr. 2 AO vor. Dies führt zu einer Verlängerung der Festsetzungsfrist nach § 169 Abs. 2 S. 2 AO[44].

### 4.1.2 Abgrenzung des § 153 AO zu § 371 AO

Die Vorschriften zur **Selbstanzeige** wurden in den letzten Jahren erheblich verschärft. Insbesondere seit der Einführung des § 398a AO ist die Unterscheidung zwischen einer Berichtigung nach § 153 AO und einer strafbefreienden Selbstanzeige nach § 371 AO von entscheidender Bedeutung. Denn wird die Berichtigung als Selbstanzeige nach § 371 AO im Hinblick auf eine vorsätzliche Steuerhinterziehung von mehr als 25.000 € ausgelegt, wird von der Strafverfolgung nur abgesehen, wenn die an der Tat Beteiligten neben den hinterzogenen Steuern und Zinsen gem. den §§ 235 und 233a AO auch einen Geldbetrag von 10% bis 20% der hinterzogenen Steuer entrichten (§ 398a AO). 27

39 Vgl. AEAO zu § 153 AO, Nr. 3, BStBl. I 2016, S. 490.
40 Vgl. AEAO zu § 153 AO, Nr. 5.1, BStBl. I 2016, S. 490.
41 Vgl. AEAO zu § 153 AO, Nr. 5.2, BStBl. I 2016, S. 490.
42 Vgl. *Wegner*, SteuK 2016, S. 292 (292).
43 Vgl. *Jäger*, in: Klein, AO, § 371 Rn. 95 i.V.m. Rn. 111 ff.
44 Vgl. AEAO zu § 153 AO, Nr. 5.3, BStBl. I 2016, S. 490.

28 Sowohl bei einer Anzeige und Berichtigung nach § 153 Abs. 1 AO als auch bei einer Selbstanzeige nach § 371 AO muss die Erklärung im Zeitpunkt ihrer Abgabe objektiv unrichtig gewesen sein. Eine **objektive Unrichtigkeit** liegt vor, wenn i.R.d. Erklärung entgegen § 90 Abs. 1 S. 2 und § 150 Abs. 2 S. 1 AO nicht alle steuerlich erheblichen Tatsachen vollständig und wahrheitsgemäß offengelegt werden[45].

Erkennt der Steuerpflichtige im Nachhinein und vor Ablauf der Festsetzungsfrist die Fehlerhaftigkeit der von ihm abgegebenen Steuererklärung und kommt er seiner Anzeige- und Berichtigungspflicht nach § 153 Abs. 1 AO unverzüglich nach, liegt keine Steuerhinterziehung i.S.d. § 370 AO oder leichtfertige Steuerverkürzung i.S.d. § 378 AO vor. Dies setzt voraus, dass **weder Vorsatz noch Leichtfertigkeit** vorliegen[46]. Im Umkehrschluss bedeutet dies, dass im Falle einer vorsätzlichen oder leichtfertigen Handlung nur eine strafbefreiende Selbstanzeige nach § 371 AO möglich ist. Für eine Steuerhinterziehung ist bedingter Vorsatz ausreichend, d.h. der Täter hält die Tatbestandsverwirklichung für möglich; er muss sie nicht anstreben oder für sicher halten. Leichtfertigkeit nach § 378 AO liegt hingegen vor, wenn er im großen Maße gegen Sorgfaltspflichten verstößt und ihm dieser Verstoß vorzuwerfen ist, da er den Erfolg leicht hätte vorhersehen oder vermeiden können[47].

Im Falle des § 153 Abs. 2 AO wird eine zunächst objektiv richtige Steuererklärung durch den nachträglichen Wegfall der Steuerbefreiung oder Steuervergünstigung objektiv unrichtig. Erfolgt eine unverzügliche Anzeige nach § 153 Abs. 2 AO, so liegt weder eine Steuerhinterziehung i.S.d. § 370 AO noch eine leichtfertige Steuerverkürzung i.S.d. § 378 AO vor[48].

Bei Fehlerfeststellungen durch die **Betriebsprüfung** für die geprüften Steuerarten und Besteuerungszeiträume bedarf es nach Nr. 3 des AEAO zu § 153 AO keiner Anzeige und Berichtigung nach § 153 Abs. 1 AO.

29 Die Finanzverwaltung stellt klar, dass nicht jede objektive Unrichtigkeit den Verdacht einer Steuerstraftat oder Steuerordnungswidrigkeit nahelegt. Die zuständige Finanzbehörde ist zu einer sorgfältigen Prüfung verpflichtet, ob der **Anfangsverdacht** einer vorsätzlichen oder leichtfertigen Steuerverkürzung vorliegt. Die Anzahl der abgegebenen Berichtigungen und die Höhe der steuerlichen Auswirkung der Unrichtigkeit können allein keinen Anfangsverdacht begründen[49]. Diese Aussage der Finanzverwaltung ist für die Praxis von besonderer Bedeutung.

Die Handhabung in der Praxis war bisher häufig anders. Denn ob der Steuerpflichtige eine später entdeckte Unrichtigkeit bewusst oder unbewusst erklärt hat, ist eine sehr streitanfällige Frage. Die Grenzen zwischen Vorsatz, Leichtfertigkeit und einem reinen Versehen sind fließend[50]. Daher wurden Berichtigungen der Steuererklärung seitens der zuständigen Finanzbehörde zunehmend als Selbstanzeige ausgelegt und an die Bußgeld- und Strafsachenstelle (BuStra) weitergeleitet. Mit den Verschärfungen des Steuerstraf-

45 Vgl. AEAO zu § 153 AO, Nr. 2.1, BStBl. I 2016, S. 490.
46 Vgl. AEAO zu § 153 AO, Nr. 2.2 i.V.m. Rn. 2.4, BStBl. I 2016, S. 490.
47 Vgl. AEAO zu § 153 AO, Nr. 2.6 f. , BStBl. I 2016, S. 490.
48 Vgl. AEAO zu § 153 AO, Nr. 2.3, BStBl. I 2016, S. 490.
49 Vgl. AEAO zu § 153 AO, Nr. 2.5, BStBl. I 2016, S. 490.
50 Vgl. Spitzenverbände der deutschen Wirtschaft, Stellungnahme vom 28.08.2015, S. 1 (2) http://www.dstv.de/interessenvertretung/steuern/stellungnahmen-steuern/2015-s-11-diskentwurf-e-153-ao.

rechts geht somit eine **Kriminalisierung von Unternehmen** einher[51]. Dies erfolgte vor dem Hintergrund, dass sich Finanzbeamte durch das Unterlassen der Einschaltung der BuStra einer Strafvereitelung im Amt schuldig machen. Gleichwohl belasten die Einleitung des Strafverfahrens und die damit verbundenen strafrechtlichen Ermittlungen Unternehmen, wenn tatsächlich nur eine Berichtigung nach § 153 AO vorliegt[52]. Die Abgrenzung des § 153 AO und § 371 AO durch das BMF soll somit mehr Rechtssicherheit schaffen.

### 4.1.3 Indizwirkung

Nach Nr. 2.6 des AEAO zu § 153 kann die Einrichtung eines innerbetrieblichen Kontrollsystems, welches der Erfüllung der steuerlichen Pflichten dient, ggf. **als Indiz** gegen das Vorliegen von Vorsatz oder Leichtfertigkeit dienen. Dies befreit jedoch nicht von einer Prüfung des Einzelfalls. 30

Funktionierende innerbetriebliche Strukturen können somit ein Indiz für eine einfache Berichtigungsanzeige nach § 153 AO darstellen. Seitens der Spitzenverbände wird begrüßt, dass das Vorliegen eines innerbetrieblichen Kontrollsystems bei der Feststellung, ob Vorsatz oder Leichtfertigkeit vorliegt, berücksichtigt wird. Kritisch zu sehen ist der unklare Zusatz „ggf.“, was letztlich einen Hinweis auf eine Einzelfallprüfung darstellt. Aus diesem Grund wird gefordert, dass ein funktionierendes innerbetriebliches Kontrollsystem regelmäßig ein Indiz darstellen sollte[53]. Diese Ansicht wird in der Literatur bestätigt. Demnach fehlt der bedingte Vorsatz, d.h. das erforderliche subjektive Tatbestandselement der Steuerhinterziehung, wenn funktionierende innerbetriebliche Strukturen nachgewiesen werden, die auf ein Bemühen zur Erfüllung der steuerrechtlichen Pflichten schließen lassen[54]. Gleichwohl kann ein solches nicht als Freibrief, der vor steuerlicher Strafverfolgung schützt, verstanden werden[55].

Aufgrund der Indizwirkung gegen Vorsatz oder Leichtfertigkeit ist die Implementierung eines Tax CMS im Unternehmen zu empfehlen. Um einen hohen Grad an **Rechtssicherheit** zu erlangen, können sich Unternehmen die Angemessenheit und Wirksamkeit des Tax CMS durch einen WP nach dem anerkannten Prüfungsstandard *IDW PS 980* **zertifizieren** lassen[56]. Diese Prüfung kann auch durch andere unabhängige Dritte, wie StB und RA entlang des *IDW PS 980* vorgenommen werden[57].

In der Praxis ist davon auszugehen, dass einer solchen Bescheinigung grundsätzlich eine hohe Indizwirkung im Hinblick auf eine Enthaftung zukommt. Das Bemühen um die

---

51 So z.B. *Neuling*, DStR 2015, S. 558 (559).

52 Vgl. Deutscher Steuerberaterverband e.V., Stand: 03.09.2015 http://www.dstv.de/interessenvertretung/aktivitaeten/tb-124-15-me-bmf-entkriminalisierung-von-steuerpflichtigen.

53 Vgl. Spitzenverbände der deutschen Wirtschaft, Stellungnahme vom 28.08.2015, Anlage, S. 1 (7 f.) http://www.dstv.de/interessenvertretung/steuern/stellungnahmen-steuern/2015-s-11-diskentwurf-e-153-ao.

54 Vgl. *Jäger*, Protokoll zur Anhörung vor dem Finanzausschuss des Deutschen Bundestages vom 12.11.2014, https://www.bundestag.de/blob/341906/6719e253068d29238451ab3fb45ea66c/protokoll-data.pdf; *Radtke*, FR 2015, S. 297 (302 f.).

55 Vgl. *Wegner*, SteuK 2016, S. 289 (292); *Wegner*, PStR 2014, S. 19 (19 ff.)

56 Vgl. hierzu ausführlich Tz. 65 ff.

57 Vgl. *Hilsebein*, CB 2016, S. 119 (120). Dem Grunde nach ist der *IDW Standard* nur von Mitgliedern des IDW verpflichtend anzuwenden, da das IDW als privater Verein keine Rechtssetzungskompetenz besitzt. Da der Standard mangels gesetzlicher Vorgaben aber Hilfestellung bei der Prüfung des Tax CMS bietet, hat dieser auch erhebliche Relevanz für Nicht-Mitglieder des IDW, wie z.B. StB und RA. Vgl. *Laue/Kunz/Schmiegel*, Kap. 4 Rn. 105 ff.

Erfüllung der steuerrechtlichen Pflichten kann gegenüber der Finanzbehörde verstärkt zum Ausdruck gebracht werden, indem diese über die Existenz eines solchen Kontrollsystems im Voraus in Kenntnis gesetzt wird.

**31** Verzichtet der Steuerpflichtige – z.B. aufgrund der Unternehmensgröße – auf die Implementierung eines Tax CMS bedeutet dies nicht, dass Vorsatz oder Leichtfertigkeit per se vermutet werden. Bei einer solchen Betrachtungsweise müsste der Steuerpflichtige seine Unschuld beweisen, was letztlich zu einer Beweislastumkehr führen würde[58]. Eine solche wäre jedoch nicht zulässig, denn die **objektive Beweislast** für das Vorliegen der objektiven und subjektiven Tatbestandsmerkmale einer Steuerhinterziehung trägt die Finanzbehörde[59]. Insofern können sich sowohl die Implementierung als auch der Verzicht auf eine Implementierung eines Tax CMS nur zugunsten des Steuerpflichtigen auswirken.

## 4.2 Grenzen von Tax CMS

**32** Ein Tax CMS wird im Unternehmen eingerichtet, um Compliance sicherzustellen. Hierzu wird eine Vielzahl von Maßnahmen implementiert, die auf Gesetzen und anderen externen Vorgaben sowie internen Richtlinien und Arbeitsanweisungen basieren[60]. Zugleich muss das Unternehmen nachweisen, dass geeignete Kontrollen zur Umsetzung von Compliance-Maßnahmen getroffen wurden und die **Regelwerke** in der Praxis tatsächlich **eingehalten** werden. Dies bedeutet, dass eine bloße Berufung auf die Existenz von Richtlinien und Arbeitsanweisungen für eine Enthaftung nicht ausreichend sein könnte.

In der Praxis zeigt sich, dass die getroffenen Compliance-Maßnahmen häufig nicht oder nicht vollumfänglich befolgt werden. Die Gründe hierfür sind vielfältig. Richtlinien und Arbeitsanweisungen sind nicht bekannt oder die Inhalte sind aufgrund der hohen Komplexität schwer verständlich und damit nicht praktikabel. Zudem liegen diese Dokumente häufig in Papierform vor, wodurch sie den Mitarbeitern nur schwer zugänglich sind.

**Praxistipp 1:**

Um Richtlinien und Arbeitsanweisungen benutzerfreundlich auszugestalten, empfiehlt es sich, die Möglichkeiten der Digitalisierung zu nutzen und steuerliche Prozesse sowie steuerrelevante Entscheidungen technologieunterstützt abzubilden.

**33** Ein wirksames Tax CMS kann zwar Regelverstöße minimieren, diese aber nicht vollständig ausschließen. Systemimmanente Grenzen ergeben sich insb. aus **menschlichen Fehlleistungen**, bspw. infolge von Nachlässigkeit, Beurteilungsfehlern und Missverständnissen in den Arbeitsanweisungen. Auch Missbrauch, Vernachlässigung der Verantwortung, die Umgehung oder das Außerkraftsetzen von Kontrollen können nicht vollumfänglich ausgeschlossen werden[61]. Verstärkt wird die Fehleranfälligkeit je höher die Komplexität der steuerlichen Sachverhalte ist und je mehr Abteilungen in die steu-

58 So auch *Neuling*, DStR 2016, S. 1652 (1657).
59 Vgl. *Kruse*, in: Tipke/Kruse, AO/FGO, § 169 Rn. 25 m.w.N.
60 *IDW Praxishinweis 1/2016*, Tz. 17.
61 Vgl. *IDW Praxishinweis 1/2016*, Tz. 18.

errelevanten Prozesse eingebunden sind. Werden die Möglichkeiten der Digitalisierung von steuerlich relevanten Prozessen genutzt, kann zwar nicht vorsätzliches Handeln, aber können insb. menschliche Fehlleistungen eingeschränkt oder gar ausgeschlossen werden.

> **Praxistipp 2:**
>
> Der Einsatz von Technologie in Form von automatisierten Arbeitsabläufen ermöglicht es, die Mitarbeiter durch komplexe und risikobehaftete steuerliche Prozesse zu führen und bei steuerrelevanten Entscheidungen zu unterstützen. Der Grad der Digitalisierung im Unternehmen bestimmt somit auch die Grenzen des Tax CMS.

## 5. Ausgestaltung eines Tax CMS

### 5.1 Verantwortlichkeit für ein Tax CMS

Nach § 34 Abs. 1 AO haben die gesetzlichen Vertreter juristischer Personen und Geschäftsführer von nicht rechtsfähigen Personenvereinigungen deren steuerliche Pflichten zu erfüllen. Letztere sind insb. die GbR, OHG und KG. Sofern der Gesellschaftsvertrag im Falle einer GbR oder einer OHG keine abweichende Regelung vorsieht, obliegt die Geschäftsführung allen Gesellschaftern (§§ 709 f. BGB, § 114 HGB). Im Falle einer KG sind ausschließlich Komplementäre zur Geschäftsführung befugt (§ 164 S. 1 HGB). Bei juristischen Personen des Privatrechts sind die gesetzlichen Vertreter i.S.d. § 34 Abs. 1 AO der Vorstand (AG, Genossenschaft, Verein und Stiftung) oder die Geschäftsführer (GmbH). 34

Die Pflicht zur Erfüllung der **steuerlichen Pflichten** ist umfassend. Zu diesen gehören insb. die Buchführungs- und Aufzeichnungspflichten, die Erklärungs- und Entrichtungspflicht sowie die Vorlage- und Auskunftspflicht[62].

Wird seitens der Geschäftsführung nicht sichergestellt, dass die steuerlichen Pflichten erfüllt werden, besteht das Risiko einer **strafrechtlichen Inanspruchnahme** (insb. § 370 AO, § 266 StGB), einer ordnungswidrigkeitenrechtlichen Inanspruchnahme (insb. § 378 AO, § 130 OWiG, § 26b UStG) sowie zivilrechtlicher Schadenersatzansprüche nach § 43 Abs. 2 GmbH bzw. § 93 Abs. 2 AktG. Zudem besteht im Falle der vorsätzlichen oder grob fahrlässigen Verletzung der steuerlichen Pflichten die persönliche Haftung der gesetzlichen Vertreter i.S.d. § 34 Abs. 1 AO für die verkürzte Steuer nach § 69 AO. Derjenige, der den Tatbestand der Steuerhinterziehung verwirklicht hat, haftet persönlich nach § 71 AO für die verkürzten Steuern[63].

Insofern liegt es nahe, dass auch die gesetzlichen Vertreter i.S.d. § 34 Abs. 1 AO die **Verantwortung für ein Tax CMS** sowie die Inhalte der Tax CMS-Beschreibung tragen. In den Verantwortungsbereich fällt auch die Organisation der Erstellung der CMS-Beschreibung durch geeignete Personen[64].

62 Vgl. *Rüsken*, in: Klein, AO, § 34 Rn. 6 i.V.m. Rn. 35.
63 Vgl. *von Busekist/Birkemeyer*, Ubg 2015, S. 231 (232).
64 Vgl. *IDW Praxishinweis 1/2016*, Tz. 19.

## 5.2 Abgrenzung des Geltungsbereichs eines Tax CMS

35 Die Definition des Anwendungsbereichs des Tax CMS ist wesentlicher Bestandteil der Tax **CMS-Beschreibung**. Das Tax CMS ist von den anderen Teilbereichen des CMS abzugrenzen und im Hinblick auf die einbezogenen Steuerrechtsordnungen, Steuerarten, rechtlichen Einheiten und Betriebsstätten eindeutig und klar zu definieren[65]. Neben den Ertragsteuern kommen vor allem Steuerarten in Betracht, bei denen die steuerrelevanten Entscheidungen in hohem Maße außerhalb der Steuerabteilung getroffen werden. Hierzu gehören insb. die Umsatzsteuer, die Lohnsteuer und die Quellensteuern.

Im Rahmen des Tax CMS werden die Rollen und Verantwortlichkeiten von Personen und Organisationseinheiten definiert, die in die Erfüllung von steuerlichen Pflichten einbezogen werden. Dies gilt einerseits intern, z.B. für Mitarbeiter des Unternehmens und das interne Shared Service/Delivery Center, und andererseits für Externe, wie z.B. WP, StB und andere externe Dienstleister[66].

## 5.3 Grundelemente eines Tax CMS

36 Die Finanzverwaltung macht keine Angaben, wie ein Tax CMS ausgestaltet sein sollte, um eine Indizwirkung gegen das Vorliegen von Vorsatz oder Leichtfertigkeit zu entfalten. Mit dieser Fragestellung hat sich auf Bitten des BMF das IDW beschäftigt und einen *IDW Praxishinweis zur Ausgestaltung und Prüfung eines Tax Compliance Management Systems gemäß IDW PS 980* veröffentlicht.

Demnach weist ein angemessenes Tax CMS i.S.d. *IDW PS 980* die in der folgenden Abbildung dargestellten **sieben Grundelemente** auf, die in Wechselwirkung zueinander stehen und in die Geschäftsprozesse eingebunden sind[67].

65 Vgl. *IDW Praxishinweis 1/2016*, Tz. 20.
66 Vgl. *IDW Praxishinweis 1/2016*, Tz. 21.
67 Vgl. *IDW Praxishinweis 1/2016*, Tz. 22.

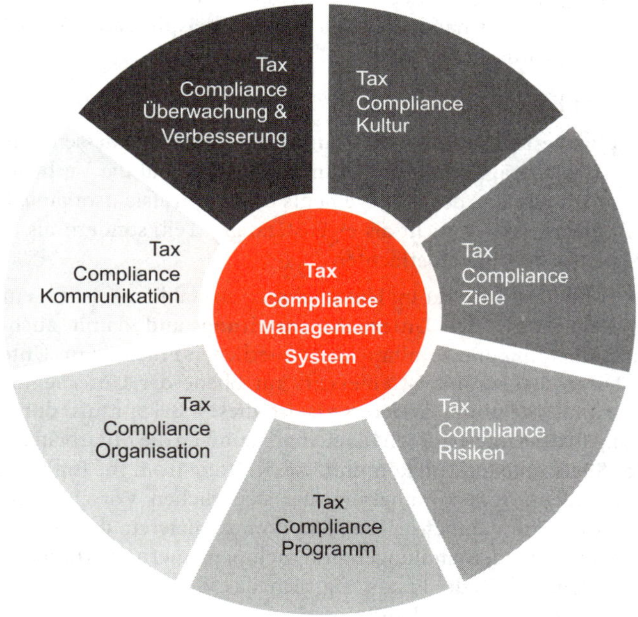


Abb. 1: Elemente des Tax Compliance Management Systems

Die CMS-Grundsätze i.S.d. *IDW PS 980* sind allgemein anerkannte sowie andere **angemessene Rahmenkonzepte** oder vom Unternehmen selbst entwickelte Grundsätze für CMS[68]. Insofern ist das Unternehmen bei der Wahl der Tax CMS-Grundsätze frei[69]. Diese Flexibilität muss in der Praxis so ausgelegt werden, dass bei einer Abweichung von der Systematik des *IDW Prüfungsstandards* nicht per se grobe Fahrlässigkeit oder Vorsatz unterstellt wird. Letztlich hat auch das BMF kein System definiert[70].

Die konkrete Ausgestaltung eines Tax CMS ist von zahlreichen Faktoren abhängig. **37**
Hierzu zählen neben dem Geltungsbereich des Tax CMS z.B. die Größe, die Rechtsform, die Branche des Unternehmens und die Governance-spezifischen Aspekte wie die Anteilseigner- bzw. Gesellschafterstruktur. Auch die Art und der Umfang der Geschäftstätigkeit, die internationale Ausrichtung des Unternehmens sowie der Kundenkreis haben Einfluss auf das Tax CMS. Zudem wird das Tax CMS durch den Grad der Automation der Prozessabläufe, den Grad der arbeitsteiligen Bearbeitung sowie den Grad der Delegation von Aufgaben beeinflusst[71]. Die Erläuterung der unternehmensspezifischen Ausgestaltung der Grundelemente erfolgt i.R.d. Tax CMS-Beschreibung, die in den Verantwortungsbereich der gesetzlichen Vertreter des Unternehmens i.S.d. § 34 Abs. 1 AO fällt.

68 Vgl. *IDW PS 980*, Tz. 8.
69 Vgl. *IDW Praxishinweis 1/2016*, Tz. 23.
70 Vgl. *von Wolfersdorff/Hey*, WPg 2016, S. 934 (940).
71 Vgl. *IDW Praxishinweis 1/2016*, Tz. 24.

Vor diesem Hintergrund stellen die sieben **Grundelemente** des Tax CMS keinen Mindeststandard dar. Vielmehr handelt es sich um eine **beispielhafte Darstellung**, die im Folgenden erläutert wird[72].

### 5.3.1 Tax Compliance-Kultur

**38** Die **Tax Compliance-Kultur** bildet die Grundlage für ein angemessenes und wirksames Tax CMS. Sie wird geprägt durch die Grundeinstellung und die Verhaltensweisen der geschäftsführenden Organe, des Managements und der Aufsichtsorgane. Die Kultur ist in Bezug auf Steuern jedoch nicht als eigenständiger Teil, sondern als Teil der allgemeinen Compliance-Kultur zu betrachten[73].

Um eine Tax Compliance-Kultur im Unternehmen zu etablieren, ist ein eindeutiges und nachhaltiges **Bekenntnis der Unternehmensleitung** und damit auch der Steuerabteilung zur Einhaltung und Erfüllung der steuerlichen Pflichten im Unternehmen erforderlich[74]. Dieses Bekenntnis ist einerseits auf Ebene der Unternehmensleitung zu verankern (tone at the top). Andererseits ist dieses Bekenntnis durch die Unternehmensleitung in das Unternehmen hinein und damit an die Mitarbeiter innerhalb und außerhalb der Steuerabteilung zu kommunizieren (tone from the top)[75]. Hierzu gehört nicht nur, die Bedeutung der Einhaltung der steuerlichen Vorschriften darzustellen. Zugleich muss die Unternehmensleitung klar kommunizieren, dass Verstöße nicht geduldet werden und Zuwiderhandlungen unternehmensintern sanktioniert werden (sog. Zero Tolerance Policy)[76]. In der Praxis zeigt sich, dass die Kultur zunehmend durch Tax Compliance geprägt wird. Sehr häufig ist die zutreffende Erfüllung der steuerlichen Pflichten ein wesentlicher Bestandteil der Zielvereinbarung der verantwortlichen Mitarbeiter[77].

**39** Die Dokumentation der Grundeinstellung erfolgt in der Regel **schriftlich**, wie z.B. i.R.d. Steuerrichtlinie, der Steuerstrategie, des Leitbildes oder des Verhaltenskodexes. In Abhängigkeit von der Ausgestaltung des Tax CMS kann eine schriftliche Dokumentation im Ausnahmefall entbehrlich sein. Ein solcher Ausnahmefall liegt vor, wenn die Tax Compliance-Kultur im Unternehmen nachweislich gepflegt wird, z.B. durch nachprüfbare Aussagen der gesetzlichen Vertreter[78]. In der Praxis ist davon auszugehen, dass die Grundeinstellung schriftlich dokumentiert wird.

**Beispiel 1:**

Die Tax Klausel im Code of Conduct könnte bspw. wie folgt lauten:
„Wir bekennen uns ausdrücklich zur Erfüllung der steuerlichen Pflichten in allen Ländern, in denen wir tätig sind. Wir halten nationale und internationale Steuergesetze ein und lehnen jede Form des Gestaltungsmissbrauchs ab."

72 Vgl. *IDW Praxishinweis 1/2016*, Tz. 25.
73 Vgl. *IDW Praxishinweis 1/2016*, Tz. 26.
74 Vgl. *Birkemeyer/Koch*, Ubg 2016, S. 90 (91).
75 Vgl. *IDW Praxishinweis 1/2016*, Tz. 26.
76 Vgl. *IDW Praxishinweis 1/2016*, Tz. 28; *Hauschka*, ZIP 2004, S. 877 (882).
77 Dies bestätigend *Birkemeyer/Koch*, Ubg 2016, S. 90 (91).
78 Vgl. *IDW Praxishinweis 1/2016*, Tz. 30.

Um ein einheitliches Risikobewusstsein zu schaffen, empfiehlt sich insb. die Definition der steuerlichen Risikostrategie. In der Praxis ist eine solche jedoch derzeit selten schriftlich fixiert. Dies bestätigt eine von KPMG im Jahr 2015 durchgeführte Studie zur Organisation der Konzernsteuerabteilung. Dabei gaben nur 27,8% der Teilnehmer der Studie an, über eine dokumentierte steuerliche Risikostrategie zu verfügen[79].

### 5.3.2 Tax Compliance-Ziele

Die aus der Unternehmensstrategie abgeleiteten Ziele, deren Definition in den Verantwortungsbereich der Unternehmens- oder Konzernleitung fällt, bilden die Grundlage für die **Tax Compliance-Ziele**. Diese Ziele geben der Steuerabteilung den Rahmen vor[80]. **40**

Die Dokumentation der Ziele erfolgt stets schriftlich, z.B. i.R.d. Steuerrichtlinie, des Leitbildes oder des Verhaltenskodexes[81]. Ferner können die Ziele i.R. einer Steuerstrategie definiert werden. Die Ziele können in **quantitative Ziele**, wie z.B. die Steuerung der Konzernsteuerquote und die Vermeidung von steuerlichen Nebenleistungen, und in **qualitative Ziele**, wie z.B. die Erfüllung aller Rechtspflichten und die Effizienz der Steuerfunktion, unterteilt werden[82]. Bei der Formulierung der Ziele ist darauf zu achten, dass diese konsistent, verständlich und praktikabel sind. Zudem sollte die Zielerreichung messbar sein[83]. **41**

### 5.3.3 Tax Compliance-Organisation

Die Tax Compliance-Organisation betrifft die steuerliche Aufbau- und Ablauforganisation. Erstere definiert die Rollen und Verantwortlichkeiten in Bezug auf die Wahrnehmung der steuerlichen Belange. Diese müssen in organisatorischer, fachlicher, prozesstechnischer, geografischer und bereichsspezifischer Hinsicht eindeutig, umfassend und widerspruchsfrei geregelt sein[84]. Dies bedeutet, dass die Geschäftsleitung insb. festlegen muss, welche Gesellschaften im Konzern durch die **zentrale Steuerabteilung** betreut werden, für welche Rechtsgebiete diese verantwortlich ist und inwieweit ausländische konzernangehörige Gesellschaften einbezogen werden[85]. Zudem sind die Verantwortlichkeiten klar zu definieren und abzugrenzen, wenn Tätigkeiten zur Erfüllung der steuerrechtlichen Pflichten auf Angehörige der steuerberatenden Berufe übertragen werden[86]. **42**

Die Tax Compliance-Organisation kann schriftlich z.B. in der (Konzern-)Steuerrichtlinie oder in einem **Organisationshandbuch** dokumentiert werden[87]. Organigramme tragen grundsätzlich zum Rollenverständnis bei, jedoch sind sie für eine umfassende Regelung der Rollen und Verantwortlichkeit nicht ausreichend und bedürfen weiterer Erläuterungen. Inkonsistenzen i.S. von fehlenden Regelungen der Verantwortlichkeiten und Prozesslücken bestehen in der Praxis insb. an Schnittstellen zu anderen Abteilun- **43**

---

79 An dieser Studie nahmen 79 Unternehmen aus verschiedenen Branchen Automobilindustrie, Chemie und Pharma sowie Handel und Konsumgüter teil. Vgl. *KPMG*, S. 11 f.

80 Vgl. *IDW Praxishinweis 1/2016*, Tz. 31 i.V.m. Tz. 33.

81 Vgl. *IDW Praxishinweis 1/2016*, Tz. 34.

82 Vgl. *Kromer/Pumpler/Henschel*, BB 2013, S. 791 (800).

83 Vgl. *IDW Praxishinweis 1/2016*, Tz. 32.

84 Vgl. *IDW Praxishinweis 1/2016*, Tz. 35 i.V.m. Tz. 37.

85 Vgl. *von Busekist/Birkemeyer*, Ubg 2015, S. 234 (231).

86 Vgl. *IDW Praxishinweis 1/2016*, Tz. 21 i.V.m. 56.

87 Vgl. *IDW Praxishinweis 1/2016*, Tz. 40.

gen. Beispielhaft können der Bereich der Lohnsteuer und damit die Schnittstelle von der Steuerabteilung zur Personalabteilung sowie der Bereich der Umsatzsteuer mit den Schnittstellen der Steuerabteilung zum Einkauf, zur IT-Abteilung und zum Rechnungswesen genannt werden.

Vor diesem Hintergrund sind die Schnittstellen zu anderen Fachbereichen sowie die damit verbundenen Verantwortlichkeiten eindeutig zu definieren[88]. Anderenfalls kann bei **Kompetenzüberschneidungen** nicht ausgeschlossen werden, dass Mitarbeiter auf die Erfüllung der Pflichten durch andere Mitarbeiter vertrauen und letztlich kein Mitarbeiter die Verantwortung trägt[89].

**44** Eine Delegation der steuerlichen Pflichten ist grundsätzlich zulässig. Die Organisations- und Strukturentscheidung umfasst im Falle eines mehrköpfigen Vorstands bzw. bei mehreren Geschäftsführern zunächst die Verteilung der Pflichten auf die verschiedenen Ressorts eines Geschäftsleitungsgremiums (sog. **horizontale Delegation**). Anschließend erfolgt eine Verteilung der Verantwortlichkeiten auf nachgelagerte Unternehmensteile (sog. **vertikale Delegation**)[90]. Im Hinblick auf die Steuerabteilung ist dies der Leiter der Steuerabteilung, der die Verantwortung wiederum auf die fachlichen Mitarbeiter der Steuerabteilung delegieren kann. Der Umfang der Verantwortung nimmt somit mit der Delegation ab.

Bei der Delegation von Aufgaben muss die Geschäftsführung bzw. der Vorstand sicherstellen, dass die mit diesen Aufgaben betrauten Personen die ihnen übertragenen steuerlichen Pflichten entsprechend erfüllen (können). Dies geschieht einerseits durch eine sorgfältige Auswahl der Mitarbeiter und andererseits durch deren Verpflichtung zur fachlichen Aus- und Fortbildung, da gerade der Bereich Steuern durch Komplexität, ständige Gesetzesänderungen und die Rechtsprechung geprägt ist[91].

**45** Im Rahmen der Compliance-Organisation sollte eine **Compliance-Abteilung** oder ein **Compliance Officer** bestimmt werden. In diesem Zusammenhang ist auch die Verantwortung für Tax Compliance zu definieren[92]. Hierbei können zwar – wie in anderen Bereichen – Compliance-themenverantwortliche Experten als zentrale Ansprechpartner für die jeweiligen Compliance-Themen etabliert werden. Aufgrund des erforderlichen Expertenwissens empfiehlt sich ggf. jedoch, die Verantwortung für den Bereich Tax Compliance dem Leiter der Steuerabteilung zuzuweisen.

### 5.3.4 Tax Compliance-Risiken

**46** Tax Compliance-Ziele und -Risiken stehen in enger Verbindung zueinander, d.h. die festgelegten Ziele beeinflussen die Risikohöhe. Der *IDW Praxishinweis 1/2016* gibt vor, dass **Tax Compliance-Risiken für jede Steuerart** gesondert zu betrachten sind. Hierzu sind die bestehenden Prozesse innerhalb des Unternehmens auf steuerliche Risiken zu untersuchen und die identifizierten Risiken schriftlich festzuhalten. Folgen von Regelverstößen können finanzieller oder bilanzieller Art sein[93].

88 Vgl. *IDW Praxishinweis 1/2016*, Tz. 38.
89 Vgl. OLG Düsseldorf, Beschluss v. 12.11.1998 – 2 Ss (Owi) 358/98 – (Owi) 112/98 III, S. 115 (116), wistra 1999, S. 115.
90 Vgl. *IDW Praxishinweis 1/2016*, Tz. 36.
91 *von Busekist/Birkemeyer*, Ubg 2015, S. 231 (238 f.).
92 Vgl. *Besch/Starck*, in: Hauschka/Moosmayer/Lösler, § 33 Rn. 112.
93 Vgl. *IDW Praxishinweis 1/2016*, Tz. 42.

> **!** **Hinweis 2:**
> Steuerliche Risiken finden sich insb. im Bereich der Ertragsteuern sowie in den Bereichen Umsatzsteuer, Lohnsteuer und Quellensteuer, da sich diese durch eine Vielzahl an konkreten Handlungspflichten und Fristen auszeichnen. Daher bergen sie für den gesetzlichen Vertreter des Unternehmens ein hohes steuerstrafrechtliches Risiko.

In der Praxis ist die standardisierte und umfassende Aufnahme der Risiken vor dem Hintergrund der **Prävention** (noch) nicht weit verbreitet. In der Regel werden die steuerlichen Risiken aus Unregelmäßigkeiten in der Vergangenheit abgeleitet, die bspw. zu Feststellungen i.R.d. Betriebsprüfung geführt haben[94]. Durch die Anforderung der schriftlichen Dokumentation der Risiken besteht in diesem Bereich zukünftig Handlungsbedarf für die Unternehmen.

47 Für die Aufnahme der unternehmensspezifischen Risiken je Steuerart bietet sich insb. ein sog. **Risk Assessment** (Aufnahme der steuerlichen Risiken im Unternehmen) an. Dabei erfolgt im ersten Schritt eine detaillierte und umfassende Erhebung der steuerlichen Risiken. Hierfür bilden – unter Beachtung der gesetzlichen Vorgaben – konkrete Risikoszenarien die Grundlage. Im zweiten Schritt erfolgt die Bewertung der erhobenen steuerlichen Risiken entsprechend ihrer Eintrittswahrscheinlichkeit und der potenziellen Schadenshöhe. Je Risiko ist dabei das Bruttorisiko zu bewerten, d.h. das Risiko vor Implementierung der risikomitigierenden Maßnahmen. Dieses Risiko bildet die Grundlage zur Bestimmung des Umfangs der notwendigen Maßnahmen und der Kontrollen, die die Umsetzung der Maßnahmen sicherstellen. Das anschließend zu ermittelnde Nettorisiko stellt dabei das Risiko nach Implementierung der geeigneten Maßnahmen und Kontrollen dar.

### 5.3.5 Tax Compliance-Programm

48 Das Tax Compliance-Programm umfasst einerseits die **risikomitigierenden Maßnahmen**, die unternehmensindividuell zu definieren sind, und andererseits die Kontrollen, die die Umsetzung dieser Maßnahmen sicherstellen. Hierbei ist festzuhalten, welche der Maßnahmen und Kontrollen bereits im Unternehmen existieren und welche noch zu implementieren sind.

Die folgende, nicht abschließende Aufzählung zeigt präventive Maßnahmen, die seitens der Unternehmen implementiert werden können[95]:

- Richtlinien und Arbeitsanweisungen
- Checklisten
- Schulungen
- Newsletter und andere Kommunikationskanäle
- Definition von Prozessen
- Berechtigungskonzepte.

49 Zur Vermeidung der Haftungsinanspruchnahme reichen risikomitigierende Maßnahmen allein nicht aus. Zusätzlich bedarf es einer **Überwachung**, ob diese im täglichen

94 Vgl. *Birkemeyer/Koch*, Ubg 2016, S. 90 (91).
95 Vgl. *IDW Praxishinweis 1/2016*, Tz. 44.

Geschäft tatsächlich umgesetzt werden. In der Praxis zeigt sich, dass i.R. von Steuerstrafverfahren eine Exkulpation vom Vorwurf eines Organisationsverschuldens nur möglich ist, wenn die Verantwortlichen eine lückenlose Überwachung auf allen Ebenen nachvollziehbar belegen können[96].

Für die Überwachung kommen folgende exemplarische Kontrollen, sog. **detektive Maßnahmen**, in Betracht[97]:

- prozessuale Kontrollen, wie z.B. das Vier-Augen-Prinzip
- technische Kontrollen i.S. von automatischen Plausibilitätskontrollen und Aussteuerung von Geschäftsvorfällen zwecks manueller Prüfung
- Stichproben und sonstige Prüfungen der Plausibilität der Daten und der eingesetzten Kontrollen.

**50** Die Umsetzung des Tax Compliance-Programms muss nach Ansicht des IDW nicht zwingend mit Hilfe eines IT-Systems erfolgen. Gleichwohl weist der *IDW Praxishinweis* darauf hin, dass in Abhängigkeit von der Größe, Organisation und Geschäftstätigkeit zu prüfen ist, ob der Einsatz eines solches Systems zumutbar ist[98].

Die Dokumentation des Programms hat stets in schriftlicher Form zu erfolgen. Hierfür eignet sich insb. eine **Risiko-Kontroll-Matrix**, die je Risiko die entsprechenden risikomitigierenden Maßnahmen und Kontrollen beinhaltet[99].

### 5.3.6 Tax Compliance-Kommunikation

**51** Eine wichtiges, häufig unterschätztes Grundelement des Tax CMS ist die Tax Compliance- Kommunikation. Dies gilt für alle Ebenen des Unternehmens. Die i.R.d. Tax Compliance-Programms definierten Maßnahmen und Kontrollen sowie die damit einhergehenden Rollen und Verantwortlichkeiten sind daher an die betroffenen Mitarbeiter des Unternehmens zu kommunizieren. Insbesondere sind bei Regelverstößen die Berichtswege und die Art des Berichts zu definieren, wobei diese maßgeblich durch die Größe des Unternehmens beeinflusst werden[100]. Die Dokumentation der Kommunikation kann in der **Organisations- oder Steuerrichtlinie** erfolgen[101].

### 5.3.7 Tax Compliance-Überwachung und Verbesserung

**52** Die bloße Existenz eines Tax CMS ist nicht ausreichend, um eine Enthaftung dauerhaft sicherzustellen. Vielmehr muss das System in geeigneter Weise überwacht werden. Eine hinreichende Dokumentation des Tax CMS bildet hierfür die Grundlage[102].

Die **Überwachung** des Tax CMS kann mittels folgender Maßnahmen erfolgen[103]:

- regelmäßige Überprüfung der Prozessabläufe
- Überprüfung der Wahrnehmung von Schulungen.

96 Vgl. *Birkemeyer/Koch*, Ubg 2016, S. 90 (93).
97 Vgl. *IDW Praxishinweis 1/2016*, Tz. 45.
98 Vgl. *IDW Praxishinweis 1/2016*, Tz. 46. Zu den technologiegestützten Umsetzungsmöglichkeiten vgl. Tz. 57 ff.
99 Vgl. *IDW Praxishinweis 1/2016*, Tz. 47.
100 Vgl. *IDW Praxishinweis 1/2016*, Tz. 48 f.
101 Vgl. *IDW Praxishinweis 1/2016*, Tz. 51.
102 Vgl. *IDW Praxishinweis 1/2016*, Tz. 52.
103 Vgl. *IDW Praxishinweis 1/2016*, Tz. 54.

Die Überwachungsmaßnahmen sind auf verschiedenen Ebenen zu definieren. Mängel, die bei der Überwachung des Tax CMS festgestellt werden, sind an die Verantwortlichen zu berichten, damit Maßnahmen zur Verbesserung der Prozessabläufe getroffen werden können[104].

Dies erfordert die Implementierung von **Berichtswegen**. Das zu implementierende Überwachungssystem kann daher bspw. mithilfe des sog. Three Lines of Defense-Modells erfolgen[105]. In einem solchen Modell[106] stellt die operative Einheit die **1st Line of Defense** dar. In den operativen Geschäftsprozessen werden entsprechend der Vorgaben der **2nd Line of Defense** Kontrollen implementiert. Die Zentralfunktion, wozu auch die Steuerabteilung gehört, überprüft als 2nd Line of Defense, ob ihre Vorgaben eingehalten wurden. Als 3rd Line of Defense prüft die Interne Revision die Angemessenheit des gesamten Überwachungs- und Kontrollsystems, d.h. die von der 1st und 2nd Line of Defense implementierten Kontrollen. Die Interne Revision hat somit die Funktion einer „Meta-Überwachung" inne[107]. Die folgende Abbildung fasst die Systematik zusammen:

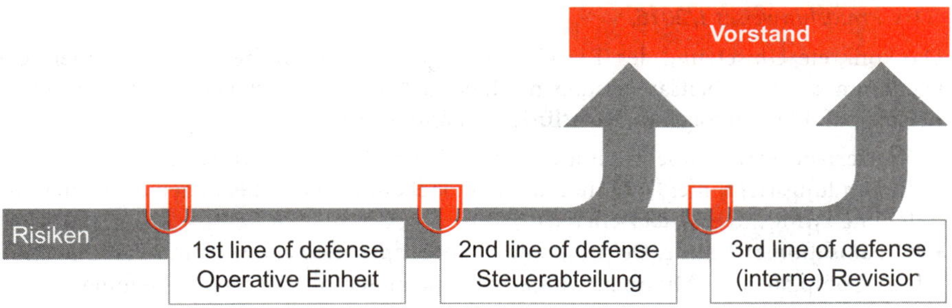


Abb. 2: Three Lines of Defense-Modell

Sofern Tätigkeiten zur Erfüllung steuerlicher **Pflichten an Dritte übertragen** werden, sind folgende Voraussetzungen zu erfüllen[108]: **53**

- Kommunikation der Anforderungen an die Tätigkeiten, die dem Dritten übertragen werden, und vertragliche Verpflichtung zu deren Erfüllung
- Sicherstellung der Verfügbarkeit der Informationen
- Plausibilitätskontrollen der Arbeitsergebnisse des Dritten.

Aus der Anforderung der vertraglichen Verpflichtung folgt, dass die Beauftragung eines StB oder eines anderen Dritten stets schriftlich erfolgen sollte. Die Durchführung der geeigneten Kontrollen zur Überprüfung der Arbeitsergebnisse sollte ebenfalls schriftlich dokumentiert werden.

104 Vgl. *IDW Praxishinweis 1/2016*, Tz. 55.

105 Vgl. Mitteilung der BaFin vom 09.07.2014, Tz. 67 https://www.bafin.de/SharedDocs/Veroeffentlichungen/DE/Berichte/vorbereitung_solvency_II_int_kontrollen_u_revision_va.html; DIIR (2014), Positionspapier, Die Interne Revision im Spannungsfeld zwischen Vorstand und Aufsichtsrat, S. 1 (6) http://www.diir.de/fileadmin/fachwissen/diir_veroeffentlichungen/DIIR-Positionspapier.pdf.

106 Zum Three lines of Defense-Modell vgl. auch *IDW*, WPH Edition, Wirtschaftsprüfung & Rechnungslegung[15], Kap. L Tz. 210 ff.

107 Vgl. *von Busekist/Birkemeyer*, Ubg 2015, S. 231 (238).

108 Vgl. *IDW Praxishinweis 1/2016*, Tz. 56.

## 5.4 Umsetzungsmöglichkeiten in der Praxis

### 5.4.1 Schaffung der rechtlichen Rahmenbedingungen

54 Mangels Definition der Anforderungen an ein Tax CMS wird im Folgenden dargestellt, welche Möglichkeiten zur Umsetzung eines Tax CMS in der Praxis bestehen und welche Ansätze vor dem Hintergrund der Best Practice empfohlen werden.

Die Tax CMS-Beschreibung bildet den Rahmen des Tax CMS, da hierin die im Unternehmen konkret angewandten Grundelemente des Tax CMS beschrieben werden. Die Beschreibung ist **unternehmensindividuell** auszugestalten[109]. Eine Gliederung der Tax CMS-Beschreibung könnte dabei wie folgt lauten:

a) Compliance Statement des Vorstands/der Geschäftsführung oder -leitung
b) Anwendungsbereich des Tax CMS
c) Tax CMS-Grundsätze.

Im Kapitel c) erfolgt die Darstellung der Ausgestaltung der sieben Grundelemente i.S.d. *IDW Praxishinweises 1/2016.*

55 Die konkrete Umsetzung des Tax CMS erfolgt mit Hilfe zahlreicher Richtlinien, die wiederum durch Arbeitsanweisungen, Handbücher und Checklisten ergänzt werden. Beispielhaft können folgende **Richtlinien** genannt werden:

- Konzernsteuerrichtlinie: Definition der Rollen und Verantwortlichkeiten
- Einbindungsrichtlinie: Definition der risikobehafteten Fälle, bei denen die Steuerabteilung zwingend einzubeziehen ist
- Organisationsrichtlinie: Definition der Standardprozesse zur Kommunikation von Tax Compliance an Mitarbeiter innerhalb und außerhalb der Steuerabteilung.

Als spezielle Richtlinien, die nur für einen Teilbereich gültig sind, können beispielhaft die Reisekostenrichtlinie und die Verrechnungspreis-Richtlinie genannt werden.

56 Die **ganzheitliche Abbildung** des unternehmensindividuellen Regelwerks, d.h. des Zusammenwirkens der Richtlinien, Arbeitsanweisungen, Prozesse und Verantwortlichkeiten im Unternehmen kann in einem sog. „Tax Operating Manual“ erfolgen[110]. Letztlich ist aber dieses Zusammenwirken bereits aus der CMS-Beschreibung ersichtlich, sodass ein solches Tax Operating Manual u.E. nicht zwingend erstellt werden muss.

Eine solche, überwiegend papierbasierte Umsetzung des Tax CMS entspricht zweifelsohne den Vorgaben des *IDW Praxishinweises.* Jedoch stellt sich die Frage, wie in einem überwiegend papierbasierten Tax CMS-System die lfd. Einbindung in die Unternehmensprozesse sichergestellt werden kann und wie aufwändig die Dokumentation ausgestaltet sein muss, um eine Haftungsinanspruchnahme der gesetzlichen Vertreter des Unternehmens zu vermeiden. Eine wirksame Implementierung des Tax CMS sollte daher stets durch Technologie unterstützt werden.

### 5.4.2 Einsatzmöglichkeiten von Technologie

57 Auch wenn dem Wortlaut nach der Begriff „System“ nur die Gesamtheit der risikomitigierenden Maßnahmen und Kontrollen beschreibt, die der Erfüllung der steuerlichen

109 Vgl. *IDW Praxishinweis 1/2016*, Tz. 9.
110 Vgl. *Besch/Starck*, in: Hauschka/Moosmayer/Lösler, § 33 Rn. 117.

Pflichten dienen, und die Form der Zusammenfassung der Elemente nicht bestimmt wird, sollte die Umsetzung des Tax CMS stets **technologieunterstützt** erfolgen.

> **Praxistipp 3:**
>
> Ein modernes Tax CMS, welches im Tagesgeschäft etabliert ist, nutzt daher die Möglichkeiten der fortschreitenden Digitalisierung. Erst die transparente und eindeutig geregelte Zusammenarbeit der Beteiligten und der IT-Systeme schafft nachhaltig Effizienz und stellt Compliance sicher.

In der Praxis wird Technologie zwar zunehmend, aber verhältnismäßig noch selten eingesetzt. Auch in der Literatur bildet Technologie ein Randthema. Technologie wird häufig nur als „hilfreich“ bezeichnet und ausschließlich bei großen Unternehmen als „notwendig“ erachtet[111]. Tatsächlich ist der Einsatz von Technologie in allen Unternehmen – wenn auch in unterschiedlichen Ausprägungen – sinnvoll und in Anbetracht der Digitalisierung alternativlos[112].

Vor dem Hintergrund der wachsenden Komplexität des Steuerrechts und den immer größer werdenden **Datenmengen** können steuerliche Pflichten rein papierbasiert nicht mehr bewältigt werden. Hinzu kommen die zahlreichen Schnittstellen zu anderen Bereichen des Unternehmens, die dazu führen, dass steuerliche Fragestellungen nicht isoliert von der Steuerabteilung beantwortet werden können. Dies betrifft insb. die Steuerarten Körperschaft- und Gewerbesteuer, die Lohn- und Umsatzsteuer sowie die Quellensteuern. In der Praxis sind diese Prozesse häufig nicht transparent, mit der Folge, dass Risiken nicht erkannt, Fehler erst i.R.d. Außenprüfung festgestellt werden und letztlich daher ein Steuerstrafverfahren nach sich ziehen können.

Die Identifizierung der unternehmensspezifischen Risiken muss schriftlich i.R. eines Risk Assessments erfolgen[113]. Ausgangspunkt einer solchen Risikoanalyse können zum einen konkrete **Risikoszenarien** sein, zum anderen aber auch dokumentierte steuerliche Prozesse. Beide Herangehensweisen an die Risikoanalyse sind für eine umfassende Aufnahme der Risiken grundsätzlich geeignet. Jedoch könnten bei einer isolierten Anwendung einer Methode wesentliche Risiken übersehen werden. So darf bspw. bei einer meist Excel-basierten Risikoanalyse auf Basis von Risikoszenarien der Fokus nicht ausschließlich auf Vorfällen in der Vergangenheit liegen[114]. Zudem werden hierbei nicht tatsächliche Prozessschritte, sondern aus dem Gesetz abgeleitete Lebenssachverhalte im Unternehmen betrachtet.

In der Praxis ist eine bestehende **Dokumentation** sämtlicher steuerrelevanter Prozesse 58
bislang noch **selten** vorzufinden. Sofern eine solche Dokumentation nicht i.R.d. Implementierung des Tax CMS angestrebt wird, empfiehlt es sich, zumindest eine Abbildung der wesentlichen risikobehafteten Prozesse durchzuführen. In der Praxis sind dies insb. Prozesse im Bereich der Lohnsteuer, der Quellensteuern oder der Umsatzsteuer.

111 So z.B. *Besch/Starck*, in: Hauschka/Moosmayer/Lösler, § 33 Rn. 104; etwas ausführlicher z.B. *Ludwig/Breimann/Kusch*, DStR 2016, S. 2240 (2244).

112 Dies bestätigend *Kromer/Pumpler/Henschel*, BB 2013, S. 791 (803).

113 Vgl. hierzu Tz. 46 f.

114 Vgl. *Birkemeyer/Koch*, BB 2016, S. 90 (91).

> **Praxistipp 4:**
>
> So können sich bspw. bei Veranstaltungen sowie bei Bewirtungen und Geschenken sowohl lohnsteuerliche als auch ertrag- und umsatzsteuerliche Auswirkungen ergeben, die bei der Planung einer Veranstaltung regelmäßig nicht bedacht werden[115]. Bei Fehlern können sich hieraus strafrechtliche Konsequenzen ergeben. Auch der Auftritt eines ausländischen Künstlers auf einer Firmenfeier eines deutschen Unternehmens gegen ein Honorar löst steuerliche Pflichten aus. So hat der Veranstalter nach § 50a EStG als Vergütungsschuldner den Steuerabzug bei Bundeszentralamt für Steuern anzumelden und abzuführen[116].

**59** Die Abbildung der risikobehafteten steuerlichen Prozesse kann bspw. mit dem international führenden Modellierungsstandard BPMN 2.0 (Business Process Model and Notation) erfolgen. BPMN 2.0 ist eine standardisierte, grafische Prozessnotation, die auch für die Prozessautomatisierung verwendet werden kann[117].

In der Praxis ist ein einheitlicher **Modellierungsstandard** selten vorzufinden. Die Prozessmodellierung erfolgt – häufig unter Verwendung einer eigenen Notation – mit Visio®, Word®, Excel® oder PowerPoint®[118]. Eine solche Vorgehensweise birgt jedoch aufgrund des Interpretationsspielraumes ein gewisses Fehlerpotenzial und damit ggfs. auch ein strafrechtlich relevantes Risiko. Die Verwendung eines anerkannten internationalen Standards könnte somit ein einheitliches Verständnis der einzelnen Prozessschritte durch die Prozessbeteiligten unterstützen und die Rechtssicherheit erhöhen.

Neben der Anwendung eines anerkannten Modellierungsstandards sind einheitliche Konventionen, die im Unternehmen klar kommuniziert werden, zu definieren. Diese Konventionen umfassen bspw. die Farbgebung der einzelnen Elemente, Formulierungsvorgaben für Aktivitäten und Designvorgaben für häufige Prozessmuster, wie z.B. Review-Prozesse.

**60** Nach der Aufnahme der Ist-Prozesse sind diese hinsichtlich der Risiken zu analysieren. Risikomitigierende Prozessveränderungen und Kontrollen können erst entwickelt werden, wenn alle Prozessschritte detailliert und verständlich dargestellt wurden. Hieraus lassen sich die zu definierenden **Soll-Prozesse** ableiten.

Die in den Prozessen identifizierten Risiken sowie die implementierten Kontrollen können in vielen Fällen direkt in der Software, die zur Modellierung der Prozesse verwendet wird, zwecks Aufbaus eines IKS hinterlegt werden. Dies ermöglicht eine systematische Steuerung und Überwachung der bestehenden Risiken. Ausgewählte Softwarelösungen bieten zudem die Möglichkeit, die Dokumentation der Risiken und Kontrollen in Form einer Risiko-Kontroll-Matrix zu erzeugen.

**61** Neben der Dokumentation der Prozesse und der Risiken ist sicherzustellen, dass die Mitarbeiter eines Unternehmens alle wichtigen Informationen – insb. die Dokumente, die in den Prozessen referenziert werden – an einer **zentralen Stelle** finden. Daher ist es

---

115 Vgl. hierzu u.a. *Ettlich*, in: Blümich, EStG, § 37b Rn. 1 ff.; *Heuermann*, in: Sölch/Ringleb, UStG, § 3 Rn. 300 ff. i.V.m. Rn. 654 ff.

116 Vgl. hierzu u.a. *Wied*, in: Blümich, EStG, § 50a Rn. 1 ff.

117 Zu diesem Standard vgl. u.a. *Freund/Rücker*, S. 8.

118 Vgl. *Freund/Rücker*, S. 253.

sinnvoll, die einzelnen Elemente, die Tax Compliance sicherstellen, über eine Plattform miteinander zu verknüpfen. Dies kann bspw. ein webbasiertes Portal sein, über das die Mitarbeiter des Unternehmens auf alle steuerrelevanten Prozesse zugreifen können. Über eine Einbindung eines digitalen Dokumenten-Management-Systems können zudem alle steuerrelevanten Unterlagen, wie z.B. Richtlinien, Arbeitsanweisungen und Handbücher, zur Verfügung gestellt werden. Des Weiteren stellt ein solches System örtlich unabhängig den Zugriff auf die steuerrelevanten Unterlagen sicher und gewährleistet deren Aktualität.

Durch die Implementierung einer solchen **Portallösung** kann die Zusammenarbeit der an den steuerrelevanten Prozessen beteiligten Abteilungen des Unternehmens auch Außenstehenden – wie z.B. der Finanzverwaltung – vermittelt werden. Art und Umfang sowie der technische Aufbau solcher Lösungen hängen stark von den Gegebenheiten des Unternehmens ab und stellen hier lediglich einen möglichen Umsetzungsvorschlag dar. Die technische Unterstützung der gewählten Maßnahmen richtet sich dabei stets nach der Geschäftstätigkeit des Unternehmens und der vorhandenen Infrastruktur.

In der Praxis zeigt sich, dass in steuerrelevanten Prozessen steuerliche Entscheidungen **62**
häufig von Mitarbeitern ohne entsprechende (steuerliche) Qualifikation getroffen werden (müssen). Um diese Mitarbeiter bei der Entscheidungsfindung zu unterstützen und die daraus resultierenden Risiken zu minimieren, ist es u.E. sinnvoll, technisch ausführbare **Geschäftsregeln** zu implementieren. Hierdurch kann die Steuerabteilung von der Prüfung einer Vielzahl von Einzelfällen entlastet und zugleich das Risiko von Fehlentscheidungen reduziert werden.

Zur Modellierung der Geschäftsregeln können bereits etablierte und international verfügbare **Standardnotationen** verwendet werden[119]. Solche Modelle basieren auf Sachverhaltsinformationen, die als Inputs erfasst werden. Die möglichen Ausprägungen der Inputs werden in einer Entscheidungstabelle logisch verarbeitet, d.h. jede Kombination von Inputs führt zu einer Entscheidung bzw. Entscheidungsempfehlung.

Somit können für verschiedene strukturierte Sachverhalte Entscheidungen automatisiert getroffen werden. Die in den Entscheidungstabellen zu hinterlegenden erforderlichen Daten können Daten, wie z.B. Bilanzwerte und der Ort einer Veranstaltung, oder Ergebnisse, die aus einer vorhergehenden Entscheidung resultieren, sein[120]. Durch die Einbindung von Geschäftsregeln werden Risiken minimiert, da sichergestellt ist, dass alle Faktoren berücksichtigt werden, die in die Entscheidung einbezogen werden müssen. So können steuerliche Entscheidungen auch außerhalb der Steuerabteilung sicher getroffen werden. Es bedarf lediglich der Eingabe der entscheidungserheblichen Sachverhaltsinformationen.

Eine weitere Ausbaustufe ist die (teilweise) **Automatisierung** von Prozessen und ggf. **63**
Entscheidungen. Prozesse bilden dabei die Grundlage für die Implementierung einer sog. Workflow-Lösung. Im Hinblick auf ein Tax CMS bezeichnet ein Workflow u.E. die automatisierte Durchführung eines (steuerlichen) Prozesses mit Einbindung aller betei-

119 Einen solchen Standard stellt bspw. DMN 1.1 (Decision Model and Notation) dar. Für weitere Informationen zu diesem Standard vgl. u.a. *Debevoise/Taylor*.

120 Vgl. *Debevoise/Taylor*, S. 3 ff.

ligten Personen/Abteilungen innerhalb einer Software-Applikation[121]. In einen Workflow können auch Entscheidungsmodelle eingebunden werden.

Die Implementierung eines **Workflows** eignet sich insb. für repetitive, komplexe und risikobehaftete steuerrelevante Prozesse, in die viele Abteilungen des Unternehmens einbezogen sind. Im Rahmen eines Workflows werden die einzelnen Prozessaktivitäten automatisiert zugewiesen und die Durchführung revisionssicher dokumentiert.

Ein Workflow stellt sicher, dass alle wesentlichen Prozessschritte eingehalten, alle beteiligten Personen automatisiert eingebunden und alle sachverhaltsrelevanten Informationen gesichert und dokumentiert werden. Zudem stehen sämtliche Daten auswertbar zur Verfügung.

Die Durchführung von nachgelagerten Kontrollen, die die zutreffende Ausführung der Prozesse sicherstellen, ist bei Implementierung eines Workflows nicht mehr erforderlich. Auch Stichproben entfallen, mit deren Hilfe überprüft wird, ob die Richtlinien und deren Ablageorte bekannt sind[122]. Die Kontrollen beschränken sich nunmehr darauf, dass keine Sachverhalte außerhalb des Workflows durchgeführt werden. Der Einsatz von Technologie minimiert somit steuerliche Risiken und ermöglicht es, Compliance-relevante Sachverhalte professionell zu steuern und zu überwachen.

64 Die Digitalisierung eröffnet zudem die Chance, zunehmend große Datenmengen zu analysieren und zu überwachen. Neben der Abbildung von Prozessen spielen **Datenanalysen** i.R.d. steuerlichen Risikomanagements eine immer größere Rolle. Mithilfe technischer Verfahren und Ansätze können die zur Verfügung stehenden Daten zunächst zu aussagekräftigen Erkenntnissen verdichtet und anschließend ein Mehrwert für das Unternehmen generiert werden. So können diese Daten bspw. Aufschluss darüber geben, inwieweit die Tax Compliance-Maßnahmen in der Praxis umgesetzt werden. Ferner helfen sie, systematische Fehlerquellen zu identifizieren und Fehlerrisiken zu vermeiden. Moderne Analysetools entfalten jedoch nur dann ihre (volle) Wirkung, wenn sie in klar definierte Prozesse eingebunden sind[123].

## 6. Prüfung des Tax CMS

### 6.1 Prüfungsziel

65 Da es sich bei einem Tax CMS um einen abgegrenzten Teilbereich des allgemeinen CMS handelt, kann die Prüfung eines Tax CMS durch einen WP auf Grundlage des *IDW PS 980* durchgeführt werden. Hinweise zur Prüfung eines Tax CMS enthält der *IDW Praxishinweis 1/2016.*

66 Unabhängig vom Prüfungsumfang, der sich auf die Angemessenheit bzw. auf die Wirksamkeit eines Compliance-Systems erstrecken kann, besteht das Prüfungsziel einer Tax CMS-Prüfung nicht darin, Einzelfälle zu prüfen und einzelne Verstöße zu identifizieren, sondern eine umfassende **Systemprüfung** durchzuführen, d.h. eine Prüfung der Kon-

---

121 Vgl. Ein Workflow ist eine Softwarekomponente zur Automatisierung von Geschäftsprozessen. Die Process Engine koordiniert dabei die Abläufe, die in den Prozessmodellen definiert sind. Vgl. Gabler Wirtschaftslexikon, Begriff „Process Engine“ http://wirtschaftslexikon.gabler.de/Definition/process-engine.html.

122 Zur manuellen Prüfung vgl. *Kromer/Pumpler/Henschel*, CB 2013, S. 204 (205).

123 Zur laufenden Überwachung und Kontrolle des Tax CMS vgl. Tz. 52.

trollen, Prozesse und Maßnahmen. Hierzu wird auf der Grundlage der CMS-Grundsätze und der CMS-Beschreibung beurteilt, ob der Aufbau und die Ausgestaltung des Tax CMS grundsätzlich funktionsfähig ist[124].

## 6.2 Abgrenzung des Prüfungsgegenstandes durch das Unternehmen

Die wesentliche Grundlage für die Abgrenzung des **Prüfungsgegenstandes** wird durch das Unternehmen selbst vorgegeben, da es sich beim Prüfungsgegenstand primär um die Aussagen der Unternehmensführung in der CMS-Beschreibung handelt. Innerhalb der Tax CMS-Beschreibung werden die angewandten CMS-Grundsätze, also die zugrunde liegenden Rahmenkonzepte, sowie die Umsetzung der sieben Grundelemente durch das Unternehmen (verantwortlich sind die gesetzlichen Vertreter) erläutert und konkretisiert[125]. 67

Im Detail erläutern die i.R.d. **Tax CMS-Beschreibung** getätigten Aussagen implizit oder explizit die Konzeption und die Ausgestaltung der Grundelemente des Tax CMS. Die Konzeption einer Tax CMS-Beschreibung beinhaltet – unter Berücksichtigung der angewandten Tax CMS-Grundsätze und Maßnahmen – eine Darstellung sämtlicher Grundelemente des Tax CMS. In diesem Sinne trifft die Tax CMS-Beschreibung Aussagen zur Tax Compliance-Kultur, legt die Tax Compliance-Ziele sowie den Prozess zur Feststellung und Analyse der Tax Compliance-Risiken fest. Zudem werden die Maßnahmen des Tax Compliance-Programms sowie der Aufbau der Tax Compliance-Organisation, die Entwicklung eines Kommunikationsprozesses sowie von Verfahren zur Überwachung und Verbesserung des Tax CMS definiert. 68

In diesem Zusammenhang ist zu beachten, dass die Tax CMS-Beschreibung angemessen, verständlich und frei von Interpretationsspielräumen formuliert wird. Darüber hinaus ist es nicht zielführend einen zu hohen **Detailierungsgrad** zu wählen, indem bspw. Einzelmaßnahmen erläutert werden. Um den unternehmensspezifischen Anforderungen gerecht zu werden, sollte die Beschreibung individuell erarbeitet und an die Rahmenbedingungen des Unternehmens angepasst werden. Zusammenfassend sollte die Tax CMS-Beschreibung einem Adressaten idealerweise einen komprimierten Überblick über das im Unternehmen implementierte System sowie dessen grundsätzlichen Aufbau und Bestandteile ermöglichen[126]. 69

Die Tax CMS-Beschreibung stellt den grundsätzlichen Prüfungsgegenstand dar. Zusätzlich wird durch das Unternehmen i.R.d. Prüfungsauftrages festgehalten, welcher abgegrenzte Teilbereich des Tax CMS durch die Prüfung beurteilt werden soll. Im Zuge der Prüfung eines Tax CMS kann der **Prüfungsgegenstand** nach spezifischen Steuerarten, wie bspw. den Ertragsteuern oder der Umsatzsteuer, in Teilbereiche **differenziert** werden[127]. 70

Damit bildet die Tax CMS-Beschreibung die Grundlage für eine Prüfung nach *IDW PS 980*. Mit erfolgter Prüfung wird **bescheinigt**, dass die Aussagen in der Tax CMS-Beschreibung in allen wesentlichen Belangen angemessen dargestellt und die Grundsätze und Maßnahmen geeignet sind, mit hinreichender Sicherheit sowohl Risiken für we- 71

124 Vgl. *IDW PS 980*, Tz. 18, 30; *IDW Praxishinweis 1/2016*, Tz. 58 f.; *Laue/Kunz/Schmiegel*, S. 151 (155).
125 Vgl. *IDW Praxishinweis 1/2016*, Tz. 60; *Withus*, WPg 2015, S. 261 (265).
126 Vgl. *Laue/Kunz/Schmiegel*, S. 151 (155).
127 Vgl. *IDW Praxishinweis 1/2016* Tz. 61.

sentliche Verstöße gegen Regeln bzw. der abgegrenzten Teilbereiche rechtzeitig zu erkennen als auch solche Regelverstöße zu verhindern[128].

## 6.3 Prüfungsumfang gem. IDW PS 980

72 Der Prüfungsumfang einer Tax CMS-Prüfung kann auf der Basis des *IDW PS 980* sowohl als Angemessenheitsprüfung als auch als Wirksamkeitsprüfung erfolgen und wird i.R.d. Prüfungsauftrages durch das Unternehmen festgelegt[129].

73 Im Rahmen der **Angemessenheitsprüfung** soll überprüft werden, ob die CMS-Beschreibung zum einen frei von wesentlichen Falschaussagen ist und die Aussagen hinsichtlich der angewandten Grundsätze und Maßnahmen geeignet sind, die wesentlichen Regelverstöße zu identifizieren bzw. zu verhindern. Zum anderen muss im Zuge der Prüfung sichergestellt werden, dass die beschriebenen Grundsätze und Maßnahmen zu einem bestimmten Zeitpunkt implementiert waren.

Die durchzuführenden Prüfungshandlungen bestehen aus Befragungen und Interviews mit den gesetzlichen Vertretern und Compliance-Verantwortlichen, um die Kompetenz- und Qualifikationsausstattung, den Aufbau- und die Schwachstellen des Systems sowie tatsächliche Compliance-Verstöße und entsprechende Reaktionen darauf in Erfahrung zu bringen. Ergänzend werden Beobachtungen der Arbeitsabläufe und -prozesse und Auswertungen von Unterlagen und Dokumenten des Unternehmens durchgeführt[130].

74 Die **Wirksamkeitsprüfung** stellt im Vergleich zur Angemessenheitsprüfung eine deutlich umfassendere und intensivere Prüfungsform dar, da sie sich über die Konzeption, Angemessenheit, Implementierung und Wirksamkeit eines Tax CMS erstreckt. Im Rahmen der Prüfung soll die Wirksamkeit der implementierten Grundsätze und Maßnahmen innerhalb eines bestimmten Zeitraumes geprüft werden, um so die durchgehende Anwendung und Umsetzung durch die Mitarbeiter im Unternehmen sicherzustellen. Die Prüfungshandlungen der Angemessenheitsprüfung werden für die Wirksamkeitsprüfung eines Tax CMS ausgeweitet und entsprechend detaillierter durchgeführt. So wird innerhalb des Wirksamkeitszeitraumes die Einhaltung des Compliance-Programmes geprüft, indem bspw. Nachweise hinsichtlich der Durchführung von Compliance-Trainings eingesehen werden[131].

75 Da i.R.d. Wirksamkeitsprüfung ein spezifischer Zeitraum bescheinigt wird, sollte die Prüfung mindestens ein halbes GJ abdecken, um die Kontinuität verlässlich beurteilen zu können. Darüber hinaus sind auch die dezentralen Geschäftseinheiten eines Unternehmens Bestandteil der Prüfung[132].

76 Neben der Prüfung kann ein Unternehmen ebenso Unterstützung durch einen WP bei der erstmaligen Einrichtung oder der Erweiterung eines Tax CMS erhalten. So kann bereits während der Entwicklung, Einführung, Änderung oder Erweiterung des Systems **projektbegleitend** mit der Prüfung des Tax CMS nach *IDW PS 980* begonnen werden, ohne dass die Unabhängigkeit des Prüfers hierdurch beeinträchtigt wird[133].

128 Vgl. *IDW Praxishinweis 1/2016*, Tz. 20 f.
129 Vgl. *IDW Praxishinweis 1/2016*, Tz. 62; *Müller*, IDW Life 2016, S. 122.
130 Vgl. *IDW PS 980*, Tz. 17; *Laue/Kunz/Schmiegel*, S. 151 (160).
131 Vgl. *IDW PS 980*, Tz. 14; *Laue/Kunz/Schmiegel*, S. 151 (160).
132 Vgl. *IDW Praxishinweis 1/2016*, Tz. 65.
133 Vgl. *IDW Praxishinweis 1/2016*, Tz. 66.

Im Rahmen der Prüfung nach *IDW PS 980* werden alle sieben Grundelemente eines Tax CMS geprüft. Der Schwerpunkt liegt i.d.R. auf den Elementen Tax Compliance-Risiken, Tax Compliance-Programm sowie Tax Compliance-Organisation, die jeweils spezifisch für die einzelnen Steuerarten, wie z.B. die Körperschaft- und Gewerbesteuer, Lohnsteuer oder die Umsatzsteuer, auszugestalten sind. 77

Im Zusammenhang mit dem Element **Tax Compliance-Risiken** wird hinsichtlich der spezifischen Steuerarten und der damit verbundenen Prozesse analysiert, wie die Identifikation, Erfassung und Bewertung der steuerlichen Risiken vorgenommen wird. Die Erfassung der Risiken erfolgt anhand von Klassen oder Kategorien, gefolgt von der Risikobewertung, die sich aus der Eintrittswahrscheinlichkeit und der potentiellen Schadenshöhe zusammensetzt. Zudem sollte in diesem Zusammenhang sichergestellt sein, dass eine regelmäßige Anpassung der dokumentierten Risiken unter Berücksichtigung von gesetzlichen und organisatorischen Änderungen erfolgt[134]. 78

Die Relevanz der Tax Compliance-Risiken muss nach quantitativen und qualitativen Faktoren auch für die jeweiligen **Organisationseinheiten** eines Unternehmens, bspw. für Betriebsstätten, beurteilt werden, sodass die Prüfungshandlungen entsprechend geplant werden können[135]. 79

Nachdem die Tax Compliance-Risiken identifiziert und bewertet wurden, findet eine Überprüfung der auf dieser Grundlage veranlassten Mitigationsmaßnahmen statt. Im Rahmen des Elements Tax Compliance-Programm wird untersucht, ob und welche geeigneten Maßnahmen für die Steuerung der ermittelten steuerlichen Risiken getroffen wurden. Hierbei wird nicht nur die **Existenz** von steuerfachlichen und organisatorischen Regelwerken im Unternehmen, sondern auch die **Einhaltung** der definierten Vorgaben durch die Mitarbeiter bewertet. Gegenstand der Prüfung können hier z.B. Prozesskontrollen, Richtlinien, Checklisten, Schulungen, Berechtigungskonzepte oder Dokumentationsanweisungen sein. Darüber hinaus sind auch die klare Zuordnung der Verantwortlichkeiten sowie die Brutto-Netto-Betrachtungen der identifizierten Risiken zu prüfen[136]. 80

Die organisatorische Ausgestaltung eines Tax CMS gibt das Rahmenwerk für die Prozesse, implementierten Kontrollen und Verantwortlichkeiten vor und stellt folglich einen wesentlichen Faktor für die Funktionsfähigkeit eines Kontrollsystems dar. Hinsichtlich des Elementes Tax Compliance-Organisation wird daher geprüft, wie die Organisation der **Steuerabteilung** grundsätzlich ausgestaltet ist, welche Funktionen diese ausübt, z.B. die Überwachung der Steuerrisiken, und welche Bereiche oder Einheiten darüber hinaus zentral betreut und gesteuert werden. Die Steuerabteilung verfügt zudem über zahlreiche Schnittstellen mit anderen Bereichen im Unternehmen, sodass auch die Pflichten, Verantwortlichkeiten und Schnittstellen zwischen den operativen Einheiten und der Steuerabteilung kritisch beleuchtet werden müssen. Eine wesentliche Schnittstelle befindet sich zwischen der Steuerabteilung und dem **Rechnungswesen**, da an dieser Stelle die implementierten Kontrollen greifen. Unter Umständen ist aber auch die Zusammenarbeit bzw. der Austausch mit der Compliance-Abteilung, gerade im Zuge einer erstmaligen Implementierung, von Vorteil. Des Weiteren sollte eine Prüfung der 81

134 Vgl. *IDW Praxishinweis 1/2016*, Tz. 66; *Hilsebein*, CB 2016, S. 121.
135 Vgl. *IDW Praxishinweis 1/2016*, Tz. 64.
136 *IDW Praxishinweis 1/2016*, Tz. 43 f.

Dokumentation dieser Schnittstellen und natürlich der wesentlichen steuerfachlichen Kernprozesse vorgenommen werden. Dies kann bspw. anhand der Durchsicht eines Organisationshandbuches oder einer Steuerrichtlinie durchgeführt werden. In der Praxis existiert häufig eine grundlegende, übersichtlich gehaltene Richtlinie, die die Ausgangsbasis für weitere einzelne Richtlinien mit entsprechenden tiefergehenden Ergänzungen bildet[137].

**82** Die Prüfung der weiteren Grundelemente eines Tax CMS Tax Compliance-Kultur, Tax Compliance-Ziele, Tax Compliance-Kommunikation und Tax Compliance-Überwachung und Verbesserung erfolgt nicht differenziert nach einzelnen Steuerarten, da es sich hierbei um übergeordnete Themen handelt, die überwiegend ähnlich für alle Steuerarten gelten.

**83** Im Zusammenhang mit dem Element Tax Compliance-Kultur ist die grundsätzliche Prüfung des Stellenwertes, dem Tax Compliance im Unternehmen beigemessen wird, von großer Bedeutung. Diese Bewertung kann bspw. daraus abgeleitet werden, ob und welche **Kommunikationsmaßnahmen** ergriffen werden, um Tax Compliance im Unternehmen zu verankern. Mögliche Maßnahmen können entsprechend kommunizierte Steuerrichtlinien und -strategien, Leitbilder und Verhaltenskodizes sein. Zudem kann ein sog. Management Commitment einen positiven Effekt auf die Tax Compliance-Kultur im Unternehmen haben, da hierdurch der tone from the top (Tz. 38) kommuniziert wird. Ein weiterer Aspekt ist die Handhabung bzw. Sanktionierung von Verstößen gegen interne Richtlinien oder die Nichtwahrnehmung von obliegenden Verantwortlichkeiten, denn nur eine konsequent gelebte Tax Compliance-Kultur über alle Unternehmensebenen hinweg schafft die Basis für ein wirksames Tax CMS[138].

**84** Das Grundelement **Tax Compliance-Ziele** bildet die Basis für die Beurteilung der Tax Compliance-Risiken. Aus diesem Grund ist es besonders relevant, dass bei der Prüfung analysiert wird, welche Ziele mit dem Tax CMS verfolgt werden und wie diese Ziele aus den allgemeinen Unternehmenszielen abgeleitet wurden. Des Weiteren ist zu prüfen, wie die steuerliche Risikostrategie definiert ist und wer die Verantwortung für die Festlegung der Strategie trägt. Die Ausgestaltung der Ziele unterliegt zudem spezifischen Anforderungen. Daher ist zu beachten, ob die Ziele untereinander konsistent, verständlich, praktikabel, messbar und mit den verfügbaren Ressourcen abgestimmt sind[139].

**85** Im Rahmen des Elementes Tax Compliance-Kommunikation werden insb. die Berichterstattung und Kommunikationsmaßnahmen analysiert. In dieser Hinsicht ist besonders relevant, wie die Berichterstattung zwischen der Steuerabteilung und den gesetzlichen Vertretern des Unternehmens (Geschäftsleitung bzw. Vorstand) ausgestaltet ist und wie im Steuerbereich Compliance-Verstöße und deren Handhabung im Unternehmen kommuniziert werden. Zudem ist zu prüfen, wie und durch welche **Kommunikationsmittel** (z.B. Steuerrichtlinie, Newsletter oder Schulungen) das Tax Compliance-Programm nachhaltig innerhalb der Organisation verankert wird und wie Mitarbeiter über steuerliche Pflichten und Arbeitsanweisungen instruiert werden[140].

---

137 Vgl. *IDW Praxishinweis 1/2016*, Tz. 35 ff.; vgl. *Beckschäfer*, ZWH 2016, S. 193 f.
138 Vgl. *IDW Praxishinweis 1/2016*, Tz. 26 ff.; *Hilsebein*, CB 2016, S. 121.
139 Vgl. *IDW Praxishinweis 1/2016*, Tz. 31 ff.
140 Vgl. *IDW Praxishinweis 1/2016*, Tz. 48 ff.

Das Grundelement Tax Compliance-Überwachung und Verbesserung ist maßgeblich für die **Qualitätssicherung** verantwortlich, da ein Kontrollsystem nach seiner Implementierung mit stetigen Veränderungen von unternehmensinternen und -externen Faktoren konfrontiert ist und daher kontinuierlich überwacht und angepasst werden muss. Mit der Implementierung von Kontrollen und der dazugehörigen Aufgabendelegation an bspw. die Steuerabteilung ist die Handlungspflicht im ersten Schritt erfüllt, jedoch geht diese im nächsten Schritt in eine **Überwachungspflicht** über. Im Rahmen einer Prüfung muss daher bewertet werden, wie die Überwachung der Steuerabteilung und der steuerlichen Prozesse organisiert ist und wer die Verantwortung für diese Überwachungsaufgabe trägt. Die Überwachungsmaßnahmen dienen bspw. der Sicherstellung der Einhaltung des Tax Compliance-Programms, der Überprüfung der Prozessabläufe oder der Teilnahme an Schulungen. Im nächsten Schritt wird geprüft, wie das Unternehmen die Angemessenheit und Wirksamkeit von steuerlichen Kontrollen beurteilt (z.B. durch Analysen von Verstößen) und folglich wie Anpassungen vorgenommen, Mängel beseitigt und Verbesserungsmaßnahmen durchgeführt werden, um so die nachhaltige Wirksamkeit des Tax CMS sicherzustellen[141]. **86**

## 6.4 Berichterstattung und Weitergabe von Prüfungsergebnissen

Nachdem die Prüfung des Tax CMS abgeschlossen ist, erfolgt die **Berichterstattung** in Form eines schriftlichen PrB und einer Bescheinigung nach *IDW PS 980*. In Abhängigkeit davon, ob wesentliche bzw. abgrenzbare Mängel festgestellt wurden, kann der Prüfer ein uneingeschränktes Prüfungsurteil abgeben, das Prüfungsurteil einschränken oder versagen. Die vorgesehene Mindestgliederung für den Prüfungsbericht enthält die folgenden Punkte: **87**

- Darstellung des Prüfungsauftrags
- Darstellung von Gegenstand, Art und Umfang der Prüfung
- ggf. Prüfungsfeststellungen
- Prüfungsurteil
- Tax CMS-Beschreibung des Unternehmens[142].

Die Tax CMS-Beschreibung des Unternehmens, für die eine **Vollständigkeitserklärung** eingeholt wird, wird dem PrB als Anlage beigefügt und mit einem entsprechenden Hinweis versehen, falls die Beschreibung nicht geprüfte Aussagen enthält[143]. **88**

Aufgrund des AEAO zu § 153 AO v. 23.06.2016, der den Hinweis enthält, dass ein funktionierendes innerbetriebliches Kontrollsystem dazu geeignet sein kann, den Vorwurf einer vorsätzlichen bzw. leichtfertigen Steuerhinterziehung zu entkräften, geht der *IDW Praxishinweis 1/2016* in Tz. 67 f. auch auf die **Weitergabe von Prüfungsergebnissen** ein. **89**

Grundsätzlich wird die Prüfung und Bescheinigung eines Tax CMS für das Unternehmen selbst durchgeführt. Nichtsdestotrotz kann es für ein Unternehmen von großem Vorteil sein, die Finanzbehörden über die Existenz eines wirksamen Tax CMS bzw. dessen Prüfung und Bescheinigung präventiv in Kenntnis zu setzen, um die Indiz- **90**

141 Vgl. *IDW Praxishinweis 1/2016*, Tz. 52 ff.; *Busekist/Birkemeyer*, Ubg 2015, S. 237 f.
142 Vgl. *IDW Praxishinweis 1/2016*, Tz. 67; *Laue/Kunz/Schmiegel*, S. 159 (173).
143 Vgl. *IDW PS 980*, Tz. 55.

wirkung gegen den Vorwurf einer vorsätzlichen bzw. leichtfertigen Steuerhinterziehung in Anspruch zu nehmen. Die Entscheidung über eine mögliche Weitergabe der Prüfungsergebnisse obliegt dem Unternehmen und wird mit dem Prüfer abgestimmt, jedoch nicht durch ihn veranlasst. Grundsätzlich richtet sich der **PrB an das Unternehmen** und ist nicht für die Weitergabe bzw. als Entscheidungsgrundlage für Dritte vorgesehen. Die Verantwortung des Prüfers besteht ausschließlich gegenüber dem Unternehmen. Gegenüber der Finanzverwaltung und Dritten übernimmt der Prüfer dagegen keine Verantwortung[144].

## 6.5 Sicherstellen der Qualität der Prüfung

**91** Nach dem *IDW Praxishinweis 1/2016* müssen bei CMS-Prüfungen, genauso wie bei allen betriebswirtschaftlichen Prüfungen, die **allgemeinen Berufspflichten** der Unabhängigkeit, Verschwiegenheit, Eigenverantwortlichkeit und Gewissenhaftigkeit nach der WPO erfüllt werden[145].

**92** Die wesentlichen Faktoren für eine gewissenhafte Durchführung einer Tax CMS-Prüfung sind zum einen die ausreichende Erfahrung und Kompetenz, die das gesamte Prüfungsteam aufweist, aber auch die personellen und zeitlichen Ressourcen, um die Prüfungshandlungen in einem angemessenen Rahmen durchführen zu können. Hinsichtlich der persönlichen **Kompetenzausstattung** der Prüfungsteammitglieder sind neben Fach- und Branchenkenntnissen ebenso Erfahrungen hinsichtlich der rechtlichen Anforderungen notwendig, um unter Umständen fachliche Spezialisten hinzuzuziehen[146].

**93** Neben einer grundsätzlichen Sicherstellung von qualitativ hochwertigen Prüfungsleistungen sind auftragsbezogene Qualitätssicherungsmaßnahmen durchzuführen. Bei diesen handelt es sich insb. um

- die Überwachung der Auftragsabwicklung,
- die Durchsicht der Prüfungsergebnisse und
- die Berichtskritik bzw. die auftragsbegleitende Qualitätssicherung[147].

---

144 Vgl. *IDW Praxishinweis 1/2016*, Tz. 68; *Müller*, IDW Life 2016, S. 122.

145 Vgl. *IDW Praxishinweis 1/2016*, Tz. 69; zu den allgemeinen Berufspflichten siehe auch *IDW*, WPH Edition, Wirtschaftsprüfung & Rechnungslegung[15], Kap. A.

146 Vgl. *IDW Praxishinweis 1/2016*, Tz. 70.

147 Vgl. *IDW PS 980*, Tz. 36.

# Kapitel M

# Prüfung des IKS von Dienstleistungsunternehmen

Verfasser:
WP StB Dipl.-Kfm. Harald Kayser, Hannover

Mitarbeit:
Dr. Beate Eibelshäuser, Frankfurt am Main
WP StB Dipl.-Kfm. Peter Hamm, Düsseldorf
WP Dipl.-Kfm. Heino Wehran, Hannover

Inhalt Tz.

## 1. Einleitung

Die **Bedeutung** der Auslagerung bzw. des Outsourcing von Unternehmensaufgaben an externe und interne Dienstleister steigt stetig. In der Regel entlastet sich das auslagernde Unternehmen hierbei von Aufgaben außerhalb des Kerngeschäfts, die spezialisierte Dienstleister effizienter und sicherer ausführen können. 1

Die Übertragung von Aufgaben, Prozessen oder Teilprozessen kann hinsichtlich Art und Umfang frei gestaltet werden. Die Bandbreite reicht von der einfachen Datenerfassung und/oder Datenspeicherung bis zur vollständigen Abwicklung komplexer Geschäftsprozesse – einschl. der speziellen Formen der Cloud-Computing Dienstleistungen und auch der Einbindung mehrerer Dienstleister. 2

Nicht übertragbar ist die Verantwortung für die Verarbeitungsergebnisse und für die Einhaltung der Sicherheits- und Ordnungsmäßigkeitsanforderungen. Sie verbleibt bei den gesetzlichen Vertretern des auslagernden Unternehmens[1]. Im Ergebnis muss das auslagernde Unternehmen auch die mit der Auslagerung verbundenen Risiken einschl. der Auswirkungen auf das eigene IKS beachten. 3

1 Vgl. *IDW RS FAIT 1*, Tz. 114; *IDW RS FAIT 5*, Tz. 1.

4 Für einen professionellen Anbieter sollte es selbstverständlich sein, dass er seine Kunden hierbei aktiv unterstützt und sein IKS, soweit es die ausgelagerten Funktionen oder Prozesse betrifft, entsprechend prüfen lässt.

5 **Geeignete Prüfungsstandards** sind insb. der International Standard on Assurance Engagements (ISAE) 3402 „Assurance Reports on Controls at a Service Organization" oder der *IDW Prüfungsstandard: Die Prüfung des internen Kontrollsystems bei Dienstleistungsunternehmen (IDW PS 951 n.F.)*. International existieren hierzu weitere Standards[2], die, wie auch der *IDW PS 951 n.F.*, i.d.R. eine hohe Vergleichbarkeit zum ISAE 3402 aufweisen und ergänzend nationale Besonderheiten berücksichtigen.

6 Dieses Kapitel befasst sich mit den wesentlichen praktischen Aspekten der Prüfung eines dienstleistungsbezogenen IKS, unabhängig davon ob sie nach *IDW PS 951 n.F.* oder ISAE 3402 erfolgt. Der Aufbau des Kapitels orientiert sich an der Struktur des *IDW PS 951 n.F.* und folgt damit auch dem Ablauf der Prüfung selbst. Die wesentlichen Unterschiede zwischen den Standards werden im laufenden Text berücksichtigt und zum Ende des Kapitels ergänzend gesondert zusammengefasst. Das Kapitel schließt mit zwei Beispielen zur aktuellen Entwicklung.

## 2. Grundlagen der Prüfung

### 2.1 Anwendungsbereich

#### 2.1.1 Grundlegende Voraussetzungen

7 Die typische Prüfung und Berichterstattung nach *IDW PS 951 n.F.* oder ISAE 3402 betrifft das **dienstleistungsbezogene interne Kontrollsystem** des Dienstleistungsunternehmens insoweit, als es für die Finanzberichterstattung der auslagernden Unternehmen relevant ist.

Sofern das dienstleistungsbezogene IKS keinen derartigen Rechnungslegungsbezug aufweist, ist ISAE 3402 generell nicht anwendbar. Abweichend hiervon ist der *IDW PS 951 n.F.* offener konzipiert und kann explizit auch für die Prüfung von nicht rechnungslegungsbezogenen IKS genutzt werden[3].

8 Die Prüfung des dienstleistungsbezogenen IKS ist immer mit einer Prüfungsaussage mit hinreichender Sicherheit (i.S.d. ISAE 3000 (Rev.): „reasonable assurance engagement"[4]) verbunden. Es besteht keine Wahlmöglichkeit zu einer Prüfungsaussage mit begrenzter Sicherheit.

9 Des Weiteren ist es unabdingbar, dass der Auftraggeber der Prüfung die Verantwortung für das dienstleistungsbezogene IKS trägt und bereit und in der Lage ist, hierzu auch eine gesonderte Erklärung abzugeben (i.S.d. ISAE 3000 (Rev.): „attestation engagement"[5]).

10 Die Formulierung des Prüfungsergebnisses erfolgt unmittelbar mit Bezug auf den Prüfungsgegenstand und die anzuwendenden Kriterien (i.S.d. ISAE 3000 (Rev.): „in terms of

---

2 Bspw. in den USA der SSAE No. 18, AT-C Section 320 "Reporting on an Examination of Controls at a Service Organization Relevant to User Entities' Internal Control Over Financial Reporting" (anzuwenden für Berichterstattungen ab 01.05.2017; vormals SSAE No. 16, AT 801).

3 Vgl. *IDW PS 951 n.F.*, Tz. 5.

4 Vgl. ISAE 3000.12(a)(i) a. (Rev.) ; ausführlich zu ISAE 3000 (Rev.) vgl. Kap. C.

5 Vgl. ISAE 3000.12(a)(ii) a. (Rev.).

the underlying subject matter and the applicable criteria"). Andere Formulierungsvarianten sind nicht vorgesehen.

### 2.1.2 Praktische Erwägungen

Die vorstehenden grundlegenden Voraussetzungen müssen zwischen Prüfer und Auftraggeber frühzeitig vor Auftragserteilung sichergestellt werden. 11

Wenn diese Voraussetzungen nicht gegeben sind, oder wenn es sich aufgrund von anderen Überlegungen herausstellt, dass *IDW PS 951 n.F.* oder ISAE 3402 zur Lösung der Aufgabenstellung nicht geeignet sind, sollten **andere Formen der Prüfung und Berichterstattung** erwogen werden. Hierfür kommen, i.S.d. ISAE 3000 (Rev.), bspw. individuell auf die Bedürfnisse des Kunden zugeschnittene „direct engagements"[6] infrage. Alternativ kann auch die Durchführung individuell abgestimmter einzelner Untersuchungshandlungen (agreed-upon procedures)[7] eine effiziente Lösung sein.

Der Kreis der Kunden des Dienstleistungsunternehmens, die eine Berichterstattung i.S.d. 12
*IDW PS 951 n.F.*/ISAE 3402 benötigen, kann im Einzelfall recht klein sein. Individuelle Berichte für ausdrücklich einen Kunden sind in der Praxis keine Seltenheit. Auch in diesen Fällen ist i.S.d. Effizienz ggf. zu erwägen, auf andere Lösungen zurückzugreifen.

Insbesondere bei **Erstprüfungen** stellt sich nach der Klärung der grundlegenden Vo- 13
raussetzungen die Frage, welcher der beiden Prüfungsstandards gewählt werden sollte.

Die Anwendung des ISAE 3402 anstelle des *IDW PS 951 n.F.* bietet sich insb. dann an, wenn wesentliche Kunden des Dienstleistungsunternehmens und deren APr. außerhalb von Deutschland ansässig sind. Für Berichtsadressaten im deutschen Rechtsraum ist dabei gleichwohl sicherzustellen, dass die Vorgaben, in denen der *IDW PS 951 n.F.* über ISAE 3402 hinausgeht[8], berücksichtigt werden.

## 2.2 Gegenstand und Ziele der Prüfung

### 2.2.1 Allgemeine Aspekte

Gegenstand der Prüfung sind die Beschreibung des dienstleistungsbezogenen IKS (**IKS- 14
Beschreibung**) und die in der IKS-Beschreibung dargestellten Kontrollziele und Kontrollen.

Die Prüfung erfolgt auf der Grundlage der von den gesetzlichen Vertretern des Dienst- 15
leistungsunternehmens abzugebenden Erklärung.

Wesentlicher Bestandteil dieser **Erklärung** ist die Bestätigung **der gesetzlichen Vertreter** (hier in vereinfachter Form zusammengefasst), inwieweit:

- die IKS-Beschreibung das konzipierte und implementierte dienstleistungsbezogene IKS sachgerecht darstellt,
- die aufgeführten Kontrollen in Bezug auf die Kontrollziele angemessen gestaltet waren, und
- die Kontrollen in dem der Prüfung zugrunde liegendem Zeitraum wirksam waren (soweit dies in den Prüfungsauftrag eingeschlossen werden soll).

6 Vgl. Kap. C Tz. 39 ff.
7 Vgl. Kap. T.
8 Vgl. z.B. *IDW PS 951 n.F.*, Tz. 5.

Unabdingbarer weiterer Bestandteil der Erklärung ist die Nennung der **Kriterien**, auf deren Grundlage die gesetzlichen Vertreter ihre vorstehende Bestätigung abgeben.

16 Die **Prüfung durch den Wirtschaftsprüfer** erfolgt unter Anwendung der in der Erklärung der gesetzlichen Vertreter benannten Kriterien. Ziel dieser Prüfung ist es nun seinerseits

- ein Urteil abzugeben
  - zur Darstellung des dienstleistungsbezogenen IKS in der IKS-Beschreibung und zu dessen Implementierung,
  - zur Eignung der zugrunde gelegten Kriterien und der daraus abgeleiteten Kontrollziele,
  - zur Angemessenheit der Gestaltung der Kontrollen in Bezug auf die Kontrollziele,
  - zur Wirksamkeit der Kontrollen (soweit im Prüfungsauftrag eingeschlossen),
- und hierüber eine Berichterstattung zu erstellen.

Die Beurteilung des Prüfers muss auf der Grundlage geeigneter Kriterien erfolgen. Entsprechend schließt die Prüfung auch eine **Beurteilung der Eignung der** in der Erklärung aufgeführten **Kriterien** ein. Hierzu setzen *IDW PS 951 n.F.* und ISAE 3402 gleichermaßen Mindestanforderungen, die den Prüfer bei seiner Beurteilung unterstützen.

### 2.2.2 Arten der Berichterstattung (Typ 1 und Typ 2)

17 Hinsichtlich des Umfangs der Beauftragung, der Prüfung und der Berichterstattung werden die Berichterstattung vom Typ 1 und die Berichterstattung vom Typ 2 unterschieden[9].

Bei einer **Berichterstattung vom Typ 1** beziehen sich Prüfungsumfang und Prüfungsurteil im Sinne einer Aufbauprüfung stichtagsbezogen auf einen Zeitpunkt. Bei der Prüfung und **Berichterstattung vom Typ 2** ist zusätzlich die Prüfung der Wirksamkeit der Kontrollen für einen Zeitraum als Funktionsprüfung eingeschlossen.

18 Der Umfang der Prüfung und der geeignete Prüfungszeitpunkt bzw. Prüfungszeitraum für die Prüfung leiten sich aus den individuellen Anforderungen der auslagernden Unternehmen und den Umständen beim Dienstleistungsunternehmen ab.

19 Eine **Berichterstattung vom Typ 1** kommt bspw. dann infrage, wenn eine (Teil-)Dienstleistung neu angeboten oder aufgenommen wird oder wenn sich der Kreis der Kunden für eine bestehende Dienstleistung (bedeutend) erweitert. Eine andere typische Situation liegt vor, wenn das Dienstleistungsunternehmen sein dienstleistungsbezogenes IKS grundlegend überarbeitet und optimiert hat, ohne dass bereits rückblickend auch die Wirksamkeit des Kontrollsystems nachgewiesen werden kann.

In jedem Fall ist zu beachten, dass die Verwertung einer Berichterstattung vom Typ 1 für den Kunden und dessen APr. mangels Prüfungsaussagen über die Wirksamkeit der Kontrollen nur eingeschränkt möglich ist.

20 Der Regelfall wird eine **Berichterstattung vom Typ 2** mit einem Prüfungszeitraum von zwölf Monaten sein. Bei entsprechenden Anforderungen, bspw. aufgrund von Kundengruppen mit vom Kalenderjahr abweichendem Wirtschaftsjahr, ist in der Praxis auch eine mehrmalige Prüfung pro Jahr mit jeweils z.B. sechsmonatigem Prüfungszeitraum üblich. Die Prüfungszeiträume sollten nahtlos aneinander anschließen. Lücken zwischen

9 Vgl. *IDW PS 951 n.F.*, Tz. 15 f.

den Prüfungszeiträumen führen beim Berichtsempfänger zwingend zur Frage, aus welchem Grund sie nicht in die Prüfung eingeschlossen wurden.

Kürzere Prüfungszeiträume als sechs Monate sollten nur in begründeten Ausnahmefällen gewählt werden. Typische Beispiele sind auch hier die Neuaufnahme einer Dienstleistung, der Zugang neuer Kunden oder besondere individuelle Erfordernisse einzelner Kunden bspw. aufgrund eines Rumpfgeschäftsjahres[10].

**Praxistipp 1: Prüfungszeitraum**

Der typische Zeitraum für ein Wirtschaftsjahr ist das Kalenderjahr. Der ideale Prüfungszeitraum wäre insoweit die Zeit vom 01.01. bis zum 31.12.. Diese Lösung scheidet aus praktischen Erwägungen aus, sofern die Berichterstattung von den APr. der Kunden nicht mehr zeitgerecht verwertet werden kann. Das Ende des Prüfungszeitraums liegt daher oftmals ein oder zwei Monate vor dem Ende des Kalenderjahres.

Dies führt zur Frage, wie mit dem Zeitraum vom Ende des Prüfungszeitraums bis zum Datum des JA der auslagernden Unternehmen umgegangen wird. Infrage kommen bspw. gesonderte Bestätigungen/Zusicherungen des Dienstleistungsunternehmens zu seinem dienstleistungsbezogenen IKS über diesen Zeitraum. Diese können erforderlichenfalls ebenfalls wiederum durch eine Prüfung des WP abgedeckt werden. Art und Umfang dieser Prüfungen können auf diesem Weg individuell an den Anforderungen der Beteiligten ausgerichtet werden.

## 2.3 Adressaten der Berichterstattung (intended users)

Die **Adressaten der Berichterstattung** sind die gesetzlichen Vertreter des Dienstleistungsunternehmens sowie die auslagernden Unternehmen und deren APr. **21**

Die Kunden und deren APr. sollen über die Berichterstattung in die Lage versetzt werden, sich ein eigenes Verständnis und Urteil über die Dienstleistung und die damit verbundenen Risiken (i.d.R. für die Finanzberichterstattung) des Kunden zu bilden. Dieses Verständnis wird ggf. auch zusammen mit weiteren Informationen außerhalb der Berichterstattung aufgebaut werden, wie bspw. zu von den Kunden selbst betriebenen Kontrollen. **22**

Andere Adressaten, wie insb. potentielle Kunden des Dienstleistungsunternehmens, sind nicht vorgesehen. **23**

# 3. Dienstleistungsunternehmen und deren Beschreibung des internen Kontrollsystems

## 3.1 Arten ausgelagerter Dienstleistungen

*IDW PS 951 n.F.* nennt als typische Beispiele für die Auslagerung von Dienstleistungen den Betrieb von Rechenzentren, das Business Process Outsourcing, Cloud Computing Services und Shared Service Center[11]. **24**

10 Vgl. *IDW PS 951 n.F.*, Tz. 18.
11 Vgl. *IDW PS 951 n.F.*, Tz. 19.

25 Der **Betrieb eines Rechenzentrums** ist typischerweise mit den Funktionsbereichen der Systemtechnik, der Systemverwaltung und dem laufenden Systembetrieb (Operating) verbunden.

26 Im **Business Process Outsourcing** übernimmt der Dienstleister die Bearbeitung vollständiger Unternehmensprozesse bzw. davon abgrenzbarer Teile. Für den Auftraggeber sind dies typischerweise kaufmännische Hilfsprozesse wie die Gehaltsabrechnung, die dann kundenübergreifend einheitlich gestaltet und von einer Vielzahl von Kunden genutzt werden können. Weitere typische Beispiele sind die Übernahme von Aufgaben der Prüfung und Buchung von Eingangsrechnungen und allgemein der Kontokorrentbuchführung. Von zunehmender Bedeutung sind auch spezialisierte Logistikdienstleistungen (Lagerführung, Transport, Versand).

27 **Cloud Computing** Dienstleistungen stellen eine spezielle Form des IT-Outsourcings dar[12]. Die Besonderheit aus Sicht der Kunden besteht darin, dass sie für diese Leistung keine für sie dezidiert reservierten oder nur für sie betriebenen IT-Systeme anmieten oder beschaffen müssen und dass Art und Umfang der Dienstleistungen flexibel und auf Abruf (und damit schnell anpassbar) genutzt werden können.

Cloud Computing unterscheidet verschiedene grundlegende Servicemodelle[13]. Bei „Infrastructure as a Service (IaaS)" wird allein die benötigte IT-Infrastruktur bereitgestellt (Festplattenkapazität, Netzwerkserverkapazität, Speicherkapazität). Bei der Variante „Platform as a Service (PaaS)" steht für das auslagernde Unternehmen eine Umgebung zum Betrieb eigener Softwarelösungen bereit. Entwicklung, Test und Betrieb dieser Software liegt dann im Regelfall in der Verantwortung des Kunden selbst. „Software as a Service (SaaS)" schließlich bezeichnet eine Dienstleistung, bei der der Kunde die IT-Anwendung des Dienstleisters aus der Cloud nutzt.

Neben der Kenntnis der Servicemodelle ist für eine Prüfung nach *IDW PS 951 n.F.*/ ISAE 3402 bei Cloud Computing auch das Verständnis der grundlegenden Bereitstellungsmodelle von Bedeutung. In einer Public Cloud werden die Dienste allen auslagernden Unternehmen gemeinsam bereitgestellt. Eine Cloud Computing Dienstleistung ausschließlich zur Nutzung eines Kunden wird als Private Cloud bezeichnet. Eine Community Cloud steht den Anwendern einer bestimmten Interessengruppe zur Verfügung. Mischformen (Hybrid Cloud) der Modelle sind möglich.

**Praxistipp 2: Abgrenzung der Dienstleistung im Falle von Cloud Computing**

Bei vielfachen Kombinationsmöglichkeiten eines Dienstleistungsangebotes, wie beim Einsatz von Cloud Techniken, sollte geprüft werden, ob die zu prüfende Dienstleistung anhand ihrer Merkmale in einzelne (Sub-) Dienstleistungen aufgeteilt werden kann.
Der Anbieter eines SaaS-Servicemodells bspw. wird für den Betrieb seiner SaaS-Anwendung ggf. die bei ihm vorhandenen (oder extern von einem weiteren Dienstleister bezogenen) PaaS- und/oder IaaS-Strukturen nutzen. Insoweit kann in so einem Fall eine Trennung der Prüfungen in einerseits die Prüfung der PaaS- bzw. IaaS-Dienstleistungen und andererseits die Prüfung der dann noch nicht abgedeckten „SaaS-Komponenten" erwogen werden.

12 Vgl. *IDW RS FAIT 5*, Tz. 7 f.
13 Vgl. *IDW RS FAIT 5*, Tz. 9 f.

Vergleichbare Überlegungen können zum Bereitstellungsmodell, also der Trennung der Prüfung von z.B. Public Cloud und Community Cloud getroffen werden. Generell wichtig bei diesen Erwägungen ist ein detailliertes Verständnis der Berichtsadressaten (Kundengruppen) einschl. ihrer mit der Berichterstattung abzudeckenden Informationsbedürfnisse.

Unter dem Begriff **Shared Services** wird die Zusammenfassung meist gleichartiger Prozesse aus verschiedenen Bereichen eines Unternehmens bzw. einer Organisation verstanden. Die Bearbeitung wird meist von (einer) zentralen Stelle(n) oder Abteilung(en) als Shared Service Center (SSC) erbracht. **28**

Im Unterschied zum Outsourcing handelt es sich bei der Shared-Service-Konstruktion insoweit um eine Art des internen Outsourcings. Hinsichtlich Art und Umfang der betroffenen internen Dienstleistungen gelten die vorstehenden allgemeinen Ausführungen.

**!**

**Hinweis 1: steigende Bedeutung von Prüfungen nach IDW PS 951 n.F./ ISAE 3402 bei SSC**

Die zentrale Prüfung und Berichterstattung nach *IDW PS 951 n.F.*/ISAE 3402 hat auch für Shared Service Center Organisationen eine steigende Bedeutung. Wesentliche Gründe hierfür sind zum einen die klare und einheitliche Berichterstattung, die national und international von allen Berichtsadressaten schnell nachvollzogen werden kann. Zum anderen sind mit der Prüfung für die Dienstleistungseinheit oftmals wertvolle Impulse zur (weiteren) Vereinheitlichung der zentral erbrachten Prozesse verbunden.

Der **Bezug zur Rechnungslegung** ist im Grundsatz unabhängig von der Form, in der eine (zentrale) Dienstleistung erbracht wird. Sowohl beim Rechenzentrumsbetrieb als auch beim Cloud Computing ergibt sich dieser Bezug unmittelbar über die rechnungslegungsrelevanten IT-Anwendungen selbst, die in dem Rechenzentrum betrieben bzw. über das Cloud Computing genutzt werden. **29**

Zur Vorbereitung einer Prüfung nach *IDW PS 951 n.F.*/ISAE 3402 ist daher frühzeitig zu klären, ob und inwieweit die Prüfung auf einzelne IT-Anwendungen mit Rechnungslegungsbezug eingegrenzt werden kann oder ob die Prüfung die Dienstleistung insgesamt betrifft, ohne dass eine explizite Trennung der IT-Anwendungen hinsichtlich ihres Bezugs zur Rechnungslegung erfolgt.

## 3.2 Anforderungen an die IKS-Beschreibung und die Erklärung der gesetzlichen Vertreter

### 3.2.1 Prüfungskriterien bzw. Mindestinhalte als Grundlage

Die Beurteilung des dienstleistungsbezogenen IKS betrifft die IKS-Beschreibung des Dienstleistungsunternehmens, die Angemessenheit der Ausgestaltung der dort aufgeführten Kontrollen in Bezug auf die Kontrollziele und, bei einer Berichterstattung vom Typ 2, die Wirksamkeit der Kontrollen bezogen auf den Prüfungszeitraum. Die hierfür seitens des Dienstleistungsunternehmens genutzten Kriterien sind durch den Prüfer hinsichtlich ihrer Eignung zu beurteilen. **30**

Die **Mindestinhalte der Kriterien**[14] richten sich sowohl an das Dienstleistungsunternehmen als auch an den Prüfer. Entsprechend finden sich die Mindestinhalte zur Erklärung der gesetzlichen Vertreter auch in den Beispielstexten der Prüfungsstandards[15].

Sprachlich ist hierbei zu beachten, dass der ISAE 3402 durchgehend den Begriff „Kriterien" nutzt, während der *IDW PS 951 n.F.*, Tz. 20 ff. direkt auch von „Anforderungen an die Beschreibung des dienstleistungsbezogenen internen Kontrollsystems und an die Erklärung der gesetzlichen Vertreter" spricht.

## 3.2.2 Angemessenheit und Wirksamkeit

### 3.2.2.1 Angemessenheit der IKS-Beschreibung

31 Die IKS-Beschreibung soll das eingerichtete dienstleistungsbezogene IKS zutreffend darstellen und alle Informationen umfassen, die für den Empfänger der Berichterstattung von Bedeutung sind. Dies mag auf den ersten Blick selbstverständlich sein, führt aber in der Umsetzung aufgrund der Komplexität und möglichen Vielfältigkeit von Dienstleistungen nicht selten zu Herausforderungen. Nachfolgend werden die aus Praxissicht wesentlichen **Anforderungen an die IKS-Beschreibung** mit Beispielen zu Ihrer Bedeutung zusammenfassend dargestellt.

32 Die wesentlichen Teilanforderungen[16] betreffen die Beschreibung der Art der Dienstleistung und die Beschreibung der eingesetzten Verfahren einschl. der den Verfahren zugrunde liegenden Informationen.

> **!**
>
> **Hinweis 2: Allgemeine Darstellung der Dienstleistung in der IKS-Beschreibung**
>
> Die IKS-Beschreibung soll, aus der Perspektive des Empfängers der Berichterstattung, insb. die folgenden Aspekte klar darstellen.
>
> **Beschreibung der Eingangs- und Ausgangsschnittstellen**:
> An welcher Stelle des Gesamtprozesses beginnt bzw. endet die Bearbeitung durch das Dienstleistungsunternehmen.
>
> **Beschreibung des Prozessablaufs und der Kontrollen**:
> Über welche wesentlichen einzelnen Verarbeitungsschritte erfolgt die Verarbeitung beim Dienstleistungsunternehmen. Einen ersten Anhaltspunkt gibt die Beschreibung der einzelnen Kontrollen. Bei komplexeren Prozessen wird aber eine zusätzliche Beschreibung des Prozessablaufs erforderlich sein.
> Sofern für einzelne Kunden/Kundengruppen bedeutsame Prozessvarianten bestehen, müssen diese ebenfalls klar erkennbar beschrieben werden. Vergleichbares gilt, sofern nicht alle Prozesse und Kontrollen (bspw. aufgrund unterschiedlicher vereinbarter Service-Level) einheitlich für alle Berichtsempfänger anzuwenden sind. In diesem Fall muss der Berichtsempfänger, ggf. unter Rückgriff auf seinen Dienstleistungsvertrag, klar erkennen können, welche Prozesse und Kontrollen für ihn gelten und welche nicht.
>
> **Beschreibung der eingesetzten IT-Systeme:**
> Welche Systeme werden, erforderlichenfalls getrennt nach Kundengruppen, genutzt. Der Dienstleistungsempfänger muss erkennen können, auf welchen Systemen

14 Vgl. ISAE 3402.16 bis .18, mit weiteren Erläuterungen .A13 ff.; *IDW PS 951 n.F.*, Tz. 20 ff. und Tz. 37 ff.

15 Vgl. ISAE 3402, Appendix 1; *IDW PS 951 n.F.*, Anlage 3.

16 Vgl. *IDW PS 951 n.F.*, Tz. 21a); ISAE 3402.16(a)(i) bis (iii) sowie (v).

„seine“ Daten verarbeitet werden. Hierzu sollte ebenfalls angegeben sein, in welchem Land und in welchen Rechenzentren diese Systeme betrieben werden.

**Beschreibung der Aufgaben von eingesetzten Subdienstleistungsunternehmen:** Welche Teilbereiche der Dienstleistung werden durch vom Hauptdienstleister beauftragte Subdienstleistungsunternehmen erbracht; einschl. der Erläuterung, ob deren Aufgabenbereiche in die Prüfung und Berichterstattung einbezogen sind oder nicht.

Betreffend **besondere Vorkommnisse**[17] sollte nicht nur der als Soll-Prozess vorgesehene Umgang mit besonderen Vorkommnissen und Verhältnissen beschrieben werden. Vielmehr darf der Berichtsempfänger erwarten, dass erforderlichenfalls auch über tatsächliche Vorkommnisse und den Umgang damit berichtet wird. **33**

Die **Kriterien**, die **zur Ausgestaltung des IKS** genutzt wurden, haben für den Berichtsempfänger eine besondere Bedeutung. Der *IDW PS 951 n.F.* geht hierauf, anders als der ISAE 3402, in Tz. 37 ff. („Dem dienstleistungsbezogenen internen Kontrollsystem zugrunde gelegte Kriterien“) und in der Formulierung des Urteils gesondert ein. Bei einer Prüfung und Berichterstattung nach ISAE 3402 auch mit deutschen Adressaten sollten daher die Hinweise auf angewandte gesetzliche und sonstige regulatorische Kriterien in jedem Fall enthalten sein (und nicht nur, wie oft zu beobachten, allgemeine themen-, branchen- und industriespezifische Rahmenwerke und Kriterien wie bspw. ISO-Normen, COSO oder COBIT). **34**

Ebenfalls eine hohe Bedeutung für den Berichtsempfänger haben bei der Ausgestaltung des dienstleistungsbezogenen IKS unterstellte **korrespondierende Kontrollen**[18]. Sie weisen das auslagernde Unternehmen auf seine besonderen Mitwirkungserfordernisse als Dienstleistungsempfänger hin. **35**

Im Falle einer Berichterstattung vom Typ 2 sind **im Berichtszeitraum vorgenommene Änderungen und Anpassungen** des dienstleistungsbezogenen IKS darzustellen[19]. Aus der Darstellung sollte, auch auf der Ebene einzelner Kontrollen, hervorgehen, zu welchem Zeitpunkt die Änderungen (bspw. die Einführung einer neuen Kontrolle oder eines neuen Sub-Prozesses und/oder die Ablösung bisheriger Kontrollen durch ein angepasstes Vorgehen) vorgenommen wurden. In diesem Zusammenhang sollte auch darauf geachtet werden, dass die Berichtszeiträume aufeinander folgender Prüfungen und Berichterstattungen nahtlos aneinander anschließen. **36**

### 3.2.2.2 Angemessenheit der Kontrollen

Hinsichtlich der **Kriterien zur Angemessenheit der Ausgestaltung der Kontrollen** können ISAE 3402 und *IDW PS 951 n.F.* naturgemäß nur allgemein formulierte Hinweise geben[20]. **37**

Sicherzustellen ist in jedem Fall, dass (1) durch das Dienstleistungsunternehmen die Risiken, welche das Erreichen der dienstleistungsbezogenen Kontrollziele bedrohen, **38**

17 Vgl. *IDW PS 951 n.F.*, Tz. 21a); ISAE 3402.16(a)(iv).

18 Vgl. *IDW PS 951 n.F.*, Tz. 21a); ISAE 3402.16(a)(vii).

19 Vgl. *IDW PS 951 n.F.*, Tz. 21b); ISAE 3402.16(b).

20 Vgl. ISAE 3402.17; *IDW PS 951 n.F.*, Tz. 22 i.V.m. Anlage 3, Bsp. 1 und 2, jeweils Unterpunkt (b)(i) und (iii) und Tz. 32 ff.

identifiziert wurden und dass (2) die Kontrollen eine angemessene Reaktion auf die Risiken darstellen und hinreichend sicherstellen, dass die Kontrollziele erreicht werden.

Dies bedeutet, dass sich das Dienstleistungsunternehmen regelmäßig, zumindest jährlich, mit einer risikoorientierten Beurteilung befassen muss.

> **!**
> **Hinweis 3: Risikobeurteilung durch das Dienstleistungsunternehmen**
> Die formalen Anforderungen für die Risikobeurteilung können vergleichsweise flexibel gehandhabt werden. Der Risikobeurteilung kann ggf.[21] auch ein informell gestalteter Prozess zugrunde liegen. Hierbei wird unterstellt, dass mit einer sorgfältigen Bestimmung und Definition der Kontrollziele i.d.R. implizit auch eine Auseinandersetzung mit den Risiken verbunden ist, die die Verlässlichkeit des angestrebten Verarbeitungsergebnisses gefährden können.

#### 3.2.2.3 Wirksamkeit der Kontrollen

39 Auch bei den **Kriterien zur Wirksamkeit der Kontrollen** geben *IDW PS 951 n.F.* und ISAE 3402 nur wenige allgemein formulierte Hinweise[22].

40 Sicherzustellen ist, dass die Kontrollen kontinuierlich während des gesamten Berichtszeitraums durchgeführt werden. Dies umfasst auch, dass manuelle Kontrollen nur von berechtigten Personen durchgeführt werden, die die hierfür notwendige Eignung aufweisen.

### 3.2.3 Erklärung der gesetzlichen Vertreter

41 In der schriftlichen Erklärung (ISAE 3402: „Statement") legen die gesetzlichen Vertreter ihre eigene Beurteilung zur Darstellung des dienstleistungsbezogenen IKS in der IKS-Beschreibung, zur Angemessenheit der Kontrollen in Bezug auf die Kontrollziele und (bei einer Berichterstattung vom Typ 2) zur Wirksamkeit der Kontrollen dar. Ebenfalls Bestandteil der schriftlichen Erklärung sind die Kriterien, die dieser Beurteilung zugrunde gelegt wurden[23].

## 3.3 Besonderheiten eines ausgelagerten Kontrollsystems

### 3.3.1 Umgang mit Subdienstleistungsunternehmen

#### 3.3.1.1 Carve-out Methode

42 Wenn das Dienstleistungsunternehmen Teile der übernommenen Funktionen selbst auf weitere **Subdienstleistungsunternehmen** auslagert, wird dies typischerweise unter Anwendung der **Carve-out Methode**[24] erfolgen. Hierbei umfasst die IKS-Beschreibung lediglich eine knappe Beschreibung der von dem Subdienstleistungsunternehmen erbrachten Dienstleistungen. Die einzelnen Kontrollziele und Kontrollen des Subdienstleistungsunternehmens werden hierbei nicht dargestellt.

Stattdessen hat das Dienstleistungsunternehmen die eigenen Kontrollen darzustellen, die der Überwachung der Wirksamkeit der Kontrollen beim Subdienstleistungsunter-

---

21 Vgl. ISAE 3402.A10.
22 Vgl. ISAE 3402.18; *IDW PS 951 n.F.*, Tz. 23 i.V.m. Anlage 3, Bsp. 2, Unterpunkt (b)(iv) und Tz. 36.
23 Vgl. ISAE 3402.9(j)(ii) bzw. (k)(ii); *IDW PS 951 n.F.*, Tz. 22 f.
24 Vgl. ISAE 3402.9(a); *IDW PS 951 n.F.*, Tz.  ff.

nehmen dienen; bspw. durch periodische Auswertung der Service-Level-Berichterstattung oder der Berichte über Prüfungen des Subdienstleistungsunternehmens.

Die Kontrollen zur Überwachung des Subdienstleistungsunternehmens sind Bestandteil der Prüfung und Berichterstattung sowohl nach *IDW PS 951 n.F.* als auch nach ISAE 3402. Das dienstleistungsbezogene IKS des Subdienstleistungsunternehmens selbst ist nicht Gegenstand der Prüfung. **43**

In diesem Zusammenhang ist es wichtig zu wissen, dass der Prüfer in seinem Urteil mithin auch keine eigene Verwertung etwaiger von anderen WP vorliegender Berichte über Prüfungen beim Subdienstleistungsunternehmen vornimmt[25].

### 3.3.1.2 Inclusive Methode

Bei der **Inclusive Methode** umfasst die IKS-Beschreibung auch die Art und den Umfang der Dienstleistungen sowie die relevanten Kontrollziele und Kontrollen des Subdienstleistungsunternehmens[26]. Das dienstleistungsbezogene IKS des Subdienstleistungsunternehmens ist damit ebenfalls Gegenstand der Prüfung und Berichterstattung. **44**

> **!**
>
> **Hinweis 4: Inclusive Methode**
>
> In der IKS-Beschreibung des Dienstleistungsunternehmens sollen die Bereiche, die ein Subdienstleistungsunternehmen betreffen, unmittelbar als solche erkennbar sein. Dies betrifft sowohl die Beschreibung der Prozesse als auch die Darstellung der Kontrollziele und der zugehörigen Kontrollen.
> Das Subdienstleistungsunternehmen erstellt für die von ihm verantworteten Bereiche ebenfalls eine eigene Erklärung und eine eigene Vollständigkeitserklärung.

### 3.3.2 „Schnittstellen" zum auslagernden Unternehmen und korrespondierende Kontrollen

Um die Ergebnisse der Prüfung und die Berichterstattung sachgerecht zur Beurteilung der Risiken für die eigene Finanzberichterstattung heranziehen zu können, ist es für das auslagernde Unternehmen und seinen Abschlussprüfer unabdingbar, dass die Prozesse auch an den **Schnittstellen zum Dienstleistungsunternehmen** lückenlos betrachtet werden können und dass Transparenz hinsichtlich möglicher Mitwirkungserfordernisse zur Erreichung der vom Dienstleistungsunternehmen dargelegten Kontrollziele besteht. **45**

Aus Sicht des Dienstleistungsunternehmens betrifft dies zum einen die Beschreibung der Eingangs- und Ausgangsschnittstellen. Entscheidend ist dabei eine klare Zuweisung und Darstellung der Aufgaben beim Dienstleistungsunternehmen und seinem Auftraggeber.

Zum anderen ist hiervon die Beschreibung möglicher erforderlicher **korrespondierender Kontrollen** betroffen.

Hinsichtlich der Eingangsschnittstellen muss in der IKS-Beschreibung dargestellt werden, an welcher Stelle des Gesamtprozesses (und mit welchen Daten) die Bearbeitung durch den Dienstleister beginnt. **46**

25 Vgl. *IDW PS 951 n.F.*, Tz. 28.
26 Vgl. ISAE 3402.9(g); *IDW PS 951 n.F.*, Tz. 25 ff.

**Beispiel 1: Eingangsschnittstelle**

Der Dienstleister übernimmt die Rechnungseingangsprüfung beginnend mit dem Eingang von Eingangsrechnungen. Die Kontrolle unterstellt, dass der zugehörige Wareneingang durch den Kunden selbst sachgerecht geprüft und im gemeinsam genutzten IT-System richtig erfasst wurde. Gleiches gilt für die sachgerechte und richtige Erfassung der Lieferantenkonditionen.
Aus der Prozess- und/ oder Kontrollbeschreibung sollte in diesem Fall eindeutig hervorgehen, dass die Kontrolle beim Dienstleistungsunternehmen die Richtigkeit der Wareneingangsdaten und Lieferantenkonditionen voraussetzt.
Der Detaillierungsgrad der Darstellung wird sich an Art und Umfang der Dienstleistung und an dem Informationsbedürfnis des Empfängers der Berichterstattung orientieren.

47 Vergleichbare Anforderungen betreffen die Ausgangsschnittstellen und die Beschreibung, an welcher Stelle des Gesamtprozesses (und mit welchen Daten) die Bearbeitung durch den Dienstleister endet.

**Beispiel 2: Ausgangsschnittstelle**

Das Dienstleistungsunternehmen übernimmt die Abrechnung der Gehälter für die Mitarbeiter seiner Kunden. Zum Abschluss der monatlichen Abrechnung erhält der Kunde eine Gesamtaufstellung zur Abrechnung als PDF-Datei und eine Schnittstellendatei, auf deren Grundlage der Kunde die erforderlichen Buchungen in sein Finanzbuchhaltungssystem übernehmen kann. Die Schnittstellendatei enthält auch die mit dem Kunden individuell vereinbarten Kontierungen für dessen Finanzbuchhaltung.
Aus der Prozess- und/ oder Kontrollbeschreibung sollte eindeutig hervorgehen, welche (wesentlichen) Unterlagen der Kunde im Einzelnen erhält, welche Abstimmhandlungen zwischen den Daten der PDF-Datei und der Schnittstellendatei bereits vorgenommen wurden, und ob weitere Abstimmungen durch den Kunden erforderlich sind/erwartet werden.
Auch hier wird sich der Detaillierungsgrad an dem Informationsbedürfnis des Empfängers der Berichterstattung orientieren.

48 Die zu den Eingangs- und Ausgangsschnittstellen erläuterte Fragestellung leitet über zu der Darstellung der erforderlichen **korrespondierenden Kontrollen** beim auslagernden Unternehmen. Sie sind anzugeben, wenn ein Kontrollziel nicht allein durch die Kontrollmaßnahmen des Dienstleistungsunternehmens erreicht werden kann.

**Praxistipp 3: Darstellung korrespondierender Kontrollen**

Zur Darstellung korrespondierender Kontrollen finden sich in der Praxis unterschiedliche Lösungsansätze. Eine Möglichkeit sieht vor, dass das Dienstleistungsunternehmen bereits bei der Formulierung der Kontrollziele darauf achtet, dass zur Erreichung dieser Kontrollziele keine korrespondierenden Kontrollen erforderlich sind.
Dies allein führt aber nicht in jedem Fall zu einer für jeden Berichtsempfänger klaren Lösung. Die klassischen Fälle hierfür sind Situationen, in denen von dem auslagernden Unternehmen Genehmigungen gleich welcher Art erwartet werden. In

diesen Fällen kann das Dienstleistungsunternehmen das Vorliegen einer Genehmigung formal prüfen. Ein Hinweis auf eine korrespondierende Kontrolle zur Kontrollzielerreichung ist insoweit nicht zwingend erforderlich. Ob der Genehmigung beim auslagernden Unternehmen aber ein angemessener Prozess zugrunde liegt, kann das Dienstleistungsunternehmen selbst nicht feststellen.
Im Interesse einer klaren Darstellung für den Berichtsempfänger sollte daher in Zweifelsfällen immer überlegt werden, einen Hinweis auf die Mitwirkungspflicht des Dienstleistungsempfängers aufzunehmen.

### 3.3.3 Kriterien für die inhaltliche Ausgestaltung des dienstleistungsbezogenen IKS

Hinsichtlich der **Kriterien zur** inhaltlichen **Ausgestaltung des IKS** enthält insb. der *IDW PS 951 n.F.*, Tz. 37 ff. umfangreichere ergänzende Hinweise. 49

**Hinweis 5: im IDW PS 951 n.F. enthaltene Ausführungen bei Anwendung des ISAE 3402**

Die im *IDW PS 951 n.F.* erläuterten gesetzlichen und sonstigen regulatorischen sowie branchenspezifischen Kriterien sollten, sofern ein auslagerndes Unternehmen diesen Regelungen unterliegt, auch bei einer Berichterstattung nach ISAE 3402 in der IKS-Beschreibung enthalten sein.

# 4. Durchführung der Prüfung / Prüfungsmethodik

## 4.1 Auftragsannahme

### 4.1.1 Erörterungen vor Auftragsannahme

Zu den einschlägigen **allgemeinen Anforderungen** betreffend insbesondere Unabhängigkeit, Kompetenz und Verfügbarkeit der Ressourcen wird auf die allgemeinen Ausführungen des ISAE 3402 bzw. *IDW PS 951 n.F.*[27] verwiesen. 50

Im Weiteren sind inhaltliche Anforderungen zu beachten, die insbesondere bei einer Erstprüfung eines dienstleistungsbezogenen IKS von praktischer Bedeutung sind. Im Kern geht es um die Frage, ob und inwieweit die erforderlichen Unterlagen bereits in einer für die Prüfung geeigneten Form vorliegen und inwieweit der Prüfungsgegenstand eindeutig abgegrenzt werden kann. Bedeutende einzelne Punkte sind hierbei[28]

- die hinreichende Bestimmung und Abgrenzung der Dienstleistungen und Kontrollen beim Dienstleistungsunternehmen,
- Art und Umfang der IKS-Beschreibung im Hinblick auf die hieran zu stellenden Anforderungen, und
- erforderliche Klärungen (Carve-out Methode/Inclusive Methode) beim Einsatz von Subdienstleistungsunternehmen.

Ergänzend und allgemein ist sicherzustellen, dass die verantwortlichen Mitarbeiter des Dienstleistungsunternehmens über das erforderliche Verständnis hinsichtlich ihrer Aufgaben und Pflichten verfügen.

27 Vgl. ISAE 3402.13; *IDW PS 951 n.F.*, Tz. 54.
28 Vgl. *IDW PS 951 n.F.*, Tz. 55.

**Praxistipp 4: wesentliche Erörterungen vor der Auftragsannahme**

Bei einer Erstprüfung bietet es sich an, der Prüfung erforderlichenfalls eine detaillierte Analyse zur Prüfungsbereitschaft voranzustellen. Ziel der Analyse ist es, beim Dienstleistungsunternehmen das für eine Prüfung erforderliche Verständnis sicherzustellen, den Prüfungsgegenstand (auch im Hinblick auf die Adressaten der Berichterstattung) zu konkretisieren und die Sicherheit zu erlangen, dass die IKS-Beschreibung entsprechend den Anforderungen erstellt wurde bzw. erstellt werden kann.

Bei Folgeprüfungen können die erforderlichen Informationen i.d.R. aus der vorangehenden Berichterstattung und aus ergänzenden Gesprächen mit den verantwortlichen Mitarbeitern des Dienstleistungsunternehmens erhoben werden.

Wenn das Dienstleistungsunternehmen keine oder nur geringfügige Erfahrungen mit einer derartigen Prüfung besitzt, ist bis zur Herstellung der Prüfungsbereitschaft für eine Prüfung und Berichterstattung vom Typ 1 mit einem Zeitraum von i.d.R. mindestens drei Monaten zu rechnen. Ergänzend ist meist ein weiterer Zeitraum zu berücksichtigen, bis auch die Prüfungsbereitschaft für eine Prüfung und Berichterstattung vom Typ 2 sichergestellt ist. Dieser zweite Zeitraum wird insbesondere durch Art und Umfang der von vornherein vorhandenen Dokumentation zur Kontrolldurchführung und von der Länge des für die Prüfung vom Typ 2 vorgesehenen Berichtszeitraums bestimmt.

Im Zweifel wird sich das Dienstleistungsunternehmen bei einer Erstprüfung für eine Prüfung und Berichterstattung vom Typ 1 entscheiden[29].

### 4.1.2 Anforderungen an das Auftragsschreiben

51 Die wesentlichen inhaltlichen Anforderungen an das **Auftragsschreiben** werden in den Prüfungsstandards in unterschiedlicher Detaillierung dargelegt[30].

**Praxistipp 5: Auftragsschreiben im Falle der Prüfung und Berichterstattung nach ISAE 3402**

Gesonderte Regelungen zur Weitergabe der Berichterstattung an die Kunden des Dienstleistungsunternehmens einschl. damit verknüpfter Regelungen zur Haftungsbegrenzung des Prüfers[31] können bei Berichtsempfängern in Deutschland in aller Regel problemlos umgesetzt werden. Zu berücksichtigen ist aber, dass vergleichbare Regelungen im Ausland ggf. nicht üblich und/oder nicht bekannt sind. Insbesondere bei Berichtsempfängern im Ausland, die für das Dienstleistungsunternehmen von besonderer Bedeutung sind, sollten daher die Regelungen zur Weitergabe und Haftungsbegrenzung frühzeitig abgestimmt werden.

52 **Nachträgliche Änderungen** des Auftragsinhalts sind, sofern hierfür ein berechtigter Grund vorliegt, möglich[32].

Keinen berechtigten Grund dürfte die nachträgliche Herausnahme einzelner Kontrollziele darstellen, zu denen sich eine Einschränkung des Prüfungsurteils abzeichnet. Der

29 Vgl. hierzu auch Tz. 19.
30 Vgl. *IDW PS 951 n.F.*, Tz. 56; ISAE 3402.13(b).
31 Vgl. *IDW PS 951 n.F.*, Tz. 58.
32 Vgl. ISAE 3402.14; *IDW PS 951 n.F.*, Tz. 59.

Wunsch, von der Inclusive Methode auf die Carve-out Methode zu wechseln, weil sich die Prüfung beim Subdienstleistungsunternehmen entgegen der ersten Annahmen nicht umsetzen lässt, kann hingegen in diesem Sinne begründet sein[33].

## 4.2 Prüfungsplanung

Inhaltlich und auch im zeitlichen Ablauf umfasst die Prüfung die für eine Prüfung eines 53
IKS allgemein typischen **Prüfungsphasen**[34]:

- Gewinnung eines Grundverständnisses über das dienstleistungsbezogene IKS
- Prüfung der IKS-Beschreibung und der Kriterien zur inhaltlichen Ausgestaltung des IKS
- Prüfung der Eignung der Kontrollen und der Implementierung
- Prüfung der Wirksamkeit.

**Praxistipp 6: frühzeitige Einschätzung der Wirksamkeit**

Bei Erstprüfungen vom Typ 2 sollte eine frühzeitige vorläufige Einschätzung zur Wirksamkeit sichergestellt werden. Ziel dieser Beurteilung ist es, frühzeitige Hinweise auf ggf. bestehende Schwächen zur Umsetzung und/oder Dokumentation der Kontrolldurchführung zu erhalten. Es bietet sich an, diese Untersuchung innerhalb der ersten Hälfte der für die Prüfung vorgesehenen Prüfungsperiode vorzunehmen, sodass das Dienstleistungsunternehmen ggf. erforderliche Korrekturen und Anpassungen noch zeitnah umsetzen kann.

Planung und Durchführung der Prüfung erfolgen unter Berücksichtigung des Grund- 54
satzes der **Wesentlichkeit**. Der Begriff „Wesentlichkeit" bezieht sich auf den besonderen Prüfungsgegenstand des dienstleistungsbezogenen IKS und nicht auf den JA oder Periodenabschluss des auslagernden Unternehmens. Die Überlegungen zur Wesentlichkeit orientieren sich an den allgemeinen Anforderungen von ggf. recht unterschiedlichen auslagernden Unternehmen einschl. ihrer APr.[35].

Die Wesentlichkeit im Hinblick auf Vollständigkeit und Richtigkeit der IKS-Be- 55
schreibung sowie die Angemessenheit der Kontrollen wird sich primär an qualitativen Faktoren orientieren. Die IKS-Beschreibung muss insoweit die erforderlichen Grundelemente enthalten[36] und den Informationsanforderungen der Berichtsempfänger entsprechen. Die Kontrollen müssen geeignet sein, die zugeordneten Kontrollziele zu erreichen.

Wesentlichkeit bezüglich der Wirksamkeit eingerichteter Kontrollen umfasst auch quantitative Faktoren – z.B. zur Frage, welche Anzahl von Abweichungen bei der Wirksamkeitsprüfung akzeptiert werden kann, ohne die Erreichung des Kontrollziels einzuschränken zu müssen. Zu den ergänzenden qualitativen Faktoren gehören die Art und die Bedeutung der bei der Prüfung der Wirksamkeit vorgefundenen Abweichung.

33 Vgl. ISAE 3402.A11 f.
34 Vgl. Kap. K Tz. 169 ff.
35 Vgl. ISAE 3402.A16 ff.
36 Vgl. Tz. 30 ff.

> **!**
> **Hinweis 6: Wesentlichkeit bei der Darstellung von Abweichungen in der Berichterstattung**
>
> Bei der Frage, ob und wie über vorgefundene Abweichungen bei der Eignung und Wirksamkeit einzelner Kontrollen berichtet wird, kommen Wesentlichkeitsüberlegungen nicht zum Tragen. Alle vorgefundenen Abweichungen sind darzustellen, unabhängig davon, ob damit eine Einschränkung der Wirksamkeit der Kontrolle und/oder der Kontrollzielerreichung verbunden ist[37]. Die Begründung liegt darin, dass die Beurteilung einer Abweichung letztlich von jedem einzelnen Berichtsempfänger in Abhängigkeit weiterer individueller Umstände getroffen werden muss.

## 4.3 Prüfungsdurchführung

### 4.3.1 Übersicht

56 Nachfolgend werden im Wesentlichen die Besonderheiten dargestellt, die sich aus einer Berichterstattung an i.d.R. eine Vielzahl unterschiedlicher Adressaten ergeben. Auf die allgemein bei der Prüfung eines IKS zu beachtenden Punkte wird nicht vertiefend eingegangen.

### 4.3.2 Prüfung der IKS-Beschreibung

#### 4.3.2.1 Übersicht

57 **Besonderheiten zur Prüfung der IKS-Beschreibung** ergeben sich aufgrund der Vielzahl unterschiedlicher Adressaten hinsichtlich:

- der Kriterien, die der Gestaltung des dienstleistungsbezogenen IKS und insb. den Kontrollzielen zugrunde liegen sollten, sowie
- des Umfangs der IKS-Beschreibung, soweit sie sich mit individuellen Informationen für einzelne Adressaten befasst.

#### 4.3.2.2 Darstellung besonderer Kriterien zur Ausgestaltung des dienstleistungsbezogenen IKS

58 Die in der IKS-Beschreibung zu referenzierenden gesetzlichen und sonstigen allgemeinen regulatorischen Kriterien ergeben sich aus den Anforderungen der Kunden, deren Branchen-/Industriezugehörigkeit und der Art der ausgelagerten Dienstleistung.

Soweit (wie im Regelfall) ein Bezug zur Rechnungslegung besteht, müssen in jedem Fall die allgemeinen GoB einschl. der Anforderungen an die Ordnungsmäßigkeit und Sicherheit der rechnungslegungsrelevanten Systeme[38] berücksichtigt sein.

Typische weiterführende branchenspezifische regulatorische Anforderungen betreffen[39]

- für Finanzdienstleister bspw. die „Mindestanforderungen an das Risikomanagement – MaRisk“ der BaFin,
- für Energieversorger das Gesetz über die Elektrizitäts- und Gasversorgung (Energiewirtschaftsgesetz – EnWG) oder

---

37 Vgl. ISAE 3402.A18; *IDW PS 951 n.F.*, Tz. 126.

38 Vgl. weiterführend beim Einsatz von IT-Systemen z.B. *IDW RS FAIT 1*.

39 Vgl. *IDW PS 951 n.F.*, Tz. 38 mit den dortigen Verweisen.

- für Telekommunikations-Dienstleister das Telemediengesetz.

Besondere Fragen können sich bei spezialisierten Dienstleistungen des Dienstleistungs- 59
unternehmens und den damit ggf. verbundenen sehr spezifischen Anforderungen ergeben. Im Grundsatz können hierbei die folgenden (extremen) Ausgangssituationen vorliegen:

- die Kriterien werden durch das auslagernde Unternehmen konkret benannt und insoweit zweifelsfrei für die Prüfung und Berichterstattung vorgegeben;
- das auslagernde Unternehmen nennt die Anforderungen nicht explizit und/oder kann sie (z.B. mangels Kenntnis) nicht im Einzelnen benennen; es erwartet aber gleichwohl die Berücksichtigung bzw. dürfte dies erwarten.

Vor diesem Hintergrund wird deutlich, dass für den Prüfer die Kenntnis der wesentlichen vertraglichen Vereinbarungen zwischen dem Dienstleistungsunternehmen und den auslagernden Unternehmen als dessen Kunden von besonderer Bedeutung ist.

**Beispiel 3: Anforderungen aus spezialisierten Dienstleistungen**

Die Dienstleistung schließt die Verarbeitung elektronischer Rechnungen einschl. der Speicherung und Archivierung der zugehörigen Belege ein. Elektronische Rechnungen unterliegen in Deutschland umfangreichen und zum Teil technisch komplexen Anforderungen, bspw. beim Einsatz elektronischer Signaturverfahren.
Fehler bei der Umsetzung solcher Anforderungen können für das auslagernde Unternehmen schon aus steuerrechtlicher Sicht mit ggf. hohen und finanziell bedeutsamen Risiken verbunden sein. Aus Sicht des Prüfers darf hierzu nicht in jedem Fall erwartet werden, dass die auslagernden Unternehmen über die im Zweifel erforderliche steuerliche Expertise verfügen, diese Anforderungen und Risiken im Detail selbst zu beurteilen. Das auslagernde Unternehmen wird als Berichtsempfänger insoweit hinsichtlich der Kriterien (und auch der Grenzen der Dienstleistung) entsprechende klare Erläuterungen erwarten.

## 4.3.2.3 Umgang mit kundenindividuellen Informationen in der IKS-Beschreibung

Oftmals ist es erforderlich, dass die Beschreibung des dienstleistungsbezogenen IKS auch 60
**kundenspezifische Informationen** enthält.

Hierbei kann es sich zunächst um Informationen handeln, die im Grundsatz für alle auslagernden Unternehmen relevant sind. Ein Beispiel ist die Bezeichnung einzelner IT-Systeme, damit jedes auslagernde Unternehmen erkennen kann, dass auch die von ihm/für ihn und seine Daten individuell genutzten Systeme in die Prüfung und Berichterstattung eingeflossen sind.

Der Prüfer wird daher sicherstellen, dass die erforderlichen Angaben (meist als tabellarische Aufstellungen) in der IKS-Beschreibung enthalten sind. Zugleich ist es wichtig, dass die auslagernden Unternehmen über die zum Verständnis dieser Angaben erforderliche Zusatzinformation verfügen, um in derartigen Aufstellungen die „eigenen" Systeme identifizieren zu können.

Vergleichbar ist die Situation, wenn **Prozesse und/oder Kontrollen nicht einheitlich** 61
**für alle auslagernden Unternehmen** angewendet werden. Hierauf sollte in der IKS-Beschreibung deutlich und besonders hervorgehoben hingewiesen werden.

Auch in diesem Fall muss aus Sicht des Prüfers sichergestellt sein, dass die auslagernden Unternehmen über ausreichende Informationen verfügen, für sich selbst festzustellen, inwieweit sie einzelne Prozesse und Kontrollen beauftragt haben oder nicht. Die Grundlage hierfür wird aus der vertraglichen Vereinbarung zwischen Kunde und Dienstleistungsunternehmen oder aus ergänzend verfügbaren Unterlagen hervorgehen. Im Zweifel sollte die IKS-Beschreibung auch einen Hinweis enthalten, wie das auslagernde Unternehmen diese Feststellungen für sich selbst treffen kann.

### 4.3.3 Prüfung der Angemessenheit und Implementierung (Aufbauprüfung)

**62** Im Rahmen der **Aufbauprüfung**[40] beurteilt der Prüfer, ob die Kontrollen, unter der Voraussetzung, dass sie wie dargestellt durchgeführt werden, geeignet sind, den vom Dienstleistungsunternehmen identifizierten Risiken derart entgegenzuwirken, dass die Kontrollziele mit hinreichender Sicherheit erreicht werden (Prüfung der Angemessenheit).

**63** Die typischen Prüfungshandlungen umfassen die Befragungen, die Durchsicht von Unterlagen und Dokumenten des Dienstleistungsunternehmens, die Beobachtung von Aktivitäten und Arbeitsabläufen sowie einen Prozessdurchlauf (walkthrough), bei dem der Prüfer den tatsächlichen Geschäftsvorfällen und/oder Ver- und Bearbeitungsschritten durch Prozessabläufe (einschl. der IT-gestützten Prozessschritte) folgt[41].

**64** Soweit sich der Prüfer hierbei der Möglichkeit bewusst ist, dass einzelne Teile des dienstleistungsbezogenen IKS nicht in jedem Fall für alle auslagernden Unternehmen gemeinsam von Bedeutung sind[42], ergeben sich für die Durchführung der Prüfung keine weiteren Besonderheiten.

### 4.3.4 Prüfung der Wirksamkeit (Funktionsprüfung)

**65** Im Rahmen der **Prüfung der Wirksamkeit der Kontrollen**[43] beurteilt der Prüfer, ob die Kontrollen über den gesamten zu prüfenden Zeitraum wie geplant durchgeführt wurden. Dies schließt die Beurteilung ein, ob manuelle Kontrollen von autorisierten und fachlich kompetenten Mitarbeitern durchgeführt wurden, die über entsprechende Kompetenzen und Kenntnisse verfügen.

**66** Die typischen Prüfungshandlungen sind i.d.R. die Befragung von Mitarbeitern, die Durchsicht von Nachweisen über die Durchführung der Maßnahmen, die Beobachtung der Durchführung von Maßnahmen und der Nachvollzug von Kontrollaktivitäten[44].

**67** Die Funktionsprüfungen erstrecken sich ungeachtet der Prüfungsergebnisse aus den Vorjahren über den gesamten Prüfungszeitraum. Ein mehrjähriger Prüfungsplan, bei dem einzelne Kontrollen (bei ansonsten unverändertem Kontrollsystem) nicht jährlich geprüft werden, kann nicht verwendet werden.

**68** Weitere Besonderheiten ergeben sich, wenn einzelne Prozesse und/oder Kontrollen nicht einheitlich für alle auslagernden Unternehmen angewendet werden, oder wenn die

---

40 Vgl. *IDW PS 951 n.F.*, Tz. 72.
41 Vgl. *IDW PS 951 n.F.*, Tz. 74; *IDW PS 982*, Tz. A64.
42 Vgl. Tz. 57 ff.
43 Vgl. *IDW PS 951 n.F.*, Tz. 75.
44 Vgl. *IDW PS 951 n.F.*, Tz. 76.

Prüfung generell nur für einzelne auslagernde Unternehmen (oder einen eingegrenzten Kreis auslagernder Unternehmen) erfolgt.

In diesen Fällen ist bei Stichprobenprüfungen regelmäßig zu untersuchen und sicherzustellen, dass die Grundgesamtheit der Elemente einer Stichprobe hinreichend auf die jeweiligen Kunden oder Kundengruppen eingeschränkt werden kann. Im Zweifel muss für jede einzelne Kontrolle überlegt werden, ob (und wenn ja, wie) diese Zuordnung (auch aus technischer Sicht) nach Kunden erfolgen kann.

Methodisch zum gleichen Themenbereich gehört die Frage, ob aus einer Prüfung und 69 Berichterstattung für einen gegebenen Kreis an Kunden ohne weiteren Prüfungsaufwand auch eine Berichterstattung für eine Untermenge dieser Kunden erstellt werden kann.

Auch in diesen Fällen wird es in aller Regel erforderlich sein, zur Wirksamkeitsprüfung für jede der relevanten Kontrollen eine individuelle Grundgesamtheit (und Stichprobe) zu bestimmen, die nur Elemente der betroffenen Kundengruppe oder des betroffenen Kunden enthält. Ohne zusätzliche Prüfungshandlungen wird eine individuelle Berichterstattung nur für ausgewählte einzelne Kunden oder Kundengruppen i.d.R. nicht möglich sein.

### 4.3.5 Umgang mit Abweichungen

Unter dem Begriff „**Abweichung**" wird nachfolgend jeder Hinweis oder Sachverhalt 70 verstanden, der einem der folgenden Punkte zugeordnet werden kann:

- die vom Dienstleistungsunternehmen angewandten Kriterien sind nicht geeignet,
- die Vollständigkeit und Richtigkeit der IKS-Beschreibung ist nicht gegeben,
- die Angemessenheit des dienstleistungsbezogenen IKS ist nicht gegeben, oder
- die Wirksamkeit einzelner eingerichteter Kontrollen liegt nicht vor.

Typische Themen der Praxis im Zusammenhang mit Abweichungen betreffen, sofern 71 ein Mangel unstreitig festgestellte wurde,

- die Frage, ob der festgestellte Mangel so schwerwiegend ist, dass das zugeordnete Kontrollziel insgesamt nicht erreicht wird,
- die Abgrenzung zwischen einem Mangel zur Wirksamkeit und einem Mangel zur angemessenen Gestaltung (hierzu gehört im weiteren auch die Frage, inwieweit ein Mangel oder ein Prüfungshemmnis vorliegt) und
- die Frage, inwieweit ein Mangel zur Wirksamkeit durch ergänzende Analysen des Dienstleistungsunternehmens (außerhalb des regulären IKS) oder über ergänzende Prüfungshandlungen des Prüfers kompensiert werden kann.

Die Antwort zur Frage, ob ein festgestellter Mangel dazu führt, dass das zugeordnete 72 Kontrollziel insgesamt nicht erreicht wird, hängt von unterschiedlichen Aspekten ab.

Ein wesentlicher Aspekt sind Anzahl und Art der Kontrollen insgesamt, die dem Kontrollziel zugeordnet sind. Der (teilweise) Mangel einer Kontrolle kann kompensiert werden, sofern eine weitere Kontrolle das zugehörige Risiko ebenfalls absichert (Überdeckung von Kontrollen).

**Beispiel 4: (teilweise) Überdeckung von Kontrollen**

Im Zuge einer Kontrolle 1 zur Rechnungsprüfung wird anhand des Rechnungsbeleges für jede eingehende Rechnung ein Abgleich mit der zugehörigen Bestellung und dem zugehörigen Wareneingang vorgenommen. Im Zuge einer weiteren Kontrolle überprüft der Gruppenleiter monatlich in umfangreicher Stichprobe, ob die Kontrolle 1 angemessen durchgeführt und dokumentiert wurde.

**73** Die Abgrenzung, ob ein festgestellter Mangel der „Wirksamkeit" oder der „Angemessenheit der Gestaltung" zuzuordnen ist, ist in der Praxis mitunter nicht einfach zu bestimmen.

Mängel zur Wirksamkeit resultieren oft aus dem Umstand, dass die Durchführung der Kontrolle nicht hinreichend genau dokumentiert wird und es insoweit an geeigneten Nachweisen zur Durchführung der Kontrolle oder einzelner Kontrollschritte fehlt. Hier stellt sich die Frage, ob ein Mangel in den Vorgaben zur Durchführung und Dokumentation der Kontrolle vorliegt. Sofern die Vorgaben zur Kontrolldurchführung (formell oder ggf. auch informell) hinreichend genau sind, wird es sich primär um einen Mangel bei der Durchführung und/oder der Dokumentation zur Durchführung handeln.

Wenn Prüfungsnachweise gänzlich fehlen, ist (auch für die spätere Berichterstattung) zu beachten, dass es sich i.d.R. um ein Prüfungshemmnis handeln wird. Ein Hemmnis ist gegeben, wenn der Prüfer nicht in der Lage ist, angemessene und ausreichende Prüfungsnachweise zu erlangen[45].

**74** Ein vorgefundener Mangel kann im Grundsatz nicht durch ergänzende Nachweise aus weiteren zusätzlichen Prüfungshandlungen kompensiert werden. Der Prüfer kann insoweit auf einen vorgefundenen Mangel nicht mit eigenen analytischen Prüfungshandlungen oder der Prüfung einzelner Belege reagieren. Dies gilt sinngemäß auch für ergänzende Prüfungshandlungen, die das Dienstleistungsunternehmen selbst durchführt.

**Beispiel 5: Grenze zwischen Prüfung der Wirksamkeit und Einzelfallprüfungshandlungen**

Im Zuge einer Kontrolle zur monatlichen Abstimmung zwischen Hauptbuch und Nebenbuch wird die Abstimmung (also die Kontrolldurchführung) nicht gesondert dokumentiert.

Dieser Umstand kann im weiteren Verlauf der Prüfung nicht dadurch kompensiert werden, dass der Prüfer nun selbst feststellt, ob für einzelne (per Stichprobe bestimmte) Monate die Abstimmbarkeit zwischen Haupt- und Nebenbuch gegeben war und dann aus dem Ergebnis ableitet, dass die Kontrolle wirksam gewesen sei.

Auch eine vergleichbare nachträgliche Analyse des Dienstleistungsunternehmens selbst führt nicht dazu, dass die Kontrolle zur Monatsabstimmung als „wirksam" beurteilt werden kann.

**75** Im Zuge einer Prüfung und Berichterstattung nach *IDW PS 951 n.F.*/ISAE 3402 kann die Frage aufkommen, ob – unter engen Voraussetzungen – eine Abweichung in der Stich-

45 Vgl. auch *IDW PS 951 n.F.*, Tz. 116.

probe als Anomalie zu werten ist (mit erforderlichenfalls dann weiteren Prüfungshandlungen um insgesamt ausreichende Prüfungsnachweise einzuholen)[46].

> **Praxistipp 7: festgestellte Abweichungen, die als Anomalie betrachtet werden**
>
> In der Praxis der Prüfung und Berichterstattung nach *IDW PS 951 n.F.*/ISAE 3402 haben „Anomalien" im Prinzip keine oder bestenfalls eine untergeordnete Bedeutung. Es bietet sich daher an, alle Abweichungen methodisch gleich zu behandeln; mithin ohne ergänzende Überlegungen und Begründungen, ob es sich um eine Anomalie handelt oder nicht.

## 4.4 Sonstige Aspekte

Zur **Verwertung der Ergebnisse der internen Revision** des Dienstleistungsunternehmens wird auf den jeweils kurzen Überblick in den Standards selbst[47] und im Übrigen auf das allgemeine Vorgehen zur Prüfung interner Kontrollsysteme verwiesen. 76

Sofern der Prüfer Arbeiten der internen Revision verwertet, darf hierauf in der Bescheinigung nicht verwiesen werden. Eine Darstellung der Prüfungshandlungen der internen Revision sowie deren Würdigung durch den WP erfolgt typischerweise i.R.d. tabellarischen Darstellung der Kontrollen und der Prüfungshandlungen des Prüfers.

Wie bei allen betriebswirtschaftlichen Prüfungen ist vom Dienstleistungsunternehmen eine schriftliche **Vollständigkeitserklärung** abzugeben. Zu Einzelheiten sei unmittelbar auf die Prüfungsstandards verwiesen[48]. 77

Die VollstE umfasst auch die Bestätigung der abgegebenen Erklärung der gesetzlichen Vertreter. Für die Prüfung und Berichterstattung sind also sowohl die Erklärung der gesetzlichen Vertreter als auch die VollstE unverzichtbar.

Die seitens des IDW vorliegenden Muster zur VollstE können als Grundlage sinngemäß auch im Falle einer Prüfung und Berichterstattung nach ISAE 3402 herangezogen werden.

Die sogenannten **„sonstigen Informationen des Dienstleistungsunternehmens"**, die der Berichterstattung in einem gesonderten Abschnitt oder als gesonderte Anlage beigefügt werden, sind kein Hauptgegenstand der Prüfung. Gleichwohl müssen diese Informationen durch den Prüfer zumindest dahingehend beurteilt werden, ob sie im Widerspruch zu den Erkenntnissen des Prüfers und zur Berichterstattung insgesamt stehen. 78

Hinsichtlich der **Ereignisse nach Abschluss der Prüfungshandlungen** wird ebenfalls auf den jeweils kurzen Überblick in den Standards selbst verwiesen[49]. Der Prüfer ist nicht verpflichtet, Prüfungshandlungen nach dem Datum seiner Bescheinigung durchzuführen oder Prüfungshandlungen durchzuführen, um Ereignisse festzustellen, die nicht den Prüfungszeitraum betreffen. 79

Soweit dem Prüfer nach Erteilung der Bescheinigung Ereignisse bekannt werden, nach denen die Bescheinigung in der erteilten Form nicht hätte abgegeben werden dürfen, ist

46 Vgl. ISAE 3402.29; *IDW PS 951 n.F.*, Tz. 81.
47 Vgl. *IDW PS 951 n.F.*, Tz. 82 ff.; ISAE 3402.30 ff.
48 Vgl. ISAE 3402.38 ff.; *IDW PS 951 n.F.*, Tz. 91.
49 Vgl. ISAE 3402.43 f; *IDW PS 951 n.F.*, Tz. 88 ff.

die Bescheinigung sofort zu widerrufen und das Dienstleistungsunternehmen aufzufordern, die auslagernden Unternehmen über den Widerruf zu informieren.

## 5. Berichterstattung

### 5.1 Bestandteile der Berichterstattung (Übersicht)

**80** *IDW PS 951 n.F.* steht im Einklang mit den Anforderungen des ISAE 3402[50]. Insoweit kann der Leser davon ausgehen, dass die Anforderungen an die Berichterstattung den Anforderungen des ISAE 3402 entsprechen, auch wenn dies aufgrund des leicht unterschiedlichen Aufbaus der Berichterstattung nach ISAE 3402 und nach *IDW PS 951 n.F.* nicht auf den ersten Blick zu erkennen ist.

**81** *IDW PS 951 n.F.* sieht die folgenden Bestandteile und die folgende Gliederung der Berichterstattung vor[51]:

- Auftrag und Auftragsdurchführung
- Prüfungsurteil über die Prüfung des dienstleistungsbezogenen IKS
- Anhang 1: Bescheinigung
- Anhang 2: Beschreibung des dienstleistungsbezogenen IKS durch die gesetzlichen Vertreter des Dienstleistungsunternehmens
- Anhang 3: Darstellung der durchgeführten Prüfungshandlungen einschl. der Kontrollziele und geprüften Kontrollen
- Anhang 4: schriftliche Erklärung der gesetzlichen Vertreter des Dienstleistungsunternehmens
- Anhang 5: sonstige Informationen durch die gesetzlichen Vertreter des Dienstleistungsunternehmens.

**82** Auch ISAE 3402 gibt einen Mindestumfang zur Berichterstattung vor[52]. Die Vorgaben zur Gliederung sind aber weniger konkret als im *IDW PS 951 n.F.* In der Praxis hat sich ein Aufbau in einzelnen Abschnitten bewährt:

A) Bescheinigung (*IDW PS 951 n.F.* s. Anhang 1)

B) Schriftliche Erklärung der gesetzlichen Vertreter des Dienstleistungsunternehmens (*IDW PS 951 n.F.* s. Anhang 4)

C) Beschreibung des dienstleistungsbezogenen IKS durch die gesetzlichen Vertreter des Dienstleistungsunternehmens (*IDW PS 951 n.F.* s. Anhang 2)

D) Darstellung der durchgeführten Prüfungshandlungen einschl. der Kontrollziele und geprüften Kontrollen (*IDW PS 951 n.F.* s. Anhang 3)

E) sonstige Informationen durch die gesetzlichen Vertreter des Dienstleistungsunternehmens (*IDW PS 951 n.F.* s. Anhang 5).

**83** Aus der Übersicht wird deutlich, dass sich die typischen Abschnitte der Berichterstattung nach ISAE 3402 auch in der Berichterstattung nach *IDW PS 951 n.F.* wiederfinden. Abweichend ist zu beachten, dass die Berichterstattung nach ISAE 3402 über die Bescheinigung hinaus keine gesonderten Ausführungen zu Auftrag und Auftragsdurchführung sowie zum Prüfungsurteil vorsieht.

---

50 Vgl. *IDW PS 951 n.F.*, Tz. 4.

51 Vgl. *IDW PS 951 n.F.*, Tz. 104.

52 Vgl. ISAE 3402.53.

## 5.2 Inhalt der Berichterstattung: Auftrag und Auftragsdurchführung, Prüfungsurteil und Bescheinigung

### 5.2.1 Auftrag und Auftragsdurchführung

Für den **Abschnitt „Auftrag und Auftragsdurchführung"** der Berichterstattung gibt *IDW PS 951 n.F.*[53] eine Reihe zum Teil detailliert dargestellter Punkte als Mindestinhalt vor. **84**

Sie betreffen insb. die Darstellung des Auftrags selbst, die Darstellung der Verantwortung der gesetzlichen Vertreter und der Verantwortung des Prüfers sowie weitere Hinweise zu primär korrespondierenden Kontrollen, den Einsatz der Carve-out Methode, allgemeine inhärente Grenzen und abschließend weitere ergänzende Punkte.

Im Vergleich zwischen diesen Vorgaben nach *IDW PS 951 n.F.* und dem Umfang der Bescheinigung nach ISAE 3402 ist festzuhalten, dass die Inhalte mit wenigen Abweichungen auch im Detail vergleichbar sind. **85**

In den folgenden Punkten geht die Anforderung an die Berichterstattung nach *IDW PS 951 n.F.* allerdings über die Anforderungen des ISAE 3402 hinaus:

- *IDW PS 951 n.F.* legt einen besonderen Schwerpunkt auf die klare Darstellung der den Kontrollzielen zugrunde gelegten besonderen Kriterien. Entsprechend wird deren Darstellung sowohl in der IKS-Beschreibung als auch gesondert in dem Abschnitt „Auftrag und Auftragsdurchführung" erwartet.
- Damit verbunden ist bei Anwendung des *IDW PS 951 n.F.* die Verpflichtung des Prüfers, explizit ein Urteil über die der Ausgestaltung des dienstleistungsbezogenen IKS zugrunde gelegten Kriterien und die daraus abgeleiteten Kontrollziele abzugeben.

Die folgenden Bestandteile der Berichterstattung sind sowohl nach *IDW PS 951 n.F.* als auch ISAE 3402 zu berücksichtigen. Sie werden hier aufgrund ihrer allgemeinen Bedeutung für den Berichtsempfänger noch einmal gesondert hervorgehoben. Die Punkte betreffen: **86**

- den Hinweis auf notwendige korrespondierende Kontrollen beim auslagernden Unternehmen,
- die Nennung wesentlicher Subdienstleistungsunternehmen, die Art der von ihnen erbrachten Dienstleistungen und einen Hinweis auf die diesbezüglich angewandte Inclusive Methode oder Carve-out Methode,
- Angabe der Gründe für den Fall, dass der Prüfung (im Falle einer Berichterstattung vom Typ 2) ein Zeitraum von weniger als sechs Monaten zugrunde liegt,
- und soweit zutreffend, eine Darstellung der Bereiche der Beschreibung des dienstleistungsbezogenen IKS, die nicht Gegenstand der Beurteilung durch den WP sind.

Die in den vorstehenden Textziffern kurz erläuterten Mindestbestandteile zur Berichterstattung sind (abgesehen von den in der vorstehenden Tz. 86 gesondert hervorgehobenen Punkten) in den allgemeinen Beispielen zur Formulierung einer Bescheinigung der beiden Prüfungsstandards enthalten[54]. **87**

53 Vgl. *IDW PS 951 n.F.*, Tz. 105 ff.

54 Vgl. ISAE 3402, Appendix 2; *IDW PS 951 n.F.*, Anlage 1 und 2.

**Praxistipp 8: Formulierung des Abschnitts „Auftrag und Auftragsdurchführung“**

In der Berichterstattung nach *IDW PS 951 n.F.* sollten für die Formulierungen des Abschnitts „Auftrag und Auftragsdurchführung“ dieselben Formulierungen wie in der Bescheinigung genutzt werden. Diese können entsprechend der spezifischen Anforderungen ausformuliert und ergänzt werden. Dies betrifft insb. die Kriterien zur Ausgestaltung des dienstleistungsbezogenen IKS und die ggf. zutreffenden sonstigen Punkte zu korrespondierenden Kontrollen, zu Subdienstleistungsunternehmen und zu zeitlichen oder inhaltlichen Eingrenzungen.

### 5.2.2 Prüfungsurteil

88 *IDW PS 951 n.F.* gibt auch zur **Darstellung des Prüfungsurteils** eine Reihe von Hinweisen und Erläuterungen[55]. Diese sind im Grundsatz unmittelbar mit den Anforderungen des ISAE 3402 vergleichbar.

89 Das Urteil des Prüfers wird in positiver Form ausgedrückt. Es bietet sich an, bei der Formulierung direkt die den Prüfungsstandards anliegenden Formulierungsbeispiele für die Bescheinigungen zu nutzen[56].

**Beispiel 6: Prüfungsurteil – IDW PS 951 n.F. für eine Berichterstattung vom Typ 2**

Unser Prüfungsurteil haben wir auf Basis der in unserer Berichterstattung im Abschn. XX gemachten Angaben und unter Berücksichtigung der in Abschn. XX beschriebenen Kriterien getroffen.
Nach unserer Beurteilung kommen wir zu dem Ergebnis, dass in allen wesentlichen Belangen

a) die Beschreibung des dienstleistungsbezogenen internen Kontrollsystems das eingerichtete dienstleistungsbezogene interne Kontrollsystem für den Zeitraum [Datum] bis [Datum] sachgerecht darstellt,
b) die dargelegten Kontrollziele angemessen sind und auf Grundlage geeigneter Kriterien abgeleitet wurden,
c) die aufgeführten Kontrollen im Zeitraum vom [Datum] bis [Datum] eingerichtet und angemessen waren,
d) die geprüften Kontrollen, d.h. die Kontrollen, welche mit hinreichender Sicherheit gewährleisten, dass die in der Beschreibung des dienstleistungsbezogenen internen Kontrollsystems genannten Kontrollziele erreicht werden, im Zeitraum vom [Datum] bis [Datum] wirksam waren.

90 Im Vergleich der Prüfungsstandards ist zu beachten, dass das Urteil des *IDW PS 951 n.F.* hinsichtlich der Kriterien zur Ausgestaltung des dienstleistungsbezogenen IKS (im vorstehenden Beispiel: Teilaussage b)) über die Vorgaben des ISAE 3402 hinausgeht.

91 Der im Prüfungsurteil enthaltene Verweis auf die Kriterien („unter Berücksichtigung der in Abschn. XX beschriebenen Kriterien“) bezieht sich inhaltlich auf die vom Dienstleistungsunternehmen formulierten Kriterien. Diese finden sich in der Erklärung der gesetzlichen Vertreter und i.d.R. (soweit es sich um die Kriterien zur inhaltlichen Aus-

55 Vgl. *IDW PS 951 n.F.*, Tz. 112 ff.
56 Vgl. ISAE 3402, Appendix 2; *IDW PS 951 n.F.*, Anlage 1 und 2.

gestaltung des dienstleistungsbezogenen IKS handelt) in der IKS-Beschreibung. Bei einer Berichterstattung nach *IDW PS 951 n.F.* werden diese Kriterien zudem auch im Abschnitt „Auftrag und Auftragsdurchführung" zusammengefasst.

### 5.2.3 Bescheinigung

Die **Bescheinigung** umfasst in zusammengefasster Form den Auftrag, die Prüfungs- **92**
durchführung, die Verantwortlichkeiten sowie das Prüfungsurteil.

Bei Anwendung des *IDW PS 951 n.F.* wird die Bescheinigung als Anhang 1 beigefügt. Bei Anwendung des ISAE 3402 wird die Bescheinigung i.d.R. im einleitenden Abschnitt der Berichterstattung wiedergegeben.

Die Bescheinigung darf nicht losgelöst von den sonstigen Bestandteilen der Berichter- **93**
stattung über die Prüfung erteilt werden. Die Mindestbestandteile sind für *IDW PS 951 n.F.* und ISAE 3402 im Grundsatz vergleichbar geregelt.

Bei der Anwendung des ISAE 3402 im Vergleich zu *IDW PS 951 n.F.* ist zu beachten, dass **94**
der von der Bescheinigung getrennte und gesonderte Abschnitt „Auftrag und Auftragsdurchführung" nicht vorgesehen ist. Alle bedeutsamen Informationen müssen daher (soweit nicht schon in den Beispielformulierungen enthalten) direkt in die Bescheinigung aufgenommen werden. Dies betrifft insb. den Hinweis auf korrespondierende Kontrollen, die Angaben zu Subdienstleistungsunternehmen sowie die Darstellung bedeutsamer Bereiche, die nicht Gegenstand der Beurteilung durch den Prüfer sind[57].

**Praxistipp 9: ergänzende Angaben in der Bescheinigung nach IDW PS 951 n.F.**

Es empfiehlt sich, die in der Berichterstattung nach ISAE 3402 für den Bescheinigungstext ggf. erforderlichen zusätzlichen Angaben auch in die Bescheinigung nach *IDW PS 951 n.F.* aufzunehmen. Die Darstellung dieser Punkte im Abschnitt „Auftrag und Auftragsdurchführung" bleibt davon unberührt. Auf diesem Weg kann sichergestellt werden, dass auch ein Berichtsempfänger, der eher mit der Auswertung von Berichterstattungen nach ISAE 3402 vertraut ist, alle Informationen an von ihm „gewohnter" Stelle vorfindet.

## 5.3 Inhalt der weiteren Bestandteile der Berichterstattung

### 5.3.1 Beschreibung des dienstleistungsbezogenen IKS

Die **IKS-Beschreibung** (vorbehaltlich der Beschreibung der Kontrollen) wird bei der **95**
Anwendung des *IDW PS 951 n.F.* als Anhang 2 beigefügt. Bei Anwendung des ISAE 3402 wird die IKS-Beschreibung typischerweise als dritter Abschnitt der Berichterstattung wiedergegeben.

Die Systembeschreibung muss alle für den Berichtsadressaten relevanten Informationen **96**
in einer möglichst übersichtlichen Form enthalten.

57 Vgl. im Einzelnen auch Tz. 86.

**Beispiel 7: Aufbau einer IKS-Beschreibung**

Eine klare Struktur der IKS-Beschreibung ermöglicht es dem Leser, die von ihm gesuchte Information schnell zu finden. Hierfür hat sich ein Aufbau mit den folgenden Abschnitten/Bestandteilen bewährt:

- Übersicht zu der/den erbrachten Dienstleistung(en) (einschl. genutzter Rechenzentrumsstandorte, ggf. eingesetzte Subdienstleistungsunternehmen und die für Dienstleistungen der Subdienstleistungsunternehmen genutzte Inclusive oder Carve-out Methode)
- für die Gestaltung des dienstleistungsbezogenen IKS ggf. genutzte Rahmenwerke (z.B. COSO), und eine Beschreibung der damit verbundenen Struktur, betr. z.B.
  - Kontrollumfeld
  - Risikobeurteilungen
  - Kontrollaktivitäten
  - Information und Kommunikation
  - Überwachung des internen Kontrollsystems
- Darstellung der dienstleistungsbezogenen Geschäftsprozesse
- Darstellung der Kontrollziele einschl. der Kriterien, auf deren Grundlage die Kontrollziele entwickelt wurden
- Darstellung der unterstellten korrespondierenden Kontrollen
- Darstellung der in der Berichtsperiode vorgenommenen wesentlichen Anpassungen des dienstleistungsbezogenen IKS.

Zur Darstellung der einzelnen Kontrollen („Kontrollmatrix") wird auf Tz. 97 ff. verwiesen.

### 5.3.2 Darstellung durchgeführter Prüfungshandlungen einschließlich Kontrollziele und Kontrollen (Kontrollmatrix)

97 Die **Beschreibung der geprüften Kontrollen einschl. der Darstellung der durchgeführten Prüfungshandlungen** wird bei der Anwendung des *IDW PS 951 n.F.* als Anhang 3 beigefügt. Bei Anwendung des ISAE 3402 wird diese Darstellung typischerweise als vierter Abschnitt der Berichterstattung wiedergegeben.

98 Die Darstellung sollte umfassen

- die Beschreibung der Kontrollziele,
- die Beschreibung der Kontrollen (zugeordnet zu jedem Kontrollziel),
- die Prüfungshandlungen des Prüfers und
- eine zusammenfassende Darstellung der Prüfungsergebnisse.

Die Beschreibung des Kontrollziels und die Darstellung der Kontrollen erfolgen durch das Dienstleistungsunternehmen. Die Prüfungshandlungen und Ergebnisse werden von dem Prüfer dargestellt.

**Praxistipp 10: Darstellung der Kontrollziele, Kontrollen, Prüfungshandlungen und Ergebnisse**

Für die Darstellung hat sich ein tabellarischer Aufbau vergleichbar der vereinfachten Darstellung im *IDW PS 951 n.F.* bewährt[58].
Die Beschreibung des Kontrollziels sollte in jedem Fall ungekürzt und nicht allein als Verweis auf einen anderen Abschnitt der IKS-Beschreibung wiedergegeben werden.
Für die Darstellung der jeweils zu einem Kontrollziel gehörigen Kontrollen bietet sich ein Aufbau in vier Spalten an:

- Kurz-Referenz der Kontrolle,
- Beschreibung der Kontrolle,
- Beschreibung der Prüfungshandlung des Prüfers und
- Ergebnis der Prüfungshandlungen des Prüfers.

Die Beschreibung der Prüfungshandlungen des Prüfers soll Art und Umfang der Prü- 99
fungshandlungen einschl. des zur Wirksamkeitsprüfung genutzten Stichprobenumfangs darstellen. Der Stichprobenumfang kann innerhalb jeder einzelnen Prüfungshandlung gesondert oder einleitend vorweg (mit Hinweis auf die Anwendbarkeit für alle Kontrollen) in einer zusammenfassenden Tabelle dargestellt werden.

**Praxistipp 11: Darstellung der Prüfungshandlungen**

Die Art der Prüfungshandlung kann vereinfachend und übersichtlich dargestellt werden, indem die Beschreibung jeweils von den gleichen, eine Prüfungstechnik kennzeichnenden Stichworten eingeleitet wird:

- *Befragung* ... der für XY zuständigen Mitarbeiter hinsichtlich ...
- *Durchsicht* ... des Handbuchs XY / der Unterlagen zu XY ...
- *Beobachtung* ... der Durchführung von ...
- *Nachvollzug* ... eines aktuellen Geschäftsvorfalles zu XY anhand von ...

Das Ergebnis der Prüfungshandlungen des Prüfers kann, sofern keine Abweichungen 100
vorgefunden wurden, formelhaft knapp erfolgen. Wenn für die Darstellung der Ergebnisse dasselbe Tabellenfeld wie für die Prüfungshandlungen genutzt wird, sollten die Ergebnisdarstellung klar von der Darstellung der Prüfungshandlungen getrennt werden.

**Praxistipp 12: Darstellung des Prüfungsergebnisses**

Es hat sich bewährt, das Prüfungsergebnis formelhaft mit einer einheitlichen Formulierung einzuleiten wie z.B. „keine Abweichungen vorgefunden" oder „Abweichungen vorgefunden" (bei Abweichungen folgen dann weitere sachverhaltsbezogene Erläuterungen).

Zur den Besonderheiten bei der Darstellung der Ergebnisse im Falle vorgefundener Abweichungen wird auf Tz. 103 ff. verwiesen.

58 Vgl. *IDW PS 951 n.F.*, Tz. 124.

### 5.3.3 Schriftliche Erklärung der gesetzlichen Vertreter

101 Die schriftliche **Erklärung der gesetzlichen Vertreter** wird bei der Anwendung des *IDW PS 951 n.F.* als Anhang 4 beigefügt. Bei Anwendung des ISAE 3402 wird die Erklärung typischerweise als zweiter Abschnitt der Berichterstattung aufgenommen.

**Praxistipp 13: Erklärung der gesetzlichen Vertreter**

In der Umsetzung wird sich die Erklärung der gesetzlichen Vertreter jeweils eng an den Beispielen des ISAE 3402 bzw. *IDW PS 951 n.F.* orientieren[59]. Damit wird sichergestellt, dass der erforderliche Mindestumfang in jedem Fall abgedeckt ist. Sachgerechte Ergänzungen sind gleichwohl möglich.
Eine starke Abweichung (sprachlich und/oder hinsichtlich des inhaltlichen Aufbaus) von den Beispielen ist mit Rücksicht auf die Lesbarkeit und die Vergleichbarkeit für den Empfänger mit vergleichbaren Berichterstattungen nicht empfehlenswert.

### 5.3.4 Sonstige Informationen des Dienstleistungsunternehmens

102 **Sonstige Informationen des Dienstleistungsunternehmens** werden, soweit vorhanden, bei der Anwendung des *IDW PS 951 n.F.* als Anhang 5 beigefügt. Bei Anwendung des ISAE 3402 bilden die sonstigen Informationen typischerweise den letzten Abschnitt der Berichterstattung.

**Beispiel 8: in der Praxis typischerweise angegebene sonstige Informationen**

In der Praxis werden insbesondere zwei Arten von sonstigen Informationen genutzt:
- Stellungnahme/Kommentierung des Managements zu den im Zuge der Prüfung festgestellten Abweichungen und den hierzu bereits umgesetzten oder vorgesehenen Maßnahmen
- Hinweise zur Überleitung des in der IKS-Beschreibung dargestellten dienstleistungsbezogenen IKS auf weitere Kriterien und/oder Rahmenwerke, bspw. als Überleitung der dargestellten Kontrollen zur IT auf die internationale Norm ISO/IEC 27001[60].

## 5.4 Im Rahmen der Prüfung festgestellte Abweichungen und deren Darstellung in der Berichterstattung

### 5.4.1 Kategorisierung möglicher Abweichungen

103 Möglichen Abweichungen[61] zur Eignung der Kriterien, zur Angemessenheit der Darstellung in der IKS-Beschreibung und zur Angemessenheit der Kontrollziele wird das Dienstleistungsunternehmen in der Praxis in aller Regel frühzeitig bei der Konzeption des dienstleistungsbezogenen IKS und bei der Zusammenstellung der Dokumentation für die Prüfung begegnen.

59 Vgl. ISAE 3402, Appendix 1; *IDW PS 951 n.F.*, Anlage 3.
60 Vgl. DIN ISO/IEC 27001: „IT-Sicherheitsverfahren – Informationssicherheits-Managementsysteme – Anforderungen".
61 Vgl. hierzu auch Tz. 70 ff.

In der Praxis treten daher insb. Abweichungen auf, die unmittelbar einzelne Kontrollen und die zugeordneten Kontrollziele betreffen. Für die **Darstellung von Abweichungen** in der Berichterstattung lassen sich im Grundsatz die folgenden Varianten unterscheiden: 104

- die Abweichung führt zu einer Einschränkung des Prüfungsurteils,
- die Abweichung führt zu keiner Einschränkung des Prüfungsurteils, weil z.B. die Eignung oder Wirksamkeit einer Kontrolle trotz eines Mangels insgesamt gegeben ist oder weil, obwohl eine einzelne Kontrolle nicht wirksam ist, das zugehörige Kontrollziel gleichwohl erreicht wird.

## 5.4.2 Berichterstattung bei Abweichungen

Die Berichterstattung über vorgefundene Abweichungen erfolgt, in Abhängigkeit von der Art und Bedeutung der Abweichung, 105

- in der Bescheinigung im Zusammenhang mit dem Prüfungsurteil, sowie (bei Anwendung des *IDW PS 951 n.F.*) in dem gesonderten Unterabschnitt zum Prüfungsurteil,
- unmittelbar bei der (i.d.R. tabellarischen) Darstellung der durchgeführten Prüfungshandlungen (*IDW PS 951 n.F.*, Anhang 3)

> **!** **Hinweis 7: Darstellung von Abweichungen bei Anwendung des IDW PS 951 n.F.**
>
> Zur Darstellung von Abweichungen in dem von *IDW PS 951 n.F.* gesondert vorgesehenen Berichtsabschnitt „Prüfungsurteil“ sollte im Zuge der Berichterstattung frühzeitig einheitlich festgelegt werden, inwieweit hier (neben den erforderlichen Abweichungen, die zu einer Einschränkung führen) auch alle weiteren Abweichungen aufgenommen werden sollen. Im Sinne der vorstehenden Varianten bietet es sich an, zumindest alle Fälle aufzunehmen, bei denen eine Kontrolle als nicht geeignet oder nicht wirksam beurteilt wird.

*IDW PS 951 n.F.* und ISAE 3402 enthalten systematische Beispiele zur Darstellung von Abweichungen im Falle einer **Einschränkung des Prüfungsurteils**[62]. Sie sind als Muster zur Darstellung der Abweichung (und Begründung der Einschränkung) in der Bescheinigung und (bei Anwendung des *IDW PS 951 n.F.*) auch in dem Unterabschnitt zum Prüfungsurteil geeignet. Bei der Formulierung ist zu beachten, dass die Darstellung der Abweichungen in der Bescheinigung außerhalb des engen Zusammenhangs der Kontrollmatrix (*IDW PS 951 n.F.*, Anhang 3) erfolgt. Die Darstellung sollte mithin ausreichend klar und ausführlich erfolgen. 106

> **Praxistipp 14: Darstellung von Abweichungen in der Bescheinigung**
>
> Die in den Beispielen der Prüfungsstandards genutzte einheitliche Grundstruktur der Formulierung sollte in jedem Fall eingehalten werden:
>
> - Beschreibung der Sollvorgaben (z.B. „Aus der als Anlage beigefügten Beschreibung zur Kontrolle X geht hervor, dass YZ im Rahmen der Kontrolldurchführung zu prüfen ist“)

62 Vgl. ISAE 3402, Appendix 3; *IDW PS 951 n.F.*, Anlage 4.

- Beschreibung der Feststellung: „Nach dem Ergebnis unserer Prüfung (oder nach der von dem Dienstleistungsunternehmen im Abschn. Z der IKS-Beschreibung gegebenen Erläuterung) wurde eine Abstimmung von XY nicht vorgenommen (hier sollte, soweit möglich, eine zeitliche Eingrenzung genannt werden)"
- Beschreibung der Konsequenz: „Wir kommen zu dem Ergebnis, dass die Kontrolle X für den Zeitraum von ... bis ... nicht wirksam war und dass das zugeordnete Kontrollziel (Zitat Kontrollziel) für diesen Zeitraum nicht erreicht wurde".

107 Die Beschreibung von Abweichungen **in der Darstellung der durchgeführten Prüfungshandlungen** (*IDW PS 951 n.F.*, Anhang 3; ISAE 3402, vierter Abschnitt) wird im Grundsatz vergleichbar zur Formulierung im Urteil erfolgen. Aufgrund der engen Einbettung in den Zusammenhang zum Kontrollziel und zur Beschreibung der Kontrolle selbst, wird der Text allerdings vergleichbar kürzer ausfallen.

Zu beachten ist in jedem Fall, dass, sofern die Abweichung im Rahmen einer Prüfung in Stichproben festgestellt wurde, auch die Anzahl der betroffenen Elemente der Stichprobe aufgeführt werden muss (z.B. „ (…) für 1 Element aus einer Stichprobe von X Elementen wurde festgestellt (…)").

Weitere Erläuterungen und Schlussfolgerungen (bspw. zur Wirksamkeit der Kontrolle oder zur Erreichung des Kontrollziels) sollten angefügt werden. Führt die Abweichung nach der Beurteilung des Prüfers dazu, dass eine Kontrolle nicht geeignet oder wirksam ist, ohne aber das Kontrollziel zu gefährden, so ist dies ebenfalls zu erläutern.

## 6. IDW PS 951 n.F. im Vergleich zu ISAE 3402

108 Nachfolgend werden die wesentlichen **Unterschiede zwischen *IDW PS 951 n.F.* und ISAE 3402** zusammengefasst, soweit dies für die praktische Anwendung der Standards von besonderer Bedeutung erscheint.

109 Anwendungsbereich:

- *IDW PS 951 n.F.* kann zur Prüfung und Berichterstattung eines dienstleistungsbezogenen IKS auch ohne einen Bezug zur Rechnungslegung der auslagernden Unternehmen genutzt werden.
- ISAE 3402 ist ausschließlich auf die Prüfung und Berichterstattung von dienstleistungsbezogenen IKS ausgerichtet, die für die Finanzberichterstattung der auslagernden Unternehmen von Bedeutung sind.

110 Umgang mit den Kriterien, die zur Ausgestaltung der Dienstleistung genutzt wurden:

- *IDW PS 951 n.F.* verlangt in der Formulierung des Urteils eine explizite Stellungnahme, dass die Kontrollziele aufgrund geeigneter Kriterien abgeleitet wurden. Diese Kriterien sind in der IKS-Beschreibung des Dienstleistungsunternehmens und in der Berichterstattung des Prüfers (Auftrag und Auftragsdurchführung) darzustellen[63].
- ISAE 3402 enthält keine vergleichbaren detaillierten Regelungen. Zu allgemeinen weiteren Hinweisen betreffend Kriterien wird insoweit auf ISAE 3000 (Rev.) verwiesen[64].

63 Vgl. zu ergänzenden Hinweisen und Erläuterungen *IDW PS 951 n.F.*, insbes. Tz. 37 ff.
64 Vgl. ISAE 3000.A10 (Rev.); Kap. C Tz. 20 ff.

Aufbau der Berichterstattung: 111

- *IDW PS 951 n.F.* sieht eine Berichterstattung in gesonderten Abschnitten (Auftrag und Auftragsdurchführung, Prüfungsurteil) nebst der weiteren Unterlagen in Anhängen vor[65].
- Die Berichterstattung nach ISAE 3402 erfolgt typischerweise in einer abweichenden Struktur[66].

# 7. Hinweise auf aktuelle Entwicklungen und Ausblick

## 7.1 Übersicht

*IDW PS 951 n.F.* und ISAE 3402 sind vor dem Hintergrund entstanden, bei der Auslagerung von Geschäftsprozessen auf ein Dienstleistungsunternehmen eine zentrale Prüfung und Berichterstattung über das dienstleistungsbezogene IKS zu ermöglichen, soweit dies für die Finanzberichterstattung der auslagernden Unternehmen von Bedeutung ist. 112

Insbesondere i.Z.m. IT-Dienstleistungen zeigt sich bei den auslagernden Unternehmen zunehmend der Bedarf, die mit einer **Prüfung** und Berichterstattung eines unabhängigen externen Prüfers verbundene Transparenz und Sicherheit auch **hinsichtlich der Anforderungen außerhalb der Finanzberichterstattung** zu erhalten.

Beispiele hierfür sind, neben anderen, die **IT-Sicherheit**, die **Verfügbarkeit von (IT-) Systemen** und Dienstleistungen oder der **Datenschutz**. Besondere Prüfungen und Zertifizierungen (bspw. zum IT-Sicherheitsmanagement[67]) sind für derartige Zielsetzungen verfügbar und üblich. Allerdings zeigt sich zunehmend, dass sie von den auslagernden Unternehmen allein nicht mehr als ausreichende Nachweise betrachtet werden.

Vor diesem Hintergrund entstehen in der Praxis zunehmend spezialisierte Kriterienkataloge, unter deren Anwendung WP entsprechende Prüfungen nach *IDW PS 951 n.F.* bzw. ISAE 3402 oder *IDW EPS 860* bzw. ISAE 3000 (Rev.) auch für Zwecke außerhalb der Finanzberichterstattung vornehmen können und sollen. 113

Zwei dieser Konzepte für den Bereich von IT-Dienstleistungen werden nachfolgend exemplarisch vorgestellt. Die Kriterien werden hierbei einheitlich und allgemein öffentlich zugänglich vorgegeben. Die IKS-Beschreibung der Dienstleistungsunternehmen beschreibt insoweit die jeweilige individuelle Umsetzung der damit verbundenen Anforderungen. 114

## 7.2 „SOC 2“ – Trust Services Principles

Die AICPA „**Trust Services Principles and Criteria**“ wurden entwickelt, um eine standardisierte Prüfung und Berichterstattung (sog. Service Organization Control **(SOC) 2 Report**) zu bedeutenden IT-Themen zu ermöglichen. Diese Themen werden in fünf sog. Trust Service Principles dargestellt: 115

- Security: The system is protected against unauthorized access.
- Availability: The system is available for operation and use as committed or agreed.

65 Vgl. Tz. 81.
66 Vgl. Tz. 82.
67 Vgl. DIN ISO/IEC 27001.

- Processing integrity: System processing is complete, valid, accurate, timely, and authorized.
- Confidentiality: Information designated as confidential is protected as committed or agreed.
- Privacy: Personal information is collected, used, retained, disclosed and destroyed in conformity with the commitments in the entity's privacy notice and with criteria set forth in Generally Accepted Privacy Principles issued by the AICPA and CICA.

Jedem Principle sind eine Reihe allgemeiner (übergeordnet anzuwendender) Kriterien sowie weitere Principle-spezifische Kriterien zugeordnet.

**116** Eine Prüfung und Berichterstattung kann, je nach Aufgabenstellung des Dienstleistungsunternehmens und den Anforderungen seiner Kunden, nach einem oder mehreren der Principles erfolgen.

## 7.3 Anforderungskatalog Cloud Computing des BSI

**117** Der **„Anforderungskatalog Cloud Computing" des Bundesamtes für Informationssicherheit (BSI)**[68] umfasst spezifische Kriterien zur Beurteilung der Informationssicherheit von Cloud-Diensten. Nach Einschätzung des BSI mangelt es der Informations- und Kommunikationstechnik-Branche und ihren Kunden im Grundsatz nicht an Sicherheitsempfehlungen nebst zugehöriger Standards und Zertifikate. Es fehlte aus Sicht des BSI aber an einer allgemein anerkannten Basis-Linie. Insoweit legt das BSI mit der Veröffentlichung des Anforderungskatalogs (C5) seine Sicht zur Beurteilung der Informationssicherheit von Cloud-Diensten dar.

**118** Der Katalog ist in 17 Bereiche (z. B. Organisation der Informationssicherheit, physische Sicherheit oder Security Incident Management) unterteilt. Die Entwicklung erfolgte auf der Grundlage allgemein anerkannter Sicherheitsstandards wie u.a. der ISO/IEC 27001, der Cloud Controls Matrix der Cloud Security Alliance und eigenen Veröffentlichungen des BSI.

Die Stärke des Anforderungskatalogs liegt darin, dass die Anforderungen konkret auf die unterschiedlichen genutzten Rahmenwerke referenziert werden. Hierüber soll erreicht werden, dass ein Dienstleistungsunternehmen unabhängig von dem von ihm bereits genutzten Standard schnell und einfach feststellen kann, welche Maßnahmen bei ihm bereits umgesetzt sind und welche Maßnahmen ggf. noch ergänzt werden müssen.

## 7.4 Ausblick

**119** Es liegt beim Berufsstand der WP, die mit den hier exemplarisch vorgestellten Entwicklungen verbundenen Chancen zu nutzen.

Dies bedeutet zum einen, die dargestellten Lösungen in der Öffentlichkeit als Beispiel und Nachweis dafür zu nutzen, dass der Beitrag der Wirtschaftsprüfung zur Bildung öffentlichen Vertrauens deutlich über die Kernkompetenz der Finanzberichterstattung und deren Prüfung hinausgeht.

Zum anderen bedeutet dies, Industrie und Öffentlichkeit aktiv bei der Gestaltung und Entwicklung allgemeiner geeigneter Anforderungs- und Kriterienkataloge zu unter-

68 Vgl. Bundesamt für Informationssicherheit, Anforderungskatalog Cloud Computing – Kriterien zur Beurteilung der Informationssicherheit von Cloud-Diensten, Version 1.0 – Stand Februar 2016.

stützen. Eine wesentliche Herausforderung wird es hierbei sein, umfassende aber auch effiziente Lösungen mit einer hohen Akzeptanz in der Industrie und der Öffentlichkeit zu finden.

# Kapitel N

# Prüfung von Software

Verfasser:
Dr. Martin Fröhlich, Düsseldorf

Inhalt Tz.



# 1. Grundlagen

## 1.1 Anwendungsbereich

1 Zur IT-gestützten Abwicklung von Unternehmensprozessen setzen Unternehmen eigenerstellte oder von Dritten erworbene **Standardsoftware** ein. Zunehmende Bedeutung haben darüber hinaus Anwendungen, die von Cloud-Anbietern betrieben werden und dem Anwender als Service zur Abwicklung einer bestimmten fachlichen Aufgabenstellung angeboten werden. Bei zunehmend komplexer werdenden Anwendungen und bei Cloud-Services stellt sich für die Anwender schon bei der Auswahl von Software die Frage, ob das Programm geeignet ist, die mit der fachlichen Aufgabenstellung verbundenen rechtlichen Anforderungen sowie die sich aus dem *IDW RS FAIT 1* ergebenden Ordnungsmäßigkeits- und Sicherheitsanforderungen zu erfüllen. Auch der APr. muss i.R.d. Prüfung des IT-gestützten Rechnungslegungssystems und der rechnungslegungsrelevanten Prozesse beurteilen, ob die zu deren Abwicklung eingesetzte Software den regulatorischen Anforderungen sowie den durch *IDW RS FAIT 1* vorgegebenen Ordnungsmäßigkeits- und Sicherheitsanforderungen genügt.

2 Ein geeignetes Instrument zur Beurteilung von Software auf Erfüllung von regulatorischen Anforderungen und Ordnungsmäßigkeits- und Sicherheitsaspekten ist eine Softwareprüfung nach dem ***IDW PS 880***. Die Gestaltung und der Inhalt einer Prüfung werden beeinflusst durch die Ausprägung der Software als Standard- und Individualsoftware und durch den Umfang der in die Prüfung einzubeziehenden Verarbeitungsfunktionen[1]. Individualsoftware wird für den speziellen Einsatzzweck eines oder lediglich einer kleinen Gruppe von Anwendern entwickelt. Die Software kann entweder

1 *IDW PS 880*, Tz. 4 und 8.

durch den Anwender selbst erstellt werden oder es wird ein Softwarehersteller mit der Erstellung einer kundenindividuellen IT-Anwendung beauftragt. Typische Beispiele sind Programme zur Kalkulation von Produkten in der Versicherungswirtschaft, spezielle Abrechnungsverfahren oder Software zur Berechnung von Risikomodellen für den Wertpapierhandel. Standardsoftware wird demgegenüber für einen breiten Kreis von potentiellen Anwendern entwickelt. Die Anpassung an unternehmensindividuelle Gegebenheiten ist in bestimmten Grenzen durch Parametrisierung von Verarbeitungsfunktionen möglich. Klassische Beispiele für Standardsoftware sind Finanz- und Anlagebuchhaltung, Materialwirtschaft und Einkauf, aber auch Branchenlösungen etwa für die Energiewirtschaft, die Telekommunikation oder den Finanzdienstleistungssektor.

**Hauptanwendungsfall** des *IDW PS 880* ist die Prüfung von Standardsoftware beim Softwarehersteller. Die Prüfung einer Standardsoftware etwa beim Anwender oder bei von ihnen beauftragten IT-Dienstleistern ist denkbar, in der Praxis aber eher selten, da die Voraussetzungen für die Durchführung einer Softwareprüfung i.S.d. *IDW PS 880* bspw. aufgrund nicht vollständig vorliegender technischer Verfahrens- und Testdokumentation im Regelfall nicht gegeben sind. 3

Neben IT-Anwendungen mit engem **Bezug zur Rechnungslegung** (z.B. Anlagenbuchhaltung, Kreditoren- und Debitorenbuchhaltung) fallen auch Softwareprodukte mit eher weiterem Bezug zur Rechnungslegung (z.B. Zahlungsverkehrssysteme) in den Anwendungsbereich des *IDW PS 880*. Die Softwareprüfungen können sich auf alle Prozesse mit einem Bezug zur Rechnungslegung richten. Darüber hinaus können auch Softwareprodukte ohne Bezug zur Rechnungslegung (z.B. Bilanzanalyse, Geldwäsche-Monitoring, Call-Center-Lösungen) in analoger Anwendung des *IDW PS 880* geprüft werden. 4

Zur effizienten Unterstützung aller betrieblichen Wertschöpfungsprozesse und zur Steuerung der unternehmerischen Abläufe setzen Unternehmen sogenannte **Enterprise-Resource-Planning-**(ERP-)Systeme eine, die aus einzelnen Modulen bestehen und die wesentlichen Kern- und Unterstützungsprozesse eines Unternehmens abbilden. Bei der Abbildung von Geschäftsprozessen durch ERP-Systeme stehen die Kernprozesse eines Unternehmens (Einkauf, Vertrieb, Material, Logistik etc.) im Vordergrund, wobei es sich aus der Sicht der Rechnungslegung um Nebenbuchhaltungen handelt. Bei der Abbildung von Unterstützungsprozessen (z.B. Finanzbuchhaltung, Anlagebuchhaltung, Controlling, Personal) ist zu beachten, dass diese Module aus der Sicht der Rechnungslegung zwar die Hauptbuchhaltung bilden, aber im wesentlich durch Transaktionen aus den Nebenbuchhaltungssystemen entstehen. Bei der Softwareprüfung müssen somit die Module, die Kernprozesse abbilden, im Vordergrund stehen, da eine Aussage über die Geeignetheit einer Software, die vollständige und richtige Abbildung von Geschäftsvorfällen in der Hauptbuchhaltung zu ermöglichen, nur auf der Basis der Prüfung der Module zur Abbildung von Kernprozessen getroffen werden kann. 5

**Adressat** einer Berichterstattung über eine Softwareprüfung nach *IDW PS 880* ist neben dem Auftraggeber in erster Linie der APr. des Softwareanwenders. Für die Zwecke der Abschlussprüfung bzw. für die Beurteilung der Ordnungsmäßigkeit und Sicherheit des IT-gestützten Rechnungslegungssystems ist die Berichterstattung nach *IDW PS 880* eine wesentliche Grundlage aber alleine nicht ausreichend. Daher hat der APr. darüber hinaus auch die Integration der Software in die Geschäftsprozesse bzw. das IKS des Unternehmens, die für das jeweilige Unternehmen angepasste Parametrisierung der Software sowie die für den Betrieb der Software eingerichteten IT-Prozesse (z.B. Daten- 6 sicherung, Maßnahmen zur Sicherstellung der Verfügbarkeit, Zugriffsschutz) zu beurteilen.

7 Der *IDW PS 880* hat ein gewisses Alleinstellungsmerkmal für den deutschen Rechtsbereich, da im deutschen Handels- und Steuerrecht explizite **Anforderungen an die technische und organisatorische Gestaltung eines Buchführungsverfahrens** gestellt werden. Gemäß § 239 Abs. 4 HGB und analog § 147 AO gestattet der Gesetzgeber die Verwendung von Informationstechnologie für die Buchführung unter der Voraussetzung der Einhaltung der GoB. Eine analoge Anwendbarkeit des *IDW PS 880* ist auch in der Schweiz und Österreich gegeben mit entsprechend an den *IDW PS 880* angelehnten eigenen nationalen Prüfungsstandards bzw. ähnlichen Prüfungsvorschriften für die IT-gestützte Rechnungslegung[2].

## 1.2 Prüfungsmethodik

8 Softwareprüfungen sind **Assurance Aufträge**, die aus

- einem Vertrag zwischen einem WP und dem Unternehmen, das für das Prüfungsobjekt verantwortlich ist (i.d.R. der Softwarehersteller),
- der Festlegung weiterer vorgesehener Empfänger der Berichterstattung, die sich vom Adressaten (i.d.R. der Auftraggeber) unterscheiden können.
- einem zu spezifizierenden Prüfungsobjekt,
- einer Feststellung dem Prüfungsauftrag zugrundeliegender Kriterien und
- einer Festlegung über die Berichterstattung über die Ergebnisse[3]

bestehen.

9 Der *IDW PS 880* berücksichtigt die Anforderungen des ISAE 3000 (Rev.)[4] für Assurance Aufträge, die darauf ausgerichtet sind, Prüfungsaussagen mit **hinreichender Sicherheit** zu treffen.

10 Daher sieht der *IDW PS 880* wie der ISAE 3000 (Rev.) einen streng an der **Erfüllung objektiver Kriterien** orientierten Prüfungsansatz vor. Ziel der Prüfung ist es, „mit hinreichender Sicherheit zu beurteilen, ob das Softwareprodukt bei sachgerechter Anwendung ermöglicht, den Kriterien zu entsprechen, die im Prüfungsauftrag vereinbart wurden"[5].

11 Die **Prüfungsmethodik** der Softwareprüfung „folgt der Systematik von Systemprüfungen bei Einsatz von Informationstechnologie (IT), wie sie im *IDW PS 330* niedergelegt sind"[6]. Die Prüfung einer Software ist entsprechend zu planen, durchzuführen und zu überwachen.

12 Bei Softwareprüfungen werden die gleichen **Prüfungstechniken** verwendet, die WP bei der Durchführung von IT-Systemprüfungen einsetzen (Befragung, Beobachtung, Einsichtnahme bzw. Durchsicht, Nachvollzug und Wiederholung).

---

2 Schweiz: EXPERTsuisse PS 870 Prüfung von Softwareprodukten; für Österreich ist analoge Anwendung des *IDW PS 880* möglich, da die Vorschriften zur Prüfung der Ordnungsmäßigkeit von IT-Buchführungen (KFS/DV 1 v. 23.03.2011 des Fachsenats für Datenverarbeitung der Kammer der Wirtschaftstreuhänder) den deutschen Prüfungsvorschriften entsprechen.

3 International Framework for Assurance Engagements, Tz. 20.

4 ISAE 3000.A2 (Rev.) ff.; vgl. ausführlich Kap. C.

5 *IDW PS 880*, Tz. 16.

6 *IDW PS 880*, Tz. 2.

Die Softwareprüfung richtet sich auf die **Prüfung der Programmfunktionen**[7] und umfasst damit die notwendigen Verarbeitungsfunktionen und das programminterne Kontrollsystem. Notwendige Verarbeitungsfunktionen sind die Funktionen der Software, die der Anwender bei bestimmungsgemäßer Verwendung erwarten kann, um den für die Anwendung vorgesehenen Verwendungszweck sachgerecht abwickeln zu können. 13

**Beispiel 1:**

Zu den notwendigen Verarbeitungsfunktionen einer Anwendung zur Abwicklung von Forderungen (Debitorenbuchhaltung) zählen neben den buchhalterischen Funktionen auch die automatische Zuordnung von offenen Forderungen zu Zahlungen auf der Basis bestimmter Merkmale, das Führen von sogenannten CPD-Konten, der Ausweis von „Offene-Posten-Listen" oder Funktionen zum automatisierten Mahnwesen mit programmgesteuerter Erstellung von Mahnzinsen und Gebühren.

Die Prüfung des **programminternen Kontrollsystems** richtet sich auf die Beurteilung der Richtigkeit und Vollständigkeit der für die Verarbeitung vorgesehenen Eingabe-, Verarbeitungs- und Ausgabekontrollen. Art und Intensität dieser Kontrollen sind abhängig von der Ausgestaltung des der Software zugrundeliegenden Workflows. 14

## 2. Durchführung von Softwareprüfungen

### 2.1 Auftragsverhältnis

Die Grundlage des Auftragsverhältnisses ist ein schriftlich zu vereinbarender **Prüfungsauftrag**, der die im *IDW PS 880* genannten Vertragsbestandteile umfasst[8]. Nicht explizit genannt, aber empfehlenswert ist eine Vereinbarung über den Kreis der bestimmungsgemäßen Nutzer der Berichterstattung. 15

**Praxistipp 1:**

In der Praxis kann hier bspw. vereinbart werden, dass der PrB und die Softwarebescheinigung nur vom Käufer der jeweiligen Software für seine und die Zwecke der Abschlussprüfung bei diesem Käufer verwendet werden darf.

Die der Prüfung zugrunde gelegten **Beurteilungskriterien** müssen im Prüfungsauftrag vollständig benannt werden. Regulatorische Vorschriften sollten mit den entsprechenden Quellen aufgeführt werden (z.B. §§ 238, 239 HGB); analoges gilt für die Referenzierung auf Standards oder Rahmenwerke wie ISO Normen, COSO[9], COBIT[10], etc. Der COSO-Standard beschreibt die Grundlagen für die Gestaltung eines IKS; COBIT konkretisiert diese Grundsätze für die Ausprägung von Kontrollzielen beim Einsatz von IT. Bei Verwendung von Rahmenwerken empfiehlt sich eine konkrete Referenzierung auf bestimmte Abschnitte oder Kapitel. 16

7 *IDW PS 880*, Tz. 9.
8 *IDW PS 880*, Tz. 43.
9 Committee of Sponsoring Organizations of the Treadway Commission.
10 Control Objectives for Information and Related Technologies.

17 Darüber hinaus ist die **Version der zu prüfenden Software** und eine Abgrenzung der zu prüfenden Funktionen/Module (z.B. Modul Anlagenbuchhaltung) vertraglich zu vereinbaren[11].

18 Vor der Auftragsannahme sollte das Fehlerrisiko[12] eingeschätzt werden, das aus einem nicht angemessenen Softwareentwicklungsverfahren bzw. unzulänglichen Prozessen bei der Softwareentwicklung erwachsen kann. Zur Einschätzung dieser **Risiken** und zur Erläuterung von Ziel und Voraussetzungen für eine Softwareprüfung sollte der Softwareprüfer vor der Auftragsannahme verschiedene Aspekte des Auftragsverhältnisses mit dem potentiellen Auftraggeber erörtern[13]. Zunächst sollte sich der Prüfer ein Bild über die im jeweiligen Einzelfall vorhandenen Risiken im Kontrollumfeld des Softwareherstellers verschaffen. Diese Risiken einer Softwareprüfung umfassen Unzulässigkeiten oder Mängel in der Entwicklung einer Software. Diese reichen von der fehlerhaften oder unvollständigen Abbildung der für die Software relevanten Anforderungen über ein nicht angemessenes Softwareentwicklungsverfahren bis zu Fehlern aufgrund nicht ausreichender Testverfahren des Softwareherstellers.

19 Die **Dokumentation** muss letztlich in einer Weise zur Verfügung gestellt werden, dass ein Nachvollzug der Programmfunktionen auch ohne Kenntnis der Programmiersprache möglich ist[14].

**Praxistipp 2:**

Ein besonderes Augenmerk sollte der Prüfer auf die Ausgestaltung, Detailtiefe und Lesbarkeit der Verfahrensdokumentation sowie die Dokumentation der vom Softwarehersteller durchgeführten Tests legen. Der Prüfer sollte vor Auftragsannahme sorgfältig beurteilen, ob Art und Ausgestaltung der vom Softwarehersteller zur Verfügung gestellten Dokumentation für die Zwecke einer Softwareprüfung geeignet sind.

20 Die **Art und Weise der Berichterstattung** über das Ergebnis der Prüfung ist vertraglich mit dem Auftraggeber zu vereinbaren[15]. Der PrB und ggf. die Softwarebescheinigung müssen jedoch die Mindestanforderungen des *IDW PS 880* abdecken[16].

21 Im Rahmen der Eigenverantwortlichkeit des Prüfers können **Prüfungsergebnisse Dritter** nach Maßgabe des *IDW PS 320* bzw. *IDW PS 322* verwertet werden. So ist z.B. das Softwareentwicklungsverfahren häufig Gegenstand der Prüfungen z.B. der Internen Revision. Ferner kann sich der Prüfer in Einzelfällen bei komplexen technischen Sachverhalten, die er nicht allein beurteilen kann, eines sachverständigen Dritten bedienen.

## 2.2 Beurteilung anhand geeigneter Kriterien

22 Die im Prüfungsauftrag vereinbarten Kriterien bilden das prüferische Sollobjekt zur Beurteilung der Verarbeitungsfunktionen. Auf dieser Basis werden die relevanten **Prü-**

11 *IDW PS 880*, Tz. 43.
12 *IDW PS 261* , Tz. 11 ff.
13 *IDW PS 880*, Tz. 42.
14 *IDW RS FAIT 1*, Tz. 57.
15 *IDW PS 880*, Tz. 43.
16 *IDW PS 880*, Tz. 83.

**fungskriterien** ermittelt, ggf. in Teilkriterien unterteilt und in einem Anforderungskatalog zusammengestellt. Dabei können sowohl gesetzliche Anforderungen (z.B. KWG, GwG, HGB) als auch aufsichtsrechtliche Normen wie bspw. die Mindestanforderungen an das Risikomanagement (MaRisk) von Banken berücksichtigt werden. Bei rechnungslegungsrelevanter Software sind die Ordnungsmäßigkeits- und Sicherheitsanforderungen des *IDW RS FAIT 1* zwingend zugrunde zu legen. Sofern anwendbar, können auch Anforderungen aus Standards- und Rahmenwerken, die von anerkannten Organisationen entwickelt wurden und einem transparenten Veröffentlichungsprozess unterlegen haben, als Prüfungskriterien aufgenommen werden[17].

Weniger präzise geregelt aber gleichwohl von erheblicher Bedeutung sind die Anforderungen an die Ausgestaltung des **programminternen Kontrollsystems**. 23

**Praxistipp 3:**

Oft herrschen zwischen Prüfer und geprüftem Unternehmen unterschiedliche Vorstellungen über Art und Umfang der in der Software zu implementierenden Eingabe-, Verarbeitungs- und Ausgabekontrollen. Die Sicht des Prüfers orientiert sich an einer möglichst großen Zahl fehlerverhindernder Kontrollen entlang eines vorgegeben Workflows; dem kann das Interesse des Softwareherstellers an einer möglichst individuell gestaltbaren Software entgegenstehen.

Auch können **eigene Kriterien** des Softwareherstellers nach Maßgabe des *IDW PS 880* als geeignete Kriterien[18] der Prüfung zugrunde gelegt werden. 24

Ergebnis ist ein **Anforderungskatalog** mit einer Zusammenstellung aller Prüfungskriterien in Tabellenform. Den im Prüfungsauftrag festgelegten prüfungsrelevanten Programmfunktionen werden nunmehr die Kriterien im Anforderungskatalog zugeordnet und somit eine lückenlose Berücksichtigung aller vereinbarten Kriterien gewährleistet. 25

**Beispiel 2:**

Für Finanzbuchhaltungssysteme gilt die Anforderung, dass ein Geschäftsvorfall zur Erfüllung der Belegfunktion mit Mindestbelegangaben (z.B. Buchungsbetrag, Belegdatum, Buchungstext oder -schlüssel) zu erfassen ist. Im Anforderungskatalog wird dieses Kriterium der entsprechenden Programmfunktion der Software (z.B. Mussfeldprüfung in der Dialogmaske zur Belegerfassung) zugeordnet.

Eine **nachträgliche Änderung** der dem Prüfungsauftrag zugrunde gelegten Kriterien etwa mit dem Ziel eines mängelfreien PrB ist nicht zulässig, insb. wenn es sich bei diesen Kriterien um regulatorische oder mit dem Aufgabengebiet der Software in direktem Zusammenhang stehende allgemein zugängliche Kriterien handelt. 26

17 Beispiele sind ISO- und DIN-Normen, Rahmenwerke wie COSO oder COBIT.

18 *IDW PS 880*, Tz. 16 f.

## 2.3 Prüfung des Softwareentwicklungsverfahrens

27 Die Prüfung des Softwareentwicklungsverfahrens richtet sich allein auf die Bereiche, aus denen Risiken für Mängel und Fehler in der zu prüfenden Software erwachsen können und die somit die Festlegung von Art und Umfang der Prüfungshandlungen beeinflussen[19]. Der Softwareentwicklungsprozess ist kein isolierter Prüfungsbereich mit einem separaten Prüfungsergebnis. Mit dem Ergebnis einer Softwareprüfung ist folglich keine Beurteilung der Angemessenheit und Wirksamkeit des Softwareentwicklungsverfahrens in seiner Gesamtheit verbunden. Daher sind u.a. die folgenden Bereiche **nicht Gegenstand** einer Prüfung des Softwareentwicklungsverfahrens:

- die Eignung von Projektmanagementverfahren,
- das Zeit- und Kostencontrolling und
- die Eignung von verwendeten Programmiersprachen und Entwicklungswerkzeugen.

28 Bei der Beurteilung eines angemessenen Softwareentwicklungsverfahrens werden im Regelfall folgende **Mindestbestandteile** vorausgesetzt:

- standardisierte und normierte Entwicklungsprozesse[20] und Normen, wie etwa Namenskonventionen, Vorgaben für die Programmierung und die Dokumentation, die in ihrer Gesamtheit die Nachvollziehbarkeit der Softwareentwicklung erleichtern,
- toolgestützte Bearbeitung von Routineaufgaben der Entwicklung, wie Kontrolle der Konventionen bei der Programmierung oder zur Wiederholung von Testfällen,
- standardisierte Verfahren zur Erstellung von Anwender- und technischen Systemdokumentationen und
- geeignete Prozesse zur Erstellung von Testkonzepten und –fällen, zur Durchführung der Tests und zur Dokumentation der Testergebnisse sowie zur Behebung festgestellter Fehler und zur Testwiederholung[21].

**Praxistipp 4:**

Besondere Bedeutung besitzt das Qualitätsmanagementverfahren des Softwareherstellers, das zum einen die Überwachung der Einhaltung aller definierten Prozesse und Ergebnisse im Softwareentwicklungsprozess beinhalten muss. Zum anderen muss durch das Qualitätssicherungsverfahren gewährleistet werden, dass alle zur Auslieferung der Software an Kunden definierten Voraussetzungen vollständig und richtig eingehalten sind. Bei nicht vorhandenen bzw. mit Mängeln behafteten Qualitätssicherungsverfahren wird der Prüfer Einschränkungen in Bezug auf die Beurteilung der Angemessenheit bzw. Wirksamkeit des Softwareentwicklungsverfahrens formulieren und beurteilen müssen, ob sich aus der Ausgestaltung des Softwareentwicklungsverfahrens Risiken ergeben, welche die sachgerechte Umsetzung der für das Aufgabengebiet notwendigen Verarbeitungsfunktionen gefährden oder zu Mängeln im programminternen Kontrollsystem führen.

29 Neben der Beurteilung der Standards und Normen für die Softwareentwicklung und -wartung sind insb. die Verfahren zur Versionsführung sowie die Ausgestaltung der

19 *IDW PS 880*, Tz. 12.

20 Ein Referenzmodell zur Gestaltung von Softwareentwicklungsverfahren ist das CMMI-DEV (Capability Maturity Model Integration for Development).

21 *IDW PS 880*, Tz. 13 f.

Test- und Abnahmekonzepte Gegenstand der Prüfung[22], da sich hieraus **besondere Risiken** für den Nachvollzug der Verarbeitungsfunktionen (keine Änderungshistorie, nicht ausreichende Testfälle) ergeben können.

## 2.4 Prüfung der Verfahrensdokumentation

Im Rahmen der Prüfung wird die Verfahrensdokumentation des untersuchten Softwareprodukts erhoben. Diese besteht i.d.R. aus der Anwenderdokumentation, der technischen Dokumentation und der Betriebsdokumentation[23]. Der Prüfer muss die **Aussagefähigkeit der Dokumentation** in Bezug auf die für das Aufgabengebiet des Softwareprodukts notwendigen Programmfunktionen beurteilen. Dies erfolgt i.d.R. bei der Prüfung der Programmfunktionen (vgl. Tz. 33). 30

Darüber hinaus ist im Gesamtzusammenhang zu würdigen, ob die Verfahrensdokumentation den **relevanten Anforderungen** gem. *IDW RS FAIT 1* entspricht[24]. Hierzu zählt insbesondere die Beurteilung, ob 31

- Art und Umfang der Anwenderdokumentation eine sachgerechte Bedienung der Anwendung ermöglicht,
- die Nachvollziehbarkeit der programminternen Verarbeitungsfunktionen und -regeln anhand der technischen Systemdokumentation möglich ist und
- die Mindestbestandteile der technischen Systemdokumentation vorliegen[25].

Abschließend ist die **Aktualität und Vollständigkeit** der Verfahrensdokumentation durch den Prüfer zu beurteilen. 32

## 2.5 Prüfung der Programmfunktionen

Die **Aufbauprüfung** umfasst die Prüfung der Software auf Erfüllung der im Prüfungsauftrag vereinbarten Kriterien[26], die in einem Anforderungskatalog zusammengestellt und den Verarbeitungsfunktionen zugewiesen wurden. Im Regelfall erfolgt die Prüfung dieser Kriterien auf der Grundlage der vom Softwarehersteller bereitgestellten Dokumentation. 33

Im Rahmen der Aufbauprüfung wird anhand der **Verfahrensdokumentation** geprüft, ob die im Anforderungskatalog zusammengestellten Anforderungen angemessen adressiert wurden und das entwickelte programminterne Kontrollsystem (bestehend insb. aus Eingabe-, Verarbeitungs- und Ausgabekontrollen) angemessen ausgestaltet ist. Art und Intensität dieser Kontrollen sind abhängig vom Verständnis des der Software zugrunde liegenden Workflows. Die implementierten Kontrollen müssen dabei sowohl die Geschäftsprozesse als auch die formalen Anforderungen an die Daten der Rechnungslegung umfassen. 34

Die **Beurteilung** der sachlogisch richtigen Umsetzung der mit dem Aufgabengebiet der Software in Zusammenhang stehenden Kriterien ist die Kernaufgabe einer jeden Softwareprüfung. Diese Beurteilung muss der Prüfer eigenverantwortlich vornehmen. 35

22 *IDW PS 880*, Tz. 54.
23 *IDW PS 880*, Tz. 48.
24 *IDW RS FAIT 1*, Tz. 52 ff.
25 *IDW RS FAIT 1*, Tz. 58.
26 *IDW PS 880*, Tz. 63.

**Praxistipp 5:**

Die Prüfung der Angemessenheit der Programmfunktionen erfolgt auf Grundlage der Verfahrensdokumentation. Ergänzend kann für weniger komplexe Sachverhalte eine Durchsicht des zu prüfenden Softwareprodukts in einer Testumgebung erfolgen. Dies ist z.B. bei der Beurteilung von einfachen Dialogfunktionen oder Programmausgaben in Listenform möglich.

**36** Auf Grund der Komplexität der Software und der Testumgebungen (insb. bei einer Vielzahl von Schnittstellen zu anderen vor- und nachgelagerten Softwarekomponenten) wird der Prüfer bei der **Beurteilung der Funktionsfähigkeit** der Verarbeitungsfunktionen bzw. der Wirksamkeit der implementierten Kontrollen weitgehend auf die Testfälle und Testergebnisse des Softwareherstellers zurückgreifen, sofern das Testverfahren den in *IDW PS 880* aufgeführten Anforderungen entspricht[27]. Die Prüfungssicherheit zur Beurteilung der Funktionsfähigkeit der Programmfunktionen wird primär über eine Beurteilung der Softwareentwicklungsverfahren und der Testfalldokumentation des Softwareherstellers gewonnen und nur sekundär über die Durchführung eigener Tests. Der Softwarehersteller hat den Nachweis einer hinreichenden Konzeption der Testfälle bzw. Testfallszenarien, der Ausführung der Testfälle sowie der Dokumentation der Testergebnisse zu erbringen. Zudem muss erkennbar sein, dass anlässlich der Tests festgestellte Fehler analysiert, korrigiert und die Verarbeitungsfunktionen erneut getestet wurden.

**37** **Zusätzliche eigene Testfälle** des Prüfer können z.B. bei nicht ausreichender Testtiefe i.R.d. Softwareentwicklung initiiert werden, d.h. die Konzeption des Testfalls und Prüfung der Ergebnisse erfolgen durch den Prüfer; die Testfalldurchführung obliegt dem Auftraggeber.

**38** **Nicht adäquat** ist eine **Prüfungsmethode**, die sich nur auf die Testfälle des Auftraggebers stützt und die systematische Durchsicht der Verfahrensdokumentation im Hinblick auf die Erfüllung der dem Prüfungsauftrag zugrunde liegenden Kriterien vernachlässigt.

## 2.6 Berichterstattung

### 2.6.1 Prüfungsbericht und Softwarebescheinigung

**39** Auf die Möglichkeit einer nach ISAE 3000 zulässigen short-form-Berichterstattung über das Ergebnis von Softwareprüfungen wurde im *IDW PS 880* bewusst verzichtet. Verpflichtend ist vielmehr eine Anfertigung eines schriftlichen PrB mit den im *IDW PS 880* aufgeführten **Mindestbestandteilen**[28]:

- Auftragsinhalt
- Bezeichnung des Softwareprodukts mit Versionsangabe
- Darstellung der geprüften sowie ggf. der nicht geprüften Verarbeitungsfunktionen
- Kurzdarstellung des Testsystems
- fachliche Grundlagen und die Prüfung der zu Grunde gelegten Kriterien
- spezielle vom Anwender der Software zu beachtende Sachverhalte

27 *IDW PS 880*, Tz. 68 ff.
28 *IDW PS 880*, Tz. 83.

- Darstellung der vorgenommenen Prüfungshandlungen und der Prüfungsergebnisse in Bezug auf die einzelnen Verarbeitungsfunktionen
- zusammenfassende Würdigung der Ergebnisse.

Im Anhang zu *IDW PS 880* ist eine **Musterbescheinigung** über die Durchführung einer Softwareprüfung angegeben, die an die Umstände des Auftragsverhältnisses anzupassen ist. Folgende Informationen müssen in der Softwarebescheinigung verpflichtend enthalten sein: 40

- Überschrift (Bescheinigung über die Durchführung einer Softwareprüfung)
- Adressat (im Regelfall der Auftraggeber)
- Auftragsgegenstand, Bezeichnung und Versionsnummer der Software
- einleitender Abschnitt über die Verantwortlichkeiten von Softwarehersteller und Softwareprüfer
- Abschnitt mit einer Kurzbeschreibung der durchgeführten Prüfungshandlungen und Verweis auf *IDW PS 880*
- Aufzählung der im Prüfungsauftrag vereinbarten Kriterien
- Prüfungsurteil / Bescheinigungsformulierung
- Bezugnahme auf Haftungsbegrenzungen und Allgemeine Auftragsbedingungen
- Ort, Datum und Unterschrift.

**Anpassungen von Softwarebescheinigungen** sind dann vorzunehmen, wenn auf die geprüfte Software die GoB nur indirekt Anwendung finden. In der Softwarebescheinigung ist in diesen Fällen die Bescheinigungsformulierung „ob das Softwareprodukt bei sachgerechter Anwendung eine den Grundsätzen ordnungsmäßiger Buchführung entsprechende Rechnungslegung ermöglicht“[29] zu modifizieren. Im Regelfall wird dies über einen Verweis auf die Kriterien der Softwareprüfung erfolgen, z.B. wie im Fall der Prüfung von Programmen zur Abwicklung des Zahlungsverkehrs auf die einschlägigen DTA- oder SEPA-Richtlinien. 41

Sofern wesentliche Mängel bis zur Beendigung der Prüfung nicht behoben sind, ist die Bescheinigung einzuschränken. Zu **Einschränkungen und Prüfungshemmnissen** sind im *IDW PS 880* Musterformulierungen angegeben[30]. Eine Versagung einer Softwarebescheinigung wird in der Praxis keine Relevanz besitzen, da ein entsprechendes Prüfungsergebnis insb. für den Softwarehersteller ohne Wert wäre. 42

### 2.6.2 Umfang der Darstellung

Nur über einen entsprechend **detaillierten PrB** mit Darstellung der Prüfungskriterien, der durchgeführten Prüfungshandlungen und der Prüfungsergebnisse können die Ergebnisse von Softwareprüfungen i.R. von Abschlussprüfungen sinnvoll verwertet werden. Kurzberichte oder schematische Prüfungsbestätigungen werden dem Informationsbedürfnis des Adressaten einer Softwareprüfung nicht gerecht. 43

Bei der Abfassung des PrB sollten insb. in der Zusammenfassung die vorhandenen **Mängel** der Software dargestellt **und Hinweise** für die Verwertung der Ergebnisse i.R. von Abschlussprüfungen gegeben werden. Diese Hinweise umfassen 44

29 Siehe *IDW PS 880*, Anhang.
30 *IDW PS 880*, Tz. 97 f.

- Mängel in der Software, die vom Anwender durch organisatorische Maßnahmen kompensiert werden müssen,
- Ausprägungen von Parametereinstellungen, die für die Ordnungsmäßigkeit und Sicherheit des Einsatzes der Software eine besondere Bedeutung besitzen wie
- Deaktivierung von Protokollierungen im Auslieferungszustand,
- Parameter zu Ausgestaltung von Passworten wie Länge, Nichtverwendung zuvor benutzter Passworte, Ausschluss von Trivialpassworten und
- besondere Parametrisierungen mit Relevanz für die Rechnungslegung, wie Steuerschlüssel oder Bewertungsregeln,
- Einsatz von Zusatzsoftware, ohne die die Ordnungsmäßigkeit und Sicherheit der Software nicht gewährleistet ist, z.B. Reportgeneratoren, mit deren Hilfe Grundbücher bzw. Konten erstellt werden oder Programme zur Aufzeichnung von Datenbankänderungen, die als Grundlage zum Nachweis von Stammdaten- und Parameteränderungen dienen.

**45** In der **Zusammenfassung** sind alle wesentlichen Gesichtspunkte aufzuführen, aus denen die Erteilung bzw. die Einschränkung der Softwarebescheinigung abgeleitet werden kann. Bestandteil der Zusammenfassung ist ebenfalls die Softwarebescheinigung oder der Vermerk über deren Einschränkung bzw. ggf. Versagung. Es empfiehlt sich, die Formulierung in der Softwarebescheinigung über das Ergebnis der Softwareprüfung wortgleich auch in die Zusammenfassung des PrB aufzunehmen.

### 2.6.3 Kategorisierung und Gewichtung von Feststellungen

**46** Festgestellte **Mängel** sollten bereits während der Prüfung an den Auftraggeber kommuniziert werden, um eine Fehlerbereinigung noch vor Abschluss der Prüfung sicherstellen zu können.

**47** Um die Einschätzung der Tragweite des Fehlers und mögliche Auswirkungen auf die Berichterstattung zu verdeutlichen, empfiehlt der *IDW PS 880* eine **Kategorisierung und Gewichtung** von Fehlern[31]. Die Kategorisierung kennzeichnet die Ursache eines Mangels; die Gewichtung die Auswirkung auf die Berichterstattung und letztlich auf die Softwarebescheinigung. Dieser Ursache-/Wirkungszusammenhang sollte bereits zu Beginn der Prüfung dem Auftraggeber verdeutlicht werden. Die festgestellten Mängel ziehen in den einzelnen Kategorien abhängig von der Gewichtung unterschiedliche Konsequenzen in Bezug auf die Softwarebescheinigung und die Berichterstattung nach sich.

**48** Neben den **Kategorien** „Verarbeitungsfunktionen“, „programminternes Kontrollsystem“ und „Dokumentation“ empfiehlt sich die Aufnahme einer zusätzlichen Kategorie „Bedienbarkeit“, in der Mängel in der Anwendbarkeit und Benutzerakzeptanz der Software dargestellt werden. Beispiele sind etwa uneinheitliche Bedienersteuerung und Dialogmasken, fehlende oder unzureichende Online-Hilfetexte, unkontrollierte Programmabbrüche, nicht aussagefähige Fehlermeldungen und ähnliches.

**49** **Leichte Mängel** in allen Kategorien sollten an den Softwarehersteller zur Kenntnis und Behebung berichtet werden, ohne dass die Fälle allerdings in der Berichtserstattung aufgeführt werden.

31 *IDW PS 880*, Tz. 76.

**Beispiel 3:**

Beispiele für leichte Mängel sind Ungenauigkeiten und Fehler in der Dokumentation, die die Vollständigkeit und Aktualität in der Verfahrensdokumentation insgesamt aber nicht beeinträchtigen. Weiterhin können fehlende Eingabe- oder Verarbeitungskontrollen dann als leichte Mängel kategorisiert werden, wenn diese nur vereinzelt auftreten und durch ergänzende technische bzw. organisatorische Maßnahmen des Anwenders kompensiert werden können.

**Mittelschwere Mängel**, die bis zum Abschluss der Softwareprüfung nicht behoben werden konnten, sind im PrB darzustellen und führen ggf. zu einer Einschränkung der Softwarebescheinigung. **50**

**Beispiel 4:**

Beispiele für mittelschwere Mängel sind eine in Teilbereichen lückenhafte Anwenderdokumentation oder Fehler in einzelnen Programmfunktionen, die weder Ordnungsmäßigkeit und Sicherheit des Softwareprodukts noch deren Eignung zur Erfüllung aufgabenspezifischer Anforderungen grundsätzlich in Frage stellen.

**Schwerwiegende Mängel** in den Verarbeitungsfunktionen oder der Dokumentation führen dann zu einer Versagung der Softwarebescheinigung, sofern diese Mängel durch den Anwender der Software durch geeignete organisatorische Maßnahmen nicht kompensiert werden können. **51**

**Beispiel 5:**

Die fehlerhafte Realisierung der Beleg-, Journal- und Kontenfunktion in einer Finanzbuchhaltungssoftware ist bspw. als schwerwiegender Mangel zu kategorisieren, da wesentliche rechnungslegungsrelevante Anforderungen von der Software nicht erfüllt werden. Eine nicht vorhandene Verfahrensdokumentation stellt ebenfalls einen schwerwiegenden Mangel dar.

Bei schwerwiegenden **Mängeln im programminternen Kontrollsystem** wird anstelle einer Versagung eine Einschränkung der Bescheinigung vertretbar sein, sofern der Anwender Mängel im Programm durch organisatorische Maßnahmen beheben kann. **52**

Sofern Mängel bestehen, die letztlich zu einer Versagung der Softwarebescheinigung führen würden, kann sich eine **Unterbrechung der Softwareprüfung** bis zur Beseitigung des Mangels empfehlen. **53**

## 3. Ausprägungen von Softwareprüfungen

### 3.1 Prüfung beim Softwarehersteller

Der Verweis auf Softwarebescheinigungen an prominenter Stelle auf den Internet-Seiten von Softwareherstellern zeigt, dass **Softwareprüfungen als Qualitätsmerkmal** und wichtiges Unterscheidungsmerkmal etwa im Markt für Standardsoftware begriffen **54** werden. Der Softwarehersteller nutzt die Softwarebescheinigung somit auch für werbliche Zwecke.

**55** Der *IDW PS 880* gestattet eine unterschiedliche **Prüfungstiefe** im Hinblick auf die Prüfung von Softwareprodukten insgesamt oder auch nur von einzelnen Modulen oder Programmfunktionen[32]. Durch eine flexible Festlegung der Prüfungstiefe soll den unterschiedlichen Interessen des Adressaten Rechnung getragen werden.

**56** Sofern der Softwarehersteller das **Softwareprodukt in seiner Gesamtheit** prüfen lassen will, ist eine umfassende prüferische Beurteilung zu allen Aspekten und Verarbeitungsfunktionen der Software erforderlich. Die Softwarebescheinigung und der PrB adressieren keine besonderen Schwerpunkte, sondern beurteilen das Softwareprodukt in seiner Gesamtheit.

**Praxistipp 6:**

Softwarebescheinigungen und PrB mit einer umfassenden Beurteilung des gesamten Softwareprodukts finden sich zumeist bei Programmen mit einem Schwerpunkt auf Rechnungslegung wie Finanzbuchführung, Anlagenbuchführung, Nebenbücher wie Debitoren und Kreditoren oder Personalabrechnung.

**57** Neben einer vollständigen Prüfung einer Software kann es für den Adressaten einer Softwarebescheinigung ausreichend sein, dass ein Prüfungsurteil nur zu **einzelnen Modulen** bzw. im Einzelfall nur zu einzelnen Verarbeitungsfunktionen erteilt wird.

**Beispiel 6:**

Beispiele für die Prüfung einzelner Verarbeitungsfunktionen sind Schnittstellen in einem Produktionssteuerungssystem oder die Erzeugung von Abrechnungssätzen in einem System zur Messung von CPU-Zeiten. Die Prüfung eines ERP-Systems kann bspw. auf einzelne Module wie Einkauf, Zahlungsverkehr oder die Anlagenbuchführung eingegrenzt werden.

## 3.2 Prozessorientierte Softwareprüfung

**58** Eine **prozessorientierte Softwareprüfung** eignet sich insb. für Softwarehersteller mit einem festen Kundenkreis, die auf Basis standardisierter, einheitlicher Prozesse Softwareprodukte entwickeln, die nicht nur für die Abwicklung eines Geschäftsprozesses eingesetzt werden, sondern für mehrere über Schnittstelle verbundene Anwendungen.

**Beispiel 7:**

Typische Beispiele sind die IT-Dienstleister im Bereich der Volksbanken und Sparkassen, die Software für die ihnen angeschlossenen Banken auf der Basis allgemeiner Referenzprozesse entwickeln, die von allen angeschlossenen Anwendern in gleicher oder zumindest sehr ähnlicher Form genutzt werden

32 *IDW PS 880*, Tz. 9.

Für den **APr.** sind in diesem Fall Aussagen über alle an der Abwicklung eines Geschäftsprozesses beteiligten Anwendungen sowie über die zwischen den Anwendungen existierenden Schnittstellen erforderlich, um die notwendige Prüfungssicherheit in Bezug auf Ordnungsmäßigkeit und Sicherheit für die Abschlussprüfung zu generieren. 59

**Schwerpunkte** der prozessorientierten Softwareprüfung sind deshalb 60

- rechnungslegungsbezogene Fragestellungen,
- die Einhaltung regulatorischer Anforderungen sowie
- ein sachgerechtes programminternes Kontrollsystem (z.B. Eingabe-, Verarbeitungs- und Ausgabekontrollen), auch über Schnittstellen hinweg (Audit Trail).

Im Vordergrund einer prozessorientierten Softwareprüfung stehen Kontrollen, die anders als bei Softwareprüfungen beim Softwarehersteller, eine Verbindung zu den Geschäftsprozessen und somit dem Geschäftsmodell und der Unternehmensorganisation des potentiellen Anwenders haben. Gegenstand der Prüfung sind neben den anwendungsbezogenen Kontrollen daher auch prozessbezogene Kontrollen und sog. allgemeine IT-Kontrollen, die z.B. die Vollständigkeit und Richtigkeit der Übertragung von Daten zwischen Anwendungen (Schnittstellen) gewährleisten sollen. 61

Die **Prüfungsmethodik** der prozessorientierten Softwareprüfung setzt auf dem kriterienbasierten Ansatz des *IDW PS 880* auf. Gegenstand der prozessorientieren Softwareprüfung sind die für die Abwicklung eines IT-gestützten Geschäftsprozesses eingesetzten Programmfunktionen über Schnittstellen und Systemgrenzen hinweg. 62

Das **Prüfungsvorgehen** zur Identifikation und Beurteilung dieser Programmfunktionen erfolgt in drei aufeinander aufbauenden Phasen. 63

In der ersten Phase wird ausgehend von der Anwendungsarchitektur ein für die Prüfung geeignetes **Prozess- und Funktionsmodell** entwickelt. Darauf aufbauend erfolgen eine Identifizierung der verwendeten Softwareprodukte, Module sowie deren Schnittstellen und ihre Zuordnung zu den einzelnen Teilprozessen. In einer weiteren Detaillierung werden die Module und Schnittstellen bis auf Ebene der einzelnen Prozessschritte zugeordnet. Abschließend sind die in den einzelnen Prozessschritten verwendeten Programmfunktionen zu bestimmen. Darüber hinaus wird ein Anforderungskatalog mit den relevanten Prüfungskriterien erstellt. 64

Die zweite Phase umfasst die **Aufbauprüfung**. Die in der ersten Phase als prüfungsrelevant identifizierten Programmfunktionen und Schnittstellen sind anhand der Verfahrensdokumentation dahingehend zu prüfen, ob die zugeordneten gesetzlichen, aufsichtsrechtlichen und fachbezogenen Teilkriterien angemessen berücksichtigt sowie angemessene anwendungsbezogene, prozessbezogene und allgemeine IT-Kontrollen eingerichtet wurden und somit das programminterne Kontrollsystem angemessen ausgestaltet ist. 65

In der dritten Phase erfolgt die **Funktionsprüfung**. Die ordnungsgemäße programmtechnische Umsetzung der Verarbeitungsfunktionen, die i.R.d. Aufbauprüfung als angemessen beurteilt wurden, ist zu untersuchen. 66

Insgesamt sollte sich die Prüfung im Wesentlichen auf diejenigen Verarbeitungsfunktionen beschränken, die aufgrund regulatorischer oder fachbezogener Anforderungen im **Blickwinkel der Abschlussprüfung** stehen. Die Funktionsfähigkeit etwa von Dialogauskünften oder allein zu Sachbearbeitungszwecken erstellten Listen ist nicht 67

Gegenstand der prozessorientieren Softwareprüfung. Der Nachweis über die Richtigkeit und Funktionsfähigkeit dieser Verarbeitungsfunktionen ohne einen direkten Bezug zu Rechnungslegung, IKS und Steuerung muss über ein geordnetes Test- und Freigabeverfahren des Betreibers dieser Anwendungen (z.B. einen IT-Dienstleister) erbracht werden.

68 Über das Ergebnis der prozessorientierten Softwareprüfung ist ein **PrB** zu erstellen. Der Bericht richtet insb. an die externe und interne Revision des Softwareanwenders. Neben einer Darstellung aller prüfungsrelevanten Kriterien und einer Würdigung der Einhaltung dieser Kriterien durch die untersuchten Programmfunktionen umfasst der Bericht auch eine Darstellung der betrachteten Prozesse. Die Prozessdarstellung wird aus der Sicht des Anwenders erstellt und umfasst insb. eine detaillierte Darstellung aller Aktivitäten und der manuellen und automatischen Kontrollen in den Teilprozessen.

69 Darüber hinaus enthält der PrB mit Blick auf den Adressaten **Hinweise** für die interne Revision und den APr. der Softwareanwender für die ergänzend vor Ort durchzuführenden Prüfungshandlungen. Dies umfasst bspw. Prüfungsgebiete wie

- Zugriffsberechtigungen / Funktionstrennung,
- anwenderspezifische Systemeinstellungen und Parametrisierungen,
- Anpassungen des IKS in Bezug auf notwendige manuelle Kontrollen und
- die Einhaltung von Dokumentationserfordernissen.

## 4. Verwendung von Softwarebescheinigungen in der Abschlussprüfung

70 Die **Ergebnisse einer Softwareprüfung** können durch einen APr. verwertet werden, sofern neben der Softwarebescheinigung auch der vollständige PrB vorliegt[33]. Der PrB kann insb. die Prüfung von IT-Systemen im Hinblick auf die Einhaltung rechnungslegungsrelevanter Anforderungen (Beleg-, Grundbuch-, Hauptbuchfunktion, Rechenvorschriften, Ausgestaltung des programminternen Kontrollsystems) wesentlich unterstützen. Jedoch können Softwareprüfungen die Beurteilung der ordnungsgemäßen und sicheren Implementierung der Software in der Unternehmensorganisation nicht vollständig ersetzen.

71 **Nicht** durch Softwareprüfungen **abgedeckt** sind im Regelfall die Prüfung

- wesentlicher Parameter wie Kontenfindungen oder Bewertungen,
- der Einbettung der IT-Anwendung in die Geschäftsprozesse i.S. einer Beurteilung der manuellen und maschinellen Kontrollen des IKS und des Risikomanagementsystems,
- der Gestaltung des Workflows der Geschäftsprozesse bspw. in Form von Freigaberichtlinien,
- der Schnittstellen zu vor- und nachgelagerten Systemen,
- der Ausgestaltung des Zugriffsschutzsystems und
- der Änderungen gegenüber dem Auslieferungsstand.

72 Im Rahmen der Abschlussprüfung sind für diese Prüfungsgebiete **ergänzende Prüfungshandlungen** durchzuführen.

33 *IDW PS 880*, Tz. 100.

Abschlussprüfern werden häufig PrB zu Softwareprüfungen vorgelegt, bei denen der Versionsstand der geprüften nicht mit dem Versionsstand der aktuell im Einsatz befindlichen Software übereinstimmt. Sofern dem APr. nachgewiesen werden kann, dass gegenüber dem geprüften Versionsstand keine wesentlichen Änderungen oder Erweiterungen in rechnungslegungsrelevanten Bereichen vorgenommen wurden, können auch Bescheinigungen vorhergehender Versionsstände verwendet werden. In der Praxis ist dieser Nachweis häufig schwierig; entweder weil auch der Anwender keinen Zugriff auf die detaillierte Änderungsdokumentation des Softwareherstellers hat oder die Informationen an den Kunden (Release Notes) für die Zwecke des APr. nicht ausreichend detailliert sind. Daher werden – in der Regel – ergänzende Prüfungshandlungen des APr. in den Bereichen der Software erforderlich sein, in denen Änderungen gegenüber der geprüften Version existieren. Der APr. sollte daher darauf hinwirken, dass **aktuelle Softwarebescheinigungen** vorgelegt werden. Zumindest bei sog. Hauptreleasen (Major Release) sollte eine neue Softwarebescheinigung erstellt werden. Für den Softwarehersteller gilt es daher, Software nicht nur einmalig prüfen zu lassen, sondern einen Prozess zu initiieren, der regelmäßige Folgeprüfungen umfasst. 73

Die Verwertung der Ergebnisse der Softwareprüfung i.R.d. Abschlussprüfung erfolgt gem. den Grundsätzen des *IDW PS 320 n.F.* 74

# Kapitel O

# Projektbegleitende Prüfungen

Verfasser:
WP StB CISA CMA Dr. Jonas Tritschler, Heidelberg

Inhalt Tz.



## 1. Einleitung

1 Geänderte gesetzliche und regulatorische Anforderungen, branchenbedingte Markt- und Rahmenbedingungen sowie individuelle Kundenwünsche zwingen Unternehmen zu **Veränderungen der** im Unternehmen **eingesetzten Informationstechnologie** (IT). Während auf kleine Veränderungen mit kontinuierlichen Verbesserungsprozessen (Change Management) reagiert werden kann, bedürfen große Veränderungen einer Projektorganisation und eines Projektmanagements. Die Umsetzung der Veränderungen kann sich auf die Unternehmensorganisation auswirken und führt in vielen Fällen auch zu Änderungen der für Zecke der Rechnungslegung eingesetzten Informationstechnologie (IT-gestützte Rechnungslegung). Betroffen sind insb. rechnungslegungsrelevante Systeme[1] wie das ERP-System oder die Finanzbuchhaltungssoftware inkl. Vorsysteme. Veränderungen an Unternehmensorganisation, Geschäftsprozessen und Systemen können auch unmittelbare Auswirkungen auf das rechnungslegungsbezogene IKS haben[2]. Die mit einem IT-Projekt und durch Veränderungen entstehenden Risiken sind vom Management zu identifizieren und zu beherrschen[3]. Aus Sicht des APr. be-

---

1 Für „rechnungslegungsrelevante Systeme“ oder „Rechnungslegungs(infomations)systeme“ vgl. *IDW RS FAIT 1*, Tz. 14.

2 Vgl. *IDW PS 330*, Tz. 7 in Verbindung mit *IDW PS 261 n.F.*, Tz. 20 ff.

3 Vgl. *IDW PS 850*, Tz. 20.

dingen Änderungen des IT-gestützten Rechnungslegungssystems Risiken für die Sicherheit der betroffenen Systeme und Daten, die Ordnungsmäßigkeit der Buchführung und potentielle Fehler in der Rechnungslegung[4]. Diese Sicherheits-, Ordnungsmäßigkeits- und Fehlerrisiken hat der APr. in seiner Risikobeurteilung und in seinem Prüfungsvorgehen zu berücksichtigen[5].

Um rechtzeitig in das Unternehmensvorhaben eingebunden zu werden, steht dem APr. 2
das Werkzeug der **projektbegleitenden Prüfung nach *IDW PS 850*** zur Verfügung. Eine projektbegleitendende Prüfung hat den Vorteil, dass Risiken, die mit der Veränderung der Organisation und der Systeme im Zusammenhang stehen, rechtzeitig erkannt werden und ein Gegensteuern der Verantwortlichen noch vor Umsetzung der geplanten Maßnahmen möglich ist[6]. Entstandene Fehler nach Projektabschluss zu korrigieren, ist meist aufwändiger als im Vorhinein Fehler durch vorbeugende Maßnahmen zu vermeiden. Der Nutzen einer projektbegleitenden Prüfung kann mit diesem Argument dem Management verdeutlicht werden. Auch der APr. hat den Vorteil, dass er während der Abschlussprüfung nicht mit Risiken und Fehlern z.B. aus einem Systemumstellungsprojekt konfrontiert wird, sondern die aus der Systemumstellung resultierenden Sachverhalte vorab adressiert und geprüft hat.

**Typische IT-Projekte**, bei denen eine projektbegleitende Prüfung als sinnvoll erachtet 3
werden kann, sind

- die Implementierung einer Standard- oder einer Individualsoftware
- System- und Datenharmonisierungen
- die Digitalisierung und Automatisierung von Unternehmensprozessen (z.B. Buchhaltungs- und Jahresabschlussprozess, Einkaufsprozess, Verkaufsprozess)
- die Zentralisierung der IT-Infrastruktur
- das Outsourcing von (IT-)Dienstleistungen und Cloud Computing sowie
- reine prozessuale Veränderungen wie z.B. der gruppenweiten Vereinheitlichung der Buchungssystematik durch Vorgabe eines zentral entwickelten Bilanzierungs- und Kontierungsrichtlinie oder
- die Standardisierung von Kennzahlen sowie die Einführung eines konzernweiten monatlichen Berichtswesens.

Ziel, Gegenstand, Umfang und Ablauf der projektbegleitenden Prüfung durch den APr. 4
oder einen anderen WP werden im *IDW PS 850* konkretisiert. In diesem Kapitel werden **Sinn und Nutzen der projektbegleitenden Prüfung** herausgearbeitet sowie die praktische Durchführung basierend auf dem risikoorientierten Prüfungsansatz in strukturierter Weise erläutert.

## 2. Ziel und Gegenstand der projektbegleitenden Prüfung

### 2.1 Ziel der projektbegleitenden Prüfung

Die projektbegleitende Prüfung soll **bereits während der Projektumsetzung** die Beur- 5
teilung der Auswirkung der Veränderungen des IT-gestützten Rechnungslegungssystems auf die Sicherheit der Daten und IT-Systeme, die Ordnungsmäßigkeit der

4 Vgl. *IDW PS 261 n.F.*, Tz. 35.
5 Vgl. *IDW PS 261 n.F.*, Tz. 36.
6 Vgl. *IDW PS 850*, Tz. 1.

Buchführung und das IKS ermöglichen. Neben den Kriterien zur Sicherheit und Ordnungsmäßigkeit der rechnungslegungsrelevanten Systeme treten auch Aspekte der Effizienz des Projekts und des damit verbundenen Projektmanagements in Vorschein. Ein zeitnahes Feedback von Risiken und Fehlern während oder nach dem Abschluss einer Projektphase hilft dem Management den gewünschten Projekterfolg zu realisieren; kostenintensive Nacharbeiten können durch eine projektbegleitende Prüfung vermieden werden.

## 2.2 Gegenstand der projektbegleitenden Prüfung

### 2.2.1 Charakteristika von (IT-)Projekten

6 Aus den o.g. Beispielen (Tz. 3) kann geschlossen werden, dass (Veränderungs-)Projekte sehr oft tief in die Systeme und Prozesse eines Unternehmens eingreifen. Dabei handelt es sich in den oben aufgeführten Beispielen um **„Effizienz- und Prozessverbesserungsprojekte"**, in denen die Ausgestaltung und Nutzung der IT – insbesondere der Software – eine zentrale Rolle spielt.

7 Die nachfolgende Tabelle gibt einen Überblick über **typische Unternehmensprojekte** und teilt diese in drei Gruppen ein:

I. überwiegend Auswirkungen auf die Informationstechnologie (IT), weniger auf das rechnungslegungsrelevante IKS,

II. gleichermaßen Auswirkungen auf die IT und auf das IKS,

III. überwiegend Auswirkungen auf das IKS, weniger auf die IT.

Dabei sollen die in der Tabelle aufgeführten Überlegungen zur Sinnhaftigkeit der Durchführung einer projektbegleitenden Prüfung Anhaltspunkte und Hilfestellung für die Durchführung einer projektbegleitenden Prüfung geben.

| | I. überwiegend Auswirkungen auf die IT, weniger auf das IKS | II. gleichermaßen Auswirkungen auf die IT und auf das IKS | III. überwiegend Auswirkungen auf das IKS, weniger auf die IT |
|---|---|---|---|
| **Beispiele** | Zentralisierung der Hardware (Server- und Infrastruktur-komponente) einer Unternehmensgruppe<br>Austausch sämtlicher Netzwerkkomponenten bei der Einführung von Glasfaserleitungen anstelle von Kupferleitungen<br>umfassende Überarbeitung des Notfall- und Wiederanlaufplans für eintretende Störungsfälle<br>Einführung eines Rahmenwerks zum Informationsmanagement wie ITIL oder COBIT<br>Projekt zur Vorbereitung einer ISO 27001 Zertifizierung | Einführung einer Standardsoftware Einführung einer Individualsoftware<br>Harmonisierung von Systemen einer Unternehmensgruppe (aus vielen lokalen ERP-Systemen wird ein zentrales ERP-System)<br>Harmonisierung von Daten (z.B. zentrale Stammdaten für Kunden-, Lieferanten-, und Artikelstammdaten) der Unternehmensgruppe<br>Outsourcing und Cloud Computing (*IDW RS FAIT 5*)<br>Digitalisierung und Automatisierung von Geschäftsprozessen<br>Einführung eines Dokumentenmanagementsystems (DMS) | Entwicklung und Umsetzung einer zentral vorgegebenen Bilanzierungs- und Kontierungsrichtlinie (Buchungsregeln, Bewertungsparameter, Klärung von Ausweisfragen, ...)<br>Änderungen der Ablauforganisation und Aufbauorganisation (z.B. Änderung der Verantwortlichkeiten z.B. mit der Einführung von Process Ownern (Prozessverantwortlichen) ergänzend zu klassischen Team- und Abteilungsleiterrollen<br>umfassende Änderung des monatlichen Berichtswesens, der Kennzahlen und der Planungsrechnung sowie des Planungsprozesses |
| **Sinnhaftigkeit einer projektbegleitenden Prüfung** | Bei reinen IT-Infrastrukturprojekten ist eine projektbegleitende Prüfung nur bedingt sinnvoll.<br>Bei Einführung von IT-Rahmenkonzepte kann eine projektbegleitende Prüfung sinnvoll sein. | Dies sind allesamt Standardfälle, bei denen eine projektbegleitende Prüfung sinnvoll ist. Regelmäßig führen solche Projekte Sicherheits-, Ordnungsmäßigkeits- und Fehlerrisiken mit sich. | Je tiefer solche Projekte in das IKS eines Unternehmens eingreifen, desto sinnvoller ist die Einbindung im Rahmen einer projektbegleitenden Prüfung. |

Tabelle 1: Typische Unternehmensprojekte und Sinnhaftigkeit einer projektbegleitenden Prüfung

### 2.2.2 IT-Projekttypen

Ein Projekt ist ein einmaliges und befristetes Vorhaben mit einer definierten Zielsetzung, wobei finanzielle, personelle, zeitliche und sachliche Restriktionen Beachtung finden[7]. IT-Projekte können sehr **komplex und ressourcenintensiv** sein und benötigen deshalb eine sachgerechte Projektorganisation und ein wirksames Projektmanagement. Eine Einteilung von IT-Projekten kann in Strategie-, Organisations-, Infrastruktur- und Softwareprojekte vorgenommen werden. Insbesondere Softwareprojekte sind sehr oft rechnungslegungsrelevant und daher im Focus des APr. Der *IDW PS 850* unterscheidet 8

7 DIN 69901 definiert ein Projekt als ein „Vorhaben, das im Wesentlichen durch Einmaligkeit der Bedingungen in ihrer Gesamtheit gekennzeichnet ist, z.B. Zielvorgabe, zeitliche, finanzielle, personelle und andere Begrenzungen, Abgrenzung gegenüber anderen Vorhaben, projektspezifische Organisation".

IT-(Software)Projekte zur Entwicklung, Einführung, Änderung oder Erweiterung rechnungslegungsrelevanter Systeme in

- Entwicklung und Einführung von Individualsoftware[8] und
- Auswahl und Einführung von Standardsoftware[9] oder
- Mischformen aus den oben genannten[10].

9 Weitere **IT-Projekte mit hoher Rechnungslegungsrelevanz** sind:

- Outsourcing von IT-Dienstleistungen[11]
- Nutzung von Cloud-Computing-Lösungen[12]
- Digitalisierungs- und Archivierungsprojekte[13]
- Einführung eines Web-Shops[14].

Auch in diesen Fällen kann eine projektbegleitende Prüfung in Analogie zum Vorgehen bei der Einführung einer Software vorgenommen werden. So können die in *IDW PS 850* beschriebenen **Phasenmodelle** verallgemeinert werden. Grundsätzlich hat jedes IT-Projekt eine Planungsphase, eine Analyse- und Konzeptionsphase, die Realisierung, eine Test- und Einführungsphase und zuletzt eine Produktivsetzung inkl. Abnahme.

### 2.2.3 Projektphasen

10 Aufgrund der Komplexität von IT-Projekten wird eine klare Strukturierung in Projektphasen und die Einrichtung eines **geeigneten Projektmanagements** empfohlen. Diese Projektphasen sind jeweils abhängig vom Projekttyp und den unternehmensspezifischen Besonderheiten. In der Praxis finden sich für die Projekte „Entwicklung und Einführung von Individualsoftware" und „Auswahl und Einführung von Standardsoftware" zwei typische Phasenmodelle. Die beiden Phasenmodelle sind in Abb. 1 visualisiert und erläutert.

8 Vgl. *IDW PS 850*, Tz. 10, 17.
9 Vgl. *IDW PS 850*, Tz. 10, 18.
10 Vgl. *IDW PS 850*, Tz. 10, 16, 19.
11 Vgl. *IDW RS FAIT 5*, Tz. 14; *Rupp/Tritschler*, BBK 6/2016, S. 297.
12 Vgl. *IDW RS FAIT 5*, Tz. 9 ff.
13 Vgl. *IDW RS FAIT 3*, Tz. 10 ff.
14 Vgl. *IDW RS FAIT 2*, Tz. 7 ff.

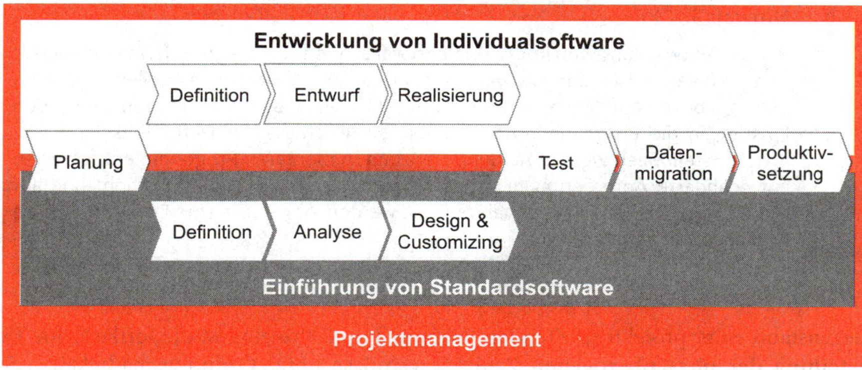


**Projektmanagement**: Verfahren und Regelungen zur Projektorganisation und zum Projektcontrolling

**Planungsphase**: Erarbeitung des Projektplans und der Projektkalkulation sowie Festlegung Aufgabenbeschreibung

| Entwicklung von Individualsoftware | Einführung von Standardsoftware |
|---|---|
| **Definitionsphase**: Erstellung der fachlichen Konzepte und Festlegung der Pflichtenhefte (Grobkonzeption) | **Definitionsphase**: Klärung der Rahmenbedingungen und Definition der erforderlichen Funktionen auf der Grundlage einer Geschäftsprozessaufnahme in einem Pflichtenheft |
| **Entwurfsphase**: Überführung der fachlichen Pflichtenhefte in technische Entwurfsspezifikationen und Datenverarbeitungskonzepte (Feinkonzeption) | **Analysephase**: Kriterienkatalog für die Softwareauswahl und Festlegung des Auswahl- und Entscheidungsverfahrens für die Software |
| **Realisierungsphase**: Programmerstellung entsprechend der Fach- und Datenverarbeitungskonzepte und erste Funktionstests als Entwicklungstests | **Design- und Customizingphase**: Integration der beschafften Software in bestehende Geschäftsprozesse bzw. Anpassung der Geschäftsprozesse an die Erfordernisse der beschafften Software mit Parametrisierung und Berechtigungskonzepten |

**Testphase**: Modul-, Integrations- und Lasttests und Freigabe der Software für den Regelbetrieb bzw. Tests
Umsetzung der Designvorgaben durch die programminterne Parametrisierung sowie der Wirksamkeit der erforderlichen Anpassungen der Geschäftsprozesse

**Datenmigrationsphase**: Erstellung eines Datenmigrationskonzepts, Übertragung der Stamm- und Bewegungsdaten und relevanter Steuerungsparameter sowie Migrationstests

**Produktivsetzungsphase**: Überführung der Software in den Regelbetrieb und Einbettung in die IT-, Geschäfts- und Kontrollprozesse

Abb. 1: Projektphasenmodelle bei IT-Softwareprojekten[15]

Die Projektphasen werden i.R.d. projektbegleitenden Prüfung fortlaufend beurteilt und es erfolgt eine zeitnahe Berichterstattung während oder nach Abschluss der jeweiligen Projektphase.

15 Vgl. *IDW PS 850*, Tz. 17-18 und Tz. 38-89; *Heese*, WPg 2009, S. 759 (761, Übersicht 1).

> **!** **Hinweis 1:**
>
> Bei der Entwicklung von **Individualsoftware** orientieren sich Softwareentwickler und Softwareentwicklungen verstärkt an agilen Vorgehensmodellen wie dem „Scrum“ oder dem „Extreme Programming“[16]. Diese agilen Methoden sehen den Einstieg in die Programmierung bereits vor Abschluss der Definitionsphase vor. Problemstellungen werden modularisiert und in mehreren Programmierungszyklen auf geänderte Anforderungen anpasst. Somit wird die Flexibilität erhöht und auf Änderungswünsche kann zeitnah reagiert werden, ohne dass eine Definitionsphase formal von Neuem beginnt.

### 2.2.4 Prüfung von IT-Projekten

11 Gegenstand einer projektbegleitenden Prüfung des IT-Projekts ist die fortlaufende **Beurteilung der phasenbezogenen Projektergebnisse** unter Ordnungsmäßigkeits-, Sicherheits- und Kontrollgesichtspunkten[17].

12 In jeder Projektphase ist die **Einhaltung der GoB bei IT-gestützten Systemen** zur Rechnungslegung zu prüfen. Die GoB bei IT-gestützten Systemen sind zum einen die Ordnungsmäßigkeitskriterien nach § 238 Abs. 1 und § 239 Abs. 2 und 3 HGB Vollständigkeit, Richtigkeit, Zeitgerechtheit, Ordnung, Nachvollziehbarkeit und Unveränderlichkeit und zum anderen die Sicherheitskriterien Vertraulichkeit, Integrität, Verfügbarkeit, Autorisierung, Authentizität und Verbindlichkeit[18].

13 Neben der Beurteilung der betroffenen rechnungslegungsrelevanten Systeme auf Sicherheit und Ordnungsmäßigkeit ist auch das damit verbundene **IKS** auf Angemessenheit und Wirksamkeit zu prüfen, da es ganz wesentlich von den zugrunde liegenden Geschäftsprozessen bestimmt wird. Neben den systemseitig integrierten automatischen Kontrollen sind hierbei ebenfalls einzurichtende manuelle Kontrollen zu berücksichtigen[19].

14 Gegenstand der projektbegleitenden Prüfung ist auch die Würdigung des von der Unternehmensleitung eingerichteten Projektmanagements. Das **Projektmanagement** betrifft insb. die organisatorischen Rahmenbedingungen und die Festlegung von Kommunikations- und Berichtswegen (Projektorganisation) sowie die Verfahren zur Planung, Steuerung und Überwachung des Projekts (Projektcontrolling)[20].

## 2.3 Risikoorientierung der projektbegleitenden Prüfung

15 Die Entwicklung, Einführung, Änderung oder Erweiterung von Systemen zur IT-gestützten Rechnungslegung sind mit Risiken verbunden. Zum einen resultieren Risiken aus dem **Projektgegenstand** und zum anderen können sich Risiken auch aus dem erforderlichen Projektmanagement ergeben.

16 Insbesondere können durch unzureichende Verfahren und Regelungen sowie nicht ausreichende Projektressourcen (personelle, sachliche und zeitliche) **konkrete Risiken**

---

16 http://www.enzyklopaedie-der-wirtschaftsinformatik.de/lexikon/is-management/Systementwicklung/Vorgehensmodell/Agile-Vorgehensmodelle/index.html.

17 Vgl. *IDW PS 850*, Tz. 13.

18 Vgl. *IDW RS FAIT 1*, Tz. 23 f. und Tz. 25 ff.

19 Vgl. *IDW RS FAIT 1*, Tz. 107 f.; *IDW PH 9.330.2*, Tz. 36 f.; *IDW PS 261 n.F.*, Tz. 26.

20 Vgl. *IDW PS 850*, Tz. 22.

entstehen, welche die zeit- und sachgerechte Inbetriebnahme der Anwendung und die Erreichung der Projektziele verhindern können (Projektrisiken). Daher ist zu prüfen, ob sich aus der Ausgestaltung des Projektmanagements besondere Risiken für die Projektdurchführung ergeben, die sich auf die Planung einer projektbegleitenden Prüfung auswirken können[21]. Darüber hinaus ergeben sich aus dem Gegenstand des Projekts, z.B. bei der Einführung bzw. Entwicklung einer Software, Ordnungsmäßigkeits-, Sicherheits- und Fehlerrisiken. Die Software ist in die bestehende Infrastruktur- und Softwarelandschaft einzubinden. Abhängigkeiten und Interdependenzen zwischen der Software und Vor- und Nachsystemen sind frühzeitig zu erkennen und zu berücksichtigen. Zusätzlich muss die Software i.Z.m. der Unternehmensorganisation und dem Kontrollumfeld betrachtet werden. Aufgrund veränderter Geschäftsprozesse ist das IKS neu zu evaluieren. Veränderte Kontrollen sind auf Angemessenheit und Wirksamkeit zu prüfen.

Insbesondere bei der Entwicklung von Individualsoftware ergeben sich **Risiken aus der geforderten Funktionalität** für den angestrebten Anwendungsbereich und aus einer unzureichenden Entwicklungsumgebung. Bei der Prüfung der Funktionalität sind auch die Buchführungsfunktionen zu berücksichtigen, die aus den Anforderungen der GoB bei IT-gestützter Rechnungslegung erwachsen. Hierzu muss die neue Software die Beleg-, Journal- und Kontenfunktion sowie die Anforderungen an eine ordnungsgemäße Dokumentation und auch die sachgerechte Umsetzung anderer rechtlicher Vorschriften und aufgabenspezifischer Vorgaben erfüllen[22]. 17

Damit die Entwicklungsumgebung den Anforderungen gerecht werden kann, bedarf es eines **sachgerechten Entwicklungsprozesses**, in welchem entsprechende Werkzeuge, Normierungen, Tests, Abnahmen, Versionsverwaltungen und Dokumentationsvorlagen definiert sind[23]. 18

Liegt bei der Einführung einer Standardsoftware eine Bescheinigung nach *IDW PS 880* ohne Einschränkungen vor, ist die Software grundsätzlich geeignet, die nach *IDW RS FAIT 1* geforderten Sicherheits- und Ordnungsmäßigkeitskriterien zu erfüllen. Die **Parametrisierung der Software** und der Betrieb sowie die in die Prozessabläufe des Unternehmens integrierten automatischen und manuellen Kontrollen sind abhängig vom jeweiligen Einzelfall zu prüfen und nicht durch die Softwarebescheinigung nach *IDW PS 880* abgedeckt. 19

## 2.4 Verantwortung des Managements

Das Management des Unternehmens trägt die Verantwortung für die sachgerechte Planung, Durchführung, Organisation und Überwachung von IT-Projekten[24]. Es muss angemessene Maßnahmen ergreifen, um Risiken begegnen zu können, die mit dem IT-Projekt in Zusammenhang stehen. Zu den Maßnahmen gehört die **Einrichtung einer geeigneten Projektorganisation** und eines wirksamen Projektmanagements. 20

21 Vgl. *IDW PS 850*, Tz. 31.
22 Vgl. *IDW RS FAIT 1*, Tz. 33 ff.; *IDW PS 330*, Tz. 20.
23 Vgl. *Heese*, WPg 2009, S. 759 (761).
24 *IDW PS 850*, Tz. 20.

21 Für die im *IDW PS 850* aufgeführten IT-Projekttypen sind in folgender Tabelle die **Risiken** wiedergegeben, die in der Praxis typischerweise zu Fehlern in der Rechnungslegung führen.

| Lfd. Nr. | Erstellung von Individualsoftware | Einführung von Standardsoftware |
|---|---|---|
| 1 | Funktionsumfang der Software entspricht nicht den individuellen Anforderungen | fehlende Softwarebescheinigung |
| 2 | Verstoß gegen die GoB bzgl. der funktionalen Anforderungen an IT-gestützte Rechnungslegungssysteme (Beleg-, Journal- und Kontenfunktion) sowie der Dokumentationsanforderungen | fehlerhafte Auswahl einer Software aufgrund unzureichender Beschreibung der Funktionalität im Pflichtenheft |
| 3 | nicht angemessene Ausgestaltung der anwendungsbezogenen IT-Kontrollen (Eingabe-, Verarbeitungs- und Ausgabekontrollen) | unzureichende Berücksichtigung von bestehenden Abhängigkeiten und Interdependenzen zwischen IT-Teilsystemen |
| 4 | Nichtbeachtung der Umsetzung sonstiger aufgabenspezifischer Rechtsvorschriften (z.B. § 9 BDSG, Tz. 100 GoBD[25], § 6 EnWG, AT 7.2 und 7.3 MaRisk[26]) | mangelhafte Integration der Standardsoftware aufgrund unzureichender Analysen bzw. Anpassung der Geschäftsprozesse und des IT-Kontrollsystems |

Tabelle 3: Risiken bei IT-Softwareprojekten[27]

22 Es obliegt der Verantwortung des Managements, bei der Umsetzung von **IT-Projekten mit Rechnungslegungsbezug** die Einhaltung der zu beachtenden Rechtsvorschriften sowie der Ordnungsmäßigkeits- und Sicherheitsanforderungen an die Buchführung gem. *IDW RS FAIT 1* zu gewährleisten[28].

## 2.5 Verantwortung und Stellung des projektbegleitenden Prüfers

### 2.5.1 Beachtung der Berufsgrundsätze

23 Die projektbegleitende Prüfung nach *IDW PS 850* ist eine Prüfungs- und keine Beratungsleistung. Sie stellt grundsätzlich **keine Mitwirkung** an der Entwicklung, Einrichtung oder der Einführung eines Rechnungslegungsinformationssystems dar, durch die ein WP gem. § 319 Abs. 3 Nr. 3 bzw. § 319a Abs. 1 S. 1 Nr. 3 HBG von einer Abschlussprüfung ausgeschlossen wäre[29]. Für den projektbegleitenden Prüfer gelten die allgemeinen Berufsgrundsätze der Unabhängigkeit und Unparteilichkeit (§ 43 WPO). Bei Besorgnis der Befangenheit (§ 49 WPO) hat der projektbegleitende Prüfer seine Tätigkeit zu versagen. Der projektbegleitende Prüfer ist eigenverantwortlich tätig. Er darf keine Weisungen des Unternehmens oder der Projektleitung entgegennehmen. Auch muss er zwingend von allen Projektentscheidungen ausgeschlossen werden. Ein projektbegleitender Prüfer kann also nicht Teil des Projektteams sein. Jedoch muss er zu allen für die Prüfung erforderlichen Projektunterlagen Zugang haben und er hat das Recht, an allen relevanten Projektsitzungen teilzunehmen[30].

25 BMF-Schreiben v. 14.11.2014 „Grundsätze zur ordnungsmäßigen Führung und Aufbewahrung von Büchern, Aufzeichnungen und Unterlagen in elektronischer Form sowie zum Datenzugriff (GoBD)".
26 Rundschreiben 20/2012 der BaFin „Mindestanforderungen an das Risikomanagement – MaRisk".
27 *IDW PS 850*, Tz. 23-25.
28 *IDW PS 850*, Tz. 26.
29 Vgl. *IDW PS 850*, Tz. 3.
30 Vgl. *IDW PS 850*, Tz. 32 ff.

Werden i.R.d. projektbegleitenden Prüfung Verstöße gegen gesetzliche Anforderungen aufgedeckt oder wesentliche Kontrolldefizite erkannt, ist es mit der Stellung eines projektbegleitenden Prüfers vereinbar, **Entscheidungsempfehlungen** zu notwendigen Kontrollen für den Aufbau eines angemessenen IKS zur Umsetzung von Ordnungsmäßigkeits- und Sicherheitsanforderungen und zur Gestaltung von Geschäftsprozessen zu geben[31]. 24

Die Entscheidung über deren Annahme verbleibt beim Unternehmen. Entscheidungen über diese Empfehlungen und Maßnahmen zu deren Durchführung dürfen nicht vom projektbegleitenden Prüfer veranlasst werden[32]. Diese Entscheidungsempfehlungen sollen dazu beitragen, Fehler frühzeitig zu beseitigen oder Risiken angemessen zu begegnen. Die Entscheidungen selbst müssen stets beim Unternehmen verbleiben und dürfen keinesfalls vom projektbegleitenden Prüfer veranlasst werden.

Im Rahmen der Abschlussprüfung ist die ex post Beurteilung komplexer Veränderungen von Rechnungslegungssystemen und am IKS in angemessener Zeit nur schwer leistbar. Somit wird der APr. durch das **Zurückgreifen auf die Ergebnisse** der durchgeführten projektbegleitenden Prüfung nach *IDW PS 850* in die Lage versetzt, die nach der Produktivsetzung genutzten IT-Systeme im Hinblick auf den JA, die Rechnungslegung, das IKS und das Risikomanagementsystem beurteilen zu können[33]. 25

> **!** **Hinweis 2:**
> Für den projektbegleitenden Prüfer stellt der Anspruch, eine projektbegleitende Prüfung sachgerecht durchführen zu können, eine echte Herausforderung dar. Sie erfordert entsprechende Fachkenntnisse in den Bereichen Informatik, Rechnungslegung sowie Softwareentwicklung und -einführung. Zusätzlich muss der projektbegleitende Prüfer profundes Wissen über das Management von Projekten und die Kommunikation in komplexen Projektstrukturen vorweisen können[34].

### 2.5.2 Projektbegleitende Prüfung durch den Abschlussprüfer des Unternehmens

Der projektbegleitende Prüfer hat vor Auftragsannahme gewissenhaft zu prüfen, ob er nach den Berufspflichten und nach der Berufsauffassung über die besonderen **Kenntnisse und Erfahrungen** verfügt, um die projektbegleitende Prüfung sachgerecht durchführen zu können[35]. 26

Im **Auftragsbestätigungsschreiben** sind das zu prüfende IT-Projekt und die zu beachtenden Vorschriften zu nennen. Des Weiteren sind auch die Mitwirkungspflichten des Auftraggebers, insb. die Aufklärungs- und Nachweispflichten, die Verpflichtung zur Abgabe einer VollstE sowie ergänzende Berichterstattungspflichten des projektbegleitenden Prüfers festzulegen[36]. 27

31 Vgl. *IDW PS 850*, Tz. 35.
32 Vgl. *IDW PS 850*, Tz. 35.
33 Vgl. *Heese*, WPg 2009, S. 759 (762).
34 Vgl. *Heese*, WPg 2009, S. 759 (763).
35 Vgl. *IDW PS 850*, Tz. 36.
36 Vgl. *IDW PS 850*, Tz. 36.

28 Der projektgleitende Prüfer hat die Prüfung so zu planen und durchzuführen, dass die Risiken aus der Neuentwicklung sowie Änderungen oder Erweiterungen des IT-Systems zutreffend beurteilt werden können[37]. Er benötigt für eine sachgerechte Prüfung frühzeitig Informationen über die Komplexität des zu prüfenden IT-Projekts, das Projektmanagement, den geplanten zeitlichen Projektablauf und die zu durchlaufenden Projektphasen. Im Rahmen der personellen **Planung der Prüfung** ist sicherzustellen, dass zu den jeweiligen Phasen des IT-Projekts jeweils die fachlich geeigneten Mitarbeiter zur Verfügung stehen[38].

### 2.5.3 Projektbegleitende Prüfung durch einen anderen Wirtschaftsprüfer

29 Die Durchführung von projektbegleitenden Prüfungen kann auch Gegenstand einer **gesonderten Beauftragung** eines WP sein, der nicht APr. des Unternehmens ist[39].

30 Wird die projektbegleitende Prüfung nach *IDW PS 850* zum Gegenstand einer gesonderten Beauftragung eines WP, der nicht APr. des Unternehmens ist, darf dieser den Auftrag für die projektbegleitende Prüfung nur annehmen, wenn

- keine anderen als in *IDW PS 850* dargestellten Ordnungsmäßigkeits-, Sicherheits- und Kontrollanforderungen dem Auftrag zugrunde gelegt werden,
- die Einhaltung der Anforderungen des *IDW PS 850* zur Vorgehensweise bei der Prüfung sowie die Stellung als projektbegleitender Prüfer gewährleistet ist[40].

Der WP hat weiter zur **Voraussetzung** seiner Auftragsannahme zu machen, dass der Auftraggeber sich verpflichtet,

- dass die sich aus dem *IDW PS 850* ergebenden Anforderungen bei der Beauftragung vereinbart werden,
- zu gestatten, dass der WP sachverständige Dritte nach eigener Entscheidung hinzuziehen kann, soweit zu prüfende Sachverhalte von ihm nicht ausreichend beurteilt werden können,
- dem WP in entsprechender Anwendung von § 320 HGB alle Aufklärungen und Nachweise zur Verfügung zu stellen, die nach Beurteilung des WP zur Durchführung des Auftrags erforderlich sind,
- eine VollstE abzugeben,
- die Bescheinigung und den PrB nur im vereinbarten Umfang zu verwenden oder auf diese zu verweisen [41].

31 Für die Planung und Durchführung der projektbegleitenden Prüfung durch WP, die nicht APr. des Unternehmens sind, **gelten die Ausführungen** zur Planung und Durchführung der projektbegleitenden Prüfung durch einen projektbegleitenden Prüfer, der zugleich APr. des Unternehmens ist, entsprechend. Dies umfasst auch, dass der WP über ausreichende Kenntnisse in Bezug auf die Geschäftstätigkeit sowie das wirtschaftliche und rechtliche Umfeld des zu prüfenden Unternehmens verfügen muss[42].

---

37 Vgl. *IDW PS 850*, Tz. 38.
38 Vgl. *IDW PS 850*, Tz. 40.
39 Vgl. *IDW PS 850*, Tz. 2.
40 Vgl. *IDW PS 850*, Tz. 99.
41 Vgl. *IDW PS 850* Tz. 100.
42 Vgl. *IDW PS 850* Tz. 101.

# 3. Umfang und Ablauf der projektbegleitenden Prüfung

## 3.1 Vorgehensweise und Methodik

Projektbegleitende Prüfungen folgen dem **risikoorientierten Prüfungsansatz** des *IDW PS 330*[43] in Verbindung mit den Grundsätzen des *IDW PS 261 n.F.*[44]. 32

Danach hat der projektbegleitende Prüfer Prüfungshandlungen durchzuführen, um mit hinreichender Sicherheit feststellen und beurteilen zu können, ob das IT-gestützte Rechnungslegungssystem den gesetzlichen Anforderungen und den konkretisierten Ordnungsmäßigkeits- und Sicherheitsanforderungen des *IDW RS FAIT 1* entspricht. Zu diesem Zweck hat der projektbegleitende Prüfer zu beurteilen, ob Fehlerrisiken, die zu wesentlichen falschen Angaben in der Rechnungslegung führen können, durch die Einrichtung eines wirksamen IT-Kontrollsystems verhindert bzw. aufgedeckt und korrigiert werden[45].

Die **Prüfungsplanung** hängt insb. von der Art, Größe und Komplexität des Prüfungsgegenstands ab. Neben einer entsprechenden Prüfungsstrategie ist durch die personelle Planung sicherzustellen, dass die erforderliche Prüfungskompetenz und -erfahrung zu den jeweiligen Phasen und zur fortlaufenden prüferischen Beurteilung des Projektmanagements verfügbar ist[46]. 33

Der projektbegleitende Prüfer hat zunächst ein **Verständnis** des Projektgegenstands und der Projektorganisation zu erlangen. Aufbauend auf den hierauf gerichteten Prüfungshandlungen ist die Angemessenheit der Projektergebnisse in den einzelnen Phasen im Rahmen einer Aufbauprüfung zu beurteilen und – soweit der Projektfortschritt dies erlaubt – eine Funktionsprüfung zu den wesentlichen durch das IT-Projekt eingeführten Kontrollen durchzuführen[47].. Es bedarf einer umfassenden und fortlaufenden Beschaffung von Informationen zum Projektgegenstand und -ziel, zu den rechtlichen und unternehmensspezifischen Anforderungen, zum IT-Systemumfeld und zur Unternehmensorganisation mit den Vor- und nachgelagerten Prozessen[48]. Die Projektplanung der einzelnen Projektphasen mit den jeweils zu erreichenden Projektergebnissen ist ebenso wie das Projektmanagement fortlaufend vom projektbegleitenden Prüfer zu beurteilen. 34

> **Praxistipp 1:**
>
> Je früher der projektbegleitende Prüfer in die Vorhaben des Mandanten eingebunden wird, desto eher kann er Einfluss auf die Angemessenheit der Maßnahmen zur Risiko- und Fehlervermeidung hinwirken. Gerade in der Planungsphase wird der Grundstein für ein erfolgreiches Projekt gelegt. Ein früher Review der Planungsdokumente gibt schnell Aufschluss über Projektrisiken. Der projektbegleitende Prüfer kann daraufhin seine Prüfungshandlungen rechtzeitig planen.

43 Vgl. *IDW PS 330*, Tz. 42.
44 Vgl. *IDW PS 261 n.F.*, Tz. 1.
45 Vgl. *IDW PS 850*, Tz. 27.
46 Vgl. *Heese*, WPg 2009, S. 759 (763).
47 Vgl. *IDW PS 850*, Tz. 27.
48 Vgl. *IDW PS 850*, Tz. 41 ff.

35 Im Rahmen von **Aufbauprüfungen** werden das Projektmanagement und die Ergebnisse der Projektphasen hinsichtlich ihrer Angemessenheit beurteilt. Diese Untersuchungen stützen sich insb. auf Fachkonzepte und Verfahrensdokumentationen (Pflichtenhefte, Grob- und Feinkonzepte, Berechtigungskonzepte, Migrationskonzepte und Testkonzepte).

36 Daran anschließend erfolgt – soweit der Projektfortschritt dies erlaubt – die Prüfung der Wirksamkeit anhand von **Funktionsprüfungen**. Der projektbegleitende Prüfer führt eigene Tests in Stichproben durch, mit welchen er die tatsächliche Umsetzung der Konzepte und die erzielten Projektergebnisse in den einzelnen Phasen sowie die Wirksamkeit des Projektmanagements verifizieren kann. Besonders wichtig sind eigene Tests des Prüfers zur Funktionsweise der entwickelten Individualsoftware bzw. zur Parametrisierung einer Standardsoftware. Ebenso ist die Migration von Daten und die operative Einbettung der Softwarelösungen in den produktiven Regelbetrieb durch Funktionsprüfungen zu begleiten[49].

**Beispiel 1:**

Bei der Umstellung einer Finanzbuchhaltungssoftware achten Sie darauf, dass neben den Bewegungsdaten (Kontensalden, offene Posten) auch Stammdaten (Lieferanten, Kunden, Artikel und Sachkonten) vollständig und richtig migriert werden. Änderungen an Kontenplänen können Änderungen in der Buchungslogik mit sich führen. Auch Schnittstellen zu Vorsystemen (Warenwirtschaft) sind regelmäßig davon betroffen. Deswegen sind neben Funktions- und Integrationstests auch vollständige Tests einzelner Unternehmensprozesse, die in der Software abgebildet werden (bspw. Prozess „Einkauf" oder „Verkauf"), wichtige Elemente, die bei jedem Systemwechsel vor Produktivsetzung ausreichend durchgeführt werden sollten.

37 Aus Sicht des Managements des beauftragenden Unternehmens ist neben der Angemessenheit der Konzepte und Wirksamkeit der Umsetzung ein drittes Ziel bedeutsam. Es betrifft die **Effizienz** und den gewünschten **Geschäftserfolg** eines Projekts und bezieht sich im Wesentlichen auf die Performance, die Qualität und die Kosten, die mit dem Projekt und dem späteren Regelbetrieb zusammenhängen. Diese zusätzlichen Untersuchungen, mit denen das Management den Prüfer beauftragen kann, sind mit einer projektbegleitenden Prüfung i.S. von *IDW PS 850* vereinbar, solange sie den vorgenannten Grundsätzen folgen und insb. die Unabhängigkeit des Prüfers sichergestellt ist. Hierzu bedarf es einer erweiterten Vereinbarung über für diese Zwecke geeignete, objektiv überprüfbare Kriterien mit dem projektbegleitenden Prüfer und einer Beauftragung unter Beachtung der für die Stellung des APr. geltenden berufsrechtlichen Regelungen, insb. zur Unabhängigkeit.

49 Vgl. *Heese*, WPg 2009, S. 759 (763).

> **!**
> **Hinweis 3:**
>
> Eine Effizienz- und Wirtschaftlichkeitsprüfung eines Projekts kann Bestandteil einer projektbegleitenden Prüfung sein. In den häufigsten Fällen wird die Prüfung auf Sicherheits-, Ordnungsmäßigkeits- und Kontrollanforderungen beauftragt und ausgerichtet sein. Dies heißt aber nicht, dass der projektbegleitende Prüfer seinem Mandanten keine Hinweise zu Effizienz- und Kosteneinsparungen geben darf.

## 3.2 Beurteilung des Projektmanagements

In Abhängigkeit von der Größe und Komplexität eines Projekts variiert die Bedeutung der **Beurteilung des Projektmanagements**. Die Prüfung des Projektmanagements betrifft im Wesentlichen: **38**

- den Projektaufbau mit den organisatorischen Rahmenbedingungen und der Festlegung von Kommunikations- und Berichtswegen (Projektorganisation) sowie
- die Verfahren zur Planung, Steuerung und Überwachung des Projekts (Projektcontrolling).

Im Rahmen der projektbegleitenden Prüfung ist das Projektmanagement fortlaufend auf seine Angemessenheit und Wirksamkeit zu untersuchen[50]. In der nachfolgenden Tabelle werden **typische Fragestellungen** zur Beurteilung des Projektaufbaus und der Verfahren zur Durchführung, Steuerung und Überwachung des Projekts exemplarisch aufgeführt. **39**

| **Beurteilung des Projektmanagements** | |
|---|---|
| **Inhalt** | **Prüfungsgegenstand** |
| Projektorganisation | • Angemessenheit der Projektorganisation im Hinblick auf die Komplexität des Projektgegenstands<br>• Rolle, Aufgabe und Verantwortung der Projektbeteiligten (Projektleiter, Teilprojektleiter, Teammitglieder etc.)<br>• Einbindung des Managements und Festlegung entsprechender Verantwortlichkeiten und Kompetenzen<br>• Informations- und Kommunikationskonzept (vertikal und horizontal)<br>• Einsatz von Projektmanagement-Tools und Methoden<br>• Nutzung projektbezogener Dokumentationsverfahren einschl. Versionsführung<br>• Regelungen zur effektiven Berichterstattung (Definition von Berichtskriterien und Berichtsterminen)<br>• Eskalationsverfahren, Priorisierungen und Ad-hoc-Regelungen |

50 Vgl. *IDW PS 850* Tz. 43 ff.

| **Beurteilung des Projektmanagements** | |
|---|---|
| **Inhalt** | **Prüfungsgegenstand** |
| Projektcontrolling | • Ausgestaltung und Instrumente des Projektcontrollings<br>• Art und Umsetzung von Detail Ressourcen und Terminplanungen nach Projektphasen und Meilensteinen<br>• Reaktion auf Abweichungen und Projektrisiken sowie Umgang mit Fehlerquellen<br>• Abweichungsanalysen und Einleitung von Gegenmaßnahmen<br>• Turnus der Überwachung der Einhaltung der Meilensteine und der Projektplanungen<br>• Budgetüberwachung der Detail-, Ressourcen- und Terminplanungen<br>• Beachtung aller Regelungen zur projektinternen Qualitätssicherung<br>• Regelungen zum Change Management für geänderte gesetzliche, fachliche oder sonstige Anforderungen |

Tabelle 4: Beurteilung des Projektmanagements[51]

## 3.3 Prüfung der Projektphasen

### 3.3.1 Vorgehensweise

40 Der projektbegleitende Prüfer untersucht zeitnah die **Phasen eines Projekts** und die Ergebnisse der zu erreichenden Meilensteine[52]. Diese Phasen sind inhaltlich abhängig vom jeweiligen Projektgegenstand, von der Komplexität eines Projekts und auch von Entscheidungen des Projektmanagements. In den Tabellen 5 bis 8 werden die im *IDW PS 850* typisierten Projektphasen für die Projekttypen „Entwicklung einer Individualsoftware“ und „Einführung einer Standardsoftware“ mit in der Praxis relevanten Prüfungsgebieten und Fragestellungen aufgeführt.

41 Die **Prüfungsintensität** hängt ab von Art und Umfang des jeweiligen Projekts. Die Aufstellung in den Tabelle 5 bis 8 verdeutlicht die Komplexität der zu untersuchenden Themenbereiche. Wichtig ist, dass die richtigen Fragen in der jeweils relevanten Phase eines Projekts gestellt werden. Nur die zeitnahe Prüfung und Kommunikation von Feststellungen ermöglicht frühzeitige Korrekturen durch das Projektteam.

### 3.3.2 Prüfung der Planungsphase

42 In der Planungsphase werden die Projektziele in Übereinstimmung mit den Vorgaben der Projektsponsoren und der IT-Strategie definiert. Tabelle 4 zeigt die typischen Gegenstände der **Prüfung einer Planungsphase**. Dabei ist diese Phase grundsätzlich unabhängig vom Projekttyp.

51 Vgl. *IDW PS 850*, Tz. 46 – 49 und *Heese*, WPg 2009, S. 759 (764, Übersicht 2).

52 Vgl. *IDW PS 850*, Tz. 50ff.

| Entwicklung von Individualsoftware / Einführung von Standardsoftware (inhaltsgleiche Phasen) | |
|---|---|
| **Phase** | **Prüfungsgegenstand** |
| Planungsphase | • Machbarkeitsstudie mit Projektchancen und -risiken<br>• Abgleich der Projektziele mit der IT-Strategie<br>• Erstellung eines genehmigten Projektplans<br>• Struktur und Zielvorgaben des Projektauftrags<br>• Festlegung von Rollen und Verantwortlichkeiten im Projektplan<br>• Vollständigkeit der Planung mit allen relevanten Projektaktivitäten<br>• Analyse möglicher wesentlicher Hemmnisse für die Projektrealisierung<br>• Festlegung der Rahmenbedingungen im Projekthandbuch<br>• Regelungen zum Projektmanagement |

Tabelle 5: Planungsphase bei Entwicklung von Individualsoftware/Einführung von Standardsoftware[53]

Die Entwicklung von **Individualsoftware** (Tabelle 6) unterscheidet sich von der Einführung einer **Standardsoftware** (Tabelle 7) in den Phasen „Definition – Entwurf – Realisierung" bzw. „Definition – Analyse – Design- und Customizing". 43

| Entwicklung von Individualsoftware | |
|---|---|
| **Phase** | **Prüfungsgegenstand** |
| Definitionsphase | • Analyse der zu berücksichtigenden rechnungslegungsrelevanten Geschäftsprozesse und des Internen Kontroll- und Risikomanagementsystems<br>• Vollständigkeit und Richtigkeit der notwendigen funktionalen bzw. fachlichen Anforderungen i.R.d. Erstellung der Grobkonzeption<br>• Einhaltung der Ordnungsmäßigkeits- und Sicherheitsanforderungen<br>• Entwurf geeigneter automatischer und manueller internen Kontrollen<br>• Beachtung relevanter gesetzlicher Vorschriften und unternehmensindividueller Vorgaben<br>• Abgleich der Fachkonzepte mit dem IT-Umfeld<br>• Einbindung der betroffenen Fachabteilungen |
| Entwurfsphase | • vollständige und richtige Überleitung der fachlichen Spezifikationen in Datenverarbeitungskonzepte als Grundlage für die Realisierung (Feinkonzeption)<br>• Umfang und Aussagewert der technischen Spezifikationen<br>• Beachtung von Schnittstellen zu anderen IT-Anwendungen<br>• Berücksichtigung ausreichender Kapazitäts- und Leistungsanforderungen<br>• Erarbeitung angemessener Sicherheits- und Kontrollkonzepte |
| Realisierungsphase | • vollständige und richtige Umsetzung der Feinkonzeption in den Programmcode i.R.d. Realisierung<br>• Angemessenheit und Einhaltung der Richtlinien für die Programmierung sowie der definierten Dokumentations- und Entwicklungsstandards<br>• Sicherstellung der Programmintegrität i.R.d. Bearbeitung von Änderungsanforderungen (Change Requests)<br>• Einrichtung einer ordnungsgemäßen und angemessenen Entwicklungsumgebung<br>• Durchführung erforderlicher Entwicklungstests |

Tabelle 6: Prüfung der Definitions-, Entwurfs- und Realisierungsphase bei der Einführung von Individualsoftware[54]

53 Vgl. *IDW PS 850*, Tz. 46-49 und *Heese*, WPg 2009, S. 759 (764, Übersicht 2).
54 Vgl. *IDW PS 850*, Tz. 46-49 und *Heese*, WPg 2009, S. 759 (764, Übersicht 2).

| Einführung von Standardsoftware | |
|---|---|
| **Phase** | **Prüfungsgegenstand** |
| Definitionsphase | • Analyse der zu berücksichtigenden rechnungslegungsrelevanten Geschäftsprozesse und des IKS und des Risikomanagementsystems<br>• Vollständigkeit des Pflichtenheftes zur geforderten Funktionalität und zu geeigneten Prozessen oder Kontrollen<br>• Berücksichtigung aller Anforderungen der Fachbereiche bzw. aus der Geschäftsprozessanalyse<br>• Erfassung notwendiger Kontrollen, organisatorischer Sicherungsmaßnahmen und erforderlicher Abstimmungen<br>• Anforderungen an eine ordnungsgemäße Verfahrensdokumentation zur Sicherstellung der Nachvollziehbarkeit des Buchführungsverfahrens<br>• Beachtung relevanter gesetzlicher und unternehmensinterner Anforderungen |
| Analysephase | • Richtlinien des Unternehmens zur Hard- und Softwareauswahl<br>• Auswahlprozess und Vorgehensweise für die Auswahlentscheidung<br>• Beachtung der Ordnungsmäßigkeits-, Sicherheits- und Kontrollanforderungen<br>• Berücksichtigung aller fachlichen, IT-bezogenen, funktionalen und prozessualen Anforderungen an das Projekt<br>• Einhaltung der Verantwortlichkeiten und Entscheidungskompetenzen<br>• Einhaltung der Berichts- und Dokumentationsanweisungen |
| Design- und Customizingphase | • Analyse vorhandener Softwarebescheinigungen im Hinblick auf die geforderte Funktionalität und die Anforderungen an das Parametrisierungs- und Customizingkonzept<br>• Prüfung der Softwarefunktionalität und der Angemessenheit des Parametrisierungs- und Customizingkonzepts sowie Beurteilung der Ordnungsmäßigkeits-, Sicherheits- und Kontrollanforderungen, sofern keine aussagfähige Softwarebescheinigung vorliegt<br>• Regelungen zu manuellen und automatisierten Kontrollen in den IT-gestützten Geschäftsprozessen sowie deren Ausgestaltung und Parametrisierung<br>• interne Kontroll- und Abstimmungsverfahren im Rechnungswesen<br>• Anpassung und Abstimmung von Schnittstellen<br>• Erstellung und Umsetzung des Berechtigungskonzepts i.Z.m. dem Kompetenzmodell<br>• Überwachung der Kontrollen im Rahmen IT-gestützter Geschäftsprozesse<br>• unternehmensindividuelle Buchungsregeln und Kontenfindung<br>• Workflow-Steuerungen einschl. Funktionstrennungen zur Abbildung von Geschäftsprozessen<br>• Vollständigkeit der Aufzeichnung aller die Verarbeitung steuernden Stammdaten (Protokollierung)<br>• Nachvollziehbarkeit von Änderungen von Steuerungsparametern und Stammdaten |

Tabelle 7: Prüfung der Definitions-, Analyse- und Design- und Costumizingphase bei Standardsoftware[55]

44 Die **Test-, Datenmigrations- und Produktivsetzungsphase** ist bei beiden Projekttypen gleichlautend (Tabelle 8).

55 Vgl. *IDW PS 850*, Tz. 63-80 und Heese, WPg 2009, S. 759 (765, Übersicht 3).

| **Entwicklung von Individualsoftware/Einführung von Standardsoftware (inhaltsgleiche Phasen)** | |
|---|---|
| **Phase** | **Prüfungsgegenstand** |
| Testphase | • Beurteilung der Planung, Konzeption und Durchführung des Testplans anhand der Projektvorgaben<br>• Analyse der Einhaltung des vorgesehenen Testplans<br>• Test- und Abnahmeverfahren und Dokumentation von Art, Umfang und Ergebnissen<br>• Beurteilung der Testumgebung im Hinblick auf das spätere IT- und Organisationsumfeld<br>• Beurteilung der durchgeführten Tests hinsichtlich ihrer hinreichenden Abdeckung aller Programmfunktionen<br>• Dokumentation und Nachvollziehbarkeit der Testdurchführung und Testergebnisse<br>• Konzeption und Handhabung der Fehlerbereinigung<br>• Angemessenheit der Schulungskonzepte zur Software, zum IT-Umfeld, zur Rechnungslegung und zur Organisation der Geschäfts- und Kontrollprozesse<br>• Tests des projektbegleitenden Prüfers zur Verifizierung wesentlicher Programmfunktionalitäten sowie zur Funktionsweise der durchgeführten Parametrisierung der Software |
| Datenmigrationsphase | • Inhalt, Umfang und Angemessenheit des Migrationskonzepts<br>• Vollständigkeit und Richtigkeit der Erhebung aller Datenfunktionen und -formate der Software<br>• Angemessenheit des Testkonzepts für die Datenmigration<br>• Planmäßigkeit der Durchführung der Migrationstests und deren nachvollziehbare Dokumentation<br>• Tests der vollständigen und richtigen Übernahme der Stamm, Bewegungs- und Steuerungsdaten<br>• vollständige und richtige Erfassung und Übertragung aller Stamm- und Bewegungsdaten<br>• Berücksichtigung aller relevanten Steuerungsparameter<br>• Umgang mit Fehlern und Durchführung von Fehlerbereinigungen<br>• Vollständigkeit, Richtigkeit und Dokumentation erforderlicher Anpassungen von Alt-Daten |

| Entwicklung von Individualsoftware/Einführung von Standardsoftware (inhaltsgleiche Phasen) | |
|---|---|
| **Phase** | **Prüfungsgegenstand** |
| Produktivsetzungsphase | • Vorliegen von Einsatzfreigaben durch die Fachbereiche (Abnahmeerklärung)<br>• Umsetzung notwendiger Anpassungen des IT-Systems und des IKS<br>• Umsetzung aller fachlichen und rechtlichen Anforderungen an das IT-gestützte Rechnungslegungssystem<br>• Erfüllung der notwendigen bzw. vereinbarten Sicherheitsanforderungen<br>• Durchführung aller Qualitätssicherungsmaßnahmen einschl. erforderlicher Tests<br>• Verfahrensdokumentation (einschl. Anwenderdokumentation sowie System- und Schnittstellenbeschreibungen)<br>• Umsetzung in Organisationsrichtlinien, -handbüchern und Anweisungen<br>• Ausgestaltung des programminternen Zugriffsschutzsystems sowie Einrichtung und Vergabe von Berechtigungen<br>• Integration der Individual- und Standardsoftware in die Datensicherungs- und Notfallverfahren<br>• Einbindung der Software in die Change-Management-Verfahren des laufenden Betriebs und in das Problemmanagement<br>• Analyse und Umsetzung erforderlicher Anpassungen im Bereich des IT-Überwachungssystems<br>• Untersuchung und Beurteilung des Einsatzes des IT-Systems im Regelbetrieb<br>• Analyse auftretender Probleme im Regelbetrieb<br>• Aufsetzen ergänzender Prüfungshandlungen zur Sicherstellung der Ordnungsmäßigkeits-, Sicherheits- und Kontrollanforderungen bei entsprechenden Problemen im Regelbetrieb |

Tabelle 8: Prüfungsgegenstand der Test-, Datenmigrations- und Produktivsetzungsphase[56]

## 4. Berichterstattung

45 Der projektbegleitende Prüfer hat einen dem Grundsatz der Klarheit und in sinngemäßer Anwendung der Grundsätze zur Berichterstattung bei der Abschlussprüfung[57] entsprechenden Bericht zu erstellen. *IDW PS 850* empfiehlt die folgenden **Mindestinhalte**[58]:

- Auftrag und Auftragsdurchführung
- Auftraggeber
- Prüfungsgegenstand
- Bezeichnung des IT-Projekts und Abgrenzung des Prüfungsgegenstands
- projektbezogene IT-Infrastruktur (Testsystem)
- fachliche Grundlagen der Prüfung
- anzuwendende gesetzliche Vorschriften
- Art und Umfang der Prüfungshandlungen
- Einholung einer Vollständigkeitserklärung
- Hinweis auf Geltung der Allgemeinen Auftragsbedingungen
- Zusammenfassung der Prüfungsergebnisse.

56 Vgl. *IDW PS 850*, Tz. 81-89 und Heese, WPg 2009, S. 759 (766, Übersicht 3).
57 In Anlehnung an *IDW PS 460*.
58 Vgl. *IDW PS 850*, Tz. 93

46 Bei komplexen Projekten empfiehlt es sich, über die Feststellungen zu den jeweiligen Projektphasen eine **lfd. Berichterstattung** zu vereinbaren. Die Zwischenergebnisse können zeitnah vom Projektteam analysiert und berücksichtigt werden. Dieses Vorgehen ermöglicht eine zeitnahe Reaktion auf Risiken und Fehler und wird dem Ansatz einer projektbegleitenden Prüfung als Regelprozess gerecht. Tabelle 4 zeigt eine mögliche Art einer Zwischenberichterstattung.

| **Teilprojekt** | **Sachverhalt** | **Risiko/Anforderung** | **Feststellung/Empfehlung** | **Risikoklassifizierung** | **Maßnahme/Status** |
|---|---|---|---|---|---|
| A | A1<br><br>A2 | Ordnungsmäßigkeit<br>Sicherheit | … | hoch<br><br>mittel | … |
| B | B1 | IKS | … | gering | … |
| … | … | … | … | … | … |

Tabelle 9: Mögliche Art der Berichterstattung[59]

47 Sofern die projektbegleitende Prüfung durch einen anderen WP als durch den mit der Abschlussprüfung beauftragten WP erfolgt, ist als Bestandteil des zu erstellenden Berichts über die projektbegleitende Prüfung zusätzlich eine **Bescheinigung** zu erteilen und dem Bericht beizufügen[60].

48 Die Bescheinigung ist den jeweiligen Umständen des Auftrags anzupassen. Sie muss die folgenden **Grundbestandteile**, üblicherweise in der nachfolgenden Reihenfolge, enthalten[61]:

- Überschrift
- Adressat
- einleitender Abschnitt
- beschreibender Abschnitt
- Prüfungsurteil
- ggf. ergänzende Aussagen
- Datum
- Unterschrift.

49 In der Bescheinigung muss das Prüfungsurteil die **Feststellung** beinhalten, ob die Umsetzung des Projekts i.R.d. Rechnungslegungssystems der Gesellschaft geeignet ist, bei sachgerechter Anwendung die Einhaltung der sich aus den anzuwendenden gesetzlichen Vorschriften einschl. der sich aus den GoB gem. *IDW RS FAIT 1* ergebenden Ordnungsmäßigkeits-, Sicherheits- und Kontrollanforderungen zu gewährleisten[62].

50 Bei wesentlichen Verstößen oder Mängeln, die dem projektbegleitenden Prüfer während der Prüfungsdurchführung aufgefallen sind, ist die Bescheinigung mit Nennung der Gründe **einzuschränken**. Im Falle eines Prüfungshemmnisses in Bezug auf abgrenzbare

59 Vgl. *Heese*, WPg 2009, S. 759 (767, Übersicht 4).
60 Vgl. *IDW PS 850*, Tz. 99.
61 Vgl. *IDW PS 850*, Tz. 102 sowie Anlage zum *IDW PS 850* Muster für eine Bescheinigung.
62 Vgl. *IDW PS 850*, Tz. 106.

Teile des IT-gestützten Rechnungslegungssystems hat die Bescheinigung eine Beschreibung dieses Prüfungshemmnisses zu enthalten und die Bescheinigung ist dahingehend einzuschränken[63].

51 Ist nach Auffassung des WP eine Einschränkung nicht ausreichend, um die Verstöße gegen gesetzliche Anforderungen oder wesentliche Mängel bei der Projektdurchführung oder Kontrolldefizite hinreichend offenzulegen, ist die Erteilung der Bescheinigung **zu versagen**. Gleiches gilt, wenn die Prüfungshemmnisse insgesamt so schwerwiegend sind, dass eine Bescheinigung nicht erteilt werden kann[64].

52 Der Bericht über eine projektbegleitende Prüfung durch den APr. kann auch als **Teilbericht** zum PrB über die Jahresabschlussprüfung angefertigt werden[65].

## 5. Verwertung der Ergebnisse aus der projektbegleitenden Prüfung

53 Der APr. hat bei der Beurteilung des Fehlerrisikos der Rechnungslegung des zu prüfenden Unternehmens die Ergebnisse der projektbegleitenden Prüfung gem. den Grundsätzen des *IDW PS 320 n.F.* zu **verwerten**[66]. Dabei hat der APr. die Art, den Umfang sowie die Ergebnisse aufgrund der Berichterstattung des projektbegleitenden Prüfers zu beurteilen.

54 Anhand des PrB und der beigefügten Bescheinigung zur projektbegleitenden Prüfung des anderen WP hat der APr. zu würdigen, ob ausreichende und angemessene **Nachweise** zur Begründung des Prüfungsurteils erlangt wurden[67].

55 Um dies feststellen zu können, prüft der APr., ob

- die projektbegleitende Prüfung nach den Maßstäben des *IDW PS 850* erfolgte,
- der Bericht so aussagefähig ist, dass der Prüfungsgegenstand, die Prüfungsmethodik, der Prüfungsumfang und die Ergebnisse der projektbegleitenden Prüfung hinsichtlich der Auswirkungen auf die Ordnungsmäßigkeits-, Sicherheits- und Kontrollanforderungen beurteilt werden können sowie
- ob das IT-Projekt zu einem IT-System geführt hat, das eine den Grundsätzen ordnungsmäßiger Buchführung gem. §§ 238, 239 und 257 HGB entsprechende Rechnungslegung mit einem funktionsfähigen IKS sicherstellt[68].

63 Vgl. *IDW PS 850*, Tz. 107.
64 Vgl. *IDW PS 850*, Tz. 107.
65 Vgl. *IDW PS 850*, Tz. 98.
66 Vgl. *IDW PS 850*, Tz. 113.
67 Vgl. *IDW PS 850*, Tz. 114 ff.
68 Vgl. *IDW PS 850*, Tz. 114.

# Kapitel P

# Prüfung nach verpackungsrechtlichen Vorgaben

Verfasser:
WP Dr. Andreas Schmid, Nürnberg

Inhalt



## 1. Einleitung

1 Die Verpackungsverordnung soll die Sammlung und ökologisch optimale Verwertung von Verpackungsabfällen sicherstellen[1]. Hierzu sollen Hersteller und Vertreiber die

1 Z.B. Fünfte Verordnung zur Änderung der VerpackV, BT-Drs. 16/7954, S. 1.

Verantwortung übernehmen, gebrauchte Verpackungen zurückzunehmen und einer Verwertung zuzuführen[2]. Ursprünglich war dazu grundsätzlich eine Rücknahmepflicht am Ort der Übergabe oder in dessen unmittelbarer Nähe vorgesehen. Eine Befreiung sollte möglich sein durch Beteiligung an flächendeckenden Sammel- und Verwertungssystemen. Da es sich hierbei um eine zweite „duale" Entsorgungsschiene außerhalb der öffentlichen Entsorgung handelt, werden solche Systeme als **„duale (Entsorgungs-) Systeme"**[3] bezeichnet. Das erste dieser Systeme war die „Der Grüne Punkt – Duales System Deutschland GmbH"[4]. Später traten weitere duale Systeme hinzu[5].

Die fünfte Novelle der VerpackV[6] v. 02.04.2008 enthielt u.a. folgende wesentliche Neuregelungen[7]: 2

- die grundsätzliche **Beteiligungspflicht an dualen Systemen** für Hersteller und Vertreiber, die bei privaten Endverbrauchern anfallende Verpackungen in Verkehr bringen, und
- die Verpflichtung für die entsprechenden Hersteller und Vertreiber, eine sog. **Vollständigkeitserklärung** über sämtliche von ihnen in Verkehr gebrachten Verkaufsverpackungen abzugeben und diese prüfen zu lassen.

Die mit den dualen Systemen geschlossenen Verträge sehen regelmäßig eine Pflicht zur Prüfung der Mengenmeldung der Hersteller/Vertreiber an die Systeme vor, um die Zuverlässigkeit dieser Meldungen, die die Grundlage für die Entgeltberechnung für die Systembeteiligung bilden, zu erhöhen. Demgegenüber soll die Prüfung der VollstE gem. § 10 VerpackV als Prüfung aufgrund öffentlich-rechtlicher Vorschriften der Problematik sog. Trittbrettfahrer entgegenwirken, die sich an den Kosten für die Entsorgung ihrer Verpackungen nicht beteiligen und diese somit den haushaltsnahen Erfassungssystemen oder den öffentlich-rechtlichen Versorgungsträgern aufbürden[8].

Weitere Maßnahmen, um das sog. „Trittbrettfahren" nachhaltig zu unterbinden, sind u.a. Gegenstand des Verpackungsgesetzes (Tz. 43), das überwiegend zum 01.01.2019 in Kraft treten wird[9].

2 Sog. Produktverantwortung, derzeit geregelt in §§ 23 ff. Kreislaufwirtschaftsgesetz – KrWG, ursprünglich § 14 Abs. 2 Abfallgesetz – AbfG.

3 Vgl. Begr. zur Verordnung über die Vermeidung von Verpackungsabfällen vom 14.11.1990, BR-Drs. 817/90, S. 27 (31); Begr. zur Fünften Verordnung zur Änderung der VerpackV, BT-Drs. 16/7954, S. 4.

4 S. https://www.gruener-punkt.de/de/verbraucher/unternehmen.html (zit. 24.03.2017).

5 Eine Übersicht über die derzeit anerkannten Systeme enthält https://www.ihk-ve-register.de/inhalt/duale_systeme (zit. 24.03.2017).

6 Fünfte Verordnung zur Änderung der VerpackV, BGBl. I 2008, S. 531.

7 Vgl. BT-Drs. 16/7954, S. 15.

8 Vgl. *Noodt/Lohmann*, WPg 2009, S. 452 (453); BT-Drs. 16/7954, S. 1 (23).

9 Vgl. Begr. zum Regierungsentwurf des Gesetzes zu Fortentwicklung der haushaltsnahen Getrennterfassung von wertstoffhaltigen Abfällen, BT-Drs. 18/11274, S. 46.

# 2. Prüfung der Vollständigkeitserklärung für in Verkehr gebrachte Verkaufsverpackungen nach der VerpackV

## 2.1 Einführung in die VerpackV und die darin enthaltene Prüfungspflicht

### 2.1.1 Regelungen für die Entsorgung von Verkaufsverpackungen

#### 2.1.1.1 Systembeteiligungspflicht für beim privaten Endverbraucher anfallende Verkaufsverpackungen

**3** Gem. § 6 Abs. 1 VerpackV haben sich Hersteller und Vertreiber, die mit Ware befüllte Verkaufsverpackungen, die typischerweise beim privaten Endverbraucher anfallen, erstmals in den Verkehr bringen (**Erstinverkehrbringer**), zur Gewährleistung der flächendeckenden Rücknahme dieser Verpackungen an einem oder mehreren dualen Systemen zu beteiligen. **Verpackungen** sind „Produkte zur Aufnahme, zum Schutz, zur Handhabung, zur Lieferung oder zur Darbietung von Waren" (§ 3 Abs. 1 Nr. 1 VerpackV). **Verkaufsverpackungen** sind solche Verpackungen, die als eine Verkaufseinheit angeboten werden und beim Endverbraucher anfallen. Verkaufsverpackungen im Sinne der VerpackV sind auch Serviceverpackungen (Tz. 5) sowie Einweggeschirr.

> **Praxistipp 1:**
>
> Anhang V zur VerpackV enthält Kriterien zur **Abgrenzung von Verpackungen** sowie **Beispiele** für Gegenstände, die als Verpackung gelten bzw. nicht als Verpackung gelten. Weitere Hinweise zur Abgrenzung von Verpackungen mit einer entsprechenden Datenbank finden sich im Portal „verpackVkonkret"[10].

**4** Neben Haushaltungen gelten als **private Endverbraucher** im Sinne der VerpackV auch diesen **gleichgestellte Anfallstellen**; dabei handelt es sich gem. § 3 Abs. 11 S. 2 und 3 VerpackV um

- Gaststätten, Hotels, Kantinen, Verwaltungen, Kasernen, Krankenhäuser, Bildungseinrichtungen, karitative Einrichtungen, Freiberufler und typische Anfallstellen des Kulturbereichs wie Kinos, Opern und Museen, sowie des Freizeitbereichs wie Ferienanlagen, Freizeitparks, Sportstadien und Raststätten (Anfallstellen ohne Mengenbegrenzung) sowie um
- landwirtschaftliche Betriebe und Handwerksbetriebe, die über haushaltsübliche Sammelgefäße für Papier, Pappe, Kartonagen und Leichtverpackungen mit nicht mehr als maximal je Stoffgruppe einem 1.100-Liter-Umleerbehälter im haushaltsüblichen Abfuhrrhythmus entsorgt werden können (Anfallstellen mit Mengenbegrenzung).

**5** Ohne Systembeteiligung dürfen Verkaufsverpackungen nicht an private Endverbraucher abgegeben werden. Eine Ausnahme gibt es für **Serviceverpackungen**; d.s. Verpackungen des Handels, der Gastronomie und anderer Dienstleister, die die Übergabe von Waren an den Endverbraucher ermöglichen oder unterstützen (§ 3 Abs. 1 Nr. 2

10 Vgl. Login-Bereich von http://www.verpackv-konkret.de/Startseite.2.0.html (zit. 24.03.2017).

VerpackV), bspw. Tüten für lose Ware in Bäckereien oder Metzgereien. Hierfür ist eine **Rückdelegationsmöglichkeit** vorgesehen, d.h. die vorgelagerten Hersteller oder Vertreiber müssen sich dann an einem System beteiligen (§ 6 Abs. 1 S. 2 VerpackV).

### 2.1.1.2 Ausnahme für Branchenlösungen

Für Hersteller und Vertreiber entfällt gem. § 6 Abs. 2 VerpackV die Pflicht zur Beteiligung an einem dualen System, soweit die Rücknahme über eine geeignete branchenbezogene Erfassungsstruktur (Branchenlösung) erfolgt. Die Entsorgung über Branchenlösungen ist nur für die Belieferung von solchen Anfallstellen möglich, die den privaten Haushalten gleichgestellt sind (Tz. 4), nicht bei „normalen" privaten Haushalten. 6

> **Hinweis 1:**
> Die Verpackung muss durch den Erstinverkehrbringer oder einen zwischengeschalteten Vertreiber bei der an der Branchenlösung beteiligten Anfallstelle **angeliefert** werden; wird die Ware bereits beim Erstinverkehrbringer oder zwischengeschalteten Vertreiber (z.B. Großmarkt) **übergeben** oder seitens der Anfallstelle oder in deren Auftrag abgeholt, sind die entsprechenden Verpackungsmengen **nicht** branchenfähig[11].

Nachdem es zuvor zu Missbräuchen gekommen war, beinhaltet die VerpackV seit der 7. Novelle[12] restriktive **Voraussetzungen** für Branchenlösungen, u.a. 7

- muss die Branchenlösung bei der zuständigen Behörde angezeigt werden (§ 6 Abs. 2 S. 4 VerpackV)[13],
- muss hierzu durch Bescheinigung eines Sachverständigen[14] nachgewiesen werden, dass eine geeignete branchenbezogene Erfassungsstruktur eingerichtet ist, alle belieferten Anfallstellen ihre Einbindung in diese Erfassungsstruktur bestätigt haben und die Verwertung der Verkaufsverpackungen gem. den Anforderungen der VerpackV gewährleistet ist (§ 6 Abs. 2 S. 3 VerpackV),
- ist ein jährlicher Nachweis erforderlich, in dem die Anfallstellen adressgenau bezeichnet werden und dem Nachweise aller Anfallstellen über die vom jeweiligen Hersteller oder Vertreiber angelieferten Mengen beizufügen sind (§ 6 Abs. 2 S. 6 VerpackV).

11 Vgl. Mitteilung der Bund/Länder-Arbeitsgemeinschaft Abfall (LAGA) 37 „Umsetzung der Verpackungsverordnung" – "Anforderungen an Hersteller und Vertreiber, an Betreiber von Systemen und Branchenlösungen sowie an beauftragte Dritte, Sachverständige, Wirtschaftsprüfer, Steuerberater und vereidigte Buchprüfer" nach den §§ 6, 10 u. Anh. I der Verpackungsverordnung v. 23.09.2015 (im Folgenden: LAGA-Mitteilung 37, http://laga-online.de/servlet/is/23874/2015-09-23_LAGA_M37.pdf?command=downloadContentfilename=2015-09-23_LAGA_M37.pdf (zit. 24.03.2016), S. 18 f.

12 Verordnung vom 17.07.2014 (BGBl I, S. 1061).

13 Vgl. hierzu LAGA-Mitteilung 37, http://laga-online.de/servlet/is/23874/2015-09-23_LAGA_M37.pdf?command=downloadContentfilename=2015-09-23_LAGA_M37.pdf (zit. 24.03.2016), S. 17.

14 Zu den Anforderungen der Behörden hieran vgl. LAGA-Mitteilung 37, http://laga-online.de/servlet/is/23874/2015-09-23_LAGA_M37.pdf?command=downloadContentfilename=2015-09-23_LAGA_M37.pdf (zit. 24.03.2016), S. 16.

#### 2.1.1.3 Rücknahmepflicht für nicht beim privaten Endverbraucher anfallende Verkaufsverpackungen

8 Für Verkaufsverpackungen, die nicht beim privaten Endverbraucher (einschl. gleichgestellter Anfallstellen) (Tz. 4) anfallen, sind gem. § 7 VerpackV die Letztvertreiber zur Rücknahme und Verwertung verpflichtet (**Eigenrücknahme**). Entsprechendes gilt für Hersteller und Vorvertreiber. Es besteht für diese Mengen somit keine Systembeteiligungspflicht. Sie sind auch nicht relevant für die Mengenschwelle, die die Pflicht zur Abgabe einer sog. VollstE (Tz. 11) auslöst. Allerdings sind sie in diese VollstE (Tz. 14) mit aufzunehmen (§ 10 Abs. 2 VerpackV).

#### 2.1.1.4 Beauftragung Dritter

9 Gem. § 11 VerpackV können sich Hersteller und Vertreiber zur Erfüllung ihrer Pflichten Dritter bedienen. Die **Verantwortung** für die Erfüllung dieser Pflichten wie Beteiligung an einem dualen System oder Abgabe einer ordnungsgemäßen VollstE verbleibt jedoch beim Erstinverkehrbringer.

> **!** **Hinweis 2:**
>
> Bei **Dienstleistern/Maklern**, die durch „Mengenbündelung“ bessere Konditionen bei dualen Systemen anbieten, muss die Systembeteiligung unter dem Namen der jeweils Verpflichteten und für deren spezifische Mengen bei einem oder mehreren konkreten Systembetreibern erfolgen[15].

### 2.1.2 Gegenstand der Vollständigkeitserklärung gem. § 10 VerpackV

10 Die VollstE gem. § 10 VerpackV (VollstE für Verkaufsverpackungen) soll Hersteller und Vertreiber von Verkaufsverpackungen dazu anhalten, ihrer Pflicht zur Beteiligung an dualen Systemen korrekt nachzukommen und für die Vollzugsbehörden die **Transparenz** hinsichtlich der in Verkehr gebrachten Verkaufsverpackungen erhöhen[16].

11 Hersteller und Vertreiber, die mit Ware befüllte Verkaufsverpackungen, die typischerweise beim privaten Endverbraucher anfallen, erstmals in Verkehr bringen, müssen für sämtliche Verkaufsverpackungen, die sie erstmals in den Verkehr gebracht haben, eine geprüfte VollstE für Verkaufsverpackungen abgeben, wenn **einer der folgenden Schwellenwerte** im Kalenderjahr überschritten wird[17]:

- Glas: 80.000 kg
- Papier, Pappe, Karton: 50.000 kg
- sonstige Materialarten (Weißblech, Aluminium, Kunststoff, Verbunde): 30.000 kg.

Unterhalb dieser Schwelle ist eine VollstE nur auf Verlangen der zuständigen Behörden abzugeben. Die Hinterlegung muss bis zum 01.05. eines Kalenderjahres erfolgen.

12 Die Prüfung kann von WP, StB, vBP oder bestimmten unabhängigen Sachverständigen[18] durchgeführt werden (§ 10 Abs. 1 S. 1 VerpackV). Die geprüfte VollstE ist elektronisch

---

15 Vgl. Schreiben des Ausschusses für Produktverantwortung (APV) der LAGA v. 11.02.2011, http://www.laga-online.de/servlet/is/23875/VerpackV_2011-01_Mengenbuendelungen.pdf?command=downloadContentfilename=VerpackV_2011-01_Mengenbuendelungen.pdf (zit. 24.03.2017).

16 Vgl. Begr. zu § 10 VerpackV, BT-Drs. 16/7954, S. 23.

17 § 10 Abs. 1 i.V.m. § 6 VerpackV.

18 Wer als Sachverständiger zugelassen ist, ist in Anh. I Nr. 2 Abs. 4 VerpackV festgelegt.

**auf einer von den Industrie- und Handelskammern betriebenen Internet-basierten Datenbank (IHK-VE-Register)**[19] **zu hinterlegen**[20]. Die dualen Systeme haben dort die entsprechenden Informationen ebenfalls zu hinterlegen (§ 10 Abs. 6 VerpackV).

Für die **Öffentlichkeit** sind die Adressen der Unternehmen einsehbar, die eine VollstE abgegeben haben (§ 19 Abs. 5 S. 4 VerpackV)[21]. Damit können z.B. Unternehmen prüfen, ob ihre Konkurrenten eine VollstE abgegeben haben, und ggf. mutmaßliche Trittbrettfahrer bei den Behörden anzeigen[22]. Die **Behörden**, die für die Überwachung der abfallwirtschaftlichen Vorschriften zuständig sind, können sowohl Einsicht in die hinterlegten VollstE als auch in die Meldungen der Systembetreiber nehmen (§ 10 Abs. 5 S. 5 bzw. Abs. 6 S. 2 VerpackV). 13

> **!** **Hinweis 3:**
>
> Von dem beim DIHK eingerichteten Register wird i.R.d. sog. **Qualitätssicherung** automatisiert ein Abgleich zwischen Mengenangaben in den hinterlegten VollstE und den Systembetreibern gemeldeten Mengen durchgeführt. Über festgestellte Abweichungen werden die Unternehmen per E-Mail informiert. Die zuständige Behörde erhält die Information, dass und wann eine solche E-Mail versandt wurde[23].

### 2.1.3 Inhalt der Vollständigkeitserklärung

In die VollstE sind gem. § 10 Abs. 2 VerpackV sämtliche im vorangegangenen Kalenderjahr **in Verkehr gebrachten Verkaufsverpackungen** aufzunehmen – nicht jedoch zurückgenommene Transport- (§ 4 VerpackV) und Umverpackungen (§ 5 VerpackV). Die Angaben sind zu gliedern nach 14

- an dualen Systemen beteiligten Mengen (Verkaufsverpackungen, die typischerweise beim privaten Endverbraucher anfallen gem. § 6 Abs. 1 VerpackV), gegliedert nach dualen Systemen,
- an Branchenlösungen beteiligten Mengen (§ 6 Abs. 2 VerpackV),
- Mengen, die nicht beim privaten Endverbraucher anfallen („b2b" gem. § 7 VerpackV).

Für diese Kategorien sind jeweils die **Mengen** in kg (Masse) für die einzelnen **Materialarten** (Glas, Papier/Pappe/Karton, Weißblech, Aluminium, Verbund, Kunststoff, sonstige Materialien) anzugeben. Zur Eingabe in die von den Industrie- und Handelskammern betriebene internet-basierte Datenbank wird dort ein entsprechendes, matrixförmig aufgebautes elektronisches Formular bereitgestellt.

## 2.2 Prüfung der Vollständigkeitserklärung durch WP

### 2.2.1 Art und Umfang der Prüfung

Gem. § 10 Abs. 1 S. 1 VerpackV ist die vom Erstinverkehrbringer (elektronisch) erstellte VollstE für Verkaufsverpackungen von einem WP, StB, vBP oder einem unabhängigen Sachverständigen zu prüfen. Es handelt sich somit um eine **gesetzlich vorgeschriebene Prüfung**, nachdem aber neben WP auch andere Prüfer zugelassen sind, jedoch um **keine** 15

19 Zugang über https://www.ihk-ve-register.de/ (zit. 24.03.2017).
20 Vgl. § 10 Abs. 5 und Anh. VI VerpackV.
21 Zugang unter https://www.ihk-ve-register.de/unternehmensliste/3273280 (zit. 24.03.2017).
22 Vgl. Begr. zu § 10 VerpackV, BT-Drs. 16/7954, S. 23.
23 Vgl. hierzu https://www.ihk-ve-register.de/inhalt/handlung/QS-Funktion (zit. 24.03.2017).

**Vorbehaltsaufgabe.** Somit besteht keine Pflicht zur Siegelführung gem. § 48 WPO, jedoch darf das Siegel freiwillig geführt werden[24]. Mit den Besonderheiten dieser Prüfung und der Berichterstattung hierüber befasst sich *IDW PH 9.950.3*.

**16** Auch wenn sich Berührungspunkte und Synergieeffekte ergeben, ist die Prüfung der VollstE für Verkaufsverpackungen **keine Erweiterung der Abschlussprüfung**, da dies weder gesetzlich entsprechend angeordnet ist noch sich die Prüfung auf JA oder LB bezieht[25]. Über das Ergebnis der Prüfung der VollstE für Verkaufsverpackungen darf daher nicht im PrB oder im BestV zur Jahresabschlussprüfung[26] berichtet werden. Ebenso wenig ist die Prüfung der Entgelte aufgrund vertraglicher Vereinbarungen mit Betreibern dualer Systeme Bestandteil der Prüfung der VollstE oder umgekehrt, auch wenn die Prüfungsgegenstände teilweise auf der gleichen Datengrundlage beruhen.

**Praxistipp 2:**

Wenn der APr. auch die Prüfung der VollstE für Verkaufsverpackungen und ggf. erforderliche Prüfungen der Meldungen an duale Systeme auf vertraglicher Grundlage durchführt, können sich Synergieeffekte ergeben. In einem solchen Fall sind Abschlussprüfung, Prüfung der VollstE und Prüfungen der Meldungen an duale Systeme jeweils **getrennt zu beauftragen**[27]. Ebenso ist jeweils eine **getrennte Berichterstattung** erforderlich. Es empfiehlt sich jedoch, die Prüfung der VollstE für Verkaufsverpackungen und die Prüfung(en) aufgrund vertraglicher Vereinbarungen mit Betreibern dualer Systeme **in zeitlichem Zusammenhang mit der Jahresabschlussprüfung** durchzuführen[28].

**17** Gem. den IFAC-Standards handelt es sich bei der Prüfung der VollstE für Verkaufsverpackungen um ein Assurance Engagement. Gegenstand der Prüfung sind die Mengenangaben in der Vollständigkeitserklärung und somit keine historischen Finanzinformationen. Sie fällt somit in den **Anwendungsbereich von ISAE 3000 (Rev.)**[29]. Entsprechend orientiert sich *IDW PH 9.950.3* grundsätzlich an den Anforderungen von ISAE 3000, ist jedoch an die besonderen Anforderungen und Rahmenbedingungen seitens der VerpackV und der elektronischen Hinterlegungsplattform der IHK angepasst.

**18** Die VerpackV enthält neben der Aussage, dass die VollstE „geprüft" sein muss (§ 10 Abs. 1 S. 1 VerpackV) und dass die „Prüfbescheinigung" mit qualifizierter elektronischer Signatur zu versehen ist (§ 10 Abs. 5 S. 2 VerpackV) keine näheren Angaben zu Gegenstand, Art und Umfang der Prüfung. Das mit der elektronischen Signatur zu versehende Dokument enthält die Aussage, dass der Prüfer in seinem Prüfungsbericht „die Richtigkeit der Angaben aus der … Vollständigkeitserklärung ohne Einwendung bestätigt". Dementsprechend ist ein Prüfungsurteil mit **hinreichender Sicherheit** abzugeben[30].

24 Vgl. *IDW PH 9.950.3*, Tz. 44.
25 Vgl. *IDW*, WPH Edition, Wirtschaftsprüfung Rechnungslegung[15], Kap. M Tz. 143.
26 Vgl. *IDW PS 400*, Tz. 12, *IDW PS 450*, Tz. 19.
27 Vgl. *IDW PH 9.950.3*, Tz. 4 sowie *IDW PS 220*, Tz. 14 und 20.
28 Vgl. *IDW PH 9.950.3*, Tz. 10.
29 Ausführlich zu ISAE 3000 (Rev.) vgl. Kap. C.
30 Vgl. *IDW PH 9.950.3*, Tz. 8.

### 2.2.2 Prüfungsauftrag

Zur Durchführung der Prüfung bedarf es spezifischer Kenntnisse im verpackungsrechtlichen Bereich. Vor der Annahme des Auftrags hat sich deshalb der WP zu vergewissern, ob er die **erforderlichen Kenntnisse und Erfahrungen** besitzt bzw. hat er sich diese Kenntnisse anzueignen[31]. Der Umfang der Kenntnisse hängt auch vom Umfang und der Komplexität der Verwendung von Verpackungen beim zu prüfenden Unternehmen ab[32]. 19

Die Annahme des Auftrags sollte in schriftlicher Form erklärt werden und vor Beginn der Prüfungshandlungen erfolgen[33]. Zu vereinbaren ist insb.[34] 20

- dass die Prüfung unter Zugrundelegung des *IDW PH 9.950.3* erfolgt und
- dass der WP von den gesetzlichen Vertretern alle für eine ordnungsgemäße Prüfung erforderlichen Aufklärungen und Nachweise verlangen kann.

Zu empfehlen ist weiterhin,

- die vom IDW hrsg. AAB zu vereinbaren, zumindest aufgrund des Fehlens einer gesetzlichen Haftungsregelung eine Vereinbarung zur Haftungsbegrenzung zu treffen,
- auf die Verantwortung der gesetzlichen Vertreter für die Vollständigkeit und Richtigkeit der in der VollstE für Verkaufsverpackungen gemachten Angaben, für die hierfür erforderlichen internen Kontrollen sowie die Hinterlegung der VollstE für Verkaufsverpackungen bei der IHK,
- auf die Verantwortung des WP zur Abgabe eines Prüfungsurteils mit hinreichender Sicherheit auf der Grundlage der durchgeführten Prüfung,
- auf die Notwendigkeit zur Einholung einer berufsüblichen VollstE sowie eines rechtswirksam unterzeichneten Ausdrucks der VollstE für Verkaufsverpackungen und
- auf die Art der Berichterstattung und die Voraussetzungen, unter denen die „Prüfbescheinigung" mit einer qualifizierten elektronischen Signatur versehen werden kann, hinzuweisen.

### 2.2.3 Prüfungsplanung

Für die Prüfungsplanung gelten die **allgemeinen Grundsätze** für ein risikoorientiertes Vorgehen[35]. U.a. ist festzulegen, wann ein Fehler als **wesentlich** einzustufen ist[36]. 21

31 Vgl. *IDW PH 9.950.3*, Tz. 6, *IDW EQS 1*, Tz. 72.

32 Insb. sollte der Prüfer mit den Fragen und Antworten (FAQ) zur Verpackungsverordnung und zur Vollständigkeitserklärung, http://www.ihk-ve-register.de/inhalt/fragen_antworten (zit. 24.03.2017), und den BMU-Antworten auf DIHK-Fragen zur Auslegung der Fünften Novelle der VerpackV, http://www.dihk.de/themenfelder/innovation-und-umwelt/umwelt/informationsdienste/vollstaendigkeitserklaerung/hintergrundwissen-zur-verpackungsverordnung/antworten_bmu.pdf/at_download/file?mdate=1461332994317 (zit. 24.03.2017) vertraut sein; empfehlenswert ist auch die Kenntnis der Auffassung der Vollzugsbehörden der Länder, die in der LAGA-Mitteilung 37, http://www.laga-online.de/servlet/is/23874/2015-09-23_LAGA_M37.pdf?command=downloadContentfilename=2015-09-23_LAGA_M37.pdf (zit. 24.03.2017) dargestellt ist.

33 Entsprechend *IDW PS 220*, Tz. 6.

34 Vgl. *IDW PH 9.950.3*, Tz. 5.

35 Vgl. *IDW PH 9.950.3*, Tz. 9 und Tz. 13 sowie *IDW*, WPH Edition, Wirtschaftsprüfung & Rechnungslegung[15], Kap. L.

36 Vgl. *IDW PH 9.950.3*, Tz. 12.

> **!** **Hinweis 4:**
>
> Zur Orientierung für die Festlegung der Wesentlichkeit kann die Toleranzgrenze von 5% auf Basis der VE-Menge des verpflichteten Unternehmens[37] dienen, die vom IHK-VE-Register für ihre „Qualitätssicherung" (Tz. 13) verwendet wird.

**22** Zur Feststellung und Beurteilung des Risikos wesentlicher Fehler in der VollstE für Verkaufsverpackungen muss der Prüfer ein **Verständnis von den verpackungsrechtlichen Gegebenheiten und Rahmenbedingungen** einschl. der für die Erstellung der VollstE relevanten **internen Kontrollen** erlangen[38].

**23** Die geplanten Prüfungshandlungen sind auf folgende Fragestellungen auszurichten:

- Sind die in Verkehr gebrachten Verpackungen richtig zugeordnet?
  - Ist die Abgrenzung zwischen Produkt und Verkaufsverpackung sowie ggf. Umverpackung und Transportverpackung zutreffend erfolgt?
  - Sind die insgesamt in Verkehr gebrachten Verkaufsverpackungen den Kategorien „typischerweise beim privaten Endverbraucher anfallend" (§ 6 VerpackV), „von Branchensystemen erfasst" (§ 6 Abs. 2 VerpackV) und „nicht beim privaten Endverbraucher anfallend" (§ 7 VerpackV) zutreffend zugeordnet?
- Sind Materialart und Masse der einzelnen Verpackungen zutreffend erfasst?
  - Sind sämtliche relevante Verpackungsbestandteile erfasst?
  - Sind die Verpackungen der richtigen Materialart zugeordnet (insb. bei Verbundmaterialien)?
  - Sind die jeweils zugrunde gelegten Gewichte zutreffend erfasst (auch bei Änderungen im Lauf der Berichtsperiode)?
- Ist die insgesamt in Verkehr gebrachte Menge aus den Daten für die einzelnen Verpackungseinheiten zutreffend und vollständig ermittelt und korrekt zugeordnet (z.B. auch, wenn Verträge mit mehreren dualen Systemen bestehen)?
- Entsprechen die in Verkehr gebrachten Mengen den bei dualen Systemen beteiligten Mengen?

#### 2.2.3.1 Verständnis von den verpackungsrechtlichen Gegebenheiten und Rahmenbedingungen

**24** Zum Verständnis von den verpackungsrechtlichen Gegebenheiten und Rahmenbedingungen gehört die Kenntnis des Produktsortiments, der hierfür verwendeten Verpackungen und deren Beschaffung sowie der Absatzkanäle des Unternehmens. Zur Erlangung des erforderlichen Verständnisses sind, in Abhängigkeit von den jeweiligen Gegebenheiten, folgende **Unterlagen** erforderlich[39]:

- Produktblätter mit verpackungsbezogenen Informationen (ggf. in elektronischer Form)
- Verträge mit dualen Systemen[40]

---

37 Vgl. https://www.ihk-ve-register.de/inhalt/handlung/QS-Funktion (zit. 24.03.2017).

38 Vgl. *IDW PH 9.950.3*, Tz. 11 und 13; s.a. *IDW PS 261*, Tz. 12.

39 Vgl. *IDW PH 9.950.3*, Tz. 11.

40 Da duale Systeme teilweise auch Branchenlösungen und andere Entsorgungsleistungen anbieten, ist darauf zu achten, ob und in welchem Umfang sich der Vertrag auf eine Systembeteiligung gem. § 6 Abs. 1 VerpackV bezieht.

- Verträge und sonstige Nachweise i.Z.m. Branchenlösungen gem. § 6 Abs. 2 VerpackV (Tz. 6 f.)
- Unterlagen und ggf. Vereinbarungen i.Z.m. nicht beim privaten Endverbraucher anfallenden Verkaufsverpackungen gem. § 7 VerpackV
- ggf. bei der Ermittlung der Angaben in der Vollständigkeitserklärung herangezogene Studien bzw. Gutachten
- Meldungen an duale Systeme bzw. Bescheinigungen und Berichte über die Prüfung der Einhaltung vertraglicher Pflichten gegenüber dualen Systemen
- sofern gem. § 11 VerpackV Dritte mit der Erfüllung verpackungsrechtlicher Pflichten beauftragt wurden, entsprechende Vereinbarungen und Nachweise.

### 2.2.3.2 Verständnis von den relevanten internen Kontrollen

Der Prüfer der VollstE für Verkaufsverpackungen muss sich mit den Kontrollen be- 25
fassen, die der Sicherstellung der Vollständigkeit und Richtigkeit der Angaben dienen[41]. Nachdem die zutreffende Erfassung des Gewichts je Verpackung sowie der Anzahl der jeweils in einer bestimmten Ausprägung in Verkehr gebrachten Verkaufsverpackungen von entscheidender Bedeutung ist, sollten **Organisationsanweisungen** hinsichtlich der ordnungsgemäßen Erfassung und Pflege der entsprechenden Stammdaten vorliegen.

Entscheidend ist die Vorgehensweise bei der Ermittlung und regelmäßigen Überprüfung 26
des **Gewichts** je Materialart und Verpackung[42]. Hierzu sind i.d.R. entsprechende **Befragungen und Beobachtungen** erforderlich. Zu achten ist dabei auch auf die Berücksichtigung von Masseänderungen (mit entsprechendem Zeitpunkt) bei der Verpackung für ein bestimmtes Produkt bei Wechsel des Lieferanten oder neuen Chargen[43].

Die Aufgliederung der insgesamt in Verkehr gebrachten Verkaufsverpackungen in 27

- solche, die typischerweise beim privaten Endverbraucher anfallen (§ 6 VerpackV),
- solche, die von Branchensystemen erfasst werden (§ 6 Abs. 2 VerpackV) und
- solche, die nicht beim privaten Endverbraucher anfallen (§ 7 VerpackV)

für die entsprechende Angabe in der VollstE erfolgt regelmäßig anhand von **Absatzstatistiken**. In Hinblick darauf ist die Vorgehensweise bei der Zuordnung zu den **Vertriebswegen** von Bedeutung. Es empfiehlt sich daher, die hierfür einschlägigen Unterlagen durchzusehen sowie die Vorgehensweise bei der Klassifizierung durch Befragungen zu ermitteln[44].

**Praxistipp 3:**

Wenn die Daten, die für die Angaben in der VollstE relevant sind, in durch den Anwender veränderbaren Formaten („Excel-Tabellen") geführt werden, ist insb. die Vorgehensweise bei der **Übernahme der Daten** aus dem IT-System von Bedeutung. Der Prüfer sollte dann die entsprechenden Arbeitsvorgänge beobachten bzw. durch Befragung der verantwortlichen Personen ermitteln. Auf die Wahrung des **Vier-Augen-Prinzips** ist zu achten, und zwar insb. dann, wenn die Ermittlung der Daten für die VollstE wenig automatisiert ist[45].

41 Vgl. *IDW PH 9.950.3*, Tz. 16.
42 Vgl. *IDW PH 9.950.3*, Tz. 30.
43 Vgl. *IDW PH 9.950.3*, Tz. 31.
44 Vgl. *IDW PH 9.950.3*, Tz. 16.
45 Vgl. *IDW PH 9.950.3*, Tz. 16.

28 Erkenntnisse aus der Prüfung des JA können berücksichtigt werden, ebenso Ergebnisse von Vorjahresprüfungen. Bei letzteren ist auf zwischenzeitlich eingetretene Veränderungen zu achten[46].

### 2.2.4 Festlegung und Durchführung von Prüfungshandlungen

#### 2.2.4.1 Funktionsprüfung

29 Stellt der Prüfer der VollstE für Verkaufsverpackungen die Angemessenheit der relevanten Kontrollmaßnahmen fest und geht er zur Gewinnung der erforderlichen Prüfungssicherheit von der Wirksamkeit der Kontrollmaßnahmen aus bzw. reichen (insb., wenn das Unternehmen eine Vielzahl von Produkten in größeren Mengen in Verkehr bringt) aussagebezogene Prüfungshandlungen alleine zur Gewinnung der erforderlichen Prüfungssicherheit nicht aus, hat er **Funktionsprüfungen** durchzuführen[47].

> **Praxistipp 4:**
>
> Eine Funktionsprüfung kann bspw. im Nachwiegen einzelner Verkaufsverpackungen bestehen, wenn ein System zur Erfassung und regelmäßigen Überprüfung der Verpackungsgewichte eingerichtet ist.

#### 2.2.4.2 Aussagebezogene Prüfungshandlungen

##### 2.2.4.2.1 Analytische Prüfungshandlungen

30 Die **Absatzstatistik** kann sowohl Ausgangspunkt für die Ermittlung der gewichtsbezogenen Angaben in der VollstE insgesamt aus der in den Verkehr gebrachten Stückzahl je Produkt als auch für die Zuordnung der Produkte zu den Kategorien sein. Zur Verprobung der Absatzstatistik kann eine Produktions- oder Beschaffungsstatistik unter Berücksichtigung von Bestandsveränderungen herangezogen werden[48]. Sofern das Unternehmen Verpackungen selbst aus Vorprodukten (Pappe, Kunststofffolie) herstellt, können die Einkaufsmengen dieser Vorprodukte zur Verprobung herangezogen werden. Ist das Produktprogramm preis- und verpackungshomogen, ist auch eine Abstimmung mit den – ggf. bei der Abschlussprüfung geprüften – Umsatzerlösen möglich[49].

31 Weiterhin kann die Absatzstatistik in Hinblick auf die **Kundenstruktur** (z.B. hinsichtlich der an großgewerbliche/industrielle Abnehmer, Lebensmitteleinzelhandel/Baumärkte, Großhändler oder im Direktvertrieb an Endverbraucher gelieferten Mengen und Produkte) analysiert werden, um die Plausibilität der Zuordnung zu den Kategorien von Verkaufsverpackungen zu überprüfen. In Verbindung damit empfiehlt sich eine **Analyse des Sortiments** (z.B. Großpackungen von Lebensmitteln oder Baumaterialien, Fassware bei Getränken, geeichte Trinkgläser – vorwiegend – für gewerbliche Verwendung).

---

46 Vgl. *IDW PH 9.950.3*, Tz. 19 f.
47 Vgl. *IDW PH 9.950.3*, Tz. 15 und 18; siehe auch *IDW PS 261 n.F.*, Tz. 74.
48 Vgl. *IDW PH 9.950.5*, Tz. 21.
49 Vgl. *IDW PH 9.950.5*, Tz. 22.

Die Angaben in der VollstE sind weiterhin mit den **Vereinbarungen in den Verträgen** mit den Systembetreibern und den Angaben in den **Meldungen an die dualen Systeme** abzustimmen[50]. 32

**Hinweis 6:**

Die Abstimmung mit den Meldungen an die dualen Systeme erbringt keinen Nachweis über die Vollständigkeit der Mengen in der VollstE. In diesen Meldungen können Mengen aus der Teilnahme an einer Branchenlösung gem. § 6 Abs. 2 VerpackV enthalten sein, die über den Betreiber des dualen Systems abgewickelt wird. Nicht enthalten sind ggf. Mengen, die gem. § 11 VerpackV von Dritten an einem dualen System beteiligt werden. Letzteres kommt insb. in Betracht, wenn der Hersteller oder Vertreiber Produkte unter **Eigenmarken** Dritter in Verkehr bringt.

In Einzelfällen sind bei der Ermittlung der Angaben in der VollstE **Schätzungen** erforderlich. 33 Dies gilt etwa in Zusammenhang mit **Umverpackungen**, die gem. § 5 Abs. 1 S. 2 VerpackV wie Verkaufsverpackungen zu behandeln sind, wenn der Endverbraucher die Übergabe in der Umverpackung verlangt und dann bei privaten Endverbrauchern an einem dualen System zu beteiligen sind. Schätzungen kommen ggf. auch für Mengen in Betracht, die wegen **Ablauf des Mindesthaltbarkeitsdatums oder Bruchs** den Endverbraucher nicht erreicht haben und deshalb von den in Verkehr gebrachten Mengen abgezogen werden[51]. Entsprechendes gilt, wenn Verkaufsverpackungen **sowohl für private als auch für gewerbliche Endverbraucher** bestimmt sein können (z.B. Zementsäcke, die an Baumärkte und an die Bauindustrie geliefert werden)[52]. In solchen Fällen ist insb. zu beurteilen, ob die zugrunde gelegten Annahmen plausibel und alle verfügbaren Informationen in die Berechnung eingeflossen sind[53].

### 2.2.4.2.2 Einzelfallprüfungen

Einzelfallprüfungen sind i.d.R. erforderlich hinsichtlich der den **Absatzstatistiken und** 34 **sonstigen Nachweisen zugrunde liegenden Angaben**. Hierzu kommt die Einsichtnahme in Ausgangsrechnungen, Lieferscheine, Retourengutschriften und Entnahmebelege in Betracht[54]. Weiterhin ist nachzuvollziehen, ob die Materialklassifizierung ordnungsgemäß ist.

Einzelne Verpackungen sind aufgrund **bewusster Auswahl** oder in (repräsentativen) 35 **Stichproben** hinsichtlich ordnungsgemäßer **Materialklassifizierung** und zutreffender **Gewichtsermittlung** (durch Nachwiegen) zu untersuchen. Sofern bei unklarer Zuordnung eine Abstimmung mit dem entsprechenden Betreiber des dualen Systems stattgefunden hat, kann diese herangezogen werden; allerdings ist auch hier ggf. eine kritische Würdigung durch den Prüfer erforderlich[55].

50 Vgl. *IDW PH 9.950.5*, Tz. 23.

51 Gem. LAGA-Mitteilung 37, S. 11 müssen solche Abzüge für den Einzelfall nachvollziehbar dokumentiert und überprüfbar sein.

52 Gem. LAGA-Mitteilung 37, http://laga-online.de/servlet/is/23874/2015-09-23_LAGA_M37.pdf?command=downloadContentfilename=2015-09-23_LAGA_M37.pdf (zit. 24.03.2016), S. 10 muss der Erstinverkehrbringer die Abgrenzung „dem Prüfer der Vollständigkeitserklärung transparent darlegen".

53 Vgl. *IDW PH 9.950.3*, Tz. 24; siehe auch *IDW PS 314 n.F.*, Tz. 40 ff.

54 Vgl. *IDW PH 9.950.3*, Tz. 27; *IDW*, WPH Edition, Wirtschaftsprüfung & Rechnungslegung[15], Kap. L Tz. 85 i.V.m. Tz. 357 ff.

55 Vgl. *IDW PH 9.950.3*, Tz. 28 ff.

#### 2.2.4.3 Verwertung der Arbeiten von Sachverständigen

36 Für **Gutachten und Studien** von Sachverständigen, die als Prüfungsnachweise vorgelegt werden[56], bspw. für die Aufteilung von Verpackungsmengen auf die verschiedenen Kategorien, gelten die allgemeinen Anforderungen i.R. von Abschlussprüfungen entsprechend[57]. Solche Gutachten und Studien können weder das Unternehmen noch den Prüfer der VollstE davon entbinden, sich von der Richtigkeit der ermittelten Anteile an Verpackungsmengen anhand der tatsächlichen Vertriebsstruktur zu überzeugen. Die durch Gutachten/Studien ermittelten Quoten können nur dann herangezogen werden, wenn sich das damit abgebildete Modell auch tatsächlich auf das Unternehmen übertragen lässt. Es dürfen keine Angaben und Annahmen enthalten sein, die bei dem konkreten Unternehmen unzutreffend sind[58].

#### 2.2.4.4 Auswertung der Prüfungsfeststellungen und Ableitung des Prüfungsurteils

37 Vor Abgabe des Prüfungsurteils ist eine VollstE einzuholen und ist zu beurteilen, ob **ausreichende und angemessene Prüfungsnachweise** erlangt wurden. Bei der Urteilsbildung sind ggf. Ereignisse bis zum Datum des Prüfungsberichts zu berücksichtigen[59].

38 Sofern bei der Prüfung festgestellt wird, dass in VJ pflichtwidrig die **Erstellung und Prüfung einer Vollständigkeitserklärung** sowie ggf. in VJ oder im Berichtsjahr eine Beteiligung an dualen Systemen **unterlassen** wurde, ist dies mit den gesetzlichen Vertretern zu erörtern. Ggf. kann ein entsprechender Hinweis in den Prüfungsbericht aufzunehmen sein[60]. Die Klärung hinsichtlich einer ggf. erforderlichen nachträglichen Systembeteiligung mit Behörden und Betreibern dualer Systeme hat durch das Unternehmen zu erfolgen. Ein Prüfungsurteil kann in solchen Fällen grundsätzlich erst dann abgegeben werden, wenn entsprechende Vereinbarungen vorliegen.

**Praxistipp 5:**

Ist der Prüfer der VollstE für Verkaufsverpackungen **gleichzeitig Jahresabschlussprüfer**, und ist die Abschlussprüfung zum Zeitpunkt der Urteilsbildung in Bezug auf die VollstE noch nicht abgeschlossen, kann es sich bei nachzuentrichtenden Entgelten um wertaufhellende Erkenntnisse handeln, die ggf. i.R.d. Abschlussprüfung zu berücksichtigen sind[61].

---

56 Solche Studien werden auch teilweise von Betreibern dualer Systeme zur Verfügung gestellt.

57 Vgl. *IDW PH 9.950.3*, Tz. 14 und 25 sowie *IDW PS 300 n.F.*, Tz. 9 und A31 bis A44; *IDW*, WPH Edition, Wirtschaftsprüfung & Rechnungslegung[15], Kap. L Tz. 485 ff.

58 Vgl. Schreiben des Ausschusses für Produktverantwortung (APV) der LAGA vom 14.01.2014, http://www.laga-online.de/servlet/is/23875/Mögliche%20Verstöße%20gegen%20VerpackV%20und%20UWG_APV%2024.01.2014.pdf?command=downloadContentfilename=Mögliche%20Verstöße%20gegen%20VerpackV%20und%20UWG_APV%2024.01.2014.pdf (zit. 24.03.2017).

59 Vgl. *IDW PH 9.950.3*, Tz. 32 f.

60 Vgl. *IDW PH 9.950.3*, Tz. 45.

61 Vgl. *IDW PS 203*, Tz. 9.

### 2.2.5 Prüfungsdokumentation

Die Dokumentation von Prüfungshandlungen, Prüfungsnachweisen und Urteilbildung hat nach allgemeinen Grundsätzen zu erfolgen[62]. **39**

### 2.2.6 Prüfungsergebnis

#### 2.2.6.1 Prüfungsbericht

Über das Ergebnis der Prüfung der VollstE für Verkaufsverpackungen ist ein Prüfungsbericht zu erstatten[63]. Die **Bestandteile des Prüfungsberichts und Hinweise für dessen Formulierung** sind in *IDW PH 9.950.3* enthalten[64]. Dem Prüfungsbericht ist ein vom Hersteller bzw. Vertreiber unterzeichnetes und mit Datum versehenes Exemplar des vom VE-Register generierten Formulars (Tz. 14) beizufügen[65]. **40**

Bei wesentlichen Beanstandungen oder Prüfungshemmnissen, die dazu führen, dass die Angaben in wesentlichen Teilen der VollstE nicht beurteilt werden können, ist das **Prüfungsurteil einzuschränken oder zu versagen**[66]**.** In diesen Fällen kann auch nicht die gem. § 10 Abs. 5 S. 2 VerpackV vorgesehene elektronische Signatur erteilt werden. Hierauf ist der Auftraggeber unverzüglich hinzuweisen[67]. Feststellungen zu sonstigen bedeutsamen Sachverhalten ohne Auswirkung auf das Prüfungsurteil können als **Hinweis** in den Prüfungsbericht aufzunehmen sein. Hierzu gehören insb. auch Hinweise auf erhebliche Unsicherheiten bei der Auslegung der VerpackV (z.B. hinsichtlich Verpackungseigenschaft, Art der Verpackung, Materialart)[68]. **41**

#### 2.2.6.2 Elektronische Hinterlegung im Register der IHK

Nach Eingabe der Mengenangaben in das IHK-VE-Register wird ein PDF-Dokument mit der Überschrift „**Prüfbescheinigung**" erzeugt, das die folgende Erklärung enthält: „Als Wirtschaftsprüfer habe ich im Prüfungsbericht vom … (Datum) die Richtigkeit der Angaben aus der oben stehenden Vollständigkeitserklärung ohne Einwendungen bestätigt. Im Prüfungsbericht sind Aufgaben und ergänzende Feststellungen bzw. Erläuterungen dargestellt." **42**

Diese Erklärung darf sich der WP nur dann zu Eigen machen und mit der in § 10 Abs. 5 S. 2 VerpackV vorgesehenen qualifizierten elektronischen Signatur versehen, wenn sie mit der eigenen Urteilsbildung übereinstimmt[69], er also im PrB ein uneingeschränktes Prüfungsurteil abgibt. Sie ist lediglich als Hinweis auf die mit uneingeschränktem Prüfungsurteil erfolgte Prüfung zu verstehen und konstituiert nicht die Abgabe des Prüfungsurteils oder eine eigene Erklärung des Prüfers über die Systembeteiligung bzw. Rücknahme von in Verkehr gebrachten Verkaufsverpackungen[70]. Es empfiehlt sich, dass

62 Vgl. *IDW PH 9.950.3*, Tz. 34 sowie *IDW*, WPH Edition, Wirtschaftsprüfung & Rechnungslegung[15], Kap. L.

63 Vgl. *IDW PH 9.950.3*, Tz. 35; materiell handelt es sich um einen Prüfungsvermerk, auf den die Grundsätze des *IDW PS 450* nicht anzuwenden sind.

64 Vgl. *IDW PH 9.950.3*, Tz. 35 ff.

65 Vgl. *IDW PH 9.950.3*, Tz. 43.

66 Vgl. *IDW PH 9.950.3*, Tz. 39.

67 Vgl. *IDW PH 9.950.3*, Tz. 41.

68 Vgl. *IDW PH 9.950.3*, Tz. 45.

69 Vgl. WPK-Magazin 2006, H. 2 S. 32.

70 So irrig LAGA-Mitteilung 37, http://laga-online.de/servlet/is/23874/2015-09-23_LAGA_M37.pdf?command=downloadContentfilename=2015-09-23_LAGA_M37.pdf (zit. 24.03.2016), S. 20.

die Signatur von demjenigen abgegeben wird, der für die Auftragsdurchführung i.S.v. § 38 Abs. 2 BS WP/vBP vorrangig verantwortlich ist. Im Hinblick auf den Wortlaut von § 10 Abs. 5 S. 2 VerpackV sollte es sich dabei, wenn eine Berufsgesellschaft beauftragt wurde, um einen WP, StB oder vBP handeln.

### 2.3 Ausblick auf das Verpackungsgesetz

43 Am 31.03.2017 wurde das Gesetz zur Fortentwicklung der haushaltsnahen Getrennterfassung von wertstoffhaltigen Abfällen (Verpackungsgesetz – VerpackG) vom Bundestag verabschiedet und am 12.05.2017 vom Bundesrat gebilligt[71]. Es wird überwiegend zum 01.01.2019 in Kraft treten und damit die VerpackV ablösen. Zur Sicherstellung eines funktionierenden Wettbewerbs wird eine „Zentrale Stelle Verpackungsregister" in der Rechtsform einer Stiftung geschaffen, die sämtliche Informationen über die in Verkehr gebrachten, gesammelten und verwerteten Verpackungsmengen erhält, abgleicht und auswertet[72]. Hersteller von systembeteiligungspflichtigen Verpackungen müssen sich bei ihr registrieren lassen und ihr Daten zu den betreffenden Verpackungen übermitteln. Insbesondere ist diese Stelle befugt, im Einvernehmen mit dem Bundeskartellamt Prüfleitlinien zu entwickeln, die bei Prüfungen im Rahmen dieses Gesetzes zu beachten sind (§ 26 Abs. 1 S. 2 Nr. 28 VerpackG-E). WP, StB oder vBP, die die Prüfung der VollstE durchführen wollen, müssen dies der zentralen Stelle gegenüber anzeigen und werden dann von ihr in ein Prüferregister aufgenommen (§ 27 Abs. 2 VerpackG-E).

## 3. Prüfung der Meldungen an duale Systeme

44 Gem. § 6 Abs. 1 VerpackV haben sich Hersteller und Vertreiber, die mit Ware befüllte Verkaufsverpackungen, die typischerweise beim privaten Endverbraucher anfallen, erstmals in den Verkehr bringen (**Erstinverkehrbringer**), zur Gewährleistung der flächendeckenden Rücknahme dieser Verkaufsverpackungen an einem oder mehreren **dualen Systemen zu beteiligen**. In den vertraglichen Vereinbarungen zwischen Herstellern/Vertreibern und Betreibern dualer Systeme werden regelmäßig Prüfungspflichten vereinbart, um die Ordnungsmäßigkeit der Entgeltentrichtung für die mit dem jeweiligen dualen System kontrahierten Mengen zu beurteilen.

45 Dabei entspricht das **Mengengerüst** grundsätzlich demjenigen für die VollstE für Verkaufsverpackungen (Tz. 14). Sofern sich der Erstinverkehrbringer an mehreren dualen Systemen beteiligt hat, ist auch die zutreffende Abgrenzung der bei den unterschiedlichen Systemen beteiligten Mengen zu beachten. Ist der WP auch mit der Prüfung der VollstE für Verkaufsverpackungen beauftragt, empfiehlt es sich, beide Prüfungen in zeitlichem Zusammenhang durchzuführen[73].

46 Bei der Prüfung der ordnungsgemäßen Entgeltentrichtung an duale Systeme handelt es sich um **freiwillige Prüfungen** auf der Grundlage von privatrechtlichen Verträgen. Ob neben WP/WPG auch andere sachverständige Personen die Prüfungen durchführen dürfen, ergibt sich aus dem jeweiligen Vertrag mit dem Betreiber des dualen Systems.

71 BR-DRS 296/17 (B).
72 BT-DRS 18/11274.
73 Vgl. *Noodt/Lohmann*, S. 457.

**Praxistipp 7:**

Teilweise ist in den Vereinbarungen mit den Systembetreibern vorgesehen, dass anstelle der Durchführung einer separaten Prüfung auch der **Prüfungsbericht über die Prüfung der Vollständigkeitserklärung für Verkaufsverpackungen eingereicht** werden kann. Sofern der WP gebeten wird, einer solchen Weitergabe zuzustimmen[74], ist darauf zu achten, dass eine geeignete Haftungsregelung gegenüber dem Betreiber des dualen Systems getroffen wird[75].

Die Prüfung ist unter sinngemäßer Anwendung des *IDW PH 9.950.3* durchzuführen 47
(Tz. 21 ff.). Der **Prüfungsauftrag** ist in schriftlicher Form zu vereinbaren, bei mehreren Systembetreibern separat für jeden Systembetreiber. Im Auftragsschreiben empfiehlt es sich, auf die AAB Bezug zu nehmen oder in anderer Form eine geeignete Haftungsvereinbarung zu treffen, da keine gesetzliche Haftungsregelung existiert.

## 3.1 Besonderheiten bei der „Der Grüne Punkt – Duales System Deutschland GmbH (DSD)"

Im Schreiben vom 27.05.2003 hat die „Der Grüne Punkt – Duales System Deutschland 48
GmbH" (DSD)[76] bestätigt, dass für die Prüfung der ordnungsgemäßen Entgeltentrichtung die gesetzliche **Haftungsregelung** des § 323 HGB entsprechend anzuwenden ist. Hierauf ist im Auftragsschreiben sowie in der Berichterstattung zu verweisen.

Das IDW hat einen mit der „Der Grüne Punkt – Duales System Deutschland GmbH" 49
abgestimmten Hinweis zur „Erteilung der Bescheinigung über die Prüfung der ordnungsgemäßen Entgeltentrichtung an die DSD"[77] veröffentlicht. Demnach hat der WP über das Ergebnis der Prüfung einen **Bericht** zu erstatten, der neben der Bescheinigung folgende Bestandteile zu enthalten hat:

- Adressat
- Beschreibung des Prüfungsgegenstands
- Verantwortung der gesetzlichen Vertreter und des WP
- Aussage, dass die Prüfung unter sinngemäßer Anwendung des *IDW PH 9.950.3* durchgeführt wurde
- Art und Umfang der Prüfung
- Schlussfolgerung
- Feststellungen
- Ort, Datum und Unterschrift.

Ggf. ist über weitere, bei der Prüfung erkannte Umstände zu berichten, die für die ordnungsgemäße Entgeltentrichtung von Bedeutung sind. Die **Bescheinigung** ist Bestandteil des Berichts und darf nicht losgelöst von diesem verwendet werden.

Neben der Prüfung der Angaben in der Jahresabschlussmeldung der vertragsgegen- 50
ständlichen Verkaufsverpackungen sind in Fortführung einer seit längerem bestehenden Handhabung die auf dieser Grundlage zu entrichtenden **Entgelte für den entsprechen-**

74 Vgl. Nr. 6 Abs. 1 AAB hrsg. v. IDW.
75 Vgl. *Noodt/Lohmann*, S. 456.
76 FN-IDW 2004, S. 269.
77 FN-IDW 2010, S. 242 f.

**den Abrechnungszeitraum** zu prüfen. Hierüber ist in der Bescheinigung im Abschnitt „Weitere Feststellungen" zu berichten. Sofern sich der Hersteller oder Vertreiber neben der DSD auch noch an einem anderen dualen System beteiligt hat und mit der DSD eine Beteiligungsquote vereinbart wurde, ist in diesem Abschnitt auch über den Anteil der an die DSD gemeldeten Menge an den entsprechenden gesamten, in der VollstE für Verkaufsverpackungen angegebenen Mengen zu berichten.

## 3.2 Besonderheiten bei der INTERSEROH Dienstleistungs GmbH

51 Für Prüfungen aufgrund einer Beteiligung am dualen System der INTERSEROH Dienstleistungs GmbH können beim IDW Verlag Muster für eine Bescheinigung und für eine VollstE sowie ein Abdruck der Prüfungsrichtlinie bezogen werden.

# Kapitel Q

# MaBV-Prüfungen

Verfasser:
WP StB Dipl.-Betriebsw. Rainer Kroy, Erfurt

Inhalt Tz.



## 1. Einleitung

1 In Deutschland herrscht Gewerbefreiheit. Jeder, der ein Gewerbe ausüben will, hat grundsätzlich das Recht dazu. Hierzu ist der örtlich zuständigen Behörde anzuzeigen, dass ein selbständiger Betrieb eines stehenden Gewerbes oder der Betrieb einer Zweigniederlassung oder einer unselbständigen Zweigstelle aufgenommen werden soll (Gewerbe-Anmeldung). Zweck dieser in § 14 GewO geregelten Verfahrensweise ist, die zuständige Behörde in die Lage zu versetzen, Kenntnis von der Zahl und Art der in ihrem Bezirk vorhandenen Gewerbetreibenden zu erlangen und eine wirksame Überwachung

der Gewerbetreibenden zu ermöglichen. Vor diesem Hintergrund sind auch Änderungen in diesen Bereichen ebenfalls der zuständigen Behörde anzuzeigen.

2 Neben den sog. freien Gewerben sieht die GewO bestimmte erlaubnispflichtige Gewerbe vor. Diese früher ausschließlich in § 34c GewO geregelten, erlaubnispflichtigen Tätigkeiten haben in der jüngsten Vergangenheit eine deutliche Ausweitung und separate Erfassung in der GewO erfahren. Neben der Anmeldung eines Gewerbes hat der Gewerbetreibende, wenn er ein erlaubnispflichtiges Gewerbe ausüben will, dies zusätzlich zu beantragen. Der Zweck dieser Vorschrift ist allein aus dem Schutzgedanken heraus abzuleiten. Die Allgemeinheit oder der Auftraggeber, der einen Gewerbetreibenden mit einer erlaubnispflichtigen Tätigkeit beauftragt, wird als besonders schutzwürdig angesehen.

3 Die Erlaubnis für die beantragte erlaubnispflichtige Tätigkeit nach § 34c Abs. 1 Nr. 3 GewO (Bauträger und Baubetreuer) kann daher durch die zuständige Behörde inhaltlich beschränkt und mit Auflagen versehen werden. Selbst eine nachträgliche Aufnahme, Änderung und Ergänzung von Auflagen ist zulässig. Die Erlaubnis ist von der zuständigen Behörde zu versagen, wenn der Antragsteller oder eine mit der Leitung des Betriebs oder Zweigniederlassung beauftragte Person die für den Gewerbebetrieb erforderliche Zuverlässigkeit nicht besitzt oder der Antragsteller in ungeordneten Vermögensverhältnissen lebt (**Berufszulassungsvorschrift**). Wann die notwendige Zuverlässigkeit des Antragstellers nicht vorliegt bzw. wann der Antragsteller in ungeordneten Vermögensverhältnissen lebt, ist in § 34c Abs. 2 Nr. 1 und 2 GewO geregelt.

4 Weiterhin wurde das BMWi ermächtigt, durch Rechtsverordnung mit Zustimmung des Bundesrates zum Schutz der Allgemeinheit und der Auftraggeber Vorschriften über den Umfang der Verpflichtungen des Gewerbetreibenden bei der Ausübung des Gewerbes zu erlassen. Dieser Ermächtigung ist das BMWi mit der Verordnung über die Pflichten der Makler, Darlehensvermittler, Bauträger und Baubetreuer (Makler- und Bauträgerverordnung – MaBV)[1] nachgekommen. Durch die Vorgaben dieser Verordnung soll die zuständige Behörde in die Lage versetzt werden, sich ein Bild insbesondere über die Zuverlässigkeit des Gewerbetreibenden zu machen, um evtl. die Erlaubnis einzuschränken, mit Auflagen zu versehen oder gar zu versagen (**Berufsausübungsvorschriften**).

5 Daneben wurde von den Wirtschaftsministern der Länder gemeinsam mit dem BMWi in der Vergangenheit im Bund-Länder-Ausschuss „Gewerberecht" eine Musterverwaltungsvorschrift zum Vollzug des § 34c der GewO und der Makler- und Bauträgerverordnung (MaBVwV) erarbeitet. Diese MaBVwV wurde Anfang 2013 formal an die bis dahin erfolgten Änderungen des § 34c GewO und der MaBV angepasst. Allerdings wurden die Beschlüsse des Bund-Länder-Ausschusses nur noch vereinzelt in den Ländern umgesetzt. Grund hierfür ist das von Bund und Ländern verfolgte Ziel zur Vorschriftenreduzierung. Trotzdem steht die zum Teil fehlende Umsetzung der Anwendung der MaBVwV nicht entgegen, da sie in diesen Ländern als Arbeitshilfen gilt.

1 MaBV in der Fassung der Bekanntmachung v. 07.11.1990, zuletzt geändert durch das Gesetz v. 02.05.2012, BGBl. I 2012, S. 1006 ff.

## 2. Grundlagen

### 2.1 Gesetzlich Verpflichtete nach § 16 MaBV i.V.m. § 34c GewO

6 § 1 MaBV regelt den **Anwendungsbereich** der MaBV. Danach gilt die MaBV für Gewerbetreibende, die Tätigkeiten nach § 34c Abs. 1 GewO ausüben. Dies gilt unabhängig vom Bestehen einer Erlaubnispflicht. Damit soll die Umgehung der Vorschriften der MaBV durch Nichteinholung einer Erlaubnis verhindert werden[2].

7 Nach § 1 S. 3 Nr. 1 und 2 MaBV sind von der Anwendung der Vorschriften der MaBV die Versicherungs- und Bausparkassenvertreter sowie Hausverwalter ausgenommen, sofern sie sich auf ihren Tätigkeitsbereich beschränken.

8 Gänzlich von der Erlaubnispflicht nach § 34c Abs. 1 bis 3 GewO ausgenommen sind die in § 34c Abs. 5 Nr. 1 bis 4 GewO genannten Unternehmen bzw. Sachverhalte. Diese bedürfen keiner Erlaubnis nach § 34c Abs. 1 GewO und haben daher auch nicht die Vorschriften der MaBV zu beachten.

9 Hierbei handelt es sich um

- Kreditinstitute und Finanzdienstleistungsunternehmen, denen eine Banklizenz nach § 32 KWG erteilt wurde[3],
- kreditvermittelnde Warenverkäufer und kreditvermittelnde Dienstleitungserbringer
- Zweigstellen von EU-Unternehmen, die nach § 53b Abs. 7 KWG Darlehen zwischen Kreditinstituten vermitteln dürfen und
- Verträge, soweit Teilzeitnutzung von Wohngebäuden i.S.v. § 481 BGB gem. § 34c Abs. 1 S. 1 Nr. 1 GewO nachgewiesen oder vermittelt wird.

10 § 16 Abs. 1 MaBV bestimmt, dass sich Gewerbetreibende im Sinne des § 34c Abs. 1 S. 1 Nr. 3 GewO auf eigene Kosten prüfen lassen müssen, ob sie die Vorschriften der MaBV (§§ 2 bis 14) einhalten, und zwar für jedes **Kalenderjahr**[4]. Prüfungspflichtig sind daher Gewerbetreibende, die Bauvorhaben

a) als Bauherr im eigenen Namen für eigene oder fremde Rechnung vorbereiten oder durchführen und dazu Vermögenswerte von Erwerbern, Mietern, Pächtern oder sonstigen Nutzungsberechtigten oder von Bewerbern um Erwerbs- oder Nutzungsrechte verwenden (**Bauträger**) oder
b) als **Baubetreuer** im fremden Namen für fremde Rechnung wirtschaftlich vorbereiten oder durchführen.

11 Solange ein Bauträger keine Vermögenswerte von Auftraggebern zur Vorbereitung und Durchführung des Objekts annimmt, übt er keine erlaubnispflichtige Tätigkeit i.S.v. § 34c GewO aus; die MaBV kommt nicht zur Anwendung. Beabsichtigt er jedoch, Vermögenswerte entgegenzunehmen, hat er die Verpflichtung, die Vorschriften der MaBV einzuhalten.

12 Es ist unerheblich, ob die Gewerbetreibenden eine Erlaubnis nach § 34c GewO besitzen oder das Gewerbe entgegen der Verpflichtung des § 34c Abs. 1 GewO ohne eine solche Erlaubnis ausgeübt haben[5]. Sie müssen sich während des Prüfungszeitraums nur ein-

2 Vgl. *Marcks*[9], § 1 MaBV, Rz. 1.
3 Vgl. *Grziwotz*[2], § 1 MaBV, Rz. 10.
4 Dies gilt auch, wenn das GJ vom Kalenderjahr abweicht, vgl. *Marcks*[9], § 16 MaBV, Rz. 15.
5 Vgl. *Marcks*[9], § 16 MaBV, Rz. 5.

schlägig i.S. dieser Vorschrift betätigt haben. Davon betroffen sind neben den natürlichen Personen auch die juristischen Personen, wie AG und GmbH[6].

Nicht prüfungspflichtig sind dagegen Personengesellschaften, wie die BGB-Gesellschaft, die OHG, die KG und die GmbH & Co. KG, weil diese keine Erlaubnis nach § 34c GewO für die Durchführung einer erlaubnispflichtigen Tätigkeit erhalten. Vielmehr ist bei diesen eine Erlaubnis für jeden geschäftsführungsbefugten Gesellschafter erforderlich. Dabei unterliegt jeder geschäftsführungsbefugte Gesellschafter, auch der Kommanditist, wenn er zur Geschäftsführung befugt ist, der Prüfungspflicht. In der Literatur wird allerdings vertreten, dass ein PrB der Personengesellschaft akzeptiert werden sollte, wenn 13

- alle geschäftsführenden Gesellschafter einzeln geprüft und namentlich aufgeführt werden,
- der Geschäftsgegenstand der Gesellschaft vollständig aufgeführt ist und
- bescheinigt wird, dass alle geschäftsführenden Gesellschafter geprüft wurden[7].

Der zuständigen Behörde ist der PrB über die durchgeführte Prüfung bis spätestens zum 31. Dezember des auf den Prüfungszeitraum folgenden Jahres zu übermitteln. 14

**Beispiel 1:**

Ein Bauträger hat Tätigkeiten i.S.d. § 34c Abs. 1 Nr. 3 Buchst. a GewO im Kalenderjahr 01 durchgeführt. Der Bauträger hat (zumindest) für diesen Zeitraum die Vorschriften der MaBV einzuhalten und sich diesbezüglich gem. § 16 Abs. 1 S. 1 prüfen zu lassen. Der PrB ist der zuständigen Behörde bis spätestens 31.12.02 zu übermitteln.

Neben der Pflichtprüfung nach § 16 Abs. 1 MaBV sieht § 16 Abs. 2 MaBV eine **außerordentliche Prüfung** vor. Danach ist die zuständige Behörde befugt, aus besonderem Anlass, Gewerbetreibende i.S.d. § 34c Abs. 1 GewO auf deren Kosten durch einen geeigneten Prüfer überprüfen zu lassen. Der Prüfer wird von der zuständigen Behörde bestimmt. Auch bei der außerordentlichen Prüfung handelt es sich um eine Pflichtprüfung[8]. 15

Für die außerordentliche Prüfung ist es aufgrund der zusätzlichen Belastung des Gewerbetreibenden zwingend erforderlich, dass ein besonderer Grund vorliegt, der zu Zweifeln an der Zuverlässigkeit des Gewerbetreibenden Anlass gibt. Dies ist der Fall, wenn 16

- der PrB über die Pflichtprüfung nach § 16 Abs. 1 MaBV den Anforderungen der Verordnung nicht genügt,
- sich seit dem Zeitpunkt seiner Übermittlung Anlässe zu der Annahme ergeben haben, dass der Gewerbetreibende nicht mehr zuverlässig war oder
- der Prüfer nicht die nach § 16 Abs. 3 MaBV erforderliche Eignung besaß[9].

Für Gewerbetreibende nach § 34c Abs. 1 S. 1 Nr. 1 und 2 GewO, die nicht der Pflichtprüfung nach § 16 Abs. 1 MaBV unterliegen, müssen andere Erkenntnisquellen als der 17

6 Vgl. MaBVwV, Abschn. 2.1.1.
7 Vgl. *Grziwotz*[2], § 16 MaBV, Rz. 3; *Marcks*[9], § 16 MaBV, Rz. 5.
8 Vgl. *Marcks*[9], § 16 MaBV, Rz. 21.
9 Vgl. *Marcks*[9], § 16 MaBV, Rz. 22; MaBVwV, Abschn. 3.16.2.

PrB herangezogen werden. Hier ist an die Auskunft und Nachschau des § 29GewO zu denken[10].

## 2.2 Zur Prüfung nach § 16 MaBV berechtigte Personen

18 § 16 Abs. 3 MaBV regelt, wer als Prüfer für die Vornahme der Prüfung nach § 16 MaBV geeignet ist. Demnach gelten als uneingeschränkt **geeignete Prüfer** für die Pflichtprüfung nach § 16 Abs. 1 MaBV und für die außerordentliche Prüfung nach § 16 Abs. 2 MaBV

- Wirtschaftsprüfer, vereidigte Buchprüfer, Wirtschaftsprüfungs- und Buchprüfungsgesellschaften und
- Prüfungsverbände, zu deren gesetzlichem oder satzungsmäßigem Zweck die regelmäßige und außerordentliche Prüfung ihrer Mitglieder gehört, sofern sie die weiteren in § 16 Abs. 3 S. 1 Nr. 2 Buchst. a bis c MaBV genannten Voraussetzungen erfüllen.

19 Die unter diesen Voraussetzungen als geeignete Prüfer angesehenen Prüfungsverbände sind auf die Prüfung ihrer eigenen Mitglieder beschränkt[11]. Den Gewerbetreibenden, die auf gesetzlicher Grundlage oder auf freiwilliger Basis Prüfungsverbänden angehören, soll eine zweite Prüfung ausschließlich für Zwecke der MaBV erspart werden[12].

20 **Nicht geeignet als Prüfer** für Bauträger und Baubetreuer sind demnach Angehörige der steuerberatenden Berufe, Rechtsanwälte und öffentlich bestellte Sachverständige. Diese können aber als eingeschränkt geeignete Prüfer für die Durchführung einer außerordentlichen Prüfung nach § 16 Abs. 2 MaBV beauftragt werden.

21 Ebenfalls **ungeeignet** sind nach § 16 Abs. 3 S. 4 MaBV Personen, bei denen die Besorgnis der **Befangenheit** besteht. Diese Vorschrift gilt gleichermaßen für uneingeschränkt geeignete Prüfer nach § 16 Abs. 3 S. 1 MaBV wie auch für eingeschränkt geeignete Prüfer nach § 16 Abs. 3 S. 2 MaBV. Für uneingeschränkt geeignete Prüfer sieht § 49 WPO bereits eine solche Regelung vor. Allerdings kennt u.a. das Steuerberatungsgesetz für eingeschränkt geeignete Prüfer keine entsprechende Vorschrift. Die Unabhängigkeit und Unparteilichkeit sowie mögliche Interessenskonflikte aufgrund geschäftlicher, persönlicher oder finanzieller Gründe des Prüfers sollen dadurch vermieden werden. Die Prüfung bei Mitgliedern durch einen nach § 16 Abs. 3 S. 1 Nr. 2 MaBV genannten Prüfungsverband gilt nicht als Befangenheitsgrund nach § 16 Abs. 3 S. 4 MaBV[13].

22 Hat der Gewerbetreibende im Berichtszeitraum keine erlaubnispflichtige Tätigkeiten nach § 34 Abs. 1 S. 1 GewO ausgeübt, so hat er nach § 16 Abs. 1 S. 2 MaBV spätestens bis zum 31. Dezember des darauffolgenden Jahres anstelle des PrB eine entsprechende Erklärung (sog. **Negativerklärung**) im eigenen Namen bei der zuständigen Behörde abzugeben. Die Beauftragung eines uneingeschränkt geeigneten Prüfers durch den Gewerbetreibenden ist dann nicht erforderlich.

## 2.3 Gegenstand, Ziel und Umfang der Prüfung

23 Gegenstand der Prüfung nach § 16 Abs. 1 MaBV ist die Einhaltung der sich aus §§ 2 bis 14 MaBV ergebenden Pflichten des Gewerbetreibenden bei der Vornahme erlaubnis-

10 Vgl. MaBVwV, Abschn. 3.16.2 sowie Abschn. 5.
11 Vgl. *Grziwotz*[2], § 16 MaBV, Rz. 27; *Marcks*[9], § 16 MaBV, Rz. 25.
12 Vgl. *Marcks*[9], § 16 MaBV, Rz. 25.
13 Vgl. *Marcks*[9], § 16 MaBV, Rz. 25.

pflichtiger Tätigkeiten nach § 34c Abs. 1 S. 1 Nr. 3 GewO. Damit ist die Prüfung nach § 16 MaBV eine sog. Gesetzmäßigkeitsprüfung[14]. Die Verantwortung für die Einhaltung dieser Verpflichtungen liegt beim Gewerbetreibenden. Wurden keine Tätigkeiten i.S.v. § 34c Abs. 1 S. 1 Nr. 3 GewO ausgeübt, besteht keine Prüfungspflicht (vgl. Tz. 17 ff.). Anders als bei der Jahresabschlussprüfung ist das Ergebnis der Prüfung nicht in einem wertenden Gesamturteil zusammenzufassen. Vielmehr ist über jeden einzelnen festgestellten Verstoß[15], unabhängig von Wesentlichkeitsüberlegungen zu berichten bzw. zu erklären, dass Verstöße nicht festgestellt worden sind. Allerdings kann der Prüfer eine Einschätzung der Wesentlichkeit eines Verstoßes in die Berichterstattung aufnehmen, um so die Behörde bei ihrer Einschätzung des Gewerbetreibenden zu unterstützen. Hierbei kann die Unterscheidung zwischen systematischen und nicht systematischen Fehlern von Bedeutung sein[16]. Die Erteilung eines Prüfungsurteils mit hinreichender Sicherheit oder einer Schlussfolgerung mit begrenzter Sicherheit über die Einhaltung der sich aus den §§ 2 bis 14 MaBV ergebenden Verpflichtungen ist nicht abzugeben. Vielmehr obliegt es der Behörde, die Zuverlässigkeit des Gewerbetreibenden anhand des PrB zu beurteilen. Der Prüfer vermittelt insoweit nur die zur eigenen Beurteilung erforderlichen Informationen an die zuständige Behörde. Daher sollte die Behörde mittels des PrB ein ausreichendes und zutreffendes Bild über Art und Umfang der durchgeführten Prüfungshandlungen erhalten.

Die Prüfung nach § 16 MaBV würde an sich eine **lückenlose** Prüfung aller unter die Verordnung fallenden Vorgänge erfordern. Allerdings ist dies aus Zeit- und Kostengründen nicht durchführbar, sodass im Verhältnis zu den getätigten Geschäften der Prüfer i.R. seiner Eigenverantwortlichkeit nach pflichtgemäßem Ermessen unter Berücksichtigung des Fehlerrisikos die Prüfung auch in Form einer Auswahl von einzelnen Elementen (bewusste Auswahl bzw. Stichproben) durchführen kann[17]. **24**

## 3. Auftragsannahme

Für die Prüfung nach § 16 Abs. 1 MaBV sind nur die in § 16 Abs. 3 S. 1 MaBV genannten Prüfer **geeignet**. Besteht allerdings bei diesen Personen die Besorgnis der **Befangenheit**, so gelten diese Personen als **ungeeignet** (§ 16 Abs. 3 S. 4 MaBV)[18]. **25**

Ein Auftrag zur Prüfung nach § 16 MaBV darf von einem WP nur unter Beachtung seiner **Berufspflichten**[19] angenommen werden. Hierzu zählt die Beachtung der §§ 2 und 4 BS WP/vBP, also insbesondere, ob die Unabhängigkeit gegeben, die erforderliche Sachkunde vorhanden und die zur Bearbeitung des Auftrages nötige Zeit verfügbar ist. **26**

Die Beauftragung zur Prüfung nach § 16 MaBV hat schriftlich zu erfolgen. Dieser Auftrag ist durch ein **Auftragsbestätigung**sschreiben, in dem der Auftragsgegenstand sowie die erteilte Erlaubnis nach § 34c Abs. 1 S. 1 GewO genau umschrieben ist, zu bestätigen. Des Weiteren sollten in der Auftragsbestätigung das Honorar, die Haftungsbeschrän- **27**

14 Vgl. *IDW PS 830*, Tz. 6.

15 Unter Verstoß sind hier – der Regelung der MaBV folgend – sowohl beabsichtigte als auch unbeabsichtigte Zuwiderhandlungen gegen die Vorschriften der §§ 2 bis 14 MaBV zu verstehen. Insofern weicht die Terminologie von der des *IDW PS 210*, Tz. 7 ab.

16 Vgl. *IDW PS 830*, Tz. 7.

17 Vgl. *IDW PS 830*, Tz. 8.

18 Vgl. Tz. 17 ff.

19 Vgl. BS WP/vBP sowie *IDW EQS 1*, Tz. 70 ff.

kungen, die Verpflichtung des Gewerbetreibenden bzw. der gesetzlichen Vertreter zur Abgabe einer Vollständigkeitserklärung sowie die berufsüblichen AAB aufgenommen sein. Zu beachten ist hierbei auch, wer Auftraggeber einer Prüfung nach § 16 Abs. 1 MaBV ist. So kann eine Personengesellschaft nie Auftraggeber sein, sondern immer nur die Person, welche die Erlaubnis nach § 34c Abs. 1 S. 1 GewO zu beantragen hat (vgl. Tz. 6 ff.).

## 4. Planung und Durchführung der Prüfungshandlungen

28 Der Prüfer muss eine ordnungsgemäße Durchführung der Prüfung gewährleisten. Hierzu ist erforderlich, dass die Prüfung in sachlicher, personeller und zeitlicher Hinsicht zu planen ist. Ebenso hat sich der Prüfer einen Überblick über den Geschäftsbetrieb des Gewerbetreibenden und dessen Umfeld zu verschaffen. Hierzu zählt auch die Organisation des Gewerbetreibenden zur Einhaltung der sich aus den §§ 2 bis 14 MaBV ergebenden Verpflichtungen. Sollte der Prüfer im Vorfeld mit der **Jahresabschlussprüfung** des Gewerbetreibenden beauftragt worden sein, so kann er die Erkenntnisse aus der Abschlussprüfung zur Organisation des Gewerbetreibenden sowie zum Geschäftsbetrieb und dessen Umfeld verwerten.

### 4.1 Feststellung der Art der getätigten Geschäfte

29 Für Bauträger und Baubetreuer gelten zum Teil unterschiedliche Vorschriften in der MaBV[20]. Daher ist zunächst zu ermitteln, welche der in § 34c Abs. 1 S. 1 GewO aufgeführten Tätigkeiten der zu prüfende Gewerbetreibende ausgeübt hat und ob für die jeweils ausgeübte Tätigkeit eine Erlaubnis nach § 34c GewO vorliegt oder als erteilt gilt[21].

30 Auch kann die Anforderung einer Produkt- und Vertragspartnerübersicht sowie von Mustern aller von dem Gewerbetreibenden im Verkehr mit seinen Auftragsgebern verwendeten Verträge und Formulare zu Prüfungsbeginn Aufschluss über Art und Konditionen der getätigten Geschäfte geben[22]. So sieht der Vordruck der Vollständigkeitserklärung zur Prüfung Gewerbetreibender i.S.d. § 34c Abs. 1 GewO gem. § 16 MaBV die Beifügung von Verzeichnissen über sämtliche Tätigkeiten nach § 34c Abs. 1 GewO als Anlage – unterteilt nach Maßnahme, Objekt, Auftrag und Auftraggeber – vor[23].

### 4.2 Informationen über die geführten Aufzeichnungen und die Organisation des Gewerbetreibenden

31 Regelmäßig werden Sachverhalte, die der Prüfung nach § 16 MaBV unterliegen, in der Buchführung des Gewerbetreibenden festgehalten. Damit die Buchführung des Gewerbetreibenden dem Prüfer ein Urteil darüber ermöglicht, ob und inwieweit die zu treffenden Feststellungen aus dieser abgeleitet werden können, ist die Buchführung daraufhin zu beurteilen, ob sie die Voraussetzungen der vollständigen und zeitgerechten Erfassung und sachgemäßen Zuordnung der entsprechend **aufzeichnungspflichtigen Geschäftsvorfälle** bietet. Die Beurteilung der Buchführung kann eingeschränkt werden, unter Umständen sogar entfallen, wenn der Prüfung nach § 16 MaBV eine **Jahresab-**

20 Vgl. *IDW PS 830*, Tz. 13.
21 Vgl. *IDW PS 830*, Tz. 14.
22 Vgl. *IDW PS 830*, Tz. 15.
23 Vollständigkeitserklärung zur Prüfung Gewerbetreibender im Sinne des § 34c Abs. 1 der GewO gemäß § 16 MaBV, hrsg. vom IDW.

**schlussprüfung** für den Prüfungszeitraum nach berufsüblichen Grundsätzen vorausgegangen ist und der BestV hinsichtlich der Ordnungsmäßigkeit der Buchführung keine Einschränkungen enthält[24].

Die **Aufzeichnungs- und Informationspflichten** nach der MaBV ergeben sich für jede Tätigkeit, die auf den Abschluss eines Vertrages i.S.d. § 34c Abs. 1 GewO abzielt. Sie gehen regelmäßig über die nach Handels- und Steuerrecht geforderten Aufzeichnungs- und Dokumentationspflichten hinaus. Die nicht zustande gekommenen Geschäfte stellen damit ebenfalls Anforderungen an die Prüfung der vollständigen, zeitgerechten und zutreffenden Erfassung aufzeichnungspflichtiger Vorgänge[25]. 32

Da im PrB Feststellungen über die entsprechenden organisatorischen Vorkehrungen des Gewerbetreibenden zur Einhaltung der Vorschriften der §§ 2 bis 7, 10 und 11 MaBV zu treffen sind, erfordert dies die Einsichtnahme in weitere Unterlagen und Aufzeichnungen des Gewerbetreibenden, wie Organisationspläne, Arbeitsanweisungen, verwendete Formulare und Vertragsmuster, Korrespondenz mit den Auftraggebern, Bankvollmachtserteilungen und Vereinbarungen mit Kreditinstituten über Sonderkonten[26]. 33

## 4.3 Prüfung der einzelnen Vorschriften der MaBV

In Abhängigkeit von Größe und Komplexität des Gewerbetreibenden hat der Prüfer die konkrete Ausgestaltung und den Umfang der einzelnen Prüfungshandlungen nach pflichtgemäßem Ermessen festzulegen. 34

### 4.3.1 Bauträger

#### 4.3.1.1 Sicherheitsleistung, Versicherung (§ 2 MaBV)

Die **Sicherungspflichten** des § 2 MaBV (Bürgschaft und Versicherung) gelten für **Bauträger,** die ein von ihnen errichtetes Objekt nicht veräußern, sondern zur Vermietung oder Verpachtung nutzen wollen, aber zur Errichtung des Objektes von Mietern bzw. Pächtern Finanzierungsbeiträge hereinnehmen wollen. Ein weiterer Anwendungsfall ist die wirtschaftliche Baubetreuung, wenn der wirtschaftliche Baubetreuer Finanzierungsmittel des Betreuten hereinnimmt. 35

§ 2 MaBV gilt nicht für Bauträger, die ihren Auftraggebern Eigentum an einem Grundstück übertragen oder ein Erbbaurecht bestellen oder übertragen sollen. In diesen Fällen gelten die „Besonderen Sicherungspflichten für Bauträger" des § 3 MaBV[27]. 36

#### 4.3.1.2 Besondere Sicherungspflichten für Bauträger (§ 3 MaBV)

In § 3 MaBV wird der Zeitpunkt geregelt, ab wann ein Bauträger Vermögenswerte des Auftraggebers zur Ausführung des Auftrages entgegennehmen oder sich zu deren Verwendung ermächtigen lassen darf, wenn er dem Auftraggeber Eigentum an einem Grundstück übertragen oder ein Erbbaurecht bestellen oder übertragen soll. Hierzu schreibt § 3 Abs. 1 MaBV vier Voraussetzungen vor: 37

- Es muss ein rechtswirksamer Vertrag zwischen dem Gewerbetreibenden und dem Auftraggeber vorliegen, einschl. der für den Vollzug des Vertrages erforderlichen

24 Vgl. *IDW PS 830,* Tz. 17.
25 Vgl. *IDW PS 830,* Tz. 18.
26 Vgl. *IDW PS 830,* Tz. 19.
27 Vgl. *IDW PS 830,* Tz. 22, sowie *Marcks*[9], § 2 MaBV, Rz. 5.

Genehmigungen. Dies muss durch schriftliche Mitteilung eines Notars bestätigt sein und es dürfen dem Gewerbetreibenden keine vertraglichen Rücktrittsrechte eingeräumt sein.

- Zur Sicherung des Anspruchs des Auftraggebers auf Eigentumsübertragung oder Bestellung oder Übertragung eines Erbbaurechts an dem Vertragsobjekt muss eine Vormerkung an der vereinbarten Rangstelle im Grundbuch eingetragen worden sein.
- Es muss die Freistellung des Vertragsobjekts von allen Grundpfandrechten, die der Vormerkung im Rang vorgehen oder gleichstehen und nicht übernommen werden sollen, gesichert sein, auch für den Fall, dass das Bauvorhaben nicht vollendet wird.
- Es muss eine Baugenehmigung erteilt oder, – wenn eine Baugenehmigung nicht oder nicht zwingend vorgesehen ist – von der zuständigen Behörde bestätigt worden sein, dass diese als erteilt gilt oder nach den baurechtlichen Vorschriften mit dem Vorhaben begonnen werden darf. Ist eine Bestätigung der zuständigen Behörde nicht vorgesehen, hat der Gewerbetreibende zu bestätigen, dass die Baugenehmigung als erteilt gilt oder nach baurechtlichen Vorschriften mit dem Bau begonnen werden darf.

**38** Erst bei Vorliegen dieser vier Voraussetzungen darf der Bauträger Vermögenswerte zur Ausführung des Auftrages entgegennehmen oder sich dazu ermächtigen lassen. Der Gewerbetreibende darf die Vermögenswerte in bis zu **sieben Teilbeträgen** von der Vertragssumme entsprechend des Bauablaufs entgegennehmen oder sich zu deren Verwendung ermächtigen lassen. Hierzu gibt § 3 Abs. 2 MaBV insgesamt 13 Teilbeträge vor, aus denen bis zu sieben Teilbeträge zusammengestellt werden dürfen. Die Besonderheit hierbei ist, dass alle Teilbeträge, bis auf den Teilbetrag nach § 3 Abs. 2 Nr. 1 MaBV erst mit Fertigstellung der entsprechenden Arbeiten vom Gewerbetreibenden abgerufen werden dürfen. Nur bei dem Teilbetrag nach § 3 Abs. 2 Nr. 1 MaBV ist der Teilbetragsabruf zu Beginn der Arbeiten zulässig.

**Praxistipp 1:**

Beispiel für Ratenzusammenstellung, wenn ein Grundstück mit übertragen werden soll:

30,0% bei Baubeginn

dann von der restlichen Vertragssumme:

28,0% nach Fertigstellung der Rohbauarbeiten einschl. Zimmererarbeiten (40,0%)

16,8% nach Herstellung der Dachflächen und Dachrinnen (5,6%)
nach Fenstereinbau, einschl. Verglasung (7,0%)
nach Fertigstellung Innenputz (4,2%)

8,4% nach Fertigstellung der Rohinstallation der Heizungsanlage (2,1%)
nach Fertigstellung der Rohinstallation der Elektroanlagen (2,1%)
nach Fertigstellung der Rohinstallation des Estrich (2,1%)
nach Fertigstellung der Fassadenarbeiten (2,1%)

| | | |
|---|---|---|
| | 4,9% | nach Fertigstellung der Rohinstallation der Sanitäranlagen (2,1%)<br>nach Fertigstellung der Fliesenarbeiten im Sanitärbereich (2,8%) |
| | 8,4% | nach Bezugsfertigkeit und Zug um Zug gegen Besitzübergabe (12%) |
| | 3,5% | nach vollständiger Fertigstellung (5,0%) |
| = | 100,0% | der Vertragssumme |

**Praxistipp 2:**

Beispiel für Ratenzusammenstellung, wenn ein Erbbaurecht bestellt werden soll:

| | |
|---|---|
| 20,0% | bei Baubeginn |

dann von der restlichen Vertragssumme:

| | | |
|---|---|---|
| | 32,0% | nach Fertigstellung der Rohbauarbeiten einschl. Zimmererarbeiten |
| | 19,2% | nach Herstellung der Dachflächen und Dachrinnen (6,4%)<br>nach Fenstereinbau, einschl. Verglasung (8,0%)<br>nach Fertigstellung Innenputz (4,8%) |
| | 9,6% | nach Fertigstellung der Rohinstallation der Heizungsanlage (2,4%)<br>nach Fertigstellung der Rohinstallation der Elektroanlagen (2,4%)<br>nach Fertigstellung der Rohinstallation des Estrich (2,4%)<br>nach Fertigstellung der Fassadenarbeiten (2,4%) |
| | 5,6% | nach Fertigstellung der Rohinstallation der Sanitäranlagen (2,4%)<br>nach Fertigstellung der Fliesenarbeiten im Sanitärbereich (3,2%) |
| | 9,6% | nach Bezugsfertigkeit und Zug um Zug gegen Besitzübergabe (12,0%) |
| | 4,0% | nach vollständiger Fertigstellung (5,0%) |
| = | 100,0% | der Vertragssumme |

Fallen einzelne der in § 3 Abs. 2 S. 2 Nr. 2 MaBV genannten Leistungen bei der Herstellung des Vertragsobjektes nicht an, z.B. weil der Erwerber diese durch Eigenleistung erbringt, ist der jeweilige Vomhundertsatz anteilig auf die übrigen Raten der Nr. 2 zu verteilen (§ 3 Abs.2 S. 3 MaBV).

39 Der anteilig erhöhte Bauabschnittswert kann mit folgender Formel ermittelt werden[28]:

$$\frac{\textit{gesuchter Bauabschnittswert in \% x 100}}{\textit{Summe der Bauabschnittswerte in \% nach Abzug der entfallenden Bauabschnitte}}$$

#### 4.3.1.3 Verwendung von Vermögenswerten des Auftraggebers (§ 4 MaBV)

40 § 4 MaBV soll den Auftraggeber über die §§ 2, 3 MaBV hinaus vor Vermögensschädigungen schützen, indem der Gewerbetreibende dessen Vermögenswerte nur zweckgebunden und objektbezogen verwenden darf[29]. Dies bedeutet, dass der Gewerbetreibende die Vermögenswerte des Auftraggebers, die er erhalten hat oder zu deren Verwendung er ermächtigt worden ist, nur zur Vorbereitung und Durchführung des Bauvorhabens, auf das sich der jeweilige Auftrag bezieht, verwenden darf. Als Bauvorhaben gilt jeweils das einzelne Gebäude; bei Einfamilienreihenhäusern die einzelne Reihe[30]. Hierzu bedarf es organisatorischer Vorkehrungen des Gewerbetreibenden, um eine verordnungsgerechte Mittelverwendung nachweisen zu können (vgl. § 10 Abs. 5 Nr. 5 MaBV).

#### 4.3.1.4 Hilfspersonal (§ 5 MaBV)

41 Die Pflichten der §§ 3 und 4 MaBV betreffen den Gewerbetreibenden unmittelbar, der die Erlaubnis nach § 34c GewO erteilt bekommen hat. Schaltet der Gewerbetreibende zur Durchführung des Auftrages **Hilfspersonal** ein und ermächtigt dieses, für ihn Vermögenswerte des Auftraggebers entgegenzunehmen, so hat der Gewerbetreibende sicherzustellen, dass dies nur nach Maßgabe der §§ 3 und 4 MaBV geschieht. Dabei ist durch den Gewerbetreibenden bei der Auswahl des Hilfspersonals nicht nur die erforderliche Sorgfalt hinsichtlich persönlicher und fachlicher Eignung walten zu lassen, vielmehr verlangt § 5 MaBV von dem Gewerbetreibenden eine fortlaufende Kontrolle seines Hilfspersonals[31].

#### 4.3.1.5 Getrennte Vermögensverwaltung (§ 6 MaBV)

42 Erhält der Gewerbetreibende Vermögenswerte des Auftraggebers außerhalb der vereinbarten, zulässigerweise gebildeten Ratenhöhe nach § 3 Abs. 2 MaBV oder sogar vor der Erfüllung der Voraussetzungen zur Hereinnahme der Vermögenswerte nach § 3 Abs. 1 MaBV, so hat der Gewerbetreibende nach § 6 MaBV diese **Vermögenswerte getrennt** von seinem Vermögen und dem seiner sonstigen Auftraggeber zu verwalten.

43 Zweck der Vorschrift ist es, neben der Beachtung der **Verwendungsbeschränkung** der Vermögenswerte nach § 4 MaBV und der Nachprüfbarkeit der ordnungsgemäßen Verwendung i.R.d. § 16 MaBV, die noch nicht verwendbaren Vermögenswerte des Auftraggebers aus dem Vermögen des Gewerbetreibenden auszusondern, so dass Gläubiger des Gewerbetreibenden i.R. einer Zwangsvollstreckung oder Insolvenz auf diese Vermögenswerte nicht zugreifen können[32].

28 Praxistipp aus *Bergmeister/Reiß*[4], Kap. B, § 3 MaBV, Rz. 74.
29 Vgl. *Grziwotz*[2], § 4 MaBV, Rz. 1.
30 Vgl. MaBVwV, Abschn. 3.4.1.
31 Vgl. *Bergmeister/Reiß*[4], Kap. B, § 5 MaBV, Rz. 133.
32 Vgl. *Grziwotz*[2], § 6 MaBV, Rz. 1; *Marcks*, § 6 MaBV, Rz. 1.

Dies geschieht durch die unverzügliche Einzahlung der Gelder für Rechnung des Auftraggebers auf ein Sonderkonto bei einem Kreditinstitut, wobei dem Kreditinstitut offenzulegen ist, dass die Gelder für fremde Rechnung eingelegt werden und hierbei Name, Vorname und Anschrift des Auftraggebers anzugeben sind. 44

### 4.3.1.6 Ausnahmevorschrift (§ 7 MaBV)

§ 7 MaBV eröffnet dem Gewerbetreibenden die Möglichkeit, von der Einhaltung der vermögensbezogenen Vorschriften der §§ 2 bis 6 MaBV abzuweichen. Dies geschieht durch die Absicherung des Auftraggebers durch eine Bürgschaft i.S.v. § 2 Abs. 1 S. 1 MaBV, sofern sie Sicherheit für alle etwaigen Ansprüche des Auftraggebers auf Rückgewähr oder Auszahlung seiner Vermögenswerte leistet[33]. Dies setzt voraus, dass die Stellung einer Bürgschaft ausdrücklich vertraglich zwischen dem Auftraggeber und dem Gewerbetreibenden vereinbart wurde[34]. Weiterhin ist die Bürgschaftsurkunde dem Auftraggeber vor Erhalt oder Ermächtigung über die ersten Vermögenswerte auszuhändigen[35]. Der Austausch der Sicherungen aus den §§ 2 bis 6 MaBV mit derjenigen des § 7 MaBV wird in § 7 Abs. 1 S. 4 GewO ausdrücklich als zulässig angesehen. 45

§ 7 Abs. 1 MaBV sieht nur die Stellung einer Bürgschaft als Sicherheit vor. Die Stellung einer Sicherheit in Form einer Versicherung i.S.d. § 2 Abs. 3 i.V.m. § 2 Abs. 1 MaBV ist i.R.d. § 7 MaBV nicht zulässig. 46

§ 7 Abs. 2 MaBV sieht eine weitere Ausnahme von den vermögensbezogenen Vorschriften der §§ 2 bis 6 MaBV vor, falls es sich bei dem Auftraggeber um eine juristische Personen des öffentlichen Rechts, ein öffentlich-rechtliches Sondervermögen oder um einen in das Handels- oder Genossenschaftsregister eingetragenen Kaufmann handelt. Weitere Voraussetzungen hierfür sind, dass der Auftraggeber in einer gesonderten Urkunde auf die Anwendung dieser Bestimmungen verzichtet hat und, sofern es sich bei dem Auftraggeber um einen Kaufmann handelt, sich der Gewerbetreibende dessen Kaufmannseigenschaft durch einen Auszug aus dem Handels- oder Genossenschaftsregister nachweisen lässt. 47

### 4.3.1.7 Rechnungslegung (§ 8 MaBV)

Erhält der Gewerbetreibende zur Ausführung des Auftrages Vermögenswerte des Auftraggebers oder wurde der Gewerbetreibende zur Ausführung des Auftrages ermächtigt, über Vermögenswerte des Auftraggebers zu verfügen, so hat er dem Auftraggeber nach Beendigung des Auftrages eine den Anforderungen des § 259 BGB entsprechende Rechnung über die Verwendung dieser Vermögenswerte vorzulegen. Aus dem Verweis auf § 259 BGB ergibt sich, dass der Gewerbetreibende eine Rechnung mitzuteilen hat, die eine geordnete Zusammenstellung der Einnahmen und der Ausgaben enthält und – soweit Belege erteilt zu werden pflegen – diese Belege vorzulegen hat[36]. Die erteilte Rechnung muss aus sich heraus übersichtlich, nachvollziehbar und somit verständlich sein[37]. 48

33 Vgl. *Marcks*[9], § 7 MaBV, Rz. 4.
34 Vgl. *Grziwotz*[2], § 7 MaBV, Rz. 15.
35 Vgl. *Marcks*[9], § 7 MaBV, Rz. 9.
36 Vgl. *Marcks*[9], § 8 MaBV, Rz. 1.
37 Vgl. *Bergmeister/Reiß*[4], Kap. B, § 8 MaBV, Rz. 201.

49 § 8 Abs. 2 MaBV sieht von dieser Verpflichtung zur **Rechnungslegung** zwei Ausnahmen vor:

Die Rechnungslegung kann unterbleiben,

- wenn der Auftraggeber nach Beendigung des Auftrages schriftlich auf eine solche verzichtet oder
- wenn der Gewerbetreibende mit den Vermögenswerten des Auftraggebers eine Leistung zu einem Festpreis zu erbringen hat.

### 4.3.1.8 Anzeigepflicht (§ 9 MaBV)

50 Der Gewerbetreibende hat der zuständigen Behörde die mit der Leitung des Betriebes oder einer Zweigniederlassung beauftragten Personen unverzüglich **anzuzeigen**. Zweck des § 9 MaBV ist es, der zuständigen Behörde Kenntnis von Personalveränderungen im Gewerbebetrieb nach Erteilung der Erlaubnis zu verschaffen, die sich möglicherweise auf den Bestand der Erlaubnis auswirken können[38].

### 4.3.1.9 Buchführungspflicht (§ 10 MaBV)

51 § 10 MaBV regelt die **Buchführungspflichten**. Danach hat der Gewerbetreibende von der Annahme des Auftrages an Aufzeichnungen zu machen sowie Belege und Unterlagen übersichtlich zu sammeln. Die Aufzeichnungen sind unverzüglich und in deutscher Sprache vorzunehmen. § 10 MaBV beschreibt demnach eine gewerberechtliche Buchführungspflicht.

52 Die handelsrechtliche Buchführungspflicht bleibt neben der Buchführungspflicht nach § 10 MaBV vollumfänglich bestehen[39].

### 4.3.1.10 Informationspflicht und Werbung (§ 11 MaBV)

53 § 11 MaBV trägt der Besonderheit des Geschäfts des Bauträgers Rechnung, dass eine Vielzahl von Personen vorspricht, die sich nur allgemein informieren möchte, ohne bereits schon Kauf- oder Bauabsichten zu hegen[40]. Dem Gewerbetreibenden wird mit § 11 MaBV eine abgestufte **Informationspflicht** auferlegt[41]. Die volle Informationspflicht gegenüber dem Auftraggeber nach § 10 Abs. 2 Nr. 2 und Abs. 4 MaBV hat der Gewerbetreibende bis zur Annahme der Auftrages, also spätestens bis kurz vor Abschluss des notariellen oder sonstigen Vertrages[42].

### 4.3.1.11 Unzulässigkeit abweichender Vereinbarungen (§ 12 MaBV)

54 Dem Gewerbetreibenden wird in § 12 MaBV untersagt, seine Verpflichtungen nach den §§ 2 bis 8 MaBV sowie die nach § 2 Abs. 1 MaBV zu sichernden Schadenersatzansprüche durch vertragliche Vereinbarungen auszuschließen oder zu beschränken. Sollte der Gewerbetreibende eine solche vertragliche Vereinbarung abgeschlossen haben, ist diese unzulässig.

---

38 Vgl. *Grziwotz*[2], § 9 MaBV, Rz. 1; *Marcks*, § 9 MaBV, Rz. 1.
39 Vgl. *Grziwotz*[2], § 10 MaBV, Rz. 5; *Marcks*, § 10 MaBV, Rz. 1.
40 Vgl. *Marcks*[9], § 11 MaBV, Rz. 6.
41 Vgl. *Marcks*[9], § 11 MaBV, Rz. 6.
42 Vgl. *Marcks*[9], § 11 MaBV, Rz. 6.

### 4.3.1.12 Aufbewahrung (§ 14 MaBV)

§ 14 MaBV regelt die **Aufbewahrung** der in § 10 MaBV genannten Aufzeichnungen, Unterlagen und Belege. Diese beträgt fünf Jahre, beginnend mit dem Schluss des Kalenderjahres, in dem der letzte aufzeichnungspflichtige Vorgang[43] für den jeweiligen Auftrag angefallen ist. Dabei bleiben Vorschriften, die eine längere Aufbewahrungsfrist bestimmen, unberührt[44]. Wenn sichergestellt ist, dass die Wiedergabe mit der Urschrift übereinstimmt, so lässt § 14 Abs. 2 MaBV eine Ausnahme von der Verpflichtung zu, die Originalbelege (Urschrift) aufzubewahren. Ort der Aufbewahrung sind die Geschäftsräume des Gewerbetreibenden. **55**

### 4.3.2 Baubetreuer

Erlaubnispflichtig nach § 34c Abs. 1 Nr. 3 Buchst. b GewO ist die wirtschaftliche Baubetreuung. Sie wird ausgeübt für den Bauherrn und umfasst die wirtschaftliche Vorbereitung oder Durchführung eines Bauvorhabens auf fremden Grund und Boden, in fremden Namen und auf fremde Rechnung. Die technische Baubetreuung ist nach § 34c Abs. 1 GewO[45] nicht erlaubnispflichtig und unterliegt somit nicht den Vorschriften der MaBV. Anders als bei den Bauträgern, die nur eine Erlaubnis nach § 34c Abs. 1 Nr. 3 Buchst. a GewO benötigen, wenn sie für die Vorbereitung oder Durchführung von Bauvorhaben Vermögenswerte von Auftraggebern verwenden wollen, stellt die wirtschaftliche Baubetreuung unabhängig davon, ob Vermögenswerte des Auftraggebers entgegen genommen werden oder der Baubetreuer zu deren Verwendung ermächtigt wird, immer eine erlaubnispflichtige Tätigkeit nach § 34c Abs. 1 Nr. 3 Buchst. b GewO dar. Die Tätigkeit als wirtschaftlicher Baubetreuer bedarf immer einer entsprechenden Erlaubnis der zuständigen Behörde[46]. **56**

### 4.3.2.1 Sicherheitsleistung, Versicherung (§ 2 MaBV)

Für Baubetreuer i.S.d. § 34c Abs. 1 Nr. 3 Buchst. b GewO gilt § 2 MaBV, wenn der Gewerbetreibende zur Ausführung des Auftrages Vermögenswerte des Auftraggebers erhält oder zu deren Verwendung ermächtigt wird. Zweck ist die Sicherung von Schadensersatzansprüchen des Auftraggebers wegen etwaiger von dem Gewerbetreibenden und den Personen, die er zur Verwendung der Vermögenswerte ermächtigt hat, vorsätzlich begangener unerlaubter Handlungen, die sich gegen diese erhaltenen Vermögenswerte oder gegen Vermögenswerte, zu deren Verwendung er ermächtigt war, richten. Hierzu sieht der Verordnungsgeber zwei Möglichkeiten vor, zum einen die Stellung einer Bürgschaft (§ 2 Abs. 2 MaBV), zum anderen die Absicherung durch eine Versicherung (§ 2 Abs. 3 MaBV). Andere Arten von Sicherheiten sind nicht zulässig.[47] Auch knüpft der Verordnungsgeber bestimmte in § 2 MaBV dargestellte Bedingungen an die Art der Bürgschaft und der Versicherung. **57**

43 Dies dürfte in aller Regel der Vermerk gem. § 10 Abs. 5 Nr. 6 MaBV „Tag und Grund der Auftragsbeendigung" sein, so *Grziwotz*[2], § 14 MaBV, Rz. 6 sowie *Marcks*[9], § 14 MaBV, Rz. 2.

44 Vgl. § 257 HGB und § 147 AO.

45 Vgl. *Bergmeister/Reiß*[4], Kap. A, Rz. 36.

46 Vgl. *Bergmeister/Reiß*[4], Kap. A, Rz. 36.

47 Vgl. *Grziwotz*[2], § 2 MaBV, Rz. 14.

#### 4.3.2.2 Verwendung von Vermögenswerten des Auftraggebers (§ 4 MaBV)

58 Eine Regelung wie bei Bauträgern, die sich an nach Bauabschnitten orientierten Höchstgrenzen (§ 3 Abs. 2 MaBV) richtet, sieht die MaBV für Baubetreuer nicht vor[48]. Führt der Gewerbetreibende ein Bauvorhaben für mehrere Auftraggeber durch oder bereitet er das Bauvorhaben vor, so hat er die Vermögenswerte der Auftraggeber nur im Verhältnis der Kosten der einzelnen Einheiten zu den Gesamtkosten des Bauvorhabens zu verwenden.

#### 4.3.2.3 Anforderungen der §§ 5 bis 14 MaBV

59 Die an Baubetreuer gestellten Anforderungen zur Einhaltung der §§ 5 bis 14 MaBV entsprechen denen der Bauträger. Daher wird auf die entsprechenden Ausführungen unter Tz. 41 ff. verwiesen.

## 5. Dokumentation

60 Die **Dokumentation** der Prüfung steht im pflichtgemäßen Ermessen des Prüfers. Dabei hat er in den Arbeitspapieren die durchgeführten Prüfungshandlungen und deren Ergebnisse nach Form und Inhalt so zu dokumentieren, dass sich ein in Prüfungen von Gewerbetreibenden nach § 16 MaBV erfahrener Prüfer, der nicht mit der Prüfung befasst war, in angemessener Zeit ein Bild über die Durchführung der Prüfungshandlungen und deren Ergebnis verschaffen kann[49].

## 6. Berichterstattung über die Prüfung

61 Der gemäß § 16 Abs. 1 S. 1 MaBV vom Prüfer zu erstellende **Prüfungsbericht** über die Einhaltung der sich aus den §§ 2 bis 14 MaBV ergebenden Verpflichtungen hat einen Vermerk zu enthalten, ob und ggf. welche Verstöße des Gewerbetreibenden festgestellt worden sind (§ 16 Abs. 1 S. 3 MaBV). Der Inhalt des PrB hat sich nach dem Zweck der Prüfung gemäß § 16 MaBV auszurichten. Durch den PrB soll die zuständige Behörde befähigt werden, sich ein eigenes Urteil über die Zuverlässigkeit des Gewerbetreibenden bei der Ausübung der erlaubnispflichtigen Tätigkeiten zu bilden und ggf. Konsequenzen hinsichtlich seiner Erlaubnis zur Berufsausübung zu ziehen[50].

62 Bei der Erstellung des PrB sind die allgemeinen Berichtsgrundsätze[51] der Unparteilichkeit, Vollständigkeit, Wahrheit und Klarheit entsprechend zu beachten. *IDW PS 830* enthält eine Anlage, in der das Muster eines PrB für eine Prüfung nach § 16 MaBV i.V.m. § 34c GewO wiedergegeben ist.

## 7. Prüfungsvermerk

63 § 16 Abs. 1 S. 3 MaBV schreibt vor, dass der PrB einen **Vermerk** darüber zu enthalten hat, ob und ggf. welche Verstöße des Gewerbetreibenden bei der Prüfung festgestellt worden sind. Diese Verstöße sind in dem Vermerk aufzuzeigen (§ 16 Abs. 1 S. 4 MaBV).

48 Vgl. *Marcks*[9], § 4 MaBV, Rz. 10.

49 Der *IDW PS 460 n.F.*, der für die Arbeitspapiere im Zusammenhang mit der Jahresabschlussprüfung gilt, kann analog auch für die Prüfung nach § 16 MaBV angewendet werden.

50 Vgl. *IDW PS 830*, Tz. 64 f.

51 Vgl. *IDW PS 450*, Tz. 8 ff. (s. auch *IDW EPS 450 n.F.*, Tz. 8 ff.).

Der Prüfungsvermerk enthält kein abschließendes Gesamturteil über die Einhaltung der Vorschriften der §§ 2 bis 14 MaBV[52]. Eine Musterformulierung ist in *IDW PS 830* enthalten[53]. 64

Sofern Verstöße festgestellt wurden, sind diese aufzuzählen. Dabei kann es sinnvoll sein, in einer abschließenden Bemerkung auf die Bedeutung der festgestellten Verstöße und auf die Erläuterungen im PrB hinzuweisen[54]. 65

Da es sich bei der Prüfung nach § 16 Abs. 1 und 2 i.V.m. § 16 Abs. 3 S. 1 MaBV um eine gesetzliche Vorbehaltsaufgabe handelt, ist der WP/vBP verpflichtet, im PrB – unter dem Prüfungsvermerk – das Berufssiegel anzubringen[55]. Den Vermerk hat der Prüfer mit Angabe von Ort und Datum zu unterzeichnen (§ 16 Abs. 1 S. 5 MaBV). 66

## 8. Ausblick (IDW EPS 830 n.F.)

Aufgrund der Herausnahme der Finanzanlagevermittler aus der Vorschrift des § 34c GewO und der Einführung einer eigenständigen Vorschrift für diese Tätigkeit in der Gewerbeordnung (§ 34f GewO), in Verbindung mit der Schaffung einer eigenen Durchführungsverordnung sowie einer eigenen Prüfungsvorschrift (§ 24 FinVermV), hat das IDW für die Prüfung der Finanzanlagenvermittler den *IDW Prüfungsstandard: Prüfung von Finanzanlagenvermittlern i.S.d. § 34f Abs. 1 S. 1 GewO nach § 24 Abs. 1 S. 1 Finanzanlagenvermittlungsverordnung (FinVermV) (IDW PS 840)* veröffentlicht. 67

Vor diesem Hintergrund wird der für die Prüfung nach § 16 MaBV i.V.m. § 34c GewO bestehende *IDW PS 830* überarbeitet und an *IDW PS 840* angepasst. Künftig sollen daher auch die bei der Prüfung nach § 16 Abs. 1 MaBV durchzuführenden Prüfungshandlungen, sofern im Einzelfall einschlägig, im Standard vorgegeben werden. Die konkrete Ausgestaltung sowie der Umfang der durchzuführenden Prüfungshandlungen stehen dabei auch künftig – in Abhängigkeit von Größe und Komplexität des Gewerbetreibenden – im pflichtgemäßen Ermessen des Prüfers. Auch künftig wird grundsätzlich eine Prüfung in Form einer Auswahl von einzelnen Elementen durchgeführt werden können. Ebenso wie nach *IDW PS 840* sollen die festgelegten Prüfungshandlungen weder der Erteilung eines Prüfungsurteils mit hinreichender Sicherheit noch einer Schlussfolgerung mit begrenzter Sicherheit über die Einhaltung der sich aus den §§ 2 bis 14 MaBV ergebenden Verpflichtungen dienen. Über die i.R.d. durchgeführten Prüfungshandlungen geprüften Geschäfte und die auf dieser Grundlage festgestellten Verstöße hinaus, werden daher keine Feststellungen zur Einhaltung der sich aus den §§ 2 bis 14 MaBV ergebenden Pflichten zu treffen sein. 68

52 Vgl. *IDW PS 830*, Tz. 68.
53 Vgl. *IDW PS 830*, Tz. 68.
54 Vgl. *IDW PS 830*, Tz. 69.
55 Vgl. *IDW PS 830*, Tz. 71.

# Kapitel R

# Systeme zur Sicherstellung der Einhaltung der Anforderungen i.S.v. § 20 Abs. 1 S. 1 WpHG bzw. EMIR durch nichtfinanzielle Gegenparteien

Verfasser:
WP StB Dipl.-Kfm. Folker Trepte, München

Mitarbeiter:
CCTS M.A. Christopher Voll, München

Inhalt Tz.

# 1. Einleitung

## 1.1 Hintergrund der EMIR-Regulierung

### 1.1.1 Reaktion auf die Finanzkrise

Bedingt durch die Krise der globalen Finanzmärkte, welche im Jahr 2008 durch das Platzen der Immobilienblase in den USA ausgelöst wurde, ist es zu erheblichen Ausfällen am nicht regulierten außerbörslichen Markt für OTC-Derivate gekommen. Die in der Folge in Frage gestellte Finanzmarktstabilität hat den Staatenverbund der G20 im Jahr 2009 dazu veranlasst, regulatorische Maßnahmen zu ergreifen, die derartigen systemischen Risiken durch eine Stärkung der Transparenz entgegenwirken sollen. Die Beschlussfassung der G20 beinhaltete hierbei im Wesentlichen die Einrichtung zentraler Gegenparteien zur Abwicklung standardisierter **OTC-Derivate**, wie auch die Meldepflicht von OTC-Derivaten an ein Transaktionsregister[1]. 1

### 1.1.2 EMIR-Verordnung

Innerhalb der EU wurde zur Erreichung der vorgenannten Ziele die sog. European Market Infrastructure Regulation in Form der VO (EU) Nr. 648/2012[2] erlassen. Die **EMIR** regelt hierbei für finanzielle Gegenparteien (im Folgenden: FC) wie auch für nichtfinanzielle Gegenparteien (im Folgenden: NFC) spezielle Clearing- und Meldepflichten, wie auch bilaterale Risikomanagementvorschriften. Die technischen Regulierungs- (im Folgenden: RTS) und Durchführungsstandards (im Folgenden: ITS), welche seitens der EU-Kommission basierend auf Entwürfen der European Securities and Markets Authority (im Folgenden: ESMA) erlassen wurden, konkretisieren hierbei die vorgenannten Pflichten. Die FAQ der EU-Kommission[3], die ESMA-Q&A[4] wie auch die FAQ der BaFin[5] unterstützen hierbei die Auslegung der sich aus der EMIR ergebenden Vorschriften. 2

1 Vgl. hierzu G20 Leaders' Statement the Pittsburgh Summit September 24-25 2009, S. 9.

2 Verordnung (EU) Nr. 648/2012 des Europäischen Parlaments und des Rates vom 04.07.2012 über OTC-Derivate, zentrale Gegenparteien und Transaktionsregister, im Folgenden: VO (EU) Nr. 648/2012 oder EMIR.

3 Frequently Asked Questions der EU-Kommission zu EMIR, im Folgenden: FAQ der EU-Kommission.

4 Questions and Answers der European Supervisory Authorities zu EMIR, im Folgenden: ESMA-QA.

5 Häufige Fragen und Antworten der BaFin zu EMIR, im Folgenden: FAQ der BaFin.

## 1.2 Hintergrund zur Prüfung

3 Gemäß § 20 Abs. 1 WpHG hat eine NFC, sofern sie gewisse in diesem Paragraphen genannte Voraussetzungen erfüllt, innerhalb von **neun Monaten** nach Abschluss eines jeden GJ prüfen und bescheinigen zu lassen, dass sie geeignete Systeme implementiert hat, die die Einhaltung der sich aus den nachfolgenden Vorschriften ergebenden Anforderungen gewährleisten:

- Art. 4 Abs. 1, 2 und 3 Unterabs. 2 EMIR
- Art. 9 Abs. 1-3 EMIR
- Art. 10 Abs. 1-3 EMIR
- Art. 11 Abs. 1, 2 und 3 S. 2 und Abs. 5-11 Unterabs. 1 EMIR
- § 19 Abs. 1 und 2 WpHG.

4 Das Prüfungsvorgehen nach § 20 Abs. 1 WpHG wurde durch die BaFin und das IDW konkretisiert. Die BaFin hat hierzu die sog. **Gegenpartei-Prüfbescheinigungsverordnung** (im Folgenden: GPrüfbV) erlassen. Das IDW hat am 24.11.2016 den *IDW Prüfungsstandard zur Prüfung von Systemen nach § 20 WpHG bei nichtfinanziellen Gegenparteien* (*IDW PS 920*) verabschiedet.

# 2. Einrichtung von EMIR-Systemen

## 2.1 Anwendungsbereich der EMIR-Verordnung

5 Der Anwendungsbereich der EMIR für NFCs lässt sich in eine persönliche, sachliche und zeitliche Dimension gliedern. Nachfolgend wird auf die einzelnen Aspekte genauer eingegangen.

### 2.1.1 Persönlicher Anwendungsbereich

#### 2.1.1.1 Unternehmen im Sinne der EMIR

6 **Grundsätzlich** fallen **alle Unternehmen** in den Anwendungsbereich der EMIR, die in der EU niedergelassen sind[6]. Die Begriffe „Unternehmen“ und „Niederlassung“ werden allerdings in der EMIR nicht genauer spezifiziert. Gemäß *IDW PS 920*, Anlage 1 qualifizieren sich als Unternehmen i.S.d. EMIR, Einzelkaufleute, PersGes., KapGes. sowie weitere juristische Personen des Privatrechts, etwa in Form von Genossenschaften und Vereinen. Zusätzlich können auch unselbstständige Sondervermögen des Privatrechts unter die EMIR fallen. Der Begriff „Niederlassung“ setzt nach Auffassung des EuGH die tatsächliche Ausübung einer Tätigkeit im wirtschaftlichen Sinne mittels einer festen Einrichtung in einem EU-Mitgliedsstaat voraus. Zusätzlich hat diese feste Einrichtung auf unbestimmte Zeit zu bestehen[7].

#### 2.1.1.2 Abgrenzung zwischen finanzieller und nichtfinanzieller Gegenpartei

7 Als NFC gelten gem. Art. 2 Abs. 9 EMIR alle in der EU niedergelassenen Unternehmen, die nicht unter den Art. 2 Abs. 1 und Abs. 8 EMIR fallen. Art. 2 Abs. 1 EMIR definiert

6 Vgl. hierzu und im Folgenden *IDW PS 920*, Anlage 1, 2.1.

7 Dieses Begriffsverständnis leitet sich auch aus Art. 49 Abs. 2 AEUV ab. Zusätzlich verweisen die FAQ der EU-Kommission (Question II.14.) auf die Auslegung des EuGH.

hierbei den Begriff der zentralen Gegenpartei[8] während Art. 2 Abs. 8 EMIR den Begriff der FC konkretisiert. Als FC gelten demnach:

- Wertpapierfirmen
- Kreditinstitute
- (Rück-)Versicherungsunternehmen
- Einrichtungen der betrieblichen Altersvorsorge
- OGAW (Wertpapier-Publikumsfonds) und alternative Investmentfonds (Spezialfonds, Immobilienfonds, Private Equity-Fonds, Hedge-Fonds).

Es existieren jedoch **Grenzfälle bei der Einordnung**[9]. Hierbei handelt es sich um Stiftungen, Leasinggesellschaften und Spezialsondervermögen. Diese können sich unter EMIR sowohl als FC wie auch NFC qualifizieren und sind vor diesem Hintergrund einer dezidierten Prüfung zu unterziehen. 8

## 2.1.2 Sachlicher Anwendungsbereich

### 2.1.2.1 Derivate im Anwendungsbereich der EMIR

Grundsätzlich handelt es sich bei einem **Derivat**[10] um einen Vertrag, der in der Zukunft zu erfüllen ist und sich auf einen Referenzwert, ein sog. **Underlying**, bezieht. 9

Das Merkmal des zeitlichen Versatzes grenzt hierbei ein Derivat von einem reinen **Kassageschäft** ab, welches nicht in den Anwendungsbereich der EMIR fällt[11]. Das Vorhandensein eines Underlying unterscheidet in einem weiteren Schritt ein Derivat von einem reinen Zeitgeschäft. Zeitgeschäfte werden im Gegensatz zu einem Derivat zu dem zum Erfüllungszeitpunkt geltenden Kurs erfüllt und sind ebenfalls nicht Gegenstand der EMIR. 10

Die in den Anwendungsbereich der EMIR fallenden Derivate ergeben sich aus Art. 2 Abs. 5 EMIR i.V.m. Anhang I Abschnitt C Nr. 4 bis 10 der RL 2004/39/EG[12] und werden in der MiFID Durchführungsverordnung[13] in den Art. 38 und 39 teilweise konkretisiert. Zusätzlich ist die Derivatedefinition gem. § 1 KWG zu berücksichtigen. Demnach handelt es sich um ein **Derivat nach EMIR**, wenn eine der nachfolgenden **Voraussetzungen** erfüllt ist: 11

- Dem Vertrag liegt ein Finanzwert als Underlying zugrunde.
- Der Vertrag ist bar abzurechen oder kann auf Wunsch bar abgerechnet werden.

---

8 Der Begriff der zentralen Gegenpartei ist in Art. 2 Nr. 1 EMIR definiert als „eine juristische Person, die zwischen die Gegenparteien der auf einem oder mehreren Märkten gehandelte Kontrakte tritt und somit als Käufer für jeden Verkäufer bzw. als Verkäufer für jeden Käufer fungiert."

9 Vgl. hierzu *IDW PS 920*, Anlage 1, 2.1.

10 Die genaue Definition eines Derivates findet sich im „Merkblatt – Hinweise zu Finanzinstrumenten nach § 1 Abs. 11 Satz 4 KWG (Derivate)" der BaFin.

11 Vgl. hierzu *IDW PS 920*, Anlage 1, 2.2.2.

12 Richtlinie 2004/39/EG des Europäischen Parlaments und des Rates vom 21.04.2004 über Märkte für Finanzinstrumente, zur Änderung der Richtlinie 85/611EWG und 93/6/EWG des Rates und der Richtlinie 2000/12/EG des Europäischen Parlaments und des Rates und zur Aufhebung der Richtlinie 93/22/EWG des Rates, im Folgenden: RL 2004/39/EG oder MiFiD.

13 Verordnung (EG) Nr. 1287/2006 der Kommission vom 10.08.2006 zur Durchführung der Richtlinie 2004/39/EG des Europäischen Parlaments und des Rates betreffend die Aufzeichnungspflichten für Wertpapiere, die Meldung von Geschäften, die Markttransparenz, die Zulassung von Finanzinstrumenten zum Handel und bestimmte Begriffe i.S. dieser Richtlinie im Folgenden: VO (EG) Nr. 1287/2006 oder MiFID Durchführungsverordnung.

- Der Vertrag wurde über einen geregelten Markt oder ein multilaterales Handelssystem geschlossen.
- Der Vertrag dient keinen kommerziellen Zwecken und weist die Merkmale anderer derivativer Finanzinstrumente auf.

12 Es bleibt festzuhalten, dass es für ein Derivat, welches in den Anwendungsbereich der EMIR fällt, unerheblich ist, ob dieses **an einer Börse oder außerbörslich** im Sinne eines OTC-Derivates gehandelt wurde.

13 Die im Anhang I Abschnitt C Nr. 4-10 der MiFID genannten Derivate lassen sich in Bezug auf ihr Underlying unterscheiden. So kann einem Vertrag eine Nicht-Handelsware wie auch eine Handelsware zugrunde liegen. Im Falle des Bezuges auf eine Nicht-Handelsware wird von einem **Finanzderivat** gesprochen. Wenn sich der Vertrag hingegen auf eine Handelsware bezieht, spricht man von einem **Warentermingeschäft**. Im Gegensatz zu Finanzderivaten, welche stets finanziell erfüllt werden und in der Folge automatisch in den Anwendungsbereich der EMIR fallen, sind Warentermingeschäfte wie etwa Commodity Swaps differenzierter zu betrachten. Grundsätzlich besteht im Falle von Warentermingeschäften die Möglichkeit, dass diese finanziell wie auch physisch erfüllt werden. Sofern das Warentermingeschäft finanziell erfüllt wird bzw. optional finanziell erfüllt werden kann, fällt auch dieser Vertrag automatisch in den Regelungsbereich der EMIR. Wird das Warentermingeschäft jedoch physisch erfüllt, ist zu unterscheiden, über welchen Handelsplatz der Abschluss vorgenommen wurde. Erfolgte der Abschluss über einen geregelten Markt[14] oder ein multilaterales Handelssystem[15], so fällt auch dieser Vertrag unter die EMIR. Sollte das Warentermingeschäft jedoch im bilateralen Handel abgeschlossen worden sein, handelt es sich nicht um ein Derivat i.S.d. EMIR. Nachfolgende Abbildung fasst die vorgenannten Ausführungen in einem Entscheidungsbaum zusammen.

14 Die genaue Definition eines geregelten Marktes findet sich in Art. 4 Abs. 1 Nr. 14 MiFID.

15 Die genaue Definition eines multilateralen Handelssystems findet sich in Art. 4. Abs. 1 Nr. 15 MiFID.

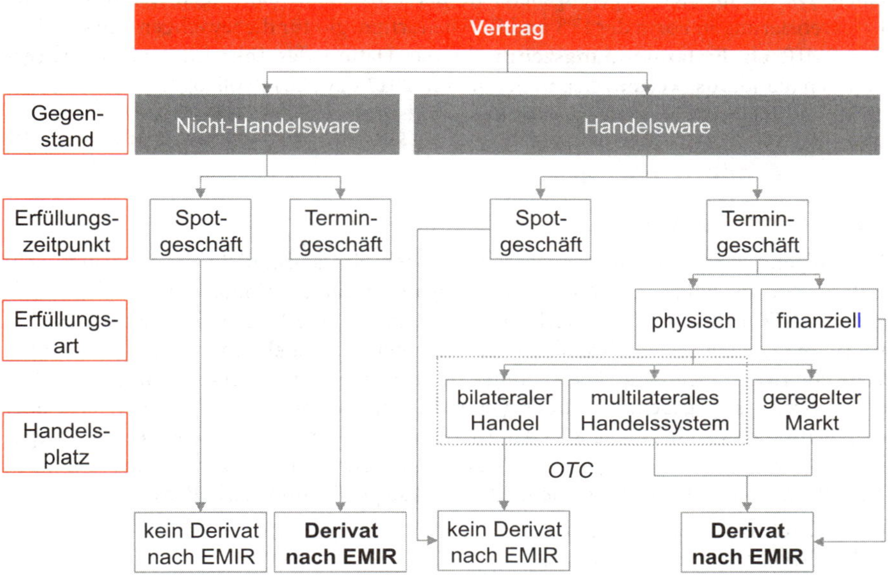


Abb. 1: Entscheidungsbaum

### 2.1.2.2 OTC-Derivatekontrakte

14 Art. 2 Nr. 7 EMIR verweist bezüglich der Definition des Begriffes „OTC-Derivat" bzw. des synonym verwendeten Begriffes „OTC-Derivatekontrakt" auf die MiFID. Folglich handelt es sich bei OTC-Derivaten um **Derivatekontrakte**, die nicht über einen geregelten Markt i.S.d. Art. 4 Abs. 1 Nr. 14 MiFID oder gem. Art. 19 Abs. 6 MiFID in einem Drittstaat der EU ansässigen Markt ausgeführt werden, der einem geregelten Markt gleichzustellen ist.

### 2.1.2.3 Gruppeninterne Derivate

15 Art. 3 Abs. 1 EMIR besagt, dass **gruppeninterne Geschäfte** OTC-Derivaten gleichzustellen sind, sofern beide Gegenparteien derselben Unternehmensgruppe angehören und vollkonsolidiert werden. Zusätzlich müssen beide Gegenparteien geeigneten zentral gesteuerten Risikobewertungs-, -mess-, und -kontrollverfahren unterliegen und die betroffene Gegenpartei in der EU oder einem Drittstaat ansässig sein. Als weitere Voraussetzung muss die EU-Kommission, sofern die andere Gegenpartei in einem Drittstaat ansässig ist, für den betreffenden Drittstaat einen Durchführungsakt gem. Art. 13 Abs. 2 EMIR erlassen haben. Sollten diese Voraussetzungen nicht erfüllt sein, gilt das Derivat als mit einem externen Dritten abgeschlossen.

### 2.1.3 Zeitlicher Anwendungsbereich

16 Die EMIR, welche am 27.07.2012 im Amtsblatt der EU veröffentlicht wurde, ist gem. Art. 91 EMIR am 16.08.2012 in Kraft getreten. Seit diesem Zeitpunkt hat die EMIR für in der EU niedergelassene Unternehmen, welche Handel mit Derivaten betreiben, Gültigkeit, sofern das Unternehmen und das Derivat in den Anwendungsbereich der EMIR

fallen. Da die meisten Regelungsbereiche der EMIR zum damaligen Zeitpunkt einer Konkretisierung in Form der ITS und RTS bedurften, gilt für die jeweiligen Vorschriften der EMIR als **Erstanwendungszeitpunkt** das Datum des Inkrafttretens der vorgenannten Standards, welches sich in den Jahren 2013 bzw. 2014 vollzog.

## 2.2 Anforderungen zu den Regelungsbereichen bei nichtfinanziellen Gegenparteien

### 2.2.1 Clearingpflicht

17 Nachfolgend wird differenziert zwischen solchen NFCs, die nicht der Clearingpflicht unterliegen (im Folgenden: **NFC-**) und denjenigen, die clearingpflichtig sind (im Folgenden: **NFC+**). Gemäß Art. 10 Abs. 1 b EMIR ändert eine NFC- ihren Status zu NFC+, wenn die gleitende Durchschnittsposition einer Derivatekategorie den definierten **Schwellenwert** nachhaltig überschreitet. Eine nachhaltige Überschreitung der Clearingschwelle ist gegeben, wenn der gleitende Durchschnitt für 30 Geschäftstage über dem Schwellenwert liegt. Die RTS der EMIR konkretisieren hierbei die Derivatekategorien wie auch die jeweils gültigen Clearingschwellenwerte. In Art. 11 der VO (EU) Nr. 149/2013 sind die nachfolgenden Derivatekategorien und Schwellenwerte definiert:

- OTC-Kreditderivate = 1 Mrd. €
- OTC-Aktienderivate = 1 Mrd. €
- OTC-Zinsderivate = 3 Mrd. €
- OTC-Devisenderivatekontrakte = 3 Mrd. €
- OTC-Warenderivate = 3 Mrd. €.

18 Bei der Ermittlung der Derivateposition je Derivatekategorie sind laut Art. 10 Abs. 3 EMIR von einer NFC alle OTC-Derivate zu berücksichtigen, die von ihr oder einer anderen NFC derselben Gruppe abgeschlossen wurden, die nicht objektiv messbar zur **Risikoreduzierung** beitragen. Als objektiv messbar zur Risikoreduzierung beitragend sind gem. Art. 10 der VO (EU) 149/2013 Derivate zu verstehen, die in wirksame Bewertungseinheiten nach HGB bzw. wirksame Hedge Accounting-Beziehungen nach IFRS eingebracht wurden. Abgesehen von bilanziellen Sicherungsbeziehungen können sich auch rein wirtschaftliche Sicherungsbeziehungen als risikomindernd qualifizieren. Voraussetzung hierfür ist, dass der Nachweis eines passenden Grundgeschäftes erbracht werden kann.

19 Dies eröffnet grundsätzlich drei Möglichkeiten zur Ermittlung der **Derivateposition** je Derivatekategorie. Sofern innerhalb der Gruppe nur in geringem Umfang OTC-Derivate abgeschlossen werden, ist es möglich, lediglich das Bruttonominal vor Abzug risikomindernder Derivate zu ermitteln und gegen die jeweilige Clearingschwelle zu halten. Sollte das Bruttonominal der Gruppe nahe an den definierten Schwellenwert heranreichen, so sind vom Bruttonominal die risikomindernden Derivate abzuziehen und die so ermittelte Derivateposition mit dem Schwellenwert zu vergleichen. Alternativ besteht auch die Möglichkeit, lediglich die Position der nicht risikomindernden Derivate zu ermitteln und als Vergleichswert heranzuziehen.

## 2.2.2 Pflicht zur Meldung an ein Transaktionsregister

### 2.2.2.1 Meldepflichtige Transaktionen und Gesellschaften

Art. 9 Abs. 1 EMIR besagt, dass alle abgeschlossenen Derivatekontrakte an ein **Transaktionsregister** zu melden sind. Die Meldepflicht erstreckt sich hierbei nicht nur auf den Abschluss von Derivatekontrakten, sondern auch auf Modifikationen der Kontrakte, wie auch auf deren vorzeitige Beendigung. Die ESMA Q&A, TR Answer 13 stellen in diesem Zusammenhang ausdrücklich klar, dass nicht nur gruppenextern abgeschlossene Derivatekontrakte, sondern auch gruppeninterne Geschäfte an das gewählte Transaktionsregister zu melden sind. Ferner ergibt sich aus der ESMA Q&A, TR Answer 5 a, dass die Meldepflicht nicht nur für außerbörslich gehandelte OTC-Derivate, sondern auch für auf einem geregelten Markt gehandelte, sog. Exchange Traded Derivatives, besteht. Eine Delegation der Meldung i.Z.m. Exchange Traded Derivatives ist nicht automatisch gegeben und folglich stets individuell mit der Gegenpartei, einem Dritten oder der zentralen Gegenpartei zu vereinbaren (vgl. Tz. 31 f.). 20

Art. 9 Abs. 1 EMIR i.V.m. Art. 2 Nr. 9 EMIR besagt, dass **alle Gegenparteien**, die in der EU niedergelassen sind, der **Meldepflicht** unterliegen. Da die Meldepflicht für beide an einem Derivatekontrakt beteiligten Gegenparteien besteht, ist der Kontrakt auch von beiden Seiten an ein Transaktionsregister zu melden. Hieraus ergibt sich, dass gruppeninterne Gegenparteien mit Sitz außerhalb der EU nicht der Meldepflicht unterliegen. Nachfolgende Abbildung verdeutlicht dies anhand eines konkreten Beispiels. 21

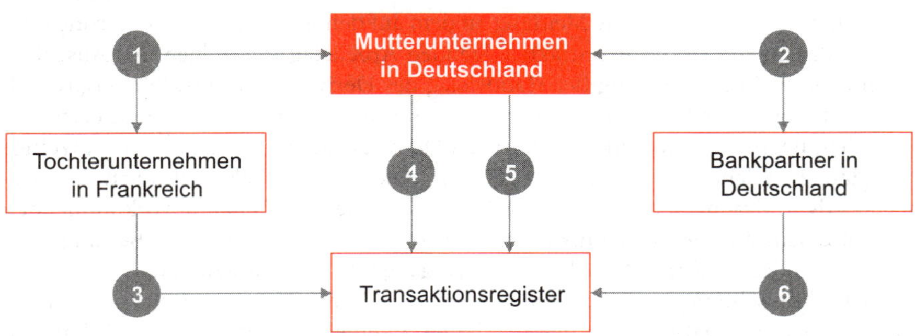


**Legende:**

1. Abschluss eines internen Derivates zwischen Mutter und Tochter
2. Abschluss eines externen Derivates zwischen Mutter und Bank
3. Meldung des internen Derivates durch die Tochter
4. Meldung des internen Derivates durch die Mutter
5. Meldung des externen Derivates durch die Mutter
6. Meldung des externen Derivates durch die Bank

→ Sollte es sich in diesem Beispiel jedoch um ein japanisches Tochterunternehmen handeln, so würde Punkt 3 entfallen, da das Tochterunternehmen kein in der EU niedergelassenes Unternehmen ist.

Abb. 2: Meldepflicht

22 In dem in der Abbildung dargestellten Beispiel schließt ein in Deutschland ansässiges MU mit seiner Tochtergesellschaft in Frankreich ein gruppeninternes Derivat ab. Anschließend wird durch die Muttergesellschaft ein entsprechendes externes Derivat mit einer ebenfalls in Deutschland ansässigen Bank geschlossen. Die französische Tochtergesellschaft hat in diesem Beispiel eine Meldung über das intern zwischen ihr und dem MU abgeschlossene Derivat abzugeben. Seitens der Muttergesellschaft sind in diesem Fall zwei Meldungen an das Transaktionsregister vorzunehmen. Zum einen hat das MU das intern zwischen ihr und der in Frankreich ansässigen Tochtergesellschaft geschlossene Derivat zu melden. Zum anderen muss sie eine Meldung über das extern mit ihrem Bankpartner abgeschlossene Derivat vornehmen. Abschließend hat auch der Bankpartner das zwischen ihm und der Muttergesellschaft abgeschlossene Derivat zu melden.

23 Ersetzt man im Beispiel die französische Tochtergesellschaft durch ein in Japan niedergelassenes TU, so entfällt lediglich die Meldung, welche durch das TU abzugeben ist, da dieses ein nicht in der EU niedergelassenes Unternehmen ist.

#### 2.2.2.2 Meldefristen

24 Wie bereits erwähnt (vgl. Tz. 20 f.), hat die ESMA am 14.11.2013 die ersten Transaktionsregister zugelassen. Folglich besteht gem. Art. 5 Nr. 1b bzw. Nr. 2b der DVO (EU) Nr. 1247/2012 **seit dem 12.02.2014 eine Meldepflicht** für alle Derivatekontrakte, die in den Anwendungsbereich der EMIR fallen.

25 Laut Art. 9 Abs. 1 EMIR hat die Meldung an dem auf den Abschluss, die Änderung oder die Beendigung des Derivatekontrakts folgenden Arbeitstag zu erfolgen. Als Abschluss gilt in diesem Zusammenhang der Handelstag des Derivatekontrakts. Dies ergibt sich aus Art. 1 Abs. 2 der VO (EU) Nr. 148/2013[16] i.V.m. Art. 25 Abs. 3 MiFID. Ferner ist unter dem Begriff „Beendigung" i.S.d. ESMA Q&A, TR Answer 12 a nur eine vorzeitige Beendigung, welche von der ursprünglichen gemeldeten Fälligkeit abweicht, zu verstehen. Als Änderungen qualifizieren sich u.a. die in der Praxis häufig vorkommenden Fälle des nachträglichen Bekanntwerdens von Meldedaten, wie etwa der Bestätigungszeitstempel oder die Korrektur fehlerhafter Angaben. Es bleibt festzuhalten, dass i.R. eines Derivateabschlusses stets eine Meldung an das Transaktionsregister abzugeben ist. Sollte es nach der **Erstmeldung** des Geschäftes zu einem Änderungsbedarf i.Z.m. den gemeldeten Daten kommen, ist dies in Form einer **Nachmeldung** zu korrigieren. Im Falle einer vorzeitigen Beendigung des Kontraktes, ist auch dies mittels einer Nachmeldung dem Transaktionsregister mitzuteilen.

16 Delegierte Verordnung (EU) Nr. 148/2013 der Kommission vom 19.12.2012 zur Ergänzung der Verordnung (EU) Nr. 648/2012 des Europäischen Parlaments und des Rates über OTC-Derivate, zentrale Gegenparteien und Transaktionsregister bezüglich technischer Regulierungsstandards für die Mindestangaben der Meldungen an Transaktionsregister im Folgenden: VO (EU) Nr. 148/2013.

### 2.2.2.3 Meldeinhalte und -prozess

Die VO (EU) Nr. 148/2013[17] legt in den Tabellen 1 und 2 des Anhangs den grundsätzlichen Umfang einer Meldung in Form von **Meldedatenfeldern** fest. Darüber hinaus erfolgt in den Tabellen 1 und 2 des Anhangs der DVO (EU) Nr. 1247/2012[18] eine Spezifizierung des Formats der Meldefelder. Aus den Anhängen der beiden Verordnungen wird ersichtlich, dass jede Meldung Angaben zu den Gegenparteien wie auch zur Ausstattung des zu meldenden Derivatekontrakts beinhaltet. 26

In den Verordnungen wird lediglich der grundsätzliche Umfang einer Meldung geregelt. Der **tatsächliche Umfang** der zu übermittelnden Meldefelder hängt von der Art des Derivatekontrakts, einer eventuell bestehenden Clearingpflicht wie auch der Veranlassung der Meldung ab. Art. 3 der VO (EU) Nr. 148/2013 i.V.m. Art. 10 EMIR stellt klar, dass eine Gegenpartei, welche als NFC- klassifiziert ist, keine Angaben zu etwaig hinterlegten Sicherheiten und Marktwerten der Derivate machen muss. 27

Im Rahmen einer jeden Meldung ist eine gegenparteispezifische **Identifikationsnummer** in Form eines Legal Entity Identifiers (kurz: LEI) anzugeben. Dieser wird vom Legal Entity Identifier Regulatory Oversight Committe (kurz: LEIROC) vergeben. In den Meldungen ist neben dem eigenen LEI auch stets der LEI der Gegenpartei zu vermerken. Darüber hinaus haben die Gegenparteien in ihren Meldungen einen **Unique Transaction Identifier** (kurz: UTI) zu vermerken. Bei diesem handelt es sich um eine eindeutige globale Kennnummer für Handelsgeschäfte, die es den Transaktionsregistern erleichtert, die durch die Gegenparteien eines Derivates vorgenommen Meldungen abzustimmen. 28

Zur weiteren Vermeidung von Inkonsistenzen im Meldewesen, haben die Gegenparteien eines Derivatekontrakts die durch das jeweilige Transaktionsregister auf Übereinstimmung geprüften Meldefelder, zu denen die wesentlichen Geschäftsparameter gehören, im Vorfeld abzustimmen[19]. Es bietet sich an, diese **Abstimmung** im Geschäftsbestätigungsprozess zu verankern. 29

Abschließend ist zu berücksichtigen, dass die Transaktionsregister für die Meldefelder **teilweise andere**, als die in der VO (EU) Nr. 148/2013 und DVO (EU) Nr. 1247/2012 genannten **Bezeichnungen** verwenden. Auch wird nicht notwendigerweise das in der DVO (EU) Nr. 1247/2012 spezifizierte Format der Feldbelegung durch die Transaktionsregister genutzt. 30

---

17 Mit Wirkung zum 01.11.2017 wird die VO (EU) Nr. 148/2013 durch nachfolgende Verordnung neu gefasst: Delegierte Verordnung (EU) 2017/104 der Kommission vom 19.10.2016 zur Änderung der Delegierten Verordnung (EU) Nr. 148/2013 zur Ergänzung der Verordnung (EU) Nr. 648/2012 des Europäischen Parlaments und des Rates über OTC-Derivate, zentrale Gegenparteien und Transaktionsregister bezüglich technischer Regulierungsstandards für die Mindestangaben der Meldungen an Transaktionsregister.

18 Mit Wirkung zum 01.11.2017 wird die DVO (EU) Nr. 1247/2012 durch nachfolgende Verordnung neu gefasst: Durchführungsverordnung (EU) 2017/105 der Kommission vom 19.10.2016 zur Änderung der Durchführungsverordnung (EU) Nr. 1247/2012 der Kommission zur Festlegung technischer Durchführungsstandards im Hinblick auf das Format und die Häufigkeit von Transaktionsmeldungen an Transaktionsregister gemäß der Verordnung (EU) Nr. 648/2012 des Europäischen Parlaments und des Rates über OTC-Derivate, zentrale Gegenparteien und Transaktionsregister.

19 Vgl. hierzu *IDW PS 920*, Anlage 1, 4.5.

#### 2.2.2.4 Auslagerung von Meldungen an Dritte

**31** Laut Art. 9 Abs. 1 EMIR ist es zulässig, dass Gegenparteien die an das Transaktionsregister vorzunehmenden Meldungen an die andere Gegenpartei bzw. an einen Dritten auslagern. Gemäß den FAQ der EU-Kommission (Question II. 3.) verbleibt allerdings im Falle einer **Delegation der Meldung** die Verantwortung für deren Richtigkeit, Vollständigkeit und Rechtzeitigkeit weiterhin bei der delegierenden Gegenpartei.

**32** Sofern sich eine Gegenpartei zur Delegation der Meldung entschließt, ist dies in einer bilateralen **Delegationsvereinbarung** festzuhalten. Dies gilt sowohl für die Delegation gruppenintern als auch gruppenextern abgeschlossener Derivatekontrakte.

### 2.2.3 Anzeige- und Meldepflichten gegenüber der BaFin und ESMA

**33** Dem Art. 10 Abs. 1 a EMIR folgend, hat eine NFC- das erstmalige Überschreiten einer Clearingschwelle unverzüglich der ESMA mitzuteilen. Auch ist gem. Art. 10 Abs. 5 EMIR i.V.m. § 18 Abs. 1 WpHG zusätzlich die BaFin zu **informieren**. Die ESMA-Q&A, OTC Answer 2 c zeigt hierbei auf, in welchem Umfang die Meldung gegenüber der ESMA bzw. BaFin zu erfolgen hat. Demzufolge sind der **ESMA** alle in der EU und der **BaFin** alle in Deutschland ansässigen rechtlichen Einheiten zu melden, die Handel mit OTC-Derivaten betreiben.

**34** Eine weitere Meldung hat gem. § 19 Abs. 2 WpHG i.V.m. Art. 10 Abs. 1 b EMIR an die BaFin zu erfolgen, sobald die gleitende **Durchschnittsposition** der letzten 30 Handelstage einer Derivatekategorie den Schwellenwert übersteigt. Art. 10 Abs. 1 c EMIR besagt, dass ab dem Zeitpunkt, zu dem eine NFC- ihren Status zu einer NFC+ wechselt, dieser ein Zeitraum von vier Monaten verbleibt, um alle zukünftig eingegangenen Derivatekontrakte der betreffenden Kategorie zu clearen.

**35** Sollte im weiteren Verlauf die vorgenannte Durchschnittsposition den Schwellenwert wieder unterschreiten, ist auch dieser Sachverhalt der BaFin mitzuteilen. Dies ergibt sich aus Art. 10 Abs. 2 EMIR und entbindet die NFC+ von ihrer zuvor bestandenen Clearingpflicht.

### 2.2.4 Pflicht zur Implementierung von Risikominderungstechniken

**36** Art. 11 Abs. 1 EMIR folgend, hat eine NFC, die Derivatekontrakte abschließt, welche nicht durch eine zentrale Gegenpartei gecleart werden, die Pflicht zur Implementierung von **Risikominderungstechniken**. Diese Pflicht ergibt sich aus der Vorgabe, dass mit gebührender Sorgfalt angemessene Verfahren und Vorkehrungen getroffen werden müssen, die es ermöglichen, das operationelle Risiko wie auch das Gegenparteiausfallrisiko zu ermessen, zu beobachten und zu mindern.

**37** Eine genaue Definition des **operationellen Risikos** findet sich Art. 4 Abs. 1 Nr. 52 der VO (EU) Nr. 575/2013[20]. Demzufolge handelt es sich um „das Risiko von Verlusten, die durch die Unangemessenheit oder das Versagen von internen Verfahren, Menschen und Systemen oder durch externe Ereignisse verursacht werden, einschließlich Rechtsrisiken". Die Begriffsbestimmung des Gegenparteiausfallrisikos leitet sich aus Art. 2

20 Verordnung (EU) Nr. 575/2013 des Europäischen Parlaments und des Rates vom 26.06.2013 über Aufsichtsanforderungen an Kreditinstitute und Wertpapierfirmen und zur Änderung der Verordnung (EU) Nr. 646/2012 im Folgenden: VO (EU) Nr. 575/2013.

Nr. 11 EMIR ab und ist als „Ausfall der Gegenpartei eines Derivatekontrakts vor Abwicklung der mit diesem Geschäft verbundenen abschließenden Zahlung" zu verstehen.

Als Risikominderungstechniken i.Z.m. nicht über eine zentrale Gegenpartei geclearten Derivatekontrakten nennt Art. 11 Abs. 1 EMIR die folgenden: 38

- rechtzeitige Geschäftsbestätigung von OTC-Derivatekontrakten
- Durchführung eines Portfolioabgleichs
- Durchführung einer Portfoliokomprimierung
- Implementierung eines Streitbeilegungsprozesses.

Aus dem Tenor des Art. 11 Abs. 1 EMIR folgt, dass die Risikominderungstechniken in ein umfassendes **Risikomanagementsystem** einzubinden sind, das der Größe, dem Risiko und der Komplexität des betriebenen OTC-Derivategeschäfts angemessen ist. 39

### 2.2.4.1 Rechtzeitige Geschäftsbestätigung

Die gem. Art. 11 Abs. 1 a EMIR geforderte **rechtzeitige Geschäftsbestätigung** wird in Art. 12 der VO (EU) Nr. 149/2013 in Form von Fristen geregelt. Art. 12 Abs.1 b und e der VO (EU) Nr. 149/2013 zufolge, sind Credit Default Swaps, Zinsswaps und andere OTC-Derivatekontrakte innerhalb des auf den OTC-Derivateabschluss folgenden Geschäftstages zu bestätigen, sofern diese zwischen einer NFC+ und einer FC oder zwischen zwei NFC+ geschlossen wurden. 40

Für vorgenannte OTC-Derivatekontrakte, bei denen zumindest eine der Gegenparteien den Clearingstatus NFC- hat, sehen Art. 12 Abs. 2 c und f der VO (EU) Nr. 149/2013 eine Bestätigung **innerhalb von zwei** auf den OTC-Derivateabschluss folgenden **Geschäftstagen** vor. 41

Art. 12 Abs. 3 der VO (EU) Nr. 149/2013 sieht folgende **Sonderregelung** vor: Erfolgt ein OTC-Derivateabschluss nach 16:00 Uhr Ortszeit, so werden die o.g. Fristen um einen Geschäftstag verlängert. Selbige Regelung gilt, wenn ein OTC-Derivatekontrakt mit einer Gegenpartei in einer anderen Zeitzone geschlossen wird und aus diesem Grund die vorgenannten Fristen nicht eingehalten werden können. 42

Art. 12 Abs. 1 und 2 der VO (EU) Nr. 149/2013 sieht vor, dass die Bestätigung eines OTC-Derivateabschlusses, sofern verfügbar, **auf elektronischem Wege** zu erfolgen hat. Die ESMA Q&A, OTC Answer 5 b stellt hierbei klar, dass elektronische Bestätigungen bspw. über Confirmation-Plattformen, wie etwa Misysy, abgewickelt werden können. Sofern eine Gegenpartei plausibel erläutern kann, aus welchem Grund ihr die elektronische Bestätigung nicht zur Verfügung steht, ist auch eine Bestätigung mittels Fax, Papier oder einem anderen geeigneten manuellen Prozess möglich. 43

Grundsätzlich ist es der ESMA Q&A, OTC Answer 5 a folgend auch möglich, mit gruppeninternen und gruppenexternen Gegenparteien einen **passiven Bestätigungsprozess** zu vereinbaren. In diesem Falle gelten die Konditionen des mit der Gegenpartei abgeschlossenen OTC-Derivatekontrakts nach Ablauf einer vereinbarten Frist als bestätigt, sofern kein ausdrücklicher Widerspruch erfolgt. 44

Der Inhalt einer Geschäftsbestätigung kann sich gem. Erwägungsgrund 26 der VO (EU) Nr. 149/2013 auf Master Agreements oder andere **Standardrahmenvereinbarungen** stützen. Am häufigsten in der Praxis anzufinden sind hierbei der Deutsche Rahmenvertrag für Finanztermingeschäfte (DRV) inklusive EMIR-Anhang, wie auch das ISDA Master Agreement. Sofern eine Bestätigung ohne zugrundeliegendes Master Agreement 45 erfolgt, ist darauf zu achten, dass die wesentlichen Spezifikationen des OTC-Derivatekontrakts Teil der Bestätigung sind. Hierbei erfolgt häufig eine Orientierung an den für einen Portfolioabgleich relevanten Vertragsmerkmalen, die im Erwägungsgrund 28 der VO (EU) Nr. 149/2013 genannt werden. Demzufolge hat die Geschäftsbestätigung das Datum des Wirksamwerdens, den geplanten Termin der Fälligkeit, die Zahlungs- und Abwicklungstermine, den Nennwert des Kontrakts, die Währung der Transaktion, den Basiswert, die Position der Gegenparteien, die Geschäftstagkonvention wie auch etwaig relevante feste bzw. variable Zinssätze des jeweiligen OTC-Derivatekontrakts zu beinhalten.

#### 2.2.4.2 Durchführung eines Portfolioabgleichs

**46** Die Pflicht zur Durchführung eines regelmäßigen **Portfolioabgleichs** mit den Gegenparteien ergibt sich aus Art. 11 Abs. 1 b EMIR i.V.m. Art. 13 Abs. 1 und 2 der VO (EU) Nr. 149/2013. Der Abgleich der Portfolios kann hierbei bilateral durch die Gegenparteien oder durch Beauftragung eines qualifizieren Dritten erfolgen. Wichtig ist, dass die Gegenparteien vor Abschluss von OTC-Derivaten die Modalitäten des genutzten Abgleichverfahrens regeln.

**47** Im Rahmen des Portfolioabgleichs sollten die jeweiligen Gegenparteien gem. Erwägungsgrund 28 der VO (EU) Nr. 149/2013 die Bewertung, das Datum des Wirksamwerdens, den geplanten Termin der Fälligkeit, die Zahlungs- und Abwicklungstermine, den Nennwert des Kontraktes, die Währung der Transaktion, den Basiswert, die Position der Gegenpartei, die Geschäftstagkonvention wie auch etwaig relevante feste bzw. variable Zinssätze eines jeden OTC-Derivatekontrakts abgleichen. Da Gegenparteien mit dem Clearingstatus NFC- gem. Art. 11 Abs. 2 EMIR keine tägliche Bestimmung des Marktwerts ihrer Derivate vornehmen müssen, können sie sich auf die Bewertung ihrer Gegenpartei verlassen. Ein Vergleich der Marktwerte i.R.d. Portfolioabgleichs ist in diesem Fall laut ESMA Q&A, OTC Answer 14 e nicht erforderlich. Hieraus leitet sich auch ab, dass es im Falle eines Portfolioabgleichs zwischen zwei Gegenparteien, die beide den Clearingstaus NFC- aufweisen, zu keinem Abgleich des Marktwerts der Derivate kommen muss. Jedoch ist stets darauf zu achten, dass die **zeitlichen Vorgaben** des Art. 13 Abs. 3 der VO (EU) 149/2013 zur Durchführung des Portfolioabgleichs eingehalten werden.

**48** Das Intervall der vorzunehmenden Abgleiche ist in Art. 13 Abs. 3 der VO (EU) Nr. 149/ 2013 geregelt. Sofern der Abgleich zwischen einer FC bzw. einer **NFC+** vollzogen wird, gelten die folgenden Regelungen:

- **geschäftstäglicher** Abgleich, sofern zwischen den Gegenparteien 500 oder mehr OTC-Derivate ausstehend sind
- **wöchentlicher** Abgleich, sofern zwischen den Gegenparteien während der Woche zwischen 51 und 499 OTC-Derivate ausstehend waren
- **quartalsweiser** Abgleich, sofern zwischen den Gegenparteien während des Quartals 50 oder weniger OTC-Derivate ausstehend waren.

**49** Sollte am Portfolioabgleich eine **NFC-** beteiligt sein, so gelten die folgenden abweichenden Intervalle:

- **quartalsweiser** Abgleich, sofern zwischen den Gegenparteien während des Quartals mehr als 100 OTC-Derivate ausstehend waren

- **jährlicher** Abgleich, sofern zwischen den Gegenparteien während des Jahres 100 oder weniger OTC-Derivate ausstehend waren.

Ergänzend ist anzumerken, dass sich die vorgenannten Angaben zur Portfoliogröße und dem sich daraus ableitenden Intervall des Portfolioabgleichs immer nur auf ein und dieselbe Gegenpartei, im Sinne einer rechtlichen Einheit, beziehen. Zur Bestimmung der zukünftigen **Frequenz des Portfolioabgleichintervalls** ist gem. der ESMA Q&A, OTC Answer 14 d zum Zeitpunkt der Durchführung eines Portfolioabgleichs die Maximalanzahl der in der vergangenen Periode ausstehenden OTC-Derivate mit der jeweiligen Gegenpartei zu ermitteln. **50**

### 2.2.4.3 Portfoliokomprimierung

Die in Art. 14 der VO (EU) Nr. 149/2013 geforderte **Portfoliokomprimierung** ist durchzuführen, sofern mit einer Gegenpartei 500 oder mehr OTC-Derivate ausstehend sind, die nicht zentral gecleart werden. Die Überprüfung der je Gegenpartei ausstehenden OTC-Derivate hat regelmäßig aber mindestens **zweimal pro Jahr** zu erfolgen, um festzustellen, ob das Gegenparteiausfallrisiko i.R. einer Portfoliokomprimierung verringert werden kann. Sofern mit einer Gegenpartei mehr als 500 OTC-Derivate ausstehend sind, kann das Unternehmen auf eine Durchführung der Kompression des Portfolios verzichten. Dies setzt allerdings voraus, dass wirtschaftliche Erwägungen dies rechtfertigen und gegenüber den Aufsichtsbehörden hinreichend und stichhaltig begründet werden können. **51**

In der Praxis wird eine Portfoliokomprimierung von Industrieunternehmen **nur sehr selten** vorgenommen. Zum einen werden die abgeschlossenen OTC-Derivate zur Reduzierung des Gegenparteiausfallrisikos üblicherweise auf mehrere Kernbanken verteilt. Sofern trotzdem die Grenze von 500 mit einer Gegenpartei ausstehenden OTC-Derivaten überschritten werden sollte, wird häufig darauf verwiesen, dass das Komprimierungspotenzial nur gering ist und den mit der Kompression verbunden Aufwand nicht rechtfertigt. Ferner ist zu beachten, dass bestehende bilanzielle Sicherungsbeziehungen in Form von Bewertungseinheiten oder Hedge Accounting durch eine Portfoliokomprimierung gefährdet werden können. **52**

### 2.2.4.4 Implementierung eines Streitbeilegungsprozesses

Gemäß Art. 11 Abs. 1 b EMIR i.V.m. Art. 15 der VO (EU) Nr. 149/2013 haben die Gegenparteien vor Abschluss von OTC-Derivaten detaillierte Verfahren und Prozesse zu definieren, welche es ihnen erlauben, **Streitigkeiten** i.Z.m. der Anerkennung oder Bewertung von OTC-Derivaten, wie auch dem Austausch von mit diesen in Verbindung stehenden Sicherheiten festzustellen, aufzuzeichnen und zu überwachen. Zu dokumentieren sind hierbei mindestens die Gegenpartei, mit der die Streitigkeit besteht, der Zeitraum, über den sich die Streitigkeit erstreckt hat, sowie der strittige Betrag. Ferner haben die Gegenparteien einen geeigneten Prozess zu implementieren, der es ermöglicht, Streitigkeiten, die nicht innerhalb von 5 Geschäftstagen bereinigt werden können, beizulegen. Erwägungsgrund 31 der VO (EU) Nr. 149/2013 folgend, empfiehlt es sich, dass der **Streitbeilegungsprozess** Schiedsverfahren oder Marktbefragungen beinhaltet. Diese sollen eine Eskalation ungelöster Streitigkeiten vermeiden. **53**

## 3. Prüfung von EMIR-Systemen

### 3.1 Prüfungsgegenstand

54 Das EMIR-System, das gem. § 3 GPrüfbV Gegenstand der EMIR-Prüfung ist, umfasst die in der folgenden Tabelle genannten **vier Regelungsbereiche**:

| Regelungsbereich nach EMIR bzw. WpHG | Referenz EMIR und WpHG (§ 20 Abs. 1 S. 1 WpHG) | Referenz GPrüfbV (Gegenstand der Prüfung) |
|---|---|---|
| a) Clearingpflicht | Art. 4 Abs. 1-3 Unterabs. 2, Art. 10 Abs. 1 b und c i.V.m. Abs. 3 EMIR | § 3 Abs. 1 GPrüfbV |
| b) Meldepflichten gegenüber Transaktionsregistern | Art. 9 Abs. 1-3 EMIR | § 3 Abs. 2 GPrüfbV |
| c) Anzeige- und Meldepflichten gegenüber der BaFin und der ESMA | Art. 10 Abs. 1 a EMIR, Art. 10 Abs. 1 a EMIR i.V.m. § 19 Abs. 1 WpHG, Art. 10 Abs. 2 EMIR, § 19 Abs. 2 WpHG (jeweils i.V.m. Art. 10 Abs. 3 EMIR) | § 3 Abs. 3 GPrüfbV |
| d) Pflicht zur Implementierung, Aufrechterhaltung und Anwendung von Risikominderungstechniken | Art. 11 Abs. 1, 2 und 3 S. 2 und Abs. 5-11 Unterabs. 1 EMIR | § 3 Abs. 4 und 5 GPrüfbV |

Tabelle 1: Regelungsbereiche des EMIR-Systems

### 3.2 Berufspflichten

55 Bei einer EMIR-Prüfung, i.S.d. § 20 Abs. 1 WpHG, handelt es sich um eine **betriebswirtschaftliche Prüfung**[21]. Hieraus folgt, dass seitens des Prüfers die sich aus der WPO und BS WP/vBP ergebenden allgemeinen Berufspflichten zur Unabhängigkeit, Verschwiegenheit, Eigenverantwortlichkeit und Gewissenhaftigkeit einzuhalten sind (§ 17 Abs. 1, § 43 Abs. 1 S. 1, § 49 WPO sowie §§ 1-11 BS WP/vBP). Ergänzend hierzu hat der Prüfer auch die besonderen Berufspflichten, welche sich aus §§ 20-27a BS WP/vBP ergeben, zu beachten.

Als Prüfer kommen gem. § 20 Abs. 2 WpHG **Wirtschaftsprüfer, vereidigte Buchprüfer, Wirtschaftsprüfungs- und Buchprüfungsgesellschaften** in Frage, sofern diese über ausreichende Kenntnisse des Prüfungsgegenstandes verfügen.

21 Vgl. *IDW PS 920*, Tz. 12.

## 3.3 Beauftragung

Im Rahmen der Auftragsannahme hat der verantwortliche Wirtschaftsprüfer sicherzustellen, dass die Anforderungen an das **Qualitätssicherungssystem der WP-Praxis**, rund um die Auftragsannahme und -fortführung, beachtet und korrekt umgesetzt werden[22]. 56

Auch darf eine Beauftragung zur Durchführung einer EMIR-Prüfung nur angenommen werden, wenn der Prüfer auf Grundlage seiner vorläufigen Erkenntnisse davon ausgehen kann, dass er die für ihn geltenden Berufspflichten, insb. die **Unabhängigkeit**, i.R.d. Prüfung einhalten kann[23]. 57

Vor der Auftragsannahme hat sich der Prüfer zusätzlich einen **Überblick** darüber zu verschaffen, wie die EMIR-Systeme des Mandanten ausgestaltet sind und ob sich diese grundsätzlich als Prüfungsgegenstand eignen[24]. 58

Der Prüfer hat des Weiteren mit dem Mandanten die **Auftragsbedingungen** in schriftlicher Form zu vereinbaren[25]. Hierzu zählt insbesondere die Verantwortung der gesetzlichen Vertreter der zu prüfenden Gesellschaft wie auch die des EMIR-Prüfers. Zusätzlich ist in den Auftragsbedingungen darauf zu verweisen, dass es sich bei einer EMIR-Prüfung um eine Systemprüfung handelt, die nicht zum Ziel hat, einzelne Fehler[26] sondern grundsätzliche Mängel[27] aufzudecken. 59

Gemäß § 20 Abs. 2 S. 2 WpHG hat eine prüfpflichtige Gesellschaft innerhalb von drei Monaten nach Ablauf des GJ, auf das sich die Prüfung erstreckt, die **Prüfung zu beauftragen**. Dies hat durch zumindest einen der gesetzlichen Vertreter der Gesellschaft, üblicherweise den Finanzvorstand, zu erfolgen. 60

## 3.4 Prüfungsplanung

Die **Prüfungsplanung** umfasst sowohl allgemeine Grundsätze zur Prüfungsplanung wie auch den Aspekt der Wesentlichkeit. 61

Die allgemeinen Grundsätze besagen, dass eine EMIR-Prüfung derart zu planen ist, dass sie in sachgerechter Art und Weise umgesetzt werden kann[28]. Das **Prüfungsteam** ist derart zusammenzustellen, dass auf Seiten der Mitarbeiter genug Erfahrung i.Z.m. Systemprüfungen vorhanden ist[29]. Auch müssen die Mitarbeiter mit den Anforderungen der EMIR-Regulierung in ausreichendem Maße vertraut sein. Erforderlichenfalls sind **Sachverständige** hinzuzuziehen. Entscheidet sich der Prüfer zu einer Schwerpunktbildung i.R. eines mehrjährigen Prüfungsplans gem. § 5 Abs. 4 S. 3 GPrüfbV, so ist si- 62

22 Vgl. *IDW PS 920*, Tz. 13.
23 Vgl. *IDW PS 920*, Tz. 14.
24 Vgl. *IDW PS 920*, Tz. 15.
25 Vgl. *IDW PS 920*, Tz. 16 f.
26 Gemäß § 2 Abs. 1 GPrüfbV handelte es sich bei einem Fehler um jede einzelne Abweichung von den gesetzlichen Anforderungen.
27 Gemäß § 2 Abs. 2 GPrüfbV liegt ein Mangel vor, wenn „die Vorkehrungen oder Systeme der prüfpflichtigen nichtfinanziellen Gegenpartei nach pflichtgemäßer Einschätzung des Prüfers insgesamt nicht geeignet sind, die Einhaltung der sich aus § 3 dieser Verordnung ergebenden Anforderungen sicherzustellen.“.
28 Vgl. *IDW PS 920*, Tz. 23.
29 Vgl. *IDW PS 920*, Tz. 24.

cherzustellen, dass für jeden Regelungsbereich der EMIR eine hinreichende Sicherheit erlangt werden kann[30].

**63** Der Prüfer hat i.R.d. Auftragsplanung und -durchführung die **Wesentlichkeit** zu berücksichtigen[31]. Für jeden Regelungsbereich des EMIR-Systems (vgl. Tz. 54) ist eine separate Wesentlichkeit nach dem pflichtgemäßen Ermessen des Prüfers zu berücksichtigen. Sollte es i.R.d. Prüfungshandlungen zu Beanstandungen in den einzelnen Regelungsbereichen kommen, so gelten diese als wesentlich und folglich als Mangel, wenn das implementierte EMIR-System für den jeweiligen Regelungsbereich insgesamt nicht angemessen und wirksam ist[32].

## 3.5 Prüfungsdurchführung

### 3.5.1 Gewinnung eines Verständnisses vom rechtlichen und wirtschaftlichen Umfeld des Unternehmens einschließlich des EMIR-Systems

**64** Gemäß *IDW PS 920* hat der Prüfer ein **Verständnis über das Unternehmen**, das rechtliche wie auch wirtschaftliche Umfeld des Unternehmens sowie das i.R.d. Prüfung zu beurteilende EMIR-Systems zu erlangen[33]. Hierzu sind durch den Prüfer geeignete Personen, etwa Mitarbeiter des Unternehmens, die mit der Umsetzung der sich aus der EMIR ergebenden Anforderungen betraut sind, zu befragen, ob

- sie Kenntnisse über bestehende, vermutete oder behauptete Mängel des implementierten EMIR-Systems haben,
- das Unternehmen über eine Interne Revision verfügt, die Prüfungshandlungen bezogen auf das EMIR-System durchgeführt hat bei denen es zu Feststellungen gekommen ist,
- bei der Konzeption bzw. der Einrichtung des EMIR-Systems sachverständige Personen eingebunden wurden.

**65** Sollte der Prüfer auch den **JA der Gesellschaft** prüfen bzw. das EMIR-System der Gesellschaft in den VJ geprüft haben, so sind auch die i.R. dieser Prüfungen erlangten Erkenntnisse zu berücksichtigen.

### 3.5.2 Identifizierung und Beurteilung der Risiken für Mängel des EMIR-Systems

**66** *IDW PS 920* folgend hat der Prüfer mittels der gewonnenen Erkenntnisse über das Unternehmen, dessen Umfeld und das zu prüfenden EMIR-System die **Risiken für Mängel** in den einzelnen Regelungsbereichen des EMIR-Systems zu identifizieren und zu beurteilen[34]. Auf Basis dieser Erkenntnisse sind die weiteren Prüfungshandlungen in Bezug auf Angemessenheit und Wirksamkeit des EMIR-Systems zu planen und durchzuführen. Die Prüfung der Angemessenheit erfolgt i.R. einer **Aufbauprüfung** während die Wirksamkeit mittels einer **Funktionsprüfung** beurteilt wird.

30 Vgl. *IDW PS 920*, Tz. 25.
31 Vgl. *IDW PS 920*, Tz. 26.
32 Vgl. *IDW PS 920*, Tz. 27.
33 Vgl. *IDW PS 920*, Tz. 28.
34 Vgl. *IDW PS 920*, Tz. 30.

Sofern die EMIR-Prüfung des VJ zu Beanstandungen geführt hat, ist durch den Prüfer im **Folgejahr** zu verifizieren, ob die Gründe, die zu der Beanstandung geführt haben, durch die Gesellschaft behoben wurden[35]. 67

### 3.5.3 Prüfung der Angemessenheit des EMIR-Systems

Wie bereits zuvor beschrieben, hat die Prüfung der Angemessenheit des EMIR-Systems in Form einer Aufbauprüfung zu erfolgen, welche die gewonnenen Erkenntnisse über Risiken für Mängel in den einzelnen Regelungsbereichen des EMIR-Systems berücksichtigt. 68

**Clearingpflicht**

Zur Beurteilung der Angemessenheit des Regelungsbereiches „Clearingpflicht" ist durch den Prüfer mit hinreichender Sicherheit festzustellen, ob das EMIR-System derart ausgestaltet ist, dass eine nachhaltige Überschreitung einer Clearingschwelle festgestellt werden kann[36]. Zusätzlich muss das EMIR-System im Falle einer bestehenden Clearingpflicht der Gesellschaft gewährleisten können, dass alle zukünftig abgeschlossenen OTC-Derivate, welche einer **Clearingpflicht** unterliegenden, durch eine zentrale Gegenpartei gecleart werden. Sollte es sich bei der prüfpflichtigen Gesellschaft um ein TU handeln, hat der Prüfer festzustellen, ob i.R.d. EMIR-Systems eine Meldung des MU an die Tochtergesellschaft erfolgt, mittels welcher die Tochtergesellschaft über den Clearingstatus des Konzernverbundes informiert wird. Zusätzlich hat der Prüfer festzustellen, ob die Tochtergesellschaft ihrerseits über ein System zur Ermittlung und Mitteilung des clearingschwellenrelevanten Bestandes an OTC-Derivaten verfügt, mittels dessen das MU informiert wird. Der Prüfer hat festzustellen, ob seitens des MU bzw. einer etwaigen Zwischenholding Informationen zum Clearingstatus zur Verfügung gestellt werden, unabhängig vom Sitz des MU. Dies gilt somit auch für MU mit Sitz in einem Drittstaat außerhalb der EU. Sollten diese Informationen dem prüfpflichtigen Unternehmen nicht übermittelt werden und das prüfpflichtige Unternehmen hat den Status NFC-, liegt ein Mangel i.S.d. § 2 Abs. 2 GPrüfbV vor. 69

**Meldepflichten gegenüber Transaktionsregistern**

Im Rahmen der Beurteilung der Angemessenheit des EMIR-Systems bezogen auf den Punkt „Meldepflichten gegenüber Transaktionsregistern", ist durch den Prüfer mit hinreichender Sicherheit festzustellen, ob das EMIR-System so ausgestaltet ist, dass die Meldungen zu allen der Meldepflicht unterliegenden Transaktionen innerhalb der geforderten Frist abgegeben werden können[37]. Das EMIR-System hat in diesem Zusammenhang auch die geforderten **Aufbewahrungspflichten** zu den Meldungen zu berücksichtigen. Hierbei ist zwischen einer eigenständigen Meldung über ein Transaktionsregister bzw. über einen Dienstleister zu unterscheiden. Bei der eigenständigen Meldung muss das EMIR-System die rechtzeitige und vollständige Meldung aller Transaktionen sicherstellen, während im Falle der Delegierung der Meldung an einen Dienstleister die Überwachung der Meldung des Dienstleisters im Fokus steht. Meistens ist hierbei zu berücksichtigen, dass der Dienstleister nicht die Haftung für die Richtigkeit und Vollständigkeit der Meldung übernimmt. 70

35 Vgl. *IDW PS 920*, Tz. 31.
36 Vgl. *IDW PS 920*, Tz. 33.
37 Vgl. *IDW PS 920*, Tz. 35.

**Anzeige- und Meldepflichten gegenüber der BaFin und der ESMA**

71 Zur Beurteilung der Angemessenheit des Regelungsbereiches „Anzeige- und Meldepflichten gegenüber der BaFin und der ESMA“ hat der Prüfer mit hinreichender Sicherheit festzustellen, dass das EMIR-System basierend auf den ermittelten **Clearingschwellenwertauslastungen** unverzüglich in der Lage ist, die nationale und europäische Aufsicht zu informieren, sofern dies gem. den EMIR-Anforderungen erforderlich sein sollte[38]. Ist das EMIR-System dazu nicht in der Lage, liegt ein Mangel vor. Sollte während der Prüfung festgestellt werden, dass eine Überschreitung nicht gemeldet wurde, liegt ein schwerwiegender Verstoß (vgl. Tz. 103 ff.) vor, der der BaFin durch den Prüfer unverzüglich mitzuteilen ist.

**Risikominderungstechniken**

72 Bei der Beurteilung der Angemessenheit des EMIR-Systems, bezogen auf den Regelungsbereich „Pflicht zur Implementierung, Aufrechterhaltung und Anwendung von Risikominderungstechniken“, hat der Prüfer mit hinreichender Sicherheit festzustellen, ob das EMIR-System so ausgestaltet ist, dass

- die prüfpflichtige Gesellschaft vor Abschluss von nicht zentral geclearten OTC-Derivaten mit den jeweiligen gruppeninternen und gruppenexternen Gegenparteien **vertragliche Vereinbarungen** zu den Risikominderungstechniken in Form des DRV inklusive EMIR-Anhangs bzw. ISDA Master Agreements getroffen hat[39],
- Neuabschlüsse von OTC-Derivaten, die nicht zentral gecleart werden und sich im Anwendungsbereich der EMIR befinden, innerhalb der von EMIR geforderten **Frist**, inklusive der erforderlichen Inhalte, bestätigt werden. Diese Pflicht bezieht sich sowohl auf gruppeninterne als auch gruppenexterne Gegenparteien,
- im Bestand befindliche, in den Regelungsbereich der EMIR fallende, nicht durch eine zentrale Gegenpartei geclearte OTC-Derivate, innerhalb der von EMIR vorgesehenen **Intervalle** mit den jeweiligen gruppeninternen und gruppenexternen Gegenparteien hinsichtlich der geforderten Vertragsmerkmale abgeglichen werden,
- mit gruppeninternen und gruppenexternen Gegenparteien, mit denen OTC-Derivate abgeschlossen werden, die keinem Clearing durch eine zentrale Gegenpartei unterliegen, Prozesse implementiert sind, die es ermöglichen, **Streitigkeiten** zeitnah festzustellen, Aufzeichnungen zu diesen zu führen, eine Beilegung dieser herbeizuführen, diese zu überwachen und ggf. zu eskalieren,
- in regelmäßigen Abständen eine Überwachung des für die **Portfoliokomprimierung** geltenden Schwellenwerts erfolgt und im Falle des Überschreitens des Schwellenwerts mindestens zweimal jährlich eine Überprüfung des Komprimierungspotenzials mit gruppeninternen wie auch gruppenexternen Gegenparteien erfolgt. In Fällen einer Komprimierung ist diese zeitgerecht durchzuführen bzw. ist der Aufsicht eine Begründung bezüglich deren Unangemessenheit mitzuteilen,
- im Falle einer **Klassifizierung** des Unternehmens **als NFC+** täglich eine Bewertung der in den Anwendungsbereiche der EMIR fallenden, nicht über eine zentrale Gegenpartei geclearten, OTC-Derivate erfolgen kann,
- im Falle einer Klassifizierung des Unternehmens als NFC+, für nicht über eine zentrale Gegenpartei geclearte OTC-Derivate, die mit gruppeninternen und gruppen-

38 Vgl. *IDW PS 920*, Tz. 34.
39 Vgl. *IDW PS 920*, Tz. 36.

externen Gegenparteien abgeschlossen wurden, ein rechtzeitiger wie auch angemessener **Austausch von Sicherheiten** erfolgen kann.

### 3.5.4 Prüfung der Wirksamkeit des EMIR-Systems

Die Prüfung der **Wirksamkeit** des EMIR-Systems hat in Form einer Funktionsprüfung, welche die gewonnenen Erkenntnisse der Risiken für Mängel in den einzelnen Regelungsbereichen der EMIR berücksichtigt, zu erfolgen. 73

*IDW PS 920* besagt, dass i.R.d. Prüfung der Wirksamkeit des EMIR-Systems durch den Prüfer zu beurteilen ist, ob während des gesamten prüfpflichtigen Zeitraums die Grundsätze, Verfahren, Vorkehrungen und Maßnahmen des EMIR-Systems angewandt bzw. durchgeführt wurden[40]. Dies beinhaltet insb. eine Beurteilung darüber, ob das EMIR-System während des prüfpflichtigen Zeitraums mit hinreichender Sicherheit wesentliche Fehler verhindert bzw. eingetretene wesentliche Fehler rechtzeitig erkannt hat, bereits eingetretene wesentliche Fehler zeitnah an die zuständige Stelle im Unternehmen berichtet und die notwendigen Maßnahmen zur Verbesserung des EMIR-Systems ermöglicht hat. Hierbei hat der EMIR-Prüfer auch zu beurteilen, ob die **Maßnahmen des EMIR-Systems** von fachlich geeigneten und entsprechend autorisierten Mitarbeitern durchgeführt wurden. 74

**Festlegung der Funktionsprüfung**

*IDW PS 920* folgend hat der Prüfer bei der Festlegung der vorzunehmenden **Funktionsprüfung** zu berücksichtigen, 75

- durch welche Prüfungshandlungen die notwendigen Nachweise erlangt werden[41],
- ob Interdependenzen zwischen den zu prüfenden Regelungen und anderen Regelungen bestehen, für die es evtl. notwendig ist, zusätzliche Nachweise zu deren Wirksamkeit einzuholen,
- welche Auswahlverfahren i.R.d. Funktionsprüfung sachgerecht erscheinen. Dies umfasst sowohl Stichprobenziehungen wie auch bewusste Auswahlverfahren.

**Festlegung des Umfangs der Funktionsprüfung**

Ferner schreibt *IDW PS 920* vor, dass bei der Festlegung des Umfangs der Funktionsprüfung die Ausprägung der jeweiligen **Grundgesamtheit** zu beachten ist[42]. Dies umfasst die Art der Regelung, die Häufigkeit der Durchführung, die erwartete Fehlerquote wie auch die zu erwartenden Beanstandungen. Ferner hat sich die Funktionsprüfung über den gesamten prüfpflichtigen Zeitraum zu erstrecken. 76

**Auswahl der zu prüfenden Elemente im Rahmen der Funktionsprüfung**

Im Rahmen der Auswahl der zu prüfenden Elemente hat der Prüfer gem. *IDW PS 920* die nachfolgenden Aspekte zu beachten[43]: 77

- Bei der Festlegung des Auswahlverfahrens sind der **Zweck der Prüfungshandlung** wie auch die Eigenschaften der Grundgesamtheit zu berücksichtigen, aus der die Auswahl getroffen wird.

40 Vgl. *IDW PS 920*, Tz. 38.
41 Vgl. *IDW PS 920*, Tz. 39.
42 Vgl. *IDW PS 920*, Tz. 40.
43 Vgl. *IDW PS 920*, Tz. 41.

- Im Falle einer **repräsentativen Auswahl** in Form einer Stichprobenziehung ist der Stichprobenumfang so festzulegen, dass das Stichprobenrisiko auf ein angemessenes Maß reduziert wird.
- Im Falle einer Stichprobenziehung ist darauf zu achten, dass für jedes Element der Grundgesamtheit die **gleiche Chance** besteht, gezogen zu werden.
- Sollte die Prüfungshandlung für ein gezogenes Element nicht geeignet sein, so ist ein anderes entsprechend geeignetes Element auszuwählen.
- In Fällen, in denen die geplanten Prüfungshandlungen bzw. alternative Prüfungshandlungen nicht auf ein ausgewähltes Element angewendet werden können, ist dieses Element als Abweichung von der vorgesehenen Regelung anzusehen.

**Anwendungsbeispiele für Funktionsprüfungen**

**78** Im Rahmen der **Clearingschwellenberechnung** sind bei der Funktionsprüfung die Methodik der Berechnung der Clearingschwelle (vgl. Tz. 17 ff.) und die Richtigkeit wie auch Vollständigkeit der in die Berechnungen einbezogenen OTC-Derivate zu berücksichtigen. Hierbei ist auf den Bestand an OTC-Derivaten im prüfpflichtigen Zeitraum abzustellen. Bei dem Nachweis des wirtschaftlichen Sicherungszusammenhangs kann auf die Prüfungsergebnisse des KA nach IFRS bzw. des JA nach HGB zurückgegriffen werden.

Bei der Meldung an das **Transaktionsregister** ist bei der Funktionsprüfung zwischen einer eigenständigen Meldung oder der Delegierung der Meldung zu unterscheiden. Bei der eigenständigen Meldung sind bei der Funktionsprüfung die Rechtzeitigkeit, Richtigkeit und Vollständigkeit der Meldung zu berücksichtigen. Dies bedeutet, dass beim Umfang der Prüfungshandlungen die im prüfpflichtigen Zeitraum durchgeführten Meldungen zu berücksichtigen sind, was den Neuabschluss, die Modifizierung und die vorzeitige Beendigung beinhaltet. Neben dem Zeitpunkt der Meldung von einem Tag nach Abschluss ist auch die Wirksamkeit des EMIR-Systems in Bezug auf die Vollständigkeit der gemeldeten OTC-Derivate sowie die Vollständigkeit und Richtigkeit der gemeldeten Daten zu prüfen. Dies kann durch eine Stichprobe anhand der im prüfpflichtigen Zeitraum gemeldeten Transaktionen erfolgen. Bei einer Delegation ist i.R.d. Funktionsprüfung die wirksame Überwachung des Dienstleisters zu prüfen. Hierbei müssen die Unterlagen des Dienstleisters und eigene Unterlagen des Unternehmens in regelmäßigen Abständen die Prüfung der Rechtzeitigkeit, Vollständigkeit und Richtigkeit der Meldungen ermöglichen. Ein eigener Lesezugang zu einem Transaktionsregister kann dies ebenfalls ermöglichen.

Bezogen auf die Funktionsprüfung der vor Abschluss von OTC-Derivaten vorhandenen **EMIR-Vereinbarungen** mit Gegenparteien wird grundsätzlich eine Auswahl von Einzelvereinbarungen herangezogen, die auf den rechtzeitigen Abschluss (d.h. vor Abschluss von OTC-Derivaten) und vollständigen Inhalt geprüft werden. In der Regel handelt es sich bei externen Gegenparteien um Standardverträge in Form des DRV inklusive EMIR-Anhangs bzw. ISDA Master Agreements. Bei internen Gegenparteien kann dies abweichend eine konzernweit geltende Richtlinie sein, die die Verpflichtungen aller Gegenparteien nach EMIR regelt. In diesem Fall ist der Inhalt der Richtlinie sowie in Stichproben die Verpflichtung der jeweiligen Gegenpartei zu prüfen.

Der Umfang der Funktionsprüfung bei den **Geschäftsbestätigungen** hängt im Wesentlichen von der Automatisierung des Prozesses ab. Manuelle Prozesse erfordern eine umfangreichere Auswahl bezogen auf im prüfpflichtigen Zeitraum abgeschlossene

OTC-Derivate. Wichtig ist hierbei, dass für abweichende Prozesse, wie z.B. bei Zins-, Währungs- und Warenderivaten auch eine eigene Auswahl zu ziehen ist. Bei einem passiven Bestätigungsprozess ist bei der empfangenden Gegenpartei auch der Prozess der Prüfung der Geschäftsbestätigung zu betrachten.

Im Rahmen des **Portfolioabgleichs** ist bei der Funktionsprüfung neben der Durchführung des Abgleichs auch die Überwachung der Frequenz und des Zeitpunktes der Abgleiche zu beachten. Bei dem EMIR-System zur Überwachung der Frequenz sind die OTC-Derivate im gesamten prüfpflichtigen Zeitraum zu betrachten und nicht nur der Bestand zu einem bestimmten Stichtag. Der Umfang der Auswahl orientiert sich hierbei an den Kontrollen des prüfpflichtigen Unternehmens. Bei den Portfolioabgleichen an sich kann die Funktionsprüfung anhand der Portfolioabgleiche im prüfpflichtigen Zeitraum oder den bestehenden Gegenparteien erfolgen. Bei der Funktionsprüfung auf Basis der bestehenden Gegenparteien können Gegenparteien mit verschiedenen Abgleichintervallen enthalten sein.

Die Funktionsprüfung i.R.d. **Streitbeilegung** hängt davon ab, ob entsprechende Streitigkeiten im prüfpflichtigen Zeitraum bestanden oder nicht. Sollten laut Auskunft des prüfpflichtigen Unternehmens keine Streitigkeiten bestanden haben, so reicht es in der Regel aus, wenn der Prüfer i.R. seiner Funktionsprüfung zu Geschäftsbestätigungen, Portfolioabgleichen oder Portfoliokomprimierung keine abweichenden Kenntnisse erlangt hat. Im anderen Fall ist die Funktionsprüfung der Kontrollen bei den aufgetretenen Streitigkeiten einschließlich deren Eskalation bzw. Lösung durchzuführen.

Für die **Portfoliokomprimierung** wird bezüglich der Überwachung der Anzahl der ausstehenden OTC-Derivate auf die Funktionsprüfung beim Portfolioabgleich zurückgegriffen. Sollte eine Portfoliokomprimierung durchzuführen sein, ist die Auswahl anhand der durchzuführenden Komprimierungen festzulegen. Oft wird eine Komprimierung aufgrund wirtschaftlicher Gründe nicht durchgeführt, da die OTC-Derivate sich in Sicherungsbeziehungen befinden. In diesem Fall ist diese Dokumentation auch Bestandteil der Funktionsprüfung.

**Beurteilung von Abweichungen im Rahmen der Funktionsprüfung**

Laut *IDW PS 920* hat der Prüfer, sofern es i.R.d. Prüfung zu abweichenden, nicht erwarteten, Ergebnissen kommt, die Art und die **Ursache der Abweichung** zu untersuchen[44]. Der Prüfer hat hierzu festzustellen, ob **79**

- die Abweichungen vertretbar sind, da sie innerhalb der von ihm erwarten Toleranzbandbreite liegen. In diesem Fall kann geschlussfolgert werden, dass die Regelungen innerhalb des gesamten prüfpflichtigen Zeitraums eingehalten wurden und folglich wirksam waren.
- zusätzliche Prüfungshandlungen durchgeführt werden müssen, um während des gesamten prüfpflichtigen Zeitraums auf die Wirksamkeit der Regelungen schließen zu können.

In Fällen, in denen der Prüfer eine Abweichung in den von ihm getesteten Elementen als **80**
**Anomalie** zu werten hat, ist ein hohes Maß an Sicherheit darüber zu erlangen, dass es sich bei dieser Abweichung nicht um einen systematischen Fehler handelt[45]. Hierzu sind

44 Vgl. *IDW PS 920*, Tz. 42.
45 Vgl. *IDW PS 920*, Tz. 43.

die Prüfungshandlungen auszudehnen und ausreichend angemessene Nachweise einzuholen, welche belegen, dass die Anomalie keine Auswirkung auf den Rest der zugrundeliegenden Grundgesamtheit hat.

**81** Sollte während der Prüfung ein **Fehler** festgestellt werden, sind die Prüfungshandlungen auszudehnen, bis Klarheit darüber herrscht, ob es sich um einen berichtspflichtigen Mangel handelt[46].

**82** Auch hat der Prüfer, sollte er Prüfungsnachweise erhalten, die nicht mit den von ihm geplanten Nachweisen in Einklang stehen, auf die er seine initiale **Risikobeurteilung** gestützt hat, seine Risikobeurteilung und die weiteren Prüfungshandlungen entsprechend anzupassen[47].

**83** Abschließend sind *IDW PS 920* folgend, die i.R.d. Prüfungsplanung und -durchführung zum Einsatz kommenden Informationen auf deren Bedeutung und Verlässlichkeit hin zu untersuchen[48]. In Fällen, in denen ein aus einer Quelle stammender **Prüfungsnachweis** nicht mit Prüfungsnachweisen in Einklang steht, die aus einer anderen Quelle stammen oder der Prüfer die Verlässlichkeit von Informationen, die als Prüfungsnachweis verwendet werden sollen, anzweifelt, ist zu entscheiden, wie die Prüfungshandlungen anzupassen bzw. zu ergänzen sind, um den fraglichen Sachverhalt zu klären. Ferner sind die Auswirkungen bezogen auf andere Bereiche der Prüfung einzuschätzen.

## 3.6 Weitere Prüfungsanforderungen

**84** Neben den zuvor beschriebenen Prüfungshandlungen in Form von Aufbau- und Funktionsprüfung, welche dazu dienen, die Angemessenheit und Wirksamkeit des EMIR-Systems zu untersuchen, hat der Prüfer auch **zusätzliche Prüfungsanforderungen** einzuhalten.

### 3.6.1 Verwertung der Arbeit von Sachverständigen des EMIR-Prüfers

**85** Gemäß dem *IDW PS 920* hat der Prüfer, sofern die Beurteilung von bedeutsamen Sachverhalten zusätzliche Sachkenntnisse erfordert, **sachverständige Personen** in die Prüfung einzubinden[49]. Wenn die Arbeitsergebnisse eines Sachverständigen i.R.d. Prüfung zu verwerten sind, hat der Prüfer (vgl. *IDW PS 920*, Tz. 48)

- zu beurteilen, ob der Sachverständige über die Kompetenz, die Fähigkeiten und die Objektivität verfügt, die für die Zwecke der EMIR-Prüfung notwendig sind,
- ein ausreichendes Verständnis von dem Fachgebiet des Sachverständigen zu erlangen,
- mit dem Sachverständigen Art, Umfang und Ziele der Arbeit für die Zwecke der EMIR-Prüfung zu vereinbaren und
- die Eignung der Arbeit des Sachverständigen für die Zwecke der Prüfung des EMIR-Systems zu beurteilen.

### 3.6.2 Verwendung der Ergebnisse der internen Revision

**86** Plant der Prüfer auf Arbeitsergebnisse der **Internen Revision** des prüfpflichtigen Unternehmens zurückzugreifen, so hat er gem. *IDW PS 920*, Tz. 49 zu beurteilen,

46 Vgl. *IDW PS 920*, Tz. 44.
47 Vgl. *IDW PS 920*, Tz. 45.
48 Vgl. *IDW PS 920*, Tz. 46.
49 Vgl. *IDW PS 920*, Tz. 47 f.

- inwieweit ihre organisatorische Stellung und Arbeitsweise die notwendige Objektivität der Internen Revision gewährleisten,
- die notwendige fachliche Kompetenz der internen Revisoren,
- ob die Arbeiten der Internen Revision mit einer systematischen Vorgehensweise und mit der notwendigen berufsüblichen Sorgfalt (einschließlich einer Qualitätssicherung) durchgeführt werden und
- ob die Arbeiten der Internen Revision für Zwecke der Prüfung des EMIR-Systems geeignet sind.

### 3.6.3 Auslagerung von Aufgaben an externe Dienstleister

Sollte das prüfpflichtige Unternehmen gewisse Tätigkeiten i.Z.m. der EMIR-Regulierung an **externe Dienstleister** ausgelagert haben, so sind hiervon i.d.R. die Meldungen an das Transaktionsregister betroffen, welche an den Bankpartner bzw. qualifizierte Dritte ausgelagert werden. Für die Auslagerung von Aufgaben an externe Dienstleister werden im *IDW PS 920* die besonderen Prüfungsanforderungen dargestellt, die sich im Wesentlichen am *IDW PS 331 n.F.* orientieren. 87

### 3.6.4 Ereignisse nach dem Ende des prüfpflichtigen Zeitraums

Der Prüfer hat die Auswirkungen von Ereignissen, die in dem Zeitfenster zwischen dem Ende des prüfpflichtigen Zeitraums und dem Datum der EMIR-Bescheinigung eintreten, zu würdigen[50]. 88

Der Prüfer ist nicht verpflichtet, nach dem Datum der EMIR-Bescheinigung Prüfungshandlungen in Bezug auf die Angemessenheit und Wirksamkeit des EMIR-Systems vorzunehmen[51]. Sollten ihm allerdings Sachverhalte bekannt werden, die auf Mängel oder **zwischenzeitliche wesentliche Änderungen** des EMIR-Systems bzw. auf Fehler oder vermutete Fehler hinweisen, hat er erforderlichenfalls weitere Prüfungshandlungen einzuleiten, um festzustellen, ob zuvor genannte Sachverhalte eine Auswirkung auf die EMIR-Bescheinigung haben. Zusätzlich ist durch den Prüfer zu klären, ob die bekannt gewordenen Informationen den Empfängern der EMIR-Bescheinigung bzw. ggf. auch der BaFin mitzuteilen sind[52]. 89

### 3.6.5 Vollständigkeitserklärung

Der Prüfer hat von den gesetzlichen Vertretern der prüfpflichtigen Gesellschaft eine **VollstE** einzuholen[53]. Mittels dieser bestätigen die gesetzlichen Vertreter, dass dem EMIR-Prüfer alle relevanten Nachweise und Erklärungen i.Z.m. der Angemessenheit und Wirksamkeit des geprüften EMIR-Systems zur Verfügung gestellt worden sind. Dies beinhaltet auch eine Mitteilung über etwaige geplante Änderungen am EMIR-System, die als wesentlich einzustufen sind. Zusätzlich bestätigen die gesetzlichen Vertreter i.R.d. VollstE, ob das geprüfte EMIR-System ihrer Auffassung nach während des gesamten prüfpflichtigen Zeitraums in allen wesentlichen Belangen angemessen und wirksam war. Die VollstE ist kein Ersatz für andere nach *IDW PS 920* durchzuführende Prüfungshandlungen. 90

50 Vgl. *IDW PS 920*, Tz. 60.
51 Vgl. *IDW PS 920*, Tz. 61.
52 Vgl. *IDW PS 920*, Tz. 62.
53 Vgl. hierzu und im Folgenden *IDW PS 920*, Tz. 63.

91 Die VollstE ist **zeitnah** zum Datum der EMIR-Bescheinigung, jedoch nicht nach dem Datum der Bescheinigung durch die gesetzlichen Vertreter der prüfpflichtigen Gesellschaft zu datieren[54].

### 3.6.6 Auswertung der Prüfungsfeststellungen und Bildung des Prüfungsurteils

92 Der EMIR-Prüfer hat i.R.d. Bildung seines Prüfungsurteils zu würdigen, ob zur Beurteilung der Angemessenheit und Wirksamkeit des EMIR-Systems Prüfungsnachweise in ausreichender und angemessener Form erlangt wurden[55]. Sollte dies der Fall sein, hat der Prüfer eine Auswertung der Ergebnisse vorzunehmen und auf Basis dieser sein **Prüfungsurteil** zu fällen. Andernfalls sind durch ihn weitere Nachweise einzuholen. Bei der Bildung des Prüfungsurteiles sind alle Prüfungsnachweise, welche von Relevanz sind, zu berücksichtigen unabhängig davon, ob sich diese positiv oder negativ auf das Prüfungsergebnis auswirken.

93 Sofern die Prüfung keine Mängel aufgedeckt hat, ist durch den Prüfer ein zusammengefasstes Prüfungsurteil **in positiver Form** abzugeben, welches sich über alle Regelungsbereiche erstreckt[56]. Sollte der Prüfer jedoch zu dem Urteil gelangen, dass das EMIR-System in einem Regelungsbereich einen von den anderen Regelungsbereichen abgrenzbaren Mangel aufweist, so hat er für dieses Teilsystem das Prüfungsurteil zu versagen und für die anderen Regelungsbereiche ein positives Prüfungsurteil abzugeben[57]. Ist der Mangel in einem Regelungsbereich nicht von den anderen Regelungsbereichen abgrenzbar und sind in der Folge alle Regelungsbereiche betroffen, so ist das Prüfungsurteil insgesamt zu **versagen**.

94 Ein Prüfungshemmnis liegt vor, wenn der Prüfer keine angemessenen und ausreichenden Prüfungsnachweise erlangen kann[58]. In Fällen, in denen ein Regelungsbereich von einem **Prüfungshemmnis** betroffen ist, dieses aber keine Auswirkungen auf die anderen Regelungsbereiche hat, hat der Prüfer zu erklären, dass für den betroffenen Regelungsbereich kein Prüfungsurteil abgegeben werden kann. Sollten jedoch alle Regelungsbereiche von dem Prüfungshemmnis betroffen sein und folglich kein Gesamturteil abgegeben werden können, ist in der EMIR-Bescheinigung darauf zu verweisen, dass kein Prüfungsurteil erteilt werden konnte.

## 3.7 Dokumentation

95 Der EMIR-Prüfer hat gem. *IDW EPS 920* in einer angemessenen Zeit eine Dokumentation zu seiner Prüfung durchzuführen, die als Nachweis für das in der EMIR-Bescheinigung getroffene Prüfungsurteil dient[59]. Die **Dokumentation** ist derart abzufassen, dass ein sachverständiger Wirtschaftsprüfer, der nicht in die Prüfung eingebunden war, in angemessener Zeit die Art, den Umfang und die zeitliche Einteilung der vorgenommenen Prüfungshandlungen nachvollziehen kann. Auch muss es möglich sein, die Ergebnisse der Prüfungshandlungen, ergänzt um die erhaltenen Prüfungs-

54 Vgl. *IDW PS 920*, Tz. 66.
55 Vgl. *IDW PS 920*, Tz. 68.
56 Vgl. *IDW PS 920*, Tz. 69.
57 Vgl. *IDW PS 920*, Tz. 70.
58 Vgl. *IDW PS 920*, Tz. 71.
59 Vgl. *IDW PS 920*, Tz. 72.

nachweise, sowie bedeutsame Sachverhalte inklusive mit diesen in Zusammenhang stehenden Schlussfolgerungen und Beurteilungen nachzuvollziehen.

Sollte der Prüfer Informationen erhalten, die der abschließenden Beurteilung eines bedeutenden Sachverhaltes der Prüfung entgegenstehen, hat er die in diesem Zusammenhang ergriffenen **Maßnahmen zu dokumentieren**[60]. Das Löschen respektive Entfernen von vorgenommenen Dokumentationen ist nach der abschließenden Zusammenstellung der Dokumentation vor Ablauf der für den Prüfer geltenden Aufbewahrungsfrist unzulässig[61]. Sollte es der Prüfer für notwendig erachten, die bereits abgeschlossene Dokumentation zu ändern bzw. zu ergänzen und dies keine Auswirkung auf die EMIR-Bescheinigung hat, sind die entsprechenden Gründe zu dokumentieren. Zudem muss ersichtlich sein, welche Person die Änderung bzw. Ergänzung vorgenommen hat und wie diese kontrolliert wurde[62]. 96

## 3.8 Berichterstattung

### 3.8.1 Bescheinigung zum EMIR-System

Der Prüfer hat gem. *IDW PS 920* sein Prüfungsurteil zur Eignung des EMIR-Systems in Form einer **schriftlichen Bescheinigung** zu erteilen[63]. In dieser hat eine klare Trennung zwischen dem Prüfungsurteil und anderen Informationen bzw. Erläuterungen, die sich nicht auf das Urteil auswirken, zu erfolgen[64]. 97

Inhaltlich muss die Bescheinigung die folgenden **Bestandteile** umfassen[65]: 98

- Überschrift
- Bescheinigungsempfänger
- Prüfungsauftrag
- Angabe der gesetzlichen Vorschriften zur pflichtgemäßen Ausgestaltung des EMIR-Systems sowie der Klarstellung, dass es sich um gesetzliche Vorschriften für einen speziellen Zweck handelt, daher die in der Bescheinigung aufgeführten Prüfungsfeststellungen sowie das Prüfungsurteil ausschließlich dem Unternehmen zum Nachweis der Erfüllung seiner Prüfungspflicht nach § 20 Abs. 1 WpHG dienen und die Aussagen in der Bescheinigung für andere Zwecke möglicherweise nicht geeignet sind
- ggf. Hinweis auf eine Unterbrechung der Prüfung (vgl. § 9 Abs. 3 GPrüfbV)
- eine Aussage über die inhärenten Grenzen des EMIR-Systems und dessen Beurteilung anhand der gesetzlichen Vorschriften
- Beschreibung der Verantwortlichkeiten der gesetzlichen Vertreter des Unternehmens und des EMIR-Prüfers
- Aussage, dass die Prüfung in Übereinstimmung mit *IDW PS 920* durchgeführt wurde
- Aussage zur Einhaltung der Berufspflichten und zur Anwendung der Anforderungen an die Qualitätssicherung durch die WP-Praxis
- Darstellung von Art und Umfang des Derivategeschäfts und des EMIR-Systems

60 Vgl. *IDW PS 920*, Tz. 73.
61 Vgl. *IDW PS 920*, Tz. 74.
62 Vgl. *IDW PS 920*, Tz. 75.
63 Vgl. *IDW PS 920*, Tz. 76.
64 Vgl. *IDW PS 920*, Tz. 77.
65 Vgl. *IDW PS 920*, Tz. 78 sowie Anlage 2.

- Art und Weise der Auswahlverfahren, Umfang der ausgewählten Elemente sowie Ergebnis der diesbezüglich durchgeführten Prüfungshandlungen (vgl. § 9 Abs. 1 S. 2 Nr. 2 GPrüfbV)
- ausführliche Darstellung der festgestellten Mängel des EMIR-Systems
- zusammenfassendes Prüfungsurteil
- Vorgänge von besonderer Bedeutung (vgl. § 9 Abs. 2 GPrüfbV)
- Datum der Bescheinigung
- Unterschrift, Name und Ort des EMIR-Prüfers.

**99** Bei der Darstellung des Derivategeschäfts und der Ausgestaltung des EMIR-Systems in den einzelnen Regelungsbereichen ist darauf hinzuweisen, dass die Darstellungen auf den seitens des Mandanten zur Verfügung gestellten Informationen basieren und **diesbezüglich kein Prüfungsurteil** abgegeben wird[66].

**100** Bei der Berichterstattung über die Art und Weise der verwendeten Auswahlverfahren, den Umfang der in die Auswahl gelangten Elemente sowie über das Ergebnis der vorgenommenen Prüfungshandlungen hat der Prüfer auch über i.R.d. Prüfung festgestellte **Beanstandungen** zu berichten, bei denen es sich nicht um Mängel handelt[67].

**101** Ferner hat der Prüfer die Pflicht, i.R.d. Prüfung bekannt gewordene **Vorgänge von besonderer Bedeutung**, die im Zeitfenster zwischen dem Ende des prüfpflichtigen Zeitraums und dem Ende des Prüfungszeitraums eingetreten sind, in der Bescheinigung darzustellen[68].

**102** Da es sich bei einer EMIR-Prüfung um eine Vorbehaltsaufgabe gem. § 48 Abs. 1 S. 1 WPO handelt, hat der Prüfer die Bescheinigung zu **siegeln**[69].

### 3.8.2 Weitere Berichterstattung

**103** Der Prüfer hat festzustellen, ob weitere über die Bescheinigung hinausgehende Berichtspflichten, insb. gegenüber der BaFin, bestehen[70]. Insb. ist gem. § 20 Abs. 3 S. 4 WpHG die BaFin zu informieren, wenn dem Prüfer **schwerwiegende Verstöße** gegen die einzuhaltenden EMIR-Vorschriften bekannt werden sollten. Von einem schwerwiegenden Verstoß ist auszugehen, wenn ein objektiv urteilender Prüfer vermuten muss, dass die BaFin bei Kenntnis des Sachverhalts unverzüglich Maßnahmen ergreifen würde.

**104** In den **nachfolgend genannten Fällen** ist durch den Prüfer u.a. ein schwerwiegender Verstoß i.S.d. § 20 Abs. 3 S. 4 WpHG festzustellen[71]:

- Das prüfpflichtige Unternehmen hat an einem Tag einen definierten Schwellenwert bezogen auf die Clearingpflicht überschritten, dies allerdings nicht der nationalen und europäischen Aufsicht in Form der BaFin bzw. ESMA gemeldet.
- Das Unternehmen verfügt über kein EMIR-System, welches die Reglungen zu den Risikominderungstechniken berücksichtigt.

---

66 Vgl. *IDW PS 920*, Tz. 79.
67 Vgl. *IDW PS 920*, Tz. 80.
68 Vgl. *IDW PS 920*, Tz. 81.
69 Vgl. *IDW PS 920*, Tz. 82.
70 Vgl. *IDW PS 920*, Tz. 83.
71 Vgl. *IDW PS 920*, Tz. 84.

- Das Unternehmen hat vorsätzlich keine Meldungen zu Neuabschlüssen, Änderungen und vorzeitigen Beendigungen von Derivatekontrakten an das Transaktionsregister vorgenommen und auch keine Delegationsvereinbarung hierzu getroffen.
- Das prüfpflichtige Unternehmen hat vorsätzlich gegen weitere wesentliche sich aus der EMIR-Regulierung ergebenden Anforderungen verstoßen (z.B. Fälschungen von Bestätigungsschreiben, bewusst fehlerhafte Berechnungen).

Der Prüfer hat im Falle eines schwerwiegenden Verstoßes die **BaFin unverzüglich** in schriftlicher Form zu **informieren** und zu begründen, warum der Sachverhalt als schwerwiegender Verstoß eingeschätzt wird[72]. **105**

Auch hat der Prüfer die BaFin unverzüglich zu informieren, wenn sich das prüfpflichtige Unternehmen **weigern** sollte, die EMIR-Prüfung durchführen zu lassen oder es diese behindert[73]. **106**

Sollte der Prüfer feststellen, dass das Unternehmen im Falle eines in einem **VJ festgestellten Mangels** die entsprechende Bescheinigung nicht unverzüglich der BaFin weitergeleitet hat, hat der Prüfer dies der BaFin ebenfalls unverzüglich mitzuteilen. Zusätzlich hat der Prüfer hierüber in der aktuellen Bescheinigung zu berichten[74]. **107**

72 Vgl. *IDW PS 920*, Tz. 85.
73 Vgl. *IDW PS 920*, Tz. 86.
74 Vgl. *IDW PS 920*, Tz. 87.

# Kapitel S

## Aufträge zur Erstellung von Abschlüssen

Verfasser:
WP StB CVA Dipl.-Kfm. Klaus Bertram, Mannheim

Inhalt Tz.



## 1. Einleitung

### 1.1 Normengerüst

1 § 242 HGB verpflichtet den Kaufmann, einen **Jahresabschluss**, bestehend aus Bilanz und GuV, aufzustellen. §§ 264 Abs. 1, 264a HGB verpflichten die gesetzlichen Vertreter von KapGes. und KapCoGes. darüber hinaus, den JA um einen Anhang zu erweitern[1] und einen LB aufzustellen.[2] Von der Aufstellungspflicht für den JA gibt es bei dem HGB

1 Kapitalmarktorientierte KapGes. (§ 264d HGB) haben zudem den JA um eine KFR und einen EK-Spiegel (sowie wahlweise um eine Segmentberichterstattung) zu erweitern, wenn sie nicht zur Aufstellung eines KA verpflichtet sind, vgl. § 264 Abs. 1 S. 2; *IDW*, WPH Edition, Wirtschaftsprüfung & Rechnungslegung[15], Kap. J Tz. 33 ff.

2 Bestimmte Unternehmen unterliegen bei Überschreiten der Größenkriterien den Aufstellungsgrundsätzen des § 5 PublG für den JA und LB.

unterliegenden Kaufleuten nur die Ausnahme für den Einzelkaufmann i.S.d. § 241a HGB.

Bei Überschreiten bestimmter Größenkriterien[3] sind KapGes. Und KapCoGes. darüber hinaus zur Aufstellung eines **Konzernabschlusses** nach § 290 HGB bzw. eines IFRS-KA nach § 315a HGB verpflichtet[4]. 2

Bestimmte Unternehmen[5] haben außerdem einen Halbjahresfinanzbericht nach § 37w WpHG aufzustellen. Darüber hinaus gibt es eine Vielzahl von vertraglichen Grundlagen[6], die Unternehmen zur Aufstellung von Abschlüssen verpflichten. Häufig werden auch aus eigenen Informationsbedürfnissen heraus freiwillige Abschlüsse von Kaufleuten aufgestellt, z.B. freiwillige KA oder EA nach § 325 Abs. 2a HGB. 3

Die **Aufstellung** eines Abschlusses ist dem Kaufmann bzw. den gesetzlichen Vertretern des Unternehmens vorbehalten und wird durch die Unterzeichnung des JA (§ 245 HGB) dokumentiert. Die Aufstellung beinhaltet auch die Ausübung von Gestaltungsmöglichkeiten (z.B. Ausübung von Bilanzierungs- und Bewertungswahlrechten)[7]. 4

Hiervon zu unterscheiden ist die **Erstellung** von Abschlüssen. Unter Erstellung ist die technische Durchführung der zur Aufstellung des JA erforderlichen Arbeiten zu verstehen, d.h. die Entwicklung von Bilanz und GuV aus der Buchführung sowie die Anfertigung des ggf. zugehörigen Anhangs und weiterer Abschlussbestandteile (z.B. KFR, EK-Spiegel)[8]. Abschlüsse werden regelmäßig nicht von den Personen erstellt, die den Abschluss letztendlich aufstellen (Kaufmann bzw. gesetzliche Vertreter von KapGes. und KapCoGes.), sondern von Sachverständigen, die die maßgeblichen Regelwerke beherrschen. Dies können interne Sachverstände im Unternehmen (z.B. Leiter Finanzbuchhaltung) aber auch externe Sachverständige sein. 5

## 1.2 Wirtschaftsprüfer als Sachverständiger

WP werden aufgrund ihrer umfassenden Kenntnisse auf dem Gebiet der Rechnungslegung häufig mit der Erstellung von JA beauftragt. Die Erstellung des JA durch einen WP wird dabei auch als **Qualitätssignal** für Anteilseigner oder Kreditgeber gesehen. 6

WP haben bei ihrer Tätigkeit den Rechtsrahmen der WPO und die Berufspflichten zu beachten[9]. Namentlich sind dies vor allem die Grundsätze der Unabhängigkeit, Gewissenhaftigkeit, Verschwiegenheit, Eigenverantwortlichkeit und Unparteilichkeit (§ 43 Abs. 1 WPO). § 55b Abs. 1 WPO verpflichtet den WP zudem, ein internes **Qualitätssicherungssystem** zu schaffen, das die Einhaltung der Berufsgrundsätze gewährleistet, dieses zu überwachen und durchzusetzen. Soweit WP Erstellungsaufträge annehmen, haben sie entsprechend für diesen Tätigkeitsbereich in ihrer Praxis einen Prozess der Einrichtung, Durchsetzung und Überwachung eines Qualitätssicherungssystems zu schaffen und angemessen zu dokumentieren[10]. 7

3 Vgl. § 293 HGB.
4 Neben der größenabhängigen Befreiung kommt außerdem eine Befreiung aufgrund eines übergeordneten EU/EWR-KA (§ 291 HGB) oder eines übergeordneten Drittstaaten-KA (§ 292 HGB) in Betracht.
5 Inlandsemittenten, die Aktien oder Schuldtitel i.S.d. § 2 Abs. 1 WpHG begeben.
6 Z.B. Gesellschaftsvertrag, Kreditvertrag, Verträge mit Börsenbetreibern.
7 Vgl. *IDW S 7*, Tz. 1.
8 Vgl. *IDW S 7*, Tz. 7.
9 Vgl. *IDW S 7*, Tz. 2.
10 Zu Einzelheiten vgl. *IDW EQS 1*, Tz. 13 ff.

8 Die Annahme eines Auftrags zur Erstellung eines JA schließt für den WP die Durchführung einer Prüfung oder prüferischen Durchsicht dieses JA aus – auch wenn die Beauftragung auf freiwilliger Basis erfolgen würde –, da dies gegen das **Selbstprüfungsverbot** (§ 33 Abs. 1 BS WP/vBP) verstößt[11].

9 Der WP unterliegt gegenüber dem Mandanten einer vertraglichen **Treuepflicht**, wonach er den Mandanten – auch bei Auftragsart 1 (vgl. Tz. 14) – auf offensichtliche Unrichtigkeiten in den vorgelegten Unterlagen hinzuweisen und über Bestandsgefährdungen oder Gesetzesverstöße von gesetzlichen Vertretern oder Mitarbeitern zu berichten hat[12]. Weiterhin hat er den Auftraggeber erforderlichenfalls über gesetzliche Fristen zur Aufstellung, ggf. Prüfung, Feststellung und Offenlegung von JA und LB aufzuklären[13].

## 2. Erstellung von Jahresabschlüssen

### 2.1 Auftragsannahme

10 Es existieren keine gesetzlichen Vorgaben zum **Auftragsumfang** bei der Erstellung von JA. Entsprechend ist der Auftragsumfang zwischen Auftraggeber und Auftragnehmer frei vereinbar[14]. Dementsprechend sind die vom WP vorzunehmenden Tätigkeiten mit dem Mandanten eindeutig festzulegen und in einem Auftragsbestätigungsschreiben aufzuführen[15]. Ohne hinreichende Konkretisierung des Tätigkeitsumfangs sollte ein Auftrag zur Erstellung eines JA nicht angenommen werden[16].

11 Insbesondere ist im Auftrag zur Erstellung eines JA festzulegen, auf welcher **Grundlage** (Buchführung, Inventuren sowie zu erteilende Auskünfte) und nach welcher Maßgabe

- Handelsrecht,
- Steuerrecht,
- Spezialgesetze (z.B. GmbHG),
- Gesellschaftsvertrag,

der JA vom WP zu erstellen ist[17].

12 Gerade wenn die Ausgangssituation eher untypisch erscheint, ist eine präzise Beschreibung des Tätigkeitsumfangs unerlässlich.

> **Beispiel 1:**
>
> Der WP hat im Verlauf des GJ 01 das Mandat übernommen und führt ab Mai 01 die Finanz-, Lohn- und Anlagenbuchhaltung des Mandanten. Im Auftragsbestätigungsschreiben sollte klar beschrieben werden, dass die Erstellung des JA auf Basis der bis April 01 vorgelegten Buchführung und der ab Mai 01 vom WP durchgeführten Tätigkeiten der Finanz-, Lohn- und Anlagenbuchführung erfolgt.

11 Vgl. zum Selbstprüfungsverbot auch *Dodenhoff* in: Haufe HGB Kommentar[7], § 319 HGB, Rz. 49 f.
12 Vgl. *Kühl/Oeltze* in: Hense/Ulrich, WPO[2], § 43 WPO Rn. 117; § 14 Abs. 2 BS WP/vBP; *IDW S 7*, Tz. 70.
13 Vgl. *IDW S 7*, Tz. 24.
14 Vgl. *IDW S 7*, Tz. 11.
15 Im IDW Praxishandbuch[10], ist als Arbeitshilfe A-4.2.3(3) ein Musterauftragsbestätigungsschreiben für eine Jahresabschlusserstellung veröffentlicht.
16 Vgl. *IDW S 7*, Tz. 13.
17 Vgl. *IDW S 7*, Tz. 14.

Die Beschreibung des Tätigkeitsumfangs im Auftragsbestätigungsschreiben findet ihr 13
Pendant in der als Ergebnis der Erstellung zu erteilenden Bescheinigung des WP (vgl. Tz. 63 ff.).

> **Praxistipp 1:**
> Häufig werden WP neben der Erstellung des JA auch mit der späteren Offenlegung des JA beim BAnz beauftragt. Es kann sich empfehlen, diesen separaten Auftrag mit dem Auftragsbestätigungsschreiben zur Erstellung des JA zusammenzufassen und auch hierbei bereits Vorgaben des Mandanten (z.B. Offenlegung unter maximal zulässiger Inanspruchnahme von Offenlegungserleichterungen) mit aufzunehmen.

Die Vielzahl möglicher Auftragsarten lassen sich nach dem Grad der Beurteilung der 14
dem WP vorgelegten Unterlagen (Belege, Bücher und Bestandsnachweise) unter drei **Auftragsarten** subsumieren[18].

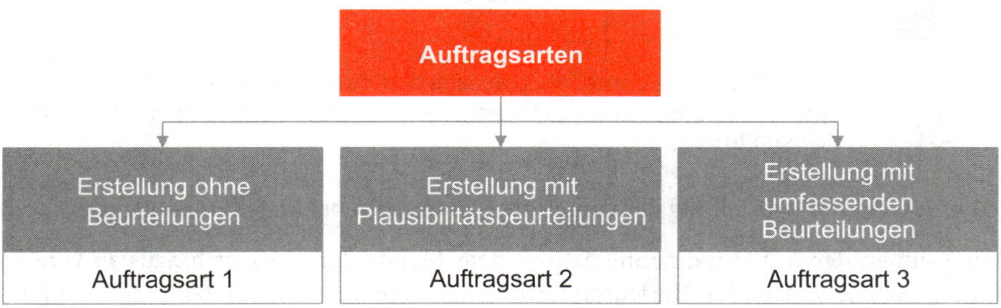


Abb. 1: Auftragsarten von Erstellungen

**Auftragsart 1** (Erstellung ohne Beurteilungen) stellt den Mindestumfang einer Jahres- 15
abschlusserstellung i.S. von *IDW S 7* dar. Gegenstand der Erstellung ohne Beurteilung ist die Entwicklung des JA nach den gesetzlichen Vorgaben aus den vorgelegten Belegen, Büchern und Bestandsnachweisen unter Berücksichtigung der erteilten Auskünfte. Der WP gibt keine Beurteilungen zu den vorgelegten Unterlagen ab. Er hat die bestehenden Wahlrechte und Ermessensspielräume nach den Anweisungen des Auftraggebers auszuüben[19].

Neben der eigentlichen Erstellungstätigkeit erfolgt bei der **Auftragsart 2** (Erstellung mit 16
Plausibilitätsbeurteilungen) eine Plausibilisierung der vorgelegten Belege, Bücher und Bestandsnachweise. Der WP hat hierzu Befragungen und analytische Beurteilungen[20] vorzunehmen, um mit einer gewissen Sicherheit auszuschließen, dass diese Unterlagen nicht ordnungsgemäß sind[21].

Bei einem Erstellungsauftrag der **Auftragsart 3** (Erstellung mit umfassenden Beurtei- 17
lungen) hat sich der WP neben der eigentlichen Erstellungstätigkeit durch geeignete

18 Vgl. *IDW S 7*, Tz. 11.
19 Vgl. *IDW S 7*, Tz. 11.
20 Zum Begriff vgl. *IDW PS 900*, Tz. 10.
21 Vgl. *IDW S 7*, Tz. 11.

Maßnahmen i.S.d. *IDW Prüfungsstandards*[22] von der Ordnungsmäßigkeit der ihm vorgelegten Belege, Bücher und Bestandsnachweise zu überzeugen[23].

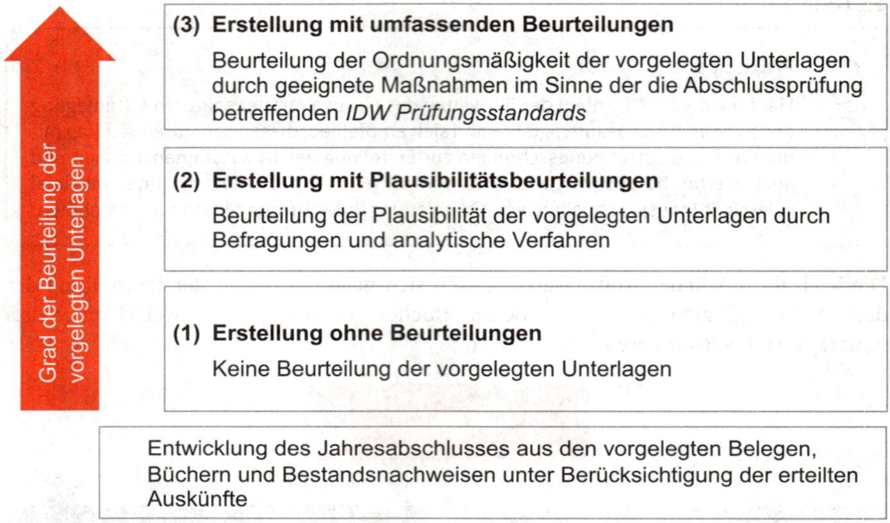


Abb. 2: Grad der Beurteilung der vorgelegten Unterlagen bei Erstellungsaufträgen[24]

**18** Im Rahmen der Auftragsannahme ist mit dem Mandanten darüber hinaus zu vereinbaren, welche **Form der Berichterstattung** erfolgen soll. Ein Erstellungsbericht ist weitgehend üblich, kann aber im Einzelfall vom Mandanten auch abbedungen werden. Werden im Auftragsbestätigungsschreiben keine Festlegungen zur Berichterstattung getroffen, wird der WP wie weitgehend berufsüblich einen Erstellungsbericht erstatten (zu Einzelheiten vgl. Tz. 91), da dies auch die vom Berufsstand empfohlene Vorgehensweise ist[25].

In der Praxis findet sich eine große Bandbreite von Erstellungsberichten insb. betreffend der Anzahl und des Umfangs der Anlagen. Daher empfiehlt es sich – gerade bei Erstmandaten – eindeutig im Auftragsbestätigungsschreiben den vom Mandanten gewünschten Umfang der Berichterstattung zu beschreiben.

**19** Schließlich kann der Erstellungsauftrag auch über die jeweilige Auftragsart (vgl. Tz. 14) **hinausgehende Tätigkeiten** umfassen und entsprechend die Verantwortung des WP erweitern. In Betracht kommt bspw. die Beratung bei der Abfassung des LB. Eine Erstellung des LB durch den WP ist dagegen nicht zulässig, weil dies die originäre Aufgabe der gesetzlichen Vertreter der KapGes. bzw. KapCoGes. ist[26].

---

22 Vgl. hierzu im Einzelnen Tz. 51 ff.
23 Vgl. *IDW S 7*, Tz. 11.
24 Vgl. *Gewehr/Harrison*, WPg 2010, S. 1053 (1054).
25 Vgl. *IDW S 7*, Tz. 15, 68.
26 Vgl. *IDW S 7*, Tz. 10.

In das Auftragsbestätigungsschreiben ist darüber hinaus eine Regelung aufzunehmen, wonach eine Bezugnahme auf die Erstellung durch den WP nur in Verbindung mit dem vollständigen von ihm erstellten JA erfolgen darf[27]. 20

Weiterhin hat der WP sich auszubedingen, dass ihm die benötigten Unterlagen und Auskünfte vollständig gegeben werden. Falls die Erteilung der erforderlichen Informationen durch den Mandanten nicht sichergestellt ist, hat der WP den Auftrag abzulehnen[28]. 21

## 2.2 Auftragsdurchführung

### 2.2.1 Allgemeine Anforderungen

#### 2.2.1.1 Praxisorganisation und Berufsrecht

Die nachfolgenden allgemeinen Anforderungen gelten für alle drei Auftragsarten. Entsprechend hat der WP die berufsrechtlichen Grundsätze zu beachten und ist zur **Einrichtung eines Qualitätssicherungssystems** für das Tätigkeitsgebiet Erstellung von JA verpflichtet[29]. 22

Aus dem Grundsatz der Gewissenhaftigkeit folgt, dass der WP Aufträge zur Erstellung von Abschlüssen nur annehmen darf, wenn er über die **erforderliche Sachkunde** verfügt[30]. Hierzu gehören auch Kenntnisse über die Branche, den Rechtsrahmen und die Geschäftstätigkeit des Auftraggebers. Zur notwendigen Sachkunde gehören darüber hinaus die Kenntnis und Beachtung der für die Erstellung des JA geltenden gesetzlichen Vorschriften, der einschlägigen Bestimmungen des Gesellschaftsvertrags bzw. der Satzung sowie der einschlägigen fachlichen Verlautbarungen[31]. 23

Viele WP oder vBP sind gleichzeitige StB und/oder RA und unterliegen somit mehreren Berufsrechten. Entsprechendes gilt für WPG/BPG, die gleichzeitig als StBG anerkannt sind. Grundsätzlich sind sog. „**Doppelbänder**" an die Einhaltung sämtlicher für diese Berufe bestehender Berufsrechte gebunden[32]. Bei sich deckenden oder überschneidenden Pflichtenkreisen erfordert dies die Einhaltung der jeweils restriktivsten Regelung[33]. Sowohl der Berufsstand der WP mit *IDW S 7* als auch der Berufsstand der StB[34] haben Berufsgrundsätze für die Erstellung von JA veröffentlicht, die aber inhaltlich weitestgehend gleichlautend sind[35], sodass grundsätzlich beide Verlautbarungen für den WP/StB anwendbar sind. Allerdings ist ein WP auch bei Anwendung der BStBK-Ver- 24

27 Vgl. *IDW S 7*, Tz. 16.

28 Vgl. *IDW S 7*, Tz. 17. Der dort in der Fußnote 6 noch enthaltene Verweis auf die *VO 1/2006* ist nunmehr auf *IDW EQS 1*, Abschn. 4.2 zu aktualisieren.

29 *IDW S 7*, Tz. 19, 24, zu Einzelheiten vgl. Tz. 7.

30 Vgl. § 4 Abs. 2 BS WP/vBP.

31 Vgl. *IDW S 7*, Tz. 27, 28.

32 Zu Ausnahmen vgl. *Schnepel* in: *Hense/Ulrich*, WPO, 2. Aufl., vor § 43 ff., Rn. 18.

33 Vgl. BGH v. 04.03.1996 StbSt (R) 4/95, BB 1996, S. 1628.

34 Vgl. Verlautbarung der Bundessteuerberaterkammer zu den Grundsätzen für die Erstellung von Jahresabschlüssen, Beihefter zu Heft 16, DStR 2010.

35 Zu verbleibenden Unterschieden vgl. *Farr/Niemann*, DStR 2010, S. 1095 (1102).

lautbarung nicht von den sich aus der WPO und der BS WP/vBP ergebenden Regelungen und Berufspflichten befreit[36].

> **Praxistipp 2:**
>
> Auch wenn ein WP/StB die Verlautbarung der BStBK heranzieht, ist die Bescheinigung als „Bescheinigung des Wirtschaftsprüfers" zu bezeichnen und gleichsam mit der Berufsbezeichnung „Wirtschaftsprüfer" zu unterzeichnen[37].
> Für Doppelbänder empfiehlt sich vor diesem Hintergrund die Verwendung von *IDW S 7*.

### 2.2.1.2 Erstellungstätigkeit

25 Unabhängig von der Auftragsart umfasst die Erstellung eines JA diejenigen Tätigkeiten, die erforderlich sind, um auf Grundlage der Buchführung und des Inventars die Bilanz und GuV nach den zugrunde liegenden Regelwerken (z.B. HGB, Gesellschaftsvertrag) zu entwickeln sowie ggf. weitere Abschlussbestandteile zu erstellen[38]. Nachfolgende Abbildung gibt einen Überblick über die im Abschlusserstellungsprozess anfallenden Tätigkeiten[39]:

36 Vgl. WPK, WPK-Magazin 3/2010, S. 29 (30); siehe auch *IDW*, WPH Edition, Wirtschaftsprüfung & Rechnungslegung[15], Kap. A Tz. 594.
37 Vgl. WPK, WPK-Magazin 3/2010, S. 30.
38 Vgl. *IDW S 7*, Tz. 21.
39 Vgl. *Almeling/Broer/Küster*, DB 2011, S. 1761 (1765).

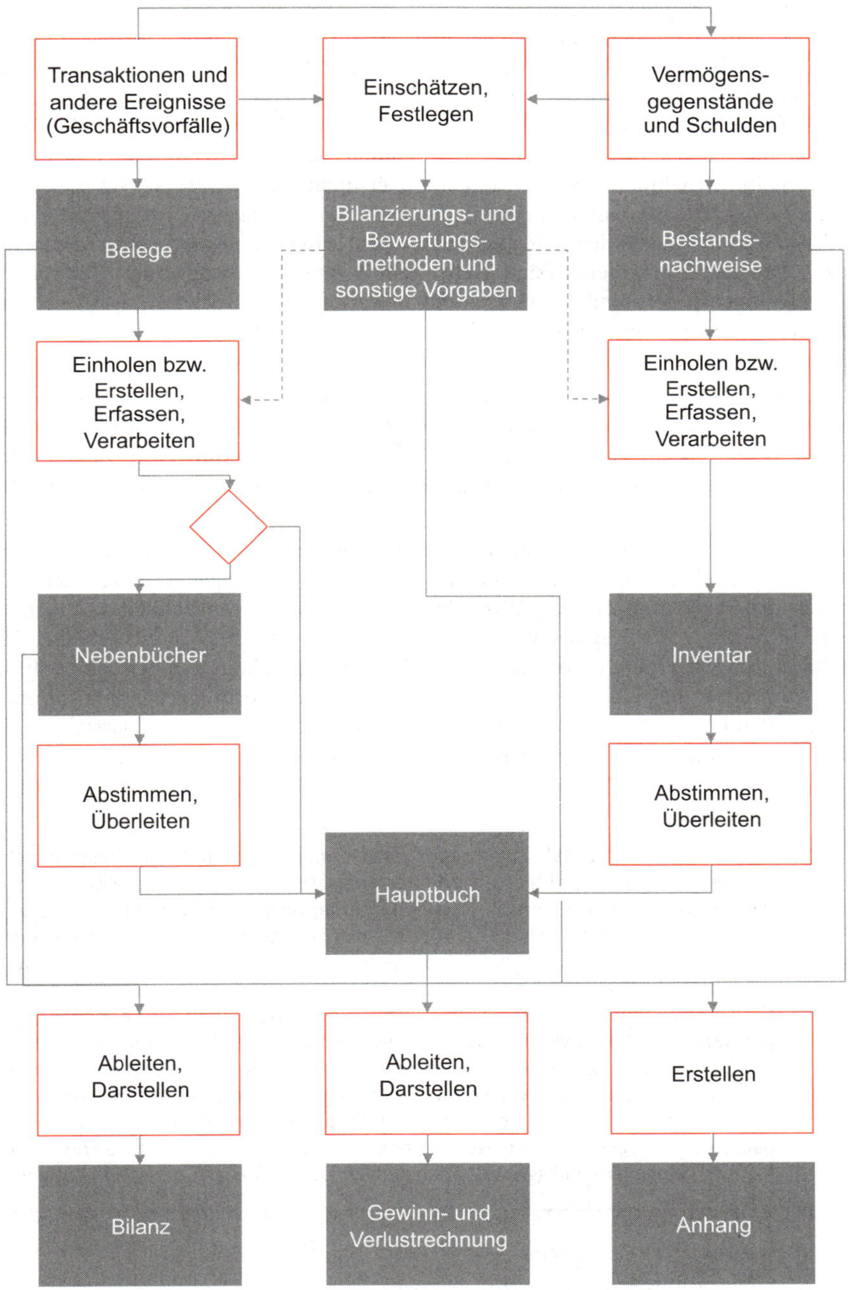


Abb. 3: Tätigkeiten im Rahmen des Abschlusserstellungsprozesses

26 Die Erstellungstätigkeit basiert somit auf der Buchführung, auch wenn diese vom WP (auf Basis eines separaten Auftrags) ebenfalls erstellt ist. Gleiches gilt für das Inventar, das ggf. ebenfalls (zumindest in Teilen) vom WP erstellt worden sein kann (z.B. Anlageninventar, Debitoren-, Kreditoreninventar)[40]. Die Abgrenzung der verschiedenen Aufträge des WP ist insb. deshalb wichtig, da dies Auswirkung auf die zu erteilende Bescheinigung hat. Denn der WP darf Beurteilungen nur für solche Unterlagen bzw. Sachverhalte vornehmen, an deren Erstellung er nicht mitgewirkt hat (vgl. zu Einzelheiten Tz. 44). Die bewusst weit gefasste Formulierung „diejenigen Tätigkeiten, die erforderlich sind“[41] macht deutlich, dass der WP als Sachverständiger zu entscheiden hat, welche Tätigkeiten erforderlich sind. Neben rein technischen Umsetzungen (Bewertung von Vermögensgegenständen, Ansatz und Bewertung von Rückstellungen) gehören insb. die Einholung von Vorgaben und Auskünften des Auftraggebers zu den erforderlichen Tätigkeiten.

27 Ein wesentlicher Gesichtspunkt ist die Einholung von **Vorgaben des Auftraggebers** über die Ausübung materieller und formeller Gestaltungsmöglichkeiten (Ansatz-, Bewertungs- und Ausweiswahlrechte sowie Ermessensentscheidungen). Diese Gestaltungsmöglichkeiten sind vom Auftraggeber auszuüben, da dies ein wesentlicher Bestandteil der Aufstellung des JA ist (vgl. Tz. 4).

Aufgrund der Vielzahl bestehender Gestaltungsmöglichkeiten ist es faktisch unmöglich, für alle im Einzelfall möglichen Optionen Vorgaben des Auftraggebers einzuholen. Dies ist Ausfluss des Grundsatzes der **Wirtschaftlichkeit** und **Wesentlichkeit**[42]. Zudem ist dem Auftraggeber das Bestehen der Gestaltungsoptionen regelmäßig nicht in allen Fällen bekannt. Der WP hat unter Beachtung seiner Treuepflicht gegenüber dem Auftraggeber zumindest diejenigen Gestaltungsoptionen mit dem Auftraggeber abzustimmen, die nach den Umständen des Einzelfalls wesentliche Bedeutung für die Darstellung der Vermögens-, Finanz- und Ertragslage oder eine sonstige Bedeutung haben.

**Praxistipp 3:**

Im Regelfall kann der WP davon ausgehen, dass die GuV nach dem in Deutschland weit verbreiteten Gesamtkostenverfahren aufgestellt wird. Ist die Gesellschaft, für die der JA erstellt werden soll, in einen internationalen Konzern integriert oder halten ausländische Gesellschafter Anteile an dem auftraggebenden Unternehmen, sollte der WP den Auftraggeber auf dieses Wahlrecht mit der Bitte um Entscheidung über das GuV-Format hinweisen.

Gleichermaßen wird bei der Bestimmung von Nutzungsdauern für Vermögensgegenstände des Anlagevermögens regelmäßig in der Handelsbilanz auf die für steuerliche Zwecke aufgestellten AfA-Tabellen zurückgegriffen. Soll der zu erstellende JA in den KA eines ausländischen MU einbezogen werden, hat der WP den Auftraggeber zu Vorgaben zu vom deutschen Steuerrecht abweichenden Nutzungsdauern zu befragen (soweit diese sich innerhalb des handelsrechtlich vertretbaren Rahmens bewegen) und ggf. Auswirkungen auf latente Steuern zu berücksichtigen.

40 Auch wieder auf Basis eines entsprechenden Auftrags.

41 Vgl. *IDW S 7*, Tz. 21.

42 Vgl. *IDW S 7*, Tz. 26. Weiterführend zum Grundsatz der Wesentlichkeit bei JA-Erstellungen vgl. *Hirschberger/Leuz*, DB 2012, S. 2529.

Zu den Gestaltungsoptionen rechnen auch die Anwendung von **Aufstellungs- und Offenlegungserleichterungen** für den JA von Kleinstkapitalgesellschaften[43], kleinen und mittelgroßen Gesellschaften i.S.d. § 267 HGB. Soll der WP den JA einer Personenhandelsgesellschaft erstellen, die weder unter § 264a HGB noch unter die Vorschriften des PublG fällt, ist eine Entscheidung der geschäftsführenden Gesellschafter darüber herbeizuführen, ob und in welchem Umfang die für KapGes. geltenden Vorschriften angewandt werden sollen[44]. 28

Grenzen erfahren die vorgenannten Gestaltungsoptionen durch die bestehenden **Stetigkeitsgebote** für Ansatz, Ausweis und Bewertung[45]. Denn eine Durchbrechung dieser Stetigkeitsgrundsätze ist nur in den gesetzlich zulässigen Fällen erlaubt[46]. An einmal ausgeübte Gestaltungsoptionen ist der Bilanzierende somit grundsätzlich gebunden. 29

Darüber hinaus sind faktische Grenzen bestehender Wahlrechte zu beachten, wie nachfolgendes Beispiel illustriert:

**Beispiel 2:**

Der WP ist mit der Erstellung des JA der XY GmbH beauftragt. Die XY GmbH ist am Abschlussstichtag erstmals als Kleinstkapitalgesellschaft gem. § 267a Abs. 1 HGB zu qualifizieren. Somit kann bei der Erstellung des JA auf einen Anhang als Abschlussbestandteil verzichtet werden[47]. Die XY GmbH hat sich in einem Darlehensvertrag gegenüber einem Kreditgeber verpflichtet, „einen Jahresabschluss, bestehend aus Bilanz, GuV und Anhang" aufzustellen.
Zwar wäre die Inanspruchnahme der Erleichterungsregelung für die XY GmbH rechtlich zulässig. Aufgrund der vorgenannten vertraglichen Verpflichtung ist eine Inanspruchnahme der Erleichterungsregelung wenig sinnvoll. Der WP wird bei Kenntnis des Darlehensvertrags die Geschäftsführung der XY GmbH aufgrund seiner Treuepflicht darauf hinzuweisen haben. Die Entscheidung über die Ausübung der Erleichterungsregelung muss von der Geschäftsführung der XY GmbH getroffen werden.

### 2.2.1.3 Grenzen der Erstellungstätigkeit

Aus dem Grundsatz der Gewissenhaftigkeit folgert weiterhin, dass der WP nicht an erkannten **unzulässigen Wertansätzen und Darstellungen** im JA mitwirken darf[48]. Besteht der Mandant auf derartigen Wertansätzen, so hat der WP dies in geeigneter Weise in seiner Bescheinigung sowie ggf. in seinem Erstellungsbericht zu würdigen oder den Auftrag niederzulegen[49]. Hierbei handelt es sich nicht um ein etwaiges Wahlrecht, sondern die vom WP zu ziehenden Konsequenzen, die sich nach Art und Ausmaß der unzulässigen Wertansätze und Darstellungen richten. 30

43 Vgl. § 267a HGB.
44 Vgl. *IDW S 7*, Tz. 23.
45 §§ 246 Abs. 3, 252 Abs. 1 Nr. 6, 265 Abs. 1 S. 1 HGB.
46 Vgl. hierzu *IDW RS HFA 38*.
47 Vgl. § 264 Abs. 1 S. 5 HGB.
48 § 4 Abs. 1 BS WP/vBP, vgl. auch *IDW S 7*, Tz. 29.
49 Vgl. *IDW S 7*, Tz. 29.

**Beispiel 3:**

Im Zusammenhang mit der Erstellung des JA der XY GmbH befragt der WP den Geschäftsführer der XY GmbH zu einem schwebenden Rechtsstreit. Ein Kunde hat die XY GmbH auf Schadensersatz in Millionenhöhe verklagt. Der rechtliche Berater der XY GmbH hat in einer schriftlichen Beurteilung des Sachverhalts ausgeführt, dass der XY GmbH keinerlei Risiko einer Inanspruchnahme drohe. Der Geschäftsführer der XY GmbH möchte im JA keine Rückstellung für den Sachverhalt ansetzen.
Verbleiben trotz der erhaltenen Auskünfte und Informationen erhebliche Zweifel des WP an der Zulässigkeit des Nichtansatzes, hat er dies in seiner Bescheinigung zum Ausdruck zu bringen.

Bei Festhalten des Mandanten an unzulässigen Wertansätzen hat der WP den **Auftrag** entsprechend **niederzulegen**. Gleiches gilt, wenn der Mandant sich weigert, Unterlagen vorzulegen, die zur Klärung eines Zweifels an der Ordnungsmäßigkeit von Unterlagen erforderlich sind oder entsprechende Auskünfte zu erteilen[50].

31 Hat der WP **Zweifel an der Ordnungsmäßigkeit der vorgelegten Unterlagen**, so hat er diese zu klären, bevor der Erstellungsauftrag beendet werden kann. Soweit sich die Zweifel bestätigen und der Mangel nicht behoben wird, sind die sich daraus ergebenden Auswirkungen auf den JA zu beurteilen und – soweit sie wesentlich sind – in der Bescheinigung zum Ausdruck zu bringen[51].

32 Enthalten in Ausnahmefällen die Buchführung, die Inventuren oder andere, nicht in den Auftrag eingeschlossene Teilbereiche des Rechnungswesens (z.B. die Kostenrechnung) **schwerwiegende, in ihren Auswirkungen nicht abgrenzbare Mängel, die nicht behoben werden können**, sind dem Mandanten diese Mängel schriftlich mitzuteilen. Eine Bescheinigung darf nicht erteilt werden. Der WP hat außerdem zu entscheiden, ob der Auftrag ggf. zu kündigen ist[52].

### 2.2.1.4 Fortführungsannahme

33 Das Verbot der Mitwirkung an unzulässigen Wertansätzen und Darstellungen bedingt, dass der WP sich auch mit der **Annahme der Unternehmensfortführung**[53] zu beschäftigen hat[54]. Der WP hat als Sachverständiger bei der Erstellung des JA zu beurteilen, ob bei der Bewertung von der Fortführung der Unternehmenstätigkeit auszugehen ist[55]. Dies gilt – wie sämtliche allgemeinen Anforderungen – für alle Auftragsarten. Allerdings ist bei einer Erstellung des JA nach Auftragsart 1 die notwendige Würdigungstiefe deutlich geringer als bei einer Erstellung mit Plausibilitätsbeurteilungen oder einer Erstellung mit umfassenden Beurteilungen. Entsprechend wird es i.R.d. Auftragsart 1 als ausreichend angesehen, „wenn die gesetzlichen Vertreter Zweifel des erstellenden WP

50 Vgl. § 4 Abs. 4 BS WP/vBP.
51 Vgl. *IDW S 7*, Tz. 30, 31.
52 Vgl. *IDW S 7*, Tz. 31.
53 § 252 Abs. 1 Nr. 2 HGB.
54 Vgl. *Almeling/Boer/Küster*, DB 2011, S. 1761 (1762); *IDW S 7*, Tz. 29.
55 Vgl. LG Wuppertal v. 06.07.2011, 3 O 359/10, openJur 2012, 80926.

an der Angemessenheit der Annahme der Fortführung der Unternehmenstätigkeit mit plausiblen Gründen ausräumen können"[56].

**Beispiel 4:**

Der WP stellt nach Durchführung notwendiger Abschlussbuchungen bei der Erstellung (ohne Beurteilungen) des JA 01 der XY GmbH fest, dass aufgrund des in 01 erzielten Verlustes eine bilanzielle Überschuldung vorliegt. Auf Befragen erklären die gesetzlichen Vertreter, dass sie für das lfd. Jahr eine deutliche Ergebnisverbesserung aufgrund zweier neu gewonnener Kunden erwarten und legen hierzu eine Planungsrechnung für das Jahr 02 vor, die diese Erwartung stützt.
Der WP ist nicht verpflichtet, die Unternehmensplanung zu plausibilisieren. Soweit diese zum Ausgleich der bilanziellen Unterdeckung führt und keine offenbaren Unrichtigkeiten enthält, kann er auf die Angemessenheit der Aussage der gesetzlichen Vertreter vertrauen.

Der WP kann nicht davon ausgehen, dass der Mandant über die Voraussetzungen der Zulässigkeit der Fortführungsannahme im Detail informiert ist. Insofern obliegt es ihm, die notwendigen Informationen einzuholen. Er hat den Mandanten auf das Erfordernis hinzuweisen, bei Vorliegen eines Insolvenzeröffnungsgrunds[57] einen entsprechenden Antrag zu stellen oder rechtliche Beratung hierzu einzuholen[58]. 34

**Hinweis 1:**

Der WP hat ausreichende Informationen einzuholen, die die Annahme der Unternehmensfortführung angemessen erscheinen lassen. Erst dann kann er eine Bescheinigung zu dem von ihm zu erstellenden JA abgeben[59]. Ob sich Auswirkungen auf die zu erteilende Bescheinigung ergeben, muss von ihm dann beurteilt werden (vgl. Tz. 75).
Ist die Fortführungsannahme nicht angemessen, darf der WP den JA nur unter Zerschlagungsgesichtspunkten erstellen[60].

Bei den Auftragsarten 2 und 3 hat der WP demgegenüber Plausibilitätsbeurteilungen bzw. umfassende Beurteilungen vorzunehmen. Dies gilt entsprechend für die Beurteilung der Fortführungsannahme, sodass die für die Abschlussprüfung geltenden Grundsätze analog heranzuziehen sind[61]. 35

56 Vgl. *HFA*, FN-IDW 2015, S. 239. Zu den Besonderheiten bei der Beurteilung der Fortführungsannahme im Rahmen von Auftragsart 1 siehe auch *Harrison/Solmecke*, WPg 2016, S. 1266.

57 Vgl. hierzu *IDW S 11*.

58 Vgl. *Harrison/Solmecke*, WPg 2016, S. 1266 (1269); BGH v. 26.01.2017, IX ZR 285/14, DStR 2017, S. 942, in dem der BGH entsprechende Hinweispflichten des mit der Erstellung eines JA beauftragten StB konstatiert.

59 Vgl. auch *Böhmer/Metzing*, DStR 2015, S. 1824 (1826), die auf Basis der Stellungnahme der BStBK zu den Grundsätzen für die Erstellung von JA dies entsprechend darlegen.

60 Vgl. hierzu im Einzelnen *IDW RS HFA 17*.

61 Vgl. *IDW PS 270*.

### 2.2.2 Besondere Anforderungen

#### 2.2.2.1 Beurteilungen

36 **Beurteilungen** von Unterlagen oder Sachverhalten darf der WP nur vornehmen, soweit er am Zustandekommen dieser Unterlagen nicht beteiligt gewesen ist, da er ansonsten gegen das Selbstprüfungsverbot verstößt[62]. Soweit in den nachfolgenden Auftragsarten vom WP Beurteilungen vorgenommen werden sollen, dürfen sich diese nur auf nicht von ihm erstellte Unterlagen oder Sachverhalte beziehen. Dies ist entsprechend bei der Auftragsannahme (vgl. Tz. 10 ff.) zu berücksichtigen.

#### 2.2.2.2 Erstellung ohne Beurteilungen (Auftragsart 1)

37 Eine Erstellung nach der Auftragsart 1 umfasst die Ableitung der Bilanz und Gewinn- und Verlustrechnung sowie die Erstellung des Anhangs und ggf. weiterer Abschlussbestandteile auf Basis der Buchführung, des Inventars sowie der Vorgaben zu den anzuwendenden Bilanzierungs- und Bewertungsmethoden (vgl. Tz. 25).

38 Zu den vorgelegten Unterlagen hat der WP entsprechend des Auftrags **keine Beurteilung** zu deren Ordnungsmäßigkeit oder Plausibilität abzugeben. Entsprechend umfasst der Auftrag keine Beurteilung der Angemessenheit oder Wirksamkeit interner Kontrollen sowie der Ordnungsmäßigkeit der Buchführung[63]. Der WP ist somit lediglich für die **regelkonforme Entwicklung** des JA aus den vorgelegten Unterlagen unter Berücksichtigung der erhaltenen Informationen sowie die von ihm vorgenommenen Abschlussbuchungen verantwortlich.

39 Erstellungen von JA erfordern regelmäßig die Vornahme von **Abschlussbuchungen**. So werden bspw. Abschreibungen berechnet, Wertberichtigungen gebildet bzw. aufgelöst und Rückstellungen bewertet und in entsprechende Abschlussbuchungen umgesetzt. Bei der Auftragsart 1 beziehen sich diese Abschlussbuchungen auf die vorgelegten Unterlagen und erteilten Auskünfte ohne eine Beurteilung ihrer Richtigkeit[64].

**Beispiel 5:**

Der WP lässt sich zur Berechnung der Urlaubsrückstellung vom Auftraggeber den am Abschlussstichtag noch offenen Jahresurlaub sowie die Bruttogehälter für die Mitarbeiter vorlegen. Auf Basis dieser Daten berechnet er die Urlaubsrückstellung und führt eine entsprechende Abschlussbuchung durch.
Es besteht bei der Auftragsart 1 keine Notwendigkeit, die Höhe der Urlaubsrückstellung zu plausibilisieren (z.B. durch Vorjahresvergleich).

40 Die Übernahme vom Auftraggeber erhaltener Informationen stößt dann an Grenzen, wenn es sich um **offensichtliche Unrichtigkeiten** handelt. Diese können in den vorgelegten Unterlagen oder den erteilten Auskünften bestehen. Fallen derartige offensichtliche Unrichtigkeiten dem WP auf, hat er den Auftraggeber darauf hinzuweisen, Vorschläge zur Korrektur zu unterbreiten und auf die entsprechende Umsetzung im JA zu achten, sofern er sie nicht ohnehin selbst i.R.d. Erstellung vornimmt[65].

62 Vgl. § 33 Abs. 1 BS WP/vBP.
63 Vgl. *IDW S 7*, Tz. 34.
64 Vgl. *IDW S 7*, Tz. 35.
65 Vgl. *IDW S 7*, Tz. 36.

**Beispiel 6:**

Fortführung des Beispiels 5: Der WP erhält vom Auftraggeber die Liste der Arbeitnehmer mit den am Abschlussstichtag ausstehenden Urlaubstagen. Bei zwei Mitarbeitern ist eine Anzahl von 100 Tagen Resturlaub angegeben, also mehr als das Dreifache eines Jahresurlaubs.
Hier ist der WP angehalten nachzufragen, ob es sich hier um einen Übermittlungsfehler, Zahlendreher o. ä. handelt, um sicherzustellen, dass hier keine überhöhte Rückstellung im JA gebildet wird. Liefert der Auftraggeber eine plausible Erklärung, warum die jeweils 100 Tage Resturlaub tatsächlich zutreffend sind, kann der WP ohne weitere Plausibilisierung die Urlaubsrückstellung auf dieser Basis berechnen und eine entsprechende Abschlussbuchung vornehmen.

Bezüglich der Annahme der Unternehmensfortführung wird auf Tz. 33 verwiesen. 41

### 2.2.2.3 Erstellung mit Plausibilitätsbeurteilungen (Auftragsart 2)

Die Auftragsarten 1 bis 3 bauen aufeinander auf, d.h. Auftragsart 2 ist Auftragsart 1 plus 42
die Vornahme von Plausibilitätsbeurteilungen. Insoweit sind die Ausführungen unter Tz. 37 ff. entsprechend bei Auftragsart 2 zu beachten. Darüber hinaus sind neben den eigentlichen Erstellungstätigkeiten Plausibilitätsbeurteilungen[66] der vorgelegten Unterlagen vorzunehmen. Unter Plausibilitätsbeurteilungen sind die Durchführung von Befragungen und analytische Beurteilungen zu verstehen[67].

**Analytische Beurteilungen** umfassen die Plausibilisierung von Verhältniszahlen und 43
Trends, durch die Beziehungen von relevanten Daten eines Unternehmens zu anderen Daten aufgezeigt sowie auffällige Abweichungen festgestellt werden. Hierzu gehört bspw. die Untersuchung von Schwankungen und Zusammenhängen, die in Widerspruch zu anderen einschlägigen Informationen stehen oder von erwarteten Beträgen abweichen[68]. Mit analytischen Beurteilungen lassen sich keine Aussagen über Einzelsachverhalte treffen. Vielmehr dienen sie zur Beurteilung der Konsistenz und der wirtschaftlichen Plausibilität einer Gesamtheit von Geschäftsvorfällen oder Bestandsgrößen. Dies erfolgt, indem versucht wird, auffällige Abweichungen der im JA ausgewiesenen Beträge von erwarteten Größen oder ungewöhnliche Veränderungen im Zeitablauf festzustellen[69].

Aufgrund des Selbstprüfungsverbots darf der WP nur solche Unterlagen auf Plausibilität 44
beurteilen, an deren Erstellung er nicht selbst mitgewirkt hat. Bei den ihm vorgelegten Unterlagen hat er aber entsprechende Beurteilungen durchzuführen, um mit einer gewissen[70] Sicherheit ausschließen zu können, dass die ihm vorgelegten Unterlagen nicht ordnungsgemäß sind. Darüber hinaus gehende Beurteilungen von erhaltenen Auskünften und sonstigen Unterlagen sind nur dann erforderlich, wenn Anzeichen für

66 Zum Begriff vgl. *IDW PS 900*, Tz. 10.
67 Vgl. *IDW S 7*, Tz. 37.
68 Vgl. *IDW PS 300 n.F.*, Tz. A20.
69 Vgl. *Marten/Quick/Ruhnke*, Wirtschaftsprüfung[5], S. 330.
70 Zur hinreichenden Sicherheit vgl. Tz. 51 ff.

mögliche wesentliche Fehler in den Informationen bestehen oder Hinweise auf falsche Auskünfte vorliegen[71].

**45** Als **Mindestumfang erforderlicher Plausibilisierung** hat sich die Vornahme folgender Maßnahmen herausgebildet[72]:

- Befragung nach den angewandten Verfahren zur Erfassung und Verarbeitung von Geschäftsvorfällen im Rechnungswesen,
- Befragung zu allen wesentlichen Abschlussaussagen[73],
- Analytische Beurteilungen der einzelnen Abschlussaussagen (z.B. Vergleiche mit Vorjahreszahlen, Kennzahlenvergleiche),
- Befragung nach Gesellschafter- bzw. Aufsichtsratsbeschlüssen mit Bedeutung für den JA,
- Abgleichung des Gesamteindrucks des JA mit den im Verlauf der Erstellung erlangten Informationen.

**46** Welche Maßnahmen im konkreten Fall erforderlich sind, hat der WP nach dem Grundsatz der Eigenverantwortlichkeit zu entscheiden[74]. Hierbei wird regelmäßig auch der Grundsatz der Wesentlichkeit (vgl. Tz. 27) sowie das Fehlerrisiko der jeweiligen Abschlussaussage zu berücksichtigen sein[75].

**47** Kennzeichen einer analytischen Beurteilung sind die Bildung eines Erwartungswertes und der Vergleich des Erwartungswerts mit dem tatsächlich im JA ausgewiesenen (Posten-)Wert. Derartige Erwartungswerte können zum einen aus den Vorjahresabschlüssen entwickelt und zum anderen aus sonstigen Daten abgeleitet werden[76]:

a) Entwicklung des Erwartungswerts aus vergangenen JA
   - Vorjahresvergleich
   - Kennzahlenanalyse
   - Trendanalyse
   - Regressionsanalyse
   - Box-Jenkins-Zeitreihenanalyse

b) Entwicklung des Erwartungswerts aus sonstigen Daten
   - Benchmarking
   - Planzahlen des Mandanten
   - betriebliche Daten des Mandanten[77].

**48** Durch die Einholung von relevanten Auskünften bei sachkundigen unternehmensinternen und -externen Personen in Form von **Befragungen** können Sachverhalte bzw. Informationen bestätigt oder widerlegt werden[78].

---

71 Vgl. *IDW S 7*, Tz. 38, 39.

72 Vgl. *IDW S 7*, Tz. 40.

73 Zu Beispielen für Abschlussaussagen vgl. *FA zu ISA 505 bzw. IDW PS 302 n.F.*, Abschn. 3.3.

74 Beispiele für detaillierte Maßnahmen zur Beurteilung der Plausibilität können der IDW Arbeitshilfe zur prüferischen Durchsicht von Abschlüssen entnommen werden (Beilage zu FN-IDW 4/2002), abrufbar auch unter www.idw.de im Mitgliederbereich in der Rubrik Themen/Assurance /Arbeitshilfen.

75 Vgl. *IDW S 7*, Tz. 41.

76 Vgl. *Marten/Quick/Ruhnke*, Wirtschaftsprüfung[5], S. 336 ff.

77 Z.B. Bildung von Verhältniszahlen zwischen finanziellen und nicht-finanziellen Informationen, wie das Verhältnis von Lohn- und Gehaltskosten zur Anzahl der Arbeitnehmer. Vgl. hierzu auch *IDW PS 312*, Tz. 8 ff.

78 Vgl. *IDW PS 300 n.F.*, Tz. A21.

> **Beispiel 7:**
>
> Im Rahmen der Erstellung des JA stellt der WP fest, dass die GmbH in einen Rechtsstreit mit einem Kunden von erheblicher Größenordnung involviert ist. Die Befragung des Geschäftsführers und des Vertriebsleiters führt zu widersprüchlichen Aussagen. Der WP entscheidet aufgrund der Wesentlichkeit und des Fehlerrisikos, den RA der GmbH über dessen Einschätzung der Erfolgsaussichten des Rechtsstreits zu befragen.

Hauptaugenmerk der Befragungen liegt auf dem Erhalt der für die Auftragsdurchführung erforderlichen Kenntnisse über das rechnungslegungsbezogene IKS. Die Durchführung eigenständiger Aufbau- und Funktionsprüfungen ist jedoch nicht erforderlich[79]. Hierbei werden zumeist Auskünfte von Mitarbeitern des Unternehmens zu den Abläufen im Unternehmen bei der Aufzeichnung, Einordnung und Zusammenfassung von Geschäftsvorfällen und beim Zusammentragen von Informationen zur Darstellung im JA vorgenommen[80].

49 Aufgrund des Verbots der Mitwirkung an unzulässigen Wertansätzen hat der WP bei **Zweifeln an der Ordnungsmäßigkeit** der Grundlagen des JA diesen nachzugehen. Stellt er hierbei Fehler in den Grundlagen des zu erstellenden JA fest, hat der WP Korrekturvorschläge zu unterbreiten und die entsprechende Umsetzung im JA vorzunehmen[81].

50 Beziehen sich die Zweifel des WP auf die Annahme der Unternehmensfortführung, hat der WP über die für die Auftragsart 1 erforderlichen Maßnahmen hinaus die Plausibilität der ihm vom Auftraggeber erteilten Auskünfte zu beurteilen. Hierzu wird er sich regelmäßig die die **Annahme der Unternehmensfortführung** rechtfertigenden Unterlagen vorlegen lassen (z.B. Unternehmensplanung, Auftragsbestandslisten, Einsichtnahme in Wertgutachten für Vermögensgegenstände, bei denen erhebliche stille Reserven vermutet werden) und diese auf Plausibilität beurteilen[82].

### 2.2.2.4 Erstellung mit umfassenden Beurteilungen (Auftragsart 3)

51 Bei Auftragsart 3 hat der WP bei der Erstellung des JA umfassende Beurteilungen der vorgelegten Unterlagen vorzunehmen[83]. Diese Beurteilungen müssen es dem WP ermöglichen, **hinreichende Sicherheit**[84] über die Ordnungsmäßigkeit der vorgelegten Unterlagen zu erlangen. Hinreichende Sicherheit ist ein aus der Prüfungsmethodologie bekannter Begriff. Entsprechend hat der WP im Rahmen eines Auftrags zur Erstellung eines JA mit umfassenden Beurteilungen die aus der Abschlussprüfung bekannten Maßnahmen vorzunehmen, um diese hinreichende Sicherheit bezüglich der vorgelegten Belege, Bücher und Bestandsnachweise zu erlangen. Dies setzt eine sachgerechte Planung und Durchführung dieser Maßnahmen voraus.

52 Bei einer Erstellung des JA mit umfassenden Beurteilungen ist die **Ordnungsmäßigkeit der vorgelegten Buchführung** und die Angemessenheit und Wirksamkeit des rech-

79 Vgl. *IDW S 7*, Tz. 42.
80 Vgl. auch *IDW PS 900*, Tz. 21.
81 Vgl. *IDW S 7*, Tz. 44.
82 Vgl. hierzu *IDW PS 270*, Tz. 19 ff.
83 Vgl. *IDW S 7*, Tz. 45.
84 Zum Begriff: vgl. *IDW PS 200*, Tz. 25.

nungslegungsrelevanten IKS zu beurteilen[85]. Diese Beurteilungen sind nach den für Abschlussprüfungen entwickelten Grundsätzen vorzunehmen[86].

**53** In Abhängigkeit von den Feststellungen des WP zum Fehlerrisiko sind Umfang und Intensität der auf die Buchführung gerichteten Tätigkeiten auszurichten[87]. Da die Buchführung regelmäßig mit IT-Unterstützung[88] vorgenommen wird und häufig auch Auslagerungen auf Dienstleistungsunternehmen erfolgen, sind die diesbezüglichen Prüfungsgrundsätze zu beachten[89].

**54** Das Ergebnis der Beurteilungen der Bestandsnachweise und Bücher auf Ordnungsmäßigkeit findet seinen Ausdruck in der vom WP zu erteilenden Bescheinigung (vgl. Tz. 73).

**55** Wie bei allen Auftragsarten, darf der WP Beurteilungen nur für solche Sachverhalte bzw. Unterlagen vornehmen, an deren Zustandekommen er nicht beteiligt ist (Selbstprüfungsverbot[90]). Entsprechend darf der WP keine Beurteilung der Ordnungsmäßigkeit der Buchführung vornehmen, wenn er diese erstellt hat[91].

**56** Hinsichtlich der Ordnungsmäßigkeit der vorgelegten Belege, Bücher und Bestandsnachweise hat der WP durch geeignete Maßnahmen die erforderliche hinreichende Sicherheit zu erlangen[92]. Exemplarisch sind zu nennen:

- Bei wesentlicher Bedeutung der Vorräte für den JA hat der WP die **körperliche Bestandsaufnahme** zu beobachten[93].
- Bei für von Dritten verwaltete Vorräte (z.B. Konsignationslager) kann die Einholung einer **Bestätigung des Verwahrers** nach der Einschätzung des Fehlerrisikos des WP erforderlich sein[94].
- Abhängig von der Entscheidung des WP sind **Saldenbestätigungen für Forderungen und Verbindlichkeiten** einzuholen[95].
- **Bankbestätigungen** sind für alle Arten der geschäftlichen Beziehungen des Unternehmens mit Kreditinstituten (bzw. deren jeweiliger Niederlassung) einzuholen[96].
- Falls der WP ein Fehlerrisiko i.Z.m. Rechtsstreitigkeiten oder Ansprüchen festgestellt hat oder wenn durchgeführte Beurteilungshandlungen darauf hindeuten, dass möglicherweise andere wesentliche Rechtsstreitigkeiten anhängig sind oder Ansprüche gegen das Unternehmen geltend gemacht werden, hat der WP eine **Rechtsanwaltsbestätigung** der externen Rechtsberater des Unternehmens einzuholen[97].
- Der WP hat **Informationen über bestehende Risiken** hinsichtlich der Bewertung von Vermögensgegenständen und Schulden sowie zur Bildung und Bewertung von Rückstellungen einzuholen und einzuschätzen. Hierzu muss er bspw. beurteilen, ob

85 Vgl. *IDW S 7*, Tz. 46.
86 Vgl. hierzu *IDW PS 261 n.F.*
87 Vgl. *IDW S 7*, Tz. 47.
88 Vgl. Im Einzelnen hierzu *IDW RS FAIT 1*.
89 Vgl. *IDW PS 330*; *IDW PS 331 n.F.*
90 Vgl. § 33 Abs. 1 BS WP/vBP.
91 Vgl. *IDW S 7*, Tz. 48. Zu der in diesem Fall zu erteilenden Bescheinigung vgl. Tz. 87.
92 Vgl. *IDW S 7*, Tz. 49.
93 Vgl. *IDW PS 301*.
94 Vgl. *IDW PS 302 n.F.*, Tz. 19.
95 Vgl. *IDW PS 302 n.F.*, Tz. 7.
96 Vgl. *IDW PS 302 n.F.*, Tz. 20, zu Ausnahmen vgl. Tz. 23.
97 Vgl. *IDW PS 302 n.F.*, Tz. 25.

die gesonderte Erfassung risikobehafteter Vermögensgegenstände bei der Aufstellung der Inventare sichergestellt ist. Gleichermaßen kommt die Durchsicht von Verträgen über Liefer- und Leistungsbeziehungen auf ungewisse Verbindlichkeiten oder möglicher drohender Verluste in Betracht[98].

Bestehen Zweifel an der **Angemessenheit der Fortführungsannahme**[99], hat der WP 57
diesen Zweifeln nachzugehen und sich von den gesetzlichen Vertretern diejenigen Auskünfte und Unterlagen zu beschaffen und zu plausibilisieren, die nach den für die Abschlussprüfung geltenden Grundsätzen erforderlich sind[100]. Soweit das Unternehmen in der Vergangenheit nachhaltig Gewinne erzielt hat, leicht auf finanzielle Mittel zurück greifen kann und keine Überschuldung droht, kann die Annahme der Unternehmensfortführung grundsätzlich als zutreffend beurteilt werden, sodass der WP keine weiteren Beurteilungen vornehmen muss[101].

**Hinweis 2:**

Auch in den „unproblematischen" Fällen ist dem WP zu empfehlen, sich von den gesetzlichen Vertretern bestätigen zu lassen, dass ihnen keine Anhaltspunkte vorliegen, die Zweifel an der Fortführungsannahme begründen. Zweckmäßigerweise kann dies durch Verwendung standardisierter VollstE erfolgen (vgl. Tz. 61).

### 2.2.3 Dokumentation und Vollständigkeitserklärung

§ 239 Abs. 2 HGB verpflichtet den Kaufmann u.a. seine Handelsbücher vollständig zu 58
führen[102]. Dementsprechend stellen die Unterlagen über das Zustandekommen des JA notwendige Bestandteile der Buchführung und der Rechnungslegung des bilanzierenden Unternehmens dar und sind diesem entsprechend auszuhändigen[103]. Die **Abschlussunterlagen** müssen ein lückenloses Nachvollziehen der Entwicklung des JA aus Buchführung und Inventar bzw. den vorgelegten Unterlagen ermöglichen[104].

**Praxistipp 4:**

Der WP erstellt den JA der XY GmbH. Hierzu führt er u.a. Rückstellungsberechnungen auf Basis der vorgelegten Unterlagen und erteilten Auskünfte durch. Die Rückstellungsberechnungen stellen notwendigen Bestandteil der Buchführung dar („keine Buchung ohne Beleg") und sind entsprechend dem Mandanten auszuhändigen.

Es kann sich empfehlen nach Abschluss der Erstellungstätigkeiten dem Mandanten eine vollständige Dokumentation zu den durchgeführten Abschlussbuchungen zu überlassen, damit dieser seine Buchführungsunterlagen entsprechend vollständig hat. Dann entfällt die manchmal zeitaufwendige Suche dieser Unterlagen, wenn der Auftraggeber – z.B. im Rahmen steuerlicher Außenprüfungen – Rückstellungsberechnungen vom WP anfordert.

---

98 Vgl. *IDW S 7*, Tz. 49.

99 § 252 Abs. 1 Nr. 2 HGB.

100 Vgl. *IDW PS 270* sowie *IDW*, WPH Edition Insolvenz und Sanierung, Abschn. D.

101 Vgl. *IDW PS 270*, Tz. 9 und 16.

102 Zu Einzelheiten vgl. *Graf* in: Haufe HGB-Kommentar[7], § 239 HGB, Rz. 15.

103 Im Einzelfall kann mit dem Auftraggeber auch gesondert vereinbart werden, dass die Abschlussunterlagen beim WP aufbewahrt werden.

104 Vgl. *IDW S 7*, Tz. 50.

59 Der WP hat bei der Vornahme von **Abschlussbuchungen** sicherzustellen, dass diese in der Buchführung des Mandanten – sofern diese nicht vom WP geführt wird – erfasst wird, um dem Grundsatz der Vollständigkeit der Buchführung zu entsprechen. Demgemäß hat er dem Mandanten die Abschlussbuchungen zu überlassen.

60 Der WP hat nach dem Grundsatz der Gewissenhaftigkeit[105] die Erstellung des JA angemessen zu dokumentieren. Die i.R.d. Erstellung vorgenommenen Tätigkeiten einschließlich der vorgenommenen Beurteilungshandlungen nach Art, Umfang und Ergebnis sind in den **Arbeitspapieren** des WP angemessen zu dokumentieren. Soweit im Einzelfall der Erstellungsbericht (vgl. Tz. 91 ff.) diese Dokumentationspflichten erfüllt, ist dies ebenfalls ausreichend[106].

61 Unabhängig von der Auftragsart hat der mit der Erstellung des JA beauftragte WP von den gesetzlichen Vertretern des beauftragenden Unternehmens bzw. dem Kaufmann eine **Vollständigkeitserklärung** einzuholen[107]. Die VollstE hat sich auf die Gesamtheit der erteilten Informationen zu erstrecken, d.h. auf die Belege, Bücher, Bestandsnachweise und Auskünfte. Ergänzungen sind sachverhaltsabhängig vorzunehmen. Standardisierte VollstE[108] sind im Einzelfall je nach Auftrag zu ändern oder zu ergänzen.

62 Bei der Einholung der VollstE hat der WP darauf zu achten, dass den gesetzlichen Vertretern des auftraggebenden Unternehmens bzw. dem Kaufmann als Grundlage der Erklärung der **Entwurf des JA** und die Abschlussunterlagen sowie der Entwurf des Erstellungsberichts vorgelegt werden. Die Erstellung des JA durch den WP ändert nichts an der Verantwortung des für die Buchführung und den JA zuständigen Organs für die Vollständigkeit und Richtigkeit der Buchführung und in der Folge der Aufstellung des JA (vgl. hierzu Tz. 4)[109].

## 2.3 Berichterstattung

### 2.3.1 Bescheinigung

#### 2.3.1.1 Allgemeines

63 Die Erteilung einer **Bescheinigung** ist nach den Berufsgrundsätzen Pflichtbestandteil der Berichterstattung. Eine bloße Unterzeichnung, Siegelung und/oder Wiedergabe des vom WP erstellten JA auf einem Bogen mit dem Briefkopf des WP ist nicht zulässig[110].

64 Die Bescheinigung soll im Sinne einer klaren und schriftlichen Aussage über die Erstellung des JA durch den WP, die von ihm übernommenen Verantwortlichkeiten, aber auch über die von ihm nicht übernommenen Verantwortlichkeiten informieren. Die Bescheinigung ist als solche zu bezeichnen und hat folgende **Mindestbestandteile** zu enthalten[111]:

- Überschrift

105 § 43 Abs. 1 WPO; § 4 Abs. 1 BS WP / vBP.

106 Vgl. *IDW S 7*, Tz. 51.

107 Vgl. *IDW S 7*, Tz. 52 f.

108 Bei der IDW Verlag GmbH sind Muster einer VollstE für die Erstellung eines JA in deutscher und englischer Sprache (M 3 und M 3a) erhältlich; https://shop.idw-verlag.de/auditingForms.idw.

109 Vgl. *IDW S 7*, Tz. 54 f.

110 Vgl. *IDW S 7*, Tz. 56.

111 Vgl. *IDW S 7*, Tz. 58.

- Adressat
- Art des Erstellungsauftrags und eventuelle Ergänzungen
- Verantwortlichkeit der gesetzlichen Vertreter und des WP
- maßgebende Rechtsvorschriften und vorgelegte Unterlagen
- Hinweis auf die Einhaltung von *IDW S 7*
- Ergebnisse der Tätigkeit des WP
- Datum, Ort und Unterschrift.

In der Praxis wird ganz überwiegend die Vorlage eines Erstellungsberichts an den Auf- 65
traggeber vorgenommen, auch wenn *IDW S 7* dies nicht als obligatorisch ansieht, es aber empfiehlt[112]. Wird im Einzelfall kein Erstellungsbericht mit dem Auftraggeber vereinbart, so hat der WP zu beurteilen, inwieweit die Bescheinigung über die vorgenannten Mindestbestandteile hinaus ggf. zu erweitern ist. Zu denken ist hier bspw. an Weitergabebeschränkungen oder an die Gültigkeit vereinbarter AAB.

Soweit i.Z.m. den vorgelegten Unterlagen und erteilten Auskünften **Einwendungen** oder 66
**Beurteilungshemmnisse** bestehen, ist auf diese hinzuweisen.

**Beispiel 8:**

Der WP wird im Januar 02 von der GmbH mit der Erstellung des JA 01 beauftragt. Zur Anwendung kommt Auftragsart 2. Da die Vorräte von wesentlicher Bedeutung für die Gesamtaussage des JA sind und der WP aufgrund der späten Beauftragung keine Beobachtung der Vorratsinventur vornehmen und dieses Beurteilungshemmnis auch mittels alternativer Beurteilungshandlungen nicht beheben konnte, gibt er folgenden Hinweis in einem gesonderten Absatz am Ende der Bescheinigung:
„Das Vorhandensein der ausgewiesenen Vorräte i.H.v. ... € ist nicht hinreichend nachgewiesen, weil ich/wir nicht an der Inventur teilnehmen und durch alternative Beurteilungshandlungen keine Plausibilitätsbeurteilung des Mengengerüsts des Vorratsvermögen vornehmen konnte(n). Es kann daher nicht ausgeschlossen werden, dass der Jahresabschluss insoweit fehlerhaft ist."

Derartige Einwendungen oder Beurteilungshemmnisse[113] müssen sich auf **abgrenzbare** 67
**Sachverhalte** beziehen. Weisen die Unterlagen dagegen insgesamt nicht abgrenzbare Mängel auf bzw. sind diese insgesamt nicht beurteilbar, darf keine Bescheinigung erteilt werden[114].

Im Sinne einer zusammenfassenden Darstellung der Rechnungslegung des Unterneh- 68
mens wird gelegentlich mit dem Auftraggeber vereinbart, dass dem Erstellungsbericht neben dem vom WP erstellten JA auch der von den gesetzlichen Vertretern aufgestellte **LB** beigefügt wird. In derartigen Fällen ist in der Bescheinigung darauf hinzuweisen, dass die Erstellung des LB und dessen Beurteilung nicht Gegenstand des Auftrags waren[115].

112 Vgl. *IDW S 7*, Tz. 68.

113 Anhaltspunkte zur Identifizierung von Gründen für Einwendungen oder Beurteilungshemmnisse enthält *IDW PS 400*, Tz. 50 ff., Tz. 65 ff. und Tz. 68a ff. *IDW PS 400* wird neugefasst. Der *IDW PS 400 n.F.* sowie die neuen *IDW PS 401*, *IDW PS 405* und *IDW PS 406* liegen derzeit als Entwürfe vor.

114 Vgl. *IDW S 7*, Tz. 57.

115 Vgl. *IDW S 7*, Tz. 59.

**Praxistipp 5:**

In derartigen Fällen wird am Ende der Bescheinigung bspw. folgender Satz angefügt:
„Nicht Gegenstand unserer Erstellungsarbeiten war der in der Anlage ... beigefügte, von der Geschäftsführung aufgestellte Lagebericht für das Geschäftsjahr .....“

### 2.3.1.2 Abhängigkeit von der Auftragsart

69 Der Wortlaut der Bescheinigung orientiert sich an dem erteilten Auftrag. Die Aussage in der Bescheinigung darf nicht über die vom WP übernommene Verantwortlichkeit hinausgehen. Der Begriff „**Bescheinigung über die Erstellung**“ in der Überschrift der Bescheinigung ist obligatorisch, da mangels Durchführung einer Abschlussprüfung oder einer prüferischen Durchsicht des JA weder ein BestV noch eine Bescheinigung nach prüferischer Durchsicht erteilt werden kann[116].

70 Bei der **Auftragsart 1** darf nicht die Ordnungsmäßigkeit bzw. Plausibilisierung der vorgelegten Unterlagen bescheinigt werden. Vielmehr ist die Bescheinigung so zu formulieren, dass dem Leser die Erstellung des JA auf Basis der ohne weitere Beurteilung übernommenen Unterlagen und Auskünfte deutlich wird[117].

71 Demgegenüber ist bei einer Bescheinigung zu einer Erstellung mit Plausibilitätsbeurteilungen (**Auftragsart 2**) auf die Plausibilitätsbeurteilungen der vorgelegten Unterlagen (Belege, Bücher und Bestandsnachweise) hinzuweisen. Bei Plausibilitätsbeurteilungen darf keine positive Aussage zur Ordnungsmäßigkeit der vorgelegten Unterlagen erfolgen. Vielmehr ist festzustellen, ob dem WP Umstände bekannt geworden sind, die gegen die Ordnungsmäßigkeit der vorgelegten Unterlagen sprechen (negative Aussage). Weisen die vorgelegten Unterlagen (abgrenzbare) Mängel auf, die deren Ordnungsmäßigkeit wesentlich beeinflussen, ist in der Bescheinigung darauf hinzuweisen[118].

**Beispiel 9:**

Der mit der Erstellung mit Plausibilitätsbeurteilungen beauftragte WP stellt bei Erstellung des JA fest, dass die Vorratsinventur wesentliche Mängel aufweist. In die Bescheinigung nimmt der WP folgende Einwendung auf:
„Das Vorhandensein der ausgewiesenen Vorräte i.H.v. ... € ist nicht hinreichend nachgewiesen, weil ich/wir bei der Teilnahme an der Inventur festgestellt habe(n), dass keine ordnungsgemäße Erfassung und Bewertung beschädigter Waren erfolgt ist und ich/wir auch durch alternative Beurteilungshandlungen keine Plausibilitätsbeurteilung des Vorratsvermögens vornehmen konnte(n). Es kann daher nicht ausgeschlossen werden, dass der Jahresabschluss insoweit fehlerhaft ist.“

72 Plausibilitätsbeurteilungen dürfen nur für solche Unterlagen und Sachverhalte erfolgen, an deren Zustandekommen der WP nicht beteiligt war (Selbstprüfungsverbot). Wirkt der WP an der Erstellung der Bücher und/oder Inventuren ganz oder teilweise mit, ist dies entsprechend im Bescheinigungstext zum Ausdruck zu bringen. Da im Rahmen der

116 Vgl. *IDW S 7*, Tz. 60.
117 Vgl. *IDW S 7*, Tz. 61. Formulierungsvorlagen finden sich in Tz. 79 ff.
118 Vgl. *IDW S 7*, Tz. 62.

**Führung der Bücher** regelmäßig auch Teile des **Inventars** erstellt werden, darf eine Beurteilung des gesamten Inventars auf dessen Plausibilität nicht erfolgen. Auf eine Plausibilitätsbeurteilung der dem WP vorgelegten Belege sowie der Ergebnisse der körperlichen Bestandsaufnahme darf hingewiesen werden. Eine Beurteilung der Ordnungsmäßigkeit der Buchführung darf in diesen Fällen aber nicht erfolgen[119].

73 Für umfassende Beurteilungen (**Auftragsart 3**) gilt das in Tz. 72 Ausgeführte entsprechend. Allerdings ist hier eine positive Aussage hinsichtlich der Beurteilung der Ordnungsmäßigkeit der vorgelegten Unterlagen vorzusehen[120].

74 **Ergänzungen der Bescheinigung** sind erforderlich, wenn in dem vom WP erstellten JA bereits Sachverhalte berücksichtigt sind, die erst noch einer Beschlussfassung durch die Organe des Unternehmens oder der Eintragung in das HR bedürfen. Gleiches gilt, wenn der Vorjahresabschluss noch nicht festgestellt ist[121].

**Beispiel 10:**

Der WP erstellt den JA 02 der GmbH. Der Vorjahresabschluss 01 ist im Zeitpunkt der Beendigung der Erstellungstätigkeit von der Gesellschafterversammlung noch nicht festgestellt worden. Der WP nimmt folgende Ergänzung in der Bescheinigung vor:
„Ergänzend weise(n) ich/wir darauf hin, dass der Vorjahresabschluss zum 31.12.01 von der Gesellschafterversammlung noch nicht festgestellt wurde. Soweit der Vorjahresabschluss in einer von der aufgestellten Fassung abweichenden Fassung festgestellt wird, ergeben sich ggf. Folgewirkungen auf den vorliegenden Jahresabschluss."

75 Ergänzungen sind weiterhin erforderlich, falls wesentliche Risiken durch den WP nicht abschließend beurteilt werden können und die betreffenden Risiken im JA nach Einschätzung des WP in zulässiger Weise dargestellt worden sind[122]. Derartige Ergänzungen sind in einem gesonderten Absatz am Ende der Bescheinigung aufzunehmen[123].

**Beispiel 11:**

Bei der Erstellung des JA der GmbH kann der WP keine abschließende Beurteilung eines Steuerrisikos aufgrund einer seit längerem laufenden steuerlichen Außenprüfung vornehmen. Im JA ist nach Einschätzung des WP eine Rückstellung in zutreffender Höhe gebildet worden und der Anhang enthält ergänzende Ausführungen zur Art des Risikos und der Unsicherheit. Der WP ergänzt seine Bescheinigung um folgenden Absatz:
„Ergänzend weise(n) ich/wir darauf hin, dass steuerliche Risiken aus einer laufenden Betriebsprüfung für die Veranlagungszeiträume vom ... bis ... nicht abschließend beurteilt werden können. Aufgrund der bestehenden Unsicherheit kann nicht ausgeschlossen werden, dass die im Jahresabschluss gebildete Rückstellung für diese Risiken ggf. nicht ausreichend ist."

---

119 Vgl. *IDW S 7*, Tz. 63.

120 Vgl. hierzu das Formulierungsmuster in Tz. 86.

121 Anhaltspunkte hierzu enthält *IDW PS 400*, Tz. 98 ff. *IDW PS 400* wird neugefasst. Der *IDW PS 400 n.F.* sowie die neuen *IDW PS 401*, *IDW PS 405* und *IDW PS 406* liegen derzeit als Entwürfe vor.

122 Anhaltspunkte hierzu enthält *IDW PS 400*, Tz. 75. *IDW PS 400* wird neugefasst. Der *IDW PS 400 n.F.* sowie die neuen *IDW PS 401*, *IDW PS 405* und *IDW PS 406* liegen derzeit als Entwürfe vor.

123 Vgl. *IDW S 7*, Tz. 64.

76 Hat der WP gegen einzelne vom Auftraggeber vertretene Wertansätze und/oder gegen die Buchführung wesentliche **Einwendungen**, sind diese in der Bescheinigung anzugeben[124].

> **Beispiel 12:**
> Der mit der Erstellung des JA beauftragte WP hat gemäß der Vorgabe des Auftraggebers in dem JA eine Rückstellung für Rechtsrisiken in Höhe von 100 T€ gebildet. Nach Einschätzung des WP bewegt sich der zulässige Ermessensspielraum für diese Rückstellung in einem Rahmen von 150-200 T€. Der WP ergänzt seine Bescheinigung um folgende Einwendung:
> „Ergänzend weise(n) ich/wir darauf hin, dass die im Jahresabschluss gebildete Rückstellung für einen Rechtsstreit in Höhe von 100 T€ nach meiner/unserer Einschätzung nicht ausreichend ist. Der vertretbare Ermessenspielraum bewegt sich nach meiner/unserer Einschätzung zwischen 150-200 T€. Insoweit ist nach unserer Einschätzung der Jahresabschluss nicht ordnungsgemäß.

77 Soweit die vom WP zu erhebenden Einwendungen allerdings so schwerwiegend sind, dass die Plausibilität bzw. Ordnungsmäßigkeit der vorgelegten Unterlagen insgesamt angezweifelt werden muss, darf **keine Bescheinigung** erteilt werden[125]. Derartige Fälle können bspw. dann auftreten, wenn die Buchführung nicht behebbare Mängel aufweist oder die Vermögensgegenstände und Schulden unter der Annahme der Fortführung der Unternehmenstätigkeit bewertet wurden, obwohl dem tatsächliche oder rechtliche Gegebenheiten entgegenstehen[126].

78 Hinsichtlich der **Siegelführung** bei der Erteilung von Bescheinigungen über die Erstellung von JA sind die maßgeblichen berufsrechtlichen Regelungen zu beachten[127]. Da die Erstellung des JA keine Vorbehaltsaufgabe ist, kommt keine verpflichtende Anwendung des Berufssiegels in Betracht. Freiwillig darf eine Bescheinigung gesiegelt werden, wenn in ihr Erklärungen über Beurteilungsergebnisse enthalten sind. Dies ist regelmäßig bei Aufträgen zur Erstellung mit Plausibilitätsbeurteilungen (Auftragsart 2) sowie mit umfassenden Beurteilungen (Auftragsart 3) der Fall. Bei Aufträgen zur Erstellung des JA ohne Beurteilungen (Auftragsart 1) darf entsprechend kein Siegel geführt werden[128].

### 2.3.1.3 Formulierungsmuster

79 In Abhängigkeit von der Auftragsart und der Mitwirkung des WP an der Buchführung lassen sich folgende Formulierungsmuster für die Erstellung von JA ableiten:

124 Vgl. *IDW S 7*, Tz. 65.
125 Vgl. *IDW S 7*, Tz. 66.
126 Vgl. § 252 Abs. 1 Nr. 2 HGB; vgl. auch Tz. 32 ff.
127 Vgl. § 48 Abs. 1 S. 2 WPO; § 19 Abs. 2 BS WP/vBP.
128 Vgl. § 19 Abs. 3 BS WP/vBP; *IDW S 7*, Tz. 67.

| | ohne Mitwirkung an der Buchführung | Mitwirkung an der Buchführung |
|---|---|---|
| Auftragsart 1 | Tz. 80 | Tz. 81, vollständige Mitwirkung |
| | | Tz. 82, teilweise Mitwirkung |
| Auftragsart 2 | Tz. 83 | Tz. 84, vollständige Mitwirkung |
| | | Tz. 85, teilweise Mitwirkung |
| Auftragsart 3 | Tz. 86 | Tz. 87, teilweise Mitwirkung |

Darüber hinaus sind auch noch zwei Formulierungsmuster für die Erstellung einer steuerlichen Gewinnermittlung (ohne bzw. mit Mitwirkung bei der Buchführung) aufgenommen worden (Vgl. Tz. 88 und Tz. 89).

Bescheinigung über die Erstellung eines JA ohne Beurteilungen (ohne Mitwirkung an der Buchführung)[129] **80**

**Bescheinigung des Wirtschaftsprüfers über die Erstellung**

An die ... [Gesellschaft]

Wir haben auftragsgemäß den vorstehenden/nachstehenden Jahresabschluss – bestehend aus Bilanz, Gewinn- und Verlustrechnung [sowie Anhang] – der ... [Gesellschaft] für das Geschäftsjahr vom ... [Datum] bis ... [Datum] unter Beachtung der deutschen handelsrechtlichen Vorschriften [und der ergänzenden Bestimmungen des Gesellschaftsvertrags/der Satzung] erstellt. Grundlage für die Erstellung waren die uns vorgelegten Belege, Bücher und Bestandsnachweise, die wir auftragsgemäß nicht geprüft haben, sowie die uns erteilten Auskünfte. Die Buchführung sowie die Aufstellung des Inventars und des Jahresabschlusses nach den deutschen handelsrechtlichen Vorschriften [und den ergänzenden Bestimmungen des Gesellschaftsvertrags/der Satzung] liegen in der Verantwortung der gesetzlichen Vertreter der Gesellschaft.

Wir haben unseren Auftrag unter Beachtung des *IDW Standards: Grundsätze für die Erstellung von Jahresabschlüssen (IDW S 7)* durchgeführt. Dieser umfasst die Entwicklung der Bilanz und der Gewinn- und Verlustrechnung [sowie des Anhangs] auf Grundlage der Buchführung und des Inventars sowie der Vorgaben zu den anzuwendenden Bilanzierungs- und Bewertungsmethoden.

(Ort)
(Datum)
(Unterschrift)
Wirtschaftsprüfer

Bescheinigung über die Erstellung eines JA ohne Beurteilungen bei Führung der Bücher[130] **81**

**Bescheinigung des Wirtschaftsprüfers über die Erstellung**

An die ... [Gesellschaft]

Wir haben auftragsgemäß den vorstehenden/nachstehenden Jahresabschluss – bestehend aus Bilanz, Gewinn- und Verlustrechnung [sowie Anhang] – der ... [Gesellschaft] für das Geschäftsjahr vom ... [Datum] bis ... [Datum] unter Beachtung der deutschen handelsrechtlichen Vorschriften [und der ergänzenden Bestimmungen des Gesellschaftsvertrags/der Satzung] erstellt. Grundlage für die Erstellung waren die von uns geführten Bücher und die uns darüber hinaus vorgelegten Belege und Bestandsnachweise, die wir auftragsgemäß nicht geprüft haben, sowie die uns erteilten Auskünfte. Die Buchführung sowie die Aufstellung des Inventars und des Jahresabschlusses nach den deutschen handelsrechtlichen Vorschriften [und den ergänzenden Bestimmungen des Gesellschaftsvertrags / der Satzung] liegen in der Verantwortung der gesetzlichen Vertreter der Gesellschaft.

129 Vgl. *IDW S 7*, Anlage 1.
130 Abgeleitet aus *IDW S 7*, Anlage 2.

Wir haben unseren Auftrag unter Beachtung des *IDW Standards: Grundsätze für die Erstellung von Jahresabschlüssen (IDW S 7)* durchgeführt. Dieser umfasst die Entwicklung der Bilanz und der Gewinn- und Verlustrechnung [sowie des Anhangs] auf Grundlage der Buchführung und des Inventars sowie der Vorgaben zu den anzuwendenden Bilanzierungs- und Bewertungsmethoden.

(Ort)
(Datum)
(Unterschrift)
Wirtschaftsprüfer

**82** Bescheinigung über die Erstellung eines JA ohne Beurteilungen bei teilweiser Mitwirkung an der Buchführung[131]

**Bescheinigung des Wirtschaftsprüfers über die Erstellung**

An die ... [Gesellschaft]

Wir haben auftragsgemäß den vorstehenden/nachstehenden Jahresabschluss – bestehend aus Bilanz, Gewinn- und Verlustrechnung [sowie Anhang] – der ... [Gesellschaft] für das Geschäftsjahr vom ... [Datum] bis ... [Datum] unter Beachtung der deutschen handelsrechtlichen Vorschriften [und der ergänzenden Bestimmungen des Gesellschaftsvertrags/der Satzung] erstellt. Grundlage für die Erstellung waren die von uns ... [Art der durchgeführten Tätigkeit(en) (z.B. Lohn- und Gehaltsbuchführung, Anlagenverzeichnis)] und die uns darüber hinaus vorgelegten Belege, Bücher und Bestandsnachweise, die wir auftragsgemäß nicht geprüft haben, sowie die uns erteilten Auskünfte. Die Buchführung sowie die Aufstellung des Inventars und des Jahresabschlusses nach den deutschen handelsrechtlichen Vorschriften [und den ergänzenden Bestimmungen des Gesellschaftsvertrags/der Satzung] liegen in der Verantwortung der gesetzlichen Vertreter der Gesellschaft.

Wir haben unseren Auftrag unter Beachtung des *IDW Standards: Grundsätze für die Erstellung von Jahresabschlüssen (IDW S 7)* durchgeführt. Dieser umfasst die Entwicklung der Bilanz und der Gewinn- und Verlustrechnung [sowie des Anhangs] auf Grundlage der Buchführung und des Inventars sowie der Vorgaben zu den anzuwendenden Bilanzierungs- und Bewertungsmethoden.

(Ort)
(Datum)
(Unterschrift)
Wirtschaftsprüfer

Die Bescheinigung sollte eindeutig zum Ausdruck bringen, welche Buchführungstätigkeiten der WP übernommen hat. So empfiehlt es sich bspw. im Falle einer unterjährigen Mandatsübernahme im zweiten Satz des ersten Absatzes zu formulieren:

„…Grundlage für die Erstellung waren die uns bis März 20XX vorgelegten Bücher sowie die von uns ab April 20XX durchgeführten Tätigkeiten der Finanzbuchführung und Lohn- und Gehaltsabrechnung und die uns darüber hinaus vorgelegten Belege und Bestandsnachweise, die wir auftragsgemäß nicht geprüft haben, sowie die uns erteilten Auskünfte.“

**83** Bescheinigung über die Erstellung eines JA mit Plausibilitätsbeurteilungen (ohne Mitwirkung an der Buchführung)[132]

**Bescheinigung des Wirtschaftsprüfers über die Erstellung mit Plausibilitätsbeurteilungen**

An die ... [Gesellschaft]

Wir haben auftragsgemäß den vorstehenden/nachstehenden Jahresabschluss – bestehend aus Bilanz, Gewinn- und Verlustrechnung [sowie Anhang] – der ... [Gesellschaft] für das Geschäftsjahr vom ... [Datum] bis ... [Datum] unter Beachtung der deutschen handelsrechtlichen Vorschriften [und der ergänzenden Bestimmungen des Gesellschaftsvertrags/der Satzung] erstellt. Grundlage für die Erstellung waren die uns vorgelegten Belege, Bücher und Bestandsnachweise, die wir auftragsgemäß nicht geprüft, wohl aber auf Plausibilität beurteilt haben, sowie die uns erteilten Auskünfte. Die Buchführung sowie die

131 Vgl. *IDW S 7*, Anlage 2.
132 Vgl. *IDW S 7*, Anlage 3.

Aufstellung des Inventars und des Jahresabschlusses nach den deutschen handelsrechtlichen Vorschriften [und den ergänzenden Bestimmungen des Gesellschaftsvertrags/der Satzung] liegen in der Verantwortung der gesetzlichen Vertreter der Gesellschaft.

Wir haben unseren Auftrag unter Beachtung des *IDW Standards: Grundsätze für die Erstellung von Jahresabschlüssen (IDW S 7)* durchgeführt. Dieser umfasst die Entwicklung der Bilanz und der Gewinn- und Verlustrechnung [sowie des Anhangs] auf Grundlage der Buchführung und des Inventars sowie der Vorgaben zu den anzuwendenden Bilanzierungs- und Bewertungsmethoden. Zur Beurteilung der Plausibilität der uns vorgelegten Belege, Bücher und Bestandsnachweise haben wir Befragungen und analytische Beurteilungen vorgenommen, um mit einer gewissen Sicherheit auszuschließen, dass diese nicht ordnungsgemäß sind. Hierbei sind uns keine Umstände bekannt geworden, die gegen die Ordnungsmäßigkeit der uns vorgelegten Unterlagen und des auf dieser Grundlage von uns erstellten Jahresabschlusses sprechen.

(Ort)
(Datum)
(Unterschrift)
Wirtschaftsprüfer

## Bescheinigung über die Erstellung eines JA mit Plausibilitätsbeurteilungen (bei Führung der Bücher)[133] 84

**Bescheinigung des Wirtschaftsprüfers über die Erstellung mit Plausibilitätsbeurteilungen**

An die ... [Gesellschaft]

Wir haben auftragsgemäß den vorstehenden/nachstehenden Jahresabschluss – bestehend aus Bilanz, Gewinn- und Verlustrechnung [sowie Anhang] – der ... [Gesellschaft] für das Geschäftsjahr vom ... [Datum] bis ... [Datum] unter Beachtung der deutschen handelsrechtlichen Vorschriften [und der ergänzenden Bestimmungen des Gesellschaftsvertrags/der Satzung] erstellt. Grundlage der Erstellung waren die von uns geführten Bücher und die uns darüber hinaus vorgelegten Belege und Bestandsnachweise, die wir auftragsgemäß nicht geprüft, wohl aber auf Plausibilität beurteilt haben, sowie die uns erteilten Auskünfte. Die Buchführung sowie die Aufstellung des Inventars und des Jahresabschlusses nach den deutschen handelsrechtlichen Vorschriften [und den ergänzenden Bestimmungen des Gesellschaftsvertrags/der Satzung] liegen in der Verantwortung der gesetzlichen Vertreter der Gesellschaft.

Wir haben unseren Auftrag unter Beachtung des *IDW Standards: Grundsätze für die Erstellung von Jahresabschlüssen (IDW S 7)* durchgeführt. Dieser umfasst die Entwicklung der Bilanz und der Gewinn- und Verlustrechnung [sowie des Anhangs] auf Grundlage der Buchführung und des Inventars sowie der Vorgaben zu den anzuwendenden Bilanzierungs- und Bewertungsmethoden. Zur Würdigung der Plausibilität der uns vorgelegten Belege und Bestandsnachweise, an deren Zustandekommen wir nicht mitgewirkt haben, haben wir Befragungen und analytische Beurteilungen vorgenommen, um mit einer gewissen Sicherheit auszuschließen, dass diese nicht ordnungsgemäß sind. Hierbei sind uns keine Umstände bekannt geworden, die gegen die Ordnungsmäßigkeit der uns vorgelegten Unterlagen und des auf dieser Grundlage von uns erstellten Jahresabschlusses sprechen.

(Ort)
(Datum)
(Unterschrift)
Wirtschaftsprüfer

## Bescheinigung über die Erstellung eines JA mit Plausibilitätsbeurteilungen (bei teilweiser Mitwirkung an der Buchführung)[134] 85

**Bescheinigung des Wirtschaftsprüfers über die Erstellung mit Plausibilitätsbeurteilungen**

An die ... [Gesellschaft]

Wir haben auftragsgemäß den vorstehenden/nachstehenden Jahresabschluss – bestehend aus Bilanz, Gewinn- und Verlustrechnung [sowie Anhang] – der ... [Gesellschaft] für das Geschäftsjahr vom ... [Datum] bis ... [Datum] unter Beachtung der deutschen handelsrechtlichen Vorschriften [und der ergänzenden Bestimmungen des Gesellschaftsvertrags/der Satzung] erstellt. Grundlage für die Erstellung waren die von uns ... [Art der durchgeführten Tätigkeit(en) (z.B. Lohn- und Gehaltsbuchführung, Anla-

133 Vgl. *IDW S 7*, Anlage 4, 2. Formulierungsmuster.
134 Vgl. *IDW S 7*, Anlage 4, 1. Formulierungsmuster.

genverzeichnis)] und die uns darüber hinaus vorgelegten Belege, Bücher und Bestandsnachweise, die wir auftragsgemäß nicht geprüft, wohl aber auf Plausibilität beurteilt haben, sowie die uns erteilten Auskünfte. Die Buchführung sowie die Aufstellung des Inventars und des Jahresabschlusses nach den deutschen handelsrechtlichen Vorschriften [und den ergänzenden Bestimmungen des Gesellschaftsvertrags/der Satzung] liegen in der Verantwortung der gesetzlichen Vertreter der Gesellschaft.

Wir haben unseren Auftrag unter Beachtung des *IDW Standards: Grundsätze für die Erstellung von Jahresabschlüssen (IDW S 7)* durchgeführt. Dieser umfasst die Entwicklung der Bilanz und der Gewinn- und Verlustrechnung [sowie des Anhangs] auf Grundlage der Buchführung und des Inventars sowie der Vorgaben zu den anzuwendenden Bilanzierungs- und Bewertungsmethoden. Zur Beurteilung der Plausibilität der uns vorgelegten Belege, Bücher und Bestandsnachweise, an deren Zustandekommen wir nicht mitgewirkt haben, haben wir Befragungen und analytische Beurteilungen vorgenommen, um mit einer gewissen Sicherheit auszuschließen, dass diese nicht ordnungsgemäß sind. Hierbei sind uns keine Umstände bekannt geworden, die gegen die Ordnungsmäßigkeit der uns vorgelegten Unterlagen und des auf dieser Grundlage von uns erstellten Jahresabschlusses sprechen.

(Ort)
(Datum)
(Unterschrift)
Wirtschaftsprüfer

## 86 Bescheinigung über die Erstellung eines JA mit umfassenden Beurteilungen (ohne Mitwirkung an der Buchführung)[135]

**Bescheinigung des Wirtschaftsprüfers über die Erstellung mit umfassenden Beurteilungen**

An die ... [Gesellschaft]

Wir haben auftragsgemäß den vorstehenden/nachstehenden Jahresabschluss – bestehend aus Bilanz, Gewinn- und Verlustrechnung [sowie Anhang] – der ... [Gesellschaft] für das Geschäftsjahr vom ... [Datum] bis ... [Datum] unter Beachtung der deutschen handelsrechtlichen Vorschriften [und der ergänzenden Bestimmungen des Gesellschaftsvertrags/der Satzung] erstellt. Grundlage für die Erstellung waren die uns vorgelegten Belege, Bücher und Bestandsnachweise, die wir auftragsgemäß auf Ordnungsmäßigkeit beurteilt haben, sowie die uns erteilten Auskünfte. Die Buchführung sowie die Aufstellung des Inventars und des Jahresabschlusses nach den deutschen handelsrechtlichen Vorschriften [und den ergänzenden Bestimmungen des Gesellschaftsvertrags/der Satzung] liegen in der Verantwortung der gesetzlichen Vertreter der Gesellschaft.

Wir haben unseren Auftrag unter Beachtung des *IDW Standards: Grundsätze für die Erstellung von Jahresabschlüssen (IDW S 7)* durchgeführt. Dieser umfasst die Entwicklung der Bilanz und der Gewinn- und Verlustrechnung [sowie des Anhangs] auf Grundlage der Buchführung und des Inventars sowie der Vorgaben zu den anzuwendenden Bilanzierungs- und Bewertungsmethoden. Zur Beurteilung der Ordnungsmäßigkeit der uns vorgelegten Belege, Bücher und Bestandsnachweise haben wir Beurteilungen so zu planen und durchzuführen, dass ein hinreichend sicheres Urteil abgegeben werden kann. Nach unserer Beurteilung aufgrund der bei unserer Tätigkeit gewonnenen Erkenntnisse sind die uns vorgelegten Unterlagen, auf deren Grundlage wir den Jahresabschluss erstellt haben, ordnungsgemäß.

(Ort)
(Datum)
(Unterschrift)
Wirtschaftsprüfer

## 87 Bescheinigung über die Erstellung eines JA mit umfassenden Beurteilungen (bei teilweiser Mitwirkung an der Buchführung)[136]

**Bescheinigung des Wirtschaftsprüfers über die Erstellung mit umfassenden Beurteilungen**

An die ... [Gesellschaft]

Wir haben auftragsgemäß den vorstehenden / nachstehenden Jahresabschluss – bestehend aus Bilanz, Gewinn- und Verlustrechnung [sowie Anhang] – der ... [Gesellschaft] für das Geschäftsjahr vom ... [Datum] bis ... [Datum] unter Beachtung der deutschen handelsrechtlichen Vorschriften [und der ergänzenden Bestimmungen des Gesellschaftsvertrags/der Satzung] erstellt. Grundlage für die Erstellung wa-

135 Vgl. *IDW S 7*, Anlage 5.
136 Vgl. *IDW S 7*, Anlage 6.

ren die von uns ... [Art der durchgeführten Tätigkeit(en) (z.B. Lohn- und Gehaltsbuchführung, Anlagenverzeichnis)] und die uns darüber hinaus vorgelegten Belege, Bücher und Bestandsnachweise, die wir auftragsgemäß auf Ordnungsmäßigkeit beurteilt haben, sowie die uns erteilten Auskünfte. Die Buchführung sowie die Aufstellung des Inventars und des Jahresabschlusses nach den deutschen handelsrechtlichen Vorschriften [und den ergänzenden Bestimmungen des Gesellschaftsvertrags/der Satzung] liegen in der Verantwortung der gesetzlichen Vertreter der Gesellschaft.

Wir haben unseren Auftrag unter Beachtung des *IDW Standards: Grundsätze für die Erstellung von Jahresabschlüssen (IDW S 7)* durchgeführt. Dieser umfasst die Entwicklung der Bilanz und der Gewinn- und Verlustrechnung [sowie des Anhangs] auf Grundlage der Buchführung und des Inventars sowie der Vorgaben zu den anzuwendenden Bilanzierungs- und Bewertungsmethoden. Zur Beurteilung der Ordnungsmäßigkeit der uns vorgelegten Belege, Bücher und Bestandsnachweise, an deren Zustandekommen wir nicht mitgewirkt haben, haben wir Beurteilungen so zu planen und durchzuführen, dass ein hinreichend sicheres Urteil abgegeben werden kann. Nach unserer Beurteilung aufgrund der bei unserer Tätigkeit gewonnenen Erkenntnisse sind die uns vorgelegten Unterlagen, auf deren Grundlage wir den Jahresabschluss erstellt haben, ordnungsgemäß.

(Ort)
(Datum)
(Unterschrift)
Wirtschaftsprüfer

*IDW S 7* enthält keinen Formulierungsvorschlag für eine Bescheinigung über die Erstellung mit umfassenden Beurteilungen bei (vollständiger) Führung der Bücher durch den WP. Ein derartiger Auftrag würde wenig Sinn machen. Beurteilungen dürfen nur für solche Sachverhalte bzw. Unterlagen vorgenommen werden, an deren Zustandekommen der WP nicht beteiligt war. Entsprechend dürfte er bei Führung der Bücher keine Beurteilung zur Ordnungsmäßigkeit der Buchführung abgeben und zumindest einige Inventare (Anlageninventar, Debitoren- und Kreditoreninventar) ebenfalls nicht beurteilen. Das dann noch eine hinreichende Sicherheit bei der Beurteilung der Ordnungsmäßigkeit der nicht von ihm erstellten Inventare erzielt werden kann, erscheint aus der Sicht eines verständigen Dritten abwegig. Die Auftragsart „Erstellung mit umfassenden Beurteilungen“ bedingt eigentlich keine Mitwirkung des WP an der (Finanz-) Buchführung. Deshalb ist in dem vorstehenden Formulierungsmuster bei teilweiser Mitwirkung (Tz. 87) auch nur eine Nebenbuchhaltung (Lohn- und Gehaltsbuchführung, Anlagenverzeichnis) angegeben. **88**

Bescheinigung über die Erstellung einer steuerlichen Gewinnermittlung ohne Beurteilungen (ohne Mitwirkung an der Buchführung)[137] **89**

**Bescheinigung des Wirtschaftsprüfers über die Erstellung einer steuerlichen Gewinnermittlung**

An (die) ... [Herrn/Frau bzw. Gesellschaft]

Wir haben auftragsgemäß die vorstehende/nachstehende steuerliche Gewinnermittlung von/der ... [Herrn/Frau bzw. Gesellschaft] für das Geschäftsjahr vom ... [Datum] bis ... [Datum] unter Beachtung der steuerrechtlichen Vorschriften [und der ergänzenden Bestimmungen des Gesellschaftsvertrags/der Satzung] erstellt. Grundlage für die Erstellung waren die uns vorgelegten Belege und Bücher, die wir auftragsgemäß nicht geprüft haben, sowie die uns erteilten Auskünfte.

Wir haben unseren Auftrag unter sinngemäßer Anwendung des *IDW Standards: Grundsätze für die Erstellung von Jahresabschlüssen (IDW S 7)* durchgeführt.

(Ort)
(Datum)
(Unterschrift)
Wirtschaftsprüfer

137 In Anlehnung an: Verlautbarung der BStBK zu den Grundsätzen für die Erstellung von Jahresabschlüssen, DStR-Beihefter zu Heft 16, 2010, Anlage 2.

90 Bescheinigung über die Erstellung einer steuerlichen Gewinnermittlung ohne Beurteilungen (bei Führung der Bücher)[138]

**Bescheinigung des Wirtschaftsprüfers über die Erstellung einer steuerlichen Gewinnermittlung**

An (die) ... [Herrn/Frau bzw. Gesellschaft]

Wir haben auftragsgemäß die vorstehende/nachstehende steuerliche Gewinnermittlung von/der ... [Herrn/Frau bzw. Gesellschaft] für das Geschäftsjahr vom ... [Datum] bis ... [Datum] unter Beachtung der steuerrechtlichen Vorschriften [und der ergänzenden Bestimmungen des Gesellschaftsvertrags/der Satzung] erstellt. Grundlage für die Erstellung waren die von uns geführten Bücher und die uns vorgelegten Belege, die wir auftragsgemäß nicht geprüft haben, sowie die uns erteilten Auskünfte.

Wir haben unseren Auftrag unter sinngemäßer Anwendung des *IDW Standards: Grundsätze für die Erstellung von Jahresabschlüssen (IDW S 7)* durchgeführt.

(Ort)
(Datum)
(Unterschrift)
Wirtschaftsprüfer

## 2.3.2 Erstellungsbericht

91 Auch wenn *IDW S 7* es nicht als obligatorisch vorgibt, hat sich in der Berufspraxis die Vorlage eines **Erstellungsberichts** an den Auftraggeber durchgesetzt. Entsprechend empfiehlt *IDW S 7* die Erstattung eines Erstellungsberichts an die gesetzlichen Vertreter, die den Erstellungsauftrag erteilt haben[139]. Der Bericht dient der Unterrichtung des Auftraggebers über Art und Umfang der durchgeführten Arbeiten und damit auch zum Nachweis der Erfüllung der Pflichten aus dem Auftragsverhältnis.

92 Im Sinne einer klaren und eindeutigen Berichterstattung ist der **Erstellungsbericht** als solcher zu bezeichnen, damit nicht etwa der Eindruck erweckt werden könnte, es habe eine Abschlussprüfung nach § 316 HGB oder eine prüferische Durchsicht eines Abschlusses stattgefunden[140].

93 Die aus der Berichterstattung zur Abschlussprüfung bekannten **allgemeinen Berichtsgrundsätze** der Unparteilichkeit, Vollständigkeit, Wahrheit und Klarheit[141] gelten für den Erstellungsbericht entsprechend[142].

94 Der Inhalt des Berichts ist grundsätzlich frei zwischen Auftraggeber und -nehmer zu vereinbaren. Etwaige Festlegungen dürfen den WP allerdings nicht hindern, über alle Beschränkungen des Auftrags und seiner Durchführung einschließlich etwaiger Mängel der vorgelegten Unterlagen sowie über seine wesentlichen Feststellungen zu berichten[143]. Als **frei zu vereinbarende**, über die Mindestberichterstattung hinausgehende **Elemente** kommen bspw. in Betracht:

- rechtliche Verhältnisse des Unternehmens
- wirtschaftliche Verhältnisse des Unternehmens
- steuerliche Verhältnisse des Unternehmens

138 In Anlehnung an: Verlautbarung der BStBK zu den Grundsätzen für die Erstellung von Jahresabschlüssen, DStR-Beihefter zu Heft 16, 2010, Anlage 2.

139 Vgl. *IDW S 7*, Tz. 68; gleichlautend BStBK zu den Grundsätzen für die Erstellung von Jahresabschlüssen, DStR-Beihefter zu Heft 16, 2010, Rz. 68.

140 Vgl. *IDW S 7*, Tz. 69.

141 Vgl. *IDW PS 450*, Tz. 8-13. *IDW PS 450* wird neugefasst. Der *IDW PS 450 n.F.* liegt derzeit als Entwurf vor.

142 Vgl. *IDW S 7*, Tz. 70.

143 Vgl. *IDW S 7*, Tz. 71.

- Aufgliederungen der einzelnen Posten der Bilanz und der GuV sowie Erläuterungen zum Nachweis, zur Bewertung und zum Umfang der Arbeiten des WP
- Ableitung von Kennzahlen aus dem erstellten JA.

Diese freiwilligen Bestandteile können innerhalb des Berichts oder als Anlagen zum Erstellungsbericht beigefügt werden. Umfang und Ausgestaltung richten sich nach den mit dem Auftraggeber getroffenen Vereinbarungen.

Als **Mindestinhalte** haben sich folgende Berichtsabschnitte herausgebildet[144]: 95

- Auftrag
  - Auftraggeber, Auftragsbestätigungsschreiben
  - Hinweis auf die Auftragsart und die Beachtung von *IDW S 7*
  - Hinweis auf zugrunde gelegte Auftragsbedingungen
- Auftragsdurchführung
  - Grundlagen des JA (Buchführung und Inventar und erteilte Auskünfte)
  - Beschreibung von Art und Umfang der Erstellungsarbeiten
  - Angabe, dass der WP mit der Buchführung und/oder Erstellung des Inventars beauftragt war (falls zutreffend)
  - Hinweise zu Auskunftspersonen
  - Abgabe der VollstE[145]
  - Zeitraum der Auftragsdurchführung
  - Beschreibung der Erstellungstätigkeiten (inkl. Festlegungen der gesetzlichen Vertreter über die Ausübung von Gestaltungsmöglichkeiten)
  - soweit es sich um einen Auftrag mit der Vornahme von Beurteilungen handelt: Feststellungen zur Ordnungsmäßigkeit bzw. Plausibilität der beurteilten Unterlagen, Darstellung von Besonderheiten oder gewichtigen Mängeln sowie etwaig vorgenommenen Korrekturmaßnahmen
- besondere Informationen (nur falls zutreffend)
  - Hinweise zu festgestellten Fristversäumnissen bei Aufstellung, Feststellung und Offenlegung des JA oder nicht erfolgter Prüfung des JA und LB
  - Hinweise zu schwerwiegenden Verstößen der gesetzlichen Vertreter oder von Arbeitnehmern gegen Gesetz, Gesellschaftsvertrag oder Satzung
  - Hinweis auf Bestandsgefährdungen
  - Hinweise zur Fortführungsannahme
  - Hinweise zu Ergänzungen der Bescheinigung[146]
- Ergebnis der Arbeiten und Bescheinigung[147].

Insbesondere der Berichterstattung des WP zur **Fortführungsannahme** kommt in der Praxis große Bedeutung zu. Die aus der Treuepflicht des WP (vgl. Tz. 9) abgeleitete Informationspflicht gegenüber dem Auftraggeber sollte zwingend im Erstellungsbericht erfolgen[148], auch um möglichen Haftungsfolgen anderer Berichtsleser vorzubeugen. 96

144 Vgl. *Farr*, FARR Prüferchecklisten, Checkliste 11, Mustererstellungsbericht C.

145 Nach *IDW S 7*, Tz. 72, wäre diese Angabe in dem Berichtsabschnitt Auftrag vorzunehmen.

146 *IDW S 7*, Tz. 77, sieht demgegenüber eine zusammenfassende Darstellung hierzu im Berichtsabschnitt „Ergebnis der Arbeiten und Bescheinigung" vor.

147 Vgl. Tz. 22 ff.

148 *IDW S 7*, Tz. 78, lässt neben dem Erstellungsbericht auch die „sonstige geeignete Weise" zu, ohne dies näher zu präzisieren.

**Beispiel 13:**

Der WP ist mit der Erstellung ohne Beurteilungen des JA einer GmbH beauftragt. Der JA weist einen nicht durch EK gedeckten Fehlbetrag aus. Der Geschäftsführer der GmbH erläutert dem WP plausibel, dass in selbst erstellten immateriellen Vermögensgegenständen (insb. Kundenstamm) sowie im Auftragsbestand erhebliche stille Reserven bestehen, sodass nach Einschätzung der Geschäftsführung die Fortführungsannahme gerechtfertigt ist.

Im Rahmen des Erstellungsberichts nimmt der WP unter dem Berichtsabschnitt „Besondere Informationen" bspw. folgende Hinweise auf:

„Die Gesellschaft weist am Abschlussstichtag einen nicht durch Eigenkapital gedeckten Fehlbetrag in Höhe von xxx T€ aus. Nach Einschätzung der Geschäftsführung der Gesellschaft steht dies der Annahme der Fortführung des Unternehmens jedoch nicht entgegen, da erhebliche stille Reserven im Kundenstamm und im Auftragsbestand bestehen"[149]. (Soweit dem WP Unterlagen zum Nachweis der stillen Reserven vorgelegt wurden, kann auf diese eingegangen werden).

97 Aufgrund des frei zu vereinbarenden Auftragsumfangs bei Erstellungsaufträgen kann der Auftragsumfang auch durch über die jeweilige Auftragsart hinausgehende Tätigkeiten erweitert werden (vgl. Tz. 19). Die Berichterstattung über die **zusätzlichen Tätigkeiten** hat nach den für die jeweilige Auftragsart geltenden Grundsätzen zu erfolgen[150]. Es empfiehlt sich, hierfür einen gesonderten Berichtsabschnitt vorzusehen.

## 3. Erstellung von Konzern- oder Zwischenabschlüssen

### 3.1 Konzernabschlüsse

98 WP werden häufig auch mit der Erstellung von **Konzernabschlüssen** beauftragt. Auf derartige Aufträge sind die Grundsätze des *IDW S 7* sinngemäß anzuwenden, auch wenn dies nicht explizit in *IDW S 7* adressiert wird. Die Ausführungen in Abschnitt 2 sind entsprechend für die Erstellung von KA anzuwenden. Nachfolgend werden ausschließlich Besonderheiten aus der Auftragsart „Erstellung eines Konzernabschlusses" dargestellt.

99 Bei der **Auftragsannahme** ist auf eine eindeutige Bestimmung des zugrunde liegenden Regelwerks zu achten. Häufig werden WP mit der Erstellung eines freiwilligen KA beauftragt. Ein KA nach HGB beinhaltet folgende Pflichtbestandteile[151]:

- Konzernbilanz
- Konzern-GuV
- Konzernanhang
- KFR
- EK-Spiegel sowie

149 Bei der Berichterstattung sollte vermieden werden, dass der WP Zusicherungen über das Bestehen oder Nichtbestehen der Fortführungsannahme oder das Vorliegen bzw. Nichtvorliegen eines Insolvenzgrunds übernimmt. Es können sonst Haftungsrisiken des WP entstehen, nicht nur gegenüber der Gesellschaft, sondern auch gegenüber den Geschäftsführern der Gesellschaft. Vgl. hierzu auch BGH v. 06.06.2013, IX ZR 204/12, WPg 2013, S. 924.

150 Vgl. *IDW S 7*, Tz. 18.

151 Vgl. § 297 Abs. 1 HGB.

- ggf. eine Segmentberichterstattung.

Sofern für die Erstellung eines KA ein **abweichender Umfang** vereinbart wird, ist klarzustellen, ob es sich überhaupt um einen vollständigen KA handelt oder nur um einen – dann zu definierenden – verkürzten KA oder um eine Erstellung einzelner Finanzaufstellungen (z.B. ausschließliche Erstellung einer Konzernbilanz und Konzern-GuV)[152]. Weiterhin ist bei derartigen freiwilligen Erstellungen von HGB-KA mit dem Mandanten in den Auftragsbedingungen zu vereinbaren, dass die **DRS** als Konzern-GoB mit zu beachten sind.

Entsprechendes gilt, soweit auf freiwilliger Basis ein IFRS-KA erstellt werden soll.

Mit dem Auftraggeber ist zu vereinbaren, welche Tätigkeiten der WP i.R.d. Erstellung vorzunehmen hat. Zu denken ist insbesondere an folgende Punkte: **100**

- Erstellung der JA der einzubeziehenden Tochtergesellschaften,
- Erstellung der Handelsbilanzen II der einzubeziehenden Tochtergesellschaften,
- Führung einer Konzern-Anlagenbuchhaltung.

Mit dem Auftraggeber sind ebenfalls ggf. **Weitergabebeschränkungen** bzgl. der Berichterstattung abzustimmen. **101**

Der WP hat **Vorgaben des Auftraggebers** zu bestehenden Bilanzierungs-, Bewertungs- und Konsolidierungsmethoden einzuholen. Regelmäßig betroffene Aspekte sind dementsprechend **102**

- die Abgrenzung des Konsolidierungskreises (Ausübung von Einbeziehungswahlrechten),
- die Definition von Konzern- Anschaffungs- und Herstellungskosten,
- die Ausübung von Wahlrechten bei Konsolidierungsmethoden (z.B. Unterlassen der Zwischenergebniseliminierung wegen Unwesentlichkeit[153]).

Manchmal werden freiwillige Gruppenabschlüsse von Unternehmensgruppen aufgestellt, die nach den handelsrechtlichen Regelungen keinen konsolidierungspflichtigen Konzern darstellen. In diesen Fällen ist es wichtig, dass i.R.d. Auftragserteilung klargestellt wird, nach welchen Regeln die Zusammenfassung im Gruppenabschluss vorgenommen wird[154]. Diese Regelungen sind außerdem im Anhang oder einem sonstigen Bestandteil des Gruppenabschlusses zu erläutern, damit der Abschlussleser die Vorgehensweise nachvollziehen kann. **103**

Auch i.R.d. KA-Erstellung hat der WP vom Auftraggeber eine **Vollständigkeitserklärung** einzuholen[155]. **104**

Im Rahmen der Berichterstattung ist bezüglich der **Bescheinigung** zu beachten, dass nur sinngemäß auf die Grundsätze des *IDW S 7* Bezug genommen werden kann[156], da dieser keine unmittelbaren Regelungen für KA enthält. Die Erstellung eines handelsrechtlichen KA ohne Beurteilungen könnte bspw. wie folgt formuliert werden: **105**

152 Zur Erstellung einzelner Finanzaufstellungen vgl. Tz. 115.

153 Vgl. § 304 Abs. 2 HGB.

154 Vgl. *Gewehr/Böhm/Harrison/Schmitz-Herkendell*, WPg 2016, S. 481 (482), die in diesem Zusammenhang von „HGB minus" sprechen.

155 Bei der IDW Verlag GmbH ist ein Muster einer VollstE für die Erstellung eines KA (M 4) erhältlich; https://shop.idw-verlag.de/auditingForms.idw.

156 Vgl. *IDW S 7*, Tz. 4.

**Bescheinigung des Wirtschaftsprüfers über die Erstellung**

An die ... [Gesellschaft]

Wir haben auftragsgemäß den vorstehenden/nachstehenden Konzernabschluss – bestehend aus Konzernbilanz, Konzern-Gewinn- und Verlustrechnung, Konzernanhang, Kapitalflussrechnung sowie Eigenkapitalspiegel – der ... [Gesellschaft] für das Geschäftsjahr vom ... [Datum] bis ... [Datum] unter Beachtung der deutschen handelsrechtlichen Vorschriften [und der ergänzenden Bestimmungen des Gesellschaftsvertrags/der Satzung] erstellt. Grundlage für die Erstellung waren die uns vorgelegten Jahresabschlüsse zum ... [Datum] der einbezogenen Gesellschaften, die wir auftragsgemäß nicht geprüft haben, sowie die uns erteilten Auskünfte. Die Aufstellung des Konzernabschlusses nach den deutschen handelsrechtlichen Vorschriften [und den ergänzenden Bestimmungen des Gesellschaftsvertrags/der Satzung] liegt in der Verantwortung der gesetzlichen Vertreter der Gesellschaft.

Wir haben unseren Auftrag unter sinngemäßer Anwendung des *IDW Standards: Grundsätze für die Erstellung von Jahresabschlüssen (IDW S 7)* durchgeführt. Dieser umfasst die Entwicklung der Konzernbilanz, der Konzern- Gewinn- und Verlustrechnung, des Konzernanhangs, der Kapitalflussrechnung sowie des Eigenkapitalspiegels auf Grundlage der vorgelegten Jahresabschlüsse der einbezogenen Gesellschaften sowie der Vorgaben zu den anzuwendenden Bilanzierungs-, Bewertungs- und Konsolidierungsmethoden.

(Ort)
(Datum)
(Unterschrift)
Wirtschaftsprüfer

**106** Bezüglich der Berichterstattung gelten die in Tz. 91 dargelegten Grundsätze analog. Im **Erstellungsbericht** zum KA sollte dargelegt werden, welche Unterlagen dem WP vorgelegt wurden und welche Tätigkeiten der WP durchgeführt hat (vgl. Tz. 100).Weiterhin empfiehlt es sich, die nach Vorgaben des Auftraggebers vorgenommene Abgrenzung des Konsolidierungskreises sowie die Konsolidierungsmaßnahmen (z.B. Aufdeckung stiller Reserven im Rahmen der Kapitalkonsolidierung) darzustellen oder wesentliche konzernspezifische Posten (z.B. Geschäftswerte aus Kapitalkonsolidierung) aufzugliedern oder zu erläutern.

**107** Handelt es sich bei dem KA um einen **verkürzten KA** empfiehlt es sich, im Erstellungsbericht die Grundsätze darzustellen, nach denen der KA erstellt wurde. Wurde bspw. lediglich eine Konzernbilanz und Konzern-GuV nach HGB aufgestellt, sollten im Erstellungsbericht die Bilanzierungs-, Bewertungs- und Konsolidierungsmethoden dargestellt werden.

## 3.2 Zwischenabschlüsse

**108** Für die Erstellung von **Zwischenabschlüssen** gilt das unter Tz. 98 Ausgeführte analog.

**109** Soweit der Zwischenabschluss unter (verpflichtender oder freiwilliger) Anwendung von **DRS 16** (Halbjahresfinanzberichterstattung) erstellt wird, kommt der Abgrenzung des vom WP erstellten Zwischenabschlusses von den nicht von ihm erstellten Teilen des Halbjahresfinanzberichts[157] (Zwischenlagebericht, Versicherung der gesetzlichen Vertreter) große Bedeutung zu.

157 Der Halbjahresfinanzbericht besteht mindestens aus einem Halbjahresabschluss, einem Zwischenlagebericht sowie einer Versicherung der gesetzlichen Vertreter. Vgl. § 37w Abs. 2 WpHG; DRS 16.11.

Da der **Umfang eines Zwischenabschlusses** gesetzlich nur in Bezug auf einen Mindestumfang geregelt ist, die Erstellung weiterer Abschlussbestandteile aber empfohlen wird[158], sollte der WP mit dem Auftraggeber die Bestandteile des zu erstellenden Zwischenabschlusses abstimmen. 110

Die **Bescheinigung** zu einer Erstellung eines Zwischenabschlusses ohne Beurteilungen kann in Anlehnung an die Grundsätze des *IDW S 7* wie folgt formuliert werden: 111

**Bescheinigung des Wirtschaftsprüfers über die Erstellung**

An die ... [Gesellschaft]

Wir haben auftragsgemäß den vorstehenden/nachstehenden Konzern-Zwischenabschluss – bestehend aus verkürzter Konzernbilanz, verkürzter Konzern- Gewinn- und Verlustrechnung und verkürztem Konzernanhang – der … [Gesellschaft] für das Geschäftsjahr vom ... [Datum] bis ... [Datum] unter Beachtung der deutschen handelsrechtlichen Vorschriften und der ergänzenden Bestimmungen der Satzung erstellt. Grundlage für die Erstellung waren die Bilanzen zum … [Datum] und Gewinn- und Verlustrechnungen für die Zeit vom … [Datum] bis … [Datum] der einbezogenen Gesellschaften, die wir auftragsgemäß nicht geprüft haben, sowie die uns erteilten Auskünfte. Die Aufstellung des Konzern-Zwischenabschlusses liegt in der Verantwortung der gesetzlichen Vertreter der Gesellschaft.

Wir haben unseren Auftrag unter sinngemäßer Anwendung des *IDW Standards: Grundsätze für die Erstellung von Jahresabschlüssen (IDW S 7)* durchgeführt. Dieser umfasst die Entwicklung der verkürzten Konzernbilanz, der verkürzten Konzern- Gewinn- und Verlustrechnung sowie des verkürzten Konzernanhangs auf Grundlage der vorgelegten Bilanzen und Gewinn- und Verlustrechnungen der einbezogenen Gesellschaften sowie der Vorgaben zu den anzuwendenden Bilanzierungs-, Bewertungs- und Konsolidierungsmethoden. Nicht Gegenstand unserer Erstellungsarbeiten war der in der Anlage … beigefügte, vom Vorstand/von der Geschäftsführung aufgestellte Konzernzwischenlagebericht für das erste Halbjahr … [Datum].

(Ort)
(Datum)
(Unterschrift)
Wirtschaftsprüfer

## 4. Ergänzende Tätigkeiten

### 4.1 Vereinbarte Untersuchungshandlungen

WP werden neben der Erstellung von JA auch mit Aufträgen zur Durchführung **vereinbarter Untersuchungshandlungen** („Agreed-upon procedures“) beauftragt. Das Ziel derartiger Aufträge besteht darin, bestimmte Untersuchungshandlungen durchzuführen, die mit dem Unternehmen als Auftraggeber und betroffenen Dritten vereinbart worden sind, und über die festgestellten Tatsachen („factual findings“) zu berichten[159]. 112

Derartige Untersuchungshandlungen richten sich häufig auf **Finanzinformationen**. Im Zusammenhang mit JA-Erstellungen werden WP häufig beauftragt, zu bestimmten Bilanzposten des JA vereinbarte Untersuchungshandlungen durchzuführen, z.B. eine Inventurbeobachtung der Vorräte oder auch eine Ermittlung von Finanzkennzahlen (covenants) aus dem erstellten Abschluss[160]. 113

Hinsichtlich der Planung, Durchführung und Berichterstattung über diese Aufträge wird auf Kap. T verwiesen. Soweit die **Berichterstattung** über die vereinbarten Unter- 114

158 DRS 11.16 empfiehlt, den Halbjahresabschluss um eine verkürzte Kapitalflussrechnung und einen verkürzten Eigenkapitalspiegel zu ergänzen.

159 Vgl. *Pföhler/Kamping*, WPg 2010, S. 582 (583).

160 Vgl. *Gewehr/Böhm/Harrison/Schmitz-Herkendell*, WPg 2016, S. 481 (484).

suchungshandlungen mit der über die Erstellung des JA verbunden werden soll, ist auf eine klare Abgrenzung der beiden Aufträge zu achten. Die i.R.d. Erstellung erstattete Bescheinigung bezieht sich allein auf die Erstellungstätigkeit. Daher sind bei Aufnahme in einen gemeinsamen Bericht die Feststellungen bezüglich der vereinbarten Untersuchungshandlungen eindeutig von denen der Erstellung zu trennen. Dies erfordert, diese Feststellungen in einem separaten Berichtsabschnitt dazustellen[161].

## 4.2 Erstellung von einzelnen Finanzaufstellungen

115 Neben der Erstellung von Jahres-, Konzern- und Zwischenabschlüssen werden WP auch mit der Erstellung einzelner Finanzaufstellungen beauftragt. Unter einer **Finanzaufstellung** ist eine strukturierte Darstellung vergangenheitsorientierter Finanzinformationen (einschließlich der dazugehörigen erläuternden Angaben) zu verstehen. Finanzaufstellungen informieren unter Beachtung der maßgebenden Rechnungslegungsgrundsätze über die wirtschaftlichen Ressourcen oder Verpflichtungen eines Unternehmens zu einem bestimmten Zeitpunkt bzw. über deren Veränderungen in einem bestimmten Zeitraum[162].

Einzelne Finanzaufstellungen können bspw. sein[163]:

- KFR
- EK-Spiegel
- Steuerbilanz
- Schlussbilanz nach § 17 Abs. 2 UmwG.

116 Soweit WP mit der Erstellung einer Finanzaufstellung beauftragt werden, kommen die in Tz. 10 ff. dargestellten Grundsätze bei der Erstellung von JA sinngemäß zur Anwendung, soweit sie auf die Erstellung einer einzelnen Finanzaufstellung übertragbar sind.

117 Im Bereich der **Auftragsannahme** hat der WP mit dem Auftraggeber zu vereinbaren, nach welchen Rechnungslegungsgrundsätzen die Finanzaufstellung erstellt werden soll. Soweit es sich um Rechnungslegungsgrundsätze für allgemeine Zwecke (z.B. HGB, IFRS) handelt, kann regelmäßig davon ausgegangen werden, dass diese angemessen sind. Bei Rechnungslegungsgrundsätzen für einen speziellen Zweck (z.B. „vereinfachte" handelsrechtliche Grundsätze auf Basis eines Kreditvertrags) hat der WP darauf zu achten, dass die vorgesehenen Rechnungslegungsgrundsätze auch vertretbar sind und zu einer verständlichen Darstellung der Finanzaufstellung führen[164].

118 Wie die Definition in Tz. 115 klarstellt, umfasst eine Finanzaufstellung auch die dazugehörigen **erläuternden Angaben**, aus denen der Leser der Finanzaufstellung die notwendigen Informationen erhält, nach welchen Grundsätzen die Finanzaufstellung erstellt wurde. Diese sind entsprechend notwendiger Bestandteil der vom WP zu erstellenden Finanzaufstellung.

119 Gleichermaßen hat der WP bei bestehenden Gestaltungsoptionen **Vorgaben des Auftraggebers** zur Ausübung von Wahlrechten einzuholen.

161 Zu Einzelheiten wird auf Kap. T verwiesen.
162 Vgl. *IDW PS 490*, Tz. 10.
163 Vgl. *IDW PS 490*, Anlage 1.
164 Vgl. *IDW PS 490*, Tz. 15.

**Beispiel 14:**

Der WP wird von der XY GmbH mit der Erstellung einer KFR nach HGB für das GJ 01 beauftragt, da dies von einem Kreditgeber der XY GmbH gefordert worden ist. Der WP hat bereits den JA für das GJ 01 der XY GmbH erstellt.
Der WP hat vom Auftraggeber notwendige Vorgaben für bestehende Wahlrechte einzuholen, so z.B. ob die KFR nach der direkten oder indirekten Methode zu erfolgen hat.

Im Übrigen wird auf Kap. D, Tz. 57 ff. verwiesen, wo die Prüfung von Finanzauf- 120
stellungen behandelt wird.

## 5. International Standard on Related Services (ISRS) 4410 (Rev.)

Auf internationaler Ebene existiert seit den 1990er Jahren der von der IFAC entwickelte 121
Standard **ISRS 4410** „Compilation Engagements“[165], dessen derzeit gültige Fassung ISRS 4410 (Rev.) für Erstellungsaufträge ab dem 01.07.2013 anzuwenden ist.

Aufträge zur Erstellung von JA nach ISRS 4410 (Rev.) verfolgen das Ziel, unter An- 122
wendung von Fachkenntnis im Bereich der Rechnungslegung finanzielle oder andere Informationen zu sammeln, zu ordnen und zusammenzufassen[166]. Im Rahmen derartiger Erstellungen ist es weder die Aufgabe des WP, die in dem JA enthaltenen Aussagen zu überprüfen, noch die dem JA zugrunde liegenden Geschäftsvorfälle, Vermögensgegenstände und Schulden oder die erhaltenen Unterlagen zu beurteilen[167]. Dies entspricht der Vorgehensweise nach *IDW S 7* in der Auftragsart 1, Erstellung ohne Beurteilungen[168].

ISRS 4410 (Rev.) beschränkt sich vom Anwendungsbereich im Unterschied zu *IDW S 7* 123
nicht nur auf die Erstellung von historischen Finanzinformationen, sondern ist auch auf andere Finanzinformationen (z.B. Pro-Forma-Abschlüsse oder Planungsrechnungen) anwendbar[169].

Der **wesentliche Unterschied** zwischen ISRS 4410 (Rev.) und *IDW S 7* besteht darin, 124
dass *IDW S 7* mit den Auftragsarten 2 und 3 Tätigkeiten vorsieht, die auch Beurteilungen umfassen, also prüferische Tätigkeiten darstellen. Darüber hinaus berücksichtigt *IDW S 7* im Unterschied zu ISRS 4410 (Rev.) auch weitere Tätigkeiten des WP, die das Unternehmen bei der Abschlusserstellung unterstützen sollen (Führen von Haupt- und Nebenbüchern, Erstellung von Inventaren)[170].

Nach ISRS 4410 (Rev.) hat der Ersteller des JA nicht nur mit den gesetzlichen Vertretern, 125
sondern auch mit dem **Aufsichtsrat** bzw. der **Gesellschafterversammlung** („those charged with governance“) erforderlichenfalls zu kommunizieren[171]. Mögliche Anwendungsfälle können Hinweise auf erhebliche Unsicherheiten bei der Ausübung von Er-

165 Vgl. IFAC, Handbook of International Quality Control, Auditing, Review, Other Assurance and Related Services Pronouncements, 2015 Edition, Volume II, S. 416.
166 Vgl. *Almeling/Broer/Küster*, DB 2011, S. 1761 (1768).
167 Vgl. ISRS 4410.6.
168 Vgl. *IDW S 7*, Tz. 79.
169 Vgl. ISRS 4410.2, A3.
170 Vgl. *Almeling/Broer/Küster*, DB 2011, S. 1761 (1768).
171 Vgl. ISRS 4410.27.

messensspielräumen (z.B. bei der Rückstellungsbewertung), Hinweise auf Unregelmäßigkeiten oder Unsicherheiten bzgl. der Angemessenheit der Fortführungsannahme sein.

126 ISRS 4410 (Rev.) ist in dem durch die ISA bekannten **Clarity-Format** aufgebaut, d.h. der Standard ist in die Abschnitte Ziele, Definitionen, Anforderungen sowie zusätzliche Anwendungshinweise und erläuterndes Material aufgebaut.

127 Im Bereich der zu beachtenden Grundsätze verweist ISRS 4410 (Rev.) auf den IESBA Code of Ethics. Außerdem hat der WP bei einem Auftrag nach ISRS 4410 (Rev.) die relevanten Anforderungen des ISQC 1[172] zu beachten. Da beide Regelwerke im Wesentlichen auch für Deutschland gelten, ergeben sich hier keine wesentlichen materiellen Unterschiede zum deutschen Recht.

172 Vgl. IFAC, Handbook of International Quality Control, Auditing, Review, Other Assurance and Related Services Pronouncements, 2015 Edition, Volume I, S. 42.

# Kapitel T

# Aufträge zur Durchführung von vereinbarten Untersuchungshandlungen

Verfasser:
WP StB Dr. Dirk Rabenhorst, Berlin

Inhalt Tz.



## 1. Einleitung

1 Der International Standard on Related Services (ISRS) 4400: Engagements to Perform Agreed-Upon Procedures Regarding Financial Information beschreibt eine Tätigkeit eines WP[1], die **nicht in die Kategorie der Assurance-Aufträge** fällt. Während *Assurance Engagements Other Than Audits or Reviews of Historical Financial Information* durch den 3000er-Nummernkreis im Handbook of International Quality Control, Auditing, Review, Other Assurance, and Related Services Pronouncements abgedeckt werden, zählen *Engagements to Perform Agreed-Upon Procedures Regarding Financial Information* zu den *Related Services*. Der ISRS 4400 ist auf die Durchführung vereinbarter

1 In ISRS 4400 wird der Begriff „Auditor" verwendet, der nicht mit dem APr. des Unternehmens übereinstimmen muss. In der deutschen Übersetzung des ISRS 4400 wird „Auditor" mit „WP" übersetzt.

Untersuchungshandlungen bezüglich Finanzinformationen ausgerichtet, kann jedoch nützliche Hinweise für Aufträge geben, die sich auf nichtfinanzielle Informationen beziehen[2].

Da es an einem vergleichbaren **deutschen Standard fehlt**, bietet sich die Bezugnahme auf ISRS 4400 bei der Durchführung entsprechender Aufträge auch im deutschen Umfeld an. Eine deutsche Übersetzung des ISRS 4400 (Aufträge zur Durchführung vereinbarter Untersuchungshandlungen bezüglich Finanzinformationen) kann beim IDW Verlag bezogen werden[3]. 2

Im **US-amerikanischen Umfeld** wird die Durchführung von Agreed-Upon Procedures Engagements durch AT Section 201 geregelt. 3

## 2. Abgrenzung zu anderen Aufträgen

Die Durchführung vereinbarter Untersuchungshandlungen zeichnet sich dadurch aus, dass der WP[4] nur über **festgestellte Tatsachen** (factual findings) berichtet, aber keine Beurteilung abgibt[5]. Die Verantwortung, die durchgeführten Untersuchungshandlungen und die getroffenen Feststellungen zu beurteilen und daraus eigene Schlüsse zu ziehen, verbleibt bei den Nutzern der Berichterstattung[6]. Darin liegt ein grundlegender Unterschied zu betriebswirtschaftlichen Prüfungsaufträgen mit einer hinreichenden oder begrenzten Sicherheit, bei denen der WP ein Urteil abgibt und die Nutzer auf dieses Urteil vertrauen. 4

Die **fehlende Urteilsabgabe** durch den WP ist vor dem Hintergrund zu sehen, dass Art und Umfang der Tätigkeiten nicht – wie im Fall von betriebswirtschaftlichen Prüfungsaufträgen – durch den WP eigenverantwortlich festgelegt, sondern mit dem Auftraggeber im Einzelnen vereinbart werden[7]. Wenn der WP aber nicht Art und Umfang der durchzuführenden Tätigkeiten selbst bestimmen kann, um mit einer hinreichenden oder begrenzten Sicherheit eine Gesamtbeurteilung abgeben zu können, kann am Ende eines Auftrags zur Durchführung von vereinbarten Untersuchungshandlungen nur ein Ergebnis stehen, das nicht den Charakter einer Assurance hat[8]. Damit fallen auch Aufträge, bei denen zwar kein Gesamturteil abgegeben wird, aber Beurteilungen einzelner Sachverhalte vorgenommen werden, nicht in den Anwendungsbereich des ISRS 4400. 5

Die Durchführung von vereinbarten Untersuchungshandlungen ist für eine dritte Partei als Empfänger der Berichterstattung insb. in solchen Fällen von Interesse, wenn die **Übereinstimmung** von durch den Auftraggeber ermittelten finanziellen (oder nichtfinanziellen) Informationen **bestätigt** werden soll, ohne dass die Notwendigkeit eines Prüfungsurteils besteht. Dies kann etwa i.Z.m. der Förderfähigkeit der Ausgaben aus einem Förderprogramm, der Ermittlung von Lizenz- oder Franchisegebühren auf der 6

2 ISRS 4400.2.

3 https://shop.idw-verlag.de/product.idw?product=20337 (abgerufen am 03.03.2017).

4 Häufig wird der WP, der vereinbarte Untersuchungshandlungen in Bezug auf bestimmte vergangenheitsorientierte Finanzinformationen durchführt, auch der APr. des zugrundeliegenden Abschlusses sein. Dies ist jedoch keine notwendige Voraussetzung für die Durchführung vereinbarter Untersuchungshandlungen.

5 ISRS 4400.5.

6 ISRS 4400.5.

7 *Almeling*, WPg 2011, S. 653 (658 f.); WP Handbuch 2012 Bd. I, Kap. Q, Tz. 1588.

8 *Pföhler/Kamping*, WPg 2010, S. 582 (584).

Grundlage eines Prozentsatzes der Umsatzerlöse oder der Einhaltung von Kreditbedingungen der Fall sein[9].

7 Die Festlegung der Untersuchungshandlungen durch den Auftraggeber hat zur Folge, dass das **prüferische Ermessen** des WP sehr stark **eingeschränkt** ist, selbst wenn es sich bei vereinbarten Untersuchungshandlungen um Handlungen prüferischer Art (procedures of an audit nature)[10] handelt, da ein weitgehendes prüferisches Ermessen inkompatibel mit der Vorfestlegung durch den Auftraggeber wäre. Insofern ist auch der Hinweis auf die Nützlichkeit der ISAs bei der Anwendung des ISRS 4400[11] unter Berücksichtigung der Eigenart der vereinbarten Untersuchungshandlungen zu verstehen.

8 Zusammenfassend lassen sich die **Unterschiede** zwischen Aufträgen zur Durchführung von vereinbarten Untersuchungshandlungen und betriebswirtschaftlichen Prüfungsaufträgen wie folgt darstellen:

| | **Vereinbarte Untersuchungshandlungen** | **Abschlussprüfungen, prüferische Durchsichten, sonstige betriebswirtschaftliche Prüfungen** |
|---|---|---|
| **Festlegung der Tätigkeiten** | durch Auftraggeber und weitere Empfänger der Berichterstattung | durch den WP; Beschränkungen durch den Auftraggeber bedeuten ein Prüfungshemmnis |
| **Prüferisches Ermessen** | sehr eng begrenzte Ausübung prüferischen Ermessens | Ausübung prüferischen Ermessens bei der Festlegung der Prüfungsstrategie und der Bestimmung von Art, zeitlicher Einteilung und Umfang der Prüfungshandlungen sowie bei der Beurteilung der Prüfungsnachweise als Basis für das Prüfungsurteil/die Beurteilung |
| **Berichterstattung des WP** | in Form von festgestellten Tatsachen ohne Abgabe einer Beurteilung; Schlussfolgerungen liegen in der Verantwortlichkeit der Nutzer der Berichterstattung | in Form eines Urteils bzw. einer Beurteilung, auf das/die sich die Nutzer stützen |

Tabelle 1: Abgrenzung vereinbarte Untersuchungshandlungen – betriebswirtschaftliche Prüfungsaufträge[12]

## 3. Auftragsannahme

### 3.1 Einhaltung der Berufspflichten

9 Nach ISRS 4400.7 soll der WP bei der Durchführung eines Auftrags über vereinbarte Untersuchungshandlungen den IESBA Code of Ethics einhalten. Die daraus resultierenden **Verhaltensgrundsätze** für die beruflichen Pflichten des WP bei der Durchführung eines Auftrags über vereinbarte Untersuchungshandlungen sind

a) Integrität,
b) Objektivität,

9 Vgl. zu exemplarischen Anwendungsfällen ausführlich Tz. 40 ff.
10 ISRS 4400.4.
11 ISRS 4400.2.
12 In Anlehnung an *Pföhler/Kamping*, WPg 2010, S. 582 (592).

c) berufliche Kompetenz und erforderliche Sorgfalt,
d) Verschwiegenheit,
e) berufswürdiges Verhalten sowie
f) Verwendung fachlicher Standards[13].

Nach ISRS 4400.7 ist die **Unabhängigkeit** keine Anforderung, soweit die Bedingungen oder Ziele eines Auftrags oder nationale Standards die Einhaltung der Unabhängigkeitsanforderungen des IESBA Code of Ethics nicht vorschreiben. Die Öffnungsklausel in ISRS 4400.7 wird so zu verstehen sein, dass aufgrund des fehlenden prüferischen Ermessens[14] bei der Durchführung von vereinbarten Untersuchungshandlungen bei Einhaltung der übrigen beruflichen Pflichten das Ergebnis der Tätigkeit nicht durch eine fehlende Unabhängigkeit beeinträchtigt wird. Gleichwohl wird in ISRS 4400.7 und .18 (f) vorgeschrieben, dass in der Berichterstattung auf eine ggf. nicht vorhandene Unabhängigkeit hinzuweisen ist. **10**

Da die Durchführung von vereinbarten Untersuchungshandlungen unter den Anwendungsbereich von § 2 Abs. 1 WPO fällt (auch wenn es sich nicht um die Durchführung einer betriebswirtschaftlichen Prüfung i.e.S. handelt[15]), unterliegt die Durchführung eines Auftrags über vereinbarte Untersuchungshandlungen den Regelungen der **WPO und** der **BS WP/vBP**, sofern und soweit einzelne Berufspflichten ihre Anwendbarkeit nicht inhaltlich selbst beschränken[16]. Durch die Verankerung der Unabhängigkeit in § 43 Abs. 1 S. 1 WPO als „Kardinaltugend“[17] kommt die Übernahme eines Auftrags zur Durchführung von vereinbarten Untersuchungshandlungen für einen WP bei fehlender Unabhängigkeit nicht in Betracht. **11**

## 3.2 Festlegung der Auftragsbedingungen

Die durchzuführenden Untersuchungshandlungen werden in das Auftragsschreiben aufgenommen, um das gemeinsame Verständnis des Auftragsgegenstands zu dokumentieren. Ergänzend dazu kann es sich anbieten, einen Entwurf der vorgesehenen Berichterstattung über die festgestellten Tatsachen als Anlage beizufügen, um dem Auftraggeber einen Eindruck von der beabsichtigen Berichterstattung zu geben[18]. Typischerweise wird das **Auftragsschreiben** folgende Bestandteile aufweisen[19]: **12**

- Art des Auftrags einschl. der Tatsache, dass die durchgeführten Untersuchungshandlungen keine Abschlussprüfung oder eine prüferische Durchsicht darstellen und demzufolge keine Prüfungssicherheit zum Ausdruck gebracht wird
- Zweck des Auftrags
- Bezeichnung der Finanzinformationen, auf die die vereinbarten Untersuchungshandlungen angewandt werden[20]

---

13 ISRS 4400.7.
14 Vgl. Tz. 7 f.
15 Vgl. dazu die Abgrenzung in Kap. C Tz. 27 ff.
16 *Schnepel*, in: Hense/Ulrich, WPO², § 43 ff., Rn. 14 allgemein zu Tätigkeiten nach § 2 WPO.
17 *Röhricht*, WPg 2001, Sonderheft, S. 80.
18 ISRS 4400.12. Die Beifügung eines solchen Entwurfs dient auch der Vermeidung einer Erwartungslücke, vgl. *Pföhler/Kamping*, WPg 2010, S. 582 (585 f.).
19 ISRS 4400.9 und das Beispiel für ein Auftragsschreiben in Anlage 1 zu ISRS 4400.
20 ISRS 4400 ist vorrangig für Aufträge konzipiert, die auf Untersuchungshandlungen in Bezug auf Finanzinformationen gerichtet sind, kann jedoch auch nützliche Hinweise geben, wenn sich die Untersuchungshandlungen auf nichtfinanzielle Informationen beziehen, vgl. ISRS 4400.2.

- Art, zeitliche Einteilung und Umfang der durchzuführenden Untersuchungshandlungen
- erwartete Form des Berichts über festgestellte Tatsachen
- Beschränkungen im Hinblick auf die Verteilung des Berichts über festgestellte Tatsachen.

**13** Über diese in ISRS 4400 exemplarisch genannten Bestandteile des Auftragsschreibens hinaus werden regelmäßig die folgenden Punkte **ebenfalls im Auftragsschreiben** adressiert:

- Hinweis auf die Auftragsdurchführung in Übereinstimmung mit ISRS 4400
- Hinweis darauf, dass die Auswahl der Untersuchungshandlungen in der Verantwortung des Auftraggebers und der weiteren Berichtsempfänger liegt und deshalb keine Aussage zur Eignung der durchgeführten Untersuchungshandlungen für den Zweck des Auftrags getroffen werden wird
- Verpflichtung zur Abgabe einer Vollständigkeitserklärung[21]
- Haftungsvereinbarung[22].

## 3.3 Einvernehmen mit Drittempfängern bezüglich der vereinbarten Untersuchungshandlungen und der Auftragsbedingungen

**14** Ebenso wie bei sonstigen betriebswirtschaftlichen Prüfungen nach ISAE 3000 (Rev.) ist auch bei der Durchführung von vereinbarten Untersuchungshandlungen nach ISRS 4400 ein **Drei-Parteien-Verhältnis** ein konstitutives Merkmal. Allerdings sind bei Aufträgen über vereinbarte Untersuchungshandlungen neben dem Auftraggeber regelmäßig die weiteren Empfänger der Berichterstattung bereits in die Ausgestaltung des Auftrags einzubeziehen[23]. Damit diese Empfänger der Berichterstattung die für ihre Zwecke erforderlichen Schlussfolgerungen ziehen können, müssen sie ein Verständnis von den vereinbarten Untersuchungshandlungen und den getroffenen Auftragsbedingungen haben[24].

**15** Zu diesem Zweck müssen die weiteren **Empfänger der Berichterstattung** nicht zwingend Partei der Auftragsvereinbarung zwischen WP und Auftraggeber werden, indem sie etwa das Auftragsschreiben gegenzeichnen[25]. Eine Einbeziehung ist auch gewährleistet durch

- die Erörterung der durchzuführenden Untersuchungshandlungen mit einschlägigen Vertretern der beteiligten Parteien,
- die Durchsicht des Schriftverkehrs des Auftragsgebers mit den beteiligten Parteien,
- die Zusendung eines Entwurfs der vorgesehenen Berichterstattung[26].

---

21 ISRS 4400 enthält keine Aussage zur Abgabe einer Vollständigkeitserklärung. Dennoch erscheint eine entsprechende Vereinbarung mit dem Auftraggeber sinnvoll, so auch *Pföhler/Kamping*, WPg 2010, S. 582 (589).

22 Die Aufnahme von Haftungsregelungen beruht nicht auf einer Vorgabe des ISRS 4400, da solche Regelungen vom jeweiligen Rechtsraum abhängig sind; in Deutschland werden i.d.R. die Allgemeinen Auftragsbedingungen für Wirtschaftsprüfer und Wirtschaftsprüfungsgesellschaften (AAB) zugrunde gelegt, vgl. *Pföhler/Kamping*, WPg 2010, S. 582 (586).

23 ISRS 4400.4.

24 ISRS 4400.9.

25 *Pföhler/Kamping*, WPg 2010, S. 582 (586).

26 ISRS 4400.10.

Die Zusendung eines Entwurfs der vorgesehenen Berichterstattung an die über den Auftraggeber hinaus beteiligten Parteien wird häufig nicht in Betracht kommen, da der WP seine Berichterstattung bzw. Entwürfe dieser Berichterstattung **nur dem Auftraggeber** zur Verfügung stellt, aber nicht unmittelbar mit den weiteren Empfängern in Beziehung treten oder an diese selbstständig berichten wird[27]. 16

Wenn **externe Vorschriften** (z.B. 7. EU-Forschungsrahmenprogramm[28]) oder vertragliche Vereinbarungen zwischen dem Auftraggeber und den weiteren Empfängern der Berichterstattung bestimmte Bestätigungen durch den WP vorsehen (z.B. Bestätigung der den Covenants zugrundeliegenden Zahlen – vgl. Tz. 41 ff.), kann ebenfalls von einem Einverständnis der weiteren Berichtsempfänger mit der Durchführung der vereinbarten Untersuchungshandlungen ausgegangen werden. 17

Hingegen kommt eine an einen unbestimmten Adressatenkreis gerichtete Berichterstattung oder eine Aufnahme in öffentliche Dokumente oder Medien nicht in Betracht, da es in diesen Fällen naturgemäß an einem **Einvernehmen über die Untersuchungshandlungen** fehlt[29]. 18

Insbesondere in Fällen, in denen der WP nicht die Möglichkeit hat, mit den Dritten, denen das Ergebnis seiner Tätigkeit zugänglich gemacht werden soll, die Eignung und den Gegenstand der vereinbarten Untersuchungshandlungen unmittelbar abzustimmen, besteht ein erhöhtes Risiko, dass diese Tätigkeitsart möglicherweise **nicht adressatengerecht** ist. Das OVG Berlin-Brandenburg hat entschieden, dass die nach § 2 Abs. 2 S. 5 EdWBeitrV[30] erforderliche Bestätigung eines WP oder einer WPG dann nicht den Anforderungen genügt, wenn sie sich lediglich auf den „Vergleich" der deklarierten Beträge mit den Aufzeichnungen und Unterlagen der Buchhaltung bezieht[31]. 19

Der Beschluss des OVG Berlin-Brandenburg ist nicht als generelle Absage an die Eignung von vereinbarten Untersuchungshandlungen für Zwecke der Bestätigung von Angaben eines Auftraggebers gegenüber Dritten zu verstehen: Vorliegend wird in § 2 Abs. 2 S. 5 i.V.m. Abs. 4 S. 1 EdWBeitrV gefordert, dass sich die Bestätigung auf die **sachliche und rechnerische Richtigkeit** der für die Berechnung des Jahresbeitrags erforderlichen Angaben zu erstrecken hat. Während die Bestätigung der rechnerischen Richtigkeit einen typischen Anwendungsfall von vereinbarten Untersuchungshandlungen darstellt, verlangt die Bestätigung der sachlichen Richtigkeit eine inhaltliche Würdigung durch den WP, die über den Anwendungsbereich von vereinbarten Untersuchungshandlungen hinausgeht. 20

---

27 *Pföhler/Kamping*, WPg 2010, S. 582 (586).

28 In den Bedingungen für die Förderung auf der Grundlage des 7. EU-Forschungsrahmenprogramms sind sog. Methodenzertifikate vorgesehen, die auf vereinbarten Untersuchungshandlungen nach ISRS 4400 beruhen, vgl. Certificates issued by External Auditors – Guidance Notes for Beneficiaries and Auditors, http://ec.europa.eu/research/participants/data/ref/fp7/89531/guidance-notes_beneficiaries_auditors_2013_en.pdf (abgerufen am 03.03.2017), S. 8.

29 Zu den Ausprägungen der Untersuchungshandlungen im Einzelnen vgl. *Pföhler/Kamping*, WPg 2010, S. 582 (588 f.).

30 Verordnung über die Beiträge zu der Entschädigungseinrichtung der Wertpapierhandelsunternehmen bei der Kreditanstalt für Wiederaufbau (EdWBeitrV).

31 OVG Berlin-Brandenburg vom 02.04.2014 – OVG 1 S 124.12 (http://www.gerichtsentscheidungen.berlin-brandenburg.de/jportal/portal/t/279b/bs/10/page/sammlung.psml?pid=Dokumentanzeigeshowdoccase=1js_peid=Trefferlistedocumentnumber=1numberofresults=1fromdoctodoc=yesdoc.id=-JURE140006586doc.part=Ldoc.price=0.0#focuspoint (abgerufen am 03.03.2017), Rz. 19).

21 Dieser Fall unterstreicht den Stellenwert der nach ISRS 4400.9 vorgesehenen Abstimmung mit dem **Drittempfänger** über die vereinbarten Untersuchungshandlungen. In Situationen, in denen die Tätigkeit auf gesetzliche oder vertragliche Regelungen zurückzuführen ist und demnach keine gesonderte Abstimmung mit dem Drittempfänger erfolgt, ist der WP gehalten, die zugrundeliegenden Bestimmungen sorgfältig vor dem Hintergrund der Interessenlage und des Erwartungshorizonts der Empfänger dahingehend zu würdigen, ob vereinbarte Untersuchungshandlungen im Einzelfall das Mittel der Wahl sind.

## 4. Auftragsdurchführung

### 4.1 Art der Untersuchungshandlungen

#### 4.1.1 Geeignete Untersuchungshandlungen

22 Die vereinbarten Untersuchungshandlungen stellen die Nachweise für den Bericht der festgestellten Tatsachen dar. In ISRS 4400.16 werden beispielhaft folgende **Untersuchungshandlungen** genannt:

- Befragung und Analyse (inquiry and analysis)
- Nachrechnen, Vergleich und andere reine Formalkontrollen (recomputation, comparison and other clerical accuracy checks)
- Beobachtung (observation)
- Einsichtnahme/Inaugenscheinnahme (inspection)
- Einholung von Bestätigungen (obtaining confirmations)[32].

23 Bei allen in Frage kommenden Untersuchungshandlungen ist sicherzustellen, dass sie so **präzisiert** sind, dass sie für eine Berichterstattung in Form von festgestellten Tatsachen **geeignet** sind.

#### 4.1.2 Nicht in Betracht kommende Maßnahmen

24 Dem Charakter von vereinbarten Untersuchungshandlungen entsprechend können die Untersuchungshandlungen nicht darauf ausgerichtet sein, etwa die Ordnungsmäßigkeit, eine nicht näher bezeichnete „Richtigkeit" oder die Übereinstimmung mit Rechnungslegungsvorschriften, Rechtsvorschriften oder vertraglichen Vereinbarungen zu bestätigen, da dies eine **eigenständige Urteilsbildung** des WP erfordern würde.

25 Damit kommen bspw. folgende Maßnahmen für einen Auftrag über vereinbarte Untersuchungshandlungen **nicht in Betracht**:

- Beurteilung der Ordnungsmäßigkeit der Inventuraufnahme
- stichprobenweise Durchführung von Untersuchungshandlungen, wenn die Auswahl der Stichprobe bzw. zumindest das Verfahren der Stichprobenauswahl nicht Gegenstand der Vereinbarung ist[33]
- Beurteilung der Rechnungslegung für einen bestimmten Sachverhalt

---

32 Zur Ausgestaltung der genannten Untersuchungshandlungen im Einzelnen vgl. *Pföhler/Kamping*, WPg 2010, S. 582 (588 f.).

33 *Wirtz*, WPg 2012, S. 1246 (1250); *Pföhler/Kamping*, WPg 2010, S. 582 (588). Eine solche Vorgabe in Bezug auf eine Stichprobe könnte bspw. dahin gehen, dass der WP jedes 20. Element aus einer Liste einer bestimmten Untersuchungshandlung unterziehen soll.

- Beurteilung der Kompetenz oder der Objektivität anderer Personen
- Erlangung eines Verständnisses in Bezug auf einen bestimmten Sachverhalt
- Befragung von Personen und Würdigung der erhaltenen Antworten
- bloßes Lesen von Berichten über Tätigkeiten, die andere Personen durchgeführt haben, um deren Feststellungen zu beschreiben[34].

## 4.2 Erklärung des Managements

Der ISRS 4400 enthält – anders als etwa ISAE 3000 (Rev.) – keine Ausführungen zur Einholung einer Erklärung des Managements (Representation Letter). Somit besteht keine Verpflichtung zur Einholung einer entsprechenden Erklärung. Gleichwohl hat sich die Praxis herausgebildet, auch bei der Durchführung von Aufträgen nach ISRS 4400 eine schriftliche **Erklärung des Managements** einzuholen. Dies hat dazu geführt, dass der IDW Verlag ein vom HFA verabschiedetes Muster[35] für eine Erklärung des Managements herausgegeben hat, das dem Berufsstand im Fall der Einholung einer solchen Erklärung als Hilfestellung dienen soll[36]. 26

Den Charakter dieser Erklärung bei der Durchführung von vereinbarten Untersuchungshandlungen gilt es nicht falsch zu verstehen: Anders als bei einer Abschlussprüfung, bei der die VollstE u.a. auch dazu dient, Aussagen der gesetzlichen Vertreter zu bestimmten, anderweitig nur schwer prüfbaren Sachverhalten zu erhalten und somit Lücken zu schließen[37], kann dies nicht die Aufgabe einer Erklärung des Managements bei vereinbarten Untersuchungshandlungen sein. Die Tätigkeit des WP ist ja gerade auf die vereinbarten Untersuchungshandlungen beschränkt, so dass es **solche „Lücken" per definitionem nicht** geben kann. Stattdessen hat die Erklärung des Managements in diesem Fall lediglich die Funktion, den Auftraggeber 27

- die Vollständigkeit der Aufklärungen und Nachweise,
- die Verantwortung für die Bestimmung und die Erstellung des Untersuchungsgegenstands,
- die Verantwortung für die Eignung der festgelegten Untersuchungshandlungen und
- das Bewusstsein für die (begrenzte) Aussagekraft von vereinbarten Untersuchungshandlungen

bestätigen zu lassen. Diesem Charakter der Erklärung wird dadurch Rechnung getragen, dass sie nicht – wie bei anderen Aufträgen in Deutschland üblich – als „VollstE", sondern als „Erklärung des Managements" bezeichnet wird.

Die Praxis der Einholung einer schriftlichen Erklärung des Managements entspricht im Übrigen auch dem **Vorgehen in den USA**. Dort enthält der relevante Standard in Ab- 28

34 *Pföhler/Kamping*, WPg 2010, S. 582 (588).

35 https://shop.idw-verlag.de/product.idw;jsessionid=D63195B0BD2AE73B53A62ED4E6FC9004?product=50239 (abgerufen am 03.03.2017).

36 Vgl. HFA Kurzbericht, 239. Sitzung (im Mitgliederbereich der IDW Website) (https://www.idw.de/blob/37896/b720950918505ffb2274519941f1380c/kurzbericht-239-hfa-data.pdf (abgerufen am 03.03.2017), S. 5).

37 Vgl. *IDW PS 303 n.F.*, Tz. 18.

hängigkeit vom jeweiligen Auftrag und den beteiligten Parteien eine Empfehlung zur Einholung von Erklärungen des Managements[38].

29 Sofern die gesetzlichen Vertreter sich weigern, eine vom WP für notwendig erachtete Erklärung abzugeben, liegt eine **Beschränkung** bei der Auftragsdurchführung vor. Als angemessene Maßnahmen kommen in Abhängigkeit der Umstände die Angabe der Nichtabgabe der Erklärung in der Berichterstattung, die Niederlegung des Auftrags oder eine Abänderung des Auftragstyps in Betracht[39].

## 5. Berichterstattung

30 Die Berichterstattung über einen nach ISRS 4400 durchgeführten Auftrag muss **hinreichend detailliert** den Auftragszweck und die vereinbarten Untersuchungshandlungen erkennen lassen, damit die Leser Art und Umfang der durchgeführten Tätigkeit verstehen können[40]. Ob die Berichterstattung in der Form eines Berichts, einer Bescheinigung/eines Vermerks oder in Briefform erfolgt, kann zwischen den Parteien vereinbart werden bzw. richtet sich nach den Erfordernissen des Einzelfalls. Neben dieser „Generalklausel" enthält ISRS 4400 eine Auflistung der Bestandteile der Berichterstattung, die durch eine Beispielberichterstattung in Anlage 2 zu ISRS 4400 illustriert werden.

### 5.1 Bezeichnung und Adressierung

31 Um keine Verwechslung mit einer Berichterstattung über betriebswirtschaftliche Prüfungen aufkommen zu lassen, ist eine Bezeichnung als **„Bericht über festgestellte Tatsachen"** erforderlich. Die Adressierung erfolgt regelmäßig an den Mandanten, der den WP zur Durchführung der vereinbarten Untersuchungshandlungen beauftragt hat. Da die Vereinbarung der Untersuchungshandlungen zwischen den beteiligten Parteien ein Wesensmerkmal des Auftrags und notwendig zum Verständnis der vereinbarten Untersuchungshandlungen und der getroffenen Auftragsbedingungen ist[41], muss der Bericht auch die Aussage enthalten, dass er auf die Parteien beschränkt ist, die den vereinbarten Untersuchungshandlungen zugestimmt haben[42].

### 5.2 Auftragsgegenstand und -abgrenzung

32 In dem Bericht sind bezogen auf den Auftragsgegenstand und die Auftragsabgrenzung **anzugeben**[43],

38 AT Section 201 – Agreed-Upon Procedures Engagements, http://www.aicpa.org/Research/Standards/AuditAttest/DownloadableDocuments/AT-00201.pdf (abgerufen am 03.03.2017), Rn. 37: "A practitioner may find a representation letter to be a useful and practical means of obtaining representations from the responsible party".

39 AT Section 201 – Agreed-Upon Procedures Engagements, http://www.aicpa.org/Research/Standards/AuditAttest/DownloadableDocuments/AT-00201.pdf (abgerufen am 03.03.2017), Rn. 39. Die in AT Section 201 erwähnten Reaktionen auf die Nichtabgabe einer vom Prüfer für notwendig erachteten Erklärung erscheinen auch für eine vergleichbare Situation bei einer Auftragsdurchführung nach ISRS 4400 sachgerecht, sofern eine Erklärung angefordert wird.

40 ISRS 4400.17.

41 Vgl. Tz. 12 f.

42 ISRS 4400.6, 4400.18 (l).

43 ISRS 4400.18.

- auf welche der bestimmten Finanz- oder nichtfinanziellen Informationen sich die vereinbarten Untersuchungshandlungen bezogen haben,
- der Zweck, zu dem die vereinbarten Untersuchungshandlungen durchgeführt wurden,
- dass es sich bei den Untersuchungshandlungen um die mit dem Empfänger vereinbarten handelt,
- dass die Berichterstattung sich nur auf die genannten Elemente, Konten etc. und nicht auf den Abschluss als Ganzes bezieht (sofern einschlägig).

Um **keine Erwartungslücke** hinsichtlich der Reichweite des Auftrags entstehen zu las- 33
sen, ist außerdem ferner[44]

- auf die Tatsache der Auftragsdurchführung in Übereinstimmung mit ISRS 4400 hinzuweisen,
- die Aussage zu treffen, dass es sich weder um eine Prüfung noch um eine prüferische Durchsicht handelt und deshalb keine prüferische Sicherheit zum Ausdruck gebracht wird (no assurance is expressed) und
- die Aussage aufzunehmen, dass durch zusätzliche Untersuchungshandlungen, eine Prüfung oder eine prüferische Durchsicht möglicherweise weitere Sachverhalte hätten festgestellt werden können, über die dann berichtet worden wäre.

## 5.3 Vereinbarte Untersuchungshandlungen und festgestellte Tatsachen

Zentraler Berichtsbestandteil sind die Auflistung der durchgeführten vereinbarten Un- 34
tersuchungshandlungen und die Beschreibung der dabei festgestellten Tatsachen einschl. einer hinreichend detaillierten Darstellung der Abweichungen. Dabei entspricht es dem Charakter der vereinbarten Untersuchungshandlungen, dass zu jeder Untersuchungshandlung die **festgestellten Tatsachen** berichtet werden; eine Beurteilung über die festgestellten Tatsachen hinaus ist ausdrücklich nicht Auftragsgegenstand und damit auch nicht Bestandteil der Berichterstattung. Aus diesem Grund dürfen bei der Darstellung der festgestellten Tatsachen Begriffe wie „Urteil", „Beurteilung", „Schlussfolgerung" oder „Bestätigung" nicht verwendet werden.

In Anlehnung an die in Anlage 2 zum ISRS 4400 genannten Beispiele könnte eine **Be-** 35
**richterstattung** über die bei vereinbarten Untersuchungshandlungen getroffenen Feststellungen wie folgt aussehen:

**Beispiel 1:**

1. Wir haben die Zusammenstellung der Verbindlichkeiten aus Lieferungen und Leistungen in der von der ______ [Firma] erstellten Kreditorensaldenliste zum ____ [Datum] eingeholt und überprüft sowie den Gesamtbetrag mit dem Saldo in dem entsprechenden Hauptbuchkonto verglichen.
2. Wir haben die beigefügte Liste (in diesem Beispiel nicht enthalten) der Hauptlieferanten und der zum ___ [Datum] offenen Beträge mit den entsprechenden Namen und Beträgen in der Kreditorensaldenliste verglichen.
3. Wir haben Kontoauszüge der Lieferanten eingeholt oder diese zur Bestätigung zum __ [Datum] offener Salden aufgefordert.

44 ISRS 4400.18.

4. Wir haben diese Kontoauszüge oder Saldenbestätigungen mit den unter 2. genannten Beträgen verglichen. Bei nicht übereinstimmenden Beträgen haben wir Kontoabstimmungen der ABC Gesellschaft eingeholt. In diesen Fällen haben wir ausstehende Rechnungen, Gutschriften und noch nicht eingelöste Schecks im Einzelbetrag von mehr als ___ € identifiziert und aufgelistet. Wir haben die zu einem späteren Zeitpunkt erhaltenen Rechnungen und Gutschriften und die später eingelösten Schecks festgestellt und untersucht und hatten dabei ermittelt, dass dies in den Kontoabstimmungen tatsächlich als ausstehend hätten verzeichnet sein müssen.

Im Folgenden geben wir unsere Ergebnisse wieder:

a) In Bezug auf Punkt 1 erwies sich die Zusammenstellung als korrekt und der Gesamtbetrag als übereinstimmend.
b) In Bezug auf Punkt 2 erwiesen sich die verglichenen Beiträge als übereinstimmend.
c) In Bezug auf Punkt 3 stellten wir fest, dass von allen relevanten Lieferanten Kontoauszüge vorlagen.
d) In Bezug auf Punkt 4 stellten wir fest, dass die Beträge übereinstimmten bzw. dass die ___ [Firma] für nicht übereinstimmende Beträge Kontoabstimmungen vorgenommen hatte und dass die Gutschriften, Rechnungen und ausstehenden Schecks im Wert von über ____ € – abgesehen von den folgenden Ausnahmen – ordnungsgemäß als Korrekturposten verzeichnet waren:
   [genaue Beschreibung der Ausnahmen]

## 5.4 Sonstiges

36 Da die **Unabhängigkeit** grundsätzlich keine Voraussetzung für die Durchführung vereinbarter Untersuchungshandlungen ist, muss in dem Bericht darauf hingewiesen werden, wenn keine Unabhängigkeit von dem Unternehmen besteht, das den Auftrag erteilt hat[45], wobei dies angesichts des Stellenwerts des Berufsgrundsatzes der Unabhängigkeit im deutschen Rechtsraum kein relevantes Szenario ist (vgl. Tz. 10 f.).

37 Ferner wird in der Berichterstattung auf die regelmäßig dem Auftrag zugrunde gelegten **AAB** hingewiesen. Dies kann etwa mit folgendem Wortlaut geschehen:

**Beispiel 2:**

„Dem Auftrag, in dessen Erfüllung wir vorstehend benannte Leistung für die ... (Firma) erbracht haben, lagen die Allgemeinen Auftragsbedingungen für Wirtschaftsprüfer und Wirtschaftsprüfungsgesellschaften vom 01.01.2017 (Anlage _) zugrunde. Durch Kenntnisnahme und Nutzung der in diesem Schreiben enthaltenen Informationen bestätigt jeder Empfänger, die dort getroffenen Regelungen (einschl. der Haftungsregelung unter Nr. 9 der Allgemeinen Auftragsbedingungen) zur Kenntnis genommen zu haben und erkennt deren Geltung auch im Verhältnis zu uns an."

45 ISRS 4400.7, 4400.18 (f).

Der Bericht ist zu **datieren**[46] und unter Angabe des Ortes durch den WP zu **unterzeichnen**[47]. Da es sich bei der Durchführung von vereinbarten Untersuchungshandlungen nicht um eine Vorbehaltsaufgabe des WP handelt, ist eine **Siegelführung** bei der Berichterstattung nicht vorgeschrieben[48]. Da es sich jedoch um die Berichterstattung über die Ergebnisse einer betriebswirtschaftlichen Prüfung i.S.v. § 2 Abs. 1 WPO handelt (vgl. Tz. 11), ist eine Siegelung nach § 48 Abs. 1 S. 2 WPO zwar zulässig[49], aber in der Praxis **unüblich**. 38

Als **Anlagen** sind der Berichterstattung die relevanten Unterlagen beizufügen, die Gegenstand der vereinbarten Untersuchungshandlungen waren und die den Empfängern der Berichterstattung zur Verfügung gestellt werden. 39

## 6. Exemplarische Anwendungsbereiche

In der Praxis finden sich verschiedene Anwendungsbereiche, für die vereinbarte Untersuchungshandlungen geeignet sind. In besonderer Weise bieten sich vereinbarte Untersuchungshandlungen an, wenn die **Bestätigung**[50] **einzelner Angaben** in einem (ggf. bereits geprüften oder einer prüferischen Durchsicht unterzogenen) Abschluss erforderlich ist. Den Adressaten geht es in diesen Fällen vorrangig darum, dass die für einen bestimmten Zweck vom Auftraggeber gemeldeten Angaben tatsächlich mit denjenigen im Abschluss übereinstimmen. 40

### 6.1 Covenants

Ursprünglich aus der angloamerikanischen Vertragspraxis stammend, ist die Vereinbarung von **Vertragsklauseln** (Covenants) als Mittel zur Absicherung von Krediten inzwischen auch in Deutschland weit verbreitet. Die damit verbundene Überwachung des Kreditnehmers kann sich sowohl auf Financial Covenants als auch Non-Financial Covenants erstrecken[51]. Werden diese Nebenbestimmungen des Kreditvertrags nicht eingehalten, sind damit vertraglich vereinbarte Konsequenzen, wie etwa die Stellung von Kreditsicherheiten oder ein außerordentliches Kündigungsrecht des Kreditgebers, verbunden. 41

Häufig sehen Kreditvereinbarungen die Einhaltung bestimmter Finanzkennzahlen durch den Schuldner vor. **Typische Finanzkennzahlen**, deren Einhaltung vereinbart wird, sind etwa 42

- Eigenkapitalquote,
- Verschuldungsgrad,

---

46 Anders als bei einer Abschlussprüfung, bei der das Datum des BestV den Zeitpunkt dokumentiert, zu dem die Beurteilung abgeschlossen wurde, kommt dem Datum bei der Durchführung von vereinbarten Untersuchungshandlungen keine vergleichbare Bedeutung zu, da kein ggf. durch wertaufhellende Ereignisse beeinflusstes Urteil abgegeben wird. Somit erscheint es folgerichtig, das Datum der tatsächlichen Unterzeichnung zu wählen, so auch *Pföhler/Kamping*, WPg 2010, S. 582 (590 f.).

47 ISRS 4400.18 (n)-(p).

48 § 48 Abs. 1 S. 1 WPO.

49 *Pföhler/Kamping*, WPg 2010, S. 582 (591).

50 „Bestätigung" i.d.S. ist zu verstehen als "Bestätigung der Übereinstimmung mit ..." und nicht als Bestätigung i.S.e. gesonderten Assurance. Aus diesem Grund darf der Begriff „Bestätigung" nicht in die Berichterstattung aufgenommen werden (vgl. Tz. 34).

51 *Baumbach/Hopt*, HGB[37], Rn. H/7.

- Gesamtkapitalrentabilität,
- Mindest-Cash-Flow,
- Anlagendeckungsgrad,
- Zinslastquote,
- Schuldendienstdeckungsgrad.

**43** Gegenstand der Vereinbarung ist regelmäßig die **Bestätigung der Covenants** durch einen WP, der vereinbarte Untersuchungshandlungen etwa zur rechnerischen Richtigkeit und zur Übereinstimmung der Ausgangszahlen mit denjenigen im Abschluss oder im Rechnungswesen durchführen kann.

> **Praxistipp 1:**
>
> Auch wenn die Bestätigung der rechnerischen Richtigkeit oder der Übereinstimmung der Ausgangszahlen mit denjenigen im Abschluss oder im Rechnungswesen unproblematisch erscheinen mag, können in der Praxis damit Probleme verbunden sein. Das ist etwa dann der Fall, wenn bestimmte Kennzahlen nicht eindeutig definiert sind oder Bereinigungen vorgenommen werden. Es ist nicht Aufgabe des die vereinbarten Untersuchungshandlungen durchführenden WP, die Angemessenheit der vom Auftraggeber verwendeten Definitionen oder der vorgenommenen Bereinigungen zu beurteilen. Hier kann es sich anbieten, in der Berichterstattung die Definition einer Kennzahl offenzulegen oder vorgenommene Bereinigungen zu beschreiben, wenn die Covenants in der Kreditvereinbarung nicht eindeutig umschrieben sind. Es ist dann Aufgabe des Kreditinstituts als Empfänger der Berichterstattung, die Angemessenheit der vom Auftraggeber zugrunde gelegten Definitionen zu beurteilen.

## 6.2 Bestätigung einzelner Zahlenangaben aus dem Abschluss als Voraussetzung für die Inanspruchnahme von Vergünstigungen oder die Gewährung von Fördermitteln

**44** In einer Vielzahl von Fällen ist die Inanspruchnahme von Vergünstigungen oder die **Gewährung von Fördermitteln** an die Meldung bestimmter Angaben geknüpft, die mit einer Bestätigung eines WP zu versehen ist. Auch in dieser Konstellation kann die Bestätigung der Übereinstimmung mit entsprechenden Angaben im Abschluss oder einem Kontensaldo im Rechnungswesen ein geeignetes Mittel sein, um einen entsprechenden Nachweis zu erbringen.

**45** Ein häufiger Anwendungsfall sind **Fördermittel der EU**, bei denen die korrekte Abrechnung der erstattungsfähigen Kosten bei Überschreiten einer bestimmten Fördersumme durch eine Prüfbescheinigung zu bestätigen ist. Nachdem das 7. EU-Forschungsrahmenprogramm am 31.12.2013 ausgelaufen ist, sind nunmehr die EU-Förderaktivitäten für Forschung und Innovation im Rahmenprogramm Horizont 2020 gebündelt[52]. Es sind verschiedene Arten von Audits vorgesehen, mit denen die zweckmäßige Verwendung der Fördergelder überprüft und sichergestellt werden soll:

- Prüfbescheinigungen (Certificate on the Financial Statements, CFS)

52 http://www.horizont2020.de/index.htm (abgerufen am 03.03.2017).

- Methodenzertifikate (Certificate on the Methodology, CoMUC)
- Audits durch die Europäische Kommission (Second Level Audit)
- Audits durch den Europäischen Rechnungshof (Third Level Audit)[53].

Die Erstellung von **Prüfbescheinigungen und Methodenzertifikaten** ist nicht WP vorbehalten, sondern kann auch durch einen unabhängigen Innenrevisor erfolgen. Zwar impliziert der Begriff „Prüfbescheinigung", dass es sich um einen Assurance-Auftrag handeln würde; allerdings handelt es sich bei der Berichterstattung um einen „Independent Report of Factual Findings on costs declared under a Grant Agreement financed under the Horizon 2020 Research and Innovation Framework Programme", der vom Prüfer unter Beachtung von ISRS 4400 zu erstellen ist[54]. 46

## 6.3 Bestätigung einzelner Zahlenangaben aus dem Abschluss für unterschiedliche Zwecke

In der Praxis ist eine Vielzahl von Anwendungsfällen anzutreffen, bei denen verschiedene Adressaten Interesse an der **Bestätigung von einzelnen Abschlussangaben** durch einen WP haben, ohne dass für diese Zwecke eine gesonderte Prüfung, etwa im Sinne einer Prüfung von Finanzaufstellungen oder deren Bestandteilen (*IDW PS 490*), erforderlich oder gewünscht wäre. Vielmehr wird in diesen Fällen regelmäßig die Bestätigung der Übereinstimmung mit Zahlenangaben aus dem Abschluss (oder ggf. Daten aus der Finanzbuchhaltung) ausreichend sein. 47

Exemplarische Anwendungsfälle können die Bestätigung von Umsatzerlösen bei umsatzabhängigen Mietzahlungen oder die Bestätigung von einzelnen Abschlussgrößen als Voraussetzung für die Teilnahme an einer Ausschreibung sein. 48

## 6.4 Comfort Letter[55]

Bei der Erteilung eines **Comfort Letter** im Rahmen von Kapitalmarkttransaktionen ist es üblich, dass der WP bestimmte Befragungen von Verantwortlichen der Emittentin vornimmt und die erhaltenen Auskünfte im Comfort Letter wiedergibt sowie formelle Zahlenabgleiche vornimmt und darüber in Form von festgestellten Tatsachen ebenfalls im Comfort Letter berichtet. Da derartige Untersuchungshandlungen unmittelbar in *IDW PS 910* geregelt sind[56], erfolgt die Durchführung in diesen Fällen ohne Bezugnahme auf ISRS 4400. 49

## 6.5 Bankenabgabe

Seit 2015 sind alle EU-Mitgliedstaaten verpflichtet, sog. **Abwicklungsfinanzierungsmechanismen** einzurichten, die in der Regel als Abwicklungsfonds bei der Abwicklungsbehörde gehalten werden. Die Abwicklungsfonds werden grundsätzlich über im Voraus erhobene Bankenabgaben finanziert. Dabei haben alle beitragspflichtigen Institute eine jährliche Bankenabgabe zu entrichten, die von den EU-Mitgliedstaaten erhoben und jährlich einem gemeinsamen Einheitlichen Abwicklungsfonds (Single Resolu- 50

53 http://www.horizont2020.de/projekt-audit-zertifikate.htm (abgerufen am 03.03.2017).
54 http://ec.europa.eu/research/participants/data/ref/h2020/mga/gga/h2020-mga-gga-multi_en.pdf (abgerufen am 03.03.2017), Annex 5, S. 4.
55 Ausführlich zum Comfort Letter vgl. Kap. U Tz. 115 ff.
56 *IDW PS 910*, Tz. 88 ff., 98 ff.

tion Fund – SRF) zugeführt wird. Die Abgabe besteht im Wesentlichen aus einem Grundbeitrag, der sich an der Größe des Kreditinstituts orientiert und zusätzlich an das Risikoprofil der Institute angepasst wird[57].

51 Bereits zu den im Meldevordruck enthaltenen Angaben für die im Jahr 2011 auf nationaler Ebene eingeführte **Bankenabgabe**[58] wurden vereinbarte Untersuchungshandlungen nach ISRS 4400 durchgeführt, um die Übereinstimmung der gemeldeten Angaben mit dem JA bzw. mit den Daten des Buchführungssystems zu bestätigen. Die Berichterstattung erfolgte in Form eines „Berichts über die Durchführung vereinbarter Untersuchungshandlungen und über festgestellte Tatsachen zum Meldevordruck der [Name des Instituts] zur Erfüllung deren Meldepflichten gegenüber der FMSA für deren Berechnung des Jahresbeitrags (20xx) zum Restrukturierungsfonds“, wofür das IDW eine Musterberichterstattung zur Verfügung gestellt hat[59].

52 Auch die Bestätigung der Angaben für die zukünftigen Jahresbeiträge zum **Single Resolution Fund**, die an die FMSA zu melden sind, wird ein Anwendungsbereich für vereinbarte Untersuchungshandlungen sein.

## 6.6 Sonderfall: Prüfung von Finanzanlagenvermittlern i.S.d. § 34f Abs. 1 S. 1 GewO nach § 24 Abs. 1 S. 1 FinVermV[60] (IDW PS 840)

53 Eine Sonderstellung nehmen **Prüfungen von Finanzanlagenvermittlern** i.S.d. § 34f Abs. 1 S. 1 GewO nach § 24 Abs. 1 S. 1 FinVermV ein[61]. Finanzanlagenvermittler, die dieser Vorschrift unterliegen, haben für jedes Kalenderjahr die Einhaltung der sich aus den §§ 12 bis 23 FinVermV ergebenden Verpflichtungen durch einen geeigneten Prüfer prüfen zu lassen[62]. Obwohl die FinVermV von einer „Prüfung“ der Einhaltung dieser Verpflichtungen spricht, trifft der Prüfer keine Aussage zur Einhaltung der Vorschriften der FinVermV mit hinreichender oder begrenzter Sicherheit, da die Prüfung keine Aussage über die i.R.d. durchgeführten Prüfungshandlungen geprüften Geschäfte und die auf dieser Grundlage festgestellten Verstöße hinaus zur Einhaltung der Pflichten zulässt[63].

54 Obwohl es sich um eine Prüfung handelt, wird **kein Prüfungsurteil** über die Einhaltung der betreffenden Vorschriften abgegeben, die über die durchgeführten Prüfungshandlungen hinausgehen[64]. Dazu ist im Prüfungsbericht darauf hinzuweisen, dass die Durchführung der Prüfungshandlungen weder der Erteilung eines Prüfungsurteils mit hinreichender Sicherheit noch einer Schlussfolgerung mit begrenzter Sicherheit der sich aus §§ 12 bis 23 FinVermV ergebenden Verpflichtungen dient[65].

57 Zu Einzelheiten der Berechnung der europäischen Bankenabgabe vgl. *Henkel/Schneider/Tüns*, WPg 2017, S. 22.

58 Zur Ausgestaltung der deutschen Bankenabgabe vgl. *Göbel/Henkel/Lantzius-Beninga*, WPg 2012, S. 27.

59 Vgl. die Formulierung im Mitgliederbereich der IDW Homepage unter https://www.idw.de/blob/84988/cea2995aead3e18de080eb576f79bad4/down-aups-bankenabgabe-data.pdf (abgerufen am 03.03.2017).

60 Finanzanlagenvermittlungsverordnung (FinVermV).

61 Zur Durchführung von Prüfungen nach § 24 Abs. 1 S. 1 FinVermV vgl. *Hartmann/Rangol*, WPg 2016, S. 280.

62 § 24 Abs. 1 Nr. 1 FinVermV.

63 *IDW PS 840*, Tz. 3.

64 *IDW PS 840*, Tz. 105.

65 *IDW PS 840*, Tz. 105.

Zudem ist der Umfang der Prüfungshandlungen durch die im *IDW PS 840* festgelegten Prüfungshandlungen abgegrenzt, sofern sie für den einzelnen Gewerbetreibenden einschlägig sind[66]. Die **zuständige Behörde**, der der PrB vorgelegt wird, kann sich auf der Grundlage der Darstellung der Prüfungshandlungen ein Bild von der Prüfungstiefe machen und kann auf dieser Basis die Tätigkeit des Gewerbetreibenden und die Prüfungsergebnisse würdigen[67]. 55

Damit weist die Prüfung nach *IDW PS 840* neben eindeutig prüferischen Elementen auch Wesensmerkmale von vereinbarten Untersuchungshandlungen auf. Die konkrete Ausgestaltung und den Umfang der Prüfungshandlungen legt der WP zwar nach pflichtgemäßem Ermessen in Abhängigkeit von Größe und Komplexität des Gewerbebetriebs fest[68], wobei die in Betracht kommenden Prüfungshandlungen sich grundsätzlich aus den in *IDW PS 840* festgelegten Prüfungshandlungen ergeben. Als Ergebnis der Prüfung wird kein Gesamturteil abgegeben, sondern lediglich über die festgestellten Verstöße bei den geprüften Geschäften berichtet, ohne daraus ein Urteil über die Einhaltung der Verpflichtungen insgesamt abzugeben. Zudem sind die durchgeführten Prüfungshandlungen hinsichtlich Art und Umfang detailliert darzustellen[69]. Anders als bei vereinbarten Untersuchungshandlungen erfordern die im *IDW PS 840* vorgegebenen Prüfungshandlungen zweifelsfrei prüferisches Ermessen. Damit handelt es sich bei der Prüfung nach § 24 Abs. 1 S. 1 FinVermV um einen **Auftrag sui generis**. 56

## 7. Exkurs: Vereinbarte Untersuchungshandlungen vs. festgelegte Prüfungshandlungen i.S.v. IDW PS 320 n.F.

In der Praxis stellt sich häufig die Frage, in welchem **Verhältnis** vereinbarte Untersuchungshandlungen nach **ISRS 4400** und festgelegte Prüfungshandlungen/Untersuchungshandlungen[70] (specified (audit) procedures) nach ***IDW PS 320 n.F.***, Tz. 25c) i.V.m. Tz. A27 bzw. ISA 600.27 (c) i.V.m. A49 (für bedeutsame Teilbereiche aufgrund spezifischer Merkmale oder sonstiger Gegebenheiten) und *IDW PS 320 n.F.*, Tz. 27 bzw. ISA 600.29 (für nicht bedeutsame Teilbereiche) stehen. 57

*IDW PS 320 n.F.* und ISA 600 enthalten nur in sehr begrenztem Umfang weitergehende Ausführungen, was den Charakter dieser festgelegten Prüfungshandlungen (im Fall von bedeutsamen Teilbereichen aufgrund spezifischer Merkmale oder sonstiger Gegebenheiten) angeht. So ist *IDW PS 320 n.F.*, Tz. A27 und ISA 600.49 zu entnehmen, dass es sich um die Prüfungshandlungen handelt, die **spezifische Risiken eines Teilbereichs** adressieren. Als Beispiel wird in den Anwendungshinweisen und Erläuterungen ein Teilbereich angeführt, der zwar sonst nicht von wirtschaftlicher Bedeutung für den Konzern ist, aber erhebliche Mengen von möglicherweise veralteten Vorräten aufweist. 58

66 *IDW PS 840*, Tz. 9, 12.

67 *IDW PS 840*, Tz. 3.

68 *IDW PS 840*, Tz. 24.

69 *IDW PS 840*, Tz. 105.

70 In *IDW PS 320 n.F.* und ISA 600 werden die Begriffe „festgelegte Prüfungshandlungen" (specified audit procedures) und „festgelegte Untersuchungshandlungen" (specified procedures) verwendet. Da ein unterschiedlicher Begriffsinhalt nicht erkennbar ist, wird im Folgenden einheitlich der Begriff „festgelegte Prüfungshandlungen" verwendet.

In diesem Fall kann das Konzernprüfungsteam selbst oder ein Teilbereichsprüfer festgelegte Prüfungshandlungen zur Bewertung dieser Vorräte durchführen[71].

**59** Aus diesem Beispiel ist bereits zu erkennen, dass sich die Prüfungshandlungen unmittelbar aus den Vorgaben des KAPr. ergeben, also nicht als Reaktion des Teilbereichsprüfers aus seiner eigenen Risikobeurteilung auf der Grundlage der durch ihn identifizierten oder durch den KAPr. mitgeteilten Risiken. Dies ist insofern eine Gemeinsamkeit mit vereinbarten Untersuchungshandlungen auf der Grundlage von ISRS 4400, bei denen die **Tätigkeiten durch den Auftraggeber** (in Abstimmung mit einer dritten Partei als Empfänger der Berichterstattung) **vorgegeben** sind und nicht im Ermessen des WP liegen.

**60** Damit lassen sich vereinbarte Prüfungshandlungen bei einer **Konzernabschlussprüfung** dadurch kategorisieren, dass es sich um eine Prüfungstätigkeit handelt, die gekennzeichnet ist durch

- die Durchführung einzelner Prüfungshandlungen für Zwecke einer Konzernabschlussprüfung,
- die nicht vom Teilbereichsprüfer festgelegt werden,
- über die nicht in der Form eines Prüfungsurteils berichtet wird.

**61** In der nachfolgenden Übersicht sind die **Gemeinsamkeiten** und **Unterschiede** von vereinbarten Prüfungshandlungen i.S.v. ISA 600/*IDW PS 320 n.F.* und vereinbarten Untersuchungshandlungen zusammengestellt:

| **Merkmal** | **Vereinbarte Prüfungshandlungen** | **Vereinbarte Untersuchungshandlungen** |
|---|---|---|
| Relevanter Standard | ISA 600/*IDW PS 320 n.F.* | ISRS 4400 |
| Zweck | Konzernabschlussprüfung | andere Zwecke außerhalb von Abschlussprüfungen |
| Adressat | KAPr. | Auftraggeber, sonstige Dritte (bestimmt) |
| Auftragsgegenstand | Finanzinformationen | Finanzinformationen (ggf. nichtfinanzielle Informationen) |
| Prüfungstätigkeit | einzelne Prüfungshandlungen | einzelne Untersuchungshandlungen |
| Verantwortlichkeit für die Festlegung der Prüfungs-/Untersuchungshandlungen | KAPr., Prüfer (Akzeptanz notwendig) | Auftraggeber, sonstige Dritte (Einbezug notwendig), Prüfer (Akzeptanz notwendig) |
| Ermessen bei der Auftragsdurchführung | Je besser das Verständnis des Konzernprüfungsteams über den Teilbereichsprüfer, desto eher kann dem Teilbereichsprüfer ein Ermessen bei der konkreten Auswahl bzw. Durchführung der vereinbarten Prüfungshandlungen zugestanden werden. | Der mit den vereinbarten Untersuchungshandlungen beauftragte Prüfer hat (nahezu) kein Ermessen bei der Durchführung der Untersuchungshandlungen. |
| Form der Berichterstattung | Bericht über Ergebnisse der vereinbarten Prüfungshandlungen | Bericht über festgestellte Tatsachen |

71 Vgl. *IDW PS 320 n.F.*, Tz. A27; ISA 600.49.

| Merkmal | Vereinbarte Prüfungshandlungen | Vereinbarte Untersuchungshandlungen |
|---|---|---|
| Inhalt der Berichterstattung | Darstellung der durchgeführten Prüfungshandlungen und der dabei erzielten Ergebnisse, keine Urteile, Wertungen, Empfehlungen | Darstellung der durchgeführten Prüfungshandlungen und der dabei erzielten Feststellungen, keine Urteile, Wertungen, Empfehlungen |

Tabelle 2: Abgrenzung vereinbarte Prüfungshandlungen – vereinbarte Untersuchungshandlungen

Gleichwohl wird davon auszugehen sein, dass die Prüfungshandlungen des Teil- 62
bereichsprüfers nicht gleichermaßen durch das Fehlen eines eigenen Ermessens geprägt sind wie im Fall von vereinbarten Untersuchungshandlungen. Das Beispiel der festgelegten Prüfungshandlungen zur Bewertung von Vorräten (vgl. Tz. 58 f.) impliziert bereits, dass dies **nicht ohne prüferisches Ermessen** des Teilbereichsprüfers möglich sein wird, wenn es sich nicht um eine Formalprüfung handeln soll, die für den KAPr. keine nennenswerte Aussagekraft hat. Reine Abstimmprüfungshandlungen oder die Wiedergabe von Befragungen dürften für einen KAPr. regelmäßig nicht geeignet sein, um ausreichende und angemessene Prüfungsnachweise in Bezug auf die Finanzinformationen eines Teilbereichs zu erlangen, selbst wenn der Anwendungsbereich von vereinbarten Prüfungshandlungen auf Teilebereiche begrenzt ist, die aufgrund ihres wirtschaftlichen Gewichts nicht bedeutsam für den Konzern sind.

**Beispiel 3:**

Bei der Durchführung von vereinbarten Untersuchungshandlungen ist bei einer auf Stichproben basierenden Untersuchungshandlung die Stichprobe so zu spezifizieren, dass beim durchführenden WP kein Ermessensspielraum bei der Auswahl der Stichprobenelemente verbleibt. Hingegen ist es bei einer stichprobenbasierten vereinbarten Prüfungshandlung durch einen Teilbereichsprüfer vorstellbar, dass sich die Vorgabe des KAPr. auf die Durchführung einer Prüfungshandlung in Form einer Stichprobe beschränkt und die genaue Ermittlung der Stichprobe im Ermessen des Teilbereichsprüfers verbleibt.

Die Tatsache, dass festgelegte Prüfungshandlungen/ Untersuchungshandlungen das 63
prüferische Ermessen nicht in gleichem Maße ausschließen wie vereinbarte Untersuchungshandlungen, sollte jedoch nicht den Unterschied zwischen einer Prüfung von bestimmten Kontensalden, Arten von Geschäftsvorfällen oder Abschlussangaben und **festgelegten Prüfungshandlungen** verschwimmen lassen. Sofern der KAPr. bspw. lediglich vorgibt, dass sich der Teilbereichsprüfer von der ordnungsmäßigen Bewertung des Vorratsvermögens überzeugen soll, bewegt sich diese Vorgabe zweifelsfrei außerhalb des bei vereinbarten Prüfungshandlungen zulässigen Bereichs.

## 8. Ausblick: IAASB-Projekt zur Überarbeitung des ISRS 4400

2015 hat das IAASB ein Projekt zur Überarbeitung des ISRS 4400 mit dem Ziel initiiert, 64
den Standard in das mittlerweile übliche **Clarity-Format** zu bringen und die Notwendigkeit von Regelungen für „hybride Aufträge“ zu erwägen, bei denen Elemente von prüferischer Durchsicht, Erstellung und vereinbarten Untersuchungshandlungen ent-

halten sind[72]. Das IAASB hat am 29.11.2016 ein Diskussionspapier veröffentlicht, das sich mit Art, Umfang und den Anlässen der Beauftragung von sog. vereinbarten Prüfungshandlungen (Agreed-Upon Procedures) und ähnlichen Leistungen sowie deren Auswirkungen auf die Standards des IAASB (IAASB Discussion Paper: Exploring the Demand for Agreed-Upon Procedures Engagements and Other Services, and the Implications for the IAASB's International Standards[73]) befasst. Stellungnahmen waren bis zum 29.03.2017 gegenüber dem IAASB abzugeben.

65 Das Papier analysiert die **Hauptmerkmale** von Agreed-Upon Procedures-Engagements und stellt sie zur Diskussion. Auf Grundlage der Rückmeldungen soll über die weiteren Schritte mit Blick auf eine Überarbeitung des ISRS 4400 sowie ggf. weiterer Standards entschieden werden. In dem Discussion Paper wird zunächst ausgeführt, dass ein steigender Bedarf an vereinbarten Untersuchungshandlungen zu beobachten ist, insb. i.Z.m. Zuschüssen und Förderprogrammen. Da gleichzeitig die Größenschwellen erhöht werden, die eine Pflichtprüfung auslösen, besteht ein Bedarf für anderweitige Bestätigungsleistungen i.w.S., auch wenn mit vereinbarten Untersuchungshandlungen keine prüferische Sicherheit zum Ausdruck gebracht wird[74].

66 Mögliche **Anpassungen des Standards** zu vereinbarten Untersuchungshandlungen, die zur Diskussion gestellt werden, betreffen

- den Stellenwert des pflichtgemäßen Ermessens und der kritischen Grundhaltung,
- die Unabhängigkeit des WP,
- die Terminologie bei der Beschreibung der Untersuchungshandlungen und der festgestellten Tatsachen,
- vereinbarte Untersuchungshandlungen zu nichtfinanziellen Informationen,
- die Verwertung der Arbeit eines Sachverständigen,
- die Form der Berichterstattung,
- Verwendungsbeschränkungen der Berichterstattung und
- die Abgabe von Empfehlungen in Verbindung mit vereinbarten Untersuchungshandlungen[75].

67 Darüber hinaus wird in dem Discussion Paper auf „Multi-scope Engagements" eingegangen, die im Arbeitsplan des IAASB auch als **„hybride Aufträge"** bezeichnet wurden. Dabei handelt es sich um Aufträge, bei denen entweder offen erkennbar eine Kombination von Assurance Enga gements und Non-Assurance Engagements vorliegt oder bei denen aufgrund der unpräzisen Vorgaben der Empfänger der Berichterstattung nicht erkennbar ist, ob eine vereinbarte Untersuchungshandlung oder eine Form von Assurance erwartet wird[76].

---

72 Vgl. IAASB Projects – Agreed-Upon Procedures, http://www.iaasb.org/projects/agreed-upon-procedures (abgerufen am 03.03.2017).

73 http://www.ifac.org/system/files/publications/files/Agreed-Upon-Procedures-Working-Group-Discussion-Paper-Nov-2016.pdf (abgerufen am 03.03.2017).

74 http://www.ifac.org/system/files/publications/files/Agreed-Upon-Procedures-Working-Group-Discussion-Paper-Nov-2016.pdf (abgerufen am 03.03.2017), Rn. 2.

75 http://www.ifac.org/system/files/publications/files/Agreed-Upon-Procedures-Working-Group-Discussion-Paper-Nov-2016.pdf (abgerufen am 03.03.2017), Rn. 9 bis 48.

76 http://www.ifac.org/system/files/publications/files/Agreed-Upon-Procedures-Working-Group-Discussion-Paper-Nov-2016.pdf (abgerufen am 03.03.2017), Rn. 528.

# Kapitel U

## Aufträge im Zusammenhang mit Finanzinformationen im Wertpapierprospekt

Verfasser:
WP StB Dipl.-Kfm. Daniel Döpfner, Frankfurt am Main

Mitarbeit:
Dr. Thomas A. Linder, Frankfurt am Main
Ramina Tatavoussian, ACCA B.Sc., Frankfurt am Main

Inhalt Tz.

## 1. Einleitung

Funktionsfähige Kapitalmärkte setzen eine adäquate Information der Anleger voraus. Bei einem öffentlichen Angebot und/oder der Börsenzulassung von Wertpapieren übernimmt diese Aufgabe in Deutschland der Wertpapierprospekt[1]. In diesem werden die wesentlichen Informationen über den Emittenten und die Wertpapiere dargestellt. 1

Nach der Generalklausel des § 5 Abs. 1 WpPG muss der Prospekt alle für die Anlageentscheidung notwendigen Informationen über den Emittenten und die angebotenen Wertpapiere enthalten. Zur Vermeidung von Informationsasymmetrien müssen alle i.R. eines Emissionsprozesses veröffentlichten Informationen mit dem Prospekt übereinstimmen (§ 15 Abs. 4 WpPG). Eine selektive Weitergabe von Informationen an ausgewählte Investorengruppen ist nicht zulässig[2]. Der Prospekt hat aus Anlegersicht eine **Informationsfunktion** und ist für das emittierende Unternehmen in erster Linie ein **Vermarktungsinstrument**[3]. Da die Prospektverantwortlichen bei Unrichtigkeit bzw. Unvollständigkeit des Prospekts von den Anlegern in Anspruch genommen werden können, besitzt er zudem eine **Haftungsfunktion**. 2

Die historischen Finanzinformationen des Emittenten sowie die damit im Zusammenhang stehenden Erläuterungen bilden einen wesentlichen Bestandteil des Prospekts. Diese werden u.U. ergänzt durch Pro-Forma-Finanzinformationen sowie durch eine Gewinnprognose oder -schätzung. **Aufgabe des WP** ist die Durchführung der prospektrechtlich geforderten Prüfungen i.Z.m. den vorgenannten Finanzinformationen oder - sofern er als Berater beauftragt ist - die Unterstützung bei deren Erstellung. Daneben wird der WP bei prospektpflichtigen Kapitalmarkttransaktionen üblicherweise beauftragt, zusätzliche Untersuchungshandlungen hinsichtlich prospektrelevanter Finanzinformationen durchzuführen und über deren Ergebnisse in Form eines Comfort Letter zu berichten. 3

Nach einem Überblick über die prospektrechtlichen Grundlagen (Tz. 6 ff.) bildet die Darstellung der in einen Prospekt aufzunehmenden Finanzinformationen und deren Prüfung (Tz. 23 ff.) den Schwerpunkt dieses Kapitels. Abschließend wird der Comfort Letter erläutert (Tz. 115 ff.). 4

Verkaufsprospekte über öffentlich angebotene Kapital- bzw. Vermögensanlagen und deren Begutachtung durch einen WP nach *IDW S 4* sowie Due Diligence-Untersuchungen, die im Zusammenhang mit Wertpapieremissionen, insb. Börsengängen, erbracht werden, sind nicht Gegenstand dieses Beitrags[4]. 5

1 Im Folgenden wird verkürzt der Ausdruck „Prospekt" verwendet.
2 Vgl. *Rauch*, in: Holzborn, WpPG², §15 WpPG Rz. 16.
3 Vgl. *Schlitt/Wilczek*, in: Habersack/Mülbert/Schlitt, Hdb. Kapitalmarktinf.², § 4 Rn. 2.
4 Vgl. WPH II 2014, Kap. D Tz. 7.

## 2. Prospektrechtliche Grundlagen

### 2.1 Rechtsquellen und berufsständische Verlautbarungen

6 Das Prospektrecht[5] hat einen **mehrstufigen Aufbau**[6]:

| | |
|---|---|
| Erste Stufe | **Wertpapierprospektgesetz (WpPG)** v. 22.06.2005, BGBl. I, S. 1698, zuletzt geändert durch Art. 4 Abs. 52 Ges. v. 18.07.2016 (BGBl. I, S. 1666)<br>**EU-Prospektrichtlinie** (RL 2003/71/EG v. 04.11.2003, Abl.EG Nr. L 345, S. 64, zuletzt geändert durch Art. 1 ÄndRL 2014/51/EU v. 16.04.2014 (Abl.EU Nr. L 153, S. 1[7]) |
| Zweite Stufe | **EU-Prospektverordnung (PVO)** (VO (EG) Nr. 809/2004 v. 29.04.2004 (Abl.EG Nr. L 149, S. 1), zuletzt geändert durch Art. 13 ÄndVO (EU) Nr. 2016/301 v. 30.11.2015 (Abl.EU Nr. L 58, S. 13). |
| Dritte Stufe | **ESMA-Empfehlungen** (ESMA update of the CESR recommendations for the consistent implementation of the European Commission's Regulation on Prospectuses No. 809/2004, ESMA/2013/319)[8] |

Tabelle 1: Aufbau Prospektrecht

Auf der ersten Stufe regelt die europäische Prospektrichtlinie die Erstellung, Billigung und Veröffentlichung von Prospekten. Sie wurde 2005 durch das WpPG in nationales Recht umgesetzt. Auf der zweiten Stufe macht die europaweit unmittelbar anzuwendende PVO Vorgaben zu den Prospektinhalten. Zum Zweck der Harmonisierung und als Maßstab für die nationalen Aufsichtsbehörden regelt die Europäische Wertpapieraufsichtsbehörde (ESMA), als Nachfolgeorganisation des Ausschusses der Europäischen Aufsichtsbehörden für das Wertpapierwesen (CESR), mittels Empfehlungen weitere Details zur PVO. Die ESMA-Empfehlungen besitzen, trotz des fehlenden Gesetzescharakters, faktische Bindungswirkung, da die jeweiligen nationalen Aufsichtsbehörden sie zur Auslegung der PVO heranziehen.

7 Das IDW hat folgende **Rechnungslegungs- und Prüfungshinweise** veröffentlicht, welche die Vorgaben der PVO und der ESMA für den Berufsstand weiter konkretisieren:

| | |
|---|---|
| *IDW RH HFA 2.002* | Einzelfragen bei der Erstellung von Finanzinformationen nach der Prospektverordnung |
| *IDW PH 9.960.2* | Prüfung von zusätzlichen Abschlusselementen |
| *IDW RH HFA 1.004/ IDW PH 9.960.1* | Erstellung/Prüfung von Pro-Forma-Finanzinformationen |
| *IDW RH HFA 2.003/ IDW PH 9.960.3* | Erstellung von Gewinnprognosen und -schätzungen nach den besonderen Anforderungen der Prospektverordnung sowie Gewinnschätzungen auf Basis vorläufiger Zahlen/Prüfung von Gewinnprognosen und -schätzungen i.S.v. *IDW RH HFA 2.003* und Bestätigung zu Gewinnschätzungen auf Basis vorläufiger Zahlen |

Tabelle 2: *IDW RH* und *IDW PH* bzgl. spezifischer Anforderungen der PVO

5 Vgl. ausführlich zum Prospektrecht WPH II 2014, Kap. T.

6 Vgl. z.B. *Schnorbus*, in: FK-WpPG, vor §§ 1 ff. WpPG Rn. 3; *Spindler*, in: Holzborn, WpPG[2], Einleitung WpPG Rn. 18.

7 Im Rahmen der sog. Kapitalmarktunion (Green Paper on building a Capital Markets Union) wird die EU-Prospektrichtlinie durch eine europaweit unmittelbar gültige Verordnung ersetzt. Ziel sind eine weitere Harmonisierung der Prospektanforderungen sowie insb. der Abbau administrativer Hürden bei der Kapitalmarktfinanzierung. Wesentliche Erleichterungen betreffen kleine und mittlere Unternehmen, Daueremittenten sowie sog. Sekundäremissionen.

8 Vgl. https://www.esma.europa.eu/sites/default/files/library/2015/11/2013-319.pdf (zit. 24.10.2016).

Darüber hinaus bestehen mit ISAE 3400 (The Examination of Prospective Financial Information) und ISAE 3420 (Assurance Engagements to Report on the Compilation of Pro Forma Financial Information Included in a Prospectus) zwei internationale Standards, die Ausstrahlungswirkung auf die Prüfung von Gewinnprognosen bzw. -schätzungen sowie auf die Prüfung von Pro-Forma-Finanzinformationen haben können. 8

## 2.2 Prospektpflicht

Ein durch die Bundesanstalt für Finanzdienstleistungsaufsicht (BaFin) gebilligter Prospekt ist Voraussetzung für das **öffentliche Angebot** und/oder die **Zulassung von Wertpapieren** zum Handel an einem organisierten Markt (§§ 1 Abs. 1; 3 Abs. 1, 4 WpPG). 9

Kennzeichen von **Wertpapieren** ist nach § 2 Nr. 1 WpPG ihre Übertragbarkeit und Handelbarkeit am Kapitalmarkt. Zu den Wertpapieren i.S.v. § 2 WpPG zählen u.a.: Aktien bzw. Aktien vertretende Zertifikate, handelbare Schuldverschreibungen (z.B. Anleihen, Wandel-, Options- und Umtauschanleihen) und Investmentzertifikate. Demgegenüber erfüllen bspw. Namensschuldverschreibungen, Schuldscheindarlehen sowie Anteile an einer GmbH oder einer Personengesellschaft nicht die Anforderungen des prospektrechtlichen Wertpapierbegriffs[9]. 10

Ein **öffentliches Angebot** ist jedwede Mitteilung, deren Informationen ausreichend sind, um über den Kauf oder die Zeichnung von Wertpapieren entscheiden zu können (§ 2 Nr. 4 Hs. 1 WpPG). Nach Ansicht der BaFin muss ein öffentliches Angebot folgende Voraussetzungen kumulativ erfüllen: 11

- Mitteilung an eine unbestimmte Personenzahl,
- konkrete Zeichnungsmöglichkeit für den potentiellen Anleger,
- zielgerichtete Ansprache der Anleger durch Werbemaßnahmen sowie
- ein entsprechendes Informationsbedürfnis der Anleger[10].

Der **organisierte Markt** wird in § 2 Nr. 16 WpPG definiert und ist deckungsgleich mit dem öffentlich-rechtlich regulierten Markt nach dem BörsG. Kein Bestandteil des regulierten Marktes ist insb. der privatrechtlich organisierte Freiverkehr[11]. An der Frankfurter Wertpapierbörse (FWB) ist der regulierte Markt in Anwendung des § 42 BörsG in die Teilsegmente General Standard und Prime Standard untergliedert. Das Erfordernis eines Prospekts ergänzt die sonstigen gesetzlichen Anforderungen für die Zulassung zu einem regulierten Markt[12]. Insoweit besteht keine Prospektpflicht für die Einbeziehung von Wertpapieren in den Freiverkehr[13]. 12

Das WpPG enthält **Ausnahmen von der Prospektpflicht** (§§ 3 Abs. 2, 3; 4 Abs. 1, 2 WpPG). Dies betrifft u.a. Angebote, die sich ausschließlich an qualifizierte Anleger richten (§ 3 Abs. 2 Nr. 1 WpPG) und Emissionen mit einer Mindeststückelung der 13

9 Vgl. *Foelsch*, in: Holzborn, WpPG², § 2 WpPG Rn. 6.

10 Vgl. für viele *Foelsch*, in: Holzborn, WpPG², § 2 WpPG Rn. 11.

11 Vgl. z.B. AGB der Deutschen Börse AG für den Freiverkehr an der FWB i.d.F. v. 03.07.2016.

12 Vgl. § 30 Abs. 3 BörsG; §§ 1-12 BörsZulV.

13 Gleichwohl ist ein gebilligter Prospekt Voraussetzung für die Einbeziehung von Aktien und Aktien vertretenden Zertifikaten in den Entry Standard der FWB (§ 17 der AGB der Deutschen Börse AG für den Freiverkehr an der FWB). Bei den deutschen Regionalbörsen bestehen vergleichbare Anforderungen für die „Premiumsegmente" des Freiverkehrs.

Wertpapiere von TEUR 100 (§ 3 Abs. 2 Nr. 4 WpPG). Ferner bestehen transaktionsbezogene Ausnahmen wie bspw. bei Übernahmen, Verschmelzungen und Spaltungen (§ 4 Abs. 1 WpPG) sowie Ausnahmen bei der Börsenzulassung (§ 4 Abs. 2 WpPG).

14 Ein Prospekt ist vor Veröffentlichung durch die **BaFin zu billigen** (§ 13 Abs. 1 S. 1 WpPG). Im Rahmen des Billigungsverfahrens prüft die BaFin den Prospekt auf Vollständigkeit, Verständlichkeit und Kohärenz der Prospektangaben, nicht jedoch auf deren Richtigkeit (§ 13 Abs. 1 S. 2 WpPG). Ein durch die BaFin gebilligter Wertpapierprospekt kann nach § 17 Abs. 1 WpPG in einem anderen Mitgliedsstaat des EWR verwendet werden, ohne dass eine weitere Billigung durch die jeweilige nationale Aufsichtsbehörde erforderlich ist (sog. „**Europäischer Pass**"). Voraussetzung für die Verwendung des Prospektes in einem anderen Mitgliedsstaat ist die (antragsgebundene) Übermittlung einer Bescheinigung über die Billigung sowie einer Kopie des Prospektes durch die BaFin an die ESMA und die Wertpapieraufsichtsbehörde des betroffenen Mitgliedsstaates (§ 18 Abs. 1 bis 3 WpPG).

15 Um einen wirksamen Anleger-/Verbraucherschutz sicherzustellen, **haften** die Prospektverantwortlichen (Emittent und die den Prospekt unterzeichnenden Banken) für die Richtigkeit und Vollständigkeit der Prospektangaben (§§ 21, 22 WpPG)[14].

## 2.3 Gestaltung des Prospekts

### 2.3.1 Prospektbestandteile und -format

16 Ein Prospekt setzt sich nach § 12 Abs. 1 S. 2 WpPG aus den folgenden Bestandteilen zusammen:

- Zusammenfassung,
- Wertpapierbeschreibung und
- Emittentenbeschreibung (Registrierungsformular).

Er kann als **ein- oder dreiteiliges Dokument** erstellt werden (§ 12 Abs. 1 S. 1 WpPG). Ein dreiteiliger Prospekt hat den Vorteil, dass ein gebilligtes Registrierungsformular für mehrere Emissionen genutzt werden kann. Daher wird der mehrgliedrige Prospekt insb. von Daueremittenten und bei Anleiheprogrammen genutzt, während bei Aktienemissionen ein einteiliger Wertpapierprospekt marktüblich ist[15].

17 Einen Sonderfall des Wertpapierprospekts bildet der **Basisprospekt**[16] nach § 6 WpPG. Dieser kann genutzt werden für

- Daueremissionen von Schuldverschreibungen (z.B. Debt Issuance oder Euro Medium Term Note Programme) und Optionsscheine (§ 6 Abs. 1 Nr. 2 WpPG) sowie
- Emissionen von Nichtdividendenwerten mit besonderer Deckung und Insolvenzfestigkeit durch sog. CRR-Kreditinstitute[17] (§ 6 Abs. 1 Nr. 2 WpPG), wie bspw. Pfandbriefemissionen[18].

14 Vgl. ausführlich bspw. WPH II 2014, Kap. T Tz. 102 ff. und die dort angegebene Literatur.

15 Vgl. *Schlitt/Wilczek*, in: Habersack/Mülbert/Schlitt, Hdb. Kapitalmarktinf.[2], § 5 Rn. 5 f.

16 Vgl. hierzu bspw. BaFin, Häufig gestellte Fragen zum Basisprospektregime, 31.05.2012, zuletzt geändert am 04.06.2014 http://www.bafin.de/SharedDocs/Veroeffentlichungen/DE/FAQ/faq_1205_neues_basisprospektregime.html?nn=7851742 (zit. 15.08.2016).

17 Unternehmen i.S.d. § 1 Abs. 3d S. 1 KWG.

18 Vgl. *Seitz*, in: Assmann/Schlitt/von Kopp-Colomb, WpPG/VerkProspG[2], § 6 WpPG Rz. 27.

Mit Ausnahme der endgültigen Bedingungen für das Angebot (§ 6 Abs. 1 S. 1 WpPG) enthält der Basisprospekt bereits alle notwendigen Angaben. Ein gebilligter Basisprospekt ermöglicht dem Emittenten eine flexible Reaktion auf Marktkonditionen, da die **endgültigen Angebotsbedingungen** keiner Billigung bedürfen[19]. Zudem kann ein Basisprospekt für die Emission unterschiedlicher Wertpapierkategorien genutzt werden. Rechtlich sind insoweit mehrere Basisprospekte in einem Dokument zusammengefasst[20]. **18**

### 2.3.2 Prospektinhalt

Hinsichtlich der **Mindestangaben** im Prospekt verweist § 7 WpPG auf die PVO. Bei den inhaltlichen Anforderungen an Wertpapierbeschreibung und Registrierungsformular wird in der PVO unterschieden nach[21] **19**

- Wertpapierart (z.B. Aktien, Schuldtitel, ABS, Zertifikate),
- Angebotsformen (z.B. verhältnismäßige Schemata für Bezugsrechtskapitalerhöhungen) und
- Emittenten (u.a. eigene Schemata für Banken, Staaten und KMU).

Dieser Differenzierung folgend, werden in den Anhang der PVO nach einem **Baukastenprinzip** (*building block approach*) unterschiedliche Schemata und Module für die jeweiligen Emissionsarten vorgegeben. Anh. XVIII PVO enthält die zulässigen Kombinationsmöglichkeiten der Schemata und Module. **20**

Die Abschnitte **21**

- Inhaltsverzeichnis,
- Zusammenfassung und
- Risikofaktoren

sind einem Prospekt zwingend voranzustellen (Art. 25 Abs. 1 PVO). Das Format und der Inhalt der Zusammenfassung ist in § 5 Abs. 2, 2a und 2b WpPG sowie in Art. 24 Anh. XXII PVO geregelt. Ansonsten ist die Reihenfolge der Abschnitte beliebig kombinierbar[22].

Bei einem **Prospekt für Aktienemissionen** gelten die höchsten Informationsanforderungen. Hier sind folgende Schemata bzw. Module einschlägig: **22**

- Mindestangaben für das Registrierungsformular für Aktien (Anh. I)
- Modul für Pro-Forma-Finanzinformationen (Anh. II)
- Mindestangaben zur Beschreibung der Aktien und des öffentlichen Angebots (Anh. III)[23].

---

19 Vgl. *Seitz*, in: Assmann/Schlitt/von Kopp-Colomb, WpPG/VerkProspG², § 6 WpPG Rz. 7.
20 Vgl. *Seitz*, in: Assmann/Schlitt/von Kopp-Colomb, WpPG/VerkProspG², § 6 WpPG Rz. 16.
21 Vgl. *Heidelbach/Doleczik*, in: Schwark/Zimmer, KMRK⁴, § 7 WpPG Rn. 3; *Schlitt/Schäfer*, in: Assmann/Schlitt/von Kopp-Colomb, WpPG/VerkProspG², § 7 WpPG Rz. 19.
22 Vgl. *Schlitt/Schäfer*, in: Assmann/Schlitt/von Kopp-Colomb, WpPG/VerkProspG², § 7 WpPG Rz. 31.
23 Für Bezugsrechtskapitalerhöhungen sowie für Aktienemissionen von KMU und Unternehmen mit geringer Marktkapitalisierung können Vereinfachungen genutzt werden (sog. verhältnismäßige Schemata gem. Anh. XXIII-XXV PVO).

**Beispiel 1:**

Bei einer Aktienemission (z.B. Kapitalerhöhung oder IPO) hat ein Prospekt folgende Bestandteile[24]:

- Inhaltsverzeichnis
- Zusammenfassung
- Risikofaktoren
- Allgemeine Informationen
- Angebot
- Gründe für das Angebot und Verwendung des Emissionserlöses
- Dividenden und Dividendenpolitik
- Kapitalausstattung und Verschuldung
- Verwässerung
- Ausgewählte historische Finanzinformationen
- Darstellung und Analyse der Vermögens-, Finanz- und Ertragslage
- Ggf. Pro-Forma-Finanzinformationen
- Ggf. Gewinnprognose oder -schätzung
- Geschäftstätigkeit des Emittenten
- Aktionärsstruktur
- Geschäfte und Rechtsbeziehungen mit nahestehenden Personen
- Allgemeine Informationen über die Gesellschaft
- Angaben über das Kapital
- Besteuerung
- Finanzteil (Abschlüsse).

## 3. Historische Finanzinformationen

### 3.1 Historische Finanzinformationen für vergangene Geschäftsjahre

#### 3.1.1 Geprüfte Jahres- und Konzernabschlüsse

23 Die PVO fordert bei Aktienemissionen die Aufnahme geprüfter Abschlüsse für die letzten drei GJ, einschl. BestV[25]. Sofern JA und KA vorliegen, sind nach Anh. I Ziff. 20.3 PVO nur die KA in einen Prospekt aufzunehmen. Dabei müssen die Abschlüsse zumindest einen Zeitraum von 36 Monaten abdecken (Anh. I Ziff. 20.1 Abs. 1 S. 2 PVO). Ein Rumpf-GJ innerhalb der drei letzten GJ führt somit i.d.R. zur Aufnahme eines weiteren Abschlusses[26].

24 Die KA für die beiden letzten GJ sind dabei nach den Rechnungslegungsgrundsätzen aufzustellen, die im nächsten KA Anwendung finden (Anh. I Ziff. 20.1 Abs. 2 PVO). Bei einer beabsichtigten Notierung im EU-regulierten Markt sind die KA somit nach IFRS, wie sie in der EU anzuwenden sind, aufzustellen[27]. Bei einer Notierung im Freiverkehr sind nach handelsrechtlichen Grundsätzen aufgestellte KA ausreichend. Über die KA hinaus fordert die BaFin bei Aktienemissionen die Aufnahme des letzten geprüften JA des Emittenten, um den Investor über die Ausschüttungsfähigkeit des Emittenten zu

24 Vgl. *Hutter/Kaulamo*, S. 191 (199 ff.).
25 Vgl. Anh. I Ziff. 20.1 Abs. 1 PVO; bei Anleiheemissionen sind nach Anh. IV Ziff. 13.1 PVO nur die Abschlüsse für die letzten beiden GJ in den Prospekt aufzunehmen.
26 Vgl. *Müller*, in: FK-WpPG, Anh. I Ziff. 20.1 PVO Rn. 12.
27 Vgl. VO (EG) Nr. 1606/2002 v. 19.07.2002, Abl.EG Nr. L 243, S. 1; im Folgenden als „IFRS“ bezeichnet.

informieren. Die Aufnahme der jeweiligen LB ist gesetzlich nicht gefordert und stellt die Ausnahme dar.

Sofern ein Emittent Abschlüsse bisher nach von den IFRS abweichenden Rechnungslegungsgrundsätzen aufgestellt hat (z.B. HGB) und für Prospektzwecke eine Umstellung der historischen Abschlüsse auf IFRS erfolgt, sind die zum Zeitpunkt der Aufstellung der Abschlüsse von der EU übernommenen IFRS anzuwenden. Dabei empfiehlt sich die Anwendung derjenigen IFRS, die beim ersten zu veröffentlichenden Abschluss nach der Kapitalmarkttransaktion anzuwenden sind, falls eine vorzeitige Anwendung zulässig ist[28]. Dadurch wird eine Vergleichbarkeit mit dem ersten zu veröffentlichenden Abschluss gewährleistet. 25

### 3.1.2 Zusätzliche Abschlusselemente

Die PVO fordert bei Aktienemissionen hinsichtlich der in den Prospekt aufzunehmenden Abschlüsse folgende **Mindestbestandteile**: 26

- Bilanz
- GuV
- KFR und
- EK-Veränderungsrechnung (Anh. I Ziff. 20.1 PVO).

Dies gilt unabhängig davon, ob es sich um nach HGB oder IFRS aufgestellte JA oder KA handelt. Sofern neben den KA zusätzlich der letzte geprüfte JA des Emittenten in den Prospekt aufzunehmen ist, finden die vorgenannten Anforderungen der PVO auf den zusätzlichen JA keine Anwendung; in diesem Fall sind die handelsrechtlich geforderten Bestandteile ausreichend.

Bei IFRS-Abschlüssen, einem handelsrechtlichen KA und beim JA einer kapitalmarktorientierten KapGes. i.S.d. § 264d HGB, bei der keine Verpflichtung zur Aufstellung eines KA besteht, sind die von der PVO geforderten Abschlusselemente bereits gesetzlich verpflichtend aufzustellen[29]. Somit stellt sich bei deutschen Emittenten die Frage nach einer Ergänzung des Abschlusses durch sog. **zusätzliche Abschlusselemente** nur dann, wenn der Emittent bisher nicht zur Aufstellung eines KA verpflichtet war und keine kapitalmarktorientierte KapGes. i.S.d. § 264d HGB ist. Unter diesen Voraussetzungen umfasst der aus den gesetzlich vorgeschriebenen Mindestbestandteilen bestehende JA keine EK-Veränderungsrechnung sowie keine KFR. Die zusätzlichen Abschlusselemente sind nachträglich für Prospektzwecke aufzustellen und prüfen zu lassen. 27

Die Prüfung der zusätzlichen Abschlusselemente ist im *IDW PH 9.960.2* geregelt und wird i.d.R. durch den APr. des jeweiligen Abschlusses durchgeführt. Da die Prüfung nicht durch den Auftrag zur Abschlussprüfung abgedeckt ist, bedarf es einer gesonderten **Auftragserteilung**. 28

**Gegenstand der Prüfung** sind ausschließlich die zusätzlichen Abschlusselemente. Ziel ist die Abgabe eines hinreichend sicheren Urteils, dass diese Abschlusselemente ordnungsgemäß aus dem zugrunde liegenden Abschluss und der Buchhaltung abgeleitet wurden[30]. Dabei gilt der Wertaufhellungszeitraum des geprüften Abschlusses. 29

---

28 Vgl. *IDW RH HFA 2.002*, Tz. 7.

29 Vgl. IAS 1.10; § 297 Abs. 1 HGB; § 264 Abs. 1 S. 2 HGB.

30 Vgl. *IDW PH 9.960.2*, Tz. 8.

30 Als Ergebnis der Prüfung ist eine **Bescheinigung** auszufertigen. *IDW PH 9.960.2* gibt in Tz. 11 hierfür ein Beispiel vor. Es ist zu vereinbaren, dass die Bescheinigung nur zusammen mit den geprüften zusätzlichen Abschlusselementen zu verwenden ist[31].

> **!** **Hinweis 1:**
> Da die Prüfung der zusätzlichen Abschlusselemente keine erneute Prüfung des Abschlusses darstellt, ist die Erteilung eines neuen BestV bzw. die Ergänzung des BestV nicht zulässig[32].

### 3.1.3 Komplexe Finanzhistorie

31 Neben den geprüften Abschlüssen des Emittenten kann bei Aktienemissionen die Aufnahme zusätzlicher Finanzinformationen geboten sein, falls eine komplexe Finanzhistorie (*complex financial history*) vorliegt. Eine komplexe Finanzhistorie ist nach Art. 4a Abs. 4 PVO bei kumulativer Erfüllung der folgenden Voraussetzungen gegeben:

- die operative Geschäftstätigkeit des Emittenten ist zum Zeitpunkt der Prospekterstellung nicht vollständig in den historischen Finanzinformationen abgebildet
- die sich hieraus ergebende Unvollständigkeit der Finanzinformationen beeinträchtigt die Fähigkeit der Anleger eine fundierte Beurteilung des Emittenten vorzunehmen
- die maßgeblichen Informationen über die operative Tätigkeit des Emittenten sind Teil der Finanzinformationen eines anderen Unternehmens.

32 Die PVO verzichtet auf eine Darstellung konkreter Beispiele. Allerdings ist üblicherweise bei folgenden Konstellationen eine komplexe Finanzhistorie zu bejahen[33]:

a) Akquisitionen, die im Abschluss des Erwerbers noch nicht abgebildet sind
b) der Emittent ist eine neugegründete Holding
c) die Geschäftstätigkeit des Emittenten umfasst Gesellschaften, die historisch zwar unter gemeinsamer Beherrschung standen, bisher aber keinen Konzern nach IFRS 10 bildeten
d) Neugründung des Emittenten durch Aufspaltung, Abspaltung oder Ausgliederung eines Geschäftsfeldes.

33 Sofern infolge von **Akquisitionen** eine komplexe Finanzhistorie vorliegt, werden i.d.R. ergänzend zu den historischen Finanzinformationen des Emittenten sog. Pro-Forma-Finanzinformationen in den Prospekt aufgenommen. Falls diese zur Information der Anleger nicht ausreichend sind, müssen darüber hinaus historische Finanzinformationen der erworbenen Gesellschaft in den Prospekt einbezogen werden[34].

34 In den Fällen b), c) und d) werden anstelle von historischen KA des Emittenten häufig sog. **kombinierte Abschlüsse** (*combined financial statements*) für die letzten drei GJ in den Prospekt aufgenommen. Bei einem kombinierten Abschluss handelt es sich um einen Abschluss einer Gruppe, die nach wirtschaftlichen Grundsätzen abgegrenzt

---

31 Vgl. *IDW PH 9.960.2*, Tz. 7.
32 Vgl. *IDW PH 9.960.2*, Tz. 9.
33 Vgl. Erwägungsgrund 5 ÄndVO (EG) Nr. 211/2007 v. 27.02.2007; *Kunold*, in: Assmann/Schlitt/von Kopp-Colomb, WpPG/VerkProspG$^2$, Anh. I PVO Rz. 266; *Meyer*, in: FK-WpPG, Art. 4a PVO Rz. 6.
34 Vgl. Erwägungsgrund 10 ÄndVO (EG) Nr. 211/2007 v. 27.02.2007.

wird[35]. Abgrenzungskriterium ist entweder gemeinsame Beherrschung (*common control*) oder u.U. die gemeinsame Leitung (*common management*)[36]. Dabei muss das Abgrenzungskriterium für den gesamten Berichtszeitraum des kombinierten Abschlusses vorliegen[37].

## 3.2 Zwischenfinanzinformationen

In den Prospekt ist nach Anh. I Ziff. 20.6.1 S. 1 PVO ein nach dem Datum des letzten geprüften Abschlusses **veröffentlichter Zwischenabschluss (ZwA)** aufzunehmen. Wurden zwischen dem Ende des GJ und dem Datum der Prospektveröffentlichung mehrere ZwA veröffentlicht, ist nur der letzte ZwA in den Prospekt aufzunehmen[38]. Eine Pflicht zur Prüfung oder prüferischen Durchsicht dieses ZwA besteht nicht. Ist jedoch, bspw. aufgrund einer prüferischen Durchsicht nach WpHG[39], eine Bescheinigung erteilt worden, ist auch diese in den Prospekt aufzunehmen. Sofern der ZwA weder geprüft noch prüferisch durchgesehen wurde, ist hierauf im Prospekt hinzuweisen[40]. Daneben besteht aufgrund Anh. I Ziff. 20.6.2 PVO die Verpflichtung, einen ZwA in den Prospekt aufzunehmen, wenn der Prospekt mehr als neun Monate nach Ablauf des letzten geprüften GJ erstellt wurde. 35

Ferner können auch **faktische Erfordernisse** zur Aufnahme eines ZwA in den Prospekt bestehen. Diese resultieren bspw. aus Vermarktungsgesichtspunkten oder infolge der Due Diligence-Anforderungen der Emissionsbanken (insb. aufgrund der beim Comfort Letter zu beachtenden 135-Tage-Regel)[41]. So ist bei Aktienemissionen die Aufnahme eines ZwA insb. dann marktüblich, wenn der Stichtag des letzten geprüften Abschlusses zum Zeitpunkt der Prospektbilligung mehr als 134 Tage zurückliegt. 36

Die **prüferische Durchsicht** eines ZwA für Zwecke des Prospekts kann nach *IDW PS 900* oder einem international anerkannten Standard, wie bspw. *ISRE 2410*, erfolgen[42]. 37

## 3.3 Mit historischen Finanzinformationen im Zusammenhang stehende Prospektabschnitte

Die Darstellung der „**Kapitalbildung und Verschuldung**" ist bei Aktienemissionen ein zwingender Prospektbestandteil nach Anh. III. Ziff. 3.2 PVO. 38

Die **Kapitalbildung** berechnet sich dabei als Summe aus kurz- und langfristigen Schulden und EK (ohne das Periodenergebnis)[43]. Die Schulden sind aufzugliedern in garantierte und nicht garantierte Schulden sowie in besicherte und nicht besicherte Schulden. Die **Verschuldung** entspricht der Nettoverschuldung des Emittenten. Diese berechnet sich als Summe aus Liquidität (Zahlungsmittel, Zahlungsmitteläquivalente und handel-

---

35 Vgl. zu kombinierten Abschlüssen z.B. *Pföhler u.a.*, WPg 2014, S. 475 (475 ff.); *Pföhler u.a.*, WPg 2015, S. 224 (224 ff.); *Winkeljohann/Almeling*, in: Winkeljohann/Förschle/Deubert, Sonderbilanzen[5], Kap. F; FEE, Tz. 4.5 ff.; IASB ED/2015/3, Tz. 3.17; für den US-Rechtsraum ARB 51.

36 Vgl. z.B. FEE, Tz. 4.5 ff. und Tz. 4.2 f.

37 Vgl. *Winkeljohann/Almeling*, in: Winkeljohann/Förschle/Deubert, Sonderbilanzen[5], Kap. F Tz. 2.

38 Vgl. ESMA-Empfehlungen, Rz. 98.

39 Vgl. § 37w Abs. 5, 7 WpHG (demnächst: § 115 Abs. 5, 7 WpHG-E).

40 Vgl. Anh. I Ziff. 20.6.1 S. 2, 3 PVO.

41 Vgl. *Meyer*, in: FK-WpPG, Anh. I Ziff. 20.5 und 20.6 PVO Rn. 16 f.; Tz. 115 ff.

42 Vgl. zu *IDW PS 900* und *ISRE 2410*: *IDW*, WPH Edition, Wirtschaftsprüfung & Rechnungslegung[15], Kap. P.

43 Vgl. ESMA-Empfehlungen, Rz. 127.

bare Wertpapiere) und kurzfristigen Finanzforderungen abzüglich der Finanzverbindlichkeiten[44]. Zusätzlich sind die Eventualverbindlichkeiten und Haftungsverhältnisse anzugeben.

**39** Üblicherweise wird die Ermittlung von Kapitalbildung und Verschuldung in tabellarischer Form dargestellt[45]. Die Übersichten dürfen bei Prospektbilligung nicht älter als 90 Tage sein[46] und sind - sofern der Emittent einen KA aufstellt - auf Konzernebene zu ermitteln.

**40** In dem für Aktien- und Anleiheemissionen[47] verpflichtenden Prospektabschnitt „**Ausgewählte Finanzinformationen**" sind Schlüsselkennzahlen hinsichtlich der Vermögens-, Finanz- und Ertragslage aus den historischen Abschlüssen, einschl. des ZwA, zusammengefasst darzustellen[48]. Üblich ist die Wiedergabe der GuV, KFR und Bilanzen aus den in den Prospekt einbezogenen Abschlüssen[49]. Zudem werden i.d.R. zusätzliche Kennzahlen (sog. **Non-GAAP-Measures** bzw. **Alternative Performance Measures/APM**[50]) des Emittenten, wie bspw. EBITDA oder branchenspezifische Indikatoren, dargestellt, soweit diese für die Bewertung oder für den Vergleich mit einer Peer-Group wesentlich sind[51].

**41** Eine Erläuterung der im Prospekt enthaltenen Abschlüsse, erfolgt in dem nach Anh. I Ziff. 9 PVO für Aktienemissionen vorgesehenen Abschnitt „Angaben zur Geschäfts- und Finanzlage" („**Operating and Financial Review**"/**OFR**). Der OFR ist angelehnt an die Management Discussion and Analysis (MD&A) des US-Prospektrechts[52], die ergänzende Informationen zu bestimmten finanziellen Größen wie bspw. Liquidität, Kapitalausstattung oder Betriebsergebnis enthält. Schwerpunkt ist die Darstellung und Analyse der Veränderungen der einzelnen wesentlichen Posten der (Konzern-)GuV, der (Konzern-)KFR und der (Konzern-)Bilanz. Die Analyse soll dabei die Gründe für die Veränderung der Abschlussposten zwischen den Perioden bzw. Stichtagen erläutern. Dabei sind die wesentlichen Einflussfaktoren (*key drivers*) darzustellen[53]. Leitgedanke ist, die Entwicklung der Abschlussposten aus Sicht des Managements (*through the eyes of management*) zu beschreiben[54]; eine rein nummerische Darstellung von Postenveränderungen ist nicht ausreichend. Soweit die Abschlüsse eine Segmentberichterstattung enthalten, ist auch eine Analyse der Segmentdaten üblich. Daneben werden im OFR die zur Vermarktung und zum Peer-Group-Vergleich notwendigen Analysekennzahlen des Emittenten, wie bspw. EBITDA, erläutert. Ebenfalls üblich sind Darstellungen zu In-

---

44 Vgl. ESMA-Empfehlungen, Rz. 127.

45 Vgl. ESMA-Empfehlungen, Rz. 127; *Rauch*, in: Holzborn, WpPG², Anh. III PVO Rn. 9.

46 Vgl. ESMA-Empfehlungen, Rz. 127; a.A. *Rauch*, in: Holzborn, WpPG², Anh. III PVO Rn. 15.

47 Vgl. Anh. I Ziff. 3 und Anh. IV Ziff. 3 PVO.

48 Vgl. Anh. I Ziff. 3.1 PVO; ESMA-Empfehlungen, Rz. 20; *Alfes/Wieneke*, in: Holzborn, WpPG², Anh. I PVO Rn. 11.

49 Vgl. *Müller*, in: FK-WpPG, Anh. I Ziff. 3 PVO Rn. 5.

50 Vgl. ESMA, Guidelines on Alternative Performance Measures, ESMA/2015/1415, https://www.esma.europa.eu/file/1689/download?token=VQsQ7JzC (zit. 18.10.2016).

51 Vgl. *Alfes/Wieneke*, in: Holzborn, WpPG², Anh. I PVO Rn. 12.

52 Vgl. *Alfes/Wieneke*, in: Holzborn, WpPG², Anh. I PVO Rn. 50; *Meyer*, in: FK-WpPG, Anh. I Ziff. 9 PVO Rn. 1.

53 Vgl. *Schlitt/Schäfer*, in: Assmann/Schlitt/von Kopp-Colomb, WpPG/VerkProspG², Anh. I PVO Rz. 91.

54 Vgl. ESMA-Empfehlungen, Rz. 27.

vestitionen, finanziellen Verpflichtungen, Eventualverbindlichkeiten, Markt- und Liquiditätsrisiken sowie eine Beschreibung der kritischen Bilanzierungsgrundsätze[55].

> **Praxistipp 1:**
>
> Die dargestellten Prospektabschnitte gewinnen für den WP insb. dann an Bedeutung, wenn dieser im Zusammenhang mit der Kapitalmarkttransaktion einen Comfort Letter ausreicht. Für Zwecke des Comfort Letter wird der WP die im Prospekt enthaltenen Finanzangaben mit den Abschlüssen und der Buchhaltung abgleichen.

# 4. Pro-Forma-Finanzinformationen

## 4.1 Grundlagen

Pro-Forma-Finanzinformationen dienen zur Darstellung von **hypothetischen Auswirkungen** einer Unternehmenstransaktion auf die historischen Finanzinformationen eines Unternehmens. Bei den **Unternehmenstransaktionen** handelt es sich i.d.R. um Zu- oder Abgänge eines Unternehmensteils, TU oder Teilkonzerns durch Erwerb bzw. Veräußerung[56]. Zudem kann sich die Transaktion auch auf eine Gruppe von Vermögenswerten beziehen, sofern diese ein „business" i.S.v. IFRS 3[57] darstellen[58]. Ferner sind auch bei konkret bevorstehenden Unternehmenstransaktionen u.U. Pro-Forma-Finanzinformationen aufzustellen. Konkret bevorstehend bedeutet in diesem Zusammenhang, dass der Unternehmensvertrag bereits abgeschlossen, aber noch nicht durchgeführt wurde[59]. 42

Prospektrechtlich besteht eine **Aufstellungspflicht** für Pro-Forma-Finanzinformationen, sofern die folgenden Voraussetzungen kumulativ erfüllt sind: 43

- es handelt sich um eine Aktienemission[60]
- die Unternehmenstransaktion ist nicht bereits seit Beginn des letzten GJ im Abschluss des Emittenten abgebildet[61]
- aus der Unternehmenstransaktion resultiert eine sog. bedeutende Bruttoveränderung des Geschäftsbetriebs des Emittenten[62] (eine solche liegt insb. dann vor, wenn sich infolge der Transaktion die Bilanzsumme, die Umsatzerlöse oder das Periodenergebnis des Emittenten im Vergleich zur Situation vor der Transaktion um mehr als 25% verändern[63]).

Gibt es **mehrere Transaktionen** und resultiert nur aus einer Transaktion eine bedeutende Bruttoveränderung des Geschäftsbetriebs, ist nur diese Transaktion Gegenstand 44

55 Vgl. *Alfes/Wieneke*, in: Holzborn, WpPG[2], Anh. I PVO Rn. 51.
56 Vgl. *IDW RH HFA 1.004*, Tz. 3; im Folgenden wird verkürzt der Ausdruck „Transaktionsobjekt" verwendet.
57 Vgl. IFRS 3, Appendix A.
58 Vgl. *Winkeljohann/Almeling*, in: Winkeljohann/Förschle/Deubert, Sonderbilanzen[5], Kap. F Anm. 71.
59 Vgl. *IDW RH HFA 1.004*, Tz. 6.
60 Vgl. z.B. Anh. I Ziff. 20.2 und Anh. XXIII Ziff. 15.2 PVO.
61 Vgl. *IDW RH HFA 1.004*, Tz. 4.
62 Vgl. Erwägungsgrund 9 PVO.
63 Vgl. ESMA-Empfehlungen, Rz. 92.

der Pro-Forma-Finanzinformationen[64]. Sofern keine der Transaktionen einzeln zu einer Überschreitung der 25%-Grenze führt, besteht grds. keine Aufstellungspflicht für Pro-Forma-Finanzinformationen[65]. Eine Ausnahme liegt bspw. vor, wenn die jeweiligen Transaktionen infolge ihres sachlichen und zeitlichen Zusammenhangs als Einheit anzusehen sind[66].

**45** Die Pro-Forma-Finanzinformationen **ergänzen** den letzten JA oder KA und, soweit vorhanden, den aktuellen ZwA, sofern in diesen Abschlüssen die buchhalterischen Auswirkungen der jeweiligen Transaktion noch nicht vollständig erfasst sind[67]. **Ziel** ist die Abbildung einer infolge der Transaktion veränderten Unternehmensstruktur in der Form, als hätte diese Unternehmensstruktur bereits während des gesamten Berichtszeitraums bestanden (Pro-Forma-GuV) bzw. als wäre die Transaktion am Bilanzstichtag durchgeführt worden (Pro-Forma-Bilanz)[68].

> **!** **Hinweis 2:**
>
> Bei Unternehmen, die einen KA aufstellen, sind die Pro-Forma-Finanzinformationen immer auf konsolidierter Basis zu erstellen.

**46** Bei der Aufstellung und Prüfung der Pro-Forma-Finanzinformationen sind, neben den Vorgaben der PVO[69] und den Empfehlungen der ESMA[70], die **berufsständischen Verlautbarungen** *IDW RH HFA 1.004* (Erstellung von Pro-Forma-Finanzinformationen) sowie *IDW PH 9.960.1* (Prüfung von Pro-Forma-Finanzinformationen) zu beachten.

## 4.2 Erstellung

### 4.2.1 Bestandteile

**47** Die Pro-Forma-Finanzinformationen haben folgende **Bestandteile**[71]:

- Pro-Forma-GuV für das letzte GJ sowie ggf. eine Pro-Forma-GuV für die letzte Zwischenberichtsperiode, sofern nach dem das vorherige GJ betreffenden JA bzw. KA bereits ein ZwA erstellt wurde[72],
- ggf. eine Pro-Forma-Bilanz auf den letzten Bilanzstichtag sowie
- ergänzende Pro-Forma-Erläuterungen.

---

64 Vgl. ESMA Questions and Answers, 26th updated Version, https://www.esma.europa.eu/sites/default/files/library/2016-1674_qa_on_prospectus_related_topics.pdf (zit. 22.12.2016), Abschn. 52 a).

65 Vgl. ESMA Questions and Answers, 26th updated Version, Abschn. 52 b).

66 Vgl. *Winkeljohann/Almeling*, in: Winkeljohann/Förschle/Deubert, Sonderbilanzen[5], Kap. F Anm. 76, die eine Zusammenfassung mehrerer einzeln als unwesentlich einzuordnender Transaktionen bejahen, sofern ein „business" vorliegt.

67 Vgl. *IDW RH HFA 1.004*, Tz. 2.

68 Vgl. *IDW RH HFA 1.004*, Tz. 2.

69 Vgl. Erwägungsgrund 9, Anh. I Ziff. 20.2 und Anh. II PVO.

70 Vgl. ESMA-Empfehlungen, Rz. 87-94.

71 Vgl. *IDW RH HFA 1.004*, Tz. 7.

72 Soweit der ZwA mindestens einen Sechsmonatszeitraum abdeckt, ist es nach Ansicht der ESMA ausreichend, entweder eine Pro-Forma-GuV für das letzte abgeschlossene GJ oder für die jeweilige Zwischenberichtsperiode aufzustellen (vgl. ESMA Questions and Answers, 26th updated Version, Abschn. 51, case 4).

**Beispiel 2:**

Die Pflicht zur Erstellung von Pro-Forma-Finanzinformationen und deren jeweilige Bestandteile wird anhand der folgenden Szenarien veranschaulicht[73]:

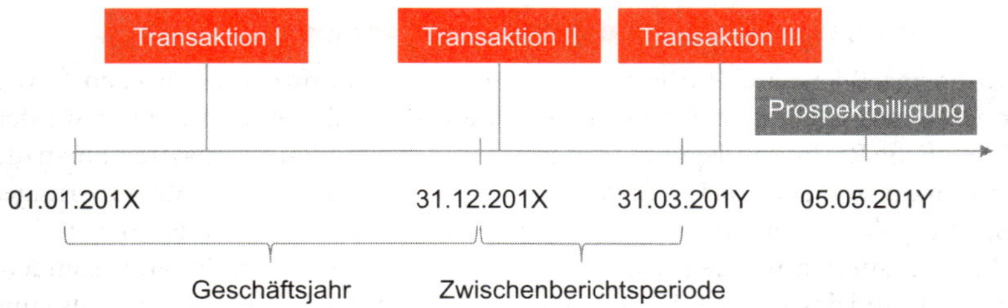


Abb. 1: Transaktionszeitpunkt

| | Transaktion I[1] | Transaktion II[2] | Transaktion III[3] |
|---|---|---|---|
| Pro-Forma-GuV für das GJ 201X | X | X | X |
| Pro-Forma-GuV für die Zwischenberichtsperiode | | X | X |
| Pro-Forma-Bilanz zum 31.03.201Y | | | X |

Tabelle 3: Bestandteile der Pro-Forma-Finanzinformationen

[1] In der GuV für das GJ 201X ist die Transaktion I nur für einen Teil des GJ abgebildet. In der Pro-Forma-GuV für das GJ 201X wird die Transaktion so abgebildet, als hätte diese auf den 01.01.201X stattgefunden.

[2] Die Auswirkungen der Transaktion II sind in der GuV für das GJ 201X noch gar nicht und in der GuV für den Zwischenberichtszeitraum nur teilweise abgebildet. Daher besteht das Erfordernis, eine Pro-Forma-GuV für das GJ 201X und für die Zwischenberichtsperiode aufzustellen.

[3] Die Auswirkungen von Transaktion III sind nicht in den historischen Finanzinformationen reflektiert. Demnach besteht die Pflicht, eine Pro-Forma-GuV für das GJ 201X und für den Zwischenberichtszeitraum des GJ 201Y aufzustellen. Ferner ist eine Pro-Forma Bilanz auf den Stichtag des ZwA zu erstellen.

Eine Pro-Forma-Bilanz ist somit nur für solche Transaktionen aufzustellen, die nach 48
dem Stichtag des letzten (Zwischen-)Abschlusses durchgeführt werden[74]. Eine Pro-Forma-GuV für das letzte GJ sowie ggf. für eine nachfolgende Zwischenberichtsperiode ist immer nur dann erforderlich, wenn die Transaktion während des Berichtszeitraums stattgefunden hat oder konkret bevorsteht[75].

Ferner ist das **Pro-Forma-Ergebnis je Aktie** anzugeben, wenn die zugrunde liegenden 49
Rechnungslegungsvorschriften die Angabe des Ergebnisses je Aktie im Abschluss erfordern[76], wie bspw. bei einem kapitalmarktorientierten Unternehmen i.S.d. § 264d HGB.

73 Vgl. hierzu das Bsp. in *IDW RH HFA 1.004*, Tz. 11.
74 Vgl. *IDW RH HFA 1.004*, Tz. 9.
75 Vgl. *IDW RH HFA 1.004*, Tz. 8.
76 Vgl. *IDW RH HFA 1.004*, Tz. 8.

Vom Wahlrecht, zusätzlich eine **Pro-Forma-KFR** zu erstellen, wird in der Praxis aufgrund der damit verbundenen Komplexität i.d.R. kein Gebrauch gemacht.

50 Eine Darstellung von **Vorjahreszahlen** ist bei Pro-Forma-Finanzinformationen nicht zulässig.

### 4.2.2 Aufbau und zugrunde liegende Annahmen

51 Pro-Forma-Bilanz und Pro-Forma-GuV sind in **Spaltenform** darzustellen[77]. Ausgehend von den historischen Finanzdaten des Erwerbers/Veräußerers (Spalte 1), werden die an einheitliche Rechnungslegungsgrundsätze und -methoden angepassten Finanzdaten des Transaktionsobjektes bei Akquisitionen hinzuaddiert bzw. bei Veräußerungen abgezogen (Spalte 2). Die daraus resultierende Summen- bzw. Differenzenspalte (Spalte 3) bildet, zusammen mit den historischen Finanzinformationen des aufstellenden Unternehmens und des Transaktionsobjektes, die sog. Ausgangszahlen[78]. Die Ausgangszahlen ergeben unter Berücksichtigung der Pro-Forma-Anpassungen (Spalte 4) dann die jeweiligen Pro-Forma-Werte (Spalte 5).

52 Für die ggf. erforderlichen Anpassungen der Finanzinformationen des Transaktionsobjektes an **einheitliche Rechnungslegungsgrundsätze und -methoden** bestehen drei Darstellungsalternativen[79]:

- Überleitungsrechnung,
- eigene Spalte in den Ausgangszahlen oder
- verbale Beschreibung.

Derartige Anpassungen sind eindeutig von den Pro-Forma-Anpassungen abzugrenzen.

53 Die **Pro-Forma-GuV** ist unter der **Annahme** aufzustellen, dass die Transaktion zu Beginn des Berichtszeitraums stattgefunden hat[80].

> **Beispiel 3:**
>
> Bei einem mit dem KJ identischen GJ ist in der Pro-Forma-GuV jeweils der 1. Januar als hypothetischer Zeitpunkt für die Transaktion zugrunde zu legen.

54 Die **Pro-Forma-Bilanz** ist hingegen unter der **Annahme** aufzustellen, als wäre die Transaktion auf den Stichtag der letzten im Prospekt wiedergegebenen Bilanz des Emittenten durchgeführt worden[81]. Aufgrund dieser divergierenden Annahmen hinsichtlich der Transaktionszeitpunkte sind Pro-Forma-GuV und Pro-Forma-Bilanz nicht aufeinander überleitbar.

### 4.2.3 Pro-Forma-Anpassungen

55 Alle Pro-Forma-Anpassungen müssen der Transaktion **eindeutig zurechenbar, faktisch unterlegbar** sowie klar ausgewiesen sein und erläutert werden[82]. Hypothetische oder auf künftigen Ereignissen beruhende Anpassungen sind unzulässig. Zudem sind die

77 Vgl. *IDW RH HFA 1.004*, Tz. 12; Anh. II Tz. 3 PVO.
78 Vgl. *IDW RH HFA 1.004*, Tz. 12.
79 Vgl. *IDW RH HFA 1.004*, Tz. 16.
80 Vgl. *IDW RH HFA 1.004*, Tz. 8.
81 Vgl. *IDW RH HFA 1.004*, Tz. 9.
82 Vgl. *IDW RH HFA 1.004*, Tz. 19; Anh. II Tz. 6 PVO.

Anpassungen danach zu klassifizieren, ob sie einen einmaligen oder einen dauerhaften Einfluss auf die Vermögens-, Finanz- und Ertragslage haben[83].

**Nicht zulässig** sind Anpassungen aufgrund erwarteter **Synergien** oder die Berücksichtigung von Mehraufwendungen aufgrund veränderter Rahmenbedingungen, wie bspw. eine Veränderung der Organvergütungen infolge der Transaktion[84]. 56

**Typische Anpassungsbuchungen** in der **Pro-Forma-GuV** sind bei einem Erwerb zu erfassende, zusätzliche Abschreibungen auf i.R.d. Erstkonsolidierung aufgedeckte stille Reserven bzw. auf neu angesetzte Vermögenswerte[85]. Sofern die Akquisition fremdfinanziert ist, sind bspw. die Zinsaufwendungen anzupassen[86]. 57

Bei einer Veräußerung sind die erfolgswirksamen Auswirkungen der Endkonsolidierung darzustellen, falls diese nicht bereits in den Ausgangszahlen erfasst sind[87]. Auch ist die Verwendung des Veräußerungserlöses abzubilden, bspw. durch Verminderung des Zinsaufwandes als Folge der Tilgung von Krediten. 58

Anpassungen in der **Pro-Forma-Bilanz** ergeben sich i.d.R. aus der Vorverlegung der Erstkonsolidierung bei einem Erwerb bzw. der Endkonsolidierung bei einem Abgang sowie aus der transaktionsbedingten Veränderung der Finanzierungsstruktur. 59

Die Pro-Forma-Anpassungen haben i.d.R. **steuerliche Auswirkungen**, die in der Pro-Forma-GuV und in der Pro-Forma-Bilanz zu entsprechenden Anpassungen führen. Zudem kann sich die Transaktion auf die Nutzbarkeit von Verlustvorträgen auswirken oder zu Veränderungen in einem steuerlichen Organkreis führen[88]. 60

### 4.2.4 Pro-Forma-Erläuterungen

Die Pro-Forma-Erläuterungen setzen sich aus 61

- einem einleitenden Abschnitt,
- den Grundlagen der Erstellung sowie
- der Erläuterung der Pro-Forma-Anpassungen zusammen[89].

Im einleitenden Abschnitt sind u.a.[90]: 62

- der Grund für die Erstellung zu erläutern,
- der Hinweis aufzunehmen, dass die Pro-Forma-Finanzinformationen nur zu illustrativen Zwecken erstellt wurden und aufgrund ihrer Wesensart hypothetisch sind sowie
- eine Erläuterung der historischen Ausgangszahlen vorzunehmen, einschl. der angewendeten Rechnungslegungsgrundsätze und -methoden, sowie der ggf. erforderlichen Anpassung an einheitliche Rechnungslegungsgrundsätze und -methoden.

In den **Grundlagen der Erstellung** wird die Ableitung der Pro-Forma-Finanzinformationen aus den historischen Ausgangszahlen beschrieben. Dies betrifft die Be- 63

83 Vgl. *IDW RH HFA 1.004*, Tz. 18; Anh. II Tz. 6 S. 2 PVO (die Unterscheidung ist nur für die Pro-Forma-GuV einschlägig).
84 Vgl. *IDW RH HFA 1.004*, Tz. 30.
85 Vgl. *IDW RH HFA 1.004*, Tz. 27.
86 Vgl. *IDW RH HFA 1.004*, Tz. 28.
87 Vgl. *IDW RH HFA 1.004*, Tz. 25.
88 Vgl. *IDW RH HFA 1.004*, Tz. 29.
89 Vgl. *IDW RH HFA 1.004*, Tz. 33.
90 Vgl. Anh. II Ziff. 1 PVO; *IDW RH HFA 1.004*, Tz. 34.

schreibung der zugrunde liegenden Unternehmenstransaktion und die daraus resultierenden Pro-Forma-Annahmen[91].

64 Im Abschnitt **„Erläuterung der Pro-Forma-Anpassungen“** ist die Ermittlung der Anpassungen zu beschreiben[92].

## 4.3 Prüfung

### 4.3.1 Prüfung nach IDW PH 9.960.1

#### 4.3.1.1 Prüfungsgegenstand und Prüfungsdurchführung

65 Die in einem Prospekt wiedergegebenen Pro-Forma-Finanzinformationen sind **prüfungspflichtig**. Der WP hat eine Bescheinigung über seine Prüfung auszufertigen[93].

66 Die **Auftragsannahme** setzt voraus, dass der WP über die notwendigen Kenntnisse und Erfahrungen verfügt und mit der Geschäftstätigkeit sowie der Rechnungslegung der Unternehmen, deren historische Abschlüsse die Ausgangszahlen der Pro-Forma-Finanzinformationen bilden, vertraut ist[94]. Der Auftrag sollte zudem nur angenommen werden, wenn die Pro-Forma-Finanzinformationen nach *IDW RH HFA 1.004* erstellt wurden[95]. Ansonsten gelten die allgemeinen Regelungen zur Auftragsannahme nach *IDW PS 220*.

67 **Prüfungsziel** ist die Abgabe eines Urteils mit hinreichender Sicherheit, ob[96]:

- die Erstellung in Übereinstimmung mit den in den Pro-Forma-Erläuterungen dargestellten Grundlagen erfolgt ist (dies beinhaltet insb. die Prüfung der Pro-Forma-Anpassungen sowie der rechnerischen Richtigkeit der Ableitung der Pro-Forma-Finanzinformationen[97]);
- die Pro-Forma-Finanzinformationen im Einklang mit den Rechnungslegungsgrundsätzen und -methoden des erstellenden Unternehmens stehen.

68 **Nicht Gegenstand der Prüfung** sind die Pro-Forma-Annahmen, die Ausgangszahlen und die ggf. notwendigen Anpassungen an einheitliche Rechnungslegungsgrundsätze und -methoden[98]. Gleichwohl wird der WP - aufgrund der bestehenden Sorgfaltspflicht - bei Anhaltspunkten für eine uneinheitliche Anwendung der Rechnungslegungsgrundsätze und -methoden, dies mit der Unternehmensleitung des erstellenden Unternehmens erörtern[99].

69 Die Prüfung der **Pro-Forma-Anpassungen** bezieht sich insb. auf die Konsolidierungsbuchungen, die Kaufpreisaufteilung, die Anpassungen infolge transaktionsbedingter Finanzierungsmaßnahmen sowie auf die steuerlichen Effekte der Transaktion[100]. Typische Prüfungshandlungen hierzu sind bspw.

---

91 Vgl. *IDW RH HFA 1.004*, Tz. 35.
92 Vgl. *IDW RH HFA 1.004*, Tz. 52 ff.
93 Vgl. Anh. I Ziff. 20.2 PVO (die PVO verwendet die Bezeichnung „Bericht“).
94 Vgl. *IDW PH 9.960.1*, Tz. 4.
95 Vgl. *IDW PH 9.960.1*, Tz. 5.
96 Vgl. Anh. II Ziff. 7 PVO; *IDW PH 9.960.1*, Tz. 6.
97 Vgl. *IDW PH 9.960.1*, Tz. 10.
98 Vgl. *IDW PH 9.960.1*, Tz. 7 f.
99 Vgl. *IDW PH 9.960.1*, Tz. 12.
100 Vgl. *IDW PH 9.960.1*, Tz. 10.

- das kritische Lesen von Unternehmensverträgen,
- die Befragung der verantwortlichen Personen,
- die Durchsicht von Bewertungsgutachten und Finanzierungsverträgen sowie
- das kritische Lesen der Pro-Forma-Erläuterungen.

Zur Prüfung der **rechnerischen Richtigkeit** ist die Herleitung der Pro-Forma-Zahlen (Pro-Forma-Bilanz und Pro-Forma-GuV) aus den Ausgangszahlen und den Pro-Forma-Anpassungen nachzuvollziehen. 70

Zudem ist zu prüfen, ob die in den Pro-Forma-Erläuterungen dargestellten Grundlagen mit den **Rechnungslegungsgrundsätzen und -methoden** des aufstellenden Unternehmens in Einklang stehen. Dies erfolgt bspw. durch Abgleich der in den Pro-Forma-Finanzinformationen beschriebenen Rechnungslegungsgrundsätze und -methoden (bzw. der dort vorgenommenen Verweise) mit den Anhängen der historischen Abschlüsse sowie durch Befragung der verantwortlichen Personen[101]. 71

Der WP hat von den gesetzlichen Vertretern des aufstellenden Unternehmens eine schriftliche **VollstE** einzuholen, in der diese insb. ihre Verantwortlichkeit für die Pro-Forma-Finanzinformationen als Ganzes erklären[102]. 72

### 4.3.1.2 Berichterstattung

*IDW PH 9.960.1* enthält als Anlage ein Muster für eine **Bescheinigung** über die Prüfung von Pro-Forma-Finanzinformationen[103]. In dieser sind vom WP folgende **positiv formulierte Aussagen** zu treffen: 73

- die Pro-Forma-Finanzinformationen sind auf Basis der in den Pro-Forma-Erläuterungen dargestellten Grundlagen ordnungsgemäß erstellt und
- die Pro-Forma-Finanzinformationen sind auf Grundlage einheitlicher Rechnungslegungsgrundsätze und -methoden ermittelt.

Zudem sind in der Bescheinigung u.a. die Verantwortlichkeit des WP sowie der Prüfungsgegenstand abzugrenzen.

Die Bescheinigung soll nur zusammen mit den vollständigen Pro-Forma-Finanzinformationen und dem jeweiligen historischen JA bzw. KA, sowie ggf. dem ZwA, des erstellenden Unternehmens verwendet werden[104]. 74

Sofern, bspw. bei einer sog. feindlichen Übernahme, keine ausreichenden Prüfungshandlungen möglich sind, liegt ein **Prüfungshemmnis** vor[105]. In diesem Fall wird die Bescheinigung regelmäßig nicht ohne Einschränkung erteilt werden können. Da eine Einschränkung aufgrund der Vorgaben der ESMA von der BaFin nicht akzeptiert wird, ist eine Aufnahme von Pro-Forma-Finanzinformationen in den Prospekt nicht möglich[106]. 75

101 Vgl. *IDW PH 9.960.1*, Tz. 14.
102 Vgl. *IDW PH 9.960.1*, Tz. 16 sowie die Vorlage in *IDW PS 910*, Anlage 5.2.
103 Vgl. *IDW PH 9.960.1*, Tz. 17.
104 Vgl. *IDW PH 9.960.1*, Tz. 5.
105 Vgl. *IDW PH 9.960.1*, Tz. 15.
106 Vgl. Erwägungsgrund 13 ÄndVO (EG) Nr. 211/2007 v. 27.02.2007.

### 4.3.2 Prüfung nach ISAE 3420

76 International ist die **Prüfung der Erstellung** von Pro-Forma-Finanzinformationen in ISAE 3420 „Assurance Engagements to Report on the Compilation of Pro Forma Financial Information Included in a Prospectus" geregelt. Dieser Standard ist grds. anzuwenden, soweit die Prüfung von Pro-Forma-Finanzinformationen für Prospektzwecke erforderlich ist[107]. Bei einer Prüfung nach ISAE 3420 sind gleichzeitig die allgemeinen Anforderungen des ISAE 3000 (Rev.)[108] zu beachten[109]. In **Deutschland** kommt der Standard wegen des Vorrangs von *IDW PH 9.960.1* i.d.R. nicht unmittelbar zur Anwendung.

77 Das Regelwerk für die Erstellung der Pro-Forma-Finanzinformationen, die sog. **anwendbaren Kriterien** (*applicable criteria*), wird in ISAE 3420 nicht spezifiziert. Vielmehr handelt es sich dabei üblicherweise um regulatorische oder berufsständische Standards[110].

78 Vor einer **Auftragsannahme** nach ISAE 3420 hat der WP u.a. zu beurteilen, ob er ausreichende Kenntnisse und Erfahrungen besitzt und ob die der Erstellung zugrunde liegenden anwendbaren Kriterien angemessen sind[111].

79 Das **Prüfungsziel** ist eine Positivaussage über die Einhaltung der anwendbaren Kriterien bei der Erstellung der Pro-Forma-Finanzinformationen[112].

80 Die **Prüfungsplanung** nach ISAE 3420 erfordert die Erlangung eines Verständnisses über den Erstellungsprozess, die zugrunde liegende Transaktion, die beteiligten Unternehmen sowie die verwendeten Rechnungslegungsgrundsätze[113].

81 Die **Prüfungsdurchführung** beinhaltet insb.[114]:

- Einholung von Prüfungsnachweisen über die zugrunde liegenden **historischen Finanzinformationen** des erstellenden Unternehmens sowie des Transaktionsobjektes (sofern die historischen Finanzinformationen weder geprüft noch prüferisch durchgesehen wurden oder ggf. ein(e) eingeschränkte(r) BestV/Bescheinigung erteilt wurde, sind weitere Prüfungshandlungen erforderlich[115]. Ferner ist die zutreffende Übernahme der Ausgangszahlen aus den historischen Finanzinformationen zu prüfen).
- Einholung von Prüfungsnachweisen hinsichtlich der Angemessenheit der **Pro-Forma-Anpassungen**, d.h. deren Konsistenz mit den anwendbaren Kriterien sowie die sachgerechte Umsetzung in den Pro-Forma-Finanzinformationen (Ziel der Pro-Forma-Anpassungen muss die Verdeutlichung der Auswirkungen der Transaktion auf die historischen Finanzdaten sein. Ferner ist durch die Anpassungen eine Vereinheitlichung der Rechnungslegungsgrundsätze und -methoden des Erstellers und des Transaktionsobjektes sicherzustellen).

---

107 Vgl. ISAE 3420.1.wA.

108 Vgl. zu ISAE 3000 (Rev.) Kap. C und *IDW*, WPH Edition, Wirtschaftsprüfung & Rechnungslegung[15], Kap. P Tz. 31 ff..

109 Vgl. ISAE 3420.7.

110 Vgl. ISAE 3420.11 (a).

111 Vgl. ISAE 3420.13.

112 Vgl. ISAE 3420.29.

113 Vgl. ISAE 3420.17.

114 Vgl. zur Prüfungsdurchführung im Detail ISAE 3420.14 ff.

115 Vgl. ISAE 3420.19 i.V.m. A29 ff.

- Beurteilung der **Angemessenheit der Darstellung** der Pro-Forma-Finanzinformationen sowie deren Erläuterungen.

Der WP hat von der verantwortlichen Partei eine schriftliche **VollstE** einzuholen[116]. 82

In der **Berichterstattung** nach ISAE 3420 ist ein Urteil darüber abzugeben, ob die Pro-Forma-Finanzinformationen in allen wesentlichen Belangen auf Grundlage der anwendbaren Kriterien erstellt wurden[117]. Zudem ist eine Würdigung der sachgerechten Gesamtdarstellung der Pro-Forma-Finanzinformationen vorzunehmen[118]. Es ist klarzustellen, dass die Prüfung der Erstellung von Pro-Forma-Finanzinformationen keine Prüfung oder prüferische Durchsicht der historischen Finanzinformationen sowie keine Neuerteilung eines BestV oder einer Bescheinigung darstellt[119]. 83

Ein Muster für die Berichterstattung findet sich in der Anlage zu ISAE 3420[120]. 84

# 5. Gewinnprognosen und Gewinnschätzungen

## 5.1 Grundlagen

Der Prospekt baut grds. auf historischen Finanzinformationen auf. Diese werden von Investoren und Analysten fortgeschrieben, um Erwartungen über die künftige Entwicklung des Unternehmens bilden zu können. Dem Bedürfnis nach **zukunftsgerichteten Informationen** kann durch die Aufnahme einer Gewinnprognose in den Prospekt Rechnung getragen werden. Diese unterstützt die Vermarktbarkeit der Emission, erhöht jedoch wegen der damit verbundenen Unsicherheiten das Risiko einer Prospekthaftung. 85

**Rechtliche Grundlage** für Aufstellung und Prüfung von Gewinnprognosen ist die PVO, deren Anforderungen die ESMA in ihren Empfehlungen spezifiziert[121]. Eine weitere Konkretisierung erfolgt durch die **berufsständischen Verlautbarungen** *IDW RH HFA 2.003* (Erstellung von Gewinnprognosen und -schätzungen nach den besonderen Anforderungen der Prospektverordnung sowie Gewinnschätzungen auf Basis vorläufiger Zahlen) und *IDW PH 9.960.3* (Prüfung von Gewinnprognosen und -schätzungen i.S.v. *IDW RH HFA 2.003* und Bestätigung zu Gewinnschätzungen auf Basis vorläufiger Zahlen). 86

Die Aufnahme von Gewinnprognosen in einen Prospekt ist grds. **freiwillig** und steht somit im Ermessen des Emittenten[122]. Eine **Ausnahme** bilden Prospekte für die Zulassung und/oder das öffentliche Angebot von Aktien, sofern in einem zuvor veröffentlichten und noch gültigen Prospekt[123] eine Gewinnprognose enthalten war. In diesem Fall ist in den aktuellen Prospekt eine Erläuterung aufzunehmen, ob die zuvor veröffentlichte Prognose noch zutreffend ist[124]. Zudem unterstellt die ESMA bei Aktienemissionen, insb. bei Börsengängen, die Wesentlichkeit von außerhalb eines Prospektes 87

116 Vgl. ISAE 3420.28.
117 Vgl. ISAE 3420.35 (g) (i).
118 Vgl. ISAE 3420.35 (g) (iii).
119 Vgl. ISAE 3420.35 (e) (ii).
120 Vgl. ISAE 3420.A57.
121 Vgl. ESMA-Empfehlungen, Rz. 38 ff.
122 Vgl. Erwägungsgrund 8 PVO; Anh. I Ziff. 13 PVO (für Aktien) und Anh. IV Ziff. 9 PVO (für Schuldtitel).
123 Definiert als ein Prospekt, der nicht älter als 12 Monate ist (§ 9 I WpPG).
124 Vgl. Anh. I Ziff. 13.4 PVO,

veröffentlichten Gewinnprognosen und fordert demnach deren Aufnahme auch in den Prospekt[125].

88 Als **Gewinn** i.S.d. PVO ist grds. das Periodenergebnis zu verstehen[126]. Ausreichend ist auch die Prognose eines **sonstigen Postens** der GuV, sofern dieser indikativ für das Periodenergebnis ist. Die Gründe für die Nutzung dieses Postens für Zwecke der Prognose müssen erläutert werden[127]. Zudem können nach *IDW RH HFA 2.003* auch i.R.d. Kapitalmarktkommunikation verwendete **Performance-Kennzahlen** (Non-GAAP-Measures; s. Tz. 40) Gegenstand einer Gewinnprognose sein, falls deren Überleitbarkeit auf einen Posten in der GuV gegeben ist[128].

89 Unter **Gewinnprognosen** versteht man einen Text, in dem entweder explizit ein bestimmter Betrag (Punktprognose) bzw. ein Mindest- oder Höchstbetrag (Intervallprognose) für die wahrscheinliche Höhe des Periodenergebnisses genannt wird oder auf dessen Grundlage sich die entsprechenden Werte berechnen lassen[129]. Eine Verwendung der Bezeichnungen „Gewinn“ oder „Verlust“ ist nicht notwendig.

90 **Gewinnschätzungen** stellen einen Unterfall der Gewinnprognose dar. Sie liegen vor, wenn eine Gewinnprognose für ein bereits abgelaufenes GJ vorgenommen wird, die Ergebnisse für dieses GJ aber noch nicht veröffentlicht wurden[130]. Sofern ein Emittent über vorläufige Ergebniszahlen für das abgelaufene GJ verfügt, besteht die Möglichkeit, diese Zahlen anstelle einer Gewinnschätzung in den Prospekt aufzunehmen (sog. **Gewinnschätzung auf Basis vorläufiger Zahlen**).

91 Der **Prognosezeitraum** sollte höchstens das lfd. und das folgende GJ umfassen. Nur in Ausnahmefällen werden hinreichend verlässliche Annahmen für einen längeren Zeitraum zu treffen sein[131].

92 Gewinnprognosen sind abzugrenzen von den zwingend im Prospekt anzugebenden sog. **Trendinformationen** zu Produktion, Umsätzen, Vorräten, Kosten und Verkaufspreisen[132]. Für Trendinformationen sind qualitative Aussagen ausreichend[133].

## 5.2 Erstellung

### 5.2.1 Vorgehensweise

93 Bei der Erstellung von Gewinnprognosen sind die folgenden **Grundsätze** zu beachten:

- Verständlichkeit,
- Verlässlichkeit,
- Vergleichbarkeit und
- Relevanz[134].

125 Vgl. ESMA-Empfehlungen, Rz. 44.
126 Vgl. *IDW RH HFA 2.003*, Tz. 2; lt. ESMA-Empfehlungen (Rz. 47) ist das Ergebnis vor Steuern der Referenzmaßstab.
127 Vgl. ESMA-Empfehlungen, Rz. 47; *IDW RH HFA 2.003*, Tz. 2.
128 Vgl. *IDW RH HFA 2.003*, Tz. 2; kritisch hierzu: *Meyer*, in: FK-WpPG, Anh. I Ziff. 13 PVO Rn. 5.
129 Vgl. Art. 2 Ziff. 10 PVO; *IDW RH HFA 2.003*, Tz. 3.
130 Vgl. Art. 2 Ziff. 11 PVO.
131 Vgl. *IDW RH HFA 2003*, Tz. 14.
132 Vgl. Erwägungsgrund 8, S. 2 PVO.
133 Vgl. *Alfes/Wieneke*, in: Holzborn, WpPG$^2$, Anh. I PVO Rn. 64.
134 Vgl. ESMA-Empfehlungen, Rz. 41.

Der Erstellungsprozess kann nach *IDW RH HFA 2.003* in vier Schritte unterteilt werden[135]: 94

a) Wenn der Prognosezeitraum bereits einen abgelaufenen Zeitraum umfasst, sind in einem **ersten Schritt** die diesem Zeitraum zurechenbare Geschäftsvorfälle buchhalterisch zu erfassen.
b) Im **zweiten Schritt** sind für den zukünftigen, d.h. den noch nicht abgelaufenen Prognosezeitraum, diejenigen Faktoren zu identifizieren, die Einfluss auf den Gewinn haben können.
c) Hinsichtlich der identifizierten Faktoren sind im **dritten Schritt** Annahmen über deren Entwicklung zu treffen. Dabei ist zwischen Annahmen über Faktoren zu differenzieren, welche das Unternehmen beeinflussen kann (endogene Faktoren) und solchen, die außerhalb des Einflussbereichs des Unternehmens liegen (exogene Faktoren)[136]. Gewinnprognosen müssen stets auf hinreichend verlässlichen Annahmen basieren. Diese können bspw. durch Erwartungswerte oder durch Zugrundelegung von Eintrittswahrscheinlichkeiten ermittelt werden[137]. Nicht zulässig sind hypothetische Annahmen[138], da dann eine „Projektion" vorliegt[139].
d) In dem abschließenden **vierten Schritt**, wird auf Grundlage der bereits erfassten Geschäftsvorfälle sowie der identifizierten ergebnisbeeinflussenden Faktoren und den hierzu getroffenen Annahmen, eine Gewinnprognose abgeleitet[140]. Dabei ist auf sachliche und rechnerische Richtigkeit der Ableitung zu achten.

Hinsichtlich der **Faktoren und Annahmen** gibt der *IDW RH HFA 2.003* eine nicht abschließende Liste von zu beachtenden Sachverhalten vor[141]. So sind insb. zu berücksichtigen: 95

- die Entwicklung des ökonomischen, rechtlichen und technologischen Unternehmensumfeldes;
- die Unternehmensstrategie (einschl. beabsichtigter Investitionen und Finanzierungsmaßnahmen);
- die historische Vermögens-, Finanz-, und Ertragslage.

Bei der Ermittlung der Gewinnprognose sind grds. die im letzten JA oder KA angewendeten **Rechnungslegungsgrundsätze und -methoden** zugrunde zu legen[142]. 96

Für **Gewinnschätzungen** gelten dieselben Grundsätze wie bei einer Gewinnprognose[143]. 97
Da sich Gewinnschätzungen auf eine bereits abgelaufene Periode beziehen, stehen hier die Annahmen bzgl. der richtigen und vollständigen buchhalterischen Erfassung der Geschäftsvorfälle für das abgelaufene GJ im Vordergrund[144].

Die Erstellung der Gewinnprognose bzw. Gewinnschätzung ist zu **dokumentieren**. 98

135 Vgl. *IDW RH HFA 2.003*, Tz. 6 ff.
136 Vgl. *IDW RH HFA 2.003*, Tz. 7; Anh. I Ziff. 13.1 PVO.
137 Vgl. *IDW RH HFA 2.003*, Tz. 8.
138 Vgl. *IDW RH HFA 2.003*, Tz. 8.
139 Vgl. *Pföhler/Riese*, WPg 2014, S. 1184 (1186).
140 Vgl. *IDW RH HFA 2.003*, Tz. 9.
141 Vgl. *IDW RH HFA 2.003*, Tz. 10.
142 Vgl. *IDW RH HFA 2.003*, Tz. 12.
143 Vgl. *IDW RH HFA 2.003*, Tz. 24.
144 Vgl. *IDW RH HFA 2.003*, Tz. 25.

### 5.2.2 Darstellung im Prospekt

99 Die Darstellung muss die Höhe des prognostizierten Gewinns entweder als Punkt- bzw. Intervallprognose enthalten oder der Gewinn muss sich aus dieser ableiten lassen[145]. Zudem ist die Prognose zu erläutern[146]. Dabei sind u.a. die zugrunde liegenden **Faktoren und Annahmen**, einschl. deren Unterteilung in endogene und exogene Faktoren, sowie die angewandten Rechnungslegungsgrundsätze und -methoden zu beschreiben. Hinsichtlich der **Rechnungslegungsgrundsätze und -methoden** kann zur Erläuterung auf den letzten veröffentlichten JA bzw. KA Bezug genommen werden. Ferner ist auf die immanenten Unsicherheiten der Prognose hinzuweisen und der Zeitpunkt der Erstellung anzugeben[147].

100 Sofern das Unternehmen neben dem Gewinn **zusätzliche Posten der GuV** prognostiziert, sind diese ebenfalls zu erläutern[148].

## 5.3 Prüfung

### 5.3.1 Prüfung nach IDW PH 9.960.3

101 Die in einem Prospekt wiedergegebenen Gewinnprognosen sind prüfungspflichtig[149]. Es ist eine Positivaussage in Form einer **Bescheinigung** erforderlich.

102 Der WP hat vor der **Auftragsannahme** sicherzustellen, dass er über die notwendigen Kenntnisse und Erfahrungen verfügt und mit der Geschäftstätigkeit sowie der Rechnungslegung des Emittenten vertraut ist[150]. Ferner ist zu vereinbaren, dass die zu prüfende Gewinnprognose nach *IDW RH HFA 2.003* erstellt wird und die Bescheinigung ausschließlich zusammen mit der Gewinnprognose verwendet wird[151]. Ferner gelten die allgemeinen Regelungen zur Auftragsannahme nach *IDW PS 220*.

103 **Prüfungsziel** ist die Abgabe eines Positivurteils (hinreichende Sicherheit) hinsichtlich:

- der Ordnungsmäßigkeit der Erstellung der Gewinnprognose auf Basis der in den Erläuterungen zur Gewinnprognose dargestellten Grundlagen und
- des Einklangs der in den Erläuterungen zur Gewinnprognose dargestellten Grundlagen mit den Rechnungslegungsgrundsätzen und -methoden des erstellenden Unternehmens[152].

104 Die der Prognose zugrunde liegenden Annahmen sind kein Prüfungsgegenstand[153].

105 Die **Prüfung der ordnungsgemäßen Erstellung** der Gewinnprognose bezieht sich auf die sachlich und rechnerisch zutreffende Ermittlung der Prognose auf Basis der getroffenen Annahmen unter Berücksichtigung der angewendeten Rechnungslegungsmethoden. Neben dem Nachvollzug und dem kritischen Lesen der Prognose sind bspw. folgende Prüfungshandlungen üblich:

145 Vgl. *IDW RH HFA 2.003*, Tz. 15.
146 Vgl. *IDW RH HFA 2.003*, Tz. 17 ff.
147 Vgl. *IDW RH HFA 2.003*, Tz. 22 f.
148 Vgl. *IDW RH HFA 2.003*, Tz. 16.
149 Vgl. Anh. I Ziff. 13.2 PVO.
150 Vgl. *IDW PH 9.960.3*, Tz. 4.
151 Vgl. *IDW PH 9.960.3*, Tz. 5.
152 Vgl. *IDW PH 9.960.3*, Tz. 6.
153 Vgl. *IDW PH 9.960.3*, Tz. 7.

- Würdigung der organisatorischen Vorkehrungen zur Erstellung der Prognose,
- kritisches Lesen der Dokumentation sowie
- Befragung der verantwortlichen Mitarbeiter des aufstellenden Unternehmens[154].

I.d.R. werden die der Prognose zugrunde liegenden **Rechnungslegungsgrundsätze und -methoden** durch einen Verweis auf den letzten veröffentlichten JA bzw. KA angegeben. Sollte abweichend hiervon ein Unternehmen die Grundsätze und Methoden in der Prognose selbst beschreiben, sind diese kritisch zu lesen und mit dem veröffentlichten JA bzw. KA abzugleichen[155]. Darüber hinaus sind Befragungen der verantwortlichen Mitarbeiter des erstellenden Unternehmens erforderlich, wenn vom letzten Abschluss abweichende Rechnungslegungsgrundsätze und -methoden zur Anwendung gelangen. **106**

Der WP hat von den gesetzlichen Vertretern des die Gewinnprognose aufstellenden Unternehmens eine **VollstE** einzuholen, in der diese ihre Verantwortlichkeit für die Prognose als Ganzes erklären. Zudem sind insb. Aussagen zu den Faktoren und Annahmen sowie zu den angewandten Rechnungslegungsmethoden erforderlich[156]. **107**

Der WP hat als Ergebnis der Prüfung eine **Bescheinigung** zu erteilen. *IDW PH 9.960.3* enthält entsprechende Musterformulierungen[157]. In der Bescheinigung sind vom WP folgende **positiv formulierte Aussagen** zu treffen: **108**

- die Gewinnprognose (bzw. -schätzung) ist auf Basis der in den Erläuterungen zur Gewinnprognose dargestellten Grundlagen ordnungsgemäß erstellt und
- die Grundlagen stehen im Einklang mit den Rechnungslegungsgrundsätzen und -methoden des erstellenden Unternehmens[158].

Zudem sind in der Bescheinigung u.a. die Verantwortlichkeit des WP und der gesetzlichen Vertreter des Unternehmens sowie der Prüfungsgegenstand abzugrenzen. **109**

## 5.3.2 Prüfung nach ISAE 3400

Die Prüfung zukunftsorientierter Finanzinformationen wird international in ISAE 3400 „The Examination of Prospective Financial Information" geregelt[159]. Dabei ist der Anwendungsbereich von ISAE 3400 weiter gefasst als der von *IDW PH 9.960.3*. So behandelt ISAE 3400 neben der Prüfung von auf bestmöglichen Annahmen basierenden Prognosen auch die Prüfung von auf hypothetischen Annahmen gestützten Projektionen[160]. Darüber hinaus beinhaltet die Prüfung von Prognosen nach ISAE 3400 - im Gegensatz zu *IDW PH 9.960.3.* – auch die Begründetheit der zugrunde liegenden Annahmen[161]. **110**

In Deutschland kommt der Standard bei der Prüfung von Gewinnprognosen für Prospektzwecke wegen des Vorrangs des *IDW PH 9.960.3* i.d.R. nicht zur Anwendung. **111**

154 Vgl. *IDW PH 9.960.3*, Tz. 9.
155 Vgl. *IDW PH 9.960.3*, Tz. 10.
156 Vgl. *IDW PH 9.960.3*, Tz. 12.
157 Vgl. *IDW PH 9.960.3*, Tz. 13 f.
158 Vgl. *IDW PH 9.960.3*, Tz. 13.
159 Vgl. ausführlich zu ISAE 3400 und zur Prüfung zukunftsbezogener Finanzinformationen Kap. F.
160 Vgl. *Pföhler/Riese*, WPg 2014, S. 1184 (1186).
161 Vgl. ISAE 3400.9.

### 5.4 Bestätigung von Gewinnschätzungen auf Basis vorläufiger Zahlen

112 Sofern Emittenten Gewinnschätzungen auf Basis vorläufiger Zahlen für das abgelaufene GJ in einen Prospekt aufnehmen, ist unter folgenden **Voraussetzungen keine Prüfung** der Gewinnschätzung erforderlich[162]:

- die in der Gewinnschätzung verwendeten Zahlen sind nicht irreführend und im Wesentlichen konsistent mit den jeweiligen Abschlussposten im nächsten geprüften und veröffentlichen JA oder KA;
- der Prospekt enthält Erläuterungen zur Einordnung dieser Zahlen;
- es wird im Prospekt angegeben, dass die Zahlen nicht geprüft sind;
- die für den Abschluss verantwortlichen Personen haben diese Zahlen autorisiert (sofern diese Personen nicht gleichzeitig prospektverantwortlich sind) und
- ein WP hat bestätigt, dass die in der Gewinnschätzung auf Basis vorläufiger Zahlen enthaltenen Finanzinformationen im Wesentlichen mit dem nächsten geprüften JA oder KA für das abgelaufene GJ konsistent sind.

Nach *IDW RH HFA 2.003* ist zudem im Prospekt darauf hinzuweisen, dass die Gewinnschätzung auf Basis vorläufiger Zahlen wegen der noch nicht abgeschlossenen Prüfung sowie möglicher neuer Erkenntnisse mit Unsicherheit behaftet ist[163].

113 Für die Bestätigung ist eine gesonderte **Auftragsvereinbarung** erforderlich. Die Grundsätze des *IDW PS 220* sind entsprechend anzuwenden[164]. Insb. ist darauf hinzuweisen, dass die Prüfung des JA bzw. KA erst mit der Erteilung des BestV abgeschlossen ist. Voraussetzung für die Auftragsannahme ist ferner, dass zum Zeitpunkt der Erteilung der Bestätigung, die Erstellung des Abschlusses und dessen Prüfung hinsichtlich der betroffenen Abschlussposten, einschl. der dazugehörigen Anhangangaben, materiell abgeschlossen ist[165].

114 *IDW PH 9.960.3* enthält eine entsprechende Musterformulierung für die **Bestätigung**[166]. Diese ist nur gegenüber dem Emittenten abzugeben und darf **nicht im Prospekt** wiedergegeben werden[167]. Mit der Bestätigung trifft der WP weder eine Aussage über die Richtigkeit der Finanzinformationen noch ist diese als Urteil über den zu veröffentlichenden JA bzw. KA zu verstehen[168].

## 6. Comfort Letter

### 6.1 Grundlagen

115 Bei prospektpflichtigen Kapitalmarkttransaktionen (d.h. Angebot und/oder Zulassung von Wertpapieren zum Handel an einer Börse) wird der WP i.d.R. beauftragt, einen Comfort Letter auszureichen. Die Erteilung eines Comfort Letter ist eine gesetzlich nicht

162 Vgl. Anh. I Ziff. 13.2 PVO.
163 Vgl. *IDW RH HFA 2.003*, Tz. 31.
164 Vgl. *IDW PH 9.960.3*, Tz. 20.
165 Vgl. zu den hierfür erforderlichen Prüfungshandlungen *IDW PH 9.960.3*, Tz. 24 f.
166 Vgl. *IDW PH 9.960.3*, Tz. 29.
167 Vgl. *IDW PH 9.960.3*, Tz. 17.
168 Vgl. *IDW PH 9.960.3*, Tz. 22.

geregelte Leistung des WP. Die Auftragserteilung erfolgt durch den Emittenten[169], üblicherweise auf Verlangen der begleitenden Emissionsbanken.

Im Comfort Letter werden die Ergebnisse gesondert vereinbarter **Untersuchungshandlungen** in Bezug auf Finanzinformationen im Zusammenhang mit einer Emission dargestellt[170]. Dies betrifft sowohl im Prospekt enthaltene Finanzinformationen als auch solche, die nicht im Prospekt wiedergeben sind. **116**

Aufbau und Inhalt des Comfort Letter richtet sich in Deutschland, mit Ausnahme von US-Platzierungen, nach ***IDW PS 910*** (**Grundsätze für die Erteilung eines Comfort Letter**)[171]. *IDW PS 910* enthält im Anhang umfangreiche **Formulierungsbeispiele**. **117**

Der Comfort Letter hat folgende **Funktionen**[172]: **118**

- Erleichterung des Nachweises für Emissionsbanken, dass sie der ihnen in Bezug auf den Prospektinhalt obliegenden Sorgfaltspflicht nachgekommen sind (vergleichbar mit der Due Diligence Defense im US-amerikanischen Rechtsraum) und somit Unterstützung bei der Abwehr von Prospekthaftungsansprüchen[173]. Inwieweit die für den Comfort Letter durchgeführten Untersuchungshandlungen für Zwecke der Emissionsbanken hinreichend sind, liegt nicht in der Verantwortlichkeit des WP.
- Die Ergebnisse der Untersuchungshandlungen (z.B. negative Veränderungen wesentlicher Finanzkennzahlen) sind u.U. im Prospekt zu berücksichtigen.

Der Comfort Letter wird i.d.R. zum Zeitpunkt der Prospektbilligung bzw. bei Privatplatzierungen auf den Zeitpunkt der Unterzeichnung des Wertpapierübernahmevertrags ausgereicht. **119**

Häufig werden für eine Transaktion zu einem späteren Zeitpunkt weitere Comfort Letter ausgereicht, die sog. **Bring Down Comfort Letter**. Diese beziehen sich auf denselben Prospekt wie der ursprüngliche Comfort Letter und aktualisieren die Ergebnisse der durchgeführten Untersuchungshandlungen[174]. Es gelten die gleichen Grundsätze wie bei einem Comfort Letter. Ein Bsp. für einen Bring Down Comfort Letter findet sich in Anhang 3 des *IDW PS 910*. **120**

Für den Comfort Letter und die Bring Down Comfort Letter ist eine berufsübliche **VollstE** einzuholen[175]. Die Erklärung ist jeweils auf den Tag der Ausreichung des Comfort Letter zu datieren. **121**

## 6.2 Auftragsannahme und Auftragsvereinbarung

Bei der **Auftragsannahme** finden die allgemeinen Grundsätze des *IDW PS 220* Anwendung. Der WP muss insb. über ausreichende Kenntnisse hinsichtlich des rechnungslegungsbezogenen internen Kontrollsystems (IKS) des Emittenten verfügen. Daher wird der Comfort Letter durch den APr. des Emittenten ausgereicht. Im Falle eines **122**

169 Vgl. *IDW PS 910*, Tz. 10
170 Vgl. *IDW PS 910*, Tz. 2.
171 Vgl. zu US-Platzierungen vgl. Tz. 149 ff.
172 Vgl. *IDW PS 910*, Tz. 8; *Kunold*, in: Habersack/Mülbert/Schlitt, Unternehmensfinanzierung am Kapitalmarkt[3], § 34 Rz. 9 ff.
173 Vgl. zum Due Diligence Prozess bei Emission z.B. *Köhler/Weiser*, DB 2003, S. 565 (569 f.).
174 Vgl. *IDW PS 910*, Tz. 133 ff.
175 Vgl. *IDW PS 910*, Tz. 136 ff. sowie Muster in Anh. 5.

**Prüferwechsels** wird, abhängig von den in den Prospekt einbezogenen Abschlüssen, durch den vorherigen APr. häufig ein zusätzlicher Comfort Letter ausgereicht[176].

123 Im **Auftragsschreiben** sind u.a. folgende Sachverhalte zur regeln[177]:

- Verantwortlichkeiten,
- Zugang zu den benötigten Informationen (insb. Zeitpläne und Prospektentwürfe),
- Entbindung von der Verschwiegenheit,
- durchzuführende Untersuchungshandlungen,
- Haftung und Geltung der berufsüblichen AAB,
- Abgabe einer VollstE,
- Gerichtsstand und anzuwendendes Recht sowie
- anzuwendender Standard für die Ausreichung des Comfort Letter.

124 Die **Auftragsvereinbarung** wird mit dem Emittenten abgeschlossen. Da der Comfort Letter auch an die Emissionsbanken ausgereicht wird, sind diese regelmäßig in den Schutzbereich des Vertrags mit dem Emittenten einbezogen[178].

## 6.3 Formale Ausgestaltung

125 Der Comfort Letter ist i.d.R. an den Emittenten und die Emissionsbanken zu **adressieren**[179]. In einer Betreffzeile ist die jeweilige Kapitalmarkttransaktion kurz zu beschreiben. Die Datierung erfolgt auf den Tag der Ausreichung[180].

126 Im **einleitenden Abschnitt** sind die im Prospekt aufgenommenen geprüften Abschlüsse sowie die sonstigen geprüften Finanzinformationen (z.B. Pro-Forma-Finanzinformationen) einschl. deren Bestandteile aufzuführen[181]. Es ist ferner anzugeben, nach welchen Vorschriften diese aufgestellt wurden und nach welchen Standards die Prüfung erfolgte. Dies betrifft auch prüferisch durchgesehene Abschlüsse, soweit eine Bescheinigung erteilt wurde. Die Aufzählung ist rein informativer Natur und impliziert keine weiteren Untersuchungshandlungen.

127 Im **Hauptteil** des Comfort Letter ist die berufliche Unabhängigkeit des WP zu bestätigen. Zudem ist hinsichtlich der im Einleitungsteil genannten Finanzinformationen das Datum des BestV sowie ggf. der Bescheinigung zu nennen[182]. Anschließend erfolgen die Darstellung der durchgeführten Untersuchungshandlungen und deren Ergebnisse.

128 Im **Schlussabschnitt** ist klarzustellen, dass die für Zwecke des Comfort Letter durchgeführten Untersuchungshandlungen keine Abschlussprüfung darstellen und dass mit dem Comfort Letter kein Prüfungsurteil bezüglich einzelner Finanzinformationen abgegeben wird[183]. Ferner ist der Verwendungszweck des Comfort Letter abzugrenzen. Überdies sind die berufsständische Grundlage der Erstellung (*IDW PS 910*), das anwendbare Recht sowie der Gerichtsstand anzugeben[184]. Bei der Ausreichung mehrerer Comfort Letter ist i.R. einer einzelnen Kapitalmarkttransaktion (z.B. zusätzliche Aus-

176 Vgl. *IDW PS 910*, Tz. 116 f.
177 Vgl. *IDW PS 910*, Tz. 11.
178 Vgl. *IDW PS 910*, Tz. 13.
179 Vgl. *IDW PS 910*, Tz. 2, 12 und 22.
180 Vgl. *IDW PS 910*, Tz. 23.
181 Vgl. *IDW PS 910*, Tz. 26.
182 Vgl. *IDW PS 910*, Tz. 28 ff.
183 Vgl. *IDW PS 910*, Tz. 105.
184 Vgl. *IDW PS 910*, Tz. 106 f. und 111 f.

reichung eines Comfort Letter nach dem Standard des AICPA für eine US-Privatplatzierung[185]) der jeweilige räumliche Anwendungsbereich zu definieren[186].

## 6.4 Untersuchungshandlungen

### 6.4.1 Überblick

**Potentielle Untersuchungshandlungen** für Zwecke des Comfort Letter sind bspw.: 129

- Untersuchungshandlungen zur Feststellung von für den BestV relevanten Ereignissen sowie das Lesen von Anhängen der in den Prospekt aufgenommenen Abschlüsse auf Fehlerkorrekturen,
- prüferische Durchsicht eines in den Prospekt aufgenommenen (Konzern-)ZwA,
- kritisches Lesen der Sitzungsprotokolle der Gesellschaftsorgane,
- kritisches Lesen von Monatsberichten für den Zeitraum nach dem Bilanzstichtag des aktuellsten in den Prospekt aufgenommenen Abschlusses,
- Befragung von verantwortlichen Mitarbeitern des Emittenten zur Veränderung ausgewählter Abschlussposten zum sog. Cut-off Date,
- formeller Zahlenabgleich von Finanzinformationen im Prospekt mit den Abschlüssen und der Buchhaltung des Emittenten (sog. Circle-up).

Die Untersuchungshandlungen für den Comfort Letter, bezogen auf die jeweiligen Finanzinformationen, lassen sich wie folgt veranschaulichen[187]: 130

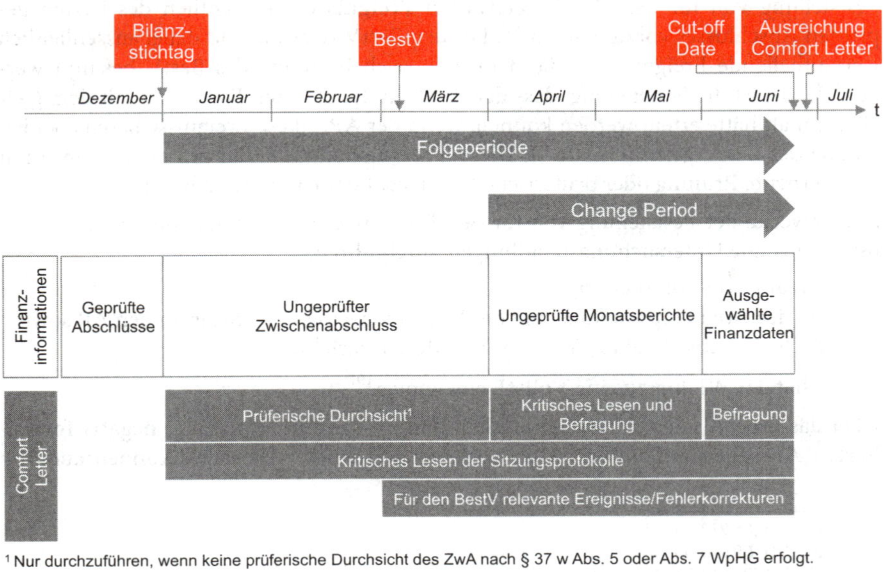


Abb. 2: Untersuchungshandlungen für den Comfort Letter

185 Vgl. *IDW PS 910*, Tz. 136 ff.
186 Vgl. *IDW PS 910*, Tz. 3.
187 Vgl. *Castellon/von Diessl*, PLC 2013, S. 31 (39).

Die einzelnen Untersuchungshandlungen sind kein notwendiger Bestandteil eines jeden Comfort Letter. Vielmehr werden sie durch die verfügbaren Finanzinformationen des Emittenten und die Anforderungen der Emissionsbanken determiniert.

**131** *IDW PS 910* unterscheidet hinsichtlich der Zeiträume, für die einzelne Untersuchungshandlungen durchgeführt werden, zwischen der Folgeperiode und der Change Period. Beide Zeiträume enden jeweils am Cut-off Date. Das **Cut-off Date** liegt jeweils ein bis drei Arbeitstage vor Ausreichung des Comfort Letter und bezeichnet den Tag, an dem die Untersuchungshandlungen für Zwecke des Comfort Letter abgeschlossen sind[188].

**132** Die **Folgeperiode** ist der Zeitraum zwischen dem Stichtag des letzten geprüften Abschlusses und dem Cut-off Date[189]. Demgegenüber umfasst die **Change Period** den Zeitraum zwischen dem letzten geprüften oder prüferisch durchgesehenen Abschluss und dem Cut-off Date[190]. Sie entspricht der Folgeperiode, wenn nach dem letzten geprüften Abschluss keine prüferische Durchsicht eines ZwA stattfindet.

**133** Die Darstellung der Ergebnisse der Untersuchungshandlungen erfolgt durch Feststellungen zum Sachverhalt (***factual findings***) oder als negativ formulierte Aussage (***negative assurance***)[191].

## 6.4.2 Untersuchungshandlungen bezüglich geprüfter Abschlüsse

**134** Der WP kann für Zwecke des Comfort Letter beauftragt werden, zwischen dem Datum des BestV und dem Cut-off Date des Comfort Letter, Untersuchungshandlungen zur Feststellung von für den **BestV relevanten Ereignissen** hinsichtlich des letzten geprüften Abschlusses vorzunehmen[192]. Für den BestV relevant sind dabei ausschließlich wertaufhellende Ereignisse[193], die dem APr. nach Erteilung des BestV bekannt werden[194]. Ziel ist die Feststellung, dass der BestV in der gleichen Form und mit dem gleichen Inhalt hätte erteilt werden können, wenn der APr. diese Ereignisse bereits bei Erteilung des BestV gekannt hätte[195]. Diese Untersuchungshandlungen beinhalten somit keine erneute Prüfung oder prüferische Durchsicht des jeweiligen Abschlusses.

**135** Zum Zwecke der Feststellung von für den BestV relevanten Ereignissen wird der WP bspw. folgende Untersuchungshandlungen durchführen:

- Befragung von Mitarbeitern,
- Lesen der Gremienprotokolle und der Vorstandsberichterstattung an den AR sowie
- kritische Durchsicht aktueller ZwA und Monatsberichte[196].

Ferner hat der WP hierzu eine **VollstE** einzuholen[197].

**136** Über das Ergebnis der Untersuchungshandlungen kann in Form einer **negativ formulierten Aussage** im Comfort Letter berichtet werden[198]. Alternativ können auch im

188 Vgl. *IDW PS 910*, Tz. 24.
189 Vgl. *IDW PS 910*, Tz. 56.
190 Vgl. *IDW PS 910*, Tz. 72.
191 Vgl. *IDW PS 910*, Tz. 60.
192 Vgl. *IDW PS 910*, Tz. 40 ff.
193 Vgl. *IDW PS 203 n.F.*, Tz. 9.
194 Vgl. *IDW PS 910*, Tz. 43.
195 Vgl. *IDW PS 910*, Tz. 40.
196 Vgl. *IDW PS 910*, Tz. 45 f.
197 Vgl. *IDW PS 910*, Tz. 49 sowie Anh. 5.5.
198 Vgl. *IDW PS 910*, Tz. 51.

Einzelnen festgelegte Untersuchungshandlungen hinsichtlich der für den BestV relevanten Ereignisse vereinbart werden[199]. Falls solche Ereignisse festgestellt werden, sind diese im Comfort Letter wiederzugeben[200].

Ferner kann der WP beauftragt werden, die Anhänge der im Prospekt wiedergegeben Abschlüsse daraufhin durchzusehen, ob **Fehlerkorrekturen in lfd. Rechnung** vorgenommen wurden[201]. Sollten solche Fehlerkorrekturen vorliegen, sind die im jeweiligen Anhang gemachten Erläuterungen im Comfort Letter wiederzugeben. 137

## 6.4.3 Untersuchungshandlungen für die Folgeperiode

### 6.4.3.1 Protokolle und ungeprüfte ZwA

Für die Folgeperiode sind für Zwecke des Comfort Letter die **Protokolle der Sitzungen** der Gesellschaftsorgane des Emittenten, einschl. deren Ausschüsse, kritisch zu lesen. Auch kann das Lesen der Gremienprotokolle für einzelne TU beauftragt werden. Sofern Sitzungen stattgefunden haben, für die keine Protokolle oder nur Entwürfe vorliegen, ist darauf im Comfort Letter hinzuweisen. 138

Je nach Transaktionszeitpunkt wird zusätzlich zu den geprüften Abschlüssen ein **aktueller (Konzern-)ZwA** für die Folgeperiode in den Prospekt aufgenommen. Dieser ist für Zwecke des Comfort Letter üblicherweise prüferisch durchzusehen[202]. Die prüferische Durchsicht erfolgt nach den Grundsätzen des *IDW PS 900* oder nach einem gleichwertigen Standard. Sie ist so zu planen und durchzuführen, dass der WP mit einer gewissen Sicherheit (negative assurance) ausschließen kann, dass der ZwA „in wesentlichen Belangen nicht in Übereinstimmung mit den zugrunde liegenden Rechnungslegungsgrundsätzen aufgestellt worden ist“[203]. 139

Stimmt der ZwA in abgrenzbaren Teilen nicht mit den angewandten Rechnungslegungsgrundsätzen überein, ist dies im Comfort Letter darzustellen und die Auswirkungen sind, soweit möglich, zu quantifizieren. Sofern eine **Einschränkung** aufgrund der Wesentlichkeit der Fehler nicht ausreicht, ist darauf hinzuweisen, dass der ZwA nicht den zugrunde liegenden Rechnungslegungsgrundsätzen entspricht[204]. 140

Über das Ergebnis der prüferischen Durchsicht des ZwA wird nur im Comfort Letter berichtet, soweit keine **eigenständige Bescheinigung** erteilt wurde, wie dies bspw. bei einer prüferischen Durchsicht nach § 37w Abs. 5 und 7 WpHG (demnächst: § 115 Abs. 5 und 7 WpHG-E) erforderlich ist[205]. Auch erfolgt kein Hinweis auf die prüferische Durchsicht des ZwA im Prospekt. 141

### 6.4.3.2 Untersuchungshandlungen für die Change Period

Die Untersuchungshandlungen für die Change Period beziehen sich auf die Monatsberichterstattung sowie auf ausgewählte Postenveränderungen zum Cut-off Date. 142

---

199 Vgl. *IDW PS 910*, Tz. 55.
200 Vgl. *IDW PS 910*, Tz. 53.
201 Vgl. *IDW PS 910*, Tz. 34 ff.
202 Vgl. *IDW PS 910*, Tz. 64.
203 Vgl. *IDW PS 910*, Tz. 66.
204 Vgl. *IDW PS 910*, Tz. 70.
205 Vgl. *IDW PS 910*, Tz. 67.

143 Die Qualität der Aussagen hinsichtlich der Untersuchungshandlungen wird wesentlich durch die sog. **135-Tage-Regel** bestimmt. Nach dieser Regel dürfen negativ formulierte Aussagen im Comfort Letter nur abgegeben werden, wenn die Change Period nicht länger als 134 Tage ist. Die Berechnung erfolgt dabei kaufmännisch mit 30 Tagen pro Monat. Nach Ablauf des 134. Tages kann der WP keine negativ formulierten Aussagen bzgl. der Veränderung bestimmter Finanzdaten mehr abgeben. Es sind dann nur noch Feststellungen zum Sachverhalt möglich[206].

144 Wenn zwischen dem Bilanzstichtag des letzten geprüften oder prüferisch durchgesehenen Abschlusses und dem Cut-off Date ein oder mehrere Monate liegen, wird der WP üblicherweise beauftragt, für Zwecke des Comfort Letter die **Monatsberichte** des Emittenten kritisch zu lesen[207]. Voraussetzung ist, dass solche Berichte erstellt werden (können). Zudem hat der WP die zuständigen Mitarbeiter des Emittenten zu befragen, inwieweit diese Berichte nach denselben Rechnungslegungsgrundsätzen wie der letzte geprüfte Abschluss aufgestellt wurden. Die Monatsberichte werden nicht in den Prospekt aufgenommen und bestehen häufig, je nach Ausgestaltung des Rechnungswesens, aus einer (Konzern-)Bilanz zum Monatsultimo und einer (Konzern-)GuV für die Monate nach dem Stichtag des letzten (Konzern-)Abschlusses mit Vergleichszahlen für die entsprechende VJ-Periode.

145 Auf Grundlage der Monatsberichte sind ausgewählte **Veränderungen von Abschlussposten** zu untersuchen. *IDW PS 910* gibt beispielhaft eine Liste von zu untersuchenden Posten vor[208]. Welche Postenveränderungen der WP untersucht, ist regelmäßig abhängig von den Anforderungen der Emissionsbanken und der Ausgestaltung des Rechnungswesens des Emittenten.

146 Die letzte Untersuchungshandlung vor Ausreichung des Comfort Letter ist i.d.R. die Befragung von verantwortlichen Mitarbeitern zu **Veränderungen ausgewählter Posten** der Bilanz sowie ggf. der GuV **zum Cut-off Date**, d.h. ein bis drei Arbeitstage vor der Ausreichung des Comfort Letter[209]. Die Veränderungen beziehen sich, wie bei der Monatsberichterstattung, hinsichtlich der Bilanzposten auf den letzten geprüften oder prüferisch durchgesehenen Abschluss und hinsichtlich der GuV i.d.R. auf den jeweiligen VJ-Zeitraum[210]. Dabei sind die zum Cut-off Date ermittelbaren Abschlussposten, über die eine Befragung erfolgen kann, häufig begrenzt, da dieser Tag häufig nicht auf das Monatsende fällt bzw. keine Abschlüsse oder Monatsberichte vorliegen.

### 6.4.4 Formeller Zahlenabgleich

147 Ein essentieller Bestandteil des Comfort Letter ist das sog. **Circle-up**, d.h. der Abgleich der im Prospekt wiedergegebenen Finanzinformationen mit den Abschlüssen und der Finanzbuchhaltung des Emittenten. Der Zahlenabgleich ist rein formeller Natur[211]. Eine inhaltliche Untersuchung der Informationsquelle ist nicht erforderlich[212]. Ferner be-

206 Vgl. *IDW PS 910*, Tz. 73 f.
207 Vgl. *IDW PS 910*, Tz. 75.
208 Vgl. *IDW PS 910*, Tz. 78.
209 Vgl. *IDW PS 910*, Tz. 80 ff.
210 Vgl. *IDW PS 910*, Tz. 82.
211 Vgl. *IDW PS 910*, Tz. 98.
212 Vgl. *IDW PS 910*, Tz. 98.

zieht sich der Zahlenabgleich nur auf Daten, die aus der Buchhaltung (einschl. der Abschlüsse) stammen und dem **rechnungslegungsbezogenen IKS** unterliegen[213].

Für Zwecke des Circle-up werden im Comfort Letter mit Buchstaben versehene Untersuchungshandlungen definiert, wie bspw. Abgleich der im Prospekt enthaltenen Finanzinformationen mit den geprüften Abschlüssen. Die im Prospekt enthaltenen Finanzinformationen werden dann als Ergebnis des Abgleichs mit den jeweils vereinbarten Buchstaben gekennzeichnet. 148

## 6.5 Platzierungen in den USA

Eine Platzierung von Wertpapieren am US-Kapitalmarkt setzt grds. eine Registrierung bei der US-Börsenaufsichtsbehörde SEC voraus. Eine wichtige Ausnahme von der Registrierungspflicht sind **Privatplatzierungen** an institutionelle US-Investoren, wie bspw. nach der Rule 144A des US Securities Act[214]. In Europa nutzen Emittenten diese Privatplatzierungen bspw. als ergänzende Angebotsbestandteile bei großvolumigen Börsengängen und Kapitalerhöhungen sowie bei der Emission von Hochzinsanleihen (*High Yield Bonds*). 149

Für den US-Bestandteil von Kapitalmarkttransaktionen ist entweder ein Comfort Letter nach dem Standard des AICPA (kodifiziert in AU-C Section 920)[215] oder nach dem Standard AS 6101 des PCAOB[216] auszureichen[217]. Meist werden die Comfort Letter nach beiden Standards, wie der einheitliche Vorgängerstandard, als **„SAS 72 Letter"** bezeichnet. Der anzuwendende Comfort Letter-Standard hängt ab von der Art der Kapitalmarkttransaktion und ob eine SEC-Registrierung des Emittenten vorliegt: 150

| | Comfort Letter nach PCAOB AS 6101 | Comfort Letter nach AICPA AU-C Section 920 |
|---|---|---|
| SEC-registrierungspflichtige Kapitalmarkttransaktion | X | |
| US-Privatplatzierung eines SEC-registrierten Emittenten | X | |
| US-Privatplatzierung eines nicht SEC-registrierten Emittenten | | X |

Tabelle 4: Anwendbare Comfort-Letter-Standards

Soweit die Transaktion nur teilweise aus einer Platzierung in den USA besteht, werden regelmäßig zwei Comfort Letter ausgereicht, bspw. ein Comfort Letter nach AU-C Section 920 für eine US-Privatplatzierung sowie ein Comfort Letter nach *IDW PS 910* für das Angebot außerhalb der USA. 151

Beide US-Comfort-Letter-Standards sind nahezu identisch. Zudem besteht eine große Übereinstimmung mit einem Comfort Letter nach *IDW PS 910*, da bei der Entwicklung des *IDW PS 910* der damals gültige US-Comfort-Letter-Standard als Basis genutzt 152

213 Vgl. *IDW PS 910*, Tz. 99.
214 Vgl. hierzu *Strauch*, in: Marsch-Barner/Schäfer, Handbuch Börsennotierte AG³, § 11 Rz. 99 ff.
215 AICPA, AU-C Section 920 „Letters for Underwriters and Certain Other Requesting Parties" www.aicpa.org (zit. 30.09.2016); im Folgenden abgekürzt mit AU-C Section 920.
216 PCAOB, AS 6101 „Letters for Underwriters and Certain Other Requesting Parties" http://pcaobus.org (zit. 30.09.2016); im Folgenden abgekürzt mit PCAOB AS 6101.
217 Vgl. überblicksartig zu SAS 72 *Castellon/von Diessl*, PLC 2013, S. 31 (31).

wurde[218]. Gleichwohl bestehen zwischen den US-Comfort-Letter-Standards und dem *IDW PS 910* u.a. folgende **Unterschiede**[219]:

- Die den Comfort Letter nachfragenden Parteien müssen dem WP, sofern sie keine Underwriter bei einer SEC-registrierungspflichtigen Kapitalmarkttransaktion sind, ihre Due Diligence Pflicht bestätigen[220].
- Testatsdaten der in den Prospekt einbezogenen Abschlüsse werden in den US-Comfort Lettern nicht angegeben.
- US-Comfort Letter sehen im Gegensatz zu *IDW PS 910* keine Untersuchungshandlungen bzgl. bereits geprüfter Abschlüsse und somit insb. hinsichtlich von für BestV relevanten Ereignissen vor.
- Nur nach *IDW PS 910* sind die in den Prospekt einbezogenen Abschlüsse mit den geprüften Abschlüssen i.R.d. Circle-up abzugleichen. Bei US-Comfort Lettern beschränkt sich der Zahlenabgleich auf die im übrigen Prospekt enthaltenen Finanzkennzahlen. Ferner betont *IDW PS 910* die formelle Natur des Zahlenabgleichs und verneint explizit die inhaltliche Untersuchung der Informationsquelle[221]. Dies ist bei den US-Comfort-Letter-Standards nicht der Fall[222].
- Die Berechnung der 135-Tage-Regel erfolgt nach den US-Standards tagesgenau; eine kaufmännische Vereinfachungsregel wie nach *IDW PS 910* kommt nicht zur Anwendung.
- Der anwendbare Gerichtsstand und das anzuwendende Recht werden in den US-Comfort Lettern nicht angegeben.

218 Vgl. *Kunold*, NZG 2003, S. 320 (321).
219 Vgl. zu den Unterschieden zwischen *IDW PS 910* und AU-C Section 920 ausführlich *Döpfner*, WPg 2016, S. 884 (886 ff.).
220 Vgl. AU-C Section 920.10; PCAOB AS 6101.03.
221 Vgl. *IDW PS 910*, Tz. 98.
222 Vgl. AU-C Section 920.65 ff.; PCAOB AS 6101.54 ff. (in beiden Standards wird hinsichtlich des Zahlenabgleichs von „comments" gesprochen).

# Kapitel V

# Aufträge im Zusammenhang mit Prospektinformationen bei Verkaufsprospekten

Verfasser:
WP StB Dipl.-Kfm. Roger Hönig, Boltenhagen

Inhalt Tz.



## 1. Einleitung

1 Unter „**Verkaufsprospekt**“ wird im Folgenden die im Wertpapierprospektgesetz (WpPG), dem Vermögensanlagengesetz (VermAnlG) sowie dem Kapitalanlagegesetzbuch (KAGB) verwendete Bezeichnung verstanden. Deren Definitionen weichen voneinander ab und unterscheiden sich teilweise in der inhaltlichen Zielsetzung, den geforderten Einzelaussagen sowie den anzulegenden Interpretationsmaßstäben. Darüber hinaus bleibt der jeweilige Empfängerkreis der Verkaufsprospekte unbestimmt, da sich die Angebote regelmäßig an die Öffentlichkeit („Publikum“) richten.

2 Vor dem Hintergrund der seit der Finanzkrise (Subprime-Krise) 2007/08 zum Teil enttäuschenden wirtschaftlichen Entwicklungen von öffentlich angebotenen Vermögens- oder Kapitalanlagen wurde die **Rechtslage** durch Einführung des VermAnlG (2011) und des KAGB (2013) deutlich **verschärft**; gleichzeitig nehmen Schadensersatzklagen gegen Emittenten zu. Durch das Spannungsfeld zwischen einem unscharfen Mindest-(Soll-)Inhalt des Verkaufsprospekts und einem lediglich im Wege der Verallgemeinerung

konkretisierbaren Risiko- und Informationshintergrund der Adressaten können Informationslücken für die Adressaten der Verkaufsprospekte entstehen, die zu Haftungsrisiken für die am Vertrieb der Vermögens- oder Kapitalanlage Beteiligten führen. Insofern besteht regelmäßig das Bedürfnis der Prospektverantwortlichen (Emittent oder Kapitalverwaltungsgesellschaft/KVG) eine externe Begutachtung von Verkaufsprospekten zu beauftragen.

Mit dem Vertrieb von Vermögensanlagen sind bspw. gesetzliche Sorgfalts- und Informationspflichten der Prospektverantwortlichen verbunden, die häufig eine externe Begutachtung des Verkaufsprospekts bedingen, um den Nachweis zu vereinfachen, dass diese Pflichten erfüllt werden. Darüber hinaus kann die Vorlage eines **Prospektgutachtens** ein von Versicherungsgesellschaften geforderter Nachweis der verpflichtenden Sorgfaltsprüfung der Prospektverantwortlichen sein, die teilweise Voraussetzung für die Gewährung eines Versicherungsschutzes für Vermögensschäden ist. Letztlich wird das Vorliegen von Prospektgutachten teilweise als Qualitätssicherungsmerkmal gewertet und ggf. werblich genutzt. Darüber hinaus werden in der Praxis weitere Gesichtspunkte genannt, die eine Nachfrage zur Begutachtung von Verkaufsprospekten nach KAGB, VermAnlG oder von nicht regulierten Angeboten induzieren. 3

Zunächst werden die wesentlichen gesetzlichen Inhalte eines Verkaufsprospekts dargestellt. Diese bilden den **Beurteilungsmaßstab (Soll-Inhalt)** für eine Prospektbegutachtung durch WP (Tz. 7 ff.). 4

Anschließend werden die wesentlichen Überlegungen zur Auftragsannahme aufgezeigt (Tz. 17 ff.).

Die erforderlichen gutachterlichen Tätigkeiten (Auftragsdurchführung) werden in Tz. 29 ff. erläutert. Dieser ist nach den unterschiedlichen gesetzlich und faktisch geforderten Inhalten eines Verkaufsprospekts untergliedert.

Die Berufsgrundsätze zur Begutachtung der i.R.d. KAGB regulierten geschlossenen **Alternativen Investmentfonds (AIF)** werden in *IDW S 4*[1] beschrieben (Tz. 29 ff.). Darüber hinaus sind nicht bzw. nur teilweise regulierte Vermögensanlagen zum öffentlichen Vertrieb zugelassen. In der Praxis handelt es sich im Wesentlichen um **Vermögensanlagen nach dem VermAnlG** i.d.F. des Kleinanlegerschutzgesetzes, bspw. Genussrechte, (typische) stille Beteiligungen, partiarische Darlehen und Nachrangdarlehen oder sonstige Anlagen, die einen Anspruch auf Verzinsung und Rückzahlung gewähren oder im Austausch für die zeitweise Überlassung von Geld einen vermögenswerten, auf Barausgleich gerichteten Anspruch gewähren (z.B. Direktbeteiligungen, bspw. in Container oder Edelmetalle etc., Finanzierungen für operativ tätige Gesellschaften). Die mit der Begutachtung derartiger Vermögensanlagen zu beachtenden Besonderheiten werden in Tz. 51 ff. dargestellt. 5

Demgegenüber wird in der Praxis i.R. von Kapitalmarkttransaktionen nicht auf Prospektgutachten zurückgegriffen. Die für einen **Börsenzulassungsprospekt** geforderten Angaben (z.B. Jahresabschluss- bzw. weitere Finanzangaben) werden jedoch regelmäßig i.R. von sog. Comfort Lettern auf Vollständigkeit und Richtigkeit geprüft (Tz. 86)[2].

1 *IDW Standard: Grundsätze ordnungsmäßiger Begutachtung der gesetzlichen Verkaufsunterlagen von Alternativen Investmentfonds (IDW S 4)* (Stand: 24.05.2016); im Folgenden: *IDW S 4 (2016)*.

2 Vgl. *IDW Prüfungsstandard: Grundsätze für die Erteilung eines Comfort Letters (IDW PS 910)*.

6 Vor dem Hintergrund, dass eine Prospektbegutachtung durch WP nicht gesetzlich vorgesehen ist sowie Auftrag bzw. Auftragsumfang einer gutachterlichen Tätigkeit i.Z.m. Verkaufsprospekten im Grundsatz frei verhandelt werden können, ist eine sorgfältige **Auftrags- und Haftungsvereinbarung** mit dem Mandanten von besonderer Bedeutung, um die mit dem Auftragsverhältnis verbundenen Risiken für den Gutachter kalkulierbar zu machen (Tz. 87 f.).

## 2. Gegenstand und Maßstab der Beurteilung

7 Aufträge im Zusammenhang mit **Prospektinformationen bei Verkaufsprospekten** können grundsätzlich Informationen betreffen, die enthalten sind in

- Prospekten, die beim öffentlichen Angebot von Wertpapieren oder bei der Zulassung von Wertpapieren zum Handel an einem regulierten Markt zu veröffentlichen sind (Wertpapierprospekt)[3] oder
- Prospekten für Kapitalanlagen nach dem KAGB,
- Prospekten für Vermögensanlagen nach dem VermAnlG[4] oder
- Verkaufsunterlagen für nicht gesetzlich regulierte Vermögensanlagen.

8 Nach § 165 Abs. 1 KAGB muss der Verkaufsprospekt „… mit einem Datum versehen sein und die Angaben enthalten, die erforderlich sind, damit sich die Anleger über die Ihnen angebotene Anlage und insb. über die damit verbundenen Risiken ein begründetes Urteil bilden können“. Der Verkaufsprospekt und die wesentlichen Anlegerinformationen müssen zudem **redlich**[5]**, eindeutig und nicht irreführend** sowie hinsichtlich der Darstellung des Risikoprofils leicht verständlich sein. Die Angaben müssen eine Urteilsbildung, d.h. eine Wertung seitens der Anleger zulassen; Verkaufsprospekte dienen insoweit der Information der an der Anlage interessierten Öffentlichkeit. Vor diesem Hintergrund sind in der Prospektdarstellung eine typisierte Risikoeinstellung sowie ein typisiertes Wirtschaftsverständnis geboten. Die durch die Typisierung entstehende Vereinfachung (Eindimensionalität) der in Verkaufsprospekten enthaltenen Informationen birgt insofern erhebliche Risiken hinsichtlich der konkreten Urteilsbildung über die Kapitalanlage und deren Risiken.

9 Gleichzeitig sollen nach § 166 KAGB „wesentliche Anlegerinformationen … den Anleger in die Lage versetzen, Art und Risiken des angebotenen Anlageproduktes zu verstehen und auf dieser Grundlage eine fundierte Anlageentscheidung zu treffen“. Die gesetzliche Anforderung einer Entscheidungsfindung setzt insoweit eine **wertende Urteilsbildung** voraus. Nach §§ 266, 162 KAGB sind die Anlagebedingungen mit weiteren Einzelangaben von der BaFin zu genehmigen. Für die Anlagebedingungen ist kein konkreter Beurteilungsmaßstab im KAGB definiert. Sämtliche gesetzlichen Verkaufsunter-

---

3 Im Folgenden wird auf die allgemeinen Prospektbestandteile in Wertpapierprospekten nicht weiter eingegangen, da die Arbeiten im Zusammenhang mit Comfort Lettern sich im Regelfall auf eng umrissene Sachverhalte beschränken, die individuell vereinbart werden (vgl. ausführlich zu Wertpapierprospekten Kap. U).

4 D.h. das öffentliche Angebot von nicht verbrieften Anteilen, die eine Beteiligung am Ergebnis eines Unternehmens gewähren oder von Anteilen an einem Treuhandvermögen.

5 Eine Information ist als redlich anzusehen, wenn sie objektiv zutreffend ist oder wenn sie vom Wertpapierdienstleistungsunternehmen mit der Sorgfalt eines ordentlichen Kaufmanns ermittelt und an den Kunden weitergegeben wurde; vgl. *Rothenhöfer* in: Schwark/Zimmer, Kapitalmarktrechts-Kommentar[4], WpHG § 31, Rn. 98-102.

lagen werden nach § 316 Abs. 2 KAGB erst nach einer Vollständigkeitsprüfung durch die Bundesanstalt für Finanzmarktaufsicht/BaFin genehmigt.

Nach § 7 Abs. 1 VermAnlG muss der Verkaufsprospekt „... alle tatsächlichen und rechtlichen Angaben enthalten, die notwendig sind, um dem Publikum eine zutreffende Beurteilung des Emittenten der Vermögensanlagen und der Vermögensanlagen selbst einschließlich der Anlegergruppe, auf die die Vermögensanlage abzielt, zu ermöglichen." Für Verkaufsprospekte nach dem VermAnlG wird in § 2 Vermögensanlagen-Verkaufsprospekt-verordnung (VermVerkProspV) definiert, dass der Prospekt richtig und vollständig sein muss und in einer Form abzufassen ist, die das Verständnis und seine Auswertung erleichtert; Prognosen sind als solche zu kennzeichnen. Verschiedene Angaben sind an hervorgehobener Stelle zu machen. Die **BaFin prüft** nach § 8 Abs. 1 VermAnlG den Prospekt auf Vollständigkeit, Kohärenz[6] und Verständlichkeit des Inhaltes. Eine von der BaFin durchgeführte Prüfung nach dem VermAnlG geht damit über die im KAGB definierte Prüfung der gesetzlichen Verkaufsunterlagen durch die BaFin hinaus. Auch hier soll grundsätzlich eine zutreffende Beurteilung, d.h. eine wertende Entscheidung, ermöglicht werden. 10

Darüber hinaus ist durch den Emittenten ein **Vermögensanlagen-Informationsblatt (VIB)** zu erstellen, welches nach § 13 Abs. 2 VermAnlG auf maximal drei DIN-A4-Seiten „...insbesondere die wesentlichen Informationen über die Vermögensanlagen in übersichtlicher und leicht verständlicher Weise so enthalten muss, dass die Art der Vermögensanlage, die Anlagestrategie, Anlagepolitik und Anlageobjekte, die Anlegergruppe, auf die die Vermögensanlage abzielt, den auf der Grundlage des letzten Jahresabschlusses berechneten Verschuldungsgrad des Emittenten, die Laufzeit und die Kündigungsfrist der Vermögensanlage, die mit der Vermögensanlage verbundenen Risiken, die Aussichten für die Kapitalrückzahlung und Erträge unter verschiedenen Marktbedingungen und die mit der Vermögensanlage verbundenen Kosten und Provisionen" vom Anleger eingeschätzt und mit den Merkmalen anderer Finanzinstrumente verglichen werden kann. Das VIB muss übersichtlich und in leicht verständlicher Weise gehalten sein sowie kurz und in allgemein verständlicher Sprache abgefasst werden. Darüber hinaus muss es redlich, eindeutig und nicht irreführend sein. Das VIB wird von der BaFin nicht geprüft und eine Vollständigkeit nicht explizit gefordert, lässt sich jedoch für wesentliche Sachverhalte unter die gesetzlichen Anforderungen „redlich" und „nicht irreführend" subsummieren. 11

Für derartige Verkaufsprospekte und Prospektinformationsblätter bestehen weitere **gesetzliche Regelungen**, die zum Teil detaillierte und umfangreiche Mindestinhalte vorschreiben. 12

Darüber hinaus werden Vermögensanlagen teilweise auf Basis von Verkaufsprospekten angeboten, die **keiner gesetzlicher Regelung unterliegen**, soweit sie bspw. den Begriff des Wertpapiers, der Kapital- oder Vermögensanlage nicht erfüllen (z.B. Private Placements). Der Gegenstand der Beurteilung ist in diesen Fällen nicht allgemeingültig definiert. 13

6 Die Kohärenz gibt an, in welcher Weise ein Text in Rede bzw. Schrift inhaltlich, auf logischer bzw. thematischer und nicht nur auf sprachlich-syntaktischer Ebene zusammenhängt oder als zusammenhängend betrachtet wird.

**14** Bei einer Prospektbegutachtung handelt es sich regelmäßig um einen Soll-Ist-Vergleich. Der zwischen WP und Mandant grundsätzlich individuell zu vereinbarende Beurteilungsmaßstab der Begutachtung kann Kriterien enthalten, ob der vorgelegte Verkaufsprospekt den gesetzlichen Normen entspricht, d.h. vollständig (entsprechend der jeweiligen Norm), richtig (entsprechend den vorgelegten Referenzunterlagen) und klar sowie redlich ist (entsprechend des Bildes eines typisierten Anlegers „angemessen und verständlich"). Darüber hinaus sind z.B. Plausibilitätsuntersuchungen oder individuell vereinbarte Prüfungshandlungen denkbar. Bei fehlender gesetzlicher Normierung eines konkreten **Mindestprospektinhaltes** kann ein Soll-Ist-Vergleich hinsichtlich der Vollständigkeit daher nur durchgeführt werden, wenn ein Soll-Inhalt zwischen WP und Mandant ausdrücklich definiert wird, der den angenommenen Maßstab des Prospektinhaltes vor dem Hintergrund der intendierten Prospektverwendung abbildet. Dabei können die in *IDW S 4 (2016)* bzw. *IDW ES 4 n.F. (2013)*[7] enthaltenen Anlagen ggf. dazu dienen, die in den gesetzlichen Normen enthaltenen, oben beschriebenen Zwecksetzungen auszulegen.

**15** Verkaufsprospekte dienen der Information der an einer Anlage interessierten Öffentlichkeit („Publikum"). Diese stellt insofern den Adressatenkreis dar, sodass nur eine typisierte Risikoeinstellung und ein typisiertes Wirtschaftsverständnis angenommen werden können. Gleichwohl formuliert der Gesetzgeber für die Prospekterstellung unterschiedliche **Beurteilungsmaßstäbe**.

> **Praxistipp 1:**
>
> Nach Auskunft der BaFin werden Verkaufsprospekte von Vermögensanlagen intensiver geprüft als gesetzliche Verkaufsunterlagen von Investmentvermögen.

**16** Eine Prospektbegutachtung durch WP wird nicht gesetzlich gefordert. Insofern können die Auftragsdetails, bspw. zu welchem Zweck, an welchen Adressatenkreis und mit welchem Maßstab eine Prospektbegutachtung durchzuführen ist, grundsätzlich mit dem Auftraggeber **individuell verhandelt** werden. Ein Nachweis der Erfüllung der gesetzlichen (Mindest-)Anforderungen dient dem Prospektverantwortlichen dazu, die mit der Prospekterstellung verbundenen Haftungsrisiken zu vermeiden. Da die Risikoreduzierung sehr häufig einen wesentlichen Grund für die Beauftragung eines WP als Prospektgutachter darstellt, ist der gesetzliche Beurteilungsmaßstab für die Prospekterstellung regelmäßig derjenige, der vertraglich auch einer Prospektbegutachtung zugrunde gelegt wird. Für nicht gesetzlich geregelte Angebote wird in der Praxis häufig von einer analogen Anwendung auszugehen sein.

## 3. Auftragsannahme

### 3.1 Berufsrechtliche Grundsätze

**17** Bei der Auftragsannahme für eine Prospektbegutachtung sind die allgemeinen berufsständischen Grundsätze der Unabhängigkeit, Gewissenhaftigkeit, Verschwiegenheit und

7 *Entwurf eines IDW Standards: Grundsätze ordnungsmäßiger Begutachtung von Verkaufsprospekten über öffentlich angebotene Kapitalanlagen (offene und geschlossene Investmentvermögen) (IDW ES 4 n.F.)* (Stand: 06.12.2013), im Folgenden: *IDW ES 4 n.F. (2013)*.

Eigenverantwortlichkeit einzuhalten. Vor dem Hintergrund teilweise spezieller Fragestellungen, die mit der Investition in bestimmte Vermögensanlagen verbunden sind (z.B. Einschätzung Chartermarkt bei Schiffen, Auswertung von Windgutachten, Nachvollziehen der Beurteilung einer Aussage zur Mikrolage bei Immobilien), ist insb. zu prüfen, ob die notwendige **fachliche Qualifikation** vorliegt, bspw. zur Beurteilung eines Sachverständigenurteils.

Beim Ergebnis der Prospektbegutachtung handelt es sich um ein „Expertenurteil", welches die Unabhängigkeit des Gutachters erfordert. Daher sind alle Fragestellungen, die sich i.Z.m. der **Unabhängigkeit** stellen zu prüfen (u.a. besondere Nähe zum Emittenten, bspw. verwandtschaftliche Beziehungen, Selbstprüfungsverbot, insb. bei der Übernahme weiterer Tätigkeiten). **18**

Während die Übernahme weiterer gutachterlicher Tätigkeiten (wie bspw. Steuergutachten) im Regelfall unbeachtlich ist, führt die gleichzeitige steuerliche Beurteilung der Anlage im Verkaufsprospekt (auch bzgl. verbundener Unternehmen) i.d.R. zur Befangenheit bei der Prospektbegutachtung. Die Durchführung einer *nachgelagerten* Mittelverwendungskontrolle ist dagegen regelmäßig „unschädlich", während eine *begleitende* Mittelverwendungskontrolle bei allen Aufträgen zur Besorgnis der Befangenheit führt, die eine Begutachtung oder Überprüfung der insoweit unter Mitwirkung des WP entstandenen Geschäftsvorfälle zum Gegenstand hat (z.B. Prüfung des JA). Darüber hinaus ist die Prüfung eines JA bei vorheriger Prospektbegutachtung „unschädlich", nicht jedoch bei vorangegangener Mitwirkung des WP bei der Prospekterstellung, soweit wesentlich Anteil an der Konzeption genommen wird, ohne dass der Geschäftsführung eigene Entscheidungsfreiräume bei der Gestaltung der Geschäftsvorfälle verbleiben. Die Übernahme der Tätigkeiten einer KVG oder eine wesentliche Beteiligung daran führt ebenfalls zur Befangenheit. Die Übernahme von Verwahrstellentätigkeit voraussichtlich ebenso, da zu übernehmenden Kontrollen nicht nachgelagert sind und deren Ergebnisse regelmäßig in der Rechnungslegung abgebildet werden.

Nachfolgende Tabelle zeigt die wesentlichen Tätigkeiten eines WP bei der Übernahme von Aufträgen i.Z.m. Vermögens- und Kapitalanlagen und beschreibt mögliche Felder der berufsrechtlichen Besorgnis der Befangenheit bei der Auftragsannahme.

| Abgeschlossener erster Auftrag | APr. der KVG | APr. des AIF | APr. der Vermögens-anlage | APr. der sonstigen Beteiligung | Prospekt-gutachter nach IDW S 4 (analog) | Übernahme der Tätigkeit einer KVG | Übernahme der Verwahrstellentä tigkeit für AIF | Übernahme einer Treuhand-tätigkeit für Vermögens-anlagen oder sonstiger Beteiligungen | Übernahme einer vorge-lagerten Mittel-verwendungs-kontrolle für Vermögens-anlagen oder sonstige Beteiligungen | Übernahme einer nachge-lagerten Mittel-verwendungs-kontrolle für Vermögens-anlagen oder sonstige Beteiligungen |
|---|---|---|---|---|---|---|---|---|---|---|
| **APr.der KVG** | | Keine Besorgnis | | | Keine Besorgnis | Besorgnis der Befangenheit | Keine Besorgnis | | | |
| **APr. des AIF** | Keine Besorgnis | | | | Keine Besorgnis | Besorgnis der Befangenheit | Besorgnis der Befangenheit | | | |
| **APr. der Vermögens-anlage / Sonstigen Beteiligung** | | | | | Keine Besorgnis | | | Besorgnis der Befangenheit | Besorgnis der Befangenheit | Keine Besorgnis |
| **Prospektgutachter nach IDW S 4 (analog)** | Keine Besorgnis | Keine Besorgnis | Keine Besorgnis | Keine Besorgnis | | Besorgnis der Befangenheit | Besorgnis der Befangenheit | Besorgnis der Befangenheit | Besorgnis der Befangenheit | Keine Besorgnis |
| **Übernahme der Tätigkeit einer KVG** | Besorgnis der Befangenheit | Besorgnis der Befangenheit | | | Nach Beendigung der Einwerbung möglich | | Keine Besorgnis, da keine Unbefangenheit erforderlich | | | |
| **Übernahme der Verwahr-stellentätigkeit für AIF** | Keine Besorgnis | Keine Besorgnis, Folgeauftrag APr. JA nicht möglich | | | Nach Beendigung der Einwerbung möglich | Keine Besorgnis, da keine Unbefangenheit erforderlich | | | | |
| **Übernahme einer Treuhandtätigkeit für Vermögensanlagen oder sonstiger Beteiligungen** | | | Keine Besorgnis, sofern vor Über-nahme TH Tätig-keit beendet. Folgeauftrag APr. JA nicht möglich | Keine Besorgnis, sofern vor Über-nahme TH Tätig-keit beendet. Folgeauftrag APr. JA nicht möglich | Keine Besorgnis. Vor Beendigung des Vertriebs prospektierungs-pflichtig | | | | Keine Besorgnis, da keine Unbefangenheit erforderlich | Keine Besorgnis, da keine Unbefangenheit erforderlich |
| **Übernahme einer nachgelagerten Mittel-verwendungskontrolle für Vermögensanlagen oder sonstige Beteiligungen** | | | Keine Besorgnis | Keine Besorgnis | Keine Besorgnis. Vor Beendigung des Vertriebs prospektierungs-pflichtig | | | Keine Besorgnis | | |
| **Übernahme einer vorgelagerten Mittel-verwendungskontrolle für Vermögensanlagen oder sonstige Beteiligungen** | | | Keine Besorgnis, sofern vor Über-nahme MVK beendet. Folge-auftrag Jahres-abschlussprüfung nicht möglich | Keine Besorgnis, sofern vor Über-nahme MVK beendet. Folge-auftrag Jahres-abschlussprüfung nicht möglich | Besorgnis der Befangenheit | | | Keine Besorgnis, da keine Unbefangenheit erforderlich | | |

Tabelle 1: Besorgnis der Befangenheit bei der Übernahme mehrere Aufgaben durch den WP

19 Da die Prospektbegutachtung durch WP nicht gesetzlich vorgeschrieben ist, ist ein **Auftragsbestätigungsschreiben** stets individuell mit einem Auftraggeber abzustimmen. Durch Anspruchsgrundlagen sowie auslegungsbedürftiger regelmäßig potentiell hohe Haftungsansprüche aufgrund der Prospektvolumina und aufgrund einer Vielzahl möglicher Rechtsgrundlagen ist i.R. einer Prospektbegutachtung häufig mit erhöhten Haftungsrisiken zu rechnen[8]. Im Rahmen der Auftragsannahme sind daher insb. der konkrete Inhalt des Auftrags, die Verantwortlichkeiten, Regelungen hinsichtlich der Informationsbeschaffung und deren Verifizierung, die Verwendung und ggf. Weitergabe des Gutachtens sowie **Haftungsregelungen** stets individuell und mit besonderer Sorgfalt zu vereinbaren.

## 3.2 Weitergehende berufsständische Empfehlungen

20 Das Prospektgutachten nach *IDW S 4 (2016)* richtet sich ausdrücklich an den oder die Auftraggeber, die entweder mit der KVG (nach § 17 KAGB) identisch sind oder andere Initiatoren darstellen[9]. Es wird dabei unterstellt, dass das Gutachten regelmäßig der Qualitätssicherung der durch den Prospektherausgeber zu veröffentlichenden Unterlagen dient. Anleger werden ausdrücklich nicht als Adressaten benannt. Hierauf ist im Gutachten hinzuweisen[10]. Mit der gesetzlichen Forderung, dass sich der Anleger ein über die ihm angebotene Anlage und die damit verbundenen Risiken ein begründetes Urteil bilden könne, wird der Prospektgutachter jedoch indirekt auf die Sicht des Anlegers verwiesen. Damit sind durch den Prospektgutachter **Typisierungen** vorzunehmen. Eine Definition des „Adressatenhorizonts" ist somit subjektiv beeinflusst, d.h. entsprechend auslegungsbedürftig[11].

21 Die Begutachtung des Verkaufsprospekts und/oder der wesentlichen Anlegerinformationen (wAI) erfolgt regelmäßig unter impliziter Berücksichtigung des Empfängerhorizonts. Für eine Auslegung der Klarheit und der – ggf. i.R.d. Sorgfaltspflicht des WP zu berücksichtigenden materiellen – Vollständigkeit gesetzlicher Verkaufsunterlagen bleibt als Beurteilungsmaßstab die Sicht des Anlegers grundsätzlich relevant. Die KVG bzw. etwaige weitere Initiatoren der Kapitalanlage sind dafür verantwortlich, die Sichtweise des Anlegers adäquat zu berücksichtigen. Die Begutachtung der Umsetzung dieser durch den Prospektverantwortlichen zugrunde gelegten **Anlegersichtweise** zählt zum Aufgabenbereich des Gutachters; dies beinhaltet grundsätzlich auch eine entsprechende Berichterstattung. Der WP muss i.R.d. Berichterstattung allerdings nicht die Sicht des Anlegers berücksichtigen, sofern er sich auftragsgemäß unmittelbar an die KVG und ggf. weitere Initiatoren richtet.

22 Bei unbestimmten Adressatenkreisen, die auch zahlenmäßig nicht begrenzt sind, ist eine Typisierung der Sichtweise und des Empfängerhorizontes erforderlich, die – naturgemäß – vereinfachend, auslegungsbedürftig und ggf. subjektiv beeinflusst ist. Somit kann es grundsätzlich zu **Deutungsunterschieden** und Missverständnissen kommen. Durch eine Begrenzung des Adressatenkreises der Prospektgutachten verringert sich insoweit das inhärente Risiko der Entstehung von Erwartungslücken zwischen dem Gutachter

8 Vgl. Tz. 87 f.
9 Vgl. *IDW S 4 (2016)*, Tz. 10.
10 Vgl. *IDW S 4 (2016)*, Tz. 11.
11 Eine Definition des „typischen Anlegers" trifft der Gesetzgeber nicht.

und dem/den Berichtsempfänger(n)[12]. Der Gegenstand dieser Erwartungslücken kann aus den individuell vereinbarten Inhalten des Beurteilungsmaßstabs oder einzelnen Formulierungen im Gutachten resultieren. Aus Missverständnissen und Deutungsunterschieden resultierende zusätzliche Haftungsrisiken lassen sich reduzieren, wenn bereits bei der Auftragsannahme vereinbart wird, dass der Adressatenkreis des Gutachtens begrenzt ist.

**Hinweis 1:**

Haftungsrisiken lassen sich durch eine bereits im Auftrag vereinbarte restriktive Weitergabe der Gutachten unter Auflagen reduzieren.

**23** Nach *IDW S 4 (2016)* ist als Adressat des Gutachtens insb. der Herausgeber bzw. Verantwortliche für die gesetzlichen Verkaufsunterlagen vertraglich zu vereinbaren. Eine generelle Weitergabe wird ausgeschlossen, sofern der Empfänger nicht zu den für den Herausgeber auf vertraglicher Basis tätigen Geschäftspartnern zählt. Eine Weitergabe an derartige gewerblich tätige Geschäftspartner, bspw. Vertriebspartner, soll nach *IDW S 4 (2016)* nur erfolgen, wenn diese i.R. ihrer **(Vertriebs-)Vereinbarung** mit dem Herausgeber auf einen separaten Haftungsanspruch gegenüber dem Gutachter verzichten. Der Gutachter stellt sich damit frei von **Haftungsansprüchen Dritter**, für die der Herausgeber unmittelbar von etwaigen Vertriebspartnern haftbar gemacht werden kann.

**24** Eine **Weitergabe** des Gutachtens soll zudem **ausgeschlossen** sein, wenn der WP Kenntnis von nachtragspflichtigen Sachverhalten erhält, die noch nicht einer Begutachtung unterlagen.

**25** Die Benennung des WP in seiner Funktion als Gutachter im Verkaufsprospekt (auch ohne Benennung von Ergebnissen der Prospektbegutachtung) sollte im Auftragsschreiben ausgeschlossen werden, um Tatbestände hinsichtlich der Geltendmachung von Vertrauensschäden oder mit **Schutzwirkung** für Dritte zu vermeiden.

**26** Im Zusammenhang mit sonstigen gutachterlichen Tätigkeiten bei Verkaufsprospekten sind aufgrund des fehlenden gesetzlichen Rahmens besondere Vereinbarungen zum Auftragsumfang und Zweck der Begutachtung (**Beurteilungsmaßstab**) zu treffen. Darüber hinaus empfiehlt es sich, den Inhalt der Begutachtung genau zu definieren (z.B. Vertragswerk, Kalkulationen, steuerliche Auswirkungen) und ggf. explizit auszugrenzen (z.B. steuerliche Auslandssachverhalte).

**Praxistipp 2:**

Im Auftrag ist festzuhalten, dass Sachverhaltsänderungen, die zeitlich nach dem Datum der Bescheinigung eintreten, nicht der Nachsorge durch den WP unterliegen.

**27** **Empfehlenswert** ist zudem, Auskunftspflichten (ggf. auch von Dritten), die Möglichkeit, eigene Sachverständigengutachten für die weitergehende Würdigung bestimmter Sach-

12 Entsprechend wird im *IDW S 4 (2016)* auch die Ausnahme zur Begrenzung des Adressatenkreises, die Weitergabe eines Gutachtens durch den Auftraggeber an Bedingungen geknüpft. U.a. wird postuliert, dass ausdrücklich „gewerblich tätige" Geschäftspartner zu dieser Ausnahme gehören. Dies ist vor dem Hintergrund etwaiger divergierender Empfängerhorizonte von besonderer Bedeutung.

verhalte einzuholen (z.B. rechtliche/steuerliche Gutachten, Wertgutachten etc.), sowie die Abgabe einer VollstE und besondere Informationspflichten zu Nachträgen zu vereinbaren.

Ob die vorgenannten Regelungen in einer Auftragsvereinbarung in der Praxis jeweils ausgehandelt werden können, hängt vom Einzelfall ab und kann daher nur empfohlen, aber nicht als berufsrechtlicher Standard vorgegeben werden[13]. 28

## 4. Gutachterliche Tätigkeiten zu Prospektinformationen

### 4.1 Prospektbegutachtung nach IDW S 4 (KAGB)

Der Vertrieb eines AIF kann bspw. durch eine durch die BaFin zugelassene KVG beantragt werden. Diese ist dann weitreichenden aufsichtsrechtlichen Kapital-, Verhaltens- und Organisationspflichten nach dem KAGB unterworfen. Im Rahmen der Zulassung sowie während ihrer Tätigkeit unterliegt die KVG laufenden **Kontrollen durch die BaFin**. Die dadurch geschaffene Regelungsdichte stellt in der Praxis eine wirksame Markteintrittsbarriere für kleine bzw. nicht professionell organisierte KVG dar. Durch die begleitenden Straf- und Bußgeldvorschriften wird die Qualität der eingereichten Prospektunterlagen implizit erhöht. Der gesetzliche Prüfungsauftrag der BaFin erstreckt sich insoweit auf die Vollständigkeit der eingereichten Unterlagen. Eine Prüfung der Richtigkeit wird nicht gesetzlich verlangt. Vor diesem Hintergrund wurde der *IDW S 4 (2016)* grundliegend neu gefasst. 29

#### 4.1.1 Prospektierungspflicht und Gegenstand der Beurteilung nach IDW S 4

Der Gegenstand der Beurteilung hat sich mit Verabschiedung des *IDW S 4 (2016)* verändert: In der Fassung des ***IDW S 4* v. 18.05.2006** war dies noch die Beurteilung von Verkaufsprospekten über im Inland öffentlich angebotene nicht in Wertpapieren verbriefte Anteile an Unternehmen nach § 8f Abs. 1 des Verkaufsprospektgesetzes (VerkProspG) sowie unmittelbare Anteile an einem Anlageobjekt (Vermögensanlage)[14]. Nicht Gegenstand des Standards war die Beurteilung von Börsenzulassungsprospekten und anderen Prospekten über öffentlich angebotene Wertpapiere sowie von Prospekten über deutsche und in Deutschland vertriebene ausländische Investmentanteile[15]. 30

Der Anwendungsbereich entsprach im Wesentlichen dem in § 8f Abs. 1 VerkProspG definierten **Anwendungsbereich**, war jedoch erweitert um unmittelbare Anteile an einem Anlageobjekt. Darüber hinaus war eine Anwendung auch bei Eingreifen der Ausnahmevorschriften nach § 8f Abs. 2 VerkProspG sowie ohne Anwendung des VerkProspG möglich. Somit gab der Standard Hilfestellung für die Begutachtung sämtlicher Verkaufsprospekte, welche den in der Anlage 1 (Anforderungen an den Inhalt von Verkaufsprospekten) sowie den Anlagen 2 bis 7 (Zusatzangaben für bestimmte Anlagegüter bzw. Fondskonzeptionen) enthaltenen Mindestinhalten an Verkaufsprospekten im Wesentlichen entsprachen.

13 Vgl. *IDW S 4 (2016)*, Tz. 26: “Die Auftraggeber können vereinbaren, dass der Wirtschaftsprüfer einer Weitergabe … zustimmt.” „Der Wirtschaftsprüfer wird die Weitergabe des Gutachtens … davon abhängig machen…“ Beide Formulierungen stellen keine Handlungsvorgabe dar, an die sich der Wirtschaftsprüfer berufsständisch halten muss, um den Vorgaben des Standards zu genügen. Es handelt sich insoweit um Handlungsempfehlungen.

14 Vgl. *IDW S 4 (2006)*, Tz. 2.

15 Vgl. *IDW S 4 (2006)*, Tz. 5.

31 ***IDW ES 4 n.F. (2013)*** erfuhr hinsichtlich des Anwendungsbereichs formell eine Erweiterung, da der Bezug zum VerkProspG entfiel und nunmehr sämtliche Verkaufsprospekte über im Inland öffentlich angebotene Kapitalanlagen (allerdings ohne Börsenzulassungsprospekte und andere Prospekte über öffentlich angebotene Wertpapiere) geregelt wurden[16]. Ausdrücklich erwähnt waren sowohl Verkaufsprospekte nach VermAnlG als auch nach dem KAGB, die im Wesentlichen nach gleichen Maßstäben begutachtet werden sollten[17]. Gleichzeitig wurde auf eine Anlage verwiesen, die neben den geltenden gesetzlichen Mindestangaben an Verkaufsprospekte Grundsätze und Konkretisierungen von weiteren möglichen (Mindest-)Angaben enthielt.

32 Eine (reduzierende) Änderung des Anwendungsbereiches enthielt ***IDW ES 4 (2015)***[18], welcher die Begutachtung von Verkaufsprospekten und erstmals die Begutachtung der zugehörigen wAI über inländische AIF nach dem KAGB, die sich insb. an Privatanleger richten (Publikums-AIF), vorsah[19]. Die Begutachtung von Verkaufsprospekten nach VermAnlG war nunmehr ausdrücklich nicht Gegenstand der Begutachtung wie bisher die von Börsenzulassungsprospekten und anderen öffentlich angebotenen Wertpapieren. Zudem wurde die Begutachtung von „Werbeunterlagen" für Publikums-AIF nach § 302 KAGB ausdrücklich ausgeschlossen[20]. Letzteres stellte aufgrund der Abgrenzung des Begutachtungsgegenstandes im vorherigen *IDW ES 4 n.F. (2013)* auf Verkaufsprospekte weniger eine Verengung des Anwendungsbereiches als eine Klarstellung dar.

33 Im ***IDW S 4 (2016)*** wird der Anwendungsbereich auf die nach den Vorschriften des KAGB erstellten Verkaufsunterlagen (d.h. Verkaufsprospekt und wAI bei Publikums-AIF sowie Informationsdokumente nach § 307 Abs. 1 und 2 KAGB für Spezial-AIF) eingeschränkt[21]. Die Begutachtung von Verkaufsprospekten nach dem VermAnlG sowie von Börsenzulassungsprospekten und anderen öffentlich angebotenen Wertpapieren werden ausdrücklich ausgeschlossen. Eine Begutachtung von „Werbung" für Publikums-AIF nach § 302 KAGB wird unverändert nicht erfasst.

34 Der **Umfang** im Sinne des *IDW S 4 (2016)* ist regelmäßig auf den Verkaufsprospekt bzw. die wAI begrenzt, auf deren Basis die BaFin den Vertrieb für statthaft erklärt hat. Diese sollten dem Gutachten als Anlage beigefügt werden, damit der Informationsstand der Begutachtung dokumentiert ist.

35 Die Begutachtung von **Verkaufshilfen und „Werbung"** (z.B. nach § 302 KAGB für AIF) ist im Auftrag für Prospektbegutachtung und/oder der Begutachtung von wAI – der Konzeption des *IDW S 4 (2016)* folgend – im Regelfall nicht bei derartigen Aufträgen zu vereinbaren. Entsprechend wird das diesbezügliche Vorgehen im *IDW S 4 (2016)* nicht geregelt[22]. Die Einhaltung der mit Verkaufshilfen und „Werbung" verbundenen Pflichten der KVG (z.B. Identifizierbarkeit bzw. Abgrenzung sowie inhaltliche Anforderungen wie Redlichkeit, Eindeutigkeit, keine Irreführung, Widerspruchsfreiheit) sind daher re-

16 Vgl. *IDW ES 4 n.F. (2013)*, Tz. 2 und 5.

17 Vgl. *IDW ES 4 n.F. (2013)*, Tz. 3.

18 *Entwurf eines IDW Standards: Grundsätze ordnungsmäßiger Begutachtung von Verkaufsprospekten und wesentlichen Anlegerinformationen von Alternativen Investmentfonds (IDW ES 4 n.F.) (Stand: 31.08.2015)*, im Folgenden: *IDW ES 4 (2015)*.

19 Vgl. *IDW ES 4 (2015)*, Tz. 1.

20 Vgl. *IDW ES 4 (2015)*, Tz. 4.

21 Vgl. *IDW S 4 (2016)*, Tz. 1, 3.

22 Vgl. *IDW S 4 (2016)*, Tz. 5.

gelmäßig bei der Jahresabschlussprüfung einer KVG – i.R.d. Einhaltung der aufsichtsrechtlichen Regelungen – zu prüfen. Sollen mit dem angebotenen AIF verwendete Verkaufshilfen und Werbematerialien ebenfalls Gegenstand einer Begutachtung oder Prüfung durch einen WP sein, wäre dies gesondert und unabhängig von einem Gutachten nach *IDW S 4* zu beauftragen.

### 4.1.2 Maßstab und Grenzen der Begutachtung

#### 4.1.2.1 Formelle Vollständigkeit

Die Veröffentlichung des Verkaufsprospekts und der wAI nach § 164 Abs. 1 KAGB darf erst dann erfolgen, wenn mit dem Vertrieb der Kapitalanlage nach § 316 KAGB begonnen werden darf. Der beabsichtigte Vertriebsbeginn ist der BaFin anzuzeigen und die Vertriebsunterlagen, u.a. der Verkaufsprospekt, sind dort einzureichen. Die Unterlagen werden nach § 316 Abs. 2 S. 1 KAGB von der BaFin auf **Vollständigkeit** geprüft. Die Aufnahme des Vertriebs kann versagt werden, wenn gegen die Vorschriften des KAGB verstoßen wird. 36

Die Überprüfung der Vollständigkeit der Prospektangaben durch die BaFin wird im *IDW S 4 (2016)* als ***formale* Vollständigkeitsprüfung** bezeichnet.[23] Eine erneute Begutachtung der formalen Vollständigkeit des Verkaufsprospekts durch den WP wurde entsprechend aus *IDW S 4 (2016)* herausgenommen. Die Begutachtung der formalen Vollständigkeit der wAI durch den WP ist nach *IDW S 4 (2016)* ebenfalls nicht vorgesehen. 37

**Gegenstand der Begutachtung** nach *IDW S 4 (2016)* können neben dem Verkaufsprospekt auch bzw. ausschließlich die wAI sein.[24] Auf eine gemeinsame oder getrennte Begutachtung ist ausdrücklich in der Berichterstattung hinzuweisen[25]. Im Fall einer getrennten Beauftragung (z.B. unterschiedliche Gutachter für Verkaufsprospekt und wAI oder bspw. alleinige Begutachtung des Verkaufsprospekts ohne Begutachtung der wAI) besteht das grundsätzliche Problem, dass ggf. die jeweils begutachtete Unterlage (z.B. Verkaufsprospekt) beanstandungsfrei ist, jedoch hinsichtlich der ergänzenden Dokumentation (z.B. wAI), die nicht einer Begutachtung durch den WP unterlag, naturgemäß keine Aussage getroffen werden kann. Gleichwohl können derartige Unterlagen bzw. dort enthaltene Angaben häufig als wesentlich für die Bildung eines begründeten Ergebnisses über die angebotene Anlage und damit verbundene Risiken (Verkaufsprospekt) oder das Verständnis von Art und Risiken des Anlageproduktes und die Fundierung einer Anlageentscheidung (wAI) eingestuft werden. Insofern können die Unterlagen jeweils mit Blick auf die Beurteilung der Vollständigkeit des anderen Informationsinstruments wesentlich sein. Eine getrennte Beurteilung ist daher zwar grundsätzlich möglich, inhaltlich jedoch regelmäßig mit weiteren Auskunftspflichten seitens des Auftraggebers verbunden. 38

23 Vgl. *IDW S 4 (2016)*, Tz. 7.
24 Vgl. *IDW S 4 (2016)*, Tz. 9.
25 Vgl. *IDW S 4 (2016)*, Tz. 9.

**Praxistipp 3:**

Eine getrennte Begutachtung von Verkaufsprospekt und wAI kann zusätzliche Haftungsrisiken zur Folge haben. Es bietet sich daher an, auf eine etwaige Informationslücke ausdrücklich bereits bei der Beauftragung und i.R.d. Berichterstattung hinzuweisen.

**39** Das grundsätzliche Risiko, dass durch die getrennte Begutachtung von Verkaufsprospekt und wAI eine Erwartungslücke hinsichtlich des Auftragsumfangs und der Tätigkeit des Gutachters einerseits und bezüglich der erwarteten durch das Gutachten erzielbaren Wertungssicherheit andererseits entsteht, kann in einer solchen Konstellation ggf. nicht vollständig vermieden, jedoch durch gesonderten Hinweis in der Beauftragung und Berichterstattung zumindest **transparenter gestaltet** werden. Damit im Zusammenhang stehende erhöhte Haftungsrisiken sind besonders zu beachten.

#### 4.1.2.2 Materielle Vollständigkeit

**40** Der Verkaufsprospekt hat neben umfangreichen Einzelangaben (sog. Katalogangaben) nach § 165 Abs. 2 und 3 KAGB eine allgemeine Inhaltsqualifikation (sog. Generalklausel) nach § 165 Abs. 1 KAGB zu erfüllen, nach welcher ein Verkaufsprospekt alle Angaben zu enthalten habe, damit sich Anleger über die ihnen angebotene Anlage und über die damit verbundenen Risiken ein begründetes Urteil bilden können. Die Interpretation dieser **Generalklausel** ist regelmäßig vom Ermessen des Gutachters abhängig, welche Angaben für ein begründetes Ergebnis relevant sein könnten. Die Rechtsprechung und der Berufstand haben dazu teilweise unterschiedliche Auffassungen vertreten, was verdeutlicht, dass erhebliche Wertungsunterschiede hinsichtlich der Relevanz einer Information bestehen[26].

**41** Mit der Vertriebsgenehmigung ist der Verkaufsprospekt gesetzlich von der BaFin auf Vollständigkeit geprüft worden. Eine gesonderte Beauftragung des WP für eine erneute Begutachtung der Vollständigkeit kann daher nach *IDW S 4 (2016)* entfallen, da diese bereits regelmäßig i.R.d. Vertriebsgenehmigungsverfahrens durchgeführt wird.

**42** Die noch bis *IDW ES 4 n.F. (2013)* beigefügte Anlage: Anforderungen an den Inhalt von Verkaufsprospekten über Kapitalanlagen diente der Standardisierung bezüglich wesentlicher, in einen Verkaufsprospekt aufzunehmender Angaben. Die Anlage enthielt beispielhafte Einzelangaben zu den nach berufsständischen Grundsätzen und Erfahrungen für notwendig angesehenen Inhalten. Diese sollten den Herausgeber eines Verkaufsprospekts bei der Auslegung der gesetzlich definierten allgemeinen Grundsätze der Prospektierung unterstützen und gleichzeitig als Leitlinie für eine Begutachtung der Vollständigkeit des Verkaufsprospekts dienen. Neben den gesetzlich geforderten Mindestangaben wurden die ergänzenden Angaben als weitere notwendige Bestandteile eines Verkaufsprospekts angesehen, der ohne deren Inhalt nicht als vollständig im Sinne des *IDW ES 4 n.F. (2013)* galt[27]. Da die Anlagen als „Auslegungshilfen" intendiert waren, konnte eine Vollständigkeit des Verkaufsprospekts dennoch nicht garantiert werden.

26 Vgl. *Löffler/Pischetsrieder*, WPg 2016, S. 398 mit Beispielen.
27 Vgl. Zweifelsfragen im Zusammenhang mit Prospektgutachten nach *IDW ES 4 n.F.*, FN-IDW 2014, S. 413 f.

Insofern bestand im Berufsstand das latente Risiko, dass durch die Konzentration auf die vorgenannten Sachverhalte eine **Scheingenauigkeit** erzeugt wurde, die Adressaten, bspw. unterstützt durch Detailfülle, eine Vollständigkeit suggerierte, welche unter Umständen (z.B. nach Ansicht der Rechtsprechung) nicht gegeben war (sog. Erwartungslücke)[28]. Aufgrund der Konzeption des *IDW S 4 (2016)* sind daher entsprechende Anlagen entfallen.

> **!** **Hinweis 2:**
>
> Eine Begutachtung der *materiellen* Vollständigkeit wird indirekt i.R.d. Sorgfalts- bzw. Berichtspflicht des WP gegenüber dem Auftraggeber erfüllt, der fehlende wesentliche Tatsachen oder Umstände benennen muss, die ihm bei Durchsicht der zur Verfügung gestellten Unterlagen zur Kenntnis gelangen.

Da eine explizite Begutachtung der *materiellen* Vollständigkeit nach *IDW S 4 (2016)* **43** durch den WP nicht mehr vorgesehen ist, wird insofern auf die ausdrückliche Berücksichtigung der zusätzlichen Angaben, die in den vormaligen Anlagen zum *IDW S 4 (2006)* enthalten waren und die der Auslegung der gesetzlichen Generalklausel dienten, bei (Publikums-)AIF entsprechend verzichtet[29]. Gleichwohl ist der WP dadurch nicht von seiner allgemeinen beruflichen **Sorgfaltspflicht** befreit, Tatsachen oder Umständen nachzugehen, die ihm bekannt werden oder bekannt werden müssen und die Hinweise auf eine fehlende Vollständigkeit geben. Insbesondere bei bedeutsamen Tatsachen oder Umständen ist darüber zu berichten[30]. Die Substitution der (expliziten) Begutachtung der *materiellen* Vollständigkeit durch die sog. **Redepflicht des WP** reduziert einerseits den Gegenstand der Begutachtung auf die vorgelegten Unterlagen oder auf Umstände, die bei deren Auswertung hätten bekannt werden müssen. Andererseits verbleibt die im Einzelfall auftretende Schwierigkeit, zu beurteilen, ob ein unvollständig dargestellter Sachverhalt *bedeutsam* (bspw. i.S.d. Generalklausel) ist. Insofern empfiehlt sich eine vorsichtige und ausgewogene Berichterstattung.

Irrtümer in der Einschätzung hinsichtlich der Bedeutsamkeit oder eine fehlerhafte Do- **44** kumentation der Unterlagen sind insoweit über die Redepflicht des WP durch eine (indirekte) Begutachtung der materiellen Vollständigkeit im Auftragsumfang erfasst. **Vorsätzliche Unvollständigkeit** der gesetzlichen Verkaufsunterlagen, bspw. durch Weglassen oder Verschweigen von wesentlichen Sachverhalten, kann der Gutachter nur über die Einschätzung der Risiken, eine kritische Grundhaltung bei der Auftragsdurchführung, im Zuge der Beurteilung von Kontroll- und Entdeckungsrisiken oder Plausibilitätskontrollen reduzieren. Eine hinreichende oder gar vollständige Sicherheit dürfte in den meisten Fällen nur über einen Prüfungsansatz erreicht werden, der in besonderem Maße auf dolose Handlungen ausgerichtet ist (z.B. Durchführung forensischer Prü-

---

28 So auch *Löffler/Pischetsrieder*, WPg 2016, S. 398.

29 Gleichwohl bietet es sich ggf. an, den Inhalt der Anlage des *IDW ES 4 (2013)*, als Checkliste zur Überprüfung der sachgerechten Auslegung der sog. gesetzlichen Generalnorm heranzuziehen, ohne jedoch die Einzelangaben als zwingenden Prospektbestandteil zu postulieren.

30 *IDW S 4 (2016)*, Tz. 11 bezieht sich lediglich auf Tatsachen oder Umstände, die dem WP im Rahmen seiner Tätigkeiten bekannt werden. Hinweis- und Berichtspflicht sowie Einbeziehung in die „Zusammenfassende Schlussbemerkung" dürften jedoch bereits mit „bekannt werden müssen" auch außerhalb der Tätigkeiten i.R.d. Prospektbegutachtung pflichtgemäß sein. Z.B. wären Erkenntnisse aus der Jahresabschlussprüfung des AIF i.R.d. Wissenszurechnung zu berücksichtigen.

fungshandlungen). Aufgrund einer fehlenden gesetzlichen Verpflichtung wird die Durchführung eines entsprechenden Prüfungsansatzes in der Mehrzahl der praktischen Fälle – abseits ausdrücklich besonderer Beauftragungen – weder inhaltlich begründbar noch wirtschaftlich angemessen durchführbar sein.

#### 4.1.2.3 Richtigkeit

45 Die **Richtigkeit** der Angaben in den gesetzlichen Verkaufsunterlagen ist nach der Konzeption des *IDW S 4 (2016)* gegeben, wenn die angegebenen Tatsachen zutreffend nachgewiesen sind, Annahmen und Schätzungen vertretbar und widerspruchsfrei erfolgen, Folgerungen sachlich und rechnerisch zutreffend entwickelt werden, Wertungen sich an der Verkehrsübung orientieren und durch Tatsachen gestützt werden sowie für Prognosen die verbleibende Unsicherheit ausreichend beschrieben wird[31].

46 Durch die BaFin erfolgt keine gesetzlich vorgesehene Prüfung der Richtigkeit der Angaben, da sich § 316 KAGB lediglich auf die Vollständigkeit bezieht. Gleichwohl wird die Richtigkeit nach § 165 Abs. 1 KAGB und für Nachträge nach § 164 Abs. 5 KAGB gefordert. Deren Nichtbeachtung hat bspw. **Geldbußen für die Verantwortlichen** von bis zu 1 Mio. € nach §§ 340 Nr. 38, 40 KAGB zur Folge.

#### 4.1.2.4 Eindeutigkeit

47 Nach § 165 Abs. 1 KAGB müssen der Verkaufsprospekt bzw. nach § 166 Abs. 3 KAGB die wAI jeweils „eindeutig und nicht irreführend sein“. **Eindeutigkeit** der Angaben erfordert in diese Sinne Verständlichkeit durch gedankliche Ordnung, Übersichtlichkeit sowie Eindeutigkeit und Widerspruchsfreiheit[32]. Die wAI müssen zudem **Querverweise** enthalten und aus sich allein heraus verständlich sein; sie sind kurz zu halten und in einer verständlichen Sprache abzufassen. Ferner sind wAI in einem einheitlichen Format zu verfassen, das Vergleiche ermöglichen soll. Prognosen sind ausdrücklich als solche zu kennzeichnen.

### 4.1.3 Dokumentation und Berichterstattung

48 Der WP hat die notwendigen Informationen für die Entscheidungsfindung, soweit diese nicht in das Gutachten aufgenommen werden, in den Arbeitspapieren unter Angabe des Datums des Erhalts zu dokumentieren. Für die **Arbeitspapiere** sind die allgemeinen Grundsätze des *IDW PS 460 n.F.* sinngemäß anzuwenden. Auftragsplanung und -durchführung sollen aus den Arbeitspapieren nachvollzogen werden können. Im Rahmen der Prospektbegutachtung sind insb. die der BaFin vorgelegten Unterlagen aus dem Anzeigeverfahren sowie eine durch die gesetzlichen Vertreter unterschriebene Vollständigkeitserklärung zu den Akten zu nehmen.

49 Im Gutachten sind die Ergebnisse der durchgeführten Tätigkeiten, Erwägungen und Feststellungen in ausgewogener Form, wahrheitsgetreu und in der gebotenen Klarheit darzustellen. Die Berichterstattung hat schriftlich erfolgen. Für das Gutachten wird folgende **Gliederung** empfohlen[33]:

- Auftrag und Auftragsdurchführung
- Darstellung der der Begutachtung zugrunde liegenden Unterlagen

31 Vgl. im Einzelnen *IDW S 4 (2016)*, Tz. 16 (u.a. gesondert zu rechtlichen und steuerlichen Angaben).
32 Vgl. mit Beispielen *IDW S 4 (2016)*, Tz. 17.
33 *IDW S 4 (2016)*, Tz. 45.

- Kurzbeschreibung der Kapitalanlage
- Einzeldarstellungen im Gutachten getrennt nach Angaben zum Verkaufsprospekt und Angaben zu den wAI
- Zusammenfassende Schlussbemerkungen
- Datum, Unterschrift
- Anlagen.

Feststellungen mit wesentlicher **Auswirkung auf die Anlageentscheidung** sind in der „Zusammenfassenden Schlussbemerkung" darzustellen, Feststellungen von weniger weitreichender Bedeutung in den Einzeldarstellungen. Bei festgestellten Schreib- und Rechenfehlern ohne wesentliche Auswirkung wird in der Praxis eine Dokumentation in den Arbeitspapieren ausreichend sein. Infolge der rein gutachterlichen Tätigkeit wird ein Gesamt- bzw. Prüfungsurteil nicht erteilt. 50

## 4.2 Besonderheiten der Prospektbegutachtung nach Vermögensanlagengesetz

### 4.2.1 Prospektierungspflicht und Adressaten

Bei der Beauftragung einer Begutachtung von Verkaufsprospekten nach Vermögensanlagegesetz handelt es sich um ein nicht gesetzlich geregeltes Auftragsverhältnis, welches der allgemeinen Vertragsfreiheit unterliegt. Gegenstand der Begutachtung sind im Inland öffentlich angebotene Vermögensanlagen, die nicht Wertpapiere sind und nicht Anteile an Investmentvermögen gem. KAGB darstellen, insbesondere: 51

- stille Beteiligungen,
- Treuhandvermögen,
- partiarische und Nachrangdarlehen,
- Genussrechte,
- Namensschuldverschreibungen,
- sonstige Anlagen, die einen Anspruch auf Verzinsung und Rückzahlung gewähren oder im Austausch für die zeitweise Überlassung von Geld einen Vermögenswerten auf Barausgleich gerichteten Anspruch vermitteln, sofern die Annahme der Gelder nicht als Einlagengeschäft nach dem KWG zu qualifizieren ist.

> **!** **Hinweis 3:**
> Im Auffangposten „sonstige Anlagen" nach § 1 Abs. 2 Nr. 7 VermAnlG sind bspw. Direktinvestments in handelbare Güter oder Investitionen im Verbund mit Miet- oder Nutzungsverträgen erfasst (z.B. Wohnmobile, Container, geringwertige Wirtschaftsgüter).

Im VermAnlG sind zudem Ausnahmetatbestände für unternehmerisch betriebene Beteiligungen, für sog. **Private Placements** (d.h. weniger als 20 Anteile derselben Vermögensanlage, einen Preis der Vermögensanlage von mindestens 200.000 € pro Anleger, insgesamt nicht mehr als 100.000 € Verkaufspreis für ein 12-monatiges Angebot oder nur an einen begrenzten Personenkreis gerichtete Angebote), für bestimmte **Schwarmfinanzierungen** und für andere, speziellere gesetzliche Ausnahmen (vgl. §§ 2-2c VermAnlG) definiert. 52

53 Grundsätzlich kann frei bestimmt werden, welche Tätigkeiten durchgeführt werden sollen, welcher Standard angewendet und in welcher Form Bericht erstattet werden soll. Eine Grenze erfahren die **Verhandlungsfreiräume**, wenn der Gutachter nach pflichtgemäßen Ermessen zur Ansicht gelangt, dass bestimmte Vertragsgestaltungen missverständlich oder irreführend sind oder nicht im Einklang mit der berufsständischen Auffassung stehen. Insofern könnte auch der Empfängerkreis des Gutachtens im Auftrag frei verhandelt werden. Dabei empfiehlt sich aus haftungsrechtlichen Gründen – in Anlehnung an *IDW S 4 (2016)* – eine Begrenzung auf den Anbieter und ggf. weitere Initiatoren, um hinsichtlich der Berichterstattung über die durchgeführten Tätigkeiten bspw. eine Erwartungslücke aufgrund eines u.U. weit gestreuten Empfängerhorizontes zu vermeiden. Darüber hinaus reduziert sich die potenzielle Zahl möglicher Anspruchsteller im Haftungsfall.

54 Sofern der Adressatenkreis vertraglich nicht eingrenzbar ist (faktisch oder aus der konkreten Würdigung der gegebenen Rahmenumstände heraus), empfiehlt sich vor diesem Hintergrund ein in den Auftragsbedingungen vereinbartes ausdrückliches **Verbot der Weitergabe** des Gutachtens durch den Auftraggeber bzw. ein Versand nur innerhalb eines begrenzten Zeitraumes und unter der Bedingung, dass ein (unentgeltlicher) Auskunftsvertrag mit **Haftungsbegrenzungsvereinbarung** zu etwaigen dritten Interessenten des Gutachtens zustande kommt[34].

### 4.2.2 Gegenstand der Beurteilung, Auftragsumfang und Auftragsdurchführung

55 Gegenstand der Prospektbegutachtung nach VermAnlG ist regelmäßig der (von der BaFin zu billigende) Verkaufsprospekt. Eine Einbezug des **VIB** in die Begutachtung ist möglich, sollte jedoch zwingend **gesondert** in die Beauftragung einbezogen werden; ansonsten besteht das Risiko, dass das VIB – als gesetzlich gesondert benanntes Informationsmedium – nicht vom Regelungsgehalt des Auftrags, insb. den vertraglichen Bestimmungen zur Weitergabe und Haftung, umfasst würde.

56 Es bietet sich an, den **Auftragsumfang** – in Anlehnung an *IDW S 4 (2016)* – hinsichtlich Begutachtung der Richtigkeit, Nachvollziehbarkeit und Klarheit zu vereinbaren. Auf eine gesonderte Vereinbarung der Begutachtung der formalen Vollständigkeit kann aufgrund der entsprechenden, nach § 8 Abs. 1 VermAnlG gesetzlich vorgegebenen Prüfung des Verkaufsprospekts durch die BaFin verzichtet werden. Die Begutachtung der materiellen Vollständigkeit ergibt sich, wie unter Tz. 40 ff. dargestellt, (indirekt) aus der Redepflicht des WP über Sachverhalte, die er aus den gemachten Auskünften, den vorgelegten Unterlagen oder sonstigen Informationen erkennt oder hätte erkennen müssen.

34 Bei der Begrenzung des Zeitraumes ist einerseits das Erfordernis der Aktualität der Daten des Gutachtens und der Prospektinformation zu beachten, andererseits auch das Risiko zu berücksichtigen, dass mit Abschluss des Auskunftsvertrags entsprechende Verjährungsfristen für potenzielle Haftungsrisiken neu zu laufen beginnen. Darüber hinaus vervielfacht sich durch Abschluss der einzelnen Auskunftsverträge häufig das zu versichernde Risiko entsprechend.

57 Darüber hinaus ist zu erwägen, ob aufgrund der ebenfalls gesetzlich vorgesehenen **Kohärenzprüfung** durch die BaFin[35] eine gesonderte Beauftragung des WP zur Begutachtung der entsprechenden Sachverhalte entfallen kann. Die Kohärenzprüfung umfasst die widerspruchsfreie Darstellung des Emittenten für das laufende und das folgende GJ bezüglich der Vermögens-, Finanz- und Ertragslage, der Geschäftsaussichten und deren Auswirkungen auf die Fähigkeit des Emittenten, seinen Verpflichtungen gegenüber dem Anleger nachzukommen. Eine sinnvolle Abtrennung dieser Bereiche von einer Begutachtung der Richtigkeit (die von der BaFin nicht im gesetzlichen Auftrag vorgenommen wird) bietet sich insb. an, wenn die entsprechenden Angaben in einer geschlossenen Darstellung im Verkaufsprospekt zusammengefasst wurden. Gleiche Überlegungen gelten für die Begutachtung der Verständlichkeit des Inhaltes durch die BaFin.

58 Eine unmittelbare Anwendung des *IDW S 4 (2016)* scheidet bei Vermögensanlagen nach VermAnlG aus, da dies in der Verlautbarung ausdrücklich ausgeschlossen ist[36]. Eine Anwendung wäre somit aufgrund des abweichenden Gegenstandes der Begutachtung nur in **analoger Anwendung** des *IDW S 4 (2016)* insgesamt möglich.

59 Eine Beauftragung bzw. Begutachtung in analoger Anwendung auch einzelner **Teilbereiche** des *IDW S 4 (2016)* ist grundsätzlich denkbar, findet jedoch eine Grenze, da bspw. ein Hinweis auf einen nur teilweise angewendeten *IDW Standard* irreführend wirken kann. In solchen Fällen sollte der Verweis auf *IDW S 4 (2016)* entfallen, da anderenfalls das Risiko bestünde, dass auf einen Standard verwiesen würde, der in der Gesamtkonzeption oder hinsichtlich der wesentlichen Teilbereiche nicht zur Anwendung gelänge; die erwarteten, damit verbundenen Tätigkeiten oder Ergebnisse wären bezüglich des Umfangs und/oder ihrer Tragweite unzutreffend.

60 Auswirkungen auf die vermutete Vollständigkeit sowie Auslegung der Generalnorm sind auch für Prospektbegutachtungen über Vermögensanlagen nach VermAnlG durch die grds. nicht mehr zu beachtende Anlage des *IDW ES 4 (2013)* zu Anforderungen an den Inhalt von Verkaufsprospekten über Kapitalanlagen nicht ersichtlich (vgl. Tz. 43); insoweit kann auf die ausdrückliche Beachtung der in *IDW ES 4 (2013)* enthaltenen Angaben verzichtet werden. Maßstab und Grenzen der Begutachtung von Verkaufsprospekten sind damit auch für Vermögensanlagen nach VermAnlG analog zum *IDW S 4 (2016)* anwendbar.

### 4.2.3 Dokumentation und Berichterstattung

61 Die zu AIF gemachten Ausführungen gelten **sinngemäß**. Besonderheiten ergeben sich aus der Art der zu begutachtenden Vermögensanlage nicht.

> **Praxistipp 4:**
>
> Sofern ein Versand an Anleger oder dritte Interessierte vertraglich vereinbart wird, empfiehlt es sich dringend, die Gutachten zu nummerieren und den Versand samt Adressaten zu dokumentieren.

35 D.h. auf Basis der vorgelegten Nachweise wird die Dokumentation auf Plausibilität, Vollständigkeit und Integrität zum „Anlagegegenstand" überprüft (Grundsatzprüfung). Der Schwerpunkt liegt auf der Prüfung der Widerspruchsfreiheit und etwaiger Nachweislücken.

36 Vgl. *IDW S 4 (2016)*, Tz. 4, 1. Spiegelstrich.

62 Auf einen (weiteren) Versand sollte verzichtet werden, wenn das **Gutachten bereits älter als zwei Jahre** ist. Es besteht die Gefahr von veralteten Informationen sowie von erneut anlaufenden Verjährungsfristen aufgrund von vereinbarten Auskunftsverträgen. Auf diese beabsichtigte Praxis sollte bereits bei Auftragsannahme hingewiesen werden.

## 4.3 Sonstige gutachterliche Tätigkeiten bei Verkaufsprospekten

### 4.3.1 Auftragsumfang und Adressat der Beurteilung

63 Neben den gesetzlich regulierten Kapitalanlagen sind weiterhin **Kapitalanlagen** für den Vertrieb **zugelassen, die keinerlei gesetzlicher Regelung bedürfen** und für die dennoch Verkaufsunterlagen bereitgestellt werden. Derzeit sind dies bspw. unternehmerische Beteiligungen, Private Placements (siehe Ausnahmen des VermAnlG unter Tz. 52 ff.), bestimmte Schwarmfinanzierungen und andere, speziellere gesetzliche Ausnahmen (vgl. §§ 2-2c VermAnlG).

64 Vor dem Hintergrund, dass Auftrag und Auftragsumfang einer gutachterlichen Tätigkeit i.Z.m. Verkaufsprospekten im Grundsatz frei verhandelt werden können, ist eine mit den allgemeinen Berufsgrundsätzen vereinbare Vorgehensweise von besonderer Bedeutung, um die mit dem Auftragsverhältnis verbundenen **Risiken für den Gutachter** in einem begrenzbaren Rahmen zu halten.

65 Bei unternehmerischen Beteiligungen und Private Placements kann häufig ein Interessentenkreis angenommen werden, der entweder unternehmerisch aktiv ist oder in Anbetracht einer hohen Mindestinvestition über Erfahrung bei der Investition in unternehmerische Kapitalanlagen besitzt. Die Prospektbegutachtung kann in diesen Fällen auch die Funktion einer sog. **Due Diligence** annehmen[37]. Häufig werden die Interessenten gleichzeitig Adressaten des Gutachtens sein. Es empfiehlt sich, im Gutachten einleitend auf die entsprechenden Vereinbarungen in der Auftragsannahme hinzuweisen.

66 Die praktische Relevanz der Begutachtung von Investments von insgesamt unter 100.000 € dürfte sich infolge der Relation zu den Kosten eines Gutachtens in Grenzen halten. Durch **Schwarmfinanzierungen** lassen sich Projekte bzw. Produkte, die Umsetzung von Geschäftsideen u.Ä. mit Eigenkapital oder vergleichbaren Mitteln – in Deutschland zumeist in Form partiarischer Darlehen oder stiller Beteiligungen – versorgen. Hierbei können Beteiligungen an Unternehmen erworben werden. Kapitalgeber ist im Regelfall eine Vielzahl von Personen, häufig bestehend aus Internetnutzern, da zum sog. Crowdfunding meist im World Wide Web aufgerufen wird. Bei der Schwarmfinanzierung soll das Projektrisiko auf zahlreiche Investoren mit i.d.R. verhältnismäßig kleinen Investitionssummen verteilt werden. Insofern wendet sich das Angebot an eine nicht begrenzbare Menge nicht bekannter potenzieller Investoren.

67 Sofern in diesen Fällen potentielle Investoren als Adressaten der Begutachtung vorgesehen würden, wäre der **Empfängerhorizont** außerordentlich **indifferent** und eine adäquate Berichterstattung nicht gewährleistet. Vor dem Hintergrund eines dadurch deutlich erschwert eingrenzbaren Haftungsrisikos wäre ein Auftrag i.d.R. abzulehnen.

37 Vgl. *IDW*, WP Handbuch 2014 Bd. II, Kap. D.

Die Relevanz entsprechender Prospektbegutachtungen wird sich jedoch erst in Zukunft erweisen müssen.

Im Umkehrschluss beschränkt sich das praktische Anwendungsfeld für die Begutachtung nicht regulierter Verkaufsunterlagen derzeit im Wesentlichen auf Private Placements oder nur an einen begrenzten Personenkreis gerichtete Angebote. In beiden Fällen kommt der Beschreibung des Auftragsumfangs besondere Bedeutung zu. Da im Gesetz ein Mindestprospektinhalt (Sollobjekt) nicht definiert wird und der Umfang einer Begutachtung im Ermessen des Auftraggebers steht, muss der **potentielle Adressatenkreis** bereits bei der Beauftragung in Erwägung gezogen werden, um einerseits Art und Umfang der durchzuführenden Arbeiten sowie Darstellung der Ergebnisse zu konkretisieren und andererseits den erwartbaren Risiken entsprechend angemessene Haftungsregelungen zu treffen. 68

Darüber hinaus ist zu beachten, dass die Prospektinhalte nicht von der BaFin gestattet werden müssen. Insofern kann der mögliche Auftragsumfang nicht aufgrund von Redundanzen aufgrund gesetzlich vorgegebener Prüfungshandlungen, die bereits durch die BaFin vorgenommen werden, reduziert werden. 69

## 4.3.2 Beschreibung der Vermögensanlage und Maßstab der Beurteilung

Aufgrund der fehlenden gesetzlichen Vorschriften einerseits, der zivilrechtlichen Haftung hinsichtlich vollständiger und richtiger Darstellung der Anlage andererseits, besteht für die Herausgeber bzw. Emittenten einer nicht regulierten Vermögensanlage ein erhebliches Interesse, die Vermögensanlage – vor dem Hintergrund der (Anlegerschutz-) Rechtsprechung – zutreffend zu beschreiben. Hierzu bietet es sich an, auch gesetzliche Angaben in den **nicht regulierten Verkaufsprospekt** aufzunehmen, jedenfalls soweit diese im Einzelfall sinnvoll anwendbar sind. Durch die ausdrückliche Aufnahme dieser Einzelsachverhalte in einen Gesetzestext kann jedenfalls argumentiert werden, dass diesen ebenfalls bei Vermögensanlagen – auch ohne ausdrückliche spezialgesetzliche Regulierung – eine wesentliche Bedeutung einzuräumen sei. 70

Darüber hinaus können im Einzelfall vom Prospektherausgeber zusätzliche wirtschaftliche, rechtliche oder steuerliche Angaben erforderlich werden, um das Angebot ausreichend verständlich darzustellen. Hierzu kann es sich anbieten, die in den Anlagen zum *IDW S 4 (2006)* bzw. *IDW ES 4 (2013)* gemachten Angaben i.S. einer Checkliste kritisch auf die jeweilige Relevanz zu überprüfen. Insbesondere dürften Angaben zur Investitionsphase, hier vor allem die vereinbarte Gebührenstruktur, Angaben zur Nutzung der Vermögensanlage, insb. eine Planrechnung mit Darstellung der Annahmen sowie eine Sensitivitätsanalyse hinsichtlich der wesentlichen Einflussfaktoren auf die Zielgrößen für die Entscheidungsfindung hilfreich sein. Die vollständige Wiedergabe sämtlicher in der Anlage enthaltener Einzelangaben dürfte jedoch nur in Einzelfällen erforderlich werden. 71

Im Rahmen einer Auftragsvereinbarung sollte vor diesem Hintergrund der Maßstab einer Begutachtung der Vollständigkeit sorgfältig abgewogen werden. So kann bspw. die **Begutachtung der formalen Vollständigkeit** ausschließlich *in analoger Anwendung spezialgesetzlicher Vorschriften* (z.B. VermAnlG) vereinbart werden. Bei der Aufnahme zusätzlicher Einzelangaben in den Verkaufsprospekt sollte sich die Begutachtung der 72

Vollständigkeit allein auf das Vorhandensein schriftlicher Dokumentationen, Aussagen oder sonstiger Unterlagen zur Stützung dieser zusätzlichen Informationen beziehen[38].

**Praxistipp 5:**

Es empfiehlt sich, eine Liste der erhaltenen Unterlagen mit Stand und Datum der Übergabe zu führen, die als Nachweis der Vollständigkeit dient und dem Gutachten als Anlage beigefügt werden kann.

73 Eine **explizite Begutachtung der materiellen Vollständigkeit** sollte vor dem Hintergrund der bestehenden Redepflicht des WP und der Erfordernis eines besonderen Prüfungsansatzes insofern regelmäßig ausdrücklich ausgeschlossen werden[39].

74 Die **Begutachtung der Klarheit** kann bei Private Placements oder bekanntem, homogenen Adressatenkreis u.U. unter Einbezug des Empfängerhorizontes erfolgen. Um Auslegungsschwierigkeiten einzugrenzen, empfiehlt es sich in diesen Fällen, ggf. auf gesetzliche Begrifflichkeiten zurückzugreifen (z.B. semiprofessionelle Anleger, professionelle Anleger).

75 Bezüglich der **Begutachtung der Richtigkeit** der gemachten Aussagen, die auf Tatsachen beruhen oder in Folgerungen bzw. wertenden Aussagen in den Verkaufsunterlagen bestehen, ergeben sich regelmäßig keine Besonderheiten.

76 Zur **Beurteilung der Verlässlichkeit von Prognosen** wurden in Anlage 1 zu *IDW S 4 (2006)* Leistungsnachweise über durchgeführte Vermögensanlagen gefordert. Infolge der Überarbeitung des *IDW Standards* entfällt die faktische Verpflichtung, diese Angaben in Verkaufsunterlagen aufzunehmen und entsprechend zu begutachten. Sofern der WP jedoch Kenntnis von bedeutsamen Abweichungen zwischen tatsächlich erzielten wesentlichen Ergebnissen von gemachten Prospektangaben in der Vergangenheit hat oder haben müsste, besteht eine Berichtspflicht. Die daraus resultierenden zusätzlich erforderlichen Tätigkeiten können je nach Aktivität des Anbieters erheblich sein. Bei Vorliegen eines semiprofessionellen oder professionellen Anlegerkreises erscheint es jedoch vertretbar, die Begutachtung dieses Sachverhaltes vertraglich auszuschließen, sofern hierauf im Gutachten, ggf. auch in der Schlussbemerkung, ausdrücklich hingewiesen und erläutert wird, welche möglichen Schlussfolgerungen durch diese Angaben gezogen werden können und welche Beurteilungsrisiken durch das Fehlen der Angaben erhöht werden.

77 Alternativ können bei nicht regulierten Anlagen einzelne, gesondert vereinbarte Untersuchungshandlungen beauftragt werden (sog. **Agreed-Upon Procedures** nach ISRS 4400)[40]. In diesen Fällen kann ein Gesamt- bzw. Prüfungsurteil oder eine zusammenfassende Schlussbemerkung nicht getroffen werden. Es ist darauf zu achten, dass die durchzuführenden Untersuchungshandlungen im Auftrag präzise vereinbart werden. Die Ausübung von Ermessen ist in Aufträgen dieser Art weitgehend eingegrenzt (z.B.

38 Eine darüber hinaus gehende Begutachtung der Vollständigkeit der Unterlagen und Informationen würde ein dokumentiertes System des Herausgebers erfordern, in dem dieser sicherstellen könnte, dass die Vollständigkeit gewährleistet wäre. Dies wird aufgrund des häufig vorzufindenden projektbezogenen Charakters der Abläufe meist nicht nachvollziehbar gegeben sein.

39 Vgl. hierzu Tz. 40 ff.

40 Vgl. hierzu ausführlich Kap. T.

hinsichtlich Art und Umfang von stichprobenartigen Untersuchungshandlungen). Zu berücksichtigen ist dabei, dass diese Form der Untersuchung sich nicht für nicht-professionelle und nur sehr eingeschränkt für semi-professionelle Adressaten eignet, da ein erhöhtes Risiko besteht, dass die erzielten Ergebnisse unzutreffend interpretiert (z.B. unzulässig verallgemeinert) werden.

### 4.3.3 Besondere Dokumentationserfordernisse und Berichterstattung

Sofern ein Abdruck sämtlicher Unterlagen im Gutachten bzw. als Anlage dazu nicht 78
angemessen erscheint, sind die zu begutachtenden Verkaufsunterlagen zumindest mit dem Datum des Bearbeitungsstands und dem Datum des Erhalts zu benennen und **als Anlage dem Gutachten beizufügen**. Dies wird erforderlich, um dem Adressaten den Dokumentationsstand und den (ggf. begrenzten) Umfang der Begutachtung transparent zu machen. Aufgrund des begrenzten Adressatenkreises bei Private Placements werden dem Gutachten i.d.R. keine gedruckten und gebundenen Verkaufsunterlagen beizufügen sein.

Die Berichterstattung erfolgt **schriftlich**. Wesentliche Feststellungen sind dabei in die 79
„Zusammenfassende Schlussbemerkung" aufzunehmen. Aufgrund der gutachterlichen Tätigkeit kann ein Gesamt- bzw. Prüfungsurteil nicht erteilt werden. Je nach Auftragsvereinbarung wäre auch eine Berichterstattung i.S. von „Factual findings" denkbar, bei der lediglich die vereinbarten Untersuchungsschritte und das auf dieser Basis erzielte Arbeitsergebnis beschrieben werden. Diese Form der Berichterstattung sollte jedoch nicht bei nicht-professionellen Adressaten angewendet werden, um Missverständnisse über die Tragweite der Erkenntnisse zu vermeiden.

## 4.4 Nachträge

**Nachträge zum Prospekt** oder den ergänzenden Unterlagen (z.B. wAI, PIB) werden 80
erforderlich, wenn der Vertrieb eines AIF oder einer Vermögensanlage noch nicht abgeschlossen ist, sich jedoch ausdrücklich gesetzlich geforderte oder andere wesentliche Angaben im Vergleich zu einem bei der BaFin eingereichten Verkaufsprospekt und/oder nach Abschluss einer Begutachtung verändert haben.

Aufgrund der vom Berufsstand der WP entwickelten Empfehlungen ist die Nachsorge 81
durch den WP hinsichtlich veränderter Sachverhalte regelmäßig ausgeschlossen. Häufig wird der Emittent oder Prospektherausgeber i.R.d. Auftragsverhältnisses verpflichtet sein, veränderte und nachtragspflichtige **Sachverhalte dem WP mitzuteilen**. In diesen Fällen ist die weitere Verwendung des Gutachtens vertraglich auszuschließen, da sich die zu beurteilenden Sachverhalte geändert haben, das Gutachten insoweit veraltet ist und u. U. eine unzutreffend gewordene „Zusammenfassende Schlussbemerkung" abgegeben wird.

Ist es beabsichtigt, weiterhin ein (aktualisiertes) Prospektgutachten zu verwenden, sind 82
die eingetretenen Veränderungen bzw. der Nachtrag zu begutachten. Der Auftrag ist[41] auf die **Begutachtung der Änderungen und Aktualisierungen** des Nachtrags zu beschränken. Entsprechend hat sich eine Berichterstattung nur auf die zu begutachtenden

41 Nach *IDW S 4 (2016)*, Tz. 72 (noch in *IDW S 4 (2006)*, Tz. 75: „kann"). Berufsrechtlich kann es nicht zu beanstanden sein, wenn sich die (erneute) Begutachtung auf den Verkaufsprospekt insgesamt erstreckt.

Sachverhalte zu beziehen[42]. Anschließend darf dieser (Nachtrags-)Bericht nur zusammen mit dem originären Gutachten (ggf. einschließlich weiterer Nachtragsberichte) verwendet werden.

**83** Im Hinblick auf nachtragspflichtige **Einzelsachverhalte** ist die Beschränkung der Begutachtung auf diese Änderungen zu begrüßen. Sind jedoch **weitreichende Änderungen** eingetreten, die sich bspw. an verschiedenen Stellen der Verkaufsunterlagen (z.B. wAI) auswirken, kann ggf. eine erneute Beurteilung der Verkaufsunterlagen insgesamt erforderlich werden oder sinnvoll erscheinen.

**84** Insbesondere bei Verkaufsunterlagen für sog. **Blindpools** (d.h. Angebote, bei denen konkrete Investitionsobjekte oder deren Auswahlkriterien zwar beschrieben sind, diese jedoch noch nicht erworben wurden), kann sich durch Nachträge erheblicher Änderungsbedarf ergeben, wenn bspw. während des Vertriebs die Akquisitionsplanung umgesetzt wird. In der Praxis wird jedoch vertreten, dass in diesen Fällen dann keine Nachträge erforderlich werden, wenn die tatsächlichen Investitionen den in den Verkaufsunterlagen beschriebenen Investitionsobjekten oder deren Auswahlkriterien entsprechen[43]. Ob diese Auffassung auch von der Rechtsprechung mitgetragen wird, ist noch nicht entschieden worden.

**Beispiel 1:**

Problematisch sind geplante risikogestreute Einzelinvestitionen, deren tatsächliche sukzessive Umsetzung über den Zeitablauf naturgemäß nicht zu jedem Zeitpunkt der vorgesehenen Risikostreuung entsprechen kann. Insofern sind Abweichungen zum prospektierten Inhalt nahezu zwangsläufig gegeben. Sofern die Umsetzung der Planung erwartbar prospektgemäß verläuft, kann auch hier i.d.R. von umfangreichen Nachtragspflichten abgesehen werden. Im Einzelfall empfiehlt sich eine Abstimmung mit der BaFin.

**85** Abweichend von der gesetzlichen Regelung bei der Jahresabschlussprüfung ist nicht vorgegeben, dass der Nachtragsgutachter mit dem bisherigen WP identisch sein muss. Theoretisch wäre eine getrennte Beauftragung insb. dann möglich, wenn sich die Begutachtung ausschließlich auf die Änderung bezieht. Vor Auftragsannahme ist jedoch vom **Nachtragsgutachter** zu beurteilen, ob dieser über die zur Auftragsdurchführung erforderlichen allgemeinen Kenntnisse und Erfahrungen verfügt und, ob er die für die Auftragsdurchführung erforderliche detaillierte Kenntnis von der angebotenen Anlage besitzt. Dabei wird insb. zu berücksichtigen sein, dass auch i.R.d. Begutachtung eines einzelnen nachtragspflichtigen Sachverhalts und der entsprechenden Begrenzung des Auftrags u.U. eine Berichtspflicht hinsichtlich weiterer Sachverhalte entstehen kann, die i.R.d. allgemeinen Sorgfaltspflichten bei Durchführung des Auftrags bekannt werden oder hätten bekannt werden müssen. Im Regelfall wird daher der bisherige WP vorrangig für die Begutachtung des Nachtrags in Betracht kommen.

42 Vgl. *IDW S 4 (2016)*, Tz. 72.

43 Eine Stellungnahme der BaFin liegt hierzu nicht vor; abweichende Vorgehensweisen am Markt sind derzeit nicht bekannt.

## 4.5 Comfort Letter

Comfort Letter werden i.Z.m. **Kapitalmarkttransaktionen** erteilt. Bei diesen Transaktionen nehmen Emittenten den Kapitalmarkt unter Verwendung von Börsenprospekten für die Platzierung von Aktien, Schuldverschreibungen oder sonstigen börsenfähigen Wertpapieren in Anspruch[44]. Die berufsständische Auffassung über das Vorgehen bei der Erteilung von Comfort Lettern ist im *IDW PS 910* niedergelegt. 86

Die Tätigkeiten i.Z.m. einem Comfort Letter stellen ausdrücklich **keine Prospektbegutachtung** i.S.d. *IDW S 4* dar[45].

# 5. Haftungsfragen

(Verkaufs-)Prospekte werden typischerweise für öffentliche Angebote erstellt. Es handelt sich i.d.R. um komplexe Transaktionen mit erheblichem finanziellem Volumen. Die **Haftungsgefahren und inhärenten Risiken** sind aufgrund des regelmäßig hohen oder sehr hohen Emissionsvolumens für alle Beteiligten erheblich[46]. Darüber hinaus sind die gesetzlichen Vorgaben hinsichtlich der Prospektinhalte im Einzelfall stark auslegungsbedürftig und ermessensabhängig. Hinsichtlich möglicher (Prospekt-) Haftungsfragen ist eine Vielzahl von spezialgesetzlichen und allgemeinen zivilrechtlichen Anspruchsvorschriften zu beachten. Vor diesem Hintergrund und dem Risiko eines mit einer öffentlichen Prozessführung verbundenen potenziellen Reputationsschadens ist das einzuschätzende Grundrisiko bei der Auftragsannahme häufig höher als „normal" anzunehmen. Insoweit empfiehlt es sich für involvierte WP, rechtzeitig Kontakt mit der zuständigen Versicherungsstelle aufzunehmen. 87

44 Vgl. ausführlich zu Comfort Lettern Kap. U Tz. 115 ff.
45 Vgl. *IDW PS 910*, Tz. 4.
46 Vgl. *IDW*, WP Handbuch 2014 Bd. II, Kap. T Tz. 10.

| Anspruch auf Ausgleich des erlittenen Vermögensschadens | | | | | |
|---|---|---|---|---|---|
| **Haftungstatbestände** | **Anspruchsgrundlage** | | | **Adressatenkreis** | **Verjährung** |
| Prospekthaftung | § 306 Abs. 1 KAGB | Unrichtigkeit/ Unvollständigkeit von wichtigen Angaben im Prospekt (für Beurteilung) | Nicht bei Kenntnis des Fehlers oder Kennenmüssen für gewerbsmäßige Verkäufer | Emittent, Anbieter KVG | 2 Jahre |
| | §§ 21 ff. WpPG | Unrichtigkeit/ Unvollständigkeit von wichtigen Angaben im Prospekt (für Beurteilung) | Wesentliche Angabe, Wertbildender Faktor | Emittent, Anbieter | 6 Monate |
| | § 20 VermAnlG | Unrichtigkeit/ Unvollständigkeit von wichtigen Angaben im Prospekt (für Beurteilung) | 24 Monate nach erstem öffentlichen Angebot, nicht bei Kenntnis, nicht ohne Prospekt, nicht bei Nachweis Unkenntnis oder grob fahrlässiger Unkenntnis | Emittent, Anbieter | 2 Jahre |
| | § 22 VermAnlG | Unrichtiges oder irreführendes VIB | Nicht bei Fahrlässigkeit | Emittent, Anbieter | 3 Jahre |
| | § 306 Abs. 2 KAGB | Unrichtige oder unvollständige wAI | Nicht bei Kenntnis des Fehlers oder Kennenmüssen für gewerbsmäßige Verkäufer | Emittent, Anbieter KVG | 4 Jahre |
| Ges. bürgerlichrechtliche Prospekthaftung i.e.S. | § 242 BGB (Richterrecht aus Analogie zu c.i.c.) | | Sehr streitig, ob neben gesetzlicher Prospekthaftung noch anwendbar | berufliche Sachkenner[3)] | 3 Jahre nach Entstehen und Kenntnis, 10 Jahre nach Entstehung des Schadens (ohne Kenntnis), 30 Jahre ab Pflichtverletzung[2)] |
| Vertrauenshaftung | § 311 Abs. 2 BGB | Fehlerhaft oder unvollständiger Prospekt | Gibt es normalerweise nicht, sondern nur Haftung aus Vertrag mit Schutzwirkung für Dritte | berufliche Sachkenner[3)] | 3 Jahre nach Entstehen und Kenntnis, 10 Jahre nach Entstehung des Schadens (ohne Kenntnis), 30 Jahre ab Pflichtverletzung |

| **Anspruch auf Ausgleich des erlittenen Vermögensschadens** | | | | | |
|---|---|---|---|---|---|
| **Haftungs-tatbestände** | **Anspruchsgrundlage** | | | **Adressa-tenkreis** | **Verjährung** |
| Auskunfts-vertrag[1] | § 280 i.V.m. § 311 Abs. 1 BGB | Fehlerhafte oder unvoll-ständige Auskunft | | Vertrags-partner | 3 Jahre nach Ent-stehen und Kennt-nis, 10 Jahre nach Entstehung des Schadens (ohne Kenntnis), 30 Jahre ab Pflichtverletzung |
| Vertrag mit Schutzwir-kung zu-gunsten Dritter | §§ 157, 242 BGB | Fehlerhafter oder unvoll-ständiger Prospekt | Unter besonderen Voraussetzungen Haftung des APr. (nicht durch bloße, nicht namentliche Erwähnung, aber durch Abdruck eines fehlerhaften Testats oder PrB oder durch Ange-bot der Übermitt-lung des PrB für die darin gemachten Prospektaussagen), Haftung des Pros-pektgutachters auch nach *IDW S 4*[4] | berufliche Sachken-ner[3] | 3 Jahre nach Ent-stehen und Kennt-nis, 10 Jahre nach Entstehung des Schadens (ohne Kenntnis), 30 Jahre ab Pflichtverletzung |
| Deliktische Ansprüche | §§ 823 Abs. 2, 826 BGB | | | | 3 Jahre nach Ent-stehen und Kennt-nis, 10 Jahre nach Entstehung des Schadens (ohne Kenntnis), 30 Jahre ab Pflichtverletzung |

1) Haftungsbegrenzung möglich.
2) Gem. *Leuering*, NJW 2012, S. 1905 (1909): § 46 BörsenG a.F. gilt - jedenfalls für Altfälle - fort (1 Jahr ab Kenntnis, 3 Jahre ab Veröffentlichung).
3) BGH v. 12.02.2004, BGHZ Bd. 158, S. 110; BGH v. 17.11.2011, WM 2012, S. 19.
4) BGH v. 14.06.2007, WM 2007, S. 1503; BGH v. 14.06. 2007, WM 2007, S. 1507.

Tabelle 2: Übersicht über Haftungstatbestände und Ansprüche auf Ausgleich erlittener Vermögensschäden

Die **Verjährung** beträgt nach §§ 191, 195 BGB bei allen nach dem 01.06.2012 begebenen 88
Prospekten einheitlich

- 3 Jahre nach Bekanntwerden der anspruchsbegründenden Umstände oder
- 10 Jahre ab der Entstehung dieser Umstände (auch ohne deren Kenntnis) oder
- 30 Jahre nach der Pflichtverletzung (auch ohne bis dahin entstehenden Schaden).

Nur im Einzelfall zu beantworten ist die Frage, wann der jeweilige Anspruch entstanden ist.

# Abkürzungsverzeichnis

# Abkürzungsverzeichnis

## A

| | |
|---|---|
| a.A. | anderer Ansicht / anderer Auffassung |
| AAB | Allgemeine Auftragsbedingungen (für Wirtschaftsprüfer und Wirtschaftsprüfungsgesellschaften) |
| AAF | Ausschuss für Aus- und Fortbildung des IDW |
| abl. | ablehnend |
| Abl. | Amtsblatt |
| Abl.EG | Amtsblatt der Europäischen Gemeinschaften |
| Abl.EU | Amtsblatt der Europäischen Union |
| ABS | Asset Backed Securities |
| Abs. | Absatz |
| Abschn. | Abschnitt |
| Abt. | Abteilung |
| abw. | abweichend |
| abzgl. | abzüglich |
| a.E. | am Ende |
| ÄndG | Änderungsgesetz |
| a.F. | alte Fassung |
| AG | Aktiengesellschaft, auch Die Aktiengesellschaft (Zeitschrift), auch Amtsgericht, auch Ausführungsgesetz |
| aG | auf Gegenseitigkeit |
| AGB | Allgemeine Geschäftsbedingungen |
| AG-Report | Sonderteil Die Aktiengesellschaft (Zeitschrift) |
| AHK | Anschaffungs- und Herstellungskosten |
| AICPA | American Institute of Certified Public Accountants |
| AIF | Alternative Investmentfonds |
| AK | Arbeitskreis, auch Anschaffungskosten |
| AktG | Aktiengesetz |
| Alt. | Alternative |
| amtl. | amtlich |
| Anh. | Anhang |
| Anm. | Anmerkung |
| AO | Abgabenordnung |
| a.o. | außerordentlich |
| APr. | Abschlussprüfer |
| APS | AccountAbility Prinzipien Standard |
| AR | Aufsichtsrat |
| ARC | Audit Regulation Committee |
| AReG | Abschlussprüfungsreformgesetz |
| Art. | Artikel |
| ARUG | Gesetz zur Umsetzung der Aktionärsrechterichtlinie |
| AÜG | Arbeitnehmerüberlassungsgesetz |
| Aufl. | Auflage |
| AuslInvestmG | Auslandsinvestmentgesetz |
| AV | Anlagevermögen |
| Az. | Aktenzeichen |

## B

| | |
|---|---|
| BAFA | Bundesamt für Wirtschaft und Ausfuhrkontrolle |
| BaFin | Bundesanstalt für Finanzdienstleistungsaufsicht |
| BAG | Bundesarbeitsgericht, auch Bundesaufsichtsgesetz |
| BAnz | Bundesanzeiger |
| BB | Betriebs-Berater (Zeitschrift) |
| BBK | NWB Rechnungswesen (Zeitschrift) |
| BC | Zeitschrift für Bilanzierung, Rechnungswesen und Controlling |
| Bd. | Band |
| BDSG | Bundesdatenschutzgesetz |
| Begr. | Begründung |
| Beil. | Beilage |
| Bek. | Bekanntmachung |
| ber. | berichtigt |
| Beschl. | Beschluss |
| BestV | Bestätigungsvermerk |
| betr. | betreffend |
| BetrAV | Betriebliche Altersversorgung (Zeitschrift) |
| BetrAVG | Betriebsrentengesetz |
| BFA | Bankenfachausschuss des IDW |
| BFH | Bundesfinanzhof |

| | |
|---|---|
| BfJ | Bundesamt für Justiz |
| BGB | Bürgerliches Gesetzbuch |
| BGBl. | Bundesgesetzblatt |
| BGH | Bundesgerichtshof |
| BGHZ | Sammlung der Entscheidungen des Bundesgerichtshofs in Zivilsachen (Zeitschrift) |
| BilMoG | Bilanzrechtsmodernisierungsgesetz |
| BilReG | Bilanzrechtsreformgesetz |
| BiRiLiG | Bilanzrichtlinien-Gesetz |
| BilRUG | Bilanzrichtlinie-Umsetzungsgesetz |
| BMF | Bundesminister/Bundesministerium der Finanzen |
| BMJ | Bundesminister/Bundesministerium der Justiz |
| BMU | Bundesminister/Bundesministerium für Umwelt, Naturschutz und Reaktorsicherheit |
| BMWi | Bundesminister/Bundesministerium für Wirtschaft und Energie |
| BörsG | Börsengesetz |
| BörsZulV | Börsenzulassungs-Verordnung |
| BPG | Buchprüfungsgesellschaft |
| BR | Bundesrat, auch Bundesrepublik |
| BR-Drs. | Bundesratsdrucksache |
| BSI | Bundesamt für Informationssicherheit |
| Bsp. | Beispiel |
| bspw. | beispielsweise |
| BStBK | Bundessteuerberaterkammer |
| BStBl. | Bundessteuerblatt |
| BS WP/vBP | Berufssatzung für Wirtschaftsprüfer/vereidigte Buchprüfer |
| BT | Bundestag |
| BT-Drs. | Bundestagsdrucksache |
| Buchst. | Buchstabe |
| BVerfG | Bundesverfassungsgericht |
| bzgl. | bezüglich |
| bzw. | beziehungsweise |

## C

| | |
|---|---|
| ca. | circa |
| CA | Chartered Accountant |
| CAG | Consultative Advisory Groups |
| CB | Compliance Berater (Zeitschrift) |
| CCZ | Corporate Compliance Zeitschrift |
| CESR | The Committee of European Securities Regulators |
| CF | Conceptual framework |
| CFO | Chief Financial Officer |
| CGS | Corporate Governance System |
| c.i.c. | culpa in contrahendo |
| CICA | Canadian Institute of Chartered Accountants |
| CM | Controller Magazin (Zeitschrift) |
| CMS | Compliance Management System |
| COBIT | Control Objectives for Information and Related Technology |
| COSO | Committee of Sponsoring Organizations of the Treadway Commission |
| CPA | Certified Public Accountant |
| CRR | Capital Requirements Regulation |

## D

| | |
|---|---|
| DB | Der Betrieb (Zeitschrift) |
| DCF | Discounted Cash Flow |
| DCGK | Deutscher Corporate Governance Kodex |
| DEHSt | Deutsche Emissionshandelsstelle |
| ders. | derselbe |
| dgl. | dergleichen, desgleichen |
| d.h. | das heißt |
| dies. | dieselbe(n) |
| DIHK | Deutscher Industrie- und Handelskammertag |
| DIIR | Deutsches Institut für Interne Revision |
| DIN | Deutsches Institut für Normung |
| div. | diverse |
| DK | Der Konzern (Zeitschrift) |
| DM | Deutsche Mark |
| DPR | Deutsche Prüfstelle für Rechnungslegung |
| DRÄS | Deutscher Rechnungslegungs Änderungsstandard |
| DrittelbG | Drittelbeteiligungsgesetz |
| DRS | Deutscher Rechnungslegungs Standard |
| Drs. | Drucksache |
| DRSC | Deutsches Rechnungslegungs Standards Committee e.V. |
| DRZ | Deutsche Rechtszeitschrift |
| d.s. | das sind |

| | |
|---|---|
| DSD | Duales System Deutschland |
| DStR | Deutsches Steuerrecht (Zeitschrift) |
| DStZ | Deutsche Steuerzeitung |
| DVFA | Deutsche Vereinigung für Finanzanalyse und und Asset Management e.V. |
| DVO | Durchführungsverordnung |

## E

| | |
|---|---|
| EA | Einzelabschluss, Einzelabschlüsse |
| EAIG | European Audit Inspection Group |
| EAV | Ergebnisabführungsvertrag |
| eBAnz | Elektronischer Bundesanzeiger |
| ebd. | ebendort, ebenda |
| EBIT | Earnings before interest and taxes |
| EBITDA | Earnings before interests, taxes, depreciation and amortisation |
| E-DRS | Entwurf Deutscher Rechnungslegungs Standard |
| ED | Exposure Draft |
| EEG | Erneuerbare-Energien-Gesetz |
| EFRAG | European Financial Reporting Advisory Group |
| EG | Einführungsgesetz, auch Europäische Gemeinschaften |
| eG | eingetragene Genossenschaft |
| EGHGB | Einführungsgesetz zum Handelsgesetzbuch |
| EHUG | Gesetz über elektronische Handelsregister und Genossenschaftsregister sowie das Unternehmensregister |
| Einl. | Einleitung |
| einschl. | einschließlich |
| EK | Eigenkapital |
| EMIR | European Market Infrastructure Regulation |
| entspr. | entsprechend |
| Erbbau-VO/ErbbauRG | Erbbaurechtsverordnung/Erbbaurechtsgesetz |
| Erg. | Ergänzung |
| ErgBd. | Ergänzungsband |
| Erl. | Erlass, auch Erläuterung |
| ERP | Enterprise Resource Planning |
| ESMA | European Securities and Markets Authority |
| ESt | Einkommensteuer |
| EStG | Einkommensteuergesetz |
| et al. | et alii |
| etc. | et cetera |
| EU | Europäische Union |
| EuGH | Europäischer Gerichtshof |
| EUREX | European Exchange |
| e.V. | eingetragener Verein |
| evtl. | eventuell |
| EWG | Europäische Wirtschaftsgemeinschaft |
| EWIV | Europäische wirtschaftliche Interessenvereinigung |
| EWR | Europäischer Wirtschaftsraum |
| EZB | Europäische Zentralbank |

## F

| | |
|---|---|
| f. | folgende |
| FA | Finanzamt |
| FAIT | Fachausschuss für Informationstechnologie des IDW |
| FAQ | Frequently Asked Questions |
| FAR | Fachausschuss Recht des IDW |
| FAUB | Fachausschuss für Unternehmensbewertung und Betriebswirtschaft |
| FAZ | Frankfurter Allgemeine Zeitung |
| FB | Finanzbetrieb (Zeitschrift) |
| FDLI | Finanzdienstleistungsinstitute |
| FEE | Fédération des Experts-comptables Européens |
| f.e.R. | für eigene Rechnung |
| ff. | fortfolgende |
| FG | Finanzgericht, auch Fachgutachten |
| FGG | Gesetz über die Angelegenheiten der freiwilligen Gerichtsbarkeit |
| FGO | Finanzgerichtsordnung |
| FI | Finanzinstrument, auch Finanzdienstleistungsinstitute |
| FinMin. | Finanzminister/Finanzministerium |
| FinVermV | Finanzanlagenvermittlungsverordnung |
| FinVerw | Finanzverwaltung |
| FK | Fremdkapital |
| FM | Finanzminister, Finanzministerium |

| | |
|---|---|
| FMSA | Bundesanstalt für Finanzmarktstabilisierung |
| FN-IDW | Fachnachrichten des IDW |
| Fn. | Fußnote |
| FR | Finanz-Rundschau (Zeitschrift) |
| FS | Festschrift |
| FWB | Frankfurter Wertpapierbörse |

## G

| | |
|---|---|
| GAAP | Generally Accepted Accounting Principles |
| GB | Geschäftsbericht |
| GBl. | Gesetzblatt |
| GbR | Gesellschaft bürgerlichen Rechts |
| GDV | Gesamtverband der Deutschen Versicherungswirtschaft e.V. |
| gem. | gemäß |
| GenG | Genossenschaftsgesetz |
| Ges. | Gesetz, auch Gesellschaft |
| GewO | Gewerbeordnung |
| GewSt | Gewerbesteuer |
| GG | Grundgesetz für die Bundesrepublik Deutschland |
| ggf. | gegebenenfalls |
| ggü. | gegenüber |
| GIZ | Deutsche Gesellschaft für internationale Zusammenarbeit und Entwicklung |
| GJ | Geschäftsjahr |
| GKV | Gesamtkostenverfahren |
| gl.A. | gleicher Ansicht |
| GmbH | Gesellschaft mit beschränkter Haftung |
| GmbHG | Gesetz betreffend die Gesellschaften mit beschränkter Haftung |
| GmbHR | GmbH-Rundschau (Zeitschrift) |
| GoA | Grundsätze ordnungsmäßiger Abschlussprüfung |
| GoB | Grundsätze ordnungsmäßiger Buchführung |
| GoBD | Grundsätze zur ordnungsmäßigen Führung und Aufbewahrung von Büchern, Aufzeichnungen und Unterlagen in elektronischer Form sowie zum Datenzugriff |
| GPrüfbV | Gegenpartei Prüfbescheinigungsverordnung |
| GRC | Governance Risk and Compliance |
| grds. | grundsätzlich |
| GRI | Global Reporting Initiative |
| GuV | Gewinn- und Verlustrechnung |
| GVG | Gerichtsverfassungsgesetz |
| GwG | Geldwäschegesetz |
| GWR | Gesellschafts- und Wirtschaftsrecht (Zeitschrift) |

## H

| | |
|---|---|
| h.A. | herrschende Auffassung |
| HB | Handelsbilanz |
| HBG | Hypothekenbankgesetz |
| HFA | Hauptfachausschuss des IDW |
| HGB | Handelsgesetzbuch |
| HGrG | Haushaltsgrundsätzegesetz |
| HJB | Halbjahresbericht |
| HK | Herstellungskosten |
| h.M. | herrschende Meinung |
| HR | Handelsregister |
| Hrsg./hrsg. | Herausgeber/herausgegeben |
| Hs. | Halbsatz |
| HV | Hauptversammlung |

## I

| | |
|---|---|
| IaaS | Infrastructure as a Service |
| IAASB | International Auditing and Assurance Standards Board |
| IAESB | International Accounting Education Standards Board |
| IAS | International Accounting Standard |
| IASB | International Accounting Standards Board |
| ICB | Industrial classification benchmark |
| i.d.F. | in der Fassung |
| i.d.R. | in der Regel |
| i.d.S. | in diesem Sinne |
| IDW | Institut der Wirtschaftsprüfer in Deutschland e.V. |
| IDW EPS | Entwurf IDW Prüfungsstandard |
| IDW EQS | Entwurf IDW Qualitätssicherungsstandard |
| IDW ERS | Entwurf IDW Stellungnahme zur Rechnungslegung |
| IDW ES | Entwurf IDW Standard |

| | |
|---|---|
| IDW Life | IDW Life (Zeitschrift) |
| IDW PH | IDW Prüfungshinweis |
| IDW PS | IDW Prüfungsstandard |
| IDW QS | IDW Qualitätssicherungsstandard |
| IDW RH | IDW Rechnungslegungshinweis |
| IDW RS | IDW Stellungnahme zur Rechnungslegung |
| IDW S | IDW Standard |
| i.e.S. | im engeren Sinne |
| IESBA | International Ethics Standards Board for Accountants |
| IFAC | International Federation of Accountants |
| IFRS | International Financial Reporting Standards |
| IG | Implementation Guidance |
| IHK | Industrie- und Handelskammer |
| IIA | Institute of Internal Auditors |
| IIRC | International Integrated Reporting Council |
| IKS | Internes Kontrollsystem |
| insb. | insbesondere |
| InsO | Insolvenzordnung |
| InvG | Investmentgesetz |
| IPPF | International Professional Practices Framework |
| i.R. | im Rahmen |
| i.R.d. | im Rahmen der/des |
| IRI | Initiative for Responsible Investment |
| IRS | Internes Revisionssystem |
| ISA | International Standard on Auditing |
| ISAE | International Standard on Assurance Engagement |
| i.S.d. | im Sinne der, des, dieser |
| ISQC | International Standard on Quality Control |
| ISRE | International Standard on Review Engagements |
| ISRS | International Standard on Related Services |
| IStR | Internationales Steuerrecht (Zeitschrift) |
| i.S.v. | im Sinne von |
| IT | Informationstechnologie/Information Technology |
| i.V.m. | in Verbindung mit |
| i.w.S. | im weiteren Sinne |
| i.Z.m. | im Zusammenhang mit |

## J

| | |
|---|---|
| JA | Jahresabschluss/Jahresabschlüsse |
| JB | Jahresbericht |
| JoA | Journal of Accountancy (Zeitschrift) |

## K

| | |
|---|---|
| KA | Konzernabschluss/Konzernabschlüsse |
| KAG | Kapitalanlagegesellschaft |
| KAGB | Kapitalanlagegesetzbuch |
| KAGG | Gesetz über Kapitalanlagegesellschaften |
| KAMs | Key Audit Matters |
| KAnh. | Konzern-Anhang |
| Kap. | Kapitel |
| KapCo-Ges. | Kapitalgesellschaft und Co. |
| KapGes. | Kapitalgesellschaft |
| KAPr. | Konzernabschlussprüfer |
| KFR | Kapitalflussrechnung |
| KfW | Kreditanstalt für Wiederaufbau |
| KG | Kommanditgesellschaft |
| KGaA | Kommanditgesellschaft auf Aktien |
| KI | Kreditinstitut |
| KJ | Kalenderjahr |
| KLB | Konzernlagebericht |
| Kleinst-KapGes. | Kleinstkapitalgesellschaft |
| Komm. | Kommentar |
| KonTraG | Gesetz zur Kontrolle und Transparenz im Unternehmensbereich |
| KoR | Kapitalmarktorientierte Rechnungslegung (Zeitschrift) |
| KPrB | Konzernprüfungsbericht |
| krit. | Kritisch |
| KSt | Körperschaftsteuer |
| KStG | Körperschaftsteuergesetz |
| KVG | Kapitalverwaltungsgesellschaft |
| KWG | Kreditwesengesetz |
| KWK-G | Kraft-Wärme-Kopplungs-Gesetz |

## L

| | |
|---|---|
| LAGA | Bund/Länder-Arbeitsgemeinschaft Abfall |
| LB | Lagebericht |

| | |
|---|---|
| lfd. | laufend |
| LG | Landgericht |
| LHO | Landeshaushaltsordnung |
| lit. | Littera |
| Lit. | Literatur |
| Losebl. | Loseblattsammlung |
| lt. | laut |

## M

| | |
|---|---|
| MaBV | Makler- und Bauträgerverordnung |
| MaBVwV | Musterverwaltungsvorschrift zur MaBV |
| MaComp | Mindestanforderungen an Compliance |
| MaIR | Mindestanforderungen an die Ausgestaltung der Internen Revision |
| MaKonV | Marktmanipulations-Konkretisierungsverordnung |
| MaRisk | Mindestanforderungen an das Risikomanagement |
| m.a.W. | mit anderen Worten |
| MdF | Minister/Ministerium der Finanzen |
| MdI | Minister/Ministerium des Inneren |
| MiFlD | Europäische Finanzmarktrichtlinie |
| Mio. | Million(en) |
| MitbestG | Mitbestimmungsgesetz |
| Mitt. | Mitteilung |
| m.N. | mit Nachweisen |
| Mrd. | Milliarden |
| MU | Mutterunternehmen |
| m.w.H. | mit weiteren Hinweisen |
| m.w.N. | mit weiteren Nachweisen |
| MwSt | Mehrwertsteuer |

## N

| | |
|---|---|
| NaStraG | Namensaktiengesetz |
| n.F. | neue Fassung |
| NJW | Neue Juristische Wochenschrift (Zeitschrift) |
| NL | Niederlassung |
| Non-PIE | Non Public Interest Entities |
| Nr. | Nummer/Nummern |
| nrkr. | nicht rechtskräftig |
| n.v. | nicht veröffentlicht |
| NWB | Neue Wirtschafts-Briefe (Zeitschrift) |
| NZG | Neue Zeitschrift für Gesellschaftsrecht |

## O

| | |
|---|---|
| o.ä. | oder ähnlich |
| OECD | Organization for Economic Co-Operation and Development |
| öR | öffentliches Recht |
| ö.-r. | öffentlich-rechtlich |
| o.g. | oben genannte(n) |
| OGA | Organismen für gemeinsame Anlagen |
| OGAW | Organismen für gemeinsame Anlagen in Wertpapieren |
| OHG | Offene Handelsgesellschaft |
| OLG | Oberlandesgericht |
| OLGZ | Entscheidungen der Oberlandesgerichte in Zivilsachen (Zeitschrift) |
| OTC | Over the Counter |
| o.V. | ohne Verfasser |
| OVG | Oberverwaltungsgericht |

## P

| | |
|---|---|
| p.a. | per anno |
| PaaS | Platform as a Service |
| Para. | Paragraph |
| PartG | Partnerschaftsgesellschaft |
| PartGG | Partnerschaftsgesellschaftsgesetz |
| PCAOB | Public Company Accounting Oversight Board |
| PersGes. | Personengesellschaft |
| PIE | Public Interest Entities |
| PiR | Praxis der internationalen Rechnungslegung (Zeitschrift) |
| PrA | Prüfungsausschuss |
| PrB | Prüfungsbericht |
| PStR | Praxis Steuerstrafrecht (Zeitschrift) |
| PublG | Publizitätsgesetz |
| pUB | passiver Unterschiedsbetrag |

## R

| | |
|---|---|
| RA | Rechtsanwalt/Rechtsanwälte |
| RAP | Rechnungsabgrenzungsposten |
| RB | Rechenschaftsbericht, auch Rechtsbeistand |
| rd. | rund |
| Rech-KredV | Verordnung über die Rechnungslegung der Kreditinstitute und Finanzdienstleistungsinstitute |
| Rech-VersV | Verordnung über die Rechnungslegung von Versicherungsunternehmen |
| RegBegr. | Regierungsbegründung |
| RegE | Regierungsentwurf |
| RGJ | Rumpfgeschäftsjahr |
| RIW | Recht der Internationalen Wirtschaft (Zeitschrift) |
| rkr. | rechtskräftig |
| RL | Richtlinie |
| RMS | Risikomanagementsystem |
| Rn. | Randnummer(n) |
| Rspr. | Rechtsprechung |
| RStV | Rundfunkstaatsvertrag |

## S

| | |
|---|---|
| S. | Seite, auch Satz/Sätze |
| s. | siehe |
| s.a. | siehe auch |
| SaQK | Satzung für Qualitätskontrolle |
| SaaS | Software as a Service |
| SAS | Statement(s) on Auditing Standards |
| SASB | Sustainability Accounting Standards Board |
| SCE | Societas Cooperativa Europaea |
| Schr. | Schreiben |
| s.d. | siehe dort |
| SE | Societas Europaea |
| SEAG | SE-Ausführungsgesetz |
| SEC | Securities and Exchange Commission |
| SE-VO | Verordnung über das Statut der Europäischen Gesellschaft |
| SG | Schmalenbach Gesellschaft für Betriebswirtschaft e.V. |
| SGB | Sozialgesetzbuch |
| SH | Sonderheft |
| Slg. | Sammlung |
| SMEs | Small and Medium-sized Entities |
| s.o. | siehe oben |
| sog. | sogenannte(en) |
| SolvV | Solvabilitätsverordnung |
| SolZ | Solidaritätszuschlag |
| Sonderbeil. | Sonderbeilage |
| sonst. | sonstige |
| Sp. | Spalte |
| SSAE | Statement on Standards for Attestation Engagement |
| St | Stellungnahme |
| StB | Steuerberater, auch Steuerberatung, auch Steuerbilanz, auch Der Steuerberater (Zeitschrift) |
| StBerG | Steuerberatungsgesetz |
| StBG | Steuerberatungsgesellschaft |
| Stbg. | Die Steuerberatung (Zeitschrift) |
| StBJb. | Steuerberater-Jahrbuch |
| SteuK | Steuerrecht kurzgefasst (Zeitschrift) |
| StFA | Steuerfachausschuss des IDW |
| StGB | Strafgesetzbuch |
| st. Rspr. | ständige Rechtsprechung |
| s.u. | siehe unter |
| StuB | NWB Unternehmensteuern und Bilanzen (Zeitschrift) |
| SV | Sondervermögen |

## T

| | |
|---|---|
| teilw. | teilweise |
| TransPuG | Transparenz- und Publizitätsgesetz |
| TU | Tochterunternehmen |
| TUG | Transparenzrichtlinieumsetzungsgesetz |
| Tz. | Textziffer |

## U

| | |
|---|---|
| u.a. | unter anderem, auch und andere |
| u.ä. | und ähnliche(s) |
| u.a.m. | und andere(s) mehr |
| Ubg | Die Unternehmensbesteuerung (Zeitschrift) |
| UBGG | Gesetz über Unternehmensbeteiligungsgesellschaften |
| u.dgl. | und dergleichen |
| u.E. | unseres Erachtens |

| | |
|---|---|
| UMAG | Gesetz zur Unternehmensintegrität und Modernisierung des Anfechtungsrechts |
| UmwG | Umwandlungsgesetz |
| Umw-GÄndG | Zweites Gesetz zur Änderung des Umwandlungsgesetzes |
| UmwStG | Umwandlungssteuergesetz |
| UNEP | United Nations Environment Programme |
| Unterabs. | Unterabsatz |
| UrhG | Urheberrechtsgesetz |
| Urt. | Urteil |
| US | United States |
| US-GAAP | United States – Generally Accepted Accounting Principles |
| usw. | und so weiter |
| u.U. | unter Umständen |
| UV | Umlaufvermögen |
| UWG | Gesetz gegen den unlauteren Wettbewerb |

## V

| | |
|---|---|
| v. | von, vom |
| v.a. | vor allem |
| VAG | Versicherungsaufsichtsgesetz |
| vBP | vereidigter Buchprüfer |
| Verf. | Verfasser |
| Verk-ProspG | Verkaufsprospektgesetz |
| Verm-AnlG | Vermögensanlagegesetz |
| Verm-Verk-ProspV | Vermögensanlagen-Verkaufsprospekt-Verordnung |
| VerpackV | Verpackungsverordnung |
| VFA | Versicherungsfachausschuss des IDW |
| VG | Verwaltungsgericht |
| vGA | verdeckte Gewinnausschüttung |
| vgl. | vergleiche |
| v.H. | vom Hundert |
| VIB | Vermögensanlagen-Informationsblatt |
| VJ | Vorjahr |
| VO | Verordnung, auch Vorstand |
| VollstE | Vollständigkeitserklärung |
| Voraufl. | Vorauflage |
| Vorbem. | Vorbemerkung |
| VR | Verwaltungsrat |
| VU | Versicherungsunternehmen |
| VVaG | Versicherungsverein auf Gegenseitigkeit |
| VVG | Versicherungsvertragsgesetz |
| VW | Versicherungswirtschaft (Zeitschrift) |

## W

| | |
|---|---|
| WAI | wesentliche Anlegerinformation |
| WertR | Wertermittlungs-Richtlinien |
| WertV | Wertermittlungsverordnung |
| wg. | wegen |
| WICI | World Intellectual Capital/Assets Initiative |
| wistra | Zeitschrift für Wirtschaft, Steuer, Strafrecht |
| WJ | Wirtschaftsjahr |
| WM | Wertpapier-Mitteilungen (Zeitschrift) |
| WP | Wirtschaftsprüfer |
| WPG | Wirtschaftsprüfungsgesellschaft (en) |
| WPg | Die Wirtschaftsprüfung (Zeitschrift) |
| WPH | Wirtschaftsprüfer Handbuch |
| WpHG | Wertpapierhandelsgesetz |
| WPK | Wirtschaftsprüferkammer |
| WPK-Mitt. | Wirtschaftsprüferkammer-Mitteilungen (Zeitschrift) |
| WPK-Magazin | Mitteilungen der WPK (Zeitschrift) |
| WPO | Wirtschaftsprüferordnung |
| WpPG | Wertpapierprospektgesetz |
| WP Praxis | WP Praxis (Zeitschrift) |
| WpÜG | Wertpapiererwerbs- und Übernahmegesetz |
| www. | world wide web |

## Z

| | |
|---|---|
| z. | zu, zum, zur |
| z.B. | zum Beispiel |
| ZCG | Zeitschrift für Corporate Governance |
| ZGR | Zeitschrift für Unternehmens- und Gesellschaftsrecht |
| ZHR | Zeitschrift für das gesamte Handelsrecht und Wirtschaftsrecht |
| ZIP | Zeitschrift für Wirtschaftsrecht |

| | |
|---|---|
| ZIR | Zeitschrift Interne Revision |
| ZNL | Zweigniederlassung/en |
| ZPO | Zivilprozessordnung |
| ZRFC | Risk, Fraud & Compliance (Zeitschrift) |
| z.T. | zum Teil |
| zust. | zustimmend |
| ZwA | Zwischenabschluss |
| ZWH | Zeitschrift für Wirtschaftsstrafrecht und Haftung im Unternehmen |
| z.Z. | zur Zeit |

# Literaturverzeichnis

Das Literaturverzeichnis besteht aus vier Teilen. Zunächst werden Kommentare und betriebswirtschaftliche Standardliteratur in aktueller Auflage aufgelistet, die durch eine Hochzahl dargestellt wird. Sofern Vorauflagen zitiert werden, sind diese an der abweichenden Hochzahl zu erkennen. Die Auflistung der Quellen erfolgt alphabetisch.

Monographien und Beiträge in Sammelwerken (wie z.B. Festschriftenaufsätze) sind mit kompletter Titelangabe im zweiten Teil des Literaturverzeichnisses angegeben. Aufsätze in Fachzeitschriften mit genauem Titel sind Inhalt des dritten Teils. Die in Teil zwei und drei genannten Quellen sind in den Kapiteln in abgekürzter Form zitiert.

Im vierten Teil des Literaturverzeichnisses sind nur die in diesem Band zitierten IDW Verlautbarungen aufgeführt.

Inhalt Seite



## 1. Kommentare und Standardliteratur

| | |
|---|---|
| ADS[5] | Adler/Düring/Schmaltz, Rechnungslegung und Prüfung der Unternehmen, 5. Aufl., Stuttgart 1987–1992 |
| ADS[6] | Adler/Düring/Schmaltz, Rechnungslegung und Prüfung der Unternehmen, 6. Aufl., Stuttgart 1995–2000 |
| ADS[6] ErgBd. | Adler/Düring/Schmaltz, Rechnungslegung und Prüfung der Unternehmen, 6. Aufl., Ergänzungsband, Stuttgart 2001 |
| *Assmann/Schlitt/von Kopp-Colomb*, WpPG/VerkProspG[2] | Assmann/Schlitt/von Kopp-Colomb (Hrsg.), Wertpapierprospektgesetz Verkaufsprospektgesetz, 2. Aufl., Köln 2010 |
| *Baumbach/Hopt*, HGB[37] | Baumbach/Hopt, Handelsgesetzbuch, 37. Aufl., München 2015 |
| BeBiKo[10] | Ellrott u.a. (Hrsg.), Beck'scher Bilanz-Kommentar, Handels- und Steuerbilanz, 10. Aufl., München 2016 |
| *Bergmeister/Reiß*[4] | Bergmeister/Reiß, MaBV für Bauträger, Handbuch der Makler- und Bauträgerverordnung für die Gewerbetreibenden und deren Prüfer, 4. Aufl., Düsseldorf 2003 |
| *Blümich*, EStG | Blümich, Einkommensteuergesetz / hrsg. v. Heuermann, München 1969 ff. (Loseblattausgabe) |
| *Bohnert*[4] | Bohnert, OWiG, Ordnungswidrigkeitengesetz Kommentar, 4. Aufl., München 2016 |
| *Budde/Förschle/Winkeljohann*, Sonderbilanzen[4] | Budde/Förschle/Winkeljohann (Hrsg.), Sonderbilanzen, 4. Aufl., München 2008 |
| *Busse v. Colbe* u.a., Konzernabschlüsse[9] | Busse v. Colbe u.a., Konzernabschlüsse, 9. Aufl., Wiesbaden 2010 |
| *Dauner-Lieb/Simon*, UmwG | Dauner-Lieb/Simon (Hrsg.), Kölner Kommentar zum Umwandlungsgesetz, Köln 2009 |

| | |
|---|---|
| DRSC | Deutsches Rechnungslegungs Standards Committee (DRSC) (Hrsg.), Deutsche Rechnungslegungs Standards (DRS), Stuttgart 2000 ff. (Loseblattausgabe) |
| FK-WpPG[2] | Berrar u.a. (Hrsg.), Frankfurter Kommentar zum WpPG und zur EU-ProspektVO, Frankfurt a.M. 2011 |
| *Godin/Wilhelmi*, AktG[4] | Godin/Wilhelmi, Aktiengesetz, 4. Aufl., Berlin 1971 |
| *Grziwotz*[2] | Grziwotz, MaBV, Kommentar zur Makler- und Bauträgerverordnung, 2. Aufl., Köln 2012 |
| *Goutier/Knopf/Tulloch*, UmwRecht | Goutier/Knopf/Tulloch (Hrsg.), Kommentar zum Umwandlungsrecht, Heidelberg 1996 |
| Großkomm. AktG[4] | Hopt/Wiedemann (Hrsg.), Aktiengesetz, Großkommentar, 4. Aufl., Berlin 1992–2004 |
| Haufe HGB Kommentar[7] | Bertram/Brinkmann/Kessler/Müller (Hrsg.), Haufe HGB BilanzKommentar, 7. Aufl., Freiburg i.Br. 2016 |
| HdR[5] | Küting/Weber (Hrsg.), Handbuch der Rechnungslegung: Einzelabschluss, Kommentar zur Bilanzierung und Prüfung, 5. Aufl., Stuttgart 2005 ff. (Loseblattausgabe) |
| *Hense/Ulrich*, WPO[2] | Hense/Ulrich (Hrsg.), WPO Kommentar, 2. Aufl., Düsseldorf 2013 |
| *Holzborn*, WpPG[2] | Holzborn (Hrsg.), Wertpapierprospektgesetz mit EU-Prospektverordnung und weiterführenden Vorschriften, 2. Aufl., Berlin 2014 |
| *Hüffer*, AktG[12] | Hüffer, Aktiengesetz, 12. Aufl., München 2016 |
| HWB[6] | Köhler/Küpper/Pfingsten (Hrsg.), Handwörterbuch der Betriebswirtschaft (HWB), 6. Aufl., Stuttgart 2007 |
| *IDW*, Praxishandbuch[10] | IDW (Hrsg.), Praxishandbuch zur Qualitätssicherung 2016/2017, 10. Aufl., Düsseldorf 2016 |
| *IDW*, WPH Edition, Wirtschaftsprüfung & Rechnungslegung[15] | IDW (Hrsg.), WPH Edition, Wirtschaftsprüfung & Rechnungslegung, 15. Aufl., Düsseldorf 2017 |
| *Kallmeyer*, UmwG[5] | Kallmeyer, Umwandlungsgesetz, 5. Aufl., Köln 2013 |
| *Klein*, AO[13] | Klein, Abgabenordnung – einschl. Steuerstrafrecht, 13. Aufl., München 2016 |

| | |
|---|---|
| *Koller/Roth/Morck*, HGB[8] | Koller/Roth/Morck, Handelsgesetzbuch, 8. Aufl., München 2015 |
| Kölner Komm. AktG[3] | Zöllner/Noack (Hrsg.), Kölner Kommentar zum Aktiengesetz, 3. Aufl., Köln 2004 ff. |
| *Kropff*, AktG | Kropff, Aktiengesetz, Düsseldorf 1965 |
| *Lutter*, UmwG[5] | Lutter/Bayer/Vetter (Hrsg.), Umwandlungsgesetz, 5. Aufl., Köln 2014 |
| *Marks*[9] | Marks, Makler- und Bauträgerverordnung, Kommentar, 9. Aufl., München 2014 |
| *Marten/Quick/Ruhnke*, Wirtschaftsprüfung[5] | Marten/Quick/Ruhnke, Wirtschaftsprüfung, 5. Aufl., Stuttgart 2015 |
| MünchKomm. HGB[3] | Schmidt, K. (Hrsg.), Münchener Kommentar zum HGB, 3. Aufl., München 2010 ff. |
| *Ringleb* u.a., DCGK[4] | Ringleb u.a., Kommentar zum Deutschen Corporate Governance Kodex (DCGK-Kommentar), 4. Aufl., München 2010 |
| *Rödder/Herlinghaus/van Lishaut*, UmwStG[2] | Rödder/Herlinghaus/van Lishaut, Umwandlungsteuergesetz, 2. Aufl., Köln 2013 |
| *Roth/Altmeppen*, GmbHG[8] | Roth/Altmeppen, GmbHG, 8. Aufl., München 2015 |
| *Sagasser/Bula/Brünger*, Umwandlungen[4] | Sagasser/Bula/Brünger, Umwandlungen, 4. Aufl., München 2011 |
| *Schedlbauer* | Schedlbauer, Sonderprüfungen, Stuttgart 1984 |
| *Schmidt/Lutter*, AktG[3] | Schmidt, K./Lutter (Hrsg.), Aktiengesetz, 3. Aufl., Köln 2015 |
| *Schmitt/Hörtnagl/Stratz*, UmwG[7] | Schmitt/Hörtnagl/Stratz (Hrsg.), Umwandlungsgesetz, Umwandlungssteuergesetz, 7. Aufl., München 2016 |
| *Schwark*, Kapitalmarktrecht[4] | Schwark, Kapitalmarktrechts-Kommentar, 4. Aufl., München 2010 |
| *Semler/Stengel*, UmwG[3] | Semler/Stengel, Umwandlungsgesetz, 3. Aufl., München 2012 |
| *Senge*, KK-OWiG[4] | Senge (Hrsg.), Karlsruher Kommentar zum Gesetz über Ordnungswidrigkeiten, KK-OWiG, 4. Aufl., München 2014 |
| *Sölch/Ringleb* | Sölch/Ringleb, Umsatzsteuer, hrsg. v. Wagner, München 2016 (Loseblattausgabe) |
| *Spindler/Stilz*, AktG[2] | Spindler/Stilz (Hrsg.), Kommentar zum Aktiengesetz, 2. Aufl., München 2010 |

| | |
|---|---|
| *Tipke/Kruse*, AO/FGO | Tipke/Kruse, AO/FGO, Kommentar zur AO und FGO, Köln 1961ff. (Loseblattausgabe) |
| *Widmann/Mayer*, UmwRecht[3] | Widmann/Mayer, Umwandlungsrecht, 3. Aufl., Bonn 1995 ff. (Loseblattausgabe) |
| *Winkeljohann/Förschle/Deubert*, Sonderbilanzen[5] | Winkeljohann/Förschle/Deubert (Hrsg.), Sonderbilanzen, 5. Aufl., München 2016 |
| *Winnefeld*, Bilanz-Handbuch[4] | Winnefeld, Bilanz-Handbuch, 4. Aufl., München 2006 |
| WP Handbuch 2012 Bd. I. | IDW (Hrsg.), WP Handbuch 2012 Wirtschaftsprüfung, Rechnungslegung, Beratung, Band I, 14. Aufl., Düsseldorf 2012 |
| WP Handbuch 2014 Bd. II | IDW (Hrsg.), WP Handbuch 2014 Wirtschaftsprüfung, Rechnungslegung, Beratung, Band II, 14. Aufl., Düsseldorf 2014 |

## 2. Monographien und Beiträge in Sammelwerken

*AccountAbility* (Hrsg.), AA1000 AccountAbility Prinzipien Standard 2008, London 2008

*AccountAbility* (Hrsg.), AA1000 Prüfungsstandard Standard 2008, London 2008

*Accounting for Sustainability A4S* (Hrsg.), Governance & Collaboration, London 2009

*Almeling/Böhm*, Betriebswirtschaftliche Prüfung nach ISAE 3000 (Revised), Standardsetting, Zielsetzung, Umsetzung, Zweifelsfragen, Düsseldorf 2017

*Angermayer*, Die aktienrechtliche Prüfung von Sacheinlagen, Düsseldorf 1994

*Angermayer-Michler/Oser*, Die Berücksichtigung von Synergieeffekten bei der Unternehmensbewertung, in: Peemöller (Hrsg.), Praxishandbuch der Unternehmensbewertung, 5. Aufl., Herne/Berlin 2012, S. 1101

*Ball/Haager*, Aktienrechtliche Sonderprüfungen, Berlin 2007

*Bertelsmann Stiftung* (Hrsg.), Leitfaden zum Deutschen Nachhaltigkeitskodex, Gütersloh 2016

*Biener*, Bilanzierung im Spannungsfeld von Europa-, Umwandlungs- und Steuerrecht, in: StbJb 1995/96, S. 48

*Bitzer*, Probleme der Prüfung des Umtauschverhältnisses bei aktienrechtlichen Verschmelzungen, Pfaffenweiler 1987

*Böcking*, Corporate Governance und Transparenz – Zur Notwendigkeit der Transparenz für eine wirksame Unternehmensüberwachung, in: von Werder/Wiedmann (Hrsg.), Internationale Rechnungslegung und Corporate Governance, FS Klaus Pohle, Stuttgart 2003, S. 247

*Brandt*, Die Sacheinlagefähigkeit im Rahmen der qualifizierten Gründung von Aktiengesellschaften, Frankfurt a.M. 1989

*Bundesamt für Informationssicherheit*, Anforderungskatalog Cloud Computing – Kriterien zur Beurteilung der Informationssicherheit von Cloud-Diensten, Version 1.0 – Stand: Februar 2016

*Claussen*, Über das Zusammenwirken von Rechtssystemen – am Beispiel des Rechnungslegungsrechts, in: Stiefel u.a. (Hrsg.), Festschrift für Ernst C. Stiefel zum 80. Geburtstag, München 1987, S. 87

*COSO*, Internal Control – Integrated Framework, 2. Aufl., Jersey City 1994

*COSO*, Unternehmensweites Risikomanagement – Übergreifendes Rahmenwerk, Frankfurt a.M. 2004

*Debevoise/Taylor*, Prozess- und Entscheidungsmodellierung in BPMN/DMN, Charleston 2016

*Deutsche Emissionshandelsstelle beim Umweltbundesamt (DEHSt)*, Leitfaden zur Prüfung von Anträgen auf Beihilfen für indirekte $CO_2$-Kosten (Strompreiskompensation) in Deutschland für Wirtschaftsprüferinnen und Wirtschaftsprüfer, vereidigte Buchprüferinnen und vereidigte Buchprüfer (DEHSt-Leitfaden), Stand März 2016

*Deutsche Gesellschaft für internationale Zusammenarbeit und Entwicklung (GIZ) GmbH* (Hrsg.), Deutsches Global Compact Netzwerk, Eschborn 2012

*Dienst*, Die aktienrechtliche externe Sonderprüfung, München 1961

*DIIR*, Unternehmensüberwachung und Interne Revision – Aktuelle Entwicklungen und Auswirkungen durch COSO ERM, Frankfurt a.M. 2006

DIN ISO/IEC 27001 IT-Sicherheitsverfahren – Informationssicherheits-Managementsysteme – Anforderungen, o.O. 2015

*Dörner/Orth*, Bedeutung der Corporate Governance für Unternehmen und Kapitalmärkte, in: Pfitzer u.a. (Hrsg.), Deutscher Corporate Governance Kodex – Ein Handbuch für Entscheidungsträger, 2. Aufl., Stuttgart 2005, S. 3

*Drukarczyk*, Kapitalerhöhung und -herabsetzung, Prüfung, in: $HWRev^2$, Sp. 934

*DVFA/EFFAS* (Hrsg.), KPIs for ESG, Frankfurt a.M. 2010

*Ebeling*, Die Einheitsfiktion als Grundlage der Konzernrechnungslegung, Stuttgart 1995

*Eccles/Krzus*, One Report, Hoboken 2010

*Eibelshäuser*, Unternehmensüberwachung als Element der Corporate Governance, Wiesbaden 2011

*Engelmeyer*, Die Spaltung von Aktiengesellschaften nach dem neuen Umwandlungsrecht, Köln 1995

*Federation of European Accountants (FEE)* (Hrsg.), Combined and Carve-out Financial Statements – Analysis of Common Practices, Brüssel 2013

*Freidank/Lachnit* (Hrsg.), Vahlens Großes Auditing Lexikon, München 2007

*Freund/Rücker*, Praxishandbuch BPMN 2.0, 3. Aufl., München/Wien 2012

*FTSE International Limited* (Hrsg.), ICB Struktur und Definition, London 2012

*Gelhausen/Heinz*, Vermögensentnahmen aus GmbH und AG, in: Krieger u.a. (Hrsg.), Festschrift für Michael Hoffmann-Becking zum 70. Geburtstag, München 2013, S. 357

*Global Reporting Initiative* (Hrsg.), G4 Leitlinien zur Nachhaltigkeitsberichterstattung, Berichterstattungsgrundsätze und Standardangaben, Amsterdam 2015

*Global Reporting Initiative* (Hrsg.), G4 Leitlinien zur Nachhaltigkeitsberichterstattung, Umsetzungsanleitung, Amsterdam 2015

*Global Reporting Initiative* (Hrsg.), G4 Sustainability Reporting Guidelines, Frequently Asked Questions, Amsterdam 2015

*Griesar*, Verschmelzung und Konzernabschluß: Konsolidierungsanforderungen und Konsolidierungsmethoden, Düsseldorf 1998

*Gustavus*, HR-Anmeldungen – Wegweiser mit Übersichten und Rechtsprechungs-Leitsätzen zum Registerrecht im HGB, GmbHG, AktG, UmwG, FGG, 6. Aufl., Köln 2005

*Haas*, Gesellschaftsrechtliche Kriterien zur Sacheinlagefähigkeit von obligatorischen Nutzungsrechten, in: Klein (Hrsg.), Handelsrecht und Steuerrecht, Festschrift für Dr. Dr. h.c. Georg Döllerer, Düsseldorf 1988, S. 169

*Habersack*, Zweck und Gegenstand der Sonderprüfung nach § 142 AktG, in: Wank u.a. (Hrsg.), Festschrift für Herbert Wiedemann zum 70. Geburtstag, München 2002, S. 889

*Hauschka/Moosmayer/Lösler* (Hrsg.), Corporate Compliance, Handbuch der Haftungsvermeidung im Unternehmen, 3. Aufl., München 2016

*Heigl/Uecker*, Die aktienrechtliche Prüfung, Stuttgart 1970

*Hennrichs,* Ausgewählte Zweifelsfragen zur Kapitalrücklage, in: Krieger u.a. (Hrsg.), Festschrift für Michael Hoffmann-Becking zum 70. Geburtstag, München 2013, S. 511

*Hockerts,* Sustainability innovations, St. Gallen 2003

*Hoffmann-Becking,* Das neue Verschmelzungsrecht in der Praxis, in: Goerdeler (Hrsg.), Festschrift für Hans Joachim Fleck zum 70. Geburtstag am 30. Januar 1988, Berlin/ New York 1988, S. 105

*Hutter/Kaulamo,* Antragsdokumente für Börsennotierung und Angebot von Wertpapieren, in: Deutsche Börse AG (Hrsg.), Praxishandbuch Börsengang, Wiesbaden 2006, S. 191

*IAASB,* International Framework for Assurance Engagement, New York 2013

*IDW,* International Standards on Auditing (ISAs), IDW Textausgabe Englisch – Deutsch, 10. Aufl., Düsseldorf 2017

*IFAC,* Handbook of International Auditing, Assurance and Ethics Pronouncements, New York 2004

*IFAC,* International Handbook of Quality Control, New York 2015

*Ihrig,* Zum Kapitalschutz bei der Spaltung von Aktiengesellschaften, in: Bitter u.a. (Hrsg.), Festschrift für Karsten Schmidt zum 70. Geburtstag, Köln 2009, S. 779

*Initiative for Reponsible Investment (IRI),* From Transparency to Performance, Harvard 2011

*International Federation of Accountants* (Hrsg.), ISAE 3000 (Revised) Assurance Engagements other than Audits or Reviews of Historical Financial Information, New York December 2013

*International Integrated Reporting Council* (Hrsg.), Assurance On <IR> An introduction to the discussion, London July 2014

*International Integrated Reporting Council* (Hrsg.), Assurance On <IR> An exploration of issues, London July 2014

*International Integrated Reporting Council* (Hrsg.), Assurance On <IR> Overview of feedback and call to action, London July 2015

*International Integrated Reporting Council* (Hrsg.), Framework Development: <IR> Discussion Paper, London September 2011

*International Integrated Reporting Council* (Hrsg.), Framework Development: Draft framework outline, London Juli 2012

*International Integrated Reporting Council* (Hrsg.), Framework Development: <IR> Prototype of the International <IR> Framework, London November 2010

*International Integrated Reporting Council* (Hrsg.), Framework Development: <IR> Consultation Draft, London April 2013

*International Integrated Reporting Council* (Hrsg.), Materiality in <IR> Guidance for the preparation of integrated reports, London November 2015

*International Integrated Reporting Council* (Hrsg.), The International <IR> Framework, London September 2013

*Jakobus*, Die Vorstandspflicht zum Risikomanagement, Baden-Baden 2014

*Jänig*, Die aktienrechtliche Sonderprüfung, Baden-Baden 2005

*Joswig*, Gründungsbilanzierung bei Kapitalgesellschaften nach Handels- und Steuerrecht, Düsseldorf 1995

*Kahling*, Bilanzierung bei konzerninterner Verschmelzung, Düsseldorf 1999

*Kamm*, Die aktienrechtliche Sonderprüfung gemäß §§ 142 ff. AktG, Baden-Baden 2015

*Keil*, Der Verschmelzungsbericht nach § 340a AktG, Köln 1990

*Kirschner*, Die Sonderprüfung der Geschäftsführung in der Praxis, Düsseldorf 2008

*Klein*, Die betriebswirtschaftliche Beurteilung eines Unternehmens im Rahmen der Gründungsprüfung, Düsseldorf 1972

*KPMG*, Die Steuerfunktion im Wandel: von der Stabsabteilung zur Governance-Funktion, Studie zur Organisation der Konzernsteuerabteilung 2015, Berlin 2015

*Krieger*, Zur Reichweite des § 52 AktG, in: Martens (Hrsg.), Festschrift für Carsten Peter Claussen zum 70. Geburtstag, Köln 1997, S. 223

*Kunold*, Comfort Letter, in: Habersack/Mülbert/Schlitt (Hrsg.), Unternehmensfinanzierung am Kapitalmarkt, 3. Aufl., Köln 2013, § 34

*Lamla*, Grundsätze ordnungsmäßiger Umwandlungsprüfung, Wiesbaden 1997

*Laue/Kunz/Schmiegel*, Das wirksame Compliance-Management-System – Ausgestaltung und Implementierung im Unternehmen, 2. Aufl., Herne 2016

*Lorenz*, Einführung in die rechtlichen Grundlagen des Risikomanagements, in: Romeike (Hrsg.), Rechtliche Grundlagen des Risikomanagements – Haftungs- und Strafvermeidung für Corporate Compliance, Berlin 2008, S. 3

*Lück*, Lexikon der Rechnungslegung und Abschlussprüfung, 4. Aufl., München 1998

*Lydenberg/Rogers/Wood*, From Transparency to Performance, Cambridge June 2010

*Moser*, Bilanzielle und steuerliche Behandlung eines downstream mergers, Köln 2000

*Müller, W.*, Bilanzierungsfragen bei der grenzüberschreitenden Verschmelzung und Sitzverlegung, in: Kirchhof u.a. (Hrsg.), Festschrift für Arndt Raupach zum 70. Geburtstag, Steuer- und Gesellschaftsrecht zwischen Unternehmerfreiheit und Gemeinwohl, Köln 2006, S. 261

*Munkert*, Die externe aktienrechtliche Gründungsprüfung, München 1971

*Munkert*, Gründungsprüfung, in: HWRev[2], Sp. 778

*Naumann*, Zur Anwendung von § 24 UmwG in Verschmelzungsfällen, in: Baetge u.a. (Hrsg.), Rechnungslegung, Prüfung und Beratung, Festschrift zum 70. Geburtstag von Professor Dr. Rainer Ludewig, Düsseldorf 1996, S. 683

*Olfert/Körner/Langenbeck*, Sonderbilanzen, 4. Aufl., Ludwigshafen 1994

*Ossadnik*, Die Aufteilung von Synergieeffekten bei Fusionen, Stuttgart 1995

*Penné*, Die Prüfung der Sacheinlagen nach Aktienrecht, München 1984

*Piltz*, Die Unternehmensbewertung in der Rechtsprechung, 3. Aufl., Düsseldorf 1994

*Pohl*, Handelsbilanzen bei der Verschmelzung von Kapitalgesellschaften, Düsseldorf 1995

*PricewaterhouseCoopers/Martin-Luther-Universität Halle-Wittenberg* (Hrsg.), Wirtschaftskriminalität 2011, 2. Aufl., Frankfurt a.M. 2011

*Priester*, Kapitalschutz beim Down-stream-merger, in: Wachter (Hrsg.), Vertragsgestaltung im Zivil- und Steuerrecht, FS Sebastian Spiegelberger, Bonn 2009, S. 890

*Rat für Nachhaltige Entwicklung* (Hrsg.), Der Deutsche Nachhaltigkeitskodex (DNK), Empfehlungen des Rates für Nachhaltige Entwicklung und Dokumentation des Multistakeholderforums am 26.09.2011, Berlin 2012

*Rat für Nachhaltige Entwicklung* (Hrsg.), Der Deutsche Nachhaltigkeitskodex (DNK), Maßstab für nachhaltiges Wirtschaften, Berlin 2016

*Rat für Nachhaltige Entwicklung* (Hrsg.), DNK-Newsletter, Berlin September 2016

*Richter*, Sonderprüfung nach Aktienrecht - Durchführung und Bemerkungen zur Berichterstattung, in: Albeseder (Hrsg.), Wirtschaft, Steuer, Recht, Festschrift Dr. Walter Wundsam zum 75. Geburtstag, 2. Aufl., Wien 1988, S. 429

*Risse*, Tax Compliance und Tax Risk Management, Köln 2014

*Roth*, Grenzüberschreitender Rechtsformwechsel nach VALE, in: Krieger u.a. (Hrsg.), Festschrift für Michael Hoffmann-Becking zum 70. Geburtstag, München 2013, S. 965

*Schaal*, Der Wirtschaftsprüfer als Umwandlungsprüfer, Düsseldorf 2001

*Schiller*, Gründungsbilanzierung – Dargestellt am Beispiel der Aktiengesellschaften, Wiesbaden 1990

*Schlitt/Wilczek*, Prospektpflicht für Wertpapiere, in: Habersack/Mülbert/Schlitt (Hrsg.), Handbuch der Kapitalmarktinformation, 2. Aufl., München 2013, § 4

*Schmidt, M.*, Möglichkeiten und Grenzen einer integrierten Finanz- und Nachhaltigkeitsberichterstattung, Düsseldorf 2012

*Schmidt, S.*, Handbuch risikoorientierte Abschlussprüfung – Fachliche Regeln für Auftragsabwicklung und Qualitätssicherung, Düsseldorf 2008

*Schmidt, S.*, Wirtschaftsprüfung und CMS-Prüfung, in: Hauschka/Moosmayer/Lösler (Hrsg.), Corporate Compliance – Handbuch der Haftungsvermeidung im Unternehmen, 3. Aufl., München 2016, S. 1412

*Schmitz*, Die Verschmelzungsprüfung gem. § 340b AktG, Bergisch Gladbach/Köln 1987

*Schott*, Grenzüberschreitende Verschmelzung von Kapitalgesellschaften, Hamburg 2009

*Selchert*, Prüfungen anlässlich der Gründung, Umwandlung, Fusion und Beendigung von Unternehmen, Düsseldorf 1977

*Simlacher*, Bilanzierung von latenten Steuern im handelsrechtlichen Jahresabschluss unter besonderer Berücksichtigung der Verschmelzung von Kapitalgesellschaften, Hamburg 2013

*Simon*, Verschmelzung und Spaltung unter Verzicht auf Anteilsgewährung, in: Spindler u.a. (Hrsg.), Steuerzentrierte Rechtsberatung, Festschrift für Harald Schaumburg, Köln 2009, S. 1341

*Stawinoga*, Nachhaltigkeitsberichterstattung im Lagebericht, in: Federmann/Kleineidam (Hrsg.), Management, Rechnungslegung und Unternehmensbesteuerung, Berlin 2013

*Strauch*, Platzierung und Börsenzulassung im Ausland, in: Marsch-Barner/Schäfer (Hrsg.), Handbuch Börsennotierte AG, 3. Aufl., Köln 2014, § 11

*Streck/Mack/Schwedhelm*, Tax Compliance, Risikominimierung durch Pflichtenbefolgung und Rechteverfolgung, 2. Aufl., Köln 2016

*Sustainability Accounting Standards Board* (Hrsg.), Automobiles Sustainability Accounting Standard, San Francisco 2014

*Sustainability Accounting Standards Board* (Hrsg.), Conceptual Framework, San Francisco 2013

*Sustainability Accounting Standards Board* (Hrsg.), SASB Corporate Brochure, San Francisco 2016

*The World Commission on Environment and Development*, Our Common Future, Genf 2009

*Thume*, Die Darstellung konzerninterner Verschmelzungen im Konzernabschluss, Frankfurt a.M. 2000

*United Nations* (Hrsg.), Blueprint For Corporate Sustainability Leadership, New York 2010

*United Nations* (Hrsg.), UN Global Compact Logo Policy, New York 2015

*United Nations* (Hrsg.), UN Global Compact Management Model, New York 2013

*United Nations* (Hrsg.), UN Global Compact Policy on Communicating Engagement for Non-Business Organizations, New York 2013

*Veit* (Hrsg.), Sonderbilanzen, Herne/Berlin 2004

*Vereinte Nationen* (Hrsg.), Gesellschaftliches Engagement von Unternehmen in der Weltwirtschaft, New York 2005

*Vereinte Nationen* (Hrsg.), Richtlinien des Global Compacts der Vereinten Nationen zu Fortschrittsberichten, New York 2013

*von Werder*, Corporate Governance (Unternehmensverfassung), in: Handelsblatt (Hrsg.), Wirtschaftslexikon – Das Wissen der Betriebswirtschaftslehre, Bd. 3, Stuttgart 2006, S. 1137

*von Werder*, Corporate Governance, in: HWB[6], Sp. 221

*Vossel*, Latente Steuern im Rechtsrahmen des HGB-Einzelabschlusses unter besonderer Berücksichtigung von Umstrukturierungsvorgängen bei Kapitalgesellschaften, Köln 2012

*Wegener*, Die Spaltung von Kapitalgesellschaften im Umwandlungs(steuer)recht, Stuttgart 1998

*Wieland/Steinmeyer/Grüninger* (Hrsg.), Handbuch Compliance-Management – Konzeptionelle Grundlagen, praktische Erfolgsfaktoren, globale Herausforderungen, Berlin 2010

*Wilsing*, Der Schutz vor gesellschaftsschädlichen Sonderprüfungen, Baden-Baden 2014

*World Intellectual Capitals/Assets Initiative* (Hrsg.), WICI Intangibles Reporting Framework, 2016

WPK (Hrsg.), International Standards on Auditing (ISAs) – Internationale Prüfungsgrundsätze, Autorisierte Übersetzung der Verlautbarungen der IFAC, Stuttgart 2003

*Zimmermann,* Verschmelzungsprüfung bei der GmbH-Verschmelzung, in: Pfeiffer/Kummer/Scheuch (Hrsg.), Festschrift für Hans Erich Brandner, Köln 1996, S. 167

## 3. Beiträge in Zeitschriften

*Aha,* Ausgewählte Zweifelfragen zur Rechnungslegung bei Verschmelzungen, BB 1996, S. 2559

*Almeling,* Internationale Grundsätze für Assurance-Aufträge (Teil 1), WPg 2011, S. 607

*Almeling,* Internationale Grundsätze für Assurance-Aufträge (Teil 2), WPg 2011, S. 653

*Almeling/Boer/Küster,* Erstellung von Abschlüssen nach deutschen und internationalen Normen, DB 2011, S. 1761

*Angermayer,* Die Prüfung von Sacheinlagen im neuen Umwandlungsrecht, WPg 1995, S. 681

*Arbeitskreis Externe und Interne Überwachung der Unternehmung der Schmalenbachgesellschaft für Betriebswirtschaft e.V. (AKEIÜ),* Compliance – 10 Thesen für die Unternehmenspraxis, DB 2010, S. 1509

*Bahns,* „Down-stream"-Abspaltung ohne Kapitalerhöhung bei Kapitalgesellschaften – eine Alternative zur Ausgliederung, Ubg 2010, S. 414

*Balk/Schulte/Westphal,* Wann ist eine Compliance-Prüfung nach dem neuen IDW EPS 980 zweckmäßig?, ZCG 2010, S. 242

*Balthasar/Hamelmann,* Finanzkrise und Vorstandshaftung nach § 93 Abs. 2 AktG: Grenzen der Justiziabilität unternehmerischer Entscheidungen, WM 2010, S. 589

*Bartovics,* Die Ausschlußfrist gemäß § 17 Abs. 2 UmwG, GmbHR 1996, S. 514

*Baum/Humpert,* Zur finanziellen Ausstattung einer durch Ausgliederung entstehenden reinen Rentnergesellschaft, BB 2009, S. 950

*Bayer,* Informationsrechte bei der Verschmelzung von Aktiengesellschaften, AG 1988, S. 328

*Bayer,* Verschmelzung und Minderheitenschutz, WM 1989, S. 123

*Bayer/Hoffmann,* Hauptversammlungsbeschlüsse zu Sonderprüfungen 2011, AG-Report 2012, S. 272

*Bayer/Lieder,* Kapitalaufbringung im Cash-Pool, GmbHR 2006, S. 449

*Bayer/Schmidt,* BB-Gesetzgebungs- und Rechtsprechungsreport Europäisches Unternehmensrecht 2015/16, BB 2016, S. 1923

*Becker,* Verabschiedung der lang ersehnten Verschmelzungsrichtlinie, GmbHR 2005, S. R379

*Beckschäfer,* Tax-Compliance als steuerstrafrechtliche Risikominimierung, ZWH 2016, S. 189

*Beine/Roß,* Konzernrechnungslegung nach gesellschaftsrechtlichen Umstrukturierungen von Unternehmen unter gemeinsamer Beherrschung, BB 2012, S. 2743

*Bertram,* Prüfung der umwandlungsrechtlichen Schlussbilanz, WPg 2014, S. 410

*Bilitewski/Roß/Weiser,* Bilanzierung bei Verschmelzungen im handelsrechtlichen Jahresabschluss nach IDW RS HFA 42 (Teil 1), WPg 2014, S. 13

*Bilitewski/Roß/Weiser,* Bilanzierung bei Verschmelzungen im handelsrechtlichen Jahresabschluss nach IDW RS HFA 42 (Teil 2), WPg 2014, S. 73

*Binz/Freudenberg,* Zur Nachgründungsproblematik beim going public, DB 1992, S. 2281

*Birkemeyer/Koch,* Die Steuerfunktion im Wandel, BB 2016, S. 90

*Blaschke,* Welcher Zeitpunkt ist für die Beurteilung der Unzulässigkeit eines Downstream Mergers wegen des Übergangs von negativem Vermögen maßgeblich?, GWR 2010, S. 132

*Boehme,* Sacheinlagefähigkeit von Lizenzen, GmbHR 2000, S. 841

*Böhmer/Metzing,* Die Erstellung des Jahresabschlusses bei existenzgefährdenden Risiken – Neue Hinweise der Bundessteuerberaterkammer, DStR 2015, S. 1824

*Buddenbrock/Manhart,* Rechtsprechung des BAG zur Ausstattung einer „Rentnergesellschaft" im Licht des BilMoG, DB 2009, S. 1237

*Bungert,* DAT/Altana: Der BGH gibt der Praxis Rätsel auf, BB 2001, S. 1163

*Bungert,* Grenzüberschreitende Verschmelzungsmobilität, BB 2006, S. 53

*Bungert,* Umtauschverhältnis bei Verschmelzungen entspricht nicht den Börsenwerten, BB 2003, S. 699

*Bungert,* Zuständigkeit des Landgerichts bei Bestellung des Verschmelzungsprüfers im neuen Umwandlungsrecht, BB 1995, S. 1399

*Bungert/Rothfuchs,* Vorbereitung und Durchführung der Sonderprüfung nach § 142 Abs. 2 AktG in der Praxis, DB 2011, S. 1677

*Busch,* Die Deckung des Grundkapitals bei Formwechsel einer GmbH in eine Aktiengesellschaft, AG 1995, S. 555

*Busekist/Birkemeyer,* Tax Compliance – Organisatorische Anforderungen an die Steuerfunktion eines Unternehmens, Ubg 2015, S. 231

*Busekist/Schlitt,* Der IDW PS 980 und die allgemeinen rechtlichen Mindestanforderungen an ein wirksames Compliance Management System (Teil 2) – Risikoermittlungspflicht, CCZ 2012, S. 86

*Busse von Colbe,* Berücksichtigung von Synergien versus Stand-alone-Prinzip bei der Unternehmensbewertung, ZGR 1994, S. 595

*Cahn,* Die Anpassung der Satzung der Aktiengesellschaft an Kapitalerhöhungen, AG 2001, S. 181

*Cannivé/Suerbaum,* Die Fairness Opinion bei Sachkapitalerhöhungen von Aktiengesellschaften, AG 2011, S. 317

*Castellon/von Diessl,* Seeking Comfort, Practical Law Canada 2013, S. 31

*Creed/Link,* Tax Compliance Management- nur wichtig für kapitalmarktorientierte Unternehmen oder auch für den Mittelstand?, BB 2016, S. 983

*Crezelius,* Die werdende GmbH – Gesellschaftsrechtliche Grundlagen, bilanz- und steuerrechtliche Konsequenzen, DStR 1987, S. 743

*Deubert,* Handelsrechtliche Bilanzierung bei Spaltungsvorgängen – Grundsätze und Neuerungen nach IDW RS HFA 43, WP Praxis 2013, S. 81

*Deubert/Klöcker*, Handelsrechtliche Bilanzierung von Verschmelzungen – Neuerungen durch IDW RS HFA 42, WP Praxis 2013, S. 61

*Dienst*, Sind die Gründungsprüfungsbestimmungen ausreichend?, WPg 1964, S. 149

*Dirrigl*, Die Angemessenheit des Umtauschverhältnisses bei einer Verschmelzung als Problem der Verschmelzungsprüfung und der gerichtlichen Überprüfung (Teil I), WPg 1989, S. 413

*Dirrigl*, Die Angemessenheit des Umtauschverhältnisses bei einer Verschmelzung als Problem der Verschmelzungsprüfung und der gerichtlichen Überprüfung (Teil II), WPg 1989, S. 454

*Dirrigl*, Neue Rechtsprechung zu Verschmelzung und die Verschmelzungsprüfung, WPg 1989, S. 617

*Döpfner*, Der Comfort Letter nach dem Standard des AICPA, WPg 2016, S. 884

*Dormann/Fromholzer*, Offene Fragen der Nachgründung nach dem NaStraG, AG 2001, S. 242

*Dorr/Stukenborg*, „Going to the Chapel“: Grenzüberschreitende Ehen im Gesellschaftsrecht – Die ersten transnationalen Verschmelzungen nach dem UmwG (1994), DB 2003, S. 647

*Drinhausen/Keinath*, Referentenentwurf eines Zweiten Gesetzes zur Änderung des Umwandlungsgesetzes – Erleichterung grenzüberschreitender Verschmelzungen für deutsche Kapitalgesellschaften?, BB 2006, S. 725

*Drygala/von Bressendorf*, Gegenwart und Zukunft grenzüberschreitender Verschmelzungen und Spaltungen, NZG 2016, S. 1161

*Dutzi/Leuveld/Rausch*, Zweifelsfragen bei der Bilanzierung von Upstream Mergers nach HGB und IFRS, BB 2015, S. 2219

*Ebeling/Böhme*, Methoden gerichtsrelevanter Unterschlagungsprüfungen, WPg 2000, S. 467

*Eibelshäuser/Schmidt*, IDW PS 980: Grundsätze ordnungsmäßiger Prüfung von Compliance-Management-Systemen (CMS), WPg 2011, S. 939

*Eichler*, Prüfung von Corporate-Governance-Systemen, IDW EPS 983: Grundsätze ordnungsmäßiger Prüfung von Internen Revisionssystemen (IRS), WPg 2016, S. 1159

*Eisolt*, Prüfung von Compliance-Management-Systemen: erste Überlegungen zu IDW EPS 980, BB 2010, S. 1843

*Ekkenga*, Vom Umgang mit überwertigen Sacheinlagen im Allgemeinen und mit gemischten (verdeckten) Sacheinlagen im Besonderen, ZIP 2013, S. 541

*Ekkenga*, Vorzüge und Nachteile der nennwertlosen Aktie, WM 1997, S. 1645

*Emmerich*, Gründungsaufwand als notwendiger Bestandteil des Gesellschaftsvertrages einer GmbH, GmbHR 1985, S. 324

*Engelkamp*, Rentnergesellschaft 2.0 – Neue Gestaltungsmöglichkeiten im Konzern und bei M&A-Transaktionen, ZIP 2016, S. 1664

*Engelmeyer*, Das Spaltungsverfahren bei der Spaltung von Aktiengesellschaften, AG 1996, S. 193

*Engelmeyer*, Die Wirtschaftsprüfer im Rahmen der Verschmelzungs- und Spaltungsprüfung, WPg 1996, S. 732

*Enneking/Heckschen*, Gesellschafterhaftung beim down-stream-merger, DB 2006, S. 1099

*Erb*, Der Börsenkurs als Untergrenze der Abfindung auch in Verschmelzungsfällen, DB 2001, S. 523

*Ernsthaler*, Haftung der Gesellschafter einer Vor-GmbH: Innenhaftung oder Außenhaftung?, BB 1997, S. 257

*Falkenhausen*, Das Verfahren der freiwilligen Gerichtsbarkeit im Aktienrecht, AG 1967, S. 309

*Farr/Niemann*, Neue Grundsätze für die Erstellung von Jahresabschlüssen durch Wirtschaftsprüfer und Steuerberater, DStR 2010, S. 1095

*Fenske*, Besonderheiten bei der Rechnungslegung der ausgliedernden Kapitalgesellschaft, WPg 1997, S. 256

*Fenske*, Besonderheiten der Rechnungslegung übernehmender Kapitalgesellschaften bei Spaltungen, BB 1997, S. 1247

*Fett/Spiering*, Typische Probleme bei der Kapitalerhöhung aus Gesellschaftsmitteln, NZG 2002, S. 358

*Finken/Decher*, Die Umstrukturierung des Familienunternehmens in eine Aktiengesellschaft, AG 1989, S. 391

*Fischer*, Formwechsel zwischen GmbH und GmbH & Co. KG, BB 1995, S. 2173

*Fischer*, Verschmelzung von GmbH in der Handels- und Steuerbilanz, DB 1995, S. 485

*Fischer/Olkus*, Der Einfluß steuerlicher Ergänzungsbilanzen bei der formwechselnden Umwandlung einer Personengesellschaft in eine Kapitalgesellschaft, DB 1998, S. 2191

*Fleischer*, Aktienrechtliche Sonderprüfung und Corporate Governance, RIW 2000, S. 809

*Fleischer*, Die Barabfindung außenstehender Aktionäre nach den §§ 305 und 320 AktG: Stand-alone-Prinzip oder Verbundberücksichtigungsprinzip?, ZGR 1997, S. 368

*Fleischer*, Grundfragen der ökonomischen Theorie im Gesellschafts- und Kapitalmarktrecht, ZGR 2001, S. 27

*Fleischer*, Unterbilanzhaftung und Unternehmensbewertung, GmbHR 1999, S. 752

*Flitsch/Schellenberger*, BB-Kommentar: Cash-Pool-Systeme, BB 2006, S. 850

*Flume*, Die Rechtsprechung zur Haftung der Gesellschafter der Vor-GmbH und die Problematik der Rechtsfortbildung, DB 1998, S. 45

*Freitag/Korch*, Gedanken zum Brexit – Mögliche Auswirkungen im Internationalen Gesellschaftsrecht, ZIP 2016, S. 1361

*Frey*, Die Sonderprüfung wegen unzulässiger Unterbewertung nach §§ 258 ff. AktG, WPg 1966, S. 633

*Fröhlich*, Kaduzierung eines Geschäftsanteils (Mustererklärungen zum Zwangsausschluss säumiger Gesellschafter), GmbH-StB 2004, S. 59

*Funke*, Wert ohne Nennwert, AG 1997, S. 385

*Ganske,* Änderung des Verschmelzungsrechts, DB 1981, S. 1553

*Ganske,* Berufsrelevante Regelungen für Wirtschaftsprüfer im neuen Umwandlungsrecht, WPg 1994, S. 157

*Gärtner,* OLG Düsseldorf: Relevanter Börsenkurs-Referenzzeitraum zur Überprüfung der Barabfindung im Spruchverfahren (Squeeze-out), BB 2010, S. 114

*Geck,* Die Spaltung von Unternehmen nach den neuen Umwandlungsrecht, DStR 1995, S. 416

*Geiger,* Das Stückaktiengesetz, VW 1997, S. 1768

*Geißler,* Ordnungsmäßige Aufbringung der Bareinlagen bei der GmbH-Gründung, GmbHR 2004, S. 1181

*Gelhausen/Heinz,* Handelsrechtliche Zweifelsfragen der Abwicklung von Ergebnisabführungsverträgen in Umwandlungsfällen, NZG 2005, S. 775

*Gelhausen/Wermelt,* Haftungsrechtliche Bedeutung des IDW EPS 980: Grundsätze ordnungsmäßiger Prüfung von Compliance-Management-Systemen, CCZ 2010, S. 208

*Gewehr/Böhm/Harrison/Schmitz-Herkendell,* IDW PS 480 und IDW PS 490 – Abgrenzung des Anwendungsbereichs, WPg 2016, S. 429

*Gewehr/Böhm/Harrison/Schmitz-Herkendell,* IDW PS 480 und IDW PS 490 – Praktische Anwendungsfälle, WPg 2016, S. 481

*Gewehr/Böhm/Herkendell,* Prüfung von Abschlüssen für einen speziellen Zweck und von Finanzaufstellungen oder deren Bestandteilen – Eine Einführung in IDW EPS 480 und IDW EPS 490, WPg 2013, S. 343

*Gewehr/Harrison,* Grundsätze für die Erstellung von Jahresabschlüssen (IDW S 7), WPg 2010, S. 1053

*Göbel/Henkel/Lantzius-Beninga,* Berechnung der Bankenabgabe, WPg 2012, S. 27

*Görtz,* Der neue Compliance-Prüfungsstandard (EPS 980) Inhalte und Aussagen, CCZ 2010, S. 127

*Gottwald,* Staatliche Genehmigungserfordernisse bei GmbH-Gründungen, DStR 2001, S. 944

*Groh,* Einlage wertgeminderter Gesellschafterforderungen in Kapitalgesellschaften, BB 1997, S. 2523.

*Groh,* Nutzungseinlagen im Handels- und Steuerecht, BB 1982, S. 133

*Grosjean/Schmidt,* Kapitalerhöhung: Gefahr für Bezieher dividendenbezogener Tantieme?, DB 2005, S. 1514

*Groß,* Deckung eines Spaltungsverlustes bei einer Aktiengesellschaft durch Auflösung nach § 150 III und IV AktG gebundener Rücklagen?, NZG 2010, S. 770

*Grub/Fabian,* Die Anwendung der Nachgründungsvorschriften auf Sachkapitalerhöhungen, AG 2002, S. 614

*Grüninger,* Compliance-Prüfung nach dem IDW EPS 980 – Pflicht oder Kür für den Aufsichtsrat?, Der Aufsichtsrat 2010, S. 140

*Grüninger/Remberg,* Die Bedeutung eines Zertifikats nach IDW PS 980, CB 2013, S. 187

*Haeger/Zündorf*, Abgrenzung des Konsolidierungskreises nach der wirtschaftlichen Zugehörigkeit, DB 1991, S. 1841

*Haller/Durschein*, Entwicklung und Ausgestaltung der Prüfung von nach GRI-Normen erstellten Nachhaltigkeitsberichten in Deutschland, KoR 2016, S. 188

*Haller/Zellner*, Das Integrated Reporting Framework – kurz vor der Zielgraden, DB 2013, S. 1125

*Haller/Zellner*, Integrated Reporting Framework – eine neue Basis für die Weiterentwicklung der Unternehmensberichterstattung, DB 2014, S. 253

*Hallweger*, Die freie Verfügbarkeit von Bareinlagen aus Kapitalerhöhungen in der Aktiengesellschaft, DStR 2002, S. 2131

*Hargarten/Seidler*, Praxisprobleme der Anwendung des § 264 Abs. 3 HGB, BB 2016, S. 2795

*Haritz*, Gesellschaftsrecht, GmbHR 2006, S. 140

*Haritz/von Wolff*, Internationalisierung des deutschen Umwandlungsrechts, GmbHR 2006, S. 340

*Harrison/Solmecke*, Beurteilung der Fortführungsannahme bei Erstellung eines Jahresabschlusses, WPg 2016, S. 1266

*Hartmann/Rangol*, Mit Brief, ohne Siegel: die Prüfung nach § 24 FinVermV, WPg 2016, S. 280

*Hauschka*, Compliance am Beispiel der Korruptionsbekämpfung, ZIP 2004, S. 877

*Hauschka/Greeve*, Compliance in der Korruptionsprävention - was müssen, was sollen, was können die Unternehmen tun?, BB 2007, S. 165

*Hauser*, Tempora mutantur – Zur Bedeutung der IDW Imagekampagne für die Gewinnung des Berufsnachwuchses, WPg 2014, H. 15 Editorial S. I

*Havers/Siegel*, Aufstellung von Zahlenberichten nach BilRUG: Diskussion ausgewählter Auslegungsfragen und Vorschläge zur Anpassung von Reporting- und Kontrollsystemen, WPg 2016, S. 341

*Heckschen*, Aktuelle Probleme des Spaltungsrechts – Eine Betrachtung nach 20 Jahren, GmbHR 2015, S. 897

*Heeb*, Bilanzierung bei Spaltungen im handelsrechtlichen Jahresabschluss (IDW RS HFA 43), WPg 2014, S. 189

*Heese*, Projektbegleitende Prüfung, WPg 2009, S. 759

*Hehn/Hartung*, Unabhängige interne Untersuchungen in Unternehmen als Instrument guter Corporate Governance – auch in Europa?, DB 2006, S. 1909

*Heider*, Einführung der nennwertlosen Aktie in Deutschland anläßlich der Umstellung des Gesellschaftsrechts auf den Euro, AG 1998, S. 1

*Heidinger*, Die Haftung und die Vertretung in der Gründungsphase der GmbH im Vergleich zur (kleinen) Aktiengesellschaft, GmbHR 2003, S. 189

*Heinz/Wildner*, BAG-Urteil vom 11.03.2008, 3 AZR 358/06, Ausgliederung auf eine Rentnergesellschaft, Urteilsanmerkung, GmbHR 2008, S. 1332

*Henkel/Schneider/Tüns*, Wie ist die europäische Bankenabgabe zu berechnen?, WPg 2017, S. 22

*Hentzen*, Die Abgrenzung von Kapitalaufbringung und Kapitalerhaltung im Cash-Pool, DStR 2006, S. 948

*Hentzen*, IFRS-Werte als Grundlage der Unternehmensbewertung aus Anlass von Umstrukturierungsmaßnahmen, DB 2005, S. 1891

*Henze*, Die Rechtsprechung des BGH zu den Kapitalaufbringungsgrundsätzen im GmbH- und Aktienrecht, DB 2001, S. 1469

*Henze*, Erfordernis der wertgleichen Deckung bei Kapitalerhöhung mit Bareinlagen?, BB 2002, S. 955.

*Heurung*, Zur Anwendung und Angemessenheit verschiedener Unternehmenswertverfahren (Teil I), DB 1997, S. 837

*Heurung*, Zur Anwendung und Angemessenheit verschiedener Unternehmenswertverfahren (Teil II), DB 1997, S. 888

*Hey*, Die Bewertung der Vermögensgegenstände in der „Vorbelastungsbilanz" einer GmbH, GmbHR 2001, S. 905

*Hilsebein*, Risiko oder Chance: „Tax Compliance" – fester Bestandteil der CFO-Agenda?, CB 2016, S. 119

*Hiort*, Kapitalerhöhung in der GmbH durch (Teil-)Einlage obligatorischer Nutzungsrechte, BB 2004, S. 2760.

*Hirschberger/Leuz*, Der Grundsatz der Wesentlichkeit bei der Jahresabschlusserstellung, DB 2012, S. 2529

*Hock*, Offene Fragen nach der Entscheidung des BAG zur Ausstattung von Rentnergesellschaften, BB 2009, S. 334

*Hofmeister*, Entgeltliche Dienstvereinbarungen und Kapitalaufbringung bei Gründung der AG, DStR 2010, S. 261

*Holzborn/Mayston*, Grenzüberschreitender „Downstream Merger" bei Streubesitz und Börsenhandel, ZIP 2012, S. 2380

*Hommelhoff/Kleindiek*, Schuldrechtliche Verwendungspflichten und „freie Verfügung" bei Barkapitalerhöhung, ZIP 1987, S. 477

*Hüffer*, Verwaltungskontrolle und Rechtsverfolgung durch Sonderprüfer und besondere Vertreter (§§ 142, 147 Abs. 2 AktG), ZHR 2010, S. 642

*Huth/Wittenstein*, Bedeutung der §§ 4f und 5 Abs. 7 EStG für ausgewählte Übertragungsvorgänge von Pensionsverpflichtungen - Teil II: Gesamtrechtsnachfolge nach dem UmwG, DStR 2015, S. 1153

*Hüttemann*, Unternehmensbewertung als Rechtsproblem, ZHR 1998, S. 563

*IDW Arbeitskreis „Geschlossene Investmentvermögen"*, Zweifelsfragen im Zusammenhang mit Prospektgutachten nach IDW ES 4 n.F., FN-IDW 2014, S. 413

*IDW Arbeitskreis „Lageberichtsprüfung*, Prüfung des Lageberichts (IDW EPS 350 n.F.), WPg 2016, S. 538

*IDW*, Aktuelle Rechtsentwicklungen im 1. Quartal 2006, FN-IDW 2006, S. 378

*Ihrig/Kranz*, Zur Nachhaftung für Pensionsverbindlichkeiten bei der Spaltung: Zugleich ein Beitrag zu den Grenzen der zeitlichen Rückwirkung von Gesetzen, ZIP 2012, S. 749

*Jänig*, Aktienrechtliche Sonderprüfung und UMAG, BB 2005, S. 949

*Jänig*, Bilanzrechtliche Sonderprüfung (§ 258 AktG), NZG 2008, S. 257

*Jänig*, Der Gegenstand der Sonderprüfung nach § 142 AktG, WPg 2005, S. 761

*Joswig*, Der Stichtag der Gründungsbilanz von Kapitalgesellschaften, DStR 1996, S. 1907

*Kallmeyer*, Kombination von Spaltungsarten nach dem neuen Umwandlungsgesetz, DB 1995, S. 81

*Kallmeyer/Kappes*, Grenzüberschreitende Verschmelzungen und Spaltungen nach SEVIC Systems und der EU-Verschmelzungsrichtlinie, AG 2006, S. 224

*Kersting*, Gründung und Vorgesellschaft, DB 2001, S. 2079

*Kiefner/Brügel*, Der umwandlungsrechtliche Squeeze-out – Verfahren, Einsatzmöglichkeiten, Rechtsschutzfragen, AG 2011, S. 525

*Klaft/Maxem*, Praktische Probleme der Voreinzahlung auf künftige Bareinlageschuld, GmbHR 1997, S. 586

*Klar/Reinke*, Der Spartenkonzern – Abgrenzung des Konsolidierungskreises, WPg 1991, S. 693

*Klein*, GmbH-Reform und Gründungsprüfung, WPg 1972, S. 402

*Klein/Naumann*, Wirtschaftsprüfung in einem sich wandelnden Umfeld, WPg 2015, S. 561

*Klein/Stephanblome*, Der Downstream Merger: aktuelle umwandlungs- und gesellschaftsrechtliche Fragen, ZGR 2007, S. 351

*Kloster*, EU-grenzüberschreitende Verschmelzungen sind (steuerneutral) durchführbar, GmbHR 2003, S. 1413

*Knoll*, Unternehmensbewertung auf der Basis von IFRS-Zahlen, BB 2006, S. 369

*Knop/Küting*, Anschaffungskosten im Umwandlungsrecht, BB 1995, S. 1023

*Koch*, BB-Rechtsprechungsreport zu bilanziellen Aspekten des Umwandlungssteuerrechts 2015/2016, BB 2016, S. 2603

*Kocher/Thomssen*, Auszulegende Jahresabschlüsse bei aktien- und umwandlungsrechtlichen Strukturmaßnahmen, DStR 2015, S. 1057

*Kohl*, Die Prüfung des Jahresabschlusses unter Berücksichtigung von aktienrechtlichen Nachgründungstatbeständen, BB 1995, S. 139

*Köhler/Weiser*, Die Bedeutung von Comfort Letters im Zusammenhang mit Emissionen, DB 2003, S. 565

*Kolb/Weimert*, Bilanzierung bei Verschmelzung gem. IDW RS HFA 42: Rechnungslegung, Vermögens- und Ergebniszuordnung beim übertragenden Rechtsträger, StuB 2013, S. 445

*Kolb/Weimert*, Bilanzierung bei Verschmelzungen gem. IDW RS HFA 42: Neuerungen beim übernehmenden Rechtsträger, StuB 2013, S. 484

*Kopp*, Stückaktie und Euro-Umstellung, BB 1998, S. 701

*Koppensteiner*, Zur grenzüberschreitenden Verschmelzung, Der Konzern 2006, S. 40

*Korsten*, Kapitalerhöhung aus Gesellschaftsmitteln bei unrichtigem Jahreabschluss, AG 2006, S. 321

*Kort*, Voreinzahlungen auf künftige Kapitalerhöhungen bei AG und GmbH, DStR 2002, S. 1223

*Kowallik/Merklein/Scheipers*, Ertragsteuerliche Beurteilung der Anwachsung nach der Änderung des UmwStG aufgrund des SEStEG, DStR 2008, S. 173

*Krag/Hullermann*, Quantitative Voraussetzungen für eine Antragstellung auf eine Sonderprüfung wegen unzulässiger Unterbewertung nach § 258 Abs. 1 Nr. 1 AktG, DB 1980, S. 457

*Krauel/Mense/Wind*, Praxisfragen der grenzüberschreitenden Verschmelzung, Der Konzern 2010, S. 541

*Krebs/Wagner*, Der Leistungszeitpunkt von Sacheinlagen nach § 36a Abs. 2 AktG, AG 1998, S. 467

*Kromer/Pumpler/Henschel*, Beurteilung der Effektivität eines Tax Compliance Management Systems – Teil 1, CB 2013, S. 156

*Kromer/Pumpler/Henschel*, Beurteilung der Effektivität eines Tax Compliance Management Systems – Teil 2, CB 2013, S. 204

*Kromer/Pumpler/Henschel*, Tax Compliance, BB 2013, S. 791

*Künkele/Gomoluch*, Bilanzierung beim Formwechsel in der Handelsbilanz, BC 2013, S. 151

*Künkele/Zwirner*, Bilanzierung bei Anwachsung im handelsrechtlichen Abschluss, BC 2012, S. 51

*Künkele/Zwirner*, Formwechsel im handelsrechtlichen Jahresabschluss (Varianten des Formwechsels anhand von Beispielen), StuB 2013, S. 163

*Kunold*, Entwicklung eines Muster Comfort Letter – Ein Beitrag für zuverlässigere Finanzdaten in Prospekten, NZG 2003, S. 320

*Küting*, Aktuelle Fragen der Kapitalkonsolidierung (Teil II), DStR 1995, S. 231

*Küting/Hayn/Hütten*, Die Abbildung konzerninterner Spaltungen im Einzel- und Konzernabschluß, BB 1997, S. 565

*Küting/Zündorf*, Die konzerninterne Verschmelzung und ihre Abbildung im konsolidierten Abschluß, BB 1994, S. 1383

*Lamb/Schluck-Amend*, Kapitalaufbringung im Rahmen des Cash Poolings, DB 2006, S. 879

*Langenbucher/Blaum*, Audit Committees – Ein Weg zur Überwindung der Überwachungskrise?, DB 1994, S. 2197

*Langner*, Der GmbH-Kommentar, Verdeckte Sacheinlage, GmbHR 2006, S. 477

*Laue/Glage/Havers*, Prüfung von Corporate-Governance-Systemen, IDW EPS 982: Grundsätze ordnungsmäßiger Prüfung des internen Kontrollsystems der Unternehmensberichterstattung, WPg 2016, S. 1208

*Lawall/Wille/Konopatzki*, Unwirksamkeit der Erbringung einer Sacheinlage bei fehlenden Angaben zu den Gründern der Aktiengesellschaft, AG 2009, S. 529

*Leinekugel*, Voraussetzungen und Grenzen einer GmbH-rechtlichen Sonderprüfung gemäß § 45 Nr. 6 GmbHG bei Konflikten unter Gesellschaftern, GmbHR 2008, S. 632

*Leuering*, Die Neuordnung der gesetzlichen Prospekthaftung, NJW 2012, S. 1905

*Löffler/Müller*, Ein Überblick zu IDW RS HFA 39 und IDW RS HFA 44, WPg 2013, S. 291

*Löffler/Pischetsrieder*, Der neue IDW ES 4, WPg 2016, S. 398

*Lohr*, Bestellung eines Sonderprüfers in der GmbH, GmbH-StB 2015, S. 113

*Louven/Dettmeier/Pöschke*, Optionen grenzüberschreitender Verschmelzungen innerhalb der EU – gesellschafts- und steuerrechtliche Grundlagen, BB 2006, Special 1/2006, S. 1

*Lüdenbach*, Bilanzen bei Umwandlung zur Neugründung, StuB 2012, S. 678

*Ludwig/Breimann/Kusch*, Ausgestaltung eines steuerlichen Kontrollsystems um Sinne des IDW – Praxishinweis zu PS 980, DStR 2016, S. 2240

*Luttermann*, Bewertungsrecht im Internetzeitalter, AG 2000, S. 459

*Luttermann*, Der „durchschnittliche" Börsenkurs bei Barabfindung von Aktionären und Verschmelzungswertrelation, ZIP 2001, S. 872

*Luttermann*, Zum Börsenkurs als gesellschaftsrechtliche Bewertungsgrundlage, ZIP 1999, S. 51

*Marczak*, Die Nachgründung der Aktiengesellschaft, NWB 2001, S. 3831

*Meilicke/Heidel*, Anmerkung: Die Fälle DAT/Altana schreiben Aktienrechtsgeschichte, DB 2001, S. 974

*Meilicke/Rabback*, Die EuGH-Entscheidung in der Rechtssache Sevic und die Folgen für das deutsche Umwandlungsrecht nach Handels- und Steuerrecht, GmbHR 2006, S. 123

*Mertens*, Die formwechselnde Umwandlung einer GmbH in eine Aktiengesellschaft mit Kapitalerhöhung und die Gründungsvorschriften, AG 1995, S. 561

*Mertens*, Die Gestaltung von Verschmelzungs- und Verschmelzungsprüfungsbericht, AG 1990, S. 20

*Mertens*, Zur Geltung des Stand-alone-Prinzips für die Unternehmensbewertung bei der Zusammenführung von Unternehmen, AG 1992, S. 321

*Meyer zu Lösebeck*, Zur Verschmelzungsprüfung – Anmerkungen zum Beitrag von Dirrigl, WPg 1989, S. 499

*Meyer, M.*, Einzelfragen zur Bilanzierung latenter Steuern im Rahmen von Verschmelzungen nach IDW RS HFA 42, BB 2013, S. 683

*Meyer, Y.*, Ausgewählte Praxisfragen zur Anwendung von IDW PS 480 und IDW PS 490, WP Praxis 2015, S. 189

*Mock*, Berichts-, Auskunfts- und Publizitätspflichten des besonderen Vertreters, AG 2008, S. 839

*Mock*, Sonderprüfungen bei der Europäischen Aktiengesellschaft, Der Konzern 2010, S. 455

*Mohr*, Die Bewertung der Beteiligungen als Problem der aktienrechtlichen Gründungsprüfung, WPg 1960, S. 573

*Möller*, Änderungen des Aktienrechts durch das MoMiG, Der Konzern 2008, S. 1

*Monhemius*, Bilanzrecht, Gründerhaftung und Scheitern der Vor-GmbH, GmbHR 1997, S. 384

*Mujkanovic*, Zur Bewertung bei Verschmelzung am Beispiel von AG und GmbH, BB 1995, S. 1735

*Mülbert*, Anwendung der Nachgründungsvorschriften auf die Sachkapitalerhöhung?, AG 2003, S. 136

*Müller, K.*, Die Zuleitung des Verschmelzungsvertrages an den Betriebsrat nach § 5 Abs. 3 Umwandlungsgesetz, DB 1997, S. 713

*Müller, J.*, Tax Compliance – Ein bekanntes Thema erhält neue Brisanz, IDW Life 2016, S. 116

*Müller, W.*, Zweifelsfragen zum Umwandlungsrecht, WPg 1996, S. 857

*Müller, H.-P.*, Zum Begriff der Sachübernahme im Aktienrecht, WPg 1964, S. 435

*Müller-Gatermann*, Umwandlungssteuerrecht, WPg 1996, S. 868

*Müller-Michaels/Wingerter*, Die Wiederbelebung der Sonderprüfung durch die Finanzkrise: IKB und die Folgen, AG 2010, S. 903

*Mutze*, Zur Bewertung von Sacheinlagen, AG 1970, S. 324

*Neuling*, Berichtigung von Steuererklärungen im Unternehmen: Anwendungserlass zu § 153 AO, DStR 2016, S. 1652

*Neuling*, Tax Compliance im Unternehmen: schlichte Anzeige (§ 153 AO) vs. Selbstanzeige, DStR 2015, S. 558

*Neye*, Die neue Richtlinie zur grenzüberschreitenden Verschmelzung von Kapitalgesellschaften, ZIP 2005, S. 1893

*Neye/Timm*, Die geplante Umsetzung der Richtlinie zur grenzüberschreitenden Verschmelzung von Kapitalgesellschaften im Umwandlungsgesetz, DB 2006, S. 488

*Nießen/Schubert*, Der Stichtag der Schlussbilanz nach § 17 Abs. 2 UmwG, NWB 2014, S. 1748

*Nonnenmacher*, Das Umtauschverhältnis bei der Verschmelzung von Kapitalgesellschaften, AG 1982, S. 153

*Noodt/Lohmann*, Die 5. Novelle der Verpackungsverordnung und ihre Auswirkungen auf die Prüfung der Meldung von Entsorgungsentgelten für Verkaufsverpackungen und der neuen „Vollständigkeitserklärung“ für Verkaufsverpackungen gemäß § 10 VerpackV, WPg 2009, S. 452

*Orth*, Umwandlung durch Anwachsung (Teil I), DStR 1999, S. 1011

*Orth*, Umwandlung durch Anwachsung (Teil II), DStR 1999, S. 1053

*Orth*, Umwandlungskosten, GmbHR 1998, S. 511

*Oser*, Bilanz- und Gesellschaftsrecht bei Spaltungen – Änderung der Unternehmensform, StuB 2014, S. 631

*Oser*, DRS 23 „Kapitalkonsolidierung“ – Konvergenz zwischen HGB und IFRS?, PiR 2015, S. 278

*Oser/Kropp*, Eigene Anteile im Gesellschafts-, Bilanz- und Steuerrecht, Der Konzern 2012, S. 185

*Ossadnik*, Die „angemessene" Synergieverteilung bei der Verschmelzung, DB 1997, S. 885

*Ossadnik*, Zur Angemessenheit des Umtauschverhältnisses bei der Verschmelzung von Aktiengesellschaften, DB 1985, S. 1953

*Ossadnik/Maus*, Die Verschmelzung im neuen Umwandlungsrecht aus betriebswirtschaftlicher Sicht, DB 1995, S. 105

*Penné*, Zur aktienrechtlichen Sacheinlagefähigkeit im Rahmen der Gründungsprüfung, WPg 1988, S. 35

*Perwein*, Neutralisierung von Geschäftsvorfällen zwischen verschmolzenen Kapitalgesellschaften im Rückwirkungszeitraum?, GmbHR 2011, S. 977

*Peters/Dechnow*, Sonderprüfungsrecht für GmbH-Minderheitsgesellschafter, GmbHR 2007, S. 236

*Pföhler* u.a., Anwendungsfälle für kombinierte und Carve-out-Abschlüsse nach IFRS, WPg 2014, S. 475

*Pföhler* u.a., Kombinierte und Carve-out-Abschlüsse nach IRFS – Systematisierung und konzeptionelle Grundlagen, WPg 2015, S. 224

*Pföhler/Kamping*, Aufträge zur Durchführung vereinbarter Untersuchungshandlungen nach dem International Standard on Related Services (ISRS) 4400, WPg 2010, S. 582

*Pföhler/Riese*, Zukunftsorientierte Finanzinformationen – Systematisierung sowie Erstellung nach internationalen, europäischen und nationalen Regelungen, WPg 2014, S. 1184

*Piltz*, Unternehmensbewertung und Börsenkurs im aktienrechtlichen Spruchstellenverfahren, ZGR 2001, S. 189

*Planck*, Kleine AG als Rechtsform-Alternative zur GmbH, GmbHR 1994, S. 501

*Priester*, Das neue Verschmelzungsrecht, NJW 1983, S. 1462

*Priester*, Die Festsetzung im GmbH-Vertrag bei Einbringung von Unternehmen, BB 1980, S. 19

*Priester*, Eigene Anteile bei Personengesellschaften, ZIP 2014, S. 245

*Priester*, Kapitalgrundlage beim Formwechsel, DB 1995, S. 911

*Priester*, Neue Regelungen zur Nachgründung, DB 2001, S. 467

*Priester*, Vorausleistungen auf die Kapitalerhöhung nach MoMiG und ARUG, DStR 2010, S. 494

*Radtke*, in: Richter/Welling, Tagungs- und Diskussionsbericht zum 53. Berliner Steuergespräch „Tax Compliance und Steuerstrafrecht", FR 2015, S. 297

*Rauova/von Behr*, Der Prüfungsvermerk nach IDW PS 480, WP Praxis 2015, S. 241

*Reuter*, Börsenkurs und Unternehmenswertvergleich aus Eignersicht, DB 2001, S. 2483

*Riegger*, Der Börsenkurs als Untergrenze der Abfindung, DB 1999, S. 1889

*Riegger*, Kapitalgesellschaftsrechtliche Grenzen der Finanzierung von Unternehmensübernahmen durch Finanzinvestoren, ZGR 2008, S. 233

*Rimmelspacher/Meyer*, Änderungen im (Konzern-)Anhang durch das BilRUG, DB 2015, Beil. 5, S. 23

*Ringe*, Entscheidungen: Umwandlungsrecht, DB 2005, S. 2804

*Rödder/Wochinger*, Down-Stream-Merger mit Schuldenüberhang und Rückkauf eigener Anteile, DStR 2006, S. 684

*Rodewald*, Der maßgebliche Zeitpunkt für die Aufstellung von GmbH-Eröffnungsbilanzen, BB 1993, S. 1693

*Rogge*, Tax Compliance – Wahrung steuerlicher Pflichten und Kontrolle steuerlicher Risiken, BB 2014, S. 664

*Röhricht*, Unabhängigkeit des Wirtschaftsprüfers, WPg 2001, Sonderheft, S. 80

*Roß*, Zur größenklassenabhängigen Prüfungspflicht einer umwandlungsrechtlichen Schlussbilanz, DB 2014, S. 1822

*Rümker*, Anmerkungen zum Gläubigerschutz nach dem Regierungsentwurf eines Gesetzes zur Bereinigung durch das Umwandlungsrechtes, in: Festgabe für Thorwald Hellner v. 09.05.1994, WM 1994, S. 73

*Rupp/Tritschler*, Grundsätze ordnungsmäßiger Buchführung beim IT-Outsourcing einschließlich Cloud Computing, BBK 2016, S. 292

*Saage*, Zum Umfang der Gründungsprüfung, ZGR 1977, S. 683

*Sarx*, Bilanzierungsfragen im Rahmen einer Gründungsbilanz/Eröffnungsbilanz, DStR 1991, S. 692

*Schedlbauer*, Sonderprüfungen im Zusammenhang mit Verschmelzung, WPg 1984, S. 33

*Schefold*, Compliance-Programm im Sinne des IDW PS 980 – Wie werden definierte Compliance-Anforderungen im Unternehmen umgesetzt?, ZFRC 2013, S. 12

*Scheunemann*, Die Schlussbilanz bei der Verschmelzung von in einen Konzernabschluss einbezogenen Gesellschaften – Registerpraxis teilweise im Widerspruch zu den gesetzlichen Anforderungen, DB 2006, S. 797

*Schick*, Probleme der Einstellung der Einlageforderung einer GmbH in ein Kontokorrent im Hinblick auf das Gebot der Leistung zur freien Verfügbarkeit, GmbHR 1997, S. 1048

*Schiessl/Rosengarten*, Heilung einer verdeckten Sacheinlage im GmbH-Recht, GmbHR 1997, S. 772

*Schiller*, Die bilanzielle Abbildung des aktienrechtlichen Gründungsprozesses – einmalige oder kontinuierliche Berichterstattung, DB 1992, S. 281

*Schiller*, Die Gründungsbilanz der Aktiengesellschaft, BB 1991, S. 2403

*Schiller*, Die Prüfung von Sacheinlagen im Rahmen der aktienrechtlichen Gründungsprüfung, AG 1992, S. 20

*Schmid*, Prüfung von vergangenheitsorientierten Finanzinformationen außerhalb der Abschlussprüfung, WP Praxis 2013, S. 117

*Schmidbauer*, Bilanzierung der konzerninternen Verschmelzung voll konsolidierter Unternehmen im Konzernabschluss, BB 2001, S. 2466

*Schmidt, H.*, Totalausgliederung nach § 123 Abs. 3 UmwG, AG 2005, S. 26

*Schmidt, K.*, Barkapitalaufbringung und „freie Verfügung" bei der Aktiengesellschaft und bei der GmbH, AG 1986, S. 106

*Schmidt, K.*, Personengesellschaften: neu gedacht?, ZIP 2014, S. 493

*Schmidt, K.*, Volleinzahlungsgebot beim Formwechsel in die AG oder GmbH?, ZIP 1995, S. 1387

*Schmidt, K.*, Zur aktienrechtlichen Haftung des Gründungsprüfers bei der Überbewertung von Sacheinlagen, DB 1975, S. 1781

*Schmidt, S.*, Praxiserfahrungen aus der Prüfung von Compliance Managementsystemen nach IDW PS 980, WPg 2013, H. 18 Editorial S. I

*Schmidt/Tilch/Lenz/Eibelshäuser*, Prüfung von Corporate Governance Systemen : IDW PS 981: Grundsätze ordnungsmäßiger Prüfung von Risikomanagementsystemen, WPg 2016, S. 944

*Schmidt-Troschke*, Zur Festsetzung des von der GmbH zu übernehmenden Gründungsaufwands in der Satzung, GmbHR 1986, S. 253

*Schmolke*, Die Aktionärsklage nach § 148 AktG, ZGR 2011, S. 398

*Schneider, U.*, Die aktienrechtliche Sonderprüfung im Konzern, AG 2008, S. 305

*Schneider, U.*, Compliance als Aufgabe der Unternehmensleitung, ZIP 2003, S. 645

*Schneider, U.*, Kapitalmarktorientierte Corporate Governance-Grundsätze, DB 2000, S. 2413

*Scholz*, Beseitigung der steuerlichen Doppelbelastung der GmbH!, GmbHR 1957, S. 65

*Schröer*, Vorschläge für Hauptversammlungsbeschlüsse zur Euro-Umstellung, ZIP 1998, S. 529

*Schulze-Osterloh,* Bilanzierung nach dem Referentenentwurf eines Gesetzes zur Bereinigung des Umwandlungsrechts, ZGR 1993, S. 420

*Schumm*, Einzureichende Bilanzen bei Umwandlungen, WP Praxis 2014, S. 273

*Schwarzmann,* Ausschüttungssperre nach § 268 Abs. 8 Satz 1 HGB bei Ausgliederung mit Buchwertfortführung, StuB 2013, S. 704

*Schwedhelm,* Grenzüberschreitende Verschmelzungen nach neuem Recht: neue Chancen und Risiken nach Änderung von UmwG und UmwStG, GmbH-StB 2007, S. 182

*Schwennicke*, Der Ausschluss der Verbriefung der Aktien bei der kleinen Aktiengesellschaft, AG 2001, S. 118

*Sedemund,* EU-weite Verschmelzungen: Gesellschaftsrechtliche Vorgaben und steuerliche Implikationen des SEVIC-Urteils des EuGH vom 13.12.2005, BB 2006, S. 519

*Seetzen,* Die Bestimmung des Verschmelzungswertverhältnisses im Spruchstellenverfahren, WM 1994, S. 45

*Seibert*, Die Umstellung des Gesellschaftsrechts auf den Euro, ZGR 1998, S. 1

*Seibt/Reinhard,* Umwandlung der AG in die Europäische Gesellschaft (Societas Europaea), Der Konzern 2005, S. 422

*Seibt/Schulz*, Sachkapitalerhöhungen bei Aktiengesellschaften im Transaktionskontext, Corporate Finance law 2012, S. 313

*Sieger/Aleth,* Die Ausgliederung von Pensionsverpflichtungen auf eine Pensionsgesellschaft, DB 2002, S. 1487

*Simlacher,* Bilanzierung von latenten Steuern im Zusammenhang mit Verschmelzungen im handelsrechtlichen Abschluss, DStR 2011, S. 1868

*Simon/Rubner,* Die Umsetzung der Richtlinie über grenzüberschreitende Verschmelzungen in deutsches Recht, Der Konzern 2006, S. 835

*Sinewe,* Eintragungsfähigkeit grenzüberschreitender Verschmelzungen, DB 2005, S. 2061

*Skauradszun,* Detailfragen zur Sonderprüfung im GmbH-Recht, GmbHR 2012, S. 936

*Skoluda/Janitschke,* Auswirkungen eines Formwechsels auf den handelsrechtlichen Jahresabschluss – Eine Einführung in IDW RS HFA 41, WPg 2013, S. 521

*Sosnitza,* Die Einlagefähigkeit von Domain-Namen bei der Gesellschaftsgründung. GmbHR 2002, S. 821

*Spindler,* Sonderprüfung und Pflichten eines Bankvorstands in der Finanzmarktkrise, NZG 2010, S. 281

*Steuber,* Corporate Governance bei Stiftungen – eine Frage der Kontrolle oder der Moral?, DStR 2006, S. 1182

*Stimpel,* Behandlung von Umwandlungskosten bei Verschmelzungen und Spaltungen von Kapitalgesellschaften, GmbHR 2012, S. 199

*Suchanek/Hesse,* Umwandlungsstichtage und Bilanzen, Der Konzern 2015, S. 245

*Sydow/Beyer,* Erwerb von notleidenden Krediten und anschließende Kapitalerhöhung mit Sacheinlage, AG 2005, S. 635

*Theusinger/Klein,* Kommentar zu BGH-Urteil vom 24.04.2006 – II ZR 30/05: Auch Gründungsaktionäre einer nicht börsennotierten Aktiengesellschaft unterliegen der Mitteilungspflicht, BB 2006, S. 1408

*Timmermans,* Kapitalaufbringung und Kapitalfestsetzung bei dem Formwechsel einer Personenhandelsgesellschaft in eine Kapitalgesellschaft, DB 1999, S. 948

*Tischer,* Der Übergang des wirtschaftlichen Eigentums bei schwebender Verschmelzung, WPg 1996 S. 745

*Tizzano,* Rechtsprechung: 1. Konzernrecht: Grenzüberschreitende Verschmelzung, Der Konzern 2005, S. 513

*Tjaden,* Bilanzierungsfragen bei Zuwendungen der öffentlichen Hand, WPg 1985, S. 33

*Trölitzsch/Gunßer,* Grenzen der gerichtlichen Anordnung von Sonderprüfungen nach § 142 Abs. 2 AktG, AG 2008, S. 833

*Ulrich/Böhle,* Verschmelzung auf zum Verschmelzungsstichtag nicht existierende Rechtsträger, GmbHR 2006, S. 644

*Vater,* Zur Relevanz, Zulässigkeit und Gleichwertigkeit von auf IFRS beruhenden Unternehmensbewertungen, StuB 2005, S. 1031

*Vaupel/Reers,* Kapitalerhöhungen bei börsennotierten Aktiengesellschaften in der Krise, AG 2010, S. 93

*Veil,* Kollisionsrechtliche und sachenrechtliche Lösungen für eine Verschmelzung und eine Spaltung über die Grenze, Der Konzern 2007, S. 98

*Vetter,* Börsenkurs und Unternehmensbewertung, DB 2001, S. 1347

*Vetter,* Die Regelung der grenzüberschreitenden Verschmelzung im UmwG: Einige Bemerkungen aus Sicht der Praxis, AG 2006, S. 613

*Vetter/Schwandtner,* Kapitalerhöhung im Cash Pool – Überlegungen zu den Urteilen des BGH vom 16.01.2006 - ZR 75/04 und II ZR 76/04, Der Konzern 2006, S. 407

*von Wolfersdorff/Hey,* Was kann ein Tax Compliance Management System leisten?, WPg 2016, S. 934

*Voß,* Die Gründungsprüfung, WPg 1964, S. 439

*Wachter,* Grenzüberschreitender Herein-Formwechsel in die deutsche GmbH, GmbHR 2016, S. 738

*Wachter,* Leitlinien der Kapitalaufbringung in der neueren Rechtsprechung des Bundesgerichtshofs, DStR 2010, S. 1240

*Waclawik,* Die Europäische Aktiengesellschaft (SE) als Konzerntochter- und Joint Venture-Gesellschaft, DB 2006, S. 1827

*Walter/Hald,* Nachgründungsvorschriften bei der Holding-AG zu beachten?, DB 2001, S. 1183

*Wassermeyer,* Verdeckte Gewinnausschüttungen bei der Verschmelzung einer Mutterkapitalgesellschaft auf ihre Tochterkapitalgesellschaft mit Schuldenüberhang, Der Konzern 2005, S. 424

*Watrin/Stöver,* Bewertung von Sacheinlagen im Rahmen von Sachgründung und Sachkapitalerhöhung sowie Implikationen für die Verschmelzung, WPg 2012, S. 999

*Wegner,* BMF-Schreiben zur Berichtigung von unrichtigen Steuererklärungen (§ AO § 153 AO), SteuK 2016, S. 289

*Wegner,* Schützt ein Compliance Management System vor einer Geldbuße nach § 130 OWiG?, PStR 2014, S. 19

*Weilep,* „Bad will" bei Verschmelzungen – alle Zweifelsfragen geklärt?, DB 1998, S. 2130

*Wenig,* Aktienrechtliche Differenzhaftung bei Sacheinlagen. Anmerkungen zu BGH v. 06.12.2011, II ZR 149/10, DStR 2012, S. 862

*Wermelt,* Erhebung eines Meinungsbilds zum EPS 980, CCZ 2010, S. 150

*Werner,* Die Kettenumwandlung in der Praxis, NWB 2013, S. 3319

*Werner,* Nachgründung und Börsengang, NZG 2000, S. 231

*Wessels,* Umhängung und Isolierung von Pensionsverpflichtungen durch Spaltung, ZIP 2010, S. 1417

*Weyand,* Kapitalaufbringung und -erhöhung bei der GmbH, BBK 2005, S. 6811

*Widder,* Der Verzicht auf Zwischenbilanzen bei der AG-Verschmelzung, AG 2016, S. 16

*Wieneke,* Die Festsetzung des Gegenstand der Sacheinlage nach §§ 27, 183 AktG, AG 2013, S. 437

*Wilm,* Abfindung zum Börsenkurs, NZG 2000, S. 234

*Wilm,* Kommentar: Nochmals: Abfindung zum Börsenkurs, NZG 2000, S. 1070

*Wilsing/Neumann,* Die Neuregelung der aktienrechtlichen Sonderprüfungen nach dem Inkrafttreten des UMAG, DB 2006, S. 31

*Wilsing/Ogorek*, Der Minderheitsantrag auf gerichtliche Einsetzung eines Sonderprüfers gemäß § 142 Abs. 2 AktG – ein neues Betätigungsfeld für professionelle Minderheitsaktionäre, GWR 2009, S. 75

*Wilsing/von der Linden/Ogorek*, Gerichtliche Inhaltskontrolle von Sonderprüfungsberichten, NZG 2010, S. 729.

*Winter,* Planung und Vorbereitung einer grenzüberschreitenden Verschmelzung, Der Konzern 2007, S. 24

*Wirtz,* Betriebswirtschaftliche Prüfungen und prüfungsnahe Dienstleistungen – Eine Systematisierung nach Auftragsarten und relevanten berufsständischen Verlautbarungen, WPg 2012, S. 1246

*Withus*, IDW PS 980 – Grundsätze ordnungsgemäßer Prüfung von Compliance-Management-Systemen, ZRFC 2015, S. 170

*Withus*, Planung und Risikobeurteilung bei der Prüfung von Compliance-Management-Systemen, WPg 2015, S. 261

*Withus*, Zur Umsetzung der HGB-Modernisierung durch das BilMoG: Wirksamkeitsüberwachung interner Kontroll- und Risikomanagementsysteme durch Aufsichtsorgane kapitalmarktorientierter Gesellschaften, DB 2009, S. 82

*Witte,* Die Nachgründungsproblematik bei „jungen Aktiengesellschaften", BB 2000, S. 2213

*WPK*, Bescheinigungen auf Formblättern und Verwendung vorformulierter Bescheinigungen, WPK-Magazin 2006, H. 2 S. 32

*Wüstemann,* BB-Rechtsprechungsreport Unternehmensbewertung 2009/10, BB 2010, S. 1715

*Zerwas/Hanten*, Zulassung zum Geschäftsbetrieb für Kredit- und Finanzdienstleistungsinstitute, BB 1998, S. 2481

*Zugmaier*, Die Unternehmereigenschaft einer sog. Vorgründungsgesellschaft, DStR 2000, S. 2176.

## 4. Zitierte IDW Verlautbarungen

Die in diesem Themenband zitierten Verlautbarungen finden Sie auf unserer Webseite www.idw.de oder in der Loseblattsammlung ***IDW (Hrsg.)*, IDW Prüfungsstandards, IDW Stellungnahmen zur Rechnungslegung**, erschienen im IDW Verlag.

Bedeutung der Abkürzungen der Zeitschriften:

| | | |
|---|---|---|
| WPg | = | „Die Wirtschaftsprüfung“ |
| FN-IDW | = | „IDW Fachnachrichten“. Die FN-IDW sind seit November 2015 Bestandteil der Mitgliederzeitschrift „IDW Life“. |

(Stand der Angaben: Juni 2017)

### Stellungnahmen des Vorstands des Instituts der Wirtschaftsprüfer in Deutschland e.V. (zitiert: IDW VO)

| | **Nr.** | **Betreff** | **Abgedruckt in** | |
|---|---|---|---|---|
| | | | **WPg** | **FN-IDW** |
| **2006** | 1 | Anforderungen an die Qualitätssicherung in der Wirtschaftsprüferpraxis | 2006 S.629 | 2006 S. 317 |

### Stellungnahmen des Hauptfachausschusses (zitiert: IDW St/HFA)

| | **Nr.** | **Betreff** | **Abgedruckt in** | |
|---|---|---|---|---|
| | | | **WPg** | **FN-IDW** |
| **1984** | 1 | Bilanzierungsfragen bei Zuwendungen, dargestellt am Beispiel finanzieller Zuwendungen der öffentlichen Hand (redaktionelle Anpassungen 1990) | 1984 S.612 | 1984 S. 362 |
| **1996** | 2 | Zur Bilanzierung privater Zuschüsse i.d.F. 2013 | | 2013 S. 192 |

### IDW Prüfungsstandards (zitiert: IDW PS)

| **Nr.** | **Betreff** | **Abgedruckt in** | |
|---|---|---|---|
| | | **WPg** | **FN-IDW** |
| *IDW PS 200* | Ziele und allgemeine Grundsätze der Durchführung von Abschlussprüfungen (Stand: 03.06.2015) | 2015 Supp. 3 | 2015 S. 438 |
| *IDW PS 201* | Rechnungslegungs- und Prüfungsgrundsätze für die Abschlussprüfung (Stand: 05.03.2015) | 2015 Supp. 2 | 2015 S. 300 |
| *IDW PS 220* | Beauftragung des Abschlussprüfers (Stand: 09.09.2009) | 2009 Supp. 4 | 2009 S. 533 |
| *IDW PS 250 n.F.* | Wesentlichkeit im Rahmen der Abschlussprüfung (Stand: 12.12.2012) Anzuwenden für Berichtszeiträume ab 15.12.2012 | 2013 Supp. 1 | 2013 S. 4 |
| *IDW PS 261* | Feststellung und Beurteilung von Fehlerrisiken und Reaktionen des Abschlussprüfers auf die beurteilten Fehlerrisiken (Stand: 09.09.2009) Gültig für Berichtszeiträume bis 14.12.2011 | 2009 Supp. 4 | 2009 S. 533 |

| Nr. | Betreff | Abgedruckt in | |
|---|---|---|---|
| | | WPg | FN-IDW |
| *IDW PS 261 n.F.* | Feststellung und Beurteilung von Fehlerrisiken und Reaktionen des Abschlussprüfers auf die beurteilten Fehlerrisiken (Stand: 13.03.2013)<br>Gültig für Berichtszeiträume ab 15.12.2011 | 2012<br>Supp. 4<br>2013<br>Supp. 3 | 2012<br>S. 239<br>2013<br>S. 402 |
| *IDW PS 270* | Die Beurteilung der Fortführung der Unternehmenstätigkeit im Rahmen der Abschlussprüfung<br>(Stand: 09.09.2010) | 2010<br>Supp. 4 | 2010<br>S. 423 |
| *IDW PS 300* | Prüfungsnachweise im Rahmen der Abschlussprüfung<br>(Stand: 10.07.2014)<br>Gültig für Berichtszeiträume bis 14.12.2016 | 2006<br>S. 1445<br>2013<br>Supp. 3<br>2014<br>Supp. 3 | 2006<br>S. 727<br>2013<br>S. 343<br>2014<br>S. 515 |
| *IDW PS 300 n.F.* | Prüfungsnachweise im Rahmen der Abschlussprüfung<br>(Stand: 14.06.2016)<br>Gültig für Berichtszeiträume ab dem 15.12.2016 | | IDW<br>Life<br>2016<br>S. 624 |
| *IDW PS 301* | Prüfung der Vorratsinventur (Stand: 24.11.2010) | 2011<br>Supp. 1 | 2011<br>S. 113 |
| *IDW PS 302 n.F.* | Bestätigungen Dritter (Stand: 10.07.2014)<br>Gültig für Berichtszeiträume ab dem 15.12.2013 | 2014<br>Supp. 3 | 2014<br>S. 504 |
| *IDW PS 312* | Analytische Prüfungshandlungen (Stand: 13.03.2013) | 2013<br>Supp. 3 | 2013<br>S. 402 |
| *IDW PS 314 n.F.* | Die Prüfung von geschätzten Werten in der Rechnungslegung (Stand: 09.09.2009) | 2009<br>Supp. 4 | 2009<br>S. 121 |
| *IDW PS 320* | Verwendung der Arbeit eines anderen externen Prüfers<br>(Stand: 09.09.2009)<br>Gültig für Berichtszeiträume bis 14.12.2011 | 2004<br>S. 593<br>2009<br>Supp. 4 | 2004<br>S. 382<br>2009<br>S. 533 |
| *IDW PS 320 n.F.* | Besondere Grundsätze für die Durchführung von Konzernabschlussprüfungen (einschließlich der Verwertung der Tätigkeit von Teilbereichsprüfern)<br>(Stand: 10.07.2014) Gültig für Berichtszeiträume ab dem 15.12.2011 | 2012<br>Supp. 2<br>2014<br>Supp. 3 | 2012<br>S. 258<br>2014<br>S. 515 |
| *IDW PS 321* | Interne Revision und Abschlussprüfung<br>(Stand: 09.09.2010) | 2010<br>Supp. 4 | 2010<br>S. 423 |
| *IDW PS 330* | Abschlussprüfung bei Einsatz von Informationstechnologie (Stand: 24.09.2002) | 2002<br>S. 1167 | 2002<br>S. 604 |
| *IDW PS 331 n.F.* | Abschlussprüfung bei teilweiser Auslagerung der Rechnungslegung auf Dienstleistungsunternehmen<br>(Stand: 11.09.2015) | 2015<br>Supp. 4 | 2015<br>S. 4522 |
| *IDW EPS 350 n.F.* | Prüfung des Lageberichts im Rahmen der Abschlussprüfung<br>(Stand: 13.01.2016) | | IDW<br>Life<br>2016<br>S. 139 |
| *IDW PS 400* | Grundsätze für die ordnungsmäßige Erteilung von Bestätigungsvermerken bei Abschlussprüfungen<br>(Stand: 28.11.2014) | 2015<br>Supp. 1 | 2015<br>S. 31 |

| Nr. | Betreff | Abgedruckt in | |
|---|---|---|---|
| | | WPg | FN-IDW |
| *IDW EPS 400 n.F.* | Bildungs eines Prüfungsurteils und Erteilung eines Bestätigungsvermerks (Stand: 14.12.2016) | | IDW Life 2017 S. 148 |
| *IDW EPS 401 n.F.* | Mitteilung besonders wichtiger Prüfungssachverhalte im Bestätigungsvermerk (Stand: 14.12.2016) | | IDW Life 2017 S. 187 |
| *IDW EPS 405 n.F.* | Modifizierungen des Prüfungsurteils im Bestätigungsvermerk (Stand: 06.04.2017) | | IDW Life 2017 S. 564 |
| *IDW EPS 406 n.F.* | Hinweise im Bestätigungsvermerk (Stand: 06.04.2017) | | IDW Life 2017 S. 589 |
| *IDW PS 450* | Grundsätze ordnungsmäßiger Berichterstattung bei Abschlussprüfungen (Stand: 01.03.2012) | 2012 Supp. 3 | 2012 S. 256 |
| *IDW EPS 450 n.F.* | Grundsätze ordnungsmäßiger Erstellung von Prüfungsberichten (Stand: 14.12.2016) | | IDW Life 2017 S. 201 |
| *IDW PS 460 n.F.* | Arbeitspapiere des Abschlussprüfers (Stand: 09.09.2009) | 2009 Supp. 4 | 2009 S. 533 |
| *IDW PS 480* | Prüfung von Abschlüssen, die nach Rechnungslegungsgrundsätzen für einen speziellen Zweck aufgestellt werden (Stand: 28.11.2014) | 2015 Supp. 1 | 2015 S. 6 |
| *IDW PS 490* | Prüfung von Finanzaufstellungen oder deren Bestandteilen (Stand: 28.11.2014) | 2015 Supp. 1 | 2015 S. 19 |
| *IDW PS 650* | Zum erweiterten Umfang der Jahresabschlussprüfung von Krankenhäusern nach Landeskrankenhausrecht (Stand: 27.11.2009) | 2010 Supp. 1 | 2009 S. 635 |
| *IDW PS 700* | Prüfung von Beihilfen nach Artikel 107 AEUV insbesondere zugunsten öffentlicher Unternehmen (Stand: 29.11.2012) | 2013 Supp. 1 | 2013 S. 39 |
| *IDW PS 740* | Prüfung von Stiftungen (Stand: 25.02.2000) | 2000 S. 385 | 2000 S. 142 |
| *IDW PS 750* | Prüfung von Vereinen (Stand: 09.09.2010) | 2011 Supp. 1 | 2011 S. 113 |
| *IDW PS 821* | Grundsätze ordnungsmäßiger Prüfung oder prüferischer Durchsicht von Berichten im Bereich der Nachhaltigkeit (Stand: 06.09.2006) | 2006 S. 854 2006 S. 1518 | 2006 S. 475 2006 S. 755 |
| *IDW PS 830* | Zur Prüfung Gewerbetreibender i.S.d. § 34c Abs. 1 GewO gemäß § 16 Makler- und Bauträgerverordnung (MaBV) (Stand: 10.06.2011) | 2011 Supp. 3 | 2011 S. 530 |
| *IDW PS 840* | Prüfung von Finanzanlagenvermittlern i.S.d. § 34f Abs. 1 Satz 1 GewO nach § 24 Abs. 1 Satz 1 Finanzanlagenvermittlungsverordnung (FinVermV) (Stand: 05.03.2015) | 2015 Supp. 2 | 2015 S. 259 |
| *IDW PS 850* | Projektbegleitende Prüfung bei Einsatz von Informationstechnologie (Stand: 02.09.2008) | 2008 Supp. 4 | 2008 S. 427 |

| Nr. | Betreff | Abgedruckt in | |
|---|---|---|---|
| | | WPg | FN-IDW |
| *IDW PS 880* | Die Prüfung von Softwareprodukten (Stand: 11.03.2010) | 2010 Supp. 2 | 2010 S. 186 |
| *IDW PS 900* | Grundsätze für die prüferische Durchsicht von Abschlüssen (Stand: 01.10.2002) | 2002 S. 474, 1249 | 2002 S. 210, 597 |
| *IDW PS 910* | Grundsätze für die Erteilung eines Comfort Letter (Stand: 04.03.2004) | 2004 S. 342 | 2004 S. 208 |
| *IDW PS 951* | Die Prüfung des internen Kontrollsystems beim Dienstleistungsunternehmen für auf das Dienstleistungsunternehmen ausgelagerte Funktionen (Stand: 09.09.2010) | 2007 Supp. 4 2010 Supp. 4 | 2007 S. 588 2010 S. 423 |
| *IDW PS 951 n.F.* | Die Prüfung des internen Kontrollsystems bei Dienstleistungsunternehmen (Stand: 16.10.2013) | 2013 Supp. 4 | 2013 S. 468 |
| *IDW PS 970* | Prüfungen nach dem Erneuerbare-Energien-Gesetz (Stand: 06.09.2012) | 2012 Supp. 4 | 2012 S. 633 |
| *IDW EPS 970 n.F.* | Entwurf einer Neufassung des IDW Prüfungsstandards: Sonstige betriebswirtschaftliche Prüfungen und ähnliche Leistungen in Zusammenhang mit energierechtlichen Vorschriften (Stand: 15.02.2016) | | IDW Life 2016 S. 169 |
| *IDW PS 980* | Grundsätze ordnungsmäßiger Prüfung von Compliance Management Systemen (Stand: 11.03.2011) | 2011 Supp. 1 | 2011 S. 203 |
| *IDW PS 981* | Grundsätze ordnungsmäßiger Prüfung von Risikomanagementsystemen (Stand: 03.03.2017) | | IDW Life 2017 S. 380 |
| *IDW PS 982* | Grundsätze ordnungsmäßiger Prüfung des internen Kontrollsystems des internen und externen Berichtswesens (Stand: 03.03.2017) | | IDW Life 2017 S. 415 |
| *IDW PS 983* | Grundsätze ordnungsmäßiger Prüfung von Internen Revisionssystemen (Stand: 03.03.2017) | | IDW Life 2017 S. 448 |

## IDW Prüfungshinweise (zitiert: IDW PH)

| Nr. | Betreff | Abgedruckt in | |
|---|---|---|---|
| | | WPg | FN-IDW |
| *IDW PH 9.330.2* | Prüfung von IT-gestützten Geschäftsprozessen im Rahmen der Abschlussprüfung (Stand: 24.08.2010) | 2011 Supp. 1 | 2011 S. 113 |
| *IDW PH 9.330.3* | Einsatz von Datenanalysen im Rahmen der Abschlussprüfung (Stand: 15.10.2010) | 2011 Supp. 1 | 2011 S. 59 |
| *IDW PH 9.400.1* | Zur Erteilung des Bestätigungsvermerks bei Krankenhäusern (Stand: 01.04.2008) | 2008 Supp. 2 | 2008 S. 214 |
| *IDW PH 9.420.1* | Berichterstattung über die Prüfung der Verwendung pauschaler Fördermittel nach Landeskrankenhausrecht (Stand: 04.09.2008) | 2009 Supp. 1 | 2009 S. 50 |
| *IDW PH 9.490.1* | Besonderheiten bei der Prüfung einer Schlussbilanz (Stand: 10.08.2015) | 2015 Supp. 4 | 2015 S. 552 |

| Nr. | Betreff | Abgedruckt in | |
|---|---|---|---|
| | | WPg | FN-IDW |
| *IDW PH 9.950.3* | Prüfung der „Vollständigkeitserklärung“ für in den Verkehr gebrachte Verkaufsverpackungen (Stand: 29.01.2010) | 2010 Supp. 1 | 2010 S. 75 |
| *IDW PH 9.960.1* | Prüfung von Pro-Forma-Finanzinformationen (Stand: 29.11.2005) | 2006 S. 133 | 2006 S. 77 |
| *IDW PH 9.960.2* | Prüfung von zusätzlichen Abschlusselementen (Stand: 30.01.2006) | 2006 S. 333 | 2006 S. 166 |
| *IDW PH 9.960.3* | Prüfung von Gewinnprognosen und -schätzungen i.S.v. IDW RH HFA 2.003 und Bestätigung zu Gewinnschätzungen auf Basis vorläufiger Zahlen (Stand: 14.02.2014) | 2014 Supp. 2 | 2014 S. 237 |
| *IDW PH 9.970.10* | Besonderheiten der Prüfung im Zusammenhang mit der Antragstellung stromkostenintensiver Unternehmen auf Besondere Ausgleichsregelung nach dem EEG 2014 (Stand: 18.04.2016) | – | IDW Life 2016 S. 341 |
| *IDW PH 9.970.14* | Besonderheiten der Prüfung im Zusammenhang mit der Antragstellung von Schienenbahnen auf Besondere Ausgleichsregelung nach dem EEG 2014 (Stand: 18.04.2016) | – | IDW Life 2016 S. 417 |
| *IDW PH 9.970.31* | Besonderheiten der Prüfung nach § 30 Abs. 1 Nr. 3 KWKG im Zusammenhang mit der Antragstellung auf Förderung von Wärme- und Kältenetzen (Stand: 18.05.2016) | – | IDW Life 2016 S. 496 |
| *IDW PH 9.980.1* | Einzelfragen zur Prüfung des Verhaltenskodex des Gesamtverbands der Deutschen Versicherungswirtschaft für den Vertrieb von Versicherungsprodukten (Stand: 06.12.2013) | 2014 Supp. 1 | 2014 S. 162 |

## IDW Stellungnahmen zur Rechnungslegung (zitiert: IDW RS)

| Nr. | Betreff | Abgedruckt in | |
|---|---|---|---|
| | | WPg | FN-IDW |
| *IDW RS FAIT 1* | Grundsätze ordnungsmäßiger Buchführung bei Einsatz von Informationstechnologie (Stand: 24.09.2002) | 2002 S. 1157 | 2002 S. 649 |
| *IDW RS FAIT 2* | Grundsätze ordnungsmäßiger Buchführung bei Einsatz von Electronic Commerce (Stand: 29.09.2003) | 2003 S. 1258 | 2003 S. 559 |
| *IDW RS FAIT 3* | Grundsätze ordnungsmäßiger Buchführung beim Einsatz elektronischer Archivierungsverfahren (Stand: 11.09.2015) | 2015 Supp. 4 | 2015 S. 538 |
| *IDW RS FAIT 4* | Anforderungen an die Ordnungsmäßigkeit und Sicherheit IT-gestützter Konsolidierungsprozesse (Stand: 08.08.2012) | 2012 Supp. 4 | 2015 S. 552 |
| *IDW RS FAIT 5* | Grundsätze ordnungsmäßiger Buchführung bei Auslagerung von rechnungslegungsrelevanten Prozessen und Funktionen einschließlich Cloud Computing (Stand: 04.11.2015) | – | IDW Life 2016 S. 35 |
| *IDW RS HFA 17* | Auswirkungen einer Abkehr von der Going Concern-Prämisse auf den handelsrechtlichen Jahresabschluss (Stand: 10.06.2011) | 2011 Supp. 3 | 2011 S. 438 |
| *IDW RS HFA 30* | Handelsrechtliche Bilanzierung von Altersversorgungsverpflichtungen (Stand: 10.06.2011) | 2011 Supp. 3 | 2011 S. 545 |

| Nr. | Betreff | Abgedruckt in | |
|---|---|---|---|
| | | WPg | FN-IDW |
| *IDW RS HFA 36 n.F.* | Anhangangaben nach §§ 285 Nr. 17, 314 Abs. 1 Nr. 9 HGB über das Abschlussprüferhonorar (Stand: 08.09.2016) Gültig für Berichtszeiträume ab dem 31.12.2016 | | IDW Life 2016 S. 996 |
| *IDW RS HFA 38* | Ansatz- und Bewertungsstetigkeit im handelsrechtlichen Jahresabschluss (Stand: 10.06.2011) | 2011 Supp. 3 | 2011 S. 560 |
| *IDW RS HFA 41* | Auswirkungen eines Formwechsels auf den handelsrechtlichen Jahresabschluss (Stand: 06.09.2012) | 2012 Supp. 4 | 2012 S. 539 |
| *IDW RS HFA 43* | Auswirkungen einer Spaltung auf den handelsrechtlichen Jahresabschluss (Stand: 06.09.2012) | 2012 Supp. 4 | 2012 S. 714 |

## IDW Rechnungslegungshinweise (zitiert: IDW RH)

| Nr. | Betreff | Abgedruckt in | |
|---|---|---|---|
| | | WPg | FN-IDW |
| *IDW RH HFA 1.003* | Erstmalige IAS-Anwendung im Quartalsabschluss (Stand: 18.01.2002, aufgehoben) | 2002 S. 198 | 2002 S. 127 |
| *IDW RH HFA 1.004* | Erstellung von Pro-Forma-Finanzinformationen (Stand: 29.11.2005) | 2006 S. 141 | 2002 S. 86 |
| *IDW RH HFA 2.002* | Einzelfragen bei der Erstellung von Finanzinformationen nach der Prospektverordnung (Stand: 21.04.2008) | 2008 Supp. 3 | 2008 S. 378 |
| *IDW RH HFA 2.003* | Erstellung von Gewinnprognosen und -schätzungen nach den besonderen Anforderungen der Prospektverordnung sowie Gewinnschätzung auf Basis vorläufiger Zahlen (Stand: 14.02.2014) | 2014 Supp. 2 | 2014 S. 249 |

## IDW Standards (zitiert: IDW S)

| Nr. | Betreff | Abgedruckt in | |
|---|---|---|---|
| | | WPg | FN-IDW |
| *IDW S 4* | Grundsätze ordnungsmäßiger Begutachtung der gesetzlichen Verkaufsunterlagen von Alternativen Investmentfonds (Stand: 24.05.2016) | | IDW Life 2016 S. 813 |
| *IDW S 7* | Grundsätze für die Erstellung von Jahresabschlüssen durch Wirtschaftsprüfer (Stand: 27.11.2009) | 2010 Supp. 1 | 2009 S. 623 |
| *IDW S 11* | Beurteilung des Vorliegens von Insolvenzeröffnungsgründen (Stand: 19.01.2015) | 2015 Supp. 1 | 2015 S. 202 |

## IDW Qualitätssicherungsstandards (zitiert: IDW QS)

| Nr. | Betreff | Abgedruckt in | |
|---|---|---|---|
| | | WPg | IDW Life |
| *IDW EQS 1* | Anforderungen an die Qualitätssicherung in der Wirtschaftsprüferpraxis (Stand: 04.10.2016) | | 2016 S. 944 |

# Stichwortverzeichnis

Die Buchstaben verweisen auf das Kapitel,
die Zahlen auf die jeweiligen Textziffern.

## A

## B

## C

## D

## F

## G

## H



## I

## N

## S

## T



## U

## V

## W